宋杰　著

# 三国
## 兵争要地与攻守战略研究

上册

中华书局

**图书在版编目（CIP）数据**

三国兵争要地与攻守战略研究/宋杰著. —2 版. —北京：中
华书局,2020.1（2023.6 重印）
ISBN 978-7-101-14323-2

Ⅰ.三… Ⅱ.宋… Ⅲ.军事地理-研究-中国-三国时代
Ⅳ.E993.2

中国版本图书馆 CIP 数据核字（2019）第 281236 号

| 书　　名 | 三国兵争要地与攻守战略研究（全三册） |
|---|---|
| 著　　者 | 宋　杰 |
| 责任编辑 | 齐浣心 |
| 责任印制 | 陈丽娜 |
| 出版发行 | 中华书局 |
| | （北京市丰台区太平桥西里 38 号　100073） |
| | http://www.zhbc.com.cn |
| | E-mail:zhbc@zhbc.com.cn |
| 印　　刷 | 三河市中晟雅豪印务有限公司 |
| 版　　次 | 2019 年 1 月第 1 版 |
| | 2020 年 1 月第 2 版 |
| | 2023 年 6 月第 9 次印刷 |
| 规　　格 | 开本/920×1250 毫米　1/32 |
| | 印张 48⅛　插页 6　字数 1100 千字 |
| 印　　数 | 20501-25500 册 |
| 国际书号 | ISBN 978-7-101-14323-2 |
| 定　　价 | 198.00 元 |

# 目　录

## 蜀汉篇

# 插图目录

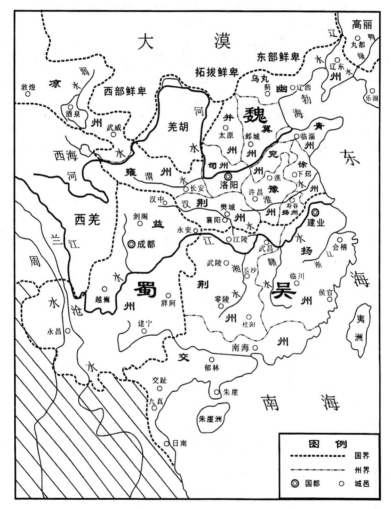

图一 三国鼎立形势图(220—263年)

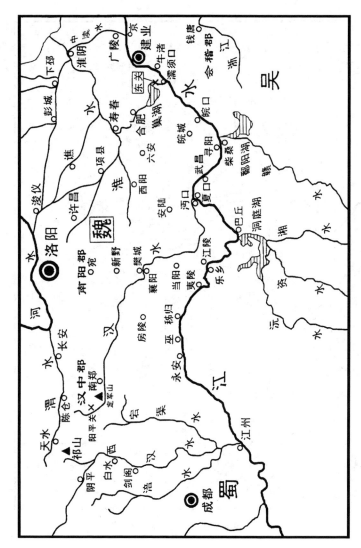

图二 三国边防兵要争地示意图

# 绪　论

东汉末年开始的军阀割据混战,导致中国社会自秦朝统一后首次陷入长期的政治分裂。从初平元年(190)正月关东诸侯会盟讨伐董卓,到太康元年(280)三月西晋六路大军平吴,重新一统天下,其间整整持续了九十年。汉末三国的漫长历史可以根据其不同时期战争的地域表现特点,以赤壁之战作为分界线,划分为"中原争雄"和"南北对峙"前后两大阶段。现对其情况分述如下:

## (一)中原争雄阶段

赤壁之战以前,影响重要且规模较大的战役基本上是在关东[①]地区进行。董卓之乱爆发后,各地群雄并起。如孙策与袁术书中所言:"然河北(袁绍)通谋黑山,曹操放毒东徐,刘表称乱南荆,公孙瓒炰烋北幽,刘繇决力江浒,刘备争盟淮隅。"[②]政治、军事斗争的主流是几股较强的势力逐鹿于中原,其中袁绍、袁术与吕布的表现更为引人瞩目,而曹操起初的实力和声望均有所不及。北宋何去非曾评论道:"方二袁之起,借其世资以撼天下。绍举四

---

① "关东"或称"山东",泛指函谷关或崤山以东的广大地域。胡三省曰:"合天下言之,则河南、河北通谓之山东,函(谷)关以西为山西。"《资治通鉴》卷217唐玄宗天宝十四载十二月注。

② 《三国志》卷46《吴书·孙策传》注引《吴录》载孙策使张纮为书曰。

州之众,南向而逼官渡。术据南阳,以扰江淮,遂窃大号。吕布骁勇,转斗无前,而争兖州。方是之时,天下之窥曹公,疑不复振。而人之所以争附而乐赴者,袁、吕而已。"①后来曹操从吕布手里夺回兖州,又南下豫州占据颍川、汝南,"因为屯田,积谷于许都以制四方"②,并挟天子以令诸侯,从而掌握了政治和军事上的主动权。建安三年(198),"太祖既破张绣,东禽吕布,定徐州,遂与袁绍相拒。"③此后中原的战争由群雄兼并演变为袁曹相争,曹操对袁氏集团的作战一直沿续到建安十二年(207)九月,他在北征乌桓获胜后班师,次年(208)正月才返回邺城。辽东太守公孙康杀袁尚、袁熙,传其首级表示归顺,至此曹操得以统一北方。

### (二)南北对峙阶段

建安十三年(208)冬,曹操在赤壁战败后退还中原,从此形成了他与孙、刘两家各据南北的长期相持局面。如诸葛亮在战前对孙权所分析的那样,"今将军诚能命猛将统兵数万,与豫州协规同力,破操军必矣。操军破,必北还。如此则荆、吴之势强,鼎足之形成矣。"④此后十一年间,孙、刘集团的势力逐步扩张,而曹操步步退却,致使孙权进据江北,刘备入蜀后夺取益州,关羽水淹七军后围攻襄樊。苏辙曾说曹操:"其志本欲尽扫群雄,而后取汉耳。既灭二袁、吕布、刘表,欲遂取江东而不克;既破马超、韩遂,欲并

---

①[宋]何去非:《魏论上》,冯东礼注译:《何博士备论注译》,解放军出版社,1990年,第105页。

②《三国志》卷28《魏书·邓艾传》。

③《三国志》卷10《魏书·荀彧传》。

④《三国志》卷35《蜀书·诸葛亮传》。

举巴蜀而不果;再屈于吴、蜀,而公亦老矣。"①这一扩张趋势发展
的拐点出现在建安二十四年(219),刘备在全据汉中后称王,孙权
袭取荆州,擒杀关羽;此后三方陆续称帝登极,它们的疆域也基本
上稳定下来,进入鼎足分立的状态,谁都没有能力迅速消灭对手。
如王夫之所言:"汉、魏、吴之各自帝也,在三年之中,盖天下之称
兵者已尽,而三国相争之气已衰也。曹操知其子之不能混一天
下,(曹)丕亦自知一篡汉而父子之锋芒尽矣。先主固念曹氏之不
可摇,而退息乎岩险。孙权观望曹、刘之胜败,既知其情之各自
帝,而息相吞之心。"②曹魏与吴、蜀的攻防作战大体维持在江淮、
江汉之间与秦岭山区的广袤地带,虽然在边界冲突中互有得失,
但是各自领土范围没有发生大的变动。三国鼎立的局面沿续了
四十余年,曹魏在此期间国力逐渐恢复强大,于景元四年(263)灭
亡蜀汉;但是魏、晋与孙吴南北对峙的格局仍然存在,直到西晋太
康元年(280)灭吴才宣告结束。

　　综上所述,在汉末至晋初的长期战乱时期,魏、蜀、吴三国鼎
立的时间最久。如前所述,若从建安二十四年(219)开始算起,到
蜀汉炎兴元年(263)刘禅降魏,前后共计四十四年。这一政治局
面的形成与演变,固然与曹操及孙、刘两家的施政和用兵得失有
关,但也离不开他们各自依凭的地理条件。冀朝鼎曾经指出:"导
致这次分裂的物质的与根本的因素,是几个对立竞争的经济区的
兴起。这些经济区的生产力及其位置,能足以使它们成为同统治

①[宋]苏辙:《栾城后集》卷10《历代论四·宋武帝》,[宋]苏辙著,曾枣庄、马德富校点:
　《栾城集》,上海古籍出版社,1987年,第1254页。
②[清]王夫之:《读通鉴论》卷10《三国》,中华书局,1975年,第266页。

主要基本经济区的君主的权威,作长期抗衡的基地。蜀(或称四川红色盆地)的日益成长,和长江下游吴的新兴昌盛,就属于这种情形。这样,便产生了力量均衡的三国时代。"①下文即对魏、蜀、吴三家分立的地理因素展开论述。

①冀朝鼎:《中国历史上的基本经济区与水利事业的发展》,中国社会科学出版社,1981年,第79页。

# 第一章　三国鼎立的地理形势

## 一、曹魏之"中国"

魏自曹操统一北方,至曹丕称帝时,其疆域东至大海,西到河西走廊的终点敦煌,北抵长城,南逾淮、汉与孙吴边境相邻,又隔秦岭和蜀国对峙。据蒋济所言,曹魏当时有十二州[①]。杜恕给明帝上书中列举其州名为荆、扬、青、徐、幽、并、雍、凉、兖、豫、司(隶)、冀[②],占据了汉朝旧有领土之大半。司马迁《史记·货殖列传》把西汉全国分为山西、山东、江南和龙门、碣石北四个经济区域[③],而

---

①《三国志》卷14《魏书·蒋济传》:"今虽有十二州,至于民数,不过汉时一大郡。"

②《三国志》卷16《魏书·杜畿附子恕传》:"今荆、扬、青、徐、幽、并、雍、凉缘边诸州皆有兵矣,其所恃内充府库外制四夷者,惟兖、豫、司、冀而已。"笔者按:杜佑《通典》卷171《州郡一》曰:"魏氏据中原,有州十三。"又在注文中言其"分凉州置秦州,理上邽,今天水郡"。其说为后代学者所沿袭,如马端临《文献通考》卷322《舆地考八》、顾祖禹《读史方舆纪要》卷2《历代州域形势二》、洪亮吉《补三国疆域志·魏疆域》等篇。清谢钟英考证后指出曹魏实际未设秦州:"终《三国志》无'秦州'二字,《宋书·州郡志》:'晋武帝置秦州。'《晋书·武帝纪》:'太(泰)始五年春二月,以雍州陇右五郡及凉州之金城、梁州之阴平置秦州。'是秦州始于晋武。洪氏从《晋书·地理志》列秦州,非也。"见《〈补三国疆域志〉补注》,《二十五史补编》编委会编:《二十五史补编·三国志补编》,北京图书馆出版社,2005年,第421页。

③《史记》卷129《货殖列传》:"夫山西饶材、竹、榖、纑、旄、玉石;山东多鱼、盐、漆、丝、声色;江南出楠、梓、姜、桂、金、锡、连、丹沙、犀、玳瑁、珠玑、齿革;龙门、碣石北多马、牛、羊、旃裘、筋角;铜、铁则千里往往山出棋置。此其大较也。"

曹魏此时就占据了其中江南以外的三个,特别是山西(关西)和山东(关东)两个重要的区域,拥有陕甘的黄土高原与关中平原,以及华北大平原、山西高原、山东半岛、豫西丘陵和南阳盆地,它们在历史上作为三代王畿和华夏诸侯的居住活动地域,又是秦汉王朝中央政权主要依靠的先进农耕区。冀朝鼎评论道:"虽然西汉着重发展关中,而东汉则更多地将其注意力集中于河内。但是,包括泾水、渭水和汾水流域,以及黄河的河南—河北部分在内的这一整个地区,却构成了一个基本经济区,这一基本经济区,是从公元前206年到公元220年整个两汉时期的主要供应基地和政权所在地。"①出于以上原因,汉末三国人士习惯把曹操及后来魏国的上述统治区域称为"中国",即中原王朝的所在地,带有尊重和褒扬的含义。如陈群上奏曰:"今中国劳力,亦吴、蜀之所愿。此安危之机也,惟陛下虑之。"②华歆上疏云:"为国者以民为基,民以衣食为本。使中国无饥寒之患,百姓无离土之心,则天下幸甚。"③不仅魏人如此称呼,孙、刘两家之君臣亦然。如孙策对虞翻说:"卿博学洽闻,故前欲令卿一诣许,交见朝士,以折中国妄语儿。"④华覈谏孙皓曰:"欲与中国争相吞之计,其犹楚汉势不两立,非徒汉之诸王淮南、济北而已。"⑤诸葛亮劝孙权联刘抗曹:"若能以吴、越之众与中国抗衡,不如早与之绝。"⑥

---

①冀朝鼎:《中国历史上的基本经济区与水利事业的发展》,第78页。
②《三国志》卷22《魏书·陈群传》。
③《三国志》卷13《魏书·华歆传》。
④《三国志》卷57《吴书·虞翻传》注引《江表传》。
⑤《三国志》卷65《吴书·华覈传》。
⑥《三国志》卷35《蜀书·诸葛亮传》。

　　由于曹魏的疆域辽阔,人口众多,中原的经济文化又经历了长期的发达传承,具有悠久的历史积淀,梁启超称其"积千余年之精英"①;因而比起吴、蜀则拥有巨大的军事、人才优势。诸葛恪曾云:"昔秦但得关西耳,尚以并吞六国。今贼皆得秦、赵、韩、魏、燕、齐九州之地,地悉戎马之乡,士林之薮。今以魏比古之秦,土地数倍;以吴与蜀比古六国,不能半之。"②袁淮亦谓曹爽曰:"吴楚之民脆弱寡能,英才大贤不出其土,比技量力,不足与中国相抗。"③吴、蜀之所以能够与曹魏鼎足并立,主要是因为汉末以来的长期战乱给北方带来了严重的破坏,经济衰敝,人口剧减。如杜恕所言:"今大魏奄有十州之地,而承丧乱之弊,计其户口不如往昔一州之民。"④所以大大削弱了曹魏据有的各种资源优势,再加上吴、蜀据有长江和秦岭的天然障碍为地利,得以构成相对的均势。如朱治所言,曹操虽然平定了中原,"而中国萧条,或百里无烟,城邑空虚,道殣相望,士叹于外,妇怨乎室,加之以师旅,因之以饥馑,以此料之,岂能越长江与我争利哉?"⑤《汉晋春秋》亦云:"自今三家鼎足四十有余年矣。吴人不能越淮、沔而进取中国,中国不能陵长江以争利者,力均而智侔,道不足以相倾也。"⑥

　　曹魏前期,边境各州频受战事困扰而经济萧条,其粟帛财赋主要依赖内地的黄河下游区域。如杜恕所言:"今荆、扬、青、徐、

---

①梁启超:《中国地理大势论》,《饮冰室合集》第2册,中华书局,1989年,第83页。
②《三国志》卷64《吴书·诸葛恪传》。
③《三国志》卷4《魏书·三少帝纪·齐王芳》正始七年十二月注引《汉晋春秋》。
④《三国志》卷16《魏书·杜畿附子恕传》。
⑤《三国志》卷56《吴书·朱治传》注引《江表传》。
⑥《三国志》卷58《吴书·陆抗传》注引《汉晋春秋》习凿齿曰。

幽、并、雍、凉缘边诸州皆有兵矣，其所恃内充府库外制四夷者，惟兖、豫、司、冀而已。"①其中冀州是曹操立国之本②，邺城为霸府所在，曾经多次向那里移民并大力兴修水利、拓广垦殖。因此在当时，"冀州户口最多，田多垦辟，又有桑枣之饶。"③另一个经济较为发达的地区是许都所在的豫州颍川郡，曹操曾接受枣祗的建议，"以任峻为典农中郎将，募百姓屯田许下，得谷百万斛。郡国列置田官，数年之中，所在积粟，仓廪皆满。"④邓艾后来对此追述道："昔破黄巾，因为屯田，积谷于许都以制四方。"⑤曹丕称帝后复除颍川郡一年田租，并下诏曰：

> 颍川，先帝所由起兵征伐也。官渡之役，四方瓦解，远近顾望，而此郡守义，丁壮荷戈，老弱负粮。昔汉祖以秦中为国本，光武恃河内为王基，今朕复于此登坛受禅，天以此郡翼成大魏。⑥

随着局势逐渐稳定，曹魏的社会经济得以恢复，其效果最为显著和影响重大的是关中和两淮地区。关中平原号称沃野，董卓被诛后，"(李)傕等放兵劫略，攻剽城邑，人民饥困，二年间相啖食略尽。"⑦据《晋书》卷26《食货志》所载，曹操平定北方后听从卫觊

---

①《三国志》卷16《魏书·杜畿附子恕传》。
②《三国志》卷1《魏书·武帝纪》汉献帝建安十八年五月丙申策命："今以冀州之河东、河内、魏郡、赵国、中山、常山、巨鹿、安平、甘陵、平原凡十郡，封君为魏公。"
③《三国志》卷16《魏书·杜畿附子恕传》。
④《晋书》卷26《食货志》。
⑤《三国志》卷28《魏书·邓艾传》。
⑥《三国志》卷2《魏书·文帝纪》黄初二年正月。
⑦《三国志》卷6《魏书·董卓传》。

专卖食盐的建议，"以其直益市犁牛，百姓归者以供给之。勤耕积粟，以丰殖关中。"施行之后，"流人果还，关中丰实。"司马懿镇雍凉，"兴京兆、天水、南安盐池，以益军实。青龙元年，开成国渠，自陈仓至槐里，筑临晋陂，引汧、洛溉舄卤之地三千余顷，国以充实焉。"他主持朝政时又采纳邓艾在两淮驻军屯田的主张，"令淮北二万人、淮南三万人分休，且佃且守。"同时兴修漕渠和陂塘，"上引河流，下通淮颍，大治诸陂于颍南、颍北，穿渠三百余里，溉田二万顷，淮南、淮北皆相连接。自寿春到京师，农官兵田，鸡犬之声，阡陌相属。每东南有事，大军出征，泛舟而下，达于江淮，资食有储，而无水害。"关中与两淮的繁荣明显增强了北方政权的国力，从而促进了魏、晋对蜀、吴作战的获胜，王夫之称诸葛亮北伐时，司马懿虽处于守势，却能不战而屈人之兵。"据秦川沃野之粟，坐食而制之。"[①]又说："曹孟德始屯田许昌，而北制袁绍，南折刘表；邓艾再屯田陈、项、寿春，而终以吞吴；此魏、晋平定天下之本图也。"[②]

## 二、孙吴之"江东"与"南荆"

孙权袭取荆州之后，占据了江南半壁河山，疆域辽阔，物产丰饶。陆机称其"地方几万里，带甲将百万，其野沃，其民练，其财丰，其器利，东负沧海，西阻险塞，长江制其区宇，峻山带其封域，

---

①［清］王夫之：《读通鉴论》卷 10《三国》，第 270 页。
②［清］王夫之：《读通鉴论》卷 10《三国》，第 285 页。

国家之利,未见有弘于兹者矣"①。吴国据有荆、扬、交、广四州,但交、广地处岭南,偏远荒僻,人烟稀少。孙氏政权依赖的主要是经济发达的荆、扬两州,所谓"割据山川,跨制荆、吴,而与天下争衡矣"②。汉代广义的"吴地"包括今长江下游两岸的平原,以及皖、赣、浙、闽四省的江南丘陵与山地。《汉书》卷 28 下《地理志下》曰:"吴地,斗分野也。今之会稽、九江、丹阳、豫章、庐江、广陵、六安、临淮郡,尽吴分也。"其主体是东汉扬州所辖的九江、丹阳、庐江、吴郡、会稽、豫章六郡③,而孙吴立国奠基之扬州仅为其江南辖境,即《文选》卷 42 载阮瑀为曹公作书与孙权曰:"孤与将军,恩如骨肉,割授江南,不属本州,岂若淮阴捐旧之恨。"李善注:"扬州旧属江南,江南之地尽属焉。今魏徙扬州于寿春,而孙权全有江南之地,故云属本州也。"蒋济亦对曹操曰:"刘备、孙权,外亲内疏,关羽得志,权必不愿也。可遣人劝蹑其后,许割江南以封权,则樊围自解。"④

　　长江自江西九江折向东北流淌至南京、镇江,然后改向东流入海,故此河段的南岸地域在汉魏时期又称为"江东"。孙策临终谓孙权曰:"举江东之众,决机于两陈之间,与天下争衡,卿不如我;举贤任能,各尽其心,以保江东,我不如卿。"⑤其母太妃忧虑国事,"引见张昭及(董)袭等,问江东可保安否。"⑥广义的"江东"即

①《三国志》卷 48《吴书·三嗣主传》注引陆机《辨亡论》下篇。
②《三国志》卷 48《吴书·三嗣主传》注引陆机《辨亡论》上篇。
③东汉广陵郡和下邳国(原西汉临淮郡)归属徐州,六安则并入庐江郡。
④《三国志》卷 14《魏书·蒋济传》。
⑤《三国志》卷 46《吴书·孙策传》。
⑥《三国志》卷 55《吴书·董袭传》。

孙吴之扬州,其立国初期亦辖有六郡。建安七年(202)曹操向孙权征取质子,周瑜谏阻道:"今将军承父兄余资,兼六郡之众,兵精粮多,将士用命,铸山为铜,煮海为盐,境内富饶,人不思乱。泛舟举帆,朝发夕到,士风劲勇,所向无敌,有何逼迫,而欲送质?"①胡三省曰:"六郡,会稽、吴、丹阳、豫章、庐陵、庐江也。"②谢钟英按:"丹阳、庐江、会稽、吴、豫章五郡,《郡国志》并属扬州。(孙)策置庐陵。"③如前所述,"江东"只是汉朝扬州的江南部分。这一区域在古代历史上属于一个自然地理单元,由于在春秋时曾为吴、越两国的领土,故亦别称为"吴越"。如孙策托嘱群臣曰:"中国方乱,夫以吴、越之众,三江之固,足以观成败。公等善相吾弟!"④周瑜说孙权抗曹曰:"且舍鞍马,仗舟楫,与吴、越争衡,本非中国所长。"⑤秦朝统一天下后,将吴、越旧境并置为会稽郡,汉初被封与吴王刘濞,七国之乱后又归属朝廷直辖。汉武帝与严助书曰:"会稽东接于海,南近诸越,北枕大江。"⑥随后其南方的东越、闽越两国先后废灭,领土划入会稽郡,致使其南界直抵南海海滨,就其地域广大而言,竟为西汉百三郡国之冠。由于郡境辽远,管理不便,"后汉顺帝时,阳羡令周喜上书,以吴、越二国,周旋一万一千里,

---

①《三国志》卷54《吴书·周瑜传》注引《江表传》。
②《资治通鉴》卷64汉献帝建安七年胡三省注。
③〔清〕洪亮吉撰,〔清〕谢钟英补注:《〈补三国疆域志〉补注》,《二十五史补编》编委会编:《二十五史补编·三国志补编》,第537页。
④《三国志》卷46《吴书·孙策传》。
⑤《三国志》卷54《吴书·周瑜传》。
⑥《汉书》卷64上《严助传》。

以浙江山川险绝,求得分置。遂分浙江以西为吴郡,东为会稽郡。"①江东六郡当中,吴郡与会稽所辖境域和人口数量名列前茅,物产最为富饶,因而地位非常重要,故江东在汉末三国时又称为"吴会"。如刘备与孙权书云:"今(曹)操三分天下已有其二,将欲饮马于沧海,观兵于吴会,何肯守此坐须老乎?"②魏明帝任命蒋济领兵诏曰:"卿兼资文武,志节慷慨,常有超越江湖吞吴会之志,故复授将率之任。"③《资治通鉴》卷67汉献帝建安二十年三月胡三省注:"吴、会,谓吴、会稽二郡之地。"

广义的"江东"可用"沃野万里"④来形容,而狭义的"江东"之地域范围则要小得多。如乌江亭长谓项羽曰:"江东虽小,地方千里,众数十万人,亦足王也。愿大王急渡。"⑤这是仅指吴、越的经济发达地区,即今苏南太湖平原和浙北的宁绍平原,前者在吴郡的太湖流域,后者位于会稽郡北部钱塘江、浦阳江、曹娥江及甬江等河的冲积流域,也可以并为一个地理单元。如伍子胥所言:"夫吴之与越也,仇雠敌战之国也。三江环之,民无所移,有吴则无越,有越则无吴。"韦昭注曰:"三江,吴江、钱唐江、浦阳江。此言二国之民,三江绕之,迁徙非吴则越也。"⑥太湖古称震泽、具区或

---

①[唐]李吉甫:《元和郡县图志》卷26《江南道二·越州》,中华书局,1983年,第617页。又《水经注》卷40《浙江水》曰:"永建中,阳羡周嘉上书,以县远赴会至难,求得分置,遂以浙江西为吴,以东为会稽。"《后汉书》卷6《顺帝纪》永建四年:"是岁,分会稽为吴郡。"

②《三国志》卷32《蜀书·先主传》注引《献帝春秋》。

③《三国志》卷14《魏书·蒋济传》。

④《三国志》卷54《吴书·鲁肃传》。

⑤《史记》卷7《项羽本纪》。

⑥《国语》卷20《越语上》,上海古籍出版社,1978年,第633页。

笠泽,"其滨湖之县曰吴县、吴江、武进、无锡、宜兴、乌程、长兴,纵广三百八十三里,周回三万六千顷。"①附近土地平坦肥沃,又因水网密布而便于灌溉,自春秋以来就是著名的农垦区域,号称有三江五湖之利。例如范蠡谓句践曰:"与我争三江、五湖之利者,非吴耶?"②《史记》卷129《货殖列传》曰:"夫吴自阖庐、春申、王濞三人招致天下之喜游子弟,东有海盐之饶,章山之铜,三江、五湖之利,亦江东一都会也。"按太湖之"三江",据顾祖禹考证:"三江皆太湖之委流也,一曰松江,一曰娄江,一曰东江。《禹贡》'三江既入,震泽底定',释之者曰:松江下七十里分流,东北入海者为娄江,东南流者为东江,并松江为三江。《史记正义》:'苏州东南三十里名三江口。一江西南上七十里至太湖曰松江;一江东北下三百余里入海曰下江,亦曰娄江;一江东南上七十里至白蚬湖曰上江,亦曰东江。'"③而"五湖"则是太湖及周边数座支湖的统称,《资治通鉴》卷108晋孝武帝太元十七年十一月胡三省注:"虞翻曰:太湖有五湖:隔湖、洮湖、射湖、贵湖及太湖为五湖,并太湖之小支,俱连太湖,故太湖兼得五湖之名。韦昭曰:胥湖、蠡湖、洮湖、滆湖就太湖而五。郦善长谓长塘湖、射湖、贵湖、隔湖与太湖而五。《吴中志》谓贡湖、游湖、胥湖、梅梁湖、金鼎湖为五也。"张勃《吴录》曰:"五湖者,太湖之别名。"④实际上是指太湖泛滥时周边湖湾均被淹没从而连成一体之状态。参见《吴地记》:"五湖,太湖

①[清]顾祖禹:《读史方舆纪要》卷19《南直一》,中华书局,2005年,第898—899页。
②《国语》卷21《越语下》,第657页。
③[清]顾祖禹:《读史方舆纪要》卷19《南直一》,第903页。
④[宋]李昉等:《太平御览》卷66《地部三十一·湖》引《吴录》,中华书局,1960年,第313页。

东岸五湾也。古者水流顺道,五湖溪径可分,后世蓄泄不时,浸淫泛滥,五湖并而为一,与具区无以辨矣。"①宁绍平原北起钱塘江南岸,南接四明与会稽山地,西抵萧山,东至海滨,即今浙江杭州萧山与绍兴、宁波地区,亦为鱼米之乡。《水经注》卷40《浙江水》曰:"浙江又东北得长湖口,湖广五里,东西百三十里,沿湖开水门六十九所,下溉田万顷,北泻长江。"②长湖又称镜湖,东汉时曾在此兴修堤塘。《会稽记》曰:"汉顺帝永和五年,会稽太守马臻创立镜湖,在会稽、山阴两县界,筑塘蓄水高丈余,田又高海丈余,若水少则泄湖灌田,如水多则开湖泄田中水入海,所以无凶年,堤塘周回三百一十里,溉田九千余顷。"③上述水利工程规模巨大,对当地农业发展贡献良多,因此汉末会稽相当富庶,为孙策进兵江东的觊觎之地。如汉献帝初平四年(193)十二月,扬州刺史刘繇为孙策所破,"将奔会稽,许子将曰:'会稽富实,(孙)策之所贪,且穷在海隅,不可往也。'"④因而逃往豫章。江东因太湖流域及宁绍平原之沃饶而誉满天下,如枚乘所云:"夫吴有诸侯之位,而实富于天子。"又言:"夫汉并二十四郡,十七诸侯,方输错出,运行数千里不绝于道,其珍怪不如东山之府;转粟西乡,陆行不绝,水行满河,不如海陵之仓。"⑤如淳注:"东山,吴王之府藏也。"颜师古注引臣瓒曰:"海陵,县名也。有吴大仓。"汉末中原大乱,受长期兵灾与饥

①［清］顾祖禹:《读史方舆纪要》卷19《南直一》"五湖"条引《吴地记》,第900页。
②［北魏］郦道元注,［民国］杨守敬、熊会贞疏:《水经注疏》,江苏古籍出版社,1999年,第3305—3306页。
③［宋］李昉等:《太平御览》卷66《地部三十一·湖》引《会稽记》,第315页。
④《三国志》卷49《吴书·刘繇传》注引袁宏《汉纪》。
⑤《汉书》卷51《枚乘传》。

荒的影响,社会经济遭到了严重的摧残,而江东虽小有战乱,但破坏程度较轻,民生相对安定,以故成为北方士民避难之所。如《吴书》曰:

> 中州扰乱,(鲁)肃乃命其属曰:"中国失纲,寇贼横暴,淮、泗间非遗种之地,吾闻江东沃野万里,民富兵强,可以避害,宁肯相随俱至乐土,以观时变乎?"其属皆从命。[1]

《三国志》卷52《吴书·张昭传》亦曰:"汉末大乱,徐方士民多避难扬土,昭皆南渡江。"建安十八年(213),"曹公恐江滨郡县为权所略,征令内移。民转相惊,自庐江、九江、蕲春、广陵户十余万皆东渡江,江西遂虚。"[2]裴松之评论道:"自中原酷乱,至于建安,数十年间,生民殆尽,比至小康,皆百死之余耳。江左虽有兵革,不能如中国之甚也。"[3]王夫之亦云:"自汉末以来,数十年无屠掠之惨,抑无苛繁之政,生养休息,唯江东也。独惜乎吴无汉之正,魏之强,而终于一隅耳。不然,以平定天下而有余矣。"[4]

　　吴国的江东六郡,除了太湖平原和宁绍平原,还有"山越"居住活动的广大山岭丘陵区域。山越是古代南方越人的后裔,汉武帝时曾将东越、闽越居民迁徙到江淮之间的内地,但是仍有许多越人避居深山,拒绝接受封建王朝的统治。胡三省曰:"山越本亦越人,依阻山险,不纳王租,故曰山越。"[5]他们经常举兵反抗,攻没

---

① 《三国志》卷54《吴书·鲁肃传》注引《吴书》。
② 《三国志》卷47《吴书·吴主传》。
③ 《三国志》卷63《吴书·赵达传》评裴松之注。
④ [清]王夫之:《读通鉴论》卷10《三国》,第267页。
⑤ 《资治通鉴》卷56汉灵帝建宁二年九月胡三省注。

郡县,自汉末以来延续数百年。王鸣盛曾考证并总结道:"然则山越历六朝至唐,为害未息。"①孙吴的山越主要分布在今皖南、浙江全境、闽北、赣东北与江苏的宁镇(南京至镇江)丘陵一带,其活动的中心区域是在丹阳郡及其与邻近诸郡相互接壤的山区。《三国志》卷64《吴书·诸葛恪传》曰:"丹杨地势险阻,与吴郡、会稽、新都、鄱阳四郡邻接,周旋数千里,山谷万重,其幽邃民人,未尝入城邑,对长吏,皆仗兵野逸,白首于林莽。逋亡宿恶,咸共逃窜。"据史籍所载,中原的军阀曾屡次拉拢山越,企图借助其势力阻止孙氏在江南的扩张。如孙策创业时,"袁术深怨策,乃阴遣间使赍印绶与丹杨宗帅陵阳祖郎等,使激动山越,大合众,图共攻策。"②孙权继位后,"会丹杨贼帅费栈受曹公印绶,扇动山越,为作内应。"③但均被陆续剿灭。山越民风勇悍,"俗好武习战,高尚气力,其升山赴险,抵突丛棘,若鱼之走渊,猿狄之腾木也。"④孙吴统治集团一方面对其实行武力镇压,另一方面也采取了恩威并施的招抚办法,逼迫诱使其出山居住,成为国家的编户农民而提供赋役,收纳其精锐加入军队。如建安八年(203)贺齐平定闽北山越叛乱,"名帅尽禽,复立县邑,料出兵万人。"⑤建安二十二年(217),陆逊镇压丹阳山越,"遂部伍东三郡,强者为兵,羸者补户,得精卒数万人。"⑥嘉禾三年(234),诸葛恪"以丹杨山险,民多果劲。虽前发

---

① [清]王鸣盛撰,陈文和等校点:《十七史商榷》卷42《三国志四·山越》,凤凰出版社,2008年,第240页。
② 《三国志》卷51《吴书·孙辅传》注引《江表传》。
③ 《三国志》卷58《吴书·陆逊传》。
④ 《三国志》卷64《吴书·诸葛恪传》。
⑤ 《三国志》卷60《吴书·贺齐传》。
⑥ 《三国志》卷58《吴书·陆逊传》。

兵,徒得外县平民而已,其余深远,莫能禽尽,屡自求乞为官出之,三年可得甲士四万。"他被任命为丹阳太守后迫降山越,"岁期,人数皆如本规。恪自领万人,余分给诸将。"①何兹全统计,前后历次被料出收编入伍的山越合计约有十三四万②。考虑到孙吴占领荆州以后,全部兵力总数也不过二十余万人③,其中的数万山越作用不容小觑。赤壁之战前夕,黄盖曾说孙权:"用江东六郡山越之人,以当中国百万之众"④,即反映了他们是吴国军队中的一支辅助力量。

孙吴与曹魏、西晋政权的南北对峙,反映在地理方面则主要表现为黄河中下游区域与长江中下游区域的抗衡。吴国的另一个统治重心区域就是位于长江中游的荆州,该州以今湖北南漳县西的荆山为名。《后汉书·郡国志四》载东汉荆州领南阳、南郡、江夏、长沙、桂阳、武陵、零陵七郡,汉末又增置章陵为八郡⑤;其地北抵伏牛山脉,南至五岭,西据巫峡,东达下雉(治今湖北省阳新县东)、寻阳(治今湖北省黄梅县西南)。因为荆州原是楚国旧境,故亦以"楚"为代称。《汉书》卷28下《地理志下》曰:"楚地,翼、轸之分野也。今之南郡、江夏、零陵、桂阳、武陵、长沙及汉中、汝南郡,尽楚分也。"刘琮即位后与群臣曰:"今与诸君据全楚之地,守

①《三国志》卷64《吴书·诸葛恪传》。

②参见何兹全:《孙吴的兵制》,《中国史研究》1984年第3期。

③《三国志》卷48《吴书·三嗣主传·孙皓》注引《晋阳秋》载孙皓归降时,"(王)濬收其图籍:领州四,郡四十三,县三百一十三,户五十二万三千,吏三万二千,兵二十三万,男女口二百三十万。"

④《三国志》卷54《吴书·周瑜传》注引《江表传》。

⑤[清]吴增仅:《三国郡县表附考证·魏荆州部》:"章陵郡,建安初年以南阳章陵县置郡。"《二十五史补编》编委会编:《二十五史补编·三国志补编》,第300页。

先君之业,以观天下,何为不可乎?"①贾诩谓曹操曰:"若乘旧楚之
饶,以飨吏士,抚安百姓,使安土乐业,则可不劳众而江东稽服
矣。"②汉魏时荆州又称"荆楚",例如王粲云:"刘表雍容荆楚,坐观
时变,自以为西伯可规。"③刘备弃新野而南下,"荆楚群士从之如
云。"④不过,自汉末战乱爆发以来,荆州北部的南阳郡先后被孙
坚、袁术、张绣等军阀占领,后归属曹操,因而刘表割据的荆州中
南部又被称作"南荆"。如孙策致袁术书云:"刘表称乱南荆,公孙
瓒炰烋北幽。"⑤曹丕称帝后将汉宫乐曲另填新词,"改《上陵》为
《平南荆》,言曹公平荆州也。"⑥赤壁之战以后,曹操放弃了南郡编
县(今湖北荆门市)以南的地域,命令乐进、曹仁等据守襄阳,文聘
镇石阳(今湖北黄陂西),故孙权袭杀关羽后仍占有汉朝荆州的中
南部,比刘表的统治区域略有退缩。吴增仅考证:"(曹操)十月败
于赤壁,于是零陵、桂阳、武陵、长沙、临江诸郡悉入吴。(次年)十
二月周瑜破走曹仁,又得南郡以南地,魏遂不置南郡,其时所统只
南阳、南乡、襄阳、章陵及江夏之北境。自是以后,吴、魏遂各置荆
州,为两界重镇矣。"⑦吴国统治的荆州区域并不完整,因此将其称
为"南荆"应该更为符合历史实际。

　　荆州疆域辽阔,资源丰富,又地处大江中游,属于"四战之

①《三国志》卷6《魏书·刘表传》。

②《三国志》卷10《魏书·贾诩传》。

③《三国志》卷21《魏书·王粲传》。

④《三国志》卷39《蜀书·刘巴传》。

⑤《三国志》卷46《吴书·孙策传》注引《吴录》载孙策使张纮致袁术书。

⑥《晋书》卷23《乐志下》。

⑦[清]吴增仅:《三国郡县表附考证·魏荆州部》,《二十五史补编》编委会编:《二十五
　　史补编·三国志补编》,第306页。

地",因而在军事上具有重要的意义。如诸葛亮对刘备所言:"荆州北据汉、沔,利尽南海,东连吴会,西通巴蜀,此用武之国,而其主不能守。此殆天所以资将军,将军岂有意乎?"[1]该州民众繁盛,地广饶沃,又处于江东上流,对吴会地区构成威胁,因此有识之士屡次建议孙权夺取该地。如鲁肃进说曰:"夫荆楚与国邻接,水流顺北,外带江汉,内阻山陵,有金城之固。沃野万里,士民殷富,若据而有之,此帝王之资也。"[2]甘宁建议道:"南荆之地,山陵形便,江川流通,诚是国之西势也。宁已观刘表,虑既不远,儿子又劣,非能承业传基者也。至尊当早规之,不可后(曹)操。"[3]吕蒙接替鲁肃军职后,"与关羽分土接境,知羽骁雄,有并兼心,且居国上流,其势难久。"因此力劝孙权袭取荆州,而不要把主力投入徐州作战。"徐土守兵,闻不足言,往自可克。然地势陆通,骁骑所骋,至尊今日得徐州,(曹)操后旬必来争,虽以七八万人守之,犹当怀忧。不如取羽,全据长江,形势益张。"[4]这项计划最终被孙权采纳并获得成功。

　　荆州的经济重心为两湖平原,即今湖北的江汉平原和湖南的洞庭湖平原,其地域原系古云梦泽,受长江及其支流汉、湘诸水泥沙的淤塞,逐渐成为冲积平原。两湖平原地势低平,河湖密布,因而土壤肥沃,物产丰饶。《汉书》卷28下《地理志下》曰:"楚有江汉川泽山林之饶;江南地广,或火耕水耨。民食鱼稻,以渔猎山伐为业,果蓏蠃蛤,食物常足。"又云:"江陵,故郢都,西通巫、巴,东有云梦之饶,亦一都会也。"汉末中原群雄混战连年,但是"荆州丰

①《三国志》卷35《蜀书·诸葛亮传》。
②《三国志》卷54《吴书·鲁肃传》。
③《三国志》卷55《吴书·甘宁传》。
④《三国志》卷54《吴书·吕蒙传》。

乐,国未有衅"①。诸葛恪曾追述道:"近者刘景升在荆州,有众十万,财谷如山,不及曹操尚微,与之力竞,坐观其强大,吞灭诸袁。"②可见其物力之雄盛。但是在赤壁之战以后,曹操与孙、刘联军在南郡的江北地区交战多年,破坏严重。如庞统所言:"荆州荒残,人物殚尽。"③孙权袭取江陵、擒杀关羽之后,在黄初二至四年(221—223)又接连遭遇了夷陵之战和曹丕发动的江陵围城之役,沉重地摧残了当地的经济与民生,不仅百姓死伤流离,田畴荒莱,还造成瘟疫流行。"疠气疾病,夹江涂地。"④在频繁的战乱打击与威胁之下,南郡江北地区的劫余民众纷纷迁移到南岸。《三国志》卷9《魏书·夏侯尚传》曰:"荆州残荒,外接蛮夷,而与吴阻汉水为境,旧民多居江南。"孙吴的荆州北境退缩到临江的一些军事要塞,放弃了对江陵、沔口以北地区的行政统治和防御据点。江汉之间广袤区域成为魏、吴双方对峙的中间地带,即所谓"斥候之郊,非畜牧之所;转战之地,非耕桑之邑"⑤。南郡江北区域是江汉平原的核心地带,对于荆州的经济、政治影响非常重要。如蒯越所言:"南据江陵,北守襄阳,荆州八郡可传檄而定。"⑥而这一地区的失控大大削弱了孙吴立国养兵的经济来源,几乎丧失了两湖平原在江北的一半,只能依靠荆州江南四郡(长沙、武陵、桂阳、零陵)提供的粮饷。洞庭湖平原的农业虽然也很发达,例如刘备据

①《三国志》卷25《魏书·辛毗传》。
②《三国志》卷64《吴书·诸葛恪传》。
③《三国志》卷37《蜀书·庞统传》注引《九州春秋》。
④《三国志》卷2《魏书·文帝纪》注引《魏书》载丙午诏。
⑤《宋书》卷64《何承天传》。
⑥《后汉书》卷74下《刘表传》。

荆州时，"以（诸葛）亮为军师中郎将，使督零陵、桂阳、长沙三郡，调整其赋税，以充军实。"①全琮之父全柔，"徙桂阳太守。柔尝使琮赍米数千斛到吴，有所市易。"②关羽水淹七军后，"得于禁等人马数万，粮食乏绝，擅取（孙）权湘关米。"③胡三省注："吴与蜀分荆州，以湘水为界，故置关。"但是仅凭其有限的出产，供养孙吴荆州十余万驻军与郡县官吏已经很吃力，恐怕无法再向朝廷提供财赋。吴国经济主要凭借江东而不是南荆，例如，孙皓在甘露元年（265）迁都武昌，当地归属荆州，可是帝室与百官、中军需要的物资依然要由吴会地区供给。"扬土百姓溯流供给，以为患苦。"④即便如此，还是给贵族官僚的生活带来不利的影响，以致引起他们的强烈反对，甚至编出民谣："宁饮建业水，不食武昌鱼；宁还建业死，不止武昌居。"⑤以此给朝廷施加压力，迫使孙皓在次年还都建业，以便靠近三吴的财赋渊薮，而荆州的两湖区域则是作为辅助的经济来源。此后，这一格局自东晋沿续到六朝时期的结束。如何尚之所言："荆、扬二州，户口半天下，江左以来，扬州根本，委荆以阃外。"⑥

## 三、蜀汉之"益州"

建安二十四年（219）七月，刘备在沔阳（今陕西勉县）称汉中

①《三国志》卷35《蜀书·诸葛亮传》。
②《三国志》卷60《吴书·全琮传》。
③《资治通鉴》卷68汉献帝建安二十四年十月。
④《三国志》卷61《吴书·陆凯传》。
⑤《三国志》卷61《吴书·陆凯传》。
⑥《宋书》卷66《何尚之传》。

王,建立蜀汉政权,其疆域包括今四川盆地、汉中盆地和云贵高原;后来诸葛亮北伐时,又取得陇南山地的一部分。清儒谢钟英对此概述曰:"先主取巴蜀,定汉中。后主得阴平、武都。其时巴分为四,犍为、广汉分为二,南中分置云南、兴古。有州一,郡二十,属国一,县一百四十有六。"①又云:"其境东界吴,北界魏,今四川(巫山县属吴)、贵州(铜仁、思州、黎平属吴)、云南三省,陕西汉中府、兴安府之石泉,甘肃阶州、秦州之两当、徽皆其地。"②蜀国领土为汉代益州辖区,故其国土亦以州名代称。如诸葛亮云:"今天下三分,益州疲弊,此诚危急存亡之秋也。"③州名的来历,据说有险陋和广大的含义。《晋书》卷14《地理志上》曰:"《春秋元命包》云:'参伐流为益州,益之为言陋也。'言其所在之地险陋也,亦曰疆壤益大,故以名焉。"四川盆地周围环山,地势北高南低而坡度平缓,境内诸水汇入长江,经三峡流出。北部高山遮蔽寒风,因而气候温和,雨量充沛,盆地底部成渝地区的平原和山地很早就得到了开垦,成为西南地区的农业发达区域。境内的动植物和矿产资源非常丰富,故亦称"天府之国"。《汉书》卷28下《地理志下》曰:"巴、蜀、广汉本南夷,秦并以为郡,土地肥美,有江水沃野,山林竹木疏食果实之饶。南贾滇、僰僮,西近邛、莋马旄牛。民食稻鱼,亡凶年忧,俗不愁苦。"

益州疆域辽远,《华阳国志》将其分为巴、蜀、汉中和南中四个

---

① [清]谢钟英:《三国疆域表下·蜀疆域》,《二十五史补编》编委会编:《二十五史补编·三国志补编》,第407页。

② [清]洪亮吉撰、[清]谢钟英补注:《〈补三国疆域志〉补注》,《二十五史补编》编委会编:《二十五史补编·三国志补编》,第516页。

③ 《三国志》卷35《蜀书·诸葛亮传》。

区域。秦与西汉之巴郡位于四川盆地东部，"其地东至鱼复，西至
僰道，北接汉中，南及黔涪。"①刘琳考证："大抵西包嘉陵江、涪江
之间以至泸州一带，东至奉节，北抵米仓山、大巴山南坡，南及贵
州思南一带。"②巴地山岭较多，平坝略少，地形高下错落，其河谷
宜种谷物，山中富产矿藏与林木禽兽，岭坡适于畜牧及梯田耕种，
河川利捕鱼类，故农林牧副渔五业均衡。如常璩所言："土植五
谷，牲具六畜。桑、蚕、麻、苎、鱼、盐、铜、铁、丹、漆、茶、蜜、灵龟、
巨犀、山鸡、白雉、黄润、鲜粉，皆纳贡之。"③由于巴郡辖区广大，行
政管理较为困难，东汉后期始有分郡而治的提议。桓帝永兴二年
(154)郡吏白望上书曰：

> 谨按《巴郡图经》境界，南北四千，东西五千，周万余里。
> 属县十四，盐、铁五官各有丞史。户四十六万四千七百八十，
> 口百八十七万五千五百三十五。远县去郡千二百至千五百
> 里。乡亭去县或三、四百，或及千里。土界退远，令尉不能穷
> 诘奸凶。时有贼发，督邮追案，十日乃到。贼已远逃踪迹，灭
> 绝罪录。逮捕证验，文书诘讯，即从春至冬，不能究讫。绳宪
> 未加，或遇德令。是以贼盗公行，奸宄不绝。④

因而请求将巴郡分置为二，但是未被朝廷采纳。汉末天下大乱，
益州局势亦有震荡。疆域广阔的郡国在动乱年代更加难以掌控，
长吏一旦率郡造反，则人多势众，平叛殊为不易。而领土较小的

---

①［晋］常璩撰，刘琳校注：《华阳国志校注》卷1《巴志》，巴蜀书社，1984年，第25页。
②［晋］常璩撰，刘琳校注：《华阳国志校注》卷1《巴志》，第25页。
③［晋］常璩撰，刘琳校注：《华阳国志校注》卷1《巴志》，第25页。
④［晋］常璩撰，刘琳校注：《华阳国志校注》卷1《巴志》，第48页。

郡则便于上级灵活操纵,即使反叛也便于镇压。故益州牧刘璋在兴平元年(194)接受了赵韪的建议,分巴郡为三。"以垫江以上为巴郡,河南庞羲为太守,治安汉;以江州至临江为永宁郡,朐忍至鱼复为固陵郡,巴遂分矣。"①建安六年(201),"(刘)璋乃改永宁为巴郡,以固陵为巴东,徙(庞)羲为巴西太守。是为'三巴'。"②

　　蜀郡位处川西,"其地东接于巴,南接于越,北与秦分,西奄峨嶓(笔者按:即峨眉山、嶓冢山)。"③辖区包括位于其中心地带的成都平原以及南北两翼的低山平原相间区域。蜀地水土沃衍,自战国时已有李冰主持的都江堰灌溉工程,"旱则引水浸润,雨则杜塞水门,故记曰:水旱从人,不知饥馑,时无荒年,天下谓之'天府'也。"④《风俗通义》亦载,秦昭王"遣李冰为蜀郡太守,开成都两江,溉田万顷,无复水旱之灾,岁大丰熟。"⑤汉代蜀地的水利建设继续发展,"孝文帝末年,以庐江文翁为蜀守,穿湔江口,溉灌繁田千七百顷。是时世平道治,民物阜康。"⑥这里成为益州经济最为发达富饶的地区,如李熊所言:"蜀地沃野千里,土壤膏腴,果实所生,无谷而饱。女工之业,覆衣天下。名材竹干,器械之饶,不可胜用。又有鱼盐铜银之利,浮水转漕之便。"⑦蜀郡是益州经济的主要支柱,财赋粮饷之所依赖。如果该地失控或遭到摧残,那么四川的地方政权就很难再将其统治维持下去。如法正致刘璋书云:

①[晋]常璩撰,刘琳校注:《华阳国志校注》卷1《巴志》,第55页。
②[晋]常璩撰,刘琳校注:《华阳国志校注》卷1《巴志》,第55页。
③[晋]常璩撰,刘琳校注:《华阳国志校注》卷3《蜀志》,第175页。
④[晋]常璩撰,刘琳校注:《华阳国志校注》卷3《蜀志》,第202页。
⑤[汉]应劭撰,王利器校注:《风俗通义校注》,中华书局,1981年,第583页。
⑥[晋]常璩撰,刘琳校注:《华阳国志校注》卷3《蜀志》,第214页。
⑦《后汉书》卷13《公孙述传》。

"计益州所仰惟蜀,蜀亦破坏;三分亡二,吏民疲困,思为乱者十户而八;若敌远则百姓不能堪役,敌近则一旦易主矣。"①

秦汉之汉中郡位于秦岭与大巴山之间,"其地东接南郡,南接广汉,西接陇西、阴平,北接秦川。"②汉中盆地气候温润,四周环山,森林茂盛,"褒斜材木竹箭之饶,拟于巴蜀"③。汉江从中穿过,沿途汇集支流众水,盆底多有适于农垦的河川平原和丘陵、平坝,宜种稻麦。史称"厥壤沃美,赋贡所出,略侔三蜀"④。楚汉战争之中,"高帝东伐,萧何常居守汉中,足食足兵。既定三秦,萧何镇关中,资其众,卒平天下。"⑤丰富的物产与周围的山险使其能够闭关自守,成为一个小独立王国。如阎圃说张鲁曰:"汉川之民,户出十万,财富土沃,四面险固;上匡天子,则为桓、文,次及窦融,不失富贵。"⑥汉中盆地位于川陕交通的必经之途,割据四川者往往力图占领该地,将其作为北部的防御屏障。例如,"周显王之世,蜀王有褒、汉之地。"⑦后来,"蜀王别封弟葭萌于汉中,号苴侯,命其邑曰葭萌焉。"刘琳注:"葭萌之邑在今广元县老昭化,而其封地则从广元以达汉中。"⑧曹操在建安二十年(215)攻占汉中,即对四川构成严重的威胁。"蜀中一日数十惊,(刘)备虽斩之而不能安

---

① 《三国志》卷37《蜀书·法正传》。
② [晋]常璩撰,刘琳校注:《华阳国志校注》卷2《汉中志》,第103页。
③ 《史记》卷29《河渠书》。
④ [晋]常璩撰,刘琳校注:《华阳国志校注》卷2《汉中志》,第103页。
⑤ [晋]常璩撰,刘琳校注:《华阳国志校注》卷2《汉中志》,第108页。
⑥ 《三国志》卷8《魏书·张鲁传》。
⑦ [晋]常璩撰,刘琳校注:《华阳国志校注》卷3《蜀志》,第187页。
⑧ [晋]常璩撰,刘琳校注:《华阳国志校注》卷3《蜀志》,第191页。

也。"①黄权对刘备说:"若失汉中,则三巴不振,此为割蜀之股臂
也。"并建议出兵夺取该地,以保障四川的安全。刘备听从其策,
"然卒破杜濩、朴胡,杀夏侯渊,据汉中,皆(黄)权本谋也。"②

　　汉中与四川盆地关系密切,自然环境也很相似。《风俗通义》
曰:"户律:汉中、巴、蜀、广汉,自择伏日。俗说:汉中、巴、蜀、广
汉,土地温暑,草木早生晚枯,气异中国,夷、狄畜之,故令自择伏
日也。"③以此缘故,上述两个区域在历史上经常被视为同一个地
理单元。如《华阳国志》称汉中,"其分野与巴、蜀同占。"④苏秦说
秦惠王曰:"大王之国,西有巴、蜀、汉中之利,北有胡貉、代马之
用。"⑤秦汉魏晋习惯统称汉中与四川为"蜀汉"。如汉初天下饥
馑,"凡米石五千,人相食,死者过半。高祖乃令民得卖子,就食蜀
汉。"⑥《后汉书》卷31《廉范传》:"范父遭丧乱,客死于蜀汉,范遂
流寓西州。"曹操谓荀彧曰:"吾所惑者,又恐(袁)绍侵扰关中,乱
羌、胡,南诱蜀汉,是我独以兖、豫抗天下六分之五也。"⑦钟会平蜀
后图谋反叛,声称:"事成,可得天下;不成,退保蜀汉,不失作刘
备也。"⑧

　　"南中"为云贵高原与四川盆地的南部山区,因为偏远荒僻而
导致经济文化相当落后,又多受峰岭峡谷分割而成为诸夷散居之

---

①《三国志》卷14《魏书·刘晔传》注引《傅子》。
②《三国志》卷43《蜀书·黄权传》。
③[汉]应劭撰,王利器校注:《风俗通义校注》,第604页。
④[晋]常璩撰,刘琳校注:《华阳国志校注》卷2《汉中志》,第103页。
⑤[西汉]刘向集录:《战国策》卷3《秦策一》,上海古籍出版社,1978年,第78页。
⑥《汉书》卷24上《食货志上》。
⑦《三国志》卷10《魏书·荀彧传》。
⑧《三国志》卷28《魏书·钟会传》。

地。"西南夷君长以什数,夜郎最大;其西靡莫之属以什数,滇最大;自滇以北君长以什数,邛都最大:此皆魋结,耕田,有邑聚。其外西自同师以东,北至楪榆,名为嶲、昆明,皆编发,随畜迁徙,毋常处,毋君长,地方可数千里。"①秦朝曾开"五尺道"以沟通该地,并派驻官吏。秦汉之际中原战乱,当地又恢复了分裂与独立的政治状态,直到汉武帝时才重新控制了云贵地区,正式设置郡县,划入益州刺史部。《晋书》卷14《地理志上》曰:"汉初有汉中、巴、蜀。高祖六年,分蜀置广汉,凡为四郡。武帝开西南夷,更置犍为、牂柯、越嶲、益州四郡,凡八郡,遂置益州统焉,益州盖始此也。及后汉,明帝以新附置永昌郡,安帝又以诸道置蜀、广汉、犍为三郡属国都尉,及灵帝又以汶江、蚕陵、广柔三县立汶山郡。"建安十九年(214)刘备占领四川,南中郡县表示服从,刘备"遣安远将军南郡邓方以朱提太守、庲降都督治南昌县。轻财果毅,夷汉敬其威信"②。章武元年(221)邓方去世,"遂以(李)恢为庲降都督,使持节领交州刺史,住平夷县。"③夷陵之战失败后刘备退保永安(今重庆市奉节县),患病而终,南中各郡大姓纷纷叛乱,"高定恣睢于越嶲,雍闿跋扈于建宁,朱褒反叛于牂柯。"④后被诸葛亮率师渡泸剿灭。

南中各地多山岭而峡谷密布,缺少平地,因而农业不够发达,但是矿产和畜牧资源丰富。汉初曾在其边境设立关徼,"巴蜀民

①《史记》卷116《西南夷列传》。
②[晋]常璩撰,刘琳校注:《华阳国志校注》卷4《南中志》,第350页。
③《三国志》卷43《蜀书·李恢传》。
④《三国志》卷43《蜀书·李恢传》。

或窃出商贾,取其筰马、僰僮、髦牛,以此巴蜀殷富。"①新莽灭亡后,"光武称帝,以南中有义。益州西部,金银宝货之地,居其官者,皆富及十世。"②诸葛亮平南中后,"出其金、银、丹、漆、耕牛、战马给军国之用。"③同时还征调其精锐补充北伐兵力,"移南中劲卒青羌万余家于蜀,为五部,所当无前,号为飞军。"④诸葛亮亦言其汉中麾下有"賨、叟、青羌散骑、武骑一千余人"⑤。由于远离内地又经济落后,云贵高原往往在历史上成为与其接壤的四川之附属地区。如梁启超所言:"然蜀与滇相辅车者也。故孔明欲图北征,而先入南⑥。四川、云南实政治上一独立区域也。"⑦云贵可以说是巴蜀的后方,顾祖禹曰:

> 诸葛武侯有言:"南方已定,事在中原。"夫以关中之地,岂不十倍于巴、蜀,武侯之贤,岂不知得关、陇十倍于保巴、蜀,而必先定南方者,盖定南方可以固巴、蜀,固巴、蜀然后可以图关中。武侯谨慎有余,跋前疐后之举,断断不敢出者也。⑧

不过,由于当地夷人与汉族风俗文化各异,矛盾很深,因此南中少数民族对于割据四川的蜀汉政权来说,只是一股可以利用而不能依赖的势力。炎兴元年(263)魏将邓艾偷渡阴平,攻占绵竹

---

①《汉书》卷 95《西南夷传》。
②[晋]常璩撰,刘琳校注:《华阳国志校注》卷 4《南中志》,第 347 页。
③[晋]常璩撰,刘琳校注:《华阳国志校注》卷 4《南中志》,第 357 页。
④[晋]常璩撰,刘琳校注:《华阳国志校注》卷 4《南中志》,第 357 页。
⑤《三国志》卷 35《蜀书·诸葛亮传》注引《汉晋春秋》。
⑥作者注:"南"字后疑佚一"中"字。
⑦梁启超:《中国地理大势论》,《饮冰室合集》第 2 册,第 84 页。
⑧[清]顾祖禹:《读史方舆纪要·陕西方舆纪要序》,第 2450 页。

（今四川德阳市北），成都形势危急。刘禅召集群臣商议对策，"或以为南中七郡，阻险斗绝，易以自守，宜可奔南。"后主对此犹豫不决，谯周上疏坚决反对说："南方远夷之地，平常无所供为，犹数反叛，自丞相亮南征，兵势逼之，穷乃幸从。是后供出官赋，取以给兵，以为愁怨，此患国之人也。今以穷迫，欲往依恃，恐必复反叛，一也。北兵之来，非但取蜀而已，若奔南方，必因人势衰，及时赴追，二也。若至南方，外当拒敌，内供服御，费用张广，他无所取，耗损诸夷必其，其必速叛，三也。"①最后说服了刘禅君臣不再考虑南迁而决定降魏。

　　需要指出的是，东汉初年以来，益州在全国政治地理格局中的地位发生了很大变化。秦朝与西汉时期建都于咸阳、长安，把国土划分为两大部分，其一是京师所在的"山西"、"关西"，或称"关中"；其二是关外的"山东"，或称为"关东"。这里的"关中"是其广义概念，包括了泾渭平原以及陇西六郡、河西四郡和巴蜀、汉中，即现代史学家所谓的"大关中"②。如司马迁所言："故关中之地，于天下三分之一，而人众不过什三，然量其富，什居其六。"③而狭义的"关中"仅指今陕西中部的泾渭流域，"关中自汧、雍以东至河、华，膏壤沃野千里。"④据张家山汉简《二年律令·津关令》所言，"关西"或广义的"关中"是指"扞关、郧关、武关、函谷、临晋关，及诸其塞之河津"以西、以内的广大地域。扞关在今重庆市奉节

①《三国志》卷42《蜀书·谯周传》。
②参见王子今：《秦汉区域地理学的"大关中"概念》，《人文杂志》2003年第1期；朱绍华等：《司马迁的三种"关中"概念》，《中国历史地理论丛》1999年第4期。
③《史记》卷129《货殖列传》。
④《史记》卷129《货殖列传》。

县东,郧关在湖北郧县东北,武关在陕西商州东南,函谷关在河南灵宝县,临晋关在陕西大荔县东朝邑镇,这五座关津地处山西、山东两大地区的分界线上①。两地居民不得私自来往,必须持有文书证明。"关中"由于是京畿和统治重心地区所在,境内吏民享受的经济、政治利益要高于"关外",即"关东"百姓,因此封列侯者以居"关内"为荣,而以封地在"关外"为低人一等②。另外,统治集团力图造成"关中"对其他地区在经济上的优势,制定了许多特殊政策以保证其富强。例如《二年律令·津关令》规定了关中的黄金、错金器具与铜、马匹禁止外流等措施。秦朝与汉初的巴蜀、汉中地区的人口、财赋还不能支持一个独立的地方政权长期存在,因此在政治地理上被划入"关中"的地域范围,作为关、陇地带的附属区域。秦末起义时,楚怀王与诸将立约:"先入定关中者王之。"③这本来是指狭义的"关中",即泾渭平原。但刘邦平定秦地之后,项羽、范增不愿将富饶的泾渭平原分封给他,便偷换概念,封予其蜀汉之地。《史记》卷7《项羽本纪》载项、范二人:

> 又恶负约,恐诸侯叛之。乃阴谋曰:"巴、蜀道险,秦之迁人皆居蜀。"乃曰:"巴、蜀亦关中地也。"故立沛公为汉王,王巴、蜀、汉中,都南郑。

西汉与新莽灭亡后,光武帝刘秀定都洛阳,"关中"与关外居

---

① 参见辛德勇:《汉武帝"广关"与西汉前期地域控制的变迁》,《中国历史地理论丛》2008年第2期;杨健:《西汉初期津关制度研究》,上海古籍出版社,2010年。
② 参见《汉书》卷6《武帝纪》:"(元鼎)三年冬,徙函谷关于新安。以故关为弘农县。"注引应劭曰:"时楼船将军杨仆数有大功,耻为关外民,上书乞徙东关,以家财给其用度。武帝意亦好广阔,于是徙关于新安,去弘农三百里。"
③ 《史记》卷8《高祖本纪》。

民身份的差别与政府的各种限制不复存在,而巴蜀、汉中也从"关中"、"关西"的地域范围中脱离出来,成为一个相对独立的完整地理单元,如前所述,被称为"益州"。另一方面,由于当地经济的发展,其综合实力增强,所以有能力在战乱时期供养一个与中原王朝对抗的割据政权。再加上四川盆地周围山岭环绕,仅有东边的峡江与北边的蜀道与内地相通,因为易守难攻而开始为后世雄豪所瞩目,企图以此为立足之地,退可以闭关自守,进则能窥取中州。如李熊说公孙述:"北据汉中,杜褒、斜之险;东守巴郡,拒扞关之口;地方数千里,战士不下百万。见利则出兵而略地,无利则坚守而力农。东下汉水以窥秦地,南顺江流以震荆、杨。所谓用天因地,成功之资。"①汉末大乱之时,有识之士也屡屡向君主提出入川的建议。如诸葛亮《隆中对》曰:"益州险塞,沃野千里,天府之土,高祖因之以成帝业。刘璋暗弱,张鲁在北,民殷国富而不知存恤,智能之士思得明君。"②甘宁说孙权进攻江夏,"一破(黄)祖军,鼓行而西,西据楚关,大势弥广,即可渐规巴蜀。"③赤壁之战后,周瑜进见孙权曰:"今曹操新折衄,方忧在腹心,未能与将军连兵相事也。乞与奋威俱进取蜀。"④庞统说刘备曰:"东有吴孙,北有曹氏,鼎足之计,难以得志。今益州国富民强,户口百万,四部兵马,所出必具,宝货无求于外,今可权借以定大事。"⑤最终被刘备捷足先登,攻取益州,奠定了蜀汉立国的基础。但是曹魏毕竟

①《后汉书》卷13《公孙述传》。
②《三国志》卷35《蜀书·诸葛亮传》。
③《三国志》卷55《吴书·甘宁传》。
④《三国志》卷54《吴书·周瑜传》。
⑤《三国志》卷37《蜀书·庞统传》注引《九州春秋》。

疆域广大,基础雄厚,经过数十年休养生息后实力大增。司马昭曾说:"今诸军可五十万,以众击寡,蔑不克矣。"①而蜀汉政治腐败,民不聊生,其全部兵力也仅有十万左右②,又缺乏明智的将帅指挥调度,其迅速败亡也就在情理之中了。如羊祜所言:"及进兵之日,曾无藩篱之限,斩将搴旗,伏尸数万,乘胜席卷,径至成都,汉中诸城,皆鸟栖而不敢出。非皆无战心,诚力不足相抗。"③他还指出,西晋灭吴也是势在必胜。"今江淮之难,不过剑阁;山川之险,不过岷汉;孙皓之暴,侈于刘禅;吴人之困,甚于巴蜀。而大晋兵众,多于前世;资储器械,盛于往时。"因而向武帝建议:"宜当时定,以一四海。"④晋初全国兵力至少在六十万人以上⑤,而此时东吴全部军队为"兵二十三万"⑥,又分散部署在数千里长江沿岸,故难以抵挡晋朝大军的进攻。加上孙皓昏庸暴虐,臣民离心,如张悌所言:"吴之将亡,贤愚所知。"⑦南北双方经济、军事力量的巨大差距,决定了中国政治发展的历史趋势,使曹魏、西晋相继灭掉蜀、吴,结束分裂割据而重新统一天下。

---

①《晋书》卷2《文帝纪》。

②《三国志》卷33《蜀书·后主传》注引王隐《蜀记》载刘禅投降时,"又遣尚书郎李虎送士民簿,领户二十八万,男女口九十四万,带甲将士十万二千,吏四万人。"

③《晋书》卷34《羊祜传》。

④《晋书》卷34《羊祜传》。

⑤笔者按:前引《晋书》卷2《文帝纪》载司马昭言魏末:"今诸军可五十万……"《三国志》卷33《蜀书·后主传》注引王隐《蜀记》刘禅降魏时有"带甲将士十万二千",故合计应在六十万以上。

⑥《晋书》卷3《武帝纪》太康元年三月壬寅条。

⑦《三国志》卷48《吴书·三嗣主传·孙皓》注引《襄阳记》。

# 第二章　三国战争的地理枢纽

## ——"兵家必争之地"

三国鼎立时期,魏与吴、蜀南北对峙,其疆界西抵陇右,东达海滨。三方各置要塞,屯驻兵马,以求保土安民和伺机攻略敌境。自建安二十四年(219)刘备夺得汉中、孙权袭取荆州,到景元四年(263)钟会伐蜀前夕,在四十余年之内,除了个别地段的得失(如魏取东三郡,蜀占武都、阴平等),魏、蜀两国的边界没有出现较大的变动。而曹魏与孙吴的防线也相对稳定,如诸葛亮所言:"(孙)权之不能越江,犹魏贼之不能渡汉,非力有余而利不取也。"[1]即使在蜀汉灭亡之后,吴国在汉水流域的戍所向后退缩[2],但仍在江北沿岸保持着基本完整的防御体系,直至西晋平吴为止。南北各方在如此漫长的边境上屯兵驻守,相拒多年,这在中国古代历史上是前所未有的局面。三国之间的长期军事对抗也呈现出鲜明的时代特点,就是各方并非平均部署兵力来保卫疆界,而是把边防驻军相对集中在若干重要的关塞、城市或区域来进行固守,而且收到良好的效果,以致能够屡次挫败敌人的攻势。魏与吴、蜀绵延数千里的国境之安全往往维系于几座要镇,即所谓"兵家必争

---

[1]《三国志》卷35《蜀书·诸葛亮传》注引《汉晋春秋》。
[2]《晋书》卷34《羊祜传》:"祜以孟献营武牢而郑人惧,晏弱城东阳而莱子服,乃进据险要,开建五城,收膏腴之地,夺吴人之资,石城以西,尽为晋有。"

之地"，当时的君主、将帅和谋臣对此多有清醒的认识。例如在魏
国方面，明帝曹睿曾说：

> 先帝东置合肥，南守襄阳，西固祁山，贼来辄破于三城之
> 下者，地有所必争也。[1]

合肥在汉末战乱时曾被曹操设为扬州治所[2]，赤壁之战以后
扬州州治北移寿春，合肥成为边境要塞，魏明帝时满宠又于城西
鸡鸣山麓另建新城[3]。笔者据《三国志》、《晋书》等史籍统计，孙吴
军队在公元 208 至 278 年间对合肥方向发动的进攻共有十二次，
其中国君亲征的有六次（孙权五次、孙皓至牛渚而返），权相（诸葛
恪、孙峻、孙綝）领兵有三次。襄阳与樊城相隔汉水而邻，汉末曾
屡次作为曹操荆州主将的驻地，曹丕代汉后荆州都督治所北移宛
城（今河南南阳市），襄阳、樊城为前线据点，蜀、吴对其策划、发动
的攻势前后共有八次。祁山城在今甘肃天水地区礼县城东的祁
山镇，诸葛亮北伐时曾两次进攻该地，姜维也屡到附近作战。

孙吴方面，孙皓甘露元年（265）遣使者纪陟到洛阳，权臣司马
昭与其谈论防务，内容如下：

> 又问："吴之戍备几何？"对曰："自西陵以至江都，五千七
> 百里。"又问曰："道里甚远，难为坚固？"对曰："疆界虽远，而

––––––––––––––––––––

[1]《三国志》卷 3《魏书·明帝纪》青龙二年六月。

[2]《三国志》卷 15《魏书·刘馥传》："太祖方有袁绍之难，谓馥可任以东南之事，遂表为扬
　州刺史。馥既受命，单马造合肥空城，建立州治，南怀（雷）绪等，皆安集之，贡献相继。"

[3]《三国志》卷 26《魏书·满宠传》："青龙元年，宠上疏曰：'合肥城南临江湖，北远寿
　春……其西三十里，有奇险可依，更立城以固守，此为引贼平地而掎其归路，于计为
　便。'……尚书赵咨以宠策为长，诏遂报听。"合肥新城的遗址发掘情况参见安徽省文
　物考古研究所：《合肥市三国新城遗址的勘探和发掘》，《考古》2008 年第 12 期。

其险要必争之地,不过数四。犹人虽有八尺之躯靡不受患,
其护风寒亦数处耳。"[1]

纪陟提到孙吴的江防要镇有四五座,但是仅列举了西陵(今湖北
宜昌市)和江都(亦称广陵,今江苏扬州市)。从有关文献记载来
看,还应有曹操"四越巢湖"所攻击的濡须口(今安徽无为县东
南)。曹丕黄初三年(222)三道征吴,除了进攻濡须,还有江陵(今
湖北荆州市)与历阳县之洞口(又称洞浦,在今安徽和县)[2]。司马
懿对魏明帝曰:"夏口、东关,贼之心喉。"[3]夏口即沔口,今湖北武
汉市汉口、汉阳区;东关在濡须口之北,今安徽巢湖市东关镇。西
晋咸宁五年(279)伐吴,"晋命镇东大将军司马伷向涂中,安东将
军王浑、扬州刺史周浚向牛渚,建威将军王戎向武昌,平南将军胡
奋向夏口,镇南将军杜预向江陵。"[4]涂中在今安徽滁州地区,牛渚
(采石矶)在今安徽马鞍山市,武昌为今湖北鄂州市,均为吴国沿
江重镇。

　　蜀汉方面,就四川盆地而言,对外出入主要凭借东边的峡江
和川北之蜀道,扼守通途的有位于瞿塘峡口的永安(今重庆市奉
节县),即古之扞关,汉朝鱼复(腹)县,又称作白帝城;还有号称
"关头"的白水关(今四川青川县东北)。如法正劝降刘璋书云:

———————————

[1]《三国志》卷48《吴书·三嗣主传·孙皓》甘露元年三月注引干宝《晋纪》。
[2]《三国志》卷48《吴书·吴主传》黄武元年,"秋九月,魏乃命曹休、张辽、臧霸出洞口,
　曹仁出濡须,曹真、夏侯尚、张郃、徐晃围南郡。"《三国志》卷2《魏书·文帝纪》黄初四
　年三月注引《魏书》载丙午诏曰:"孙权残害民物,朕以寇不可长,故分命猛将三道并
　征。今征东诸军与权党吕范等水战,则斩首四万,获船万艘。大司马据守濡须,其所
　禽获亦以万数。中军、征南,攻围江陵……"
[3]《晋书》卷1《宣帝纪》。
[4]《三国志》卷48《吴书·三嗣主传·孙皓》。

"又鱼复与关头实为益州福祸之门,今二门悉开,坚城皆下,诸军并破,兵将俱尽,而敌家数道并进,已入心腹,坐守都、雒,存亡之势,昭然可见。"[1]若从整个益州的防务来看,如前所述,则首推其北部的汉中郡。杨洪谓诸葛亮曰:"汉中则益州咽喉,存亡之机会,若无汉中则无蜀矣,此家门之祸也。"[2]汉末曹操曾于建安二十年(215)、二十三年(218)两次亲征汉中,魏国在太和四年(230)、正始五年(244)和景元四年(263)三次进攻汉中,最后钟会终于得手,占领盆地后随即攻破关城(今陕西宁强县西北),直抵剑阁。蜀汉的边防重镇有汉中、永安、庲降(即南中)[3]三处,各置都督统兵戍守,以保境安民。如张浚所言:"武侯之治蜀也,东屯白帝以备吴,南屯夜郎以备蛮,北屯汉中以备魏。"[4]参见《三国志》卷 43《蜀书·王平传》:"是时,邓芝在东,马忠在南,平在北境,咸著名迹。"

关于三国时期各方长期镇守几处枢要以抗御强敌的历史特点,曾经多次引起历代谋臣和史家的关注。较早论述这一现象的有刘宋的何承天,他在给朝廷上奏的《安边论》中提到了魏吴南北对峙、各置要塞的情况,指出双方都采取了后迁边界居民的作法,以形成无人居住的中间地带。"曹、孙之霸,才均智敌,江、淮之间,不居各数百里。魏舍合肥,退保新城,吴城江陵,移民南涘,濡

---

①《三国志》卷 37《蜀书·法正传》。

②《三国志》卷 41《蜀书·杨洪传》。

③庲降即南中,为蜀汉对云贵地区之总称。《三国志》卷 43《蜀书·李恢传》注:"臣松之讯之蜀人,云庲降地名,去蜀二千余里,时未有宁州,号为南中,立此职以总摄之。晋泰始中,始分为宁州。"

④[宋]王应麟:《通鉴地理通释》卷 11《三国形势考上·蜀汉重镇》"白帝"条引张氏曰,台湾:广文书局,1971 年,第 679 页。

须之戍,家停羡溪。"①这样做的目的是坚壁清野,避免边民受到抄掠,并且以此增加敌兵入侵时补充粮饷役夫的困难。上述措施历代行之有效,可以为南朝制定抵御北方政权进攻的策略提供借鉴。其文曰:

> 斥候之郊,非畜牧之所;转战之地,非耕桑之邑,故坚壁清野,以俟其来;整甲缮兵,以乘其敝。虽时有古今,势有强弱,保民全境,不出此涂。②

如果仅设军镇而未能后撤居民,则会给敌人可乘之机,造成严重的损失。"及襄阳之屯,民夷散杂,晋宣王以为宜徙沔南,以实水北,曹爽不许,果亡祖中,此皆前代之殷鉴也。"③

唐代杜佑在《通典》卷 171《州郡一》中,概括地总结了三国边防重镇的分布情况,综述曰:

> 魏氏据中原,有州十三,司隶、荆、荆河、兖、青、徐、凉、秦、冀、幽、并、扬、雍,有郡国六十八。东自广陵、寿春、合肥、沔口、西阳、襄阳,重兵以备吴;西自陇西、南安、祁山、汉阳、陈仓,重兵以备蜀。
>
> 蜀主全制巴蜀,置益、梁二州,有郡二十二,以汉中、兴势、白帝,并为重镇。
>
> 吴主北据江,南尽海,置交、广、荆、郢、扬五州,有郡四十有三。以建平、西陵、乐乡、南郡、巴丘、夏口、武昌、皖城、牛

---

① 《宋书》卷 64《何承天传》。
② 《宋书》卷 64《何承天传》。
③ 《宋书》卷 64《何承天传》。

渚圻、濡须坞,并为重镇。其后得沔口、邾城、广陵。①

他还在注释中简略考证了各方重镇的地点、守将、设置沿革与战争的发生情况(其中屡有谬误),最后予以说明:"自三国鼎立,更相侵伐,互有胜负。疆境之守,彼此不常,才得遽失,则不暇存也。今略纪其久经屯镇及要害之地焉。"注云:"其守将亦略纪其知名者,余不可遍举,他亦仿此。"②

杜佑的上述论证,成为此后史家研究三国要镇问题的论著之渊源和重要依据。例如南宋王应麟《通鉴地理通释》中的《三国形势考》,清朝顾祖禹《读史方舆纪要》卷2《历代州域形势二·三国》,都是在杜氏对魏、蜀、吴国边镇的论述基础上予以补充或发扬,可见其开创之绩久存。现代史学家史念海所著《论我国历史上东西对立的局面和南北对立的局面》一文③,其中下篇第二为《三国时期魏国与蜀吴两国南北对立的局面》,也是以杜佑的相关考证为梗概,从而再进行扩展而又深入的论述。

三国时期的这些边防重镇,由于地理位置的重要而成为各方交战对峙的热点,即所谓"兵家必争之地"。它们在近代军事地理学中被称为"枢纽地区",或是"锁钥地点"。克劳塞维茨曾经说过,"任何国家里都有一些特别重要的地点,那里有很多道路汇合在一起,便于筹集给养,便于向各个方向行动,简单地说,占领了这些地点就可以满足许多需要,得到许多利益。如果统帅们想用

---

① [唐]杜佑:《通典》卷171《州郡一》,中华书局,1988年,第4457—4459页。
② [唐]杜佑:《通典》卷171《州郡一》,第4459页。
③ 史念海:《论我国历史上东西对立的局面和南北对立的局面》,《中国历史地理论丛》1992年第1期。

一个词来表示这种地点的重要性,因而把它叫作国土的锁钥,那么似乎只有书呆子才会加以反对。"①如果率先夺取、控制了此类地点或区域,就能使自己处于比较优越的地位,促使战局的走势朝着有利于自己的方向发展。我国古代学者很早就认识到这一规律,并就三国兵争要地得失所产生的历史影响发表过许多重要论述。例如王应麟《三国形势考》中引周氏曰:

> 魏之重镇在合肥。孙氏既夹濡须而立坞矣,又堤东兴以遏东湖,又堰涂塘以塞北道,然总之不过于合肥、巢县之左右,力遏魏人之东而已。魏不能逾濡须一步,则建邺可以奠枕。故孙氏之为守易。②

又引吴氏曰:

> 吴据荆扬,尽长江所极而有之,而寿阳、合肥、蕲春皆为魏境。吴不敢涉淮以取魏,而魏不敢绝江以取吴,盖其轻重强弱足以相攻拒也。故魏人攻濡须,吴必倾国以争之,吴人攻合肥,魏必力战以拒之。终吴之世,曾不得淮南寸地,故卒无以抗魏。及魏已下蜀,经略上流,屯寿春,出广陵,则吴以亡矣。③

又引唐氏曰:

> 自古天下裂为南北,其得失皆在淮南。晋元帝渡江迄于陈抗对北虏者,五代得淮南也。杨行密割据迄于李氏,不宾

①[德]克劳塞维茨:《战争论》第二卷,商务印书馆,1978 年,第 636—637 页。
②[宋]王应麟:《通鉴地理通释》卷 12《三国形势考·下》引周氏曰,第 767—768 页。
③[宋]王应麟:《通鉴地理通释》卷 12《三国形势考·下》引吴氏曰,第 769 页。

中国者,三姓得淮南也。吴不得淮南而邓艾理之,故吴并于晋。陈不得淮南而贺若弼理之,故陈并于隋。南得淮则足以拒北,北得淮则南不能自保矣。[①]

李焘《吴论》曰:

> 三国时,天下之大势在襄阳,吴、蜀之要害,而魏之所以必争也。蜀为天下足,重关剑阁,险厄四蔽,而不可以图远。吴为天下首,山川阻深,士卒剽悍,而不能亡西顾之忧。襄阳者,天下之脊也。东援吴,西控蜀,连东西之势,以全天下形胜。使魏来伐,击吴则蜀掣于西,击蜀则吴牵于东;而襄阳通吴、蜀之援,以分北方之势,击襄阳则吴、蜀并起而救之。使魏可攻,则吴军历江淮,蜀军撼秦陇,而襄阳之众直指中原,则许、洛动摇而天下可定。[②]

顾祖禹《读史方舆纪要·南直方舆纪要序》曰:

> 欲固东南者必争江、汉,欲规中原者必得淮、泗;有江、汉而无淮、泗国必弱,有淮、泗而无江、汉之上游国必危。孙氏东不得广陵,西不得合肥,故终吴之世不能与魏人相遇于中原。[③]

又引张栻曰:

> 自古倚长江之险者,屯兵据要,虽在江南,而挫敌取胜,

---

①[宋]王应麟:《通鉴地理通释》卷12《三国形势考·下》引唐氏曰,第780页。
②[宋]李焘撰,胡阿祥、童岭点校:《六朝通鉴博议》卷1《吴论》,《六朝事迹编类·六朝通鉴博议》,南京出版社,2007年,第162页。
③[清]顾祖禹:《读史方舆纪要》卷19《南直一》,第869页。

多在江北，故吕蒙筑濡须坞而朱桓以偏师却曹仁之全师，诸葛恪修东兴堤而丁奉以兵三千破胡遵七十万（笔者注：应为"七万"）。转弱为强，形势然也。①

另一方面，历代兵家和学者也指出，地理因素并不能最终决定战争的胜负，如果君主无德，将帅乏才，朝野上下离心，那么战略要地就难以发挥其应有的作用。羊祜论曰："凡以险阻得存者，谓所敌者同，力足自固。苟其轻重不齐，强弱异势，则智士不能谋，而险阻不可保也。"并举伐蜀之役为例道："蜀之为国，非不险也，高山寻云霓，深谷肆无景，束马悬车，然后得济，皆言一夫荷戟，千人莫当。及进兵之日，曾无藩篱之限，斩将搴旗，伏尸数万，乘胜席卷，径至成都。"②顺利地灭亡了蜀国。陆机曾作《辨亡论》，对吴国之兴亡论述道："古人有言，曰：'天时不如地利'。《易》曰'王侯设险以守其国'，言为国之恃险也。又曰'地利不如人和'，'在德不在险'，言守险之由人也。"③孙权建国之际，部下谋臣勇将如云，"谋无遗算，举不失策，故遂割据山川，跨制荆、吴，而与天下争衡矣。"④而到孙皓末年，主昏臣庸，施政苛暴，导致国势衰败。"黔首有瓦解之志，皇家有土崩之衅，历命应化而微，王师蹑运而发，卒散于陈，民奔于邑，城池无藩篱之固，山川无沟阜之势。"⑤在这种情况下，晋朝大军摧枯拉朽般攻陷了各座坚城要塞。

①〔清〕顾祖禹：《读史方舆纪要》卷19《南直一》，第915—916页。
②《晋书》卷34《羊祜传》。
③《三国志》卷48《吴书·三嗣主传》注引《辨亡论》下篇。
④《三国志》卷48《吴书·三嗣主传》注引《辨亡论》上篇。
⑤《三国志》卷48《吴书·三嗣主传》注引《辨亡论》上篇。

# 第三章 对三国兵争要地形成原因的分析

如上所述,三国鼎立时期魏之要塞有合肥、襄阳与祁山等地,蜀之边镇以汉中与永安为重;吴国沿江上下数千里设防,因此镇戍较多,置都督者有西陵、乐乡(辖江陵、公安等地)、夏口、武昌、濡须等地。它们对当时的战局具有重要影响,即后代军事地理学所谓的"战略枢纽"。这里的问题是:三国的君主与将帅为什么会选择它们作为边防要镇?这些"锁钥地点"或"枢纽区域"形成的原因和背景何在?笔者认为,上述兵争要地的出现和长期存在需要一定的历史条件,具体说来有以下几个方面的因素。

## 一、几大经济区域的并存局面

三国的疆域相当辽阔,如陆机所言:"魏人据中夏,汉氏有岷、益,吴制荆、扬而奄交、广。"[①]前言已述,它们各自拥有若干基本经济区,如曹魏之"山东"和"山西"(或称"关东"、"关西"),前者包括华北平原与山东半岛,后者有关中平原和陕甘黄土高原。孙吴之"吴会"含有太湖平原和宁绍平原,"南荆"则以洞庭湖平原为主。蜀汉益州则仰赖四川盆地的巴、蜀沃壤。在自然经济占支配地位

①《三国志》卷48《吴书·三嗣主传》注引《辨亡论》下篇。

的情况下，上述各重要区域均能在人力、财力上为割据政权提供物质保证，使它们可以相对独立地统治一段时期，这些自给自足的区域充当了分裂势力的经济基础。在天下大乱、群雄并起的时候，各个军阀集团迫切需要解决的问题，就是控制某个重要的经济区域作为立足之处。如逢纪曰："夫举大事，非据一州，无以自立。"①因而力劝袁绍夺取冀州。荀彧对曹操讲："昔高祖保关中，光武据河内，皆深根固本以制天下，进足以胜敌，退足以坚守，故虽有困败而终济大业。……且河、济，天下之要地也，今虽残坏，犹易以自保，是亦将军之关中、河内也，不可以不先定。"②如果没有自己的根据地，仅仅依靠随处抢掠强征来攫取给养，军队所需粮草、器械和兵员就无法保证稳定的补充来源，难以在持久的战争中生存下去，因而是必败无疑的。如《魏书》所言董卓之乱爆发后，"诸军并起，无终岁之计，饥则寇略，饱则弃余，瓦解流离，无敌自破者不可胜数。"③赤壁之战结束后，刘备攻占四川，孙权进据江北，后又袭取荆州，三家鼎分之势渐成，而合肥、襄阳、濡须、汉中、江陵和西陵等戍也是在这一阶段相继建立起来，它们分布的地理位置都是在魏、蜀、吴重要经济区域——关中平原、华北平原与四川盆地、长江中下游平原相互交界的边缘地带。如汉中分隔川陕，"府北瞰关中，西蔽巴蜀。"④三峡是连接南荆和益州的惟一通道，西陵、永安处在其东西两端的峡口，既能阻击来寇，又可伺机进军。襄阳与合肥则是保护中原南境的屏障，李焘曾评论道："昔

①《后汉书》卷74上《袁绍传》。
②《三国志》卷10《魏书·荀彧传》。
③《三国志》卷1《魏书·武帝纪》注引《魏书》。
④[清]顾祖禹：《读史方舆纪要》卷56《陕西五·汉中府》，第2660页。

蜀将关羽自襄阳攻樊城，曹公仓皇失措，议迁都许以避之。诚以
襄阳之地北接宛、洛，兵自此可以溃中原之腹心，虽曹公之善用
兵，有不能抗者。"①顾祖禹曰："自大江而北出，得合肥则可以西问
申、蔡，北向徐、寿，而争胜于中原。"②江陵背依大江，是洞庭湖平
原的北面门户。荆邯曾说公孙述："令田戎据江陵，临江南之会，
倚巫山之固，筑垒坚守，传檄吴、楚，长沙以南必随风而靡。"③胡安
国云江陵："先主假之，三分天下；关羽用之，威震中华；孙氏有之，
抗衡曹魏。"④濡须、历阳濒临长江北岸，是防卫太湖平原与吴国首
都的前哨阵地。"然则濡须有警，不特建邺可虞，三吴亦未可处堂
无患也。"⑤曹魏与吴、蜀为了确保自己经济重心区域的安全，必须
在敌我交界地段部署兵力，争取御敌于国门之外，避免后方百姓
的生计遭受破坏蹂躏；同时也造成随时可以进入敌境的有利态
势，给对手造成威胁，因而攻守两便，具有防备入侵和准备出击的
双重作用。如法正建议刘备夺取汉中时称："今策（夏侯）渊、（张）
郃才略，不胜国之将帅，举众往讨，则必可克。克之之日，广农积
谷，观衅伺隙，上可以倾覆寇敌，尊奖王室；中可以蚕食雍、凉，广
拓境土；下可以固守要害，为持久之计。此盖天以与我，时不可
失也。"⑥

---

① [宋]李焘撰，胡阿祥、童岭点校：《六朝通鉴博议》卷2《东晋论》，《六朝事迹编类·六
　　朝通鉴博议》，第183页。
② [清]顾祖禹：《读史方舆纪要》卷26《南直八·庐州府》，第1270页。
③ 《后汉书》卷13《公孙述传》。
④ [清]顾祖禹：《读史方舆纪要》卷78《湖广四·荆州府》，第3654页。
⑤ [清]顾祖禹：《读史方舆纪要》卷26《南直八·庐州府》，第1283页。
⑥ 《三国志》卷37《蜀书·法正传》。

## 二、利于防守的地形、水文条件

地理环境是人类战争的舞台,在古代交通手段简单落后的情况下,山岭江河对军队的行进与物资运输会产生严重的阻碍作用,实行攀越、徒涉、舟济、架桥都有很多困难,强者的优势因而被削弱甚至抵消,实力较弱的一方则可以凭借地利之便,抵抗并挫败敌人的进攻。王应麟曰:"地有所必据,城有所必守。王公设险以守其国,大《易》之训也。"[①]三国对峙时期,尽管曹魏的疆域、财赋、人口和军队数量明显超过吴、蜀,但是后者能够利用山脉、河流等自然地理因素来部署防御,弥补自己兵力的劣势,形成鼎足而立的局面。如刘晔所言:"今天下三分,中国十有其八。吴、蜀各保一州,阻山依水,有急相救,此小国之利也。"[②]当时曹魏许多谋臣对此具有清醒的认识,所以屡次建议君主不可轻易用兵,操之过急。例如傅幹向曹操进谏曰:"今未承王命者,吴与蜀也。吴有长江之险,蜀有崇山之阻,难以威服,易以德怀。"[③]曹丕向臣下咨询,问征伐吴、蜀何者为先?贾诩对曰:"吴、蜀虽蕞尔小国,依阻山水,刘备有雄才,诸葛亮善治国,孙权识虚实,陆议见兵势,据险守要,泛舟江湖,皆难卒谋也。"[④]鲍勋也劝阻道:"王师屡征而未有所克者,盖以吴、蜀唇齿相依,凭阻山水,有难拔之势故也。"[⑤]蜀

①［宋］王应麟:《通鉴地理通释》卷11《三国形势考·上》,第657页。
②《三国志》卷14《魏书·刘晔传》注引《傅子》。
③《三国志》卷1《魏书·武帝纪》建安十九年七月注引《九州春秋》。
④《三国志》卷10《魏书·贾诩传》。
⑤《三国志》卷12《魏书·鲍勋传》。

汉使臣邓芝亦对孙权说:"吴、蜀二国四州之地,大王命世之英,诸葛亮亦一时之杰也。蜀有重险之固,吴有三江之阻,合此二长,共为唇齿,进可并兼天下,退可鼎足而立,此理之自然也。"①

　　蜀国的边境重镇汉中郡主要依靠北边的秦岭设防拒守,抵抗曹魏的入侵。秦岭又名南山、终南,宋敏求云:"终南横亘关中南面,西起秦、陇,东彻蓝田,相距且八百里。昔人言山之大者,太行之外,莫如终南。"②关中平原通往汉中盆地的道路,大多要穿越秦岭之间的各条峡谷。顾祖禹引《地志》曰:"南山大谷凡六,出奇步险,则南达汉中,东通襄、邓,故后秦姚苌拜郝奴为六谷大都督,使备南山之险。"注云:"六谷或曰子午、傥骆、褒斜南北分列,此六谷也。"③上述峡谷崎岖险峻,峭壁林立,往往必须架设栈道才得以通行。在此地段设置关塞,即可以少胜多,阻击强敌前进。如曹丕随征张鲁后回忆说:"汉中地形实为险固,四岳三涂皆不及也。张鲁有精甲数万,临高塞要,一夫挥戟,千人不得过。"④建安二十四年(219)春,刘备在汉中备战时胸有成竹。"先主遥策之曰:'曹公虽来,无能为也,我必有汉川矣。'及曹公至,先主敛众拒险,终不交锋,积月不拔,亡者日多。夏,曹公果引军还,先主遂有汉中。"⑤事后曹操对当时兵临险境还心有余悸,"数言'南郑直为天狱,中斜谷道为五百里石穴耳',言其深险,喜出(夏侯)渊军之辞也。"⑥

① 《三国志》卷45《蜀书·邓芝传》。
② [清]顾祖禹:《读史方舆纪要》卷52《陕西一》终南山条引宋敏求语,第2462页。
③ [清]顾祖禹:《读史方舆纪要》卷52《陕西一》终南山条引《地志》,第2460页。
④ [宋]李昉等:《太平御览》卷352《兵部·戟(上)》引《魏文帝书》,第1623页。
⑤ 《三国志》卷32《蜀书·先主传》。
⑥ 《三国志》卷14《魏书·刘放传》注引《孙资别传》。

正始五年（244）曹爽自关中征蜀，"大发卒六七万人，从骆谷入。是时关中及氐、羌转输不能供，牛马骡驴多死，民夷号泣道路。入谷行数百里，贼因山为固，兵不得进。"①后来被迫退兵时，"费祎进兵据三岭以截（曹）爽，爽争崄苦战，仅乃得过。所发牛马运转者，死失略尽，羌、胡怨叹，而关右悉虚耗矣。"②

孙权的守国战略，诸葛亮称之为"限江自保"③，即依凭浩荡长江来阻挡敌师的入侵，因此吴国濡须、邾城、沔口、江陵等要塞都是设在江北沿岸，迫使曹魏的多次南征临江而止。孙吴的援兵、给养则能通过长江的水路迅速到达，并使自己擅长乘舟厮杀的优势得以充分发挥。如诸葛亮所言："且北方之人，不习水战。"④而孙吴将士则惯于"上岸击贼，洗足入船"⑤。袁淮亦向曹爽指出，吴楚地区的经济、文化均落后于北方，"然自上世以来常为中国患者，盖以江汉为池，舟楫为用，利则陆钞，不利则入水，攻之道远，中国之长技无所用之也。"⑥梁启超曾分析中国古代多次出现南北对立分据的主要原因，认为是交通运输方式的落后与来往线路的不畅，使长江成为分隔两地的巨大障碍。其论曰：

> 畴昔南北交通之运未盛，故江南常足以自守。吴割据垂八十年，晋南渡百年，益以宋、齐、梁、陈百六十余年，宋南渡一百五十年，盖地势统合之力，未大定也。项羽亦不用乌江丈

①《三国志》卷9《魏书·曹爽传》。
②《三国志》卷9《魏书·曹爽传》注引《汉晋春秋》。
③《三国志》卷35《蜀书·诸葛亮传》注引《汉晋春秋》诸葛亮曰。
④《三国志》卷35《蜀书·诸葛亮传》。
⑤《三国志》卷54《吴书·吕蒙传》注引《吴录》。
⑥《三国志》卷4《魏书·三少帝纪·齐王芳》正始七年十二月注引《汉晋春秋》。

人之言耳;使其用之,则杜牧所谓"江东子弟多才俊,卷土重来未可知"。夫孰敢谓羽之才,反出孙权下也! 魏文临江而叹,谓天之所以限南北,孙皓谓长江天堑,岂能飞渡,有自来矣。①

　　秦岭和长江可以说是蜀、吴两国的天然战略工事,虽然曹魏一方的边境重镇没有条件利用类似的巨防,但也尽量在战术层面依托地险来加强防御能力。例如襄阳所在的鄂西北地区周围多有低山丘陵,襄阳城南凭岘山,北临汉江,受环境局限,来犯之敌的优势兵力难以展开。对岸的樊城与襄阳仅有一水之隔,既能分散敌人的进攻部队,又可以相互支援。因此《南齐书》卷15《州郡志下》称襄阳占据形势之便:"疆蛮带沔,阻以重山,北接宛、洛,平涂直至,跨对樊、沔,为鄢郢北门。"②江淮丘陵是大别山的余脉,自合肥西南向东北方向延伸,而合肥以西的将军岭则位于这一低山丘陵的蜂腰地段,有沟通南北的狭窄通道。两汉合肥城本来建在施水(今南淝河)岸边的平川之上,附近无险可守。魏明帝青龙元年(233),满宠奏请另建合肥新城,认为旧城近水,"贼往甚易,而兵往救之甚难,宜移城内之兵,其西三十里,有奇险可依,更立城以固守,此为引贼平地而椅其归路,于计为便。"③得到朝廷批准实行。近年安徽的考古发掘表明,三国合肥新城位于今合肥西北郊外,"遗址东距合肥至淮南市际公路约9公里,南临肥水故道,西距鸡鸣山约2公里,北为起伏连绵的岗地,新城遗址坐落在岗地顶部。"④这一山

①梁启超:《中国地理大势论》,《饮冰室合集》第2册,第99页。
②《南齐书》卷15《州郡志下·雍州》。
③《三国志》卷26《魏书·满宠传》。
④安徽省文物考古研究所:《合肥市三国新城遗址的勘探和发掘》,《考古》2008年第12期,第39页。

岗地段就是满宠所言之"奇险",移城之后改善了魏国的防御形势,给吴军的进攻造成困难。"其年,(孙)权自出,欲围新城,以其远水,积二十日不敢下船。"[1]祁山位于今甘肃礼县东北的祁山镇,是西汉水河谷川地突起的孤峰,高有数十丈,周围里许,"山上平地三千平方米,其下悬崖绝壁,峭峙孤险。"[2]因为其地势易守难攻,曹魏派遣兵将在山顶筑城防御。参见《水经注》卷20《漾水》:"祁山在嶓冢之西七十许里,山上有城,极为严固。昔诸葛亮攻祁山,即斯城也。汉水径其南,城南三里有(诸葛)亮故垒。"又引《开山图》曰:"汉阳西南有祁山,蹊径逶迤,山高岩险,九州之名阻,天下之奇峻。"[3]由此可见,三国的边防要戍并非设置在开阔、平坦的"四战之地",而是建在山岭岗丘地带或是江河沿岸,原因就是为了利用周围复杂的地形、水文条件,以此作为天然屏障来强化自己的防务。

## 三、水陆干道之冲要

军事地理学所谓的"锁钥地点"或"枢纽区域",被中国古代兵学家称为"衢地",即道路交汇的衢要。《孙子兵法·九地》曰:"四达者,衢地也。"[4]又云:"诸侯之地三属,先至而得天下之众者,为

---

①《三国志》卷26《魏书·满宠传》。
②童力群:《论祁山堡对蜀军的牵制作用》,《成都大学学报》2007年第3期。
③[北魏]郦道元注,[民国]杨守敬、熊会贞疏:《水经注疏》卷20《漾水》,第1691—1692页。
④[春秋]孙武撰,[三国]曹操等注,杨丙安校理:《十一家注孙子》,中华书局,2012年,第226页。

衢地。"①就是处在与敌国或第三国接壤的区域,并由几条道路汇集而能通往四方的交通枢纽,若能率先占领则占有主动的局面。三国的边防重镇基本上都属于这类地点或区域,例如,汉中盆地为川陕地区多条来往通道的交集之处。顾祖禹云:"汉中入关中之道有三,而入蜀中之道有二。所谓入关中之道三者,一曰褒斜道,二曰傥骆道,三曰子午道也。所谓入蜀之道二者,一曰金牛道,二曰米仓关道也。"②曹魏襄阳既是汉水与白河的汇合之地,又有驰道南通江陵,北达宛城(今河南南阳市)及洛阳,还能东北出方城而抵豫东平原③。因此司马懿称:"襄阳水陆之冲,御寇要害,不可弃也。"④合肥是施、肥诸水的汇合地段,《水经注》卷 32《肥水》曰:"施水受肥于广阳乡,东南流径合肥县……盖夏水暴长,施合于肥,故曰合肥也。"又云:"施水又东径合肥县城南,城居四水中,又东有逍遥津,水上旧有梁,孙权之攻合肥也,张辽败之于津北,桥不撤者两版。"⑤肥水经寿春入淮,施水流进巢湖,再经濡须水南入大江。江淮之间的上述水道及沿河的陆路均从合肥经过,因而成为道路要冲,和平时期即为南北商旅往来聚集之地。如《史记》卷 129《货殖列传》所言:"合肥受南北潮,皮革、鲍、木输会也。"《史记正义》注:"合肥,县,庐州治也。言江淮之潮,南北俱至庐州也。"

---

①[春秋]孙武撰,[三国]曹操等注,杨丙安校理:《十一家注孙子》,第 211 页。

②[清]顾祖禹:《读史方舆纪要》卷 56《陕西五·汉中府》,第 2663 页。

③《后汉书·郡国志四》注引《荆州记》曰:"襄阳旧楚之北津,从襄阳渡江,经南阳,出方关,是周、郑、晋、卫之道,其东津经江夏,出平睾关,是通陈、蔡、齐、宋之道。"

④《晋书》卷 1《宣帝纪》。

⑤[北魏]郦道元注,[民国]杨守敬、熊会贞疏:《水经注疏》卷 32《施水》,第 2690—2692 页。

孙吴西陵与蜀汉永安分别扼守三峡水陆通道的东西出口,其交通方面的重要性自不待言。在吴国的沿江重镇当中,江陵既是著名陆路"荆襄道"之南端终点,又可以由此乘舟浮扬水入沔,然后北抵襄阳。《水经注》卷28《沔水》曰:"沔水又东南与阳(扬)口合,水上承江陵县赤湖。江陵西北有纪南城,楚文王自丹阳徙此,平王城之。班固言:楚之郢都也。城西南有赤坂冈,冈下有渎水,东北流入城,名曰子胥渎,盖吴师入郢所开也。"[①]扬口又称作汉津,建安十三年(208)刘备弃樊城过襄阳南逃,"别遣关羽乘船数百艘,使会江陵。"[②]就是企图使用这条水路撤退。后来当阳兵败,"先主斜趋汉津,适与羽船会,得济沔,遇表长子江夏太守琦众万余人,与俱至夏口。"[③]沔口(或称夏口、汉口)为汉水入江之口,三国时期,"吴置督将于此,名为鲁口屯,以其对鲁山岸为名也。三国争衡,为吴之要害,吴常以重兵镇之。"[④]陆逊、诸葛瑾与朱然等曾屡率舟师驶入沔口,溯汉水而北攻襄阳。另外,由沔口入汉水后,还可以在堵口(今湖北仙桃市东北)转入汉江支流夏水,向西驶入江陵。赤壁之战后曹操北撤,留曹仁守江陵。周瑜率兵对其实行主攻,刘备则别领兵马乘船入沔,经夏水至江陵后方以构成合围[⑤],最终迫走曹仁,获得胜利。孙权袭取荆州时,也曾派遣蒋

①[北魏]郦道元注,[民国]杨守敬、熊会贞疏:《水经注疏》卷28《沔水中》,第2404—2405页。

②《三国志》卷32《蜀书·先主传》。

③《三国志》卷32《蜀书·先主传》。

④[唐]李吉甫:《元和郡县图志》卷27《江南道三·鄂州》,第643页。

⑤《三国志》卷54《吴书·周瑜传》注引《吴录》:"备谓瑜云:'仁守江陵城,城中粮多,足为疾害。使张翼德将千人随卿,卿分二千人追我,相为从夏水入截仁后,仁闻吾入必走。'瑜以二千人益之。"

钦率领水军从这条航道进攻江陵①。曹魏攻吴也可以利用汉水航道,从襄阳出发,顺流经沔口入江。司马懿曾向魏明帝建议:"凡攻敌,必扼其喉而搏其心。夏口、东关,贼之心喉。若为陆军以向皖城,引权东下,为水战军向夏口,乘其虚而击之,此神兵从天而堕,破之必矣。"②濡须口为濡须水入江之口。它与北邻之东关也是孙吴的抗魏要戍。汉末三国时期,淮南东部的中渎水多年淤塞,不甚通畅;如黄初六年(225)曹魏舟师伐吴,退兵过此道时曾在精湖搁浅,"于是战船数千皆滞不得行。"③由于这个缘故,当时沟通江淮的水道主要是经由淮南西部的淝水、巢肥运河④、施水和濡须水,所以魏、吴水师多在合肥、巢湖、濡须一线进行争战相拒。王象之曾曰:"古者巢湖水北合于肥河,故魏窥江南则循涡入淮,自淮入肥,繇肥而趣巢湖,与吴人相持于东关。吴人挠魏亦必繇此。"⑤孙权曾在濡须口筑立坞城,屯集重兵,在建安十八年(213)、二十二年(217)两度阻击了曹操的水师,使其不得顺利入江;后又把防地向北推进到东关(或称东兴,今安徽巢湖市东关镇),利用河岸的山险筑堤建城⑥,更为有效地扼守了这条南北水运干道。

　　曹魏与吴、蜀之间的接壤地带绵延数千里,由于受战乱的影

①《三国志》卷55《吴书·蒋钦传》:"(孙)权讨关羽,(蒋)钦督水军入沔,还,道病卒。"

②《晋书》卷1《宣帝纪》。

③《三国志》卷14《魏书·蒋济传》。

④参见杨钧:《巢肥运河》,《地理学报》1958年第1期。"巢肥运河"或称为"江淮运河",参见刘彩玉:《论肥水源与"江淮运河"》,《历史研究》1960年第3期。

⑤[清]顾祖禹:《读史方舆纪要》卷19《南直一·肥水》,第891页。

⑥[唐]李吉甫:《元和郡县图志·淮南道》曰:"东关口,在(巢)县东南四十里,接巢湖,在西北与合肥界,东南有石渠,凿山通水,是名关口,相传夏禹所凿,一号东兴。今其地高峻险狭,实守扼之所,故天下有事,必争之地。"中华书局,1983年,第1082页。

响,三国前期的经济衰败,人口严重耗减,各方无力征集供养数量庞大的军队,没有办法在漫长的国境上实行横贯南北的线式防御。由于部署得当,它们仅在交界之处的几个有限的地点或不大的区域配置兵力,就可以成功地阻击来犯之敌,其原因之一就在于这些重镇地当要冲,扼制了南北或东西方向的水陆交通干线,能够堵塞大规模军队调动和粮饷运输的必经之路。

## 四、武器装备与作战技术的制约

中国自春秋以后,社会生产力水平迅速提高,从而导致了铁兵器在军事领域的广泛应用。不过,尽管铁兵器的性能比青铜兵器优越,却没有发生本质上的变化,它们仍然属于冷兵器的范畴,在作战方面只利于近战杀伤,缺乏对城池、壁垒的破坏力。在这种情况下,防御的一方为了减少牺牲和避免在不利条件下的决战,普遍采取了据城固守和野战中坚壁筑垒的方法,能够以寡敌众。如《尉缭子》所言:"守法:城一丈,十人守之,工食不与焉。出者不守,守者不出。一而当十,十而当百,百而当千,千而当万。"①如果粮草充足,士气旺盛,守军通常能坚持很长时间。攻方即使兵力占有绝对优势,由于缺少有效的攻坚手段,也常常师老兵疲,久攻不下。三国时期就屡次发生过持久的城垒攻守战,尤其是在各座边防重镇,其结果往往是守方以少胜多,挫败了强敌的进攻。例如建安十三年(208),"孙权率十万众攻围合肥城百余日,时天连雨,城欲崩,于是以苦蓑覆之,夜然脂照城外,视贼所作而为备,

---

①华陆综注译:《尉缭子注译》卷2《守权第六》,中华书局,1979年,第25页。

贼以破走。"①建安十八年（213）曹操率大军进攻濡须，吕蒙"数进
奇计，又劝（孙）权夹水口立坞，所以备御甚精，曹公不能下而
退"②。建安二十四年（219）襄阳和樊城受关羽围攻，"时汉水暴
溢，于禁等七军皆没，禁降（关）羽。（曹）仁人马数千人守城，城不
没者数板。羽乘船临城，围数重，外内断绝，粮食欲尽，救兵不至。
仁激厉将士，示以必死，将士感之皆无二。"③终于坚持到援兵前来
解围。黄初三年（222）九月，"魏遣曹真、夏侯尚、张郃等攻江陵，
魏文帝自住宛，为其势援，连屯围城。"④吴将朱然孤军应战，"中外
断绝。（孙）权遣潘璋、杨粲等解围而围不解。时然城中兵多肿
病，堪战者裁五千人。（曹）真等起土山，凿地道，立楼橹临城，弓
矢雨注，将士皆失色，然晏如而无怨意，方厉吏士，伺间隙攻破两
屯。魏攻围然凡六月日。"⑤最终无计可施，只得退兵。太和二年
（228）十二月，魏将郝昭拒蜀军于陈仓（今陕西宝鸡市南）。"（诸
葛）亮自以有众数万，而（郝）昭兵才千余人，又度东救未能便到，
乃进兵攻昭，起云梯冲车以临城。昭于是以火箭逆射其云梯，梯
然，梯上人皆烧死。昭又以绳连石磨压其冲车，冲车折。亮乃更
为井阑百尺以射城中，以土丸填堑，欲直攀城，昭又于内筑重墙。
亮又为地突，欲踊出于城里，昭又于城内穿地横截之。昼夜相攻
拒二十余日，亮无计，救至，引退。"⑥景元四年（263）曹魏伐蜀，刘

---

①《三国志》卷15《魏书·刘馥传》。
②《三国志》卷54《吴书·吕蒙传》。
③《三国志》卷9《魏书·曹仁传》。
④《三国志》卷56《吴书·朱然传》。
⑤《三国志》卷56《吴书·朱然传》。
⑥《三国志》卷3《魏书·明帝纪》注引《魏略》。

禅"召(阎)宇西还,留宇二千人,令(罗)宪守永安城"[1]。吴国闻蜀汉败亡,便派步协领兵西上,企图乘机攻占永安。"(步)协攻城,(罗)宪出与战,大破其军。孙休怒,复遣陆抗等帅众三万人增宪之围。被攻凡六月日而救援不到,城中疾病大半。"[2]在敌我力量众寡悬殊的情况下,罗宪仍然顽强固守,直到解围的晋朝援军前来。上述战例表明,"衢地",即枢纽区域对战争的重要影响,还在于控制它的一方能够把当地有利的地形、水文、交通条件和城垒防御工事有机地结合起来,构成难以摧毁的阵地。因此可以说,三国时期边防重镇的形成与长期存在,在很大程度上也是由铁制冷兵器的性能及其作战技术的局限性而决定的。

---

[1]《三国志》卷 41《蜀书·霍弋传》注引《襄阳记》。
[2]《三国志》卷 41《蜀书·霍弋传》注引《襄阳记》。

# 第四章　三国边防要镇的历史演变

地理环境并不是一个纯粹的自然因素,它在人类各种社会活动的影响下,会不断地发生改变。其地貌、水文、气象等因素虽然相对稳定,在数十百年间变化不大,但是生产贸易的兴衰,户口的增减,统治政策与攻防战略的改变,都会促使国家或地区的经济重心、政治中枢、人口聚居点与交通路线发生转移,从而改变军事力量在某个地域的分布、组合与运动态势,形成新的格局。如魏将王昶所言:"国有常众,战无常胜;地有常险,守无常势。"[①]三国从鼎足而立到逐步统一的历史进程里,随着社会形势的发展与各方作战方略的调整,许多边防要镇的地位和作用也出现了升降变化,经历了它们本身的建立、巩固和衰落过程,下面分别对其进行论述。

## 一、合肥与襄阳战略地位的沉浮

曹魏中叶以后,由于国力的恢复强大与区域防守战略的调整,明帝所言"地有所必争"的合肥、襄阳等边防重镇的兵力部署情况发生了明显的改变。据史籍所载,孙权在世时先后对合肥发

---

① 《三国志》卷 27《魏书·王昶传》。

动了六次攻势①，合肥魏军起初为张辽所率七千余人，后有所增加②。建安十七年（212）后，曹操在淮南迁徙民众，"征令内移，民转相惊，自庐江、九江、蕲春、广陵户十余万皆东渡江，江西遂虚，合肥以南惟有皖城。"③江淮之间成为无人地带，而曹魏扬州的人口、经济重心则转移到江淮丘陵以北。合肥因为失去附近郡县的人力、物资支援而难以供养大量守军，不宜继续充当淮南地区的军政中心。根据这一变化，魏文帝黄初年间将扬州州治和征东将军的驻所北移到寿春；合肥则变为前线要塞，守军减少；遇到强敌入侵合肥，是由寿春的扬州魏军主力及各路援兵对其进行支援，将其阻挡在合肥城下，不使其越过江淮丘陵。这样进行防御虽然屡获成效，但是援军往来跋涉数百里，耗时费力。如满宠所言："合肥城南临江湖，北远寿春，贼攻围之，得据水为势；官兵救之，当先破贼大辈，然后围乃得解。贼往甚易，而兵往救之甚难。"④青龙二年（234）孙权攻合肥时，田豫即向满宠和朝廷建议不出动扬州主力救援，以免中了敌军反客为主之计，应该听任其攻城，待其疲劳消耗后再发兵交锋。此项上奏获得了明帝的批准，事见《三国志》卷26《魏书·田豫传》：

①孙权分别在建安十三年、二十年、二十四年，以及太和四年、青龙元年、二年进攻过合肥，其中建安二十四年攻合肥是佯动，为其偷袭荆州作掩护，事见《三国志》卷15《魏书·温恢传》。

②《三国志》卷17《魏书·张辽传》："太祖既征孙权还，使辽与乐进、李典等将七千余人屯合肥。"又曰："建安二十一年，太祖复征孙权，到合肥，循行辽战处，叹息者良久。乃增辽兵。"

③《三国志》卷47《吴书·吴主传》建安十八年正月。

④《三国志》卷26《魏书·满宠传》。

后孙权号十万众攻新城，征东将军满宠欲率诸军救之。（田）豫曰："贼悉众大举，非徒投射小利，欲质新城以致大军耳。宜听使攻城，挫其锐气，不当与争锋也。城不可拔，众必罢怠；罢怠然后击之，可大克也。若贼见计，必不攻城，势将自走。若便进兵，适入其计。又大军相向，当使难知，不当使自画也。"豫辄上状，天子从之。

齐王曹芳即位以后调整了扬州的兵力部署，曾经数次放弃或明显削弱合肥的防务，主力部队集结于寿春，并不去合肥援救，而是诱敌深入到江淮丘陵以北来就近迎战。这样使吴军的补给路线被迫延长，增加了敌人的运输困难；而自己则以逸待劳，处于更为有利的地位。例如，嘉平五年（253）诸葛恪率军二十万侵略淮南，司马师接受了虞松的建议，在寿春屯集重兵备战[1]；仅派将军张特等率三千余人驻守合肥，来牵制和消耗敌军。"敕毌丘俭等案兵自守，以新城委吴。"[2]实际上是准备放弃该地，任凭吴国攻取而不去援救。在敌兵的猛烈围攻下，合肥魏军坚守九十余日[3]，都没有得到救援。只是由于诸葛恪指挥无方，中了张特的缓兵之计[4]，既未能及时攻克合肥，也没有获得野战的机会。"攻守连月，

---

[1]《晋书》卷 37《宗室传·安平献王孚》："时吴将诸葛恪围新城，以孚进督诸军二十万防御之。孚次寿春……故稽留月余乃进军，吴师望风而退。"

[2]《三国志》卷 4《魏书·三少帝纪·齐王芳》注引《汉晋春秋》。

[3]参见下条注文的内容。

[4]《三国志》卷 4《魏书·三少帝纪·齐王芳》注引《魏略》："及诸葛恪围城，（张）特与将军乐方等三军众合有三千人，吏兵疾病及战死者过半，而恪起土山急攻，城将陷，不可护。特乃谓吴人曰：'今我无心复战也。然魏法，被攻过百日而救不至者，虽降，家不坐也。自受敌以来，已九十余日矣。此城中本有四千余人，而战死者已过（转下页）

城不拔。士卒疲劳,因暑饮水,泻下流肿,病者大半,死伤涂地。"①
只得狼狈还师。而魏军主力并未出动,取得了不战而屈人之兵的
完胜。此后曹魏及西晋初年扬州地区的兵力配置依然延续上述
格局,在寿春驻扎主力待机,合肥一带不设重兵严防,没有再发生
过激烈的阻击战斗。甘露二年(257)诸葛诞占据寿春反叛,并将
麾下扬州各地魏军与壮丁调入城内②,致使合肥无人镇守。司马
昭率大兵围攻寿春时,吴国曾派朱异领兵救援,即顺利越过江淮
丘陵,到达寿春东南的黎浆后失利而退③。此后孙吴无力继续增
援,寿春在被围一岁后粮尽城陷。在这次战役当中,吴师虽然占
领了合肥,但还是不能在寿春附近打败魏军,也无力据守该地,只
得退回境内。上述两场战争的胜负都没有受到合肥得失的影响,
可见它在曹魏中叶以后的军事地位明显下降,不再起到左右淮南
战局的重要作用了。

　　襄阳的情况与之恰恰相反,它在曹魏一朝的军事地位与影响
呈上升状态。江陵被孙、刘两家占领之后,襄阳成为曹魏的荆州
前线,其主将乐进、曹仁先后屯驻于襄、樊两城,与刘备、关羽交战

----

(接上页)半,城虽陷,尚有半人不欲降,我当还为相语之,条名别善恶,明日早送名,且
　　持我印绶去以为信。'乃投其印绶以与之。吴人听其辞而不取印绶,不攻。顷之,特
　　还,乃夜彻诸屋材栅,补其缺为二重。明日,谓吴人曰:'我但有斗死耳!'吴人大怒,
　　进攻之,不能拔,遂引去。"
①《三国志》卷64《吴书·诸葛恪传》。
②《三国志》卷28《魏书·诸葛诞传》曰:"诞被诏书,愈恐,遂反。召会诸将,自出攻扬州
　　刺史乐綝,杀之。敛淮南及淮北郡县屯田口十余万官兵,扬州新附胜兵者四五万人,
　　聚谷足一年食,闭城自守。"
③《晋书》卷2《文帝纪》甘露二年:"八月,吴将朱异帅兵万余人,留辎重于都陆,轻兵至
　　黎浆。监军石苞、兖州刺史州泰御之,异退。"

连年,致使当地的经济受到严重破坏。特别是建安二十四年(219)襄樊战役结束后,曹操尽管击退了关羽的进攻,但是襄阳郡民生凋残,百姓纷纷流亡。《三国志》卷9《魏书·夏侯尚传》曾云:"荆州残荒,外接蛮夷,而与吴阻汉水为境,旧民多居江南。"由于田畴连年荒芜,当地缺乏粮饷,难以在汉南维持大量驻军。因此曹丕代汉后,将荆州都督治所与州军主力北迁至南阳郡的宛城,甚至一度放弃了襄阳的城守。《晋书》卷1《宣帝纪》载文帝即位时,"会孙权帅兵西过,朝议以樊、襄阳无谷,不可以御寇。时曹仁镇襄阳,请召仁还宛。"获得准奏后,"(曹)仁遂焚弃二城,权果不为寇,魏文悔之。"随即又派兵进据襄樊,但只是将其作为边境的据点,留下少数部队防守。遇到吴军入侵时,则由宛城附近的州兵主力前来增援,这与前述曹魏前期扬州战区集重兵于寿春,以待救援合肥前线的情况相同。因此它在魏人看来,已经没有以前那样重要了。如袁准所言:"今襄阳孤在汉南,贼循汉而上,则断而不通,一战而胜,则不攻而自服,故置之无益于国,亡之不足为辱。"①

　　随着曹魏经济的恢复、国势逐渐增强,开始将荆州战区的都督治所与主力驻地向南推移。正始四年(243)征南将军王昶上奏:"今屯宛,去襄阳三百余里,诸军散屯,船在宣池,有急不足相赴,乃表徙治新野。"获得朝廷批准施行,王昶"习水军于二州,广农垦殖,仓谷盈积"②。司马氏在灭蜀代魏以后,对孙吴构成了明显的军事优势。羊祜在泰始五年(269)出任荆州都督,其治所又

————————

① 《三国志》卷4《魏书·三少帝纪·齐王芳》正始七年注引《汉晋春秋》。
② 《三国志》卷27《魏书·王昶传》。

南移襄阳，"祜所统八万余人，贼众不过三万。"①在敌寡我众的有利形势下，他将边戍继续向前推进。"（羊）祜以孟献营武牢而郑人惧，晏弱城东阳而莱子服，乃进据险要，开建五城，收膏腴之地，夺吴人之资，石城以西，尽为晋有。"②晋初的襄阳已经成为荆州的军政中心，为都督、刺史与主力部队的驻地，不再是孤悬于汉南的要塞，这表明它的战略地位和作用有了显著的提升，与合肥的军事影响衰退减弱的情况形成了鲜明的反差。

## 二、汉中"听敌入平"与蜀国边防的崩溃

自建安二十四年（219）刘备迫使曹操撤兵，全据汉中之后，蜀汉驻守该地一直采用在外围秦岭山地之间阻击来寇的策略，不让敌人进入盆地内部。这样可以利用复杂险要的地形，以峡谷栈道来拘束迟阻敌军主力的行进，使其无法展开兵力而发挥数量上的优势。此种防守策略实施多年，取得了很好效果。《三国志》卷 44《蜀书·姜维传》曰："初，先主留魏延镇汉中，皆实兵诸围以御外敌，敌若来攻，使不得入。及兴势之役，王平捍拒曹爽，皆承此制。"蜀相费祎死后，由姜维执掌军权，他在陇右地区长期作战不利，因而立功心切，企图在汉中采取诱敌深入以获得歼灭对手的大胜。姜维在景耀元年（258）上奏："汉中错守诸围，适可御敌，不获大利。不若退据汉、乐二城，积谷坚壁。听敌入平，且重关镇守

---

①《晋书》卷 34《羊祜传》。
②《晋书》卷 34《羊祜传》。

以御之。"①就是放弃外围峡谷的要戍,只留少数兵力拒守汉城(今陕西勉县)与乐城(今陕西城固县),让敌人大军进入平川,然后在阳安关(即古阳平关,今陕西勉县西)加强防御来阻止其入蜀,待到来寇给养乏绝被迫撤兵时再共同出击,力歼对手。"有事之日,令游军并进以伺其虚。敌攻关不克,野无散谷,千里县(悬)粮,自然疲乏。引退之日,然后诸城并出,与游军并力博之,此殄敌之术也。"②朝廷批准其建议后,即令汉中都督胡济领兵撤往汉寿(今四川广元市西南),"监军王含守乐城,护军蒋斌守汉城。"③

从以后的实战情况来看,姜维的"听敌入平"之计弄巧成拙,从而导致蜀汉北境防线的崩溃。景元四年(263)钟会率十余万人伐蜀,由于没有在秦岭峡谷受阻,从而顺利进入汉中盆地。"蜀令诸围皆不得战,退还汉、乐二城守。魏兴太守刘钦趣子午谷,诸军数道平行,至汉中。"④魏军虽然围攻汉、乐二城不下,但是因为阳安关蜀将蒋舒叛变投敌,钟会得以长驱直入,"使护军胡烈等行前,攻破关城(笔者注:今陕西宁强县西北),得库藏积谷"⑤,从而缓解了军队给养缺乏的压力。姜维此时退守阴平(今甘肃文县),由于关城丢失而害怕被截断退路,只得撤往剑阁组织防守。"(姜)维、(廖)化亦舍阴平而退,适与(张)翼、(董)厥合,皆退保剑阁以拒(钟)会。"⑥此后蜀军虽然将钟会大兵阻挡在剑阁以北,但

---

① [晋]常璩撰,任乃强校注:《华阳国志校补图注》,上海古籍出版社,1987年,第417页。
②《三国志》卷44《蜀书·姜维传》。
③《三国志》卷44《蜀书·姜维传》。
④《三国志》卷28《魏书·钟会传》。
⑤《三国志》卷28《魏书·钟会传》。
⑥《三国志》卷44《蜀书·姜维传》。

是因为被迫放弃阴平,给了邓艾偷渡成功的机会,以致于后方被袭,刘禅降魏而蜀汉迅速灭亡。

汉中作为蜀国边境首座要镇,在军事方面的影响之重要不言而喻。只是由于姜维错误地更改了防守策略,致使在钟会伐蜀之役中,这一战略重地未能发挥应有的作用,让敌人轻易地获得了胜利。顾祖禹即认为汉中之失守与蜀汉边防的瓦解,"繇(姜)维自弃其险也。"[1]卢弼在《三国志集解》中也对其批评道:"外户不守而却屯以引敌,且欲俟其退而出搏之,真开门揖盗之见。刘友益以为(姜)维之失计,汉所以亡。良然!"[2]三国鼎立之时,蜀汉实力最为弱小,本来就处于劣势。"欲以一州之地与贼持久"[3],连智慧过人的诸葛亮都认为非常危险困难,因而小心谨慎,不敢大意,长年在汉中屯集主力准备应敌。姜维却反其道而行之,撤走汉中的重兵,"听敌入平",给了对手可乘之机。他对汉中防务部署的冒险调整含有明显隐患,而蜀汉后期政治昏暗,奸佞当道,朝内的文武大臣多是平庸之辈,都看不出此项举措暗藏的巨大危机,因而无人进行反对阻拦,这也是造成后来作战失利的原因之一。

## 三、孙吴沿江要戍的瓦解

吴国江北的各座重镇曾经屡次打退过魏师的进攻,其中战绩最为出色的首推濡须和相邻之东关。如前所述,孙权在濡须口抵

---

[1]〔清〕顾祖禹:《读史方舆纪要》卷56《陕西五·汉中府》,第2661页。
[2]卢弼:《三国志集解》卷44《蜀书·姜维传》引《通鉴辑览》,中华书局,1982年,第860页。
[3]《三国志》卷35《蜀书·诸葛亮传》注引《汉晋春秋》。

抗了曹操"号步骑四十万"①的大军,使其无功而返。"黄武元年,魏使大司马曹仁步骑数万向濡须。"②又被守将朱桓分兵击破。吴建兴元年(252)十月,诸葛恪在东关筑堤建坞,留兵戍守。魏"命大将胡遵、诸葛诞等率众七万,欲攻围两坞,图坏堤遏"③,结果惨败而归,"乐安太守桓嘉等同时并没,死者数万。故叛将韩综为魏前军督,亦斩之。获车乘牛马驴骡各数千,资器山积。"④另如陆逊守夷陵,大破刘备蜀兵;朱然坚守江陵,挫败曹真、夏侯尚、张郃所率中军主力,也是功劳显赫。但是在西晋平吴之役中,沿江诸镇土崩瓦解,不堪一击。《晋书》卷 3《武帝纪》载太康元年:"二月戊午,王濬、唐彬等克丹杨城。庚申,又克西陵,杀西陵都督、镇军将军留宪,征南将军成璩,西陵监郑广。壬戌,(王)濬又克夷道乐乡城,杀夷道监陆晏、水军都督陆景。甲戌,杜预克江陵,斩吴江陵督伍延;平南将军胡奋克江安。于是诸军并进,乐乡、荆门诸戍相次来降。"仅在一月之内,荆州西部的所有重镇相继沦丧。伍延据守江陵顽抗的时间略长一些,也不过九天即被攻陷⑤,与朱然坚守江陵六月有余的出色战绩相比,其差别实在是太悬殊了。此后王濬舟师顺流鼓棹,直抵建业城下,迫使孙皓献表投降。是什么原因使吴国的江防要塞丧失了顽强的抵抗能力,没有像以往那样坚不可摧呢?笔者认为其中原因比较复杂,现进行分述如下:

---

①《三国志》卷 55《吴书·甘宁传》注引《江表传》。
②《三国志》卷 56《吴书·朱桓传》。
③《三国志》卷 64《吴书·诸葛恪传》。
④《三国志》卷 64《吴书·诸葛恪传》。
⑤《资治通鉴》卷 81 晋武帝太康元年记载,"(二月)乙丑,王濬击杀吴水军都督陆景。杜预进攻江陵,甲戌,克之,斩伍延。"

　　从吴国方面来讲，孙皓昏庸残暴，信任佞臣而屡杀忠良，又横征苛敛、滥用民力，致使国势每况愈下。这对沿江边镇防务造成的消极影响主要有两条：一是缺兵，二是乏将。前述孙皓降晋时所献簿籍中有兵二十三万，比起吴国强盛时期的军队数量明显下降。例如孙权去世后，诸葛恪伐淮南，"于是违众出军，大发州郡二十万众"①，这还不算扬州留守的部队以及荆州各地的大量驻军。以此估算，当时全国军队至少应在三十万以上，可见吴末兵员显著减少。荆州主将陆抗曾经因为士兵缺编严重，上疏请求增调，将麾下部队恢复到原来的人数。其文曰："今臣所统千里，受敌四处，外御强对，内怀百蛮，而上下见兵财有数万，羸弊日久，难以待变。"②充分反映了前线乏兵的窘境。陆抗声称只要补足编制，就不惧怕任何进攻，否则难以保证边防的安全。"使臣所部足满八万，省息众务，信其赏罚，虽韩（信）、白（起）复生，无所展巧。若兵不增，此制不改，而欲克谐大事，此臣之所深戚也。"③但是这一迫切要求最终也未被朝廷接受，以致在敌寇大举来犯时，边镇守军寡不敌众，失败也是在情理之中了。此外，孙吴在江防机动兵力的部署安排上也有严重的缺陷，荆州东部的夏口、武昌与西部的乐乡、西陵都督辖区都苦于缺少军队，无法相互提供支援。孙皓的中军主力驻扎在都城建业，和上游距离太远，又是逆水行船，难以及时赴救。当年孙权在武昌，"欲还都建业，而虑水道溯流二千里，一旦有警，不相赴及，以此怀疑。"④西晋伐吴之前，荆州

---

①《三国志》卷64《吴书·诸葛恪传》。
②《三国志》卷58《吴书·陆抗传》。
③《三国志》卷58《吴书·陆抗传》。
④《三国志》卷51《吴书·宗室传·孙奂》注引《江表传》。

主将杜预最担心的就是吴国可能把都城和中军与水师主力再次迁到武昌,从而增强长江中游的兵力①,如果这样做就会给晋朝军队的进攻带来严重困难。但是孙皓虑不及此,没有出现杜预所不愿看到的局面。

陆机《辨亡论》即言孙权建国之初人才济济,战将如林。"周瑜、陆公、鲁肃、吕蒙之畴入为腹心,出作股肱;甘宁、凌统、程普、贺齐、朱桓、朱然之徒奋其威,韩当、潘璋、黄盖、蒋钦、周泰之属宣其力。"②而吴末自陆抗死后再无名帅,便无法运用智谋和胆略来以弱胜强。"陆公没而潜谋兆,吴衅深而六师骇。"所以"邦家颠覆,宗庙为墟"③。李焘亦对此有深刻论述,认为险要的地势还需要智勇双全的将领才能发挥出重要的作用。"攻守之事,非勇不能决,非智不能全。此二者皆人谋也,而足以增山川之重,示形制之势。则争天下者,必借险于地,取谋于人,而后能大有所成就矣。"④孙权是明君,有识人、用人之度量,所以能够举贤任能,不乏将才。吴末孙皓昏虐,"有一陆抗,而羊祜、王濬睥睨不敢进。一日抗溘死,扬越之阻、长江之固自若也,而晋兵长驱如涉无人,因知争天下之术,地势虽强,以人为重。"⑤孙皓在位时期,"昵近小

---

①《晋书》卷 34《杜预传》载其上疏曰:"自秋已来,讨贼之形颇露。若今中止,孙皓怖而生计,或徙都武昌,更完修江南诸城,远其居人,城不可攻,野无所掠,积大船于夏口,则明年之计或无所及。"

②《三国志》卷 48《吴书·三嗣主传》注引陆机《辨亡论》上篇。

③《三国志》卷 48《吴书·三嗣主传》注引陆机《辨亡论》下篇。

④[宋]李焘撰,胡阿祥、童岭点校:《六朝通鉴博议》卷 1《吴论》,《六朝事迹编类·六朝通鉴博议》,第 158 页。

⑤[宋]李焘撰,胡阿祥、童岭点校:《六朝通鉴博议》卷 1《吴论》,《六朝事迹编类·六朝通鉴博议》,第 158 页。

人,刑罚妄加,大臣大将无所亲信,人人忧恐,各不自安。"①在如此恶劣的政治环境下,难以培养和发掘出优秀的将领。晋师入侵时,张悌即云:"我上流诸军,无有戒备,名将皆死,幼少当任,恐边江诸城,尽莫能御也。"②试观孙皓委任的边镇将领,或为才干低劣的宗室,如乐乡都督孙歆,居然被敌人化装入营俘虏;京下督孙楷、夏口督孙秀则携带部曲投降晋朝。或为胆怯的文人,如临阵降敌之虞昺,"晋军来伐,遣昺持节都督武昌已上诸军事,昺先上还节盖印绶,然后归顺。"③或虽有忠心却无御敌之智略,如陆晏、陆景等,就只能以死报国,而无法守境安邦了。

曹魏本来疆域辽阔,人口众多,灭蜀之后又得到进一步扩充。继承这份遗产的西晋与孙吴相比,拥有经济和军事方面的巨大优势,王濬与号称"武库"的杜预等将领多谋善战,因此取得平吴战争的胜利势在必然。值得强调的是,晋军制订的攻吴作战计划妥善周密,也是顺利打破吴国沿江重镇的重要原因。这一计划起初是老将羊祜生前提出的,后来又补充了一些内容,其要点如下:

首先,多路分兵,使孙吴顾此失彼,难以应对。羊祜上疏云:"今若引梁益之兵水陆俱下,荆楚之众进临江陵,平南、豫州,直指夏口,徐、扬、青、兖并向秣陵,鼓旆以疑之,多方以误之,以一隅之吴,当天下之众,势分形散,所备皆急。"④吴国在长江东西数千里

---

① 《晋书》卷57《吾彦传》。
② 《三国志》卷48《吴书·三嗣主传》注引干宝《晋纪》。
③ 《三国志》卷57《吴书·虞翻传》注引《会稽典录》。
④ 《晋书》卷34《羊祜传》。

的多处要害布防,兵力相当分散,而且驻军的数量有限,一旦遭到多路进攻就无法投入足够的支援部队,容易被强敌各个击破。晋武帝采纳了羊祜的这项建议,在咸宁五年(279)十一月伐吴时兵分六路,"遣镇军将军、琅邪王(司马)伷出涂中,安东将军王浑出江西,建威将军王戎出武昌,平南将军胡奋出夏口,镇南大将军杜预出江陵,龙骧将军王濬、广武将军唐彬率巴蜀之卒浮江而下,东西凡二十余万。"①以前曹魏南征,往往是兵分三路②,这次西晋增加为六路。顾祖禹对此评论曰:"晋之取吴也,用兵三十万,而所出之道六;隋之取陈也,用兵五十万,而所出之道八。"其缘故为:"盖吴与陈皆滨江设险,利在多其途以分其势。"③最终收到了良好的效果。

其次,选择峡口为主攻突破方向。"巴汉奇兵出其空虚,一处倾坏,则上下震荡。"④攻破孙吴沿江防御体系之关键,是需要有一支强大的水军进入长江,一来必须消灭吴国的舟师,以保证大兵安全渡江以占领敌境;二来能够阻断江南吴军对北岸各座要塞的救援,使它们陷入孤立状态。此前曹魏攻吴的历次战役中,曾经选择过主力部队行船入江的不同航道,但是效果都不理想。例如曹操"四越巢湖",被孙权阻于濡须。曹丕舟师两次经中渎水到广

---

①《晋书》卷3《武帝纪》。
②参见《三国志》卷2《魏书·文帝纪》黄初四年三月注引《魏书》载丙午诏曰:"孙权残害民物,朕以寇不可长,故分命猛将三道并征……"《资治通鉴》卷75魏邵陵厉公嘉平四年:"十一月,诏王昶等三道击吴。十二月,王昶攻南郡,毌丘俭向武昌,胡遵、诸葛诞率众七万攻东兴。"
③[清]顾祖禹:《读史方舆纪要·南直方舆纪要序》,第868页。
④《晋书》卷34《羊祜传》。

陵,也受到水道淤浅和暴风、寒冰等自然条件的阻碍①。司马懿曾建议,派遣舟师由襄阳经汉水至沔口入江。"若为陆军以向皖城,引(孙)权东下,为水战军向夏口,乘其虚而击之,此神兵从天而堕,破之必矣。"②虽然获得明帝的首肯,后来却未能实施,可能是由于沔口地段航道狭窄,容易被敌军堵塞夹击的原因③。西晋攻吴作战的水军主力集结在上游的益州,峡江河道较为宽阔,奔腾汹涌,大型船队顺流而下,势不可挡。沿岸吴国兵戍无法利用水战和放射箭、石来进行阻击,只能施以铁索拦江的权宜之计,被王濬轻易烧断,即顺利驶出三峡,得以发挥其船只高大与兵力众多的优势,"旌旗器甲,属天满江。"④在接连击败西陵和乐乡的孙吴水军之后,完全统治了江面。沿岸的要塞援助断绝,因而纷纷望风归顺。"兵不血刃,攻无坚城,夏口、武昌,无相支抗。于是顺流鼓棹,径造三山。"⑤

　　再次,避开防守坚固的建平、东关和濡须等要塞。建平城垒位于巫峡北岸,由于依山临江,形势险峻而易守难攻。其守将吾

---

① 参见《资治通鉴》卷 70 魏文帝黄初五年九月:"时江水盛长,帝临望,叹曰:'魏虽有武骑千群,无所用之,未可图也。'帝御龙舟,会暴风漂荡,几至覆没。"《三国志》卷 2《魏书·文帝纪》黄初六年:"冬十月,行幸广陵故城,临江观兵,戎卒十余万,旌旗数百里。是岁大寒,水道冰,舟不得入江,乃引还。"《三国志》卷 14《魏书·蒋济传》:"车驾幸广陵,济表水道难通,又上《三州论》以讽帝。帝不从……帝还洛阳,谓济曰:'事不可不晓。吾前决谓分半烧船于山阳池中,卿于后致之,略与吾俱至谯。'"
② 《晋书》卷 1《宣帝纪》。
③ 参见《三国志》卷 55《吴书·董袭传》:"建安十三年,(孙)权讨黄祖。祖横两蒙冲挟守沔口。以栟间大绁系石为碇,上有千人,以弩交射,飞矢雨下,军不得前。"
④ 《晋书》卷 42《王濬传》。
⑤ 《晋书》卷 42《王濬传》。

彦,"身长八尺,手格猛兽,旅力绝群。"①他认为晋军只有在攻克建平之后,才会出峡伐吴。"建平不下,终不敢渡。"②但是王濬仅派遣少数兵力对其实施围困,大批人马乘船东下,迅速通过三峡而驶入荆江,因而节省了进军时间与兵员的伤亡。事实证明,这一决定非常明智。"及(晋)师临境,缘江诸城皆望风降附,或见攻而拔,唯(吾)彦坚守,大众攻之不能克。"③建平城戍一直坚持到吴国灭亡后才弃守投降。此前曹魏征吴,使用次数最多的主攻方向是在濡须—东关一线。即舟师经淮河、肥水、施水入巢湖,再沿濡须水入江。因为濡须口距离吴国都城建业和经济重心太湖平原较近,由这条路线进攻能够对其构成致命威胁。但是濡须水道狭窄,孙权在江畔"夹水口立坞,所以备御甚精"④,因此曹操屡攻不克。吴国后来又在其北之东关筑堤阻遏航行,傍山建造两城进行防守。"城在高峻,不可卒拔。"⑤所以魏师很难在这一地段实现突破,守军能够坚持到建业的援兵到来而解除围困。西晋在平吴之役中吸取了以往的失败教训,王浑率领的扬州晋军没有向东关、濡须直接发动进攻,而是绕过这一地段,占领了敌人防守薄弱的历阳(今安徽和县),进据横江渡口。这项计划的实施相当成功,晋军绕开东关和濡须等要塞,并未对其进行强攻,避免了兵员的巨大牺牲和受阻于坚城之下,因而较为顺利地抵达江滨。虽然在此处遇到了渡江来援的吴军主力,但由于地势平坦开阔,得以发

---

①《晋书》卷 57《吾彦传》。
②《晋书》卷 42《王濬传》。
③《晋书》卷 57《吾彦传》。
④《三国志》卷 54《吴书·吕蒙传》。
⑤《三国志》卷 64《吴书·诸葛恪传》。

挥晋军实力强劲的优势,所以获得了大胜。"与孙皓中军大战,斩伪丞相张悌等首级数千,俘馘万计。"①然后准备与王濬的舟师汇合,再渡江东进。

需要强调的是,在西晋的作战计划里,最后对吴都建业发起的总攻是以扬州部队为主,前线统帅也是扬州都督王浑,王濬所率益州水军应该服从他的指挥。"初,诏书使(王)濬下建平,受杜预节度,至秣陵,受王浑节度。"②但是王濬贪功抢先,诡称因风势强劲,船队无法靠岸停泊,拒绝与王浑会合,自己率领舟师前往建业,接受孙皓的归降。事后史家称王浑贻误战机,不敢独自渡江。说他"先据江上,破皓中军,案甲不进,致在王濬之后"③。而依笔者之见,上述批评有失公允,因为晋军绕行攻取历阳的作战行动是利弊相参的,其有利之处在于使东关、濡须等要戍丧失了抵抗的作用,王浑的部队行进沿途没有受到关塞的阻碍。其弊端是这条路线为陆道,由居巢(今安徽巢湖市居巢区)经大小岘山而至江边,王浑的扬州水军无法随行,所以数万军队到达横江渡口后缺乏大量船只,必须等待王濬的舟师前来接应。当时扬州刺史周浚建议派遣部队先行渡江,遭到王浑的拒绝,其理由第一是有朝廷的命令,"受诏但令江北抗衡吴军,不使轻进。"④第二是需要王濬的船队接济,才能使大批人马过江。"且诏令龙骧受我节度,但当具君舟楫,一时俱济耳。"⑤在船只短缺的情况下,如果只派遣少数

---

①《晋书》卷 61《周浚传》。
②《晋书》卷 42《王濬传》。
③《晋书》卷 42《王浑传》。
④《晋书》卷 61《周浚传》。
⑤《晋书》卷 61《周浚传》。

部队率先渡江，与敌人背水交锋，会有可能被对岸的吴军消灭，这是比较冒险的策略。王浑按照朝廷指令行事，两路兵马汇合后即对敌人形成压倒性的优势，此乃万全之策，因而并无过失。至于王濬能够迫使孙皓投降，是因为他的部队水陆齐备，数量充足。"戎卒八万，方舟百里，鼓噪入于石头。"①换句话说，最后对建业的进攻，王濬可以不依赖王浑的扬州步骑，王浑却必须仰仗王濬的船只，否则就不能使麾下的大军迅速地渡江作战。

综上所述，孙吴的沿江要戌未能在抗击晋军的战斗里发挥出重要的作用。吴国兵员短缺，君主昏聩，将帅平庸，所以无法抵抗敌人的强大进攻。而西晋作战计划的妥善完备与成功实施，起到了对吴国江防重镇避实就虚、各个击破的良好效果，促使平吴之役顺利获胜，重新实现了天下的统一。

---

① 《资治通鉴》卷 81 晋武帝太康元年三月。

曹魏篇

# 第一章　曹操陈留起兵史迹考辨

中平六年(189)九月,董卓专擅朝政,废少帝为弘农王,另立献帝刘协,引起京都的政治动乱,曹操因此弃官逃离洛阳,随后参加了关东诸侯讨伐董卓的行动。关于他出京的行踪和活动地点,据《三国志》曹操本纪所载,是经中牟奔赴陈留郡,在己吾县(治今河南宁陵县西南)起兵。"(董)卓表太祖为骁骑校尉,欲与计事。太祖乃变易姓名,间行东归。出关,过中牟,为亭长所疑,执诣县,邑中或窃识之,为请得解。卓遂杀太后及弘农王。太祖至陈留,散家财,合义兵,将以诛卓。冬十二月,始起兵于己吾,是岁中平六年也。"①这段史料记述曹操是由洛阳直接到陈留招募军队举兵反对董卓的,史学界的相关著述大多对此表示认同②。方诗铭指出他未归故乡有些反常,并提出疑问:"为什么曹操不回沛国,而去陈留?按照当时惯例,大姓豪族总是凭借在乡里的声望和号召力以召集武装力量。"③对此方氏的研究结论是:曹操起兵陈留的原因有三点,其一是他有经营河南的战略意图,即接受济北相鲍

---

①《三国志》卷1《魏书·武帝纪》。

②参见王仲荦:《魏晋南北朝史》上册,上海人民出版社,1979年,第32页。张大可:《三国史》,华文出版社,2003年,第29页。马植杰:《三国史》,人民出版社,1993年,第15页。何兹全:《三国史》,北京师范大学出版社,1994年,第23页。

③方诗铭:《曹操安定兖州与曹袁关系》,《史林》1987年第2期。

信的建议："且可规大河之南，以待其变。"①其二是因为曹操出身"赘阉遗丑"②，名声欠佳，本身实力较弱，故需依赖关东诸侯盟主袁绍的支持。"过去他们不但不是敌人，而且是亲密的朋友，并结成以袁绍、曹操为代表的政治集团。曹操在前期政治生涯和军事斗争中能够取得胜利，所依靠的正是这个政治集团，袁绍更是有力的支持者。"③其三是曹操和陈留太守张邈私交甚密，投奔张邈可以获得可靠的帮助。"曹操逃离洛阳来到陈留，主要是寻求当时在这里任太守的张邈的支持。"④方先生的论述相当全面，并富有启发性，但若深究有关文献记载，会发现上述观点存在不少疑问，还有重新讨论的必要。现考述分辨如下：

## 一、曹操起兵陈留之前是否曾归乡里

如果说曹操出逃后直接到陈留组织起兵，有几个疑点值得关注。

其一，从当时的历史进程来看，中平六年八月董卓进京，杀执金吾丁原并夺其兵，策免司空刘弘，与公卿议废少帝刘辩，逼走袁绍。"九月甲戌，董卓废帝为弘农王。"⑤改立刘协（献帝）登基，"丙子，董卓杀皇太后何氏。"⑥而据前引《三国志》卷1《魏书·武帝

---

① 《三国志》卷12《魏书·鲍勋传》注引《魏书》。
② 《三国志》卷6《魏书·袁绍传》注引《魏氏春秋》载袁绍《檄州郡文》。
③ 方诗铭：《曹操起家与袁曹政治集团》，《学术月刊》1987年第2期。
④ 方诗铭：《曹操安定兖州与曹袁关系》，《史林》1987年第2期。
⑤ 《后汉书》卷8《孝灵帝纪》。
⑥ 《后汉书》卷9《孝献帝纪》。

纪》所载,曹操出走是在董卓废少帝之后、杀何太后之前,即九月甲戌(初一)到丙子日(初三)之间。其文字如下:

> 卓到,废帝为弘农王而立献帝,京都大乱。卓表太祖为骁骑校尉,欲与计事。太祖乃变易姓名,间行东归。出关,过中牟,为亭长所疑,执诣县,邑中或窃识之,为请得解。卓遂杀太后及弘农王。

也就是说,曹操逃离洛阳是在九月初二前后,很快即出关到达中牟,而他在陈留起兵是在十二月,这中间有三个来月时间的活动在曹操的本纪中没有交代,并不清楚其举动作为,以及这段时间他是否一直待在陈留。

其二,另外,前引《三国志》卷1《魏书·武帝纪》曰:"太祖至陈留,散家财,合义兵,将以诛卓。"曹操的家财在谯县,如果他离开洛阳直接到达陈留招兵买马,那么这些财物是不可能随身携带而来的。曹操的祖父是"用事省闼三十余年,奉事四帝"[1]的中常侍曹腾,家产非常丰厚;其父曹嵩先后出任过司隶校尉、大司农等要职,"灵帝时货赂中官及输西园钱一亿万,故位至太尉。"[2]而这笔买官的巨资不过是他家财的一部分而已。汉末战乱时曹嵩避难琅邪,仍然拥有丰厚的财富。"太祖迎嵩,辎重百余两。陶谦遣都尉张闿将骑二百卫送,闿于泰山华、费间杀嵩,取财物,因奔淮南。"[3]曹操招募兵众需要数量庞大的财物,若是指使他人协助从家乡转运到陈留,值此动乱之际,辗转数百里路程很不安全,必须

---

① 《后汉书》卷78《宦者传·曹腾》。
② 《后汉书》卷78《宦者传·曹腾》。
③ 《三国志》卷1《魏书·武帝纪》注引韦曜《吴书》。

有大队人马武装护送。此外，如果曹操没有回乡，仅凭书信或口讯，他的家属恐怕很难会移交巨额家产给外人带走。

其三，曹操此刻是身负重罪的要犯，他在逃亡途中即已受到朝廷通缉，故曾被拘押。"中牟疑是亡人，见拘于县。时掾亦已被（董）卓书；唯功曹心知是太祖，以世方乱，不宜拘天下雄俊，因白令释之。"①如果说他潜逃来到陈留是为了寻求太守张邈的庇护，但是当时张邈还在京师任职，尚未到陈留主政。据《三国志》卷38《蜀书·许靖传》记载，张邈出任地方长吏是在董卓执政后稍晚时间发生的事。"灵帝崩，董卓秉政，以汉阳周毖为吏部尚书，与靖共谋议，进退天下之士……拜尚书韩馥为冀州牧，侍中刘岱为兖州刺史，颍川张咨为南阳太守，陈留孔伷为豫州刺史，东郡张邈为陈留太守。"其具体时间，据《后汉纪》卷25所载是在中平六年十一月，其文字如下：

> 十一月，太尉董卓为相国，爵卓母为池阳君，司徒黄琬为太尉，司空杨彪为司徒，光禄勋荀爽为司空。卓虽无道，而外以礼贤为名，黄琬、荀爽之举，从民望也。又任侍中周毖、城门校尉伍琼，沙汰秽恶，显拔幽滞，于是以尚书韩馥为冀州，侍中刘岱为兖州，陈留孔胄为豫州，颍川张咨为南阳太守，东平张邈为陈留太守。②

《资治通鉴》卷59则记载韩馥等人出任州郡要职的时间是在中平六年(189)十二月。笔者分析，这应是因为前引《后汉纪》卷

---

①《三国志》卷1《魏书·武帝纪》注引《世语》。
②［东晋］袁宏：《后汉纪》卷25灵帝下中平六年，张烈点校：《两汉纪》下册，中华书局，2002年，第499页。

25 载董卓外放韩馥、刘岱、孔胄、张咨、张邈等人,是在黄琬、杨彪、荀爽分别出任太尉、司徒和司空之后,而《后汉书》卷 9《孝献帝纪》载中平六年:"十二月戊戌,司徒黄琬为太尉,司空杨彪为司徒,光禄勋荀爽为司空。"因此司马光将韩馥、刘岱与张邈等出任州牧郡守时间也定为十二月,而这时距离曹操逃离洛阳已有三月之久。也就是说,曹操在九月初离开洛阳来到中牟等地时,张邈尚未担任陈留太守。因此,认为曹操为了投靠张邈而住在陈留未归乡里,显然是并不符合史实的。

综上所述,曹操逃亡和起兵的行踪过程还需要深入探究。笔者注意到有些历史记载反映,他在离开洛阳之后并非直接到陈留举事,而是先回到故乡沛国谯县,曾经招集了部分人马,然后再到陈留参加讨伐董卓战争的。如《英雄记》云:"灵帝末年,(刘)备尝在京师,后与曹公俱还沛国,募召合众。会灵帝崩,天下大乱,备亦起军从讨董卓。"[1]《三国志》刘备本传未曾提到此事,他是否和曹操同去沛国,这还需要更多的史料来证实,但是曹操返乡之事却有其他佐证。例如《魏书》记载董卓授予曹操官职,"太祖以卓终必覆败,遂不就拜,逃归乡里。"[2]此外值得注意的是,曹操在陈留举事时,身边有从谯沛跟随而来的宗族亲属为部将。例如夏侯惇,"太祖初起,惇常为裨将,从征伐。太祖行奋武将军,以惇为司马,别屯白马。"[3]惇族弟夏侯渊,"太祖起兵,以别部司马、骑都尉从。"[4]曹操从弟曹仁,"少好弓马弋猎。后豪桀并起,仁亦阴结少

①《三国志》卷 32《蜀书·先主传》注引《英雄记》。
②《三国志》卷 1《魏书·武帝纪》注引《魏书》。
③《三国志》卷 9《魏书·夏侯惇传》。
④《三国志》卷 9《魏书·夏侯渊传》。

年,得千余人,周旋淮、泗之间,遂从太祖为别部司马,行厉锋校
尉。"①还有从弟曹洪。他们是曹操起兵时的得力助手,并参加了
最初的荥阳之战,曹洪还在战斗中救了曹操的性命,其本传曰:
"太祖起义兵讨董卓,至荥阳,为卓将徐荣所败。太祖失马,贼追
甚急,洪下,以马授太祖。太祖辞让,洪曰:'天下可无洪,不可无
君。'遂步从到汴水,水深不得渡,洪循水得船,与太祖俱济。"②荥
阳兵败后,曹操至酸枣(治今河南延津西南)劝说关东诸侯进军,
遭到拒绝。"太祖兵少,乃与夏侯惇等诣扬州募兵。"③上述史料记
载反映了以下情况:首先,曹操是受到朝廷缉拿的逃犯,他逃离洛
阳后若是待在陈留并无要员庇护,恐怕有性命之虞。按照情理分
析,此时回到家乡谯县,依靠家族乡亲的保护,应该是比较安全的
选择。其次,曹操并非赤手空拳来到陈留造反。在当时天下纷乱
的情况下,很难设想他会在身边没有宗族亲信的可靠支持下起兵
反对朝廷。比较合理的解释,就是如前引《魏书》和《英雄记》所
言,曹操在起兵之前曾经回到故乡谯县,招集了宗族亲属和少量
人马准备举事。但由于自己的力量不足,并未打出讨伐董卓的旗
号。直到十一月张邈到陈留赴任之后,曹操率领亲族兵将护送家
财前来投奔这位故友,依靠张邈和当地豪族的帮助,扩大了自己
的兵力④。当年十二月,到关东诸侯联合起兵反对董卓前夕,曹操
才在陈留郡己吾县立帜讨逆。曹操返乡之事还有其他史迹可寻,

①《三国志》卷9《魏书·曹仁传》。
②《三国志》卷9《魏书·曹洪传》。
③《三国志》卷1《魏书·武帝纪》。
④《三国志》卷1《魏书·武帝纪》注引《世语》:"陈留孝廉卫兹以家财资太祖,使起兵,众
　有五千人。"

下文即予以考述。

## 二、曹操返乡筹备起兵之史迹剖析

据某些史料反映,曹操在回乡之初曾准备聚众举义,但是遭到了地方官员的残酷镇压。他的老家沛国谯县是豫州刺史的治所[①],两汉刺史主管对郡国守令的监察纠法,东汉末年天下动乱频仍,刺史或州牧开始获得统治一州的军政权力,"内亲民事,外领兵马。"[②]当时的豫州牧是江夏名士黄琬,他在灵帝末年入仕[③],惟朝廷之命是从,升迁相当迅速,并因以铁腕手段镇压豫州叛乱而闻名,时称"威迈百城"[④]。《后汉书》卷 61《黄琬传》曰:"中平初,出为右扶风,征拜将作大匠、少府、太仆。又为豫州牧。时寇贼陆梁,州境雕残,琬讨击平之,威声大震。政绩为天下表,封关内侯。"董卓掌权之后,他又得到了中央政府的赏识和提拔。"及董

---

① 参见《后汉书·郡国志二》:"谯,刺史治。"《宋书》卷 36《州郡志二》:"豫州刺史,后汉治谯,魏治汝南安成。"

② 《后汉书·百官志五》刘昭补注。

③ 参见《资治通鉴》卷 59 汉灵帝中平五年三月,"朝廷遂从(刘)焉议,选列卿、尚书为州牧,各以本秩居任。以焉为益州牧,太仆黄琬为豫州牧,宗正东海刘虞为幽州牧。州任之重,自此而始。"《后汉书》卷 75《刘焉传》:"时灵帝政化衰缺,四方兵寇,焉以为刺史威轻,既不能禁,且用非其人,辄增暴乱,乃建议置牧伯,镇安方夏,清选重臣,以居其任。焉乃阴求为交址,以避时难。议未即行,会益州刺史郤俭在政烦扰,谣言远闻,而并州刺史张懿、凉州刺史耿鄙并为寇贼所害,故焉议得用。出焉为监军使者,领益州牧,太仆黄琬为豫州牧,宗正刘虞为幽州牧,皆以本秩居职。州任之重,自此而始。"

④ 谢承《后汉书》卷四,周天游辑注:《八家后汉书辑注》,上海古籍出版社,1986 年,第 106 页。

卓秉政,以琬名臣,征为司徒,迁太尉,更封阳泉乡侯。"曹操逃出
京师,代表朝廷的董卓立即宣布他为罪犯,并迅速向各地发出逮
捕文告,因此他在中牟曾经被捕。谯县驻有州郡兵马,作为被通
缉的逃犯,曹操归乡后自然不敢在刺史门下公开聚众造反,招募
工作应是暗地进行。不过他走漏了风声,因而遭到黄琬及属下官
吏的打击,宗亲曹邵被杀,他也被迫躲避起来。事见《三国志》卷9
《魏书·曹真传》:"曹真字子丹,太祖族子也。太祖起兵,真父邵
募徒众,为州郡所杀。太祖哀真少孤,收养与诸子同,使与文帝共
止。"注引《魏书》曰:"(曹)邵以忠笃有才智,为太祖所亲信。初平
中,太祖兴义兵,邵募徒众,从太祖周旋。时豫州刺史黄琬欲害太
祖,太祖避之而邵独遇害。"卢弼认为这条史料所载的时间有谬,
"初平"可能是"中平"之误写,其事应发生在中平六年曹操归乡之
时。"(黄)琬为豫州牧在中平时,至初平三年,琬已为李傕所杀
矣。此云初平中豫州刺史黄琬欲害魏武,全与事实相左。或'初
平中'易为'中平中',其说尚可通。盖魏武变易姓名,间行东归,
在中平六年也。"[1]

　　从史书的相关记载来分析,曹操回乡募兵与黄琬捕杀曹邵的
时间均在当年九月。如前所述,曹操出走是在九月甲戌日(初一)
董卓废少帝之后、丙子日(初三)杀何太后之前,即在九月初二左
右。《后汉书·郡国志二》注引《汉官》曰:"(谯)去雒阳千二百
里。"这一距离如果是官府步行急走接力的邮传,五六日即可到
达。可见张家山汉简《二年律令·行书律》:"邮人行书,一日一夜
行二百里。"部队长途急行军的速度略低于邮传,例如"(夏侯)渊

---

①卢弼:《三国志集解》卷9《曹真传》,第282页。

为将，赴急疾，常出敌之不意，故军中为之语曰：'典军校尉夏侯渊，三日五百，六日一千。'"①曹操逃亡回乡应是骑马，汉代乘骑疾行速度较快，日行可达二百里左右。如第五种乘马逃亡，"一日一夜行四百余里，遂得脱归。"②《九章算术·盈不足章》第十九题曾提到良马日行一百九十三里，驽马日行九十三里；亦可参考。如果曹操在九月初二潜逃离京，只需数日即可返回谯县。即便他在中牟被拘押了一两日，大约不出十天也能够归乡。值得注意的是，九月甲午日（二十一），董卓主政的朝廷发布命令，擢升黄琬进京担任司徒③。按照正常情况，此项文书通过邮传应在五六日以后到达谯县，黄琬治装准备也还需要时间，大概是在月终前后离任赴京。由此判断，曹操返乡招募人众，遭到州郡官兵追捕之事，应该是在黄琬离任前夕发生的。也就是说，曹操逃离洛阳后并非抵达陈留起兵，而是直接返回故乡谯县预作筹措，并曾躲避地方官吏的缉拿。另外，曹操过去性情放荡，举止行为屡犯法度，因此与当地官府的关系不睦。"袁忠为沛相，尝欲以法治太祖。"④恐怕这也是他难以在家乡立足和起兵的原因之一。

再者，从当时的历史背景来看，就全国的政治环境而言，中平六年（189）九月曹操回乡时举兵讨伐董卓的时机尚未成熟。虽然董卓的专权和暴政引起很多官员和豪族的不满，但是他毕竟挟持天子，动辄以朝廷的名义发号施令，起兵反对他等于是造反，即便是手握重权的封疆大吏，也没有人敢于率先举义，更不要说势单

①《三国志》卷9《魏书·夏侯渊传》注引《魏略》。
②《后汉书》卷41《第五种传》。
③《后汉书》卷9《孝献帝纪》中平六年九月："甲午，豫州牧黄琬为司徒。"
④《三国志》卷1《魏书·武帝纪》注引《曹瞒传》。

力孤又素无声望的曹操了。直到当年十一月之后,朝廷外放了韩馥、张邈等一批仇视董卓的京官到州郡任职,他们到任后开始掀起讨伐董卓的热潮。十二月,"东郡太守桥瑁诈作京师三公移书与州郡,陈卓罪恶,云'见逼迫,无以自救,企望义兵,解国患难'。"①关东诸侯以此为由纷纷交通联络,准备起事。至次年正月,"后将军袁术、冀州牧韩馥、豫州刺史孔伷、兖州刺史刘岱、河内太守王匡、勃海太守袁绍、陈留太守张邈、东郡太守桥瑁、山阳太守袁遗、济北相鲍信同时俱起兵,众各数万,推绍为盟主。"②在起兵反卓的上述诸侯当中,职权最高的几位州牧都是刚刚被朝廷任命的。董卓发觉让他们出京是受了周毖、伍琼的欺骗,盛怒之下将周、伍二人处死③。由此可见,曹操起兵于当年十二月,是在关东诸侯大举兴师的前夕才宣布率众讨逆的。"是时四海既困中平之政,兼恶卓之凶逆,家家思乱,人人自危。山东牧守,咸以《春秋》之义,'卫人讨州吁于濮',言人人皆得讨贼。于是大兴义兵,名豪大侠,富室强族,飘扬云会,万里相赴。"④讨伐董卓以挽救国难,已经成为当时人们的共识,是属于顺应潮流的义举了。另外,据史籍所载,"董卓之乱,太祖与邈首举义兵。"⑤曹操是和张邈沟通联络后同时起兵的,有这位地方大员的强力支持,并非自己独

①《三国志》卷1《魏书·武帝纪》注引《英雄记》,《资治通鉴》卷59载其事在中平六年十二月。
②《三国志》卷1《魏书·武帝纪》。
③《三国志》卷6《魏书·董卓传》:"初,卓信任尚书周毖、城门校尉伍琼等,用其所举韩馥、刘岱、孔伷、张咨、张邈等出宰州郡。而馥等至官,皆合兵将以讨卓。卓闻之,以为毖、琼等通情卖己,皆斩之。"
④《三国志》卷2《魏书·文帝纪》注引《典论·自叙》。
⑤《三国志》卷7《魏书·张邈传》。

树一帜。而在曹操初归乡里之际,举兵讨伐董卓的客观条件尚未完全具备,因此他也不敢轻举妄动。

黄琬赴京之后,豫州行政长官的职务曾出现短暂空缺。如前所述,朝廷至十二月才外放了一批在京的名士出任州郡长吏[①],而他们到任后即联络起兵反对董卓,其中包括担任豫州刺史的孔伷,史籍或写作"孔胄"。由于地方长官政治态度的转变,曹操的亡命生涯才得以结束,能够在家乡招集宗族人马,并携带大量财物前去投奔张邈,而没有受到当地官兵的阻拦和剿灭。初平元年(190)正月关东诸侯举义,各路雄杰"同时俱起,众各数万,以讨卓为名"[②]。但是孔伷领兵留在豫州,没有汇入袁绍、张邈为首的诸侯联军。"(袁)绍与王匡屯河内,(孔)伷屯颍川,(韩)馥屯邺,余军咸屯酸枣。"[③]到当年三月,"酸枣诸军食尽,众散。"[④]反卓斗争受到挫折,此后史籍缺乏关于孔伷活动的记载,不明其所终。而据郑太所言:"孔公绪清谈高论,嘘枯吹生。并无军旅之才,执锐之干。"[⑤]说明他缺乏军事才能,难以应付复杂残酷的战乱局面。豫州刺史后来由郭贡接任,应在兴平元年(194)以前,但具体时间不详。这可能是董卓把持的朝廷罢黜了孔伷的职务,而改任其亲信担任此职。从文献记述来看,郭贡与曹操关系不睦,后来曹操占据兖州,张邈、陈宫等人发动叛乱时,"豫州刺史郭贡帅众数万来

---

① [东晋]袁宏:《后汉纪》卷 25 灵帝下中平六年十一月:"(董卓)于是以尚书韩馥为冀州,侍中刘岱为兖州,陈留孔胄为豫州,颍川张咨为南阳太守,东平张邈为陈留太守。"张烈点校:《两汉纪》下册,第 499 页。

②《后汉书》卷 74 上《袁绍传》。

③《后汉书》卷 74 上《袁绍传》。

④《资治通鉴》卷 59 汉献帝初平元年三月。

⑤《后汉书》卷 70《郑太传》。

至城下",企图乘虚占领州治鄄城,由于荀彧等留守官员应付得当而未能得逞。"(郭)贡见(荀)彧无惧意,谓鄄城未易攻,遂引兵去。"①另据有关史实记载,关东诸侯起兵之后,谯县与沛国的政治形势又发生了转变,对曹操家族不利,致使他不敢把自己的家小留在当地,而是将他们带到军中。如曹丕追忆:"时余年五岁,上以世方扰乱,教余学射;六岁而知射,又教余骑马,八岁而能骑射矣。以时之多故,每征,余常从。建安初,上南征荆州,至宛,张绣降。旬日而反,亡兄孝廉子修、从兄安民遇害。时余年十岁,乘马得脱。"②曹操出征张绣是在建安元年(196)末,次年正月到达宛城,曹丕当时十岁,而他五岁来到曹操身边,应该是在初平二年(191)。另外,曹操的父亲曹嵩也被迫离乡藏匿。"太祖父嵩,去官后还谯,董卓之乱,避难琅邪。"③《后汉书》卷78《宦者传》亦云曹嵩:"及子操起兵,不肯相随,乃与少子疾避乱琅邪。"笔者按:关东诸侯与董卓集团的战斗主要是在首都洛阳周围的河南、河内等郡进行④,当时并未波及到曹操的故乡谯沛地区。曹嵩远赴琅邪逃避董卓之乱,看来可能是害怕当地政局的反复;州郡官吏若是再次听命于董卓把持的朝廷,曹嵩就会成为反叛的亲属,会受到连坐而入狱被杀,所以他为了躲避缉捕而远走他乡。

---

① 《三国志》卷10《魏书·荀彧传》。
② 《三国志》卷2《魏书·文帝纪》注引《典论》。
③ 《三国志》卷1《魏书·武帝纪》。
④ 《三国志》卷15《魏书·司马朗传》:"关东诸州郡起兵,众数十万,皆集荥阳及河内。"

## 三、曹操起兵之际尚未企图割据河南

方诗铭认为曹操选择在陈留举事,是因为他有经营河南、待机争夺天下的战略计划。所谓"规大河之南",出自济北相鲍信之语。他曾对曹操说:"今(袁)绍为盟主,因权专利,将自生乱,是复有一卓也。若抑之,则力不能制,只以遘难,又何能济?且可规大河之南,以待其变。"[1]方氏评论道:"这个建议所以得到曹操赞赏,最主要的一点,就是完全符合曹操的野心,也完全符合曹操的既定策划。曹操不回到沛国,而是投奔在河南担任陈留太守的张邈,其原因就在这里。袁绍的策划是,经营河北,南争天下;与袁绍相反,曹操则是'规大河以南',等待时机。"[2]笔者对此有不同看法,现将问题列举出来以供讨论。鲍信是在初平二年(191)七月提出上述建议的[3],其事在曹操起兵岁余之后,国内的政治、军事形势已然发生了很大变化。关东诸侯讨伐董卓的战争拖延日久,联盟瓦解,诸侯开始相互兼并。如兖州刺史刘岱与东郡太守桥瑁交恶,"岱杀瑁,以王肱领东郡太守。"[4]袁绍逼迫韩馥让位,夺取了冀州。曹操虽然在此时同意了鲍信的计策,但是这不能说明他在两年前就有了这种宏大长远的规划。曹操后来确实采取了占据河南、山东等地的行动,借此与袁绍对抗来争夺天下。可是这种作战计划在他起兵之初就已经奠定于胸了吗?实际上还有另一

[1]《三国志》卷12《魏书·鲍勋传》注引《魏书》。
[2]方诗铭:《曹操安定兖州与曹袁关系》,《史林》1987年第2期。
[3]参见《资治通鉴》卷60汉献帝初平二年七月。
[4]《三国志》卷1《魏书·武帝纪》。

种可能,即该计划是到后来随着局势的发展变化而建立并实施的。从历史研究的一般规则来说,我们探讨问题不应脱离当时的具体环境。因此,讨论曹操起兵陈留的意图,应该是通过分析他当时的想法和实际行动来得出结论。从史籍所载来看,在东汉末年动乱与战争日益加剧的情况下,曹操的抱负在不同历史时期随着形势的演变而逐步升级。张大可曾指出,曹操的政治生涯可以分为三个阶段,其志向与野心有所区别。他在青年时期努力建功立名,拼命跻身于世家大族行列。中年时期大有作为,在军阀混战中统一北方。晚年时期步步逼宫,完成了篡汉的准备,扮演了一个权奸的角色①。笔者拟对有关史实进行分析论证,借以说明曹操在陈留举义之际的政治意图以及当时并无经营河南的战略计划。

曹操曾在《让县自明本志令》中,系统地追述了他政治抱负的前后演变,囿于其家世和修行声誉,起初他只是想作个"守千里之地,任兵马之重"②的太守。"孤始举孝廉,年少,自以本非岩穴知名之士,恐为海内人之所见凡愚,欲为一郡守,好作政教,以建立名誉,使世士明知之。"③后来遭逢乱世,他的愿望才有所提升。"意遂更欲为国家讨贼立功,欲望封侯作征西将军,然后题墓道言'汉故征西将军曹侯之墓',此其志也。"④在陈留起兵之后,他最初的志向是讨平董卓乱党以安定汉室,还没有企图拥兵自重而割据一方,因此经常减损自己的部队数量,采取低调的态度而不愿意

---

①张大可:《论曹操》,《三国史研究》,甘肃人民出版社,1988年,第128页。
②《汉书》卷79《冯野王传》。
③《三国志》卷1《魏书·武帝纪》注引《魏武故事》载建安十五年十二月《己亥令》。
④《三国志》卷1《魏书·武帝纪》注引《魏武故事》载建安十五年十二月《己亥令》。

出人头地,引火烧身。"而遭值董卓之难,兴举义兵。是时合兵能多得耳,然常自损,不欲多之;所以然者,多兵意盛,与强敌争,倘更为祸始。故汴水之战数千,后还到扬州更募,亦复不过三千人,此其本志有限也。"①也就是说,他在陈留起兵时,只是想要消灭董卓集团,匡扶汉室,还没有割据河南的想法。当然,曹操也可能说的是谎话。我们辨别其真假,不仅要听其言,而且要观其行。值得注意的是,先贤王夫之在《读通鉴论》中通过对史实的分析和比较,也深刻地论证了曹操在起兵之初和后来的意愿具有明显的区别。他认为,关东群雄虽然兴师而讨伐董卓,但是以袁绍为首的几路诸侯各据一方,均持观望态度而不愿进兵与董卓交锋。其中有些诸侯是懦弱无能,而袁绍、袁术则有政治野心,希望保存实力,等待董卓灭亡汉室后自己登极,以坐收渔翁之利。其论述如下:

> (袁)绍之抗卓也,曰:"天下健者,岂惟董公?"其志可知已。及其集山东之兵,声震天下,董卓畏缩而劫帝西迁以避之,使乘其播迁易溃之势,速进而扑之,卓其能稽天讨乎? 乃诸州郡之长,连屯于河内、酸枣,踌躇而不进。其巽懦无略者勿论也;袁绍与(袁)术,始志锐不可当,而犹然栖迟若此,无他,早怀觊觎之志,内顾卓而外疑群公,且幸汉之亡于卓而己得以逞也。②

王夫之强调,当时起兵与董卓作殊死搏斗之人,仅有曹操和孙坚

---

① 《三国志》卷1《魏书·武帝纪》注引《魏武故事》载建安十五年十二月《己亥令》。
② [清]王夫之:《读通鉴论》卷9《(汉)献帝》,第232页。

两位。"于斯时也,蹶起以与卓争死生,曹操、孙坚而已。"①关东诸侯畏惧劲敌,纷纷退缩不前,曹操积极鼓动他们迅速进兵。"是时(袁)绍屯河内,(张)邈、(刘)岱、(桥)瑁、(袁)遗屯酸枣,(袁)术屯南阳,(孔)伷屯颍川,(韩)馥在邺。(董)卓兵强,绍等莫敢先进。太祖曰:'举义兵以诛暴乱,大众已合,诸君何疑?向使董卓闻山东兵起,倚王室之重,据二周之险,东向以临天下;虽以无道行之,犹足为患。今焚烧宫室,劫迁天子,海内震动,不知所归,此天亡之时也。一战而天下定矣,不可失也。'"②在劝说无效的情况下,他率领数千人马挺进荥阳,在汴水与强敌激战,奋不顾身。"士卒死伤甚多。太祖为流矢所中,所乘马被创。"③王夫之称赞其"虽败而志可旌"④。曹操败归酸枣后,见各路诸侯拥众不战,"诸军兵十余万,日置酒高会,不图进取。太祖责让之:'……今兵以义动,持疑而不进,失天下之望,窃为诸君耻之!'邈等不能用。"⑤王夫之据此指出,曹操当时是专心勤王讨贼,并不像袁绍、袁术兄弟那样有割据自立之企图。"(曹)操与(孙)坚知有讨贼而不知有他,非绍、术挟奸心以养寇,而冀收刺虎持蚌之情者所可匹也。"⑥他还指出,这时的曹操并没有割土称雄、犯上作乱的企图,否则就不会仅率孤军深入与董卓决一死战了。那种认为曹操早有不臣之心的观点,实际上是因为他后来的篡逆而把罪恶和诬蔑之词强加在其身

①[清]王夫之:《读通鉴论》卷9《(汉)献帝》,第232页。
②《三国志》卷1《魏书·武帝纪》。
③《三国志》卷1《魏书·武帝纪》。
④[清]王夫之:《读通鉴论》卷9《(汉)献帝》,第238页。
⑤《三国志》卷1《魏书·武帝纪》。
⑥[清]王夫之:《读通鉴论》卷9《(汉)献帝》,第233页。

上。"当斯时,操固未有擅天下之心可知也。以操为早有擅天下之心者,因后事而归恶焉尔。"①王夫之认为曹操起兵之初,除了和董卓集团作战,就是与黑山、黄巾农民军交锋,并没有兼并攻杀东汉关东州郡牧守的非分举动。如果汉室复兴,献帝主政,曹操便是功臣而不是罪犯,其篡逆之心也会收敛。其文曰:

> 诸将方争据地以相噬,操所用力以攻者,黑山白绕也,兖州黄巾也,未尝一矢加于同事之诸侯。其据兖州自称刺史,虽无殊于绍,而得州于黄巾,非得州于刘岱也;击走金尚者,王允之赏罚无经有以召之也;然则献帝而能中兴,操固可以北面受赏,而不获罪于朝廷,而不轨之志戢矣。②

据史籍所载曹操在青年时代嫉恶如仇,不畏权贵,尽力维护汉室统治。他出任洛阳北部尉时,"缮治四门,造五色棒,县门左右各十余枚,有犯禁者,不避豪强,皆棒杀之。后数月,灵帝爱幸小黄门蹇硕叔父夜行,即杀之。京师敛迹,莫敢犯者。"③后迁为济南相,"国有十余县,长吏多阿附贵戚,赃污狼藉。于是奏免其八;禁断淫祀。奸宄逃窜,郡界肃然。"④对曹操热心为国除奸讨贼的原因,何兹全曾经作过深刻的论述,认为这和他出身于宦官家族有密切关系。"东汉宦官,也有两面属性:一是腐败奸邪,为士大夫所嫉恨;二是维护皇权,与世家豪族(外戚是世家豪族的代表家族)相对抗。他们是'一心王室,不事豪党'的。曹操就是继承了

---

①［清］王夫之:《读通鉴论》卷9《(汉)献帝》,第222—233页。
②［清］王夫之:《读通鉴论》卷9《(汉)献帝》,第236页。
③《三国志》卷1《魏书·武帝纪》注引《曹瞒传》。
④《三国志》卷1《魏书·武帝纪》。

宦官这后一属性的。"①按照曹操的陈述,他后来统一中原,乃至位极人臣,专擅朝政,这些举动是被军阀混战的形势和袁绍、袁术等人觊觎帝位的野心逼迫出来的,而并非是他起初的志向。"设使国家无有孤,不知当几人称帝,几人称王。"②如果他不挺身而出来荡平群雄,那么非但会造成社稷颠覆,自己的身家性命亦无法保障。"诚恐己离兵为人所祸也。既为子孙计,又己败则国家倾危,是以不得慕虚名而处实祸,此所不得为也。"③曹操称这些话是自己的肺腑之言,④其中虽有自誉,但也包含了部分真实的内容,因而获得王夫之的认同。王氏明确指出:曹操在军事上的扩张是因为袁绍割据冀州的启迪、示范与逼迫,他采取的是后发制人的策略,这样做也是为了取得有利的政治影响。"绍拥兵河北以与操争天下,而操乃据兖州以成争天下之势。绍导之,操乃应之;绍先之,操乃乘之;微绍之逆,操不先动。虽操之雄桀智计长于绍哉!抑操犹知名义之不可自我而干,而绍不知也。"⑤又云:"董卓死,李(傕)、郭(汜)乱,袁绍擅河北而忘帝室,袁术窃,刘表僭,献帝莫能驭,而后曹操之篡志生。曹操挟天子,夷袁绍,降刘琮,而后孙权之割据定。是操之攘汉,袁绍贻之;坚之子孙僭号于江南,曹操贻之也。谓操与坚怀代汉之心于起兵诛卓之日,论者已甚之说。"⑥

---

①何兹全:《三国史》,北京师范大学出版社,1994年,第23页。

②《三国志》卷1《魏书·武帝纪》注引《魏武故事》载建安十五年十二月《己亥令》。

③《三国志》卷1《魏书·武帝纪》注引《魏武故事》载建安十五年十二月《己亥令》。

④《三国志》卷1《魏书·武帝纪》注引《魏武故事》载建安十五年十二月《己亥令》:"孤非徒对诸君说此也,常以语妻妾,皆令深知此意。孤谓之言:'顾我万年之后,汝曹皆当出嫁,欲令传道我心,使他人皆知之。'孤此言皆肝鬲之要也。"

⑤[清]王夫之:《读通鉴论》卷9《(汉)献帝》,第236页。

⑥[清]王夫之:《读通鉴论》卷9《(汉)献帝》,第233页。

王夫之的论述甚为精辟,令人叹服。

综上所述,笔者认为曹操在陈留起兵之初的基本目的是为国讨贼,匡扶汉室,还没有割据河南以观时变的意图。把鲍信"规大河之南,以待时机"的建议转移到两年之前的曹操心中,并不符合当时的实际情况。再者,曹操在军事谋划上的特点是随机应变,灵活自如,这从他和袁绍的谈话中可以反映出来。《三国志》卷1《魏书·武帝纪》曰:"初,绍与公共起兵,绍问公曰:'若事不辑,则方面何所可据?'公曰:'足下意以为何如?'绍曰:'吾南据河,北阻燕、代,兼戎狄之众,南向以争天下,庶可以济乎?'公曰:'吾任天下之智力,以道御之,无所不可。'"上述言论表明袁绍具有战略眼光和长远规划,后来也是按照这个方案来逐步实行的。王夫之说他在"起兵之初,其志早定,是以董卓死,长安大乱,中州鼎沸,而席冀州也自若。"[①]但是亦有墨守成规、不通权变的弊病,所以曹操反驳他说:"汤、武之王,岂同土哉? 若以险固为资,则不能应机而变化也。"[②]曹操在当时主张任用天下智力而随机应变,并没有长远的打算。一方面,是因为他刚刚脱离官府追捕的危难,势力弱小又声誉欠佳,以故未有非分之想,当务之急只是设法保存自己的力量。另一方面,也是由于曹操深通兵法,知道军无常势,水无常形,因此强调运用智力以顺应时变。王夫之对此称赞道:"在山而用山之智力,在泽而用泽之智力,己无固恃,人亦且无恃心,而无不可恃,此争天下者之善术。"[③]再者,按照曹操的看法,当时关

---

① [清]王夫之:《读通鉴论》卷9《(汉)献帝》,第250页。
② 《三国志》卷1《魏书·武帝纪》注引《傅子》。
③ [清]王夫之:《读通鉴论》卷9《(汉)献帝》,第250页。

东联军的势力强大，又是士民众心所向，只要举措得当，应能很快消灭董卓集团以安定天下。所以他强烈主张立即进军，并为各路诸侯谋划道："诸君听吾计，使勃海引河内之众临孟津，酸枣诸将守成皋，据敖仓，塞轘辕、太谷，全制其险；使袁将军率南阳之军军丹、析，入武关，以震三辅；皆高垒深壁，勿与战，益为疑兵，示天下形势，以顺诛逆，可立定也。"[①]由此看来，说他在起兵之初就已经萌生割据自守、拥兵观望之意，制订了"规大河之南，以待时机"的保守计划，应该是与历史实际相悖的。上述文献资料记载的种种情况都反映了曹操率众举事的主要意图是讨贼救国，而且与其他诸侯有显著的区别，他的态度十分积极和坚决，就是企图投入自己和关东诸侯的全部力量去进攻董卓集团，以匡扶汉室，当时还没有想到要割据州郡以图谋霸业。因此，曹操选择在陈留起兵，并不是为了准备占据河南、待机争雄天下，而是另有原因。

## 四、曹操起兵时未获袁绍的实际援助

方诗铭认为，曹操在陈留起兵的另一个目的，是企图和袁绍结成政治集团，以获得这位关东诸侯盟主的支持。这一看法也有令人疑惑之处，需要深入研讨。这是因为曹操在中平六年（189）十二月己吾举义之时，袁绍还没有当上联军的盟主。直到次年正月，他才被各地起兵的将领推举为义军的主盟领袖[②]。当时关东

---

①《三国志》卷1《魏书·武帝纪》。

②《三国志》卷1《魏书·武帝纪》："初平元年春正月，后将军袁术、冀州牧韩馥、豫州刺史孔伷、兖州刺史刘岱、河内太守王匡、勃海太守袁绍、陈留太守张邈、东郡太守桥瑁、山阳太守袁遗、济北相鲍信同时俱起兵，众各数万，推绍为盟主。"

诸侯联军分为四股,各据一方。"(袁)绍与河内太守王匡屯河内,
冀州牧韩馥留邺,给其军粮。豫州刺史孔伷屯颍川,兖州刺史刘
岱、陈留太守张邈、邈弟广陵太守超、东郡太守桥瑁、山阳太守袁
遗、济北相鲍信与曹操俱屯酸枣,后将军袁术屯鲁阳,众各数
万。"①袁绍虽然被推举为盟主,但是有两个情况值得注意。其一,
各路诸侯虽然起兵反卓,但毕竟董卓挟献帝以自重,代表着朝廷,
因此还有许多地方官吏服从其统治,不敢响应张邈等人的号召。
如胡母班与王匡书云:"关东诸郡,虽实嫉卓,犹以衔奉王命,不敢
玷辱。"②所以成败形势尚未可知,军阀们仍然心存顾忌,大多不愿
充当盟主这个"乱首"。例如张邈等诸侯在酸枣会盟时,"将盟,既
而更相辞让,莫敢先登,咸共推(臧)洪。洪乃摄衣升坛,操血而
盟。"③众多州郡大员都不敢主盟,而让一个小小的郡吏功曹出来
领头歃血盟誓,这种反常的现象充分表明了他们的畏惧心理。所
以,诸侯们遥推袁绍为义军盟主,一方面,是由于袁家四世三公,
声望崇高,"门生故吏遍于天下。"④另一方面,应该还有说不出来
的理由,就是都想避免自己成为罪魁祸首,于是就把袁绍推举出
来担纲。

　　其二,袁绍尽管有盟主之名,但是在起兵之初,他的军事实力
并不强盛。袁绍与王匡盘踞河内,他身为渤海太守,自己部下只
有一郡人马。王匡河内郡兵的战斗力也不强,他曾经进军河阳,
结果被董卓轻易击溃。"时河内太守王匡屯兵河阳津,将以图卓。

①《资治通鉴》卷 59 汉献帝初平元年正月。
②《三国志》卷 6《魏书·袁绍传》注引谢承《后汉书》。
③《后汉书》卷 58《臧洪传》。
④《后汉书》卷 74 上《袁绍传》。

卓遣疑兵挑战,而潜使锐卒从小平津过津北,破之,死者略尽。"①
此外,袁绍的部队缺乏粮饷补给,全靠冀州牧韩馥提供。如韩馥
长史耿武、别驾闵纯等所言:"袁绍孤客穷军,仰我鼻息,譬如婴儿
在股掌之上,绝其哺乳,立可饿杀。"②从关东诸侯的分据情况来
看,当时袁绍和王匡拥兵河内,在黄河以北。而曹操起兵之初均
在河南活动,他在己吾举义后,赶赴酸枣(今河南延津县西南)与
张邈等联军汇合,随即出兵荥阳,兵败于徐荣后又回到酸枣,再与
夏侯惇、曹洪等回到家乡谯县与扬州募兵。在这一段时间里,曹
操与袁绍并无直接接触来往,后者除了一个"行奋武将军"的虚
衔,并未给他提供任何实际的支持。只是在曹操从扬州募兵回到
河南以后,他才奔赴河内投靠袁绍③,从此开始了数年"袁、曹虽为
一家,势不久存"④的政治结盟。故此,说他在陈留起兵是为了依
赖袁绍显然是相当牵强的,因为并未见到任何史实依据。

## 五、曹操投靠张邈原因之再探

　　曹操为什么要到陈留郡去投奔张邈? 一方面,是因为他们为
莫逆之友,关系甚为亲密,而张邈又素以行侠仗义而闻名,能够解
人危难。史载张邈"少以侠闻,振穷救急,倾家无爱,士多归之。

---

①《后汉书》卷72《董卓传》。

②《后汉书》卷74 上《袁绍传》。

③《三国志》卷1《魏书·武帝纪》:"太祖兵少,乃与夏侯惇等诣扬州募兵。刺史陈温、丹
　杨太守周昕与兵四千余人。还到龙亢,士卒多叛。至铚、建平,复收兵得千余人,进
　屯河内。"《资治通鉴》卷59 汉献帝初平元年三月胡三省注此事曰:"从袁绍也。"

④《三国志》卷14《魏书·董昭传》。

太祖、袁绍皆与邈友"①。汉末太学生标榜名士，"度尚、张邈、王
考、刘儒、胡母班、秦周、蕃向、王章为'八厨'。厨者，言能以财救
人者也。"②《汉末名士录》亦云胡母班："少与山阳度尚、东平张邈
等八人并轻财赴义，振济人士，世谓之八厨。"③他被任命为陈留太
守之后，掌握一郡的兵马钱粮，能够为曹操所部提供人员和物资
的补充。据白建新研究，曹操就任东郡太守之前，其部队的军粮
来源主要是靠豪族大地主和其他牧守资助，以及向民间征发抄
掠④。例如前述："陈留孝廉卫兹以家财资太祖，使起兵。"⑤《三国
志》卷22《魏书·卫臻传》曰："父兹，有大节，不应三公之辟。太祖
之初至陈留，兹曰：'平天下者，必此人也。'太祖亦异之，数诣兹议
大事。"虽然二人在政见上志同道合，但需要指出的是，卫兹是张
邈的部下，曾经接受其命令协助曹操作战。"邈遣将卫兹分兵随
太祖，到荥阳汴水，遇（董）卓将徐荣，与战不利，士卒死伤甚多。"⑥
因此学术界认为卫兹对曹操提供资助，可能也有受其长官张邈安
排或影响的因素⑦。

　　但是笔者考虑，曹操投靠张邈可能还有一个深层的因素，以
往未被史家充分关注，就是张邈在讨伐董卓的阵营里具有举足轻

---

①《三国志》卷7《魏书·张邈传》。
②《后汉书》卷67《党锢列传》。
③《三国志》卷6《魏书·袁绍传》注引《汉末名士录》。
④白建新：《曹操统一北方的军粮来源和状况》，《北京师院学报》1988年第4期。
⑤《三国志》卷1《魏书·武帝纪》注引《世语》。
⑥《三国志》卷1《魏书·武帝纪》。
⑦方诗铭：《曹操起家与袁曹政治集团》："在陈留，曹操得到张邈的大力支持，并通过他
　的关系，结识了当地的著名游侠卫兹……在卫兹资助下，曹操拉起了一支五千人的
　队伍，与张邈联合举兵，反对董卓。"《学术月刊》1987年第2期。

重的地位,他不仅素有声望,而且身居要职,部下兵马众多,又占领中原通衢,因此充当了反卓斗争的组织发起者,拥有相当重要的政治影响。另外,在张邈治下陈留境内集结的诸侯联军数量最多,是关东反对董卓势力中最为强大的集团。下文试述其详细情况。

张邈管辖的陈留是兖州第一大郡,有"十七城,户十七万七千五百二十九,口八十六万九千四百三十三"①。该郡土沃水丰,地理位置非常重要,治下浚仪县即战国名城大梁,位于豫东平原。张仪曾言其"地四平,诸侯四通,条达辐凑,无有名山大川之阻。从郑至梁,不过百里;从陈至梁,二百余里。马驰人趋,不待倦而至"②。郡治陈留县(今河南开封市陈留镇)亦为交通枢纽,秦朝因此在该地设置了巨型粮仓。郦食其曾对刘邦曰:"陈留者,天下之据冲也,兵之会地也,积粟数千万石,城守甚坚。"③在汉末的纷乱形势下,张邈据要地,握重兵,是实力强劲的军阀。正因如此,陈宫曾对他说:"今天下分崩,雄桀并起。君拥十万之众,当四战之地,抚剑顾眄,亦足以为人豪。"李贤注曰:"陈留地平,四面受敌,故谓之四战之地也。"④张邈之弟张超,当时任广陵太守,亦雄踞一方。《后汉书》卷58《臧洪传》曰:"时董卓弑帝,图危社稷。洪说超曰:'明府历世受恩,兄弟并据大郡。今王室将危,贼臣虎视,此诚义士效命之秋也。今郡境尚全,吏人殷富,若动桴鼓,可得二万人。以此诛除国贼,为天下唱义,不亦宜乎!'"李贤注曰:"谓(张)

①《后汉书·郡国志三》。
②[西汉]刘向集录:《战国策》卷22《魏策一》,第792页。
③《史记》卷97《郦生陆贾列传》。
④《后汉书》卷75《吕布传》。

超为广陵,兄邈为陈留也。"张超听从了臧洪的建议,"与洪西至陈留,见兄邈计事。"①经过商议后决定起兵讨伐董卓。张邈派遣臧洪去联络各路诸侯,请他们领兵到陈留郡的酸枣县聚会立盟。"(张)邈即引(臧)洪与语,大异之。乃使诣兖州刺史刘岱、豫州刺史孔伷,遂皆相善。邈既先有谋约,会超至,定议,乃与诸牧守大会酸枣。设坛场,将盟。"②随即掀起了关东各地反对董卓斗争的高潮。如前所述,这次盟会召开的时间是在初平元年(190)正月,而在去年十二月,张邈已经在陈留和曹操共同起兵③,他们是全国首先举义讨伐董卓的武装力量。如荀彧所言:"自天子播越,将军首唱义兵。"④《后汉书》卷75《吕布传》亦曰:"董卓之乱,(张邈)与曹操共举义兵。"实际上若是仔细分析,就会发现曹操此时的声望和实力与张邈相去甚远,所以绝非是平等的合作关系。例如张邈是"守千里之地,任兵马之重"⑤的一郡长官,拥有数万军队⑥;曹操并没有任何正式官职和辖地,部下仅有数千乡勇,还多是在张邈部下卫兹的资助下招募得来的。张邈名列"八厨",誉满天下;曹操则是"赘阉遗丑",行为放荡无端。两人此时的地位和影响相差悬殊,故从情理上判断,陈留举兵应该主要是以张邈的名义来号召各地,曹操应为其副手,他的队伍不过是附从东道主的一支客

---

① 《后汉书》卷 58《臧洪传》。
② 《后汉书》卷 58《臧洪传》。
③ 《三国志》卷 1《魏书·武帝纪》:"冬十二月,始起兵于己吾,是岁中平六年也。"《三国志》卷 7《魏书·张邈传》:"迁陈留太守。董卓之乱,太祖与邈首举义兵。"
④ 《三国志》卷 10《魏书·荀彧传》。
⑤ 《汉书》卷 79《冯野王传》。
⑥ 《三国志》卷 1《魏书·武帝纪》:"陈留太守张邈……山阳太守袁遗、东郡太守桥瑁、济北相鲍信同时俱起兵,众各数万。"

军而已。史书称两人共同起兵,是因为曹操后来的成功而高抬了他在反卓举义中的作用。张邈愿意与曹操携手的原因,除了两人政见相同且私交甚好之外,还在于张邈并不擅长军事。如郑太对董卓所言:"张孟卓东平长者,坐不窥堂。孔公绪清谈高论,嘘枯吹生。并无军旅之才,执锐之干,临锋决敌,非公之俦。"①李贤注:"孟卓名邈。"而曹操深通兵略,"其行军用师,大较依孙、吴之法。"②因此张邈在这方面需要他的协助。

　　当时反卓将领分据各地,"(袁)绍与王匡屯河内,(孔)伷屯颍川,(韩)馥屯邺,余军咸屯酸枣。"③其中兵力最强大的军事集团是驻扎在张邈治下酸枣境内的诸侯联军,包括兖州刺史刘岱、陈留太守张邈、广陵太守张超、东郡太守桥瑁、山阳太守袁遗、济北相鲍信与曹操的部队,共有十几万人④。张邈身为东道主人,又是反卓行动的召集者,其地位和责任相当重要。他与其弟张超拥有两个大郡,直接掌控的民户、兵员、财赋数量众多,其势力要强于当时仅为渤海太守的袁绍。从以上情况来看,张邈到任陈留之后,身在故乡的曹操便与他及时进行了联系,由于是志同道合的故交,便迅速结成盟友。笔者推测,曹操很可能在事先就获知了张邈组织诸侯联军的行动计划,因此他前往陈留,策应张邈起兵,参加了后来反卓阵营中势力最为强盛的政治军事集团,其安全系数是最高的,要比北上依附"孤客穷军"的袁绍更为有利,这应该是一个精明的选择。总之,曹操在离京归乡的过程中,遭到朝廷和

---

①《后汉书》卷 70《郑太传》。
②《三国志》卷 1《魏书·武帝纪》注引《魏书》。
③《后汉书》卷 74 上《袁绍传》。
④《三国志》卷 1《魏书·武帝纪》:"太祖到酸枣,诸军兵十余万,日置酒高会,不图进取。"

地方政府的通缉迫害,自身势力弱小又没有立足之地;而张邈在各股反卓力量当中的地位和处境算是比较优越的,又和曹操私交甚笃,投靠他能够获得许多实际的好处。另外需要强调的是,曹操起兵的己吾县(治今河南宁陵县西南)在陈留郡东南边界,与其故乡谯县相距只有百余里,他从家乡率众赶赴该地相当方便,只需三五日行程即可。考虑到以上种种原因,他在动乱之际选择了陈留作为自己部队的寄居之地。

## 六、曹操离开陈留转投袁绍之缘故

曹操在陈留郡内活动的时间不长,从中平六年(189)十二月己吾起兵,到初平元年(190)三月兵败荥阳,由于损失惨重,此后他与夏侯惇、曹洪等南下故乡谯县和扬州募兵。《三国志》载曹洪战败后逃至汴水,"与太祖俱济,还奔谯。扬州刺史陈温素与洪善,洪将家兵千余人,就温募兵,得庐江上甲二千人。东到丹杨复得数千人,与太祖会龙亢。"[1]值得注意的是,曹操在招募结束后并没有返回陈留继续依附张邈,而是渡过黄河,到河内去投靠联军盟主袁绍。"还到龙亢,士卒多叛。至铚、建平,复收兵得千余人,进屯河内。"[2]胡三省注意到这一情况,对此点评道:"从袁绍也。"[3]曹操转投袁绍,反映出他和张邈的关系出现了裂痕。为什么这样讲? 首先,曹操此番募兵的数量并不多,据他自己所言:"后还到

---

① 《三国志》卷9《魏书·曹洪传》。
② 《三国志》卷1《魏书·武帝纪》。
③ 《资治通鉴》卷59汉献帝初平元年三月。

扬州更募,亦复不过三千人。"①如果张邈与其相处融洽,则完全可以在自己所辖陈留郡的"千里之众"②当中解决这点困难,曹操没有必要远下扬州,经历苦旅和兵变的历险③。很显然,对于兵败失势的曹操,张邈没有像过去那样提供帮助。所以曹操回到河南之后,也不再驻在陈留,而是北赴河内,此后他和袁绍关系睦好④,维持了数年时间的短暂合作。

曹操为什么要离开张邈?笔者分析有两个原因:首先,是两人在政治、军事见解上具有重大的分歧。张邈等诸侯坐拥重兵,不敢与董卓交锋。而曹操认为董卓西迁长安后内外交困,形势不利,关东联军即使不愿与其决战,也应该分路进军,占据险要,构成压迫紧逼的态势,以促成其内部生变而垮台。为此他在回乡募兵之前曾到联军的大营陈述己见,但是遭到以张邈为首的诸将拒绝。"太祖到酸枣,诸军兵十余万,日置酒高会,不图进取。太祖责让之,因为谋曰:'诸君听吾计,使勃海(袁绍)引河内之众临孟津,酸枣诸将守成皋,据敖仓,塞辕辕、太谷,全制其险,使袁(术)将军率南阳之军军丹、析,入武关,以震三辅;皆高垒深壁,勿与战,益为疑兵,示天下形势,以顺诛逆,可立定也。今兵以义动,持疑而不进,失天下之望,窃为诸君耻之!'邈等不能用。"⑤胡三省对

---

①《三国志》卷 1《魏书·武帝纪》注引《魏武故事》载建安十五年十二月《己亥令》。

②《三国志》卷 7《魏书·张邈传》陈宫语。

③《三国志》卷 1《魏书·武帝纪》注引《魏书》曰:"(至龙亢)兵谋叛,夜烧太祖帐。太祖手剑杀数十人,余皆披靡,乃得出营;其不叛者五百余人。"

④《三国志》卷 7《魏书·臧洪传》:"太祖围张超于雍丘,超言:'唯恃臧洪,当来救吾。'众人以为袁、曹方睦,而洪为绍所表用,必不败好招祸,远来赴此。"

⑤《三国志》卷 1《魏书·武帝纪》。

此评论道："观操之计，但欲形格势禁，待其变起于下耳，非主于战也。"①对于讨贼心切的曹操来说，提出上述策略并非其积极会战的本意，只是退而求其次罢了。但是张邈等人为了保存实力以便将来割据称雄，就连这样较为保守的建议也不予采纳，显然使曹操非常失望，这是他愤然离去的原因之一。

　　其次，是当时联军面临着分崩离析的潜在危机。《孙子兵法·用间篇》曰："凡兴师十万，出征千里，百姓之费，公家之奉，日费千金。"②各路诸侯集重兵于酸枣，却又拖延不战，日久乏粮，即难以维持。《后汉书》卷58《臧洪传》载张邈合诸侯在酸枣会盟，"自是之后，诸军各怀迟疑，莫适先进，遂使粮储单竭，兵众乖散。"另外，联军内部诸将领拥兵自重，各施号令，加上军纪败坏，也促成这支队伍后来的瓦解。"关东诸州郡起兵，众数十万，皆集荥阳及河内。诸将不能相一，纵兵抄掠，民人死者且半。久之，关东兵散。"③反卓联盟中的诸侯尔诈我虞，相互倾轧，如东郡太守桥瑁与兖州刺史刘岱关系恶化，最终被后者设法除掉，并委任亲信王肱来继任。"刘岱与桥瑁相恶，岱杀瑁，以王肱领东郡太守。"④据应劭《风俗通义》所言，桥瑁得罪的还有陈留、济阴两郡太守，因此他们也出兵助战。"关东义兵先起于宋、卫之郊，东郡太守桥瑁负众怙乱，陵蔑同盟，忿嫉同类，以殒厥命。陈留、济阴迎助，谓为离德，弃好即戎，吏民歼之。"⑤陈留太守为张邈，济阴太守

①《资治通鉴》卷59汉献帝初平元年三月胡三省注。
②［春秋］孙武撰，［三国］曹操等注，杨丙安校理：《十一家注孙子》，第256页。
③《三国志》卷15《魏书·司马朗传》。
④《三国志》卷1《魏书·武帝纪》。
⑤《后汉书·五行志二》中平元年夏条注引应劭曰。

乃吴资①,两人与桥瑁共同起兵反对董卓,又都是郡守,故应劭称他们是"同盟"和"同类"。从后来的形势发展来看,曹操确实具有先见之明,他很可能预料到诸侯联军会遭逢困境而分裂瓦解,因此率先离开这个是非之地,自己设法去补充兵力匮乏的不足,从而避免在将来的混乱中被他人消灭。而张邈等将领的庸碌无为,也使曹操下定决心脱离他们,去投奔另一位故友②,即关东联军的盟主袁绍。需要指出的是,曹操此前对关东诸侯提出的作战计划遭到张邈等人拒绝,但是袁绍采纳了他的"使勃海引河内之众临孟津"③之建议。见《三国志》卷6《魏书·董卓传》:"河内太守王匡,遣泰山兵屯河阳津,将以图(董)卓。"后被董卓击败。《资治通鉴》卷59汉献帝初平元年(190)冬,"王匡屯河阳津,董卓袭击,大破之。"胡三省注:"河阳津,即孟津。"袁绍随即又向冀州牧韩馥借兵进驻河阳。直到次年四月,董卓离开河南,西入关中,袁绍回师黄河延津④,以武力逼迫韩馥让出冀州,驻在河阳的冀州驻军才撤退回援⑤。由此可见袁绍比张邈更有战略远见和雄心大志,英雄所见略同,这也应是曹操去投靠他的重要原因之一。

———————

①参见《三国志》卷1《魏书·武帝纪》:"(兴平)二年春,袭定陶。济阴太守吴资保南城,未拔。"

②参见《三国志》卷6《魏书·袁绍传》:"绍有姿貌威容,能折节下士,士多附之。太祖少与交焉。"《世说新语·假谲》亦曰:"魏武少时,尝与袁绍好为游侠……"

③《三国志》卷1《魏书·武帝纪》。

④参见《后汉书》卷9《孝献帝纪》初平二年:"夏四月,董卓入长安。"《三国志》卷6《魏书·袁绍传》:"会(董)卓西入关,(袁)绍还军延津。"

⑤《三国志》卷6《魏书·袁绍传》注引《九州春秋》曰:"(韩)馥遣都督从事赵浮、程奂将强弩万张屯河阳。浮等闻馥欲以冀州与绍,自孟津驰东下。时绍尚在朝歌清水口,浮等从后来,船数百艘,众万余人,整兵鼓夜过绍营,绍甚恶之。"

　　陈寿《三国志》有叙事过于简略的缺陷，因此在曹操本纪当中没有对他在董卓执政后离京返乡的史实给予详细记载，只是裴松之注所引的一些史料中透露了相关的蛛丝马迹。笔者认为：张邈在中平六年(189)九月尚未出任陈留太守，无法庇护身犯重罪的曹操，后者若以获罪之身客居异乡是非常危险的，因此曹操采取了返乡避难，并在筹措举事时遭到州郡官吏的镇压。当年岁末，张邈到陈留就任，随即组织起兵反对董卓。在家乡隐匿的曹操与之联系后，才携带家财和曹洪、夏侯惇等部将及少数兵马前往陈留，在张邈和卫兹的支持下扩充了部队，然后共同举义。曹操在此时兵微将寡，且急切地准备讨贼勤王，尚未有后来的占领河南以待时变之割据观望态度，也未曾获得袁绍的实际帮助。直到他荥阳兵败之后，与畏缩避战的张邈等诸侯发生矛盾，才离开陈留南下募兵，然后到河内依附袁绍，开始了两人在政治、军事上的合作。

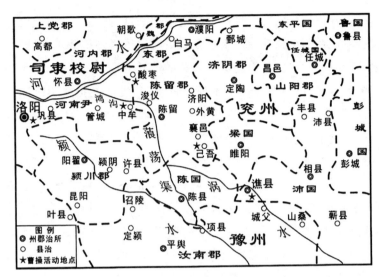

图三　曹操陈留起兵前后活动图

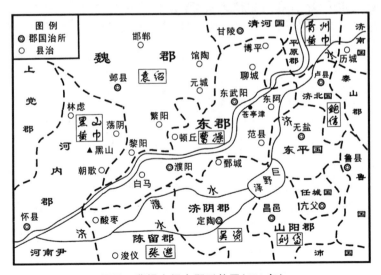

图四　曹操占据东郡形势图（191 年）

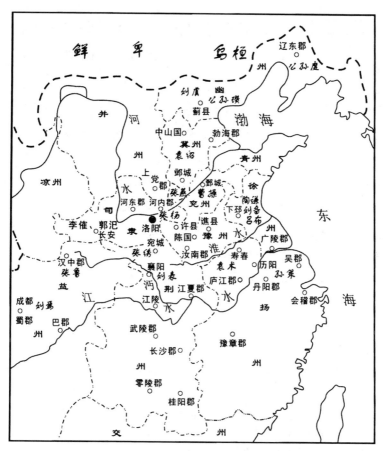

**图五　曹操初平三年至兴平二年(192—195 年)占据兖州形势图**

# 第二章　曹操中原逐鹿期间兵力部署与作战方向的演变

　　三国各军事集团首领当中,曹操的英明强干是出类拔萃的。他在起兵之初依附张邈,手下仅有数千人马①,又缺乏显赫的门第和声望,被斥为"赘阉遗丑"②,甚至无法在家乡谯县立足③。但是经过十余年的艰苦奋战,能够剿灭群雄,统一北方,这与他用兵方略的成功具有密切关系。曹操自初平二年(191)进据东郡,到建安九年(204)攻陷邺城,占领冀州,奠定了统治中原的基础。如果从地理角度来观察和分析他的战略举措,可以看出在此期间曹操的兵力部署和主要作战方向经历了多次调整,并且收到了良好的效果。以下予以详述。

## 一、曹操投靠袁绍后的驻军情况与发展构想

　　曹操在初平元年(190)三月兵败荥阳,"士卒死伤甚多"④,他

①《三国志》卷7《魏书·张邈传》曰:"迁陈留太守。董卓之乱,太祖与邈首举义兵。汴水之战,邈遣卫兹将兵随太祖。"《三国志》卷1《魏书·武帝纪》注引《世语》曰:"陈留孝廉卫兹以家财资太祖,使起兵,众有五千人。"

②《三国志》卷6《魏书·袁绍传》注引《魏氏春秋》载袁绍《檄州郡文》。

③《三国志》卷9《魏书·曹真传》:"曹真字子丹,太祖族子也。太祖起兵,真父邵募徒众,为州郡所杀。"注引《魏书》曰:"(曹)邵以忠笃有才智,为太祖所亲信。初平中,太祖兴义兵,邵募徒众,从太祖周旋。时豫州刺史黄琬欲害太祖,太祖避之而邵独遇害。"

④《三国志》卷1《魏书·武帝纪》。

撤回酸枣后向诸侯联军建议全力西进,但是遭到了张邈等将领的拒绝①。曹操随后离开陈留,南下扬州募兵,再辗转返回中原来依附袁绍。"还到龙亢,士卒多叛。至铚、建平,复收兵得千余人,进屯河内。"②胡三省对此评论道:"从袁绍也。"③至次年七月,袁绍逼迫韩馥让出冀州,从而离开河内奔赴邺城,袁、曹二人就此分别。在这段时间内,曹操常在袁绍身侧,故史籍屡次记载他们一起议事或交谈。例如,袁绍等诸侯为了抵制董卓集团把持的朝廷,企图拥立幽州牧刘虞为皇帝。"冀州刺史韩馥、勃海太守袁绍及山东诸将议,以朝廷幼冲,逼于董卓,远隔关塞,不知存否,以(刘)虞宗室长者,欲立为主。"④《资治通鉴》卷 60 定其事在初平二年(191)正月。讨论此举时,曹操明确表示反对。"太祖答绍曰:'今幼主微弱,制于奸臣,未有昌邑亡国之衅,而一旦改易,天下其孰安之?诸君北面,我自西向。'"⑤再如,"(袁)绍又尝得一玉印,于太祖坐中举向其肘。太祖由是笑而恶焉。"⑥曹操当时部下的军队数量不多,仅有三四千人⑦,在归途中还发生了叛逃。他后来回忆

---

①《三国志》卷 1《魏书·武帝纪》:"太祖到酸枣,诸军兵十余万,日置酒高会,不图进取。太祖责让之,因为谋曰:'诸君听吾计,使勃海(笔者按:时袁绍任渤海太守)引河内之众临孟津,酸枣诸将守成皋,据敖仓,塞轘辕、太谷,全制其险;使袁将军率南阳之军军丹、析,入武关,以震三辅;皆高垒深壁,勿与战,益为疑兵,示天下形势,以顺诛逆,可立定也。今兵以义动,持疑而不进,失天下之望,窃为诸君耻之!'(张)邈等不能用。"

②《三国志》卷 1《魏书·武帝纪》。

③《资治通鉴》卷 59 初平元年胡三省注。

④《后汉书》卷 73《刘虞传》。

⑤《三国志》卷 1《魏书·武帝纪》注引《魏书》。

⑥《三国志》卷 1《魏书·武帝纪》。

⑦《三国志》卷 1《魏书·武帝纪》曰:"太祖兵少,乃与夏侯惇等诣扬州募兵。刺史陈温、丹杨太守周昕与兵四千余人。"

道:"多兵意盛,与强敌争,倘更为祸始。故汴水之战数千,后还到扬州更募,亦复不过三千人。"①这数千人的军队部署情况,除了他自己亲领一部分之外,余众由亲信部将夏侯惇率领,驻扎在白马县。《三国志》卷9《魏书·夏侯惇传》曰:"太祖行奋武将军,以惇为司马,别屯白马。"笔者按,"行奋武将军"是曹操担任东郡太守之前的惟一职衔,故夏侯惇驻兵白马,应该是他在荥阳战败后跟随曹操从扬州募兵回到中原,再抵达河内后的情况。东汉白马县治在今河南滑县北,是黄河南岸的重要津渡。《读史方舆纪要》卷16载滑县:"古豕韦氏国,春秋时卫地。汉置白马县,属东郡,后汉因之。"又引地志云:"《括地志》:'白马城在卫南县西南三十四里。'《邑志》:今县西北十里有白马古城。一云在县南二十里。黄河流变徙,白马非复旧治也。"②顾祖禹还对黎阳和白马这两座津渡加以分辨:"白马津属滑县,盖在黎阳之南岸。杜牧曰:'黎阳距白马津三十里。'《山堂杂论》云:'浚、滑间度河处,昔皆以白马为名,然主河北而言则曰黎阳,主河南而言则曰白马。'"③

值得注意的是,白马县属于东郡,原是关东联军首领桥瑁的辖地。《英雄记》曰:"瑁字元伟,(桥)玄族子。先为兖州刺史,甚有威惠。"④他曾经伪造京师三公的移书,以煽动各地诸侯起兵讨

---

① 《三国志》卷1《魏书·武帝纪》注引《魏武故事》载建安十五年十二月《己亥令》。
② [清]顾祖禹:《读史方舆纪要》卷16《北直七·大名府》滑县条,第725页。
③ [清]顾祖禹:《读史方舆纪要》卷16《北直七·大名府》濬县条,第721页。
④ 《三国志》卷1《魏书·武帝纪》注引《英雄记》。

伐董卓①，在策划组织方面发挥过重要的作用。初平元年（190）三
月之后，关东诸侯联军在酸枣解散，各归原来的辖区。莅任不久
的兖州刺史刘岱只能控制州治昌邑（今山东巨野县南）附近的一
些郡县，和他同时起兵的陈留太守张邈、东郡太守桥瑁、济北相鲍
信等实际上处于独立状态，与刘岱没有上下级的统属关系，并不
听从他的命令。尤其是桥瑁与刘岱关系恶化，最终被后者设法除
掉，并委任自己的亲信王肱来掌管东郡，此事就发生在曹操投奔
袁绍之后。《三国志》卷1《魏书·武帝纪》载曹操南下募兵返回中
原，"进屯河内。刘岱与桥瑁相恶，岱杀瑁，以王肱领东郡太守。"
据应劭所言，桥瑁得罪的还有陈留、济阴两郡太守，他们也出兵协
助刘岱助战。"关东义兵先起于宋、卫之郊，东郡太守桥瑁负众怙
乱，陵蔑同盟，忿嫉同类，以殒厥命。陈留、济阴迎助，谓为离德，
弃好即戎，吏民歼之。"②当时张邈任陈留太守，吴资乃济阴太守③，
桥瑁曾与两人共同起兵反对董卓，均为郡守，因此应劭称他们是
"同盟"和"同类"。东郡西界邻近河内，又有延津、白马、濮阳、仓
亭等黄河津渡，其地理位置非常重要。当时袁绍屯兵河内，军粮
要依靠冀州韩馥漕运接济。如耿武、闵纯所言："袁绍孤客穷军，
仰我鼻息，譬如婴儿在股掌之上，绝其哺乳，立可饿杀。"④看来袁

①《后汉书》卷74上《袁绍传》："是时豪杰既多附绍，且感其家祸，人思为报，州郡蜂起，莫不以袁氏为名，韩馥见人情归绍，忌其得众，恐将图己，常遣从事守绍门，不听发兵。桥瑁乃诈作三公移书，传驿州郡，说董卓罪恶，天子危逼，企望义兵，以释国难。馥于是方听绍举兵。"
②《后汉书·五行志二》中平元年夏条注引应劭曰。
③参见《三国志》卷1《魏书·武帝纪》："（兴平）二年春，袭定陶。济阴太守吴资保南城，未拔。"
④《后汉书》卷74上《袁绍传》。

绍是为了护卫河内郡的东界,以及保障冀州韩馥为其提供粮饷的黄河水运交通安全,所以让曹操所部军队进驻白马,占领了东郡的西境。在此期间,曹操曾利用占据津要的有利条件,消灭了叛离袁绍的河内太守王匡。王匡在初平元年(190)六月受命进军河阳,威胁洛阳的北境,结果惨败于董卓。"(董)卓遣疑兵若将于平阴渡者,潜遣锐众从小平北渡,绕击其后,大破之津北,死者略尽。"①由于兵员缺乏,王匡回到原籍泰山郡招募乡丁,并企图脱离袁绍去托靠张邈。"其年为(董)卓军所败,走还泰山,收集劲勇得数千人,欲与张邈合。"②但是被曹操中途截击,并联合王匡的仇家将其消灭。"匡先杀执金吾胡母班。班亲属不胜愤怒,与太祖并势,共杀匡。"③因而成功地为袁绍清除了一股叛离的敌对势力。

关东诸侯联军在酸枣解散之后,袁绍在河内的形势相当孤立。董卓尽管被迫离开洛阳,挟献帝西迁长安,但是他看到诸侯各怀私心、拥兵自重,认为对自己没有太大的威胁。"卓谓长史刘艾曰:'关东诸将数败矣,无能为也。唯孙坚小戆,诸将军宜慎之。'"④另外,由于曹操、张杨和匈奴首领于扶罗等陆续率众来投奔袁绍,冀州刺史韩馥心怀忐忑,害怕袁绍的实力扩充会对自己构成威胁,因而减少了对他的给养供应。"(张)杨留上党,有众数千人。袁绍在河内,杨往归之,与南单于于扶罗屯漳水。韩馥以豪杰多归心袁绍,忌之;阴贬节其军粮,欲使其众离散。"⑤讨伐董

---

①《三国志》卷 6《魏书·董卓传》。

②《三国志》卷 1《魏书·武帝纪》注引谢承《后汉书》。

③《三国志》卷 1《魏书·武帝纪》注引谢承《后汉书》。

④《后汉书》卷 72《董卓传》。

⑤《资治通鉴》卷 60 汉献帝初平二年七月。

卓的斗争在较短时期内无法获胜,属下众多部队又面临着断粮的危险,严峻的形势逼迫袁绍必须要夺取邻近富庶的冀州,作为自己的根据地。沮授曾向袁绍建议,"振一郡之卒,撮冀州之众",然后攻取邻近的青、幽、并州等地,实现挟持汉献帝并以朝廷的名义征伐各地,最终统一全国的目的。"横大河之北,合四州之地,收英雄之才,拥百万之众,迎大驾于西京,复宗庙于洛邑,号令天下,以讨未复。"①谋士逢纪也为袁绍提出迫使韩馥让位的计策:"可与公孙瓒相闻,导使来南,击取冀州。公孙必至而馥惧矣,因使说利害,为陈祸福,馥必逊让。于此之际,可据其位。"②袁绍因此从河内回师东进,"会(董)卓西入关,绍还军延津"③,并占领了黄河北岸的黎阳、朝歌等要地④,逼迫韩馥交出冀州的统治权力。在这次军事行动中,袁绍由于"孤客穷军"而兵力不足,因而只是进据黄河北岸津要,摆出向邺城进攻的态势,而南岸东郡的白马等地仍然由曹兵镇守,保护了袁军的后方,为其顺利夺取冀州助一臂之力。

袁绍在夺取冀州之前曾征求过曹操的意见,"绍问(曹)公曰:'若事不辑,则方面何所可据?'公曰:'足下意以为何如?'绍曰:'吾南据河,北阻燕、代,兼戎狄之众,南向以争天下,庶可以济乎?'"曹操却含混地回答说:"吾任天下之智力,以道御之,无所不

---

① 《三国志》卷6《魏书·袁绍传》。

② 《三国志》卷6《魏书·袁绍传》注引《英雄记》。

③ 《三国志》卷6《魏书·袁绍传》。

④ 《三国志》卷6《魏书·袁绍传》注引《九州春秋》:"(赵)浮等闻(韩)馥欲以冀州与(袁)绍,自孟津驰军东下。时绍尚在朝歌清水口,浮等从后来,船数百艘,众万余人,整兵鼓夜过绍营,绍甚恶之……(韩馥)遣子赍冀州印绶于黎阳与绍。"

可。"①此后袁绍按照计划占据了冀州，曹操也听从了济北相鲍信的建议，准备等待时机，在黄河以南发展自己的势力。据《魏书》所载："（袁）绍劫夺韩馥位，遂据冀州。（鲍）信言于太祖曰：'奸臣乘衅，荡覆王室，英雄奋节，天下向应者，义也。今绍为盟主，因权专利，将自生乱，是复有一卓也。若抑之，则力不能制，只以遘难，又何能济？且可规大河之南，以待其变。'太祖善之。"②在此乱世之际，曹操很快就遇到了割据疆土、扩张实力的良机，得以施展自己的才能与抱负。

## 二、曹操初领东郡的军事部署

初平二年（191）七月袁绍夺取冀州后，黄巾军余众大举进攻黄河下游沿岸地区，"黑山贼于毒、白绕、眭固等十余万众略魏郡、东郡。"③而刘岱任命的东郡太守王肱是庸碌之辈，无力进行抵抗；曹操乘机率兵入境，打败了来寇，顺势控制了这一地区，并且在袁绍的举荐下担任了军政长官。史载："王肱不能御。太祖引兵入东郡，击白绕于濮阳，破之。袁绍因表太祖为东郡太守，治东武阳。"④从此曹操有了自己的立足之地。袁绍保举曹操出任东郡太守，是想让他守护自己南境的安全。当时袁绍虽然成功地占领冀州，却几乎是四面受困，其北方是与他交战多年的劲敌公孙瓒，西

①《三国志》卷1《魏书·武帝纪》。
②《三国志》卷12《魏书·鲍勋传》注引《魏书》。
③《三国志》卷1《魏书·武帝纪》。
④《三国志》卷1《魏书·武帝纪》。

方、西南是张燕、于毒等率领的黑山军,东边则有势力强大的青州黄巾,企图西进与河北的黑山军会师。当年十月,"青、徐黄巾三十万众入勃海界,欲与黑山合。"①其南面的黄河黎阳渡口,也被后来反叛的匈奴首领于夫罗与张杨控制。《资治通鉴》卷 60 汉献帝初平二年七月,"南单于劫张杨以叛袁绍,屯于黎阳。董卓以杨为建义将军、河内太守。"尽管袁绍兵众粮足,但毕竟分身无术,难以应付,所以要借助曹操来替他夺取和守卫东郡的河防要地,以避免出现两面甚至多面作战的不利局势。再者,此时袁绍是把曹操作为依附自己的友军和党羽,所以会出面向朝廷举荐他担任官职。如袁绍在后来的《檄州郡文》中所言:

> 幕府昔统鹰扬,扫夷凶逆。续遇董卓侵官暴国,于是提剑挥鼓,发命东夏。方收罗英雄,弃瑕录用,故遂与(曹)操参咨策略,谓其鹰犬之才,爪牙可任。至乃愚佻短虑,轻进易退,伤夷折衄,数丧师徒。幕府辄复分兵命锐,修完补辑,表行东郡太守、兖州刺史,被以虎文,授以偏师,奖蹙威柄,冀获秦师一克之报。②

对于袁、曹二人此时的协作,清儒王鸣盛曾云:"袁、曹同起义兵,袁颇信用曹,后乃为仇,与刘、项事亦相类。"③张大可亦有一段精辟的论述:"曹操和袁绍,都想纵横天下,取汉室而代之,各有一套图谋远略的规划。袁绍取河北,曹操图河南,两人同床异梦而又紧密携手,共图发展。在十年纷乱之中,袁绍北向,曹操南向,

①《后汉书》卷 73《公孙瓒传》。
②《三国志》卷 6《魏书·袁绍传》注引《檄州郡文》。
③[清]王鸣盛撰,陈文和等校点:《十七史商榷》卷 40《三国志二》,第 217 页。

两人互为背靠,不受夹击,因此各自取得了节节胜利。公元191年末,公孙瓒南下,其势凶猛,曹操助袁绍击退了公孙瓒。公元192年,袁术北进,袁绍助曹操赶袁术出南阳。在袁曹携手共进中,曹操依赖袁绍的扶植而发展,又计高一筹;而袁绍迂阔,反遭曹操的暗算,因此,在官渡决战前夕,曹操已先赢了一着。"①《后汉书·郡国志三》载兖州东郡有十五城,包括濮阳、燕、白马、顿丘、东阿、东武阳、范、临邑、博平、聊城、发干、乐平、阳平、卫、谷城等县;"户十三万六千八十八,口六十万三千三百九十三。"其辖地相当于今山东东阿、梁山以西,山东鄄城(两汉属济阴)、东明与河南范县、长垣北境以北,河南延津以东,山东茌平、河南清丰、濮阳、滑县以南。占领东郡并担任太守之后,曹操的兵员和给养补充情况有所好转。据白建新研究,曹操军队在起兵初期的粮饷主要是靠豪族大地主和其他牧守资助,以及向民间抄掠,其来源是很不稳定的②。尽管东郡在汉末战乱期间的人口会有耗减,但曹操统治该地毕竟可以合法地进行征发,直接从那里获得部分人力和物资,能够减少不得民心的抢掠以及对其他军阀、豪族补给的依赖。另外,曹操也有了正式的官职,因而改善了他的政治、经济状况,从此跃入与群雄并踞的行列。

曹操在统治东郡期间的军事部署,有以下情况值得关注:

### (一)设郡治于东武阳

汉代东郡治濮阳县(今河南濮阳市),在黄河南岸,为南北交

①张大可:《东汉末年的军阀混战》,《三国史研究》,第46页。
②白建新:《曹操统一北方的军粮来源和状况》,《北京师院学报》1988年第4期。

通津要。《水经注》卷5《河水》曰："河水东北流而径濮阳县,北为濮阳津,故城在南,与卫县分水。"杨守敬按:"濮阳在河南,卫国在河北,二县以河为界,故云分水。"[1]曹操担任东郡太守时期,将其治所迁移到濮阳东北约二百里的东武阳,其故城在今山东莘县东南朝城镇,位于黄河北岸。顾祖禹曰:"东武阳城,在(朝城)县东南。汉县治此。后汉初平二年袁绍表曹操为东郡太守,治(东)武阳。三年黑山于毒等攻东武阳,操自顿丘西入山击毒等本屯,毒引却。后臧洪为东郡太守,亦治东(武)阳。袁绍围洪,洪死之。今围郭尚存,环水匝隍。"[2]曹操为什么要将东郡治所向东方迁移?这要根据东郡地理位置的特点与当时的历史背景来进行分析。

东郡是冀、兖两州的交界地带,境内多有黄河津要,属于中原的交通枢纽。《读史方舆纪要》卷34《山东五》言东昌府:"秦属东郡,汉因之……府地平土沃,无大川名山之阻,而转输所经,常为南北孔道。且西连相、魏,居天下之胸腹,北走德、景,当畿辅之咽喉,战国时东诸侯往往争衡于此。"[3]东郡的地形狭长,自胙城(今河南延津县北胙城乡)沿黄河向东北方向延伸,东西距离大约有五百里左右,而南北宽度仅有数十里到百余里。从胙城至濮阳,为黄河南岸沿岸区域;自濮阳向东北,则地跨黄河两岸。其境有延津、白马、仓亭等著名渡口。袁绍占据冀州,其东、南两面以黄河为天堑,而东郡正处在这条防线的位置上,因此对保护冀州南部的安全具有非常重要的意义。东郡原来的治所濮阳在黄河南

---

[1]［北魏］郦道元注,［民国］杨守敬、熊会贞疏:《水经注疏》,第458页。
[2]［清］顾祖禹:《读史方舆纪要》卷34《山东五·东昌府》濮州朝城县条,第1619页。
[3]［清］顾祖禹:《读史方舆纪要》卷34《山东五·东昌府》,第1591—1592页。

岸,而东武阳处在北岸,其位置偏东,靠近袁、曹劲敌青州黄巾的活动区域;考虑到这股势力处在黄河以东、以南,曹操将东郡的统治中心放在东武阳显然更为安全。由于他的兵力相对薄弱,如果依旧将军队主力安置在黄河南岸的濮阳,则距离青州黄巾的活动区域较远,敌人一旦犯境难以及时驰援;其次,若是强寇大举来攻,据守濮阳还会面临背水作战的不利局面。而东武阳位于北岸,可以利用黄河作为天然防御屏障,又与袁绍军队主力所在的魏郡毗邻,曹兵驻扎此地容易获得友军的支援,危急时也便于向后方撤退。另外,东武阳以南数十里有著名的黄河渡口仓(苍)亭津,为南北交通的孔道,历来为兵家所重视。顾祖禹曰:"仓亭津,在(范)县东北。《水经注》:'河水于范县东北流为仓亭津。'《述征记》曰:'仓亭津在范县界,东南去东阿六十里,西南至东武阳七十里。大河津济处也。'后汉光和末,皇甫嵩败获黄巾贼帅卜己于仓亭;兴平初程昱守东阿,遣别骑扼仓亭津,陈宫来袭,不得渡;建安六年曹操扬兵河上,击袁绍于仓亭津,破之;晋永和六年,冉闵与后赵将张贺度战于仓亭,皆此地也。今湮。"①将军队主力屯驻在东武阳,可以扼守这一重要津渡,防止敌寇进入河北。正是因为东武阳的地理位置非常重要,后来袁绍占领该地,任命臧洪作东郡太守,仍然以东武阳为郡治②。

　　从当时的政治形势来看,曹操将东郡治所迁移到东武阳,很可能还有一个原因,就是原来的郡治濮阳距离陈留、济阴两郡太

①[清]顾祖禹:《读史方舆纪要》卷34《山东五·东昌府》濮州范县,第1617页。
②《三国志》卷7《魏书·臧洪传》:"洪在州二年,群盗奔走。绍叹其能,徙为东郡太守,治东武阳。"

近。如上文所述，此前兖州牧刘岱攻杀东郡太守桥瑁，曾经借助了陈留、济阴两郡官兵的支持。陈留太守张邈虽然是曹操故交，并帮助他在己吾起兵，但是后来二人心存芥蒂，以致曹操南下募兵后转投袁绍。张邈后来又与袁绍交恶，袁绍曾指示曹操伺机将其除掉。《后汉书》卷75《吕布传》曰："及袁绍为盟主，有骄色，邈正义责之。绍既怨邈，且闻与（吕）布厚，乃令曹操杀邈。操不听，然邈心不自安。"从此后的事态发展来看，叛离袁绍的将领、官员往往会前去投奔张邈。如前所述，曹操曾经截杀前来投靠张邈的王匡，这一事件也会在张邈心里留下阴影。还有被袁绍夺走冀州的韩馥，"怀惧，从绍索去，往依张邈。"[1]又，"吕布之舍袁绍从张杨也，过邈临别，把手共誓。绍闻之，大恨。"[2]由于曹操势力单薄，不能树敌过多，因此努力维持着与张邈的睦邻关系，甚至故作姿态以对其加以拉拢。"太祖之征陶谦，敕家曰：'我若不还，往依孟卓。'后还，见邈，垂泣相对。"[3]但是防人之心不可无，他将东郡治所徙离濮阳，恐怕也是因为那里距离陈留、济阴等郡较近，存在着潜在的威胁，必须提防张邈等人暗下毒手，所以未雨绸缪，预作防范。

　　曹操与张邈这种貌合神离的状况，世人多未发现，而智能之士却对此洞若观火。如陈留高柔即有所预见。"柔留乡里，谓邑中曰：'今者英雄并起，陈留四战之地也。曹将军虽据兖州，本有四方之图，未得安坐守也，而张府君先得志于陈留，吾恐变乘间作

---

① 《三国志》卷6《魏书·袁绍传》。
② 《三国志》卷7《魏书·张邈传》。
③ 《三国志》卷7《魏书·张邈传》，笔者按："孟卓"为张邈表字。

也,欲与诸君避之。'众人皆以张邈与太祖善,柔又年少,不然其言。柔从兄干,袁绍甥也,在河北呼柔,柔举宗从之。"[1]兴平元年(194)曹操东征徐州,张邈果然乘机联合吕布、陈宫等势力发动叛乱,几乎全据兖州,濮阳也被吕布轻易地占领[2]。

## (二)移驻顿丘

初平三年(192)春,曹操在东郡的军事部署发生变更,他率主力部队西驻顿丘,随即与于毒等带领的黑山军作战。两汉顿丘县治在今河南清丰县西南,位于黄河北岸,与南岸的濮阳相对。胡三省曰:"顿丘县,属东郡。师古曰:以丘名县也。丘一成为顿丘,谓一顿而成也。或曰:成,重也,一重之丘。"[3]顾祖禹曰:"顿丘城,(清丰)县西南二十五里。古卫邑。《诗》:'送子涉淇,至于顿丘。'《竹书》:'晋定公三年,城顿丘。'汉置顿丘县,治此。"[4]从当时的军事形势来看,曹操领兵西驻顿丘的主要原因是为了封锁黄河渡口,保护与其隔岸相对的重镇濮阳,防止河北的黑山军像去年那样经此地南渡黄河,攻入东郡。黑山军首领是常山人张燕,"轻勇矫捷,故军中号曰飞燕。善得士卒心,乃与中山、常山、赵郡、上党、河内诸山谷寇贼更相交通,众至百万,号曰黑山贼。河北诸郡县并被其害,朝廷不能讨。"[5]曹操若将主力部队屯驻河南,黑山军

---

①《三国志》卷24《魏书·高柔传》。
②《三国志》卷9《魏书·夏侯惇传》:"太祖征陶谦,留惇守濮阳。张邈叛迎吕布,太祖家在鄄城,惇轻军往赴,适与布会,交战,布退走,遂入濮阳,袭得惇军辎重。"
③《资治通鉴》卷60汉献帝初平三年胡三省注。
④[清]顾祖禹:《读史方舆纪要》卷16《北直七·大名府》清丰县,第710页。
⑤《后汉书》卷71《朱儁传》。

来攻时,东郡黄河以北诸县难以据守。屯兵顿丘,不仅能够遮蔽濮阳津要,还可以阻断黑山军沿河东进,与青州黄巾汇合。张燕所部的巢穴黑山位于今河南浚县西北。《读史方舆纪要》卷16考证云:"黑山,(浚)县西北八十里,周五十里,数峰环峙,形如展箕,石色苍黑,巉岩峻壁,曲涧回溪,盘纡缭绕。汉献帝初平初,黑山贼张燕等聚众于此,掠河北诸郡县。三年,曹操自顿丘西入击黑山贼于毒等本屯是也。或谓之墨山。其西又有陈家山,连亘而南,下临淇水,石壁屹立,高二十仞。又鹿肠山,在县西北,与黑山相接。后汉初平四年,袁绍引兵入朝歌鹿肠山讨于毒等贼是也。《续汉志》朝歌县有鹿肠山。"[1]顿丘的地理位置,正是在浚县黑山与东郡治所东武阳来往的途径中间,曹操驻军于此,恰好截断黑山军攻击其后方的捷径,可谓一举数得。另一方面,此时袁、曹的强敌青州黄巾遭受了重大挫折。初平二年(191)十月,"青、徐黄巾三十万众入勃海界,欲与黑山合。(公孙)瓒率步骑二万人,逆击于东光南,大破之,斩首三万余级。贼弃其车重数万两,奔走度河。瓒因其半济薄之,贼复大破,死者数万,流血丹水,收得生口七万余人,车甲财物不可胜算,威名大震。"[2]因此曹操在东方的军事压力显著减缓,能够向西转移部队去应对黑山军即将发动的进攻。

从此后双方的交战过程来看,黑山军躲开曹操的精锐,从北边绕过顿丘朝东北进军,去攻打其后方郡治东武阳,此乃避实就虚的战术。出人意料的是,曹操并没有被敌人牵制回兵增援,而

①[清]顾祖禹:《读史方舆纪要》卷16《北直七·大名府》浚县,第720页。
②《后汉书》卷73《公孙瓒传》,又《资治通鉴》卷60载其事在初平二年十月。

是采取围魏救赵之计，向西进攻敌军的巢穴黑山，迫使于毒等撤兵回救，从而顺利解除了东武阳面临的险情。《三国志》卷1《魏书·武帝纪》曰："（于）毒等攻东武阳。太祖乃引兵西入山，攻毒等本屯。毒闻之，弃武阳还。"另据《魏书》记载，曹操部下都反对这一计划，后来被他说服。"诸将皆以为当还自救。太祖曰：'孙膑救赵而攻魏，耿弇欲走西安攻临菑。使贼闻我西而还，武阳自解也；不还，我能败其本屯，虏不能拔武阳必矣！'遂乃行。"①黑山军回援时受到曹操阻截，"太祖要击眭固，又击匈奴于夫罗于内黄，皆大破之。"②最后取得了战役的胜利。曹操此番作战获胜，固然是他智谋过人与将士用命的缘故，但也有军事部署得当的原因。曹操预先将军队主力调往顿丘，遮蔽濮阳，使黑山军不能就近渡河攻入东郡，又不能沿河而下，被迫绕路去长途奔袭东武阳。由于部队远离后方，一旦巢穴受到攻击，形势就相当被动，黑山军往来跋涉疲于奔命，曹操在中途阻击则是以逸待劳，顺利取胜也就在情理之中了。

## 三、曹操统治兖州期间的军政部署与用兵方向

自董卓之乱以来，中原各地陷入军阀和农民义军割据混战的局面。曹丕《典论》曾述当时情景曰："兖、豫之师战于荥阳，河内之甲军于孟津。（董）卓遂迁大驾，西都长安。而山东大者连郡国，中者婴城邑，小者聚阡陌，以还相吞灭。会黄巾盛于海岱，山

---

①《三国志》卷1《魏书·武帝纪》注引《魏书》。
②《三国志》卷1《魏书·武帝纪》。

寇暴于并、冀,乘胜转攻,席卷而南,乡邑望烟而奔,城郭睹尘而溃,百姓死亡,暴骨如莽。"①在此纷乱形势下,具有远见的雄杰往往要先夺取一块较为富庶的经济区域,作为自己的根据地,以便提供兵源粮饷,然后借此实现宏图伟业。如阎圃谏张鲁曰:"汉川之民,户出十万,财富土沃,四面险固,上匡天子,则为桓、文,次及窦融,不失富贵。"②诸葛亮对刘备说:"荆州北据汉、沔,利尽南海,东连吴会,西通巴蜀,此用武之国,而其主不能守。此殆天所以资将军,将军岂有意乎? 益州险塞,沃野千里,天府之土,高祖因之以成帝业。"③建议刘备夺取两州,伺机复兴汉室。曹操虽然统领东郡,获得了立足之处,但是毕竟区域狭窄,既匮乏人口和物产,又缺少作战的回旋余地;要想成就功业,必须要占领较大的疆土。如逄纪说袁绍曰:"将军举大事而仰人资给,不据一州,无以自全。"④前述鲍信向曹操建议"规大河之南,以待其变",并非仅指东郡一隅之地,而是泛指整个兖州地区。东汉兖州包括今豫东、鲁西南平原,共有八个郡国,即陈留、东郡、东平、济北、泰山、济阴、山阳、任城,下辖八十县。据袁延胜对《后汉书·郡国志三》的考证统计,兖州和平时期有 827302 户,4052111 口⑤。在军事上,兖州亦属于中原的"四战之地",它位于秦汉关东区域的中心地带,四通八达,南北走集。顾祖禹称兖州:"据河、济之会,控淮、泗之

---

① 《三国志》卷 2《魏书·文帝纪》注引《典论》。
② 《三国志》卷 8《魏书·张鲁传》。
③ 《三国志》卷 35《蜀书·诸葛亮传》。
④ 《三国志》卷 6《魏书·袁绍传》注引《英雄记》。
⑤ 袁祖亮主编,袁延胜著:《中国人口通史》第 4 册《东汉卷》,人民出版社,2007 年,第 44 页。

交,北阻泰岱,东带琅邪,地大物繁,民殷土沃,用以根柢三楚,囊括三齐,直走宋、卫,长驱陈、许,足以方行于中夏矣。"①遭逢汉末的严重战乱,兖州军政长官刘岱才干平庸,无力一统州部和抵御外侵。初平元年(190)正月,关东诸侯发起讨伐董卓的战争,"兖州刺史刘岱、河内太守王匡、勃海太守袁绍、陈留太守张邈、东郡太守桥瑁、山阳太守袁遗、济北相鲍信同时俱起兵,众各数万。"②几个大郡的守相各拥重兵,与州牧平起平坐,不相统属。因此,刘岱在兖州实际控制的地域有限,兵力较弱,又面临四周强敌的进犯,他实在是没有能力应付如此险恶的局面,这就给曹操占领该地提供了机会。

初平三年(192)四月,"青州黄巾众百万入兖州,杀任城相郑遂,转入东平。"③刘岱不肯听从鲍信的劝阻,执意出战,为黄巾所杀。东郡豪杰陈宫,"刚直烈壮,少与海内知名之士皆相连结。及天下乱,始随太祖。"④他看到有机可乘,便向曹操建议:"州今无主,而王命断绝,宫请说州中,明府寻往牧之,资之以收天下,此霸王之业也。"⑤这正合曹操本意,即派陈宫前往说动州部主事官员⑥。结果一拍即合,"(鲍)信乃与州吏万潜等至东郡迎太祖领兖州牧,遂进兵击黄巾于寿张东。"⑦交战获胜之后,曹操乘势进击。

---

①[清]顾祖禹:《读史方舆纪要》卷32《山东三·兖州府》,第1509页。

②《三国志》卷1《魏书·武帝纪》。

③《三国志》卷1《魏书·武帝纪》。

④《三国志》卷7《魏书·吕布传》注引鱼豢《魏略》。

⑤《三国志》卷1《魏书·武帝纪》注引《世语》。

⑥《三国志》卷1《魏书·武帝纪》注引《世语》:"(陈)宫说别驾、治中曰:'今天下分裂而州无主。曹东郡,命世之才也,若迎以牧州,必宁生民。'鲍信等亦谓之然。"

⑦《三国志》卷1《魏书·武帝纪》。

"追黄巾至济北。乞降。冬,受降卒三十余万,男女百余万口,收其精锐者,号为青州兵。"[1]通过此番战斗,曹操不仅占据了兖州,还通过受降壮大了武装力量,从此令人刮目相看,成为参与逐鹿中原的一支雄师劲旅,袁绍也正式向朝廷荐举他为兖州刺史[2]。曹操从初平三年(192)秋占据兖州,到建安元年(196)秋挟持汉献帝迁都许县,他统治兖州共有四年之久,以此为根据地来对外用兵。如荀彧所言:"昔高祖保关中,光武据河内,皆深根固本以制天下,进足以胜敌,退足以坚守,故虽有困败而终济大业。将军本以兖州首事,平山东之难,百姓无不归心悦服。且河、济,天下之要地也,今虽残坏,犹易以自保,是亦将军之关中、河内也,不可以不先定。"[3]兖州方圆千里,地域辽阔,而曹操自己掌握的军队数量有限,该州各郡的太守、豪族也有许多人并非倾心拥戴。在此形势下曹操如何对主要兵力和军政中心机构进行部署,并选择对外作战的兼并对象,是非常重要的问题。就史籍相关记载来看,他采取了以下几项措施:

## (一)移治鄄城

东汉兖州旧治在昌邑(今山东巨野县南),属山阳郡,位于全州辖境的中心。曹操占据兖州后将治所向北迁移到鄄城(今山东

①《三国志》卷1《魏书·武帝纪》。
②参见《三国志》卷6《魏书·袁绍传》注引袁绍《檄州郡文》称曹操:"轻进易退,伤夷折衄,数丧师徒。幕府辄复分兵命锐,修完补辑,表行东郡太守、兖州刺史。"谢承《后汉书》卷四:"袁绍以曹操为东郡太守,刘公山为兖州。公山为黄巾所杀,乃以操为兖州刺史。"周天游辑注:《八家后汉书辑注》,第148页。
③《三国志》卷10《魏书·荀彧传》。

鄄城县北旧城镇),该地处于兖州北境,濒临黄河南岸。《水经注》卷5《河水》曰:"河水又东,径鄄城县北,故城在河南一十八里,王莽之鄄良也。沇(兖)州旧治,魏武创业,始自于此。河上之邑,最为峻固。"杨守敬疏:"《续汉志》,兖州刺史治昌邑。《魏志·武帝纪》,初平三年,鲍信与万潜等至东郡,迎太祖,领兖州牧。四年春,军鄄城。宋白曰,汉献帝于鄄城置兖州,盖曹操以刺史始治此。"①鄄城是沟通山东半岛与河北平原的交通枢要,又有道路向西通往中原的核心地带洛阳,因此自春秋战国以来频频受到政治家的关注,成为诸侯来往会盟的地点。顾祖禹称鄄城:"春秋时卫邑。庄十四年,齐桓公会诸侯于鄄。十五年,复会于鄄。又十九年公子吉及齐侯、宋公盟于鄄。襄十四年,卫献公如鄄,出奔齐。哀十七年,晋伐卫,卫人出庄公而与晋平,既而卫侯自鄄入是也。战国时为齐邑。威王八年赵伐齐,取鄄。宣王八年,与魏惠王会于鄄。又王建末,即墨大夫谓三晋大夫不便于秦而在阿、鄄之间者也。《史记·赵世家》'成侯十年攻卫取鄄',即此。汉置鄄城县,属济阴郡。鄄读绢。后汉末为兖州治。曹操创业于此。"②

　　鄄城是曹操在兖州的统治中心和后方基地,他的家小也驻在那里③。初平三年(192)冬,曹操击败青州黄巾,随后将军队主力调往鄄城附近休整待命。"(初平)四年春,军鄄城。"④为什么他不将州治和根据地留在位于兖州中心地带的昌邑,而迁到州境北界

---

① [北魏]郦道元注,[民国]杨守敬、熊会贞疏:《水经注疏》,第460页。
② [清]顾祖禹:《读史方舆纪要》卷34《山东五·东昌府》濮州鄄城废县条,第1611页。
③ 《三国志》卷9《魏书·夏侯惇传》:"太祖征陶谦,留惇守濮阳。张邈叛迎吕布,太祖家在鄄城,惇轻军往赴,适与布会,交战,布退还。"
④ 《三国志》卷1《魏书·武帝纪》。

较为偏远的鄄城呢？笔者认为其中有两个原因。

　　首先，鄄城临近河北，容易获得袁绍的支援。建安元年（196）曹操迎献帝在许县建都，袁绍即提出要求，"欲令太祖徙天子都鄄城以自密近"①，就说明当地在袁绍势力的影响和控制之下。当时曹操兵力虽有显著扩充，但是仍然不能和袁绍相比。"（袁）本初拥冀州之众，青、并从之，地广兵强。"②而曹操初临兖州四战之地，多方受敌，情况危急时还需要盟主袁绍出兵援助。例如，东汉朝廷并不承认曹操的州牧职务，而是另有任命。初平四年（193）四月，"诏以京兆金尚为兖州刺史，将之部。"③金尚是在袁术军队的护送下来兖州赴任的，当时袁术占据南阳，"南阳户口数百万"④，因此势力强盛。袁术大众进入陈留郡境后，曹操认为孤军难敌，故请求袁绍发兵援助。"太祖与绍合击，大破术军。术以余众奔九江。"⑤后来，兴平元年（194）张邈、陈宫等迎接吕布发动叛乱，曹操屡遭失败，形势非常严峻，也是得益于袁绍出兵相助，才解脱了困境。谢承《后汉书》云："操围吕布于濮阳，为布所破，投绍。绍哀之，乃给兵五千人，还取兖州。"⑥袁绍《檄州郡文》也追述了此次救援战斗，说曹操"躬破于徐方，地夺于吕布，彷徨东裔，蹋据无所。幕府唯强干弱枝之义，且不登叛人之党，故复援旌擐甲，席卷赴征，金鼓响震，布众破沮，拯其死亡之患，复其方伯之任。"⑦曹操

---

①《三国志》卷 6《魏书·袁绍传》。
②《三国志》卷 14《魏书·郭嘉传》注引《傅子》。
③《资治通鉴》卷 60 汉献帝初平三年四月。
④《三国志》卷 6《魏书·袁术传》。
⑤《三国志》卷 6《魏书·袁术传》。
⑥周天游辑注：《八家后汉书辑注》，第 149 页。
⑦《三国志》卷 6《魏书·袁绍传》注引袁绍《檄州郡文》。

此时境况窘迫,还因为遇到大灾,被迫裁减士众。"是岁谷一斛五十余万钱,人相食,乃罢吏兵新募者。"①据程昱所言:"今兖州虽残,尚有三城。能战之士,不下万人。"②仅凭这点兵力是无法与吕布及兖州大部分郡县雄豪抗衡的。另一方面,袁绍有时也需要曹操援助。例如初平三年(192)冬,"袁术与绍有隙,术求援于公孙瓒,瓒使刘备屯高唐,单经屯平原,陶谦屯发干,以逼绍。太祖与绍会击,皆破之。"③曹操将军队主力屯驻在鄄城,既有利于依凭河北的袁绍,也便于及时渡河为袁绍提供支援。

　　其次,昌邑位于兖州腹地,曹操自领兖州牧,虽然有当地豪杰与官员的支持,但是也有不少敌视他的政治势力。例如张邈、陈宫联合吕布发动叛乱时,大多数郡县都予以响应,州部也有不少高级官员直接参与了阴谋活动。"兖州诸城皆应布矣。时太祖悉军攻(陶)谦,留守兵少,而督将大吏多与邈、宫通谋。(夏侯)惇至,其夜诛谋叛者数十人,众乃定。"④曹操出身阉宦家族,行为又放荡不端,故多为士族轻蔑。如陈留名士边让,"恃才气,不屈曹操,多轻侮之言。建安中,其乡人有构让于操,操告郡就杀之。"⑤《资治通鉴》卷60载此事曰:"(边)让素有才名,由是兖州士大夫皆恐惧。"袁绍《檄州郡文》也提到了曹操在兖州政治上的孤立状况,"故九江太守边让,英才俊逸,天下知名,以直言正色,论不阿谄,身首被枭悬之戮,妻孥受灰灭之咎。自是士林愤痛,民怨弥

①《三国志》卷1《魏书·武帝纪》。
②《三国志》卷14《魏书·程昱传》。
③《三国志》卷1《魏书·武帝纪》。
④《三国志》卷10《魏书·荀彧传》。
⑤《后汉书》卷80下《文苑传下·边让》。

重，一夫奋臂，举州同声。"①这种形势曹操应该明了于胸，若是将
州治留在腹地昌邑，遇到变乱容易遭到敌兵围困，且距离河北袁
绍较远而难以及时获救。移治鄄城背依黄河，则不用担心来自后
方的攻击，可以减少防御的用兵方向，有利于集中兵力，保障根据
地的安全。事后的历史进程充分证明了曹操迁徙州治的正确。
兴平元年(194)四月，"张邈等叛迎吕布，郡县响应，唯鄄城、范、东
阿不动。"②这三座城池均在兖州北境，濒临黄河南岸，彼此邻近又
互相依托，后来兖州陷落而它们却没有被叛军攻占，成为后来曹
操发动反攻的基地，说明有利的地理位置是防守成功的一个重要
因素。

**(二)分兵驻守沿河津要**

兖州与冀州交界的黄河下游河段，自胙城向东北延伸大约有
五百里。州治鄄城处于这一河段的中间位置，曹操还在其左右两
侧的濮阳和东武阳驻扎军队，以保护沿河上下的津渡，并企图起
到拱卫鄄城的作用。他出任兖州牧后，将东郡治所又迁回西边的
濮阳，并任命亲信将领夏侯惇担任军政长官。《三国志》卷9《魏
书·夏侯惇传》曰："迁折冲校尉，领东郡太守。太祖征陶谦，留惇
守濮阳。"这是因为濮阳是联系大河南北的交通要枢，历来为兵家
关注。《读史方舆纪要》卷16称该地："肘腋大梁，襟带东郡。春
秋时卫都于此，与齐、鲁相雄长。秦末，项羽由此扼章邯。后汉之

①《三国志》卷6《魏书·袁绍传》注引袁绍《檄州郡文》。
②《三国志》卷14《魏书·程昱传》。

季,吕布亦争此以抑曹操。盖其地滨河距济,介南北之间,常为津要。"①曹操因此予以重视,把它当作兖州仅次于鄄城的屯兵要镇。东武阳虽然不再是东郡治所,但由于南扼仓亭津,仍然是河防重地。曹操派遣了陈宫镇守该地,由于陈宫曾尽力拥戴他入主兖州,曹操对其非常感激和信任。如吕布之妻所言:"昔曹氏待公台如赤子。"②笔者按:"公台"即陈宫表字。位于仓亭津以南的东阿,曹操委任了和他一同在陈留起兵的枣祗为县令,屯戍这一要地。枣祗为人忠勇,后来在兖州叛乱时确保东阿不失,为曹操会师平叛成功发挥了重要的作用。曹操杀边让后,引起兖州的政治波动和陈宫的倒戈。"(边)让素有才名,由是兖州士大夫皆恐惧。陈宫性刚直壮烈,内亦自疑,乃与从事中郎许汜、王楷及邈弟超共谋叛操。"③他准备从东武阳南渡黄河,攻取东阿。因为消息走漏,被曹操部下程昱先行一步,"遣别骑绝仓亭津,陈宫至,不得渡。昱至东阿,东阿令枣祗已率厉吏民,拒城坚守。"④曹操事后下令褒奖曰:

> 故陈留太守枣祗,天性忠能。始共举义兵,周旋征讨。后袁绍在冀州,亦贪祗,欲得之。祗深附托于孤,使领东阿令。吕布之乱,兖州皆叛,惟范、东阿完在,由祗以兵据城之力也。后大军粮乏,得东阿以继,祗之功也。⑤

---

① [清]顾祖禹:《读史方舆纪要》卷16《北直七·大名府》开州条,第734页。
② 《三国志》卷7《魏书·吕布传》注引《魏氏春秋》。
③ 《资治通鉴》卷61汉献帝兴平元年四月。
④ 《三国志》卷14《魏书·程昱传》。
⑤ 《三国志》卷16《魏书·任峻传》注引《魏武故事》。

如前所述,曹操统治兖州时期,基本上是以濒临黄河的东郡作为根据地,在沿河一线设置州治和由自己部队控制的军事据点。东郡原来是曹操的辖区,官吏将士均为其旧属,在政治上比较可靠。鄄城虽然属于济阴郡,但是与东郡接壤,距离黄河仅十余里,故亦属河防要镇。主力军队在兖州休整时驻在鄄城,或移驻于南边的济阴郡治定陶①,那里也是关东地区的交通枢纽,春秋战国时俗称"陶天下之中,诸侯四通,货物所交易也"②。曹操准备向外发动进攻时,就把军队集结在这里,以便向周边出击。总的来说,他的军事部署重心偏在兖州北境,没有在兖州中部设立治所和根据地,这明显是对原来州治昌邑附近的政治环境感到不信任,认为存在着较高的风险威胁,所以采取背依黄河的军事布局,这样便于获得盟友冀州袁绍的支援,也得以避免遭遇四面围攻的险境。

### (三)以徐州为主要用兵方向

从初平三年(192)冬曹操入主兖州,到建安元年(196)八月赴洛阳挟献帝迁都许县,曹操以兖州为根据地和军事重心进行活动有三年多时间。在此期间,他的作战情况如下:

初平三年(192)冬,北赴冀州协助袁绍击败公孙瓒。

初平四年(193)春,南下陈留逐退袁术的入侵。"术引军入陈留,屯封丘,黑山余贼及于夫罗等佐之。术使将刘详屯匡亭。太

---

① 《三国志》卷1《魏书·武帝纪》:"(初平四年)夏,太祖还军定陶。……秋,太祖征陶谦,下十余城。"

② 《史记》卷129《货殖列传》。

祖击详,术救之,与战,大破之。术退保封丘。遂围之,未合,术走襄邑。追到太寿,决渠水灌城。走宁陵,又追之,走九江。夏,太祖还军定陶。"①

初平四年(193)秋,曹操东征徐州陶谦,"下十余城。谦守城不敢出。""兴平元年春,太祖自徐州还。"②

兴平元年(194)夏,曹操再征徐州。"使荀彧、程昱守鄄城,复征陶谦,拔五城,遂略地至东海。"③由于张邈、陈宫联合吕布发动叛乱,曹操被迫撤回兖州与他们交战。从此时到兴平二年(195)夏,曹操彻底打败吕布,迫使他逃往徐州投奔刘备。直到这时,朝廷才承认了曹操对兖州的统治地位。"冬十月,天子拜太祖兖州牧。"④张邈之弟张超困守雍丘,"十二月,雍丘溃,(张)超自杀,夷邈三族。邈诣袁术请救,为其众所杀。兖州平。"⑤经过一年多的反复征战,才最终收复了兖州的失地。

由此可见,曹操在此期间的向外进攻主要是东边的徐州方向。表面原因,是为其父曹嵩被陶谦杀害而复仇。"初,太祖父嵩去官后还谯,董卓之乱,避难琅邪,为陶谦所害。故太祖志在复仇东伐。"⑥但是如果分析一下曹操面临的政治形势,就会发现向东扩张几乎是他当时的惟一选择。兖州以北是尚需依赖的盟友和盟主袁绍的地盘,他不能向那里进攻。西边的河内郡由原黑山军

①《三国志》卷 1《魏书·武帝纪》。
②《三国志》卷 1《魏书·武帝纪》。
③《三国志》卷 1《魏书·武帝纪》。
④《三国志》卷 1《魏书·武帝纪》。
⑤《三国志》卷 1《魏书·武帝纪》。
⑥《三国志》卷 1《魏书·武帝纪》。

首领张杨控制,他归降袁绍后被匈奴单于于夫罗裹挟叛逃,并接受了朝廷的官职。"单于执杨至黎阳,攻破度辽将军耿祉军,众复振。(董)卓以杨为建义将军、河内太守。"[1]于夫罗后来南投袁术[2],张杨率众留驻河内,曾向逃难的汉献帝与百官提供援助,并发兵先到洛阳为其修建宫室[3]。此时张杨虽然保持着一定的独立性,但是又与势力强盛的袁绍恢复了依附关系。张杨曾经阻断曹操和关中朝廷的联系,《三国志》卷14《魏书·董昭传》曰:"时太祖领兖州,遣使诣(张)杨,欲令假涂西至长安,杨不听。"当时曹操实力单薄,是袁绍的附庸。如袁绍檄文所言:"谓其鹰犬之才,爪牙可任。"[4]故曹操与朝廷的联络都是由袁绍代为启奏,而不是自己直接沟通。例如他获取的官职,就是由袁绍先后"表行东郡太守、兖州刺史,被以虎文,授以偏师"[5]。从上述情况来看,张杨之所以阻止曹操与朝廷的联络,是认为此举破坏了俗成的规矩,对袁绍有不利的影响,所以表示拒绝。而董昭则劝他要为自己多留一条后路,不必事事都维护袁绍的利益。"袁、曹虽为一家,势不久群。曹今虽弱,然实天下之英雄也,当故结之。况今有缘,宜通其上事,并表荐之;若事有成,永为深分。"[6]后来,张杨被叛变的部将杨

---

① 《三国志》卷8《魏书·张杨传》。
② 《三国志》卷1《魏书·武帝纪》初平四年:"(袁)术引军入陈留,屯封丘。黑山余贼及于夫罗等佐之。术使将刘详屯匡亭。太祖击详,术救之,与战,大破之。"
③ 《三国志》卷8《魏书·张杨传》:"建安元年,杨奉、董承、韩暹挟天子还旧京,粮乏。(张)杨以粮迎道路,遂至洛阳。"《后汉书》卷72《董卓传》:"建安元年春,诸将争权,韩暹遂攻董承,承奔张杨,杨乃使承先缮修洛宫。七月,帝还至洛阳,幸杨安殿。张杨以为己功,故因以'杨'名殿。"
④ 《后汉书》卷74上《袁绍传》。
⑤ 《后汉书》卷74上《袁绍传》。
⑥ 《三国志》卷14《魏书·董昭传》。

丑所杀,"(张)杨长史薛洪、河内太守缪尚城守待(袁)绍救。"①即证明了河内当时属于袁绍的势力范围,所以要等待袁绍前来救援。曹操若从兖州向西方扩张,会受到张杨的阻击并与袁绍关系破裂,这也是他不愿意实现的。如果向南方的豫州地域进军发展,势必要经过张邈控制的"四战之地"陈留郡。如前所述,由于张邈与袁绍交恶,曹操和他貌合神离,且有此前截杀王匡的过节,两人都为此心怀警惕。虽然曹、张二人表面上还维持着友好关系,但就连高柔都能看出将来张邈会起兵反叛,狡诈过人之曹操也应对此洞晓于胸。若是率领大军经陈留郡南下征伐,一旦被张邈截断给养和归路,局面将会非常危险。曹操在兖州出境作战时最担心的就是发生这种情况,兴平元年(194)他东征徐州,张邈和吕布等人发动叛乱。曹操率兵赶回后即言:"(吕)布一旦得一州,不能据东平,断亢父、泰山之道乘险要我,而乃屯濮阳。吾知其无能为也。"②因此,曹操当时向东用兵的阻力和危险系数较小,相对来说比较安全,所以是最具有可行性的。不过,他在数年的征战中领土没有得到多少扩张,其中原因之一,是他在徐州实行烧杀抢掠,"所过多所残戮"③,"进攻彭城,多杀人民"④,因而各地豪族与百姓坚守城邑不愿归附,迫使他粮尽退兵。再者,则是兖州官员、豪强叛乱的内耗。"陈宫叛迎吕布而百城皆应"⑤,曹操的平叛战争持续了岁余才结束,造成的消极影响非常严重。在此期间,

---

①《三国志》卷14《魏书·董昭传》。
②《三国志》卷1《魏书·武帝纪》。
③《三国志》卷1《魏书·武帝纪》。
④《三国志》卷8《魏书·陶谦传》注引《吴书》。
⑤《三国志》卷14《魏书·程昱传》。

曹操在兖州的势力范围不仅没有向外推进,还丧失了东郡的河北领土,被袁绍乘机占领,任命属下青州刺史臧洪驻守该地。"洪在州二年,群盗奔走。绍叹其能,徙为东郡太守,治东武阳。"①兴平二年(195)秋,张超在雍丘被曹操围攻,曾请求臧洪发兵援救②。被袁绍拒绝后,臧洪据东武阳反叛,后被袁绍攻陷消灭。

## 四、曹操南征豫州原因剖析

曹操在兴平二年(195)十二月攻陷雍丘(今河南省杞县),彻底消灭张邈、张超兄弟的势力,最终平定了兖州的叛乱。他随即挥师南下,进入豫州北境的陈国(治今河南淮阳县)境界。"兖州平,遂东略陈地。"③据《三国志》卷1《魏书·武帝纪》记载,曹操经过短暂的战斗,迫使当地袁术任命的官员归顺。"建安元年春正月,太祖军临武平。袁术所置陈相袁嗣降。"然后西进颍川、汝南两郡,消灭了何仪、刘辟、黄邵率领的黄巾军余众。"二月,太祖进军讨破之,斩辟、邵等,仪及其众皆降。天子拜太祖建德将军。"曹操此番作战获得很大成功,他在兖州之外开疆拓土,并将军事重心区域从鄄城、东阿、范县所在沿河地段转移到以许县为核心的颍川郡,在那里建立了新的后方,并在半年以后迎接汉献帝至许

---

①《三国志》卷7《魏书·臧洪传》。

②《三国志》卷7《魏书·臧洪传》:"太祖围张超于雍丘,超言:'唯恃臧洪,当来救吾。'众人以为袁、曹方睦,而洪为绍所表用,必不败好招祸,远来赴此。超曰:'子源,天下义士,终不背本者,但恐见禁制,不相及逮耳。'洪闻之,果徒跣号泣,并勒所领兵,又从绍请兵马,求欲救超,而绍终不听许。超遂族灭。"

③《三国志》卷1《魏书·武帝纪》。

县,另立国都,明显增强了自己的经济、政治实力,跃居到割据争雄的首要行列。从此他挟天子以令诸侯,为随后实现荡平群敌、统一北方的伟业奠定了坚实基础。如前所述,曹操此前占据兖州时,对外的主攻方向是东边的徐州,他在初平四年(193)秋和兴平元年(194)夏两次全力出征,都没有收到满意的效果,劳师损众却未能占领任何领土,还因为后方叛乱而几乎丧失了兖州。此次转移进攻方向南下,进展顺利而战果斐然,占领豫州使他在军阀混战中所处的地位得到了显著改善。如曹操所言:"是我独以兖、豫抗天下六分之五也。"①那么,曹操是出于何种原因,对主攻方向做出了正确的选择呢? 对于这个重要的问题,史籍当中缺乏具体、明确的记载。笔者只得根据当时的历史背景与其他相关史料的陈述来进行探讨,以求获得对曹操决定挥师南征豫州原因的深入认识。

**(一)徐州及其他方向难以进攻之缘由**

　　曹操在平定兖州之后,并没有延续过去东征徐州的战略。笔者分析,这应该是考虑到对手的实力较为强劲,对其发动进攻无法取得速胜,而己方军粮不足,难以在这一方向持久作战的缘故。徐州滨海地平,水沃土丰而宜于农耕。汉末战乱爆发以来,当地的经济状况算是各州之中比较好的。"董卓之乱,州郡起兵,天子都长安,四方断绝。(陶)谦遣使间行致贡献,迁安东将军、徐州牧,封溧阳侯。是时,徐州百姓殷盛,谷米丰赡,流民多归之。"②后

---

① 《三国志》卷 10《魏书·荀彧传》。
② 《三国志》卷 8《魏书·陶谦传》。

来虽有兵祸天灾的影响,但在能吏陈登的主持下,郡县的耕垦水利并未荒废,多有收获。《先贤行状》曰:"是时,世荒民饥,州牧陶谦表登为典农校尉,乃巡土田之宜,尽凿溉之利,粳稻丰积。"①初平四年(193),在中原军阀率多乏粮的情况下,陶谦还能向朝廷进奉。他上表声称:"臣前调谷百万斛,已在水次,辄敕兵卫送。"②兴平二年(195)夏,陶谦去世,刘备受到徐州士族吏民的拥戴而继任州牧,政通人和,实力且不容小觑。陈登曾向刘备建议:"今汉室陵迟,海内倾覆,立功立事,在于今日。彼州殷富,户口百万,欲屈使君抚临州事。"并强调控制徐州可以施展其雄图大略,"今欲为使君合步骑十万,上可以匡主济民,成五霸之业,下可以割地守境,书功于竹帛。"③

曹操此前两次东征徐州,所过之处烧杀劫掠。"引军从泗南攻取虑、睢陵、夏丘诸县,皆屠之;鸡犬亦尽,墟邑无复行人。"④因此激起了当地民众的强烈仇恨与坚决抵抗。另一方面,他的困难还在于粮谷匮乏,难以长期在外作战,以及后方局势的动荡。《三国志》卷8《魏书·陶谦传》曰:"初平四年,太祖征(陶)谦,攻拔十余城……谦退守剡。太祖以粮少引军还。"又云:"兴平元年,复东征,略定琅邪、东海诸县。谦恐,欲走归丹杨。会张邈叛迎吕布,太祖还击布。"曹操后来虽然勉强平息了兖州的叛乱,但是在当地的统治仍不稳定,缺粮的困难也未获得改善。因此在陶谦死后,曹操企图再次进攻徐州,荀彧认为不可妄动,对他劝阻道:

---

① 《三国志》卷7《魏书·陈登传》注引《先贤行状》。
② 《三国志》卷8《魏书·陶谦传》注引《吴书》。
③ 《三国志》卷32《蜀书·先主传》。
④ 《三国志》卷10《魏书·荀彧传》注引《曹瞒传》。

且陶谦虽死,徐州未易亡也。彼惩往年之败,将惧而结亲,相为表里。今东方皆以收麦,必坚壁清野以待将军,将军攻之不拔,略之无获,不出十日,则十万之众未战而自困耳。前讨徐州,威罚实行,其子弟念父兄之耻,必人自为守,无降心,就能破之,尚不可有也。①

另外,吕布被曹操击败后,率领余众转投刘备,徐州的军事力量因而又有所增强。在这样的形势下,曹操以疲敝空乏之师东征,恐怕是难以成功的,所以他最终放弃了对这一方向发动进攻的计划。如前所述,兖州之北的冀州与西邻的河内郡都是袁绍的势力范围,袁绍兵众势强,又曾是曹操政治、军事上依赖的盟主,当时尚且无力与其决裂,因此也不能向这两个方向用兵。

### (二)豫州割据势力较弱

相对而言,兖州南边的豫州并没有被实力强劲的军阀占领,那里大多是一些黄巾余众和袁术的党羽,力量分散屡弱,所以是较为理想的进攻对象。例如陈国(治今河南淮阳县)原是东汉诸侯王刘宠的封地,汉末中原战乱时,刘宠离开国都以躲避兵灾。"及献帝初,义兵起,宠率众屯阳夏,自称辅汉大将军。"②留下国相骆俊镇守都城陈县,"后袁术求粮于陈而俊拒绝之,术忿恚,遣客诈杀俊及宠,陈由是破败。"③笔者按:陈相骆俊被刺事在兴平年间,谢承《后汉书》曰:"袁术使部曲将张闿阳私行到陈,之俊所,俊

---

① 《三国志》卷10《魏书·荀彧传》。
② 《后汉书》卷50《孝明八王传·陈敬王羡》。
③ 《后汉书》卷50《孝明八王传·陈敬王羡》。

往从饮酒,因诈杀俊,一郡吏人哀号如丧父母。"①袁术随后派遣袁嗣为国相驻在陈县,而刘宠是在建安二年(197)才被刺杀的②。袁术部下兵众的战斗力很差,自从初平三年(192)惨败于陈留郡封丘之后,他一直对曹操心有余悸。袁术在给吕布的书信中说:"昔将金元休向兖州,甫诣封丘,为曹操逆所拒破,流离迸走,几至灭亡。"③后来曹操亲征淮北,"术闻公自来,弃军走"④。根本不敢迎战,可见他完全不是曹操的对手。陈地之西,"汝南、颍川黄巾何仪、刘辟、黄邵、何曼等,众各数万,初应袁术,又附孙坚。"⑤黄巾军被朝廷视为贼寇,故各地军阀与官员、豪族多与其为敌,使他们在割据战争中非常孤立。何仪、刘辟等依附的孙坚虽然勇悍,但此时已在出征刘表的战斗中阵亡⑥。因此就曹操所据兖州周边区域的军事力量而言,其南邻豫州的陈、颍川、汝南诸郡最为薄弱,比较容易占领,后来战争的进程也充分地证实了这一点。

### (三)颍川地位价值的重要

曹操南下豫州,并把夺取许县(治今河南许昌市东)所在的颍川郡作为主要战略目的,其原因应是充分考虑到该地在兼并战争中的重要地位和影响。古人认为争夺天下的关键是要控制中原

①《后汉书》卷50《孝明八王传·陈敬王羡》注引谢承《后汉书》。
②《后汉书》卷9《孝献帝纪》建安二年:"是岁饥,江淮间民相食。袁术杀陈王宠。"
③《三国志》卷7《魏书·吕布传》注引《英雄记》。
④《三国志》卷1《魏书·武帝纪》。
⑤《三国志》卷1《魏书·武帝纪》。
⑥《三国志》卷46《吴书·孙坚传》:"初平三年,(袁)术使坚征荆州,击刘表。表遣黄祖逆于樊、邓之间。坚击破之,追渡汉水,遂围襄阳。单马行岘山,为祖军士所射杀。"注引《英雄记》则曰:"(孙)坚以初平四年正月七日死。"

的河南地区。《读史方舆纪要》曾言："河南,古所谓四战之地也。
当取天下之日,河南在所必争。"①而颍川,即今许昌地区属于豫中
平原,处在河南的核心地段,地势平坦开阔,便于车马走集,若是
占领该地向四方用兵就相当方便。此外,颍川郡土沃水丰。现代
科学工作者对豫中许昌等地土壤情况的勘测表明："土质肥沃是
本区农业生产得天独厚的有利条件之一。在本区的耕作土壤中,
两合土、淤土等上等肥力的土壤占总面积的40%以上;黄土、沙壤
土等土壤肥力比较高,潜力甚大。需要改良的低产土壤只占总面
积的10%左右。这种有利条件是豫北、豫东等省内其它平原农业
区所远远不及的。"②再者,颍水、濮水、洧水、汝水从颍川境内流
过,河床宽浅,水流缓慢,富有通航灌溉之利。因此,夺取该地能
够获得经济上的许多好处。顾祖禹曾极力称赞颍川—许昌具有
的优越地理条件,以及曹操占据该地后取得的巨大成功。其文
云："(许)州西控汝、洛,东引淮、泗,舟车辐集,转输易通,原野宽
平,耕屯有赖。曹操挟天子于此,北并幽、冀,南抗吴、蜀。说者
曰:自天下而言河南为适中之地,自河南而言许州又适中之地也。
北限大河曾无溃溢之患,西控虎牢不乏山溪之阻,南通蔡、邓实包
淮、汉之防,许亦形胜之区矣。岂惟土田沃衍,人民殷阜,足称地
利乎?"③

①〔清〕顾祖禹:《读史方舆纪要·河南方舆纪要序》,第2083页。
②河南省科学院地理研究所本书编写组:《河南农业地理》,河南科学技术出版社,1982
　年,第153页。
③〔清〕顾祖禹:《读史方舆纪要》卷47《河南二·许州》,第2183页。

### (四)当地士民的归附

颍川是豫州大郡,经济发达,户口繁众。《后汉书·郡国志二》曰:"颍川郡十七城,户二十六万三千四百四十,口百四十三万六千五百一十三。"不仅如此,颍川地区的政治文化在全国也有较为深远的影响。当地人才济济,如曹操所言,"汝、颍固多奇士"①;他身边的幕僚之中,有许多人是颍川、汝南的名士。曹操最为倚重的谋臣荀彧即为颍川大姓,"祖父淑,字季和,朗陵令。当汉顺、桓之间,知名当世。有子八人,号曰八龙。彧父绲,济南相。叔父爽,司空。"②荀彧在初平二年(191)投靠曹操后,"前后所举者,命世大才,邦邑则荀攸、钟繇、陈群,海内则司马宣王,及引致当世知名郗虑、华歆、王朗、荀悦、杜袭、辛毗、赵俨之俦,终为卿相,以十数人。"③薛海波曾指出颍川士人多被曹操委任谋划决策等要职,如荀彧为侍中守尚书令,荀攸为军师;郭嘉为司空军祭酒;钟繇先后为尚书、前军师;陈群先后为参丞相军事、侍中,领丞相东西曹掾;杜袭先后为参军事、丞相祭酒④;颍川士人逐渐成为曹操帐下谋士的主体。因此向颍川等地进军,能够获得当地大族及属下百姓的拥护支持。由于颍川是交通要道,属于四战之地,所遭受的兵灾非常严重,致使一些士人逃往他乡避难。曹操占领该地之后,随即安抚民心,招纳流徙在外的人士回归并担任各种官职。如杜袭南徙长沙,"建安初,太祖迎天子都许。袭逃还乡里,太祖

---

① 《三国志》卷 14《魏书·郭嘉传》。
② 《三国志》卷 10《魏书·荀彧传》。
③ 《三国志》卷 10《魏书·荀彧传》注引《彧别传》。
④ 参见薛海波:《东汉政局变动中的颍川豪族》,《南都学坛》2007 年第 3 期。

以为西鄂长。"①再如赵俨,"颍川阳翟人也。避乱荆州,与杜袭、繁钦通财同计,合为一家。太祖始迎献帝都许,俨谓钦曰:'曹镇东应期命世,必能匡济华夏,吾知归矣。'建安二年,年二十七,遂扶持老弱诣太祖,太祖以俨为朗陵长。"②曹操通过以上措施,使颍川人士成为协助其稳定当地统治的重要力量。

综上所述,曹操在平定兖州叛乱之后,没有沿袭以往的东进战略,而是改变主攻方向南下豫州。导致他做出这一抉择的原因,主要是由于豫州地区的割据势力较为分散薄弱,容易各个击破。此外,以许县为中心的颍川地区拥有优越的自然条件,利于耕垦且又交通便利;当地士人在政治上趋向于拥曹,以上种种有利因素促使曹操决心挥师南征,并且顺利地实现了上述战略意图。

## 五、颍川新根据地的建立与巩固

建安元年(196)二月,曹操消灭汝南、颍川两郡的黄巾余众,占领了豫中平原。由于汝南郡是袁绍、袁术故乡,其高祖父袁安曾任东汉司徒,"自安以下四世居三公位,由是势倾天下。绍有姿貌威容,能折节下士,士多附之。"③袁氏在汝南的影响甚巨,豪族大姓多所归附,而对曹操相当敌视。如《三国志》卷26《魏书·满宠传》所言:"时袁绍盛于河朔,而汝南绍之本郡,门生宾客布在诸

---

① 《三国志》卷23《魏书·杜袭传》。
② 《三国志》卷23《魏书·赵俨传》。
③ 《三国志》卷6《魏书·袁绍传》。

县,拥兵拒守。太祖忧之,以宠为汝南太守。宠募其服从者五百人,率攻下二十余壁,诱其未降渠帅,于坐上杀十余人,一时皆平。得户二万,兵二千人,令就田业。"因此曹操把经济、政治建设的重心区域放在了以许县为首的颍川郡,在那里兴办屯田,并迎接汉献帝迁都于此。现将其施行的重要举措予以分述:

### (一)屯田许下

曹操在许昌附近大兴屯田,以解决军队最迫切的需要。当时中原经历了多年战乱灾荒的严重破坏,民生凋零,致使各路军阀的粮饷得不到应有的保证。《魏书》曰:"自遭荒乱,率乏粮谷,诸军并起,无终岁之计,饥则寇略,饱则弃余,瓦解流离,无敌自破者不可胜数。袁绍之在河北,军人仰食桑葚。袁术在江、淮,取给蒲蠃。民人相食,州里萧条。"[1]曹操在占领颍川、汝南等地之后,曾招集部属商议军情与对策,枣祗和韩浩都提出屯田的建议,最终得到了采纳。《晋书》卷26《食货志》曰:"魏武既破黄巾,欲经略四方,而苦军食不足,羽林监颍川枣祗建置屯田议。魏武乃令曰:'夫定国之术在于强兵足食,秦人以急农兼天下,孝武以屯田定西域,此先世之良式也。'于是以任峻为典农中郎将,募百姓屯田许下。"《魏书》亦言:"时大议损益,(韩)浩以为当急田。大祖善之,迁护军。"[2]兴办屯田的地点,主要设在"土田沃衍"的许县附近,利用周围闲置的田地来招募百姓,组织耕种。如前所述,颍川是四战之地,当地民众多有死丧流离,形成了大量的无主荒地,因此为

---

[1]《三国志》卷1《魏书·武帝纪》注引《魏书》。
[2]《三国志》卷9《魏书·夏侯惇传》注引《魏书》。

屯田提供了客观条件。如王夫之称曹操大兴屯田："有其地,有其时矣。许昌之屯,乘黄巾之乱,民皆流亡,野多旷土也。"①曹魏的屯田有军屯和民屯两种,军屯组织多行于边境地区,许县附近采用的是招募民众屯田,按照枣祗的建议施行"分田之术"。张大可曾指出,这是借用汉朝贫民耕种公田的租佃办法,"'分田'即是分成地租,按土地份地的肥瘠,定有一个常量,按常量交百分之五十。"②垦田民众有军队的保护,当年恰逢风调雨顺,故至夏秋大获丰收。"是岁乃募民屯田许下,得谷百万斛。"③

　　曹操在许县附近屯田的成功,不仅解除了军队乏粮的困境,而且有力地巩固了新根据地的建设,促进了兼并战争的胜利。他随即将屯田组织推广到颍川全郡乃至其他统治地区。"于是州郡例置田官,所在积谷,征伐四方,无运粮之劳,遂兼灭群贼,克平天下。"④王夫之对此称赞道:"曹孟德始屯田许昌,而北制袁绍,南折刘表;邓艾再屯田陈、项、寿春,而终以吞吴;此魏、晋平定天下之本图也。"⑤值得关注的是许县所在的颍川郡,不仅当地士人颇受曹操重用,而且是屯田起初兴办又最为发达的地区,许多百姓因此摆脱了流离颠沛之苦,在战火中觅得生计,所以和当地士大夫一道成为曹操的忠实拥戴者。曹丕代汉称帝后曾下令蠲免颍川郡一年田租,并下诏表彰曰:"颍川,先帝所由起兵征伐也。官渡之役,四方瓦解,远近顾望,而此郡守义,丁壮荷戈,老弱负粮。昔

①［清］王夫之:《读通鉴论》卷10《三国》,第285页。
②张大可:《论曹魏屯田》,《三国史研究》,第266页。
③《三国志》卷1《魏书·武帝纪》注引《魏书》。
④《三国志》卷1《魏书·武帝纪》注引《魏书》。
⑤［清］王夫之:《读通鉴论》卷10《三国》,第285页。

汉祖以秦中为国本,光武恃河内为王基,今朕复于此登坛受禅,天以此郡翼成大魏。"[1]

　　另外需要强调的是,颍川地区由于垦殖条件非常优越,何仪、刘辟等黄巾余众占据当地时已经开始恢复农耕,而且收获积累了丰厚的产业,这也应该是曹操觊觎该地的原因之一。后来曹操在当地大兴屯田,在相当程度上是依赖了缴获的充沛物资。如曹操《令》曰:"及破黄巾定许,得贼资业,当兴立屯田。时议者皆言当计牛输谷,佃科以定。"[2]邓艾亦称:"昔破黄巾,因为屯田,积谷许都,以制四方。"[3]有些学者指出:"曹操屯田,既不是为了安置流民,更不是'组织'黄巾重建家园,而是利用劫夺的黄巾资财,迫使精壮贫民为其兼并战争生产军粮的农奴。"[4]这些资财包括了耕牛、农具和粮种,将此授予屯田农民用作生产资料,而得以开展劳动。

## (二)迁都许县

　　在古代历史上,权臣和军阀往往通过迁都使皇帝和百官靠近自己的统治区域,得以加强对朝政的控制。如洪迈所言:"自汉以来,贼臣窃国命,将欲移鼎,必先迁都以自便。董卓以山东兵起,谋徙都长安,驱民数百万口,更相蹈藉,悉烧宫庙、官府、居家,二百里内无复鸡犬。高欢自洛阳迁魏于邺,四十万户狼狈就道。朱全忠自长安迁唐于洛,驱徙士民,毁宫室百司,及民间庐舍,长安

---

①《三国志》卷 2《魏书·文帝纪》黄初二年正月壬午条注引《魏书》。

②《三国志》卷 1《魏书·武帝纪》注引《魏武故事》。

③《晋书》卷 26《食货志》。

④张大可:《论曹操》,《三国史研究》,第 136 页。

自是丘墟。卓不旋踵而死,曹操迎天子都许,卒覆刘氏。魏、唐之
祚,竟为高、朱所倾。凶盗设心积虑,由来一揆也。"①建安元年
(196)九月,曹操亲迎汉献帝与百官由洛阳迁都到许县,从而实现
了挟天子以令诸侯的政治意图,在军阀割据的混乱局面下得以占
据有利地位。兴平二年(195)十月,汉献帝车驾离开关中东归,路
上屡次遭受李傕、郭汜的截杀阻挠,辗转到十二月,"乙亥,幸安
邑。"②并在河东居住了半年之久。曹操在建安元年(196)正月占
领陈地后,曾派遣兵将接应献帝东归,但是受到国戚董承与袁术
部将的阻击而未能成功。"太祖将迎天子,诸将或疑,荀彧、程昱
劝之,乃遣曹洪将兵西迎。卫将军董承与袁术将苌奴拒险,洪不
得进。"③直到当年六月,河东遭受严重灾害,帝室给养殆尽,被迫
起驾还都洛阳,经过河内时才得到了太守张杨的救济。"是时蝗
虫起,岁旱无谷,从官食枣菜。诸将不能相率,上下乱,粮食尽。
(杨)奉、(韩)暹、(董)承乃以天子还洛阳。出箕关,下轵道,张杨
以食迎道路,拜大司马。"④当年七月,献帝一行抵达洛阳,却仍然
面临着粮饷断绝的困境。"天子入洛阳,宫室烧尽,街陌荒芜,百
官披荆棘,依丘墙间。州郡各拥兵自为,莫有至者。饥穷稍甚,尚
书郎以下,自出樵采,或饥死墙壁间。"⑤护送献帝还京的杨奉、韩
暹等将领骄横跋扈,引起朝廷与百官的强烈不满,但又无计可施,

---

① [宋]洪迈:《容斋续笔》卷10《贼臣迁都》,《容斋随笔》,上海古籍出版社,1978年,第
　342页。
②《后汉书》卷9《孝献帝纪》。
③《三国志》卷1《魏书·武帝纪》。
④《三国志》卷6《魏书·董卓传》。
⑤《三国志》卷6《魏书·董卓传》。

无奈之下只好暗地里邀请驻在许县的曹操前来救驾。"(韩)暹矜功恣睢,干乱政事,董承患之,潜召兖州牧曹操。"①

时值八月,曹操听从了荀彧等人的建议,决定领兵前赴洛阳。此刻他已经获得屯田许下的丰收,粮食充裕,这一因素在迎接献帝迁都许县的过程中发挥了重要的作用。首先,他针对杨奉等将领缺乏给养的窘迫情况,以提供粮食并实行合作为诱饵来进行欺骗,使其没有阻挠曹兵前往。曹操让董昭代笔写信给杨奉,声称:"将军当为内主,吾为外援。今吾有粮,将军有兵,有无相通,足以相济。死生契阔,相与共之。"②此计果然获得成功,"奉得书喜悦,语诸将军曰:'兖州诸军近在许耳,有兵有粮,国家所当依仰也。'遂共表太祖为镇东将军,袭父爵费亭侯;(董)昭迁符节令。"③曹操因此顺利领兵入朝。

其次,他进入洛阳时给天子、百官带去了急需的粮饷。"操乃诣阙贡献,禀公卿以下。"④由此获得了朝廷的信任和封赏,为他进一步攫取最高执政权力和实现迁都许县打下了良好的基础。

再次,曹操企图迁都到许县,但是当时遇到不小的阻力。如董昭所言:"然朝廷播越,新还旧京,远近跂望,冀一朝获安。今复徙驾,不厌众心。"⑤此外,他还担心驻军在梁县(治今河南汝州市西部)的杨奉反对献帝离开其势力范围。最后曹操听从了董昭的建议,以"京都无粮,欲车驾暂幸鲁阳,鲁阳近许,转运稍易,可无

---

①《后汉书》卷 72《董卓传》。
②《三国志》卷 14《魏书·董昭传》。
③《三国志》卷 14《魏书·董昭传》。
④《后汉书》卷 72《董卓传》。
⑤《三国志》卷 14《魏书·董昭传》。

县乏之忧"①为借口,瞒过了杨奉与百官,待到起驾之后则直奔许县,杨奉等发觉后为时已晚,未能及时拦截。"(九月)庚申,车驾东。杨奉自梁欲要车驾不及。己巳,车驾到许。"②

## (三)总揽朝政

曹操带兵入洛并护送汉献帝到许都,在这一过程中,他为了彻底控制朝廷,使其成为服从自己的政治工具,因而采取了一系列措施来收拢各种权力,并将献帝软禁起来以防生变。如《后汉书》卷72《董卓传》所言:"自都许之后,权归曹氏,天子总己,百官备员而已。"曹操揽权的手段和步骤计有以下诸种:

1. **攫取司隶校尉、录尚书事。**汉献帝还都洛阳之后,曾对护驾东归的几位将领进行封赏。"乃以张杨为大司马,杨奉为车骑将军,韩暹为大将军,领司隶校尉,皆假节钺。暹与董承并留宿卫。"③后来张杨返回河内,杨奉屯兵梁县,朝内最有权势的是韩暹。他领兵近在献帝身侧,又任司隶校尉,负责京畿地区的治安。《后汉书·百官志四》称此官:"持节,掌察举百官以下,及京师近郡犯法者。"应劭《汉官仪》曰:"司隶校尉部河南、[河]内、右扶风、左冯翊、京兆、河东、弘农七郡于河南洛阳,故谓东京为司隶。"又云:"司隶校尉纠皇太子、三公以下,及旁州郡国无不统。陛下见诸卿,皆独席。"④可见这一职务的权力极为广泛,几乎可以逮捕审

---

① 《三国志》卷14《魏书·董昭传》。
② [东晋]袁宏:《后汉纪》卷29孝献皇帝建安元年,张烈点校:《两汉纪》下册,第554页。
③ 《后汉书》卷72《董卓传》。
④ [清]孙星衍等,周天游点校:《汉官六种》,中华书局,2008年,第148页。

判中央和地方的任何官员。因此曹操入朝以后，先请奏罢黜了韩暹[①]，而由自己担任此职。建安元年八月："辛亥，镇东将军曹操自领司隶校尉，录尚书事。"[②]《三国志》卷1《魏书·武帝纪》亦云："太祖遂至洛阳，卫京都，（韩）暹遁走。天子假太祖节钺，录尚书事。"这里还有两点需要注意，其一是曹操原来的官职是兖州牧、镇东将军，属于外朝官员，加衔"录尚书事"，则可以参与中朝，即内朝的事务决策；其二，曹操获得了皇帝授予他的节杖和斧钺，就能够代表天子行事，拥有先斩后奏的权力。

2. 出任司空。东汉以太尉、司徒、司空为三公，是大将军以下职衔最高的官员。曹操移驾许都之后，逼迫汉献帝任命自己为大将军，但是引起了袁绍的不满，由于当时曹操实力略弱，不愿得罪袁绍以激化矛盾，故让出了这一职务。"（献帝）于是以袁绍为太尉。绍耻班在公下，不肯受。公乃固辞，以大将军让绍。天子拜公司空，行车骑将军。"[③]但在朝内，曹操则是一言九鼎，独断专行。《后汉书》卷9《孝献帝纪》载建安元年，"冬十一月丙戌，曹操自为司空，行车骑将军事，百官总己以听。"此后，曹操的司空府便成为真正的权力与决策中心，即后代所谓之"霸府"[④]。需要指出的是，曹操在担任司空之前，先行罢免了朝内的三公。《后汉纪》载当年

---

① 《后汉书》卷72《董卓传》："（曹）操乃诣阙贡献，禀公卿以下，因奏韩暹、张杨之罪。暹惧诛，单骑奔杨奉。"

② 《后汉书》卷9《孝献帝纪》。

③ 《三国志》卷1《魏书·武帝纪》。

④ "霸府"亦名"霸朝"，学术界通常认为它是"指魏晋南北朝时期控制朝廷、作称帝准备的权臣的府署"。参见郑天挺等主编：《中国历史大辞典》"霸府"条，上海辞书出版社，2000年，第3280页。

九月甲戌，"太尉杨彪、司空张喜以疾逊位。"①而实际上杨彪等随同献帝从关中而来的老臣，是遭受诬告入狱后被撤职的。《后汉书》卷54《杨彪传》曰："时袁术僭乱，操托彪与术婚姻，诬以欲图废置，奏收下狱，劾以大逆。"后来孔融等官员向曹操说情，才得以勉强获释。

　　3. **把持尚书台**。东汉尚书台是总理国家政务的中枢机构。《后汉书》卷49《仲长统传》曰："光武皇帝愠数世之失权，忿强臣之窃命，矫枉过直，政不任下，虽置三公，事归台阁。自此以来，三公之职，备员而已。"李贤注："台阁谓尚书也。"尚书官员参与机密，传达诏书，其地位和作用非常重要。如李固所言："今陛下之有尚书，犹天之有北斗也。斗为天喉舌，尚书亦为陛下喉舌。斗斟酌元气，运平四时。尚书出纳王命，赋政四海，权尊势重，责之所归。"②曹操对此十分明了，故在八月入朝之后，立即处死了几位异己的中枢要员。"于是诛羽林郎侯折、尚书冯硕、侍中台崇，讨有罪也。"③待到迁都许县，又任命最为倚重的亲信荀彧、荀攸叔侄主持尚书台的事务。"进彧为汉侍中，守尚书令。常居中持重，太祖虽征伐在外，军国事皆与彧筹焉。"④荀攸原在荆州，"太祖迎天子都许，遗攸书曰：'方今天下大乱，智士劳心之时也，而顾观变蜀汉，不已久乎！'于是征攸为汝南太守，入为尚书。"⑤后又提拔颍川

---

① [东晋] 袁宏：《后汉纪》卷29孝献皇帝建安元年，张烈点校：《两汉纪》下册，第554页。
②《后汉书》卷63《李固传》。
③ [东晋] 袁宏：《后汉纪》卷29孝献皇帝建安元年，张烈点校：《两汉纪》下册，第553页。
④《三国志》卷10《魏书·荀彧传》。
⑤《三国志》卷10《魏书·荀攸传》。

名士钟繇，"迁侍中尚书仆射。"①将尚书台牢牢地控制在自己的手里。

4. **监控天子**。献帝初至许都，尚无宫室，曹操将其安置在自己的军营之中②，周围有重兵护卫，难以与外界交通。后来宫殿初具规模，献帝入住进去，被曹操派遣军队严密监视守护，既防止天子被他人挟持外出，又阻碍其与异己势力私下往来。所谓"万乘之尊"，实际上被软禁起来，形同囚徒。如袁绍《檄州郡文》所称："当今汉道陵迟，纲弛纪绝，操以精兵七百，围守宫阙，外称陪卫，内以拘执，惧其篡逆之祸，因斯而作。"③

通过上述各种举措，曹操得以禁锢皇帝，把持大权，做到"放志专行，胁迁省禁，卑侮王宫，败法乱纪，坐召三台，专制朝政，爵赏由心，刑戮在口"④。他动辄以天子的名义发布诏令，为自己捞取种种好处，因而在政治上处于非常有利的地位。起初，沮授曾建议袁绍迁都至冀州以控制献帝与朝廷。"且今州城粗定，宜迎大驾，安宫邺都，挟天子而令诸侯，畜士马以讨不庭，谁能御之！"袁绍听后表示赞成，但是遭到了郭图、淳于琼的反对。他们说："若迎天子以自近，动辄表闻，从之则权轻，违之则拒命，非计之善者也。"⑤结果使袁绍放弃了这一计划。后来曹操迁都许县，政由己出，袁绍感到处处被动与掣肘，而再想徙都靠近河北则为时已

①《三国志》卷13《魏书·钟繇传》。
②《后汉书》卷9《孝献帝纪》建安元年八月："庚申，迁都许。己巳，幸曹操营。"
③《三国志》卷6《魏书·袁绍传》注引《魏氏春秋》。
④《三国志》卷6《魏书·袁绍传》注引《魏氏春秋》载《檄州郡文》。
⑤《三国志》卷6《魏书·袁绍传》注引《献帝传》。

晚。"(袁)绍每得诏书,患有不便于己,乃欲移天子自近。"①结果被曹操拒绝而未能达到目的。

## 六、以许都附近为军事重心区域对外征伐

建安元年(196)二月曹操进军颍川、汝南,在消灭当地黄巾余众之后,他没有率师回到兖州,而是在许县休整了半年左右,并在附近组织屯田,恢复生产,直到八月领兵赴洛阳入朝。曹操为什么不返回原来的兖州根据地而留驻颍川?笔者分析,很可能是出于两个主要原因。首先,兖州经过长期叛乱的战争与灾荒破坏,无法保证粮饷的供应。据《三国志》卷1《魏书·武帝纪》所载,兴平元年(194)九月,曹操已经由于乏粮而濒临绝境,袁绍乘机要挟他将家小作为人质送到邺城。"太祖新失兖州,军食尽,将许之。程昱止太祖。"当年又遇到灾害,"蝗虫起,百姓大饿。"从而引起兖州经济的崩溃,"是岁谷一斛五十余万钱,人相食,乃罢吏兵新募者。"不得不裁撤官员和军人以减少开支。次年兖州的灾情仍很严重,"(兴平)二年夏,太祖军乘氏,大饥,人相食。"②当时荀彧劝阻曹操出征徐州说:"今东方皆以收麦,必坚壁清野以待将军,将军攻之不拔,略之无获,不出十日,则十万之众未战而自困耳。"③裴松之评论道:"于时徐州未平,兖州又叛,而云十万之众,虽是抑

---

① 《后汉书》卷74上《袁绍传》。
② 《三国志》卷10《魏书·荀彧传》。
③ 《三国志》卷10《魏书·荀彧传》。

抗之言,要非寡弱之称。"①由此判断,即使按照保守的估计,曹操此时的军队也应有五六万人,否则就没有足够的力量来击破汝南、颍川黄巾。因为"何仪、刘辟、黄邵、何曼等,众各数万"②,它们的兵力总共约有十万左右。曹操要想维持数万军队的粮食供应,在残破的兖州非常困难,必须另谋出路。

其次,曹操大军占领颍川后停驻半载,并未出现乏粮的情况。如杨奉所言:"兖州诸军近在许耳,有兵有粮,国家所当依仰也。"③但需要注意的是,曹操在当年春天才开始募民屯田许下,那么在秋收结束前的几个月内,他的数万军队是如何在当地解决吃饭问题的呢?饱受战乱饥荒困扰的兖州无力供应,与其结盟的袁绍处境也很窘迫④,没有余粮来支援相隔千里的曹操。笔者认为最合理的解释,就是依赖占领颍川、汝南后缴获黄巾军的物资。曹操褒奖枣祗令曰:"及破黄巾定许,得贼资业,当兴立屯田。"⑤看来这批资产非常丰厚,不仅解决了兴办屯田的耕牛、工具、种子等生产资料,而且提供了足够的军粮,使曹操的数万大军得以渡过青黄不接的春荒,坚持到秋田大收。在此期间,曹操没有向周围地区用兵,只是在许县附近休整,保护屯田,安辑地方,使这块新根据地的建设和统治日趋巩固。

建安元年(196)八月曹操领兵入洛,九月护送献帝迁都许县,

---

① 《三国志》卷 10《魏书·荀彧传》裴松之注。
② 《三国志》卷 1《魏书·武帝纪》。
③ 《三国志》卷 14《魏书·董昭传》。
④ 《三国志》卷 1《魏书·武帝纪》注引《魏书》:"袁绍之在河北,军人仰食桑葚。袁术在江、淮,取给蒲蠃。民人相食,州里萧条。"
⑤ 《三国志》卷 16《魏书·任峻传》注引《魏武故事》。

当地随即成为朝廷所在以及曹操集团的政治中心,同时也是其经济和军事上的重心区域。从这时到建安四年(199)十一月张绣归降,即官渡之战爆发前夕,曹操在此期间以许都为根据地向各方出击,消灭了周围的袁术、吕布、张绣等军阀割据势力。因为要仰赖颍川等地的粮饷供应,减少长途转运的劳苦耗费,他在每次征战之后要率军回到许都进行休整,以恢复聚集力量,准备下次出征。《三国志》卷1《魏书·武帝纪》对此记述如下:

1. 对南阳张绣的出征。共有三次,战后均回到许都。"(建安)二年春正月,公到宛。张绣降,既而悔之,复反。公与战,军败……遂还许。"当年冬,"十一月,公自南征,至宛。(刘)表将邓济据湖阳,攻拔之,生擒济,湖阳降。攻舞阴,下之。三年春正月,公还许。"建安三年(198),"三月,公围张绣于穰。夏五月,刘表遣兵救绣,以绝军后……秋七月,公还许。"直到明年,"冬十一月,张绣率众降,封列侯。"

2. 对淮北袁术的出征。建安二年(197)秋,"九月,(袁)术侵陈,公东征之。术闻公自来,弃军走,留其将桥蕤、李丰、梁纲、乐就。公到,击破蕤等,皆斩之。术走渡淮。公还许。"

3. 对徐州吕布与河内眭固的出征。建安三年(198)九月,曹操东征徐州。"冬十月,屠彭城,获其相侯谐。进至下邳,布自将骑逆击。大破之,获其骁将成廉。追至城下。"吕布据城固守,攻之不克。"时公连战,士卒罢,欲还,用荀攸、郭嘉计,遂决泗、沂水以灌城。月余,布将宋宪、魏续等执陈宫,举城降。生禽布、宫,皆杀之。"吕布的兵马战斗力很强,曹操必须在与袁绍决战之前消灭这个危险的对手,以免自己的后方受到威胁。荀彧即告诫曹操说："不先取吕布,河北亦未易图也。"①此番出征,曹操冒着不小的风险。由于当时南阳张绣尚未归降,其兵力距离许都较近,所以曹操部下多提出异议。"议者云表、绣在后而远袭吕布,其危必也。"荀攸代曹操陈述了东征徐州的理由以及对形势的分析,从而打消了他们的顾虑。"(荀)攸以为(刘)表、(张)绣新破,势不敢动。(吕)布骁猛,又恃袁术,若纵横淮、泗间,豪杰必应之。今乘其初叛,众心未一,往可破也。"②战役结果不出荀攸所料,最终取得了胜利。

徐州之役结束后,曹操对被俘的臧霸等地方豪强采取了怀柔政策,将青州、徐州的海滨地带交给他们去治理,以减少自己的军事负担,集中兵力对付袁绍。"(吕)布败,获(臧)霸等,公厚纳待,遂割青、徐二州附于海以委焉,分琅邪、东海、北海为城阳、利城、昌虑郡。"③另外,曹操并未立即返回许都休整,而是进军兖州,进行和袁绍作战的部署准备。"太祖既破张绣,东禽吕布,定徐州,遂与袁绍相拒。"④当时河内发生兵变,割据当地的军阀张杨被暗通曹操的部下杨丑所杀。"其将杨丑杀(张)杨以应太祖。杨将眭固杀丑,将其众,欲北合袁绍。"⑤曹操乘袁绍主力北上与公孙瓒交兵,无暇顾及河内,迅速攻占了这一地区。《三国志》卷1《魏书·武帝纪》曰:"(建安)四年春二月,公还至昌邑……夏四月,进军临河,使史涣、曹仁渡河击之。"打败眭固之后,故张杨长史薛洪、河内太守缪尚率众投降。曹操占领河内后,"还军敖仓,以魏种为河

①《三国志》卷10《魏书·荀彧传》。
②《三国志》卷10《魏书·荀攸传》注引《魏书》。
③《三国志》卷1《魏书·武帝纪》。
④《三国志》卷10《魏书·荀彧传》。
⑤《三国志》卷8《魏书·张杨传》。

内太守,属以河北事。"随后又进据黄河沿岸津要和接壤冀州的鲁西北平原,巩固了下一步对袁绍作战的前沿阵地,然后才率领主力回到许都。"八月,公进军黎阳,使臧霸等入青州破齐、北海、东安,留于禁屯河上。九月,公还许。"

兖州的鄄城、东阿和范县原来曾是曹操的后方基地,但是在这一阶段已经不再具有重要的地位,驻军也少得可怜。官渡之战以前,兖州都督程昱手下只有不到千人的兵马,和过去兵粮充足的情况大相径庭。"袁绍在黎阳,将南渡。时(程)昱有七百兵守鄄城,太祖闻之,使人告昱,欲益二千兵。昱不肯。"①这一方面是由于兖州的经济衰敝,缺乏粮秣供应,无力供养大量军队。另外,曹操平定当地叛乱之后,那里的局势仍未稳定。"天子都许,以(程)昱为尚书。兖州尚未安集,复以昱为东中郎将,领济阴太守,都督兖州事。"②鄄城虽然仍为州治,但若继续作为根据地则不够安全。再者,曹操迁都许下之后,与袁绍的结盟关系趋于破裂。《献帝春秋》载袁绍怒曰:"曹操当死数矣,我辄救存之,今乃背恩,挟天子以令我乎!"③《三国志》卷10《魏书·荀彧传》亦曰:"自太祖之迎天子也,袁绍内怀不服。绍既并河朔,天下畏其强。太祖方东忧吕布,南拒张绣,而绣败太祖军于宛。绍益骄,与太祖书,其辞悖慢。太祖大怒,出入动静变于常。"鄄城濒临黄河,距离冀州太近,袁曹和睦之时,不必担心受到河北的袭击。但此刻双方反目为仇,鄄城面临着袁绍强大兵力的威胁,随时有沦陷的可能。

①《三国志》卷14《魏书·程昱传》。
②《三国志》卷14《魏书·程昱传》。
③《三国志》卷6《魏书·袁绍传》注引《魏氏春秋》。

例如,袁绍曾经迫使曹操把都城迁移到鄄城,以便就近控制汉献帝,结果遭到了抵制。"(袁绍)使说操以许下埤湿,洛阳残破,宜徙都甄城,以就全实。操拒之。"①如上所述,随着局势的变化,位处兖州北境的东郡由紧靠盟友的后方转变为濒临敌境的前线;另一方面,兖州的经济、政治状况也相当恶劣,在长达两年的叛乱和灾荒破坏下满目疮痍,这些都是曹操改变军事部署,将其统治中心和后方基地向南迁移到许都的主要原因。

## 七、曹军主力北驻官渡迎接决战

从建安四年(199)十二月曹操领兵进驻官渡(今河南中牟县东北),到建安九年(204)正月他挥师渡河对鄄城发动总攻,在袁曹交兵期间,曹操军队的主力基本上驻扎在官渡一带,后来攻占黎阳(治今河南浚县东),又以该地作为北进冀州的屯兵基地,和此前的军事部署相比发生了明显的改变。下文试述这一阶段曹操围绕官渡进行攻防作战的情况。

建安四年(199)四月至八月,曹操占领河内并派兵将戍守沿河津要,令于禁"守延津以拒(袁)绍"②,遣亲信勇将夏侯惇"复领陈留、济阴太守"③。值得关注的是,他在撤回许都休整时,留下部分主力在官渡筑垒固守,将该地作为抵御袁绍南下的主要防区。"九月,公还许。分兵守官渡。"④曹操还朝后不久便又返回前线。

①《后汉书》卷 74 上《袁绍传》。
②《三国志》卷 17《魏书·于禁传》。
③《三国志》卷 9《魏书·夏侯惇传》。
④《三国志》卷 1《魏书·武帝纪》。

"十二月,公军官渡。"①当月刘备杀死徐州刺史车胄,屯聚小沛。曹操为了消除后方的隐患,迅速带兵打败刘备,随即又回到官渡备战。"遂东击(刘)备,破之,生禽其将夏侯博。备走奔(袁)绍。获其妻子。备将关羽屯下邳,复进攻之,羽降。昌狶叛为备,又攻破之。公还官渡。"②

　　建安五年(200)二月,袁绍开始渡河南征。曹操虽然在延津、白马等渡口进行阻击,但只是略作抵抗,并击杀颜良、文丑,小胜之后即将部队后撤到官渡。"良、丑皆绍名将也,再战,悉禽。绍军大震。公还军官渡。"③值得注意的是,曹操还把东郡河南数县的百姓也迁徙到后方,不让袁绍在当地获得物资和人力的补给④。随后袁曹两军在那里拼死战斗数月,直到当年十月,曹操乌巢烧粮,歼灭袁军后,他的主力仍然屯驻在官渡。至建安六年(201)四月,曹操"扬兵河上,击(袁)绍仓亭军,破之……九月,公还许"⑤。但是不久他又领兵返回官渡前线。建安七年(202)正月,"公军谯……遂至浚仪,治睢阳渠,遣使以太牢祀桥玄。进军官渡。"⑥此番曹操撤兵有两个原因,首先是为了镇压汝南的叛乱。"(袁)绍之未破也,使刘备略汝南,汝南贼共都等应之。遣蔡杨击都,不

---

① 《三国志》卷1《魏书·武帝纪》。
② 《三国志》卷1《魏书·武帝纪》。
③ 《三国志》卷1《魏书·武帝纪》。
④ 参见《三国志》卷14《魏书·蒋济传》载曹操谓蒋济曰:"昔孤与袁本初对官渡,徙燕、白马民,民不得走,贼亦不敢钞。今欲徙淮南民,何如?"《资治通鉴》卷66建安十八年四月胡三省注:"事见六十三卷建安五年。燕县、白马县,皆属东郡。"
⑤ 《三国志》卷1《魏书·武帝纪》。
⑥ 《三国志》卷1《魏书·武帝纪》。

利,为都所破。公南征备,备闻公自行,走奔刘表,都等皆散。"①其次是因为前线乏粮,"(建安)六年,太祖就谷东平之安民,粮少,不足与河北相支,欲因绍新破,以其间击讨刘表。"②后来经过荀彧的劝阻,曹操才取消了南征荆州的计划,重新返回东郡前线。"(荀)彧曰:'今绍败,其众离心,宜乘其困,遂定之;而背兖、豫,远师江、汉,若绍收其余烬,承虚以出人后,则公事去矣。'太祖复次于河上。"③

　　建安七年(202)五月袁绍病死,九月曹操离开官渡,北攻黎阳(治今河南浚县东)。至建安八年(203)三月,"攻其郭,乃出战,击,大破之,(袁)谭、(袁)尚夜遁。"④曹操随即北渡黄河,"夏,四月,进军邺。五月,还许,留贾信屯黎阳。"⑤此后黎阳便成为曹操北进的前线出发阵地。他这次收兵还朝,是因为后方受到刘表的袭扰,需要加以反击,以保证许都的安全。但是曹操在南征中得到袁谭、袁尚兄弟相争,冀州内乱的消息,随即又返回黎阳前线。"八月,公征刘表,军西平。公之去邺而南也,(袁)谭、(袁)尚争冀州,谭为尚所败,走保平原。尚攻之急,谭遣辛毗乞降请救。诸将皆疑,荀攸劝公许之。公乃引军还。冬十月,到黎阳。"⑥曹操对冀州发动的最后攻势是在建安九年(204),"春正月,济河,遏淇水入白沟以通粮道。二月,(袁)尚复攻(袁)谭,留苏由、审配守邺。公进军到洹水,由降。既至,攻邺,为土山、地道。"后来又引漳水灌

①《三国志》卷1《魏书·武帝纪》。
②《三国志》卷10《魏书·荀彧传》。
③《三国志》卷10《魏书·荀彧传》。
④《三国志》卷1《魏书·武帝纪》。
⑤《三国志》卷1《魏书·武帝纪》。
⑥《三国志》卷1《魏书·武帝纪》。

城,终于在八月将其攻破。"十二月,公入平原,略定诸县。十年春正月,攻谭,破之,斩谭,诛其妻子,冀州平。"①

曹操为什么在对抗袁绍的战争中长期把主力屯驻在官渡,而不是在黄河沿岸渡口进行阻击决战?这要从战前形势、双方的力量对比和官渡所处的地理位置来进行分析。首先,袁绍消灭公孙瓒后,"既并四州之地,众数十万"②,地广兵多而资源丰富,因此能够"简精卒十万,骑万匹,将攻许"③。但是他与公孙瓒及黑山军长期交战,未得充分休整,物资消耗亦很巨大,故而具有隐患。"师出历年,百姓疲敝,仓库无积,赋役方殷,此国之深忧也。"④曹操军队数量较少,但数年来屡战屡胜,士气正旺,其战斗力要高出一筹,如荀彧所言:"公法令既明,赏罚必行,士卒虽寡,皆争致死,此武胜也。"⑤曹兵的弱点在于物资供应相对匮乏。颍川郡是曹操的后方与粮饷供应基地,官渡之战双方相持时,曹操曾因乏粮而想撤回许都。"太祖保官渡,绍围之。太祖军粮方尽,书与(荀)彧,议欲还许以引绍。"⑥双方各自的优劣长短,正如沮授所论:"北兵数众而果劲不及南,南谷虚少而货财不及北。"⑦曹操如果在濒河的延津、白马等渡口坚决阻击,一来沿河上下津渡甚多,在兵力有限的情况下难以处处设防,容易造成力量分散而顾此失彼;二来沿河前线距离许都后方较远,军需补给运输困难。而官渡所在的中牟位

①《三国志》卷1《魏书·武帝纪》。
②《后汉书》卷74上《袁绍传》。
③《三国志》卷6《魏书·袁绍传》。
④《后汉书》卷74上《袁绍传》。
⑤《三国志》卷10《魏书·荀彧传》。
⑥《三国志》卷10《魏书·荀彧传》。
⑦《三国志》卷6《魏书·袁绍传》。

于今河南郑州与开封之间,"中牟县,在(开封)府城西七十里。西至郑州七十里。"[①]其南距许昌不过二百里,途中虽有敌军的袭扰,但因路途较近而便于护送[②],所以在后勤供应上较为有利。

就防御作战的自然条件而言,官渡地属平原,处于鸿沟水系的上游,北边共有数条东西流向的水道,对袁绍军队的南下构成了层层障碍。首先,该地濒临汴水。顾祖禹曰:"官渡城,在(中牟)县东北十二里。即中牟台也,亦曰曹公台。建安四年(笔者按:"四"应作"五")曹操、袁绍相持于官渡口。裴松之《北征记》:'中牟台下临汴水,是为官渡,袁绍、曹操垒尚存焉。'"[③]除了汴水之外,还有官渡水与黄河。《史记》卷29《河渠书·索隐》注"鸿沟"曰:"楚汉中分之界,文颖云即今官渡水也。盖为二渠:一南经阳武,为官渡水;一东经大梁城,即鸿沟,今之汴河是也。"《读史方舆纪要》卷47《河南二》曰:"官渡水,在县北中牟台下。鸿沟自荥阳下分二渠,一为官渡水是也……又北则为黄河。"[④]鸿沟诸水西通荥阳,东南流入淮泗[⑤],对曹操的后方颍川地区构成了北、东两边的天然防御工事。袁绍军队由河北直下南征许都,官渡正位于其中途。若是从两侧迂回,官渡以西是著名的圃田泽,又名原圃,周围陂塘密布,不利于步骑通行。《元和郡县图志》卷8曰:"圃田

---

① [清]顾祖禹:《读史方舆纪要》卷47《河南二·开封府》,第2162页。

② 参见《三国志》卷16《魏书·任峻传》:"羽林监颍川枣祗建置屯田,太祖以峻为典农中郎将,数年中所在积粟,仓廪皆满。官渡之战,太祖使峻典军器粮运。贼数寇钞绝粮道,乃使千乘为一部,十道方行,为复陈以营卫之,贼不敢近。"

③ [清]顾祖禹:《读史方舆纪要》卷47《河南二·开封府》,第2162页。

④ [清]顾祖禹:《读史方舆纪要》卷47《河南二·开封府》,第2163页。

⑤ 《史记》卷29《河渠书》:"荥阳下引河东南为鸿沟,以通宋、郑、陈、蔡、曹、卫,与济、汝、淮、泗会。"

泽,一名原圃,(中牟)县西北七里。其泽东西五十里,南北二十六里,西限长城,东极官渡。上承郑州管城县曹家陂,又溢而北流,为二十四陂,小鹄、大鹄、小斩、大斩、小灰、大灰之类是也。"①如在渡河后从东边迂回去进攻许昌,则要涉渡济水、汳水、睢水等数条河流,还要越过许昌东边之南北流向的蒗荡渠,这样不仅劳师费时,难以发挥骑兵优势,而且容易遭受曹操兖州驻军的侧翼袭击,而被截断其给养运输的道路。由此看来,官渡是颍川以北的重要屏障,属于袁绍南取许都的必经之地,曹操将主力部署于此,足见其具有高明的战略眼光,故能以少抗众,使强敌驻足不前。如荀彧所称赞:"公以十分居一之众,画地而守之,扼其喉而不得进。"②由于官渡的地理位置非常重要,既为大河南北的陆上交通枢纽,又有多条水道横流而利于防御,所以曹操在与袁绍父子交战的几年内坚持将主力驻守于此,挡住敌人的必经之路,取得了明显的成效。

综上所述,随着曹袁政治矛盾的激化与战事加剧,曹军主力较长时间内驻扎在官渡地区,以迎接与袁绍军队的反复战斗。从建安四年(199)曹操进军河内,移防官渡,到建安九年(204)他渡河攻克邺城,消灭袁氏集团而占领冀州,在此期间,曹操集团的军事重心区域,即部队主力长期屯驻作战的地带,是由许都北移官渡、黎阳,最终转移到河北的邺城,从而逐步与此前政治、经济重心所在的颍川郡发生了彻底的脱离。

在汉末群雄初起的角逐当中,曹操拥有的兵马、地盘与声望均处于下风,但是他在根据地的建立、兵力部署与主要作战方向

---

① [唐]李吉甫:《元和郡县图志》卷8《河南道四·郑州中牟县》,第206—207页。
② 《三国志》卷10《魏书·荀彧传》。

的确定方面屡次做出英明的抉择,以致能够发展壮大,先后夺取东郡和兖、豫两州,挟天子迁许,并以许都所在的颍川郡为政治、经济重心和军队休整的后方基地,向各地用兵取得成功。在与强敌袁绍的决战中扼守交通要冲官渡,伺机突袭反攻而克敌制胜,这是他智谋过人的缘故。陈寿曾对此评论道:

> 汉末,天下大乱,雄豪并起,而袁绍虎视四州,强盛莫敌。太祖运筹演谋,鞭挞宇内,擥申、商之法术,该韩、白之奇策,官方授材,各因其器,矫情任算,不念旧恶,终能总御皇机,克成洪业者,惟其明略最优也。①

需要强调的是,曹操身边的智囊团队阵容强大,曾在复杂纷乱的形势下为其运筹帷幄,频出奇谋,并帮助他做出战略决策。如谋士之首荀彧,曹操称之为:"吾之子房也。"②其次,"荀攸、贾诩,庶乎算无遗策,经达权变,其良、平之亚欤!"③此外还有,"程昱、郭嘉、董昭、刘晔、蒋济才策谋略,世之奇士,虽清治德业,殊于荀攸,而筹画所料,是其伦也。"④建安十二年(207)二月,曹操在平定北方诸州后大封功臣,下令曰:"吾起义兵诛暴乱,于今十九年,所征必克,岂吾功哉? 乃贤士大夫之力也。"⑤此番言语就是对谋士们功绩的充分肯定。曹操不仅自己具备文韬武略,而且知人善任,群策群力,这也是他能够成功地调整军事部署与用兵方向的重要原因。

---

①《三国志》卷1《魏书·武帝纪·评》。
②《三国志》卷10《魏书·荀彧传》。
③《三国志》卷10《魏书·荀彧荀攸贾诩传·评》。
④《三国志》卷14《魏书·程郭董刘蒋刘传·评》。
⑤《三国志》卷1《魏书·武帝纪》。

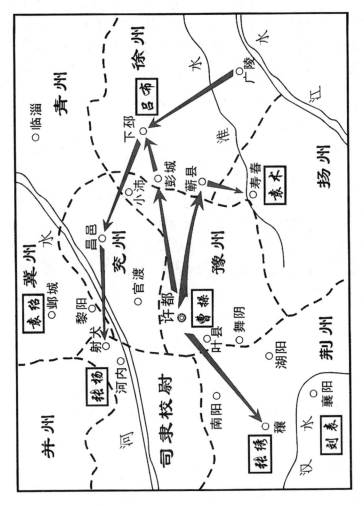

图六 曹操以许都为中心对外作战形势图

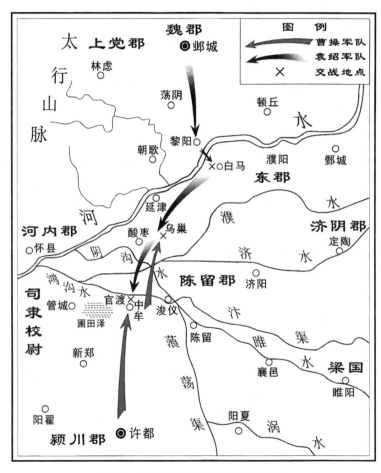

图七　袁曹官渡之战示意图(200年)

# 第三章　从邺城到许、洛

## ——曹魏军事重心区域的转移

所谓"军事重心",指的是某个政权主要兵力经常驻扎的区域。在中国封建时代,无论是统一的秦汉、隋唐和元明清帝国,还是处于割据对峙状态下的魏晋南北朝与宋辽夏金,国家对于重兵的部署通常有两种模式。第一种是驻扎在政治中心,即国都附近,如西汉守长安之南北军,东汉在洛阳之北军五校,隋唐在关中的府兵,北宋开封的禁军,明朝北京的"三大营"等;都城通常是国内军队集中部署、数量相对较多的地区,但是驻军有时也要外出执行任务,它们遵照"居重驭轻"、"强干弱枝"的宗旨,平时拱卫京师,保护皇室、百官和畿辅百姓的安全,战时则开赴疆场厮杀,结束后再返回原来的驻地。第二种模式是部队主力常驻在边界附近,准备防御强寇入侵或开进敌境,军队驻地与都城有相当距离。例如秦始皇时,"扶苏与将军蒙恬将师数十万以屯边,十有余年矣。"[①]二世即位后赐死扶苏、蒙恬,这支大军由王离指挥,仍然驻守北边上郡[②]。首都咸阳兵力不多,以致周文率义师入关后,"秦

---

① 《史记》卷 87《李斯列传》。
② 参见朱绍侯:《关于秦末三十万戍守北边国防军的下落问题》,《史学月刊》1958 年第 4 期;张传玺:《关于"章邯军"与"王离军"的关系问题》,《史学月刊》1958 年第 11 期;施丁:《谈谈"章邯军"与"王离军"》,《史学月刊》2001 年第 3 期。

令少府章邯免郦山徒、人奴产子生,悉发以击楚大军。"①蜀汉诸葛亮主政时励志北伐,"率诸军北驻汉中"②,先后历时七年。南宋亦在江淮、荆湖和四川等地长期屯驻重兵,以抵御金朝和蒙古的南侵。曹魏因统一北方而疆域辽阔,在三国鼎立的局面下处于优势地位。如诸葛恪所言:"今贼皆得秦、赵、韩、魏、燕、齐九州之地,地悉戎马之乡,士林之薮。今以魏比古之秦,土地数倍。以吴与蜀比古六国,不能半之。"③纵观其发展历史,从曹操消灭袁氏、占领冀州继而初建魏国,到曹丕定都洛阳,直至曹奂禅代于司马氏;在长达六十余年的时间内,其军队精锐、主力驻守的重心区域经历过多次转移。笔者试对其演变情况与背景原因进行考察分析,详述如下。

## 一、曹操在邺城与冀州的军政建设

曹操在建安元年(196)二月占领颍川、汝南,随即在许下屯田,成功地解决了给养问题;又迫胁汉献帝迁都于许县,使颍川郡成为"丁壮荷戈,老弱负粮"④的王业所基之地。建安九年(204)八月,曹操攻陷袁氏巢穴邺城,次年正月剿灭袁谭,平定冀州,随即将其建设为自己新的根据地,在那里营建城池,兴修水利,建立行政决策机构"霸府",迁徙百官和将士家属,安置移民,显著提升了

①《史记》卷48《陈涉世家》。
②《三国志》卷35《蜀书·诸葛亮传》。
③《三国志》卷64《吴书·诸葛恪传》。
④《三国志》卷2《魏书·文帝纪》。

邺城与魏郡的政治、经济地位，使之取代许都，成为实际上的京畿。从曹操占领河北至其去世的十余年内，他以邺城为后方基地，领兵征伐四方，战役结束后便率军队主力回到那里休整，邺城及冀州由此成为其军事重心区域，对曹操平定北方以及与吴蜀的作战发挥了重要作用。曹操在世时对邺城与冀州进行了全面的经营建设，其中包括在军事、政治方面的各种强化措施。下文予以详述：

**(一)营建城池**

建安九年(204)二月，曹操围困邺城，使用了土山、地道、长堑及引漳水灌城等多种进攻手段，至八月才得以攻陷，时间长达半年之久，此番战役使邺城的墙垒遭到了严重的破坏。曹操占领冀州后，确定以邺城作军政中心，“为王业之本基”①，随即开始在当地实施了大规模的工程建设，先后营造了城池、宫室、官署和仓府。据左思《魏都赋》所云，邺城的构筑规划效法先贤，借鉴了周代与西汉的相关制度与理论。所谓：“古公草创，而高门有闶；宣王中兴，而筑室百堵。兼圣哲之轨，并文质之状。商丰约而折中，准当年而为量。思重爻，摹大壮。览荀卿，采萧相。偫拱木于林衡，授全模于梓匠。”②值得注意的是，曹操在征战之余，还亲自参与了邺城的设计规划。《魏书》称其：“及造作宫室，缮治器械，无不为之法则，皆尽其意。”③顾炎武曰：“自曹操基搆，群臣梁习等，

①[北魏]郦道元注，[民国]杨守敬、熊会贞疏：《水经注疏》卷10《浊漳水》，第941页。
②[梁]萧统编，[唐]李善注：《文选》卷6《魏都赋》，中华书局，1981年，第98页。
③《三国志》卷1《魏书·武帝纪》注引《魏书》。

用冀州民力,取上党山林之材,制度壮丽见于文昌、听证等殿,金虎、铜雀之台,鸣鹤、楸梓之宫。"①在邺城的营建当中,有许多工程设施具有军事意义,对巩固防务、保障安全起到重要作用,计有以下各项。

1. **修筑城郭壕隍**。首先是维修和扩建被战争毁坏的外郭和护城壕,即左思所言:"修其郛郭,缮其城隍。"②《水经注》卷9《洹水》曰:"洹水又东,枝津出焉,东北流,径邺城南,谓之新河。又东,分为二水,北水北径东明观下。"③江达煌考证后云:"洹水枝津是曹操人工开凿,谓之'新河',包括其环绕、流经东明观、建春门、玄武苑的一水,显然即构成邺城南、东、北三面之城壕。西面因有漳水为堑,自无须另凿。"④然后是对邺城的城墙和门楼进行增筑,并在城墙表面砌砖以增加其牢固性。"于是崇墉浚洫,婴堞带涘。四门辚辚,隆厦重起。"李善注:"墉,城也。浚,深也。洫,城沟也。张衡西京赋曰:经城洫。堞,城上女墙也。"⑤据《水经注》卷10《浊漳水》所云:"其城东西七里,南北五里,饰表以砖。百步一楼。"⑥20世纪80年代以来,考古工作者对邺城遗址做了较为全面的勘探、试掘和重点发掘,基本上探明了它的布局形制:"城址为长方形,东西长2400米,南北长1700米,城墙宽15—18米。"⑦邺城共

①[清]顾炎武撰,于杰点校:《历代宅京记》,中华书局,1984年,第181页。

②[梁]萧统编,[唐]李善注:《文选》卷6《魏都赋》,第98页。

③[北魏]郦道元注,[民国]杨守敬、熊会贞疏:《水经注疏》卷10《浊漳水》,第896页。

④江达煌:《邺城六代建都述略——附论曹操都邺原因》,《文物春秋》1992年第S1期。

⑤[梁]萧统编,[唐]李善注:《文选》卷6《魏都赋》,第101页。

⑥[北魏]郦道元注,[民国]杨守敬、熊会贞疏:《水经注疏》卷10《浊漳水》,第941页。

⑦刘庆柱:《从曹魏都城建设与北方运河开凿看曹操的历史功绩》,《安徽史学》2011年第2期。

有七门："南曰凤阳门，中曰中阳门，次曰广阳门，东曰建春门，北曰广德门，次曰厩门，西曰金明门，一曰白门。凤阳门三台洞开，高三十五丈。"①据《邺中记》云："未到邺城七八里，遥望此门。"②顾炎武考证指出，上述七座城门皆为曹魏所建③。汉末战乱以来，中原名城皆受兵灾涂炭。"翼翼京室，眈眈帝宇，巢焚原燎，变为煨烬，故荆棘旅庭也。……伊洛榛旷，崤函荒芜，临菑牢落，鄢郢丘墟。"④但是邺城经过曹操的兴建，其规模之宏巨，民众之繁盛，和其他都市相比如同鹤立鸡群。如左思所云："而是有魏开国之日，缔构之初，万邑譬焉，亦独巀嶭之与子都，培堘之与方壶也。"⑤

另外，曹操还在邺城之南北别筑两座小城，名为"讲武城"，并屯兵驻守，演习战术，与大城互为犄角，以利支援。顾祖禹曰："讲武城，在故邺城北漳水上，磁州南二十里亦有讲武城，皆曹操所筑也。"⑥

2. 建造三台。在邺城西郊，曹操建立了几座相邻的高台，其中多有屋室，贮藏有煤炭、粮粟和食盐，并架起阁道以便相互往来。《三国志》卷1《魏书·武帝纪》建安十五年(210)："冬，作铜爵台。"另名铜雀台。建安十八年(213)，"九月，作金虎台。"同年又作冰井台⑦，并称为"三台"。《魏都赋》云："飞陛方辇而径西，三台

---

①[北魏]郦道元注，[民国]杨守敬、熊会贞疏：《水经注疏》卷10《浊漳水》，第940页。

②[宋]李昉等：《太平御览》卷183《居处部·门(下)》，第890页。

③参见[清]顾炎武撰，于杰点校：《历代宅京记》，第174页。

④[梁]萧统编，[唐]李善注：《文选》卷6《魏都赋》，第97页。

⑤[梁]萧统编，[唐]李善注：《文选》卷6《魏都赋》，第97页。

⑥[清]顾祖禹：《读史方舆纪要》卷49《河南四·彰德府》临漳县条，第2324页。

⑦杨守敬考证云："冰井台亦作于建安十八年，见《邺中记》。"[北魏]郦道元注，[民国]杨守敬、熊会贞疏：《水经注疏》卷10《浊漳水》，第937页。

列峙以峥嵘。"李善注曰："铜爵园西有三台,中央有铜爵台,南则金虎台,北则冰井台,(铜爵台)有屋一百一间,金虎台有屋一百九间,冰井台有屋百四十五间,上有冰室。三台与法殿皆阁道相通,直行为径,周行为营。建安十五年作铜雀台。"①《水经注》卷10《浊漳水》曰："(邺)城之西北有三台,皆因城为之基,巍然崇举,其高若山,建安中魏武所起,平坦略尽。《春秋古地》云:葵邱,地名,今邺西三台是也。谓台已平,或更有见,意所未详。中曰铜雀台,高十丈,有屋百余间。台成,命诸子登之,并使为赋。陈思王下笔成章,美捷当时。"又云:"南则金凤台,高八丈,有屋一百九间。北曰冰井台,亦高八丈,有屋一百四十间,上有冰室,室有数井,井深十五丈,藏冰及石墨焉。石墨可书,又然之难尽,亦谓之石炭。又有粟窖及盐窖,以备不虞。今窖上犹有石铭存焉。"②

　　"三台"的建筑目的主要是为了游览享乐,但由于高峻险固,可供军队长期坚守,因而成为邺城的地利之一。十六国战乱期间,谋士张宾劝石勒北上曰:"邺有三台之固,西接平阳,四塞山河,有喉衿之势,宜北徙据之。伐叛怀服,河朔既定,莫有处将军之右者。"③后来石勒进军邺城,"攻北中郎将刘演于三台。演部将临深、牟穆等率众数万降于勒。"④石勒与部下商议,诸将都想尽快攻下三台。张宾却反对说:"刘演众犹数千,三台险固,攻守未可卒下,舍之则能自溃。"⑤石勒接受了他的建议,退据襄国,平定冀

①［梁］萧统编,［唐］李善注:《文选》卷6《魏都赋》,第100页。
②［北魏］郦道元注,［民国］杨守敬、熊会贞疏:《水经注疏》卷10《浊漳水》,第937—940页。
③《晋书》卷104《石勒载记·上》。
④《晋书》卷104《石勒载记·上》。
⑤《晋书》卷104《石勒载记·上》。

州各地壁垒,然后遣"石季龙攻邺三台,邺溃,刘演奔于廪丘,将军谢胥、田青、郎牧等率三台流人降于勒"①。杨洪权指出:"攻邺之战让曹操悟出了守邺奥秘,城东、城南地势开阔,城墙就是最好的防御工事,关键在城西、城北,这里正对着冀州平原通往山西高原的一个重要关口——滏口,此地向为兵家必争之地,对邺城有生死存亡关系。"②认为这是就曹操在邺城西北修筑军事制高点"三台"的原因。黄永年则引《武经总要》卷12所言弩台对城市防御的主要影响,并据此总结道:"案在使用冷兵器的时代,战术上不会有多大变化,因此很可以从上面所说的弩台等来推测三台的守御作用,当然此三台之高大雄伟绝非彼弩台之可比拟。此外,三台之多窖藏,包括窖藏粟、盐、冰、石炭及财宝,三台之间又可互相交通,也都更有利于较长期的固守。"③他还强调我国到宋代才普遍用砖砌城墙,其前多为土筑,"而'三台皆砖甃',其坚固程度也自非其时土筑城墙之所能及了。"④

3. 开凿玄武池。曹操在邺城之外建造了玄武苑,其中筑有池沼。左思《魏都赋》曰:"苑以玄武,陪以幽林。缭垣开囿,观宇相临。硕果灌丛,围木竦寻。篁篠怀风,蒲陶结阴。回渊潀濑,积水深。蒹葭赞,蕈蒻森。"李善注云:"玄武苑在邺城西,苑中有鱼梁、钓台、竹园、蒲陶诸果。"⑤需要指出的是,苑内的玄武池面积旷阔深邃,是曹操训练水军、筹备南征的场所。建安十三年(208)初,

①《晋书》卷104《石勒载记·上》。
②杨洪权:《邺城在魏晋南北朝军事上的地位》,《烟台师范学院学报》1991年第2期。
③黄永年:《邺城和三台》,《中国历史地理论丛》1995年第2期。
④黄永年:《邺城和三台》,《中国历史地理论丛》1995年第2期。
⑤[梁]萧统编,[唐]李善注:《文选》卷6《魏都赋》,第101页。

曹操北征乌桓而归。"春正月,公还邺,作玄武池以肄舟师。"①《水
经注》卷9《洹水》曰:"其水际其西,径魏武玄武故苑。苑旧有玄武
池,以肄舟楫。有鱼梁钓台,竹木灌丛,今池林绝灭,略无遗迹
矣。"②玄武池水是由曹操开凿的洹水枝津——新河引注而来,熊
会贞考证云:"其水即指新河,与淇水无涉。盖淇水自洹水南来,
合洹水,在内黄,此水自洹水北流入漳,在邺县,如风马牛不相及,
不得臆改,惟际其当作际城。玄武苑在邺城西,此谓际城而西径
苑也。"③顾炎武《历代宅京记》卷12注邺城玄武苑亦曰:"苑在邺
城西,魏武所筑,引新河水入焉。"④

### (二)移置霸府

　　曹操平定冀州后,随即将其统治机构"霸府"由许都迁移到邺
城,作为自己的军政指挥中心。"霸府"亦名"霸朝",学术界通常
认为它是"指魏晋南北朝时期控制朝廷、作称帝准备的权臣的府
署"⑤。在这种制度下,傀儡皇帝虽然得以保留,但是他对国家的
统治权力则被霸府所取代。霸府是国家最高权力的真正中心,拥
有庞大的行政机构和众多官员。陈长琦曾对此论道:"在史籍中,
人称这种形式权力中心与实际权力中心的分离,架空皇帝,以武
装力量控制政治,统摄政府,具有国家决策中心、行政中心职能的
大将军府、大司马府、太尉府、骠骑将军府等各种非正式国家最高

---

① 《三国志》卷1《魏书·武帝纪》。
② [北魏]郦道元注,[民国]杨守敬、熊会贞疏:《水经注疏》卷9《洹水》,第897页。
③ [北魏]郦道元注,[民国]杨守敬、熊会贞疏:《水经注疏》卷9《洹水》,第897页。
④ [清]顾炎武撰,于杰点校:《历代宅京记》卷12《邺下》,第179页。
⑤ 郑天挺等主编:《中国历史大辞典》,第3280页。

权力机关为'霸府'。把它视为一种非正常现象。"①"霸府（朝）"这
种特殊的政治组织形态，是曹操在汉末创立的。东晋袁宏在《三
国名臣赞》中称荀彧，"论时则人方涂炭，计能则莫出魏武，故委图
霸朝，豫谋世事。"又云崔琰，"所以策名魏武、执笏霸朝者，盖以汉
主当阳，魏后北面者哉！"②曹操自建安元年（196）挟献帝迁居许都
后独擅朝政，"自为司空，行车骑将军事，百官总己以听。"③他的官
署"司空府"即变为处治各种军政要务的决策机构，从此时直到延
康元年（220）汉献帝禅位于曹丕，东汉政权形同虚设，实际权力始
终控制在曹操的霸府当中。建安九年（204）八月曹操攻破邺城，
至九月，"天子以（曹）公领冀州牧，公让还兖州。"④此后他再也没
有回到许都，除了外出征伐，基本是在邺城留驻，其官署"司空府"
也随之迁移到邺城来处理军国事务。另外，他还接受了郭嘉的建
议，征辟冀州人士为臣僚吏属。"河北既平，太祖多辟召青、冀、
幽、并知名之士，渐臣事之，以为省事掾属。皆嘉之谋也。"⑤建安
十三年（208）初，曹操征服乌丸，平定北方后回到邺城，逼迫汉献
帝废除三公官职，重新设置丞相和御史大夫。"夏六月，以（曹）公
为丞相。"⑥原来的司空府即改为丞相府，其部门与官吏再次扩充，
开始行使中央朝廷机构的职能。安作璋、熊铁基曾对此论述道：
"东汉末曹操为丞相，府掾又复增多，然其性质与前比已大不相

---

①陈长琦：《两晋南朝政治史稿》，河南大学出版社，1992年，第58页。

②《晋书》卷92《袁宏传》。

③《后汉书》卷9《孝献帝纪》建安元年十一月丙戌。

④《三国志》卷1《魏书·武帝纪》。

⑤《三国志》卷14《魏书·郭嘉传》注引《傅子》。

⑥《三国志》卷1《魏书·武帝纪》。

同,所谓丞相府,实则是一个小朝廷。"①他又在建安十八年(213)和二十一年(216)先后进爵为魏公和魏王,"以丞相领冀州牧如故"②,其霸府的统治权力得以进一步强化。

为了安置庞杂的官僚办公机构,曹操在邺城内兴建了规模巨大的宫室和许多衙署。考古发掘表明,"金明门和建春门之间的东西大道,将城分为南北两区,以北区为主体,北区大于南区,北区中央为宫殿区,西边是苑囿,东边是戚里。南区为一般衙署和居民区。"③《魏都赋》称其宫内:"禁台省中,连闼对廊。直事所縿,典刑所藏。蔼蔼列侍,金蜩齐光。诘朝陪幄,纳言有章。亚以柱后,执法内侍。符节谒者,典玺储吏。膳夫有官,药剂有司。"李善注:"升贤门内听政闼,向外东入有纳言闼、尚书台。宣明门内升贤门,升贤门外东入有内医署。显阳门内、宣明门外,东入,最南有谒者台阁,次中央符节台阁,最北御史台阁,三台并别西向。符节台东有丞相诸曹。"④至于宫外的衙署布局,《魏都赋》曰:"设官分职,营处署居。夹之以府寺,班之以里间。其府寺则位副三事,官踰六卿。奉常之号,大理之名。厦屋一揆,华屏齐荣。"李善注:"当司马门南出,道西最北东向相国府,第二南行御史大夫府,第三少府卿寺。道东最北奉常寺,次南大农寺。出东掖门正东,道南西头太仆卿寺,次中尉寺。出东掖门,宫东北行北城下,东入大理寺。宫内大社西郎中令府。城南有五营。"李善又述其职官演

---

①安作璋、熊铁基:《秦汉官制史稿》,齐鲁书社,1984年,第39页。
②《三国志》卷1《魏书·武帝纪》建安二十一年五月注引《献帝传》载诏曰。
③中国社会科学院考古研究所、河北省文物研究所邺城考古工作队:《河北临漳邺北城遗址勘探发掘简报》,《考古》1990年第7期。
④〔梁〕萧统编,〔唐〕李善注:《文选》卷6《魏都赋》,第99页。

变情况云:"魏武帝为魏王时,太常号奉常,廷尉号大理。建安十八年,始置侍中、尚书、御史、符节、谒者、郎中令、太仆、大理、大农、少府、中尉。二十一年,大理钟繇为相国,始置太常、宗正。二十二年,以军师华歆为御史大夫。初置卫尉。时武帝为魏王,置相国、御史大夫,故云位副三事。置卿近九,故曰官踰六卿。"①关于曹操在邺城霸府的百官详细设置情况,史学界近年多有研究,可参见相关论著②,恕难赘述。另外,由于行政中枢机构设在邺城,曹操领兵外出时,通常要命令世子曹丕留守当地,以保证对霸府的掌控,及时与妥善地处理军政要务,使国家机器得以正常运转。例如,"太祖征并州,留(崔)琰傅文帝于邺。"③建安二十二年(217),曹丕立为太子。"太子郭夫人弟为曲周县吏,断盗官布,法应弃市。太祖时在谯,太子留邺,数手书为之请罪。"④直到曹操在洛阳临终之前,曹丕仍在邺城镇守后方。

### (三)迁徙居民

建安九年(204)二月曹操围攻邺城,时间长达半年之久,造成当地民众大量死亡。"作围堑,决漳水灌城。城中饿死者过半。"⑤他在占领冀州之后,开始向邺城与魏郡附近大量迁移居民,以充实那里的人口。其移民成分相当复杂,徙居的目的也有许多差

①[梁]萧统编,[唐]李善注:《文选》卷6《魏都赋》,第102页。
②参见郭济桥:《曹魏邺城中央官署布局初释》,《殷都学刊》2002年第2期;柳春新:《曹操霸府述论》,《史学月刊》2002年第8期;陶贤都:《曹操霸府与曹丕代汉》,《唐都学刊》2005年第6期;张军:《曹操霸府的制度渊源与军事参谋机构考论——兼论汉末公府的"幕府化"过程》,《石家庄学院学报》2006年第5期。
③《三国志》卷12《魏书·崔琰传》。
④《三国志》卷12《魏书·鲍勋传》。
⑤《三国志》卷1《魏书·武帝纪》。

别。大致可以分为以下几类：

1. **部下将领、官员的家属。**曹操为了控制部下的将官、防止他们叛变，将其家眷作为人质扣押在邺城。例如田畴归顺后，"尽将其家属及宗人三百余家居邺。"①再如孙观，"与太祖会南皮，遣子弟入居邺，拜观偏将军，迁青州刺史。"②需要指出的是，此时曹操部下将领送交人质，还只是不成文的惯例，表面上并非强制索取。如李典，"宗族部曲三千余家，居乘氏，自请愿徙诣魏郡。太祖笑曰：'卿欲慕耿纯邪？'典谢曰：'典驽怯功微，而爵宠过厚，诚宜举宗陈力；加以征伐未息，宜实郊遂之内，以制四方，非慕纯也。'遂徙部曲宗族万三千余口居邺。太祖嘉之，迁破虏将军。"③再如阎行，"至（建安）十四年，为（韩）约所使诣太祖，太祖厚遇之，表拜犍为太守。行因请令其父入宿卫。"④另，《三国志》卷18《魏书·臧霸传》曰："时太祖方与袁绍相拒，而霸数以精兵入青州，故太祖得专事绍，不以东方为念。太祖破袁谭于南皮，霸等会贺。霸因求遣子弟及诸将父兄家属诣邺。"曹操说了几句假惺惺的客气话："诸君忠孝，岂复在是！昔萧何遣子弟入侍，而高祖不拒，耿纯焚室舆榇以从，而光武不逆，吾将何以易之哉！"最终还是顺水推舟地接受了。需要强调的是，迁徙家属到邺城的做法，不仅是对那些后来投效曹操的将领，就连跟随他起兵的宗族亲信如曹洪等也是如此。《太平寰宇记》卷55记安阳县有邺宫，又有曹洪宅，

---

①《三国志》卷11《魏书·田畴传》。

②《三国志》卷18《魏书·臧霸传》注引《魏书》。

③《三国志》卷18《魏书·李典传》。

④《三国志》卷15《魏书·张既传》注引《魏略》。

并引《隋图经》云:"曹洪宅南有景穆寺,西有石窦桥。"①《魏略列传》曰:"会太祖出征在谯,闻邺下颇不奉科禁,乃发教选邺令,当得严能如杨沛比,故沛从徒中起为邺令。已拜,太祖见之,问曰:'以何治邺?'沛曰:'竭尽心力,奉宣科法。'太祖曰:'善。'顾谓坐席曰:'诸君,此可畏也。'赐其生口十人,绢百匹,既欲以励之,且以报干椹也。沛辞去,未到邺,而军中豪右曹洪、刘勋等畏沛名,遣家骑驰告子弟,使各自检敕。"②

曹魏王朝建立后制订了具体的法律规定,即有寇患的边郡属于"剧"类,赋役较轻但其长官必须向朝廷提供质子,仍是拘在邺城。例如王观在文帝时任涿郡太守,"涿北接鲜卑,数有寇盗。"后来,"明帝即位,下诏书使郡县条为剧、中、平者。主者欲言郡为中平,观教曰:'此郡滨近外虏,数有寇害,云何不为剧邪?'主者曰:'若郡为外剧,恐于明府有任子。'观曰:'夫君者,所以为民也。今郡在外剧,则于役条当有降差。岂可为太守之私而负一郡之民乎?'遂言为外剧郡,后送任子诣邺。时观但有一子而又幼弱。其公心如此。"③

2. 士兵的家属。曹操部下的士兵及其家属称作"士家",世代为兵,其军队主力的家庭有许多被强迫迁居到邺城附近,如果前线士兵厌战叛逃,即将其留在后方的家属处死。《三国志》卷24《魏书·高柔传》曰:"鼓吹宋金等在合肥亡逃。旧法,军征士亡,

①[宋]乐史撰,王文楚等点校:《太平寰宇记》卷55《河北道四·相州》,中华书局,2007年,第1137页。
②《三国志》卷15《魏书·贾逵传》注引《魏略列传》。
③《三国志》卷24《魏书·王观传》。

考竟其妻子。太祖患犹不息,更重其刑。金有母妻及二弟皆给官,主者奏尽杀之。"随着曹操占据中原、统一北方,其军事力量日益壮大,居住在河北地区的士兵家庭至少在十万户以上[①],若按每家五口来统计,其总数可达五十万人左右。

3. **地方军阀的家属。**建安二年(197),曹操出征南阳,张绣投降后又起兵反叛,使曹操吃了大亏。"军败,为流矢所中,长子昂、弟子安民遇害。"[②]他战后对部下总结说:"吾降张绣等,失不便取其质,以至于此。吾知所以败。诸卿观之,自今已后不复败矣。"[③]此后,割据各地的大小军阀若是表示归顺,曹操要求他们必须提供人质到邺城。例如张燕,"袁绍与公孙瓒争冀州,燕遣将杜长等助瓒,与绍战,为绍所败,人众稍散。太祖将定冀州,燕遣使求佐王师,拜平北将军,率众诣邺,封安国亭侯,邑五百户。"[④]此外,对态度犹豫暧昧的地方势力,曹操也向他们强征质子,以此政治手段来加强对他们的控制。例如,《魏略》记载韩约(即韩遂)占领关中,曹操遣阎行传达其教令:"卿始起兵时,自有所逼,我所具明也。当早来,共匡辅国朝。"阎行对其云:"行亦为将军兴军以来三十余年,民兵疲瘁,所处又狭,宜早自附。是以前在邺,自启当令老父诣京师,诚谓将军亦宜遣一子,以示丹赤。"韩约表示赞同,"后遂遣其子,与(阎)行父母俱东。"[⑤]再如关中军阀马腾,被曹操

---

① 《三国志》卷25《魏书·辛毗传》载文帝即位后迁都洛阳:"欲徙冀州士家十万户实河南。"
② 《三国志》卷1《魏书·武帝纪》。
③ 《三国志》卷1《魏书·武帝纪》。
④ 《三国志》卷8《魏书·张燕传》。
⑤ 《三国志》卷15《魏书·张既传》注引《魏略》。

征调入朝担任卫尉,"封槐里侯。腾乃应召,而留子超领其部曲。"①曹操则将其兄弟亲属徙居邺城并监视起来。"又拜超弟休奉车都尉,休弟铁骑都尉,徙其家属皆诣邺,惟超独留。"②后来马超造反,居邺亲属皆被杀害③。建安七年(202)曹操居许都时,曾向孙权索取任子,"权召群臣会议,张昭、秦松等犹豫不能决。"④周瑜坚决反对说:"质一人,不得不与曹氏相首尾。与相首尾,则命召不得不往,便见制于人也。"⑤曹操平定北方后,又令孙权送人质到邺城。"鲁肃实欲劝权拒曹公,乃激说权曰:'彼曹公者,实严敌也,新并袁绍,兵马甚精,乘战胜之威,伐丧乱之国,克可必也。不如遣兵助之,且送将军家诣邺;不然,将危。'"⑥孙权闻言大怒,遂与鲁肃定联刘抗曹之策。

4. **匈奴首领及部众**。东汉时,南匈奴迁居塞内,汉末战乱中亦起兵形成割据之势力。《三国志》卷15《魏书·梁习传》曰:"时承高幹荒乱之余,胡狄在界,张雄跋扈,吏民亡叛,入其部落,兵家拥众,作为寇害,更相扇动,往往棋峙。"曹操占领冀州后,任命梁习为并州刺史,他到任后征发境内匈奴为属吏或兵丁,并将其家属遣送到邺城附近,稳定了当地的局势。"吏兵已去之后,稍移其家,前后送邺,凡数万口;其不从命者,兴兵致讨,斩首千数,降附

---

① 《后汉书》卷72《董卓传》。
② 《三国志》卷36《蜀书·马超传》注引《典略》。
③ 《三国志》卷36《蜀书·马超传》载其临终上疏曰:"臣门宗二百余口,为孟德所诛略尽,惟有从弟岱,当为微宗血食之继,深托陛下,余无复言。"
④ 《三国志》卷54《吴书·周瑜传》注引《江表传》。
⑤ 《三国志》卷54《吴书·周瑜传》注引《江表传》。
⑥ 《三国志》卷54《吴书·鲁肃传》注引《魏书》及《九州春秋》。

者万计。"①后来,曹操又将其首领呼厨泉扣留在邺城,让右贤王去卑回境统领部众。《后汉书》卷89《南匈奴传》曰:"(建安)二十一年,单于来朝,曹操因留于邺,而遣去卑归监其国焉。"李贤注曰:"留呼厨泉于邺,而遣去卑归平阳,监其五部国。"

5. **新征服地区的民众**。三国时期中原丧乱,人口和劳动力大量减少,致使社会经济非常衰败。边境地区靠近敌对势力,难以掌控,居民也是敌国劫掠的对象。如孙策攻克皖城,"得术百工及鼓吹部曲三万余人,并(袁)术、(刘)勋妻子。表用汝南李术为庐江太守,给兵三千人以守皖,皆徙所得人东诣吴。"②诸葛亮首次北伐时,"拔西县千余家,还于汉中。"③曹操也担心边郡局势不稳,故将其部分居民内迁徙居邺城附近。如窦辅避难于零陵,"后举桂阳孝廉。至建安中,荆州牧刘表闻而辟焉,以为从事,使还窦姓,以事列上。会表卒,曹操定荆州,辅与宗人徙居于邺,辟丞相府。"④建安二十年(215)曹操平定汉中后,又组织当地百姓移民中原。"绥怀开导,百姓自乐出徙洛、邺者,八万余口。"⑤《魏略》载京兆人扈累,"建安十六年,三辅乱,又随正方南入汉中。汉中坏,正方入蜀,累与相失,随徙民诣邺。"⑥这样一举两得,既充实了魏郡的人口,有助于当地经济的恢复发展,还减少了边境居民叛逃或被敌军劫掠的损失。

---

①《三国志》卷15《魏书·梁习传》。
②《三国志》卷46《吴书·孙策传》注引《江表传》。
③《三国志》卷35《蜀书·诸葛亮传》。
④《后汉书》卷69《窦武传》。
⑤《三国志》卷23《魏书·杜袭传》。
⑥《三国志》卷11《魏书·管宁附胡昭传》注引《魏略》。

### (四)修通沟渠

曹操占领邺城前后,为了解决军事与民生的需要,在河北地区大兴水利,开凿渠道,其工程可以分为三类:

1. **城市供水**。邺城之内有曹氏宗族戚眷、百官及家属与大量吏卒、仆役和居民,满足他们所需用水是当务之急。曹操修建“长明沟”,将北边漳水自城西引入,横贯邺城宫室宫苑,然后东出注入洹水。《水经注》卷10《浊漳水》曰:“魏武又以郡国之旧,引漳流自城西东入,径铜雀台下,伏流入城东注,谓之长明沟也。渠水又南,径止车门下。魏武封于邺,为北宫,宫有文昌殿。沟水南北夹道,枝流引灌,所在通溉,东出石窦下,注之洹水。故魏武《登台赋》曰:引长明,灌街里,谓此渠也。”杨守敬按:“《魏都赋》张《注》,魏武时,堰漳水,在邺西十里,名曰漳渠堰,东入邺城。又《方舆纪要》引《魏略》云,曹公作金虎台于其下,凿渠,引漳水入白沟以通漕。言金虎台,与此称径铜雀台下异。然金虎即在铜雀之南,故水之所径,二台无妨互举。其白沟则长明沟之异名也。”[1]李善注《魏都赋》曰:“邺城内诸街,有赤阙黑阙正当东西南北城门,最是其通街也。石窦桥在宫东,其水流入南北里。……魏武帝时堰漳水,在邺西十里,名曰漳渠堰。东入邺城,经官(笔者按:“官”应作“宫”)中东出,南北二沟夹道,东行出城,所经石窦者也。”[2]

---

①[北魏]郦道元注,[民国]杨守敬、熊会贞疏:《水经注疏》卷10《浊漳水》,第935—936页。

②[梁]萧统编,[唐]李善注:《文选》卷6《魏都赋》,第102页。

2. **农田灌溉**。太行山东麓诸水冲刷山体而携带有盐碱,在流入河北平原纷纷沉积,以致地多泽卤而贫瘠,《尚书·禹贡》因此称冀州为"白壤"。战国时期当地陆续修建灌渠,浇水释化盐碱以改造土壤。例如,"昔魏文侯以西门豹为邺令也,引漳以溉邺,民赖其用。其后至魏襄王,以史起为邺令,又堰漳水以灌邺田,咸成沃壤,百姓歌之。"①曹操平邺之后修复旧渠,并筑造堤堰蓄水分流。"魏武王又堨漳水,回流东注,号天井堰。二十里中,作十二墱,墱相去三百步,令互相灌注,一源分为十二流,皆悬水门。陆氏《邺中记》云:水所溉之处,名曰匽陂泽。"②左思《魏都赋》盛赞其功效曰:"西门溉其前,史起灌其后。墱流十二,同源异口。畜为屯云,泄为行雨。水澍粳稌,陆莳稷黍。黝黝桑柘,油油麻纻。均田画畴,蕃庐错列。姜芋充茂,桃李荫翳。家安其所,而服美自悦。邑屋相望,而隔踰奕世。"李善注:"郑司农曰:'芒种,稻麦也。'今邺下有十二墱,天井优,在城西南,分为十二墱。"又云:"水陆,谓高下之田也。二渠之利,下则澍生粳稌,高则植立稷黍也。"③

3. **开凿运河**。先秦至东汉中叶,河北平原的水利修建基本上用于农田灌溉,如前述西门豹、史起引漳水浇注邺境;光武帝任张堪为渔阳太守,"乃于狐奴开稻田八千余顷,劝民耕种,以致殷富。"④曹操与袁氏集团作战时,其粮饷主要来自其创办屯田的根

---

①[北魏]郦道元注,[民国]杨守敬、熊会贞疏:《水经注疏》卷10《浊漳水》,第933页。
②[北魏]郦道元注,[民国]杨守敬、熊会贞疏:《水经注疏》卷10《浊漳水》,第933—934页。
③[梁]萧统编,[唐]李善注:《文选》卷6《魏都赋》,第101—102页。
④《后汉书》卷31《张堪传》。

据地——以许都为中心的颍川郡①。建安九年（204）曹操率领大军渡过黄河向邺城发动总攻，为了减轻后方运输给养的沉重压力，他下令挖掘白沟运河以通漕运。"正月，济河，遏淇水入白沟以通粮道。二月，（袁）尚复攻（袁）谭，留苏由、审配守邺。公进军到洹水，由降。既至，攻邺，为土山、地道。"②学术界考证认为，白沟故道南自今河南省新乡市的枋头，向东北依次经过滑县、浚县、内黄之西，魏县与大名之间，北至丘县、威县之东③。《水经注》卷9《淇水》曰："魏武开白沟，因宿胥故渎而加其功也。故苏代曰：决宿胥之口，魏无虚、顿丘。即指是渎也。"④谭其骧认为，白沟之名形成于东汉顺帝永和年间之后，原为古代黄河干涸的河床，曹操开凿的白沟运河是在此基础上扩建而成。"简单说，就是白沟的河道利用了《禹贡》《山经》时代的大河故道，而其水源则是分淇为菀而来。"⑤邺城的围攻时间达到半年之久，曹操军队的粮草供应并未缺乏，由此可见白沟运河的重要作用。

　　建安九年（204）八月，曹操攻陷邺城，次年正月，"攻（袁）谭，破之，斩谭，诛其妻子，冀州平。"⑥此后他以邺城为根据地，陆续向

---

①《晋书》卷26《食货志》载邓艾言曹操："昔破黄巾，因为屯田，积谷许都，以制四方。"《三国志》卷10《魏书·荀彧传》亦载官渡之战双方相持时，曹操曾因乏粮而想撤回许都。"太祖保官渡，绍围之。太祖军粮方尽，书与（荀）彧，议欲还许以引绍。"《三国志》卷2《魏书·文帝纪》注引《魏书》载诏曰："颍川，先帝所由起兵征伐也。官渡之役，四方瓦解，远近顾望，而此郡守义，丁壮荷戈，老弱负表。昔汉祖以秦中为国本，光武恃河内为王基，今朕复于此登坛受禅，天以此郡翼成大魏。"
②《三国志》卷1《魏书·武帝纪》。
③陈桥驿主编：《中国运河开发史》，中华书局，2008年，第45页。
④［北魏］郦道元注，［民国］杨守敬、熊会贞疏：《水经注疏》卷9《淇水》，第860页。
⑤谭其骧：《海河水系的形成与发展》，载《长水集·续编》，人民出版社，1994年，第431页。
⑥《三国志》卷1《魏书·武帝纪》。

幽州、并州和青州北海、琅邪等郡的"海贼管承"用兵获胜。袁熙、袁尚兄弟投奔乌桓,仍然与曹操为敌。"辽西单于蹋顿尤强,为(袁)绍所厚,故尚兄弟归之,数入塞为害。"[①]曹操因此决定北征乌丸(桓)以消除后患,为此又先后修建了两条运河,开通漕路来供给军需。"公将征之,凿渠,自呼沲入泒水,名平虏渠。又从泃河口凿入潞河,名泉州渠,以通海。"[②]《三国志》卷14《魏书·董昭传》曰:"邺既定,以昭为谏议大夫。后袁尚依乌丸蹋顿,太祖将征之。患军粮难致,凿平虏、泉州二渠入海通运,昭所建也。"呼沲水即今滹沱河,其下游流经今河北青县入海,泒水上游即今河北省中部大沙河,下游相当于今大清河至海口段。平虏渠的开凿解决了青河、呼沲河和泒水的联运问题[③]。泉州渠之名,盖因渠道南起泉州县(治今天津市武清县城上村)境。《水经注》卷14《鲍丘水》曰:"泃水又南,入鲍丘水。又东合泉州渠口故渎,上承滹沱水于泉州县,故以泉州为名。北径泉州县东,又北,径雍奴县东,西去雍奴故城百二十里。自滹沱北入,其下历水泽百八十里,入鲍丘河,谓之泉州口。陈寿《魏志》曰:曹太祖以蹋顿扰边。将征之,从泃口凿渠,径雍奴泉州以通河海者也。今无水。"熊会贞疏云:"《魏志》言从泃河口凿入潞河,乃逆言之。《魏志》之泃口,即此鲍邱,《魏志》之潞河,即此滹沱,盖泃水合鲍邱,潞河即沽河,沽河合滹沱,皆互受通称也。"[④]王育民认为,泉州渠南口当在潞河下游即

---

① 《三国志》卷1《魏书·武帝纪》。
② 《三国志》卷1《魏书·武帝纪》。
③ 参见王育民:《中国历史地理概论》(上),人民教育出版社,1987年,第256页。
④ [北魏]郦道元注,[民国]杨守敬、熊会贞疏:《水经注疏》卷14《鲍丘水》,第1230—1231页。

今天津市以东的海河之上，北口当在沟河进入鲍丘水处的下方①。

曹操还在河北开凿了新河与利漕渠，《水经注》卷 14《濡水》曰："濡水东南流，径乐安亭南，东与新河故渎合。渎自雍奴县承鲍邱水，东出，谓之盐关口。魏太祖征蹋顿，与沟口俱导也，世谓之新河矣。"杨守敬按："新河旧自今宝坻县东，经丰润县、滦州，至乐亭县西北，入滦河，久湮。"②利漕渠则是将邺城附近的漳水与白沟、黄河联系起来，《水经注》卷 10《浊漳水》云："汉献帝建安十八年，魏太祖凿渠，引漳水东入清、洹，以通河漕，名曰利漕渠。"熊会贞按："《魏志·武帝纪》，建安十八年凿渠引漳水入白沟以通河。据《洹水经》，洹水入白沟，据《清水注》，曹公开白沟，复清水之故渎，则白沟、清、洹可通称也。此《注》作河漕，疑《魏志》脱漕字，又疑《魏志》河是漕之误。"③

通过修建上述诸渠，冀州驻军可以乘舟南经白沟进入黄河，再经荥阳通过鸿沟诸水驶往江淮；向北则能利用平虏、泉州、新河三渠达到东北边陲；形成了以邺城为中心的水运交通网。如崔光所言："邺城平原千里，漕运四通。有西门、史起旧迹，可以饶富。"④这对曹操统一北方，发展河北地区的经济，以及巩固加强冀州的战略地位起到重要作用，并为隋唐南北大运河的修通奠定了基础⑤。

---

① 王育民：《中国历史地理概论》（上），第 257 页。
② ［北魏］郦道元注，［民国］杨守敬、熊会贞疏：《水经注疏》卷 14《濡水》，第 1256 页。
③ ［北魏］郦道元注，［民国］杨守敬、熊会贞疏：《水经注疏》卷 10《浊漳水》，第 952 页。
④ ［宋］李昉等：《太平御览》卷 161《州郡部七·河北道上·相州》引《后魏书》，第 782 页。
⑤ 参见王育民：《南北大运河始于曹魏论》，《上海师范大学学报》1986 年第 1 期。陈桥驿主编：《中国运河开发史》，第 29 页，第 63 页。

### （五）常驻军队主力

官渡之战前夕，曹操据有司、兖、豫、徐四州；战胜袁氏集团后，又陆续占领冀、并、青、幽等州，其统治区域扩展到中原全部。上述形势变化对其军事制度产生了重要的影响，何兹全指出："这时局面大了，再不能像过去一样，带领一支军队（虽不是全部也是大部），到处征战，因之便产生了留屯的办法。平定一个地方，即留一部分军队在那里驻防，并由一人任统帅，统摄辖区内诸军。这种留屯制，实即魏晋以下盛行的军事上分区的都督诸军制的滥觞。"[①]由此而来，国家的军队也分成了内外两部，一为地方军队，亦称"州郡兵"，二为中央直辖的军队，其中由留屯在外的将军与都督所领的称为外军，宿卫京师、随同权臣或君主出征的主力精锐则称为中军[②]，即禁兵。曹操部下的中军将领最初有史涣，史称其"少任侠，有雄气。太祖初起，以客从，行中军校尉，从征伐，常监诸将，见亲信"[③]。后迁为领军。又有任护军的韩浩，《魏书》曰："太祖欲讨柳城，领军史涣以为道远深入，非完计也，欲与（韩）浩共谏。浩曰：'今兵势强盛，威加四海，战胜攻取，无不如志，不以此时遂除天下之患，将为后忧，且公神武，举无遗策，吾与君为中军主，不宜沮众。'遂从破柳城，改其官为中护军，置长史、司马。"[④]《三国志》卷9《魏书·夏侯惇传》曰："韩浩者，河内人。及沛国史涣与浩俱以忠勇显。浩至中护军，涣至中领军，皆掌禁兵，封列

①何兹全：《魏晋的中军》，《读史集》，上海人民出版社，1982年，第258页。
②参见黄惠贤：《曹魏中军溯源》，《魏晋南北朝隋唐史资料》第14辑，1996年。
③《三国志》卷9《魏书·夏侯惇传》注引《魏书》。
④《三国志》卷9《魏书·夏侯惇传》注引《魏书》。

侯。"曹操在世时,重要战役都是亲领中军主力出征。他在占领河北之前,外出用兵后均返回根据地许都休整①。平定冀州后即以魏郡为基地四出征伐,战役结束则与所率中军回到邺城。据《三国志》卷1《魏书·武帝纪》记载:

建安十年(205)正月曹操平定冀州,八月出征幽州,"冬十月,公还邺"。

建安十一年(206)正月征并州高幹,八月东征海贼管承,至淳于(治今山东安丘县东北杞城),次年二月,"公自淳于还邺"。

建安十二年(207)五月北征三郡乌丸,次年"春正月,公还邺"。

建安十三年(208),"七月,公南征刘表。"岁终在赤壁败归江陵,次年三月返回谯县,七月南下合肥,十二月又返回谯县。

建安十六年(211)七月,曹操西征关中。平乱后于次年正月返回邺城。

建安十七年(212),"冬十月,公征孙权。"次年四月返回邺城。

建安十九年(214),"秋七月,公征孙权。"十月,"公自合肥还。"

建安二十年(215)三月,西征汉中张鲁。次年,"春二月,公还邺。"

建安二十一年(216)十月,"治兵,遂征孙权。"次年,"三月,王引军还。"据《三辅决录注》载当年岁末:"时关羽强盛,而王在邺,

---

① 据《三国志》卷1《魏书·武帝纪》记载,曹操曾在建安二年正月、十一月和建安三年三月三次征讨南阳张绣,战后回到许都。建安二年九月曹操东征袁术,建安三年九月东征吕布后进军河内,亦返回许都。曹操在与袁绍父子作战期间,曾在建安六年九月和建安八年五月两次返回许都休整。

留(王)必典兵督许中事。"①看来曹操仍是回到邺城。

建安二十三年(218)，"七月，治兵，遂西征刘备，九月，至长安。"次年，"三月，自长安出斜谷，军遮要以临汉中，遂至阳平。"但是作战不利，"五月，引军还长安。"由于襄樊战事激烈，"十月，军还洛阳。"随即南征击退关羽，次年正月回到洛阳病逝。

由此可见，曹操自建安十年(205)以后，基本上是以邺城为军队主力外出作战归来休整的后方基地。其中原因有以下几条：其一，邺城为霸府所在地，是曹操集团的军政指挥中心，百官衙署均设于此，所以曹操平时要回到那里坐镇，以便及时了解信息，决策调度。其二，曹操的宗亲戚属与重要将领的家小均在邺城，休战时自然要回家探望。其三，如前所述，邺城及所属魏郡附近为曹操部队主力中军和外军家属"士家"居住生活的地域，户口众多。例如曹丕即位后迁都洛阳，"欲徙冀州士家十万户实河南。时连蝗民饥，群司以为不可，而帝意甚盛。"②后来经过辛毗的劝阻，"帝遂徙其半。"③由此可见冀州士家之繁众。其四，是冀州的经济发达，资源丰富，能为大军提供需要的给养。自曹操统一北方，沿至曹丕代汉之后，支撑国家经济的主要是中原内地。如杜恕所言："今荆、扬、青、徐、幽、并、雍、凉缘边诸州皆有兵矣，其所恃内充府库外制四夷者，惟兖、豫、司、冀而已。"④而在兖、豫、司、冀四州当中，"冀州户口最多，田多垦辟，又有桑枣之饶，国家征求之府。"⑤

---

①《三国志》卷1《魏书·武帝纪》注引《三辅决录注》。
②《三国志》卷25《魏书·辛毗传》。
③《三国志》卷25《魏书·辛毗传》。
④《三国志》卷16《魏书·杜畿附子恕传》。
⑤《三国志》卷16《魏书·杜畿附子恕传》。

这是曹操对当地苦心经营建设所致,也是邺城所在的魏郡,即后来的魏国能够成为曹操集团军事重心区域之经济基础。

### (六)称藩建国

曹操占领河北之后,通过迁徙居民、修建城池、兴修水利、移驻军队主力等项措施,将以邺城为中心的魏郡－冀州营建成中原最为富庶强盛的区域。曹操并不满足于对该地区的实际掌握,他还企图在名义上将其划归在个人藩属治下,以便加强对魏郡及冀州的控制,使它变成将来建立曹氏王朝的统治基础。曹操的做法是双管齐下,一方面逐步扩充魏郡与冀州的领土、人口,另一方面迫使朝廷给自己加官进爵,从冀州牧、丞相到魏公、魏王,这样就可以使该地名正言顺地成为他私人的封邑和藩国。早在攻占邺城后曹操就萌生了这一计划,《三国志》卷10《魏书·荀彧传》曰:"(建安)九年,太祖拔邺,领冀州牧。或说太祖'宜复古置九州,则冀州所制者广大,天下服矣。'太祖将从之。"但是此项企图遇到了朝臣们的反对。例如太中大夫孔融上奏:"宜准古王畿之制,千里寰内,不以封建诸侯。"①《后汉纪》卷29建安九年九月载其上书曰:"臣闻先分九圻,以远及近。《春秋》内诸夏而外夷狄。《诗》云:'封畿千里,惟民所止。'故曰天子之居必以众大言之。"孔融还引用汉朝的旧制强调说:"颍川、南阳、陈留、上党、三河近郡不封爵诸侯。臣愚以为千里国内,可略从《周官》六乡、六遂之文,分比北郡,皆令属司隶校尉,以正王赋,以崇帝室。"②由于孔融名重天

①《后汉书》卷70《孔融传》。
②[东晋]袁宏:《后汉纪》,张烈点校:《两汉纪》下册,第564页。

下,曹操对他的上疏颇为忌惮。胡三省曰:"千里寰内不以封建,则操不可以居邺矣,故惮之。"①就连他的头号谋士荀彧也提出疑议,认为此举将会引起政局动荡,不利于巩固统治。他说:"若是,则冀州当得河东、冯翊、扶风、西河、幽、并之地,所夺者众。前日公破袁尚,禽审配,海内震骇,必人人自恐不得保其土地,守其兵众也;今使分属冀州,将皆动心。且人多说关右诸将以闭关之计;今闻此,以为必以次见夺。"②并建议缓行此事,待到将来全国统一后再施行。"天下大定,乃议古制,此社稷长久之利也。"③面对内外的压力,曹操只好暂时作罢。

建安十三年(208)初,曹操平定北方回到邺城,便继续加强自己的权势和地位。"六月,罢三公官,复置丞相、御史大夫。癸巳,以曹操为丞相。"④当年八月,曹操杀掉了强烈反对他在邺城称藩的孔融,进一步在朝内树立权威。建安十七年(212)正月,曹操平定关中马超、韩遂的叛乱,回到邺城。"公还邺,天子命公赞拜不名,入朝不趋,剑履上殿,如萧何故事。……割河内之荡阴、朝歌、林虑,东郡之卫国、顿丘、东武阳、发干,巨鹿之廮陶、曲周、南和,广平之任城,赵之襄国、邯郸、易阳以益魏郡。"⑤按东汉魏郡辖"十

---

① 《资治通鉴》卷 65 汉献帝建安十三年胡三省注。司马光定孔融上奏事在建安十三年八月,属于误判。因为《后汉纪》卷 29 明确记载其事在建安九年九月,另从《后汉书》卷 70《孔融传》所载情况来看,此事发生的时间也在建安十三年前。孔融因反对复古九州之议得罪曹操,"山阳郗虑承望风旨,以微法奏免融官……岁余,复拜太中大夫。"后来孔融又惹怒曹操,再次被郗虑诬告,才在建安十三年八月被杀。
② 《三国志》卷 10《魏书·荀彧传》。
③ 《三国志》卷 10《魏书·荀彧传》。
④ 《资治通鉴》卷 65 汉献帝建安十三年。
⑤ 《三国志》卷 1《魏书·武帝纪》。

五城，户十二万九千三百一十，口六十九万五千六百六"①。此番增加了 14 个县，几乎扩充了一倍，成为全国县数最多的一个郡，在冀州拥有的领土面积最广。这样魏郡以邺城为中心，其疆域东达鲁西北，西至今河南中西部淇水流域，北到今河北中部，南抵黄河，成为方圆千里的泱泱邦畿。

建安十八年（213）正月，曹操终于逼迫汉献帝同意扩大冀州疆域。《三国志》卷 1《魏书·武帝纪》曰："诏书并十四州，复为九州。"《献帝春秋》曰："时省幽、并州，以其郡国并于冀州；省司隶校尉及凉州，以其郡国并为雍州；省交州，并荆州、益州。于是有兖、豫、青、徐、荆、杨、冀、益、雍也。"②胡三省对此解释道："十四州，司、豫、冀、兖、徐、青、荆、扬、益、梁、雍、并、幽、交也。复为九州者，割司州之河东、河内、冯翊、扶风及幽、并二州皆入冀州；凉州所统，悉入雍州，又以司州之京兆入焉；又以司州之弘农、河南入豫州，交州并入荆州，则省司、凉、幽、并而复《禹贡》之九州矣。此曹操自领冀州牧，欲广其所统以制天下耳。"③赵凯经过考证指出，冯翊、扶风两郡在建安十八年的州制改革中被划入雍州，胡三省的以上论述略有失误④。

同年五月丙申，汉献帝遣御史大夫郗虑赴邺城，册封曹操为魏公，并以冀州十郡为其封邑。诏书曰："今以冀州之河东、河内、魏郡、赵国、中山、常山、巨鹿、安平、甘陵、平原凡十郡，封君为魏

①《后汉书·郡国志二》。
②《后汉书》卷 9《孝献帝纪》建安十八年注引《献帝春秋》。
③《资治通鉴》卷 66 汉献帝建安十八年正月胡三省注。
④参见赵凯：《汉魏之际"大冀州"考》，《南都学坛》2004 年第 6 期。

国公……其以丞相领冀州牧如故。又加君九锡。其敬听朕命。"
又云："魏国宜置丞相已下群臣百僚,皆如汉初诸侯王制。"①《三国
志》卷16《魏书·杜畿传》曰："魏国既建,以畿为尚书。事平,更有
令曰:'昔萧何定关中,寇恂平河内,卿有其功,间将授卿以纳言之
职……'"可见曹操把冀州比作两汉开国君主的根据地关中与河
内,期盼对其兴功立业发挥重要的作用。当年七月,曹操在邺城
建立魏社稷宗庙。由于魏郡所辖二十九县,地域广大,故又将其
分为东西两部,各自设立都尉以负责治安事务②。随后又创建中
央各办公机构,"十一月,初置尚书、侍中、六卿。"③《魏氏春秋》曰:
"以荀攸为尚书令,凉茂为仆射,毛玠、崔琰、常林、徐弈、何夔为尚
书,王粲、杜袭、卫觊、和洽为侍中。"④至建安二十一年(216),"夏
五月,天子进(曹)公爵为魏王。"⑤至此,曹操基本完成了取代汉室
的准备工作,只是不愿身背骂名,所以留给其子曹丕去最后实
现了。

## 二、曹操经营邺城与冀州之原因综述

如前所述,曹操将东汉王朝的实际政治中心从许都迁到邺
城,又把军队主力及家属安置在附近,魏郡及冀州由此成为全国

---

① [东晋]袁宏:《后汉纪》卷30汉献帝建安十八年五月,张烈点校:《两汉纪》下册,第
584页。
②《三国志》卷1《魏书·武帝纪》建安十八年:"冬十月,分魏郡为东西部,置都尉。"
③《三国志》卷1《魏书·武帝纪》。
④《三国志》卷1《魏书·武帝纪》注引《魏氏春秋》。
⑤《三国志》卷1《魏书·武帝纪》。

的军事重心区域。那么，曹操出于什么原因才做出了这样的决定，从而改变了军政部署的地理格局呢？对此问题，学术界多有讨论研究。可以分为两类：第一类是专门对曹操建都邺城的原因进行分析，有朱玲玲、王迎喜、江达煌、薛瑞泽、郭胜强、许浒、张维慎等人的论文①。第二类是对魏晋南北朝时期北方割据政权多在邺城设都的原因进行探讨，其视野和论述范围更为广阔，有高敏、郭黎安、邹逸麟、杨洪权、刘志玲、张平一、侯廷生等人的论著②。他们的意见大致相同，认为邺城受到当时统治集团的重视，其原因主要是其优越的地理条件与分裂割据的时代特点所致。分述如下：

## （一）地处交通枢纽

邺城位于我国北方的道路冲要，它处于太行山脉东麓南北交

---

① 朱玲玲:《曹魏邺城及其历史地位》,《中国古都研究》第五、六合辑,北京古籍出版社,1987 年;江达煌:《邺城六代建都述略——附论曹操都邺原因》,《文物春秋》1992 年第 S1 期;王迎喜:《论曹魏重建邺城的原因》,《中州学刊》1994 年第 6 期;薛瑞泽:《曹操对邺城的经营》,《黄河科技大学学报》2002 年第 2 期;郭胜强、许浒:《曹魏邺都的营建及影响》,《三门峡职业技术学院学报》2011 年第 2 期;张维慎:《试论三国时期曹操对于邺城的攻取与经营》,《中国古都研究》2013 年第 1 辑,陕西师范大学出版社,2013 年。

② 高敏:《略论邺城的历史地位与封建割据的关系》,《中州学刊》1989 年第 3 期;郭黎安:《魏晋北朝邺都兴废的地理原因述论》,《史林》1989 年第 4 期;邹逸麟:《试论邺都兴起的历史地理背景及其在古都史上的地位》,《中国历史地理论丛》1995 年第 1 期;杨洪权:《邺城在魏晋南北朝军事上的地位》,《烟台师范学院学报(哲学社会科学版)》1991 年第 2 期;杨洪权:《邺城在魏晋南北朝政治上的地位》,《烟台师范学院学报(哲学社会科学版)》1993 年第 1 期;刘志玲:《纵论魏晋北朝邺城的中心地位》,《邯郸学院学报》2008 年第 4 期;张平一:《古都邺城略述》,《河北学刊》1983 年第 1 期;侯廷生:《没有位置的古都——邺城的历史与文化地位考察》,《邯郸职业技术学院学报》2003 年第 4 期。

通的大道上,北经邯郸至幽州首府蓟城(今北京市),南自黎阳(今河南浚县)渡河抵达豫东平原,西过滏口穿越太行山脉则进入山西高原并州,自邺城东行至仓亭津(今山东阳谷县北)渡过黄河就是兖州西部,继续前进则到达山东半岛各地。邺城附近地势平坦,因而车马走集,通达四方。又可以经漳、洹诸水与白沟、黄河联系而使用水路运输。故《魏都赋》称:"尔其疆域,则旁极齐秦,结凑冀道。开胸殷卫,跨蹑燕赵。"①江达煌评论道:"无论就冀州一州,或冀、青、幽、并四州,或冀、青、幽、并、兖、豫、司隶七州而言,邺城均处于较适中地位。平时政令辐射,人员往来,上情下达,下情上通,或物资流通,钱粮委输,均较方便。"②由于邺城是道路汇集之所,以冀州为军事基地来征伐北方诸州,有交通上的便利条件。如沮授建议袁绍所言:"振一郡之卒,撮冀州之众,威震河朔,名重天下。虽黄巾猾乱,黑山跋扈,举军东向,则青州可定;还讨黑山,则张燕可灭;回众北首,则公孙必丧;震胁戎狄,则匈奴必从。"③

### (二)山河环绕、利于防御

从军事地理的角度来看,邺城在自然环境方面具备较好的防御条件。它的西边有巍巍太行山脉,守住滏口陉即能阻挡山西高原的来寇;其南、东两面有黄河天堑,可以在黎阳、白马、仓亭等津渡拒敌;邺城南北又有漳、洹、滏水流过,起到阻碍敌兵行进作用,

---

① [梁]萧统编,[唐]李善注:《文选》卷6《魏都赋》,第97页。
② 江达煌:《邺城六代建都述略——附论曹操都邺原因》,《文物春秋》1992年第S1期。
③ 《三国志》卷6《魏书·袁绍传》。

因此是建都立业的形胜之地。如《读史方舆纪要》卷46所言:"夫
邺倚太行,阻漳、滏,夏、商时固有都其地者。战国之世,赵用此以
拒秦,秦亦由此以并赵。汉之末,袁绍不能有其险也,入于曹操,
遂能雄长中原。"[1]加上该地位于交通枢要,愈发提高了它的战略
价值。顾祖禹认为,从北方的地理形势和古代相关史实来看,邺
城在军事上的地位价值非常突出,可谓在关东首屈一指。他说:
"夫相州唇齿泽潞,臂指邢洺,联络河阳,襟带澶、魏,其为险塞,自
关以东当为冠冕。"[2]顾氏还认为,邺城甚至在某种程度上超过了
洛阳和南阳。"以河南之全势较之,则宛不如洛,洛不如邺也明
矣……且夫自古用兵,以邺而制洛也常易,以洛而制邺也常难,此
亦形格势禁之理矣。"[3]邹逸麟指出,西汉末年以来,河北地区的政
治、军事、经济地位举足轻重。"欲控制黄河流域首先要控制河
北,冀州成为兵家必争之地。而邺又是河北地方反政府势力的集
中地"[4],所以在魏晋南北朝时期,中原政权往往将邺城建为政治
中心,以利于控制整个黄河流域。

## (三)经济发达、户口繁众

邺城地处河北平原,周围土壤肥沃,水源丰富。左思说当地:
"山林幽峡,川泽回缭。恒碣砪崿于青霄,河汾浩汗而皓溔。南瞻

---

①[清]顾祖禹:《读史方舆纪要·河南方舆纪要序》,第2085页。

②[清]顾祖禹:《读史方舆纪要》卷49《河南四·彰德府》,第2316页。

③[清]顾祖禹:《读史方舆纪要·河南方舆纪要序》,第2085页。

④邹逸麟:《试论邺都兴起的历史地理背景及其在古都史上的地位》,《中国历史地理论
　丛》1995年第1期。

淇澳,则绿竹纯茂;北临漳滏,则冬夏异沼。"①因此人口密集,农业经济较为发达。战国到西汉,黄河下游地区最富庶的城市是临淄与邯郸,它们与洛阳、宛和成都并称为汉朝的"五都"。但是到了东汉,临淄、邯郸的经济、政治地位日趋衰落,被邺城取代。据侯仁之研究,邺城所以兴盛而能接替邯郸,其原因之一,是由于华北平原水道的发展,邺城在交通上的地位超越了邯郸。"另一个地理上的原因,可能是由于邺城更接近于中原,便于以河北为根本而争霸中原。"②他还指出:临淄的位置偏于东方,它最初的建址,是利用淄河设防,以迎击东来的敌对势力。但是自春秋战国以来,因为时代的发展与形势变化,临淄城受到的武力威胁主要是来自西方,而该城西郊是一望无际的原野,"整个城市在西来的敌对势力攻击之下,确是无险可守。"③它在地理位置和防御条件上都不如邺城,因此从西汉末年以来,逐渐走上衰落的道路。汉末战乱爆发之初,"冀州民人殷盛,兵粮优足。"④耿武、闵纯亦称:"冀州虽鄙,带甲百万,谷支十年。"⑤由于上述缘故,当地为群雄所觊觎。时人所言:"冀州土平民强,英桀所利。"⑥袁曹相拒之时,袁绍的优势在于兵员众多与物资丰富,如沮授所评论:"北兵数众而果劲不及南,南谷虚少而货财不及北。"⑦即使在长期交战、民众大量

---

① [梁]萧统编,[唐]李善注:《文选》卷6《魏都赋》,第97页。

② 侯仁之:《邯郸城址的演变和城市兴衰的地理背景》,《历史地理学的理论与实践》,上海人民出版社,1979年,第327页。

③ 侯仁之:《淄博市主要城镇的起源和发展》,《历史地理学的理论与实践》,第355页。

④ 《三国志》卷1《魏书·武帝纪》注引《英雄记》。

⑤ 《三国志》卷6《魏书·袁绍传》。

⑥ 《三国志》卷23《魏书·和洽传》。

⑦ 《三国志》卷6《魏书·袁绍传》。

死亡流徙的情况下,冀州仍然保持着相对较高的人口密度。例如曹操占领邺城后曾索阅文簿,对崔琰说:"昨案户籍,可得三十万众,故为大州也。"①拥有较为充裕的人口与平原沃野,是建都立国的重要条件。因此卢毓称冀州为"天下之上国也",又说:"唐虞已来,冀州乃圣贤之渊薮,帝王之宝地。东河以上,西河以来,南河以北,易水以南,膏壤千里,天地之所会,阴阳之所交,所谓神州也。"②

### (四)分裂割据的形势

高敏曾指出,邺城从曹魏时期上升为国都,除了经济与地理环境等方面的优越性,还和封建割据势力的存在与需要有密切关系。"如果出现分裂割据的局面,又有封建割据者企图偏安一方而建立政权,则邺城及所在地区无疑是其最佳的建都之地,因为这里便于防守,又有控制山东(广义的山东)和南下中原地区的战略要地的作用,这就是说,邺城作为国都所在地的客观可能性,只有在封建割据时代才有其实现的必要性。"③因此邺城的繁荣与地位的重要,几乎是和魏晋南北朝的分裂割据时代相终始。在隋代开凿大运河和全国统一局面形成之后,邺城的地位便一落千丈,再也无法恢复其昔日的荣光。邹逸麟也认为,邺城故都是我国三至六世纪特定历史条件下的产物,"该时代的许多特征,如长期战乱引起河北平原地位的变化、民族矛盾和统治阶级内部矛盾的消

---

① 《三国志》卷 12《魏书·崔琰传》。
② 〔唐〕徐坚等:《初学记》卷 8《州郡部·河东道第四·论》引卢毓《冀州论》,中华书局,1980 年,第 176 页。
③ 高敏:《略论邺城的历史地位与封建割据的关系》,《中州学刊》1989 年第 3 期。

长,民族经济文化融合等等,在这里都能得到反映。"①

笔者赞同以上诸君的观点,但是有一个问题尚需深入探讨,就是曹操选择邺城为国都与后方基地,除了上述四种原因,是否还有其他重要因素? 如果只是这几种原因所致,那么在曹操去世之后,邺城及附近区域的自然条件、地理位置、经济状况和分裂割据的总体格局并没有发生根本的变化,而曹丕却将国都常设在洛阳,邺城仅作为陪都,他还把冀州士家数万户迁往河南,实现了政治、军事重心的向南转移,这又作何解释呢? 由此看来,曹操父子选择都城与确定军队主力部署区域的时候,在地理条件和政治形势之外,可能还有别的考虑。从有关记载来看,这应与他们在不同时期采取的作战方略具有密切联系。下文予以详述。

## 三、先北后南——曹操平定冀州前后的战略决定

如前所述,建安九年(204)曹操攻占邺城之前,是以许都所在的颍川为根据地,由于该郡处在中原核心,属于四战之地,周围都是敌对势力,如何选择用兵对象、确定主攻方向是一个棘手的问题,曹操当时颇为此事感到烦恼。《三国志》卷10《魏书·荀彧传》曰:"(袁)绍既并河朔,天下畏其强。太祖方东忧吕布,南拒张绣,而绣败太祖军于宛。绍益骄,与太祖书,其辞悖慢。太祖大怒,出入动静变于常。"即使在消灭吕布、袁术和张绣等军阀,并于官渡之战获得大胜之后,他在北进还是南征的战略抉择上仍然屡次发

---

① 邹逸麟:《试论邺都兴起的历史地理背景及其在古都史上的地位》,《中国历史地理》1995年第1期。

生动摇。如田余庆所言:"曹操在这七八年中,对袁氏作战总是徘徊犹豫,缺乏信心。"①另外,荆州刘表经过数年经营,又有枭雄刘备为之羽翼,势力也大为强盛。史载其占领长沙、零陵、桂阳三郡后,"于是开土遂广,南接五领(岭),北据汉川,地方数千里,带甲十余万。"②由于刘表屯据襄阳为州治,距离曹操的后方许都不远,所以他屡次企图消除这一威胁。例如建安六年(201)九月,曹操离开官渡回到许都,准备南下荆州。其原因是:"粮少,不足与河北相支,欲因(袁)绍新破,以其间击讨刘表。"③后来因为荀彧的劝阻,才又回到滨河前线。"(荀)彧曰:'今(袁)绍败,其众离心,宜乘其困,遂定之;而背兖、豫,远师江、汉,若绍收其余烬,承虚以出人后,则公事去矣。'太祖复次于河上。"④袁绍死后,曹操在建安八年(203)进攻河北不利,再次还师南征刘表。"夏四月,进军邺。五月还许,留贾信屯黎阳……八月,公征刘表,军西平。"⑤时逢袁谭、袁尚兄弟相争,给了曹操乘虚而入的机会。《三国志》卷10《魏书·荀攸传》曰:"太祖方征刘表,谭、尚争冀州。谭遣辛毗乞降请救,太祖将许之,以问群下。群下多以为表强,宜先平之,谭、尚不足忧也。"荀攸表示反对,陈述道:

> 天下方有事,而刘表坐保江、汉之间,其无四方志可知矣。袁氏据四州之地,带甲十万,绍以宽厚得众,借使二子和睦以守其成业,则天下之难未息也。今兄弟遘恶,此势不两

①田余庆:《关于曹操的几个问题》,《秦汉魏晋史探微》,中华书局,1993年,第128页。
②《后汉书》卷74下《刘表传》。
③《三国志》卷10《魏书·荀彧传》。
④《三国志》卷10《魏书·荀彧传》。
⑤《三国志》卷1《魏书·武帝纪》。

全。若有所并则力专，力专则难图也。及其乱而取之，天下
定矣。此时不可失也。①

曹操接受了荀攸的主张，回师河北并取得了最终的胜利。"太祖
曰：'善。'乃许谭和亲，遂还击破尚。"②并攻陷了袁氏巢穴邺城。
此时北方的局势仍未稳定，袁谭、袁尚兄弟带领残兵流窜在外，附
近还有张燕所率的十余万黑山军。袁绍外甥高幹占据并州，企图
突袭收复邺城③。与乌桓相邻的幽州动乱频发，亦未服从曹操的
统治。"故安赵犊、霍奴等杀幽州刺史、涿郡太守。三郡乌丸攻鲜
于辅于犷平。"④因此荀彧告诫曹操万万不可松懈，南征刘表应该
从缓，必须一鼓作气，坚持在袁氏故地幽、并、青州作战，剿灭其残
余势力，以免将来死灰复燃。后患无穷。"一旦生变，虽有守善
者，转相胁为非，则袁尚得宽其死，而袁谭怀贰，刘表遂保江、汉之
间，天下未易图也。愿公急引兵先定河北，然后修复旧京，南临荆
州，责贡之不入，则天下咸知公意，人人自安。"⑤

　　曹操再次听从了荀彧的建议，继续清剿袁氏兄弟和幽、并、青
州的割据势力，据《三国志》卷1《魏书·武帝纪》所载：建安十年
（205）正月，"斩（袁）谭，诛其妻子，冀州平。"八月出征幽州，"斩
（赵）犊等，乃渡潞河救犷平，乌丸奔走出塞。"建安十一年（206）正
月，西征并州高幹。"公围壶关三月，拔之。幹遂走荆州，上洛都

①《三国志》卷10《魏书·荀攸传》。
②《三国志》卷10《魏书·荀攸传》。
③《三国志》卷10《魏书·荀彧传》："是时荀攸常为谋主。彧兄衍以监军校尉守邺，都督
　河北事。太祖之征袁尚也，高幹密遣兵谋袭邺，衍逆觉，尽诛之，以功封列侯。"
④《三国志》卷1《魏书·武帝纪》建安十年四月。
⑤《三国志》卷10《魏书·荀彧传》。

尉王琰捕斩之。"当年八月,东征青州海贼管承,"至淳于,遣乐进、李典击破之,(管)承走入海岛。割东海之襄贲、郯、戚以益琅邪,省昌虑郡。"建安十二年(207)三月,北征三郡乌丸(桓)。在消灭蹋顿单于之后,辽东太守公孙康斩袁尚、袁熙首级归顺,曹操于次年(208)正月凯旋返回邺城,至此完全统一了北方。值得注意的是,直到北征乌桓前夕,曹操部下之中还有许多人主张南征刘表,而不愿出塞作战。"太祖将征袁尚及三郡乌丸,诸下多惧刘表使刘备袭许以讨太祖。"①致使曹操又陷入犹豫,最后还是采纳了郭嘉的意见而决定毕其功于一役。"(郭)嘉曰:'公虽威震天下,胡恃其远,必不设备。因其无备,卒然击之,可破灭也。且袁绍有恩于民夷,而尚兄弟生存,今四州之民,徒以威附,德施未加,舍而南征,尚因乌丸之资,招其死主之臣,胡人一动,民夷俱应,以生蹋顿之心,成觊觎之计,恐青、冀非己之有也。(刘)表,坐谈客耳,自知才不足以御(刘)备,重任之则恐不能制,轻任之则备不为用,虽虚国远征,公无忧矣。'太祖遂行。"②

　　关于曹操占领邺城后继续在河北用兵、而没有南征刘表的战略举措,史学界多认为是明智之举。如田余庆云:"我们不妨设想一下,曹操如果丢下河北不管,去打刘表,恐怕是败多胜少。因为他在统一了北方以后,还不能打赢赤壁之战,那么在河北敌人还强大的时候,自然更难有获胜的希望。"③笔者认为,这也是他着力经营邺城和冀州的重要原因之一。袁绍、曹操起兵反对董卓之

①《三国志》卷14《魏书·郭嘉传》。
②《三国志》卷14《魏书·郭嘉传》。
③田余庆:《关于曹操的几个问题》,《秦汉魏晋史探微》,第128页。

时,曾经议论过将来割据称雄的战略意图。袁绍的构想是占据黄河以北、长城以南的冀、青、幽、并四州地域,取得乌桓、鲜卑等少数民族的支持,然后再南下中原,统一全国。他曾对曹操说:"吾南据河,北阻燕、代,兼戎狄之众,南向以争天下,庶可以济乎?"[1]从事后的情况来看,袁绍的确实现了这一计划。如沮授所言:"横大河之北,合四州之地,收英雄之士,拥百万之众。"[2]曹操当时的回答比较含混,有不拘一格、随机应变的想法。"公曰:'吾任天下之智力,以道御之,无所不可。'"[3]但是从他攻占邺城之后的军事行动来看,明显是在仿效此前袁绍提出的战略规划,为了消除北方的各种后患,曹操用了整整三年时间夺取并巩固了对冀、青、并、幽四州的统治,直到建安十三年(208)初北征乌丸获胜以后,才最终结束了这次历时很久的战役。在这段征战期间,曹操军队向北收复犷平(今北京市密云区),出卢龙塞至柳城(今辽宁朝阳县);西克壶关,逾太行山脉进入山西高原;东抵淳于(今山东安丘县),到达山东半岛的中部。如前所述,邺城所在的魏郡与冀州位处北方地区的中心,境内水旱道路辐辏,属于交通枢纽。再加上物产丰饶,人口密集,所以适于充当黄河下游地域作战的基地和指挥中枢。杜牧曾经论述中原的地理形势,认为邺城所在的魏地处于山东(此处指太行山脉以东的河北平原)与河南之间,其枢要位置决定了它对这两个区域的军事影响。"魏于山东最重,于河南亦最重。魏在山东,以其能遮赵也。既不可越魏以取赵,固不

---

①《三国志》卷1《魏书·武帝纪》。

②《后汉书》卷74上《袁绍传》。

③《三国志》卷1《魏书·武帝纪》。

可越赵以取燕。是燕、赵常取重于魏,魏常操燕、赵之命。故魏在山东最重。黎阳距白马津三十里,新乡距盟津一百五十里,陴垒相望,朝驾暮战,是二津苟能溃一,则驰入成皋,不数日间。"并由此得出结论:"故河南、山东之轻重在魏。非魏强大,地形使然也。"[①]与之相比,许都距离战场较远,大军在幽、并、青州战斗,若是仍以河南的颍川郡为根据地,部队的来往休整、给养运输和信息传递都需要长途跋涉,相当困难,所以不适应新的军事形势。也就是说,放弃南征刘表,确定继续在黄河以北地区作战以消灭袁氏残余势力的用兵计划,是促使曹操把军事、政治重心区域转移到邺城和冀州的决定性因素。如果曹操采取别的作战方案,改为对南方的江淮、江汉地区,或是西面的秦岭山地发动攻势,那么邺城与冀州在地理位置和经济、交通条件上的优势就要大打折扣,甚至不复存在,因而会被其他距离战线更近的城市和州郡所取代了。

## 四、官渡战后曹操对江东孙氏态度的转变及南征计划

曹操在建安十三年(208)秋南征荆州之前,是否对江东孙权集团有过进攻计划?据史籍所载确实存在过,只是后来由于某些缘故而被撤消了。孙策当年渡江转战,所向无敌,史书称其"英气杰济,猛锐冠世"[②]。曹操对他颇为忌惮,《吴历》曰:"曹公闻策平

---

①《新唐书》卷 166《杜牧传》载其《罪言》。
②《三国志》卷 46《吴书·孙策传》。

定江南,意甚难之,常呼'猘儿难与争锋也。'"①为了集中兵力对付强敌袁绍,曹操采取了"远交近攻"的策略,对孙策拉拢安抚,甚至与其亲族联姻。"是时袁绍方强;而(孙)策并江东,曹公力未能逞。且欲抚之,乃以弟女配策小弟匡,又为子章取贲女,皆礼辟策弟权、翊,又命扬州刺史严象举权茂才。"②尽管如此,孙策却常怀进取中原之心。"建安五年,曹公与袁绍相拒于官渡。策阴欲袭许,迎汉帝,密治兵,部署诸将。未发,会为故吴郡太守许贡客所杀。"③由于即位的孙权只有十九岁,年方弱冠而威望不足,因此引起了东吴局势的动荡。其本传云:"是时惟有会稽、吴郡、丹杨、豫章、庐陵,然深险之地犹未尽从。而天下英豪布在州郡,宾旅寄寓之士以安危去就为意,未有君臣之固。"④《吴书》亦云:"是时天下分裂,擅命者众。孙策莅事日浅,恩泽未洽,一旦倾陨,士民狼狈,颇有同异。"⑤例如,孙策举用的庐江太守李术,"策亡之后,术不肯事(孙)权,而多纳其亡叛。"⑥另一方面,曹操在官渡之战获胜后声威大振,又挟天子以令诸侯,在政治上掌握主动权,所以就连孙权的堂兄孙辅也企图叛变投靠,只是因为事情败露而未能成功。其本传云:"迁平南将军,假节领交州刺史。遣使与曹公相闻,事觉,权幽系之。"⑦《典略》亦曰:"辅恐权不能保守江东,因权出行东治,

①《三国志》卷46《吴书·孙策传》注引《吴历》。
②《三国志》卷46《吴书·孙策传》。
③《三国志》卷46《吴书·孙策传》。
④《三国志》卷47《吴书·吴主传》。
⑤《三国志》卷52《吴书·张昭传》注引《吴书》。
⑥《三国志》卷47《吴书·吴主传》注引《江表传》。
⑦《三国志》卷51《吴书·宗室传·孙辅》。

乃遣人赍书呼曹公。"①在这种有利的形势下,曹操一度准备乘机入侵江东,歼灭这股割据势力。《三国志》卷53《吴书·张纮传》曰:"曹公闻策薨,欲因丧伐吴。"但是经过孙氏派遣出使许都的张纮劝阻,后来又取消了这一作战计划。"纮谏,以为乘人之丧,既非古义,若其不克,成仇弃好,不如因而厚之。曹公从其言,即表权为讨虏将军,领会稽太守。曹公欲令纮辅权内附,出为会稽东部都尉。"②据司马光考订,其事在建安五年(200)十月以后。笔者认为,曹操之所以打消了南下征吴的念头,并非是因为此举违反礼义,而是考虑到客观条件还不具备。首先是袁绍败退河北后逐步稳定住当地的局势,"绍归,复收散卒,攻定诸叛郡县。"③曹操则因为胜利后兵马劳乏而不敢渡河进击,甚至在建安六年(201)由于缺粮而率领主力回到许都休整④。北方的强敌尚未击溃,自身的军事、经济力量也需要恢复积聚,在这种情况下,曹操应该不会远涉江湖去征伐千里之外的孙权。何况他当时麾下并没有足够的水军,也无法横渡滔滔大江,与孙氏的精锐舟师战斗。曹操是在建安十三年(208)初结束北征回到邺城之后,才开始"作玄武池以肄舟师"⑤,准备渡江作战的。在此之前即便他有心南伐,也是无力实现,这应该是曹操同意张纮的安抚主张,放弃进攻江东计

①《三国志》卷51《吴书·宗室传·孙辅》注引《典略》。
②《三国志》卷53《吴书·张纮传》。
③《三国志》卷1《魏书·武帝纪》。
④《三国志》卷1《魏书·武帝纪》建安六年:"九月,公还许。"《三国志》卷10《魏书·荀彧传》:"(建安)六年,太祖就谷东平之安民,粮少,不足与河北相支,欲因绍新破,以其间击讨刘表。"
⑤《三国志》卷1《魏书·武帝纪》。

划的根本原因。

在此之后，广陵太守陈登还向曹操提出过出兵平定江南的建议，也没有被他采纳。陈登为广陵豪族，曾协助曹操攻灭吕布，主张积极对孙氏集团作战。《先贤行状》曰："（吕）布既伏诛，（陈）登以功加拜伏波将军，甚得江、淮间欢心，于是有吞灭江南之志。"[1]曹操由于坚持在北方继续用兵，没有接受陈登渡江攻吴的建议。后来他四越巢湖征讨孙权，均无功而返，因而抒发感慨，悔恨当年未从陈登伐吴之策，使得孙权势力壮大，以致难以克服。"太祖每临大江而叹，恨不早用陈元龙计，而令封豕养其爪牙。"[2]不过这些话也只是聊发失利的怨气而已。那些年他全力与袁绍父子作战，尚且兵粮困乏，捉衿见肘，哪能劳师远征，置河北的强敌于不顾，去渡江和孙权打一场没有取胜把握的战争呢？

## 五、曹魏王朝建立后军政重心的南移

建安二十五年（220）正月庚子，曹操在洛阳病逝，留守邺城的太子曹丕随即继位。汉献帝在正月壬寅下诏："今使使持节御史大夫华歆奉策诏授（曹）丕丞相印绶、魏王玺绂，领冀州牧。"[3]二月丁卯，曹操归葬于邺城之西的高陵[4]。经过数月的稳定局势，曹丕

---

① 《三国志》卷7《魏书·陈登传》注引《先贤行状》。
② 《三国志》卷7《魏书·陈登传》注引《先贤行状》。
③ ［东晋］袁宏：《后汉纪》卷30献帝建安二十五年正月壬寅诏。张烈点校：《两汉纪》下册，第588页。
④ 《资治通鉴》卷69魏文帝黄初元年二月："丁卯，葬武王于高陵。"胡三省注："高陵，在邺城西。操遗令曰：'汝等时时登铜雀台，望吾西陵墓田。'《魏纪》载操令曰：'规西门豹祠西原上为陵。'"

巩固了境内的统治,便逼迫献帝禅让皇位,在当年十月取代汉室,正式建立了曹魏王朝。在易世之际,魏文帝开始将都城和军队主力的部署地区向河南转移,把朝廷(原来的霸府)和"中军"的常驻地点迁徙到洛阳,由此改变了全国的军事、政治格局,并且维系到明帝和废帝曹芳时期。曹丕称帝前后采取了几项相关重要措施,如下所述:

**(一)以洛阳为"京都"**

国君离开邺城,其常驻地点设在东汉故都洛阳。曹丕即位改元之后行至洛阳。《三国志》卷2《魏书·文帝纪》黄初元年:"十二月,初营洛阳宫。戊午幸洛阳。"裴松之注:"诸书记是时帝居北宫,以建始殿朝群臣,门曰承明。陈思王植诗曰'谒帝承明庐'是也。至明帝时,始于汉南宫崇德殿处起太极、昭阳诸殿。"洛阳经历董卓之乱焚掠后宫室残毁,曹操在建安二十四年(219)十月到洛阳后下令重修北宫的建始殿。《世说新语》曰:"太祖自汉中至洛阳,起建始殿,伐濯龙祠而树血出。"[1]潘民中通过研究指出,虽然此前献帝以许为汉都,曹操以邺为魏都,洛阳的地位远不能与许、邺相比。"但曹操在征战四方的同时,已开始从长远的政治目标出发,着手重建洛阳。"[2]建安十年(205)十月,坐镇关中的司隶校尉钟繇平定河东等地叛乱后,数次向洛阳地区移民,恢复当地的经济并收到成效。"自天子西迁,洛阳人民单尽,(钟)繇徙关中

①《三国志》卷1《魏书·武帝纪》注引《世语》。
②潘民中:《试论曹魏重建洛阳的三个阶段》,《洛阳师专学报》1999年第4期。

民,又招纳亡叛以充之,数年间民户稍实。太祖征关中,得以为资。"①建安二十年(215)曹操西征汉中后,"绥怀开导,百姓自乐出徙洛、邺者,八万余口。"②他在去世前夕营修建始殿,是为曹丕移都洛阳准备了一个基本条件,其意义是"向世人透露要恢复洛阳作为全国政治中心的意向"③。王鸣盛亦指出,曹操临终前实际上已经以洛阳为都城。"自建安元年操始自洛阳迎天子,迁都许,备见《武帝纪》中,并每有征伐事毕下辄书'公还许'。至九年灭袁氏后,则又迁都于邺矣。纪虽于此下屡书'公还邺',或书'至邺',而尚未能直揭明数语,使观者醒眼。至二十四年,则书'还洛阳'。二十五年,又书'至洛阳',其下即书'王崩于洛阳'。至其子丕受禅即真位,皆在洛。盖自操之末年,又自邺迁洛矣。"④

魏文帝在黄初二年(221)下令,"改长安、谯、许昌、邺、洛阳为五都。"⑤其中洛阳是"中都",又因为是首都而被称为"京都"。例如,黄初四年(223)六月,任城王曹彰来洛阳觐见。其本传曰:"朝京都,疾薨于邸,谥曰威。"注引《魏氏春秋》曰:"初,彰问玺绶,将有异志,故来朝不即得见。彰忿怒暴薨。"⑥所谓"京都"就是洛阳,例如《三国志》卷3《魏书·明帝纪》景初二年八月:"丙寅,司马宣王围公孙渊于襄平,大破之,传渊首于京都。"而公孙渊本传曰:

①《三国志》卷13《魏书·钟繇传》。
②《三国志》卷23《魏书·杜袭传》。
③潘民中:《试论曹魏重建洛阳的三个阶段》,《洛阳师专学报》1999年第4期。
④[清]王鸣盛撰,陈文和等校点:《十七史商榷》卷40《三国志二》,第217页。
⑤《三国志》卷2《魏书·文帝纪》注引《魏略》。
⑥《三国志》卷19《魏书·任城威王彰传》注引《魏氏春秋》。

"城破,斩相国以下首级以千数,传渊首洛阳。"①为了充实京都附近的人口以发展当地经济,曹魏政权继续向洛阳迁徙民众,还向移民提供了减免赋役的优惠待遇以吸引他们踊跃参加。《魏略》载黄初二年(221)正月曹丕下诏:"立石表,西界宜阳,北循太行,东北界阳平,南循鲁阳,东界郯,为中都之地。令天下听内徙,复五年,后又增其复。"②而同时命令,"以魏郡东部为阳平郡,西部为广平郡。"③将邺城附近的行政区域一分为二,以此分裂和削弱其经济、政治和军事力量。

曹丕入洛后还大兴土木,修筑宫室。卢弼综述曰:"黄初二年筑陵云台,三年穿灵芝池,五年穿天渊池,七年三月筑九华台,已开明帝大治宫观之渐矣。"④他在世的最后几年南下东巡,据其本纪所载,曾于黄初四年(223)三月,五年(224)三月和七年(226)正月三次回到洛阳,那里是他的常居之地和朝廷百官治事所在。魏明帝即位后,又于太和元年(227)在洛阳营建宗庙,至太和三年(229)完工,即将邺城曹氏祖先的供奉牌位迁移过来。"初,洛阳宗庙未成,神主在邺庙。十一月,庙始成,使太常韩暨持节迎高皇帝、太皇帝、武帝、文帝神主于邺。"⑤至此洛阳完全取代了邺城的政治地位。

## (二)"中军"主力常驻洛阳附近

建安二十四年(219)十月,曹操率领中军自关中返回洛阳。

---

① 《三国志》卷8《魏书·公孙渊传》。
② 《三国志》卷2《魏书·文帝纪》注引《魏略》。
③ 《三国志》卷2《魏书·文帝纪》。
④ 卢弼:《三国志集解》卷2《魏书·文帝纪》,第94页。
⑤ 《三国志》卷3《魏书·明帝纪》。

他在次年(220)正月去世后,曹魏中军又护送其灵柩回到邺城安葬。当年夏天,曹丕带领这支部队离开邺城。"六月,辛亥,治兵于东郊,庚午,遂南征。"[1]其行程的首站是故乡谯县。"(七月)甲午,军次于谯,大飨六军及谯父老百姓于邑东。"[2]他在谯县停留了将近三个月,至十月开始西行,准备废汉立魏,接受献帝的禅让。"丙午,行至曲蠡。……乃为坛于繁阳。庚午,王升坛即阼,百官陪位。事讫,降坛,视燎成礼而反。改延康为黄初,大赦。"[3]胡三省曰:"时南巡至颍川颍阴县,筑坛于曲蠡之繁阳亭。《述征记》曰:其地在许南七十里。东有台,高七丈,方五十步;南有坛,高二丈,方三十步,即受终之坛也。是年以繁阳为繁昌县。"[4]曹丕称帝后在十二月戊午抵达洛阳,其部队主力"中军"也留驻在当地。在随后的几年内,这支部队跟从曹丕数次出发征讨孙权,战役结束后即返回河南,而不再回到邺城。例如,黄初三年(222)九月,曹丕三路伐吴,他坐镇洛阳以南的宛城(今河南南阳市),中军则是在曹真、夏侯尚率领下继续南下,经过襄阳去围攻江陵[5]。由于战事不利,在次年三月收兵撤退,"丙申,行自宛还洛阳宫。"[6]黄初五年(224)、六年(225),曹丕两次发动东征,统率舟师自中渎水(即

①《三国志》卷2《魏书·文帝纪》。

②《三国志》卷2《魏书·文帝纪》。

③《三国志》卷2《魏书·文帝纪》。

④《资治通鉴》卷69魏文帝黄初元年十月乙卯胡三省注。

⑤《三国志》卷2《魏书·文帝纪》黄初四年三月注引丙午诏曰:"孙权残害民物,朕以寇不可长,故分命猛将三道并征。今征东诸军与权党吕范等水战,则斩首四万,获船万艘。大司马据守濡须,其所禽获亦以万数。中军、征南,攻围江陵,左将军张郃等触舻直渡,击其南渚,贼赴水溺死者数千人,又为地道攻城,城中内外雀鼠不得出入,此几上肉耳……"

⑥《三国志》卷2《魏书·文帝纪》。

古邗沟)抵达濒临长江的广陵,至黄初七年(226)正月,"壬子,行还洛阳宫。"①魏明帝曹睿即位之后,在军事部署上仍然沿袭上述格局,在边境上由地方的州郡兵与中央派驻的"外军"防守,精锐主力"中军"平时留驻在洛阳附近拱卫帝京,战时赶赴疆场,事毕再回到原来的驻地。如司马孚所言:"每诸葛亮入寇关中,边兵不能制敌,中军奔赴,辄不及事机。"②出于以上缘故,诸葛亮称曹魏中军主力为"河南之众"。他向群臣解释与孙吴结盟的好处时说:"若就其不动而睦于我,我之北伐,无东顾之忧,河南之众不得尽西,此之为利,亦已深矣。"③胡三省对此注释道:"言蜀与吴和,则虽倾国北伐,不须东顾以备吴,而魏河南之众,欲留备吴,不得尽西以抗蜀兵也。"④

关于魏文帝、明帝时期中军的数量,史籍缺乏明确具体的记载。曹丕在黄初六年(225)东征广陵时,"临江观兵,戎卒十余万,旌旗数百里。"⑤这支部队应是以中军为主,辅以徐、扬等州的地方部队。不过,曹丕的中军还有一部分在洛阳留守,若参考曹操统一北方之后率领军队主力征战的数量,其中军有十万左右应该大致符合实际情况。曹操在用兵后期虽然每次出征都号称数十万众,但实际上只有十来万人。例如赤壁战前,周瑜曾向孙权指出:"诸人徒见操书,言水步八十万,而各恐慑。不复料其虚实,便开此议,甚无谓也。今以实校之,彼所将中国人,不过十五六万,且

①《三国志》卷 2《魏书·文帝纪》。

②《晋书》卷 37《宗室传·安平献王孚》。

③《三国志》卷 35《蜀书·诸葛亮传》注引《汉晋春秋》。

④《资治通鉴》卷 71 魏明帝太和三年四月胡三省注。

⑤《三国志》卷 2《魏书·文帝纪》。

军已久疲。所得表众，亦极七八万耳，尚怀狐疑。"①又《江表传》曰："曹公出濡须。号步骑四十万，临江饮马。(孙)权率众七万应之，使(甘)宁领三千人为前部督。"②而从史籍所述来看，曹军东征的主力其实只有十万上下。如傅幹进谏曹操曰："今举十万之众，顿之长江之滨，若贼负固深藏，则士马不得逞其能，奇变无所用其权，则大威有屈而敌心未能服矣。"③杨暨上表曰："武皇帝始征张鲁，以十万之众，身亲临履，指授方略。"④曹丕定都洛阳后，"欲徙冀州士家十万户实河南"⑤，这些家庭应该主要是部署在洛阳附近的中军和外军(由朝廷直属而派驻在外地常驻的军队)亲属，若按每个家庭出兵一到两人估算，也会有十几万人。这条史料也可以作为曹魏中军数量的一个旁证。

太和二年(228)诸葛亮北伐，兵出祁山。曹睿派遣曹真、张郃等率中军救援，"乃部勒兵马步骑五万拒亮"⑥。曹魏军队尽管在人数上少于蜀兵，但是因为中军久历征战，训练有素，而又调度得当，所以分别在街亭和箕谷挫败了敌人。诸葛亮初次北伐的部队总数大约有十万人，《襄阳记》言其处死马谡，"于时十万之众为之垂涕。亮自临祭，待其遗孤若平生。"⑦诸葛亮在战后发现蜀军的训练和指挥都不如对手，感叹道："大军在祁山、箕谷，皆多于贼，

---

①《三国志》卷54《吴书·周瑜传》注引《江表传》。
②《三国志》卷55《吴书·甘宁传》注引《江表传》。
③《三国志》卷1《魏书·武帝纪》注引《九州春秋》。
④《三国志》卷8《魏书·张鲁传》注引《魏名臣奏》。
⑤《三国志》卷25《魏书·辛毗传》。
⑥《三国志》卷3《魏书·明帝纪》注引《魏书》。
⑦《三国志》卷39《蜀书·马良附弟谡传》注引《襄阳记》。

而不能破贼为贼所破者,则此病不在兵少也,在一人耳。今欲减兵省将,明罚思过,校变通之道于将来;若不能然者,虽兵多何益!"①青龙二年(234)五月,"孙权入居巢湖口,向合肥新城,又遣将陆议、孙韶各将万余人入淮、沔。"②扬州都督满宠见吴军势大,请求放弃合肥,退守寿春。曹睿拒绝了这一建议,决定亲自率领中军救援。他回复满宠曰:"纵(孙)权攻新城,必不能拔。敕诸将坚守,吾将自往征之,比至,恐权走也。"结果不出其所料,"帝军未至数百里,(孙)权遁走,(陆)议、(孙)韶等亦退。"③上述战例都反映了曹魏中军作战能力之强劲,及其对敌人产生的心理震慑。

### (三)迁士家于河南

曹丕定都洛阳之后,又着手将邺城附近的士兵家属迁往靠近京都的河南。《三国志》卷25《魏书·辛毗传》曰:"帝欲徙冀州士家十万户实河南。时连蝗民饥,群司以为不可,而帝意甚盛。"后来辛毗反复劝阻,强调:"'今徙,既失民心,又无以食也。'帝遂徙其半。"即有五万余户士家南迁。据史籍所载,此事应该发生在黄初三年(222),"秋七月,冀州大蝗,民饥,使尚书杜畿持节开仓廪以振之。"④曹丕此举在战略部署上是无可厚非的,因为原来中军等部队主力平时驻扎在邺城,其家庭就近居住在河北。此时既已迁都洛阳,中军在外出征战后若返回冀州探望亲眷、处理家务,则远离首都而不便朝廷掌控,又违背"强干弱枝"、"居重驭轻"的宗

---

①《三国志》卷35《蜀书·诸葛亮传》注引《汉晋春秋》。
②《三国志》卷3《魏书·明帝纪》。
③《三国志》卷3《魏书·明帝纪》。
④《三国志》卷2《魏书·文帝纪》。

旨,所以迁徙士家来河南属于势在必行之举,只是因为遭逢灾害
而暂时遇到困难,因此缩小了移民的规模。但迁徙其半数即五万
户也是很大的数目,若按战国秦汉农民平均一家五口计算[1],也有
二十余万人众。其余的冀州士家是否后来继续迁往河南? 史书
未见明确记载,若按照情理判断,他们应该在经济形势好转之后
徙居洛阳附近,与家里的中军丁壮相聚,而没有什么充足的理由
再留在河北。权家玉即认为:"此后军事一直围绕西南二方,邺城
已经失去其军事上的地位,所以迁徙部曲家属应该不止此一次,
邺城的士家全部搬迁到洛阳附近是极有可能的。"[2]他还列举了唐
长孺的研究成果来作佐证[3]。笔者补充,有些史料反映出在文帝
以后冀州虽然还是曹魏政权的经济重心,但其军事地位已然随着
中军的迁出而发生了明显的下降。例如,明帝时曾任命镇北将军
吕昭兼领冀州刺史,大臣杜恕即上奏表示反对,认为冀州属于内
地,不应由负责边防的将军兼领政务。"今荆、扬、青、徐、幽、并、
雍、凉缘边诸州皆有兵矣,其所恃内充府库外制四夷者,惟兖、豫、
司、冀而已。臣前以州郡典兵,则专心军功,不勤民事,宜别置将
守,以尽治理之务。"[4]值得注意的是,杜恕特别强调,冀州对于国
家的主要任务是承担粮饷财赋,而并非提供兵源。"冀州户口最

---

[1] 参见《汉书》卷24上《食货志上》李悝作尽地力之教:"今一夫挟五口,治田百亩,岁收
亩一石半,为粟百五十石。"又载晁错语:"今农夫五口之家,其服役者不下二人,其能
耕者不过百亩,百亩之收不过百石。"

[2] 权家玉:《试析曹魏时期许昌政治地位的变迁》,《魏晋南北朝隋唐史资料》第25辑。

[3] 参见唐长孺:《晋书赵至传中所见的曹魏士家制度》,《魏晋南北朝史论丛》,生活·读
书·新知三联书店,1955年,第30页。

[4]《三国志》卷16《魏书·杜畿附子恕传》。

多,田多垦辟,又有桑枣之饶,国家征求之府,诚不当复任以兵事也。"①这表明此时当地的居民多为普通百姓,而并非世代为兵的"士家"了。魏明帝在位时,诸葛亮频频北伐,西部边境局势紧张。司马孚奏请朝廷,"又以关中连遭贼寇,谷帛不足,遣冀州农丁五千屯于上邽,秋冬习战阵,春夏修田桑。由是关中军国有余,待贼有备矣。"②此处记载被迁徙到关中备战的是"冀州农丁",即身份为编户农民的丁壮,也不是"士家"世袭军人,同样从侧面反映了邺城附近的士家数量很少,不敷边警所用,只得驱使民户去徙边防御,这也从侧面反映了曹丕迁出冀州士家之半以后,剩下的五万余户很可能也按照朝廷的既定方针陆续移民河南了。

### (四)许昌亦为军政要地

曹魏前期(文、明两帝)军事政治格局发生的另一变化,就是许昌的战略地位有所上升。建安元年(196)献帝迁都许县之后,由于汉室贵戚百官对曹操的专权跋扈多有敌视与仇恨,多次出现企图推翻其统治的策划和行动③。献帝甚至当面向曹操发泄他的怨愤,致使此后曹操不再去朝见他。《后汉书》卷10下《皇后纪》曰:"自帝都许,守位而已,宿卫兵侍,莫非曹氏党旧姻戚。议郎赵

---

① 《三国志》卷16《魏书·杜畿附子恕传》。
② 《晋书》卷37《宗室传·安平献王孚》。
③ 例如《后汉书》卷9《孝献帝纪》载建安五年(200)正月,"车骑将军董承、偏将军王服、越骑校尉种辑受密诏诛曹操,事泄。壬午,曹操杀董承等,夷三族。"《后汉书》卷10下《皇后纪》载伏皇后曾给父亲伏完写信,"言曹操残逼之状,令密图之。"建安九年(204)其谋败露,皇后与父兄宗族被杀。《后汉纪》卷30载建安二十三年正月,"太医令吉平、少府耿熙等谋诛曹操,发觉,伏诛。"

彦尝为帝陈言时策,曹操恶而杀之。其余内外,多见诛戮。操后以事入见殿中,帝不任其愤,因曰:'君若能相辅,则厚;不尔,幸垂恩相舍。'操失色,俯仰求出。旧仪,三公领兵朝见,令虎贲执刃挟之。操出,顾左右,汗流浃背,自后不敢复朝请。"曹操平定北方以后定都邺城,并将中枢机构"霸府"也迁移到那里,许都由其亲信丞相长史王必监领,只留下傀儡皇帝和闲居的汉室公卿,因而失去了军政中心的地位。建安二十三年(218)正月,"汉太医令吉本与少府耿纪、司直韦晃等反,攻许,烧丞相长史王必营,必与颍川典农中郎将严匡讨斩之。"[1]事后曹操将汉室百官召至邺城,"令救火者左,不救火者右。众人以为救火者必无罪,皆附左;(魏)王以为'不救火者非助乱,救火乃实贼也'。皆杀之。"[2]这样许都只剩下被软禁的空头天子和少数官员、侍从,在政治上无足轻重,因而留下监控献帝的驻军数量也不多,以致在关羽进攻襄阳时,曹操还打算向河北迁都以避其锋[3]。曹丕代汉之后,废汉献帝为山阳公,将他遣送到河内居住[4],并改许县为许昌,隶属颍川郡。值得关注的是,许昌的军事、政治地位从此获得了明显的提升,其表现有以下几个方面。

1. **定为陪都**。如前所述,曹操在邺城建都后就基本上不再去许都朝见献帝。曹丕在黄初二年(221)正月将许昌与洛阳、长安、

---

① 《三国志》卷1《魏书·武帝纪》。
② 《三国志》卷1《魏书·武帝纪》注引《山阳公载记》。
③ 《晋书》卷1《宣帝纪》:"及蜀将关羽围曹仁于樊,于禁等七军皆没,(胡)脩、(傅)方果降羽,而仁围甚急焉。是时汉帝都许昌,魏武以为近贼,欲徙河北。"
④ 《后汉书》卷9《孝献帝纪》延康元年:"冬十月乙卯,皇帝逊位,魏王丕称天子。奉帝为山阳公。"李贤注:"山阳,县名,属河内郡,故城在今怀州修武县西北。"

谯、邺城列为"五都"。洛阳虽为"京都",但曹丕、曹睿父子统治时期曾频繁临幸许昌,而同为陪都的长安、邺城则很少光顾。有关学者统计,"魏文帝在位七年,八次行幸许昌。魏明帝在位十三年,曾先后五次驾临许昌。"①据《三国志》卷2《魏书·文帝纪》所载,曹丕在黄初三年(222)正月庚午,行幸许昌宫。至三月,"甲午,行幸襄邑。"四月,"癸亥,行还许昌宫。"然后停留到十月才离开,这一年里他在许昌共驻跸了八个月。黄初四年(223),"九月甲辰,行幸许昌宫。"直到下一年,"三月,行自许昌还洛阳宫。"此番留宿了六个月。黄初五年(224),"冬十月乙卯,太白昼见。行还许昌宫。"至次年"三月,行幸召陵"。又驻扎了五个月。可见他在许昌并非短暂停留,而是经常久驻。

　　明帝时曾在洛阳大兴土木,修建宫殿,因而带领百官移驾许昌。《三国志》卷13《魏书·钟繇附子毓传》曰:"时大兴洛阳宫室,车驾便幸许昌,天下当朝正许昌。许昌逼狭,于城南以毡为殿,备设鱼龙曼延,民罢劳役。毓谏,以为'水旱不时,帑藏空虚,凡此之类,可须丰年'。"考其事在青龙三年(235),"是时,大治洛阳宫,起昭阳、太极殿,筑总章观。百姓失农时,直臣杨阜、高堂隆等各数切谏,虽不能听,常优容之。"②曹睿在前一年的八月,"辛巳,行还许昌宫。"③整整停留了一岁,次年八月才回到京都,"丁巳,行还洛阳宫。"④另外,有些学者认为魏文帝在黄初元年(220)代汉之后,

---

①李俊恒:《"天下当朝正许昌"——兼论许昌历史发展特点与地位》,《许昌学院学报》2008年第3期。
②《三国志》卷3《魏书·明帝纪》青龙三年。
③《三国志》卷3《魏书·明帝纪》。
④《三国志》卷3《魏书·明帝纪》。

因为"洛阳宫未成,暂时以许昌为都"[1]。笔者对此持有异议。首先,据文帝本纪所载,当年"十二月,初营洛阳宫,戊午幸洛阳"[2]。表明曹丕在动工兴修后随即到达洛阳,并未在许昌等待很长时间。其次,上述观点依据的是以下史料。第一条是《南齐书》卷9《礼志上》:"魏武都邺,正会文昌殿,用汉仪,又设百华灯。后魏文修洛阳宫室,权都许昌,宫殿狭小,元日于城南立毡殿,青帷以为门,设乐飨会。"第二条是《通典》卷70《礼三十·元正冬至受朝贺》:"魏文帝受禅后修洛阳宫室,权都许昌,宫殿狭小,元日于城南立毡殿,青帷以为门,设乐飨会。"[3]但据笔者看来,这两条史料的内容和前引《三国志》卷13《魏书·钟繇附子毓传》所言情况基本相同,都是在城南立毡殿,以青帷为门。而据文帝本纪所言,黄初二年(221)的正旦元日,曹丕是在洛阳度过的,并不在许昌。因此上述《南齐书》卷9《礼志上》的时间记载应有谬误,即错把魏明帝写作了魏文帝;而杜佑撰写《通典》时未加考订便抄录进去,以致发生了张冠李戴的现象。

2. **别置武库粮仓**。许昌在曹丕代汉后具有重要的军事地位,还在于它设有屯积兵器粮饷的武库和仓城。西汉建都长安,在京师建有武库与太仓,同时又在号为天下之中的洛阳地区别设武库与敖仓,以便关东爆发战乱时,在洛阳集结的军队可以就近取用。吴楚之乱爆发时,桓将军对刘濞曰:"愿大王所过城邑不下,直弃去,疾西据雒阳武库,食敖仓粟,阻山河之险以令诸侯,虽毋入关,

---

①权家玉:《试析曹魏时期许昌政治地位的变迁》,《魏晋南北朝隋唐史资料》第25辑。
②《三国志》卷2《魏书·文帝纪》黄初元年。
③[唐]杜佑:《通典》卷70《礼三十·元正冬至受朝贺》,第386页。

天下固已定矣。"①汉武帝亦言:"洛阳有武库、敖仓,当关口,天下
咽喉。自先帝以来,传不为置王。"②函谷关和洛阳武库的长官均
由可靠人士充任,以保证朝廷对两处的掌控。如昭帝时丞相田千
秋之子出任雒阳武库令,霍光对此解释道:"幼主新立,以为函谷
京师之固,武库精兵所聚,故以丞相弟为关都尉,子为武库令。"③
东汉洛阳为首都,置武库于平城门内④。曹魏仍都洛阳,权家玉考
证其洛阳武库在曹丕时应已修建;又引嘉平元年(249)高平陵事
件时,"宣王部勒兵马,先据武库,遂出屯洛水浮桥。"⑤来证明洛阳
武库的存在。此外,曹魏政权还在许昌别置武库储藏兵器。《晋
书》卷14《地理志上》曰:"汉献帝都许。魏禅,徙都洛阳,许宫室武
库存焉,改为许昌。"这是说建安时期曹操即在许都设有武库,曹
丕代汉后将其保留下来。《元和郡县图志》卷8亦称:"魏太祖迎
(献)帝都许。及魏受禅,改许县为许昌县。然魏虽都洛,而宫室
武库犹在许昌。"⑥前述高平陵事变中,桓范曾对曹羲说:"卿别营
近在阙南,洛阳典农治在城外,呼召如意。今诣许昌,不过中宿,
许昌别库,足相被假;所忧当在谷食,而大司农印章在我身。"⑦这

①《史记》卷106《吴王濞列传》。
②《史记》卷126《滑稽列传》。
③《汉书》卷74《魏相传》。
④《后汉书·五行志一》:"灵帝光和元年,南宫平城门内屋、武库屋及外东垣屋前后顿
　坏。蔡邕对曰:'平城门,正阳之门,与宫连,郊祀法驾所由从出,门之最尊者也。武
　库,禁兵所藏。东垣,库之外障。《易传》曰:'小人在位,上下咸悖,厥妖城门内崩。'
　《潜潭巴》曰:'宫瓦自堕,诸侯强陵主。'此皆小人显位乱法之咎也。'"
⑤《三国志》卷9《魏书·曹真附子爽传》。
⑥[唐]李吉甫:《元和郡县图志》卷8《河南道四·许州》,第207页。
⑦《三国志》卷9《魏书·曹真附子爽传》注引《魏略》。

番话反映了许昌储有充足的兵械粮饷,可供曹爽兄弟起兵反对司马懿所用。试析如下:

首先,桓范所说的"许昌别库"就是曹魏政权在当地别设的武库。胡三省对此注释道:"许昌别库贮兵甲;洛阳有武库,故曰别库。被假,谓授兵也。"①其次,许昌自曹操兴办屯田以来,垦殖渐广,颇有屯积。据郑欣研究,"约拥有六十万亩耕地,八千多屯田户,四万多人——这大概就是建安初年许下屯田的规模。"②史籍载任峻为典农中郎将,"数年中所在积粟,仓廪皆满。"③因此曹操在许县建立了屯粮的基地,以供征伐所用。如邓艾《济河论》所言:"昔破黄巾,因为屯田,积谷许都,以制四方。"④其储存的洧仓城亦称"邸阁",在许昌城东,顾祖禹考证云:

> 洧仓城,在许昌故城东,即洧水之邸阁也。《水经注》:"洧水过长社县,分一支东流过许昌,又东入汶仓城内。"俗以洧水为汶水,故亦曰汶仓。东汉建安中枣祗建议屯田,募人屯许下,得谷百万斛,此其仓城也。⑤

三国之军仓称作"邸阁",规模巨大,储粮甚多。如曹魏河南有南顿邸阁,毌丘俭、文钦作乱时,王基主张:"军宜速进据南顿,南顿有大邸阁,计足军人四十日粮。保坚城,因积谷,先人有夺人之心,此平贼之要也。"⑥长安有横门邸阁,魏延请求以万人直出子

---

①《资治通鉴》卷 75 魏邵陵厉公嘉平元年正月胡三省注。
②郑欣:《魏晋南北朝史探索》,山东大学出版社,1989 年,第 61 页。
③《三国志》卷 16《魏书·任峻传》。
④《晋书》卷 26《食货志》。
⑤[清]顾祖禹:《读史方舆纪要》卷 47《河南二·许州》,第 2184—2185 页。
⑥《三国志》卷 27《魏书·王基传》。

午谷,奇袭长安。"(夏侯)楙闻延奄至,必乘船逃走。长安中惟有御史、京兆太守耳,横门邸阁与散民之谷足周食也。"①许昌的屯田与粮储由典农官员主管,史载曹魏有许昌典农都尉和颍川典农中郎将②。按照当时制度,典农系统由大司农管辖。所以桓范认为在当地解决军粮供应不成问题。如他所言:"洛阳典农治在城外,呼召如意。今诣许昌,不过中宿。"又云:"所忧当在谷食,而大司农印章在我身。"③就是说他可以凭借自己的职务来调取许昌典农治下仓城的储粮。

3. 充当征吴作战的后方基地。魏文帝与明帝频繁驻跸许昌的缘故之一,就是该地是对吴征伐的重要兵站。曹魏前期的中军主力"河南之众"除了部署在洛阳周围,还有许昌附近的众多士家。如胡三省所言:"魏受汉禅,以许昌为别宫,屯重兵,以为东、南二方根本。"④皇帝亲率大军征吴,往往是先由洛阳抵达许昌,与驻扎在当地的军队聚集起来,利用许昌武库和邸阁的物资储存,将器械粮饷补充完毕再行出征,战役结束后仍回到许昌或洛阳。据《三国志》卷2《魏书·文帝纪》所载,黄初三年(222)十月,"帝自许昌南征,诸军兵并进,(孙)权临江拒守。"黄初五年(224)七月,"行东巡,幸许昌宫。"八月率领舟师经颍水、淮水抵达寿春,九月至临江的广陵。至十月,"乙卯,太白昼见。行还许昌宫。"黄初六

---

①《三国志》卷40《蜀书·魏延传》注引《魏略》。

②[北魏]郦道元注,[民国]杨守敬、熊会贞疏:《水经注疏》卷22《颍水》:"颍水又南径颍乡城西。颍阴县故城在东北,旧许昌典农都尉治也。后改为县,魏明帝封侍中辛毗为侯国也。"熊会贞疏:"建安二十三年,有颍川典农中郎将严匡。考典农有中郎将、有都尉,此则都尉治也。"第1812页。

③《三国志》卷9《魏书·曹真附子爽传》注引《魏略》。

④《资治通鉴》卷76魏高贵乡公正元二年正月胡三省注。

年(225)三月,"行幸召陵,通讨虏渠。乙巳,还许昌宫。……辛未,帝为舟师,东征。"魏明帝在位时仅亲征东吴一次,其本纪载青龙二年(234)五月,孙权进攻合肥。"秋七月壬寅,帝亲御龙舟东征。(孙)权攻新城,将军张颖等拒守力战,帝军未至数百里,权遁走。"[1]曹魏中军到达淮南前线之后,"八月己未,大曜兵,飨六军,遣使者持节犒劳合肥、寿春诸军。辛巳,行还许昌宫。"[2]虽然未写明他领兵出发的地点,但据明帝所作《棹歌行》称"发我许昌宫"[3],可见确是在该地出征的。

需要注意的是,魏文帝率领军队主力离开河南之后,即命令抚军大将军司马懿坐镇许昌,以该地作为大军出征的后方基地和中心。《晋书》卷1《宣帝纪》曰:"(黄初)五年,天子南巡,观兵吴疆。帝留镇许昌,改封向乡侯,转抚军、假节,领兵五千,加给事中、录尚书事。"又云:"(黄初)六年,天子复大兴舟师征吴,复命帝居守,内镇百姓,外供军资。临行,诏曰:'吾深以后事为念,故以委卿。曹参虽有战功,而萧何为重。使吾无西顾之忧,不亦可乎!'天子自广陵还洛阳,诏帝曰:'吾东,抚军当总西事;吾西,抚军当总东事。'于是帝留镇许昌。"曹丕对这一安排的解释是,因为许昌是装备和粮饷等军需物资的聚集地,所以要派遣亲信要员来驻守。"至于元戎出征,则军中宜有柱石之贤帅;辎重所在,又宜有镇守之重臣,然后车驾可以周行天下,无内外之虑。"[4]司马懿在许昌的任务,是保障后续部队的支援,以及处理后方的日常政务

①《三国志》卷3《魏书·明帝纪》。
②《三国志》卷3《魏书·明帝纪》。
③《宋书》卷21《乐志三》。
④《三国志》卷2《魏书·文帝纪》注引《魏略》。

和往来公文。若曹丕所言："吾今当征贼,欲守之积年。其以尚书令颍乡侯陈群为镇军大将军,尚书仆射西乡侯司马懿为抚军大将军。若吾临江授诸将方略,则抚军当留许昌,督后诸军,录后台文书事。"[①]

以上种种情况,都反映出曹魏王朝建立之后,将军事、政治重心区域由河北南部转移到河南中部地带,那里设有首都洛阳和频繁驻跸的陪都许昌,是皇帝百官与部队主力"中军"将士的常驻之地,又分别设有屯积兵器、粮饷的武库与仓城,可为大规模的军事行动提供物资补充,因而取代了建安时期邺城和冀州的重要地位及战略影响。

## 六、对曹魏军政重心南移原因的分析

曹魏王朝建立以后,为什么要将军事、政治重心从冀州转移到河南?笔者以为,这主要是因为它的对外作战区域已经由华北改变为江淮、江汉与秦岭地带,战线的南移和西延,使魏都邺城与军队主力休整屯集的冀州与前方的距离越来越远,无论是中军的远征及粮饷转运,还是都城与边境之间的信息传递,都有鞭长莫及之感,将指挥中枢与军队主力安置在洛阳、许昌则更加靠近前线,兵员和给养运输来往较为方便,可以节省大量的时间与人力、物力,这是曹魏统治集团调整战略部署的根本原因。下文对此予以详述:

建安十三年(208)末赤壁之战后,"曹公遂北还,留曹仁、徐晃

---

①《三国志》卷 2《魏书·文帝纪》注引《魏略》。

于江陵,使乐进守襄阳。"[1]次年周瑜、刘备打败曹仁,占领了荆州江北的南郡、宜都等地区,迫使曹兵撤退。扬州方面,曹操屡次南下巢湖,与孙权作战不利,被迫收缩战线,下令将淮南民众北迁。《三国志》卷47《吴书·吴主传》曰:"曹公恐江滨郡县为权所略,征令内移。民转相惊,自庐江、九江、蕲春、广陵户十余万,皆东渡江,江西遂虚。"建安二十四年(219)孙权袭取荆州后,魏吴双方的边境基本上稳定下来,沔口(今湖北武汉市汉阳区)以东,孙权采取"限江自保"的战略,凭借长江以北沿岸的许多重要据点来进行防御,如东关(今安徽巢湖市东关镇)、濡须(今安徽无为县东南)、羡溪(今安徽裕溪口)、历阳(今安徽和县历阳镇)、广陵(今江苏扬州市西南)和皖城(今安徽潜山县)。沔口以西,两国大致以汉水为界,曹魏亦将汉南居民北徙[2],只是占据了背依汉水的襄阳等少数要塞。如诸葛亮所言:"(孙)权之不能越江,犹魏贼之不能渡汉,非力有余而利不取也。"[3]西方战线,曹操在建安二十年(215)占领汉中,迫降张鲁,但后来与刘备争夺该地失利,只得于建安二十四年(219)退回关中,放弃了秦岭以南的领土。此后的四十余年内,曹魏与吴、蜀两国基本上以长江、汉水和秦岭为界相持,虽然三方曾经屡次发动越境的进攻,可是在钟会、邓艾灭蜀之役以前,那些征战都没有打破南北对峙的地理格局。在此期间,魏国与吴、蜀的作战集中发生在淮南、襄樊和陇右的几个热点地段。

---

① 《三国志》卷 47《吴书·吴主传》。

② 《三国志》卷 9《魏书·曹仁传》载黄初元年,"孙权遣将陈邵据襄阳,诏仁讨之。仁与徐晃攻破邵,遂入襄阳,使将军高迁等徙汉南附化民于汉北。"《三国志》卷 9《魏书·夏侯尚传》亦曰:"荆州残荒,外接蛮夷,而与吴阻汉水为境,旧民多居江南。"

③ 《三国志》卷 35《蜀书·诸葛亮传》注引《汉晋春秋》。

如曹睿所言："先帝东置合肥，南守襄阳，西固祁山，贼来辄破于三城之下者，地有所必争也。"①

　　在曹操平定北方的战争里，邺城与冀州成功地充当了军政指挥中心与后方基地，但是在战线南移和西延的新形势下，它们则因为距离前方过于遥远而呈现出劣势。例如，从邺城出发到长安约有二千里，行军就需要两个月②。马超进围祁山时，守将姜叙向驻守长安的夏侯渊求援，部将们认为应该请示曹操再做行动。夏侯渊即反对说：'公在邺，反覆四千里，比报，叙等必败，非救急也。"③建安十六年（211）曹操西征关中，颇为担心韩遂、马超等叛乱势力退守各地，因为这样会使战争拖延日久，而造成后方补给的困难。他曾对诸将说："关中长远，若贼各依险阻，征之，不一二年不可定也。今皆来集，其众虽多，莫相归服，军无适主，一举可灭，为功差易，吾是以喜。"④如果从关中走褒斜道穿越秦岭到汉中盆地，则要再跋涉五百里栈道⑤。建安二十年（215）曹操平张鲁之役，是从长安到陈仓（今陕西宝鸡市）出散关、阳平关至汉中，绕路几至千里，致使士卒非常疲惫。《魏书》曰："军自武都山行千里，升降险阻，军人劳苦。公于是大飨，莫不忘其劳。"⑥这次战役往返交兵历时将近一岁，王粲诗云："拓土三千里，往反速如飞。歌舞

①《三国志》卷3《魏书·明帝纪》。

②《三国志》卷1《魏书·武帝纪》建安二十三年，"秋七月，治兵，遂西征刘备，九月，至长安。"

③《三国志》卷9《魏书·夏侯渊传》。

④《三国志》卷1《魏书·武帝纪》。

⑤《三国志》卷14《魏书·刘放传》注引《孙资别传》曰："（曹操）数言'南郑直为天狱，中斜谷道为五百里石穴耳'，言其深险，喜出（夏侯）渊军之辞也。"

⑥《三国志》卷1《魏书·武帝纪》注引《魏书》。

入邺城，所愿获无违。"①其实不过为阿谀逢迎的溢美之词，从河北到汉中，将士们来回行军的时间就有四五个月，怎能其速如飞？漫长的旅途对物资和兵员的损耗势必是非常严重的。

对于南下的征吴作战，邺城作为军队的集结地也有很多不利因素。曹魏对孙吴用兵的作战区域主要是淮南和荆襄两地。其中襄樊至江陵一路距离冀州相当遥远，兵员粮饷的长途转运会造成严重的困难。襄樊地区经历多年战乱后经济残破，无力负担大军的给养。如魏文帝即位时，"会孙权帅兵西过，朝议以樊、襄阳无谷，不可以御寇。"②而中原与襄樊之间没有顺畅的漕路可以利用，粮饷只能通过陆运到前线，因此耗时费力。据史籍所载，襄樊的后方南阳等地在建安末年就因为频繁征发百姓转运而引起过暴动。建安二十三年(218)十月，"宛守将侯音等反，执南阳太守，劫略吏民，保宛。"③《曹瞒传》曾言此事曰："是时南阳间苦徭役，(侯)音于是执太守东里衮，与吏民共反，与关羽连和。"④《资治通鉴》卷 68 亦载其事，胡三省注曰："繇，读曰徭。苦于供给曹仁之军也。"就连供应一支地方部队的给养都如此困难，更何况是大军的需求。正是这个缘故，曹操于赤壁战后逐渐放弃了南郡，在襄阳采取守势，而亲率主力"四越巢湖"，以淮南为对吴作战的主攻方向。在这种形势下，邺城作为南征的后方基地与军队集结、休整的兵站，很快就暴露出明显的缺陷，那就是利用水道转运殊为

①《三国志》卷 1《魏书·武帝纪》裴松之注引王粲诗。
②《晋书》卷 1《宣帝纪》。
③《三国志》卷 1《魏书·武帝纪》。
④《三国志》卷 1《魏书·武帝纪》注引《曹瞒传》。

不易。当地虽然可以利用漳水和白沟运渠进入黄河,但是必须逆水西行至荥阳,在石门转入渠水东下,到浚仪(今河南开封市)入蒗荡渠,然后经涡水或颍水入淮,才可以到达淮南。由于路线曲折,且有逆流行舟之不便,曹操在赤壁战后再次筹备征吴,就没有回到邺城,而是来到濒临涡水的谯县(今安徽亳州市),在那里设置工场兴造战船,休整部队,屯积粮饷,然后顺流东下扬州。见《三国志》卷 1《魏书·武帝纪》建安十四年:"春三月,军至谯,作轻舟,治水军。秋七月,自涡入淮,出肥水,军合肥。"通过任命郡县长吏、开芍陂屯田等措施巩固了当地的统治,"十二月,军还谯。"此后曹操征吴,虽然均从邺城出发,但军队往往是先到谯县停留休整,然后再乘舟东下。例如建安十七年(212)"冬十月,(曹)公征孙权。"①他在行前上奏献帝,"表请(荀)彧劳军于谯,因辄留彧,以侍中光禄大夫持节,参丞相军事。"②至"十八年春正月,进军濡须口。"③建安二十一年(216),"冬十月,治兵,遂征孙权。十一月至谯。"④直到次年正月才进军居巢(今安徽巢湖市居巢区)。计算行军时间,曹兵从出发到抵达淮南前线历时三个月。由于拖延日久,孙吴方面早已获得相关信息,拥有充分的时间来进行备战。例如建安十七年(212),孙权"闻曹公将来侵,作濡须坞"⑤。这是根据吕蒙的建议所筑,"所以备御甚精,曹公不能下而退。"⑥

----

①《三国志》卷 1《魏书·武帝纪》。
②《三国志》卷 10《魏书·荀彧传》。
③《三国志》卷 1《魏书·武帝纪》。
④《三国志》卷 1《魏书·武帝纪》。
⑤《三国志》卷 47《吴书·吴主传》建安十七年。
⑥《三国志》卷 54《吴书·吕蒙传》。

　　曹丕迁都洛阳,并将中军主力与家属安置在京都附近,这一战略部署的调整有以下多方面的好处:洛阳周围山河环绕,利于防御。如刘邦群臣所言:"雒阳东有成皋,西有殽黾,倍河,向伊雒,其固亦足恃。"①翼奉亦谓汉元帝曰:"臣愿陛下徙都于成周,左据成皋,右阻黾池,前乡崧高,后介大河,建荥阳,扶河东,南北千里以为关,而入敖仓;地方百里者八九,足以自娱;东厌诸侯之权,西远羌胡之难。"②不过更为重要的是,洛阳的地理位置居天下之中,"诸侯四方纳贡职,道里均矣。"③曹魏政权以此为后方屯兵基地向东、南、西方出征和运送给养,要比从邺城出发节省许多时间和人力物力。洛阳距离襄樊前线较近,据顾祖禹统计,当地"南至南阳府三百里"④,而南阳郡治宛城"南至湖广襄阳府二百六十里"⑤。故关羽围攻樊城时,曹操移驾洛阳调兵督战。黄初三年(222)曹魏中军南征江陵,曹丕坐镇宛城遥控指挥,战役结束后返回洛阳。洛阳距离西线雍凉战区路途稍远,长安"东至河南陕州四百五十里"⑥,而陕州"在(河南)府西三百里"⑦;合计为七百五十里(清代里制略大于汉魏,后者每里约为 0.415 公里),相比邺城

---

① 《史记》卷 55《留侯世家》。
② 《汉书》卷 75《翼奉传》。
③ 《史记》卷 99《刘敬叔孙通列传》。
④ [清]顾祖禹:《读史方舆纪要》卷 48《河南三·河南府》,第 2213 页。笔者按:《晋书》卷 1《宣帝纪》载孟达与诸葛亮书曰:"宛去洛八百里,去吾一千二百里,闻吾举事,当表上天子,比相反覆,一月间也,则吾城已固,诸军足办。"所言洛阳到宛城的里数与顾祖禹之统计差距较大,尽管汉魏里距稍短,但仍与实际情况有相当明显的出入,故不取用。
⑤ [清]顾祖禹:《读史方舆纪要》卷 51《河南六·南阳府》,第 2397 页。
⑥ [清]顾祖禹:《读史方舆纪要》卷 53《陕西二·西安府》,第 2505 页。
⑦ [清]顾祖禹:《读史方舆纪要》卷 48《河南三·河南府》,第 2270 页。

的"反覆四千里"仍然近了很多。若是对东吴作战,曹魏大军从洛阳出征可以全程运用水路,而且都是顺流行舟。王鑫义考证其路线为:"由洛阳出发,行经黄河,由荥阳水门转入蒗荡渠,经蒗荡渠顺流而下入颍河,循颍浮淮而至寿春,再由寿春沿淮东下,经中渎水(即古邗沟)漕路而至广陵。"[1]正是因为洛阳拥有地理位置居中的优势,"南有宛、叶之饶,东压江、淮食湖海之利,西驰崤、渑据关、河之胜。"[2]它才被曹魏统治集团选为京都和中军主力屯据之地。不过,若是使用上述漕路征伐孙吴,并非从洛阳直趋淮河流域,而是先经洛水、黄河往东北,至荥阳入水门后折向东南,因此还不是最为捷近的路途。在这方面,洛阳的位置和条件要逊于许昌。后者的优势在于以下几点:

首先,许昌在洛阳东南,"西至河南府三百三十里"[3],因而距离淮南前线更近,行军及转输耗费的物资和时间明显要减少许多。其次,许昌附近土沃水丰,"原野宽平,耕屯有赖"[4]曹魏自建安初年以来屯田垦殖非常成功,当地积粮充足,可供军用。"自文帝到明帝时期,扬州一带并没有大规模的屯田,在攻吴的大势下,前线的军粮供应成为必须解决的问题,而这就使得一直以来卓有成效的许下屯田的价值更为突出。"[5]再次,许昌利用水路漕运更加方便。该地东北濒临洧水,西南靠近潩水,这两条河流都向东南汇入颍水,再流进淮河。如果在许昌发兵东征,可以就近乘船

①王鑫义主编:《淮河流域经济开发史》,黄山书社,2001年,第302—303页。
②[清]顾祖禹:《读史方舆纪要》卷48《河南三·河南府》,第2216页。
③[清]顾祖禹:《读史方舆纪要》卷47《河南二·开封府》,第2183页。
④[清]顾祖禹:《读史方舆纪要》卷47《河南二·许州》,第2183页。
⑤权家玉:《试析曹魏时期许昌政治地位的变迁》,《魏晋南北朝隋唐史资料》第25辑。

入颍，而不必像从洛阳出发那样，经洛水入河，再由荥阳入渠水，至浚仪入蒗荡渠，辗转几次才进入颍水。所以曹丕、曹睿父子三次从许昌出征淮南，都是在当地集结兵马和船队，然后动身出发的。例如文帝于黄初五年（224）"秋七月，行东巡，幸许昌宫。八月，为水军，亲御龙舟，循蔡、颍，浮淮，幸寿春。"①黄初六年（225）三月，"乙巳，还许昌宫。并州刺史梁习讨鲜卑轲比能，大破之。辛未，帝为舟师东征。"②明帝在青龙二年（234）领中军至寿春，"秋七月壬寅，帝亲御龙舟东征。"③据他作歌所云：

> 皇上悼愍斯，宿昔奋天怒。发我许昌宫，列舟于长浦。
> 翌日乘波扬，棹歌悲且凉。大常拂白日，旗帜纷设张。将抗
> 旄与钺，耀威于彼方。伐罪以吊民，清我东南疆。④

表明曹睿也是在许昌附近的河岸登船前行的。值得注意的是，曹丕还下令在许昌以南的召陵（今河南郾城县东）开通了"讨虏渠"，以便利对吴作战的兵员给养运输。《读史方舆纪要》卷47曰："讨虏渠，在（郾城）县东五十里。曹魏黄初六年行幸召陵，通讨虏渠，谋伐吴也。"⑤据王育民考证，其渠道在今河南郾城、商水两县之间，为沟通颍水与汝水的河道⑥。

　　如前所述，曹魏舟师入淮的途径还有涡水，曹操、曹丕都曾在

---

①《三国志》卷2《魏书·文帝纪》。
②《三国志》卷2《魏书·文帝纪》。
③《三国志》卷3《魏书·明帝纪》。
④《宋书》卷21《乐志三》载魏明帝《棹歌行》。
⑤[清]顾祖禹：《读史方舆纪要》卷47《河南二·开封府》，第2191页。
⑥参见王育民：《中国历史地理概论》（上），第268页。

濒临涡水的谯县集结军队后东下征吴①。权家玉对此分析对比后
精辟地指出:"若战事在广陵,则两条路线不相上下。但若前往合
肥,则不论哪条水道都必须自淮河从重镇寿春沿肥水南下。颍水
入淮后可以顺流而下达寿春,而涡水入淮却必须逆流而上,这就
为行军带来较大的困难,而且最主要的是许昌的物资,大军从许
昌出发可以携粮而下,颍水的这一优势是涡水所没有的。而曹魏
与孙吴的战争焦点在合肥,甚至南达长江,那么寿春、合肥一线的
水路就不可避免。"②许昌因此拥有地理方面的优势,特别是在迁
都洛阳之后。

　　综上所述,由于赤壁之战后曹魏的主要作战区域向南方和西
部转移,以邺城为中心的冀州距离前线过于遥远,往返跋涉劳苦
费时,而且南下的水运不够通畅,所以不再适宜充当军队主力及
家属屯集的后方基地。曹丕因此把冀州士家迁往中原河南,将地
理位置适中且交通运输便利的洛阳和许昌确立为首都和陪都,并
作为对吴、蜀作战主力部队的集结出发地点。此后曹魏政权的心
腹重地就是"许、洛",这从世人的言论可以反映出来。例如黄初
二年(221)魏使邢贞赴吴缔约,面有骄色。徐盛怒谓同僚曰:"盛
等不能奋身出命,为国家并许洛,吞巴蜀,而令吾君与贞盟,不亦
辱乎!"③太和二年(228),魏将曹休领兵进攻皖城(今安徽安庆
市)。朱桓认为"(曹)休本以亲戚见任,非智勇名将也。今战必

---

①曹操在谯县集结休整军队后征吴的情况可见本文前述,据《三国志》卷2《魏书·文帝
　纪》所载,曹丕在黄初六年(225)三月乙巳抵达许昌,"辛未,帝为舟师东征。五月戊
　申,幸谯。"在当地停留了三个月。"八月,帝遂以舟师自谯循涡入淮,从陆道幸徐。"
②权家玉:《试析曹魏时期许昌政治地位的变迁》,《魏晋南北朝隋唐史资料》第25辑。
③《三国志》卷55《吴书·徐盛传》。

败，败必走。"①因而向孙权建议："若蒙天威，得以（曹）休自效，便可乘胜长驱，进取寿春，割有淮南，以规许、洛。此万世一时，不可失也。"②如前所述，曹魏的主力"中军"及"外军"亲属"士家"由于分驻于洛阳、许昌附近，被诸葛亮称为"河南之众"③；也被吴人称作"许、洛之众"或"许、洛兵"。例如正始二年（241）吴军北伐，殷礼向孙权建议："西命益州军于陇右，授诸葛瑾、朱然大众，指事襄阳，陆逊、朱桓别征寿春，大驾入淮阳，历青、徐。襄阳、寿春困于受敌，长安以西务对蜀军，许、洛之众势必分离。"④嘉平四年（252），魏将胡遵、诸葛诞等率众七万进攻东兴（今安徽巢湖市东关镇），孙吴太傅诸葛恪领兵来援。吴将皆以为敌军必然撤退，丁奉独持异议曰："不然。彼动其境内，悉许、洛兵大举而来，必有成规，岂虚还哉？"⑤胡综伪作吴质降书亦言："今若内兵淮、泗，据有下邳，荆、扬二州，闻声响应。臣从河北席卷而南，形势一连，根牙永固。关西之兵系于所卫，青、徐二州不敢彻守，许、洛余兵众不满万，谁能来东与陛下争者？"⑥这些都表明曹魏代汉以后，其兵力部署和政治枢要的地理格局都发生了很大变化，洛阳、许昌所在的河南中部成为军事重心区域，从而开创了一个新的时期。

---

①《三国志》卷 56《吴书·朱桓传》。
②《三国志》卷 56《吴书·朱桓传》。
③《三国志》卷 35《蜀书·诸葛亮传》注引《汉晋春秋》。
④《三国志》卷 47《吴书·吴主传》赤乌四年注引《汉晋春秋》。
⑤《三国志》卷 55《吴书·丁奉传》。
⑥《三国志》卷 62《吴书·胡综传》。

## 七、曹魏中叶至晋初兵力部署的演变与影响

自正始年间(240—249)以后,随着中原社会经济的恢复与人口增长,曹魏的国势日益强盛,逐渐获得与吴蜀对峙作战的明显优势和主动权。受上述发展趋势的支配影响,曹魏后期到西晋初年的军事部署出现了一些变化,对其后来消灭蜀、吴两国,统一天下的战争进程产生了重要作用。分述如下:

### (一)许昌驻军东移与淮南兵力的强盛

明帝去世以后,曹魏兵力部署出现的显著变化,就是许昌附近的大量驻军东调,在颍水下游与淮河中游沿岸进行屯田。当时朝廷为了对吴作战的粮饷补给问题,派遣邓艾到两淮实地考察。"时欲广田畜谷,为灭贼资,使艾行陈、项已东至寿春。"[1]邓艾了解情况后上奏,认为:"今三隅已定,事在淮南,每大军征举,运兵过半,功费巨亿,以为大役。"[2]他就解决征吴军队与给养的运输困难提出了一系列建议,获得了权臣司马懿的赞同和实施。"宣帝善之,皆如艾计施行"[3]其具体内容包括以下几项:

1. 开渠修陂,溉田通漕。在淮北的颍水流域大修水利工程,"(邓)艾以为'田良水少,不足以尽地利,宜开河渠,因以引水浇溉,大积军粮,又通运漕之道'。乃著《济河论》以喻其指。……正

---

①《三国志》卷 28《魏书·邓艾传》。
②《三国志》卷 28《魏书·邓艾传》。
③《晋书》卷 26《食货志》。

始二年,乃开广漕渠。"①《晋书》卷 1《宣帝纪》则载开渠在正始三年(242),"三月,奏穿广漕渠,引河入汴,溉东南诸陂,始大佃于淮北。"若按此处"引河入汴"的记载,该渠似应在荥阳附近。但据《水经注》卷 22《沙水》所言:"沙水又南与广漕渠合,上承庞官陂,云邓艾所开也。虽水流废兴,沟渎尚夥。昔贾逵为魏豫州刺史,通运渠二百里余,亦所谓贾侯渠也。"杨守敬疏:"《(读史)方舆纪要》,广漕渠在陈州南,就下流言也。如《注》所指,在今淮宁县西北。"②淮宁县即今河南淮阳县,学术界认为后者与邓艾考察和建议施工的地点更为接近,"郦、顾二氏之说当较为近理。"③其实这两种观点可以并存,邓艾所著《济河论》自然与治理黄河有关,据《晋书》卷 47《傅玄附祇传》记载,邓艾确实修通过荥阳石门,消除了黄河水灾的后患。"自魏黄初大水之后,河济泛溢,邓艾尝著《济河论》,开石门而通之。"因此说他"引河入汴"并不为错,而邓艾对贾侯渠的疏通也是事实。王鑫义曾考证云:"邓艾修治的广漕渠即长平县附近及东南的蒗荡渠下游水道。黄初大水之后,贾逵曾于此疏浚运渠 200 余里,称为'贾侯渠'。至正始时这段漕路又被淤浅,影响航运,故邓艾又加修治。由于邓艾不但修治了荥阳石门和蒗荡渠上游渠道,而且又疏浚了蒗荡渠下游的广漕渠,这样由洛阳经黄河、蒗荡渠、颍河而达淮河的漕路更加畅通。"④另外,据《晋书》卷 26《食货志》记载,邓艾"兼修广淮阳、百尺二渠,上

---

①《三国志》卷 28《魏书·邓艾传》。

②[北魏]郦道元撰,[民国]杨守敬、熊会贞疏:《水经注疏》卷 22《沙水》,第 1913—1914 页。

③王育民:《中国历史地理概论》(上),第 269 页。

④王鑫义主编:《淮河流域经济开发史》,第 303—304 页。

引河流,下通淮颍,大治诸陂于颍南、颍北,穿渠三百余里,溉田二万顷,淮南、淮北皆相连接"。这些工程极为有力地促进了当地农垦和漕运事业的发展。关于淮阳、百尺二渠的路线与位置,《读史方舆纪要》卷47《河南二·开封府》"陈州"条曰:"贾侯渠,在城西。《水经注》:'后汉贾逵为豫州刺史所开运渠也,或谓之淮阳渠。'又州南有广漕渠,《水经注》以为邓艾所开。"①地点亦在河南淮阳县附近,可能是邓艾对贾逵开凿渠道的修通拓广。百尺渠又名百尺沟,因与颍水交汇处有百尺堰而得名,也在曹魏陈县,即今河南淮阳县附近②。王育民考证云:"百尺沟北在陈县东与广漕渠接,南由古百尺堰的交口入颍,当系古蒗荡渠的下段。"③

　　2. 废许昌附近稻田,调部分驻军于**两淮屯垦**。邓艾建议:"陈、蔡之间,土下田良,可省许昌左右诸稻田,并水东下。令淮北屯二万人,淮南三万人。"④后来这数万军队东调以后,即分散在当地务农备战。"遂北临淮水,自钟离而南横石以西,尽沘水四百余里,五里置一营,营六十人,且佃且守。"⑤由于土沃水丰,可以收获并积蓄大量存粮,用于将来的对吴作战。邓艾预计:"水丰常收三倍于西,计除众费,岁完五百万斛以为军资。六七年间,可积三千

①[清]顾祖禹:《读史方舆纪要》卷47《河南二·开封府》,第2177页。

②[北魏]郦道元注,[民国]杨守敬、熊会贞疏:《水经注疏》卷22《沙水》:"沙水又东而南屈,径陈城东,谓之百尺沟。又南分为二水,沙水出焉……又东南流注于颍,谓之交口,水次有大堰,即古百尺堰也。《魏书》《国志》曰:司马宣王讨太尉王凌,大军掩至百尺堨,即此堨也。今俗呼之为山阳堰,非也。盖新水首受颍水于百尺沟,故堰兼有新阳之名也。"第1917—1919页。

③王育民:《中国历史地理概论》(上),第269页。

④《三国志》卷28《魏书·邓艾传》。

⑤《晋书》卷26《食货志》。

万斛于淮上，此则十万之众五年食也。以此乘吴，无往而不
克矣。"①

　　3. 屯田士兵施行"分休"制度。由许昌东调的数万屯田官兵
属于"外军"，其家属与产业仍留在河南后方。邓艾建议对他们施
行"分休"，即轮换回家休假的制度。"令淮北屯二万人，淮南三万
人，十二分休，常有四万人。"②也就是允许驻军的十分之二定期轮
番返乡休假，协助亲属料理家务，两淮屯兵驻地始终保持着四万
军队。这种轮休制度在三国屡屡可见，例如诸葛亮在汉中筹备北
伐，"旌旗利器，守在险要，十二更下，在者八万。"③而他的麾下军
队总数即在十万左右④，"十二更下"也是让十分之二的将士回家
休整。后方的军属其实是朝廷对外地驻兵掌控的人质，迫使他们
轻易不敢反叛。如毌丘俭、文钦在寿春作乱，"淮南将士，家皆在
北，众心沮散，降者相属。"⑤就是明显的例证。

　　邓艾开渠移屯的计划获得实施后大见成效，从洛阳到淮南前
线沿途都有军屯和仓储，基本上解决了粮食的供应问题。"自寿
春到京师，农官兵田，鸡犬之声，阡陌相属。每东南有事，大军出
征，泛舟而下，达于江淮，资食有储，而无水害，艾所建也。"⑥两淮
大兴军屯的开创时间，据《晋书》卷1《宣帝纪》记载是在正始四年

①《三国志》卷28《魏书·邓艾传》。
②《三国志》卷28《魏书·邓艾传》。
③《三国志》卷35《蜀书·诸葛亮传》注引《郭冲五事》。
④参见《三国志》卷39《蜀书·马良附弟谡传》注引《襄阳记》："谡临终与亮书曰：'明公
　视谡犹子，谡视明公犹父，愿深惟殛鲧兴禹之义，使平生之交不亏于此，谡虽死无恨
　于黄壤也。'于时十万之众为之垂涕。"
⑤《三国志》卷28《魏书·毌丘俭传》。
⑥《晋书》卷26《食货志》。

(243)。"帝以灭贼之要,在于积谷,乃大兴屯守,广开淮阳、百尺二渠,又修诸陂于颍之南北,万余顷。自是淮北仓庾相望,寿阳至于京师,农官屯兵连属焉。"而经历十年左右的发展,淮南地区的经济、人口和军事力量即大为增长,例如正元二年(255)正月,毌丘俭、文钦发动叛乱,"二月,俭、钦帅众六万,渡淮而西。"①兵败之后,"寿春中十余万口,闻俭、钦败,恐诛,悉破城门出,流迸山泽,或散走入吴。"②这十余万人应该包括城市居民和毌丘俭出征后留守的军队,反映出当地兵民之繁众。甘露二年(257)五月,诸葛诞在寿春叛乱,"敛淮南及淮北郡县屯田口十余万官兵,扬州新附胜兵者四五万人,聚谷足一年食,闭城自守。"③由此亦可见扬州地区兵力之强盛,而这些都是在邓艾两淮屯田的基础上发展起来的。

司马氏平定"淮南三叛"之后,当地仍为曹魏的东南重镇;沿至晋初,其兵力并未减弱。"自诸葛诞破灭,(石)苞便镇抚淮南,士马强盛,边境多务,苞既勤庶事,又以威德服物。"④后来王浑接任扬州都督,他的部队在平吴之役中充当了重要角色,消灭了孙吴的"中军"主力。"吴丞相张悌、大将军孙震等率众数万指城阳,(王)浑遣司马孙畴、扬州刺史周浚击破之,临陈斩二将,及首虏七千八百级,吴人大震。"⑤晋武帝曾任命王浑为总攻建业的前线指挥,统率其他州兵。"诏书使(王)濬下建平,受杜预节度。至秣陵,受王

---

①《晋书》卷 2《景帝纪》。
②《三国志》卷 28《魏书·诸葛诞传》。
③《三国志》卷 28《魏书·诸葛诞传》。
④《晋书》卷 33《石苞传》。
⑤《晋书》卷 42《王浑传》。

浑节度。"①只是由于王濬贪功,没有服从王浑的指挥,才得以先入吴都,接受孙皓的归降。"及(王)濬将至秣陵,王浑遣信要令暂过论事,濬举帆直指,报曰:'风利,不得泊也。'王浑久破皓中军,斩张悌等,顿兵不敢进。而濬乘胜纳降。"②战后晋武帝下诏充分肯定了王浑所率扬州部队的功绩:"使持节、都督扬州诸军事、安东将军、京陵侯王浑,督率所统,遂逼秣陵,令贼孙皓救死自卫,不得分兵上赴,以成西军之功。又摧大敌,获张悌,使皓途穷势尽,面缚乞降。遂平定秣陵,功勋茂著。"③

　　史学界通常认为,曹魏在颍水下游、淮河流域大举兴修水利、调兵屯田的措施,巩固和加强了东南边防,使淮南的军事地位陡然上升,最终促进了晋初对全国的统一④。如王夫之所论:"曹孟德始屯田许昌,而北制袁绍,南折刘表;邓艾再屯田陈、项、寿春,而终以吞吴;此魏、晋平定天下之本图也。"⑤需要强调的是,吴蜀联盟抗魏,经常采取东西共同出击的策略,使曹魏的中军主力"河南之众"往来奔命,陷于两面作战的被动局面。如诸葛亮所言:"今贼适疲于西,又务于东,兵法乘劳,此进趋之时也。"⑥胡三省对此注释道:"疲于西,谓郿县、祁山之师;务于东,谓江陵、东关、石

---

①《晋书》卷 42《王濬传》。
②《晋书》卷 42《王濬传》。
③《晋书》卷 42《王浑传》。
④参见林志华:《曹魏在江淮的屯田》,《安徽大学学报》1982 年第 1 期;王鑫义:《曹魏淮河流域屯田述论》,《安徽大学学报》2000 年第 5 期;权家玉:《试析曹魏时期许昌政治地位的变迁》,《魏晋南北朝隋唐史资料》第 25 辑。
⑤[清]王夫之:《读通鉴论》卷 10《三国》,第 285 页。
⑥《三国志》卷 35《蜀书·诸葛亮传》注引《汉晋春秋》。

亭之师也。"①邹云涛指出,曹魏开辟淮河流域屯垦区的另一种成果是:北方政权避免了两线作战的不利形势,在与吴、蜀的战争中占据了有利地位。由于打通了黄河中下游地区到江淮的漕运路线,沿途又能提供充裕的军需物资,"吴军所凭藉的地利优势开始丧失,淮河流域军屯区就如一堵坚墙,反客为主,阻挡着吴军北上出击,而当西线有战事时,北军主力再无后顾之忧,全力以赴对付蜀军。自赤壁之战后,北军长期以来陷于两线作战的窘境已经解除,结束三国鼎立局面的条件已经逐渐具备,只是等待一个有利的时机将其付诸实行了。"②

权家玉认为,"淮南屯田的建立,使物资基地直接移往前线,与此同时雄厚的许下屯田被废除,许昌也因此失去了它的经济地位。"③王鑫义则有不同意见,他经过考证后指出,邓艾所提出"省许昌左右诸稻田,并水东下"的设想并未完全付诸实施,实际上他在那里继续因地制宜开辟屯田。例如,邓艾兴修了引颍支流溵水的灌溉工程"艾城河",这条河流自许昌东秋湖分流,经临颍县东北,然后折向东南,延伸到西华县境内。这里的屯田"最宜稻"。西华县境亦有邓艾屯田的遗迹,如柳城、邓门陂和集粮城等④。许昌在曹魏后期的军事地位也并未削弱,仍然是受到统治集团重视的屯兵要镇。嘉平元年(249)高平陵事变后,司马懿掌握朝政。当年秋天,其子司马昭在关中调度诸军打退姜维的进攻,随即"转

①《资治通鉴》卷71魏明帝太和二年冬十一月胡三省注。
②邹云涛:《试论三国时期南北均势的形成及其破坏》,中国魏晋南北朝史学会编:《魏晋南北朝史研究》,四川社会科学院出版社,1986年,第138页。
③权家玉:《试析曹魏时期许昌政治地位的变迁》,《魏晋南北朝隋唐史资料》第25辑。
④王鑫义:《曹魏淮河流域屯田述论》,《安徽大学学报》(哲学社会科学版)2000年第5期。

安东将军、持节,镇许昌"①。嘉平三年(251)王凌在淮南谋叛,司马懿自洛阳出发,"帝自帅中军,泛舟沿流,九日而到甘城。"②司马昭则从许昌调集附近部队与其父在项城会师东下。"及大军讨王凌,帝督淮北诸军事,帅师会于项。"③迫使王凌面缚归降。司马懿去世后,司马师留驻洛阳执掌朝政,监控天子和百官,司马昭继续在许昌镇守,直到嘉平六年(254)九月领兵来到洛阳。"姜维寇陇右。时安东将军司马文王镇许昌,征还击维,至京师。"④随即与其兄司马师策划废黜曹芳,改立曹髦。次年正月毌丘俭、文钦在淮南起兵反叛,司马昭留守洛阳,司马师"统中军步骑十余万以征之"⑤。并任命王基统率许昌诸军,在当地与京都中军汇合后东下。"以(王)基为行监军、假节,统许昌军,适与景王会于许昌。"⑥此番平叛获胜后,司马师回到许昌病逝,司马昭掌握军政大权后留驻洛阳,许昌则由司马氏宗亲或重臣出镇,作为豫州都督或淮北都督的治所。例如司马骏,"咸熙初,徙封东牟侯,转安东大将军,镇许昌。"⑦在西晋代魏后改任扬州都督,"代石苞镇寿春。寻复都督豫州,还镇许昌。"⑧泰始年间,王浑"迁东中郎将,监淮北诸军事,镇许昌"⑨。

---

①《晋书》卷 2《文帝纪》。
②《晋书》卷 1《宣帝纪》。
③《晋书》卷 2《文帝纪》。
④《三国志》卷 4《魏书·三少帝纪·齐王芳》注引《世语》及《魏氏春秋》。
⑤《晋书》卷 2《景帝纪》。
⑥《三国志》卷 27《魏书·王基传》。
⑦《晋书》卷 38《宣五王传·扶风武王骏》。
⑧《晋书》卷 38《宣五王传·扶风武王骏》。
⑨《晋书》卷 42《王浑传》。

## （二）前线各都督辖区兵力的增强

曹操统一中原之后，北方由于经历多年战乱而满目疮痍，人口锐减，百业凋零。甚至到明帝即位之初，还未能明显好转。如杜恕所言："今大魏奄有十州之地，而承丧乱之弊，计其户口不如往昔一州之民。"①在此情况下，曹操掌控的军队数量有限。赤壁之战前夕，周瑜曾对孙权分析其兵力曰："今以实校之，彼所将中国人，不过十五六万，且军已久疲。所得（刘）表众，亦极七八万耳。"②建安十八年（213）曹操册封为魏公后，司马懿曾对他建议："今天下不耕者盖二十余万，非经国远筹也。虽戎甲未卷，自宜且耕且守。"③这二十余万军队，应该是曹魏当时拥有兵力的总数。但是到曹魏后期，随着经济复苏与户口繁衍，军队数量发生了显著增长。诸葛恪此前曾著论曰："自古以来，务在产育，今者贼民岁月繁滋，但以尚小，未可得用耳。若复十数年后，其众必倍于今。"④他的担心在后来即成为现实。甘露二年（257）司马昭上表请征曰："今诸军可五十万，以众击寡，蔑不克矣。"⑤可见此时曹魏的兵力已经比曹操在世时增加了一倍。曹魏后期到西晋初年军队数量的剧增，还表现在前线各都督辖区的兵员数目上。例如，甘露二年（257）诸葛诞在寿春造反时，"敛淮南及淮北郡县屯田口

---

①《三国志》卷16《魏书·杜畿附子恕传》。
②《三国志》卷54《吴书·周瑜传》注引《江表传》。
③《晋书》卷1《宣帝纪》。
④《三国志》卷64《吴书·诸葛恪传》。
⑤《晋书》卷2《文帝纪》。

十余万官兵,扬州新附胜兵者四五万人,聚谷足一年食,闭城自守。"①这十余万官兵就是扬州都督所辖的人马。景元四年(263)伐蜀之役,"乃下诏使邓艾、诸葛绪各统诸军三万余人,艾趣甘松、沓中连缀(姜)维,绪趣武街、桥头绝维归路。"②这是属于雍州都督辖区的军队,邓艾、诸葛绪共领兵马六万余人,如果再加上关中和陇右留守的部队,恐怕应在十万左右。泰始八年(272)孙吴西陵督将步阐降晋,荆州都督羊祜与刺史杨肇分兵前往救援,"祜率兵五万出江陵,遣荆州刺史杨肇攻抗,不克,(步)阐竟为(陆)抗所擒。"③羊祜在战役失败后受到监官的弹劾:"祜所统八万余人,贼众不过三万。祜顿兵江陵,使贼备得设。乃遣杨肇偏军入险,兵少粮悬,军人挫衄。背违诏命,无大臣节。可免官,以侯就第。"④从上述记载可见,西晋荆州都督辖区此番出动八万人马,其中羊祜率领五万,杨肇所统应为三万,这还不包括留守襄阳、樊城等地的军队,如果合计起来,至少也会在十万以上。咸宁五年(279)十一月西晋灭吴之役,王濬、唐彬率领的益州水师顺流而下,连战连捷。《华阳国志》卷8《大同志》载咸宁五年(279),"冬,十有二月,(王)濬因自成都帅水陆军及梁州三水胡七万人伐吴。"⑤在经过接连战斗的损耗并接受沿途的补充之后,王濬"戎卒八万,方舟百里,鼓噪入于石头"⑥。亦可见其地方部队兵力之强大,非复当年

①《三国志》卷28《魏书·诸葛诞传》。
②《三国志》卷28《魏书·钟会传》。
③《晋书》卷34《羊祜传》。
④《晋书》卷34《羊祜传》。
⑤[晋]常璩撰,刘琳校注:《华阳国志校注》,第612—613页。
⑥《资治通鉴》卷81晋武帝太康元年三月壬寅条。

张辽仅率七千人据合肥,曹仁困守樊城亟待救援的窘境了。上述记载也反映了以下情况,就是曹魏后期到晋初的统治集团并没有把增长的兵力集中在京都洛阳附近的河南,而是将其大部分配置到对敌作战的各前线都督辖区,以保持对敌国的军事压力以及准备进攻的态势。

### (三)"中军"对战争影响的削弱

在前线各战区兵力显著增强的形势下,魏末晋初"中军"的作用也出现了某些值得注意的变化。由于"外军"和州郡兵的势力壮大,由朝廷直接掌控的"中军"对兼并战争所起的影响在逐渐减轻,其具体表现有两个方面:

1. 出动的援兵数量减少。魏末晋初驻在河南的"中军"总数有十余万人[①],可是遇到外敌入侵时却不再派遣大军支援边兵。例如泰始四年(268)十月,孙吴大将施绩入侵江夏,右丞相万彧进军襄阳。江夏和襄阳分属江北都督和荆州两个辖区,朝廷派遣太尉司马望率中军支援,但仅给人马两万。"边境骚动,以望统中军步骑二万,出屯龙陂,为二方重镇,假节,加大都督诸军事。"[②]不愿多派援兵的理由应该是前线的兵马数量比较充足,在通常情况下,自己能够应付敌人的侵略。朝廷出动少数中军只是为了预防不测,增加保险系数而已。实际上,这两路来寇就是被当地晋军打败的,司马望所率的中军并未参加战斗。"会荆州刺史胡烈距

---

① 《晋书》卷2《景帝纪》载正元二年毌丘俭、文钦叛乱,"(二月)戊午,帝统中军步骑十余万以征之。"
② 《晋书》卷37《宗室传·义阳成王望》。

（施）绩，破之，望乃班师。"①又见《宋书》卷 23《天文志一》："吴将施绩寇江夏，万彧寇襄阳，后将军田璋、荆州刺史胡烈等破却之。"

　　泰始七年（271）正月，孙皓听信谶言，领大兵至牛渚（今安徽马鞍山市），准备进攻淮南。晋武帝在此派遣司马望率中军支援，数量仍是不多。"孙皓率众向寿春，诏望统中军二万，骑三千，据淮北。皓退，军罢。"②如前所述，曹魏后期的扬州都督辖区即有十余万人马，西晋初年缺乏明确记载，估计数目与之大致相等，所以朝廷并不用出动重兵来援助。这与太和二年（228）派遣五万兵马奔赴关中、陇右抗击诸葛亮北伐，青龙二年（234）曹睿亲率大军到寿春反击孙权入侵的情况形成了鲜明对比。

　　2. 在灭蜀、灭吴之役中充当机动预备队。魏末晋初发生了两次大规模战争，即景元四年（263）伐蜀之役，咸宁五年（279）至太康元年（280）的灭吴之役。前者曹魏出动大军十余万，后者西晋发兵二十余万，但和以往不同的是，参与进攻作战的主力军队并不是常驻河南的中军，而是各州的地方兵马。伐蜀之役，司马昭调集了全国各地的军队，"于是征四方之兵十八万。"③其中邓艾、诸葛绪所统雍州陇右兵马合计六万余人在当地发动进攻，钟会率领内地各州兵马集结于洛阳后西进④，"秋八月，军发洛阳，大赉将

---

①《晋书》卷 37《宗室传·义阳成王望》。
②《晋书》卷 37《宗室传·义阳成王望》。
③《晋书》卷 2《文帝纪》。
④《三国志》卷 28《魏书·钟会传》："（景元）四年秋，乃下诏使邓艾、诸葛绪各统诸军三万余人，艾趣甘松、沓中连缀（姜）维，绪趣武街、桥头绝维归路。会统十余万众，分从斜谷、骆谷入。"

士,陈师誓众。将军邓敦谓蜀未可讨,帝斩以徇。"①到达长安后与
雍州关中驻军汇合,共有十余万人。在钟会所领的大军里,"中
军"的具体数量不得而知。但是从后来的情况看,即使有中军恐
怕也不会占据很大比重。因为司马昭在出征前即担心钟会获胜
后割据造反,蜀国灭亡后,他立即带领十余万军队到达关中,准备
平叛,并给钟会写信道:"恐邓艾或不就征,今遣中护军贾充将步
骑万人径入斜谷,屯乐城,吾自将十万屯长安,相见在近。"②从情
理上判断,司马昭亲自统率的这支部队显然是朝廷直属的中军,
其人数众多,战斗力也最为强劲。为了防止钟会在蜀地叛乱,他
把这张王牌留在手里,以备万一,而不会将护身的精兵交给钟会
指挥。司马昭事先曾对邵悌说:"若蜀以破,遗民震恐,不足与图
事;中国将士各自思归,不肯与同也。若作恶,祇自灭族耳。卿不
须忧此。"③战后果然如其所料,伐蜀的各州将士不肯胁从反叛,杀
掉钟会。司马昭"军至长安,(钟)会果已死,咸如所策"④。在这场
大战里,曹魏的中军只扮演了旁观者的角色,是司马昭准备应急
的兵力,这与以前中军充当作战主力的情况完全不同,而势力壮
大的"外军"和州郡兵等地方部队成功地完成了灭蜀的任务。

　　咸宁五年(279)十一月西晋大举征吴,"遣镇军将军、琅邪王
(司马)伷出涂中,安东将军王浑出江西,建威将军王戎出武昌,平
南将军胡奋出夏口,镇南大将军杜预出江陵,龙骧将军王濬、广武

---

①《晋书》卷2《文帝纪》。
②《三国志》卷28《魏书·钟会传》。
③《三国志》卷28《魏书·钟会传》。
④《三国志》卷28《魏书·钟会传》。

将军唐彬率巴蜀之卒浮江而下,东西凡二十余万。"①这些军队全部是各州都督、将军所率的地方武装,朝廷的中军则由太尉贾充统领,屯集在襄阳作为预备队。《晋书》卷40《贾充传》曰:"伐吴之役,诏充为使持节、假黄钺、大都督,总统六师……充不得已,乃受节钺,将中军,为诸军节度,以冠军将军杨济为副,南屯襄阳。"晋朝军队占领南郡之后,武帝命令贾充将大都督治所与麾下中军东移到位于今豫皖交界的项城。"大兵既过,荆州南境,固当传檄而定。(杜)预等各分兵以益(王)濬、(唐)彬,太尉(贾)充移屯项。"②胡三省注:"以荆州已定,不复使贾充南屯襄阳,移屯项为诸军节度。"其后王濬益州水师的进攻势如破竹,"兵不血刃,攻无坚城,夏口、武昌,无相支抗。于是顺流鼓棹,径造三山。"③迫使孙皓面缚归降。顺利地结束了灭吴之役,而贾充率领的中军又充当了看客,再一次反映出魏末晋初的中军由过去的攻坚主力转变为战略总预备队,而各州的地方兵马对这场战争获胜则起到了关键的作用。

在汉末三国的割据兼并战争中,曹操、曹丕父子施行了两次军事、政治重心区域的转移,即先将霸府和中军主力的休整基地由许都迁往邺城,以冀州为王业之本;后又在洛阳、许昌设置首都与陪都,屯集重兵以内卫京畿,外征吴蜀。导致曹氏统治集团做出上述决定的原因,笔者认为应该有"天时"、"地利"与"人谋"这三项因素。所谓"天时",即当时的社会环境与政治格局。曹操攻

①《晋书》卷3《武帝纪》。
②《资治通鉴》卷81晋武帝太康元年二月乙亥诏。
③《晋书》卷42《王濬传》。

占冀州之后与曹丕代汉之际所面临的形势具有明显差异,前者的
主要敌人与威胁是盘踞幽、并、青州的袁氏余党、海贼和塞外乌桓
等势力,后者则是要与割据江南和巴蜀的孙、刘集团作战。为了
适应各自的战争需要,曹操、曹丕先后将都城和军事重心区域北
移南调,并且分别获得了成功。所谓"地利",即自然条件的优越
性,包括适当的地理位置、水土丰饶及交通便利等等,邺城、洛阳
和许昌都在各种程度上具备这些因素。但"地利"是相对固定的,
而"天时"却有变化,在不同政局之下,每座城市及附近区域的地
位价值会发生上升或下降,它们对战争的影响力度也有强弱之
分,统治者需要因时制宜地对都城与屯兵要镇进行选择取舍,军
事统帅依据现实情况做出的战略决定就是"人谋",他需要考虑并
确定主要的用兵目标和作战地带,以及采取进攻还是防御的策
略,然后再根据既定方针来安排都城的位置与军队的兵力部署。
必须强调的是,"人谋"具有较强的主观性,并非每位君主和统帅
都会作出合理的判断与抉择,这取决于他们各自的军事、政治素
养。从古代历史的有关情况来看,即便是在相同或相似的局面之
下,各统治集团的首脑也会产生不同的意图,对首都和军队主力
常驻地域的选址问题采取自己独特的决定,或者是胜着,或者是
败笔。例如秦末战乱之后,项羽虽然称霸天下,却不听韩生建都
关中的提议,声称"富贵不归故乡,如衣锦夜行"[1],执意返回楚地。
结果被刘邦袭取三秦,使之成为建国的基础。隋末战乱之际,李
密举义中原,"期月之间,众数十万,破(宇文)化及,摧(王)世充,

①《汉书》卷31《项籍传》。

声动四方,威行万里。"①但是他长期围攻东都洛阳,拒绝柴孝和
"亲简精锐,西袭长安"②的计策,被李渊抢先进入关中,借以成就
帝业。六朝时期,南北对峙的政治格局曾经反复出现。如永嘉之
乱后,张宾劝石勒进据邺城以平定关东,其论曰:"邺有三台之固,
西接平阳,四塞山河,有喉衿之势,宜北徙据之。伐叛怀服,河朔
既定,莫有处将军之右者。"③石勒听从他的建议,进而统一了北
方,与割据江南的东晋及占领巴蜀的成汉相持,此时的基本形势
与曹丕代汉后对抗吴蜀的情况极为相似,但石勒、石虎却没有迁
都河南,而是相继在邺城谢世,后赵政权也因民族矛盾的尖锐爆
发而随即夭折。由此可见,即便拥有天时和地利,若是人谋不臧,
也无法成功。三国的历史发展表明,曹氏父子两次迁都的决策是
英明正确的。曹操将霸府与后方根据地迁往邺城,促进了北方统
一战争的胜利。曹丕将都城、中军与冀州士家迁往河南,稳定了
抗击吴蜀的战局,使中原的社会经济得以顺利恢复,从而为后来
灭蜀、平吴战争的获胜奠定了坚实的基础。

---

①《隋书》卷 70《李密传》史臣曰。
②《隋书》卷 70《李密传》。
③《晋书》卷 104《石勒载记·上》。

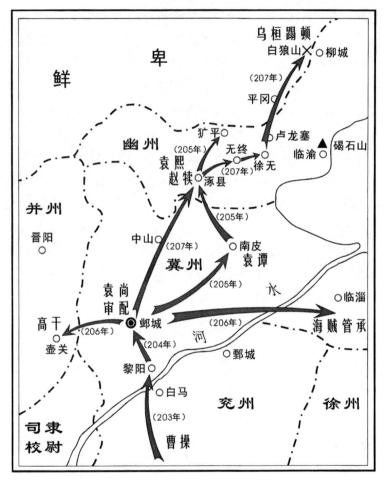

图八　曹操以邺城为中心出兵平定北方示意图

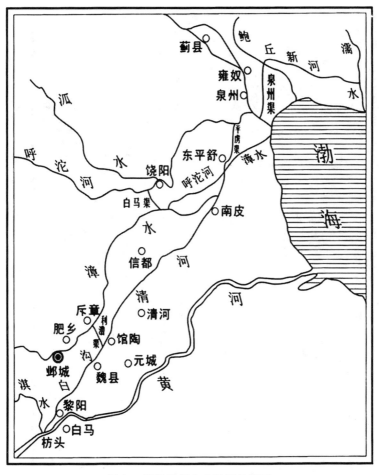

图九 曹操兴修北方运河示意图

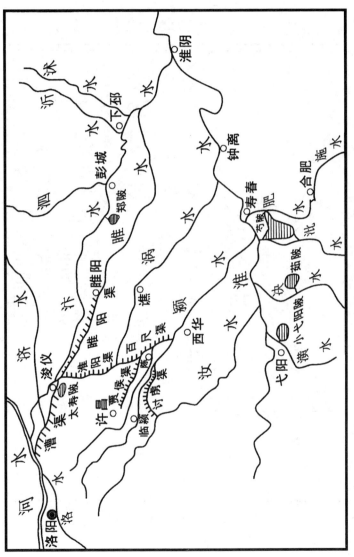

图一〇　曹魏两淮屯田水利工程图

# 第四章　曹魏西晋征吴路线的演变

在古代大规模的进攻作战中,正确地选择交通道路是保障获胜的必备条件。战时的主攻路线需要有良好的通达性,能够较为迅速将数以万计的军队输送到前线,以便顺利投入战斗。如果交通不畅,行进艰难,那么即使拥有充足的兵力和后勤资源,也无法及时运输到作战区域,难以将优势转化为胜利。另外,战时兵员、装备和给养的消耗,迫使军队必须源源不断地获得补充。如孙子所言:"军无辎重则亡,无粮食则亡,无委积则亡。"[1]所以交通运输对于前线作战来说,好像是人体的血脉,若是流通阻滞,就会危及性命安全。由于交通运输对战争的进程和结局有着非常重要的影响,克劳塞维茨在《战争论》的《军队篇》中,把"交通线"单独列为一章,认为从军队配置地点到军队给养和补充源泉的主要聚集地区的道路具有双重使命,既是补给军队的交通路线,又是退却路线。"它们构成基地和军队之间的联系,应该看作是军队的生命线。"[2]

地理环境是战争的表演舞台,在生产与科技水平低下的古代,人类征服自然的能力相当弱小,所以军事领域中的交通活动要受环境的严重制约,自然条件对于它的影响主要表现在以下几

---

[1]［春秋］孙武撰,［三国］曹操等注,杨丙安校理:《十一家注孙子》卷中《军争篇》,第126页。
[2]［德］克劳塞维茨,中国人民解放军军事科学院译:《战争论》第二卷,第459页。

个方面：

第一，交通路线的布局。作战双方的兵力、装备和给养需要依靠陆路或者是水道（不论是天然的还是人工河道）从后方运送到前线，但是这些干道的线路和分布情况要受到地形、水文、气候等各种因素的限制，只能在符合建造条件的地段上修筑道路或开凿渠道，在具有通航能力的河流里行驶船只。也就是说，古代的大规模军事行动必须沿着一些固定的路线来推进和展开，而不能任凭国君和统帅们随心所欲地进行安排。例如，李焘曾说六朝时期南方政权出兵中原，总是遵循几条固定的线路。"然考其兵之所出，不过二道，一自建康济江，或指梁宋，或向青齐；一自荆襄踰沔，或掠秦雍，或徇许洛。"又云："北伐之师不由于此则由于彼，中原有衅则进兵，寇盗方强则入守，史策所载，皆可知矣。"[1]

第二，道路的通行能力。和机械时代的今天不同，古代的车船运输是依靠自然的力量，像人力、畜力和风力、水力，运载能力相当有限，在很大程度上要受制于地貌、土壤、水流和气象的影响。例如险峻的山路在冬季或因为冰雪而无法攀越[2]，雨季的平原和低洼地带的道路会泥泞不堪，甚至出现《庄子》寓言中的"涸辙之鲋"，使人马和车辆难以行驶。建安十二年（207）曹操出旁海道（今冀辽走廊）北征乌桓。"时方夏水雨，而滨海洿下，泞滞不

①［宋］李焘撰，胡阿祥、童岭点校：《六朝通鉴博议》，《六朝事迹编类·六朝通鉴博议》，第155页。
②［唐］李肇：《唐国史补》卷上："渑池道中，有车载瓦瓮，塞于隘路。属天寒，冰雪峻滑，进退不得。日向暮，官私客旅群队，铃铎数千，罗拥在后，无可如何。"《唐国史补·因话录》，上海古籍出版社，1979年，第24页。

通，房亦遮守蹊要，军不得进。"[1]最后还是听从了田畴的建议，"从卢龙口越白檀之险，出空虚之地，路近而便，掩其不备。"[2]才顺利抵达柳城（今辽宁朝阳市），击斩蹋顿单于。有些河流只有在夏天、秋天的汛期才能行船，在冬春的枯水期则无法通航。如曹魏正始年间吴将诸葛恪以皖城（今安徽潜山县）为基地袭扰魏境，而附近的皖河流域"湖水冬浅，船不得行"[3]，与后方交通不便，司马懿抓住了这一时机南下征皖，迫使吴军弃城逃走。

第三，沿途的补给条件。大规模军队的长途跋涉会消耗惊人的给养，如孙子所言："凡兴师十万，出征千里，百姓之费，公家之奉，日费千金；内外骚动，怠于道路，不得操事者七十万家。"[4]如果只依靠后方根据地的补充，那么负担是非常沉重的。君主和统帅们在选择行军路线时，也要考虑尽可能经过那些农垦发达、粮饷较为充足的地区，这样可以就地获得必要的补充。如果行军路线的沿途物资匮乏，不足以供给大军的需求，那就需要事先准备。比如在预期会爆发战争的路线、地段修筑粮仓来储存给养，以便战时大军到来后食用。例如秦朝和西汉在荥阳建立的敖仓，汉朝在北方和西北边塞设置的"常平仓"，以及三国时各方在前线地带所设的"邸阁"[5]，都是出于上述目的。

---

[1]《三国志》卷11《魏书·田畴传》。
[2]《三国志》卷11《魏书·田畴传》。
[3]《晋书》卷1《宣帝纪》正始三年。
[4]［春秋］孙武撰，［三国］曹操等注，杨丙安校理：《十一家注孙子》卷下《用间篇》，第256页。
[5]参见宋杰：《敖仓在秦汉时代的兴衰》，《北京师范学院学报》1989年第3期；慕容浩：《汉代常平仓探讨》，《内蒙古社会科学》2014年第3期；黎石生：《试论三国时期的邸阁与关邸阁》，《郑州大学学报》2001年第6期。

因为自然环境对行军、运输和作战有着重要影响,孙武强调为将者必须知"天"知"地"。"天者,阴阳,寒暑,时制也。地者,远近,险易,广狭,死生也。"①就是要了解气候、地形和水文等地理因素,这样在制定军事计划时就能做出合理的部署,否则很难保证战役的成功。"知之者胜,不知者不胜。"②

汉末曹操平定北方之后,在所控制的领土、人口和军队数量上对孙、刘两家构成了明显的优势。如诸葛亮《隆中对》所言:"今操已拥百万之众,挟天子而令诸侯,此诚不可与争锋。"③而在三国南北对峙的政治格局当中,蜀汉仅有益州一隅之地,势力最为弱小。孙吴拥有荆、扬、交、广四州,疆域辽阔而富饶。如陆机所言:"其野沃,其民练,其财丰,其器利。东负沧海,西阻险塞,长江制其区宇,峻山带其封域,国家之利,未见有弘于兹者矣。"④孙吴的综合国力远强于蜀汉,因而是曹魏、西晋企图统一天下的主要对手和障碍。从建安十三年(208)曹操南征荆州后兴赤壁之役,到太康元年(280)晋武帝出动六路大军灭吴,魏晋在与吴国作战的七十余年内先后发动了十余次大规模进攻,但是其主攻路线和用兵方略却发生过多次改变,直至最后调整成功,得以彻底消灭对手。本文所探讨的内容,就是对曹魏和西晋历次征吴作战中交通道路的选择、使用情况进行考察,并且分析其背景、原因和实际效果。

---

① [春秋]孙武撰,[三国]曹操等注,杨丙安校理:《十一家注孙子》卷上《计篇》,第6—8页。
② [春秋]孙武撰,[三国]曹操等注,杨丙安校理:《十一家注孙子》卷上《计篇》,第9页。
③ 《三国志》卷35《蜀书·诸葛亮传》。
④ 《三国志》卷48《吴书·三嗣主传》注引陆机《辨亡论》。

# 一、曹操南征荆州、赤壁的用兵路线

建安十三年(208),曹操在统一北方后率众南征荆州,此次作战可以分为前后两个战役行动,即荆襄之役和赤壁之役,前者获得完胜,后者遭到惨败。下面从交通运输的角度对其进攻路线和用兵方略分别加以论述。

## (一)荆襄之役

这是曹操进占南郡的军事行动。东汉南郡有江陵、巫、秭归、中卢、编、当阳、华容、襄阳、邔、宜城、鄀、临沮、枝江、夷道、夷陵、州陵、很(佷)山十七县,"户十六万二千五百七十,口七十四万七千六百四"[1]。其辖区之北、东两边为汉水,南界则是浩荡长江,西为巴山、荆山、巫山所阻,在自然环境方面属于一个独立的地理单元。由于地处江汉平原,土沃水衍,物产丰饶,是荆州的经济、政治重心。蒯越曾云:"南据江陵,北守襄阳,荆州八郡可传檄而定。"[2]鲁肃对孙权说该地区:"外带江汉,内阻山陵,有金城之固。沃野万里,士民殷富,若据而有之,此帝王之资也。"[3]汉末刘表以南郡为统治中心,设州治于襄阳。"南收零、桂,北据汉川,地方数千里,带甲十余万。"[4]成为一股强大的武装割据势力。

曹操北征乌桓获胜后,于建安十三年(208)正月领兵回到根

---

①《后汉书·郡国志四》。
②《三国志》卷6《魏书·刘表传》注引司马彪《战略》。
③《三国志》卷54《吴书·鲁肃传》。
④《三国志》卷6《魏书·刘表传》。

据地邺城（今河北临漳县）休整。当年六月，汉献帝在废除三公之后，任命曹操为丞相，加强了他的统治权力。"秋七月，（曹）公南征刘表。"①开始发动了荆襄之役。关于这次作战的行军路线和用兵方略，曹操接受了首席谋士荀彧的建议。事见《三国志》卷 10《魏书·荀彧传》：

> 太祖将伐刘表，问彧策安出，彧曰："今华夏已平，南土知困矣。可显出宛、叶而间行轻进，以掩其不意。"太祖遂行。

按照荀彧的谋划，这次战役在交通运输方面具有两个重要的特点。

1. "显出宛、叶。"大军走古代的"夏路"（详见下文），经方城（今河南方城县）而入南阳盆地，然后南趋襄阳。冀州通往襄阳的道路，是自邺城南下，沿荡阴（今河南汤阴县）、朝歌（今河南淇县）至延津渡过黄河，抵达酸枣（治今河南延津县西南），即汉末关东诸侯讨伐董卓联军聚集之地。此后分为两条道路通往南阳郡治宛城（今河南南阳市）。其一，由酸枣西行过管城（今河南郑州市），沿黄河南岸经荥阳、成皋（今河南荥阳县虎牢关镇）、偃师而至洛阳。这条陆路是东汉首都通往关东的正途，谭宗义著《汉代国内陆路交通考》将其列为"荥阳彭城道"中的重要一段②。洛阳南下陆浑（今河南嵩县东北），在鲁阳（今河南鲁山县）越伏牛山脉，即进入南阳盆地，过宛城、新野、邓县，在樊城渡过汉水抵达襄阳。春秋楚庄王八年（前 605）自申（今河南南阳市）北上，"伐陆浑

---

①《三国志》卷 1《魏书·武帝纪》。
②参见谭宗义《汉代国内陆路交通考》，香港：新亚研究所，1967 年，第 151—154 页。

戎,遂至洛,观兵于周郊。"①就是走的这条道路。

其二,由酸枣南行,过阳武(治今河南原武县东南)、官渡(今河南中牟县东北)、尉氏入颍川郡境,再南过鄢陵(治今河南鄢陵县北)而至许县(治今河南许昌市东),即汉末献帝所居之许都。这条道路也是官渡之战前后袁绍与曹操相持进退的路线。由许都西过襄城、昆阳(治今河南叶县),经过伏牛山脉与桐柏山脉衔接的方城隘口,即方城关进入南阳盆地,西南过叶县(治今河南叶县南)、堵阳(今河南方城县东)、博望(治今河南方城县西南)而至宛城(今河南南阳市),再南下襄阳。春秋时楚国军队北上中原,与齐、晋诸侯争霸,主要是走这条路线。当时称作"夏路"。《史记》卷41《越王勾践世家》曰:"夏路以左,不足以备秦,江南、泗上不足以待越矣。"司马贞《索隐》注引刘氏云:"楚适诸夏,路出方城,人向北行,以西为左,故云夏路以左。"《荆州记》曰:"襄阳旧楚之北津,从襄阳渡江,经南阳,出方关,是周、郑、晋、卫之道。"②也是说的这条道路。谭宗义著《汉代国内陆路交通考》称其为"颍川南阳道"③。曹操此番南征荆州之前,曾经数次派遣兵将沿这条路线进攻南阳郡境的刘表军队。例如他在挟汉献帝迁都许县后,命令曹洪"别征刘表,破表别将于舞阳、阴叶、堵阳、博望,有功,迁厉锋将军,封国明亭侯"④。刘表遣刘备屯新野,"使拒夏侯惇、于禁等于博望。久之,先主设伏兵,一旦自烧屯伪遁,惇等追之,为伏

---

① 《史记》卷40《楚世家》。
② 《后汉书·郡国志四》注引《荆州记》。
③ 参见谭宗义:《汉代国内陆路交通考》,第179—180页。
④ 《三国志》卷9《魏书·曹洪传》。

兵所破。"①《三国志》卷18《魏书·李典传》亦载其事曰：

> 刘表使刘备北侵，至叶，太祖遣典从夏侯惇拒之。备一
> 旦烧屯去，惇率诸军追击之，典曰："贼无故退，疑必有伏。南
> 道窄狭，草木深，不可追也。"惇不听，与于禁追之，典留守。
> 惇等果入贼伏里，战不利，典往救，备望见救至，乃散退。

曹操听从荀彧的建议，选择从第二条道路，即颍川南阳道进军至
宛城后南下襄阳，具有两条明显的优越性。首先，沿途可以获得
充裕的补给。若经洛阳至宛城，当地屡遭汉末战火屠戮，民生凋
敝，无法提供必要的给养。如建安元年（196）七月，"天子入洛阳，
宫室烧尽，街陌荒芜，百官披荆棘，依丘墙间。州郡各拥兵自卫，
莫有至者。饥穷稍甚，尚书郎以下，自出樵采，或饥死墙壁间。"②
直到曹丕称帝后，王昶任洛阳典农，当地还多有荒地。"时都畿树
木成林，昶斫开荒莱，勤劝百姓，垦田特多。"③而许县附近是曹操
最早推行屯田的地区，农垦事业较为发达，多有储积。《三国志》
卷16《魏书·任峻传》曰："羽林监颍川枣祗建置屯田，太祖以峻为
典农中郎将，数年中所在积粟，仓廪皆满。官渡之战，太祖使峻典
军器粮运。贼数寇钞绝粮道，乃使千乘为一部，十道方行，为复陈
以营卫之，贼不敢近。军国之饶，起于枣祗而成于峻。"邓艾亦称：
"昔破黄巾，因为屯田，积谷许都，以制四方。"④因此可以作为大军
南征的中转兵站和后勤供应基地，不用担心粮饷的接济。其次，

---

①《三国志》卷32《蜀书·先主传》。
②《三国志》卷6《魏书·董卓传》。
③《三国志》卷27《魏书·王昶传》。
④《晋书》卷26《食货志》。

若从酸枣西行洛阳,再南下宛城,所走的路线较为曲折,耗时费力。而由官渡南抵许都,再西南入方城而至宛,这条道路直通南阳,路程较近。如《三国志》卷10《魏书·荀彧传》所称:"太祖直趋宛、叶如彧计,(刘)表子琮以州逆降。"走颍川南阳道可以节省行军的时间和将士的体力、给养,这也是曹操选用此途的重要原因。

2."间行轻进。"荀彧建议的第二项内容是隐秘行军,轻装前进,以便达到乘敌不备的效果。即"可显出宛、叶而间行轻进,以掩其不意"①。汉代所谓"间行"即暗地私下出行,不欲为人所知。例如,"陈平惧诛,乃封其金与印,使使归项王,而平身间行杖剑亡。"②又如郭丹,"建武二年,遂潜逃去,敝衣间行,涉历险阻,求谒更始妻子,奉还节传,因归乡里。"③《汉书》卷1上《高帝纪上》载项羽围刘邦于荥阳,"将军纪信曰:'事急矣!臣请诳楚,可以间出。'"颜师古注:"间出,投间隙私出,若言间行微行耳。纪信诈为汉王,而王出西门遁,是私出也。"而"轻进"则是军队实行轻装,脱离缓慢行驶的辎重部队而迅速奔走,两汉史籍又称作"轻行"。例如陈汤答元帝曰:"且兵轻行五十里,重行三十里,今(段)会宗欲发城郭敦煌,历时乃至,所谓报仇之兵,非救急之用也。"④或称为"吉行",如汉文帝诏曰:"鸾旗在前,属车在后,吉行日五十里,师行三十里,朕乘千里之马,独先安之?"⑤《汉书》卷72《王吉传》亦曰:"臣闻古者师日行三十里,吉行五十里。"与日常行军的速度相

---

①《三国志》卷10《魏书·荀彧传》。
②《史记》卷56《陈丞相世家》。
③《后汉书》卷27《郭丹传》。
④《汉书》卷70《陈汤传》。
⑤《汉书》卷64下《贾捐之传》。

比，"轻进"可以提高百分之六十以上。荀彧认为在曹操平定北方
之后，刘表显然意识到下一个进攻对象就是自己，应当有所警惕。
"今华夏以平，荆、汉知亡矣。"①因此曹操必须实施突袭，使敌人来
不及做充分准备。"显出宛、叶而间行轻进"，即不必隐瞒走颍川
南阳道的主攻路线，但是要暗地加快行军速度，在敌人未进行有
针对性的部署时到达前线，投入主力进行攻击。

　　从后来的实战情况来看，曹操大军"间行轻进"的确起到了出
敌不意的良好收效，就连处于荆州边防的刘备也未曾料到，只得
仓惶撤退。"先主屯樊，不知曹公卒至，至宛乃闻之，遂将其众
去。"②而曹操到达南阳后继续轻装前进，抵达襄阳，迫使刘琮投
降。然后实施急行军来追击刘备，阻止他抢占物资屯集的重镇江
陵。刘备对于曹操的迅速南下仍然缺乏足够的思想准备，没有料
到他占领襄阳后立即出征，所以还在缓慢行进。"辎重数千两，日
行十余里。"③虽然有谋士提醒他应当尽快前进："宜速行保江陵！
今虽拥大众，被甲者少，若曹公兵至，何以拒之？"④但是仍未能够
引起他的重视，结果在当阳被曹兵赶上，几乎全军覆没。"曹公以
江陵有军实，恐先主据之，乃释辎重，轻军到襄阳。闻先主已过，
曹公将精骑五千急追之，一日一夜行三百余里，及于当阳之长坂。
先主弃妻子，与诸葛亮、张飞、赵云等数十骑走，曹公大获其人众
辎重。"⑤刘备率残兵败将投奔夏口的刘琦，曹操则进据江陵，"下

---

①《后汉书》卷70《荀彧传》。
②《三国志》卷32《蜀书·先主传》。
③《三国志》卷32《蜀书·先主传》。
④《三国志》卷32《蜀书·先主传》。
⑤《三国志》卷32《蜀书·先主传》。

令荆州吏民,与之更始。乃论荆州服从之功,侯者十五人。"①宣告
此次战役胜利结束。由于刘琮接受了蒯越、傅巽的建议不战而
降,曹操军队在荆襄之役的作战中没有遭受多少损失,整个战役
为时仅用了两个月,就占领了南郡。西邻的四川割据势力也表示
臣服,"益州牧刘璋始受征役,遣兵给军。"②可以说是获得了完胜。
曹操还命缪袭创作了乐曲《平南荆》③,来纪念这次出色的军事
行动。

### (二)赤壁之役

　　曹操在建安十三年(208)九月占领江陵,随即于当地休整部
队,至十二月发动赤壁之役④,顺江而下。事见《三国志》卷1《魏
书·武帝纪》:"十二月,孙权为(刘)备攻合肥,公自江陵征备。"
《后汉纪》卷30亦云:"十二月壬午,征前将军马腾为卫尉。是月,
曹操与周瑜战于赤壁,操师大败。"⑤关于曹操此番东征军队的数
量,史籍所载的数据不多,而且出入很大。概括起来可以分为以
下三组:

　　其一,八十万至百万。《江表传》载曹操与孙权书曰:"近者奉

---

①《三国志》卷1《魏书·武帝纪》。
②《三国志》卷1《魏书·武帝纪》。
③《宋书》卷22《乐志四》:"汉第八曲《上陵》,今第八曲《平南荆》,言曹公南平荆州也。"
④赤壁之役的时间,《后汉书》卷9《孝献帝纪》载其发生在当年十月癸未之后,《资治通
　鉴》卷65则说破曹之战在十二月之前。张靖龙认为:"'十月'之说存在着一个根本
　性的缺陷,那就是与战争进行时的'盛寒'季节不合。"他在详细考证后强调,从史料
　的可靠性来说,《三国志》、《后汉纪》的'十二月'说,具有一定的权威性。参见张靖
　龙:《赤壁之战研究》,中州古籍出版社,2004年,第157页,第166页。
⑤[东晋]袁宏:《后汉纪》,张烈点校《两汉纪》下册,第580页。

辞伐罪,旆麾南指,刘琮束手。今治水军八十万众,方与将军会猎于吴。"①陆机《辨亡论》上篇言赤壁之役:"魏氏尝藉战胜之威,率百万之师,浮邓塞之舟,下汉阴之众……"②学界基本认为上述数据属于虚夸浮饰之词,并非实际兵力。

其二,三十余万至四十万。认为曹操南征部队有三十万众,收降刘琮部下约有十万,共计将近四十万。史料根据见于《三国志》卷64《吴书·诸葛恪传》曰:"近者刘景升,在荆州有众十万,财谷如山,不及曹操尚微,与之力竞。坐观其强大,吞灭诸袁。北方都定之后,操率三十万众,来向荆州。当时虽有智者,不能复为画计,于是景升儿子,交臂请降,遂为囚虏。"又《三国志》卷54《吴书·周瑜传》曰:"其年九月,曹公入荆州,刘琮举众降。曹公得其水军,船步兵数十万,将士闻之皆恐。"虽未说明具体数目,亦可参证其军队规模之宏大。这一数据在当今获得部分学者的承认,例如张大可指出:"赤壁之战,曹操号称八十万是虚张声势。曹操南下率三十万众,并荆州兵约十万,总计四十万。但曹操驻防新得荆州,分散了兵势,用在赤壁之战第一线兵力只有一半。"③张靖龙也认为诸葛恪所言"三十万众"较为可靠,"刘表原有的十万兵马,减去刘备、刘琦控制之下的两万余名军人,投降曹操的约为七八万人马。"④他估算曹操平定荆州后共有三十七八万军队,除去留守各地者,作为战略机动力量参加赤壁之役的兵力,"约在30万

---

①《三国志》卷47《吴书·吴主传》建安十三年注引《江表传》。

②《三国志》卷48《吴书·三嗣主传》注引陆机《辨亡论》。

③张大可:《赤壁之战考辨》,《三国史研究》,第78页。

④张靖龙:《赤壁之战研究》,中州古籍出版社,2004年,第244页。

左右。"①其中"大约十万水军、五万骑兵之外,曹操可以投入一线的还有 15 万左右的步兵。与曹操的 30 万大军相比,孙刘方面能够投入一线作战的总兵力却非常有限"②。笔者认为,从当时社会背景情况来看,诸葛恪所言曹操率领三十万大军南征的数据恐怕值得怀疑。经过汉末的多年战乱,中原人口锐减。杜恕说:"今大魏奄有十州之地,而承丧乱之弊,计其户口不如往昔一州之民。"③另外,三国各方均采取兵民分籍,大部分百姓专门务农,实行"士家"职业征兵制度,与秦汉战时普遍征发农民入伍的情况不同,所以军队的数量有限。据有关记载反映,直到建安二十年(215)曹操征汉中之后,他的全部兵力也没有三十万。《晋书》卷 1《景帝纪》载司马懿向曹操建议:"昔箕子陈谋,以食为首。今天下不耕者盖二十余万,非经国远筹也。虽戎甲未卷,自宜且耕且守。"诸葛恪的上述言论是为了说服群臣同意他出兵北伐,可能含有夸张的成分。

其三,曹操占领荆州后的总兵力约有二十余万人。史料依据为《江表传》载周瑜谓孙权语:"诸人徒见操书,言水步八十万,而各恐慑。不复料其虚实,便开此议,甚无谓也。今以实校之,彼所将中国人,不过十五六万,且军已久疲。所得表众,亦极七八万耳,尚怀狐疑。夫以疲病之卒,御狐疑之众,众数虽多,甚未足畏。得精兵五万,自足制之,愿将军勿虑。"④若将曹兵数目与刘表降众

---

① 张靖龙:《赤壁之战研究》,第 244 页。
② 张靖龙:《赤壁之战研究》,第 249 页。
③《三国志》卷 16《魏书·杜畿附子恕传》。
④《三国志》卷 54《吴书·周瑜传》注引《江表传》。

相加,大约有 22—24 万人。史学界多有人士同意上述记载的数
据①,笔者也对此表示赞同。需要强调的是,尹韵公曾指出:"周瑜
的统计是指曹军拥有的全部兵力,而不是指赤壁的参战兵力,全
部兵力与参战兵力是两个完全不同的概念。"②他的这一观点应该
说是值得重视的,根据《三国志》的有关记载,曹操东征赤壁时,除
了派曹仁领兵镇守江陵,还有乐进,"从平荆州,留屯襄阳。"③徐
晃,"从征荆州,别屯樊,讨中庐、临沮、宜城贼。"④另据曹操本纪所
载,他在占领江陵之后,"以刘表大将文聘为江夏太守,使统本兵,
引用荆州名士韩嵩、邓义等。"⑤文聘本传则曰曹操进据襄阳后,
"授聘兵,使与曹纯追讨刘备于长阪。太祖先定荆州,江夏与吴
接,民心不安,乃以聘为江夏太守,使典北兵,委以边事,赐爵关内
侯。"⑥上述留守荆州各地的人马数目不详,但加在一起至少也会
有数万之众。如果减去这些军队,曹操投入赤壁之战的兵力就可
能不足二十万,大约会有十余万人,因此周瑜才敢说有五万人就
能够战胜敌兵。从史料发生的时间来看,《江表传》所载周瑜言语
是在赤壁之战期间,他又是指挥战役的当事人;而诸葛恪著论是
在三十余年之后,此时经历赤壁之役者皆已故去,故前者的可信
程度应该更高。

①参见王仲荦:《魏晋南北朝史》上册,第55页。马植杰:《三国史》,人民出版社,1993
　年,第70页。
②尹韵公:《赤壁之战再辨》,《尹韵公纵论三国》,陕西人民出版社,2001年,第9页。
③《三国志》卷17《魏书·乐进传》。
④《三国志》卷17《魏书·徐晃传》。
⑤《三国志》卷1《魏书·武帝纪》。
⑥《三国志》卷18《魏书·文聘传》。

　　关于赤壁之役曹兵的进军路线,史籍所述是由江陵出发,沿着长江的荆江航段水陆并行。参见《三国志》卷1《魏书·武帝纪》建安十三年十二月:"公自江陵征(刘)备,至巴丘,遣张憙救合肥。(孙)权闻憙至,乃走。公至赤壁,与备战,不利。"又孙权在战前召集群臣廷议,主降者皆云:"今操得荆州,奄有其地。刘表治水军,蒙冲斗舰,乃以千数,操悉浮以沿江,兼有步兵,水陆俱下,此为长江之险,已与我共之矣。"①陆机《辨亡论》言曹操东征赤壁,"羽楫万计,龙跃顺流,锐骑千旅,虎步原隰,谋臣盈室,武将连衡,喟然有吞江浒之志,一宇宙之气。"②亦反映曹操此番进军之空前盛况。其具体路线是水军由江陵顺流经公安(今湖北公安县)东南至巴丘(今湖南岳阳市),转向东北行进,抵达赤壁(今湖北赤壁市西北);步骑则沿此航道的北岸辗转东进。刘备与周瑜的军队在樊口(今湖北鄂州市西)汇合③,然后迎击曹兵于赤壁。《三国志》卷54《吴书·周瑜传》曰:"时曹公军众已有疾病。初一交战,公军败退,引次江北。"周瑜遣黄盖诈降,防火烧毁曹军战船。"时风盛猛,悉延烧岸上营落。顷之,烟炎张天,人马烧溺死者甚众,军遂败退,还保南郡。"而据同书孙权本传记载,曹操于战后将剩余船只焚毁,退往江陵。"(周)瑜、(程)普为左右督,各领万人,与(刘)备俱进。遇于赤壁,大破曹公军。公烧其余船引退,士卒饥疫,死

---

① 《三国志》卷54《吴书·周瑜传》。
② 《三国志》卷48《吴书·三嗣主传》注引陆机《辨亡论》。
③ 《三国志》卷32《蜀书·先主传》注引《江表传》曰:"(刘)备从鲁肃计,进住鄂县之樊口。诸葛亮诣吴未还,备闻曹公军下,恐惧,日遣逻吏于水次候望权军。吏望见瑜船,驰往白备,备曰:'何以知非青徐军邪?'吏对曰:'以船知之。'备遣人慰劳之。"

者大半。"①《三国志》卷 14《魏书·郭嘉传》记载曹操自赤壁战败
退至巴丘后烧毁余船,"太祖征荆州还,于巴丘遇疾疫,烧船,叹
曰:'郭奉孝在,不使孤至此。'"是黄盖焚舟于前,曹操又烧船于
后,本为两事。而后来曹操为了遮羞自解,将其混为一谈,只说是
他下令焚毁舟舰。见《江表传》载其与孙权书曰:"赤壁之役,值有
疾病,孤烧船自退,横使周瑜虚获此名。"②又《文选》卷 42 阮元瑜
《为曹公作书与孙权》曰:"昔赤壁之役,遭离疫气,烧舡自还,以避
恶地,非周瑜水军所能抑挫也。"③

　　曹操选用的荆江航道虽然到长江中游的夏口等地是向南作
U 字的绕行,路程较远,但是在交通运输方面仍具有明显的优越
性。长江水流浩荡,船只的承载量大,行驶速度亦较为快捷。据
北京大学收藏秦道里简册所载的水运行程规定:

　　　　用船江、汉、员(涢),夏日重船上日行八十里,下百卅里,
　　空船上日行百里,下百六十里。(04—211)
　　　　春秋重船上日行キ(七十)里,下百廿里,空船上日行八
　　十五里,下百卅里。(04—219)
　　　　冬日重船上日行六十里,下百里,空船上日行キ(七十)
　　里,下百廿里。(04—052)④

可见古代长江航运船速较快,顺流而下每天能够达到百里,远远

①《三国志》卷 47《吴书·吴主传》。
②《三国志》卷 54《吴书·周瑜传》注引《江表传》。
③[梁]萧统编,[唐]李善注:《文选》,第 589 页。
④辛德勇:《北京大学藏秦水陆里程简册的性质和拟名问题》,《石室賸言》,中华书局,
　　2014 年,第 67 页。

超过了陆地车马人行的寻常速度,而且凭借水运可以节省大量的人力、畜力以及所需粮草。另外,曹操所占荆襄郡县均在江北,而江南的长沙、武陵、零陵、桂阳四郡只是口头上表示臣服,并不在他的实际控制范围以内。从荆江航道顺流而下,可以乘势镇抚沿途郡县,建立巩固自己在洞庭湖流域的统治,起到一举两得的作用。

如果从江陵直接向东进发到夏口地区,陆路要经过古云梦泽地带,道路泥泞而难行车马。有些学者指出:"从江陵到江夏,沿途水网密布,沼泽丛生,正当云梦泽区中最难通行的地段,自古以来就被兵家视为行军必须避开的禁区、绝地、死地。"①曹操兵败赤壁后走华容西归江陵,在中途就遇到上述困难。《山阳公载记》曰:"公船舰为(刘)备所烧,引军从华容道步归,遇泥泞,道不通,天又大风,悉使羸兵负草填之,骑乃得过。羸兵为人马所蹈藉,陷泥中,死者甚众。军既得出,公大喜,诸将问之,公曰:'刘备,吾俦也。但得计少晚,向使早放火,吾徒无类矣。'备寻亦放火而无所及。"②若是从江陵以东乘船进入长江支流夏水,至堵口(今湖北仙桃市东北)转入汉水到夏口,即沔口(今湖北武汉市汉阳区),抵达长江中游,则夏水在冬季淤浅,行舟阻滞,亦难以顺利通航。《水经》云:"夏水出江津于江陵县东南,又东过华容县南,又东至江夏云杜县,入于沔。"郦道元注引应劭《十三州记》曰:"夫夏之为名,始于分江,冬竭夏流,故纳厥称。既有中夏之目,亦苞大夏之名

---

① 梁敢雄、王中柱:《曹操大军沿汉江南征孙、刘辨证》,《华中师范大学学报》1992 年专辑《赤壁战地辨证》。

② 《三国志》卷 1《魏书·武帝纪》注引《山阳公载记》。

矣。当其决入之所,谓之堵口焉。"又云:"自堵口下,沔水通兼夏目,而会于江,谓之夏汭也。故《春秋左传》称吴伐楚,沈尹射奔命夏汭也。杜预曰:汉水曲入江,即夏口矣。"①张靖龙评论道:"应劭,汉末人,与曹操有过纠葛。他说夏水'冬竭夏流,故纳厥称',说明汉末夏水水流具有季节性的特点。曹军十二月出兵江陵,处于枯水期的夏水,很难通行水军船舰。"②上述情况,也是曹操选用长江及沿岸地带作为进攻路线的重要原因。

赤壁之战以曹操的惨败告终,不仅当时舰船被焚,损兵折将,他还在战后率领主力撤回河北,留守的曹仁在坚持一年后也被迫放弃江陵,退兵襄阳,让周瑜、刘备夺取了宜都和南郡等战略重镇。关于赤壁之战曹操失利的原因前人多有分析论证,总结了各种原因,例如曹兵多为北方之人,不习水战;刘表旧部心怀叵测,屡有叛降;时逢疾疫流行,将士多有病死;曹操轻敌,中了周瑜、黄盖的诈降火攻之计等等。那么,从交通运输的角度来看,曹操选用长江沿线作为进攻道路,对其作战失利是否也有一定的影响呢?史籍对此并无直接的记载和说明。笔者认为,赤壁之役曹操的退兵路线和此后对吴作战主攻方向的改变,说明他对这条道路很不满意,以致其有生之年再也没有率领大军经此途径向孙、刘两家重新发动进攻。下文予以详述。

首先,曹操被黄盖放火焚毁一批战船后,手下还有不少船只,但是他没有命令将士乘船由原路返回江陵,而是将剩余船只统统

---

① [北魏]郦道元原注,陈桥驿注释:《水经注》卷32《夏水》,浙江古籍出版社,2001年,第510页。
② 张靖龙:《赤壁之战研究》,第264页。

烧掉,改从华容陆道穿过云梦泽区回到南郡。尽管沿途泥泞难通,曹操也不愿走长江水路绕行撤退。笔者分析,其中可能有以下缘故。其一是从赤壁经巴丘撤退是溯流而上,船只行驶较为缓慢,容易被吴军赶上。其二是通过此前的交锋失利,充分暴露了曹军不习水战的劣势,如果再由长江航道返回,与吴军舟舰的战斗不可避免,恐怕还会遭到严重损失。后来夷陵之战前夕黄权分析长江作战形势说:"吴人悍战,又水军顺流,进易退难。"[①]曹操当时也面临着上述局面,他决定放弃水路而走华容陆道赶赴江陵,宁可遭受沿途泥沼的困扰也不愿乘船后撤,显然是为了尽快摆脱孙吴水军这个难缠的对手。

其次,曹操回到江陵之后,并没有在那里休整备战,迎击周瑜、刘备的反攻,而是派曹仁等少数将士留守,自己率领大军返回冀州后方。《三国志》卷35《蜀书·诸葛亮传》曰:"曹公败于赤壁,引军归邺。先主遂收江南。"史籍多载曹操在赤壁之战中损失惨重,但是缺乏具体数据。从他在明年三月大举南下,七月兵出合肥的情况来看,其军队虽然死伤人数较多,其主力却似乎未受重创。因为如果是曹军损折过半,大伤元气,那就需要较长时间的休养生息、补充训练,不可能在短期内再次对孙吴发动进攻。从建安十四年(209)到二十三年(218),曹操对吴作战"四越巢湖",都是在远离荆州的淮南发动攻势,不再把襄阳、江陵一带当作主攻方向。曹操后来反复在江淮地区攻击孙权,却不肯再次向江汉流域投入重兵,这一事实也清楚地表明,他已经彻底否定了走颍川南阳道至荆襄地区,再从荆江航道重返赤壁的进攻路线与作战

①《三国志》卷43《蜀书·黄权传》。

方案。

　　那么,这条道路在交通运输方面有什么缺陷,致使曹操最终将其放弃了呢? 笔者认为,主要是由于前线与后方基地距离太远,粮饷、兵员和装备难以及时补给的缘故。曹操消灭袁氏集团之后,将其根据地从许都所在的颍川郡向北转移到冀州,在邺城附近兴修水利,发展农业,安置大量移民和将士家属,使当地成为经济、政治重心。后来杜恕曾说:"冀州户口最多,田多垦辟,又有桑枣之饶,国家征求之府。"①当地为曹兵提供大部分给养,所以军队每次出征后,也都要回到邺城休整,以免转运之劳苦。河北距离荆州路途较远,且颍川至南阳一段又不通水运,陆道转输相当费力。建安十三年(208)荆襄之役,曹操"间行轻进",辎重落后,因为刘琮懦弱投降,使他未曾遇到激烈抵抗,迅速占领了富庶的襄阳和江陵,得以就地补充粮饷,因此缓解了交通线过长、转运艰难的困难。刘表在荆州经营多年,府库充盈,"财谷如山"②。尤其是储藏军资的江陵,曹操结束荆襄之役后大军曾在此休整数月,耗费甚众,后来又作为东征军队的出发地与后方转运兵站。但是赤壁前线十余万大军的日常消耗的数量惊人,如《孙子·作战篇》所言:"千里馈粮,则内外之费,宾客之用,胶漆之材,车甲之奉,日费千金,然后十万之师举矣。"③而荆襄之役过后,当地的经济受到严重破坏。例如襄阳附近居民大量南迁,"(刘)琮左右及荆州人多归先主。比到当阳,众十余万"④,又遭到曹操追兵的肆意杀戮。

---

①《三国志》卷16《魏书·杜畿附子恕传》。
②《三国志》卷64《吴书·诸葛恪传》。
③[春秋]孙武撰,[三国]曹操等注,杨丙安校理:《十一家注孙子》,第29页。
④《三国志》卷32《蜀书·先主传》。

所以庞统说:"荆州荒残,人物殚尽。"[1]南郡江北郡县人心未附,多有抵触、反抗曹操统治的士民。如刘备南逃时,"荆楚群士从之如云。"[2]徐晃在荆襄之役后,"别屯樊,讨中庐、临沮、宜城贼。"[3]在这样的情况下,曹操大军若在赤壁与孙刘军队长期相持,是无法依靠荆州当地租赋来提供给养的,江陵的存粮也只能满足一时之需,并非长久之计。若从中原到长江前线运送物资则需要水陆辗转数千里,所谓"劳兵袭远,日费千金,中国虚耗"[4],当时的国家无法长期承受如此沉重的负担。王夫之曾经论述曹操在赤壁之战面临的形势,认为和袁绍在官渡之战的处境相仿,都有粮饷远途运输上的困难,而对手的后勤供应则较为便利。"(曹)操乘破袁绍之势以下荆、吴,操之破绍,非战而胜也,固守以老绍之师而乘其敝也,以此施之于吴则左矣;吴凭江而守,矢石不及,举全吴以馈一军,而粮运于无虑之地,愈守则兵愈增、粮愈足,而人气愈壮,欲老吴而先自老,又其一也。"并且强调:"即微火攻,持之数月,而操亦为官渡之绍矣。"[5]此论甚为精辟,这应当是曹操从赤壁退兵以及后来不以荆襄地区为主要战场的根本原因。

　　另外需要指出的是,赤壁之战结束时,江陵城中还有存粮,供给留守的曹仁部队使用。《三国志》卷54《吴书·周瑜传》曰:"曹公留曹仁等守江陵城,径自北归。"注引《吴录》曰:"(刘)备谓(周)瑜云:'仁守江陵城,城中粮多,足为疾害。使张益德将千人随卿,

---

① 《三国志》卷37《蜀书·庞统传》注引《九州春秋》。

② 《三国志》卷39《蜀书·刘巴传》。

③ 《三国志》卷17《魏书·徐晃传》。

④ 《三国志》卷12《魏书·鲍勋传》。

⑤ [清]王夫之:《读通鉴论》卷9《汉献帝·二九》,第254—255页。

卿分二千人追我,相为从夏水入截仁后,仁闻吾入必走。'"直至一
年之后,江陵粮绝,曹仁才被迫撤离①。据史籍所载,曹军在赤壁
之战期间曾经出现乏粮的现象:"士卒饥疫,死者大半。"②这也是
曹操决定退兵的一个原因。江陵有粮,前线乏赈,应是运输不畅
的缘故。文献未能详述其具体情况,或是由于缺乏船只、劳力运
载,或是被周瑜水军阻截航道,后者存在着很大的可能性。曹操
后来烧掉剩余船只,改走陆路撤退,或许是因为此时孙吴舟师已
经掌握了长江制航权的缘故。

　　总而言之,曹操在荆襄之役获胜后顺江大举东征,应该说是
战略抉择上的失误,结果导致了赤壁战败和随后江陵等地的丧
失。曹操在南征荆州之前,本来没有平定江南的作战计划。但是
刘琮的归降使襄阳、江陵等重镇要地不战而下,轻而易举的胜利
使他企图乘势消灭孙权。当时他的幕僚谋士多表示赞同,只有少
数人提出异议。例如程昱即认为孙权会与刘备结成联盟,东征作
战难以在短期内结束。"太祖征荆州,刘备奔吴。论者以为孙权
必杀备,昱料之曰:'孙权新在位,未为海内所惮。曹公无敌于天
下,初举荆州,威震江表,权虽有谋,不能独当也。刘备有英名,关
羽、张飞皆万人敌也,权必资之以御我。难解势分,备资以成,又
不可得而杀也。'权果多与备兵,以御太祖。"③贾诩则提出休兵安
民的建议,却没有被曹操接受。事见《三国志》卷10《魏书·贾诩
传》:

---

① 参见阮元瑜:《为曹公作书与孙权》:"江陵之守,物尽谷殚,无所复据,徙民还师,又非
　（周）瑜之所能败也。"［梁］萧统编,［唐］李善注:《文选》,第589页。
②《三国志》卷47《吴书·吴主传》。
③《三国志》卷14《魏书·程昱传》。

建安十三年，太祖破荆州，欲顺江东下。诩谏曰："明公昔破袁氏，今收汉南，威名远著，军势既大；若乘旧楚之饶，以飨吏士，抚安百姓，使安土乐业，则可不劳众而江东稽服矣。"太祖不从，军遂无利。

历史上有时会出现背景相似而结果相反的战例，楚汉战争时韩信领兵进攻魏、赵，接连获得大胜。"涉西河，虏魏王，擒夏说阏与，一举而下井陉，不终朝破赵二十万众，诛成安君。名闻海内，威震天下。"[1]李左车说他虽然战功卓著，然而将士疲惫，难以继续攻打燕国。"今将军欲举倦弊之兵，顿之燕坚城之下，欲战恐久力不能拔，情现势屈，旷日粮竭，而弱燕不服，齐必距境以自强也。燕齐相持而不下，则刘项之权未有所分也。若此者，将军所短也。"[2]因而建议他在赵地安抚士民，休整将士，派遣使者说服燕国降汉，可以取得不战而胜的效果。"方今为将军计，莫如案甲休兵，镇赵抚其孤，百里之内，牛酒日至，以飨士大夫醳兵，北首燕路，而后遣辩士奉咫尺之书，暴其所长于燕，燕必不敢不听从。燕已从，使谊言者东告齐，齐必从风而服，虽有智者，亦不知为齐计矣。"[3]韩信听从其计，"发使使燕，燕从风而靡。"[4]苏辙指出贾诩谏阻曹操发兵东进与李左车说服韩信传檄下燕的情况相似，如果曹操接受了这项建议，就不会有后来的孙、刘结盟和赤壁之败，周瑜、刘备也难以攻占荆州，可见曹操的智谋与见识逊于韩信。"夫

---

① 《史记》卷 92《淮阴侯列传》。
② 《史记》卷 92《淮阴侯列传》。
③ 《史记》卷 92《淮阴侯列传》。
④ 《史记》卷 92《淮阴侯列传》。

诩之所以说曹公,则李左车之所以说淮阴侯,使乘破赵之势,传檄以下燕者也。方是时,孙氏之据江东已三世矣。国险而民附,贤才为用,诸葛孔明以为可与为援而不可图。而曹公以刘琮待之,欲一举而下之,难哉!使公诚用诩言,端坐荆州,使辩士持尺书结好于吴。吴知公无并吞之心,虽未即降,而其不以干戈相向者可必也。方是时,刘玄德方以穷客借兵于吴。吴既修好于公,其势必不助刘,而玄德因可蹙矣。惜乎谋之不善,荆州既不能守,而孙、刘皆奋。孰谓曹公之智而不如淮阴侯哉!"①

## 二、曹操"四越巢湖"的用兵路线

赤壁之战失利后,曹操率主力军队撤回冀州,次年再度南征。从这番出兵到他去世以前,曹操共对孙权发动了四次大规模进攻战役,战场都是在淮南地区,而进军路线均为自涡水入淮后经寿春、合肥过巢湖南下,故被《后出师表》称为"四越巢湖"②。其作战情况概述如下:

### (一)"四越巢湖"的战况

1. **初越巢湖**。建安十三年(208)十二月,孙权渡江攻打曹操的淮南郡县。"权自率众围合肥,使张昭攻九江之当涂。昭兵不

①[宋]苏辙:《栾城后集》卷9《历代论三·贾诩上》,[宋]苏辙著,曾枣庄、马德富校点:《栾城集》,1237页。

②《三国志》卷35《蜀书·诸葛亮传》注引《汉晋春秋》载《后出师表》:"曹操五攻昌霸不下,四越巢湖不成,任用李服而李服图之,委夏侯而夏侯败亡。"《资治通鉴》卷71魏明帝太和二年十一月胡三省注:"四越巢湖不成,谓攻孙权也。"

利,权攻城逾月不能下。"①但是吴军占据了江北沿岸各地,给扬州的社会经济与地方行政组织造成了严重破坏。建安十四年(209)三月,曹操自邺城领兵至谯县(今安徽亳州市),经过百余日的准备,"秋七月,自涡入淮,出肥水,军合肥。"②曹操此番出征并没有抵达江畔与孙权主力交战,他的主要目的是恢复扬州地区的生产事业,巩固对当地的统治。史载曹操到合肥后驻跸有五月之久,"置扬州郡县长吏,开芍陂屯田。十二月,军还谯。"③此前刘馥出任扬州刺史时,曾经"立学校,广屯田,兴治芍陂及茄陂、七门、吴塘诸堨以溉稻田,官民有畜"④。他在孙权围攻合肥前夕病故,看来战后芍陂等地的水利设施废弛,郡县守令多有缺额,应是吴军对扬州的进攻破坏所致,因此曹操予以重建,借此加强当地的防御力量。曹操此番在淮南停留时间较长,还和平定庐江郡境的割据势力有关。《三国志》卷14《魏书·刘晔传》曰:"太祖至寿春,时庐江界有山贼陈策,众数万人,临险而守。先时遣偏将致诛,莫能禽克。"后来他听从刘晔的建议,亲自率众南下合肥。"遂遣猛将在前,大军在后,至则克策,如晔所度。"⑤陈策在史籍中又作"陈兰",他和梅成叛乱时,"太祖遣于禁、臧霸等讨成,(张)辽督张郃、牛盖等讨兰。成伪降禁,禁还。成遂将其众就兰,转入灊山。"⑥后来被张辽攻灭。在这次战役中,曹操曾派遣臧霸进攻孙吴占据的

①《三国志》卷47《吴书·吴主传》建安十三年。
②《三国志》卷1《魏书·武帝纪》。
③《三国志》卷1《魏书·武帝纪》。
④《三国志》卷15《魏书·刘馥传》。
⑤《三国志》卷14《魏书·刘晔传》。
⑥《三国志》卷17《魏书·张辽传》。

曹魏篇

皖城(今安徽潜山县),被吴将韩当击退后驻守舒县(今安徽舒城县),又打败了孙权的援军,使张辽得以顺利消灭了陈兰①。曹操在稳定了扬州的局势之后撤回北方。

2. **再越巢湖**。这次战役发生在建安十八年(213),曹操在建安十六年(211)七月进兵关中,镇压了马超、韩遂等人的叛乱,次年(212)正月回到邺城,经过休整后在十月发兵南征,仍然使用上次进兵的路线,三月之后抵达。"(建安)十八年春正月,进军濡须口,攻破(孙)权江西营,获权都督公孙阳。"②双方交战对峙了一段时间,"曹公攻濡须,(孙)权与相拒月余。"③对于吴军在濡须坞的坚固防御,曹操始终无法攻破。史籍载吕蒙,"后从(孙)权拒曹公于濡须,数进奇计,又劝权夹水口立坞,所以备御甚精,曹公不能下而退。"④在此期间,曹操还派兵偷袭江心的中洲,企图截断濡须坞与后方的联系,结果被孙权击溃。《吴历》曰:"曹公出濡须,作油船,夜渡洲上。权以水军围取,得三千余人,其没溺者亦数千人。"⑤通过交战曹操认识了孙权的胆略才干以及吴军的防守严密,由于短时间内不能取胜,曹操唯恐久驻之后战局生变,只得被迫退兵。"公见舟船器仗军伍整肃,喟然叹曰:'生子当如孙仲谋。

---

① 参见《三国志》卷18《魏书·臧霸传》:"张辽之讨陈兰,霸别遣至皖,讨吴将韩当,使(孙)权不得救兰。当遣兵逆霸,霸与战于逢龙,当复遣兵邀霸于夹石,与战破之,还屯舒。权遣数万人乘船屯舒口,分兵救兰,闻霸军在舒,遁还。霸夜追之,比明,行百余里,邀贼前后击之。贼窘急,不得上船,赴水者甚众。由是贼不得救兰,辽遂破之。"
② 《三国志》卷1《魏书·武帝纪》。
③ 《三国志》卷47《吴书·吴主传》。
④ 《三国志》卷54《吴书·吕蒙传》。
⑤ 《三国志》卷47《吴书·吴主传》注引《吴历》。

刘景升儿子,若豚犬耳。'(孙)权为笺与曹公说:'春水方生,公宜
速去。'别纸言:'足下不死,孤不得安。'曹公语诸将曰:'孙权不欺
孤。'乃彻军还。"①曹操当年正月从濡须退兵,四月返回邺城。在
濡须之役前夕,迫于孙权在江北沿岸的军事压力,曹操准备将缘
江各郡百姓向北方迁徙,不料促成百姓的恐慌,纷纷逃亡江南。
《三国志》卷47《吴书·吴主传》曰:"初,曹公恐江滨郡县为权所
略,征令内移。民转相惊,自庐江、九江、蕲春、广陵户十余万皆东
渡江。江西遂虚,合肥以南惟有皖城。"

　　3.三越巢湖。建安十九年(214)五月,孙权集中兵力向形势
孤立的皖城进攻。"闰月,克之,获庐江太守朱光及参军董和,男
女数万口。"②从而拔除了曹操在江北沿岸的惟一重要据点,引起
他的强烈反应,并立即决定出兵反击。"秋七月,公征孙权。"③按
照《三国志》曹操本纪的记述,他此番进军继续走经过寿春、合肥
的旧路,但是没有进抵江滨与孙权接战。当年十月,他在到达前
线不久后随即撤退。"公自合肥还。"④其撤兵的原因,有人认为是
陇右的叛乱所致。"陇西宋建自称河首平汉王,聚众枹罕,改元,
置百官"⑤,曹操因此"遣夏侯渊自兴国讨之。冬十月,屠枹罕,斩
建,凉州平"⑥。但实际上宋建的叛乱已经历时多年,又势单力孤,
远在边陲,对曹操并未构成严重的威胁。曹操仓促退兵的缘故,

①《三国志》卷47《吴书·吴主传》注引《吴历》。
②《三国志》卷47《吴书·吴主传》。
③《三国志》卷1《魏书·武帝纪》。
④《三国志》卷1《魏书·武帝纪》。
⑤《三国志》卷1《魏书·武帝纪》。
⑥《三国志》卷1《魏书·武帝纪》。

是汉献帝皇后伏氏及其家族图谋在后方发起反曹动乱,被揭发出来。曹操担心其政变一旦得逞,南征大军的给养和退路将被截断,有导致覆没的危险。这是他的心腹之患,所以不得不回师弹压。"十一月,汉皇后伏氏坐昔与父故屯骑校尉完书,云帝以董承被诛怨恨公,辞甚丑恶,发闻,后废黜死,兄弟皆伏法。"①《后汉书》卷 10 下《皇后纪下》曰:"董承女为贵人,(曹)操诛承而求贵人杀之。帝以贵人有妊,累为请,不能得。后自是怀惧,乃与父完书,言曹操残逼之状,令密图之。完不敢发。至十九年,事乃露泄。操追大怒,遂逼帝废后……遂将后下暴室,以幽崩。所生二皇子,皆鸩杀之。后在位二十年,兄弟及宗族死者百余人,母盈等十九人徙涿郡。"因而这次出征无功而返。

4. **四越巢湖**。这次战役行动是在建安二十一年(216)冬至次年春季。曹操在建安二十年(215)西征汉中,孙权乘虚领兵进攻合肥,虽然被守将张辽击退,但是魏军在扬州地区的兵力薄弱,张辽部下仅有七千人,与吴军相比实力悬殊,因而局势仍有危险。曹操占领汉中、收降张鲁后,于建安二十一年(216)二月返回邺城。他在五月进爵魏王,又积极策划南征。"冬十月,治兵,遂征孙权。十一月至谯。二十二年春正月,王军居巢。二月,进军屯江西郝溪。权在濡须口筑城拒守,遂逼攻之,权退走。"②卢弼注引谢钟英曰:"郝溪在居巢东、濡须之西。"③此役曹操军队再次于濡须坞前受阻,仍未能够攻陷这一坚固堡垒。《三国志》卷 54《吴

---

① 《三国志》卷 1《魏书·武帝纪》。
② 《三国志》卷 1《魏书·武帝纪》。
③ 卢弼:《三国志集解》卷 1《魏书·武帝纪》,第 59 页。

书·吕蒙传》曰："后曹公又大出濡须,(孙)权以蒙为督,据前所立坞,置强弩万张于其上,以拒曹公。曹公前锋屯未就,蒙攻破之,曹公引退。"另外,曹操还分兵袭击濡须东北历阳的横江渡口,被吴将徐盛击退;其本传云:"曹公出濡须,从(孙)权御之。魏尝大出横江,盛与诸将俱赴讨。时乘蒙冲,遇迅风,船落敌岸下。诸将恐惧,未有出者,盛独将兵,上突斫敌,敌披退走,有所伤杀。风止便还,权大壮之。"①

　　双方经过月余时间的交锋,战局相持不下。孙权主动派遣使者请求罢兵,获得曹操的首肯。"权令都尉徐详诣曹公请降。公报使修好,誓重结婚。"②为了防止在退兵后孙权毁盟再攻扬州,曹操此番留下了诸多名将和军队。建安二十二年(217),"三月,王引军还,留夏侯惇、曹仁、张辽等屯居巢。"③《三国志》卷9《魏书·夏侯惇传》曰:"(建安)二十一年,从征孙权还,使惇都督二十六军留居巢。"而张辽本传亦载:"太祖复征孙权,到合肥,循行(张)辽战处,叹息者良久。乃增辽兵,多留诸军,徙屯居巢。"④值得注意的是,此前魏军的淮南防线设在合肥,而这次向前推进到巢湖东口的居巢(今安徽巢湖市居巢区),而且显著增加了兵力,这是为了镇慑孙权,使其不敢轻举妄动。建安二十四年(219),曹操受困于刘备在汉中的牵制,襄樊魏军又接连惨败给关羽,他需要集中兵力来对付蜀汉,因而和孙权达成妥协。司马懿曾提出建议:"孙权、刘备,外亲内疏,羽之得意,权所不愿也。可喻权所,令掎其

①《三国志》卷55《吴书·徐盛传》。
②《三国志》卷47《吴书·吴主传》。
③《三国志》卷1《魏书·武帝纪》。
④《三国志》卷17《魏书·张辽传》。

后,则樊围自解。"①此计得到了曹操的赞同与实施,而孙权方面也有积极的响应。"权内惮(关)羽,外欲以为己功,笺与曹公,乞以讨羽自效。"②双方一拍即合。曹操为解除孙权的后顾之忧,促成其全力西征荆州,还撤走了居巢与合肥的守军,以表示不会南下袭击。事见孙权与曹丕信笺:"先王以权推诚已验,军当引还,故除合肥之守,著南北之信,令权长驱不复后顾。"③扬州的战局于是出现了明显缓和,而曹操对孙吴的攻势也至此暂告结束。

### (二)曹操改变征吴路线的原因

"四越巢湖"的军事行动前后历经十年,始终沿续着从谯县、寿春、合肥至濡须水口的进攻路线。关于南征曹军的数量,史籍缺乏明确的记载。据《江表传》所言,建安二十一年(216)"曹公出濡须,号步骑四十万,临江饮马。(孙)权率众七万应之,使(甘)宁领三千人为前部督。"④这四十万人是虚夸的数目,实际兵力可能在十万上下。建安十九年(214)曹操二下巢湖时,参军傅幹曾进行谏阻,提到"今举十万之众,顿之长江之滨"⑤。次年(215)曹操西伐汉中,据杨暨追述:"武皇帝始征张鲁,以十万之众,身亲临履,指授方略。"⑥看来十万左右军队是他亲征麾下的人众数量。

①《晋书》卷1《宣帝纪》。
②《三国志》卷47《吴书·吴主传》。
③《三国志》卷47《吴书·吴主传》注引《魏略》。
④《三国志》卷55《吴书·甘宁传》注引《江表传》。
⑤《三国志》卷1《魏书·武帝纪》注引《九州春秋》。
⑥《三国志》卷8《魏书·张鲁传》注引《魏名臣奏》。

如前所述,赤壁之战以后曹操集团的全部兵力有二十余万[1],分驻于境内各地,他率领出征的中军主力与辅助人马大约占到军队总数的 40%。曹操为什么调整作战部署和用兵路线,改为以淮南为主攻方向呢? 其基本原因有以下两条:

首先,建安后期曹操的根据地和主力军队的家属驻地都在冀州,所以他每次出征之后都要率众回到邺城一带进行休整。孙权依据的江东六郡,其经济重心是在"吴会",即位于吴郡、会稽境内的太湖平原和宁绍平原,都城是设置在滨江的京(今江苏镇江市),后来移到秣陵(后称建业,今江苏南京市)。汉魏时期北方中原与东南地区的交通干线,主要是通过汝、颍、涡、泗等鸿沟诸渠的各条水道进入淮河,再以寿春为中转枢纽南下合肥,沿施水入巢湖,然后在居巢沿濡须水入江,渡江东行过芜湖、牛渚(今安徽马鞍山市),即可到达吴都建业和苏南太湖流域。和平时期,巢湖以北的合肥、寿春是南北方贸易来往的商业城市,如《汉书》卷 28下《地理志下》所言:"寿春、合肥受南北湖皮革、鲍、木之输,亦一都会也。"颜师古注:"皮革,犀兕之属也。鲍,鲍鱼也。木,枫楠豫章之属。"当时从河北、河南地区赶赴江东,这条道路最为捷近,而且水陆兼行,交通便利,因此成为旅客的首选途径。如汉末清河崔琰避乱离乡,"于是周旋青、徐、兖、豫之郊,东下寿春,南望江湖,自去家四年乃归。"[2]曹操使用这条路线进攻孙权的心腹要地,不仅距离最近,而且全程可通水运,能够节省大量的人畜劳力与

---

①《晋书》卷 1《宣帝纪》载建安十八年(213)后司马懿对曹操说:"昔箕子陈谋,以食为首。今天下不耕者盖二十余万。非经国远筹也。虽戎甲未卷,自宜且耕且守。"
②《三国志》卷 12《魏书·崔琰传》。

物资消耗，这是他选择此途为主攻路线的重要理由。

其次，这条道路也是孙吴军队北伐中原的必经途径。王象之曾曰："古者巢湖水北合于肥河，故魏窥江南则循涡入淮，自淮入肥，繇肥而趣巢湖，与吴人相持于东关。吴人挠魏亦必繇此。"①赤壁之战以后，周瑜攻占江陵，次年病故。孙权"借荆州"与刘备，得以集中力量在扬州地区发动攻势。他两次统领号称十万的大军进攻合肥②，企图夺取淮南，将其作为进取中州的前线基地。吴军主力平时集于都城建业附近，自长江经濡须水道进巢湖，溯施水到达合肥，再沿肥水进抵寿春，一来航路近便，二来得以发挥其舟师水战的优势，所以也是孙吴北攻曹魏的理想途径。曹操屡次通过寿春、合肥南征，另一个好处就是有利于巩固和加强扬州战区的防务，并给孙权造成这一方向的军事压力，使他担心会遭到敌兵大举入侵，从而不敢轻易在淮南地区发动攻势。

从曹操"四越巢湖"的作战进退情况来看，这条道路的使用相当顺畅，没有发现交通阻滞的现象。大军和辎重从邺城南下，在黎阳（今河南浚县）渡过黄河后，可以利用蒗荡渠的河道进入涡（濄）水，直流入淮。《水经》曰："阴沟水出河南阳武县蒗荡渠，东南至沛为濄水，又东南至下邳淮陵县入于淮。"郦道元注："阴沟始乱蒗荡，终别于沙而濄水出焉。濄水受沙水于扶沟县。许慎又

---

① ［清］顾祖禹：《读史方舆纪要》卷19《南直一·肥水》，第891页。
② 参见《三国志》卷15《魏书·刘馥传》："建安十三年卒。孙权率十万众攻围合肥城百余日，时天连雨，城欲崩，于是以苦蒉覆之，夜然脂照城外，视贼所作而为备，贼以破走。"《三国志》卷17《魏书·张辽传》载建安二十年："太祖征张鲁，教与护军薛悌，署函边曰'贼至乃发'。俄而权率十万众围合肥，乃共发教，教曰：'若孙权至者，张、李将军出战，乐将军守，护军勿得与战。'"

曰：涡水首受淮阳扶沟县蒗荡渠，不得至沛方为涡水也。"①杨守敬疏："《渠水》篇渠水于此有阴沟、鸿沟之称。此云同受鸿沟、沙水之目，沙水即渠水，盖阴沟、鸿沟、沙水得通称也。"②涡水入淮途中经过谯县（今安徽亳州市），该地是曹操故乡，东汉曾为豫州刺史治所，也是黄淮平原的交通枢要。曹操在初越巢湖前夕，先发兵马到谯县集结，在那里设置制船工场，打造舟舰并训练水军，为此后的南征预做准备，然后再顺流而下。"（建安）十四年春三月，军至谯，作轻舟，治水军。秋七月，自涡入淮，出肥水，军合肥。"③此后的三越巢湖均以谯县为中转兵站，聚集兵马，补充粮饷；后来曹丕的对吴作战，也曾遵循这一路线和进兵策略，甚至把谯列为"五都"之一④，可见其地位之重要。顾祖禹评论亳州："走汴、宋之郊，拊颍、寿之背，南北分疆，此亦争衡之所也。昔者曹瞒得志，以谯地居冲要，且先世本邑也，往往治兵于谯，以图南侵。及曹丕篡位，遂建陪都。其后有事江淮，辄顿舍于此。"又云："盖襟要攸关，州在豫、徐、扬三州间，固不独为一隅之利害而已。"⑤

　　曹操在发动荆襄之役前夕，曾在邺城训练水军⑥，但是规模很小，南征时也未必随行，赤壁东征时他主要是依靠投降过来的荆

---

① [北魏]郦道元注，[民国]杨守敬、熊会贞疏：《水经注疏》卷23《阴沟水》，第1936—1937页。

② [北魏]郦道元注，[民国]杨守敬、熊会贞疏：《水经注疏》卷23《阴沟水》，第1936页。

③《三国志》卷1《魏书·武帝纪》。

④《三国志》卷2《魏书·文帝纪》黄初二年正月壬午条注引《魏略》曰："改长安、谯、许昌、邺、洛阳为五都，立石表，西界宜阳，北循太行，东北界阳平，南循鲁阳，东界郏，为中都之地。"

⑤ [清]顾祖禹：《读史方舆纪要》卷21《南直三·凤阳府》，第1064—1065页。

⑥《三国志》卷1《魏书·武帝纪》："（建安）十三年春正月，公还邺，作玄武池以肄舟师。"

州水师。如孙吴群臣所言:"刘表治水军,蒙冲斗舰,乃以千数,操悉浮以沿江,兼有步兵,水陆俱下。"①这些将士对曹操并未心悦诚服,而是"尚怀狐疑"②。后来在赤壁之战中,刘表旧部多有叛逃,致使曹操面对孙吴舟师完全处于劣势,不得不烧船撤退。王夫之曾对此评论道:"北来之军二十万,刘表新降之众几半之,而恃之以为水军之用,新附之志不坚,而怀土思散以各归其故地者近而易,表之众又素未有远征之志者也,重以戴先主之德,怀刘琦之恩,故黄盖之火一爇而人皆骇散,荆土思归之士先之矣。"③此番南征之前,曹操决心以谯县为基地训练一支自己的水军,以便满足在江淮地区作战的需要。

建安十八年(213)九月,曹操为了便利邺城至黄河之间的交通运输,"凿渠引漳水入白沟以通河"④。《水经注》载当年曹操分魏郡为东、西二部,各置都尉。"魏武又以郡国之旧,引漳流自城西东入,径铜雀台下,伏流入城东注,谓之长明沟也。"杨守敬疏云:"《方舆纪要》引《魏略》云,曹公作金虎台于其下,凿渠,引漳水入白沟以通漕。言金虎台,与此称径铜雀台下异。然金虎即在铜雀之南,故水之所径,二台无妨互举。其白沟则长明沟之异名也。"⑤这条运河又名"利漕渠",亦见《水经注》:"汉献帝建安十八年,魏太祖凿渠,引漳水东入清、洹以通河漕,名曰利漕渠。漳津故渎水旧断,溪东北出,涓流濛注而已。"熊会贞疏:"《魏志·武帝

<hr />

① 《三国志》卷54《吴书·周瑜传》。
② 《三国志》卷54《吴书·周瑜传》注引《江表传》。
③ [清]王夫之:《读通鉴论》卷9《汉献帝·二八》,第255页。
④ 《三国志》卷1《魏书·武帝纪》。
⑤ [北魏]郦道元注,[民国]杨守敬、熊会贞疏:《水经注疏》卷10《浊漳水》,第935—936页。

纪》,建安十八年凿渠引漳水入白沟以通河。据《洹水经》,洹水入白沟,据《清水注》,曹公开白沟,复清水之故渎,则白沟、清、洹可通称也。此《注》作河漕,疑《魏志》脱漕字,又疑《魏志》河是漕之误。"①利漕渠的开通,加快了曹操军队和给养自邺城进入黄河的速度与流量,使南下巢湖的交通道路更为顺畅。

### (三)濡须地区在交通方面的局限性

"四越巢湖"的用兵路线虽然交通条件基本良好,自后方而来的兵员、粮草运输顺畅,但是最终没有获得理想的战果。曹操两次兵临濡须与吴军主力作战,都未能重创对手,打破敌人的防御,占领这条水道的入江口岸,所以被《后出师表》列为他的失败战例之一。"曹操五攻昌霸不下,四越巢湖不成,任用李服而李服图之,委夏侯而夏侯败亡。"②他受阻于濡须有多种原因,那么在交通路线方面是否也有消极的因素,促成了曹操大军的无功而返呢?笔者认为,濡须地区的地形和水文条件具有某些局限性,所以曾给曹操的大规模水陆进攻带来了不利影响。试述如下:

首先,濡须水道较为狭窄,难以行驶大型船队。曹操为了躲避暑热和疾疫,又往往选择在冬天的枯水季节进军,因此他的南征水师船只较小。《三国志》卷1《魏书·武帝纪》特意记述:"军至谯,作轻舟,治水军。"说明曹操在出征之前已经注意到这一情况,并且有针对性地做了准备。据史籍所载,孙权在濡须口则部署有

---

①[北魏]郦道元注,[民国]杨守敬、熊会贞疏:《水经注疏》卷10《浊漳水》,第952页。
②《三国志》卷35《蜀书·诸葛亮传》注引《汉晋春秋》。

巨型舟舰"楼船"①,这样在水战的重要装备上曹军明显处于下风,因此在濡须作战期间,曹操的水军主力基本上龟缩在水口以北的河道之内,始终不敢驶入长江,与孙吴舟师决战。据史籍所载:"(孙)权数挑战,公坚守不出。权乃自来,乘轻船,从濡须口入公军。"②这条史料即表明濡须水道较窄,所以孙权乘坐"轻船"前来,企图引诱敌军船队入江作战。曹操却不敢出兵迎敌,"敕军中皆精严,弓弩不得妄发。权行五六里,回还作鼓吹。"③他只是派遣过小股船队在夜间偷袭,还被孙权水军尽数消灭。参见《吴历》:"曹公出濡须,作油船,夜渡洲上。权以水军围取,得三千余人,其没溺者亦数千人。"④吴国以长江为天堑,又擅长水战。曹操如果不能使用大型战船驶入前线水域,那就无法构成装备上的优势来战胜敌人。

其次,自居巢湖口沿濡须水而下抵达江滨,两岸沿途多为山岭丘陵。曹兵顺流水陆并进,大军的人马虽众,但受到地形的拘束,进攻队形无法展开,只能在一个相对狭窄的正面上与敌兵接触,缺乏充分的作战回旋余地,从而难以施展计谋和发挥兵力数量上的优势。如傅干对曹操所言:"今举十万之众,顿之长江之滨,若贼负固深藏,则士马不得逞其能,奇变无所用其权,则大威有屈而敌心未能服矣。"⑤另一方面,孙权则得以利用濡须的复杂

---

① 《三国志》卷 55《吴书·董袭传》:"曹公出濡须,袭从(孙)权赴之,使袭督五楼船住濡须口。"

② 《三国志》卷 47《吴书·吴主传》建安十八年正月注引《吴历》。

③ 《三国志》卷 47《吴书·吴主传》建安十八年正月注引《吴历》。

④ 《三国志》卷 47《吴书·吴主传》建安十八年正月注引《吴历》。

⑤ 《三国志》卷 1《魏书·武帝纪》注引《九州春秋》。

地势来构筑强固的防御工事。他先是在建安十七年（212）接受吕蒙的建议，"夹水口立坞，所以备御甚精，曹公不能下而退。"①后又在当地建筑城垒，见《三国志》卷1《魏书·武帝纪》建安二十二年（217）："二月，进军屯江西郝溪。（孙）权在濡须口筑城拒守，遂逼攻之。"濡须城依山而建，形势险峻，因而易守难攻。后来朱桓镇守此城以抗拒曹仁的数万部队，他曾对部下说："桓与诸军，共据高城，南临大江，北背山陵，以逸待劳，为主制客，此百战百胜之势也。虽曹丕自来，尚不足忧，况仁等邪！"②由于将荆州的防务交付刘备，孙权能够聚集江东兵力来抵御曹操的入侵。如前所述，他的全部军队在十万左右，而在濡须前线可以集结七万人马③，这是一个相当可观的数据。因为正面的防御战线较短，孙权得以集中兵力来有效地阻击曹军。此外，他的情报工作也相当奏效，能够准确获得相关讯息，随后及时地预先进行调度，做好充分的防御准备。例如《三国志》卷47《吴书·吴主传》载建安十七年（212），"城石头，改秣陵为建业。闻曹公将来侵，作濡须坞。"再者，从参加的部队来看，曹操一直实行单线攻击，即将全部精锐主力投入到巢湖、濡须方向作战，而没有采取曹丕、曹睿后来多路进攻孙权的策略，这就使吴军的防御作战比较容易，可以收拢部队来迎击敌人，而不用分散兵力来应付几个方向的来寇。鉴于以上原因，曹操"四越巢湖"给江东政权造成的威胁并不像赤壁之役那样危

① 《三国志》卷54《吴书·吕蒙传》。

② 《三国志》卷56《吴书·朱桓传》。

③ 《三国志》卷35《蜀书·诸葛亮传》："（孙）权勃然曰：'吾不能举全吴之地，十万之众，受制于人。吾计决矣！'"《三国志》卷55《吴书·甘宁传》注引《江表传》曰："曹公出濡须，号步骑四十万，临江饮马。权率众七万应之，使宁领三千人为前部督。"

急和严重。孙权尽管面临强敌入侵,却胸有成竹,应对自如,没有出现赤壁战前那种踌躇和焦虑。

## 三、魏文帝的分兵征吴与广陵之役

汉献帝延康元年(220)正月,曹操在洛阳去世,世子曹丕继位,随后他又在十月代汉称帝,改元为黄初,在位六年后猝然病故,年仅四十。曹丕于黄初三年至六年(222—225)之间,连续向孙吴发起了三次大规模进攻,在用兵路线方面改变了曹操"四越巢湖"的策略,他先后做出的重大调整有以下两次:

### (一)三道并征

前文已述,赤壁之战以后,曹操对孙权的进攻是采用收拢兵力、只攻巢湖至濡须一路的做法。由于实施单线攻击某个固定的区域,敌人可以集中军队进行防御,加上濡须地区江河纵横,岭丘散布,地理条件易攻难守,所以曹操始终未能取得显著的进展。孙权在黄初三年(222)拒绝向曹魏提供太子孙登作为人质,两国关系破裂。曹丕于是大发兵众,分为三路发动进攻。"秋九月,魏乃命曹休、张辽、臧霸出洞口,曹仁出濡须,曹真、夏侯尚、张郃、徐晃围南郡。(孙)权遣吕范等督五军,以舟军拒休等;诸葛瑾、潘璋、杨粲救南郡;朱桓以濡须督拒仁。"[①]此番战役最后在次年(223)三月结束,曹丕丙午诏声称各路兵马都获得大胜,其文曰:"孙权残害民物,朕以寇不可长,故分命猛将三道并征。今征东诸

---

① 《三国志》卷 47《吴书·吴主传》。

军与权党吕范等水战,则斩首四万,获船万艘。大司马据守濡须,其所禽获亦以万数。中军、征南,攻围江陵,左将军张郃等舳舻直渡,击其南渚,贼赴水溺死者数千人,又为地道攻城,城中外雀鼠不得出入。"①但由于遭遇严重疾疫,"夹江涂地,恐相染污。"②所以下令解江陵之围,收兵撤退。曹丕诏书所言之战绩与实际情况有不小的出入,例如曹仁领兵数万自合肥南下攻打濡须,走的是"四越巢湖"的旧路。他到达前线后,"伪先扬声,欲东攻羡溪。"③诱使朱桓分兵赴救,然后命其子曹泰攻击濡须城,"分遣将军常雕督诸葛虔、王双等,乘油船别袭中洲。"④朱桓以少敌众,应对得当,"部兵将攻取油船,或别击雕等,桓等身自拒泰,烧营而退,遂枭雕,生虏双,送武昌。"⑤曹仁损兵折将后被迫撤退,曹丕诏书所称胜利全是谎言。

西边曹真、夏侯尚率魏国"中军"主力自襄阳南下进攻江陵。这一路距离曹魏国都洛阳较近,"魏文帝自住宛,为其势援。"⑥吴将孙盛领万余人驻扎江心的中洲,"立围坞,为(朱)然外救。"⑦被张郃击退后,断绝了江陵城与后方的联系。"(孙)权遣潘璋、杨粲等解围而围不解。时然城中兵多肿病,堪战者裁五千人。真等起土山,凿地道,立楼橹临城,弓矢雨注。将士皆失色。"⑧朱然却临

---

①《三国志》卷2《魏书·文帝纪》黄初四年三月注引《魏书》载丙午诏。
②《三国志》卷2《魏书·文帝纪》黄初四年三月注引《魏书》载丙午诏。
③《三国志》卷56《吴书·朱桓传》。
④《三国志》卷56《吴书·朱桓传》。
⑤《三国志》卷56《吴书·朱桓传》。
⑥《三国志》卷56《吴书·朱然传》。
⑦《三国志》卷56《吴书·朱然传》。
⑧《三国志》卷56《吴书·朱然传》。

危不惧,激励将士坚守长达六月。迫使魏军撤退的原因,并非全是瘟疫所致,主要是久攻不下,死伤惨重①。"(夏侯)尚等不能克,乃彻攻退还。"②

　　东路攻吴的主将是青、徐都督曹休③,他就任征东大将军,"假黄钺,督张辽等及诸州郡二十余军"④,曹魏水师多在其麾下。曹休行前官拜扬州刺史,治所在寿春,他的进攻路线顺淮水东下,至末口(今江苏淮安市楚州区)转入中渎水,即古邗沟南行,至海陵(今江苏泰州市)和江都(今江苏扬州市西南)而到达江滨。《三国志》卷17《魏书·张辽传》曰:"孙权复叛,帝遣辽乘舟,与曹休至海陵,临江。权甚惮焉,敕诸将:'张辽虽病,不可当也,慎之!'是岁,辽与诸将破权将吕范。辽病笃,遂薨于江都。"曹休的水军入江后溯流驶至洞口,或称洞浦,即今安徽历阳县长江北岸,附近有著名的横江渡口,对岸就是牛渚,即采石矶(今安徽马鞍山市)。洞浦,或称洞口、洞口浦,其地望在汉历阳县(今安徽和县)西南江畔。《太平寰宇记》卷124《淮南道二》"和州·历阳县"条曰:"洞口浦,魏将曹休、张辽伐吴至此,吴军相望。《水经注》云,江水左列洞口。"⑤《读史方舆纪要》卷29亦曰:"洞浦,在(和)州西南,临江。亦曰洞口。曹丕黄初三年伐吴,分命曹休等出洞口。"又云:"洞浦盖亦江浦之别名矣。"⑥前引曹丕丙午诏说曹休在洞口大胜吴将吕

①参见《三国志》卷10《魏书·贾诩传》:"后兴江陵之役,士卒多死。"
②《三国志》卷56《吴书·朱然传》。
③《三国志》卷18《魏书·臧霸传》注引《魏略》"文帝即位,以曹休都督青、徐"。
④《三国志》卷9《魏书·曹休传》。
⑤[宋]乐史撰,王文楚等校点:《太平寰宇记》卷124《淮南道二》,第2456页。
⑥[清]顾祖禹:《读史方舆纪要》卷29《南直十一》,第1422页。

范，"斩首四万，获船万艘。"实际上是吴国水军遭遇暴风，大量船只被吹到对岸敌营，或在江中倾覆，致使魏军多有斩获，但仅有数千人。参见《三国志》卷14《魏书·董昭传》：

> 暴风吹贼船，悉诣（曹）休等营下，斩首获生，贼遂迸散。

《三国志》卷56《吴书·吕范传》：

> 曹休、张辽、臧霸等来伐，范督徐盛、全琮、孙韶等，以舟师拒休等于洞口。迁前将军，假节，改封南昌侯。时遭大风，船人覆溺，死者数千。

汉魏时期夸大战绩是军中惯例。"破贼文书，旧以一为十"[①]，因此魏文帝诏书称曹休杀敌四万。在这三路兵马的作战中，要数曹休的战绩最为显赫，他不仅进军过程非常顺利，未受阻击即指挥船队进入长江，还靠天气帮助侥幸战胜了吕范的水军；另外又派勇士渡江突袭徐陵（今安徽当涂县西南）[②]，杀戮甚众。黄初三年十一月："曹休使臧霸以轻船五百、敢死万人，袭攻徐陵，烧攻城车，杀略数千人。"[③]由于战事频频获胜，遇到的抵抗较弱，此路魏军将领心骄气傲，屡出狂言。如曹休曾上表要求孤军渡江，声称有必

---

① 《三国志》卷11《魏书·国渊传》。

② 史家旧说徐陵为京口附近地名，谢钟英指出孙吴有两处徐陵，臧霸进攻之徐陵在建业西边的洞浦对岸，"今太平府西南东梁山之北。"［清］洪亮吉撰，［清］谢钟英补注：《〈补三国疆域志〉补注》，《二十五史补编·三国志补编》，第538页。梁允麟亦云吴丹阳（治今安徽当涂县小丹阳镇），"有徐陵，在县西南东梁山之北，与江北和县洞浦，亦称洞口相对。"又曰："徐陵亭在京口，今江苏镇江，故京口亦名徐陵。但臧霸所攻之徐陵则在今安徽当涂县，《通典》、《元和志》以为魏军所攻徐陵在京口，误。"梁允麟：《三国地理志》，广东人民出版社，2004年，第264—265页。

③ 《三国志》卷47《吴书·吴主传》黄武元年十一月。

胜的把握。"愿将锐卒虎步江南,因敌取资,事必克捷,若其无臣,不须为念。"①吓得曹丕赶忙下令禁阻,"帝恐休便渡江,驿马诏止。"②臧霸亦对曹休说:"国家未肯听霸耳!若假霸步骑万人,必能横行江表。"③后来由于驻守扬州西部的贺齐领兵赴救,"诸将倚以为势"④,才勉强抵住魏军。

曹丕丙午诏说是"故分命猛将三道并征",实际上还有第四路兵马,就是江夏太守文聘的部队。为了牵制部署在武昌附近的吴国"中军"主力,以配合曹真、夏侯尚对将领的围攻,文帝还命令文聘率领本部兵众向汉水下游的重镇沔口(今湖北武汉市汉阳区)进攻,后来被吴军击退,停驻于石梵(今湖北天门县东南)。《三国志》卷18《魏书·文聘传》曰:"与夏侯尚围江陵,使聘别屯沔口,止石梵,自当一队,御贼有功,迁后将军,封新野侯。"谢钟英按:"梁竟陵郡即汉竟陵县,今安陆府治唐沔州,今沔阳州,故竟陵郡地。石梵当在今天门县东南,汉水北。"⑤因为文聘麾下人马较少,在军事上又接受荆州都督夏侯尚的指挥,所以朝廷没有将其单独算作一路,只说是"三道并征"。

## (二)广陵之役

三道并征失利之后,曹丕经过岁余的休整,在黄初五年

---

①《三国志》卷14《魏书·董昭传》。
②《三国志》卷14《魏书·董昭传》。
③《三国志》卷18《魏书·臧霸传》注引《魏略》。
④《三国志》卷60《吴书·贺齐传》。
⑤[清]洪亮吉撰,[清]谢钟英补注:《〈补三国疆域志〉补注》,《二十五史补编·三国志补编》,第560页。

(224)、六年(225)连续向孙吴发起进攻,自己亲率大军两度抵达广陵(今江苏扬州市)江畔。这两次军事行动与前番战役相比,具有以下重要特点:

1. 集中兵力为一路。曹丕没有采取分兵征吴的策略,当时魏国的军队与曹操晚年全部人马的数量接近,并未有明显的增加。辛毗谏阻曹丕南征时曾说:"先帝屡起锐师,临江而旋。今六军不增于故,而复循之,此未易也。"①如前所述,当时魏国兵马总数有二十余万②,除去各地留守军队,曹操带领出征的兵力在十万上下,曹丕麾下军队的数量与其相近。例如他在黄初六年(225)到达广陵后,"临江观兵,戎卒十余万,旌旗数百里。"③这些军队如果分成三路进攻,每路只有三四万或五六万人,因而在局部地区形成的兵力优势显然比"四越巢湖"时期有所下降。黄初三年(222)九月魏军三道并征时,各条战线的吴国守军在兵员数量上仍处于劣势,作战的主动权也掌握在魏军手里。但是在次要方向的曹休、曹仁兵马有限,获胜后难以扩大战果,失败则无力继续交锋。例如曹休在洞口打败吕范水师后,曹丕立即命令他渡江登陆,"诏敕诸军促渡。军未时进,贼救船遂至。"④孙吴援军到来削弱了曹休的优势,他只好打消抢渡计划。曹仁攻击濡须城受挫,偷袭中洲的魏军也被消灭,但是数量不多,"临阵斩溺,死者千余"⑤。他

①《三国志》卷25《魏书·辛毗传》。
②《晋书》卷1《宣帝纪》:"迁为军司马,言于魏武曰:'昔箕子陈谋,以食为首。今天下不耕者盖二十余万,非经国远筹也。虽戎甲未卷,自宜且耕且守。'魏武纳之。于是务农积谷,国用丰赡。"
③《三国志》卷2《魏书·文帝纪》。
④《三国志》卷14《魏书·董昭传》。
⑤《三国志》卷56《吴书·朱桓传》。

的军队损失谈不上惨重,但即使这样,曹仁也缺乏再战的信心,只好撤回合肥。上述情况反映出魏国兵马有限,分路进兵给敌人的打击力度不够,这应是曹丕不再采用此种策略,而又恢复收拢兵力作战的原因。

另外,陈寿说魏文帝"天资文藻,下笔成章,博闻强识,才艺兼该"①。曹丕自己也相当自负,曾在《典论》中自称是文武兼备的全能人才,尤其擅长军事。"夫文武之道,各随时而用,生于中平之季,长于戎旅之间,是以少好弓马,于今不衰。"②还说他剑法高超,无人匹敌。"后从陈国袁敏学,以单攻复,每为若神,对家不知所出。"③他认为此前三道并征的失利,与自己远离战场,发出的指示不能及时下达有关,所以此后要亲统大军莅临前线来指挥作战,即其诏书所言"临江授诸将方略"④,从而立下统一寰宇的丰功伟业。曹丕宣称要在江滨长期留驻,"吾今当征贼,欲守之积年。"并准备在广陵修建宫殿,待机发动进攻。"吾欲去江数里,筑宫室,往来其中,见贼可击之形,使出奇兵击之;若或未可,则当舒六军以游猎,飨赐军士。"⑤他还作诗抒怀,欲效法古人在前线屯田以解决粮饷:

> 古公宅岐邑,实始翦殷商。孟献营虎牢,郑人惧稽颡。
> 充国务耕殖,先零自破亡。兴农淮、泗间,筑室都徐方。

---

①《三国志》卷2《魏书·文帝纪·评》。
②《三国志》卷2《魏书·文帝纪》注引《典论》。
③《三国志》卷2《魏书·文帝纪》注引《典论》。
④《三国志》卷2《魏书·文帝纪》注引《魏略》。
⑤《三国志》卷2《魏书·文帝纪》注引《魏略》。

量宜运权略，六军咸悦康。岂如《东山诗》，悠悠多
忧伤。①

为了保证皇帝亲征的胜利，这也是他集中兵力单线作战的缘故。

**2. 由中渎水道进兵。**这两次曹魏大军的行进路线，是从淮河
末口至广陵入江的中渎水道，既没有走"四越巢湖"的旧路，也没
有再从荆襄道南下去进攻江陵。笔者判断，其中原因大致有
两条。

首先，从上次三道并征的战果来看，曹休的东路进军最为通
畅，由于吴军在江北的广陵地区没有设防，曹休、张辽的船队沿途
未受阻击，极为顺利地驶入长江，随后西占洞浦，南攻徐陵，接连
打败敌兵。此路魏军的获胜虽然有飓风相助等偶然因素，但更为
重要的是，当时孙权建都武昌，其中军主力随驾驻扎在荆州江夏
一带，所以部署在扬州的吴军势力较弱。据史籍所载，孙吴扬州
防务以扶州为界划为东西两部。东部主将为吕范，"（孙）权破羽
还，都武昌，拜范建威将军，封宛陵侯，领丹杨太守，治建业，督扶
州以下至海。"②西部主将为贺齐，"出镇江上，督扶州以上至皖。"③
负责防御广陵方向的吕范舟师败于洞口，"船人覆溺，死者数
千"④，损失占到了全军的一半⑤，可见其麾下水军总数不过万余
人，在三道并征的敌手当中，其兵力最为薄弱。曹丕此番亲统大

①《三国志》卷 2《魏书·文帝纪》注引《魏书》。
②《三国志》卷 56《吴书·吕范传》。
③《三国志》卷 60《吴书·贺齐传》。
④《三国志》卷 56《吴书·吕范传》。
⑤参见《三国志》卷 60《吴书·贺齐传》："会洞口诸军遭风流溺，所亡中分，将士失色。"

军奔赴广陵,应是采取避实就虚的策略,期盼能在众寡悬殊的形势下较为容易地获得胜利。

其次,中渎水道可以通行大型战船入江。如前所述,濡须水路较为狭窄,只能行驶较轻的船只,孙吴又在水口两岸夹筑坞垒,增加了船队入江的困难。襄阳至江陵虽有水路可通,但是自汉水南下,在汉津转入扬水后航行终点是在江陵城下[①],并不与长江相通。顺汉江自堵口转入夏水逆行,可在江陵东南的江津入江,但是这条水道"冬竭夏流"[②],在曹魏进军的枯水季节亦难以通航。相形之下,中渎水道尽管盈缩不定,但平时则能通行大船,所以黄初五年(224)曹丕得以"亲御龙舟,循蔡、颍,浮淮,幸寿春"[③],经中渎水在广陵入江。前番曹休、臧霸所率的战船多为轻舟[④],虽然在洞口战胜吴国水军,可是当贺齐援军的巨舰到来后明显处于劣势,甚至不敢应战。史载贺齐,"尤好军事,兵甲器械极为精好。所乘船雕刻丹镂,青盖绛襜,干橹戈矛,葩瓜文画。弓弩矢箭,咸取上材,蒙冲斗舰之属,望之若山。(曹)休等惮之,遂引军还。"[⑤]

---

① [北魏]郦道元注,[民国]杨守敬、熊会贞疏:《水经注疏》卷28《沔水中》:"沔水又东南与扬口合,水上承江陵县赤湖。江陵西北有纪南城,楚文王自丹阳徙此,平王城之。班固言:楚之郢都也。城西南有赤坂冈,冈下有渎水,东北流入城,名曰子胥渎,盖吴师入郢所开也,谓之西京湖。"第2404—2405页。

② [北魏]郦道元注,[民国]杨守敬、熊会贞疏:《水经注疏》卷32《夏水》,第2710页。

③ 《三国志》卷2《魏书·文帝纪》。

④ 《三国志》卷47《吴书·吴主传》:"曹休使臧霸以轻船五百、敢死万人袭攻徐陵,烧攻城车,杀略数千人。"《三国志》卷60《吴书·全琮传》:"黄武元年,魏以舟军大出洞口,权使吕范督诸将拒之,军营相望。敌数以轻船抄击,琮常带甲仗兵,伺候不休。顷之,敌数千人出江中,琮击破之,枭其将军尹卢。"

⑤ 《三国志》卷60《吴书·贺齐传》。

广陵之役的魏军战船有数千艘①,还有巨型的龙舟,曹丕应是认为
中渎水航道较为宽阔,能够满足通行的要求,所以选择了此途。

3. **魏军南征的集结地点有所变动。**上文已述,曹操的后方根
据地设于冀州,"四越巢湖"作战之前,军队出发的集结地通常是
在邺城以南的谯县。曹丕代汉之后,即将国都迁移到更靠近对吴
蜀作战前线的洛阳,其中军主力亦部署到河南,他们的家属也随
之迁徙。《三国志》卷25《魏书·辛毗传》曰:"(文)帝欲徙冀州士
家十万户实河南。时连蝗民饥,群司以为不可……帝遂徙其半。"
由于军政重心区域的转移,在两次广陵之役发动前夕,魏文帝都
是先从洛阳到东邻的许昌,在当地集结水陆部队后再行出征。例
如黄初五年(224),"秋七月,行东巡,幸许昌宫。八月,为水军,亲
御龙舟,循蔡、颍,浮淮,幸寿春……九月,遂至广陵。"②黄初六年
(225),为了方便河南驻军东调,曹丕下令在召陵附近修建运河。
"三月,行幸召陵,通讨虏渠。"③胡三省曰:"召陵县,汉属汝南郡;
《晋志》属颍川郡。(李)贤曰:召陵故城在今豫州郾城县东,通讨
虏渠以伐吴也。"④渠道修通后,曹丕仍是先到许昌备战。"(三月)
乙巳,还许昌宫……辛未,帝为舟师东征。"⑤但是此番出征的前段
路线与上一次不同,曹丕离开许昌后并未直接入淮驶往广陵,而
是先率领军队赶赴曹操发动"四越巢湖"的集结地点谯县。"五

①《三国志》卷14《魏书·蒋济传》载黄初六年曹丕自广陵还师,"于是战船数千皆滞不
　得行。"
②《三国志》卷2《魏书·文帝纪》。
③《三国志》卷2《魏书·文帝纪》。
④《资治通鉴》卷70魏文帝黄初六年三月胡三省注。
⑤《三国志》卷2《魏书·文帝纪》。

月,戊申,幸谯。"①据学术界研究,此行是因为青徐地区的政局动荡,需要准备弹压的缘故②。"六月,利成郡兵蔡方等以郡反,杀太守徐质。遣屯骑校尉任福、步兵校尉段昭与青州刺史讨平之,其见胁略及亡命者,皆赦其罪。"③在徐州的局势稳定之后,曹丕才领兵征吴,"八月,帝遂以舟师自谯循涡入淮,从陆道幸徐。"④十月到达广陵。田余庆考证研究后指出:"曹丕此次东征,至谯,延近半年,当是由于利城兵变的缘故。在循涡入淮的途中,曹丕离船,由陆道至徐(县治今江苏泗洪境),驻留一二月,也当与徐州兵变之事有关。"⑤

　　曹丕的两次广陵之役都是无功而返,耗费了大量人力资财,但却未能实现消灭吴军主力,占领江东的目的。由于不敢渡江决战,曹丕也被史家讥为"临戎不武"⑥。广陵远征失利有多方面的原因,从社会背景来看,汉末以来北方久经战乱,疮痍未复。"翼翼京室,眈眈帝宇,巢焚原燎,变为煨烬,故荆棘旅庭也……伊洛榛旷,崤函荒芜。临菑牢落,鄢郢丘墟。"⑦《三国志》卷16《魏书·杜畿传》亦曰:"是时天下郡县皆残破,河东最先定,少耗减。"中原各地亟需恢复经济,休养生息。而此前曹丕发动三道并征,依然损折不少兵将、物资,只经过岁余就连续大举用兵,对国计民生是

①《三国志》卷2《魏书·文帝纪》。
②参见田余庆:《汉魏之际的青徐豪霸问题》,《历史研究》1983年第3期。
③《三国志》卷2《魏书·文帝纪》。
④《三国志》卷2《魏书·文帝纪》。
⑤田余庆:《汉魏之际的青徐豪霸问题》,《历史研究》1983年第3期。
⑥[唐]刘知己著,张振珮笺注:《史通笺注》,贵州人民出版社,1985年,第284页。
⑦[梁]萧统编,[唐]李善注:《文选》卷6《魏都赋》,第97页。

个沉重的负担。另一方面,魏国虽然在领土、人口上占有优势,但仍不足以打破三国鼎立的政治格局,统一中国的时机尚未成熟。魏国人士对此形势多有清醒的认识,所以在曹丕出征之前屡有大臣犯颜直谏,劝阻他不要穷兵黩武,空耗国力。例如侍中刘晔认为:"彼新得志,上下齐心,而阻带江湖,必难仓卒。"①宫正鲍勋谏曰:"王师屡征而未有所克者,盖以吴、蜀唇齿相依,凭阻山水,有难拔之势故也……今又劳兵袭远,日费千金,中国虚耗,令黠虏玩威,臣窃以为不可。"②太尉贾诩对曰:

> 吴、蜀虽蕞尔小国,依阻山水,刘备有雄才,诸葛亮善治国,孙权识虚实,陆议见兵势,据险守要,泛舟江湖,皆难卒谋也。用兵之道,先胜后战,量敌论将,故举无遗策。臣窃料群臣,无备、权对,虽以天威临之,未见万全之势也。昔舜舞干戚而有苗服,臣以为当今宜先文后武。③

行军师辛毗谏曰:

> 方今天下新定,土广民稀。夫庙算而后出军,犹临事而惧,况今庙算有阙而欲用之,臣诚未见其利也。先帝屡起锐师,临江而旋。今六军不增于故,而复循之,此未易也。今日之计,莫若修范蠡之养民,法管仲之寄政,则充国之屯田,明仲尼之怀远;十年之中,强壮未老,童龀胜战,兆民知义,将士思奋,然后用之,则役不再举矣。④

--------

① 《三国志》卷14《魏书·刘晔传》。
② 《三国志》卷12《魏书·鲍勋传》。
③ 《三国志》卷10《魏书·贾诩传》。
④ 《三国志》卷25《魏书·辛毗传》。

但是曹丕刚愎自用,急于求成,致使劳民伤财、连年出征却未有胜绩。他在黄初六年(225)从广陵退兵后认识到所犯的错误,下诏自责曰:"三世为将,道家所忌。穷兵黩武,古有成戒。况连年水旱,士民损耗,而功作倍于前,劳役兼于昔,进不灭贼,退不和民。夫屋漏在上,知之在下,然迷而知反,失道不远,过而能改,谓之不过。今将休息,栖备高山,沉权九渊,割除摈弃,投之画外。"①可是他造成的严重损失却无法挽回了。

　　从进军路线来看,曹丕的选择也不够审慎明智。中渎水道能够航行大型船队,但也存在着某些不利于渡江作战的自然条件,而身为最高统帅的曹丕却没有给予足够的重视,因此导致大军在前线遇到了许多麻烦。试述如下:

　　首先,中渎水与相连的淮水、泗水流量都不够稳定。"它们受季节和雨水等条件的限制,水量有盈有缩,航行时通时阻,所以蒋济说广陵'水道难通'"②。黄初六年(225)魏军自广陵撤退,路过精湖时遭遇淤浅,"于是战船数千皆滞不得行。"③急得曹丕想要效法其父赤壁退兵之举,企图放火烧船而改由陆道还师,后来还是采纳了蒋济的建议,"更凿地作四五道,蹴船令聚,豫作土豚遏断湖水,皆引后船,一时开遏入淮中。"④这才摆脱了困境。

　　其次,广陵一带临近长江的出海口,潮水汹涌,江面宽阔,与唐宋以后因为泥沙沉积而导致两岸距离缩短的情况大不相同。所以曹丕至此望烟波浩荡,心生畏惧。《元和郡县图志》阙卷逸文

①《三国志》卷13《魏书·王朗传》注引《魏书》。
②田余庆:《汉魏之际的青徐豪霸问题》,《历史研究》1983年第3期。
③《三国志》卷14《魏书·蒋济传》。
④《三国志》卷14《魏书·蒋济传》。

卷二曰江都县："南对丹徒之京口。旧阔四十里,今阔十八里。魏文帝登广陵观兵,戎卒十数万,旌旗数百里,临江见波涛汹涌,叹曰:'吾骑万队,何所用之。嗟乎,固天地所以限南北也!'"①《读史方舆纪要》卷23《南直五》扬子江条亦云:"唐、宋以来,滨江洲渚日增,江流日狭。初自广陵扬子镇济江,江面阔相距四十余里,唐立伊娄埭,江阔犹二十余里,宋时瓜洲渡口犹十八里,今瓜洲渡至京口不过七八里。"②

　　再次,长江下游滨海地区冬季有时出现恶劣的气象条件,不利于渡江作战。例如严寒陡降而沿岸结冰,虽然江中仍可行驶船只,但中渎水的江口会因为冰封而无法通航。黄初六年(225)的广陵之役就是由于上述原因,魏国船队被阻滞在水道之内而被迫撤退。"是岁大寒,水道冰,舟不得入江,乃引还。"③另外,广陵上至洞浦的江面在冬季经常发生方向变幻不定的风暴,致使航船失控。例如前述洞口之役,吕范水师航船被强风刮向北岸,多有倾覆,以致造成惨败。而黄初五年(224)曹丕的大型船队虽然顺利入江,但遭遇北来飓风,使其乘坐的龙舟脱离泊地,飘向对岸,险些成为吴军的俘虏。事后鲍勋追述曰:"往年龙舟飘荡,隔在南岸,圣躬蹈危,臣下破胆。此时宗庙几至倾覆,为百世之戒。"④在这种情况下,就难以组织起有秩序的大规模强渡行动。

　　最后,尽管曹丕在广陵形成了巨大的兵力优势,但是若要进行渡江登陆,去攻打重镇建业和吴国的后方太湖流域,必须解决

①[唐]李吉甫:《元和郡县图志》阙卷逸文卷二,第1072页。
②[清]顾祖禹:《读史方舆纪要》卷23《南直五·扬州府》,第1117—1118页。
③《三国志》卷2《魏书·文帝纪》。
④《三国志》卷12《魏书·鲍勋传》。

大军的粮饷运输问题。自建安十七年（212）曹操下令内徙滨江百姓，"民转相惊，自庐江、九江、蕲春、广陵户十余万皆东渡江。江西遂虚，合肥以南惟有皖城。"①结果在江北造成了广袤的无人地带，"徐、泗、江、淮之地，不居者各数百里。"②魏军自中渎水道南下，得不到沿途的补给，只能依靠后方长途转运。若是冬季遇到渠水枯竭，则前线难以获得接济。即使粮饷顺利运到江畔，如果不消灭孙吴的舟师，无法控制长江下游的水面，登陆江南的魏兵势必会被敌军截断粮道，从而陷于给养断绝的困境。当年三道并征，曹休因为屡有胜绩，请求孤军先渡。提出"愿将锐卒虎步江南，因敌取资"③。表明他很清楚一旦在对岸长期作战，就不能依靠后方的供应，只有在敌国境内就地筹饷，否则十万大军是很难在当地取得巨量补给的。所以曹丕想要在广陵之役中获胜，关键是引诱远在武昌的孙吴主力前来救援，只有彻底打败吴国水军，保证渡江运输的安全，魏国才敢投入重兵到江南作战。正是出于上述原因，曹丕急切地盼望孙权领兵前来，以便以逸待劳，与其进行决战。据《三国志》卷14《魏书·刘晔传》所载，"（黄初）五年，幸广陵泗口，命荆、扬州诸军并进。会群臣，问：'权当自来不？'咸曰：'陛下亲征，权恐怖，必举国而应。又不敢以大众委之臣下，必自将而来。'"只有刘晔以实相告："彼谓陛下欲以万乘之重牵已，而超越江湖者在于别将，必勒兵待事，未有进退也。"结果不出刘晔所料，孙权未中其计，仍然驻军武昌以观其变。曹丕既不能歼

①《三国志》卷47《吴书·吴主传》。
②《三国志》卷51《吴书·宗室传·孙韶》。
③《三国志》卷14《魏书·董昭传》。

灭吴军主力,也就放弃了渡江作战的打算,只好悻悻撤退。"大驾停住积日,权果不至,帝乃旋师。"

综上所述,中渎水道在两次广陵之役期间暴露出了诸多不适宜大军行进的缺点,给曹魏君臣留下深刻印象,致使此后直到魏末及西晋初年的平吴之役,也再没有使用过这条道路作为南征的进攻路线。

## 四、明帝初期征吴路线的若干变化

魏文帝在黄初七年(226)五月去世,由 21 岁的太子曹睿继位,是为明帝,他在登极后的二年之内对吴国发动了两次较大规模的进攻,其用兵途径和作战方略发生了一些新的变化,分述如下。

### (一)将"皖道"作为征吴的主攻路线

三国所谓"皖道"①,是指经庐江郡皖县(今安徽潜山县)抵达江畔的道路。两汉庐江郡治设在位于江淮中间地段的舒县(今安徽舒城县),该地有两条道路可以通往南北交通枢要寿春。东路自舒县北渡舒水,沿巢湖、施水西岸进至合肥,在将军岭穿越江淮丘陵,沿肥水过寿春后至淮河之滨。东汉建武五年(29)马成即领兵沿此途平定淮南李宪叛乱,"时帝幸寿春,设坛场,祖礼遣之,进

---

① 《三国志》卷 60《吴书·周鲂传》载周鲂诱曹休笺其五曰:"今使君若从皖道进住江上,鲂当从南对岸历口为应。"

围宪于舒。"①西路从舒县渡舒水后,向西北过江淮丘陵至六安,然后沿沘水、芍陂西岸北上阳泉,或称阳渊(治今安徽霍邱县西北临水集),即魏初庐江郡治所在地,然后顺淮水东行至寿春。太和六年(232),吴将陆逊曾经过皖城向魏国庐江阳泉发动进攻,被满宠领兵迫退②。或从六安北上到芍陂北岸,可沿黎浆水进至寿春南郊。《水经注》卷32《肥水》云芍陂:"西北为香门陂水,北径孙叔敖祠下,谓之芍陂渎。又北分为二水,一水东注黎浆水,黎浆水东径黎浆亭南。文钦之叛,吴军北入,诸葛绪拒之于黎浆,即此水也。东注肥水,谓之黎浆水口。"③自舒县西南行,穿过大别山东端的丘陵地段,即可到达皖县。朱桓言曹休若从皖城兵败北撤,"走当由夹石、挂车。此两道皆险厄,若以万兵柴路,则彼众可尽,而休可生虏。"④由皖县沿皖水南下至皖口(今安徽安庆市西南山口镇)入江。另外,从皖城沿皖西山地南麓西行,过今安徽太湖、宿松县境可抵达江北的重要港口寻阳(治今湖北黄梅县西南)。建安四年(199)冬,孙策袭取皖城后,曾派周瑜领兵经此道迎击刘勋⑤。

综上所述,皖城有水旱道路沟通江淮,如谭宗义所称:"自庐江而南,渡大江,东临吴越,溯江而上,乃至豫章、江陵矣。"⑥因而

---

① 《后汉书》卷22《马成传》。
② 《三国志》卷26《魏书·满宠传》:"明年,吴将陆逊向庐江,论者以为宜速赴之。宠曰:'庐江虽小,将劲兵精,守则经时。又贼舍船二百里来,后尾空县,尚欲诱致,今宜听其遂进,但恐走不可及耳。'整军趋杨宜口。贼闻大兵东下,即夜遁。"
③ [北魏]郦道元注,[民国]杨守敬、熊会贞疏:《水经注疏》卷32《肥水》,第2679—2680页。
④ 《三国志》卷56《吴书·朱桓传》。
⑤ 《三国志》卷54《吴书·周瑜传》:"从攻皖,拔之。时得桥公两女,皆国色也。策自纳大桥,瑜纳小桥。复进寻阳,破刘勋。"
⑥ 谭宗义:《汉代国内陆路交通考》,第189页。

也是南北交通的一条重要路线。赤壁之战以后,孙权派韩当占据皖城,并打退过臧霸的进攻①。后来曹操遣朱光进占皖县,设为庐江郡治,建安十九年(214)又被孙权夺回②。可见双方早就开始针对这条交通要道进行激烈争夺。

　　曹睿即位之际,鄱阳豪强彭绮发动的反吴叛乱已经持续了半年。"彭绮自称将军,攻没诸县,众数万人。"③与前来镇压的吴军战斗正酣。魏明帝登极后就此事举行廷议商讨对策,许多大臣建议出兵予以援助,以便乘乱获利。"时吴人彭绮又举义江南,议者以为因此伐之,必有所克。"④曹睿于是命令驻守寿春的扬州都督曹休率众南下,进攻皖城以策应彭绮。曹休进兵非常顺利,消灭了驻守皖城的吴军。《三国志》卷9《魏书·曹休传》曰:"明帝即位,进封长平侯。吴将审德屯皖,休击破之,斩德首。吴将韩综、翟丹等前后率众诣休降。"但当时形势陡变,吴国突然在荆州发动进攻。"八月,孙权攻江夏郡,太守文聘坚守。"⑤为了解救江夏之围,朝廷命令曹休在皖城以北的逄龙停止前进,转向西行去攻打寻阳,迫使孙权退兵,结果曹休再次获胜。《三国志》卷3《魏书·明帝纪》黄初七年(226)八月辛巳条曰:"吴将诸葛瑾、张霸等寇襄阳,抚军大将军司马宣王讨破之,斩霸,征东大将军曹休又破其别将于寻阳。"不过,彭绮在鄱阳的叛乱由于孤立无援,在坚持数月

---

① 《三国志》卷18《魏书·臧霸传》:"张辽之讨陈兰,霸别遣至皖,讨吴将韩当,使权不得救兰。当遣兵逆霸,霸与战于逄龙,当复遣兵邀霸于夹石,与战破之,还屯舒。"
② 《三国志》卷47《吴书·吴主传》:"(建安)十九年五月,权征皖城。闰月,克之,获庐江太守朱光及参军董和,男女数万口。"
③ 《三国志》卷47《吴书·吴主传》。
④ 《三国志》卷14《魏书·刘放传》注引《孙资别传》。
⑤ 《三国志》卷3《魏书·明帝纪》黄初七年。

后终被镇压下去。后来周鲂致曹休笺中追述此事曰:"前彭绮时,闻旌麾在逢龙,此郡民大小欢喜,并思立效。若留一月日间,事当大成,恨去电速,东得增众专力讨绮,绮始败耳。"[1]

　　前述魏文帝在位时三次大举征吴均告失利,促使魏国君臣不得不重新考虑是否采取新的用兵路线和作战方略。曹休此番战役先攻皖城,后赴寻阳,轻易地接连获胜,反映出吴国在这一地区的防御较弱,因而有机可乘,所以曹睿命令曹休再次进攻皖城。为了分散孙权的防御兵力,魏国又采用了荆、豫、扬州三路进攻的策略。"太和二年,(明)帝使遣督前将军满宠、东莞太守胡质等四军,从西阳直向东关,曹休从皖,司马宣王从江陵。"[2]其中曹休所部担任主攻任务,兵马众多,"帅步骑十万,辎重满道,径来入皖。"[3]不料吴国在这次战役之前已经有了充分准备,孙权先是密令鄱阳太守周鲂进行诈降,派遣亲信"赍笺七条以诱休"[4]。在得知曹休中计后又迅速在皖城集中了六万兵力,"全琮与(朱)桓为左右督,各督三万人击休。"[5]并从西陵抽调名将陆逊出任元帅,授予他临阵指挥的全权。"乃假公黄钺,统御六师及中军禁卫而摄行王事。主上执鞭,百司屈膝。"[6]最终在皖城以北的石亭打败曹休,"(陆)逊自为中部,令朱桓、全琮为左右翼,三道俱进。果冲休伏兵,因驱走之,追亡逐北,径至夹石,斩获万余,牛马骡驴车乘万

①《三国志》卷60《吴书·周鲂传》。
②《三国志》卷15《魏书·贾逵传》。
③《三国志》卷60《吴书·周鲂传》。
④《三国志》卷60《吴书·周鲂传》。
⑤《三国志》卷56《吴书·朱桓传》。
⑥《三国志》卷58《吴书·陆逊传》注引陆机为《逊铭》曰。

两,军资器械略尽。"①魏军的伤亡虽然只有万余人,但是"尽弃器仗辎重退还"②,因而完全丧失了战斗力。幸亏曹休在夹石(今安徽桐城县北)得到了豫州刺史贾逵的及时救援,"以兵粮给休,休军乃振"③,否则后果不堪设想。如《三国志》卷15《魏书·贾逵传》所言:"及夹石之败,微逵,休军几无救也。"

笔者按:曹休在石亭之役所率军队达到十万,这是一个相当庞大的数目,其人马总数和曹操"四越巢湖"的兵力几乎相等。如果仅仅是从曹休管辖的扬州都督辖区抽调出征兵马,当时绝对是拿不出十万机动部队来的,所以其中应该有朝廷从河南许、洛地区派遣而来的部分中军主力。也就是说,魏国决心使用"皖道"这条新的主攻路线来对孙吴实施沉重打击,以改变此前大军对江陵、濡须、广陵多次出征却无功而返的不利局面。但是事与愿违,由于孙权君臣的精心谋划和充分准备,致使曹休遭到惨败。他在战后羞愤生疾而亡,"休因此痈发背薨。"④"皖道"也因为舒县到皖城之间不通水运,且有夹石、挂车等地的险厄,因而难以满足大军的给养运输需要,也不能由此调遣战船入江,所以此后曹魏及西晋不再使用这条道路作为征吴的主攻路线,只有两次对皖城的短暂攻击,目的只是消除孙吴的这座前线基地,使之不能以此为据点来袭扰魏境,而不是长期占领或由此地南下渡江。前者在正始四年(243)九月,由司马懿率兵攻皖,"军次于舒,(诸葛)恪焚烧积

---

①《三国志》卷58《吴书·陆逊传》。
②《三国志》卷14《魏书·蒋济传》。
③《三国志》卷15《魏书·贾逵传》。
④《三国志》卷9《魏书·曹休传》。

聚,弃城而遁。"①司马懿闻讯后在舒县停止前进,随后便收兵回国。后者在咸宁四年(278)十月,"扬州刺史应绰伐吴皖城,斩首五千级,焚谷米百八十万斛。"②然后亦撤回寿春。

**(二)贾逵在豫州开辟的"直道"**

从地理角度来观察,曹睿在位时期对吴作战的另一个重要变化,就是在豫州南境建立了新的进攻路线。下文予以详述:

1. **曹魏的豫州和弋阳郡。** 东汉豫州辖郡国六处,其疆域包括今豫东、豫南及皖北、苏北部分地区,州治设在谯县(今安徽亳州市)。汉末曹操占领该地区后,曾陆续做出行政建置的改变。谢钟英考证道:"汉建安元年,魏武迎汉献帝都许,及平黄巾何仪、黄邵等,地遂入魏。颍川、汝南、陈郡、梁国、鲁郡、沛国皆汉旧郡,魏武置谯郡、弋阳,文帝置汝阴,合六郡二国为魏豫州,治安成。东界扬州,西界荆州,北界司州,南与吴接。"③谢氏关于曹魏豫州治所的考订,依靠的是沈约所著《宋书》卷36《州郡志二》的记载:"豫州刺史,后汉治谯,魏治汝南安成,晋平吴后治陈国。"钱大昭则认为魏豫州治应在项县,吴增仅总汇众说加以辨析,提出曹魏豫州治所在各个时期有所变化,并非固定在一地。"沈《(州郡)志》,豫州,汉治谯,魏治安成。王应麟《(通鉴)地理通释》,魏治谯。钱大昭《三国志辨疑》云:《郡国志》,豫州刺史治谯,魏武分沛立谯郡,

---

①《晋书》卷1《宣帝纪》。
②《晋书》卷3《武帝纪》。
③[清]谢钟英:《三国疆域志》,《二十五史补编·三国志补编》,第392页。

改治汝南项县。谨案诸说,各言一时事。"①他列举《三国志》中《贾
逵传》为例曰:"文帝出征,逵从至谯,以逵为豫州刺史。似魏初仍
治谯。"②明帝即位后,贾逵仍在豫州任职。"是时州军在项,逵卒,
州人感其功德,立祠于项。是明帝时徙治项。"③少帝嘉平年间,诸
葛诞任镇南将军、豫州都督,按照曹魏的惯例,各州军事与行政长
官的治所往往设在一处。正元二年(255)毌丘俭在寿春发动叛
乱,领兵西进占领项城,未曾遭受抵抗。吴增仅据此认为当时豫
州治所已然迁移到安成(今河南汝南县西南),所以项城防务空
虚。"彼时俭得径至项,不闻州军备御,刺史已徙治可知。"又云:
"考安成在项县南,安风津在安成东南二百余里。(诸葛)诞督诸
军取道安风津南拟寿春,是安风当去州治不远。然则豫州徙治安
成,其在正始、嘉平之际乎?"④其说可从,是汉末魏初豫州治所在
谯,明帝时移至项城,后来又南迁安成。不过,曹魏豫州徙治安成
的时间,学术界或认为也是在明帝时期,其详说待见下文。

　　曹操为了强化豫州的边防,从汝南郡内分出数县另置弋阳
郡,辖境在今河南光山、固始县附近,共有弋阳、西阳、轪、西陵、期
思五县。据吴增仅考证,两汉西阳、轪、西陵三县皆属荆州江夏
郡,汉末孙权占领江夏沿江地带,曹操随即放弃西阳、轪、西陵旧
地,另于弋阳境内侨置三县。"建安中,孙权初破黄祖,得江夏南
境,安陆、新市、竟陵、云杜、鄂、下雉、沙羡等县皆入于吴。魏人滨

①[清]吴增仅:《三国郡县表附考证》,《二十五史补编·三国志补编》,第260页。
②[清]吴增仅:《三国郡县表附考证》,《二十五史补编·三国志补编》,第260页。
③[清]吴增仅:《三国郡县表附考证》,《二十五史补编·三国志补编》,第260页。
④[清]吴增仅:《三国郡县表附考证》,《二十五史补编·三国志补编》,第260页。

江遂不复立县,西阳、西陵、邾、轪故地遂为瓯脱(笔者按:瓯脱为边境候望之所)。正始初年,陆逊城邾,西阳等县故地当亦为所有。史文虽不著,可以地望知也。"①《读史方舆纪要》卷50《河南五·汝宁府》光州光山县曰:"西阳城,《寰宇记》:'在县西二十里。'汉江夏郡属县,晋为弋阳郡治,今见湖广黄冈县。刘氏曰:'光山县有轪县、西阳故城,皆后代侨置县,非汉故县也。'"②谢钟英考证魏弋阳郡下属五县位置云:

> 弋阳县,今光州光山县南八十里。
>
> 西阳县,今光山县西二十里。
>
> 轪县,今光山县西北。弋阳陂,今光州东。
>
> 西陵县,光州境。
>
> 期思县,今光州固始县西北七十里。③

并指出该郡南与吴境接壤。"《陆凯传》:孙皓与晋平,使者丁忠自北还,说皓弋阳可袭,即此。其境西界江夏,东界庐江,北界汝南,南与吴接。今河南光州是其地。"④据顾祖禹所言:"光山县,(光)州西四十五里,南至湖广府麻城县二百里。"⑤而发源于麻城的潢水则越光山县境而北入淮河,两地可沿河通行来往。"潢水,在(光)州治南。源出湖广麻城县分水岭,东流历光山县境,又东至州城西北,复贯州城而东出,又折而北注于淮。《水经注》谓之黄

---

① [清]吴增仅:《三国郡县表附考证》,《二十五史补编·三国志补编》,第307页。

② [清]顾祖禹:《读史方舆纪要》卷50《河南五·汝宁府》光州,第2384—2385页。

③ [清]谢钟英:《三国疆域志》,《二十五史补编·三国志补编》,第393页。

④ [清]洪亮吉撰,[清]谢钟英补注:《〈补三国疆域志〉补注》,《二十五史补编·三国志补编》,第437页。

⑤ [清]顾祖禹:《读史方舆纪要》卷50《河南五·汝宁府》光州,第2384页。

水,其入淮处谓之黄口,俗呼小黄河。"①

　　**2. 贾逵治理豫州期间的备战措施。**汉献帝延康元年(220)六月,曹丕率大军离开邺城南下。"(七月)甲午,军次于谯,大飨六军及谯父老百姓于邑东。"②并任命贾逵担任豫州刺史。贾逵到任后在境内兴修陂塘运河,以促进生产和交通事业的发展,积极加强对吴国的战备。"州南与吴接,逵明斥堠,缮甲兵,为守战之备,贼不敢犯。外修军旅,内治民事,遏鄢、汝,造新陂,又断山溜长溪水,造小弋阳陂,又通运渠二百余里,所谓贾侯渠者也。"③顾祖禹考证道:"小弋阳陂,在(光)州东。魏贾逵为豫州刺史,造新陂及运渠,又断山溜长溪水,造小弋阳陂以溉田是也,今湮。"④贾侯渠则在汝南郡境内,《读史方舆纪要》卷50《河南五·汝宁府》曰:"贾侯渠,在府东。魏贾逵为豫州刺史,南与吴接,修水战之具,揭鄢、汝之水造新陂,又通运渠二百余里,时称为贾侯渠。"⑤据学术界研究,"其故道似在沙水西南,纵贯南北,与洧、颍相通。"⑥黄初三年(222)九月,曹丕对吴三道并征,贾逵曾率豫州军队参加,随同曹休等经中渎水入江。"与诸将并征吴,破吕范于洞浦。"⑦他的部队应是乘船经贾侯渠入颍水,再入淮河顺流东至末口(今江苏淮南市楚州区)转入中渎水航道的。

---

①[清]顾祖禹:《读史方舆纪要》卷50《河南五·汝宁府》光州,第2383页。
②《三国志》卷2《魏书·文帝纪》。
③《三国志》卷15《魏书·贾逵传》。
④[清]顾祖禹:《读史方舆纪要》卷50《河南五·汝宁府》光州,第2384页。
⑤[清]顾祖禹:《读史方舆纪要》卷50《河南五·汝宁府》,第2361页。
⑥王育民:《中国历史地理概论》(上),第268页。
⑦《三国志》卷15《魏书·贾逵传》。

曹操父子统治期间,在与孙吴交界的荆州、扬州、徐州等地都曾发动过攻势,惟独豫州南境有大别山脉阻隔而交通不便,又无水路直通入江,所以自赤壁之战以后近二十年间并未从这一方向南下征吴。孙权的北伐更是要依赖舟舰来往,因此通常是溯濡须水、施水进攻合肥,又沿皖水攻占皖城,曹魏的豫州南境则没有遭受过侵掠。黄初二年(221)四月,"(孙)权自公安都鄂,改名武昌。以武昌、下雉、寻阳、阳新、柴桑、沙羡六县为武昌郡。"①吴国的中军主力也随驾驻防于都城武昌附近,而对岸的江北各地虽然距离曹魏豫州南境不远,但是受困于鄂北山地和大别山脉的地形阻碍,双方长期以来未曾在这一地带发生交战。贾逵所率的豫州魏军平时屯集在项县(今河南项城县),远离边境,因而对吴国的江夏、蕲春等郡并未构成威胁,孙权不用在武昌对岸针对豫州方向部署重兵设防,可以抽调首都附近驻军去支援其他地区的战斗,所以形势比较有利。"是时(豫)州军在项,汝南、弋阳诸郡,守境而已。(孙)权无北方之虞,东西有急,并军相救,故常少败。"②

为了加重对吴都武昌的军事压力,改变豫州部队龟缩境内无所作为的消极状况,贾逵向朝廷提出了移驻州军和开辟临江直道的建议。事见《三国志》卷15《魏书·贾逵传》:"明帝即位,增邑二百户,并前四百户。时孙权在东关,当豫州南,去江四百余里。每出兵为寇,辄西从江夏,东从庐江。国家征伐,亦由淮、沔……逵以为宜开直道临江,若权自守,则二方无救;若二方无救,则东关可取。乃移屯潦口,陈攻取之计,帝善之。吴将张婴、王崇率众

---

①《三国志》卷47《吴书·吴主传》。
②《三国志》卷15《魏书·贾逵传》。

降。"这段史料所提的"东关",传统观点认为是孙吴于东兴(今安徽巢湖市东关镇)设立的边境要塞,地点在巢湖东南、濡须水之北口附近。如胡三省注《资治通鉴》卷71"贾逵向东关"条曰:"东关,即濡须口,亦谓之栅江口,有东、西关;东关之南岸,吴筑城,西关之北岸,魏置栅。后诸葛恪于东关作大堤以遏巢湖,谓之东兴堤,即其地也。"①卢弼注《三国志》卷15《魏书·贾逵传》"时(孙)权在东关"条亦曰:"东关在今安徽和州含山县西南七十里,濡须坞之北。"②当代的一些军事史著作亦持同样看法③。笔者认为上述观点属于误识,此处的"东关"不在濡须水流域,很可能是吴都武昌。其理由根据简述如下:

首先,吴国于东兴筑堤并建立关城是在贾逵建议之后所为,当时在濡须水北口附近尚无所谓"东关"。贾逵建议是在黄初七年(226),而孙权则迟至黄龙二年(230)在东兴筑堤以遏巢湖,随即拆毁。孙权去世后的曹魏嘉平四年,即吴建兴元年(252),权臣诸葛恪才在濡须水北口筑堤阻水,建立关城。事见《三国志》卷64《吴书·诸葛恪传》:"初,(孙)权黄龙元年迁都建业,二年筑东兴堤遏湖水。后征淮南,败以内船,由是废不复修。恪以建兴元年十月会众于东兴,更作大堤,左右夹山侠(夹)筑两城,各留千人,使全端、留略守之,引军而还。"也就是说,魏明帝即位时濡须水北口还没有出现"东关"。

其次,从《贾逵传》叙述的情况与历史背景来看,文中所言的

---

①《资治通鉴》卷71魏明帝太和二年。

②卢弼:《三国志集解》卷15《魏书·贾逵传》,第430页。

③参见《中国军事史》编写组:《中国军事史·历代战争年表》,解放军出版社,1985年,第328页。武国卿:《中国战争史》第四册,金城出版社,1992年,第305页。

"东关"应该是指孙吴的都城武昌(今湖北鄂州市)。这段记载称:
"时孙权在东关,当豫州南,去江四百余里。每出兵为寇,辄西从
江夏,东从庐江。"按明帝即位前后,孙权驻跸于武昌,并未到达濡
须地区,而武昌的地理位置正是在曹魏豫州的正南。若是在濡须
水北之东兴,则是在魏扬州(州治寿春)的南方。而武昌恰好又是
在曹魏庐江和江夏两郡之间,所以孙权居中调度麾下部队,可以
沿长江航道左右出入。若是吴国在东兴大量驻军,则无法"西从
江夏,东从庐江"。

　　另外,综观三国历史,称作"东关"者并非只有东兴一处,如蜀
汉之江州(今重庆市)也叫东关。见《三国志》卷40《蜀书·李严
传》注引诸葛亮与李丰教曰:"吾与君父子戮力以奖汉室,此神明
所闻,非但人知之也。表都护典汉中,委君于东关者,不与人议
也。……"胡三省注《资治通鉴》卷72魏太和五年(231)八月"委
君于东关"句曰:"东关谓江州。"孙权迁都鄂县后改其名为武昌。
据史籍所载:"按县南有山名武昌,权欲以武而昌,故名。"[1]可能是
曹魏方面不愿意承认这个褒扬敌国的地名,所以对其另称作"东
关"。直到二十余年之后,诸葛恪于东兴筑堤建城,魏吴双方开始
对称其为"东关",而曾是武昌别称的"东关"之名则逐渐湮没了。
笔者对此问题另有专文予以详细考论,请参见本书中的《孙吴武
昌又称"东关"考》。

　　综上所述,贾逵建议中的"东关"是指吴都武昌,故他向朝廷

---

[1]〔清〕陈梦雷编纂,〔清〕蒋廷锡校订:《古今图书集成》第15册卷1115《方舆汇编·职
　　方典·武昌府部汇考一·武昌府建置沿革考》"武昌县"条,中华书局、巴蜀书社,
　　1985年,第17723页。

请求在豫州开辟临江的直道,应该是从弋阳郡境(今河南光山县)穿越大别山脉南下,经过鄂北山地进入江汉平原,然后到达江畔。这条道路开通的目的,就是准备以此为进攻路线,威胁对岸的吴都武昌,这样将来曹魏在其东西两边发动攻势时,孙权就不敢轻易动用麾下的中军主力去援救。若是武昌的吴军调离,首都地区兵力空虚,魏军可以乘机攻占该地。"若(孙)权自守,则二方无救;若二方无救,则东关可取。"[1]为了实现这一战略意图,贾逵还将州军主力和刺史治所南调潦口,获得了朝廷的赞许。"乃移屯潦口,陈攻取之计,帝善之。"[2]关于潦口之地望,史籍缺乏明确具体的记载。卢弼《三国志集解》引赵一清曰:"《(读史)方舆纪要》卷五十一:潦河在南阳府镇平县东四十里,源出南阳县之马峙坪,南流之新野县界入于清河。"[3]是说潦口为潦河汇入今白河之水口。梁允麟批驳其谬误曰:"镇平、新野皆属荆州。豫州何能迁治此地?且与贾逵图攻东吴之意不合。"[4]他认为贾逵就任豫州刺史后,在黄初二年(221)即将州治从谯迁至项县,"明帝太和元年(227年)又由项迁至今河南汝南县南的安成潦口。"[5]谢钟英则推测潦口当在西阳附近。"《贾逵传》既云开直道临江,则潦口当系滨江之地,与西阳相近。故太和二年即从西阳直向东关。"[6]

　　据《贾逵传》的记载,明帝同意了他提出的作战方案,后来在

---

[1]《三国志》卷 15《魏书·贾逵传》。

[2]《三国志》卷 15《魏书·贾逵传》。

[3] 卢弼:《三国志集解》卷 15《魏书·贾逵传》,第 430 页。

[4] 梁允麟:《三国地理志》,广东人民出版社,2004 年,第 42 页。

[5] 梁允麟:《三国地理志》,第 42 页。

[6] [清]洪亮吉撰,[清]谢钟英补注:《〈补三国疆域志〉补注》,《二十五史补编·三国志补编》,第 430 页。

曹休进攻皖城的战役中,命令贾逵从西阳发兵南下,威胁吴都武昌,从而牵制其守军,同时又让司马懿在荆州出兵,再次构成三道并征的攻势。"太和二年,帝使逵督前将军满宠、东莞太守胡质等四军,从西阳直向东关(笔者按:此处之东关仍指武昌),曹休从皖,司马宣王从江陵。"①只是由于中途生变,朝廷命令贾逵停止南下,改向东进与曹休军队会合。"逵至五将山,休更表贼有请降者,求深入应之。诏宣王驻军,逵东与休合进。"②后来他赶赴夹石(今安徽桐城县北),援救了曹休的溃败部队。

　　贾逵建议并开辟的这条"直道",虽然在曹魏时期再未用作进攻吴国的路线,但是它在西晋平吴之役中发挥了一定作用。咸宁五年(279)冬,晋武帝下令分兵六路征吴,其中"建威将军王戎出武昌"③,走的就是这条道路。《晋书》卷43《王戎传》记载他出任荆州刺史后,"迁豫州刺史,加建威将军,受诏伐吴。戎遣参军罗尚、刘乔领前锋,进攻武昌,吴将杨雍、孙述、江夏太守刘朗各率众诣戎降。戎督大军临江,吴牙门将孟泰以蕲春、邾二县降。"顺利扫平了鄂北的孙吴防御力量,使南岸的重镇武昌孤立无援,被迫向王濬的舟师投降。贾逵开通的"直道"在后代的战争史上也曾发挥过重要作用,南宋末年忽必烈曾率领军队由此途径到达江畔,并渡江攻打鄂州。顾祖禹曾强调豫南光山地区及其南下道路在军事上的地位与影响不可忽视。"盖有事淮、蔡,未有不从事光州者。若夫自光山会军渡淮,出黄州,围鄂州,而江表震动,此蒙

---

①《三国志》卷15《魏书·贾逵传》。
②《三国志》卷15《魏书·贾逵传》。
③《晋书》卷3《武帝纪》。

古寇宋之道也。光州岂惟为淮西之藩蔽，不且扼全楚之襟喉欤!"①

### (三)司马懿"声东击西"的征吴策划

太和元年(227)六月，司马懿出任荆州、豫州都督。"天子诏帝屯于宛，加督荆、豫二州诸军事。"②随后即到洛阳朝见，《晋书》卷1《景帝纪》记载了魏明帝向他征询作战方略的谈话。当年三月，蜀汉丞相诸葛亮领兵进驻汉中，准备出击;而孙吴曾在去年八月袭击过襄阳和江夏，魏国面临着两面受敌的沉重压力，明帝认为有必要向它们发动进攻，因此"问二虏宜讨，何者为先"? 司马懿回答的内容有以下三个要点:

其一，吴强蜀弱，应该率先攻击对曹魏威胁较大的吴国。

其二，进攻位于长江中游的孙吴心腹要地夏口、东关，即其都城武昌(今湖北鄂州市)所在的江夏地区。司马懿认为吴国自恃有水军的优势，在首都武昌附近的军事部署有兵力分散的破绽，可以对其实施致命的打击。"吴以中国不习水战，故敢散居东关。凡攻敌，必扼其喉而搤其心。"如前文所述，当时孙权尚未在东兴筑造堤坝、建立关城，故此处的"东关"也是指其首都武昌，当地与夏口相邻，所以司马懿说"夏口、东关，贼之心喉"，将它们划归为同一个用兵方向。武昌依山傍湖，面对长江，其地形复杂而狭窄，无法屯驻大量居民和军队。如陆凯所言:"又武昌土地，实危险而

---

①[清]顾祖禹:《读史方舆纪要》卷50《河南五·汝宁府》光州，第2382页。
②《晋书》卷1《宣帝纪》。

堵确,非王都安国养民之处,船泊则沉漂,陵居则峻危。"①受地理
环境的制约,孙权将麾下的中军主力分别部署在武昌及西邻的夏
口、沙羡及对岸的鲁山等沿江要镇②,因而司马懿称其"散居东关"。

其三,采取声东击西的策略,先出动步骑从庐江地区南下去
攻击皖城(今安徽潜山县),吸引孙权主力东调救援,然后命令集
结在襄阳附近的曹魏水军顺汉江迅速东下,从沔口(今湖北武汉
市汉阳区)入江,直捣对岸的夏口,并威胁其东邻的武昌。"若为
陆军以向皖城,引(孙)权东下,为水战军向夏口,乘其虚而击之,
此神兵从天而堕,破之必矣。"③

在司马懿的上述战役方案中,他的荆州水军是作战主力,担
任向敌人首都地区发动攻击的主要任务。而曹休所率的扬州魏
军属于偏师,只是起到佯攻诱敌的次要作用。魏明帝听后连连称
是,对司马懿的这一计划给予全部肯定。"天子并然之,复命帝屯
于宛。"④但是从第二年(228)曹魏的三道征吴部署来看,朝廷并没
有按照司马懿的策划来进行这场战役。首先,这次进攻是以扬州
都督辖区的陆军为主攻部队。征东将军曹休"帅步骑十万,辎重

---

①《三国志》卷61《吴书·陆凯传》。

②吴军在武昌附近的分布情况可以参见《水经注》卷35《江水三》载夏口(今湖北武汉市
武昌区)有黄军浦:"昔吴将黄盖军师所屯,故浦得其名,亦商舟之所会也。"又"(黄)
鹄山东北对夏口城,魏黄初二年,孙权所筑也。"鲁山城在今汉阳龟山上,亦见《水经
注》卷35《江水三》:"江水又东径鲁山南,古(右)翼际山也。……山上有吴江夏太守
陆涣所治城也。"沙羡城在今武汉市武昌区西之金口镇北,赤壁之战后,程普领江夏
太守,治沙羡。后又筑城。见《三国志》卷47《吴书·吴主传》赤乌二年,"夏五月,城
沙羡。"

③《晋书》卷1《宣帝纪》。

④《晋书》卷1《宣帝纪》。

满道,径来入皖"①。曹休的军事指挥能力并不高明,只是由于他
的宗室身份才得以担任统帅。吴将朱桓在战前即料定曹休会遭
到失败,甚至向孙权建议要截击并生擒他。"休本以亲戚见任,非
智勇名将也。今战必败,败必走,走当由夹石、挂车,此两道皆险
厄,若以万兵柴路,则彼众可尽,而休可生虏。臣请将所部以断
之。若蒙天威,得以休自效。"②曹睿继承君位后,仍然奉行其父曹
丕任将惟亲的政策。如前述黄初三年(222)九月三道征吴,分别
任命曹休、曹仁和曹真、夏侯尚统领各路兵马,随后的两次广陵之
役则是由曹丕亲征,均未让异姓大臣担任主将。

其次,由司马懿建议的东西两路改为三路。除了"遣司马宣王
从汉水下,(曹)休督诸军向寻阳"③,还增加了由豫州刺史贾逵率领
的中路兵马,企图直接给吴国都城武昌对岸的江北地区造成威胁。
"帝使逵督前将军满宠、东莞太守胡质等四军,从西阳直向东关。"④
笔者按:此处的"东关"仍然是指武昌,前文已述,恕不赘以详论。

再次,司马懿所率荆州部队的进攻目标仍然是过去久攻未下
的江陵,并不是他原来建议的夏口⑤。计划改变的原因未见史籍
有所记载,笔者分析可能是由于以下几个原因。第一是曹魏的军
队以陆战为长,水军此时力量尚弱,若是远离后方入江作战,与强
大的孙吴舟师对抗,恐怕没有多少胜算。例如袁准曾指出孙权之

①《三国志》卷60《吴书·周鲂传》。
②《三国志》卷56《吴书·朱桓传》。
③《三国志》卷9《魏书·曹休传》。
④《三国志》卷15《魏书·贾逵传》。
⑤《三国志》卷15《魏书·贾逵传》:"太和二年,帝使逵督前将军满宠、东莞太守胡质等
　　四军,从西阳直向东关,曹休从皖,司马宣王从江陵。"

所以敢与曹魏对抗,"盖以江汉为池,舟楫为用,利则陆钞,不利则入水,攻之道远,中国之长技无所用之也。"①因此他建议继续实行曹操在江北地区内迁居民的策略,借以吸引吴军深入内陆来抵消其水战的优势,从而战胜它。"当今宜捐淮、汉已南,退却避之。若贼能入居中央,来侵边境,则随其所短,中国之长技得用矣。"②第二,若以大军乘船顺汉水入江,沿途经过云杜、监利以东的云梦泽,汉水下游的这一区域的自然环境相当复杂,多为水乡泽国。《水经注》卷28《沔水中》曰:"沔水又东得浐口,其水承大浐、马骨诸湖水,周三四百里,及其夏水来同,渺若沧海,洪潭巨浪,萦连江沔,故郭景纯《江赋》云:其旁则有朱浐、丹漅是也。"熊会贞按:"《初学记》七引盛弘之《荆州记》,云杜县左右有大浐、马骨等湖,夏水来则渺漭若海。《元和志》,马骨湖在沔阳县东南一百六十里,夏秋泛涨,淼漫若海,春冬水涸,即为平田,周回一十五里。大浐在今沔阳州西北,马骨在今沔阳州东南。"③由于湖沼散布,人烟稀少,大军行进既难以把握路径,又无法在沿途获得补给,所以并非理想的主攻路线。第三,汉水入江的浐口航段附近的自然条件亦不利于主力军队的展开和运动。浐口周围即今武汉市汉阳、汉口地区,沿岸既有山峰列峙,又有沼泽星罗棋布。陆游《入蜀记》云"汉阳负山带江,其南小山有僧寺者,大别山也。又有小别,谓之二别云"④。刘献庭在《广阳杂记》卷四中记述曰:"汉水之西南,

①《三国志》卷4《魏书·三少帝纪·齐王芳》正始七年十二月注引《汉晋春秋》。
②《三国志》卷4《魏书·三少帝纪·齐王芳》正始七年十二月注引《汉晋春秋》。
③[北魏]郦道元注,[民国]杨守敬、熊会贞疏《水经注疏》,第2412—2413页。
④[宋]陆游:《入蜀记》卷3,文渊阁本《四库全书》第460册,上海古籍出版社,1997年,第908页。

距大别之麓,皆湖渚。菱芦菱芡,弥漫苍莽。"①这样的地形、水文情况会给大军的行动造成严重障碍,尤其是汉水入江航段靠近鲁山,河道非常狭窄,当初黄祖仅用两艘大船就能封锁吴军舟师入沔。事见《三国志》卷55《吴书·董袭传》:"建安十三年,(孙)权讨黄祖。祖横两蒙冲挟守沔口。以枲间大绁系石为碇,上有千人,以弩交射,飞矢雨下,军不得前。"据《水经注》卷35《江水》记载,沔口右侧为鲁山,"山上有吴江夏大(太)守陆涣所治城",后世称作鲁山城,或曰鲁城。"山左即沔水口矣。沔左有却月城,亦曰偃月垒。"②《太平寰宇记》卷131《淮南道九》汉阳军汉阳县曰:"却月城,与鲁城相对,以其形似却月故。《荆州记》云:'河口北岸临江水有却月城,魏将黄祖所守。吴遣董袭攻而擒之。其城遂废。'"③曹魏战船若想由此途径入江,会遇到沔口夹岸守军的有力阻击,因为航道狭窄而船队不易通过。综上所述,由汉水入江征吴会遭到许多不易克服的困难,这很可能是魏国朝廷最终否决与更改司马懿之作战计划和主攻路线的根本原因。

## 五、曹魏后期的对吴战略与进攻路线

### (一)石亭之役后魏国的"先蜀后吴"策略

太和二年(228),曹魏虽然击退了蜀汉在陇右发动的进攻,但

①[清]刘献庭:《广阳杂记》卷4,中华书局,1957年,第193页。
②[北魏]郦道元注,[民国]杨守敬、熊会贞疏:《水经注疏》,第2895—2897页。
③[宋]乐史撰,王文楚等点校:《太平寰宇记》,第2585页。

是在石亭之役中惨败于孙吴,促使它的对外战略发生了重大改变。此前文帝奉行的军事方针有两个显著特点:第一,是采取积极主动的全力进攻,不惜在中原战乱疮痍未复的情况下频繁出动重兵,以求迅速统一中国。第二,攻击对象是先吴后蜀。黄初三年(222)至六年(225)之间,曹丕三次调集十余万军队南下征吴,却没有攻打势力较弱且在夷陵之战遭受重创的蜀国。曹睿即位之初仍然执行其父的外战政策,前述《晋书·宣帝纪》记载他在太和元年(227)向司马懿咨询:"问二虏宜讨,何者为先?"即表明他还是想要主动发起进攻。而司马懿提出:"若为陆军以向皖城,引权东下,为水战军向夏口,乘其虚而击之。"也是建议明帝首先攻击吴国。值得注意的是,当年三月,诸葛亮率众进驻汉中,准备北伐。曹睿曾召集群臣商讨对策。"时议者以为可因大发兵,就讨之,帝意亦然。"①孙资提出反对,认为应该对吴蜀两国采取守势,息兵安民以恢复发展生产,等到国力强盛后再对外用兵。他说:

> 夫守战之力,力役参倍。但以今日见兵,分命大将据诸要险,威足以震慑强寇,镇静疆场,将士虎睡,百姓无事。数年之间,中国日盛,吴蜀二虏必自罢弊。②

明帝虽然当面表示赞同,可是后来仍然发动了大规模的三道南征。"太和二年,帝使(贾)逵督前将军满宠、东莞太守胡质等四军,从西阳直向东关,曹休从皖,司马宣王从江陵。"③直到石亭之役遭受了惨重失利,才迫使魏国调整了对外战略,在防守和进攻

---

① 《三国志》卷14《魏书·刘放传》注引《孙资别传》。
② 《三国志》卷14《魏书·刘放传》注引《孙资别传》。
③ 《三国志》卷15《魏书·贾逵传》。

两方面将蜀汉置于首位。明帝把才能出众的统帅司马懿调往关中。"天子曰：'西方有事，非君莫可付者。'乃使帝西屯长安，都督雍、梁二州诸军事。"①并且加强了当地的兵力防御部署②，取得良好的效果。另外，自太和二年（228）石亭之役后，至嘉平二年（250）冬，在二十余年的时间内，曹魏向蜀国发动过两次大规模的进攻。第一次是在太和四年（230）七月，"（曹）真以'蜀连出侵边境，宜遂伐之，数道并入，可大克也。'帝从其计。真当发西讨，帝亲临送。真以八月发长安，从子午道南入。司马宣王溯汉水，当会南郑。诸军或从斜谷道，或从武威入。会大霖雨三十余日，或栈道断绝，诏真还军。"③这次伐蜀战役，曹真所率乃魏国主力，包括精锐的中军。参见杨阜上疏曰："徒使六军困于山谷之间，进无所略，退又不得，非王兵之道也。"④第二次是在正始五年（244）二月，"诏大将军曹爽率众伐蜀。"⑤据《三国志》卷43《蜀书·王平传》记载，"魏大将军曹爽率步骑十余万向汉川，前锋已在骆谷。时汉中守兵不满三万，诸将大惊。"而曹爽本传云："正始五年，爽乃西至长安，大发卒六七万人，从骆谷入。是时，关中及氐、羌转输不能供，牛马骡驴多死，民夷号泣道路。入谷行数百里，贼因山

---

①《晋书》卷1《宣帝纪》。

②《晋书》卷37《宗室传·安平献王孚》："孚以为擒敌制胜，宜有备预。每诸葛亮入寇关中，边兵不能制敌，中军奔赴，辄不及事机，宜预选步骑二万，以为二部，为讨贼之备。又以关中连遭贼寇，谷帛不足，遣冀州农丁五千屯于上邽，秋冬习战阵，春夏修田桑。由是关中军国有余，待贼有备矣。"

③《三国志》卷9《魏书·曹真传》。

④《三国志》卷25《魏书·杨阜传》。

⑤《三国志》卷4《魏书·三少帝纪·齐王芳》。

为固,兵不得进。"①所以被迫撤退。而在同一时期,魏国对吴基本上采取守势,仅在正始四年(243)由司马懿领兵向孙吴的皖城发动过一次反击,以阻止诸葛恪在当地对魏庐江郡的袭扰。司马懿的军队进至舒县(今安徽舒城县),得到诸葛恪弃城撤走的消息,便停止前进,随后撤兵,并没有越境与吴军交战。由于这一阶段曹魏在边境的收缩防御,吴国频频向北方出击,掌握了交战的主动权,并且侵占了淮南、汉南的许多土地。如正始七年(246)袁淮对曹爽所言:"孙权自十数年以来,大畋江北,缮治甲兵,精其守御,数出盗窃,敢远其水,陆次平土。"又说:"自江夏已东,淮南诸郡,三后已来,其所亡几何以近贼疆界易抄掠之故哉!"②

### (二)孙权去世前后曹魏对吴国的进攻

孙权晚年,陆逊、朱然等名将相继离世,致使帅才匮乏。嘉平二年(250)八月,吴国发生皇子争嗣的内乱,孙权废太子孙和,赐死鲁王孙霸,对其党羽进行诛杀或流放,引起政局动荡。曹魏方面觉得有机可乘,开始向吴国重新发起攻势。当年冬,荆豫都督、征南将军王昶上奏:"孙权流放良臣,适庶分争,可乘衅而制吴、蜀;白帝、夷陵之间,黔、巫、秭归、房陵皆在江北,民夷与新城郡接,可袭取也。"③朝廷批准了荆州驻军向吴国南郡、宜都进攻的计划,"乃遣新城太守州泰袭巫、秭归、房陵,荆州刺史王基诣夷陵,

---

①《三国志》卷 9《魏书·曹爽传》。
②《三国志》卷 4《魏书·三少帝纪·齐王芳》注引《汉晋春秋》。
③《三国志》卷 27《魏书·王昶传》。

（王）昶诣江陵。"①结果交战屡获胜绩，虽然未能侵占城池、领土，但是给当地吴军造成了沉重损失。如王昶在江陵撤退时设置埋伏，打败吴国的追兵，"（施）绩遁走，斩其将钟离茂、许旻，收其甲首旗鼓珍宝器仗，振旅而还。"②荆州刺史王基，"别袭步协于夷陵，协闭门自守。（王）基示以攻形，而实分兵取雄父邸阁，收米三十余万斛，房安北将军谭正，纳降数千口。于是移其降民，置夷陵县。"③这次胜利增强了曹魏对吴作战的信心，准备策划发动更大规模的进攻。司马彪《战略》曰："嘉平四年四月，孙权死。征南大将军王昶、征东将军胡遵、镇南将军毌丘俭等表请征吴。"④当年十月，吴国执政大臣诸葛恪图谋北进，"会众于东兴，更作大堤。左右结山侠筑两城，各留千人，使全端、留略守之，引军而还。"⑤曹魏镇东将军、扬州都督诸葛诞认为这是向吴国大举进攻的契机，因而建议再次三道征吴，荆豫都督王昶攻击江陵，豫州刺史毌丘俭沿"直道"进逼武昌对岸，吸引敌人的注意，然后以精锐主力从寿春、合肥南下，越巢湖而攻占东关，此计得到了权臣司马师的赞同。其事见《汉晋春秋》："诸葛诞言于司马景王曰：'致人而不至于人者，此之谓也。今因其内侵，使文舒逼江陵，仲恭向武昌，以羁吴之上流，然后简精卒攻两城，比救至，可大获也。'景王从之。"⑥当时朝廷曾向尚书傅嘏咨询，他认为时机并未成熟，难以取

---

① 《三国志》卷27《魏书·王昶传》。
② 《三国志》卷27《魏书·王昶传》。
③ 《三国志》卷27《魏书·王基传》。
④ 《三国志》卷21《魏书·傅嘏传》注引司马彪《战略》。
⑤ 《三国志》卷64《吴书·诸葛恪传》。
⑥ 《三国志》卷4《魏书·三少帝纪·齐王芳》注引《汉晋春秋》。

得速胜。"今权已死,托孤于诸葛恪。若矫权苛暴,蠲其虐政,民免酷烈,偷安新惠,外内齐虑,有同舟之惧,虽不能终自保完,犹足以延期挺命于深江之表矣。"①主张施行"进军大佃",缓慢侵蚀吴国边境,但未引起司马师兄弟的重视和采纳,仍然发动了东关之役。"冬十一月,诏征南大将军王昶、征东将军胡遵、镇南将军毌丘俭等征吴。"②其中东兴一路为主攻方向,"命大将胡遵、诸葛诞等率众七万,欲攻围两坞,图坏堤遏。"③所率部队有平时驻扎在京畿附近的中军精锐,如吴将丁奉所言:"彼动其境内,悉许、洛兵大举而来,必有成规,岂虚还哉?"④由于诸葛恪及时发兵救援和魏国将帅的轻敌,吴军在东关获得大胜。"魏军惊扰散走,争渡浮桥,桥坏绝,自投于水,更相蹈藉。乐安太守桓嘉等同时并没,死者数万。故叛将韩综为魏前军督,亦斩之。获车乘牛马驴骡各数千。资器山积,振旅而归。"⑤曹魏荆、豫两州军队也狼狈撤退,"毌丘俭、王昶闻东军败,各烧屯走。"⑥战后司马师承认了自己在决策上所犯的错误,没有惩罚作战失利的将领,只是贬降了司马昭的爵位。"朝议欲贬黜诸将,景王曰:'我不听公休,以至于此。此我过也,诸将何罪?'悉原之。时司马文王为监军,统诸军,唯削文王爵而已。"⑦

曹魏统治集团在这次惨败之后总结了教训,不再向孙吴进行

①《三国志》卷21《魏书·傅嘏传》注引司马彪《战略》。
②《三国志》卷4《魏书·三少帝纪·齐王芳》嘉平四年。
③《三国志》卷64《吴书·诸葛恪传》。
④《三国志》卷55《吴书·丁奉传》。
⑤《三国志》卷64《吴书·诸葛恪传》。
⑥《三国志》卷4《魏书·三少帝纪·齐王芳》注引《汉晋春秋》。
⑦《三国志》卷4《魏书·三少帝纪·齐王芳》注引《汉晋春秋》。

大规模进攻,此后直到咸熙二年(265)西晋代魏,也没有派兵大举
越境征吴。其中另外还有两个原因,分述如下:

首先,魏明帝去世后曹魏政局出现剧烈变化,司马懿父子与
曹氏集团的矛盾日益激化,双方的斗争持续了十余年。嘉平元年
(249)高平陵之变,司马懿成功除掉曹爽兄弟及其在朝内的亲信,
控制了政权。然后在嘉平三年(251)到甘露三年(258),接连发生
了地方拥曹势力举行的"淮南三叛",迫使司马氏花费很大力量将
其镇压下去。为了对付毌丘俭和文钦,"(景)帝统中军步骑十余
万以征之。倍道兼行,召三方兵,大会于陈、许之郊。"① 诸葛诞因
为有孙吴军队的支援而兵力甚众,司马昭几乎是征调了全国各地
的机动军队前来平叛。"大将军司马文王督中外诸军二十六万
众,临淮讨之。"② 历时一年才攻陷寿春,清除了叛乱势力。另外,
司马师还在嘉平六年(254)平息了朝内拥曹势力企图发动的政
变。"中书令李丰与皇后父光禄大夫张缉等谋废易大臣,以太常
夏侯玄为大将军。事觉,诸所连及者皆伏诛。"③ 并废除了皇帝曹
芳。此后,司马昭又在甘露五年(260)杀死了不甘心做傀偏皇帝
的曹髦。综上所述,曹魏后期受制于国内政治斗争的困扰,所以
暂时无力对外大举用兵以消灭吴、蜀。如夏侯霸逃奔蜀国后,"姜
维问之曰:'司马懿既得彼政,当复有征伐之志不?'霸曰:'彼方营
立家门,未遑外事。'"④ 即表明司马氏此时的首要任务是巩固自己
的统治,打败国内的敌对势力,尚无暇旁顾。

---

① 《晋书》卷2《景帝纪》。
② 《三国志》卷28《魏书·诸葛诞传》。
③ 《三国志》卷4《魏书·三少帝纪·齐王芳》。
④ 《三国志》卷28《魏书·钟会传》注引《汉晋春秋》。

　　其次,"淮南三叛"平定之后,曹魏政局趋于稳定,国力也逐渐强盛,权臣司马昭开始图谋实行统一大业,他的计划是先攻取实力相对弱小的蜀汉,然后再对付拥有长江天险的吴国。司马昭对群臣解释其作战计划说:"自定寿春已来,息役六年,治兵缮甲,以拟二虏。略计取吴,作战船,通水道,当用千余万功,此十万人百数十日事也。又南土下湿,必生疾疫,今宜先取蜀。"①因为蜀国兵力仅有十万上下,尚不及孙吴军队数量的一半②,所以魏国在军事方面占有明显的优势,可以采用分兵进攻的策略,获胜有很大把握。"计蜀战士九万,居守成都及备他郡不下四万,然则余众不过五万。今绊姜维于沓中,使不得东顾,直指骆谷,出其空虚之地,以袭汉中。彼若婴城守险,兵势必散,首尾离绝。举大众以屠城,散锐卒以略野,剑阁不暇守险,关头不能自存。以刘禅之闇,而边城外破,士女内震,其亡可知也。"③由于"先蜀后吴"统一战略的确定,曹魏在其末年仍然对吴采取守势,从而集中兵力来攻打蜀汉。景元四年(263)八月魏军出征伐蜀,"于是征四方之兵十八万,使邓艾自狄道攻姜维于沓中,雍州刺史诸葛绪自祁山军于武街,绝维归路,镇西将军钟会帅前将军李辅、征蜀护军胡烈等自骆谷袭汉中。"④至九月,各路魏军到达前线参战,钟会顺利占领汉中,迫使姜维退守剑阁。"十一月,邓艾帅万余人自阴平逾绝险至江由,

①《晋书》卷2《文帝纪》。
②参见《晋书》卷3《武帝纪》太康元年:"三月壬寅,王濬以舟师至于建邺之石头,孙皓大惧,面缚舆榇,降于军门。濬杖节解缚焚榇,送于京都。收其图籍,克州四,郡四十三,县三百一十三,户五十二万三千,吏三万二千,兵二十三万,男女口二百三十万。"
③《晋书》卷2《文帝纪》。
④《晋书》卷2《文帝纪》。

破蜀将诸葛瞻于绵竹,斩瞻,传首。进军雒县,刘禅降。"①从而胜利结束了征蜀战役。

### (三)曹魏后期攻吴路线的若干变化

太和二年(228)石亭之役以后,直至西晋王朝建立,曹魏对吴作战基本上采取守势,发起的进攻寥寥无几,规模较大的仅有嘉平四年(252)的东关之役,发兵七万。其他数次都是出动各州的地方军队,兵力数量和影响均很有限。曹魏后期的征吴路线,除了濡须水道、皖道和荆襄道等旧日用兵途径之外,还出现了某些新的变化。分述如下:

1. 从襄阳经临沮攻击夷陵。夷陵地望在今湖北宜昌市,孙权占领该地后更名为西陵,是吴国在荆州的首要重镇,其地西进三峡可直通巴蜀,北至临沮(治今湖北南漳县东南城关镇)则入魏境,有道路经过沮水、漳水流域到达襄樊。黄初三年(222)夷陵之战,刘备领大军在江南,"以(黄)权为镇北将军,督江北军以防魏师"②,准备抵御来自临沮方向的进攻,以保护江南主力的侧翼。刘备失利后逃入峡内,"南军败绩,先主引退。而道隔绝,(黄)权不得还,故率将所领降于魏。"③就是通过上述道路进入魏境归降。魏国后期至西晋初年曾四次派兵沿此途径进攻夷陵。例如前述嘉平三年(251)正月荆州刺史王基对吴西陵守将步协的攻击;咸熙元年(264)七月为了解救永安之围,"魏使将军胡烈步骑二万侵

---

① 《晋书》卷 2《文帝纪》。
② 《三国志》卷 43《蜀书·黄权传》。
③ 《三国志》卷 43《蜀书·黄权传》。

西陵,以救罗宪。陆抗等引军退。"①泰始八年(272)吴西陵督步阐据城降晋,被陆抗围攻,西晋荆州都督羊祜部署救援,他率众五万赴江陵,"晋巴东监军徐胤率水军诣建平,荆州刺史杨肇至西陵。"②结果被陆抗挫败,"(羊祜)竟坐贬为平南将军,而免杨肇为庶人。"③咸宁四年(278)冬,荆州都督杜预就任后,"乃简精锐,袭吴西陵督张政,大破之。"④这条道路沿途地形和水文条件相当复杂,路况与运输能力较差。《南齐书》卷15《州郡志下》称其"水陆纡险,行径裁通"。景元二年(261)魏国命令荆州军队南征夷陵,都督王基即上奏表示反对说:"夷陵东道,当由车御,至赤岸乃得渡沮,西道当出箭溪口,乃趣平土,皆山险狭,竹木丛蔚,卒有要害,弩马不陈。今者筋角弩弱,水潦方降,废盛农之务,徼难必之利,此事之危者也。"⑤朝廷因此取消了这次军事行动。而后来杨肇进攻失利的主要原因,就是由于路途艰难而后方给养供应不上。所以战后有关部门弹劾羊祜,说他调度失误。"祜顿兵江陵,使贼备得设。乃遣杨肇偏军入险,兵少粮悬,军人挫衄。"⑥但是吴国西陵守将往往因为北道艰险而忽视对此方向的防守,致使魏晋使用这条道路发动奇袭获得成功。如前述嘉平三年(251)王基的袭击即造成出敌不意的效果,"(步)协闭门自守。基示以攻形,而

---

①《三国志》卷48《吴书·三嗣主传·孙休》永安七年。
②《三国志》卷58《吴书·陆抗传》。
③《晋书》卷34《羊祜传》。
④《晋书》卷34《杜预传》。
⑤《三国志》卷27《魏书·王基传》注引司马彪《战略》。
⑥《晋书》卷34《羊祜传》。

实分兵取雄父邸阁,收米三十余万斛,虏安北将军谭正,纳降数千口。"①咸宁四年(278)杜预进攻西陵得胜,也是由于守将张政的疏忽。如《晋书》卷34《杜预传》称其"据要害之地,耻以无备取败,不以所丧之实告于孙皓"。

**2. 由青、徐近岸海路袭击吴国后方。** 两汉三国时期,中国大陆东部的近海交通航行较为活跃。嘉禾二年(233)三月,孙权与割据辽东的公孙渊结盟,封其为燕王,并派遣船队经海路送去兵员、财物。"使太常张弥、执金吾许晏、将军贺达等将兵万人,金宝珍货,九锡备物,乘海授渊。"②后来双方关系破裂,景初元年(237),"(孙)权遣使浮海与高句骊通,欲袭辽东。"③魏国方面也预做防备,"诏青、兖、幽、冀四州大作海船"④,建立水军准备迎战。近海航路容易遇到飓风恶浪,造成船只的倾覆,所以魏吴两国始终没有通过海路投送大军。吴国权臣诸葛恪在东关之役击败魏兵后,宣称要从海路进攻北方,引起魏国的警惕。"乘胜扬声欲向青、徐,朝廷将为之备。"⑤尚书傅嘏则认为大规模船队的航海要冒很高的风险,以前孙权的舟师因此遭受过严重的损失,不会轻举妄动,敌人只是虚张声势而已,至多派遣少数船只前来袭扰,事后如其所料。"嘏议以为'淮海非贼轻行之路,又昔孙权遣兵入海,漂浪沉溺,略无孑遗,恪岂敢倾根竭本,寄命洪流,以徼干没乎?恪不过遣偏率小将素习水军者,乘海溯淮,示动青、徐,恪自并兵

---

① 《三国志》卷27《魏书·王基传》。
② 《三国志》卷47《吴书·吴主传》。
③ 《三国志》卷3《魏书·明帝纪》景初元年。
④ 《三国志》卷3《魏书·明帝纪》景初元年。
⑤ 《三国志》卷21《魏书·傅嘏传》。

来向淮南耳。'后恪果图新城,不克而归。"①此后曹魏船队也曾由海路对孙吴会稽郡发动袭掠。孙休永安七年(264),"夏四月,魏将新附督王稚浮海入句章,略长吏赀财及男女二百余口。将军孙越徼得一船,获三十人。"②《资治通鉴》卷78魏元帝咸熙元年四月条亦载此事,胡三省注:"新附督,盖以吴人新附者别为一部,置督以领之。句章县属会稽郡。"由于吴国投降士卒比较熟悉自己境内的情况,因此曹魏以他们为主组编了一支小股部队,偶尔向敌境的后方发起突袭。

3. 孙权在涂水下游筑塘以阻塞道路。赤乌十三年(250)十一月,孙权出动大兵前往江北,"遣军十万,作堂邑涂塘以淹北道。"③堂邑在今江苏南京市六合区,"前汉属临淮郡,后汉属广陵郡,魏、吴在两界之间为弃地。"④境内有涂水,即今滁河,溯流而上经江浦、来安、全椒、含山、巢县可达肥东,顺流而下则经滁口进入长江,附近有著名港口瓜埠(或称瓜步)。涂水沿途可以水陆兼行,也是魏吴两国军队在淮南来往征伐的路径之一。赤乌十年(247)孙权曾密令诸葛壹诈降,诱骗魏国都督诸葛诞前来接应,企图设伏将其消灭,重操石亭之役周鲂伪叛引诱曹休的故伎。双方军队沿涂水上下对进,诸葛诞中途发觉受骗,随即撤兵。事见《江表传》:"诞以步骑一万迎壹于高山。权出涂中,遂至高山,潜军以待之。诞觉而退。"⑤涂中在今安徽滁州地区,由于下游的滁口、瓜埠

---

①《三国志》卷21《魏书·傅嘏传》。

②《三国志》卷48《吴书·三嗣主传·孙休》永安七年。

③《三国志》卷47《吴书·吴主传》。

④《资治通鉴》卷75魏邵陵厉公嘉平二年十一月胡三省注。

⑤《三国志》卷47《吴书·吴主传》注引《江表传》。

距离对岸的吴都建业甚近,仅有数十里,所以这条道路如果失控,将对孙吴腹地构成严重威胁。孙权晚年朝内人才匮乏,又有诸子争嗣的内乱,担心魏国乘机沿涂水入侵,因此在堂邑筑塘以淹没道路。如胡三省所言:"淹北道以绝魏兵之窥建业,吴主老矣,良将多死,为自保之规摹而已。"①不过,淮河与涂水之间没有相互联系的航道,集于寿春的曹魏舟师无法直接利用涂水驶入长江,何况还被孙权筑塘阻断,因此大军南下征吴通常不走这条道路。直至太康元年(280)西晋灭吴之役,派遣徐州都督、琅邪王司马伷率领数万偏师沿此道路南征,以牵制建业的吴军。晋武帝诏书曰:"琅邪王伷督率所统,连据涂中,使贼不得相救。又使琅邪相刘弘等进军逼江,贼震惧,遣使奉伪玺绶。"②可见其用兵取得了良好的效果。

## 六、西晋平吴之役进攻路线的变化

景元四年(263)邓艾、钟会灭蜀之后,三国鼎立、南北对峙的相对均衡即被打破。曹魏与随后取代它的西晋拥有司、冀、豫、兖、幽、并、青、徐、雍、凉、益、梁诸州,以及荆、扬二州的部分地域,在领土、人口和军队数量上占据了压倒性优势,使偏居江南的吴国处境更为不利。如华覈所称:"今大敌据九州之地,有太半之众,欲与国家为相吞之计,非徒汉之淮南、济北而已也。"③伐蜀之役前数年,司马昭就说:"今诸军可五十万,以众击寡,蔑不克

①《资治通鉴》卷75魏邵陵厉公嘉平二年十一月胡三省注。
②《晋书》卷38《宣五王传·琅邪王伷》。
③《资治通鉴》卷79晋武帝泰始三年六月。

矣。"①刘禅投降以后,蜀汉又有十万左右兵力加入曹魏阵营②,使其力量更为强盛。只是由于大战之后国力损耗,民劳兵疲,又发生了司马昭去世和司马炎代魏等重大事变,需要稳定政局,所以暂时对吴国采取了休兵通好的策略,实际上仍然在积极备战。如陆凯对孙皓所言:"北方新并巴、蜀,遣使求和,非求援于我也,欲蓄力以俟时耳。"③

　　经过十余年的策划准备,西晋在咸宁五年(279)十一月出动六路大军伐吴。自正月癸丑(二十五日)双方接战,至三月壬寅(十五日)孙皓出降,晋朝军队仅仅用了一个多月的时间就摧毁了吴国的江防体系,灭亡了这个与中原王朝对抗多年的割据政权,可谓战果斐然。关于西晋平吴之役的获胜原因,前人多有分析论证④。笔者拟从进攻路线的角度来进行探讨。试述如下:

**(一)以三峡航道作为突破吴国江防的主攻路线**

　　曹魏此前对吴多次出征受挫,从军事上来分析,主要是魏国

①《晋书》卷2《文帝纪》魏甘露二年五月。
②《三国志》卷33《蜀书·后主传》注引王隐《蜀记》曰刘禅降魏后,"又遣尚书郎李虎送士民簿,领户二十八万,男女口九十四万,带甲将士十万二千,吏四万人。"
③《资治通鉴》卷79晋武帝泰始二年三月。
④参见马植杰:《三国史》第十一章《吴国晚期的政治及其衰亡》,人民出版社,1993年,第201—205页。何兹全:《三国史》二十《孙吴的灭亡》,北京师范大学出版社,1994年,第271—280页。张大可:《论三国一统》,氏著《三国史研究》,第346—371页。武国卿:《中国战争史》第四册第十一卷第一章第四节《西晋时期的重要战争梗概》,金城出版社,1992年,第396—397页。朱大渭、张文强:《中国军事通史》第八卷《两晋南北朝军事史》第一编第三章《西晋灭吴之战》,军事科学出版社,1998年,第64—74页。《中国古代战争战例选编》编写组:《中国古代战争战例选编》第二册《六、晋灭吴的战争》,中华书局,1983年,第101—121页。

水军明显处于下风,战斗力不强的缘故,所以难以逾越长江天险。如袁淮对曹爽所言:"吴楚之民脆弱寡能,英才大贤不出其土,比技量力,不足与中国相抗,然自上世以来常为中国患者,盖以江汉为池,舟楫为用,利则陆钞,不利则入水,攻之道远,中国之长技无所用之也。"①赤壁之战以后,曹魏虽然努力建设水军,但是直至魏末,始终未能出现吴魏舟师在江上大战的场景。魏国水军或是受阻于河口无法入江,或是驶入长江却不敢进行决战,只得悻悻而还。究其具体原因,其一,是舰船的装备规模和数量有限,与号称"浮江万艘"的吴国舟师相比没有优势。如曹操为了四越巢湖,也只是"作轻舟,治水军"②。黄初三年(222)曹休、张辽统领战船入江,虽然取得洞浦的胜利,但是看到后来的孙吴巨舰却胆怯而归。史载贺齐麾下,"蒙冲斗舰之属,望之若山。休等惮之,遂引军还。"③曹丕于黄初五年、六年两次亲率水军征吴,也仅有个别供御驾乘坐的"龙舟"④,仍然缺乏克敌制胜的众多大型战船,所以滞于广陵而不敢渡江决战。其二,是苦于难觅理想的入江航道。三国时代中原经过淮河流域与南阳、襄樊地区通往长江的水运干道仅有三条,即中渎水、肥水—濡须水和汉(沔)水。如前所述,由于种种客观条件的限制,这三条航道都有不利于大型船队航行入江的因素。中渎水和汉水下游沿途多有湖沼,人烟稀少,难以就地补充给养;广陵江口又有寒冰和飓风,精(津)湖一带冬季水枯,容易

①《三国志》卷4《魏书·三少帝纪·齐王芳》正始七年十二月注引《汉晋春秋》。
②《三国志》卷1《魏书·武帝纪》建安十四年。
③《三国志》卷60《吴书·贺齐传》。
④《三国志》卷2《魏书·文帝纪》黄初五年:"八月,为水军,亲御龙舟,循蔡、颍,浮淮,幸寿春。"

造成船只搁浅;沔口入江航道狭窄,船队易受阻击而难以通过。濡须水则因为沿岸山陵遍布,前有东关的巨堤坚城,后有水口的夹岸坞垒,致使北来的曹魏大军屡屡在此碰壁;尤其是嘉平四年(252)东兴之战的惨败,数万魏军覆没,作为监军的司马昭还因此被贬降了爵位①,这使他产生了别开征吴新路的想法。

伐蜀之役前夕,司马昭在与群臣议论其统一战略时,提出先消灭较为弱小的蜀汉,然后利用三峡航道将大军投入荆州,打破吴国的沿江防御体系。"今宜先取蜀,三年之后,因巴蜀顺流之势,水陆并进,此灭虞定虢,吞韩并魏之势也。"②邓艾灭蜀之后,也曾向朝廷建议留驻军队,制盐开矿,建立舟师,为将来的征吴战役预做准备。"兵有先声而后实者,今因平蜀之势以乘吴,吴人震恐,席卷之时也。然大举之后,将士疲劳,不可便用,且徐缓之;留陇右兵二万人,蜀兵二万人,煮盐兴冶,为军农要用,并作舟船,豫顺流之事,然后发使告以利害,吴必归化,可不征而定也。"③说明他和司马昭对于利用峡江航道作为东征平吴的进攻路线看法是一致的。实际上,在蜀国灭亡之后,利用浩荡的长江三峡水道顺流东下,已然成为西晋使用舟师破吴的最佳路线。汉魏六朝时期三峡两岸的毁林开荒和水土流失还不像后代那样严重,虽有险滩激流,也不妨碍大型船队行驶。如严耕望所言:"且峡江虽险,但河床深,水量富,能行数千斛乃至万斛之大舟,不但为巴蜀与吴楚

---

① 《三国志》卷4《魏书·三少帝纪·齐王芳》嘉平四年注引《汉晋春秋》载曹魏东关之败后,"朝议欲贬黜诸将,景王曰:'我不听公休,以至于此。此我过也,诸将何罪?'悉原之。时司马文王为监军,统诸军,唯削文王爵而已。"

② 《晋书》卷2《文帝纪》。

③ 《三国志》卷28《魏书·邓艾传》。

物资流通之大动脉,即巴蜀物资之北济中原,亦取峡江水道较为便捷。"①早在战国时期,张仪即威胁楚王要从蜀地顺江东伐。声称:"秦西有巴蜀,大船积粟,起于汶山,浮江已下,至楚三千余里。舫船载卒,一舫载五十人与三月之食,下水而浮,一日行三百余里,里数虽多,然而不费牛马之力,不至十日而拒扦关。扦关惊,则从境以东尽城守矣,黔中、巫郡非王之有。"②秦惠王发兵灭蜀后,即派遣兵将从该地乘舟东下以伐楚。"司马错率巴、蜀众十万,大舶船万艘,米六百万斛,浮江伐楚,取商於之地为黔中郡。"③

　　另一方面,四川盆地的木材和水利资源相当丰富,便于制造大型船只。《华阳国志》载秦国委任李冰为蜀郡守,"冰乃壅江作堋。穿郫江、检江,别支流双过郡下,以行舟船。岷山多梓、柏、大竹,颓随水流,坐致材木,功省用饶。"④西晋泰始八年(272),荆州都督羊祜还举荐王濬在巴蜀主持备战工作,其中主要任务就是建造战船。"初,祜以伐吴必藉上流之势。又时吴有童谣曰:'阿童复阿童,衔刀浮渡江。不畏岸上兽,但畏水中龙。'祜闻之曰:'此必水军有功,但当思应其名者耳。'会益州刺史王濬征为大司农,祜知其可任,濬又小字阿童,因表留濬监益州诸军事,加龙骧将军,密令修舟楫,为顺流之计。"⑤为了打破孙吴水军在大江之上的优势,西晋首先要在战船的规模和数量上超过对手。《晋书》卷42《王濬传》曰:"武帝谋伐吴,诏濬修舟舰。濬乃作大船连舫,方百

①严耕望:《唐代交通图考》第四卷《山剑滇黔区》,上海古籍出版社,2007年,第1140页。
②《史记》卷70《张仪列传》。
③[晋]常璩撰,刘琳校注:《华阳国志校注》卷3《蜀志》,第194页。
④[晋]常璩撰,刘琳校注:《华阳国志校注》卷3《蜀志》,第202页。
⑤《晋书》卷34《羊祜传》。

二十步,受二千余人。以木为城,起楼橹,开四出门,其上皆得驰马来往。又画鹢首怪兽于船首,以惧江神。舟楫之盛,自古未有。"关于上述王濬制造巨舰的规模,学术界或认为有所夸大。"晋一步为六尺,一尺合今 0.24 米,百二十步,即为 172.8 米。这样的大舰是难通过长江三峡的。'方百二十步'似指'连舫'长宽之和为百二十步。"①《资治通鉴》卷 79 晋武帝泰始八年夏记载此事则为:"(王濬)于是作大舰,长百二十步,受二千余人。"并非是方舟连舫。据《华阳国志》卷 8《大同志》记载,起初朝廷只是命令用屯田士兵参与建造,"大作舟船,为伐吴调。"但是蜀地田卒人数较少,难以满足工程需要。"别驾何攀以为佃兵但五、六百人,无所办,宜召诸休兵,借诸郡武吏,并万余人造作,岁终可成。濬从之。攀又建议:裁船入山,动数百里,艰难。蜀民冢墓多种松柏,宜什四市取,入山者少。濬令攀典舟船器仗。"②造船的木屑浮满江面,顺流而下,引起吴国守将的惊恐。"濬造船于蜀,其木柿蔽江而下。吴建平太守吾彦取流柿以呈孙皓曰:'晋必有攻吴之计……'"③此项工作前后持续七年④,使益州水师囤积了大批战舰,形成了对吴作战的巨大优势。后来王濬率众出峡,连战连捷,势不可挡。"顺流鼓棹,径造三山。(孙)皓遣游击将军张象率舟军万人御濬,象军望旗而降。皓闻濬军旌旗器甲,属天满江,威势甚盛,莫不破胆。"⑤

---

①《中国古代战争战例选编》编写组:《中国古代战争战例选编》第二册,第 107 页。
②[晋]常璩撰,刘琳校注:《华阳国志校注》卷 8《大同志》,第 610 页。
③《晋书》卷 42《王濬传》。
④《晋书》卷 42《王濬传》载王濬上疏曰:"臣作船七年,日有朽败……"
⑤《晋书》卷 42《王濬传》。

吴国在峡口夷陵乃至宜都地区的防务,因为附近山岭遍布,道路崎岖,利于设立城戍关塞阻击陆上来犯之敌。如果敌寇由长江水路顺流而下,大举进攻,则难以招架。当年夷陵之战陆逊与刘备相持,所顾忌的就是蜀汉水军乘势东进,配合主力作战。后来看到刘备放弃对舟师的使用,这才放下心来。他给孙权上奏曰:"臣初嫌之,水陆俱进,今反舍船就步,处处结营,察其布置,必无他变。"①吴末陆抗亦担心西晋的益州水师出峡作战,上疏曰:"西陵、建平,国之蕃表,既处下流,受敌二境。若敌泛舟顺流,舳舻千里,星奔电迈,俄然行至,非可恃援他部以救倒县(悬)也。此乃社稷安危之机,非徒封疆侵陵小害也。"②据陆机《辨亡论》所述,蜀汉被灭之后,曾经引起孙吴朝廷群臣的恐慌,纷纷提出各种堵塞江流的建议。"昔蜀之初亡,朝臣异谋。或欲积石以险其流,或欲机械以御其变。"孙皓最终接受了陆抗镇守峡口伺敌决战的主张。"天子总群议而咨之大司马陆公。陆公以四渎天地之所以节宣其气,固无可遏之理。而机械则彼我之所共,彼若弃长伎以就所屈,即荆、扬而争舟楫之用,是天赞我也。将谨守峡口,以待禽耳。"③这实际上是沿袭了陆逊夷陵之战的用兵方略,但是并未增强戍守西陵、建平的兵力。陆抗生前曾屡次请求补充峡口地区军队缺编的空额,上奏曰:"臣往在西陵,得涉逊迹。前乞精兵三万,而至者循常,未肯差赴。自步阐以后,益更损耗。"④孙皓却置之不理。建平太守吾彦也上表要求增兵曰:"晋必有攻吴之计,宜增建

①《三国志》卷58《吴书·陆逊传》。
②《三国志》卷58《吴书·陆抗传》。
③《三国志》卷48《吴书·三嗣主传》注引陆机《辨亡论》。
④《三国志》卷58《吴书·陆抗传》。

平兵。建平不下,终不敢渡江。"①结果也没有获得朝廷的同意,只是让他用铁索、铁锥封锁江面,这种消极的对策无法阻敌前进,后来被王濬用火攻和木筏轻易地攻破。尽管屡屡接到西晋在益州大造舟舰、准备东下的报告,孙皓始终没有做出有针对性的战略部署调整,致使西陵都督辖区的水军数量、装备和战斗力都处于劣势,在王濬舟师出峡进攻后一败涂地。据《晋书》卷42《王濬传》记载:"二月庚申,克吴西陵,获其镇南将军留宪、征南将军成据、宜都太守虞忠。壬戌,克荆门、夷道二城,获监军陆晏。乙丑,克乐乡,获水军督陆景。平西将军施洪等来降。"一路势如破竹地杀向东方,此后"兵不血刃,攻无坚城,夏口、武昌,无相支抗"。直捣吴都建业城下,迫使孙皓出降。

必须强调,王濬、唐彬的益州水军是征吴作战的主力。西晋平吴之役出动六路兵马,"东西凡二十余万",②其中王濬麾下就有七万之众。③ 由于建平郡治(今重庆市秭归县)的城防坚固,王濬采取了派遣少数军队围而不攻的策略,绕过这一重镇出峡东下,但是大军的后勤供应却难以随后接济。晋朝的解决办法是让荆州战区的其他部队在王濬顺流东进的沿途提供兵员和粮饷,武帝对此下诏进行部署安排曰:"(王)濬、(唐)彬东下,扫除巴丘,与胡奋、王戎共平夏口、武昌,顺流长骛,直造秣陵,与奋、戎审量其宜。杜预当镇静零、桂,怀辑衡阳。大兵既过,荆州南境固当传檄而

---

① 《晋书》卷42《王濬传》。
② 《晋书》卷3《武帝纪》。
③ [晋]常璩撰,刘琳校注:《华阳国志校注》卷8《大同志》载咸宁五年"冬,十有二月,(王)濬因自成都帅水陆军及梁州三水胡七万人伐吴。"第612—613页。

定，预当分万人给濬，七千给彬。夏口既平，奋宜以七千人给濬。武昌既了，戎当以六千人增彬。"①这样就使王濬所部的作战消耗能够得到及时的补充，他在占领建业后给武帝上书曰："臣所统八万余人，乘胜席卷。"②可见益州水师的兵力非但没有减弱，反而有所增强。王濬表奏中还提到："在秣陵诸军，凡二十万众。臣军先至，为土地之主。"③反映出这支部队在总攻吴都的西晋诸军中占有相当大的比重。王濬水师之强劲，就连吴国大臣也认识得很清楚。如丹杨太守沈莹曰："晋治水军于蜀久矣。今倾国大举，万里齐力，必悉益州之众浮江而下。我上流诸军，无有戒备，名将皆死，幼少当任，恐边江诸城，尽莫能御也。晋之水军，必至于此矣。"④

### （二）多路进攻以分散吴国的防御兵力

西晋平吴之役在进攻路线上的另一个显著特点，就是采用多路分兵的策略。如前所述，曹操"四越巢湖"征吴都是只在一个战略方向发起进攻，敌人可以集中兵力前来阻击，比较容易完成防御任务。曹丕代汉之后，开创了三道并征的进攻模式，借以分散和削弱吴国的防御力量。这一用兵方略此后经常获得沿用，不仅是全线出击的石亭之役（228）、东关之役（252），就连王昶所率荆州地方军队也曾受命兵分三路南伐⑤。西晋征吴的作战计划是老

---

①《晋书》卷 3《武帝纪》。
②《晋书》卷 42《王濬传》。
③《晋书》卷 42《王濬传》。
④《三国志》卷 48《吴书·三嗣主传·孙皓》注引《襄阳记》。
⑤《三国志》卷 27《魏书·王昶传》："（嘉平）二年，昶奏：'孙权流放良臣，适庶分争，可乘衅而制吴、蜀：白帝、夷陵之间，黔、巫、秭归、房陵皆在江北，民夷与新城郡接，可袭取也。'乃遣新城太守州泰袭巫、秭归、房陵，荆州刺史王基诣夷陵，昶诣江陵。"

将羊祜提出的,他在咸宁二年(276)十月向朝廷上书,认为现在的形势对晋朝灭吴非常有利,应该尽快发起进攻来统一全国,以消除南北对峙局面带来的国力损耗。"今江淮之难,不过剑阁;山川之险,不过岷汉;孙皓之暴,侈于刘禅;吴人之困,甚于巴蜀。而大晋兵众,多于前世;资储器械,盛于往时。今不于此平吴,而更阻兵相守,征夫苦役,日寻干戈,经历盛衰,不可长久,宜当时定,以一四海。"①羊祜的方案是首先在峡口、江陵、峡口、秣陵四个方向发动攻击,迫使吴国分兵抵御,而无法集中兵力。"今若引梁益之兵水陆俱下,荆楚之众进临江陵,平南、豫州,直指夏口,徐、扬、青、兖并向秣陵,鼓旆以疑之,多方以误之,以一隅之吴,当天下之众,势分形散,所备皆急。"②这时再派遣部署在后方的预备机动部队乘汉水而下,迅速实现突破,引起吴国江防体系的接连崩溃。"巴、汉奇兵出其空虚,一处倾坏,则上下震荡。"③羊祜使用"巴、汉奇兵"的建议,源自秦国军队浮汉水伐楚的故伎。参见《史记》卷69《苏秦列传》载秦王告楚曰:"汉中之甲,乘船出于巴,乘夏水而下汉,四日而至五渚。寡人积甲宛东下随,智者不及谋,勇士不及怒,寡人如射隼矣。"裴骃《集解》注:"《战国策》曰:'秦与荆人战,大破荆,袭郢,取洞庭、五渚。'然则五渚在洞庭。"羊祜的献计获得了晋武帝的赞同,但是当时凉州鲜卑各部发起叛乱,频频击败官军,西北边境受到较为严重的威胁,因此朝廷大臣普遍反对出兵伐吴,羊祜的计划遭到搁置,致使他抱恨而终。"会秦凉屡败,祜

---

① 《晋书》卷 34《羊祜传》。
② 《晋书》卷 34《羊祜传》。
③ 《晋书》卷 34《羊祜传》。

复表曰：'吴平则胡自定，但当速济大功耳。'而议者多不同，祜叹曰：'天下不如意，恒十居七八，故有当断不断。天与不取，岂非更事者恨于后时哉！'"①

咸宁四年(278)羊祜病逝，益州刺史王濬在次年上书请求立即出兵灭吴。他列举了多条理由："孙皓荒淫凶逆，荆扬贤愚无不嗟怨。且观时运，宜速征伐。若今不伐，天变难预。令皓卒死，更立贤主，文武各得其所，则强敌也。臣作船七年，日有朽败，又臣年已七十，死亡无日。三者一乖，则难图也，诚愿陛下无失事机。"②随后，继任羊祜为荆州都督的杜预也上奏请战，"自秋已来，讨贼之形颇露。若今中止，孙皓怖而生计，或徙都武昌，更完修江南诸城，远其居人，城不可攻，野无所掠，积大船于夏口，则明年之计或无所及。"③这才促使晋武帝确立决心，在当年十一月下诏伐吴，从其作战计划的内容来看，基本上采纳了羊祜的建议，但是略有几处变动。分述如下：

其一，进攻方向增加为六路。晋朝伐吴是在六个战略方向发起攻击，比羊祜计划的四路有所增加。"晋命镇东大将军司马伷向涂中，安东将军王浑、扬州刺史周浚向牛渚，建威将军王戎向武昌，平南将军胡奋向夏口，镇南将军杜预向江陵，龙骧将军王濬、广武将军唐彬浮江东下。太尉贾充为大都督，量宜处要，尽军势之中。"④从实战情况来看，扬州都督王浑的部队又分为东西两路，他自己率领主力由寿春、合肥去进攻历阳(今安徽和县)，另一支

①《晋书》卷34《羊祜传》。
②《晋书》卷42《王濬传》。
③《晋书》卷34《杜预传》。
④《三国志》卷48《吴书·三嗣主传·孙皓》天纪三年冬。

偏师则由陈慎、张乔率领,经过舒县、皖城西行,攻击孙吴荆州东界的江北要镇寻阳等地。"及大举伐吴,(王)浑率师出横江,遣参军陈慎、都尉张乔攻寻阳濑乡,又击吴牙门将孔忠,皆破之,获吴将周兴等五人。又遣珍吴护军李纯据高望城,讨吴将俞恭,破之,多所斩获。"①

其二,没有使用"巴、汉奇兵",而是由贾充率领总预备队"中军"驻扎在襄阳。贾充虽然始终阻挠伐吴,但因在司马氏代魏过程中起到重要作用,甚至命令部下杀死魏帝曹髦以阻止其政变,深受晋武帝信任,所以让他担任大都督,即前线总指挥官,"总统众军"②。《晋书》卷40《贾充传》曰"充不得已,乃受节钺,将中军,为诸军节度,以冠军将军杨济为副,南屯襄阳"。中军是守护京师的精锐部队,从曹魏、西晋的作战历史来看,若是边境地区遭遇严重的侵略,形势紧急,朝廷通常会派遣中军前往赴救。例如魏明帝时司马孚上奏:"每诸葛亮入寇关中,边兵不能制敌,中军奔赴,辄不及事机,宜预选步骑二万,以为二部,为讨贼之备。"③嘉平五年(253)诸葛恪进攻淮南,"太尉司马孚督中军东解围,恪退还。"④西晋泰始四年(268),"吴将施绩寇江夏,边境骚动。以(司马)望统中军步骑二万,出屯龙陂,为二方重镇。"⑤泰始七年(271),"孙皓率众向寿春,诏望统中军二万,骑三千,据淮北。"⑥襄阳是中原

---

① 《晋书》卷42《王浑传》。
② 《晋书》卷3《武帝纪》。
③ 《晋书》卷37《宗室传·安平献王孚》。
④ 《三国志》卷28《魏书·毌丘俭传》。
⑤ 《晋书》卷37《宗室传·义阳成王望》。
⑥ 《晋书》卷37《宗室传·义阳成王望》。

通往南方的交通枢纽,可以经水旱道路通往夏口、江陵和夷陵等征吴的重要战场,贾充率领的中军作为应急的机动兵力,屯驻在襄阳便于策应各地的战事,在局势不利时可以及时投入兵员和物资装备来解决战斗,保证整个战役的顺利进展。

上述征吴路线的两个特点,即主力军队出峡后浮江东进和多路分兵攻击,也是西晋政权总结吸取了曹魏长期对吴作战的经验而制定出来的策略。曹魏嘉平四年(252)攻吴之前,曾经向朝臣与各州将帅咨询方案和意见,据傅嘏综述:"议者或欲泛舟径济,横行江表;或欲四道并进,攻其城垒;或欲大佃疆场,观衅而动:诚皆取贼之常计也。"①其中"泛舟径济,横行江表",是采用水军强攻,掩护陆军登陆;王濬、唐彬的益州之师就是使用了这种战术,他们出峡后每到一地,都是先以水战歼灭敌人的舟师,然后攻占沿岸的要戍,顺江而下,直趋建业。"四道并进,攻其城垒",则是以陆战为主,分别包围攻打吴国江北的各座重镇。晋朝荆、豫、扬、徐诸州的军队,即按照此计出动,攻陷江陵、沔口、寻阳、历阳,牵制和消灭了各地的吴军,以减轻王濬水军东进的阻力。这一计划实施得非常成功,西晋六路大军同时并举,迅速地将吴国数千里长的沿江防线切割成数段,使其首尾难顾,无法相互支援,最终被分别击溃,土崩瓦解。

**(三)避实就虚,绕过东关与濡须口**

西晋平吴之役中进攻路线的另一个显著变化,就是王浑率领的扬州军队从寿春、合肥南征至居巢后,没有沿濡须水而下、再走

---

①《三国志》卷21《魏书·傅嘏传》。

曹操"四越巢湖"和曹仁、胡遵强攻濡须城与东关的旧途,而是转向东南,过大小岘山而至历阳(今安徽和县),沿路"攻破江西屯戍"①,然后在板桥以逸待劳,"与孙皓中军大战,斩伪丞相张悌等首级数千,俘馘万计,进军屯于横江。"②鉴于此前曹魏在东关和濡须坞屡遭挫败,这次王浑领兵绕过了这一防守坚固的地带,以免久攻不下,既损折兵将又拖延时日。扬州都督辖区是魏晋对吴作战的重要地域,邻近敌国的都城建业,因此兵力雄厚。甘露二年(257)诸葛诞据寿春叛乱时,"敛淮南及淮北郡县屯田口十余万官兵,扬州新附胜兵者四五万人,聚谷足一年食,闭城自守。"③西晋时期扬州的兵力数量不详,应该与曹魏后期的情况较为接近,所以才能东西分兵进攻,并且轻易地击败孙吴的三万中军精锐④。这支主力部队的被灭,使孙皓丧失了保卫首都和溯江迎击王濬水军的仅有力量,只好束手归降了。王浑的扬州晋军放弃传统的用兵方向,避实就虚前往横江,获得了显赫的战果。晋朝军队在淮南改变进攻路线收效显著,有力地促进了平吴战役的胜利。晋武帝下诏表彰王浑,"督率所统,遂逼秣陵,令贼孙皓救死自卫,不得分兵上赴,以成西军之功。又摧大敌,获张悌,使皓途穷势尽,面缚乞降。遂平定秣陵,功勋茂著。"⑤充分表明了扬州晋军对于整个战役获胜的重要影响。

①《晋书》卷61《周浚传》。
②《晋书》卷61《周浚传》。
③《三国志》卷28《魏书·诸葛诞传》。
④《三国志》卷48《吴书·三嗣主传·孙皓》注引《襄阳记》:"晋来伐吴,(孙)皓使(张)悌督沈莹、诸葛靓,率众三万渡江逆之。"
⑤《晋书》卷42《王浑传》。

## 七、王濬舟师顺江东下对后代统一战争方略的启迪

前事不忘，后事之师。西晋以益州水军为进攻主力攻破西陵、直捣建业的成功战例，给后世兵家政要留下非常深刻的印象。在沿中渎水、濡须水和汉水南征船队容易受阻的情况下，集结重兵从三峡实现突破，顺流摧毁南方政权的沿江要戍，成为一项相当有利的战略选择。历史记载表明，西晋灭吴之后，在南北对峙交战的局面下，有识之士曾多次提出使用此种方略以统一全国，或提醒南方朝廷注意防范来自巴蜀方向的攻击。例如东晋咸康七年（341），前燕刘翔出使建康，告诫晋朝公卿曰："王师纵未能澄清北方，且当从事巴、蜀。一旦石虎先人举事，并（李）寿而有之，据形便之地以临东南，虽有智者，不能善其后矣。"①太元四年（379），前秦苻坚欲亲自南征，梁熙谏曰："晋主之暴，未如孙皓，江山险固，易守难攻。陛下必欲廓清江表，亦不过分命将帅，引关东之兵，南临淮、泗，下梁、益之卒，东出巴、峡，又何必亲屈鸾辂，远幸沮泽乎！"②隋朝开皇七年（587），赣州刺史崔仲方上平陈之策曰："蜀、汉二江，是其上流，水路冲要，必争之所。贼虽于流头、荆门、延州、公安、巴陵、隐矶、夏首、蕲口、盆城置船，然终聚汉口、峡口，以水战大决。若贼必以上流有军，令精兵赴援者，下流诸将即须择便横渡。如拥众自卫，上江水军鼓行以前。虽恃九江五湖之

①《资治通鉴》卷96晋成帝咸康七年二月。
②《资治通鉴》卷104晋孝武帝太元四年正月。

险,非德无以为固,徒有三吴、百越之兵,无恩不能自立。"①此计获得隋文帝的赞赏,后来隋师渡江灭陈,就是采用了崔仲方的谋略:以杨素率巴蜀舟师出峡作战,吸引了陈朝的水军主力西赴夏口,贺若弼、韩擒虎的部队乘虚而入,分别在京口和采石渡江,顺利攻克了陈都建业。后唐同光元年(923),庄宗李存勖灭亡后梁,问高季兴曰:"朕欲用兵于吴、蜀,二国何先?"高季兴认为宜先伐蜀,"蜀土富饶,又主荒民怨,伐之必克。克蜀之后,顺流而下,取吴如反掌耳。"②顾祖禹总结有关史实道:"从来有取天下之略者,莫不切切于用蜀。秦欲兼诸侯则先并蜀,并蜀而秦益强富,厚轻诸侯。晋欲灭吴则先举蜀,举蜀则王濬楼船自益州下矣。"又云:"苻坚有图晋之心,则亦兼梁、益矣。宇文泰先取蜀,遂灭梁。隋人席巴、蜀之资,为平陈之本,杨素以黄龙平乘出于永安,而沿江镇戍,望风奔溃。"③充分说明了由巴蜀聚集重兵,经三峡攻破夷陵防线,便可以顺流而下,使江南政权凭借长江天险构建的防御体系门户洞开,难以抵御。这种兼并南方、统一天下的作战韬略具有明显的优越性,因此得到了历代政治家、军事家的赞赏或沿用。

①《隋书》卷 60《崔仲方传》。
②《资治通鉴》卷 272 后唐庄宗同光元年十月。
③[清]顾祖禹:《读史方舆纪要·四川方舆纪要叙》,第 3094 页。

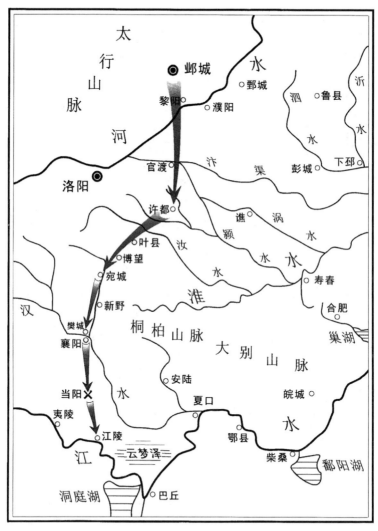

图一一 曹操荆襄之役示意图(208年)

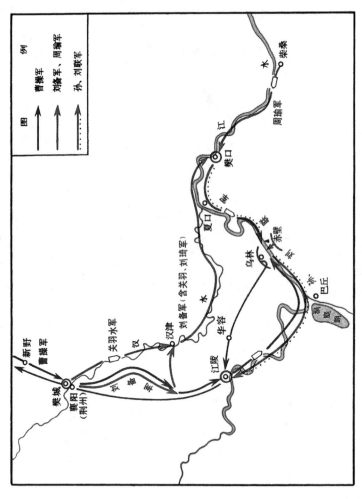

图一二 赤壁之战示意图(208 年)

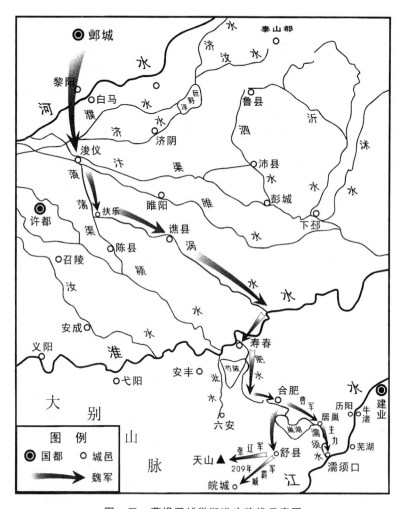

图一三　曹操四越巢湖进攻路线示意图

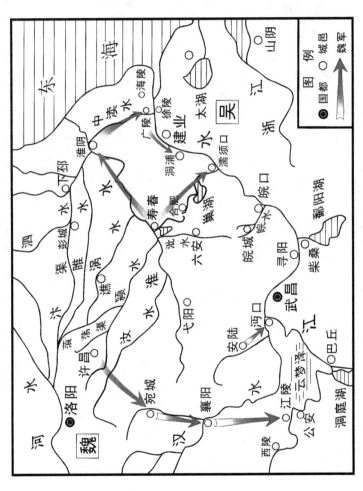

图一四　曹丕三道征吴路线示意图（222—223 年）

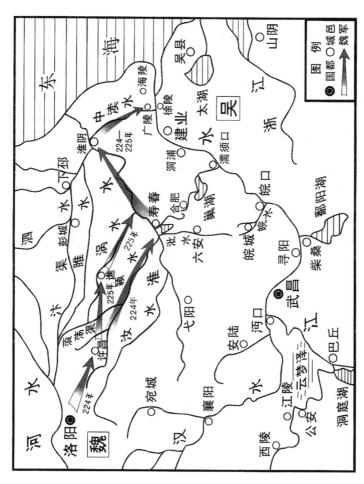

图一五　曹丕广陵之役示意图（224—225年）

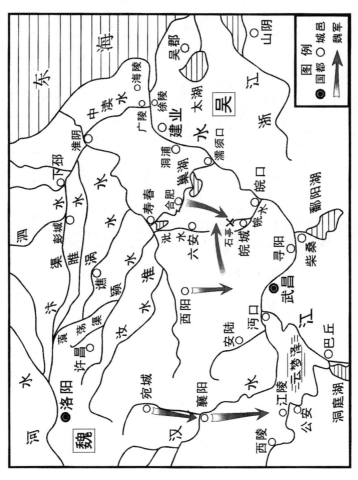

图一六　曹魏石亭之役示意图（228 年）

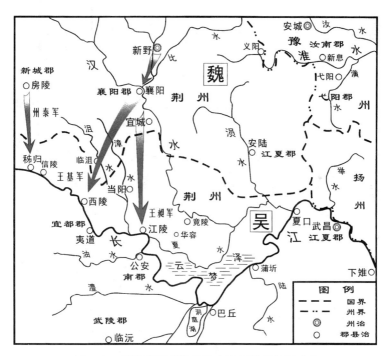

图一七　曹魏荆州军队三路南征示意图(251 年)

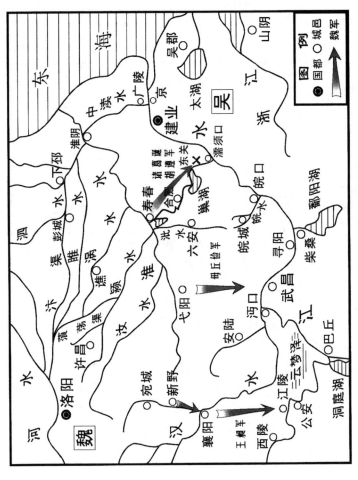

图一八　曹魏东关之役示意图(252年)

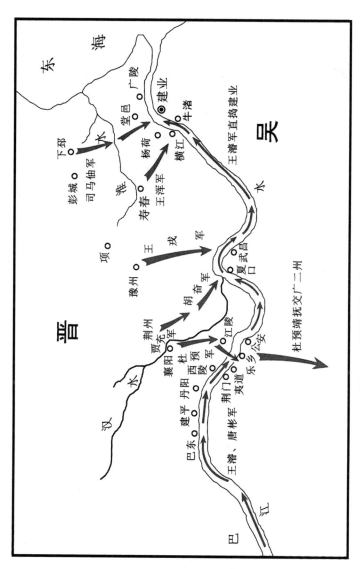

图一九　西晋平吴之役示意图（280 年）

# 第五章　合肥与曹魏的御吴战争

## 一、合肥在军事上备受重视的原因

三国时期，曹魏与吴、蜀长期对峙，其接壤疆界东起广陵，西达临洮，绵延数千里；它的防御兵力并非在国境沿线平均配置，而是集中扼守住几处要枢。如魏明帝曹叡所称："先帝东置合肥，南守襄阳，西固祁山，贼来辄破于三城之下者，地有所必争也。"①其中东方重镇合肥自赤壁之战以后，频频遭受孙吴大军的侵袭，由于防卫的策略得当，尽管守军在数量上经常处于劣势，却能多次挫败强敌，粉碎其北进的企图。综观曹魏对吴防御作战的历史，合肥这一要塞曾经发挥了突出的作用，不过，它在三国战争中的地位价值前后却有所不同。下文对魏吴双方争夺该地的过程、原因，以及曹魏在合肥及淮南地区的兵力部署、防御战略之演变进行分析探讨。

笔者根据《三国志》及裴注、《资治通鉴》等史籍统计，孙吴军队在公元208—278年间，对曹魏（及西晋）共发动过34次进攻行动；合肥—寿春方向的攻击为12次，占总数的35％。其中国君亲征的有6次，如孙权在汉建安十三年（208）、二十年（215），魏青龙

①《三国志》卷3《魏书·明帝纪》。

元年(233)、二年(234);孙皓在西晋泰始四年(268)、七年(271)出征但未至前线而还;权相(诸葛恪、孙峻、孙綝)领兵进攻有 3 次,包括东吴出动兵力攻魏最多的一次(公元 253 年诸葛恪率军 20 余万伐淮南),以及三国区域性战役参战人数最多的一次(公元 257 年诸葛诞反寿春,魏吴双方投入军队共计超过 50 万),可见这一地区是两国战略攻防的主要目标。合肥为什么被当作兵家必争之地,引起双方的关注和争夺呢? 这主要是因为当时合肥处于南北水陆交通的要冲。试析如下:

三国历史阶段政治、军事冲突的地域表现主要是曹魏与吴、蜀的南北对抗,其中魏吴两国交战对峙的疆界沿长江上下,自东向西横贯数千里。由于受到山陵、川泽等自然条件的限制,双方的军事行动基本上是经过几条南北走向的河流进行的。它们包括:(1)中渎水,即古邗沟,从江都北入水道,过精湖、射阳湖等,至末口进入淮河。(2)濡须水、施水、肥(淝)水,自濡须口逆流而上,过东关、入巢湖,沿施水过合肥,再沿肥水过芍陂、寿春入淮。(3)汉水,自沔口溯汉江西进,至竟陵北上,过荆城、鄀县、宜城,抵襄阳。在魏吴之间的大规模军事行动中,单纯使用陆路交通线的情况出现得较少,主要原因是陆运兵员、粮草给养耗时费力,船只航运则能利用水、风等自然力的帮助,效率要比陆运高得多。故汉代人称江南"一船之载当中国数十两车"①。孙吴军队又以水师、水战见长,以致被曹魏方面称为"水贼"②;即使步兵陆战,也经常

---

①《史记》卷 118《淮南衡山列传》。
②《三国志》卷 14《魏书·刘放传》注引《孙资别传》。

依托船队,所谓"上岸击贼,洗足入船"①,所以北伐的路线往往要选择水道了。

在上述三条水道中,合肥方向的濡须水、施水、肥水航线为吴国北伐道路之首选,运用的次数最多,投入的军队数量与作战规模最大,统帅多为亲征的国君或权臣,可见其备受东吴统治集团的关注。其中原因分析起来主要有以下几点:

首先,中渎水道及其经过的湖泊通常较浅,受季节和雨量的影响,时有干涸淤塞,不能保证船队常年通航。如黄初六年(225)魏文帝曹丕领舟师经广陵征吴,蒋济便上表称"水道难通,又上《三州论》以讽帝,帝不从"②;结果返航至精湖时,"战船数千皆滞不得行"③。建安年间曹操迁徙江北居民后,中渎水道附近人烟稀少,给养难觅,加上船只航行的困难,因此不是吴军北伐的理想途径。曹魏也深知这一点,故对当地的防务不甚重视,部署的兵力很少。如吕蒙所说,"徐土守兵,闻不足言,往自可克。"④其次,汉水一路船队溯流抵达襄樊后,由于水道折而向西,无法北进中原。吴师即使占领了重镇襄阳,还需要弃船陆行,占领南阳盆地出方城隘口,才能进入华北大平原。在地形不利的条件下连续作战,又无法发挥水军的优势,这对吴国用兵的阻力和难度甚大。再次,合肥所在的这条水陆通道是当时南北交通最重要的干线,由于巢肥运河的开凿,肥水与濡须水将长江与淮河沟通起来。曹

①《三国志》卷54《吴书·吕蒙传》注引《吴录》。
②《三国志》卷14《魏书·蒋济传》。
③《三国志》卷14《魏书·蒋济传》。
④《三国志》卷54《吴书·吕蒙传》。

操在赤壁之战后"四越巢湖",都是利用这条水路,船队由谯县(今安徽亳州市)出发,经涡水入淮,再浮肥水,过寿春、合肥,越巢湖,入濡须水而达长江。吴国水师如能由这条航道入淮,那么沿淮上下具有多条通往北方的水路,如东有涡、泗,西有颍、汝等,可供进兵选择。在水道的通达性方面,这条行军路线显然更为有利,因此,它被当作吴军攻魏的首选战略方向,其主力北伐多经此途。

　　合肥的地理位置正好在这条水陆交通干线的要冲,它位于巢肥运河的修建之处,即施水与肥水的连接地段。合肥名称的来历,据《水经注》记载是因为该地为施水合于肥水之处。这两条河流本不相通,只是在夏水暴涨时才汇合到一起①。后来经过人工开凿疏浚,使肥水与施水、巢湖及濡须水连接起来,形成了邗沟之外另一条贯通江淮的水道,学术界称其为"巢肥运河"或"江淮运河"②。据刘彩玉考证,这段运河建在合肥以西的将军岭,平均长度约 4 千米③。就地形而言,合肥西边是大别山脉东端的隆起地带——皖西山地,主峰天柱山、白马尖等海拔都在千米以上。大别山余脉向东北延伸为江淮丘陵,合肥以东的张八岭一带地势较

---

① [北魏]郦道元原注,陈桥驿注释:《水经注》卷 32《施水》:"施水受肥于广阳乡,东南流径合肥县。应劭曰:夏水出城父东南,至此与肥合,故曰合肥。阚骃亦言,出沛国城父东,至此合为肥。余按川殊派别,无沿注之理。方知应、阚二说,非实证也。盖夏水暴长,施合于肥,故曰合肥也,非谓夏水。"第 507 页。

② 参见杨钧:《巢肥运河》,《地理学报》1958 年第 1 期;刘德岑:《先秦时代运河沿革初探》,《西南师范大学学报》1980 年第 2 期;王育民:《先秦时期运河考略》,《上海师范学院学报》1984 年第 3 期;张学锋:《巢肥运河与"施合于肥"》,《合肥学院学报(社会科学版)》2006 年第 4 期。

③ 参见刘彩玉:《论肥水源与"江淮运河"》,《历史研究》1960 年第 3 期。

高,散布着老嘉山、琅邪山、龙王山等岭峰。江淮丘陵的蜂腰地段就在合肥西面的将军岭附近,水道及沿河的陆路均由此经过。合肥坐落在这一狭窄通道上,因而成为道路冲要。早在春秋战国时期,这里就是商旅往来的贸易都市。如《史记》卷129《货殖列传》所称:"合肥受南北潮,皮革、鲍、木输会也。"在地理条件上,合肥左右两侧受地形、水文等不利因素的限制,难以做大规模的兵力运动,部队行进往往要经过这个咽喉要地。所以占据合肥即控制了南北交通的主要干线,可以在军事上获得很大的主动权。

合肥不仅是南北水陆干线的冲要,它处在江淮之间的中心地段,四通五达,为数条路途的汇聚之所,属于"锁钥地点",即交通、军事上的枢纽区域。控制了合肥,便可以向几个战略方向用兵,或堵住几个方面的来敌。如顾祖禹所言:"府为淮右噤喉,江南唇齿。自大江而北出,得合肥则可以西问申、蔡,北向徐、寿,而争胜于中原;中原得合肥则扼江南之吭,而拊其背矣。……盖终吴之世曾不得淮南尺寸地,以合肥为魏守也。"①这也是它备受兵家注重的原因。

从合肥出发,除了北上寿春抵达淮滨,或南渡巢湖进入长江之外,还可以向东沿着江淮丘陵的南麓而行,过大、小岘山(春秋楚国著名要塞昭关即在小岘山上),到长江北岸又一处重要渡口——历阳的横江渡。此地曾为汉朝扬州刺史治所,对岸便是建业以西的关津门户——牛渚(采石矶)。魏军如果兵临历阳,就会直接威胁东吴的国都。黄初三年(222)曹魏复合肥之守,即派遣兵马由此途至横江与吴军接战,引起孙权的惊恐,上书询问曹丕,

---

① [清]顾祖禹:《读史方舆纪要》卷26《南直八·庐州府》,第1270页。

"自度未获罪衅,不审今者何以发起,牵军远次?"①后来西晋灭吴时,扬州都督王浑所率南征大军,也是由合肥走这条陆路到横江,打败了吴国中军主力,从而迫使孙皓向王濬投降的。如晋武帝诏书所言:"安东将军、京陵侯王浑,督率所统,遂逼秣陵,令贼孙皓救死自卫,不得分兵上赴,以成西军之功。"②

　　由合肥南下,沿着巢湖西岸及皖西山地的边缘向西南而行,即可到达皖城(今安徽潜山县),这是魏吴长期争夺的另一个重要地点。皖城所在的安庆地区亦为江北要冲,被兵家誉为"中流天堑"。曹魏如果占据皖城,既可以向西南威胁孙吴在长江中游的重镇武昌、夏口,又可以向东南逼迫牛渚、建业,取得有利的形势。在三国的战争史上,曹魏曾派遣大将曹休、满宠等领军经过合肥,对此地发动攻击。自合肥西去,经庐江郡之六安,陆路可达豫州南部诸郡。建安十三年(208)冬,曹操从荆州遣张喜救合肥,即由此途东来,并顺路带上汝南郡兵增援③。豫州南境的汝南、弋阳、安丰等郡,在大别山之北麓,吴军若从其南边进攻,则背临大江,穿越峰岭,形势比较艰难。若能占领合肥,由该地出发西行,一路皆为坦途,并无名山大川之阻,交通条件要方便得多。

　　就以上情况来看,合肥乃四方道路交汇之所,是兵法所言的"衢地",具有很高的军事价值,因此魏吴双方均竭尽全力来争夺这一战略要枢。

---

① 《三国志》卷47《吴书·吴主传》黄武元年九月魏文帝报孙权书条注引《魏略》载孙权与曹丕书。
② 《晋书》卷42《王浑传》。
③ 《三国志》卷14《魏书·蒋济传》:"建安十三年,孙权率众围合肥。时大军征荆州,遇疾疫,唯遣将军张喜单将千骑,过领汝南兵以解围。"

## 二、合肥防务的草创

这一阶段是从汉建安五年(200)至建安十四年(209)。曹魏在与孙吴交战的数十年内,对于合肥的驻兵与援军部署多次进行调整,反映出防御淮南的战略前后有所变化。曹操对合肥地区的控制,始于建安五年(200)。此前淮南曾被军阀袁术占领,后为曹操所败,形成豪强割据混战的局面。江东孙策、孙权先后消灭了盘踞庐江的刘勋和李术(述)[①],但是并未留驻江北,而是把上游荆州的刘表当作主要敌人,与其部将黄祖频频交兵,以致在淮南形成了政治上的短暂真空。当时曹操正在官渡与袁绍激战,无暇南征。但是他认识到这一地区的重要性,迅速任命刘馥为扬州刺史,治合肥,在纷乱的棋局上抢先占据要点,反映出他的远见卓识。刘馥到任后招抚民众,"数年中恩化大行,百姓乐其政,流民越江山而归者以万数。于是聚诸生,立学校,广屯田,兴治芍陂及茄陂、七门、吴塘诸塌以溉稻田,官民有畜。"[②]当地经济得以恢复发展,行政统治也逐渐巩固。这一阶段曹魏在合肥与扬州的军事部署具有以下特点:

---

[①]《三国志》卷46《吴书·孙策传》:"后(袁)术死,长史杨弘、大将张勋等将其众欲就策,庐江太守刘勋要击,悉虏之,收其珍宝以归。策闻之,伪与勋好盟。勋新得术众,时豫章上缭宗民万余家在江东,策劝勋攻取之。勋既行,策轻军晨夜袭拔庐江,勋众尽降。勋独与麾下数百人自归曹公。"《三国志》卷47《吴书·吴主传》注引《江表传》建安五年:"是岁举兵攻(李)术于皖城。术闭门自守,求救于曹公。曹公不救。粮食乏尽,妇女或丸泥而吞之。遂屠其城,枭术首,徙其部曲三万余人。"
[②]《三国志》卷15《魏书·刘馥传》。

### （一）守军为州郡地方军队

刘馥未曾从朝中带兵赴任，而是"单马造合肥空城"[1]。他利用屯田的准军事化组织收编流亡农民，逐步建立了一支由当地郡县壮丁组成的地方武装，其人数不详。建安十三年（208）冬，孙权首次进攻合肥时，曹魏守军不敢迎战，仅和当地百姓一起困守孤城，反映出这支驻军数量相当有限，战斗力也不强。

### （二）以合肥为扬州战区的防御中心

扬州刺史治所原来在近江的历阳，受孙吴军队的威胁较为严重。刘馥就任后，将州治西移合肥，扬州的常备军队也驻扎在这里。他还修葺合肥旧城，储存作战器械，准备迎接孙吴的进攻。"又高为城垒，多积木石，编作草苫数千万枚，益贮鱼膏数千斛，为战守备。"[2]刘馥积聚的经济、军事力量为后来合肥以及淮南的固守奠定了基础。建安十三年（208）刘馥病逝后，"孙权率十万众攻围合肥城百余日，时天连雨，城欲崩，于是以苫蓑覆之，夜然脂照城外，视贼所作而为备，贼以破走。扬州士民益追思之，以为虽董安于之守晋阳，不能过也。"[3]

### （三）占据皖城、历阳等临江津要

刘馥对淮南的布防虽是以合肥为中心，但也尽量把防线的前

---

①《三国志》卷15《魏书·刘馥传》。
②《三国志》卷15《魏书·刘馥传》。
③《三国志》卷15《魏书·刘馥传》。

沿推至长江岸边。合肥以南的庐江郡界,旧有雷绪、陈兰等豪强土寇,刘馥在暂时无力消灭他们的情况下,招抚其归顺朝廷[1]。此举不仅缓和了境内的紧张局势,而且打开了曹魏势力南下扩张的门户。据史籍所载,刘馥在合肥西南兴办的屯田及水利重点设施有龙舒的七门堰、皖城的吴塘(陂)等[2]。皖水流域位处江岸平原,土质肥沃,易于耕垦,还是"滨江兵马之地"[3],控制该地能西控武昌、夏口,东逼采石、建业。曹魏占据皖城后,双方还有交战对峙,孙权至建安十九年(214)才最终将其攻克。《资治通鉴》卷 64 载建安九年(204)吴将丹阳都督妫览等叛变,"遣人迎扬州刺史刘馥,令住历阳,以丹阳应之。"胡三省注:"历阳与丹阳隔江,使馥来屯,以为声援。"刘馥由合肥带兵进驻这个重要渡口,亦造成了对江东的威胁。

### (四)未曾事先安排支援兵力

从建安十三年(208)合肥守城战役魏方增援的情况来看,曹操此前对这个战略方向的关注仍有疏忽之处。他在南征荆州时,没有做好援救合肥的兵力部署。首先,曹操于当年秋天率军南征刘表,后方留守的部队主要由"于禁屯颍阴,乐进屯阳翟,张辽屯

---

[1]《三国志》卷 15《魏书·刘馥传》:"庐江梅乾、雷绪、陈兰等聚众数万在江、淮间,郡县残破。太祖方有袁绍之难,谓馥可任以东南之事,遂表为扬州刺史。馥既受命,单马造合肥空城,建立州治,南怀绪等,皆安集之,贡献相继。"

[2]《三国志》卷 15《魏书·刘馥传》:"兴治芍陂及茄陂、七门、吴塘诸堨以溉稻田。"[宋]乐史撰,王文楚等点校:《太平寰宇记》卷 125《淮南道三》舒州怀宁县:"吴塘陂,在县西二十里,皖水所注。"第 2475 页。同书卷 126《淮南四》庐州庐江县:"七门堰,在县南一百一十里。刘馥为扬州刺史修筑,断龙舒水,灌田千五百顷。"第 2497 页。

[3]《三国志》卷 48《吴书·三嗣主传·孙休》。

长社"①,其意图明显是保卫许昌、洛阳等中原重镇,驻地距离合肥
很远,那里如果出现危难,即使出兵赴救也是鞭长莫及的。其次,
此时合肥为扬州军镇重地,该州地方军队的有限兵力大部分集中
在这里,被孙权包围在城内,周围其他郡县自顾不暇,所以没有能
力派遣多余兵马来救,邻近州郡亦未能及时派出救兵支援解围。
另外,当时曹操在赤壁战败,滞留荆州,尚未还师。因为刚刚遭受
了惨重损失,军力不足,故仅仅命令张喜率领骑兵千人往救合肥,
虽补充了沿途豫州汝南郡的少数军队,但其兵力相当单薄,实际
上难以击退孙权的数万人众,后来还是依靠蒋济虚张声势的计策
才惊走敌人的②。以上史实表明,因为以前孙吴的主要用兵方向
始终是在荆州,曹操没有估计到敌人会突然大举进攻合肥,对此
准备不足,以致应付得相当被动,用兵捉襟见肘,仅勉强守住了该
地。为了改变不利局面,曹操及时改变战略,迅速地调整了合肥
及淮南地区的兵力配置。

### 三、合肥防务的强化

这一阶段从汉建安十四年(209)至魏太和六年(232)。赤壁
之战以后,孙权改变战略部署,在荆州方向仅以偏师配合刘备军
队作战,而自己亲率主力攻打合肥,力图夺取淮南,以窥许、洛。

①《三国志》卷23《魏书·赵俨传》。
②《三国志》卷14《魏书·蒋济传》:"孙权率众围合肥。时大军征荆州,遇疾疫,唯遣将
军张喜单将千骑,过领汝南兵以解围,颇复疾疫。济乃密白刺史伪得喜书,云步骑四
万已到雩娄,遣主簿迎喜。三部使赍书语城中守将,一部得入城,二部为贼所得。权
信之,遽烧围走,城用得全。"

面对东方的危急形势,曹操迅速做出了相应的对策:荆州地区改为防御,率主力北还,留下曹仁领少数军队驻守。后又命令曹仁撤出江陵,退守襄阳,以此来缩短运输线,以便集中兵力,加强防御。此外,针对孙吴的主要进攻方向——扬州地区,即合肥—濡须一线,投入重兵予以反击。建安十四年(209),曹操见扬州形势严峻,便亲率大军南下。《三国志》卷1《魏书·武帝纪》记载这次行动曰:"春三月,军至谯,作轻舟,治水军。秋七月,自涡入淮,出肥水,军合肥。……置扬州郡县长吏,开芍陂屯田。十二月,军还谯。"前文所述,刘馥在建安五年出任扬州刺史后曾建立过地方政权组织,并兴屯田、修芍陂。看来在孙权对合肥等地的初次进攻中,淮南地区曹魏原有的郡县官府和典农(屯田)机构受到了严重的破坏或削弱,所以此番给予重建。合肥西南的庐江郡界,有陈兰、梅成、陈策等土豪草寇,各拥人马数万,依阻山险,发动叛乱,对曹魏在淮南的统治构成威胁。曹操领兵到达后,随即派遣于禁、臧霸、张辽、张郃诸将分兵征讨,经过多次激战才将其剿灭[1],除掉了合肥的肘腋之患。另外,扬州原有的守军为地方州郡兵,训练较差,作战能力不强,在与孙吴军队的对抗中处于下风,屡屡陷入被动。曹操还师时留下张辽、李典率领的部分中军,建安十八年(213)二越巢湖作战结束后再次命令,"使(张)辽与乐进、李典等将七千余人屯合肥"[2],增强了当地的守备力量。建安二十年(215),孙权乘曹操西征汉中,大举进犯合肥。张辽以少敌众,指挥得当,两度领兵主动出击,使孙吴军队惨败而回。

---

① 魏军平定庐江等地叛乱的情况可参见《三国志》卷17《魏书·张辽传》,《资治通鉴》卷66建安十四年十二月条,《三国志》卷14《魏书·刘晔传》。

② 《三国志》卷17《魏书·张辽传》。

曹操此次南征后,对合肥及扬州地区的兵力部署和防御战略进行了重要调整,基本格局大致延续到魏明帝太和六年(232)。其主要特点如下:

### (一)增加合肥驻军人数

张辽等将统领的军队为七千余人,虽然在与吴军主力的对抗中获胜,但是兵力薄弱的隐患依然存在。曹操再次南征扬州时,为了确保合肥防务的安全,又增加了张辽所部的兵员。见《三国志》卷17《魏书·张辽传》:"建安二十一年,太祖复征孙权,到合肥,循行辽战处,叹息者良久,乃增辽兵。"具体数目不详,估计新添约数千人,总数可能超过万人。需要指出的是,这一阶段魏军在合肥的兵力配置发生过两次短暂的变化:

第一次在建安二十二年(217),曹操三越巢湖、与孙权交战后,"三月,操引军还,留伏波将军夏侯惇都督曹仁、张辽等二十六军屯居巢。"①即驻扎在巢湖以南,将防御孙吴的前哨阵地大大南移,对敌人形成进攻的威胁态势。此时,合肥原有的大部守军在张辽率领下徙屯居巢,留下的兵力自然减少了许多。

第二次在建安二十四年(219),孙权决定与曹魏连和,上书请降,调遣主力谋袭荆州,曹操下令"除合肥之守"。他这样做的目的,一来是表示自己不打算利用淮南驻军来攻击吴国的江北,从而使其放心西征,在背后偷袭荆州,借以削弱蜀汉对襄樊的严重威胁。如孙权与曹丕书所言:"先王以权推诚已验,军当引还,故

①《资治通鉴》卷68汉献帝建安二十二年。

除合肥之守,著南北之信,令权长驱不复后顾。"①二来曹操此时正与关羽在樊城激战,亦急需兵力增援。故在撤除合肥、居巢等地守军时,命夏侯惇、张辽所部立即西赴荆襄,以缓解前线的军事压力。樊城解围后,曹操拉拢孙权、挑动吴蜀交战而从中渔利的策略未变,因此仍未在合肥驻军。夏侯惇所部返回寿春,又北撤到召陵。张辽属军亦徙屯陈郡,直到曹丕即位后,魏吴交恶,他才领兵重返合肥。事见《三国志》中二人本传。黄初二年(221)后,曹魏数次伐吴,合肥恢复屯戍,又成为进攻的出发基地。但随即扬州军政中心北迁寿春,合肥的驻兵再度减少(详见下文)。

### (二)确立邻州救援制度

这一阶段,曹魏各州的最高军事长官是都督。《晋书》卷 24《职官志》载:"魏文帝黄初三年,始置都督诸州军事,或领刺史。"而都督扬州军事者多为征东将军,洪饴孙《三国职官表》载:"魏征东将军一人,二千石,第二品。武帝置,黄初中位次三公,领兵屯寿春。统青、兖、徐、扬四州刺史,资深者为大将军。"②如果遇到吴军大众来攻,扬州的兵力不足以抵挡,则由都督迅速上表,奏明情况,请朝廷调动邻近各州的兵马来援,主要是兖、豫等州军。例如,"(太和)四年,拜(满)宠征东将军。其冬,孙权扬声欲至合肥,宠表召兖、豫诸军,皆集。贼寻退还,被诏罢兵。"③

---

①《三国志》卷 47《吴书·吴主传》黄武元年九月魏文帝报孙权书条注引《魏略》。
②[清]洪饴孙:《三国职官表》,[宋]熊方等撰,刘祜仁点校:《后汉书三国志补表三十种》,中华书局,1984 年,第 1503—1504 页。
③《三国志》卷 26《魏书·满宠传》。

曹魏在这一阶段受到吴、蜀东西夹攻，不得不分兵抵御。东吴军队对合肥的攻击经常是在曹魏的主要机动兵力——中军开往西线征蜀时进行的，由于距离遥远，魏军主力往往来不及撤回救急，所以援助的任务多由扬州的寿春驻军和邻近的兖、豫等州军队来承担。另一方面，合肥方向的作战区域相当狭窄，吴军基本上只是沿着濡须水－巢湖－施水等河流一线前进，到了合肥这个瓶颈地带，兵力难以展开，魏军的防守相对来说比较容易。因此有本州军队加上兖、豫等州的援兵通常就能胜任。

### （三）迁徙民众，使江淮之间形成无人地带

曹操在对吴作战当中，感到沿江防御对自己甚为不利。大军于江淮、江汉持久作战，根据地却远在北方，向前线运输粮草给养有很多困难。吴军在江东建业等地集结后，乘船进犯淮南比较容易，又可以在江北沿岸的魏国境内掠夺人力、粮饷，作为补给。而曹魏的主力——中军平时驻在河北的邺城，必须做应付东（扬州）、中（荆州）、西（汉中）三个方向的作战准备，往往需要千里赴援，疲于奔命；重兵不能长期屯驻于江淮之间，实际上没有足够的兵力来保卫江北沿岸的广阔边境。在这种局面下，曹操决定将徐、扬两州南部的居民内迁，放弃长江以北至皖西山地－江淮丘陵－淮水下流河段的大片领土，形成一个纵深数百里的无人地带，其间仅保留少数军事据点。《三国志》卷47《吴书·吴主传》建安十八年正月条曰："初，曹公恐江滨郡县为权所略，征令内移。民转相惊，自庐江、九江、蕲春、广陵户十余万皆东渡江，江西遂虚，合肥以南惟有皖城。"而皖城在建安十九年（214）也被孙权攻

克，魏庐江太守朱光就擒，失去了扬州沿江的最后一座城池。尽管损失了不少人众，但是这一巨大的隔离地带却按照曹操的战略意图制造成功了。《宋书》卷35《州郡志一》记述秦汉魏晋淮南郡县政区演变时称："三国时，江淮为战争之地，其间不居者各数百里，此诸县并在江北淮南，虚其地，无复民户。"曹操通过放弃部分土地、收缩兵力的做法，缓和了徐、扬两州驻军分散的矛盾，使防务得到巩固，并且大大缩短了前线与后方的距离，明显地改善了兵员、粮饷的运输状况。这种形势的出现也给孙吴的北伐带来了很大的困难，由于野无所掠，不能取敌之资供己之需，增加了进攻合肥及淮南的难度。从史实来看，孙吴在扬州地区的军事行动往往不能持久，这应和供给方面的困难有密切关系。到三国后期甚至出现了以下局面，曹魏弃守合肥，吴国亦没有能力对其实行长期的占领，无法把它变成己方的前哨阵地。详见下文。

### (四)改变扬州的兵力配置

曹魏扬州驻军的主力原来常在合肥，曹操在江北实行移民后，合肥以南成为无人地带，而魏国扬州的民户与经济重心则转移到江淮丘陵以北的寿春附近郡县。合肥若要继续充当该地区的军政中心则面临以下困难：首先是它直接受到敌人的威胁，在合肥南面没有一座强固的边境要塞来做屏障，以缓冲吴军的进攻。作为一州的指挥中枢，合肥的地理位置距离敌境较近，缺乏必要的安全保障。其次，因为合肥附近的居民多被迁徙，人口稀少，农业荒废，无法像过去那样提供充足的赋役支援。扬州驻军主力若要长期屯集合肥，准备抵御吴军入侵，其消耗的大量给养必须由后方调来,在运输上需要投入许多人员和物力,负担过于沉重。针对上述矛盾,曹魏在文帝黄初年间对扬州的军事部署又进行了调整,将最高军事长官——征东将军的驻所向北移到寿春,前引洪饴孙《三国职官表》征东将军条即提到征东将军领兵屯驻寿春是在黄初年间。上述调整的结果是,合肥由军政中心变为前线要塞,兵力减少,扬州守军主力则随征东将军驻所转移到寿春。从史实来看有以下表现:

第一,扬州魏军主力南下进攻吴国时,是从寿春出发。《资治通鉴》卷71载太和二年(228)曹休率兵十万攻吴庐江,"初,休表求深入以应周鲂,帝命贾逵引兵东与休合。"胡三省注:"按《逵传》,逵自豫州进兵,取西阳以向东关,休自寿春向皖。"此外,魏文帝黄初五年(224)伐吴之役,也是由许昌"循蔡、颍,浮淮,幸寿春"①,汇合扬州军队后再到广陵,南下临江的。第二,遇到强敌入侵合肥,是由寿春驻军或集中于寿春的各路援兵对其进行支援。这在史籍中多有记载。如满宠于太和二年(228)至景初二年(238)任扬州都督,曾数次领兵援救合肥②。又田豫为殄夷将军、督青州诸军,孙权攻合肥时,他曾领所部至寿春救援,在满宠麾下,并提出作战建议③。

上述改动使扬州的兵力配置趋于合理,曹操在江北徙民之后,旧的军政中心合肥距离敌境较近,且与该地区的经济重心寿

①《三国志》卷2《魏书·文帝纪》黄初五年。
②参见《三国志》卷26《魏书·满宠传》:"(太和)四年,拜宠征东将军。其冬,孙权扬声欲至合肥,宠表召兖、豫诸军,皆集。贼寻退还,被诏罢兵。……(青龙二年)权自将号十万,至合肥新城。宠驰往赴,……贼于是引退。"
③参见《三国志》卷26《魏书·田豫传》。

春相互脱离,这一矛盾经过上述军队部署的调整得到了解决。

## (五)北兵南驻

前文已述,建安五年(200)刘馥赴任合肥时未带领军队前来,扬州驻军基本上是由当地壮丁组成的。自从曹操南征合肥,留张辽、李典所部镇守之后,扬州军队的主力变为由中央派驻地方的"外军",即来自北方的"士家",其家属住在中原,被作为人质受到监管。将士如有叛逃、作战不力等情况,其亲属会受到株连的惩罚。例如,"鼓吹宋金等在合肥亡逃。旧法,军征士亡,考竟其妻子。太祖患犹不息,更重其刑"①。在这种残酷制度的胁迫下,前方将士多有必死不降之心②。即使发生叛乱,那些受裹胁卷入者通常也会顾忌家属的命运,因而投顺朝廷。如毌丘俭反魏时,"淮南将士,家皆在北,众心沮散,降者相属"③,叛乱很快失败。

以上几项措施的实行,显著地加强了合肥与扬州地区的防御能力。孙吴在这一阶段对合肥发动了几次进攻,曹魏方面都能应付裕如,有惊无险,这在很大程度上有赖于其战略部署的调整得当。

---

① 《三国志》卷24《魏书·高柔传》。
② 参见《三国志》卷4《魏书·三少帝纪·齐王芳》嘉平六年二月己丑,镇东将军毌丘俭上言:"昔诸葛恪围合肥新城,城中遣士刘整出围传消息,为贼所得,考问所传,语整曰:'诸葛公欲活汝,汝可具服。整骂曰:'死狗,此何言也!我当必死为魏国鬼,不苟求活,逐汝去也。欲杀我者,便速杀之。'终无他辞。又遣士郑像出城传消息,或以语恪,恪遣马骑寻围迹索,得像还。四五人靮头面缚,将绕城表,敕语像,使大呼,言'大军已还洛,不如早降'。像不从其言,更大呼城中曰:'大军近在围外,壮士努力!'贼以刀筑其口,使不得言,像遂大呼,令城中闻知。整、像为兵,能守义执节,子弟宜有差异。"
③ 《三国志》卷28《魏书·毌丘俭传》。

## 四、两淮增兵，合肥防务渐弱

这一阶段由魏青龙元年（233）至西晋咸宁五年（279）。黄龙元年（229），孙吴自武昌迁都建业，其部队的主力——中军也随之转移，由此带来了北伐战略的一些更改，合肥所在的淮南西部又成了吴国进攻的重点。从公元230年到258年，这一地区魏吴之间发生过数次大战，其用兵的规模、持续时间和激烈程度均超过以往。根据战争形势的改变，曹魏又对合肥及扬州的军事部署陆续进行调整，其基本格局延续到西晋初期。这一战略方向的兵力配置主要有以下变化：

### （一）弃合肥旧城，迁移新址

吴军对合肥的攻击，总是尽量发挥其水运便利之长处，步兵乘船渡巢湖、溯施水而临合肥城下，如果遇到战况不利，可以及时登舟撤走，来往甚易。魏扬州都督满宠注意到这一情况后，上疏请求放弃合肥旧城，将防御设施西移，在离施水三十里处依山险修筑新城。这样可以削弱敌人水军的优势，"此为引贼平地而掎其归路，于计为便。"①起初，他的建议遭到部分大臣的反对，未获批准。满宠再次上表奏明利害，最终得到了朝廷的赞同。经现代考古发掘确定，三国合肥新城位于今合肥西北郊大约15公里处，"遗址东距合肥至淮南市际公路约9公里，南临肥水故道，西距鸡鸣

---

① 《三国志》卷26《魏书·满宠传》。

山约 2 公里,北为起伏连绵的岗地,新城遗址坐落在岗地顶部。"①合肥移城的时间,史籍记载略有不同。《三国志》卷 47《吴书·吴主传》载其事在黄龙二年(230),"春正月,魏作合肥新城。"而同书卷 26《满宠传》载其上疏和移城皆在青龙元年(233)。合肥移城之后造成了有利的防御态势,给吴军的进攻带来困难。"其年,(孙)权自出,欲围新城,以其远水,积二十日不敢下船。"②

### (二)中军加入支援部队

这一阶段吴国频频进攻合肥,投入的兵力多则十万,甚至二十万人,而且是吴军的主力,而曹魏诸州边兵战斗力较弱,远不如精锐的中军③;另外扬州士兵时有返回北方休假者,种种原因致使魏军的应战相当吃力。为了扭转这种被动的局面,确保淮南的安全,魏国开始动用驻扎在洛阳附近的中军来直接进行支援。魏中军对扬州的首次救援行动发生在青龙二年(234),事见《三国志》卷 21《魏书·刘劭传》:"青龙中,吴围合肥,时东方吏士皆分休,征东将军满宠表请中军兵,并召休将士,须集击之。"刘劭建议"可先遣步兵五千,精骑三千,军前发,扬声进道,震曜形势"。得到了朝廷的采纳,中军主力随后由明帝曹叡亲统出征。《资治通鉴》卷 72 亦载其事。结果魏国先遣部队到达合肥后,孙权闻讯退走,未敢迎战。

此次战役之后,淮南如果有急,曹魏便动用中军前往平叛或

---

① 安徽省文物考古研究所:《合肥市三国新城遗址的勘探和发掘》,《考古》2008 年第 12 期,第 39 页。

② 《三国志》卷 26《魏书·满宠传》。

③ 参见《晋书》卷 37《宗室传·安平献王孚》:"每诸葛亮入寇关中,边兵不能制敌,中军奔赴,辄不及事机。"

援救,这一战略部署基本上保持下来,直到西晋时期。例如嘉平三年(251)魏征东将军王凌谋反,"宣王(司马懿)将中军乘水道讨凌,先下赦赦凌罪,又将尚书广东,使为书喻凌,大军掩至百尺逼凌。"①嘉平五年(253),"吴太傅诸葛恪围合肥新城,(毌丘)俭与文钦御之,太尉司马孚督中军东解围,恪退还。"②正元二年(255),毌丘俭在淮南叛乱,"帝(司马师)统中军步骑十余万以征之,倍道兼行。"③甘露二年(257)诸葛诞据寿春反,"大将军司马文王督中外诸军二十六万众,临淮讨之。"④西晋泰始四年(268)九月,"吴主出东关;冬,十月,使其将施绩入江夏,万彧寇襄阳。诏义阳王(司马)望统中军步骑二万屯龙陂,为二方声援。"⑤泰始七年(271),"孙皓率众向寿春,诏(司马)望统中军二万,骑三千,据淮北。皓退,军罢。"⑥

曹魏针对淮南战事日益激烈的情况,及时改变部署,投入中军进行有力的支援,保障了这一战略枢纽地带的安全,使得吴军的多次大举北伐与敌对势力的叛乱均未能够获得成功。

### (三)移兵两淮,大兴屯田水利

魏国的中军主力部署在洛阳、许昌一带,被称为"河南之众"⑦,驻

①《三国志》卷28《魏书·王凌传》。
②《三国志》卷28《魏书·毌丘俭传》。
③《晋书》卷2《景帝纪》。
④《三国志》卷28《魏书·诸葛诞传》。
⑤《资治通鉴》卷79晋武帝泰始四年。
⑥《晋书》卷37《宗室传·义阳成王望》。
⑦《三国志》卷35《蜀书·诸葛亮传》注引《汉晋春秋》诸葛亮语:"若(孙权)就其不动而睦于我,我之北伐,无东顾之忧,河南之众不得尽西,此之为利,亦已深矣。"

地距离合肥甚远；一旦与吴国在淮南爆发战争，魏军主力从内地驰援，不仅耗费时日，还有长途转运给养的困难。正始二年（241），邓艾对两淮军情进行调查后向朝廷上奏，指出了中原和扬州地区兵力部署上存在的问题。"今三隅已定，事在淮南，每大军征举，运兵过半，功费巨亿，以为大役。"①并提出了解决的办法，即在两淮实行大规模的屯田，解决粮草供应。"可省许昌左右诸稻田，并水东下。令淮北屯二万人，淮南三万人，十二分休，常有四万人，且田且守。水丰常收三倍于西，计除众费，岁完五百万斛以为军资。六七年间，可积三千万斛于淮上，此则十万之众五年食也。以此乘吴，无往而不克矣。"②另外，"兼修广淮阳、百尺二渠，上引河流，下通淮、颍"③，以改善交通条件，节省大量人力、物力，可以使扬州地区的对吴作战态势处于有利地位。这项建议得到权臣司马懿的赞同，随即得到实行。"大治诸陂于颍南、颍北，穿渠三百余里，溉田二万顷，淮南、淮北皆相连接，自寿春到京师，农官兵田，鸡犬之声，阡陌相属。"④

邓艾还提议改变分休制度。扬州的驻军多是北方士兵，享有定期返乡的假期，即轮换休整，称为"分休"。但是从有关记载来看，此前扬州守军分休时各阶段的人数并不均衡，以致有时会出现许多将士返回北方，造成前线的空虚。吴国经常利用这种机会

---

① 《三国志》卷 28《魏书·邓艾传》。
② 《三国志》卷 28《魏书·邓艾传》。
③ 《晋书》卷 26《食货志》。
④ 《晋书》卷 26《食货志》。

对淮南发动进攻,使魏军陷于被动①。邓艾建议,屯田官兵改为"十二分休",即每次允许驻军的十分之二返乡休假。"令淮北屯二万人,淮南三万人,十二分休,常有四万人,且田且守。"②这样就使大部分将士在边境保持战备,消除了原有制度的弊病。

曹魏淮河流域军屯区的建成,实质上是将其在黄河中下游的经济重心区域向东南延伸、扩展。这一战略举措显著地增强了扬州的经济、军事力量,经过这次中原驻军向两淮的迁徙,扬州兵力得到显著增加。例如诸葛诞作乱时,曾"敛淮南及淮北郡县屯田口十余万官兵,扬州新附胜兵者四五万人"③。如此庞大的军队,用来对付吴师的进攻,应该是绰绰有余了。淮阳、百尺二渠的拓广,提高了由中原直达江淮的水运输送能力。两淮屯垦事业的发展,也使当地守军的粮草和北方大军南下所需的给养能够在很大程度上就地解决。由于上述各项条件的改善,曹魏的东南战场逐渐扭转了被动局面,这在很大程度上应归功于邓艾的远见卓识。如《晋书》卷 26《食货志》所言:"每东南有事,大军出征,泛舟而下,达于江淮,资食有储,而无水害,艾所建也。"

### (四)合肥多次捐弃,或仅留少量军队驻守

自正始二年(241)起,扬州地区的战事出现了一些新的特点,

---

① 参见《三国志》卷 21《魏书·刘劭传》:"青龙中,吴围合肥,时东方吏士皆分休,征东将军满宠表请中军兵,并召休将士,须集击之。"《三国志》卷 24《魏书·孙礼传》:"以为扬州刺史,加伏波将军,赐爵关内侯。吴大将全琮帅数万众来侵寇,时州兵休使,在者无几。礼躬勒卫兵御之,战于芍陂,自旦及暮,将士死伤过半。礼犯蹈白刃,马被数创,手秉枹鼓,奋不顾身,贼众乃退。"
② 《三国志》卷 28《魏书·邓艾传》。
③ 《三国志》卷 28《魏书·诸葛诞传》。

反映出曹魏对淮南兵力部署的再次变更。和以往不同的是，吴军数次越过或绕开合肥，在芍陂、安丰，甚至寿春附近的黎浆作战。魏国则数次放弃合肥的防务，或仅留下少数部队来牵制、消耗敌人，主力并不去那里救援或进行阻击，而是集结在寿春，等待吴军开到江淮丘陵以北，距离自己较近时再出动应战。下面予以详述。

1. **芍陂战役**。正始二年（241）四月，全琮领兵数万至寿春以南数十里芍陂，将当地堤防破坏。"决芍陂，烧安城邸阁，收其人民"①，与魏将王凌力战连日后失利退走。值得注意的是，孙吴的这次北伐没有走巢湖至合肥的旧途，而是改由西边的皖城北进，经舒县（今安徽庐江县）西北穿越江淮丘陵到达六安，然后再沿沘水与芍陂西岸之间的陆路北上，到达寿春以南的安城②。皖城自建安十九年（214）被孙权攻陷后，一直为吴军占领。早在吴嘉禾六年（237），即魏青龙五年，孙权曾派遣全琮领兵经此道伐魏，又令诸葛恪进驻皖城地区。"冬十月，遣卫将军全琮袭六安，不克。诸葛恪平山越事毕，北屯庐江。"③据诸葛恪本传记载，是他向孙权建议在皖水流域屯田，并以此为基地对魏境进行抄掠和侦察，准备进攻寿春。"恪乞率众佃庐江皖口，因轻兵袭舒，掩得其民而还。复远遣斥候，观相径要，欲图寿春，权以为不可。"④看来当时

———————

① 《三国志》卷47《吴书·吴主传》赤乌四年。
② 《三国志》卷27《魏书·王基传》载诸葛诞据寿春叛乱时，"（王）基累启求进讨。会吴遣朱异来救诞，军于安城。基又被诏引诸军转据北山。"卢弼注引赵一清曰："《吴志·孙綝传》云，朱异率三万人屯安丰城为文钦势。安城在寿州南，安丰城在寿州西南，两城相近，故二传各书之。"参见卢弼：《三国志集解》，第622页。
③ 《三国志》卷47《吴书·吴主传》。
④ 《三国志》卷64《吴书·诸葛恪传》。

孙权认为袭击寿春时机还不成熟,但是后来同意并实施了诸葛恪的上述作战计划,在正始二年(241)四月发动了较大规模的出征,自皖城经舒县、六安来进攻寿春。"威北将军诸葛恪攻六安,(全)琮与魏将王凌战于芍陂,中郎将秦晃等十余人战死。"[1]这样就避开了魏军在合肥一带的坚固防守,较为顺利地进抵寿春南郊。不过,由于皖城到舒县、六安沿途都是陆路,没有水道,孙吴使用这条路线进攻淮南,军队补充给养和兵员的运输相当困难,因此难以维持较长时间的战斗,此后吴国也没有派遣大军经此道路去北伐寿春。

2. **诸葛恪攻新城**。嘉平五年(253),吴太傅诸葛恪召集江东兵马二十余万人,号称五十万,全力北伐,是孙吴立国以来出征规模最大的一次,志在夺取淮南,并联络蜀汉姜维在西方出兵相助。吴军的战略是用大军围困合肥新城,迫使魏国援兵从寿春来救,再予以迎击。"(诸葛)恪意欲曜威淮南,驱略民人,而诸将或难之曰:'今引军深入,疆场之民,必相率远遁,恐兵劳而功少,不如止围新城。新城困,救必至,至而图之,乃可大获。'恪从其计,回军还攻新城。"[2]需要指出的是,这是沿袭以往吴国进攻合肥的故伎。孙权在强攻合肥失利后,即改用围点打援的策略,但是被魏将识破而没有中计。见《三国志》卷26《魏书·田豫传》:"后孙权号十万众攻新城,征东将军满宠欲率诸军救之。豫曰:'贼悉众大举,非徒投射小利,欲质新城以致大军耳。宜听使攻城,挫其锐气,不当与争锋也。'"满宠甚至提议放弃合肥,将吴军诱至寿春附近,再

---

[1]《三国志》卷47《吴书·吴主传》。
[2]《三国志》卷64《吴书·诸葛恪传》。

与之交战①,不过未能获得朝廷准许。此番曹魏合肥与扬州受到前所未有的严重威胁,司马师等将帅经过商议,认为敌军势大,难以争锋,故仍然采取收缩防守、坚壁清野以诱敌深入的对策。谋士虞松献计曰:"昔周亚夫坚壁昌邑而吴楚自败,事有似弱而强,或似强而弱,不可不察也。今恪悉其锐众,足以肆暴,而坐守新城,欲以致一战耳。若攻城不拔,请战不得,师老众疲,势将自走,诸将之不径进,乃公之利也。"②司马师采纳了他的建议,"敕毌丘俭等案兵自守,以新城委吴。"③即仅在合肥留下少数守军,"(张)特与将军乐方等三军众合有三千人"④,用来牵制敌人主力;并准备在他们受到围攻时不做救援,牺牲掉这有限的兵力以消耗吴师的兵员和给养,挫败其锐气。由司马孚所督扬州军队的主力及各路援兵二十余万屯于寿春,"稽留月余乃进军"⑤。目的就是避免和吴军过早决战,待敌人兵力疲惫衰弱时再出动给予打击。

魏军这次部署调整大获成功,吴国二十余万大军越过巢湖以后,求战不得,野无所掠,而合肥的攻城战斗旷日持久,不仅损耗了大量兵力,士气也受到严重挫折。"攻守连月,城不拔。士卒疲劳,因暑饮水,泻下流肿,病者大半,死伤涂地。"被迫撤兵时,"士卒伤病,流曳道路,或顿仆坑壑,或见略获,存亡忿痛,大小呼嗟。"⑥这次战役,曹魏并未出动主力与吴军交战,损失很小,取得

---

①《三国志》卷3《魏书·明帝纪》青龙二年(234)六月:"(满)宠欲拔新城守,致贼寿春。"
②《三国志》卷4《魏书·三少帝纪·齐王芳》注引《汉晋春秋》。
③《三国志》卷4《魏书·三少帝纪·齐王芳》注引《汉晋春秋》。
④《三国志》卷4《魏书·三少帝纪·齐王芳》注引《魏略》。
⑤《晋书》卷37《宗室传·安平献王孚》。
⑥《三国志》卷64《吴书·诸葛恪传》。

了不战而屈人之兵的理想结果。本来魏国是准备丢弃合肥要塞，牺牲掉数千守兵的，不料因为他们的奋勇作战和吴军指挥的拙劣（被守将张特的缓兵之计所欺骗）①，使城池与近半数守军得以保全。

　　3. **毌丘俭、诸葛诞反寿春**。诸葛恪伐魏失败后，相继爆发了毌丘俭与诸葛诞在寿春的叛乱，吴国乘机出兵北伐淮南。值得注意的是，魏国在这两次军事行动中均未在合肥驻兵，南逃的叛将与北援的吴军于该地畅行无阻。正元二年（255）毌丘俭造反时，"迫胁淮南将守诸别屯者，及吏民大小，皆入寿春城，为坛于城西，歃血称兵为盟，分老弱守城，俭、钦自将五六万众渡淮，西至项。"②合肥魏军亦被调走，无人守城，所以吴国孙峻的援兵是直向寿春，而不用围攻合肥。"魏将毌丘俭、文钦以众叛，与魏人战于乐嘉，（孙）峻率骠骑将军吕据、左将军留赞袭寿春，会钦败降，军还。"③吴军先锋曾进至寿春以南的黎浆。"吴大将军孙峻等号十万众，将渡江，镇东将军诸葛诞遣（邓）艾据肥阳，艾以与贼势相远，非要害之地，辄移屯附亭，遣泰山太守诸葛绪等于黎浆拒战，遂走

---

①《三国志》卷4《魏书·三少帝纪·齐王芳》注引《魏略》："及诸葛恪围城，特与将军乐方等三军众合有三千人，吏兵疾病及战死者过半，而恪起土山急攻，城将陷，不可护。特乃谓吴人曰：'今我无心复战也。然魏法，被攻过百日而救不至者，虽降，家不坐也。自受敌以来，已九十余日矣。此城中本有四千余人，而战死者已过半，城虽陷，尚有半人不欲降，我当还为相语之，条名别善恶，明日早送名，且持我印绶去以为信。'乃投其印绶以与之。吴人听其辞而不取印绶，不攻。顷之，特还，乃夜彻诸屋材栅，补其缺为二重。明日，谓吴人曰：'我但有斗死耳！'吴人大怒，进攻之，不能拔，遂引去。"
②《三国志》卷28《魏书·毌丘俭传》。
③《三国志》卷64《吴书·孙峻传》。

之。"①按黎浆在芍陂附近,位于寿春东南数十里。② 另外,文钦兵败奔吴时曾经过合肥到达橐皋(今安徽巢县西北柘皋镇),途中并未受到阻拦;其后余众数万口又陆续沿此道路逃至吴境,也没有在合肥遭到堵截,证实那里确实无人把守③。

甘露二年(257)诸葛诞反寿春时,亦将所属扬州各地魏军与壮丁调入城内,"敛淮南及淮北郡县屯田口十余万官兵,扬州新附胜兵者四五万人,聚谷足一年食,闭城自守。"④合肥再次成为空城。从史籍所载来看,吴国先后遣文钦、朱异等各率数万人来援,均顺利越过江淮丘陵抵达寿春城下。文钦突围入城,朱异的部队则在寿春附近的都陆、黎浆等地与魏军激战⑤,失利撤兵时亦未遇到阻碍。上述史实反映在以上两次战役中,魏国虽然未曾有意放弃合肥,但在事实上该地无人把守,吴军也可以自由通过。

①《三国志》卷28《魏书·邓艾传》。
②[北魏]郦道元注,[民国]杨守敬、熊会贞疏:《水经注疏》卷32《肥水》曰:"(芍)陂有五门,吐纳川流,西北为香门陂水,北径水叔敖祠下。谓之芍陂渎。又北分为二水:一水东注黎浆水,黎浆水东径黎浆亭南。文钦之叛,吴军北入,诸葛绪拒之于黎浆,即此水也。东注肥水,谓之黎浆水口。"杨守敬按:"亭在今寿州东南。"江苏古籍出版社,1999年,第2679—2680页。
③参见《三国志》卷48《吴书·三嗣主传·孙亮》五凤二年:"闰月壬辰,(孙)峻及骠骑将军吕据、左将军留赞率兵袭寿春,军及东兴,闻钦败。壬寅,兵进于橐皋,钦诣峻降,淮南余众数万口来奔。魏诸葛诞入寿春,峻引军还。"
④《三国志》卷28《魏书·诸葛诞传》。
⑤《三国志》卷64《吴书·孙綝传》:"魏大将军诸葛诞举寿春叛,保城请降。吴遣文钦、唐咨、全端、全怿等帅三万人救之。……綝于是大发卒出屯镬里,复遣异率将军丁奉、黎斐等五万人攻魏,留辎重于都陆。异屯黎浆,遣将军任度、张震等募勇敢六千人,于屯西六里为浮桥夜渡,筑偃月垒。为魏监军石苞及州泰所破。"《三国志》卷28《魏书·诸葛诞传》:"吴人大喜,遣将全怿、全端、唐咨、王祚等,率三万众,密与文钦俱来应诞。以诞为左都护、假节、大司徒、骠骑将军、青州牧、寿春侯。是时镇南将军王基始至,督诸军围寿春,未合。咨、钦等从城东北,因山乘险,得将其众突入城。"

　　4.丁奉对淮南的两次征伐。诸葛诞叛乱失败后至西晋灭吴前夕,吴军还对淮南发动了两次进攻。虽然有关战役的史料记载不甚详细,但是根据一些迹象可以做出如下判断:魏国(或西晋)扬州地区兵力配置的上述格局未有大的变化,敌人来攻时,魏(晋)军主力仍然屯于寿春待机而动,合肥或是放弃不守,或是留驻少量部队守城。

　　第一次是景元四年(263)丁奉为了救蜀而进行的北伐,此次军事行动有两点值得注意。首先,孙吴本无伐魏之意,迫于蜀汉求援的外交压力而摆出了进攻姿态,实际上是虚张声势,并未与魏军接战,拖延到蜀汉亡讯传来,便收兵回境。如《三国志》卷55《吴书·丁奉传》曰:"奉率诸军向寿春,为救蜀之势。蜀亡,军还。"其次,丁奉此次领兵北伐,通常情况下,进军路线应该是沿着濡须水道出东关,入巢湖,先抵合肥,再北向寿春。但据前引《丁奉传》与同书卷48《孙休传》所载,丁奉率领诸军开往的目的地径直为寿春,并未提到中途必经的要塞合肥,这表明曹魏当时很可能仍未在合肥派驻守兵,吴军可以畅行无阻,所以它的直接攻击目标是寿春。

　　第二次是泰始四年(268)丁奉寇芍陂之役。"秋九月,(孙)皓出东关,丁奉至合肥。"[1]随后,丁奉所率的吴军又出现在合肥以北的芍陂,与晋将司马骏相持后退兵。见《晋书》卷38《宣五王传·扶风王骏》:"武帝践阼,进封汝阴王,邑万户,都督豫州诸军事。吴将丁奉寇芍陂,骏督诸军距退之。"《资治通鉴》卷79晋武帝泰始四年亦载,"十一月,吴丁奉、诸葛靓出芍陂,攻合肥;安东将军

────────────

汝阴王骏拒却之。"由此看来,当时合肥虽有守兵,但数量仍然不多,可能还是像诸葛恪伐淮南时所遇到的那种情况,魏军只留下少量部队来牵制、消耗敌人。而吴国也吸取了以往的教训,并未把全部主力用来围攻这座孤城,而是分为两股,一部分围困合肥,另一部分继续北进,开到芍陂附近,在敌方的经济重心区域进行破坏。

综上所述,曹魏在这一阶段把经营两淮屯田当作首要任务,通过增派官兵和调遣中军支援等措施来加强寿春周围地区的军事力量。合肥的驻军人数再次被削减,甚至有时不设防御。吴师来犯时,扬州魏军主力不再到合肥救援阻击,而是诱使敌人穿越巢湖和江淮丘陵,自己在寿春附近迎战,这样以逸待劳,处于更为有利的地位。魏国在扬州地区防守战略和兵力配置的上述调整,使合肥的枢纽作用明显削弱了。对于魏吴双方来说,争夺合肥的意义不像以前那样重要。从这一阶段两国在淮南的交战情况来看,曹魏将帅审时度势,并非一味向合肥派驻重兵,进行死守;而是根据整个战局形势变化的需要来采取对策,或不派救兵支援,听任吴军围攻;或施行放弃,诱敌深入到寿春附近,再给予反击。从结果来看收效是相当令人满意的,几乎每次战役都是以吴国的失败或无功而返告终。这说明魏国更改战略部署相当成功,合肥的得失并未给淮南战局带来重大影响。

另外,曹魏平定毌丘俭、诸葛诞叛乱的情况表明,吴国先后有两次占领合肥空城的机会,但是统帅孙峻、孙綝却相继做出了放弃的选择。孙峻在橐皋收降文钦后便退兵回境,没有进占无人把守的合肥。孙綝指挥朱异等救援寿春失利后也撤回本土,亦未派兵留守合肥作为前线要塞。实际上，吴国不是不想占领合肥，而是由于三国后期魏吴之间的实力差距明显拉大了，它若要在合肥长期屯驻重兵与魏国对抗，就得克服粮草运输、兵力补充等巨大困难，但这是它的国力无法承受的，因此只得抛弃合肥，回师江东。以前诸葛亮曾分析过孙权"限江自保"的原因，认为并非是他志满意得、不思进取，而是"智力不侔"，在人才和经济、军事等方面和曹魏相比都有显著的差距，尚未具备进据江北的客观条件。"（孙）权之不能越江，犹魏贼之不能渡汉，非力有余而利不取也。"①孙权死后，东吴的国势每况愈下，更没有能力与曹魏在合肥一带进行长期对抗的消耗战争，所以唾手可得，甚至已经在握的要塞也不得不放弃。说明在吴军统帅眼里，合肥在军事上的地位价值已经明显下降，它不再是必争之地，而是可争可弃之地了。

　　在营救诸葛诞的行动失败之后，吴国对合肥－寿春方向的进攻基本丧失了信心。此后吴军在淮南地区的北伐，或者是在合肥一线虚张声势，骚扰破坏，不再强攻要塞，也避免与魏军做正面交锋。如前述丁奉在景元四年、泰始四年的入寇。或者是转移进攻方向，经中渎水至广陵入淮，对魏国的淮北地区发动攻势。如孙吴建衡元年(269)丁奉率众进攻西晋谷阳，"谷阳民知之，引去，奉无所获。"②谷阳原为汉县，属九江郡，在清朝安徽灵璧县境③。钱

①《三国志》卷35《蜀书·诸葛亮传》注引《汉晋春秋》。
②《三国志》卷55《吴书·丁奉传》。
③卢弼：《三国志集解》卷55曰："《郡国志》：豫州沛国谷阳。《一统志》：今安徽凤阳府灵璧县西南。赵一清曰：《方舆纪要》卷二十一，谷阳城在宿州灵璧县西北七十五里，汉县属沛郡。应劭曰：县在谷水之阳，谷水即睢水也。晋省。"第1035页。

林书考证云:"谷阳县故城,在今安徽固镇县西北。"①《晋书》卷3《武帝纪》载泰始六年(270)正月,"吴将丁奉入涡口,扬州刺史牵弘击走之。"涡口在今安徽怀远县北,即涡水入淮之口,六朝时有城戍。顾祖禹曰:"涡口城,(怀远)县东北十五里。"②《晋书》卷29《五行志下》言泰始六年:"孙皓遣大众入涡口。"可见丁奉的军队数量较多。谷阳与涡口皆在寿春东北的淮河西岸,吴军无法经合肥陆道越过寿春去进攻,走的应是中渎水道一路入淮,再施行袭击的。司马光认为,丁奉进攻谷阳和涡口或并非在两年内接连北征,可能只是同一次战役行动。参见《资治通鉴》卷79晋武帝泰始六年正月"吴丁奉入涡口"条胡三省注:"《考异》曰:《吴志·丁奉传》:'建衡元年,攻晋谷阳。'晋帝纪不载,奉传不言入涡口,疑是一事。"

①钱林书:《〈续汉书郡国志〉汇释》,安徽教育出版社,2007年,第88页。
②[清]顾祖禹:《读史方舆纪要》卷21《南直三》,第1004页。

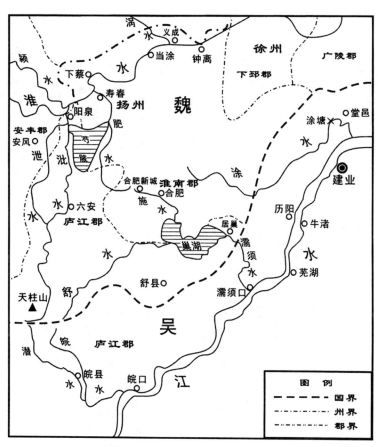

图二〇　三国合肥地区形势图

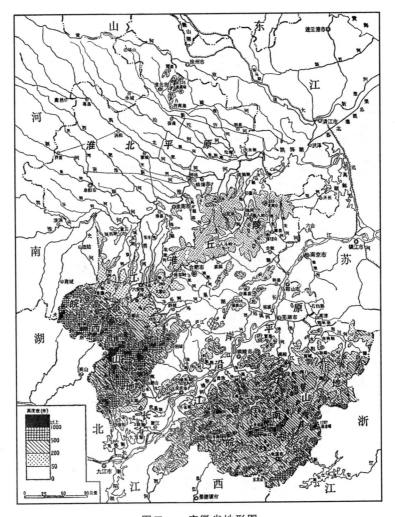

图二一　安徽省地形图

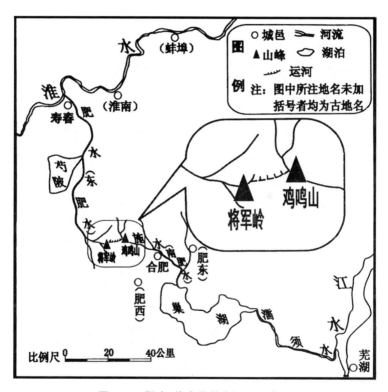

图二二　肥水、施水及其发源处示意图

图二三　三国合肥新城遗址位置示意图

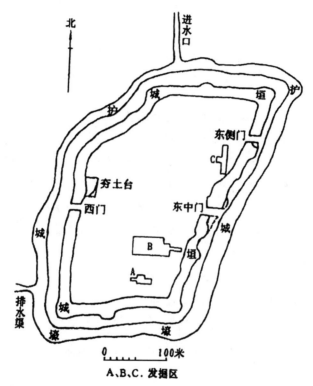

图二四　三国合肥新城遗址平面图

# 第六章　曹魏晋初的襄阳与荆州战局

## 一、襄阳的地理形势与军事价值

在汉末至晋初的战争史中,襄阳曾是南北对抗双方激烈争夺的热点区域。顾祖禹曾云:"(襄阳)府跨连荆、豫,控扼南北,三国以来,尝为天下重地。"[①]自建安十三年(208)九月曹操南征荆州、刘琮投降之后,襄阳遂归属曹魏,成为南陲要镇,并屡次抗击敌军的入侵。据《三国志》及裴注与《晋书》所载,在四十余年之内,吴、蜀对襄樊地区策划、发动的攻势共有八次。分别为:

建安二十四年(219),关羽北征襄樊之役。

黄初元年(220),陈邵进据襄阳之役。

黄初七年(226),诸葛瑾、张霸进攻襄阳之役。

青龙二年(234),陆逊、诸葛瑾出征襄阳之役。

正始二年(241),朱然、孙伦围攻樊城、诸葛瑾、步骘征柤中之役。

正始七年(246),朱然北征柤中之役。

景元四年(263),留平、施绩于南郡议兵所向,丁封、孙异入沔中以救蜀。

---

① [清]顾祖禹:《读史方舆纪要》卷79《湖广五·襄阳府》,第3698页。

泰始四年(268),万或(郁)征襄阳。

上述军事行动均被挫败或无功而返,这些情况反映出襄阳、樊城为蜀、吴北伐的主要作战方向之一,曹魏(及西晋)政权因此非常重视襄樊地区的防务,曾先后数次将荆州战区最高长官征南将军或荆州都督的治所设在那里,形势危急时调集各处兵马前来救援,竭尽全力守卫该地。如魏明帝所言:"先帝东置合肥,南守襄阳,西固祁山,贼来辄破于三城之下者,地有所必争也。"①

襄阳为什么会引起三国政治家和军事家们的关注?笔者分析,主要是因为它的地理位置处于南北交通的要冲,周围的地形与水文条件利于防守,自然环境优越而物产丰饶。其说详述如下:

### (一)南北通衢、水陆枢要

三国时期,孙吴占据荆、扬二州,经济重心区域分别在长江中游的江汉平原和下游的苏湖平原,为兵员粮赋出产屯集之地。其北征中原的主要道路,东边扬州战区的军队主要通过濡须水、施水、肥水航道,经过巢湖攻击合肥,企图北据寿春。王象之曾曰:"古者巢湖水北合于肥河,故魏窥江南则循涡入淮,自淮入肥,縻肥而趣巢湖,与吴人相持于东关。吴人挠魏亦必縻此。"②西边荆州战区与北方的交通往来则有水陆两途,陆路可由江汉平原的核心地带江陵(今湖北荆州市)北上,过今当阳、荆门、宜城等地直趋

---

① 《三国志》卷3《魏书·明帝纪》。
② 〔清〕顾祖禹:《读史方舆纪要》卷19《南直一·肥水》,第891页。

襄阳①,历史上称作"荆襄道"。自襄阳涉汉水后过樊城,再经襄邓走廊通道进入南阳盆地,然后分为三条道路通往中原各地。

其一,向东北穿越伏牛山脉南麓与桐柏山脉北麓之间的方城隘口(今河南方城县东),到达华北大平原的南端。如《荆州记》所言:"襄阳旧楚之北津,从襄阳渡江,经南阳,出方(城)关,是通周、郑、晋、卫之道。"②此途又称为"夏路"③,是春秋时期楚师屡次与齐、晋等国逐鹿中原,争夺霸主地位的进军路线。顾栋高亦言:"是时齐桓未兴,楚横行南服,由丹阳迁郢,取荆州以立根基。武王旋取罗、鄀,为鄢郢之地,定襄阳以为门户。至灭申,遂北向以抗衡中夏。……如河决鱼烂,不可底止,遂平步以窥周疆矣。"④

其二,从南阳盆地沿白河支流河谷北行,越伏牛山脉分水岭,过鲁阳(又称三鸦,今河南鲁山县南)、陆浑(今河南嵩县东北)诸隘,则进入伊、洛流域,抵达号为"天下之中"的洛阳平原。《史记》卷40《楚世家》载庄王八年(前606),"伐陆浑戎,遂至洛,观兵于周郊";并向使者王孙满询问周鼎之大小轻重,其大军走的就是这条道路。汉章帝元和元年(84)自洛阳南巡,"进幸江陵,诏庐江太守祠南岳……还,幸宛。"⑤也是经由此途。

其三,自宛城(今河南南阳市)西行,越今内乡、淅川入武关,经商洛山区穿过蓝田峡谷后,即到达关中平原,后人或称其为秦

①《南齐书》卷15《州郡志下》:"江陵去襄阳步道五百,势同唇齿。"
②《后汉书·郡国志四》注引《荆州记》。
③《史记》卷41《越王勾践世家》:"商、於、析、郦、宗胡之地,夏路以左,不足以备秦。"《史记索隐》引刘氏云:"楚适诸夏,路出方城,人向北行,以西为左,故云夏路以左。"
④[清]顾栋高:《春秋大事表》卷4《楚疆域论》,中华书局,1993年,第525页。
⑤《后汉书》卷3《肃宗孝章帝纪》。

楚大道。楚怀王十七年（前 312），"乃悉国兵复袭秦，战于蓝田"①，遭到惨败。《史记》卷 5《秦本纪》载昭王十五年（前 292），白起攻楚，取宛（今南阳市）。二十八年（前 279），白起复攻楚，取鄢（今湖北宜城市）、邓（今河南邓州市），"赦罪人迁之"，次年便攻克楚国首都郢城。前后出师都是沿着此条路线。秦始皇二十八年（前 219）南游，"乃西南渡淮水，之衡山、南郡。浮江，至湘山祠。……上自南郡由武关归。"②即由荆襄道北上，经南阳回到关中。《史记集解》引应劭曰："武关，秦南关，通南阳。"

此外，襄阳沿滚河东行，过今枣阳，可走桐柏山和大洪山间的谷道抵达随州，再顺涢水南下，经安陆、云梦进入江汉平原东端，抵达长江之滨的沔口（今湖北武汉市汉阳区）。

江汉平原与北方联系的水路，则是通过汉水运输航行。汉水又称沔水，发源自陕南凤县，过汉中、安康盆地后，"自陕西白河县流入界，经郧阳府城南，又历均州及光化县之北，谷城县之东，又东至襄阳府城北折而东南，经宜城县之东，又南经承天府城西，荆门州之东，复东南出经潜江县北及景陵县南，又东历沔阳州北及汉川县南，至汉阳府城东北大别山下会于大江。"③汉水几乎是纵贯了整个江汉平原。《战国策·燕策二》载秦王威胁楚国说，"汉中之甲，乘舟出于巴，乘夏水而下汉，四日而至五渚。寡人积甲宛，东下随，知（智）者不及谋，勇者不及怒，寡人如射隼矣。"④讲的

---

① 《史记》卷 40《楚世家》。
② 《史记》卷 6《秦始皇本纪》。
③ ［清］顾祖禹：《读史方舆纪要》卷 75《湖广一·汉水》，第 3500 页。
④ ［西汉］刘向集录：《战国策》，第 1078 页。

就是将要利用汉水运兵伐楚。襄阳又是南阳盆地南部湍河、白河、唐河几条川流收束而下、汇入汉江的地点。因此,荆州与中原的水运交通,可从沔口溯汉江而上,经石城(今湖北钟祥市)、宜城至襄阳后,又可分为二途,或继续西行入汉中盆地,或转入三河口(或称三洲口,今唐白河口),北经白河而上直航宛南。《读史方舆纪要》曰:"白河,府东北十里。其上流即河南南阳府湍、淯诸水所汇流也。自新野县流入界,经光化县东,至故邓城东南入于沔水。……或曰白河入汉之处亦名三洲口。吴将朱然攻樊,司马懿救樊,追吴军至三洲口,大获而还。又王昶屯新野,习水军于三洲,谋伐吴。《水经注》:'襄阳城东有白沙,白沙北有三洲,三洲东北有宛口,即淯水所入也。'"①李吉甫曰:"邓塞故城,在(临汉)县东南二十二里。南临宛水,阻一小山,号曰邓塞。昔孙文台破黄祖于此山下,魏常于此装治舟舰,以伐吴。陆士衡表称'下江、汉之卒浮邓塞之舟',谓此也。"②

由此观之,襄阳自古就是连接江汉平原和南阳盆地的交通冲要,几条水旱道路在此交汇,使其成为沟通南北、承东启西的重要枢纽,因而在军事上具有极高的地位价值。如司马懿所言:"襄阳水陆之冲,御寇要害,不可弃也。"③庾翼亦曰:"计襄阳,荆楚之旧,西接益梁,与关陇咫尺,北去洛河,不盈千里,土沃田良,方城险峻,水路流通,转运无滞,进可以扫荡秦赵,退可以保据上流。"④李焘指出襄阳为南方军队北进中原的主要门户,"知以襄阳为守者,

①[清]顾祖禹:《读史方舆纪要》卷79《湖广五·襄阳府》,第3708页。
②[唐]李吉甫:《元和郡县图志》卷21《山南道二·襄州》临汉县,第530页。
③《晋书》卷1《宣帝纪》。
④《晋书》卷73《庾翼传》。

必知以襄阳为攻。昔蜀将关羽自襄阳攻樊城,曹公仓皇失措,议迁都许以避之。诚以襄阳之地,北接宛洛,兵自此可以溃中原之腹心,虽曹公之善用兵,有不能抗者。"①占领襄阳地区既可以朝几个方向用兵,也能够堵住敌人水陆进军的交通干道,从而掌握战争的主动权。

**(二)山川环绕,易守难攻**

襄阳之所以受到兵家重视的另一原因,则是它周围的地形、水文条件有利于军事上的防御。襄阳城北临汉水,与樊城隔江相对,川流湍急,难以泅渡②。蔡谟曾云:"自沔以西,水急岸高,鱼贯溯流,首尾百里。"③顾祖禹称其"盖谓襄阳以西"④。按汉水在春秋时曾为楚国之北疆,并作为它的天然水利工事。后代割据江南者,亦需要把外围防线推广至淮河、汉水一带,才能确保其统治的安全。《读史方舆纪要》卷75《湖广一》对此论述甚详,其文如下:

> 《诗》:"滔滔江汉,南国之纪。"《左传》:"楚汉水以为池。"
> 又曰:"江、汉、睢、漳,楚之望也。"《史记·楚世家》昭王曰:
> "先王受封,望不过江、汉。"夫楚之初汉非楚境也,故屈完对
> 齐桓云:"昭王之不复,君其问诸水滨。"自楚武伐随,军于汉、

---

① [宋]李焘撰,胡阿祥、童岭点校:《六朝通鉴博议》卷3《晋论》,《六朝事迹编类·六朝通鉴博议》,第183页。

② [清]顾祖禹:《读史方舆纪要》卷79《湖广五·襄阳府》引《水利考》曰:"古大堤西自万山,经檀溪、土门、龙池、东津渡,绕城北老龙堤复至万山之麓,周四十余里。……大概堤防至切者全在襄、樊二城间,盖二城并峙,汉水中流如峡口。且唐、邓之水从白河南注,横截汉流,以故波涛激射,城堤危害最剧也。"第3708页。

③ 《晋书》卷77《蔡谟传》。

④ [清]顾祖禹:《读史方舆纪要》卷79《湖广五·襄阳府》"汉江"条,第3707页。

淮之间，自是汉上之地渐规取之矣。吴之伐楚也，与楚夹汉，而楚之祸亟焉。林氏曰："楚之失始于亡州来、符离，其再失也由于亡汉。"晋蔡谟谓："沔水及险，不及大江。"不知荆楚之有汉，犹江左之有淮，唇齿之势也。汉亡江亦未可保矣。孙氏曰："国于东南者，保江、淮不可不知保汉，以东南而问中原者，用江、淮不可不知用汉，地势得也。"

徐益棠曾说"襄阳群山四绕，一水纵贯"[①]。鄂西北地区多为低山丘陵，襄阳城面向汉水，背依岘山，东北有桐柏山，东南有大洪山，西北为武当山余脉，西南则为险峻的荆山山脉[②]，构成了四边的屏障，便于设防而不利于车骑与大军的行动。汉水自襄阳城东向南曲折，从两旁的山岭之间穿行而过，顺流东南而下，至石城（今湖北钟祥市）进入江汉平原。襄阳正当其河谷通道的北口，正可以利用临城的汉水与周围的群山来封锁敌军的来路。所以《南齐书》称襄阳"疆蛮带沔，阻以重山，北接宛、洛，平涂直至，跨对樊、沔，为鄢郢北门"[③]。甄玄成亦曰："樊、沔冲要，山川险固，王业之本也。"[④]由于占据地利之险要，历史上守襄樊者屡藉城池山水之固，挫败来犯之强敌。如建安二十四年（219）关羽征襄阳，围曹仁于樊城。"时汉水暴溢，于禁等七军皆没，禁降羽。仁人马数千人守城，城不没者数板，羽乘船临城，围数重，外内断绝，粮食欲尽，救兵不至。仁激厉将士，示以必死，将士感之皆无二。徐晃救

---

① 徐益棠：《襄阳与寿春在南北战争中之地位》，华西大学、金陵大学合编：《中国文化研究汇刊》第八卷，1948年，第57页。
② 参见周兆锐主编：《湖北省经济地理》，新华出版社，1988年，第354页。
③ 《南齐书》卷15《州郡志下·雍州》。
④ ［清］顾祖禹：《读史方舆纪要》卷79《湖广五·襄阳府》，第3699页。

至,水亦稍减,晃从外击羽,仁得溃围出,羽退走。"①又南齐建武四年(497)九月,北魏孝文帝帅众南征,"彭城王勰等三十六军前后相继,众号百万,吹唇沸地。"②次年(498)三月,"魏主将十万众,羽仪华盖,以围樊城。"南齐雍州刺史曹虎坚守不下。"魏主临沔水,望襄阳岸,乃去。"③南方政权如果丢失了襄阳,就会造成非常被动的战略态势。如顾祖禹所言:"彼襄阳者,进之可以图西北,退之犹足以固东南者也。有襄阳而不守,敌人逾险而南,汉江上下,罅隙至多,出没纵横,无后顾之患矣。"④

从三国南北割据的地理格局来看,联盟抗魏的吴、蜀据有扬、荆、益三州,襄阳所在的荆州位置居中,有联络东西之重要作用,但是其核心区域,即江陵以北的江汉平原地势平缓,利于步骑驰骋。史籍所言:"江陵平衍,道路通利。"⑤如曹操南征至襄阳,"闻先主已过,曹公将精骑五千急追之,一日一夜行三百余里,及于当阳之长坂。"⑥因为当地少有险阻,其地形不利于防御;而平原北面的襄阳位居鄂西山地,又有滔滔汉江围绕,构成了抗御北方来敌的天然障碍。故史家称:"襄阳者,江陵之蔽,襄阳失,则江陵危。"⑦南方势力如果占据了该地,将在战略形势上处于攻守俱便的有利地位,退可以据守襄樊,御敌于国门之外。进可以出兵南

①《三国志》卷9《魏书·曹仁传》。
②《资治通鉴》卷141南齐明帝建武四年。
③《资治通鉴》卷141南齐明帝永泰元年。
④[清]顾祖禹:《读史方舆纪要·湖广方舆纪要序》,第3486页。
⑤《三国志》卷58《吴书·陆抗传》。
⑥《三国志》卷32《蜀书·先主传》。
⑦[宋]李焘撰,胡阿祥、童岭点校:《六朝通鉴博议》卷3《东晋论》,《六朝事迹编类·六朝通鉴博议》,第183页。

阳,窥觎中原。而北方势力若控制襄阳,则是占领了进兵江汉平原的门户,就会对联系吴蜀两地交通的长江航道构成了严重威胁,给南方政权造成的形势是极为不利的。如宋朝杜范所言:"窃惟襄阳东连吴会,西通巴蜀,古人以为国之西门,又谓天下喉襟。若为寇盗据其门户,扼其喉襟,则吴蜀中断。自上流渡江,直可以控湖湘。若得舟而下,直可以捣江浙。形势顺便,其来莫御。万一有此,则人心动摇,望风奔溃,虽有智勇,将焉用之?"①

　　由于上述原因,汉末战乱之际,刘表出任荆州刺史后,蒯越向他建议:"兵集众附,南据江陵,北守襄阳,荆州八郡可传檄而定。"②刘表听从其计,平定当地叛乱后,即放弃原来的州治江陵,"遂理兵襄阳,以观时变"③,稳定了当地的统治。周瑜在赤壁之战后夺取江陵,随即建议孙权出兵四川、汉中,得手后全力以赴进取襄阳,将其作为北攻曹操的前线基地。"乞与奋威(即奋威将军孙瑜)俱进取蜀。得蜀而并张鲁,因留奋威固守其地,好与马超结援。瑜还与将军据襄阳以蹙操,北方可图也。"④此项计划得到孙权的首肯,可惜周瑜英年早逝,未能实现这一战略构想。李泰对此评论道:"三国时,天下之大势在襄阳,吴、蜀之要害,而魏之所以必争也。蜀为天下足,重关剑阁,险陁四蔽,而不可以图远;吴为天下首,山川阻深,士卒剽悍,而不能亡西顾之忧。襄阳者,天下之脊也,东援吴,西控蜀,连东西之势,以全天下形胜。使魏来伐,击吴则蜀掣于西,击蜀则吴牵于东;而襄阳通吴、蜀之援,以分

----

①[宋]杜范:《清献集》卷6《论襄阳失守札子》,文渊阁本《四库全书》第1175册,第653页。
②《后汉书》卷74下《刘表传》。
③《后汉书》卷74下《刘表传》。
④《三国志》卷54《吴书·周瑜传》。

北方之势,击襄阳,则吴、蜀并起而救之。使魏可攻,则吴军历江淮,蜀军撼秦陇,而襄阳之众直指中原,则许、洛动摇,而天下可定。是瑜之谋不特为今日固守之地,而亦异时混一之资也。"①

### (三)土沃水丰,农垦发达

襄阳在历史上长期被作为军事枢纽,还有当地的自然环境相当优越,有利于农业垦殖,能为前线驻军提供充足粮饷的重要缘故。《读史方舆纪要》设论道:"客曰:然则襄阳可以为省会乎?曰:奚为不可?自昔言柤中之地为天下膏腴,诚引湑、淯之地,通杨口之道,屯田积粟,鞠旅陈师,天下有变,随而应之,所谓上可以通关、陕,中可以向许、洛,下可以通山东者,无如襄阳。"②

襄阳附近低山丘陵之间多有可耕的平地,土壤肥沃,宜种粟稻桑麻。同时,气候温和湿润,尤其是日照充足,年平均日照时数达 2000 小时以上,是今湖北全省日照时数最多的地区之一,基本上可以满足两熟要求③。鄂西北处于北亚热带湿润季风气候带北缘,自西北流向东南的汉江及其支流堵河、南河、汇湾河、官渡河、唐白河、清河、滚河,呈树枝状水系分布,汇集在襄樊地区④,适于灌溉事业的开展。著名的水利工程有汉代所筑六门堰,刘宋时曾予重修。"襄阳有六门堰,良田数千顷,堰久决坏,公私废业。世

---

① [宋]李焘撰,胡阿祥、童岭点校:《六朝通鉴博议》卷 1《吴论》,《六朝事迹编类·六朝通鉴博议》,第 162 页。

② [清]顾祖禹:《读史方舆纪要·湖广方舆纪要序》,第 3487 页。

③ 参见周兆锐主编:《湖北省经济地理》,第 355 页。

④ 参见周兆锐主编:《湖北省经济地理》,第 353 页。

祖遣（刘）秀之修复，雍部由是大丰。"①又有木里沟，又称木渠，"在（宜城）县东。《水经》：'沔水又南得木里水。'是也。楚时于宜城东穿渠，上口去城三里。汉南郡太守王宠又凿之，引蛮水灌田，谓之木里沟，径宜城东而东北入沔，谓之木里水口，灌田七百顷。"②此外还有规模更大的长渠，在"（宜城）县西四十里。亦曰罗川，亦曰鄢水，亦曰白起渠，即蛮水也。宋至和二年宜城令孙永治长渠。绍兴三十二年王彻言：'襄阳古有二渠，长渠溉田七千顷，木渠溉田三千顷，今湮废。请以时修复。'"③顾祖禹考证曰："秦昭王二十八年使白起攻楚，去鄢百里，立堨壅是水为渠，以灌鄢。鄢入秦而起所为渠不废，引鄢水以灌田，今长渠是也。（郦）道元谓溉田三千余顷，盖水出西山诸谷，其源广，而流于东南者其势下也。"④故史称："襄阳左右，田土肥良，桑梓野泽，处处而有。"⑤历史上当地驻军屡有屯田大获成功者。如西晋初年羊祜任荆州都督，出镇襄阳，"广事屯田，预为储蓄。祜之始至也，军无百日之粮，及至季年，有十年之积。杜预继祜之后，遵其成算，遂安坐而弋吴矣。"顾祖禹因此称："襄阳遂为灭吴之本。"⑥东晋庾亮谋复中原，亦上疏朝廷曰："蜀甚弱而胡尚强，并佃并守，修进取之备。襄阳北接宛、许，南阻汉水，其险足固，其土足食。臣宜移镇襄阳之石城下，并

---

① 《宋书》卷81《刘秀之传》。
② ［清］顾祖禹：《读史方舆纪要》卷79《湖广五·襄阳府》宜城县，第3714页。
③ ［清］顾祖禹：《读史方舆纪要》卷79《湖广五·襄阳府》宜城县，第3715页。
④ ［清］顾祖禹：《读史方舆纪要》卷79《湖广五·襄阳府》宜城县，第3715页。
⑤ 《南齐书》卷15《州郡志下·雍州》。
⑥ ［清］顾祖禹：《读史方舆纪要》卷75《湖广五·襄阳府》，第3698页。

遣诸军罗布江沔。比及数年,戎士习练,乘衅齐进,以临河洛。"①
刘宋元嘉五年(428),张邵任雍州刺史,"及至襄阳,筑长围,修立
堤堰,创田数千顷,公私充给。"②

　　综上所述,襄阳地处南北交通的地理枢纽,其周围山水环绕、
利于防守,又有优越的垦殖条件,因此受到兵家的重视,成为各方
竞相争夺的战略要地。不过,如果详考史事,就会发现在三国战
争的不同时期,随着曹魏及西晋荆州战区兵力部署和主将治所的
变化,襄阳之军事地位和影响是有明显区别的。大致说来,可以
分为以下三个历史阶段。

　　其一,襄阳为对蜀作战的前线基地。建安十四年(209)冬曹
仁弃守江陵,撤往襄阳,次年(210)孙权"借荆州"与刘备后,蜀汉
军队是曹魏在襄阳、江陵方向作战的唯一敌人。至建安二十四年
(219)关羽进攻襄樊失败,荆州被孙吴占据为止。在此期间,襄阳
方向的战事激烈,曹魏荆州战区的军政长官(征南将军、荆州刺
史)率领主力部队屯集在襄阳和樊城一带与蜀军对峙交锋,其战
略态势是由攻转守,承受了沉重的压力。战局危急时,曹操调动
了中外诸军多路人马前来救援,反映出对该地防务的极度重视。

　　其二,襄阳为对吴作战的前沿防御要塞。从黄初元年(220)
征南将军曹仁自襄阳移镇宛城开始,至甘露四年(259)分置荆州
都督、州泰移镇襄阳前夕结束。荆州战区军队主力也随主将治所
撤往南阳,同时将汉水以南的居民大部迁徙到沔北,襄阳和樊城
只留下少数兵马驻守,情况紧急时再由后方发兵支援。黄初三、

————————

① 《晋书》卷73《庾亮传》。
② 《南史》卷32《张邵传》。

四年(222—223)曹魏发动江陵之役后,孙吴在南郡江北地区的经济和军事力量大为削弱,被迫施行"限江自保"。魏吴双方虽然在这一战略方向相互采取过几次攻势,但均为试探、侵掠性的战斗,未曾全力以赴,因此威胁并不严重。总体形势为各保边陲,伺机袭扰。

其三,襄阳为荆州方向征吴作战的指挥中心和重兵屯集之所。始于甘露四年(259)六月,曹魏"分荆州置二都督,王基镇新野,州泰镇襄阳"①。结束于太康元年(280)二月,西晋杜预攻克江陵、平定荆州。在此期间,荆州战区主将治所与军队主力前移至襄阳,不断向南蚕食敌方领土,并积极筹备灭吴决战。而孙吴君臣昏庸,内乱频发,国势逐渐衰弱,已经无力再对襄阳方向发动有威胁的攻势了。上述情况的详细论述请见下文。

## 二、魏蜀荆州作战期间的襄阳

赤壁之战结束后,"曹公遂北还,留曹仁、徐晃于江陵,使乐进守襄阳。"②抵抗周瑜、刘备所率联军的进攻。此时江陵为魏军作战前线,襄阳是其后方,两地之间的当阳则有满宠率兵驻守,后与汝南太守李通调换。《三国志》卷26《魏书·满宠传》曰:"建安十三年,从太祖征荆州。大军还,留宠行奋威将军,屯当阳。孙权数扰东陲,复召宠还为汝南太守,赐爵关内侯。"曹仁战事不利时,即由当阳或后方援军前来解救。如李通本传曰:"拜汝南太守。时

①《晋书》卷2《文帝纪》。
②《三国志》卷47《吴书·吴主传》。

贼张赤等五千余家聚桃山,通攻破之。刘备与周瑜围曹仁于江陵,别遣关羽绝北道。(李)通率众击之,下马拔鹿角入围,且战且前,以迎仁军,勇冠诸将。"①

至建安十四年(209)冬,曹仁因伤亡惨重而被迫放弃江陵②,撤往襄阳。次年(210)周瑜染病猝亡,孙权接受了鲁肃的建议,"借荆州"与刘备,将吴国军队东调。刘备随即"以(关)羽为襄阳太守、荡寇将军,驻江北"③。负责对曹魏方面的作战。此后直到建安二十四年(219)冬,孙权袭取荆州,关羽败亡为止。这一阶段,曹魏在襄阳方向面对的只有蜀汉势力。据史籍所载,魏方荆州战区的主将先后为乐进、曹仁,其交战的形势却有显著的差异。试述如下:

乐进在任的时间为建安十四年(209)冬至建安十七年(212)秋。据史籍所载,曹仁撤离江陵之后回到曹操麾下,并在后年(211)三月随其出征关中。"以仁行安西将军,督诸将拒潼关,破(马)超渭南。"④荆州地区的战事即由原驻襄阳的乐进主持,据其本传记载,他曾多次南下进攻并屡获胜绩。"后从平荆州,留屯襄阳,击关羽、苏非等,皆走之。南郡诸县山谷蛮夷诣进降。"又云:"后从征孙权,假进节。太祖还。留进与张辽、李典屯合肥。"⑤按曹操本纪载建安十七年(212),"冬,十月,公征孙权。"次年(213)

①《三国志》卷18《魏书·李通传》。
②《三国志》卷47《吴书·吴主传》曰:"(建安)十四年,(周)瑜、(曹)仁相守岁余,所杀伤甚众。仁委城走。"
③《三国志》卷36《蜀书·关羽传》。
④《三国志》卷9《魏书·曹仁传》。
⑤《三国志》卷17《魏书·乐进传》。

正月，"进军濡须口，攻破权江西营，获权都督公孙阳，乃引军还。"①乐进在荆州作战期间担任何种职务，史书缺少明确的记载。其交战的地点皆在襄阳、江陵之间。前引乐进本传曰："又讨刘备临沮长杜普、旌阳长梁太，皆大破之。"按临沮原为汉县②，卢弼考证云："《一统志》：临沮故城今湖北安陆府当阳县西北。钱坫曰：今远安县西北。"③即今湖北当阳西北，其县境约在江陵西北二百余里④。旌阳县未见于两汉史籍，《晋书》卷15《地理志下》载南郡设有旌阳县。梁允麟考其地在今湖北当阳市北，"县盖建安十五年（210年）刘备分当阳县置。"⑤按前引《南齐书·州郡志下》云："江陵去襄阳步道五百，势同唇齿。"曹操精骑自襄阳南下追击刘备，"一日一夜行三百余里，及于当阳之长坂。"⑥依此推算当阳至江陵路程在二百里上下。旌阳既然是由当阳县北境分置，大约在江陵北方二百余里。

另外，乐进与关羽交战的地点还有江陵东北的青泥和寻口。建安十七年（212）冬，"曹公征孙权，权呼先主自救。先主遣使告璋曰：'曹公征吴，吴忧危急。孙氏与孤本为唇齿，又乐进在青泥与关羽相拒，今不往救羽，进必大克，转侵州界，其忧有甚于鲁。'"⑦

①《三国志》卷1《魏书·武帝纪》。
②《汉书》卷28上《地理志上》载南郡临沮县条曰："临沮，《禹贡》南条荆山在东北，漳水所出，东至江陵入阳水，阳水入沔，行六百里。"
③卢弼：《三国志集解》，第127页。
④《三国志》卷36《蜀书·关羽传》注："臣松之按《吴书》：孙权遣将潘璋逆断羽走路，羽至即斩。且临沮去江陵二三百里，岂容不时杀羽，方议其生死乎？"
⑤梁允麟：《三国地理志》，第169页。
⑥《三国志》卷32《蜀书·先主传》。
⑦《三国志》卷32《蜀书·先主传》。

青泥在汉朝竟陵县境。洪亮吉曰:"《蜀志》刘焉,江夏竟陵人。《史记正义》:故城在长寿县南一百五十里。(谢)钟英按:今安陆府南一百五十里。"洪氏又云:"有青泥池。《先主传》乐进在青泥与关羽相拒。(谢)钟英按:时建安十六年,羽守荆州。《乐进传》从平荆州,留屯襄阳,击关羽、苏非皆走之。当即此事。《寰宇记》在长寿县。当在今安陆府北,三国时江夏、襄阳接界处也。"①梁允麟考证竟陵县在今湖北潜江市。"有青坭池,在西北,与关羽荆州辖境交界。"②

　　寻口战地见于《三国志》卷18《魏书·文聘传》:"太祖先定荆州,江夏与吴接,民心不安,乃以聘为江夏太守,使典北兵,委以边事,赐爵关内侯。与乐进讨关羽于寻口,有功,进封延寿亭侯,加讨逆将军。"谢钟英按:"《乐进传》:'从平荆州,留屯襄阳,击关羽、苏非等皆走之。'聘讨关羽当即此事。时聘屯江夏石阳,兵势西向,寻口当在安陆府西南,汉水东南,非蕲春郡寻阳县寻水入江之口也。'"③梁允麟则认为寻口应在汉当阳县境④,处于江陵东北,疑为寻水东流与汉江交汇之地。

　　总的来说,史籍所述乐进与蜀汉交兵的战线均远离襄阳,大约在江陵以北,或东北约二三百里处,曹魏方面似乎占有上风。此时的襄阳是魏军南向作战的后方基地,为战区主将乐进和军队

①[清]洪亮吉撰,[清]谢钟英补注:《〈补三国疆域志〉补注》,《二十五史补编·三国志补编》,第560页。

②梁允麟:《三国地理志》,第173页。

③[清]洪亮吉撰,[清]谢钟英补注:《〈补三国疆域志〉补注》,《二十五史补编·三国志补编》,第555页。

④梁允麟:《三国地理志》,第308页。

主力平时的屯驻之所。从建安十五年至十七年（210—212）吴蜀
在南郡等地的兵力部署情况来看，有明显的削弱趋势。孙权借荆
州与刘备之后，即将驻守江陵一带的吴国兵马东撤，使原来在荆
州合力抗魏的孙刘联军解体。如程普所部调往江夏，"周瑜卒，代
领南郡太守。权分荆州与刘备，普复还领江夏，迁荡寇将军。"①又
如鲁肃，"代瑜领兵。瑜士众四千余人，奉邑四县，皆属焉。令程
普领南郡太守。肃初住江陵，后下屯陆口。威恩大行，众增万余
人。"②而刘备方面原有兵马不过数万，还需要分兵到江南武陵、长
沙等郡和位处峡口的宜都等地驻守，因此关羽在江北对抗乐进的
军队数量相当有限。建安十六年（211）刘璋邀请刘备入川，协助
其防备北敌。"先主留诸葛亮、关羽等据荆州，将步卒数万人入益
州。"③这样一来，蜀汉在荆州的兵力又被减少。乐进面对的敌军
数量接连下降，因此会主动在临沮、旌阳一带采取攻势，与曹仁困
守江陵时的被动情景截然不同。

　　建安十七年（212）秋乐进东调之后，继任荆州战区主将者为
曹仁。按《三国志》卷9《魏书·曹仁传》曰："太祖讨马超，以仁行
安西将军，督诸将拒潼关，破超渭南。苏伯、田银反，以仁行骁骑
将军，都督七军讨银等，破之。复以仁行征南将军，假节，屯樊，镇
荆州。"按曹操西征关中事在建安十六年（211），其年十二月，"自
安定还，留夏侯渊屯长安。"④次年春季回到邺城。看来曹仁是在
关中战役结束之后再度回到荆州的，他此前守江陵时曾经担任过

①《三国志》卷55《吴书·程普传》。
②《三国志》卷54《吴书·鲁肃传》。
③《三国志》卷32《蜀书·先主传》。
④《三国志》卷1《魏书·武帝纪》建安十六年。

"行征南将军",所以其本《传》称"复以仁行征南将军,假节……"万斯同《三国汉季方镇年表》认为曹仁复镇荆州事在建安二十一年(216)①,但是没有详述其依据,史书亦未对此明言。不过,曹操在建安二十一年(216)十月发兵东征孙权,曾调曹仁前往随同作战。次年(217),"三月,(魏)王引军还,留夏侯惇、曹仁、张辽等屯居巢。"②若是按万斯同之看法,曹仁在建安二十一年出镇荆州,屯驻樊城,那么他在上任短短数月之后即被调往东线随曹操出征孙权,似乎不合情理。因此笔者判断,从曹仁本传记载来看,他应该是在关中之役结束后的次年(212)替换乐进担任荆州战区主将,并驻守樊城的。

　　关于这次曹魏荆州主将的调动原因,此前未曾引起史家的关注,文献也缺乏明确的记载。如果仔细分析某些历史线索,则会发现乐进的离任很有可能与当地战事的进展情况具有密切联系。三国的有关史实反映,曹魏(及后来的西晋)对待边镇守将的人选相当慎重,如果胜任职务而且战绩突出,往往是继续留任,通常不会轻易撤换。例如张辽、满宠之守合肥,郭淮屯驻陇右,司马懿、羊祜镇荆州。这样做的好处很明显,留任的守将熟悉当地战况,屡有胜绩则使敌人畏惧,故有利于边陲形势的稳定。除非是其他地区战况紧迫,需要调动他去救急,或是年老体衰后回朝退休致仕。而乐进调往东线后留驻合肥,明显是降职使用。他原来统领一州军务,负责重要的战区,帐下军队应有数万。而据《三国志》

---

① [清]万斯同:《三国汉季方镇年表》,[宋]熊方等撰,刘祜仁点校:《后汉书三国志补表三十种》,第921页。
②《三国志》卷1《魏书·武帝纪》。

卷17《魏书·张辽传》的记载，"太祖既征孙权还，使辽与乐进、李典等将七千余人屯合肥。"其兵力总共不过数千，乐进还是担任副职，要接受张辽的指挥。另外，曹操曾为合肥守军留下作战指令。"教与护军薛悌，署函边曰'贼至乃发'"。建安二十年（215）八月孙权攻合肥，诸将"乃共发教，教曰：'若孙权至者，张、李将军出战，乐将军守，护军勿得与战。'"张辽等人依计出战，挫败敌兵。看来曹操认为乐进不擅野战，故命令其留守城池，这很可能是与他前一阶段在荆州作战的表现不佳有关。笔者之所以这样判断，主要是出于以下两个缘故。

其一，建安十七年（212）乐进离任前是在青泥与关羽作战，其结果如何未见史书有详细的记载。青泥地望在竟陵县，两汉属江夏郡，见《汉书·地理志上》与《后汉书·郡国志三》。其地在云梦泽西侧，有河道通往汉江[①]。竟陵附近为扬水入沔（汉江）之口，古称扬口。扬水通舟可西至江陵，《资治通鉴》卷81西晋太康元年五月胡三省注引《水经注》曰："扬水上承江陵县赤湖，东北流经郢城南，又东北与三湖水会。三湖者，合为一水，东通荒谷，东岸有冶父城。《春秋》传曰：'莫敖缢于荒谷，群帅囚于冶父'，谓此处也。春夏水盛，则南通大江，否则南迄江堤。扬水又东入华容县，又东北与柞溪水合；又北经竟陵县，又北注于沔，谓之扬口。"其湖湾宽阔可多蓄船只，历史上曾作为大型军港。参见《陈书》卷11《章昭达传》：

　　太建二年，率师征萧岿于江陵。时萧岿与周军大蓄舟舰

---

[①]《后汉书》卷83《逸民传·汉阴老父》曰："桓帝延熹中，幸竟陵，过云梦，临沔水，百姓莫不观者。"

于青泥中,昭达分遣偏将钱道戢、程文季等,乘轻舟袭之,焚其舟舰。

《南史》卷 67《程文季传》:

> 随都督章昭达率军往荆州征梁。梁人与周军多造舟舰,置于青泥水中,昭达遣文季共钱道戢尽焚其舟舰。既而周兵大出,文季仅以身免。

由此来看,关羽出兵青泥应是为了夺取扬水入沔之口,以便控制汉江航道,利用水军由江陵北伐襄阳。从后来蜀汉进攻襄樊的获胜情况来看,其水军发挥了重要作用。关羽能够歼灭曹魏精锐的“七军”,主要得益于使用舟师。“会汉水暴起,羽以舟兵尽虏(于)禁等步骑三万送江陵。”[1]后来他乘胜围攻樊城,同样是倚重水军。“(曹)仁人马数千人守城,城不没者数板。羽乘船临城,围数重,外内断绝,粮食欲尽。”[2]曹操派遣各路援军赶到后,关羽被迫撤兵,此时仍用水军断后,阻止敌兵渡过汉江南下追击。“羽军既退,舟船犹据沔水,襄阳隔绝不通。”[3]蜀汉水师从江陵驶往襄樊的路线,是通过扬水至汉津(即扬口),再转入汉水再向北航行,沿途经历各座津渡屯戍,并没有受到曹魏军队的截击。看来此前乐进在青泥等地的作战是以失败告终,汉江上下数百里水道为关羽所掌控,因此能够顺利到达前线。

其二,乐进担任荆州战区主将时屯驻在襄阳,而曹仁继任后,

---

① 《三国志》卷 47《吴书·吴主传》。
② 《三国志》卷 9《魏书·曹仁传》。
③ 《三国志》卷 23《魏书·赵俨传》。

"屯樊,镇荆州。"①把征南将军治所向后方迁徙,移到汉江以北的樊城。他在建安二十一年(216)十月赴东线参加曹操的东征,次年(217)三月战役结束,曹仁暂留居巢,随后又回到樊城。建安二十三年(218)十月,"宛守将侯音等反,执南阳太守,劫略吏民,保宛。初,曹仁讨关羽,屯樊城。是月,使仁围宛。"②平定叛乱后曹仁再次还驻樊城,直至次年关羽进攻襄樊。"(曹)仁率诸军攻破音,斩其首,还屯樊,即拜征南将军。关羽攻樊,时汉水暴溢,于禁等七军皆没,禁降羽。仁人马数千人守城……"③此次襄樊战役期间,襄阳城仍被曹魏占据,但是只派遣偏将吕常把守。"(关)羽围仁于樊,又围将军吕常于襄阳。"④上述记载含蓄地反映出荆州战局的若干变化。试述如下:

首先,曹仁不敢据守襄阳,是因为该城在汉江以南,这条航道又被蜀汉舟师控制。众所周知,背水作战乃兵家之大忌,若是把主将治所设在襄阳,容易遭到敌军阻隔,战况不利时很难向后方迅速撤离。但是主将驻在樊城可以避免形成上述被动局面,因此比较安全。曹魏征南将军驻所的北移,表明荆州战局出现逆转,蜀汉的军事力量占据了优势,并且掌握了作战的主动权。其次,在襄樊之役中,关羽率领大军水陆并发,畅行无阻而直达前线,未曾在途中受到曹魏兵马的抵抗。这说明江陵经过当阳、宜城到襄阳的荆襄道亦被蜀汉势力控制,曹魏方面没有在沿途设置防备,

---

①《三国志》卷9《魏书·曹仁传》。

②《三国志》卷1《魏书·武帝纪》。

③《三国志》卷9《魏书·曹仁传》。

④《三国志》卷17《魏书·徐晃传》。

所以任由关羽步骑进抵襄阳城下，并渡过汉水围攻樊城。再次，曹操派遣于禁、庞德率领精锐七军赴援襄樊之前，曹仁与关羽作战的情况如何？史书亦未给予清晰具体的说明。但据前引曹仁本传所言，"仁人马数千人守城，城不没者数板。"按荆州为一方重镇，曹仁麾下兵马应有数万之众，不会只有区区几千人。看来他在此前与关羽的交锋中遭到了重大挫折，仅剩下少数残兵败将，因此只好困守孤城而等待援兵解救了。

综上所述，乐进调离荆州的原因很可能是由于他作战失败，致使当地战局发生扭转的缘故。由于《三国志》中魏国人物的《列传》撰写是根据曹魏一方史书的记载，其政治倾向又是尊魏抑蜀，所以对乐进及曹仁在荆州的不利战况或有所隐讳。如陈寿所言："乐进以骁果显名，而鉴其行事，未副所闻。"①从上述情况判断，蜀汉在南郡等地的施政应是卓有成效的，故为后来关羽北破曹兵和孔明、张飞入川助攻提供了充足的后勤保障。在此阶段，曹魏曾经丢弃了襄阳以南的领土，并一度丧失对汉水航道的控制，但是始终没有舍弃这一区域，战区主将及麾下主力的平时驻地仍在襄阳或邻近的樊城。情况危急时，曹操果断调遣中军与各地兵马前来救助，甚至亲至临近前线的摩陂督战。其具体史实如下：

据《三国志》卷1《魏书·武帝纪》所载，建安二十四年（219）七月，"遣于禁助曹仁击关羽。八月，汉水溢，灌禁军，军没。羽获禁，遂围仁。使徐晃救之。"当年十月，曹操自汉中还师后立即赶赴荆州战场，"王自洛阳南征羽，未至，晃攻羽，破之。羽走，仁围

①《三国志》卷17《张乐于张徐传》评曰。

解。王军摩陂。"曹操先后派往襄樊的援军人数众多,于禁所率七军仅兵败被俘者就有三万之众①,如果加上战死和溃散者,应有四五万人。徐晃的援军亦连续得到增兵,才向关羽发起挑战。"晃所将多新卒,以羽难与争锋,遂前至阳陵陂屯。太祖复还,遣将军徐商、吕建等诣晃,令曰:'须兵马集至,乃俱前。'……未攻,太祖前后遣殷署、朱盖等凡十二营诣晃。"②援助襄樊的还有邻近各州的多支驻军,如张辽屯淮南居巢以备吴,"关羽围曹仁于樊,会权称藩,召辽及诸军悉还救仁。辽未至,徐晃已破关羽,仁围解。辽与太祖会摩陂。"③兖州刺史裴潜、豫州刺史吕贡麾下的部队也被征赴襄樊。见《三国志》卷15《魏书·温恢传》:

　　恢谓兖州刺史裴潜曰:"此间虽有贼,不足忧,而畏征南方有变。今水生而子孝县军,无有远备。关羽骁锐,乘利而进,必将为患。"于是有樊城之事。诏书召潜及豫州刺史吕贡等,潜等缓之。恢密语潜曰:"此必襄阳之急欲赴之也。所以不为急会者,不欲惊动远众。一二日必有密书促卿进道,张辽等又将被召。辽等素知王意,后召前至,卿受其责矣!"潜受其言,置辎重,更为轻装速发,果被促令。辽等寻各见召,如恢所策。

　　上述情况反映出曹操对兵争要地襄樊非常重视,他几乎是动

―――――――

①《三国志》卷47《吴书·吴主传》:"会汉水暴起,(关)羽以舟兵尽虏禁等步骑三万送江陵。"
②《三国志》卷17《魏书·徐晃传》。
③《三国志》卷17《魏书·张辽传》。

用了所有精锐部队赶赴前线,并联络孙权以袭击关羽的后方[1],竭尽全力阻止蜀汉军队攻占该地,终于获得成功。顾祖禹曾评论道:"曹操赤壁之败,既失江陵,而襄阳置戍屹为藩捍。关壮缪在荆州,尝力争之,攻没于禁等七军,兵势甚盛。徐晃赴救,襄阳不下,曹操劳晃曰:'全襄阳,子之力也。'盖襄阳失则沔、汉以北危。当操之失南郡而归也,周瑜说权曰:'据襄阳以蹙操,北方可图。'及壮缪围襄、樊,操惮其锋,议迁都以避之矣。吴人惧蜀之逼,遽起而议其后,魏终得以固襄阳,而吴之势遂屈于魏。自后诸葛瑾、陆逊之师屡向襄阳,而终无尺寸之利,盖势有所不得逞也。"[2]襄樊之战的胜利使曹魏保住了这一极为重要的战略区域,从而巩固了它在中原的统治,使其在三国鼎立的政治格局中处于有利地位,这场战役可以说在一定程度上决定了此后魏盛吴蜀渐衰的历史演变趋势。

## 三、文帝初期的襄阳与荆州战局

### (一)魏初曹仁移屯宛城与襄樊的弃守

据史籍所载,延康—黄初元年(220)曹操病死、曹丕篡汉之

---

[1]《三国志》卷 14《魏书·董昭传》:"及关羽围曹仁于樊,孙权遣使辞以'遣兵西上,欲掩取羽。江陵、公安累重,羽失二城,必自奔走,樊军之围,不救自解。乞密不漏,令羽有备。'太祖诘群臣,群臣咸言宜当密之。昭曰:'军事尚权,期于合宜。宜应权以密,而内露之。羽闻权上,若还自护,围则速解,便获其利。可使两贼相对衔持,坐待其弊。秘而不露,使权得志,非计之上。又,围中将吏不知有救,计粮怖惧,倘有他意,为难不小。露之为便。且羽为人强梁,自恃二城守固,必不速退。'太祖曰:'善。'即救救将徐晃以权书射著围里及羽屯中,围里闻之,志气百倍。羽果犹豫,权军至,得其二城,羽乃破败。"

[2][清]顾祖禹:《读史方舆纪要》卷 79《湖广五·襄阳府》,第 3698 页。

际,魏国荆州战区主将曹仁曾将治所后撤到宛城(今河南南阳市),并一度放弃了襄阳、樊城的防守。事见《晋书》卷1《宣帝纪》:

> 魏文帝即位,封河津亭侯,转丞相长史。会孙权帅兵西过,朝议以樊、襄阳无谷,不可以御寇。时曹仁镇襄阳,请召仁还宛。帝曰:"孙权新破关羽,此其欲自结之时也,必不敢为患。襄阳水陆之冲,御寇要害,不可弃也。"言竟不从。仁遂焚弃二城,权果不为寇,魏文悔之。

关于《晋书》的上述记载,有学者认为它背离史实,因而给予坚决的否定,参见郭秀琦、郝红红撰《〈晋书·宣帝纪〉曹仁"焚弃(樊、襄阳)二城"辨误》一文①。笔者查阅相关史籍的记述,发觉与郭、郝二人的观点有许多矛盾,他们坚持魏初未曾放弃襄阳的看法并不符合历史实际。首先,郭、郝强调《晋书》的作者是唐初之人,因为唐太宗为《宣帝纪》、《武帝纪》写过史论,作者受此影响,因而在写作时编造出弃守襄阳之事来贬低曹仁而拔高司马懿。"我认为《晋书·宣帝纪》在这里不是在叙述史实,而是在演义故事。"笔者对此有不同意见,如果认为《晋书·宣帝纪》的这段记载失实,那么应该从史籍中找出曹仁当时留守襄阳、樊城,始终没有离开的佐证,但是实际上魏晋史书中找不到任何一条这类记载,恰恰相反,可以发现曹魏方面确实暂时放弃过这两座城市。例如《三国志》卷9《魏书·曹仁传》曰:"(曹丕)及即王位,拜仁车骑将军,都督荆、扬、益州诸军事,进封陈侯,增邑二千,并前三千五百户。追

---

① 郭秀琦、郝红红:《〈晋书·宣帝纪〉曹仁"焚弃(樊、襄阳)二城"辨误》,《阴山学刊》2005年第3期。

赐仁父炽谥曰陈穆侯,置守冢十家。后召还屯宛。孙权遣将陈邵
据襄阳,诏仁讨之。仁与徐晃攻破邵,遂入襄阳,使将军高迁等徙
汉南附化民于汉北。"此条史料即表明曹仁确实放弃过襄阳,被魏
文帝调回宛城驻扎,因而孙权派遣部将乘虚而入,占据了襄阳。
事后曹丕又命令曹仁与徐晃进兵渡过汉水打败陈邵,重新夺回了
襄阳。另外,《魏略》所载魏三公奏中,也称孙权"逐利见便,挟为
卑辞"。虽然上表称藩,但是却未经朝廷许可而擅自占领襄阳,直
到被魏军驱逐之后,才又上书谢罪。"先帝委裘下席,权不尽心,
诚在恻怛,欲因大丧,寡弱王室。希托董桃传先帝令,乘未得报
许,擅取襄阳,及见驱逐,乃更折节。邪辟之态,巧言如流。"①由此
可见,《晋书》所载曹仁放弃襄阳之事应该是客观存在的,并非是
虚构故事。

　　其次,郭、郝认为:"襄阳的战略地位所决定的这里只能守不
能撤。"②这种认识亦值得商榷。需要注意的是,战略要地并非"只
能守不能撤"。在三国历史上,曹魏方面出于各种原因曾经数次
放弃过某些"兵家必争之地"。例如建安十四年(209)放弃江陵,
建安二十四年(219)撤出汉中。再如东线的重镇合肥,是魏吴交
兵的热点,守将张辽曾屡次挫败孙权的进攻。但是在建安二十四
年(219)襄樊战役紧急之时,曹操为了鼓励孙权偷袭荆州,使其无
后顾之忧,亦短暂放弃过合肥,并将守军西调。直到孙权占领江
陵,关羽败亡之后,才又让张辽、朱灵等回师重占合肥。事见孙权

①《三国志》卷47《吴书·吴主传》注引《魏略》载魏三公奏。
②郭秀琦、郝红红:《〈晋书·宣帝纪〉曹仁"焚弃(樊、襄阳)二城"辨误》,《阴山学刊》
　　2005年第3期。

遣浩周上奏：

> 先王以权推诚已验，军当引还，故除合肥之守，著南北之信，令权长驱不复后顾。近得守将周泰、全琮等白事，过月六日，有马步七百，径到横江。又督将马和复将四百人进到居巢，琮等闻有兵马渡江，视之，为兵马所击，临时交锋，大相杀伤。卒得此问，情用恐惧。权实在远，不豫闻知，约敕无素，敢谢其罪。又闻张征东、朱横海今复还合肥，先王盟要，由来未久，且权自度未获罪衅，不审今者何以发起，牵军远次？①

由此可见，战争形势千变万化，即便是战略要地，在某些特殊情况下也会予以放弃，这属于政治、军事斗争中的权变策略，而不能仅作胶柱鼓瑟的理解。正如魏将王昶所言："国有常众，战无常胜，地有常险，守无常势。"②

　　曹魏将荆州战区主将和军队主力后撤至宛城的原因，据前引《晋书·宣帝纪》所言，是因为"樊、襄阳无谷"，即当地缺乏粮饷。襄樊地区乏粮的原因，是由于魏蜀双方多年鏖战，民众流散而导致经济破败。如襄樊战役结束后，"操嫌荆州残民及其屯田在汉川者，皆欲徙之。司马懿曰：'荆楚轻脆易动，关羽新破，诸为恶者，藏窜观望，徙其善者，既伤其意，将令去者不敢复还。'操曰：'是也。'是后诸亡者悉还出。"③胡三省注："此汉川，谓襄、樊上下，汉水左右之地也。"从历史记载来看，在关羽北伐襄樊之前，当地驻军的给养就已经依赖中原后方的供应，襄樊的后方南阳等地即

①《三国志》卷 47《吴书·吴主传》注引《魏略》。
②《三国志》卷 27《魏书·王昶传》。
③《资治通鉴》卷 68 汉献帝建安二十四年十二月。

因为频繁征发民力运输而引起过暴动。建安二十三年（218）十月，"宛守将侯音等反，执南阳太守，劫略吏民，保宛。"①裴松之注引《曹瞒传》曾言此事曰："是时南阳间苦繇役，（侯）音于是执太守东里衮，与吏民共反，与关羽连和。"《资治通鉴》卷 68 亦载其事，胡三省注曰："繇，读曰徭。苦于供给曹仁之军也。"曹仁攻破宛城后，侯音余党仍在作乱。"众数千人在山中为群盗，大为郡患。"②次年十月，"陆浑民孙狼等作乱，杀县主簿，南附关羽。羽授狼印，给兵，还为寇贼，自许以南，往往遥应羽。"③后来曹魏虽然先后平定了叛乱，击退关羽的军队，但是看来南阳等地民生凋零，难以再大量征发丁夫和粮草向前线转运。在这种情况下，将屯驻襄樊的兵力撤退以减轻后方的运输压力，应该是合乎情理的举措。

　　此外，曹魏将征南将军治所撤至宛城还有一个原因，就是蜀汉占领东三郡（上庸、西城、房陵）后，对襄樊的后方侧翼构成了军事威胁。建安二十四年（219）五月曹操撤离汉中，刘备控制该地后，"命（孟）达从秭归北攻房陵，房陵太守蒯祺为达兵所害。达将进攻上庸，先主阴恐达难独任，乃遣（刘）封自汉中乘沔水下统达军，与达会上庸。上庸太守申耽举众降，遣妻子及宗族诣成都。先主加耽征北将军，领上庸太守员乡侯如故，以耽弟仪为建信将军、西城太守，迁封为副军将军。"④东三郡南通三峡峡口，顺汉水东下抵襄阳，东北有路可达南阳盆地。魏国将荆州战区军队主力和指挥中心后撤至宛城一带，属于蓄势待发，可以针对西南与南

①《三国志》卷 1《魏书·武帝纪》。
②《三国志》卷 26《魏书·田豫传》。
③《资治通鉴》卷 68 汉献帝建安二十四年十月。
④《三国志》卷 40《蜀书·刘封传》。

方蜀吴两国的边境动态做出不同应对措施。从《三国志》中曹仁、
夏侯尚二人列传记载来看,黄初元年(220)曹仁逐退进据襄阳的
吴将陈邵之后,就被朝廷派往东线任职。"文帝遣使即拜仁大将
军。又诏仁移屯临颍,迁大司马,复督诸军据乌江,还屯合肥。"①
另外任命宗室夏侯尚接替他的职务,"文帝践阼,更封平陵乡侯,
迁征南将军,领荆州刺史,假节都督南方诸军事。"②当年七月,孟
达率部曲四千余家降魏,蜀汉东三郡的兵力受到削弱。曹魏随即
开始筹备收复该地区的军事行动,这次战役的计划提出和实施都
是由屯据宛城的荆州主将夏侯尚负责。他先是上奏曰:"刘备别
军在上庸,山道险难,彼不我虞,若以奇兵潜行,出其不意,则独克
之势也。"③此项请求得到朝廷的批准,"合房陵、上庸、西城三郡为
新城郡,以(孟)达领新城太守。遣征南将军夏侯尚、右将军徐晃
与达共袭封。"④结果顺利获胜,驱走刘封。

　　此役之后,魏国荆州地区的主力军队和指挥中心仍然设置在
宛城,以应对吴蜀两方边境的战事。黄初七年(226)八月曹丕病
逝,孙权乘机派遣诸葛瑾、张霸领兵进攻襄阳,司马懿即率诸军自
宛城南下予以反击。"败瑾,斩霸,并首级千余。"⑤太和元年(227)
六月,"天子诏帝(司马懿)屯于宛,加督荆、豫二州诸军事。"⑥当年
十二月,"新城太守孟达反,诏骠骑将军司马宣王讨之。"⑦司马懿

---

①《三国志》卷9《魏书·曹仁传》。
②《三国志》卷9《魏书·夏侯尚传》。
③《三国志》卷9《魏书·夏侯尚传》。
④《三国志》卷40《蜀书·刘封传》。
⑤《晋书》卷1《宣帝纪》。
⑥《晋书》卷1《宣帝纪》。
⑦《三国志》卷3《魏书·明帝纪》。

仍是由宛城发兵，"乃倍道兼行，八日到其城下。"魏军围攻上庸城，"旬有六日，（孟）达甥邓贤、将李辅等开门出降。斩达，传首京师。俘获万余人，振旅还于宛。"①从上述史实可以看出，曹操去世之后魏国在荆州地区的军事部署发生了显著变化，和此前的情况大不相同。征南将军、荆州都督与所率军队主力屯驻在宛城，而襄阳、樊城甚至一度弃守，后来虽然收复，却转变为边境的要塞，仅派遣少数部队驻守，不再作为战区的指挥中心和重兵驻扎之处，说明其战略地位和军事价值发生了明显的下降。

需要说明的是，郭秀琦等否认魏初曾经弃守襄阳、樊城，其原因在于他们对《晋书·宣帝纪》的相关记载多有错误的理解。今作辨析如下：

其一，他们认为文中"时曹仁镇襄阳"是严重失实，理由是曹仁本传载"（曹丕）及即王位，拜仁车骑将军，都督荆、扬、益州诸军事……后召还屯宛。"说明他不再是襄阳守将。实际上曹仁原任"行征南将军"，为荆州战区的统帅。曹丕即位后晋升了他的职务，为荆、扬、益三州都督，襄阳仍然在其治下。"镇襄阳"是指曹仁的都督治所设置在襄阳，"后召还屯宛"与《晋书·宣帝纪》所言朝议"请召仁还宛"并获文帝批准之事互相吻合。前引曹仁本传又言："孙权遣将陈邵据襄阳，诏仁讨之。仁与徐晃攻破邵，遂入襄阳。"郭氏认为这条材料说明，"曹仁和徐晃是从别处去襄阳攻讨陈邵的，也否定了曹仁的襄阳守将身份。"其实此事发生在曹仁将驻地后撤至宛城以后，因此应是自宛出兵驱逐陈邵；而史籍所言曹仁"镇襄阳"是在撤军之前，两者并不矛盾。此外，襄阳属于

---

① 《晋书》卷1《宣帝纪》。

荆州都督的辖区,所以是由曹仁率兵收复。郭氏的分析忽视了时间顺序,以致于得出的结论不够准确。

其二,郭氏等认为《晋书·宣帝纪》所言是:"汉政府得知一小股吴军西过襄阳,马上派丞相府长史司马懿向襄阳守将曹仁传授应对方略,西来吴军必不敢为患,襄阳战略要地一定要守住,曹仁竟违令焚弃二城。"①又云:"按《晋书·宣帝纪》所载,曹仁在一切正常的情况下,竟不执行政府的命令,焚弃樊、襄阳二城而逃,直接触犯了军法。"②而在曹仁本传当中,不但不见弃城受罚的记载,曹仁还是执行军法的典范,由此得出《晋书·宣帝纪》叙述失误的结论。此处郭氏对史书的解读亦有不相符之处,所谓"朝议"不是政府下达的指令,而是在宫内朝会上集思广益,再将讨论结果交付皇帝裁决。因为襄樊地区缺粮,建议调主将曹仁率军后撤至宛城,是公卿大臣们的共识,且获得曹丕的批准。清儒谢钟英云:"盖丕以孙权降伏,外无敌患,遂弃襄樊。"③司马懿所言:"襄阳水陆之冲,御寇要害,不可弃也。"只是他个人在朝议中的反对意见,而并非他远赴襄阳去传达政府的某个决定。所谓"言竟不从",是说他的话没有得到在座百官拥护和魏文帝的接受,所以下文说:"仁遂焚弃二城,权果不为寇,魏文悔之。"如果曹丕没有下令放弃襄阳、樊城,那么试问他有什么可后悔的呢? 再说司马懿担任丞

①郭秀琦、郝红红:《〈晋书·宣帝纪〉曹仁"焚弃(樊、襄阳)二城"辨误》,《阴山学刊》2005年第3期。

②郭秀琦、郝红红:《〈晋书·宣帝纪〉曹仁"焚弃(樊、襄阳)二城"辨误》,《阴山学刊》2005年第3期。

③[清]洪亮吉撰,[清]谢钟英补注:《〈补三国疆域志〉补注》,《二十五史补编·三国志补编》,第481页。

相长史，即原来相府的秘书长，内政、外交、军事百务缠身，曹操虽死而事务犹在，如若派遣使者到前线传达朝廷应对方略，则没有必要非得让这个大忙人前往。由此可见，曹仁是接受朝廷指示放弃襄阳、樊城而后撤至宛的，不是拒绝接受政府命令。他并没有私自弃城而逃，所以谈不上触犯军法。

其三，郭氏等觉得《晋书·宣帝纪》中"樊、襄阳无谷，不可以御寇"的记载不可置信。觉得这番话，"说得毫无道理，尤其是不应在朝议中提出，因为战时用谷，平时也要吃饭。因此，不管'樊、襄阳无谷，不可以御寇'，对曹仁及其驻地产生什么影响，还是曹仁那里是否缺粮，这都不能成为曹仁焚弃樊、襄阳的理由。"①郭氏上述议论有失偏颇，没有考虑军需供应对前线战事所产生的重大影响。军队将士必须要吃饭，但粮食并非随处可取或凭空天降的。如果前线乏粮，后方又转运不继，部队自然要撤军。如诸葛亮屡出祁山，往往是因为粮草接济不上而被迫还师的。

另外，曹魏方面弃守襄阳、樊城是有前提条件的，那就是我方可以撤退，却不能让敌军占领。如果孙吴方面派兵进驻襄樊，那么就会竭尽全力予以阻止。所以后来吴将陈邵进据襄阳，即被曹仁、徐晃逐走。曹魏方面运用此种防守策略还有其他的例证，如对战略要地徐州只派了很少的兵力驻守，但是却不会让孙吴进占。孙权曾向吕蒙征询进取徐州是否可行，吕蒙对曰："徐土守兵，闻不足言，往自可克。然地势陆通，骁骑所骋，至尊今日得徐州，操后旬必来争，虽以七八万人守之，犹当怀忧。不如取羽，全

①郭秀琦、郝红红:《〈晋书·宣帝纪〉曹仁"焚弃(樊、襄阳)二城"辨误》,《阴山学刊》2005年第3期。

据长江，形势益张。"①胡三省即称赞道："曹操审知天下之势，虑此熟矣。此兵法所谓'城有所不守'也。"②说的也是这种情况。

　　延康元年（220）春，曹操突然病逝，使魏国的政治形势发生剧烈动荡。《魏略》曰："时太子在邺，鄢陵侯未到，士民颇苦劳役，又有疾疠，于是军中骚动。群寮恐天下有变，欲不发丧。（贾）逵建议为不可秘，乃发哀，令内外皆入临，临讫，各安叙不得动。"③又云："建安二十四年，（臧）霸遣别军在洛。会太祖崩，霸所部及青州兵，以为天下将乱，皆鸣鼓擅去。"④西北和北方边境地带亦不安定，多次发生过叛乱。如《三国志》卷15《魏书·张既传》曰："文帝即王位，初置凉州，以安定太守邹岐为刺史。张掖张进执郡守举兵拒岐，黄华、麹演各逐故太守，举兵以应之。既进兵为护羌校尉苏则声势，故则得以有功。既进爵都乡侯。凉州卢水胡伊健妓妾、治元多等反，河西大扰。"《三国志》卷26《魏书·田豫传》亦曰："文帝初，北狄强盛，侵扰边塞，乃使豫持节护乌丸校尉，牵招、解俊并护鲜卑。自高柳以东，濊貊以西，鲜卑数十部，比能、弥加、素利割地统御，各有分界；乃共要誓，皆不得以马与中国市。"在易世之际动乱频繁发生的情况下，曹丕为了稳定中原腹地的局势，以便完成顺利继承王位且取代汉室的主要政治目的，在边境地带采取后撤兵力、收缩战线的防守策略，是合乎情理的。从黄初元年（220）曹仁移镇宛城之后，荆州都督治所即长期设置在那里，直到

①《三国志》卷54《吴书·吕蒙传》。
②《资治通鉴》卷68汉献帝建安二十四年十月。
③《三国志》卷15《魏书·贾逵传》注引《魏略》。
④《三国志》卷18《魏书·臧霸传》注引《魏略》。

正始四年(243)王昶上表徙镇新野结束。在此期间,樊城和襄阳都不再作为战区统帅和军队主力的屯驻之地。因此《晋书·宣帝纪》所言"魏文悔之",不会是对曹仁率领主力北移宛城一事感到懊悔,而应该是对没有在樊城、襄阳两城留下少量部队而遗憾。如果留驻少数将士,后方的粮饷供应有限,因而并不会感到沉重的压力,却可以牵制和震慑敌人,使其不敢轻易来攻,即便来攻也不会迅速得手,有充裕时间等待后方援军的解救。此后在荆州都督镇宛、镇新野的数十年内,都吸取了这个教训,即将樊城和襄阳设为前线据点,驻守人马不多,任务只是巡逻警戒、阻敌待援而已。

再者,曹操在世时,为了巩固后方的统治,减轻前线大量驻军的耗费,曾经在淮南和汉中先后采取过撤兵徙民、坚壁清野,制造无人居住的中间地带,以增加敌人进军难度的做法。例如,"淮南滨江屯候皆彻兵远徙,徐、泗、江、淮之地,不居者各数百里。"[1]其事又见《三国志》卷47《吴书·吴主传》建安十八年(213),"初,曹公恐江滨郡县为权所略,征令内移。民转相惊,自庐江、九江、蕲春、广陵户十余万皆东渡江。江西遂虚,合肥以南惟有皖城。"如前所述,曹操在襄樊战役结束后,也企图迁徙"荆州残民及其屯田在汉川者",而被司马懿劝阻。但是黄初元年(220)曹仁击退吴将陈邵,收复襄阳之后,终于施行了这一措施,将汉水以南的民户迁移到北岸。"仁与徐晃攻破邵,遂入襄阳,使将军高迁等徙汉南附化民于汉北。"[2]襄阳以南的曹魏疆域少有百姓居住,只是租中山

[1]《三国志》卷51《吴书·宗室传·孙韶》。
[2]《三国志》卷9《魏书·曹仁传》。

区有少数民族集中垦种①，屡受孙吴军队的讨伐，其详情可见下文。

### (二)夏侯尚出镇荆州

据《三国志》卷9《魏书·曹仁传》记载，他在黄初元年(220)逐走陈邵、收复襄阳后被朝廷东调，主持扬州地区的战事。"仁与徐晃攻破邵，遂入襄阳，使将军高迁等徙汉南附化民于汉北，文帝遣使即拜仁大将军。又诏仁移屯临颍，迁大司马，复督诸军据乌江，还屯合肥。"黄初三年(222)魏师征吴，曹仁即从合肥领兵南下进攻濡须。他原来担任的荆州战区主将"征南将军"一职，则由夏侯尚继任。夏侯尚乃夏侯渊之族侄，又娶曹氏之女为妻，和魏国皇族有密切的亲属关系②。另外，其为人擅长谋略策划，故曹丕在登极前便与之交好，并有所倚重。《魏书》曰："尚有筹画智略。文帝器之，与为布衣之交。"③曹丕曾言："尚自少侍从，尽诚竭节，虽云异姓，其犹骨肉，是以入为腹心，出当爪牙。智略深敏，谋谟过人。"④他在篡汉之后，即起用夏侯尚出镇荆州。"文帝践阼，更封平陵乡侯，迁征南将军，领荆州刺史，假节，都督南方诸军事。"⑤应该说，曹丕对夏侯尚的信任程度明显地超过了曹仁，例如他曾经

①《三国志》卷56《吴书·朱然传》："赤乌五年，征柤中。"注引《襄阳记》曰："柤中在上黄界，去襄阳一百五十里。魏时夷王梅敷兄弟三人，部曲万余家屯此，分布在中庐宜城西山鄢、沔二谷中。"

②《三国志》卷9《魏书·夏侯尚传》曰："夏侯尚字伯仁，渊从子也。文帝与之亲友……尚有爱妾嬖幸，宠夺适室；适室，曹氏女也，故文帝遣人绞杀之。"

③《三国志》卷9《魏书·夏侯尚传》注引《魏书》。

④《三国志》卷9《魏书·夏侯尚传》注引《魏书》。

⑤《三国志》卷9《魏书·夏侯尚传》。

下令赋予其生杀特权。"时有诏,诏征南将军夏侯尚曰:'卿腹心重将,特当任使。恩施足死,惠爱可怀。作威作福,杀人活人。'"①再者,曹仁出任征南将军时,该地的行政长官——荆州刺史是由胡修担任②,而夏侯尚则是兼任刺史,统领军政要务。魏初荆州主将的调动原因,应是出于朝廷对该地区的重视。南阳、襄樊一带南临吴境,西南与蜀汉东三郡交界,两面遭受敌军的压力。若有不测,则会直接威胁到魏都洛阳的安全,故曹丕要委任深受宠信且才干出众的夏侯尚来负责当地的军务。

夏侯尚任职后在军事上确实获得了显著的成功,如前所述,他曾上奏朝廷,请求对蜀汉东三郡发动突袭。得到朝廷批准后即率徐晃、孟达等将兵出征③,并顺利击败刘封,占领该地,并由此得到晋升。"遂勒诸军击破上庸,平三郡九县,迁征南大将军。"④夏侯尚收复东三郡,将蜀汉势力逐退至汉中,荆州防区得以向西方延伸,因而巩固了边陲的安全。此次军事行动的时间,《资治通鉴》定为黄初元年(220)七月,核对史籍其时间显然有误。据《三国志》卷2《魏书·文帝纪》所言,是年七月,"孙权遣使奉献。蜀将孟达率众降。"而当时曹丕正在回归沛郡故里的路上。"甲午,军次于谯,大飨六军及谯父老百姓于邑东。"至十月才动身返回,并在途中接受汉献帝的禅让。"乃为坛于繁阳。庚午,王升坛即阼,

---

① 《三国志》卷14《魏书·蒋济传》。

② 《晋书》卷1《宣帝纪》:"帝又言荆州刺史胡脩粗暴,南乡太守傅方骄奢,并不可居边。魏武不之察。及蜀将关羽围曹仁于樊,于禁等七军皆没,脩、方果降羽,而仁围甚急焉。"

③ 《三国志》卷40《蜀书·刘封传》曰:"魏文帝善(孟)达之姿才容观,以为散骑常侍、建武将军,封平阳亭侯。合房陵、上庸、西城三郡为新城郡,以达领新城太守。遣征南将军夏侯尚、右将军徐晃与达共袭(刘)封……申仪叛封,封破走还成都。"

④ 《三国志》卷9《魏书·夏侯尚传》。

百官陪位。事讫，降坛，视燎成礼而反。改延康为黄初，大赦。"其
建国改制的过程则延续到下月，十一月癸酉，"赐男子爵人一级，
为父后及孝悌力田人二级。以汉诸侯王为崇德侯，列侯为关中
侯。以颍阴之繁阳亭为繁昌县。封爵增位各有差。改相国为司
徒，御史大夫为司空，奉常为太常，郎中令为光禄勋，大理为廷尉，
大农为大司农。郡国县邑，多所改易。"

　　从以上情况来看，夏侯尚与孟达不可能在当年七月伐蜀。其
原因之一，是当月孟达降魏后，曹丕先派使臣到边境联络，待其回
京汇报后又诏孟达赴谯县朝见，事毕再令其返回荆州。《魏略》
曰："(孟)达以延康元年率部曲四千余家归魏。文帝时初即王位，
既宿知有达，闻其来，甚悦，令贵臣有识察者往观之，还曰：'将帅
之才也。'或曰：'卿相之器也。'王益钦达。"又与书云："'若卿欲来
相见，且当先安部曲，有所保固，然后徐徐轻骑来东。'达既至谯，
进见闲雅，才辩过人，众莫不属目。……遂与同载。又加拜散骑
常侍，领新城太守，委以西南之任。"[1]如上所述，这一期间经历了
使臣、孟达的两度往返，单程路途犹在千里以上，耗费时日甚多，
故出征上庸至少应在数月之后。其原因之二，是前引夏侯尚本传
所言："文帝践阼，更封平陵乡侯，迁征南将军，领荆州刺史。"[2]表
明夏侯尚出镇荆州应在黄初元年(220)十月或十一月曹魏代汉之
后，而并非在此之前。他上任以后再筹划准备伐蜀，并奏报朝廷，
待议决批复到出征还需要一段时间，故笔者认为此次战役很可能
是在黄初二年(221)春季进行的。刘封败还成都后受到先主斥

---

①《三国志》卷3《魏书·明帝纪》注引《魏略》。
②《三国志》卷9《魏书·夏侯尚传》。

责,后又下诏赐死。当年七月刘备即出兵征吴,依照上述情况判断,刘封上庸之败应该是在此次战役之前至曹丕登极后的时段以内,却不会在孟达降魏的当月。

夏侯尚收复东三郡后,又积极筹备对孙吴的作战。其本传曰:"孙权虽称藩,尚益修攻讨之备,权后果有二心。"①但孙权提防蜀汉出师复仇,主要兵力和防御准备都集中到峡口方向。刘备东征之后,与吴军的作战拖延时日。《资治通鉴》卷69黄初三年(222)曰:"汉人自巫峡建平连营至夷陵界,立数十屯,以冯习为大督,张南为前部督,自正月与吴相拒,至六月不决。"直至闰六月,陆逊才获得了猇亭之战的大胜。孙权在此期间因为全力御蜀而向曹魏假意归降,卑辞示好,并没有力量北上发动进攻。而魏文帝也受其愚弄,未曾接受刘晔趁吴蜀交兵之际南伐的建议②。襄

①《三国志》卷9《魏书·夏侯尚传》。
②《三国志》卷14《魏书·刘晔传》:"后(刘)备果出兵击吴。吴悉国应之,而遣使称藩。朝臣皆贺,独晔曰:'吴绝在江、汉之表,无内臣之心久矣。陛下虽齐德有虞,然丑虏之性,未有所感。因难求臣,必难信也。彼必外迫内困,然后发此使耳,可因其穷,袭而取之。夫一日纵敌,数世之患,不可不察也。'备军败退,吴礼敬转废。"注引《傅子》曰:"孙权遣使求降,帝以问晔。晔对曰:'权无故求降,必内有急。权前袭杀关羽,取荆州四郡,备怒,必大兴师伐之。外有强寇,众心不安,又恐中国承其衅而伐之,故委地求降,一以却中国之兵,二则假中国之援,以强其众而疑敌人。权善用兵,见策知变,其计必出于此。今天下三分,中国十有其八。吴、蜀各保一州,阻山依水,有急相救,此小国之利也。今还自相攻,天亡之也。宜大兴师,径渡江袭其内,蜀攻其外,我袭其内,吴之亡不出旬月矣。吴亡则蜀孤。若割吴半,蜀固不能久存,况蜀得其外,我得其内乎!'帝曰:'人称臣降而伐之,疑天下欲来者心,必以为惧,其殆不可!孤何不且受吴降,而袭蜀之后乎?'对曰:'蜀远吴近,又闻中国伐之,便还军,不能止也。今备已怒,故兴兵击吴,闻我伐吴,知吴必亡,必喜而进与我争割吴地,必不改计抑怒救吴,必然之势也。'帝不听,遂受吴降,即拜权为吴王……权将陆议大败刘备,杀其兵八万余人,备仅以身免。权外礼愈卑,而内行不顺,果如晔言。"

阳、樊城一带因此较为平静，暂时脱离了战火的破坏。

## 四、江陵之役后的军事格局与荆襄地区战争特点

黄初三年（222），曹丕向吴国索取太子孙登为人质，遭到拒绝后双方关系破裂，魏国随即出兵三路征吴。《三国志》卷 47《吴书·吴主传》曰："（孙）权外托事魏，而诚心不款。魏欲遣侍中辛毗、尚书桓阶往与盟誓，并征任子。权辞让不受。秋九月，魏乃命曹休、张辽、臧霸出洞口，曹仁出濡须，曹真、夏侯尚、张郃、徐晃围南郡。权遣吕范等督五军，以舟军拒休等；诸葛瑾、潘璋、杨粲救南郡；朱桓以濡须督拒仁。"其中南郡方向围绕着江陵城进行攻守战斗，受到曹魏的特殊重视，其表现如下所述。

第一，是魏国在此路投入了精兵强将，除了夏侯尚所率之荆州驻军，还有曹真统领的中军。见曹丕黄初四年（223）三月丙午诏："中军、征南，攻围江陵，左将军张郃等艑舻直渡，击其南渚，贼赴水溺死者数千人，又为地道攻城，城中外雀鼠不得出入，此几上肉耳！"[1]《三国志》卷 9《魏书·曹真传》曰："黄初三年还京都。以真为上军大将军，都督中外诸军事，假节钺。与夏侯尚等征孙权，击牛渚屯，破之。转拜中军大将军，加给事中。"《三国志》此处文字略有讹误，"牛渚"即后世之采石矶，在扬州当涂，即今安徽马鞍山市，与北岸的历阳（今安徽和县乌江镇）相对，并不在荆州。据清末民国学者卢弼考证，这里的"牛渚"其实是前引曹丕丙午诏所

---

[1]《三国志》卷 2《魏书·文帝纪》黄初三年三月丙申注引《魏书》载丙午诏。

言张郃等进攻的"南渚"①，即靠近长江南岸的沙洲。按中军原由曹操直接统率，随其麾下四出征伐，是魏国战斗力最强的部队。何兹全曾指出魏晋中军前身即为两汉中央的南北军，但两汉南北军主要负责京城及宫殿的守卫，很少出征。魏晋中军的职责则有明显变化，"不仅宿卫宫殿，保卫京都，而且常常征伐四方，是国家的重兵所在。"②曹丕将精锐的中军置于南郡方向，与地方军队配合作战，体现了他对这一战区兵力的强化，以及攻占江陵企图的志在必得。

第二，魏文帝亲率公卿驾临宛城，即原荆州主将、征南将军的治所。《三国志》卷2《魏书·文帝纪》载黄初三年"十一月辛丑，行幸宛"。次年正月，"筑南巡台于宛。"直到战役结束才返回首都。"三月丙申，行自宛还洛阳宫。"皇帝与百官驻跸宛城之目的是就近督战，也是为了方便支援。如《三国志》卷56《吴书·朱然传》所言："魏遣曹真、夏侯尚、张郃等攻江陵。魏文帝自住宛，为其势援，连屯围城。"另一个原因，则是能够及时收取前线战报，召集群臣集议对策，以便迅速发出指示。例如，在《三国志》卷14《魏书·董昭传》中，就记载了朝廷就进攻江陵方略的讨论与决定。文字如下：

> 大驾幸宛，征南大将军夏侯尚等攻江陵，未拔。时江水浅狭，尚欲乘船将步骑入渚中安屯，作浮桥，南北往来，议者

---

① 卢弼：《三国志集解》卷9："《文纪》黄初四年注丙午诏'击其南渚'是也。"第282页。笔者按：其事又见《三国志》卷17《魏书·张郃传》："遣南与夏侯尚击江陵。郃别督诸军渡江，取洲上屯坞。"

② 何兹全：《魏晋的中军》，《读史集》，第242页。

多以为城必可拔。昭上疏曰:"武皇帝智勇过人,而用兵畏敌,不敢轻之若此也。夫兵好进恶退,常然之数。平地无险,犹尚艰难,就当深入,还道宜利,兵有进退,不可如意。今屯渚中,至深也;浮桥而济,至危也;一道而行,至狭也;三者兵家所忌,而今行之。贼频攻桥,误有漏失,渚中精锐,非魏之有,将转化为吴矣。臣私戚之,忘寝与食,而议者怡然不以为忧,岂不惑哉!加江水向长,一旦暴增,何以防御?就不破贼,尚当自完。奈何乘危,不以为惧?事将危也,惟陛下察之!"帝悟昭言,即诏尚等促出。贼两头并前,官兵一道引去,不时得泄,将军石建、高迁仅得自免。军出旬日,江水暴长。帝曰:"君论此事,何其审也!正使张(良)、陈(平)当之,何以复加。"

在曹魏的三路南征当中,江陵围城之役的战斗最为激烈,经历的时间最久。吴国镇守江陵的主将为朱然,受魏军围攻长达半年,损失惨重,几至兵粮尽绝。其本传曰:"(孙)权遣将军孙盛督万人备州上,立围坞,为然外救。邰渡兵攻盛,盛不能拒,即时却退,邰据州上围守,然中外断绝。权遣潘璋、杨粲等解围而围不解。时然城中兵多肿病,堪战者裁五千人。(曹)真等起土山,凿地道,立楼橹临城,弓矢雨注。将士皆失色,然晏如而无怨意,方厉吏士,伺间隙攻破两屯。魏攻围然凡六月日,未退。江陵令姚泰领兵备城北门,见外兵盛,城中人少,谷食欲尽,因与敌交通,谋为内应。垂发,事觉,然治戮泰。"①孙权命诸葛瑾率军增援,但屡

---

① 《三国志》卷56《吴书·朱然传》。

屡受挫。"曹真、夏侯尚等围朱然于江陵,又分据中州,瑾以大兵为之救援。瑾性弘缓,推道理,任计画,无应卒倚伏之术,兵久不解,权以此望之。"①《三国志》卷9《魏书·夏侯尚传》亦云:"黄初三年,车驾幸宛,使尚率诸军与曹真共围江陵。权将诸葛瑾与尚军对江,瑾渡入江中渚,而分水军于江中。尚夜多持油船,将步骑万余人,于下流潜渡,攻瑾诸军,夹江烧其舟船,水陆并攻,破之。"魏军进攻江陵虽在外围屡次获胜,但是攻城战斗旷日持久,却始终无计陷城,导致部队伤亡严重②,又遭遇当地疾病流行,只得被迫撤兵。"城未拔,会大疫,诏敕(夏侯)尚引诸军还。"③

为时超过六月的江陵之役对孙吴南郡江北地区造成的破坏非常残酷,百姓死伤流离,农田荒废辍耕,劫后余生的民众大多迁徙到长江南岸去躲避战祸。《三国志》卷9《魏书·夏侯尚传》曰:"荆州残荒,外接蛮夷,而与吴阻汉水为境,旧民多居江南。"前文已述,黄初元年(220)曹仁复据襄阳后,曾经"使将军高迁等徙汉南附化民于汉北"④。而江陵之役以后,曹魏方面由于兵员和给养损耗也很严重,仍然无力在汉水以南留守重兵,军政长官夏侯尚与所辖州兵主力仍然退驻宛城,襄阳一带继续作为边陲要塞,只有少数军队镇守。黄初六年(225),"(夏侯)尚疾笃,还京都,帝数

---

① 《三国志》卷 52《吴书·诸葛瑾传》注引《吴录》。
② 《三国志》卷 10《魏书·贾诩传》:"后兴江陵之役,士卒多死。"
③ 《三国志》卷 9《魏书·夏侯尚传》。又《三国志》卷 2《魏书·文帝纪》黄初四年三月注引《魏书》载丙午诏亦曰:"而贼中疠气疾病,夹江涂地,恐相染污。昔周武伐殷,旋师孟津;汉祖征隗嚣,还军高平;皆知天时而度贼情也。且成汤解三面之网,天下归仁。今开江陵之围,以缓成死之禽,且休力役,罢省縣戍,畜养士民,咸使安息。"
④ 《三国志》卷 9《魏书·曹仁传》。

临幸,执手涕泣。"①随即去世。司马懿继任荆州都督后,仍然将治所和州兵主力屯驻在宛城一带。"太和元年六月,天子诏帝屯于宛,加督荆、豫二州诸军事。"②襄阳、樊城受到吴国入侵时,留驻的少量部队闭城不出,固守待援,后方闻讯后发兵来救。如黄初七年(226)曹丕去世,"八月,孙权攻江夏郡……吴将诸葛瑾、张霸等寇襄阳,抚军大将军司马宣王讨破之,斩霸。"③正始二年(241),"吴大将朱然围樊城,(荆州刺史胡)质轻军赴之。议者皆以为贼盛不可迫,质曰:'樊城卑下,兵少,故当进军为之外援。不然,危矣。'遂勒兵临围,城中乃安。"④上述军事部署到正始四年(243)王昶任征南将军时略有变化。他认为,"国有常众,战无常胜,地有常险,守无常势。今屯宛,去襄阳三百余里,诸军散屯,船在宣池,有急不足相赴。"⑤因此上表请求将治所前移至新野,获得朝廷批准。这样州兵主力驻地和指挥中心与襄樊前线之间缩短了将近一半距离,但是襄阳郡仍然作为前方要塞及巡逻警戒地带,其战略地位和作用依然如故。从总体情况来看,曹魏荆州战区的兵力部署格局也没有发生根本的改变。

　　吴国方面由于经济、军事力量的严重削弱,亦无力在荆州江北地区大量驻军并维持当地的郡县统治,因此除了移民江南,还把南郡主将治所从江陵迁移到南岸的乐乡(今湖北松滋县),战区军事长官称为"乐乡都督"或"乐乡督",先后有朱然、施绩和陆抗、

①《三国志》卷9《魏书·夏侯尚传》。
②《晋书》卷1《宣帝纪》。
③《三国志》卷3《魏书·明帝纪》。
④《三国志》卷27《魏书·胡质传》。
⑤《三国志》卷27《魏书·王昶传》。

孙歆等人担任①。南郡行政长官太守的治所继续留在江南的公安县（今湖北公安县）②，公安城因此亦称作"南郡城"③。江陵由此失去了地区经济、政治中心城市的重要地位，变成了一座孤悬江外而少有兵民的军事要塞。孙吴南郡的对魏防线即收缩到江陵城郊，其北边的当阳、临沮等县均已弃守，战区军队主力屯驻在南岸的乐乡以待机出动。如有襄阳方向的敌寇前来进攻，南郡吴军的防卫策略为两种，其一与曹魏荆州的御敌之术相同，即纵敌直抵江陵城下，守军据城抗击，等待主力由乐乡、公安渡江来援。例如嘉平元年（249），"（朱）然卒，绩袭业，拜平魏将军，乐乡督。明年，魏征南将军王昶，率众攻江陵城，不克而退。绩与奋威将军诸葛融书，曰：'昶远来疲困，马无所食，力屈而走，此天助也。今追之力少，可引兵相继。吾欲破之于前，足下乘之于后，岂一人之功哉，宜同断金之义。'融答许绩。绩便引兵，及昶于纪南。纪南去城三十里，绩先战胜，而融不进，绩后失利。"④《三国志》卷27《魏书·王昶传》亦曰："昶诣江陵，两岸引竹絙为桥，渡水击之。贼奔南岸，凿七道并来攻。于是昶使积弩同时俱发，贼大将施绩夜遁入江陵城，追斩数百级。"其二是在江陵以北筑堰蓄水，待敌兵临近时泄洪淹没道路以阻其前进。如孙吴凤凰元年（272）步阐据西

①参见严耕望：《中国地方行政制度史——魏晋南北朝地方行政制度》（上），上海古籍出版社，2007年，第27—29页。
②参见《三国志》卷52《吴书·诸葛瑾传》："以绥南将军代吕蒙领南郡太守，住公安。"
③《三国志》卷52《吴书·诸葛瑾传》注引《江表传》曰："先是，公安有灵鼍鸣，童谣曰：'白鼍鸣，龟背平，南郡城中可长生，守死不去义无成。'及（诸葛）恪被诛，（诸葛）融果刮金印龟，服之而死。"
④《三国志》卷56《吴书·朱然附子绩传》。

陵叛乱,晋将羊祜采取围魏救赵之计,进军江陵以吸引吴师来救。"初,江陵平衍,道路通利。(陆)抗敕江陵督张咸,作大堰遏水,渐渍平中,以绝寇叛。(羊)祜欲因所遏水,浮船运粮,扬声将破堰以通步军。抗闻,使咸亟破之。诸将皆惑,屡谏不听。祜至当阳,闻堰败,乃改船以车运,大费损功力。"①吴国在南郡江北放水阻敌,早在前述嘉平二年王昶南征时即已有之。《资治通鉴》卷 75 载其事曰:"昶向江陵,引竹絙为桥,渡水击之。"胡三省注:"絙,居登翻,大索也。吴引沮漳之水浸江陵以北之地,以限魏兵,故昶为桥以渡水。"清儒谢钟英评论道:"当阳、编县皆隔在堰外,盖已举而弃之。"②

　　由于魏吴双方在荆襄地区分别采取了迁徙民众与军队主力到汉北或江南的举措,襄阳南至江陵的江汉平原就形成了坚壁清野的中间地带,与淮南等地相同。何承天《安边论》曾言:"曹、孙之霸,才均智敌,江、淮之间,不居各数百里。魏舍合肥,退保新城;吴城江陵,移民南涘,濡须之戍,家停羡溪。"③除了襄阳郡内位处山区的粗中因为地势险要,有夷人万余户④,很少再有百姓居住。以致曹魏在景初元年(237)将襄阳南境的临沮、宜城、旍阳、邔四县改置为襄阳南部都尉治理的军事辖区,不再归属普通郡

①《三国志》卷 58《吴书·陆抗传》。

②[清]洪亮吉撰,[清]谢钟英补注:《〈补三国疆域志〉补注》,《二十五史补编·三国志补编》,第 481 页。

③《宋书》卷 64《何承天传》。

④《三国志》卷 56《吴书·朱然传》:"赤乌五年,征粗中。"注引《襄阳记》曰:"粗音如租税之租。粗中在上黄界,去襄阳一百五十里。魏时夷王梅敷兄弟三人,部曲万余家屯此,分布在中庐宜城西山鄀、沔二谷中,土地平敞,宜桑麻,有水陆良田,沔南之膏腴沃壤,谓之粗中。"

县。在这绵延宽广的缓冲区域,只有少数游骑哨兵巡逻警备,既无大军驻扎,亦少有民户耕种居住。如何承天所云:"斥候之郊,非畜牧之所;转战之地,非耕桑之邑。故坚壁清野,以俟其来,整甲缮兵,以乘其敝。虽时有古今,势有强弱,保民全境,不出此涂。"①《汉晋春秋》载正始七年(246),"吴将朱然入柤中,斩获数千。柤中民夷万余家渡沔。"②襄阳之南的剩余百姓再一次迁徙到汉水以北,大将军曹爽企图命令他们回到沔南,受到司马懿和袁淮的劝阻。袁淮认为徙民于后方可以保障其安全,"自江夏已东,淮南诸郡,三后已来,其所亡几何以近贼疆界易钞掠之故哉!若徙之淮北,远绝其间,则民人安乐,何鸣吠之惊乎?"③更为重要的是,若从军事角度考虑,此举能够诱敌深入,使孙吴不得发挥擅长水战的优势,所以在战略上是相当有利的。其论曰:

> 吴楚之民脆弱寡能,英才大贤不出其土,比技量力,不足与中国相抗,然自上世以来常为中国患者,盖以江汉为池,舟楫为用,利则陆钞,不利则入水,攻之道远,中国之长技无所用之也。孙权自十数年以来,大畋江北,缮治甲兵,精其守御,数出盗窃,敢远其水,陆次平土,此中国所愿闻也。夫用兵者,贵以饱待饥,以逸击劳,师不欲久,行不欲远,守少则固,力专则强。当今宜捐淮、汉已南,退却避之。若贼能入居中央,来侵边境,则随其所短,中国之长技得用矣。若不敢来,则边境得安,无钞盗之忧矣。使我国富兵强,政修民一,

---

①《宋书》卷64《何承天传》。
②《三国志》卷4《魏书·三少帝纪·齐王芳》正始七年注引《汉晋春秋》。
③《三国志》卷4《魏书·三少帝纪·齐王芳》正始七年注引《汉晋春秋》。

陵其国不足为远矣。[①]

值得注意的是,袁淮提出由于曹魏在荆州的对吴作战主要以汉水为屏障,处于这条天然防线之外的襄阳难以据守,因此对战局的影响不像以前那样重要。"今襄阳孤在汉南,贼循汉而上,则断而不通,一战而胜,则不攻而自服,故置之无益于国,亡之不足为辱。"[②]最后终于说服曹爽,中止了返回河南的徙民行动。

如上所述,江陵之役以后,襄阳以南的江汉平原一带少有民居,沿途搜集不到足够的粮草给养,对大军的往来征战带来了严重的困难。这种形势造成了此后三国荆襄地区大规模军事行动的两个特点。分述如下:

首先,魏吴双方均不在中间地带阻击进犯之敌,任凭来寇长驱直入,抵达襄阳、樊城或江陵城下。例如江陵之役结束后到西晋灭吴以前,曹魏及晋朝军队进攻南郡共有四次。分别为:

魏明帝太和二年(228),"帝使逮督前将军满宠、东莞太守胡质等四军,从西阳直向东关,曹休从皖,司马宣王从江陵。"[③]

魏齐王芳嘉平二年(250),"遣新城太守南阳州泰袭巫、秭归,荆州刺史王基向夷陵,(王)昶向江陵。"[④]

魏齐王芳嘉平四年(252),"十一月,诏王昶等三道击吴。十二月,王昶攻南郡,毌丘俭向武昌,胡遵、诸葛诞率众七万攻

---

① 《三国志》卷4《魏书·三少帝纪·齐王芳》正始七年注引《汉晋春秋》。
② 《三国志》卷4《魏书·三少帝纪·齐王芳》正始七年注引《汉晋春秋》。
③ 《三国志》卷15《魏书·贾逵传》。
④ 《资治通鉴》卷75魏邵陵厉公嘉平二年。

东兴。"①

晋武帝泰始八年(272),"(武)帝遣荆州刺史杨肇迎阐于西陵,车骑将军羊祜帅步军出江陵,巴东监军徐胤帅水军击建平以救阐。"②

曹魏与西晋的上述进攻,或是直逼江陵城下,或是在半路撤兵,都没有在途中受到吴师的阻击。而孙吴在此期间对襄阳地区的进攻共有六次,分别为:

魏文帝黄初七年(226),"孙权围江夏,遣其将诸葛瑾、张霸并攻襄阳。"③

魏明帝青龙二年(234),"(孙)权北征,使(陆)逊与诸葛瑾攻襄阳。"④

魏齐王芳正始二年(241)五月,"吴将全琮寇芍陂,朱然、孙伦围樊城,诸葛瑾、步骘掠柤中。"⑤

魏齐王芳正始七年(246)正月,"吴寇柤中,夷夏万余家避寇北渡沔。"⑥

魏元帝景元四年(263)曹魏伐蜀,刘禅告急于吴。孙休答应其请求,"使大将军丁奉督诸军向魏寿春。将军留平别诣施绩于南郡,议兵所向。将军丁封、孙异如沔中,皆救蜀。"⑦

---

①《资治通鉴》卷 75 魏邵陵厉公嘉平四年。

②《资治通鉴》卷 79 晋武帝泰始八年。

③《晋书》卷 1《宣帝纪》。

④《三国志》卷 58《吴书·陆逊传》。

⑤《晋书》卷 1《宣帝纪》。

⑥《晋书》卷 1《宣帝纪》。

⑦《三国志》卷 48《吴书·三嗣主传·孙休》。

　　晋武帝泰始四年(268)，"十月，吴将施绩寇江夏，万彧寇襄阳，后将军田璋、荆州刺史胡烈等破却之。"①

　　据历史记载，吴国的上述进攻亦未在途中遭遇抵抗，往往能顺利抵达预定的作战地点，如襄阳、樊城或柤中。孙吴军队在这一地带北进时，曹魏方面只是派遣少数部队进行侦察活动，或是劫掠信使。如青龙二年(234)诸葛亮北伐关中，请孙权出兵助攻。"亮又出斜谷；征南(将军)上：'朱然等军已过荆城。'臻曰：'然，吴之骁将，必下从(孙)权，且为势以缀征南耳。'权果召然入居巢，进攻合肥。"②荆城地望在今湖北钟祥市西南，濒临汉水，与汉魏六朝之当阳县境接近。《水经注》卷28《沔水》曰："沔水自荆城东南流，径当阳县之章山东。山上有故城，太尉陶侃伐杜曾所筑也。"由此看来，荆城位置应在当阳之东北。杨守敬疏云："郦氏系章山于当阳者，山周回百余里，竟陵、当阳地相接也。在今钟祥县西南，接荆门州界。"③关羽据荆州时，曾在此地与魏军激战。《三国志》卷18《魏书·文聘传》曰："与乐进讨关羽于寻口，有功，进封延寿亭侯，加讨逆将军。又攻羽辎重于汉津，烧其船于荆城。"但此时曹魏却听任朱然领兵经过，而不加任何阻拦。又，"嘉禾五(笔者注：'五'应为'三')年，(孙)权北征，使(陆)逊与诸葛瑾攻襄阳。逊遣亲人韩扁赍表奉报。还，遇敌于沔中，钞逻得扁。"事后陆逊率军撤还，"乃密与瑾立计，令瑾督舟船，逊悉上兵马，以向襄阳城。敌素惮逊，遽还赴城。瑾便引船出，逊徐整部伍，张拓声势，步趋船，

──────────

①《宋书》卷23《天文志一》。
②《三国志》卷22《魏书·卫臻传》。
③[北魏]郦道元注，[民国]杨守敬、熊会贞疏：《水经注疏》，第2402页。

敌不敢干。"①可见襄阳魏军因为兵力有限,既不能离城迎战,又不敢尾随追击,致使陆逊从容进退。以往关羽所辖蜀汉军队和乐进、文聘等魏兵在临沮、旌阳、寻口、荆城等中间地带进行鏖战的情景,江陵之役以后则不复存在了。

其次,魏吴双方这一阶段在荆襄地区的相互攻伐,大多是以劫掠骚扰为主要目的,或是作试探性的攻击,时间亦比较短暂,均未进行全力以赴的持久作战。不像当年关羽北攻襄樊和曹真、夏侯尚围攻江陵那样,有势在必得的战役目标。例如嘉平二年(250)王昶进攻江陵,攻城一旦不利迅即撤退。如施绩与诸葛融书中所言:"昶远来疲困,马无所食,力屈而走。"②泰始八年(272)晋将羊祜进攻江陵时,陆抗即判断其不足为虑,认为即使晋军占领了江陵,也会由于给养和兵力补充的困难而无法坚守,因而拒绝了诸将请求从西陵撤兵回援的建议。"江陵城固兵足,无所忧患。假令敌没江陵,必不能守,所损者小。如使西陵槃结,则南山群夷皆当扰动,则所忧虑,难可而言也。吾宁弃江陵而赴西陵,况江陵牢固乎?"③

孙吴方面对襄阳地区的进攻也是如此。或是一触即溃,像黄初七年(226)诸葛瑾、张霸攻襄阳,司马懿率援兵刚到前线,吴师随即逃跑。"帝督诸军讨权,走之。进击,败瑾,斩霸,并首级千余。"④正始二年(241)朱然率众围攻樊城,司马懿前往救援。"宣王以南方暑湿,不宜持久,使轻骑挑之,然不敢动。于是乃令诸军

---

①《三国志》卷58《吴书·陆逊传》。
②《三国志》卷56《吴书·朱然附子绩传》。
③《三国志》卷58《吴书·陆抗传》。
④《晋书》卷1《宣帝纪》。

休息洗沐，简精锐，募先登，申号令，示必攻之势。然等闻之，乃夜遁。追至三州口，大杀获。"①或是虚张声势，不愿接敌交战。如孙吴的两次援蜀作战，青龙二年(234)陆逊与诸葛瑾攻襄阳，并未与敌人交锋即退。景元四年(263)孙吴扬声出师南郡与沔中以救蜀。胡三省评论道："沔中，时为魏境，吴兵未能至也，拟其所向耳。吴之巫、秭归等县，皆在江北，与魏之新城接境，自此行兵，亦可以发沔中，然亦犹激西江之水以救涸辙之鱼耳。"②或是抢掠居民及财物粮饷。如前述陆逊出征襄阳，"托言住猎，潜遣将军周峻、张梁等击江夏新市、安陆、石阳，石阳市盛，峻等奄至，人皆捐物入城。城门噎不得关，敌乃自斫杀己民，然后得阖。斩首获生，凡千余人。"③再如正始二年(241)五月，"诸葛瑾、步骘掠柤中。"④正始七年(246)，"吴将朱然入柤中，斩获数千；柤中民夷万余家渡沔。"⑤反映出其作战目标并非攻城略地，只是对山野村民抄掠以获小利，并向敌方耀武示威而已。

自江陵之役结束以后，到太康元年(280)晋师南征灭吴之前，荆襄地区的南北交兵基本维持着上述状况：即在江汉之间保留着坚壁清野的中间地带，并不在中途阻击敌军的进攻。双方的大规模军事行动往往是为时短暂的、试探性的战斗，而尽量避免进行长期的持久作战，或是倾注全力的决战。采取上述战略的原因，就孙吴而言，主要是国力所限。如诸葛亮所言："今议者咸以权利

①《三国志》卷 4《魏书·三少帝纪·齐王芳》注引干宝《晋纪》。
②《资治通鉴》卷 78 魏元帝景元四年十月胡三省注。
③《三国志》卷 58《吴书·陆逊传》。
④《晋书》卷 1《宣帝纪》。
⑤《三国志》卷 4《魏书·三少帝纪·齐王芳》注引《汉晋春秋》。

在鼎足,不能并力,且志望以满,无上岸之情。推此,皆似是而非
也。何者? 其智力不俦,故限江自保;权之不能越江,犹魏贼之不
能渡汉,非力有余而利不取也。"①对曹魏来说,也是由于其占领的
北方中原疆域虽广,但受战争破坏非常严重,需要休养生息,以待
来时,故不愿向吴、蜀出动倾国之师,这也是曹操在世时制定的国
策。诸葛亮率兵进驻汉中后,魏国群臣朝议,请求明帝大举发兵
伐蜀。孙资表示反对,进言劝阻道:"武皇帝圣于用兵,察蜀贼栖
于山岩,视吴虏窜于江湖,皆挠而避之,不责将士之力,不争一朝
之忿,诚所谓见胜而战,知难而退也。今若进军就南郑讨亮,道既
险阻,计用精兵又转运镇守南方四州遏御水贼,凡用十五六万人,
必当复更有所发兴。天下骚动,费力广大,此诚陛下所宜深虑。
夫守战之力,力役参倍。但以今日见兵,分命大将据诸要险,威足
以震慑强寇,镇静疆场,将士虎睡,百姓无事。数年之间,中国日
盛,吴蜀二虏必能自弊。"②上述言论,表明了文帝去世后魏国在荆
襄地区的军事部署和应敌对策是沿袭了以往曹操治世用兵的方
略,从其历史进展来看,后来确实收到了满意的效果。此后数十
年内,曹魏及西晋的国势日益强盛,统治稳固,而孙吴在荆州方向
没有对其构成过严重的威胁。当年关羽进军襄樊,威震华夏,以
致曹魏君臣被迫欲北迁许都的形势③,也就一去不返了。

---

① 《三国志》卷 35《蜀书・诸葛亮传》注引《汉晋春秋》。
② 《三国志》卷 14《魏书・刘放传》注引《孙资别传》。
③ 《晋书》卷 1《宣帝纪》:"是时,汉帝都许昌,魏武以为近贼,欲徙河北。帝谏曰:'(于)
　禁等为水所没,非战守之所失,于国家大计未有所损,而便迁都,既示敌以弱,又淮沔
　之人大不安矣。孙权、刘备,外亲内疏,羽之得意,权所不愿也。可喻权所,令掎其
　后,则樊围自解。'魏武从之。"

　　另外需要指出的是,江陵之役结束后,曹魏进行了战略部署的重大调整,将进攻孙吴的主要方向设置在东线扬州。魏文帝在黄初五年(224)八月,"为水军,亲御龙舟,循蔡、颍,浮淮,幸寿春。扬州界将吏士民,犯五岁刑已下,皆原除之。九月,遂至广陵,赦青、徐二州,改易诸将守。"①后因气候与水文条件的恶劣变化而难以渡江,随即撤兵。"时江水盛长,帝临望,叹曰:'魏虽有武骑千群,无所用之,未可图也。'帝御龙舟,会暴风漂荡,几至覆没。"②黄初六年(224)八月,文帝再次南征,"遂以舟师自谯循涡入淮,从陆道幸徐……冬十月,行幸广陵故城,临江观兵,戎卒十余万,旌旗数百里。是岁大寒,水道冰,舟不得入江,乃引还。"③这两次用兵都是经过淮河、中渎水道而至广陵(治今江苏扬州市西南),准备从当地渡江作战,选择上述进攻方向是因为那里距离吴国的经济重心太湖平原与都城建业较近,突击该地造成的威胁和压力更为沉重。此后曹魏对吴作战的主要方向仍然设置在扬州,以淮南的寿春为基地,通过合肥、巢湖顺濡须水进攻吴国的东关,以求经濡须口入江,即走曹操当年"四越巢湖"之旧途。而孙权也由于南郡位置偏西,和江东根据地相距遥远,早在黄初二年(221)四月即从公安迁都鄂城,并改称武昌④。太和三年(229)九月又迁都建业⑤,其精锐部队"中军"亦随驾移驻在附近。此后吴国的对魏作战,也

---

①《三国志》卷2《魏书・文帝纪》。
②《资治通鉴》卷70魏文帝黄初五年九月。
③《三国志》卷2《魏书・文帝纪》。
④《三国志》卷47《吴书・吴主传》黄初二年四月:"权自公安都鄂,改名武昌。以武昌、下雉、寻阳、阳新、柴桑、沙羡六县为武昌郡。"
⑤《三国志》卷47《吴书・吴主传》黄龙元年,"秋九月,权迁都建业,因故府不改馆。征上大将军陆逊辅太子登,掌武昌留事。"

主要是沿濡须水北上进攻合肥以及寿春所在的淮南。如孙权在世时曾于太和四年(230)、青龙元年(233)、青龙二年(234)亲自领兵进攻合肥,正始二年(241)全琮率军越合肥到达芍陂与魏师交战。孙权去世后,权臣诸葛恪于嘉平五年(253)统举国之兵二十余万众入寇淮南,围攻合肥新城数月不下。甘露二年(257)诸葛诞反于寿春,吴国"遣将全怿、全端、唐咨、王祚等,率三万众,密与文钦俱来应诞"[①]。其后,"(孙)綝使(朱)异为前部督,与丁奉等将介士五万解围。"[②]但均未获得成功。顾祖禹曾总结道:"自大江而北出,得合肥则可以西问申、蔡,北向徐、寿,而争胜于中原;中原得合肥则扼江南之吭,而拊其背矣。三国时吴人尝力争之……盖终吴之世曾不得淮南尺寸地,以合肥为魏守也。"[③]汉末荆州是曹、刘、孙氏三方争夺作战的热点,而江陵之役以后,魏吴两国的主力精锐部队都已转移到东线,双方的大规模战斗多是在淮南进行,荆襄战区因此失去了它在地缘战略中的首要位置。

## 五、曹魏襄阳郡境的南扩

江陵围城之役结束后,曹魏扩大了襄阳郡的辖区范围,将其向南延伸,兼并了原属孙吴南郡的若干县境。下文试述其详。

### (一)襄阳郡之初设

两汉之襄阳本为南郡属县,建安十三年(208)九月曹操南征,

---

① 《三国志》卷28《魏书·诸葛诞传》。
② 《三国志》卷48《吴书·三嗣主传·孙亮》太平二年七月。
③ [清]顾祖禹:《读史方舆纪要》卷26《南直八·庐州府》,第1270页。

刘琮归降。为了便于统治,曹操下令改变当地的行政区划。《晋书》卷15《地理志下》曰:"魏武尽得荆州之地,分南郡以北立襄阳郡,又分南阳西界立南乡郡,分枝江以西立临江郡。及败于赤壁,南郡以南属吴,吴后遂与蜀分荆州。于是南郡、零陵、武陵以西为蜀,江夏、桂阳、长沙三郡为吴,南阳、襄阳、南乡三郡为魏。而荆州之名,南北双立。"襄阳郡的疆域范围,据《宋书·州郡志三》所言,是在汉朝南郡的编县(今湖北宜城县南、荆门市北)以北,并将原南阳郡南部的山都县划入其内①。清儒谢钟英考证其郡境云:"汉建安十三年魏武置,西界新城,北界南乡,东界江夏,南与吴接,有今湖北襄阳府之襄阳、南漳、宜城。"②其郡治在襄阳县,清儒吴增仅《三国郡县表》云:"又洪《志》以宜城为襄阳郡治,盖据《晋志》。今考《魏志·明纪》,景初元年分襄阳之临沮、宜城、旍阳、邔四县,置襄阳南部都尉。襄阳如治宜城,安得分隶都尉乎?《方舆纪要》云魏治襄阳,晋初移治宜城。知为有据,今从之。"③顾祖禹则认为襄阳立郡时间稍晚,是在曹操赤壁战败后北归之时。"建安十三年刘琮以荆州降曹操,操轻兵济汉到襄阳;既而北还,留乐进守此,始置襄阳郡治焉。"④

　　另外,《水经注》卷28《沔水》曰:"建安十三年,魏武平荆州分南郡,立为襄阳郡,荆州刺史治。"此事史家亦有不同认识。杨守敬《水经注疏》以为襄阳只是刘表在世时作为荆州州治,曹魏时则

---

① 《宋书》卷37《州郡志三》曰:"襄阳公相,魏武帝平荆州,分南郡编以北及南阳之山都立,属荆州。鱼豢云:魏文帝立。"

② [清]谢钟英:《三国疆域表》,《二十五史补编·三国志补编》,第401页。

③ [清]吴增仅:《三国郡县表附考证》,《二十五史补编·三国志补编》,第307页。

④ [清]顾祖禹:《读史方舆纪要》卷79《湖广五·襄阳府》,第3701页。

移在宛城。"此句非承上言。《通鉴》汉初平元年,刘表为荆州刺史,徙治襄阳。《通典》,魏荆州理宛,晋初理襄阳,平吴,理南郡。"①笔者按:建安末年,曹魏在荆州的军事和行政长官由两人分别担任,即征南将军曹仁和荆州刺史胡脩,而史载胡脩之活动是在襄阳一带。于禁所率七军战败后,关羽进而围攻襄阳、樊城,胡脩随即投降。《资治通鉴》卷68汉献帝建安二十四年八月曰:"羽又遣别将围将军吕常于襄阳。荆州刺史胡脩、南乡太守傅方皆降于羽。"又《晋书》卷1《宣帝纪》亦云:"帝又言荆州刺史胡脩粗暴,南乡太守傅方骄奢,并不可居边。魏武不之察。及蜀将关羽围曹仁于樊,于禁等七军皆没,脩、方果降羽。"可见并不能排除曹操曾在襄樊设置过荆州治所的可能。另外,《三国志》卷40《蜀书·杨仪传》曰:"杨仪字威公,襄阳人也。建安中,为荆州刺史傅群主簿,背群而诣襄阳太守关羽。"按建安十五年(210)刘备"借荆州"后,关羽主持南郡江北地区的军务,并遥领襄阳太守。此事亦反映出当时曹魏荆州州治很有可能是在襄阳,杨仪具有荆州刺史重要属吏的身份,便于在当地边境活动,故可伺机投奔近在江陵的关羽;他又是襄阳人士,熟悉本土情况,这些都是便利条件。如果荆州州治设在宛城,距离襄阳有三百余里,再到魏蜀边境还有二百余里,路途遥远,关卡甚多,恐怕逃亡计划难以顺利实施。从当时的历史背景来看,建安后期襄樊地区战事激烈,政局动荡,故曹魏荆州战区主将的治所多次转移。如前所述,乐进先驻襄阳,曹仁继任后曾北移宛城,后又进驻樊城与关羽作战,黄初时再次北移宛城。荆州刺史治所或许也经历过类似的迁徙,未必始终留在

---

① [北魏]郦道元注,[民国]杨守敬、熊会贞疏:《水经注疏》,第2372页。

一地，但因史料匮乏而难以详考了。

## （二）襄阳郡境及在魏初的南扩

　　曹魏襄阳郡的属县及疆域情况，史籍未有详细明确的记载。清儒谢钟英考证其共有八县。"按《明帝纪》，景初元年分襄阳临沮、宜城、旍阳、邔四县置襄阳南部都尉；沈《志》襄阳公相领襄阳、中庐、邔三县；何承天《志》并有宜城及南阳山都；是为襄阳郡七县。今据《三国志》补夷陵为八县。其境西界新城，北界南乡，东界江夏，南与吴接境，今湖北襄阳府之襄阳、宜城、南漳是其地。"①梁允麟指出，曹魏夷陵县在今湖北南漳县境，设立较晚，事在嘉平二年（250）②。魏荆州刺史王基进攻吴国夷陵，"基示以攻形，而实分兵取雄父邸阁，收米三十余万斛，虏安北将军谭正，纳降数千口。于是移其降民，置夷陵县。"③清儒吴增仅认为曹操始置襄阳郡时尚未有临沮、旍（旌）阳二县。其说云："沈《志》旍阳疑吴所立。洪《志》云《乐进传》讨刘备临沮长杜普、旍阳长梁太，皆大破之。则旍阳或系建安十三年南郡初入吴时所分置。魏始置襄阳郡，盖无临沮、旍阳二县。故《吴志》朱然、潘璋等《传》皆云到临沮，禽关侯。盖自关侯败后，南郡复入于吴，二县或以此时隶魏也。"④李晓杰考证后曰："襄阳郡之领县，史未明言，然据上引《宋书·州郡志》之文及《续汉志》所载南郡编县以北之县，可知该郡

---

①［清］洪亮吉撰，［清］谢钟英补注：《〈补三国疆域志〉补注》，《二十五史补编·三国志补编》，第 486 页。

②梁允麟：《三国地理志》，第 168 页。

③《三国志》卷 27《魏书·王基传》。

④［清］吴增仅：《三国郡县表附考证》，《二十五史补编·三国志补编》，第 307 页。

始置时当领襄阳、中卢、邔、宜城、郡及山都等六县。"又言："吴增仅以为建安二十四年后,襄阳郡又增领临沮、旍阳二县,当是。如此,则襄阳郡至汉末已领八县之地。"①

笔者基本赞同前贤之上述观点,但临沮、旍阳二县入魏的时间似应略微推迟。如前所述,孙权袭取荆州后,曾令朱然、潘璋等进驻临沮,设伏擒杀关羽。黄初元年(220)曹仁移屯宛城,弃守襄樊后,吴将陈邵曾领兵顺利占据襄阳,说明其南边的临沮、旍阳及宜城等县并未在曹魏的控制之下,对吴军的北进并未构成障碍。魏国实际占领临沮、旍阳应是在黄初三年(222)发动江陵战役之际。当时曹魏大军横扫江北,吴将朱然率领残兵困守孤城,战后又因此役大伤元气而一时无力反攻,故笔者判断,临沮、旍阳二县很有可能是江陵围城之役结束后被纳入襄阳郡版图的。

### (三)襄阳南部都尉辖区的设立

《三国志》卷3《魏书·明帝纪》载景初元年(237)十二月,"丁巳,分襄阳临沮、宜城、旍阳、邔四县,置襄阳南部都尉。"卢弼注:"临沮上当有'之'字。"②这是从原襄阳郡所属八县中划出四县,另外成立一个特殊政区。早在太和元年(227)正月,曹魏即在荆州的江夏郡采取过同样的措施。"分江夏南部,置江夏南部都尉。"③从历史渊源来看,是沿袭了东汉的有关边郡行政区划管理制度。都尉本为汉代郡级军事长官,为太守的副职。《汉书》卷19上《百

---

① 李晓杰:《东汉政区地理》,山东教育出版社,1999年,第203页。
② 卢弼:《三国志集解》卷3《魏书·明帝纪》,第127页。
③《三国志》卷3《魏书·明帝纪》。

官公卿表上》曰："郡尉,秦官,掌佐守典武职甲卒,秩比二千石。有丞,秩皆六百石。景帝中二年更名都尉。"东汉初年沿袭此制,后来为了削弱地方官员的军事权力,撤销了内地各郡的都尉,仅在边境地区保留此项职务,并作为辖区的主官。"中兴建武六年,省诸郡都尉,并职太守,无都试之役。省关都尉,唯边郡往往置都尉及属国都尉,稍有分县,治民比郡。"注引《古今注》曰:"(建武)六年八月,省都尉官。"应劭曰:"每有剧贼,郡临时置都尉,事讫罢之。"①这是因为边郡民户稀少,驻军比例较高,又多有抵御侵略之事,故设立带有军事性质的特殊行政辖区,由武职官员治理,而不同于普通郡县。不过,此后三国史籍中再未见到曹魏襄阳南部都尉的活动,曹魏后期襄阳郡邻吴边境地区的事务是由其行政长官"太守"主持,遇到重要军情直接上报朝廷。例如,"景元二年春三月,襄阳太守胡烈表上'吴贼邓由、李光等,同谋十八屯,欲来归化,遣将张吴,邓生,并送质任。克期欲令郡军临江迎拔'。大将军司马文王启闻。诏征南将军王基部分诸军,使烈督万人径造沮水,荆州、义阳南宜城,承书凤发。若由等如期到者,便当因此震荡江表。基疑贼诈降,诱致官兵,驰驿止文王,说由等可疑之状……文王于是遂罢军严,后由等果不降。"②故笔者推测,这一特殊辖区有可能只是暂时设立的,存在时间并不长,后来襄阳南部都尉又被撤销,其属县重新划归襄阳郡管辖了。

另外,清儒谢钟英认为,曹魏景初元年立襄阳南部都尉所辖各县曾被吴国进占,后又收复,遂归郡守治理。《三国志》卷47《吴

----

①《后汉书·百官志五》。
②《三国志》卷27《魏书·王基传》注引司马彪《战略》。

书·吴主传》载赤乌九年(246)二月,"车骑将军朱然征魏柤中,斩
获千余。"谢钟英按:"赤乌九年即正始七年。是时魏沔南亦仅有
襄阳,疆域狭于景初时矣。"①司马彪《战略》言景元二年(261)三
月,襄阳太守胡烈上表言吴将邓由、李光等欲来归降,请求遣军迎
接。"诏征南将军王基部分诸军,使烈督万人径造沮水,荆州、义
阳南屯宜城。"②谢钟英按:"景元二年为吴永安四年,是时襄阳复
有宜城、临沮。盖吴自(孙)綝、峻等用事,内乱屡作。魏遂蚕食沔
南,后三年而魏亡。"③

## 六、王昶镇荆州时的部署变动

三国后期曹魏国势日益强盛,司马氏执政后虽然爆发了几次
动乱,但是没有影响其统治的巩固。如张悌所言:"司马懿父子,
自握其柄,累有大功。除其烦苛而布其平惠,为之谋主而救其疾。
民心归之,亦已久矣。故淮南三叛而腹心不扰,曹髦之死,四方不
动。摧坚敌如折枯,荡异同如反掌,任贤使能,各尽其心,非智勇
兼人,孰能如之? 其威武张矣,本根固矣,群情服矣,奸计立矣。"④
经济、政治形势的好转,使曹魏的军事力量空前壮大,逐渐确立了

---

① [清]洪亮吉撰,[清]谢钟英补注:《〈补三国疆域志〉补注》,《二十五史补编·三国志
补编》,第481页。

② 《三国志》卷27《魏书·王基传》注引司马彪《战略》。

③ [清]洪亮吉撰,谢钟英补注:《〈补三国疆域志〉补注》,《二十五史补编·三国志补
编》,第481页。

④ 《三国志》卷48《吴书·三嗣主传·孙皓》注引《襄阳记》。胡三省注《资治通鉴》卷78
景元四年"淮南三叛"曰:"邵陵厉公嘉平元年,王凌叛;高贵乡公正元元年,毌丘俭
叛;甘露二年,诸葛诞叛。"

对蜀、吴作战的压倒性优势。司马昭曾言："今诸军可五十万,以众击寡,蔑不克矣。"①这一历史发展趋势在荆州地区的反映,就是其军政长官(征南将军、荆州都督与刺史)的治所和主力部队的驻地从宛城逐步向南推移,最终又回到了襄阳。另外,由于战区军队、粮饷的增多,从而明显扩大了对孙吴南郡、西陵等地发动进攻的战役规模。试述如下:

曹魏荆州战局的形势变化,起于王昶出任荆、豫二州都督之后。《三国志》卷 27《魏书·王昶传》曰:"正始中,转在徐州,封武观亭侯,迁征南将军,假节都督荆、豫诸军事。"他认为治所和驻军主力屯据的宛城距离前线较远,难以及时奔赴,因此请求向南移至新野,这样可以缩短将近半数的路程。"今屯宛,去襄阳三百余里,诸军散屯,船在宣池,有急不足相赴,乃表徙治新野。"获得朝廷批准后,王昶便练兵储粮,积极筹备对吴作战。"习水军于二州,广农垦殖,仓谷盈积。"②据《资治通鉴》卷 74 所载,其事在正始四年(243)。

嘉平二年(250),孙吴太子孙和被废,鲁王孙霸赐死。"群司坐谏诛放者十数,众咸冤之。"③王昶本传载其认为有机可乘,上奏请求出兵南伐:"孙权流放良臣,适(嫡)庶分争,可乘衅而制吴、蜀;白帝、夷陵之间,黔、巫、秭归、房陵皆在江北,民夷与新城郡接,可袭取也。"朝廷批准其分兵进攻的作战计划,"乃遣新城太守州泰袭巫、秭归、房陵,荆州刺史王基诣夷陵,昶诣江陵。"此番战

---

①《晋书》卷 2《文帝纪》甘露二年五月上表曰。

②《三国志》卷 27《魏书·王昶传》。

③《三国志》卷 59《吴书·孙和传》。

役自当年十二月开始,至次年(251)正月结束,虽然没有攻陷城池,但是他们与吴军的交锋都取得了胜利。王昶至江陵,"两岸引竹緪为桥,渡水击之。贼奔南岸,凿七道并来攻。于是昶使积弩同时俱发,贼大将施绩夜遁入江陵城,追斩数百级。昶欲引致平地与合战,乃先遣五军案大道发还,使贼望见以喜之,以所获铠马甲首,驰环城以怒之,设伏兵以待之。绩果追军,与战,克之。绩遁走,斩其将钟离茂、许旻,收其甲首旗鼓珍宝器仗,振旅而还。"①"王基、州泰击吴兵,皆破之,降者数千口。"②王昶因功迁为征南大将军、仪同三司,进封京陵侯。

这次战役反映出荆州地区的军事形势发生了明显变化,首先,是曹魏开始掌握了当地战场的主动权。黄初三至四年(222—223)江陵之役结束后,直至此番王昶南征,其中相隔有27年之久。在此期间,曹魏荆州部队只有一次伐吴的行动,即太和二年(228),"(明)帝使遣督前将军满宠、东莞太守胡质等四军,从西阳直向东关,曹休从皖,司马宣王从江陵。"③这次战役的主要进攻方向是曹休率领的扬州驻军,因受周鲂诈降欺骗而企图进驻皖城。司马懿所领荆州军队的行动不过是为其策应,中途即返回驻地,既未到达江陵前线,也没有与吴师交锋。而这一阶段,孙吴的荆州驻军却向襄樊方向发动了四次攻势。如前所述,分别为黄初七年(226)诸葛瑾、张霸并攻襄阳;青龙二年(234)陆逊与诸葛瑾攻襄阳;正始二年(241)朱然、孙伦围樊城,诸葛瑾、步骘掠柤中;正

①《三国志》卷27《魏书·王昶传》。
②《资治通鉴》卷75魏邵陵厉公嘉平三年正月。
③《三国志》卷15《魏书·贾逵传》。

始七年(246)朱然寇柤中。两相比较,显然孙吴方面要更为积极主动。但是至嘉平二年(250),孙权已是临终迟暮(次年即亡),由于性情昏聩暴躁,导致政局屡番动荡,朝内既无贤相辅佐,陆逊、朱然等名将又相继去世,致使其国势、军力均严重削弱,此后亦在南北对峙交兵中逐步陷于被动。《三国志》卷27《魏书·王基传》曰:"吴尝大发众集建业,扬声欲入攻扬州,刺史诸葛诞使基策之。基曰:'昔孙权再至合肥,一至江夏,其后全琮出庐江,朱然寇襄阳,皆无功而还。今陆逊等已死,而权年老,内无贤嗣,中无谋主。权自出则惧内衅卒起,痈疽发溃;遣将则旧将已尽,新将未信。此不过欲补定支党,还自保护耳。'后权竟不能出。"此后孙吴在荆州地区再也没有发动什么像样的攻势,只是在景元四年(263)蜀汉临终告急时,派遣"将军留平别诣施绩于南郡,议兵所向,将军丁封、孙异如沔中"[1]。其中前者仅是商议,后者乘船驶入汉水,皆为虚张声势。此外,还有《晋书》卷3《武帝纪》载泰始四年(268)十月,"吴将施绩入江夏,万郁(或)寇襄阳。遣太尉义阳王望屯龙陂。荆州刺史胡烈击败郁。"亦属于小规模的骚扰性攻击,故接战随即退还。

其次,曹魏的荆州驻军实力增强。王昶、王基、州泰等人率领的南征行动,朝廷并未派遣中央直属的"中军"参加,仅是使用荆州都督、刺史所辖的州兵出动,居然能够三路进击,同时分别攻打江陵、夷陵重镇与巫县、秭归、房陵等地,而且都有胜绩,可见其所辖地方部队经过补充训练后,应该在兵员数量和战斗能力方面都有显著提高,这也是从前未曾有过的现象。此外,前述王昶移镇

①《三国志》卷48《吴书·三嗣主传·孙休》。

新野后,"广农垦殖,仓谷盈积"①。看来在军粮的储积上亦大见成效,因此可以满足三路军队劳师远征的需要。综上所述,从正始四年(243)王昶表请移镇,务农训卒,到嘉平二至三年(250—251)魏征江陵、夷陵之役,可以视为三国荆州战局的一个转折阶段,标志着当地开始呈现出魏强吴弱的军事形势,其发展延续到吴国的灭亡。

## 七、魏末晋初荆州、江北都督的分置与移镇襄阳

高贵乡公甘露四年(259),曹魏对各州兵力部署和军事长官的任命进行了重大调整,其中荆州被划作两个战区,分别设置都督。见《晋书》卷2《文帝纪》:"(甘露)四年夏六月,分荆州置二都督,王基镇新野,州泰镇襄阳。使石苞都督扬州,陈骞都督豫州,钟毓都督徐州,宋钧监青州诸军事。"严耕望指出,曹魏前期荆州和豫州同属一个战区,皆由征南将军或荆豫都督管辖,此次改制实际上是将原有的荆豫战区分成三个部分,各置都督统领。"魏初,曹仁为都督荆扬益州诸军事,夏侯尚为都督南方诸军事领荆州刺史。此初期制未定也。太和元年,司马懿为都督荆豫二州诸军事,治宛,以备蜀、吴。夏侯儒继之。正始中,王昶继之,移治新野。甘露四年卒官。据本传,其督区始终未变。《晋书·文帝纪》,是年六月,'分荆州置二都督,王基镇新野,州泰镇襄阳。'又云:'陈骞都督豫州。'盖同时分(王)昶督区为三也。"②这次重划战区的原因,史籍未有明确记载。笔者推测,应与去年刚被平定的

①《三国志》卷27《魏书·王昶传》。
②严耕望:《中国地方行政制度史——魏晋南北朝地方行政制度》(上),第26页。

寿春叛乱有关。甘露二年(257)五月,扬州都督诸葛诞起兵反魏,"敛淮南及淮北郡县屯田口十余万官兵,扬州新附胜兵者四五万人,聚谷足一年食,闭城自守。遣长史吴纲将小子靓至吴请救。"①曹魏倾注全力前往镇压,"大将军司马文王督中外诸军二十六万众,临淮讨之。"②这场战役历时逾岁才得以平息,"诞以(甘露)二年五月反,三年二月破灭"③,给国家的兵力财赋造成了巨大损失。朝廷在次年重新划分战区,将荆豫都督的辖地和职务一分为三,应该是嫌其拥兵过多,权势太重,为了避免再度发生类似的叛乱,故而采取了分散削弱都督职权的措施。

这里需要探讨的问题是,荆州分设都督,由王基和州泰各自管辖,他们的官职和辖区的范围、名号是什么? 襄阳郡的防务由谁来统领? 从史书记载来看,屯驻新野的王基就任荆州都督,见其本传:"甘露四年,转为征南将军,都督荆州诸军事。"④《资治通鉴》卷77亦有记载⑤。而襄阳郡对吴作战的重要军务亦由王基部署指挥,郡之长官太守亦在其麾下。例如,"景元二年春三月,襄阳太守胡烈表上'吴贼邓由、李光等,同谋十八屯,欲来归化,遣将张吴、邓生,并送质任。克期欲令郡军临江迎拔'。大将军司马文王启闻。诏征南将军王基部分诸军,使烈督万人径造沮水,荆州、义阳南屯宜城,承书夙发。若由等如期到者,便当因此震荡江表。

---

① 《三国志》卷 28《魏书·诸葛诞传》。
② 《三国志》卷 28《魏书·诸葛诞传》。
③ 《三国志》卷 28《魏书·诸葛诞传》。
④ 《三国志》卷 27《魏书·王基传》。
⑤ 《资治通鉴》卷 77 曹魏高贵乡公甘露四年曰:"是岁,以王基为征南将军,都督荆州诸军事。"胡三省注:"据《晋书·文帝纪》,时分荆州为二都督,基镇新野,州泰镇襄阳。"

基疑贼诈降,诱致官兵,驰驿止文王,说由等可疑之状。'且当清澄,未宜便举重兵深入应之'。"①后来司马昭听从了王基的建议,没有仓促进兵迎降。那么,驻镇襄阳的州泰又是负责哪个辖区呢? 尽管史无明言,还是能够根据一些旁证来进行考察。详见下文。

曹魏荆州对吴作战的边境区域,除了位处汉水以西至巫山之东的襄阳、新城、上庸等郡,还有与襄阳东邻的江夏郡。《后汉书·郡国志四》载江夏郡领西陵、西阳、轪、郢、竟陵、云杜、沙羡、邾、下雉、蕲春、鄂、平春、南新市、安陆十四县。三国时期的江夏郡境则由魏、吴分别占领。据梁允麟考证,孙权在汉建安中赐孙皎沙羡、云杜、南新市、竟陵四县为奉邑,相当今武汉、京山以西,钟祥以下汉水以东以北之地。"此时当是东吴江夏郡辖地最广的时期。其后,汉水以北地渐次入魏。"②曹魏江夏郡辖今湖北潜江北、天门、应城、孝感、黄陂以北及河南信阳市一带。领汉旧县六,分置石阳,共领七县。初治石阳(今湖北黄陂西),后移上昶,其地望略有歧说,大致在今湖北安陆、云梦、孝感一带③。魏江夏郡与孙吴滨江重镇夏口、武昌邻近,因此屡屡受其侵掠。吴国在荆州地区的对魏用兵方向,基本上不出襄阳、江夏二途,或同时进攻以相互策应。例如,"(黄初)七年五月,文帝崩。八月,吴遂围江夏,寇襄阳,魏江夏太守文聘固守得全。大将军司马懿救襄阳,斩吴将张霸。"④泰始四年(268),"十月,吴将施绩寇江夏,万彧寇襄阳,

---

①《三国志》卷27《魏书·王基传》注引司马彪《战略》。
②梁允麟:《三国地理志》,第172页。
③梁允麟:"上昶,《一统志》:今安陆县西北。《辞海》:今云梦西南;谢钟英:当在孝感县。从地望、情势言之,后说近是。"氏著《三国地理志》,第172页。
④《宋书》卷23《天文志一》。

后将军田璋、荆州刺史胡烈等破却之。"①从甘露四年分荆州置二都督以后的文献记载来看,曹魏及后来的西晋把江夏郡单独列为一个战区,军事长官名号为"江北都督",即"都督江北诸军事"。如《晋书》卷39《王沈传》言其:"迁征虏将军、持节、都督江北诸军事。五等初建,封博陵侯,班在次国。平蜀之役,吴人大出,声为救蜀,振荡边境。沈镇御有方,寇闻而退。转镇南将军。"是说王沈在景元四年(263)灭蜀之前担任此职,孙休为援助蜀汉曾发兵侵掠曹魏边境,"使大将军丁奉督诸军向魏寿春,将军留平别诣施绩于南郡,议兵所向,将军丁封、孙异如沔中,皆救蜀。"②所谓"沔中"是汉水在沔口(今湖北武汉市汉阳区)入江之前航道所经的地域,即东汉魏晋的江夏郡一带。见《后汉书》卷86《南蛮传》:

> 至建武二十三年,南郡潳山蛮雷迁等始反叛,寇掠百姓,遣武威将军刘尚将万余人讨破之,徙其种人七千余口置江夏界中,今沔中蛮是也。

《晋书》卷81《桓宣传》:

> 上宣为武昌太守。寻迁监沔中军事、南中郎将、江夏相。

三国时孙吴占据江北的沔口及江夏郡部分地区,控制了汉江水道,并设有"沔中督"③。因为该地为吴魏分据,故在边境互有袭扰。如前述青龙二年(234)陆逊、诸葛瑾以舟师入汉水进攻襄阳,

---

①《宋书》卷23《天文志一》。

②《三国志》卷48《吴书·三嗣主传·孙休》永安六年。

③参见《三国志》卷51《吴书·宗室传·孙奂》注引《江表传》载张梁,"后稍以功进至沔中督。"《三国志》卷51《吴书·宗室传·孙贲》:"(孙)邻迁夏口沔中督、威远将军,所居任职。"

"逊遣亲人韩扁赍表奉报,还,遇敌于沔中,钞逻得扁。"[1]陆逊所率军队乘船顺流退兵时,亦在中途上岸突袭魏国郡县,杀掠民众。"军到白围,托言住猎,潜遣将军周峻、张梁等击江夏新市、安陆、石阳,石阳市盛,峻等奄至,人皆捐物入城。城门噎不得关,敌乃自斫杀己民,然后得阖。"[2]曹魏江夏郡军政长官为江夏太守,史载有文聘、逯式、王经等人[3],原属驻扎在宛城(后移新野)的荆豫都督统领,两地相隔较远,若边境有急,后方难以及时赴救,故另置江北都督,就近管辖以便联络支援。《三国志》卷28《魏书·邓艾传》未载州泰曾任"假节都督江南诸军事",按曹魏在江南从未有过驻军,疑是传抄有误,州泰亦应是出任江北都督。

泰始五年(269)羊祜出任荆州都督,其本传曰:"祜率营兵出镇南夏,开设庠序,绥怀远近,甚得江汉之心。"[4]据史籍所载,当时荆州都督治所已由新野南移到襄阳。"(羊)祜乐山水,每风景,必造岘山,置酒言咏,终日不倦。"[5]按岘山在襄阳城东南,《水经注》卷28《沔水》曰:"沔水又径桃林亭东,又径岘山东,……羊祜之镇襄阳也。与邹润甫尝登之,及祜薨,后人立碑于故处,望者悲感,杜元凯谓之《堕泪碑》。"另外,荆州刺史的州治也设在那里。如《华阳国志》卷8《大同志》记载王濬遣别驾何攀到洛阳,向朝廷建

---

① 《三国志》卷58《吴书·陆逊传》。
② 《三国志》卷58《吴书·陆逊传》。
③ 参见《三国志》卷18《魏书·文聘传》,《三国志》卷58《吴书·陆逊传》,《三国志》卷9《魏书·曹爽传》注引《世语》。
④ 《晋书》卷34《羊祜传》。
⑤ 《晋书》卷34《羊祜传》。

议征吴。“因使至襄阳与征南将军羊祜、荆州刺史宗廷论进取计。”[①]据史籍所载，将各州刺史与都督治所邻近设置，是曹操在世时制定的政策。“昔魏武帝置都督，类皆与州相近，以兵势好合恶离。疆埸之间，一彼一此，慎守而已，古之善教也。”[②]由于孙吴国势已衰，晋武帝在当年“诏罢江北都督，置南中郎将，以所统诸军在汉东江夏者皆以益祜”[③]。即将原来江北都督所辖战区与兵力并归荆州都督羊祜麾下统率。但是到羊祜因病离职前夕，即西晋咸宁三年(277)，荆州都督辖区重新进行了调整。“九月戊子，以左将军胡奋为都督江北诸军事。”[④]从此又恢复了荆州的两个都督辖区，分别负责对孙吴江夏和南郡方向作战的部署格局。

西晋初年能够将荆州军队和军政长官治所南移襄阳，在一定程度上是其用兵战略发生改变并获得明显成效的结果。曹魏时期的对吴作战方略，据傅嘏总结共有三种：“而议者或欲泛舟径济，横行江表；或欲四道并进，攻其城垒；或欲大佃疆埸，观衅而动：诚皆取贼之常计也。”[⑤]其中第一种是指出动水军渡江作战，如前述黄初五年(224)、六年(225)，曹丕亲率舟师经淮河、中渎水道至广陵，欲入江与吴军决战未果之例。第二种是水陆并用、兵分几路进攻孙吴之江北要塞，如濡须、江陵、沔口等地。例如曹丕在黄初三年(222)九月下令三道征吴，“魏乃命曹休、张辽、臧霸出洞

①[晋]常璩撰，刘琳校注：《华阳国志校注》，第610页。
②《晋书》卷34《羊祜传》。
③《晋书》卷34《羊祜传》。
④《晋书》卷3《武帝纪》咸宁三年。
⑤《三国志》卷21《魏书·傅嘏传》。

口,曹仁出濡须,曹真、夏侯尚、张郃、徐晃围南郡。"①同时命江夏守将文聘进攻沔口②,是为四路。此外太和二年(228)、嘉平四年(252)亦有三道击吴之役,皆损兵折将无功而还。第三种则是在边境地带驻军屯田,既能减少后方的物资供应,还可以伺机出击,进而蚕食敌方领土。魏国曾接受邓艾的建议,在淮河流域运用此种战略大获成功。《晋书》卷26《食货志》曰:"自寿春到京师,农官兵田,鸡犬之声,阡陌相属。每东南有事,大军出征,泛舟而下,达于江淮,资食有储,而无水害,艾所建也。"③傅嘏据此认为,"贼之为寇,几六十年矣,君臣伪立,吉凶共患,又丧其元帅,上下忧危,设令列船津要,坚城据险,横行之计,其殆难捷。惟进军大佃,最差完牢。"④并详细论证了它所具备的各种优越性。"夺其肥壤,使还耕瘠土,一也;兵出民表,寇钞不犯,二也;招怀近路,降附日至,三也;罗落远设,间构不来,四也;贼退其守,罗落必浅,佃作易之,五也;坐食积谷,士不运输,六也;衅隙时闻,讨袭速决,七也。凡此七者,军事之急务也。不据则贼擅便资,据之则利归于国,不可不察也。"⑤但是当政的司马师并未接受傅嘏的对策,仍然分兵征吴,结果遭到惨败。"时不从嘏言。其年十一月,诏(王)昶等征吴。五年正月,诸葛恪拒战,大破众军于东关。"⑥

---

① 《三国志》卷47《吴书·吴主传》。
② 《三国志》卷18《魏书·文聘传》:"文帝践阼,进爵长安乡侯,假节。与夏侯尚围江陵,使聘别屯沔口,止石梵,自当一队,御贼有功,迁后将军,封新野侯。"
③ 《晋书》卷26《食货志》。
④ 《三国志》卷21《魏书·傅嘏传》。
⑤ 《三国志》卷21《魏书·傅嘏传》注引司马彪《战略》。
⑥ 《三国志》卷21《魏书·傅嘏传》注引司马彪《战略》。

　　嘉平年间,荆州刺史王基也曾上奏,建议利用江汉平原的农业资源进行屯垦,而不要轻易出动大军南征。"时朝廷议欲伐吴,诏基量进趣之宜。基对曰:'夫兵动而无功,则威名折于外,财用穷于内,故必全而后用也。若不资通川聚粮水战之备,则虽积兵江内,无必渡之势矣。今江陵有沮、漳二水,溉灌膏腴之田以千数。安陆左右,陂池沃衍。若水陆并农,以实军资,然后引兵诣江陵、夷陵,分据夏口,顺沮、漳,资水浮谷而下。贼知官兵有经久之势,则拒天诛者意沮,而向王化者益固。然后率合蛮夷以攻其内,精卒劲兵以讨其外,则夏口以上必拔,其江外之郡不守。如此,吴、蜀之交绝,交绝而吴擒矣。不然,兵出之利,未必可矣。'于是遂止。"①不过,朝廷虽未出师征吴,但也没有采纳他在荆襄大举屯田的意见。据史籍所载,荆州南境的水利农垦事业至曹魏末年开始恢复发展,改变了以前沔南仅有襄阳孤城而少见民居的荒凉景象。《水经注》卷28《沔水》曰:"襄阳太守胡烈有惠化,补塞堤决,民赖其利。景元四年九月,百姓刊石铭之,树碑于此。"杨守敬按:"《晋书》胡烈附《胡奋传》,言为将伐蜀,钟会之反,子世元攻杀会,不载为襄阳太守事。据此《注》景元四年立碑,则正当伐蜀之岁。又《魏志·王基传·注》引司马彪《战略》,景元二年春三月,襄阳太守胡烈表上吴贼邓由、李光等同谋归化云云,是先为襄阳太守,至景元四年从伐蜀,民追思之,始树碑,则塞补堤决为曹魏时事,乃《寰宇记》言,襄阳城有古堤,皆后汉胡烈所筑。"②西晋初年羊祜出任荆州都督后,在边境地带全力施行傅嘏所言"进军大佃,逼其

①《三国志》卷27《魏书·王基传》。
②[北魏]郦道元注,[民国]杨守敬、熊会贞疏:《水经注疏》,第2365页。

项领,积谷观衅,相时而动"①的战略,而且取得了显著成效。《晋书》卷34《羊祜传》曰:"祜以孟献营武牢而郑人惧,晏弱城东阳而莱子服,乃进据险要,开建五城,收膏腴之地,夺吴人之资,石城以西尽为晋有。自是前后降者不绝,乃增修德信,以怀初附,慨然有吞并之心。"另外,由于羊祜设计使吴军在石城撤守,"于是戍逻减半,分以垦田八百余顷,大获其利。祜之始至也,军无百日之粮,及至季年,有十年之积。"

由于晋吴国势的消长,双方在荆襄地区的兵力对比也出现了变化,南郡、西陵等地的吴军数量明显减少。此前孙吴在该地区可用的机动兵力约有五六万人。例如正始二年(241),"朱然、孙伦五万人围樊城,诸葛瑾、步骘寇柤中。"②司马懿亦谓曹爽曰:"设令贼二万人断沔水,三万人与沔南诸军相持,万人陆钞柤中,君将何以救之?"③但是西晋泰始八年(272)羊祜与杨肇领兵南下解救在西陵被围的步阐,与陆抗作战时,晋吴双方出征的机动兵力分别为八万和三万,相差悬殊。羊祜尽管所拥人马远超对方,却未能取胜,因而受到弹劾。"有司奏:'祜所统八万余人,贼众不过三万。祜顿兵江陵,使贼备得设。乃遣杨肇偏军入险,兵少粮悬,军人挫衄。背违诏命,无大臣节。可免官,以侯就第。'"④由此可见,晋国荆州驻军在数量上已经具有很大的优势。

魏末晋初荆州南境郡县农业的复兴,以及屯垦成功后防线的

①《三国志》卷21《魏书·傅嘏传》注引司马彪《战略》。
②《三国志》卷4《魏书·三少帝纪·齐王芳》注引干宝《晋纪》。
③《三国志》卷4《魏书·三少帝纪·齐王芳》注引《汉晋春秋》。
④《晋书》卷34《羊祜传》。

前移,使其经济、军事力量明显增强,导致荆襄地域的战争形势发生了根本性的转变。襄阳重新成为战区指挥中心,这标志着它的战略地位有所回升。魏晋在当地的统治日益巩固,其兵员、物资获得了显著的扩充与积累,这不仅保障了荆州南境的安全,而且为后来灭亡吴国的战争打下了坚实基础。如顾祖禹所言:"魏终得以固襄阳,而吴之势遂屈于魏。"又曰:"晋人因之,而襄阳遂为灭吴之本。"羊祜镇襄阳时广事屯田,储蓄兵粮。"杜预继祜之后,遵其成算,遂安坐而弋吴矣。"①

# 八、西晋灭吴战争中的襄阳

咸宁五年(279)十一月,西晋出兵五路大举伐吴。"遣镇军将军、琅邪王(司马)伷出涂中,安东将军王浑出江西,建威将军王戎出武昌,平南将军胡奋出夏口,镇南大将军杜预出江陵,龙骧将军王濬、广武将军唐彬率巴蜀之卒浮江而下,东西凡二十余万。"②次年(280)三月孙皓降伏。在这场决定性的战役里,襄阳的地位及作用如何?笔者拟从两个方面来进行分析。

## (一)襄阳是荆州方向晋军南下作战的后方基地

以往孙吴在南郡战区的防御行动都是固守江陵坚城,以待南岸乐乡、公安等地的主力部队渡江来援。当时担任荆州都督的杜预对此采取了有针对性的进攻方案,大军由襄阳南征,行至江陵

---

①〔清〕顾祖禹:《读史方舆纪要》卷79《湖广五·襄阳府》,第3698页。
②《晋书》卷3《武帝纪》。

附近后并不急于攻城,而是分遣偏师沿长江北岸西进,扫荡附近守备薄弱的城垒。"(杜)预以太康元年正月,陈兵于江陵,遣将军樊显、尹林、邓圭、襄阳太守周奇等率众循江西上,授以节度,旬日之间,累克城邑,皆如预策焉。"①另外,他又派遣一支精锐的小部队偷渡长江,在敌人后方制造混乱,并化装进入敌营,袭获乐乡都督孙歆。"又遣牙门管定、周旨、伍巢等率奇兵八百,泛舟夜渡,以袭乐乡,多张旗帜,起火巴山,出于要害之地,以夺贼心……吴之男女降者万余口,旨、巢等伏兵乐乡城外。(孙)歆遣军出距王濬,大败而还。旨等发伏兵,随歆军而入,歆不觉,直至帐下,虏歆而还。故军中为之谣曰:'以计代战一当万。'"②由于南岸的吴军主将失踪,导致指挥瘫痪,部队无法过江增援。在江陵彻底陷于孤立之后,杜预才下令对其围攻,结果不出旬日便拿下了这座号称"城固兵足,无所忧患"③的著名要塞。占领南郡之后,晋武帝下诏荆州军队进兵江南湘水流域,"杜预当镇静零、桂,怀辑衡阳。大兵既过,荆州南境固当传檄而定。"④《晋书》卷34《杜预传》曰:"既平上流,于是沅湘以南,至于交广,吴之州郡皆望风归命,奉送印绶,预仗节称诏而绥抚之。"

在平吴之役前夕,襄阳因为是荆州都督、刺史的治所,故为策划筹备战役的指挥中心,也应是大军集结的出发地。战役开始后,杜预及其幕府奔赴江陵,襄阳因为是荆襄地区的水陆交通枢纽,又是粮草的屯积地,数万军队需要补充的装备给养必须经过

---

① 《晋书》卷34《杜预传》。
② 《晋书》卷34《杜预传》。
③ 《三国志》卷58《吴书·陆抗传》。
④ 《晋书》卷3《武帝纪》太康元年二月乙亥诏。

该地向前线进行转运。南郡、零陵、桂阳等地的战役结束之后,为了减轻后方的运输压力,杜预留下一些镇守部队,即率领指挥机构和荆州驻军主力返回襄阳,并在当地继续训练士卒,兴修水利以发展农业和交通运输。"杜预还襄阳,以为天下虽安,忘战必危,乃勤于讲武,申严戍守。又引滍、淯水以浸田万余顷,开扬口通零、桂之漕,公私赖之。"①

## (二)襄阳是平吴战争前线总指挥部和预备队的驻地

晋武帝发动战役时,"以太尉贾充为大都督,行冠军将军杨济为副,总统众军。"②贾充曾经命令部下杀死魏帝曹髦,阻止了后者推翻司马氏统治的政变,因而是晋武帝最为信赖的心腹。所以尽管他反对伐吴,态度消极,武帝还是坚持让其担任前线总指挥官,负责调度、监督各路兵马。《晋书》卷40《贾充传》曰:"充虑大功不捷,表陈'西有昆夷之患,北有幽并之戍,天下劳扰,年谷不登,兴军致讨,惧非其时。又臣老迈,非所克堪。'诏曰:'君不行,吾便自出。'充不得已,乃受节钺,将中军,为诸军节度,以冠军将军杨济为副,南屯襄阳。"此处记载值得关注的有以下内容。

其一,贾充统率的是"中军",及西晋守护京师的精锐部队,也是魏晋对孙吴作战的总预备队。从此前的战争历史来看,如果哪个地区遭遇敌寇大规模的侵袭,情况危急,曹魏、西晋统治者往往会派遣中军前往驰援。例如,"青龙中,吴围合肥,时东方吏士皆

---

① 《资治通鉴》卷81晋武帝太康元年五月。
② 《晋书》卷3《武帝纪》。

分休,征东将军满宠表请中军兵,并召休将士,须集击之。"①毌丘俭为镇东将军,"都督扬州。吴太傅诸葛恪围合肥新城,俭与文钦御之,太尉司马孚督中军东解围,恪退还。"②《晋书》卷37《义阳成王望传》对此亦有较为详细的记载:

> 吴将施绩寇江夏,边境骚动。以望统中军步骑二万,出屯龙陂,为二方重镇,假节,加大都督诸军事。会荆州刺史胡烈距绩,破之,望乃班师。俄而吴将丁奉寇芍陂,望又率诸军以赴之,未至而奉退。拜大司马。孙皓率众向寿春,诏望统中军二万,骑三千,据淮北。皓退,军罢。

可见中军与专司一方的各州驻军不同,它是直属中央的作战兵力,承担着战略预备队的任务。贾充作为征吴之役的总指挥官,"将中军,为诸军节度",就是在麾下拥有一支应急的强大机动兵力,并且掌控战争全局,根据形势变化的需要对兵员和物资进行调动和部署。若是某个战场发生意外,进攻受阻,该州的军队自身无力歼敌,大都督即应迅速投入预备队"中军",以便及时解决战斗,而不至于影响到整个战役的顺利进展。

其二,贾充的大都督治所和所辖中军屯驻在襄阳。如前所述,这次战役晋朝出动了五路大军,战线从淮南、江西绵延至三峡峡口,为什么把平吴战争的总指挥部和战略预备队设置在襄阳?笔者认为,这体现出朝廷对荆州战局非常重视。晋师南征虽然是兵分五路,但是各条战线用兵的轻重缓急不同,对战争进程的影

①《三国志》卷21《魏书·刘劭传》。
②《三国志》卷28《魏书·毌丘俭传》。

响也有明显差异。按照军事常识,前敌指挥中心和总预备队通常设置在主攻方向的后方,要尽量邻近最为重要的战场,以便迅速了解情报并及时做出应对。例如隋朝开皇八至九年(588—589)平陈之役。当时八路分兵,"合总管九十,兵五十一万八千,皆受晋王节度。东接沧海,西拒巴、蜀,旌旗舟楫,横亘数千里。"①因为作战计划是在西线牵制陈军水师主力,由东线隋军主攻,贺若弼领兵自瓜洲渡江,占领京口(今江苏镇江市)后西进;韩擒虎从采石矶(今安徽马鞍山市)渡江后东进,对陈朝国都建康形成合攻之势②。因此隋文帝在战前将总司令部设置于淮南的寿春,命令晋王杨广担任总指挥(实际负责处置决断军务的是其身边的辅臣高颎)③,以便邻近前线指挥调度。"置淮南行台省于寿春,以晋王广为尚书令。"④开战后杨广与指挥机构即向江北的六合推进。襄阳面对孙吴的南郡,即乐乡都督辖区,这个战场的军事行动在西晋平吴之役的作战计划中起着什么作用,以致引起朝廷的格外关注呢?下文试述其详。

魏晋与孙吴战争的显著特点,一是沿江对峙,战线绵长。"自西陵以至江都,五千七百里",司马昭因此认为吴国的防线"道里甚远,难为坚固"⑤。二是江流浩荡,必须依赖水军。袁淮曾对曹爽曰:"吴楚之民脆弱寡能,英才大贤不出其土,比技量力,不足与

---

① 《隋书》卷2《高祖纪》开皇八年冬十月甲子条。
② 《隋书》卷2《高祖纪》开皇九年正月丙子条:"贺若弼败陈师于蒋山,获其将萧摩诃。韩擒虎进师入建邺,获其将任蛮奴,获陈主叔宝。"
③ 参见《隋书》卷41《高颎传》:"晋王广大举伐陈,以颎为元帅长史,三军咨禀,皆取断于颎。"
④ 《隋书》卷2《高祖纪》开皇八年十月己未。
⑤ 《三国志》卷48《吴书·三嗣主传·孙皓》注引干宝《晋纪》。

中国相抗,然自上世以来常为中国患者,盖以江汉为池,舟楫为用,利则陆钞,不利则入水,攻之道远,中国之长技无所用之也。"①西晋伐吴的作战计划,是老将羊祜生前制定的,他充分考虑了孙吴的防御弱点并做出极富针对性的进攻部署。其文见《晋书》卷34《羊祜传》:

> 今若引梁益之兵水陆俱下,荆楚之众进临江陵,平南、豫州,直指夏口,徐、扬、青、兖并向秣陵,鼓旆以疑之,多方以误之,以一隅之吴,当天下之众,势分形散,所备皆急。巴汉奇兵出其空虚,一处倾坏,则上下震荡。吴缘江为国,无有内外,东西数千里,以藩篱自持,所敌者大,无有宁息。孙皓恣情任意,与下多忌,名臣重将不复自信,是以孙秀之徒皆畏逼而至。将疑于朝,士困于野,无有保世之计,一定之心。平常之日,犹怀去就,兵临之际,必有应者,终不能齐力致死,已可知也。其俗急速,不能持久,弓弩戟盾不如中国,唯有水战是其所便。一入其境,则长江非复所固,还保城池,则去长入短。而官军悬进,人有致节之志,吴人战于其内,有凭城之心。如此,军不逾时,克可必矣。

羊祜作战计划的要点,首先是多路进军以分散吴国的防御力量。孙吴灭亡前夕,有"户五十二万三千,吏三万二千,兵二十三万,男女口二百三十万"②。全国虽有二十余万军队,但是其主力集中在国都建业附近,再除去留守江南后方者,西线荆州沿江防

---

①《三国志》卷4《魏书·三少帝纪·齐王芳》注引《汉晋春秋》。
②《三国志》卷48《吴书·三嗣主传·孙皓》注引《晋阳秋》。

御的兵力明显不足。乐乡都督陆抗即深忧于此,他在临终前向朝廷上表请求增加兵员,称:"今臣所统千里,受敌四处,外御强对,内怀百蛮。而上下见兵财有数万,羸弊日久,难以待变。"①孙皓却对此没有理会。所以羊祜提出要"鼓旆以疑之,多方以误之",使吴军"势分形散",然后集中兵力乘虚而入,造成突破后顺势直捣敌人巢穴。

其次是把进攻的主要兵力部署在益州方向,即由王濬、唐彬率领的舟师担任主攻任务。渡江需要用舰队进行水战,但是大量战船经过哪条路线入江,是值得重视的问题。此前曹操"四越巢湖不成"②,走的是肥水、施水、濡须水一线,过寿春、合肥至濡须口,均受到孙权的有力阻击。后来吴国又将防线向前推移到东关,并筑东兴堤以断濡须水③,使魏军的进攻屡次受到挫败。曹丕即位后亲率舟师南征,经中渎水两至广陵,如前所述,遇到暴风、冰冻的恶劣气候影响而不得渡江。由于中渎水道多年淤塞,回师至精湖时,"战船数千皆滞不得行"④。鉴于以上失利的教训,羊祜认为"伐吴必藉上流之势"⑤,建议水军从巴蜀经三峡顺流而下,以便出奇制胜,即前述"巴汉奇兵出其空虚,一处倾坏,则上下震荡"。他还向朝廷举荐王濬,让其秘密制造舟舰,训练水师。"会益州刺史王濬征为大司农,祜知其可任,濬又小字阿童,因表留濬

①《三国志》卷58《吴书·陆抗传》。
②《三国志》卷35《蜀书·诸葛亮传》注引《汉晋春秋》。
③《三国志》卷64《吴书·诸葛恪传》:"初,(孙)权黄龙元年迁都建业,二年筑东兴堤遏湖水。后征淮南,败以内船,由是废不复修。恪以建兴元年十月会众于东兴,更作大堤。左右结山侠筑两城,各留千人,使全端、留略守之,引军而还。"
④《三国志》卷14《魏书·蒋济传》。
⑤《晋书》卷34《羊祜传》。

监益州诸军事，加龙骧将军，密令修舟楫，为顺流之计。"①《晋书》卷 42《王濬传》曰："武帝谋伐吴，诏濬修舟舰。濬乃作大船连舫，方百二十步，受二千余人。以木为城，起楼橹，开四出门，其上皆得驰马来往。又画鹢首怪兽于船首，以惧江神。舟楫之盛，自古未有。"从兵力配置来看，晋朝伐吴的六路人马，"东西凡二十余万"②。《华阳国志》卷 8《大同志》载咸宁五年(279)，"冬，十有二月，(王)濬因自成都帅水陆军及梁州三水胡七万人伐吴。"③可见王濬所率益州部队占全军总数的 1/3 到 1/4，应该是兵员最多的。实际上最后也是由他率领的军队进占建业，迫使孙皓投降。

　　在西晋多路进攻并由巴蜀舟师实行重点突破的作战计划里，从襄阳进攻江陵、乐乡的战斗是成败之关键。因为孙吴在峡口的防御相当薄弱，建平太守吾彦曾向朝廷告急，"晋必有攻吴之计，宜增建平兵。建平不下，终不敢渡。"④孙皓闻奏后不予置理，只是在江中设置了铁锁、铁锥等障碍，并未安排重兵镇守迎击。"吴人于江险碛要害之处，并以铁锁横截之，又作铁锥长丈余，暗置江中，以逆距船。"⑤所以王濬舟师的出峡作战相当顺利，"二月庚申，克吴西陵，获其镇南将军留宪、征南将军成据、宜都太守虞忠。壬戌，克荆门、夷道二城，获监军陆晏。"⑥孙吴在长江上游最为坚固的防区是由乐乡都督统辖的南郡，其江北有屡次挫败魏军进攻的

①《晋书》卷 34《羊祜传》。
②《晋书》卷 3《武帝纪》。
③[晋]常璩撰，刘琳校注：《华阳国志校注》，第 612—613 页。
④《晋书》卷 42《王濬传》。
⑤《晋书》卷 42《王濬传》。
⑥《晋书》卷 42《王濬传》。

要塞江陵，南岸则有水陆主力屯据的乐乡与公安。按照晋朝的作战计划，南郡战场应该率先结束战斗，让王濬水军突破峡口后与杜预所部会师，补充壮大力量之后再顺流东进。《晋书》卷 42《王濬传》曰："初，诏书使濬下建平，受杜预节度；至秣陵，受王浑节度。"如果南郡久攻不下，王濬舟师会在当地受阻，即使控制了江面的航行权，也不宜贸然向东进军，否则既缺乏稳固的后方，在峡口作战消耗的兵员、给养也得不到必要补充，会使这支孤军陷于进退失据的不利境地。为了达到迅速攻占南郡的战略目标，西晋指示荆州的另一个都督辖区，即江北都督胡奋所率领的江夏战区也要出兵协助，攻打南郡的郡治公安。《晋书》卷 3《武帝纪》太康元年二月，"甲戌，杜预克江陵，斩吴江陵督伍延；平南将军胡奋克江安。于是诸军并进，乐乡、荆门诸戍相次来降。"胡三省注《资治通鉴》卷 80 此条曰："江安，即公安，吴南郡治焉。杜预既定江南，改曰江安县，为南平郡治所。"停泊乐乡的孙吴水军，则由王濬所率的舟师予以歼灭。《资治通鉴》卷 81 太康元年二月："乙丑，王濬击杀吴水军都督陆景。"胡三省注引《资治通鉴考异》曰："《武（帝）纪》：'壬戌，濬克夷道、乐乡城，杀陆景。'《陆抗传》：'壬戌，杀晏；癸亥，杀景。'《王濬传》：'壬戌，克夷道，获晏；乙丑，克乐乡，获景。'今从《（王）濬传》。"杜预在占领江陵之后，认为临阵易帅为兵家所忌，建议由王濬继续担任攻吴部队的主将，获得了朝廷的批准①。晋武帝下诏命令杜预、胡奋等为益州之师补充兵员，"大兵

---

① 《晋书》卷 42《王濬传》："（杜）预至江陵，谓诸将帅曰：'若濬得下建平，则顺流长驱，威名已著，不宜令受制于我。若不能克，则无缘得施节度。'濬至西陵，预与之书曰：'足下既摧其西藩，便当径取秣陵，讨累世之逋寇，释吴人于涂炭。自江入淮，逾于泗汴，溯河而上，振旅还都，亦旷世一事也。'濬大悦，表呈预书。"

既过,荆州南境固当传檄而定,预当分万人给(王)濬,七千给(唐)彬。夏口既平,奋宜以七千人给濬。武昌既了,戎当以六千人增彬。"①合计共有三万人之众,显著增强了王濬所部的战斗力,并提供了必要的给养和装备,使其"顺流长骛,直造秣陵"②,取得了灭吴战争的最后胜利。

　　由此可见,在西晋攻吴的作战计划里,夺取襄阳以南的孙吴南郡是至关重要的环节。为了确保及时攻占这一地区,晋朝投入了六路南征大军的三支兵马,即荆州都督杜预、江北都督胡奋以及益州刺史王濬率领的水路大军。鉴于南郡地区是西晋伐吴战役开始阶段最为重要的战场,因此朝廷任命"太尉贾充总统诸方,自镇东大将军伷及浑、濬、彬等皆受充节度"③,并将其大都督驻地与所率中军精锐安置在襄阳,以便就近联络指挥,并提供必要的支援。直到晋师占领南郡之后,晋武帝才下令王濬、唐彬的舟师在接受补充后继续东进,贾充大都督治所与麾下中军亦东移到位于今豫皖交界的项城。见《资治通鉴》卷81载晋武帝太康元年二月乙亥诏:"大兵既过,荆州南境固当传檄而定。(杜)预等各分兵以益濬、彬,太尉(贾)充移屯项。"胡三省注:"以荆州已定,不复使贾充南屯襄阳,移屯项为诸军节度。"《晋书》卷40《贾充传》言其"将中军,为诸军节度,以冠军将军杨济为副,南屯襄阳。吴江陵诸守皆降,充乃徙屯项"。

　　襄阳位居交通津要,周围环绕山川,土沃水丰,因此颇受兵家

①《晋书》卷3《武帝纪》太康元年二月己亥诏。
②《晋书》卷3《武帝纪》太康元年二月己亥诏。
③《晋书》卷42《王濬传》。

的关注。如魏将王昶所言:"国有常众,战无常胜;地有常险,守无常势。"①随着经济、政治形势与战略的演变,枢纽地点或区域的地位与价值也会发生升降变化,并非是僵化不动的。以襄阳为例,它在三国前、中、晚期所发挥的军事作用就存在着明显差别。赤壁战后到曹操去世,是三国鼎足之势的形成过程,各方的疆域尚未巩固,曹操取关西,刘备入蜀并攻占汉中,孙权两次夺得南郡,都在尽力扩张自己的统治范围。这一阶段,襄阳是魏蜀双方全力争夺的热点地区,战况激烈,故曹操在该地屯驻大将,派遣重兵,作为荆州军政长官和州兵主力的驻地,借以保护其南境与首都洛阳的安全。曹丕代汉,孙刘重修盟好之后,三国的政局和疆域相对稳定下来。魏虽占据中原,统有九州,可是汉末战乱的疮痍未复,故蜀、吴得以山川为阻,弥补其弱势而与之相抗,保持着某种均势。从此时到蜀汉灭亡四十余年,魏与吴蜀之间仍有攻战,但是彼此间的边界并未发生显著改动。曹魏为了休养生息、增强国力,在淮、汉以南坚壁清野,将军队主力后撤,荆州主将的驻地也北移到宛城。襄阳由是成为前线要塞,只有少量兵力把守,其军事地位、作用大为下降。故袁准称襄阳孤在汉南,"置之无益于国,亡之不足为辱"②。曹魏末年至晋初国势转为强盛,其在荆州南境的作战方略也发生变化,"进军大佃",逐步进逼、压缩孙吴的边境防线,并将都督、刺史治所先移新野,后据襄阳,恢复了襄阳作为战区指挥中心和州兵主力驻地的重要地位。在西晋平吴之役中,孙吴的南郡被作为荆、益二州军队的主攻方向和重点战场,

①《三国志》卷27《魏书·王昶传》。
②《三国志》卷4《魏书·三少帝纪·齐王芳》注引《汉晋春秋》。

其用兵成败决定着战争进程的趋势走向；朝廷因此将前线总指挥"大都督"和预备队"中军"的驻地设置在邻近的襄阳，以便监控战局的发展，这表明襄阳的军事地位价值经历沉浮之后，已经抬升到这一历史时期的最高程度。

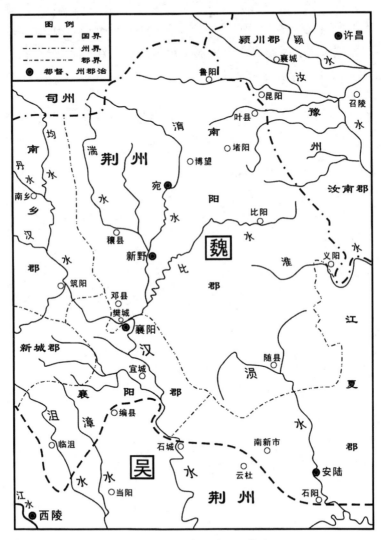

图二五　三国襄阳地区形势图

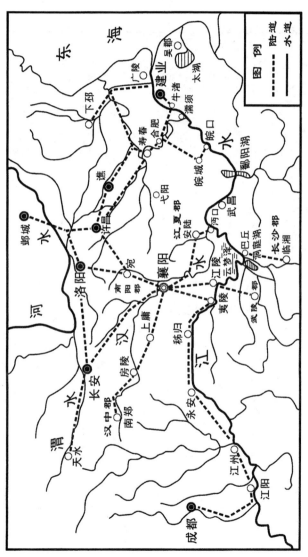

图二六　三国襄阳水陆交通路线示意图

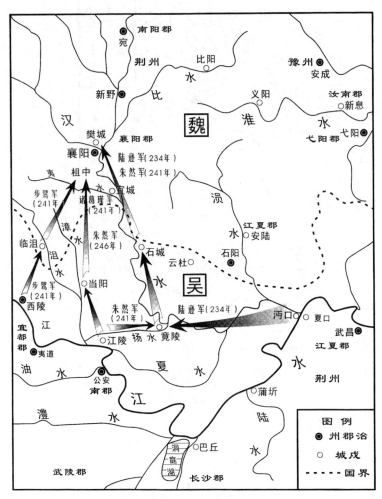

图二七　孙吴进攻襄阳路线示意图(234—246年)

宋杰 著

# 三国
## 兵争要地与攻守战略研究

中 册

中华书局

# 第七章　曹魏的祁山与陇右战局之演变

在三国鼎立交战时期,祁山是魏蜀双方频繁冲突的战场之一。杜佑《通典》称曹魏:"西自陇西、南安、祁山、汉阳、陈仓,重兵以备蜀。"[1]可见祁山是其雍凉地区的边防要戍,诸葛亮与姜维北伐时屡次在当地受挫。魏明帝曾云:"先帝东置合肥,南守襄阳,西固祁山,贼来辄破于三城之下者,地有所必争也。"[2]祁山的地理位置及军事影响如何? 魏国在该地的防御情况与所在陇右地区之军事部署发生过哪些演变? 本文拟就上述内容进行较为深入的探讨。

## 一、"祁山"名义综考

三国祁山之基本方位在今甘肃省礼县境内,值得注意的是,"祁山"这一地理概念在历史上曾有多种内涵,所表示的具体位置和范围有着明显的差异。学术界通常认为史书中提到的"祁山"有特指和泛指两类,或表示某座山峰,或代表某个区域[3];而实际

---

①[唐]杜佑:《通典》卷171《州郡一》,第908页。
②《三国志》卷3《魏书·明帝纪》。
③参见康世荣:《"六出祁山"辨疑》,《陇右文博》1997年第1期;贾利民:《诸葛亮与祁山历史遗迹考述》,《天水师范学院学报》2004年第4期;童力群:《论祁山堡对蜀军的牵制作用》,《成都大学学报》2007年第3期;苏海洋:《祁山古道北段研究》,《三门峡职业技术学院学报》2009年第4期。

情况还要复杂得多。据笔者综合分析,古籍有关的"祁山"名称大致包括以下五种含义,现分别予以考述。

**(一)汉魏祁山城或所在的山峰**

前述魏明帝所称曹魏边防的合肥、襄阳、祁山,都是专指某座要塞,故曰"贼来辄破于三城之下"。《水经注》卷20《漾水》云:"祁山在嶓冢之西七十许里,山上有城,极为严固。昔诸葛亮攻祁山,即斯城也,汉水径其南。"又云该城,"在上邽西南二百四十里"[1]。按文中"上邽"为汉魏县名,治所在今甘肃天水市秦州区。所言"汉水"即今西汉水,发源于嶓冢山(今天水市东南齐寿山),向西南流入今礼县境内。曹魏筑城之祁山在今礼县城区以东之祁山乡,位于西汉水北岸,后代地志称作"祁山城"或"祁山堡"[2]。魏国之所以选择在那里筑垒戍守,是因为它位于陇南地区通往陇中渭水河谷与重镇上邽之间的来往通道,城堡所在的山峰地势陡峭,"山围六七里,高数十丈"[3],因而易守难攻,具有重要的军事价值。

祁山城建立和投入战斗的时间要早于诸葛亮的初次北伐,前引魏明帝所言"先帝东置合肥,南守襄阳,西固祁山",是指该城于曹操在世时就已经存在。据《周地图地记》记载,"其城即汉时守

---

[1] [北魏]郦道元注,[民国]杨守敬、熊会贞疏:《水经注疏》,第1691—1692页。

[2] 参见乾隆《甘肃通志》卷5《山川一》:"西汉江,在(西和)县西北七十五里,源出嶓冢山,自秦州旧界界流入,西南经祁山城南流入成县。"文渊阁本《四库全书》第557册,第185页。《大清一统志》卷210《秦州·关隘》曰:"祁山堡在礼县东四十里,上有武侯祠。"文渊阁本《四库全书》第478册,第693页。

[3] [宋]王应麟:《通鉴地理通释》卷11《三国形势考·上》祁山条注引《图经》:"祁山去秦之天水县三十里。"第716页。

将所筑。"①黄英推测汉武帝时为了与氐族作战曾在当地筑城设防②，但两汉并无祁山立成攻守之记载，顾祖禹认为该城应是东汉末年修筑的。《读史方舆纪要》卷 59 云："祁山，在（西和）县北七里。后汉末置城山上，为戌守处，城极严固。……其后诸葛武侯六出祁山，皆攻此城。魏明帝所云'西固祁山，贼来辄破'者也。"③献帝建安十六年（211），马超与韩遂等起兵反曹，"其众十万，同据河、潼，建列营陈。是岁，曹公西征，与超等战于河、渭之交，超等败走。超至安定，遂奔凉州。"④次年（212）曹操撤军返回邺城，马超领兵反攻，"陇上郡县皆应之，杀凉州刺史韦康，据冀城，有其众。"⑤建安十八年（213）九月，陇右豪族聚众反抗马超，杨阜与姜叙占卤城（今甘肃礼县东盐官镇），"（赵）昂、（尹）奉守祁山。"⑥马超率众南攻祁山，赵衢、梁宽据冀县（治今甘肃甘谷县东），杀其妻子，致使马超进退失据，被迫投奔汉中张鲁。数月后，马超反攻天水，再次围困祁山。姜叙、赵昂等向驻守关中的夏侯渊求救，得以解围。皇甫谧《列女传》曰："（马）超奔汉中，从张鲁得兵还。异复

---

① ［宋］李昉等：《太平御览》卷 44《地部九·关中蜀汉诸山》祁山条注引《周地图记》，第 212 页。

② 黄英在《祁山·西城·街亭辨》中提出："汉武帝元鼎六年（前 111 年），武帝派中郎将郭昌、卫广征服白马氏，以其地建置武都郡（郡治初设于骆谷，即今甘肃省西和县洛峪）。氐人不断起兵反抗，向东推进。为了对付氐人，汉朝政府便在祁山筑城设防，派重兵镇守。这状况，一直延续到东汉末年。"载《教学研究》1982 年第 1 期。但是作者并没有列举史料来证明其观点，故只能视为一种尚待证实的推测。

③ ［清］顾祖禹：《读史方舆纪要》卷 59《陕西八》巩昌府西和县祁山条，第 2824 页。

④《三国志》卷 36《蜀书·马超传》注引《典略》。

⑤《三国志》卷 36《蜀书·马超传》。

⑥《三国志》卷 25《魏书·杨阜传》注引皇甫谧《列女传》。

与昂保祁山,为超所围,三十日救兵到,乃解。"[1]

### (二)今礼县境内西汉水北岸的秦岭支脉

北朝时期,关于祁山的位置和范围大小已经有了不同的记载。前述《水经注》卷20《漾水》在叙述(西)汉水北岸的祁山城垒后,又引《开山图》曰:"汉阳(笔者按:东汉改天水郡名为汉阳)西南有祁山,蹊径逶迤,山高岩险,九州之名岨,天下之奇峻。"[2]如前所述,祁山城所在地是一座高度仅有数十丈[3]的孤峰,周回不过六七里,只是座小山,和《开山图》记载的相关情况相去甚远。郦道元指出这一差异,并对此评论道:"今此山于众阜之中,亦非为杰矣。"[4]对古籍关于祁山规模记述的矛盾,严耕望认为《开山图》中"蹊径逶迤,山高岩险"是说祁山过去的情况,后来随着道路开通,它已不再成为险厄。"盖山险渐辟,故北朝末期,已非绝险矣。唐世祁山距秦州已不及二百里,亦开辟之一证。"[5]但是此说仍有疑问,因为即使修筑了便于通行的道路,当地峰岭的规模大小和高度仍然是基本不变的,仅仅高数十丈的山丘依然难称是"天下之奇峻"。所以,严氏的上述解释恐怕无法消弭文献有关记载的矛盾。康世荣在《"六出祁山"辨疑》一文中提出,祁山并非仅指祁山城所在的孤峰,应是泛指礼县境内的一条山脉。他根据对古籍的

---

[1]《三国志》卷25《魏书·杨阜传》注引皇甫谧《列女传》。

[2][北魏]郦道元注,[民国]杨守敬、熊会贞疏:《水经注疏》,第1692页。

[3]据当代考察,现今祁山堡遗址"高五十一米,基围六百二十三米"。贾利民:《诸葛亮与祁山历史遗迹考述》,《天水师范学院学报》2004年第4期。

[4][北魏]郦道元注,[民国]杨守敬、熊会贞疏:《水经注疏》,第1692页。

[5]严耕望:《唐代交通图考》第三卷《秦岭仇池区》,第830页。

综合分析,结合实地考察后指出:"祁山位于礼县东,西汉水北侧,西起北呀(今平泉大堡子山),东至卤城(今盐官镇),全长约50华里。"①而筑有汉魏城垒的祁山堡位于这条山脉中部的南麓,所在的小山脱离"连山秀举,罗峰竞峙"②的主脉,独立于西汉水的北岸。如《直隶秦州新志》卷2《礼县山水》言祁山堡,在县"东四十五里,与祁山不粘不连,平地突起一峰,高数十丈,周围里许,四面巉削,上平如席,其下为长道河,即诸葛武侯六出祁山时驻师之所。上有武侯祠,春秋祠焉"③。这里清楚地表明祁山堡所在地是座孤峰,而"祁山"是它附近的山脉。康氏据此云:"祁山中部南麓有亮之故垒(今祁山堡),上建武侯祠,距礼县城45华里。俗称的凤骨碌梁为其正峰。"④苏海洋《祁山古道北段研究》对于祁山概念的表述与康世荣之观点较为接近,但是认为这条山脉的范围还应略大一些。他提出:"今礼县县城以东,西汉水以北和渭河干流以南的西秦岭北支部分,是秦岭山地最平缓的部分,其南侧属于西汉水水系的稠泥河、峁水河、永坪河和燕子河,北侧属于渭河水系的南沟河、大南河、山丹河和榜沙河,均为南北纵裂的河谷,为陇右天水地区与陇南、川蜀交通的天然孔道,应该是历史典籍中所说的祁山。"⑤笔者赞同上述看法,并作两点补充如下:

其一,祁山之名最初应是专指西汉水北岸的秦岭支脉,汉末

①康世荣:《"六出祁山"辨疑》,《陇右文博》1997年第1期。
②[北魏]郦道元注,[民国]杨守敬、熊会贞疏:《水经注疏》,第1691页。
③凤凰出版社编选:《乾隆直隶秦州新志》,《中国地方志集成·甘肃府县方志辑》第29册,凤凰出版社,2008年,第50页。
④康世荣:《"六出祁山"辨疑》,《陇右文博》1997年第1期。
⑤苏海洋:《祁山古道北段研究》,《三门峡职业技术学院学报》2009年第4期。

三国时期该地战事频繁,故需筑城立成,而城垒如果建在地势较高、距离河水又远的山脉之上,容易被敌人断绝水源而无法长期固守,例如马谡在街亭"舍水上山"①,因此被魏军截断汲道而导致大败。而在临近西汉水的小山上筑城戍守,则离水源较近,便于补给。此外,当地靠近河滩,地下水位较高,也利于掘井引水。如对祁山城的考古发掘表明,"堡下兵道中有汲水井,直插西汉水中……并在祁山堡中间的折河沟内发现汉井一眼,出土数枚箭头和汉五铢钱币。"②由于城垒和所在小山位于祁山山脉中部的南麓,故要塞即以祁山为名。久而久之,城堡所在的孤峰就习惯被称作祁山,而原来以祁山命名的那条山脉反而逐渐淡出人们的记忆了。

　　其二,康世荣据《直隶秦州新志》认为祁山堡是诸葛亮驻军之所,即"亮之故垒",这是与实际情况相悖的。祁山堡,即祁山城是曹魏天水驻军的要塞,诸葛亮数次北伐均未能够攻占该地,只是在祁山城南的西汉水滨另筑军垒与之对峙。如前引《水经注》卷20《漾水》云祁山城,"汉水径其南。城南三里有亮故垒,垒之左右,犹丰茂宿草,盖亮所植也。"③据当代学者考察,今祁山堡南的诸葛亮故垒俗称观阵堡,仍然保存良好。"观阵堡下的那片柏林中,有三棵枝繁叶茂古柏,粗壮的树干使人吃惊,传说是诸葛亮所种,故名孔明柏。"④

---

①《三国志》卷43《蜀书·王平传》。

②贾利民:《诸葛亮与祁山历史遗迹考述》,《天水师范学院学报》2004年第4期。

③[北魏]郦道元注,[民国]杨守敬、熊会贞疏:《水经注疏》,第1691—1692页。

④贾利民:《诸葛亮与祁山历史遗迹考述》,《天水师范学院学报》2004年第4期。

### (三)今礼县境内西汉水南北两岸的秦岭支脉

古代文献曾提到今礼县以东之西汉水南岸有些地名也和祁山有关,例如《水经注》卷20《漾水》曰:"建安水又东北,有雉尾谷水,又东北,有太谷水,又北,有小祁山水,并出东溪,扬波西注。"[①]康世荣经过实地考察后指出,《水经注·漾水》中提到的小祁山,指的是今礼县东长道镇至西和县城途中,位于西汉水之南、与祁山隔河相对的石堡城[②]。《甘肃通志》卷5《山川一》亦曰:"屏风峡在(西和)县北四十里,宋郭思作《祁山神庙碑》,以此峡为正祁山。"[③]按屏风峡在今礼县、西和两县交界处,位于西汉水南岸东西走向的山脉中段。"当地居民至今仍称屏风峡左侧之山峰为小祁山,屏风峡犹今俗称为祁家峡。"[④]

为什么祁山堡对岸的一些地点也冠名为"祁山"?贾利民对此做出了较为合理的解释,他根据古籍所载相关情况指出,礼县城区以东的西汉水河谷两岸山脉在历史上曾经统称为祁山,有南北之别。"祁山分南祁山和北祁山,而祁山堡居两大山系之中枢,以西汉水北岸为北祁,西汉水南岸为南祁。"又云:"今据1975年五万分之一航测地图数之,西汉水北岸的北祁有古城堡约九十余座,西汉水南岸的南祁有古城堡百余座,故祁山有二百四十八堡的传说。"[⑤]这里所言之"祁山"表示西汉水南北的两条山脉,因而

①[北魏]郦道元注,[民国]杨守敬、熊会贞疏:《水经注疏》,第1690页。
②康世荣:《"六出祁山"辨疑》,《陇右文博》1997年第1期。
③文渊阁本《四库全书》第557册,第184页。
④黄英:《祁山·西城·街亭辨》,《教学研究》1982年第1期。
⑤贾利民:《诸葛亮与祁山历史遗迹考述》,《天水师范学院学报》2004年第4期。

与前述之概念又不相同。

## (四)西汉水流域之盐官川河谷地带

古籍中曾提到三国祁山居民甚众,并有发达的农垦事业。如《水经注》卷 20《漾水》引诸葛亮《表》言:"祁山去沮县五百里,有民万户。"①邓艾亦言姜维北伐,"若趣祁山,熟麦千顷,为之县(悬)饵。"②笔者按:汉朝地方行政制度规定,各县依据民户多少有大小之分。"万户以上为令,秩千石至六百石。减万户为长,秩五百石至三百石。"③汉魏祁山归属汉阳(天水)郡西县(治今礼县东北),虽然只是该县一隅之地,却拥有万户居民,已经达到一个大县的人口标准。故诸葛亮说:"瞩其丘墟,信为殷矣。"④需要强调的是,这里所说的"祁山"并非祁山城所在的孤峰,因为那座小山容纳不了万户居民;同时也不会指西汉水两岸的"北祁"或"南祁"山脉,这是由于数万民众无法住在缺水且难以耕种的崎岖山地,而"蹊径逶迤,山高岩险"的峰岭之上也不可能种有"熟麦千顷"。据学界研究,当地适宜农耕居住的是今礼县以东的西汉水河谷地带,从东边罗堡川到西边永坪峡,"今名盐官川。这是块东西长约一百余里的河谷盆地,西汉水由嶓冢山(今天水县齐寿山)发源,自东西流,横贯全境。这里地势开阔,气候温润,土质肥沃。早在石器时代,就有古人类居住,现由天水、礼县、西和三地分管。"⑤这条

---

① [北魏]郦道元注,[民国]杨守敬、熊会贞疏:《水经注疏》,第 1692 页。
②《三国志》卷 28《魏书·邓艾传》。
③《汉书》卷 19 上《百官公卿表上》。
④ [北魏]郦道元注,[民国]杨守敬、熊会贞疏:《水经注疏》,第 1692 页。
⑤ 黄英:《祁山·西城·街亭辨》,《教学研究》1982 年第 1 期。

带状平川南北有多条支流汇入,具有较好的水利资源,因而是当地主要的产粮区。盐官川古代称作"盐官水",顾祖禹曰:"西汉水,在(西和)县北一里。自秦州废天水县流入境。亦谓之盐官水,以县境旧置盐官也。《水经注》:'汉水西南径祁山军南,西流与建川水会。'是也。"①祁山堡东北约 10 公里的盐官镇,亦在西汉水北岸,为河谷平原的中心;因为当地有盐井,汉唐时期曾于此设立盐官②,并建筑城垒。《元和郡县图志》卷 22《山南道三·成州长道县》曰"祁山,在县东十里。……盐井,在县东三十里,水与岸齐,盐极甘美,食之破气。"又云:"盐官故城,在县东三十里,在嶓冢西四十里,相承煮盐,味与海盐同。"③盐官故城在汉魏时称作卤城,诸葛亮复出祁山时曾屯驻于此④。任乃强曰:"盖武侯旧屯兵处,地近徽成盆地,民户渐多,亮设后勤总部于此,一曰卤城。"⑤而祁山堡往西约 10 公里处为南岈、北岈,是另一处古代民户聚居点。《水经注》卷 20《漾水》曰:"(西)汉水又西,径南岈、北岈之中,上下有二城相对,左右坟垄低昂,亘山被阜。古谚云:南岈、北岈,万有余家。"⑥学术界考察表明,南、北岈在今礼县东约 13 公里西

---

① [清]顾祖禹:《读史方舆纪要》卷 59《陕西八·巩昌府》西和县西汉水条,第 2825 页。
② [北魏]郦道元注,[民国]杨守敬、熊会贞疏:《水经注疏》卷 20《漾水》:"水北有盐官,在嶓冢西五十许里,相承营煮不辍,味与海盐同。故《地理志》云:西县有盐官是也。"杨守敬按:"今本《汉志》脱有盐官三字,当据此补。"第 1689 页。严耕望曰:"检《汉志》此无文,故王念孙云脱'有盐官'三字。"《唐代交通图考》第三卷《秦岭仇池区》,第 827 页。
③ [唐]李吉甫:《元和郡县图志》卷 22《山南道三·成州》,第 573 页。
④ 《晋书》卷 1《宣帝纪》太和五年:"进次汉阳,与(诸葛)亮相遇,帝列阵以待之。使将牛金轻骑饵之,兵才接而亮退,追至祁山。亮屯卤城,据南北二山,断水为重围。"
⑤ [晋]常璩撰,任乃强校注:《华阳国志校补图注》,第 400 页。
⑥ [北魏]郦道元注,[民国]杨守敬、熊会贞疏:《水经注疏》,第 1692 页。

汉水流经的大堡子峡谷,而"亘山被阜"的坟垅即为两岸的先秦墓群①。由此可见,古籍中所载"熟麦千顷"与"有民万户"的祁山,并非仅指"北祁"或"南祁"山脉,还应该包括夹在其间的盐官川河谷地带。

### (五)今陇南地区

《华阳国志》卷7《刘后主志》载建兴六年春:"亮身率大众攻祁山,赏罚肃而号令明。"②任乃强认为此处所言"祁山"是泛指整个陇南山地,并非仅指某座山峰或某条山脉。"祁山,盖天水与武都间,秦岭西部大分水岭之统称。随山道要害筑城戍,故址甚多,皆有祁山之名。"又云:"《巩昌府志》谓祁山在西和县西北七十里。盖秦岭西延,至此而渐平缓。西汉水发源于嶓冢山,初西流经祁山下,又西南经今礼县,折入武都县界。沿此汉水上源之部,各较低山道皆曰祁山。"③他的意见多获赞同,如贾利民强调"祁山"一词有不同概念,"狭义是指祁山堡特定而言,广义实际上是包括了广大陇南山区。"④童力群亦言:"应区别'祁山'与'祁山堡'。'祁山'指一个地区,大约相当于现代甘肃省的陇南市(含八县一市)。"⑤即包括今陇南市所辖宕昌、康县、成县、徽县、礼县、西和、两当、文县与武都区。另外,苏海洋把从陇右天水地区翻越祁山、

①参见胡瑜、周侃:《西汉水》,《甘肃水利水电技术》2015年第1期。
②[晋]常璩著,任乃强校注:《华阳国志校补图注》,第392页。
③[晋]常璩著,任乃强校注:《华阳国志校补图注》,第395页。
④贾利民:《诸葛亮与祁山历史遗迹考述》,《天水师范学院学报》2004年第4期。
⑤童力群:《论祁山堡对蜀军的牵制作用》,《成都大学学报》2007年第3期。

经陇南进入四川的道路网络统称为"祁山古道"或"祁山道"①。蒲向明称："祁山道呈南北走向贯穿了陇南大片地域,辐射面貌几乎遍及现今陇南辖区。"②从地理形势上看,陇南地区有秦岭西延,岷山东伸,使境内形成高山峻岭与峡谷、盆地相间的复杂地形,因而属于一个相对独立的自然单元。它的北部是西礼山地,与今天水市的秦州区、麦积区、武山区和甘谷县接壤;南边是甘川交界的摩天岭,处在四川盆地边缘;西边依凭青藏高原北侧的甘南高原;东部则为徽成盆地和狭长的武都小平原(绵长近 50 公里,宽不过 1 公里),接近秦巴山地的西端。

　　综上所述,古籍中的"祁山"是个具有多种含义的地理概念,因此本文在进行论述时要加以区别,根据其不同内涵分别称为祁山城(堡)、祁山山脉(仅指西汉水北岸之秦岭支脉)或"北祁"、"南祁";对盐官川河谷称作"祁山地区"或"祁山地带";而对最广义的"祁山"概念则用陇南山区、陇南地区来表示,以免发生混淆,给读者带来不必要的困惑。

## 二、蜀汉对祁山的历次用兵

　　三国时期,蜀汉曾对陇南地区发动过多次进攻。其中诸葛亮

---

① 参见苏海洋:《祁山古道南秦岭段研究》,《西北工业大学学报》2009 年第 2 期;《祁山古道北段研究》,《三门峡职业技术学院学报》2009 年第 4 期;《祁山古道中段研究》,《西北工业大学学报》2010 年第 1 期;《秦汉魏晋南北朝时期的祁山道》,《西北工业大学学报》2012 年第 2 期。

② 蒲向明:《祁山古道:沟通南北丝路的陇蜀要津——以陇南祁山古道的文献和文学考察为视角》,《西南科技大学学报》2015 年第 1 期。

的北伐俗称"六出祁山",实际上对祁山所在的天水郡境有两次作战;分别是魏太和二年(228)初出祁山的街亭之役,太和五年(231)的再出祁山。姜维统兵时期仅有一次,为魏甘露元年(256)的段谷之役。双方作战互有胜负,其情况概述如下:

### (一)诸葛亮初攻祁山之役

诸葛亮在平定南中夷民的叛乱之后,于蜀建兴五年(227)三月向后主上《出师表》:"今南方已定,兵甲已足,当奖率三军,北定中原,庶竭驽钝,攘除奸凶,兴复汉室,还于旧都。"[①]随后率领大军进驻汉中。次年(228)正月,诸葛亮兴兵伐魏,"身率诸军攻祁山,戎阵整齐,赏罚肃而号令明。"[②]由于出敌不意,在进兵之初获得了显著的效果。"南安、天水、安定三郡叛魏应亮,关中响震。"[③]蜀军控制了南安全境和天水郡大部分属县,安定郡治临泾(今甘肃镇原县东南),其辖境多在陇东,与祁山地带的蜀军大众相隔甚远,因而未能得到直接支援。蜀汉虽然在陇右大肆攻城略地,但是天水郡境还有两座曹魏的城垒固守不下,其一为祁山,由高刚镇守,尽管战局非常被动,却最终保住了城池[④]。其二为地扼交通枢要的上邽,雍州刺史郭淮和天水太守马遵率领麾下军队迅速退据该

---

① 《三国志》卷 35《蜀书·诸葛亮传》。
② 《三国志》卷 35《蜀书·诸葛亮传》。
③ 《三国志》卷 35《蜀书·诸葛亮传》。
④ ［唐］李吉甫:《元和郡县图志》卷 2《关内道二·凤翔府》宝鸡县陈仓故城条载曹魏陈仓守将郝昭拒绝蜀使劝降时曾说:"曩时高刚守祁山,坐不专意,虽终得全,于今消议不止。我必死耳。卿还谢诸葛亮,便可攻也。"第 43 页。可见诸葛亮未能攻克祁山城。

城①。当时诸葛亮的府营屯驻在西县(治今甘肃礼县东北)②,康世荣经实地考察,认为西县治所在今礼县东北红河镇。"以今道里计,西县治与上邽治之间为 60 公里左右,南距卤城不到 20 公里,距祁山仅 25 公里。"③

在陇右郡县纷纷倒戈投降的不利形势下,魏军通过坚守祁山和上邽,阻碍着蜀汉在天水地区的扩展,使其无法将控制范围连成一片,有效地牵制、分散了敌人兵力,并为曹魏大军越过陇坂支援天水的反攻行动争取到宝贵的时间④。童力群认为魏军在祁山城的防守延误了蜀汉的战机,"如果没有祁山堡,蜀军就不会在祁山一带滞留两天后再实行各路出击,如果马谡部刚到祁山就奔赴街亭,就意味着上邽城迅即被其余蜀军包围,这样,郭淮、马遵就回不了上邽城。"⑤另一方面,由于祁山城距离西县很近,给蜀军大本营造成威胁,迫使诸葛亮必须留守足够的部队来保护府营和后勤基地的安全,这样就减少了投入前线的作战兵员。

①《三国志》卷 44《蜀书·姜维传》注引《魏略》:"天水太守马遵将维及诸官属随雍州刺史郭淮偶自西至洛门案行,会闻亮已到祁山,淮顾遵曰:'是欲不善!'遂驱东还上邽。"
②《三国志》卷 35《蜀书·诸葛亮传》载街亭之役失利后,"亮拔西县千余家,还于汉中。"
③康世荣:《"六出祁山"辨疑》,《陇右文博》1997 年第 1 期。
④《三国志》卷 15《魏书·张既传》注引《魏略》记载魏军进入祁山地区,天水、南安两地太守弃郡东下。"后十余日,诸军上陇,诸葛亮破走。"可见魏军在这一带停留时间较长,未能及时东进占据陇坂以阻挡关中魏军进入陇右。此外,还可参见《三国志》卷 35《蜀书·诸葛亮传》注引《袁子》:"又问诸葛亮始出陇右,南安、天水、安定三郡人反应之,若亮速进,则三郡非中国之有也,而亮徐行不进。既而官兵上陇,三郡复,亮无尺寸之功,失此机,何也? 袁子曰:蜀兵轻锐,良将少,亮始出,未知中国强弱,是以疑而尝之。且大会者不求近功,所以不进也。"实际上,如笔者所论述,蜀军在天水、南安地区的迟滞,和祁山、上邽两城未能攻克,有密切关系。由于后方有患,因而不能派遣大部分军队远赴安定或陇坂。
⑤童力群:《论祁山堡对蜀军的牵制作用》,《成都大学学报》2007 年第 3 期。

上邽对双方作战的影响更为重大,它阻碍了蜀军北渡渭水向安定郡与陇山山脉的进展,使其难以援助当地的反魏势力。后来张郃带领的曹魏援兵来到陇右,诸葛亮命令蜀军前部迎战,"遣将军马谡至街亭,高详屯列柳城"①,而这一防线的破绽暴露在上邽魏军面前。在街亭之役中②,郭淮即从上邽出兵攻击蜀军,打垮了据守列柳城③的高详,有力地配合了街亭魏军主力的战斗。"张郃击谡,淮攻详营,皆破之。"④结果促成了前线蜀军的惨败,"士卒离散。(诸葛)亮进无所据"⑤,不得不从西县撤兵回境,最终未能实现"平取陇右"的战略计划。

## (二)诸葛亮复出祁山之役

蜀汉建兴九年、曹魏太和五年(231),诸葛亮再次率领大兵向天水地区发动进攻。《三国志》卷33《蜀书·后主传》曰:"(建兴)

---

①《三国志》卷26《魏书·郭淮传》。

②街亭地望有歧说,传统流行观点为今甘肃秦安县东北六十里之陇城镇,即汉代陇西要镇略阳。参见刘满:《由秦陇通道和祁山之战的形势探讨街亭的地理位置》,《兰州大学学报》1983年第3期。徐日辉:《街亭考》,《兰州大学学报》1983年第3期。薛方昱:《街亭故址考辨》,《西北师范大学学报》1993年第6期。或认为街亭在今甘肃天水市东南的街子镇,参见郭沫若主编:《中国史稿地图集》上册"前言"与"三国鼎立"图,地图出版社,1979年。陈可畏《街亭考》,《地名知识》1981年第4、5期合刊。孙启祥:《街亭位于陇关道西口献疑——兼论街亭在天水市东南的合理性》,《襄樊学报》2011年第1期。

③列柳城当在街亭附近,《三国志》卷26《魏书·郭淮传》载街亭战役中,"张郃击谡,淮攻详营,皆破之。"而郭淮战前驻守上邽城,故吴洁生认为"列柳城当在上邽至街亭的通道上。"吴洁生:《诸葛亮首出祁山之役考述——兼论街亭的地理位置》,《社会科学》1988年第4期。

④《三国志》卷26《魏书·郭淮传》。

⑤《三国志》卷39《蜀书·马良附弟谡传》。

九年春二月,亮复出军围祁山,始以木牛运。魏司马懿、张郃救祁山。夏六月,亮粮尽退军。"这次战役前后持续了四个月,是魏蜀双方在该地区作战时间持续最长的一次交锋。去年秋季,魏国曾派遣三路大军伐蜀,由于暴雨损坏秦岭栈道而被迫撤退。"魏使司马懿由西城,张郃由子午,曹真由斜谷,欲攻汉中。丞相亮待之于城固、赤阪,大雨道绝,真等皆还。"[①]此举消耗了曹魏大量财赋物力,而镇守关中的大将军曹真也一病不起(次年三月逝世)。诸葛亮抓住此有利时机准备出征,他先在冬季派遣魏延、吴懿进军南安,试探陇右魏军的部署情况,并打败了前来迎战的郭淮、费曜[②];随后在二月出动大众,"围将军贾嗣、魏平于祁山。"[③]当地魏军由于势弱不敢交锋,仍然是保守祁山、上邽两城,以等待援兵。魏明帝紧急调遣荆豫都督司马懿来接替曹真,赴援陇右。"督张郃、费曜、戴陵、郭淮等。宣王使曜、陵留精兵四千守上邽,余众悉出,西救祁山。"[④]

此番出征,蜀军兵强马壮,声势浩大。"亮时在祁山,旌旗利器,守在险要。"[⑤]另外,和街亭之役时不同,蜀军经过数年的训练,

---

①《三国志》卷33《蜀书·后主传》。

②《三国志》卷40《蜀书·魏延传》:"(建兴)八年,使延西入羌中,魏后将军费瑶、雍州刺史郭淮与延战于阳溪,延大破淮等,迁为前军师征西大将军,假节,进封南郑侯。"《三国志》卷45《蜀书·杨戏传》附《辅臣赞》载吴壹:"建兴八年,与魏延入南安界,破魏将费瑶,徙亭侯,进封高阳乡侯,迁左将军。"

③《晋书》卷1《宣帝纪》。

④《三国志》卷35《蜀书·诸葛亮传》注引《汉晋春秋》。

⑤《三国志》卷35《蜀书·诸葛亮传》注引《郭冲五事》。

作战能力显著提高①，因而在与魏兵的攻守战斗中占据上风。诸葛亮留下少数部队继续围困祁山城，亲率主力东进去迎击魏国援军，拒守上邽的郭淮、费曜企图凭险阻击，被蜀兵击败。"亮分兵留攻，自逆宣王于上邽。郭淮、费曜等徼亮，亮破之，因大芟刈其麦，与宣王遇于上邽之东。"②由于司马懿采取守险避战的对策，迫使诸葛亮因粮运困难而退还祁山地带。"敛兵依险，军不得交，亮引而还。宣王寻亮至于卤城。"③如前所述，卤城即祁山城东二十里之盐官故城，今甘肃礼县盐官镇。此后双方在卤城进行了交战，《汉晋春秋》与《晋书》叙述较为详细，但对其胜负结果记载有异。史家通常认为《晋书》为司马懿讳言兵败，并不可靠，故多以《汉晋春秋》为准④，如《资治通鉴》即这样处理。司马懿迫于众将求战心切的压力而出兵进攻，结果遭到惨败。"诸将咸请战。五月辛巳，乃使张郃攻无当监何平于南围，自案中道向亮。亮使魏延、高翔、吴班赴拒，大破之，获甲首三千级，玄铠五千领，角弩三千一百张，宣王还保营。"⑤此战之后魏军转为防御，蜀军无法取得

---

①参见《三国志》卷35《蜀书·诸葛亮传》注引《汉晋春秋》曰："或劝亮更发兵者，亮曰：'大军在祁山、箕谷，皆多于贼，而不能破贼为贼所破者，则此病不在兵少也，在一人耳。今欲减兵省将，明罚思过，校变通之道于将来。若不能然者，虽兵多何益！自今已后，诸有忠虑于国，但勤攻吾之阙，则事可定，贼可死，功可跷足而待矣。'于是考微劳，甄烈壮，引咎责躬，布所失于天下，厉兵讲武，以为后图，戎士简练，民忘其败矣。"
②《三国志》卷35《蜀书·诸葛亮传》注引《汉晋春秋》。
③《三国志》卷35《蜀书·诸葛亮传》注引《汉晋春秋》。
④任乃强评："是懿攻卤城，实败还。《晋纪》反夸饰为胜也。《陈志·王平传》：'九年，亮围祁山，平别守南围。魏大将军司马宣王攻亮，张郃攻平，平坚守不动，郃不能克。十二年，亮卒于武功，军退还。'亦足证魏攻南北围皆未克，败退。"［晋］常璩著，任乃强校注：《华阳国志校补图注》，第401页。
⑤《三国志》卷35《蜀书·诸葛亮传》注引《汉晋春秋》。

速胜,双方相持一月之后,诸葛亮终因乏粮而撤还,在中途设伏杀死了曹魏名将张郃。"夏六月,亮粮尽退军,郃追至青封,与亮交战,被箭死。"①

### (三)姜维的段谷之役

诸葛亮去世后蜀汉改变战略,主攻曹魏天水以西防守薄弱的偏远诸郡。魏正元元年(254),姜维出兵狄道(治今甘肃临洮县西),大破魏雍州刺史王经所率诸军,给曹魏在陇右统的统治以沉重打击。如邓艾所言:"洮西之败,非小失也;破军杀将,仓廪空虚,百姓流离,几于危亡。"②姜维因为战功卓著而升迁为大将军,他在有利的形势下,于次岁即延熙十九年(256)秋向祁山地区发动进攻,这次军事行动距离诸葛亮上回兵出祁山,已相隔二十五年之久。

蜀汉方面的作战计划,是经过祁山攻占魏国天水郡的重镇上邽(治今甘肃天水市秦州区)。姜维深知此举殊为不易,故与汉中都督胡济约定同时出兵,东西合击,会师上邽。但是胡济违约没有到达前线,致使姜维孤军转战,遭到惨败。《华阳国志》卷7《刘后主志》曰:"八月,维复出天水,至上邽,镇西大将军胡济失期不至,大为魏将邓艾所破,死者众。士庶由是怨维,而陇以西亦无宁岁。冬,维还,谢过引负,求自贬削。于是以维为后将军,行大将军事。"③曹魏陇西守将邓艾在战前就判断姜维会乘胜继续入侵,

---

①《三国志》卷33《蜀书·后主传》。
②《三国志》卷28《魏书·邓艾传》。
③〔晋〕常璩著,任乃强校注:《华阳国志校补图注》,第417页。

"贼有黠数,其来必矣。"①他还根据蜀军粮运困难,会在前线当地强征或抢掠庄稼补充给养的情况,预料到敌人的进攻路线可能是两个方向。"从南安、陇西,因食羌谷;若趣祁山,熟麦千顷,为之县(悬)饵。"②因此制定了针对性很强的防御部署,使姜维到达天水后处处碰壁,左右盘桓,最终被魏军击败。"顷之,维果向祁山,闻艾已有备,乃回从董亭趣南安,艾据武城山以相持。维与艾争险,不克,其夜,渡渭东行,缘山趣上邽,艾与战于段谷,大破之。"③

蜀汉军队此役的伤亡,据曹髦的表彰诏书所言为被杀数千人。"(邓)艾筹画有方,忠勇奋发,斩将十数,馘首千计。"④而段灼上表称邓艾在"落门、段谷之战"当中,"摧破强贼,斩首万计"⑤,是说在包括武城山、落门、段谷等地战斗的整个战役里杀敌超过一万,这还不算"星散流离"的逃亡与被俘蜀军。概括起来,姜维的兵力损失可能会在万余人到两万人之间,这对于国小民寡的蜀汉是个相当沉重的打击。此战之后,蜀军大伤元气,姜维从此打消了进攻祁山地区的想法。以后直到炎兴元年(263)蜀汉灭亡,他虽然还进行过两次北伐,却再也没有向天水郡境发动攻势。

## 三、蜀汉北伐战略中祁山地位的演变

蜀汉兵进祁山的作战行动共有三次,都是规模较大的。诸葛

---

①《三国志》卷 28《魏书·邓艾传》。
②《三国志》卷 28《魏书·邓艾传》。
③《三国志》卷 28《魏书·邓艾传》。
④《三国志》卷 28《魏书·邓艾传》。
⑤《晋书》卷 48《段灼传》。

亮复出祁山的兵力为"十二更下,在者八万"①。他首次进军祁山的人马具体数量不详,但据其他旁证估算,其规模也大致相当。例如《襄阳记》载诸葛亮回到汉中,判处马谡死刑。"于时十万之众为之垂涕。亮自临祭,待其遗孤若平生。"②是说此时蜀汉集于汉中地区的军队共有十万上下,那么在战前的蜀军前线兵力应该略多于此数,因为后来还有街亭、箕谷等地战败的损失。诸葛亮初出祁山时,留下赵云、邓芝等率部分军队驻守汉中,并令其骚扰关中以为疑兵,这样他带到天水等地的军队不足十万,如吴臣张俨称孔明"提步卒数万,长驱祁山"③。另外,曹魏从内地派遣到陇右反击蜀汉的军队有五万之众④,加上在祁山、上邽等地的守军至少接近六万。而诸葛亮说自己在当地的兵力要超过敌人,"大军在祁山、箕谷,皆多于贼"⑤,这说明街亭之役前的陇右蜀军应有七万以上。姜维进军祁山的兵马数量也缺乏明确记载,但据史籍所言,延熙十六年(253)费祎死后,姜维执掌兵权,他每次北伐均出动数万人马⑥。如前所述,他在段谷之役的损失有一两万人,那么

---

① 《三国志》卷35《蜀书·诸葛亮传》注引《郭冲五事》。

② 《三国志》卷39《蜀书·马良附弟谡传》注引《襄阳记》。

③ 《三国志》卷35《蜀书·诸葛亮传》注引《默记》。

④ 《三国志》卷3《魏书·明帝纪》注引《魏书》曰:"是时朝臣未知计所出,帝曰:'亮阻山为固,今者自来,既合兵书致人之术,且亮贪三郡,知进而不知退,今因此时,破亮必也。'乃部勒兵马步骑五万拒亮。"《资治通鉴》卷71魏太和二年亦载明帝"乃勒兵马步骑五万,遣右将军张郃督之,西拒亮。"

⑤ 《三国志》卷35《蜀书·诸葛亮传》注引《汉晋春秋》。

⑥ 参见《三国志》卷44《蜀书·姜维传》:"(延熙)十六年春,祎卒。夏,维率数万人出石营,经董亭,围南安。……二十年,魏征东大将军诸葛诞反于淮南,分关中兵东下。维欲乘虚向秦川,复率数万人出骆谷,径至沈岭。"《三国志》卷22《魏书·陈泰传》载延熙十八年:"时维等将数万人至枹罕,趣狄道。"

出征的总兵力最低也应有三四万。据《晋书》卷48《段灼传》所言，邓艾在陇右麾下军队"所统万数"，即有数万人，但是较姜维所部为少。由于邓艾以身作则，"身不离仆虏之劳，亲执士卒之役。"故将士奋勇当先，"能以少击多，摧破强贼。"依此推测，姜维此番率领的军队可能会有四五万人。因为此前有诸葛亮北伐用兵规模的先例，姜维或许认为麾下这些兵力仍不足以攻克祁山、占领天水，所以和汉中都督胡济约定共同出兵，则胡济准备提供的军队至少会有万余人，那么原先制定的作战计划对祁山地区投入的兵员合计起来将会有六万左右。考虑到蜀汉不过拥有一州之地，全国动员的军队最多也就是十多万人，蜀汉后期则下降到九万到十万[1]，那么诸葛亮、姜维对祁山作战出动的人数已然是相当可观了。蜀军攻击祁山地区所用兵力之规模，在其历次北伐中位居前列。如诸葛亮两出祁山所率七八万人，仅次于建兴十二年（234）的五丈原之役（大约出动十万人马）[2]，由此可见对这一作战方向是非常重视的。

　　不过，值得注意的是，在诸葛亮和姜维的北伐战略中，祁山地区拥有的地位是不同的。诸葛亮伐魏是以祁山所在的天水地区为主攻方向，他在世时曾经六次北伐，自己直接领兵出征四次，二出祁山，一攻陈仓，一进斜谷。另外两次由偏将率兵，其一是在建

①《三国志》卷33《蜀书·后主传》注引王隐《蜀记》曰："又遣尚书郎李虎送士民簿，领户二十八万，男女口九十四万，带四将士十万二千，吏四万人。"《晋书》卷2《文帝纪》载司马昭曰："计蜀战士九万，居守成都及备他郡不下四万，然则余众不过五万。"

②《晋书》卷1《宣帝纪》："（青龙）二年，亮又率众十余万出斜谷，垒于郿之渭水南原。"又载司马懿复弟孚书曰："亮志大而不见机，多谋而少决，好兵而无权，虽提卒十万，已坠吾画中，破之必矣。"

兴七年(229)春,"丞相亮遣护军陈式攻武都、阴平。魏雍州刺史郭淮出将击式。亮自至建威,淮退,遂平二郡。"①武都、阴平二郡是蜀军向陇南地区进攻的出发基地;此番战役中,诸葛亮领主力所到之建威,在今甘肃西和县北,即祁山之南数十里②。其二是建兴八年(230)冬,诸葛亮"使(魏)延西入羌中,魏后将军费瑶、雍州刺史郭淮与延战于阳溪,延大破淮等"③。另据蜀汉《辅臣赞》记载吴壹(懿):"建兴八年,与魏延入南安界,破魏将费瑶。"④学术界考证阳溪地望在今甘肃礼县城关以北以木树关为界的南北峡谷⑤,魏延进攻南安郡所走的路线,即祁山古道北段的阳溪支道⑥;表明这两次北伐也是在祁山方向或其邻近地段进行的。由此可见,祁山地区在诸葛亮的伐魏战略中最受关注,作战次数较多,以致当时人士将他的北伐概称为"长驱祁山"⑦,后世也称作"六出祁山"。值得注意的是,姜维领兵北伐自延熙三年(240)到景耀三年(260)共有十一次,其中九次是对天水以西之雍凉二州交界地带发动的。计有:

其一,延熙三年(240),"正始元年,蜀将姜维出陇西。(郭)淮

---

①〔晋〕常璩著,任乃强校注:《华阳国志校补图注》,第393页。

②任乃强曰:"建威在祁山南建安水侧,其旁有兰坑、历城、错水、金盘诸营戍,与祁山南北犄角。"〔晋〕常璩著,任乃强校注:《华阳国志校补图注》,第397页。

③《三国志》卷40《蜀书·魏延传》。

④《三国志》卷45《蜀书·杨戏传》附《辅臣赞》。

⑤参见康世荣:《"六出祁山"辨疑》,《陇右文博》1997年第1期。

⑥参见苏海洋:《祁山古道北段研究》,《三门峡职业技术学院学报》2009年第4期。

⑦《三国志》卷35《蜀书·诸葛亮传》注引《默记》曰:"孔明起巴、蜀之地,蹈一州之土,方之大国,其战士人民,盖有九分之一也,而以贡赞大吴,抗对北敌,至使耕战有伍,刑法整齐,提步卒数万,长驱祁山,慨然有饮马河、洛之志。"

遂进军,追至强中,维退。"①

　　其二,延熙十年(247),"(正始)八年,陇西、南安、金城、西平诸羌饿何、烧戈、伐同、蛾遮塞等相结叛乱,攻围城邑,南招蜀兵,凉州名胡治无戴复叛应之。……(郭)淮策(姜)维必来攻(夏侯)霸,遂入沨中,转南迎霸。维果攻为翅,会淮军适至,维遁退。"②

　　其三,延熙十一年(248),"(正始)九年,遮塞等屯河关、白土故城,据河拒军。淮见形上流,密于下渡兵据白土城,击,大破之。治无戴围武威,家属留在西海……姜维出石营,从强川,乃西迎治无戴,留阴平太守廖化于成重山筑城,敛破羌保质。"③

　　其四,延熙十二年(249),"秋,卫将军姜维出攻雍州,不克而还。将军句安、李韶降魏。"④"蜀大将军姜维率众依麴山筑二城,使牙门将句安、李歆等守之,聚羌胡质任等寇逼诸郡。"⑤

　　其五,延熙十三年(250),"姜维复出西平,不克而还。"⑥

　　其六,延熙十六年(253),"卫将军姜维复率众围南安,不克而还。"⑦

　　其七,延熙十七年(254),"夏六月,维复率众出陇西。冬拔狄道、河关、临洮三县民,居于绵竹、繁县。"⑧

　　其八,延熙十八年(255),"春,姜维还成都。夏,复率诸军出

①《三国志》卷26《魏书·郭淮传》。
②《三国志》卷26《魏书·郭淮传》。
③《三国志》卷26《魏书·郭淮传》。
④《三国志》卷33《蜀书·后主传》。
⑤《三国志》卷22《魏书·陈泰传》。
⑥《三国志》卷33《蜀书·后主传》。
⑦《三国志》卷33《蜀书·后主传》。
⑧《三国志》卷33《蜀书·后主传》。

狄道,与魏雍州刺史王经战于洮西,大破之。经退保狄道城,维却住钟题。"①

其九,景耀五年(262),"姜维复率众出侯和,为邓艾所破,还住沓中。"②

蜀军在此期间还有一次从汉中出兵进攻关中,即延熙二十年(257),"闻魏大将军诸葛诞据寿春以叛,姜维复率众出骆谷,至芒水。"③次年退兵返回成都。对于祁山所在的天水地区,姜维仅仅在延熙十九年(256)发动过一次进攻,反映出当地并非蜀汉后期北伐的主攻方向。上述情况引发出两个需要探讨的重要问题,分述如下:

第一,魏蜀数十年来对峙交战的地带自汉中盆地东端,向西绵延至今甘肃的洮河流域,甚至远达今青海的湟水流域④,横亘二千余里。为什么蜀汉军事统帅对祁山地带屡次投入重兵? 其战略目的究竟何在? 第二,蜀汉后期祁山地区的战事长期沉寂,无论是蒋琬、费祎执政期间,还是姜维统兵时期,北伐的进攻目标主要是天水以西的陇西、南安两郡,不再以祁山为重点作战地带,这是什么原因? 笔者在下面分别叙述自己的看法。

**(一)断陇道以拒关中来敌**

关于第一个问题,学术界长期以来比较关注,有相当全面、深

---

① 《三国志》卷33《蜀书·后主传》。
② 《三国志》卷33《蜀书·后主传》。
③ 《三国志》卷33《蜀书·后主传》。
④ 《三国志》卷33《蜀书·后主传》:"(延熙)十三年,姜维复出西平,不克而还。"笔者按:曹魏西平郡治西都县,在今青海西宁市。

人的分析和讨论,普遍认为蜀军屡出祁山之目的是企图经过该地来夺取天水地区,进而控制整个陇右,获取各种资源来壮大自己的国力,并改善以弱敌强的抗魏局面。例如,史念海认为孔明兵出祁山主要是由于经济上的缘故,"本来由益州至秦川,以过汉中而越秦岭为正当的途径,然而诸葛亮北伐的时候,却绕道西行,以经略天水、武都各地而出祁山。"①其中原因是企图占据凉州,"若是不取得凉州,则无由获取兵源与马匹,也无由解决军粮的问题。"②侯甬坚指出魏蜀双方历次围绕秦岭山地的用兵方略,都充分反映出蜀国西强而魏国东强的战局特点。诸葛亮和蒋琬、姜维攻取陇右的战略是避实就虚,"属兵家见识,事实上为形势所迫,不得不如此考虑。"③施光明强调蜀汉出师陇右除了想要获得急需的兵源、马匹和粮食等物资外,还有几项缘故:雍凉二州地势西高东低,"从汉中西北出祁山,攻取陇右之陇西、天水、南安诸郡,然后以高屋建瓴之势,逼取关中重镇长安,出潼关,争强中原。诸葛亮认为这是正道。"④从地理位置上看,蜀汉如能夺取陇右,便能在曹魏的包围圈上撕开一个缺口,并形成对魏由西而南的半圆形反包围,取得战略主动权。另外,蜀汉如能控制陇右,就能更好地发挥"西和诸戎"之策略,充分调动陇右少数民族力量共同反曹。陈金凤则指出,蜀汉经略凉州的思想虽然源于《隆中对》所言"西和

---

①史念海:《论诸葛亮的攻守策略》,《河山集》,生活·读书·新知三联书店,1963年,第292页。

②史念海:《论诸葛亮的攻守策略》,《河山集》,第300页。

③侯甬坚:《魏蜀间分界线的地理学分析》,《历史地理学探索》,中国社会科学出版社,2004年,第359页。

④施光明:《略论陇右地区在蜀魏抗衡中的地位和影响》,《社会科学》1988年第6期。

诸戎",然而性质却有很大的不同。它不仅仅是"和诸戎"以利用
"诸戎",而是要把"诸戎"所在的凉州地区纳入蜀汉版图,以求大
量获取兵、粮、马,并以之作为与曹魏对抗、兴复汉室的又一战略
基地[1]。雍际春认为祁山所在的天水郡是陇右的交通枢纽,既有
攻守两便的险要地势,又有农牧兼营、汉族与氐羌等杂居等有利
条件,当地据有精兵良马的优势和就地屯粮之便,因而其战略地
位尤其重要。三国时期魏蜀双方在当地持久而又激烈的争夺与
交战,是古代天水重要战略地位的一次集中凸现,具有典型
意义[2]。

　　以上学者所言诚是,笔者对于诸葛亮兵出祁山的原因拟作如
下补充:就是企图"断陇道",即借助陇山险峻的地势,扼守其间隘
路来抗击曹魏的优势军队,以便实现割据陇右,增强国力的战略
目的。蜀汉面对曹魏的西部疆域,即雍、凉二州,可以大致以六盘
山、陇山为界,划分为关中(或称陇东[3])和陇右两大区域,也就是
魏国的雍州东部与雍州西部及凉州;曹魏雍凉都督辖区的防守力
量是以富饶平衍的关中为重心,而陇右的地形崎岖、物产贫乏,因
而部署的兵力也比较少。蜀汉在天时与兵力略占优势时,往往从
汉中直接北上,翻越秦岭进攻关中,寻求与敌人的决战。如青龙
二年(234)诸葛亮与孙权约定东西合击、兵进五丈原时,其军事力
量强于对方,以致司马懿畏蜀如虎,坚壁固守而不敢迎敌决斗。

---

[1]陈金凤:《从汉中到陇右——蜀汉战略新论》,《莱阳农学院学报》2000年第2期。
[2]雍际春:《三国时期天水战略地位探微》,《固原师专学报》1999年第5期。
[3]如《晋书》卷1《宣帝纪》载司马懿曰:"亮再出祁山,一攻陈仓,挫衄而反,纵其后出,不
　　复攻城,当求野战,必在陇东,不在西也。"《三国志》卷9《魏书·夏侯渊传》曰:"渊别
　　遣张郃等平河关,渡河入小湟中,河西诸羌尽降,陇右平。"

"亮数挑战,帝(司马懿)不出,因遗帝巾帼妇人之饰。帝怒,表请决战,天子不许,乃遣骨鲠臣卫尉辛毗杖节为军师以制之。"①甘露二年(257),诸葛诞据寿春反魏,司马昭调集中外诸军赴淮南平叛,"分关中兵东下。(姜)维欲乘虚向秦川,复率数万人出骆谷,径至沈岭。"②魏将司马望、邓艾因为兵少也采取了避而不战的策略,"望、艾傍渭坚围,维数下挑战,望、艾不应。"③如果蜀汉统帅自忖敌我实力相当,往往选择兵出祁山,目的是避开关中的强敌,夺取防守较为薄弱的陇右。其具体步骤是先经过祁山占领魏国的天水、广魏两郡,控制陇山山脉以拒关中来敌。陇山又称陇坂、陇坻,是六盘山脉的南段。"山高而长,北连沙漠,南带汧、渭,关中四塞,此为西面之险。《战国策》:范雎曰:'秦右陇、蜀。'"顾祖禹自注:"按汉初张良亦云'关中右陇、蜀',盖以陇坂险阻与蜀道并称也。又《西京赋》云:'右有陇坻之隘。'"④《后汉书·郡国志五》言汉阳郡陇县,"(凉)州刺史治。有大坂名陇坻。"注引《三秦记》曰:"其坂九回,不知高几许,欲上者七日乃越。高处可容百余家,清水四注下。"又引郭仲产《秦州记》曰:"陇山东西百八十里。登山岭,东望秦川四五百里,极目泯然。山东人行役升此而顾瞻者,莫不悲思。"在古代历史上,割据陇右的政治势力通常是守住陇山山脉的几座关隘,以拒敌于阃外,称为"断陇右"或"断陇道"。例如邓骞谓李梁曰:"光武创业,中国未平,故隗嚣断陇右,窦融兼河

①《晋书》卷1《宣帝纪》。
②《三国志》卷44《蜀书·姜维传》。
③《三国志》卷44《蜀书·姜维传》。
④[清]顾祖禹:《读史方舆纪要》卷52《陕西一》,第2465页。

西,各据一方,鼎足之势。"①汉安帝永初元年(107)六月,"先零种羌叛,断陇道,大为寇掠。遣车骑将军邓骘、征西校尉任尚讨之。"②《晋书》卷86《张轨传》载南阳王司马模:"遗轨以帝所赐剑,谓轨曰:'自陇以西,征伐断割悉以相委,如此剑矣。'"顾祖禹曾总结曰:"自曹魏以后,秦、雍多故,未尝不以陇坻为要害。"③

利用陇山地利御敌较为成功者,要数东汉初年的隗嚣。新莽末叶中原大乱,隗嚣割据天水,"遂分遣诸将徇陇西、武都、金城、武威、张掖、酒泉、敦煌,皆下之。"④他的军队凭借陇山居高临下的险要地势,屡次击败来犯之敌。"建武二年,大司徒邓禹西击赤眉,屯云阳。禹裨将冯愔引兵叛禹,西向天水,嚣逆击,破之于高平,尽获辎重。……及赤眉去长安,欲西上陇,嚣遣将军杨广迎击,破之;又追败之于乌氏、泾阳间。"⑤建武六年(30)光武帝西幸长安,"遣建威大将军耿弇等七将军从陇道伐蜀,先使来歙奉玺书喻旨。嚣疑惧,即勒兵,使王元据陇坻,伐木塞道,谋欲杀歙。歙得亡归。诸将与嚣战,大败,各引退。"⑥最后还是来歙采用偷袭略阳之计,才攻入天水。隗嚣据陇坂而守的战例,熟读经史的诸葛亮理应知晓。他在建兴六年(228)初次北伐时,认为自己的实力尚不足与曹魏在关中决战,因此拒绝了魏延经子午谷直趋长安的建议,率领大军出祁山以图攻占天水、南安、安定等郡。"亮以为

---

① 《晋书》卷70《甘卓传》。
② 《后汉书》卷5《孝安帝纪》。
③ 〔清〕顾祖禹:《读史方舆纪要》卷52《陕西一》,第2466页。
④ 《后汉书》卷13《隗嚣传》。
⑤ 《后汉书》卷13《隗嚣传》。
⑥ 《后汉书》卷13《隗嚣传》。

此县(悬)危,不如安从坦道,可以平取陇右,十全必克而无虞,故不用延计。"①蜀兵如能顺利进据陇山,封锁道路,就可以成功吞并陇西地区。反之,若是不能及时赶赴预定阵地,利用有利的地形条件来阻止魏军越过陇坂,兵出祁山的战役行动则会前功尽弃。如魏陇西太守游楚谓蜀帅云:"卿能断陇,使东兵不上,一月之中,则陇西吏人不攻自服,卿若不能,虚自疲弊耳。"②但是由于曹魏祁山、上邽两城坚守不下,耽误了蜀军东行的时间,致使未能完成"断陇道"的作战方案,这是导致首次北伐失利的重要原因之一。"后十余日,诸军上陇,诸葛亮破走。"③从此后的史实来看,蜀军的这一战略方针仍然深为魏国将帅所忌惮。如青龙二年(234)五丈原之役,郭淮对司马懿曰:"若亮跨渭登原,连兵北山,隔绝陇道,摇荡民、夷,此非国之利也。"④此语得到了司马懿的重视,并立即作了有针对性的作战部署。"宣王善之,(郭)淮遂屯北原。堑垒未成,蜀兵大至,淮逆击之。"⑤致使诸葛亮此次行动未能获得成功。

### (二)断凉州之道以吞并河西

关于第二个问题,即为什么姜维屡次在陇西、南安、金城等郡攻战,仅有一回兵进祁山,与诸葛亮频频向天水地区发动进攻的情况不同呢? 笔者认为,这与蜀汉后期的北伐战略指导思想发生

①《三国志》卷40《蜀书·魏延传》注引《魏略》。
②《三国志》卷15《魏书·张既传》注引《魏略》。
③《三国志》卷15《魏书·张既传》注引《魏略》。
④《三国志》卷26《魏书·郭淮传》。
⑤《三国志》卷26《魏书·郭淮传》。

改变有密切关系。姜维以曹魏雍州的西南边陲为主攻方向,尤其是攻击洮水流域的狄道(治今甘肃临洮县西)、襄武(治今甘肃陇西县东)等地,如魏将陈泰所言,其作战目的是"断凉州之道"①,即企图先占领曹魏雍凉二州交界地带,切断河西走廊与陇西黄土高原的联系,进而割据凉州。曹魏的凉州较东汉时辖区缩小,其东部的陇西、天水、安定三郡划归雍州,只有金城、武威、张掖、酒泉、敦煌、西海、西郡和西平八郡,辖今甘肃兰州以西,青海海晏、湟源以东之湟水流域及内蒙古额尔济纳旗等地。境内羌族部落较多,经常起兵反抗曹魏统治。因为地域偏远,土旷民稀,魏国的驻军较少,防御力量要比关中和陇山西侧的广魏、天水等郡薄弱得多。蒋琬执政后曾趁司马懿离任征伐辽东之际,于延熙元年(238)兵进汉中,准备与孙权联合攻魏。但是等待数岁仍然无机可乘,朝廷又否决了他顺汉水而下的东征计划,在延熙四年(241)冬派遣费祎到前线与蒋琬、姜维商议②,共同制订了新的北伐战略方针,就是避开敌人设防坚固的关中和天水等地,不走孔明兵出祁山的旧路,而是吸取当年魏延、吴懿西入羌中作战获胜的经验,利用当地少数民族拥汉反魏的心理倾向,力图夺取西边的凉州。为了实现这一计划,请朝廷任命熟悉西北地理民情的姜维遥领凉州刺史,先带领偏师进攻雍凉二州的交界地带,若能成功立足,随即出

———————————

① 《三国志》卷22《魏书·陈泰传》。
② 《三国志》卷33《蜀书·后主传》:"(延熙)四年冬十月,尚书令费祎至汉中,与蒋琬咨论事计,岁尽还。"《三国志》卷44《蜀书·蒋琬传》:"琬以为昔诸葛亮数窥秦川,道险运艰,竟不能克,不若乘水东下。乃多作舟船,欲由汉、沔袭魏兴、上庸。会旧疾连动,未时得行。而众论咸谓如不克捷,还路甚难,非长策也。于是遣尚书令费祎、中监军姜维等喻指。"

动大军前往支援，以便完全占领曹魏的凉州。蒋琬在奏疏中详叙了上述作战方案：

> 今魏跨带九州，根蒂滋蔓，平除未易。若东西并力，首尾掎角，虽未能速得如志，且当分裂蚕食，先摧其支党。然吴期二三，连不克果，俯仰惟艰，实忘寝食。辄与费祎等议，以凉州胡塞之要，进退有资，贼之所惜；且羌、胡乃心思汉如渴，又昔偏军入羌，郭淮破走，算其长短，以为事首，宜以姜维为凉州刺史。若维征行，衔持河右，臣当帅军为维镇继。①

由此可见，蜀汉后期的北伐战略改"隔绝陇道"为"衔持河右"，即攻击和占领河西走廊（曹魏凉州），所以主攻方向也从祁山所在的天水地区变为其西侧的南安、陇西等郡。《三国志》卷27《魏书·徐邈传》曰："凉州绝远，南接蜀寇"。诸葛亮死后蜀汉国势渐衰，对魏发动进攻只得避实就虚，故而转向敌军防守更为薄弱的地段，企图夺取距离曹魏统治重心最为遥远、难以救援的凉州。这一计划得到朝廷批准后，延熙五年（242）正月，"监军姜维督偏军，自汉中还屯涪县。"②开始做北伐的准备。"以（姜）维为司马，数率偏军西入。"③此后直到蜀汉灭亡前夕，"断凉州之道"基本上是姜维北伐战略中的主要任务，因此他领兵作战的主攻方向是在曹魏雍州西陲的陇西、南安等郡。

　　这里还有一个问题值得强调，即姜维在兵略上受过诸葛亮的悉心培养。孔明曾对张裔、蒋琬曰："此人心存汉室，而才兼于人，

---

①《三国志》卷44《蜀书·蒋琬传》。
②《三国志》卷33《蜀书·后主传》。
③《三国志》卷44《蜀书·姜维传》。

毕教军事,当遣诣宫,觐见主上。"①所以他赞同并力图实现诸葛亮出兵祁山、割据陇右的战略计划。其本传云:"维自以练西方风俗,兼负其才武,欲诱诸羌、胡以为羽翼,谓自陇以西可断而有也。"②但姜维只是羁旅孤臣,并未掌握兵权,故没有机会实现自己的作战方案。在蒋琬、费祎执政的近二十年里(234—253),常以保境安民为宗旨,不愿向曹魏大举进攻。尤其是费祎对待北伐明显缺乏热情,他曾对姜维等说:"吾等不如丞相亦已远矣;丞相犹不能定中夏,况吾等乎!"③祁山及天水郡是曹魏重点设防的地区,诸葛亮两次率领七八万人进攻均未能得手;而姜维的屡次西征,"每欲兴军大举,费祎常裁制不从,与其兵不过万人。"④由于麾下军队数量缺少,姜维对陇西、南安的攻击都难以获得满意的战果,更不要想去兼并陇右了。费祎死后姜维统领数万蜀军,这时他也清楚攻打祁山仍然力量不足,所以继续向雍凉交界的洮水流域发动大规模进攻。直到延熙十八年(255),蜀军获得洮西大捷,使魏国雍州西境损失惨重。"破军杀将,仓廪空虚,百姓流离,几于危亡"⑤。姜维这才准备发动进攻祁山、夺取天水以阻断陇坂的战役。如段灼上疏所言:"昔姜维有断陇右之志,(邓)艾修治备守,积谷强兵……"⑥曹魏雍凉诸将认为他会乘胜东进,"兼四郡民夷,

---

① 《三国志》卷44《蜀书·姜维传》。
② 《三国志》卷44《蜀书·姜维传》。
③ 《三国志》卷44《蜀书·姜维传》注引《汉晋春秋》。
④ 《三国志》卷44《蜀书·姜维传》。
⑤ 《三国志》卷28《魏书·邓艾传》。
⑥ 《三国志》卷28《魏书·邓艾传》。

据关、陇之险,敢能没经军而屠陇右。宜须大兵四集,乃致攻讨。"①胡三省曰:"四郡,谓陇西、南安、天水、略阳。略阳时为广魏郡,及晋乃更名略阳。"②即攻占陇山以西各郡,并封锁陇坂各座要塞以阻止魏军西援,必须调遣重兵加以防范。司马昭当即指出,姜维如果这样做,是仿效孔明兵出祁山、平取陇右的战争方略。但是此项计划的内容过于庞大复杂,已经远远超出蜀汉的国力与姜维的指挥才能,因而肯定是无法实现的。"昔诸葛亮常有此志,卒亦不能。事大谋远,非维所任也。"③事后姜维在段谷之役中被邓艾重创,证明司马昭的预料相当准确。

## 四、曹魏初年雍凉地区的防御部署

三国鼎立的四十余年间,祁山所在的曹魏陇右地区长期处于被动防御状态,并未由此作战方向对蜀汉发起过攻击。魏军伐蜀主要是从关中出发,经过秦岭诸条山谷或陈仓故道南下去进攻汉中盆地。如任乃强曰:"汉中与魏,险阻隔绝,曹操、曹真、曹爽四度大举皆未获利。"④此外,魏军或以偏师从魏兴郡,即安康盆地方向进攻汉中。如太和四年(230)司马懿配合曹真伐蜀,"自西城斫

---

①《三国志》卷 22《魏书·陈泰传》。

②《资治通鉴》卷 76 魏高贵乡公正元二年八月胡三省注。

③《三国志》卷 22《魏书·陈泰传》。

④[晋]常璩著,任乃强校注:《华阳国志校补图注》,第 422 页。笔者按:任氏所言四度大举,是指曹操在建安二十年(215)、二十三至二十四年(218—219),曹真在太和四年(230),曹爽在正始五年(244)出兵汉中的作战行动。

山开道,水陆并进,溯沔而上。"①而祁山方向魏国兵力较弱,防备
蜀军入侵尚且自顾不暇,还需要关中部队的支援,因此无力组织
进攻作战。但是到蜀汉末年,曹魏在陇右的军事力量明显增强,
常驻部队达到数万②,已接近诸葛亮、姜维出师祁山的规模。景元
四年(263)灭蜀之役,司马昭下达命令,"使邓艾自狄道攻姜维于
沓中,雍州刺史诸葛绪自祁山军于武街,绝维归路,镇西将军钟会
帅前将军李辅、征蜀护军胡烈等自骆谷袭汉中。"③魏军从陇右两
路出击,顺利夺取了蜀国北境要地武都、阴平。邓艾又在钟会所
率主力受阻于剑阁的情况下,率众由景谷道袭取江油,攻占绵竹,
兵临成都城下,迫使刘禅归降。那么数十年来,曹魏在雍凉地区
的军事部署发生了何种变化,使得陇右兵力由弱转强,并在伐蜀
战役中起到了制胜作用呢? 这是本文需要进一步探讨的问题。
下面先分析诸葛亮北伐前夕曹魏在雍凉地区的防御部署情况。

　　黄初元年(220),曹丕代汉称帝之后,在全国建立了都督诸州
军事制度。《宋书》卷39《百官志上》曰:"持节都督,无定员。前汉
遣使,始有持节。光武建武初,征伐四方,始权时置督军御史,事
竟罢。建安中,魏武帝为相,始遣大将军督军。二十一年,征孙权
还,夏侯惇督二十六军是也。魏文帝黄初二年,始置都督诸州军
事,或领刺史。"这是曹魏在与吴、蜀及鲜卑、羌胡接境的缘边各州
设置总领军务的都督,为防区的最高军事长官。杜恕在太和年间

---

①《晋书》卷1《宣帝纪》。

②《三国志》卷44《蜀书·姜维传》延熙十八年:"复与车骑将军夏侯霸等俱出狄道,大破
　魏雍州刺史王经于洮西,经众死者数万人。"

③《晋书》卷2《文帝纪》。

上表云:

> 今大魏奄有十州之地,而承丧乱之弊,计其户口不如往昔一州之民,然而二方僭逆,北虏未宾,三边遘难,绕天略币;所以统一州之民,经营九州之地,其为艰难,譬策赢马以取道里,岂可不加意爱惜其力哉? 以武皇帝之节俭,府藏充实,犹不能十州拥兵;郡且二十也。今荆、扬、青、徐、幽、并、雍、凉缘边诸州皆有兵矣,其所恃内充府库外制四夷者,惟兖、豫、司、冀而已。[1]

严耕望按:"有兵即隶都督,就此一段,已可知魏世置都督之概况。而洪饴孙《三国职官表》与吴廷燮《三国方镇年表》复详为辑考,惟颇有出入讹误,今略为全次,约举其员数,以明其督区如次。"[2]随即考述魏初全国设有雍凉、荆豫、扬州、青徐、河北五个都督辖区,都督诸州军事是国家以中央各种名号的将军,来管理沿边各州的军务。据张鹤泉研究,和以前不同,各州都督所率军队不仅有自己直接统属的外军(中央军队留驻当地的镇戍兵),还有地方的州郡兵。都督诸州军事拥有控制州牧或刺史的权力,刺史、太守统领的州郡兵一般都协同都督诸州军事作战[3]。由此在地方上形成了一种新的军事辖区,并且凌驾于原来的州郡县三级行政组织。上述军制的改革使曹魏职权的防卫体系更为巩固,也使国家有效地加强了对地方的控制,并且在对外战争中发挥了积极的作用。

　　曹丕在位期间先是任命曹真为雍凉都督,其本传云:"文帝即

---

[1]《三国志》卷16《魏书·杜畿附子恕传》。
[2]严耕望:《中国地方行政制度史——魏晋南北朝地方行政制度史》(上),第26页。
[3]张鹤泉:《魏晋南北朝都督制度研究》,吉林文史出版社,2007年,第11—12页。

王位,以真为镇西将军,假节都督雍、凉州诸军事,录前后功,进封东乡侯。"①其治所设在长安,麾下军队主力(外军)也分布在关中各地。辖区内若发生叛乱或入侵,由他派遣兵将前往肃清。例如黄初二年(221),"张进等反于酒泉,(曹)真遣费曜讨破之,斩进等。"②曹丕在次岁(222)将曹真调回洛阳,担任中军统帅,准备领兵伐吴。"黄初三年还京都。以真为上军大将军,都督中外诸军事,假节钺。与夏侯尚等征孙权,击牛渚屯,破之。"③曹真空缺的都督职务则由文帝的妹夫夏侯楙来接替。《魏略》曰:"楙字子林,(夏侯)惇中子也,文帝少与楙亲,及即位,以为安西将军、持节,承夏侯渊处都督关中。"④

　　曹魏雍凉都督辖区中还有雍州、凉州刺史率领的州兵。东汉三辅归司隶校尉管辖,不设雍州。献帝兴平元年(194),"夏六月丙子,分凉州河西四郡为廱(雍)州。"⑤治姑臧(今甘肃武威市)。《三国志》卷18《魏书·庞淯传》注引《魏略》曰:"是时河西四郡以去凉州治远,隔以河寇,上书求别置州。诏以陈留人邯郸商为雍州刺史,别典四郡。"《后汉书》卷9《孝献帝纪》载建安十一年(206)武威太守张猛杀害雍州刺史邯郸商。据《魏略》记载,此事发生在建安十四年(209),"至十五年,将军韩遂自上讨(张)猛,猛发兵遣军东拒。其吏民畏遂,乃反,共攻猛……乃登楼自烧而死。"⑥因此

①《三国志》卷9《魏书·曹真传》。
②《三国志》卷9《魏书·曹真传》。
③《三国志》卷9《魏书·曹真传》。
④《三国志》卷9《魏书·夏侯惇传》注引《魏略》。
⑤《后汉书》卷9《孝献帝纪》。
⑥《三国志》卷18《魏书·庞淯传》注引《魏略》,《资治通鉴》卷65汉献帝建安十一年七月条载张猛于反叛当月被州兵所讨诛,误。

这段时间内雍州刺史职位空缺,曹操平定关中马超、韩遂诸将的叛乱后,约在建安十七年(212)才重新任命徐奕担任此职,其治所设在长安,主管三辅政务。《三国志》卷12《魏书·徐奕传》曰:"从西征马超。超破,军还。时关中新服,未甚安,留奕为丞相长史,镇抚西京,西京称其威信。转为雍州刺史。"

建安十八年(213),曹操在基本平定北方之后,调整了全国的行政区划。《后汉书》卷9《孝献帝纪》载当年正月庚寅,"复《禹贡》九州。"注引《献帝春秋》曰:"时省幽、并州,以其郡国并于冀州;省司隶校尉及凉州,以其郡国并为雍州;省交州,并荆州、益州。于是有兖、豫、青、徐、荆、杨、冀、益、雍也。"凉州被取消后,其地域划入雍州。《三国志》卷15《魏书·张既传》曰:"是时不置凉州,自三辅拒西域,皆属雍州。"曹操任命京兆尹张既为雍州刺史[1],他部下的军队是所谓"州兵",有时也跟随关西主将夏侯渊作战[2]。但在曹操的首次汉中之役时,张既别领州兵在陈仓一带战斗,后来又和曹洪率领的中军在武都郡境与刘备部将吴兰等交锋。"从征张鲁,别从散关入讨叛氐,收其麦以给军食。鲁降,(张)既说太祖拔汉中民数万户以实长安及三辅。其后,与曹洪破吴兰于下辩。"[3]说明这支军队具有较强的战斗力,既拥有一定的独立性,也会根据形势的需要,接受朝廷或所在战区主将的调遣。

曹操平定马超、韩遂叛乱后,河西地区一直形势动荡,政局不

---

[1]《三国志》卷15《魏书·张既传》:"(张)既从太祖破超于华阴,西定关右。以既为京兆尹,招怀流民,兴复县邑,百姓怀之。魏国既建,为尚书,出为雍州刺史。太祖谓既曰:'还君本州,可谓衣绣昼行矣。'"
[2]《三国志》卷15《魏书·张既传》:"又与夏侯渊讨宋建,别攻临洮、狄道,平之。"
[3]《三国志》卷15《魏书·张既传》。

稳,各郡豪强相互攻杀,朝廷暂时没有力量在当地维持统治,故数年内未曾派驻刺史,其政务由驻在长安的雍州刺史遥领,直到曹丕继位后才复设凉州。《三国志》卷15《魏书·张既传》曰:"文帝即王位,初置凉州,以安定太守邹岐为刺史。"但是当地割据势力并不服从,"张掖张进执郡守举兵拒岐,黄华、麴演各逐故太守,举兵以应之。既进兵为护羌校尉苏则声势,故则得以有功。既进爵都乡侯。凉州卢水胡伊健妓妾、治元多等反,河西大扰。"①曹丕被迫将雍州刺史张既调任凉州,取代邹岐,并派遣军队助其平叛。"帝忧之,曰:'非(张)既莫能安凉州。'乃召邹岐,以既代之。诏曰:'……卿谋略过人,今则其时。以便宜从事。勿复先请。'遣护军夏侯儒、将军费曜等继其后。"②结果顺利地扑灭了武威、酒泉、西平等郡的叛乱,稳定了曹魏在河西的统治③。张既原来担任的雍州刺史一职,则由久在汉中与刘备作战的郭淮来接替,郭淮在黄初元年(220)入朝后,"擢领雍州刺史,封射阳亭侯,五年为真。"④雍州刺史治所亦在长安,如赵俨曾任关中护军,派兵前往汉中。"署发后一日,俨虑其有变,乃自追至斜谷口,人人慰劳,又深戒署。还宿雍州刺史张既舍。"⑤州兵主力平时亦应驻扎于州治附近。

---

①《三国志》卷15《魏书·张既传》。

②《三国志》卷15《魏书·张既传》。

③《三国志》卷15《魏书·张既传》:"既扬声军从鹯阴,乃潜由且次出至武威。胡以为神,引还显美。……既夜藏精卒三千人为伏,使参军成公英督千余骑挑战,敕使阳退。胡果争奔之,因发伏截其后,首尾进击,大破之,斩首获生以万数……酒泉苏衡反,与羌豪邻戴及丁令胡万余骑攻边县。既与夏侯儒击破之,衡及邻戴等皆降。"

④《三国志》卷26《魏书·郭淮传》。

⑤《三国志》卷23《魏书·赵俨传》。

诸葛亮初次北伐之前,曹魏雍凉地区的防御部署多有缺陷。试述如下:

### (一)主将胆怯无能

夏侯楙贪财好色又不懂军事,并非一位称职的将领,纯粹是依靠裙带关系才被任命为关中都督这一要职。《魏略》云:"楙性无武略,而好治生。"又曰,"楙在西时,多畜伎妾,公主由此与楙不和。"①诸葛亮初次北伐时,魏延建议出子午谷奇袭长安,其重要理由就是曹魏关中统帅夏侯楙胆小如鼠、不敢应战,骤闻蜀军兵临城下即会弃职逃亡。如史籍所言:"夏侯楙为安西将军,镇长安。(诸葛)亮于南郑与群下计议,延曰:'闻夏侯楙少,主婿也,怯而无谋。今假延精兵五千,负粮五千,直从褒中出,循秦岭而东,当子午而北,不过十日可到长安。楙闻延奄至,必乘船逃走。长安中惟有御史、京兆太守耳,横门邸阁与散民之谷足周食也。比东方相合聚,尚二十许日,而公从斜谷来,必足以达。如此,则一举而咸阳以西可定矣。'"②

### (二)战区兵力严重不足

如前所述,诸葛亮在汉中与祁山两地前线的兵力约在十万左右,而魏国雍凉地区的军队数量没有明确记载,我们可以根据其他史料来做一些推断。例如,建安后期,司马懿对曹操说:"昔箕

---

① 《三国志》卷 9《魏书·夏侯惇传》注引《魏略》。
② 《三国志》卷 40《蜀书·魏延传》注引《魏略》。

子陈谋，以食为首。今天下不耕者盖二十余万。非经国远筹也。"①是说当时全国军队总数仅有二十余万，文帝至明帝初年（220—227），北方经济与户口虽然略有恢复，但是曹丕屡兴征吴大役，伤亡很多②；估计兵马总数不会明显增加，恐怕至多有三十万人左右；其中主力是原驻冀州、后来迁徙到洛阳、许昌等地的中军，大约有十万人③，诸葛亮称其为"河南之众"④。此外还有在荆州、扬州对吴前线部署的重兵，各有数万；雍凉驻军应当也只有数万人，相对蜀军处于劣势。所以魏延提议敢于领兵万人直出子午谷去攻击长安，而且自认为有把握获胜。诸葛亮兵进祁山后，关中魏军兵力有限，由于提防箕谷的蜀军疑兵，没有及时派兵到陇右支援。后来是靠张郃所率从河南赶来的曹魏中军上陇，才在街亭打败了马谡的蜀汉前军，并镇压了陇右三郡的叛乱势力⑤。如前所述，即使在曹魏的河南援兵赶赴雍州之后，在前线对阵的蜀军在数量上仍然占据优势。如诸葛亮在战后所言："大军在祁山、

---

①《晋书》卷1《宣帝纪》，其事在"魏国初建"之后，即晚于建安十八年（213）曹操封魏公并创建魏国社稷宗庙之时。

②《三国志》卷10《魏书·贾诩传》载其谏阻出师南征，"文帝不纳。后兴江陵之役，士卒多死。"

③参见《三国志》卷25《魏书·辛毗传》："帝欲徙冀州士家十万户实河南。时连蝗民饥，群司以为不可……帝遂徙其半。"《资治通鉴》卷69魏文帝黄初元年胡三省注："时营洛阳，故欲徙冀州士卒家以实之。"

④《三国志》卷35《蜀书·诸葛亮传》注引《汉晋春秋》载诸葛亮言孙权："若就其不动而睦于我，我之北伐，无东顾之忧，河南之众不得尽西，此之为利，亦已深矣。"

⑤参见《三国志》卷3《魏书·明帝纪》太和二年正月注引《魏书》载魏明帝"乃部勒兵马步骑五万拒亮"。《三国志》卷17《魏书·张郃传》："诸葛亮出祁山。加郃位特进，遣督诸军，拒亮将马谡于街亭。谡依阻南山，不下据城。郃绝其汲道，击，大破之。南安、天水、安定郡反应亮，郃皆破平之。"

箕谷,皆多于贼,而不能破贼为贼所破者,则此病不在兵少也,在一人耳。"①

### (三)凉州刺史空缺数年

此外,具有丰富作战与统治经验的凉州刺史张既于黄初四年(223)去世②。因为没有合适的人选,这一职务空缺了数年之久,直到太和二年(228)正月诸葛亮北伐时,朝廷派遣的凉州刺史徐邈才刚刚到任,仓猝进行了指挥作战。参见《三国志》卷 27《魏书·徐邈传》:"明帝以凉州绝远,南接蜀寇,以邈为凉州刺史,使持节领护羌校尉。至,值诸葛亮出祁山,陇右三郡反,邈辄遣参军及金城太守等击南安贼,破之。"

### (四)祁山前线防御薄弱

建安二十四年(219)曹操从汉中撤退之际,又将祁山以南的武都郡驻军与居民向后方迁徙③。黄初元年(220)七月,"武都氐王杨仆率种人内附,居汉阳郡。"④笔者按:东汉汉阳郡即后来曹魏天水郡。这样,曹魏雍州渭水流域以南的秦岭、陇南山地与东边

---

① 《三国志》卷 35《蜀书·诸葛亮传》注引《汉晋春秋》。

② 《三国志》卷 15《魏书·张既传》:"(张)既临二州十余年,政惠著闻,其所礼辟扶风庞延、天水杨阜、安定胡遵、酒泉庞淯、敦煌张恭、周生烈等,终皆有名位。黄初四年薨。"

③ 参见《三国志》卷 9《魏书·曹真传》:"太祖自至汉中,拔出诸军,使真至武都迎曹洪等还屯陈仓。"《三国志》卷 15《魏书·张既传》:"太祖将拔汉中守,恐刘备北取武都氐以逼关中,问既。既曰:'可劝使北出就谷以避贼,前至者厚其宠赏,则先者知利,后必慕之。'太祖从其策,乃自到汉中引出诸军,令既之武都,徙氐五万余落出居扶风、天水界。"

④ 《三国志》卷 2《魏书·文帝纪》。

荆扬二州的江汉、江淮地带成为广袤的荒芜区域①，其间罕有民居，只有少数军事据点和斥候戍卫。诸葛亮初次北伐时，大军经武都到祁山地带是一路畅行，没有在沿途受到魏军的阻碍。

前述魏明帝曾将合肥、襄阳和祁山并称为边防三座要镇，分别面对吴、蜀在扬、荆、益三州的主攻方向。如果将它们当时的城防部署及后援情况加以比较，可以看出魏初祁山堡的防御条件要恶劣得多。首先，祁山和战区统帅及所率主力的驻地隔有较远距离。魏扬州都督、刺史治所与州兵屯集在寿春（今安徽寿县），荆豫都督治宛城（今河南南阳市），麾下诸军分布在附近。寿春、宛城相距合肥、襄阳不过二三百里，遇到敌兵入侵时赴援就已经感到相当困难。如青龙元年（233）满宠上疏曰："合肥城南临江湖，北远寿春，贼攻围之，得据水为势；官兵救之，当先破贼大辈，然后围乃得解。贼往甚易，而兵往救之甚难。"②胡三省曰："魏扬州治寿春，距合肥二百余里。"③正始四年（243）王昶上奏曰："今屯宛，去襄阳三百余里，诸军散屯，船在宣池，有急不足相赴。"④而魏初雍凉都督和雍州刺史治长安，战区主力部署在关中，和祁山相距

①《三国志》卷14《魏书·刘放传》注引《孙资别传》载孙资曰："昔武皇帝征南郑，取张鲁，阳平之役，危而后济。又自往拔出夏侯渊军，数言'南郑直为天狱，中斜谷道为五百里石穴耳'，言其深险，喜出渊军之辞也。"《三国志》卷42《蜀书·周群传》："先主欲与曹公争汉中，问群，群对曰：'当得其地，不得其民也。若出偏军，必不利，当戒慎之！'时州后部司马蜀郡张裕亦晓占候，而天才过群，谏先主曰：'不可争汉中，军必不利。'先主竟不用裕言，果得地而不得民也。"《三国志》卷9《魏书·夏侯尚传》："荆州残荒，外接蛮夷，而与吴阻汉水为境，旧民多居江南。"《三国志》卷51《吴书·宗室传·孙韶》："淮南滨江屯候皆撤兵远徙，徐、泗、江、淮之地，不居者各数百里。"
②《三国志》卷26《魏书·满宠传》。
③《资治通鉴》卷72魏明帝太和六年胡三省注。
④《三国志》卷27《魏书·王昶传》。

有千里之遥,还有陇坂天险的阻隔,跋涉往来非常艰难。如蜀军初次兵进祁山,天水、南安等郡县纷纷降服,曹魏援兵过了许久才赶到前线。"后十余日,诸军上陇,诸葛亮破走。"①

从魏初陇山以西地区的军事部署来看,当地驻军主要是郡县守兵,其各郡治所和驻兵重要城镇基本上都在渭水上游河谷沿岸,自东向西分布为:广魏郡治临渭(今甘肃天水市东),上邽(今甘肃天水市秦州区),天水郡治冀县(今甘肃甘谷县东),南安郡治獂道(今甘肃陇西县东),陇西郡治襄武(今甘肃陇西县)。它们与西汉水河谷之间有北秦岭相隔,上邽离祁山城路途最近,相距也有二百四十里②。这些城市守军很少,蜀军来侵时勉强自保,根本无力发兵支援祁山。何况各郡长官多不称职,风闻敌情即仓惶逃走,连自己的治所都弃而不顾,哪里还会想到保守祁山!《魏略》曰:"太和中,诸葛亮出陇右,吏民骚动。天水、南安太守各弃郡东下。"③只有陇西太守游楚据城不降。街亭之役结束后,"南安、天水皆坐应亮破灭,两郡守各获重刑,而楚以功封列侯。"④

再者,合肥旧城原为扬州治所,规模较大。刘馥在任时发展当地经济,"官民有畜。又高为城垒,多积木石,编作草苫数千万枚,益贮鱼膏数千斛,为战守备。"⑤因为拥有强大的防御力量,所

---

①《三国志》卷15《魏书·张既传》注引《魏略》。

②参见[北魏]郦道元注,[民国]杨守敬、熊会贞疏:《水经注疏》卷20《漾水》言祁山城,"在上邽西南二百四十里"。第1692页。

③《三国志》卷15《魏书·张既传》注引《魏略》。

④《三国志》卷15《魏书·张既传》注引《魏略》。

⑤《三国志》卷15《魏书·刘馥传》。

以能够抗击孙权围攻百余日[1]。后来依凭山险另筑合肥新城,据考古调查,"城址平面呈长方形,南北长 420,东西长 210 米。"[2]虽然面积较前减少,但其守备仍很坚固。嘉平五年(253)诸葛恪率领大众攻合肥新城,守将张特诈降时称:"自受敌以来,已九十余日矣。此城中本有四千余人,而战死者已过半,城虽陷,尚有半人不欲降。"[3]最后保住城池不失。襄阳始终是郡治,规模应超过普通县城。此外,它和汉水北岸的樊城唇齿相依,互为犄角,可以分散敌人的进攻力量。祁山城的范围则受到山顶面积的局限,方圆仅有数十丈,即使相比合肥新城也要小好几倍,这会严重影响其驻军和存粮的数量,估计守军也就是千余人。另外,它在西汉水河谷只是一座孤城,附近没有其他据点可以提供支援。诸葛亮两次兵进天水时,分别顺利占领与祁山城相邻的西县和卤城,可见曹魏并未在那里派兵驻守。

### (五)朝廷对蜀军主攻方向判断失误

诸葛亮向祁山、陇右地区发动大规模进攻,是魏国君臣没有料到的。蜀汉小国寡民,兵力有限,又连续遭受丢失荆州和夷陵战败的重创,可谓元气大伤,因此曹丕在位期间并不认为蜀国有什么威胁,故而把全部注意力都集中到孙权身上,这从他在黄初三年到六年(222—225)连续三次出动大军征吴的史实上可以得

---

[1]《三国志》卷 15《魏书·刘馥传》载建安十三年,"孙权率十万众攻围合肥城百余日,时天连雨,城欲崩,于是以苫蓑覆之,夜然脂照城外,视贼所作而为备,贼以破走。"

[2] 安徽省文物考古研究所:《合肥市三国新城遗址的勘探和发掘》,《考古》2008 年第 12 期,第 39 页。

[3]《三国志》卷 4《魏书·三少帝纪·齐王芳》注引《魏略》。

到证明。建兴五年（227）诸葛亮进兵汉中后，魏国得到有关情报并举行过朝议，讨论是否需要先行出兵伐蜀，最后明帝还是接受了孙资的建议，认为没有必要兴师动众，只是让现在的边防驻军留意防守就足以制敌。"今若进军就南郑讨亮，道既险阻，计用精兵又转运镇守南方四州遏御水贼，凡用十五六万人，必当复更有所发兴。天下骚动，费力广大，此诚陛下所宜深虑。夫守战之力，力役参倍。但以今日见兵，分命大将据诸要险，威足以震慑强寇，镇静疆场，将士虎睡，百姓无事。数年之间，中国日盛，吴、蜀二虏必能自弊。"①由于诸葛亮的府营与诸军屯驻汉中，曹魏估计其主攻方向是相邻的关中，所以雍凉都督夏侯楙所率的主力就在当地戍守，防备蜀军越过秦岭北侵；雍州刺史郭淮的治所设在长安，所统率的州兵亦在三辅驻扎。魏国君臣与州郡将帅大多没有想到会在那里遭到蜀军的强攻，所以诸葛亮兵出祁山后，"南安、天水、安定三郡叛魏应亮，关中响震。"②曹魏陇右守军因为力量薄弱而不敢迎击，也无力镇压叛乱。如《魏略》所言："始，国家以蜀中惟有刘备。备既死，数岁寂然无声，是以略无备预；而卒闻亮出，朝野恐惧，陇右、祁山尤甚，故三郡同时应亮。"③

　　值得提出的是，雍州刺史郭淮经验丰富，与众不同，他认为陇右地区需要提高警惕，防备敌军入侵，因此于祁山之役前夕离开关中，前往广魏、天水等郡巡视。《魏略》曰："天水太守马遵将（姜）维及诸官属随雍州刺史郭淮偶自西至洛门案行，会闻亮已到

---

①《三国志》卷14《魏书·刘放传》注引《孙资别传》。
②《三国志》卷35《蜀书·诸葛亮传》。
③《三国志》卷35《蜀书·诸葛亮传》注引《魏略》。

祁山,淮顾遵曰:'是欲不善!'遂驱东还上邽。遵念所治冀县界在西偏,又恐吏民乐乱,遂亦随淮去。"①郭淮所至之"洛门",即今甘肃武山县东15公里之洛门镇,在天水、南安两郡治所之间,南有道路穿越北秦岭至西汉水河谷,即祁山古道北段中之阳溪支道②。此处所言之"案行",是汉魏中央和地方官员将领的巡视制度③。朝廷对各州刺史更是有定期巡察辖境之规定,称为"行部"④,时间在每年八月。见《后汉书·百官志五》:

> 孝武帝初置刺史十三人,秩六百石。成帝更为牧,秩二千石。建武十八年,复为刺史,十二人各主一州,其一州属司隶校尉。诸州常以八月巡行所部郡国,录囚徒,考殿最。

　　而郭淮的这次巡视是在正月,属于临时决定,并非固定的常制,故前引《魏略》称其"偶自西至洛门案行"。郭淮的这一举措对此次祁山、街亭战役的进程起到了重要的影响,他在闻报蜀军入侵后和天水太守马遵等迅速驶入上邽,及时组织防守,使诸葛亮未能攻克该城,所以阻碍耽误了蜀军向安定郡和陇山诸隘的进军,为关中魏军上陇反击争取了宝贵的时间。

---

①《三国志》卷44《蜀书·姜维传》注引《魏略》。

②参见苏海洋:《祁山古道北段研究》,《三门峡职业技术学院学报》2009年第4期。

③参见《后汉书》卷19《耿秉传》:"肃宗即位,拜秉征西将军。遣案行凉州边境,劳赐保塞羌胡,进屯酒泉,救戊己校尉。"《三国志》卷26《魏书·田豫传》载其任青州都督,"辄便循海,案行地势,及诸山岛,徼截险要,列兵屯守。"

④《汉书》卷76《王尊传》:"琅邪王阳为益州刺史,行部至邛郲九折坂,叹曰:'奉先人遗体,奈何数乘此险!'后以病去。"《后汉书》卷51《桥玄传》:"玄少为县功曹。时豫州刺史周景行部到梁国,玄谒景,因伏地言陈相羊昌罪恶,乞为部陈从事,穷案其奸。"

## 五、诸葛亮北伐期间曹魏对雍凉部署的调整

尽管曹魏对诸葛亮兵出祁山未曾预先做出有针对性的部署，但是在开战之后，却及时调遣兵将赴援陇右，反应非常迅速。从这次战役到青龙二年(234)诸葛亮在五丈原病逝退兵为止，雍凉战区于六年之内连续遭受蜀汉六次入侵，其间还有太和四年(230)曹真对汉中的出征[①]，可谓战火频起。在此期间，魏国统治集团对当地的军事部署进行了一系列有针对性的调整，使西方战线的防务获得巩固加强，有效地挫退了敌人的多次攻势。其具体措施分述如下：

### (一)向关中和陇右增调兵力

针对雍凉战区驻军数量不足的弱点，魏明帝将驻守京畿战斗力最强的中军五万人调往西线应战。《魏书》曰："是时朝臣未知计所出，帝曰：'亮阻山为固，今者自来，既合兵书致人之术，且亮贪三郡，知进而不知退，今因此时，破亮必也。'乃部勒兵马步骑五万拒亮。"[②]据《资治通鉴》卷71魏太和二年正月记载，是由张郃率领援军开赴陇右，明帝随即领后续部队前往关中。"乃勒兵马步骑五万，遣右将军张郃督之，西拒亮。丁未，帝行如长安。"胡三省

---

①《三国志》卷9《魏书·曹真传》："(太和)四年，朝洛阳，迁大司马，赐剑履上殿，入朝不趋。真以'蜀连出侵边境，宜遂伐之，数道并入，可大克也。'帝从其计，真当发西讨，帝亲临送。真以八月发长安，从子午道南入。司马宣王溯汉水，当会南郑，诸军或从斜谷道入，或从武威入。会大霖雨三十余日，或栈道断绝，诏真还军。"

②《三国志》卷3《魏书·明帝纪》太和二年正月注引《魏书》。

注："亲帅师继郃之后以张声势。"跟随明帝西赴长安的中军数量不详，估计也会有数万之众。通过这两次调动，明显地改变了雍凉前线魏蜀兵力对比的不利局面。

## （二）建立中军常备援兵

曹魏的中军平时驻扎在京师洛阳、许昌一带，属于战略机动部队，即总预备队，在边境作战结束之后通常要返回原来驻地，或是开赴新的战场。《三国志》卷 17《魏书·张郃传》便记载了他率领部下的转战情况，他先是奔赴陇右抗蜀，街亭战役结束后驻扎在关中，随后赴荆州准备征吴，诸葛亮二次北伐时又赶回雍州协防。"司马宣王治水军于荆州，欲顺沔入江伐吴，诏郃督关中诸军往受节度。至荆州，会冬水浅，大船不得行，乃还屯方城。诸葛亮复出，急攻陈仓，帝驿马召郃到京都。帝自幸河南城，置酒送郃。遣南北军士三万及分遣武卫、虎贲使卫郃。因问郃曰：'迟将军到，亮得无已得陈仓乎！'郃知亮县（悬）军无谷，不能久攻，对曰：'比臣未到，亮已走矣；屈指计亮粮不至十日。'郃晨夜进至南郑，亮退。诏郃还京都，拜征西车骑将军。"中军这样往来调遣，千里跋涉疲于奔命，会降低军队的战斗力，并消耗掉大量物资，对于西境常年备战是明显不利的。魏国大臣司马孚因此提出建议，在中军建立常备的支援部队，分为两部以便轮换休整，随时准备开赴西线。"孚以为擒敌制胜，宜有备预。每诸葛亮入寇关中，边兵不能制敌，中军奔赴，辄不及事机，宜预选步骑二万，以为二部，为讨贼之备。"[1]这一计策得到了朝廷的采纳。例如，青龙二年（234）诸

--------

[1]《晋书》卷 37《宗室传·安平献王孚》。

葛亮兵进五丈原,"天子忧之,遣征蜀护军秦朗督步骑二万,受帝
(司马懿)节度。"①

### (三)调换主将

　　如前所述,曹魏关中都督夏侯楙是庸碌无为的纨绔子弟,根
本不能胜任这一重要职务,此番战后即被撤职并调回洛阳。"楙
性无武略,而好治生。至太和二年,明帝西征,人有白楙者,遂召
还为尚书。"②魏明帝对雍凉战区给予特殊重视,在臣僚中选拔才
能最为出众的将领来担任主帅。他先是"遣大将军曹真都督关
右,并进兵"③。但在实际战斗中,曹真领兵进驻眉县(治今陕西宝
鸡市眉县东北),主持陇东地区的作战,防御汉中方面的蜀军,陇
右战事则由张郃负责。"帝遣真督诸军军郿,遣张郃击亮将马谡,
大破之。"④值得注意的是,张郃是陇右诸军的总指挥,其职权也相
当于都督。"诸葛亮出祁山。加郃位特进,遣督诸军,拒亮将马谡
于街亭。"⑤曹真在打退屯据箕谷的赵云、邓芝所部后,挥师北上镇
压安定郡的叛乱。"安定民杨条等略吏民保月支城,真进军围之。
条谓其众曰:'大将军自来,吾愿早降耳。'遂自缚出。三郡皆
平。"⑥后来曹真病故,明帝又起用老谋深算的司马懿来继任雍凉
都督。"天子曰:'西方有事,非君莫可付者。'乃使帝西屯长安,都

---

①《晋书》卷 1《宣帝纪》。
②《三国志》卷 9《魏书·夏侯惇传》注引《魏略》。
③《三国志》卷 3《魏书·明帝纪》。
④《三国志》卷 9《魏书·曹真传》。
⑤《三国志》卷 17《魏书·张郃传》。
⑥《三国志》卷 9《魏书·曹真传》。

督雍、梁二州诸军事,统车骑将军张郃、后将军费曜、征蜀护军戴凌、雍州刺史郭淮等讨亮。"①这几位将领深通韬略,在对蜀作战之中,曹真、张郃善攻,司马懿擅守,屡次使诸葛亮的北伐无功而返。

### (四)雍州刺史与州兵、外军常驻陇右

如前所述,雍州刺史的治所在长安,他所统率的州兵主要部署在关中。诸葛亮兵出祁山时,郭淮只是带领随员"偶自西至洛门案行"。但此后的情况表明,郭淮在街亭之役结束后就和麾下州军留守在陇右地区,并没有返回关中。例如建兴七年(229),"亮遣陈式攻武都、阴平。魏雍州刺史郭淮率众欲击式,亮自出至建威,淮退还,遂平二郡。"②这次应是郭淮领兵到南邻武都、阴平的祁山地区,诸葛亮到达建威(今甘肃西和县)后,郭淮见其势众而不敢应战,只得率军撤回到渭水河谷的上邽、冀县一带。次岁(230)魏延、吴懿兵入羌中,即魏南安郡界。"魏后将军费瑶(曜)、雍州刺史郭淮与延战于阳溪,延大破淮等。"③费曜是曹真部下将领,所率部队是直属都督的外军;这次他是和郭淮的州军并肩作战。建兴九年(231)诸葛亮复出天水,围攻祁山,司马懿率众自关中来援。据《汉晋春秋》记载:"亮分兵留攻,自逆宣王于上邽。郭淮、费曜等徼亮,亮破之,因大芟刈其麦,与宣王遇于上邽之东,敛兵依险,军不得交。"④是说诸葛亮率主力北进上邽,打败了郭淮、费曜在当地的阻击,然后到达上邽以东与司马懿大军相遇。这些

①《晋书》卷1《宣帝纪》。
②《三国志》卷35《蜀书·诸葛亮传》。
③《三国志》卷40《蜀书·魏延传》。
④《三国志》卷35《蜀书·诸葛亮传》注引《汉晋春秋》。

史料都反映了郭淮和他的州军在这几年内留在陇右,屡次与入侵的蜀军对阵交战,并没有回到他原来的长安治所。直到青龙二年(234),"亮又率众十余万出斜谷,垒于郿之渭水南原。"①关中军情紧急,郭淮才率麾下的州军赶回,在司马懿的指挥下参与作战②。由于州军兵力有限,雍凉都督还派遣费曜率领部分外军常驻陇右,与郭淮协同防御。

### (五)加强陈仓、上邽的守备

在魏蜀边境地带的重要关戍增兵固守,强化防务。其首要地点是扼守川陕交通孔道的陈仓(今陕西宝鸡市西南),汉高祖用韩信之计暗渡陈仓,攻占三秦;曹操亦由此道进入汉中,迫降张鲁。该城在散关之北,顾祖禹称其"为秦、蜀之噤喉"③,又云:"在曹魏时,扶风尤为重镇,往往缮兵储粟以阻巴、蜀之口。虽诸葛武侯之用兵,不能越陈仓及郿而与魏争。"④街亭战役之后,雍凉都督曹真判断陈仓将是蜀军下一次大举进攻的目标,因此未雨绸缪,修缮城垒,并派遣在西线作战屡建功绩的郝昭驻守,结果在当年冬天成功地打退了诸葛亮的围攻。《三国志》卷9《魏书·曹真传》曰:

> 真以亮惩于祁山,后出必从陈仓,乃使将军郝昭、王生守

---

① 《晋书》卷1《宣帝纪》。
② 《三国志》卷26《魏书·郭淮传》:"青龙二年,诸葛亮出斜谷,并田于兰坑。是时司马宣王屯渭南;淮策亮必争北原,宜先据之,议者多谓不然……宣王善之,淮遂屯北原。堑垒未成,蜀兵大至,淮逆击之。后数日,亮盛兵西行,诸将皆谓欲攻西围,淮独以为此见形于西,欲使官兵重应之,必攻阳遂耳。其夜果攻阳遂,有备不得上。"
③ [清]顾祖禹:《读史方舆纪要》卷52《陕西一·山川险要》,第2497页。
④ [清]顾祖禹:《读史方舆纪要》卷55《陕西四·凤翔府》,第2634页。

陈仓，治其城。明年春，亮果围陈仓，已有备而不能克。

《三国志》卷3《魏书·明帝纪》注引《魏略》曰：

> 先是，使将军郝昭筑陈仓城，会亮至，围昭，不能拔。昭字伯道，太原人。为人雄壮，少入军为部曲督，数有战功，为杂号将军。遂镇守河西十余年，民夷畏服。

《水经注》卷17《渭水》曰：

> 魏明帝遣将军太原郝昭筑陈仓城成，诸葛亮围之。亮使昭乡人靳祥说之，不下。亮以数万攻昭千余人，以云梯、冲车、地道逼射昭，昭以火射连石拒之。亮不利而还。今汧水对亮城，是与昭相御处也。杨守敬按："谓汧水与亮城隔渭水南北相对也。"①

《元和郡县图志》卷2《关内道二·凤翔府》宝鸡县条曰：

> 陈仓故城，在今县东二十里，即秦文公所筑。《魏略》云："太和中将军郝昭筑陈仓城，适讫，会诸葛亮来攻。亮本闻陈仓城恶，及至，怪其整顿，闻知昭在其中，大惊愕。亮素闻昭在西有威名，念攻之不易……亮进兵，云梯冲车，昼夜攻距二十余日，亮无利，会费曜等救至，亮乃引去。"按今城有上下二城相连，上城是秦文公筑，下城是郝昭筑。②

祁山驻军的情况史籍缺乏详细记载，原由高刚统领，但是他

---

①［北魏］郦道元注，［民国］杨守敬、熊会贞疏：《水经注疏》，第1509—1510页。
②［唐］李吉甫：《元和郡县图志》卷2《关内道二·凤翔府》，第42—43页。

在街亭战役前后未尽职守，颇受非议，因而在战后被调离①，另外派遣两位将军戍守，可能兵力会略有增加。事见《晋书》卷1《宣帝纪》太和五年(231)，"诸葛亮寇天水，围将军贾嗣、魏平于祁山。"如前所述，由于祁山城位处孤峰，屯兵数量很受局限，可能仅为千人左右。从街亭之役以后曹魏在天水地区的防守态势来看，当地军队驻扎重点设置于祁山山脉以北的渭水河谷地带，以上邽城（在今天水市秦州区）为首要镇戍。原因主要有以下几项：

其一，地处交通要道。上邽位于陇右腹地的十字路口，东沿渭水而下，有险径穿越峡谷山地进入关中，称作"陈仓狭道"。建安十九年(214)，夏侯渊救援起兵反抗马超的天水豪强赵衢、姜叙等，"使张郃督步骑五千在前，从陈仓狭道入，渊自督粮在后。"②从上邽西行，过郡治冀县，经南安、陇西、金城郡境与河西走廊相通。北上略阳（今甘肃秦安县陇城镇），再东越陇坂，是通往关中平原的正途。南下祁山、武都，又是陇蜀交通的主要道路。由此可见，占据上邽能够阻断或通行多条路径，因而在军事上具有重要的地位与作用。顾祖禹曾说秦州，"当关、陇之会，介雍、梁之间，屹为重镇。秦人始基于此，奄有丰、岐。东汉初隗嚣据此，妄欲希踪西伯也。其后武侯及姜维皆规此以连接羌、胡，震动关辅。……盖关中要会常在秦州，争秦州则自陇以东皆震矣。"又云："虞允文

①[唐]李吉甫：《元和郡县图志》卷2《关内道二·凤翔府》宝鸡县陈仓故城条引《魏略》曰："初，太原靳详少与(郝)昭相亲，后为蜀所得。及亮围陈仓，详为亮监军，使于城外呼昭谕之。昭于楼上应详曰：'魏家科法，卿所练也。我之为人，卿所知也。曩时高刚守祁山，坐不专意，虽终得全，于今诮议不止。我必死耳。卿还谢诸葛亮，便可攻也。'"第43页。
②《三国志》卷9《魏书·夏侯渊传》。

曰:'关中天下之上游,陇右关中之上游。'而秦州其关、陇之喉舌欤?"[1]

　　其二,水土宜于农耕。陇西黄土高原地形崎岖破碎,干旱乏雨,大部分区域不适宜垦殖。上邽处于渭水南岸支流藉水(今耤河)中上游河谷,土壤肥沃,气候温润,因而利于发展农业。三国时期,上邽附近所种熟麦是魏军赖以接济的粮饷来源,也是蜀汉企图攫取的给养。太和五年(231)诸葛亮复出祁山,"议者以为亮军无辎重,粮必不继,不击自破,无为劳兵;或欲自芟上邽左右生麦以夺贼食,(明)帝皆不从。前后遣兵增宣王军,又敕使护麦。宣王与亮相持,赖得此麦以为军粮。"[2]《晋书》卷 1《宣帝纪》曰:"亮闻大军且至,乃自帅众将芟上邽之麦。"司马懿派遣郭淮、费曜阻击蜀军,"亮破之,因大芟刈其麦,与宣王遇于上邽之东。"[3]即反映出双方对当地粮食资源的激烈争夺。

　　其三,民风崇尚勇武。上邽周围峰岭列峙,多产禽兽,适于狩猎活动的开展。由于地近羌胡,频发战事,故居民历来有尚武的风俗。《汉书》卷 28 下《地理志下》曰:"天水、陇西,山多林木,民以板为室屋。及安定、北地、上郡、西河,皆迫近戎狄,修习战备,高上气力,以射猎为先。故《秦诗》曰'在其板屋';又曰'王于兴师,修我甲兵,与子偕行'。及《车辚》、《四载》、《小戎》之篇,皆言车马田狩之事。"占据该地区可以获得悍勇善战的兵源,这也是它在军事上备受关注的原因之一。正是因为上邽地区在交通、经济

---

①[清]顾祖禹:《读史方舆纪要》卷 59《陕西八·巩昌府》,第 2833—2834 页。
②《三国志》卷 3《魏书·明帝纪》太和五年七月注引《魏书》。
③《三国志》卷 35《蜀书·诸葛亮传》注引《汉晋春秋》。

上的重要性,它是蜀汉北伐的主攻目标之一,而曹魏在此期间对那里进行了具有军事目的的移民,借以增加当地的粮食产量并巩固防务。诸葛亮复出祁山战役之后,司马懿判断他下一次会进攻关中,而且可能要间隔数年,即利用此作战空隙向朝廷申请向上邽迁徙壮丁屯田。见《晋书》卷1《宣帝纪》:

> 帝曰:"亮再出祁山,一攻陈仓,挫衄而反,纵其后出,不复攻城,当求野战,必在陇东,不在西也。亮每以粮少为恨,归必积谷,以吾料之,非三稔不能动矣。"于是表徙冀州农夫佃上邽。

《晋书》卷37《宗室传》则载司马孚在明帝时任度支尚书,"又以关中连遭贼寇,谷帛不足,遣冀州农丁五千屯于上邽,秋冬习战阵,春夏修田桑。由是关中军国有余,待贼有备矣。"笔者按:度支尚书为魏文帝所置,"专掌军国支计"[1]。此次移民举措是由司马懿上表请奏,司马孚调度安排,兄弟两人联手操作成功。从冀州迁往上邽的农夫是能耕能战的壮丁,在当地屯田,属于准军事组织,不同于国家普通的编户农民。《晋书》卷1《宣帝纪》还称司马懿担任雍凉都督时,"兴京兆、天水、南安监冶",即在上述各郡兴办冶炼,以铸造农具、工具与兵器。《晋书》卷26《食货志》则曰:"宣帝表徙冀州农夫五千人佃上邽,兴京兆、天水、南安盐池,以益军实。"说是开设煮盐业。如前所述,天水郡的盐井在祁山以东二十里的卤城(今甘肃礼县盐官镇),即汉代盐官故址。另外,司马懿还举用能吏鲁芝担任天水地区行政长官,努力恢复当地的经济

---

[1]《晋书》卷37《宗室传·安平献王孚》。

与民生事业。《晋书》卷90《良吏传》曰："曹真出督关右,又参大司马军事。真薨,宣帝代焉,乃引(鲁)芝参骠骑军事,转天水太守。郡邻于蜀,数被侵掠,户口减削,寇盗充斥,芝倾心镇卫,更造城市,数年间旧境悉复。迁广平太守。天水夷夏慕德,老幼赴阙献书,乞留芝,魏明帝许焉。"

司马懿通过上述举措,使上邽附近的粮产与兵力都获得增强,成为曹魏陇右的防御重心。由于上邽地扼交通枢纽,位于陇中腹地,其军事地位与作用又在祁山之上。即使祁山陷落,只要上邽不失,仍能有效地阻碍蜀汉势力在陇西地区的扩张,使其难以实现"隔绝陇道"与"平取陇右"的战略计划。

**(六)兴修关中水利,发展农业**

陇右多为黄土高原山地,资源贫乏,物产有限。若想解决雍凉驻军需要的大量给养,还须依赖号称"天府"的关中平原。例如诸葛亮复出祁山战役之后,曹魏将领即建议由关中向陇西地区运粮以为储备。"时军师杜袭、督军薛悌皆言明年麦熟,亮必为寇,陇右无谷,宜及冬豫运。"[1]受汉末董卓之乱的影响,关中地区社会经济遭受了严重破坏。"时三辅民尚数十万户,(李)催等放兵劫略,攻剽城邑,人民饥困,二年间相啖食略尽。"[2]曹操击败马超、韩遂,平定关中后,注意发展当地的经济建设,并有所成效。"时济北颜斐为京兆太守,京兆自马超之乱,百姓不专农殖,乃无车牛。斐又课百姓,令闲月取车材,转相教匠。其无牛者令养猪,投贵卖

①《晋书》卷1《宣帝纪》。
②《三国志》卷6《魏书·董卓传》。

以买牛。始者皆以为烦，一二年中编户皆有车牛，于田役省赡，京
兆遂以丰沃。"①但是三辅的水利灌溉系统一直未能得到恢复，另
外，受诸葛亮接连北伐的影响，当地的经济也出现了衰退。如前
引《晋书》卷 37《宗室传·安平献王孚》曰："又以关中连遭贼寇，谷
帛不足。"司马懿担任雍凉都督期间，开始修筑灌渠和陂塘，促使
当地农业获得进一步发展。《晋书》卷 1《宣帝纪》曰：

> 青龙元年，穿成国渠，筑临晋陂，溉田数千顷，国以充
> 实焉。

《晋书》卷 26《食货志》亦曰：

> 青龙元年，开成国渠，自陈仓至槐里筑临晋陂，引汧、洛
> 溉舄卤之地三千余顷，国以充实焉。

可见诸葛亮北伐期间，关中的粮食产量和储备不但没有衰
减，反而有所增加，甚至能够提供巨额余粟运往关东救荒。《晋
书》卷 1《宣帝纪》载青龙三年(235)，"关东饥，帝运长安粟五百万
斛输于京师。"曹魏利用关中平原的优越自然条件来拓展垦殖，加
强物资储备，从而使自己立于不败之地。后来诸葛亮兵出五丈
原，司马懿采取避战对策，与敌兵相持多日，粮草供应非常充裕，
使远道而来的蜀军无计可施，最终被迫退兵。如王夫之所言：
"(司马懿)据秦川沃野之粟，坐食而制之，虽孔明之志锐而谋深，
无如此漠然不应者何也。"②

综上所述，在诸葛亮北伐期间，曹魏对雍凉地区的军事部署

---

①《晋书》卷 26《食货志》。
②[清]王夫之：《读通鉴论》卷 10《三国》，第 270 页。

采取了一系列有效的调整措施，对巩固当地的防务，挫败敌军进攻起到了决定性的作用。

## 六、姜维北伐期间曹魏陇右防务的强化

蜀汉后期对曹魏仍是采取以攻代守的作战方略，从诸葛亮病逝后，到蜀国灭亡之前共计 38 年间（234—262），曹魏仅于正始五年（244）对蜀汉发动过一次失败的攻势，即曹爽、夏侯玄进攻汉中的兴势之役；而蜀军却向曹魏边境先后发起了十余次进攻。不过，这一阶段蜀汉的主攻方向和进兵路线与此前有明显的差异。诸葛亮北伐期间，军队主力常年休整集结在汉中盆地，一方面给予关中敌兵强大的威胁，迫使雍凉地区的魏军主力集结于此，不敢轻易转移；另一方面调遣大军两度西出祁山，攻其防守薄弱的区域，敌兵辗转千里上陇赴援则跋涉劳苦。但是诸葛亮死后，蜀国在汉中郡仅留下少数边防驻军，约有两万多人[1]；统帅大将军和军队主力的驻地多数时间是在后方的成都、涪县（今四川绵阳市）或汉寿（今四川广元市昭化镇）驻扎，只是在遇到危急时领兵北援汉中，如延熙七年（244）曹爽伐蜀，王平坚守兴势、黄金诸戍。"涪诸军及大将军费祎自成都相继而至，魏军退还。"[2]或是在魏国内部有重大动乱时兵进汉中伺机北伐。如延熙元年（238）司马懿兵伐辽东，延熙十一年（248）曹爽擅政、司马懿称疾，甘露二年（257）

---

[1] 参见《三国志》卷 43《蜀书·王平传》载延熙七年魏军伐蜀，"时汉中守兵不满三万……"

[2]《三国志》卷 43《蜀书·王平传》。

诸葛诞反于淮南时,蒋琬、费祎和姜维曾先后领兵进入汉中。一旦魏国的政治局势稳定,蜀国在汉中的主力部队就会撤回内地,以免造成长途转运粮饷的困难。因此总的来说,在这一阶段,汉中方向对曹魏的军事压力明显要轻于诸葛亮北伐期间。尤其是在景耀元年(258)以后,姜维决定从汉中撤走部分驻军,放弃外围。"于是令督汉中胡济却住汉寿,监军王含守乐城,护军蒋斌守汉城。"[1]当地守军仅剩下万余人[2],对关中地区根本构不成任何威胁。

如前所述,蜀汉后期的大部分北伐(十次以上)是攻击魏雍州西陲与凉州交界地带,"是其作战主导方针,断凉州之道"的意图非常明显。对天水和关中的进攻各有一次,时间集中在公元256—258年,也较为短暂。另外,延熙十六年(253)费祎被刺身亡后,姜维掌控兵权,开始实现其大举伐魏的计划,兴兵规模皆为数万。可见这一阶段曹魏陇右地区,尤其是西部的陇西、南安两郡承受的威胁和压力相当沉重,迫使魏国的决策集团对雍凉地区的军事部署再次做出调整,以应对蜀汉的进攻。其主要举措如下:

### (一)增设陇右要戍

诸葛亮出征陇右时,基本上是走祁山、上邽一路,所以曹睿说本国的边防重点是"东置合肥,南守襄阳,西固祁山"[3]。但是蜀汉

---

[1]《三国志》卷44《蜀书·姜维传》。

[2] 参见《三国志》卷28《魏书·钟会传》载景元四年魏师伐蜀,"蜀令诸围皆不得战,退还汉、乐二城守。魏兴太守刘钦趣子午谷,诸军数道平行,至汉中。蜀监军王含守乐城,护军蒋斌守汉城,兵各五千。"

[3]《三国志》卷3《魏书·明帝纪》。

实行"断凉州之道"的战略以后,北伐路线明显西移,造成曹魏在陇右地区防御战线的延长,这样就必须设置更多的据点和兵力,以便阻碍迟滞蜀军的进攻。另一方面,为了迷惑敌人,姜维在出征以前常常散布流言,诱使魏军在几条道路上分兵防守,以减少自己进攻时遇到的阻力。例如魏正元二年(255),"雍州刺史王经白泰,云姜维、夏侯霸欲三道向祁山、石营、金城,求进兵为翅,使凉州军至枹罕,讨蜀护军向祁山。"[①]邓艾曾与部将分析蜀军攻击陇右时的各种优势,其中第四条就是:"狄道、陇西、南安、祁山,各当有守,彼专为一,我分为四。"[②]此语所言的狄道、陇西、南安便是三国后期曹魏在陇右新增的要戍。

狄道治今甘肃临洮县,属魏陇西郡,为蜀军沿洮水北上金城(治今甘肃兰州市)与西平(治今青海西宁市附近)两郡的必经之处。姜维曾在魏正元元年(254)占领该城,并迁徙当地居民还蜀。战后曹魏修固城池,次年(255)姜维在洮西打败魏军,王经率余众退守狄道,坚守多日等到援军解围。"(临洮)府襟带河、湟,控御边裔,为西陲之襟要。蜀汉末,姜维数出狄道以挠关、陇,魏人建为重镇,维不能以得志。晋之衰也,大约据狄道则足以侵陇西,狄道失而河西有唇齿之虑矣。"[③]由此看出其重要地位。

陇西郡治襄武(今甘肃陇西县),南安郡治獂道(今甘肃陇西县东南),两城相隔较近。据顾祖禹考证,"襄武城,(巩昌)府东南五里。汉置县,属陇西郡,后汉因之。永初五年以羌乱徙郡治此。

---

①《三国志》卷22《魏书·陈泰传》。
②《三国志》卷28《魏书·邓艾传》。
③[清]顾祖禹:《读史方舆纪要》卷60《陕西九·临洮府》,第2863—2864页。

魏亦为陇西郡治。蜀汉延熙十六年姜维围魏襄武,不克。"又云:
"今郡城周九里有奇。门四:东永安,南武安,西静安,北靖安。环
城有濠,称为险固。"①獂道城则在巩昌府东南二十五里,"汉置县,
属天水郡,骑都尉治此。后汉属汉阳郡,灵帝时为南安郡治。魏
因之。蜀汉延熙十六年姜维围魏南安,不克。"②据梁允麟考证,曹
魏陇西郡辖今甘肃东乡以东,舟曲以北,秦安以西,通渭以南地
区。其境内西南的枹罕、大夏、安故、白石、河关、氐道六县,"即今
甘肃临洮南,临夏以东,武山、岷县以西地区仍没于羌、氐。荒废
为旷野,为魏、蜀双方弃地。是后姜维伐魏多取道于此。"③襄武、
獂道两城地处渭水上游,山岭遍布,又是河西走廊东通关、陇的必
经之途,所以在军事上意义非凡。顾祖禹曾云当地:"翼蔽秦、陇,
控扼羌、戎。后汉初隗嚣据陇西,动摇三辅。诸葛武侯伐魏,欲先
取陇右,结连羌夷以图关中。魏亦以为重镇,邓艾尝云:'狄道、陇
西、南安、祁山,各当有守。'盖其地山谷纠纷,川原回绕,其俗尚气
力,修战备,好田猎,勤耕稼,自古用武之国也。诚于此且耕且屯,
以守以战,东上秦、陇而雍、岐之肩背疏,南下阶、成而梁、益之咽
喉坏,西指兰、会而河、湟之要领举,巩昌非无事之地矣。"④

　　为了巩固这些要戍的防务,曹魏后期屡次派遣武将来担任陇
西、南安等郡的行政长官。例如邓艾,"出参征西军事,迁南安太
守。嘉平元年,与征西将军郭淮拒蜀偏将军姜维。"⑤《三国志》卷

①[清]顾祖禹:《读史方舆纪要》卷59《陕西八·巩昌府》陇西县,第2811页。
②[清]顾祖禹:《读史方舆纪要》卷59《陕西八·巩昌府》陇西县,第2811—2812页。
③梁允麟:《三国地理志》,第203页。
④[清]顾祖禹:《读史方舆纪要》卷59《陕西八·巩昌府》陇西县,第2810—2811页。
⑤《三国志》卷28《魏书·邓艾传》。

26《魏书·牵招传》曰："次子弘,亦猛毅有招风,以陇西太守随邓艾伐蜀有功,咸熙中为振威护军。"裴松之注:"案《晋书》:弘后为扬州、凉州刺史,以果烈死事于边。"邓艾在灭蜀之役进攻沓中时,麾下战将多为陇右各郡太守。《晋书》卷2《文帝纪》曰:"又使天水太守王颀攻(姜)维营,陇西太守牵弘邀其前,金城太守杨欣趣甘松。"他们在战斗中接连获胜,顺利追击进入蜀境。

### (二)加强陇右兵力

天水郡以西的雍州边陲原来没有多少军队,所以费祎执政期间姜维几次北伐,领兵不过万余,却如入无人之境,甚至远达西平郡(今青海湟水流域),又顺利返回。费祎去世后,姜维屡次统数万人北伐陇西、南安,造成的威胁越来越大,需要防守的地段逐渐增多,逼迫魏国向陇右增调兵力。除了战况紧急时候,雍凉都督、征西将军会带领关中主力前来支援之外;即便在平时,天水以西的魏军兵员数量就已经相当可观。例如魏正元二年(255),"时(姜)维等将数万人至枹罕,趣狄道。"[1]陈泰率领关中援军尚未到达,雍州刺史王经已在陇右纠集了大量兵马来迎战姜维,结果在洮西惨败,"经众死者数万人"[2]。战后王经收敛残兵败众,"以万余人还保狄道城,余皆奔散。维乘胜围狄道。"[3]如前所述,洮西战役结束时,参战魏军死者数万人,虽无伤亡准确数字,但若按较低数目估算,"经众死者数万人"至少有两三万,加上余众万余人,战

①《三国志》卷22《魏书·陈泰传》。
②《三国志》卷44《蜀书·姜维传》。
③《三国志》卷22《魏书·陈泰传》。

前兵力合并起来可能会有四五万人,这还不算在陇西、南安、天水、广魏四郡留守的兵马。战役结束后,陇西等郡的残兵败将被换防调走,改由关中而来的新锐驻守。"(陈)泰慰劳将士,前后遣还,更差军守,并治城垒,还屯上邽。"①邓艾接替王经主持陇右军务,其兵力仍有数万人。可见段灼疏云:"艾持节守边,所统万数,而不难仆虏之劳,士民之役,非执节忠勤,孰能若此?"②段谷之战姜维遭到惨败,"星散流离,死者甚众。"③此战之后陇右魏蜀对抗的形势发生了完全逆转,明显改变为魏强蜀弱。景元三年(262),姜维进行了最后一次北伐,却被邓艾轻易击败。"维率众出汉、侯和,为邓艾所破,还住沓中。"④蜀军主力撤回后方休整,仅留驻少数兵马屯田沓中,估计至多在万人左右,北部边境防务虚弱。次年(263)曹魏大举伐蜀,派邓艾、诸葛绪从陇右领兵南下,刘禅急忙调遣部队驰援。"及钟会将向骆谷,邓艾将入沓中,然后乃遣右车骑廖化诣沓中为维援,左车骑张翼、辅国大将军董厥等诣阳安关口以为诸围外助。"⑤然而已经赶赴不及,姜维等部根本无法抵挡陇右魏军的攻势,被迫先后放弃了沓中和武都、阴平二郡。"(张)翼、(董)厥甫至汉寿,(姜)维、(廖)化亦舍阴平而退,适与翼、厥合,皆退保剑阁以拒(钟)会。"⑥由此可见这一战线魏蜀军事力量的彼消此长。

①《三国志》卷22《魏书·陈泰传》。
②《三国志》卷28《魏书·邓艾传》。
③《三国志》卷44《蜀书·姜维传》。
④《三国志》卷44《蜀书·姜维传》。
⑤《三国志》卷44《蜀书·姜维传》。
⑥《三国志》卷44《蜀书·姜维传》。

## (三)调遣干将镇守陇右

曹魏后期雍凉都督常驻关中,屯据陇右的雍州刺史即为这一地区作战的最高长官,往往由能征善战的将领担任。如富有作战经验的郭淮,"在关右三十余年,外征寇虏,内绥民夷。比岁以来,摧破廖化,擒虏句安,功绩显著。"[①]他在嘉平元年(249)出任征西将军、雍凉都督,其原任刺史一职由司马氏的亲信陈泰接替,也因为御蜀作战的成功而受到嘉奖,并在郭淮去世后继任都督雍凉诸军事。司马昭曾对荀顗称赞陈泰:"玄伯沈勇能断,荷方伯之重,救将陷之城,而不求益兵,又希简上事,必能办贼故也。都督大将,不当尔邪!"[②]陇右将领不够称职的只有雍州刺史王经,曾在洮西之役中惨败,丧众数万,朝廷随即派遣智勇兼备的邓艾前往救援,"行安西将军,解雍州刺史王经围于狄道,姜维退驻钟提,乃以艾为安西将军,假节、领护东羌校尉。"[③]并取代王经成为陇右战区主将。邓艾在战后对部下分析敌我双方的优劣因素说,"彼上下相习,五兵犀利,我将易兵新,器杖未复。"[④]胡三省曰:"将易,艾自谓初代王经也。兵新,谓遣还洮西败卒,更差军守也。"[⑤]据叶哲明统计,姜维主动伐魏十一次,"具体战绩是:大胜一次,小胜三次,相拒不克者五次;大败一次,小败一次。"[⑥]从姜维与魏军陇右将帅

---

①《三国志》卷26《魏书·郭淮传》。
②《三国志》卷22《魏书·陈泰传》。
③《三国志》卷28《魏书·邓艾传》。
④《三国志》卷28《魏书·邓艾传》。
⑤《资治通鉴》卷77魏高贵乡公曹髦甘露元年六月胡三省注。
⑥叶哲明:《重评蜀汉姜维北伐》,《兰州大学学报》1987年第1期。

作战情况来看,他的指挥作战能力与郭淮、陈泰大致相当,互有胜
负;仅强于王经,却明显逊于邓艾,故屡次在其手下受挫。如邓艾
所云:"姜维自一时雄儿也,与某相值,故穷耳。"[1]他在陇右战斗多
年,并没有取得理想的战果。廖化曾批评姜维说:"'兵不戢,必自
焚',伯约之谓也。智不出敌,而力少于寇,用之无厌,何以能
立?"[2]胡三省曰:"谓较智则不出于敌人之上,而较力则又弱
小也。"[3]

### (四)兴办陇右军屯

陇西黄土高原乏少耕地,干旱少雨,驻扎大量军队难以解决
粮食供给问题。例如太和五年(231)诸葛亮复出祁山,司马懿率
关中援兵赴救,就遇到乏粮的困难,还是依靠郭淮向周边羌胡部
落征调才勉强得以补给。"是时,陇右无谷,议欲关中大运,淮以
威恩抚循羌、胡,家使出谷,平其输调,军食用足,转扬武将军。"[4]
此役诸葛亮最终因粮尽而退兵,而司马懿也面临即将断粮的窘
境[5]。蜀汉后期,姜维频频北伐雍州西陲,使曹魏不得不在陇右派
驻数万军队,如果粮饷全部要从关中转运则耗费巨大,难以长期

---

①《三国志》卷 28《魏书·邓艾传》。
②《三国志》卷 45《蜀书·廖化传》注引《汉晋春秋》。
③《资治通鉴》卷 78 魏元帝景元三年八月胡三省注。
④《三国志》卷 26《魏书·郭淮传》。
⑤〔晋〕常璩著,任乃强校注:《华阳国志校补图注》卷 7《刘后主志》:"(延熙)九年春,丞
　相亮复出围祁山。始以木牛运。参军王平守南围。司马宣王拒亮,张郃拒平。亮虑
　粮运不继,设三策告都护李平曰:'上计断其后道。中计与之持久。下计还住黄土。'
　时宣王等粮亦尽。"第 398 页。

维持。曹魏陇右主将邓艾原为屯田部民出身①,熟悉农耕及军屯事务,早年曾建议在淮南、淮北广兴军屯、开通渠道,并获得显著成功。"宣王善之,事皆施行。正始二年,乃开广漕渠,每东南有事,大军兴众,泛舟而下,达于江、淮,资食有储而无水害,艾所建也。"②此番他在陇右重施故伎,组织驻军屯田以增收粮谷,保证给养供应。段灼曾追述道:"昔姜维有断陇右之志,艾修治备守,积谷强兵。值岁凶旱,艾为区种,身被乌衣,手执耒耜,以率将士。上下相感,莫不尽力。"③文中所说的"区种",是精耕细作的农业技术,需要引水浇灌,通常施用于旱灾之际④。依赖屯田生产的有力补充,陇右数万军队的粮食供给难题得以解决。

**(五)雍凉都督赴陇右时,关中另置都督镇守**

征西将军、雍凉都督是曹魏西部地区的最高军事长官,平时镇守长安;如果陇右军情紧急,他必须带领主力部队越过陇坂,亲自在战地进行指挥。但这样一来,关中地区则缺少大将坐镇,容易引发动乱,汉中方向的蜀军也有可能乘虚发起进攻。为了避免

---

① 《晋书》卷48《段灼传》载段灼上疏曰:"(邓)艾本屯田掌牧人,宣皇帝拔之于农吏之中,显之于宰府之职。处内外之官,据文武之任,所在辄有名绩,固足以明宣皇帝之知人矣。"
② 《三国志》卷28《魏书·邓艾传》。
③ 《三国志》卷28《魏书·邓艾传》。
④ 参见《后汉书》卷39《刘般传》载其永平年间上奏曰:"又郡国以牛疫、水旱,垦田多减,故诏敕区种,增进顷亩,以为民也。"李贤注引《氾胜之书》曰:"上农区田法,区方深各六寸,间相去七寸,一亩三千七百区,丁男女种十亩,至秋收区三升粟,亩得百斛。中农区田法,方七寸,深六寸,间相去二尺,一亩千二十七区,丁男女种十亩,秋收粟亩得五十一石。下农区田法,方九寸,深六寸,间相去三尺,秋收亩得二十八石。旱即以水沃之。"《晋书》卷113《苻坚载记上》亦云:"坚以境内旱,课百姓区种。"

上述现象发生,有必要弥补雍凉都督西行后关中出现的主将空缺。曹魏屡次在这种情况下另派重臣来临时主持关中军务。例如嘉平元年(249),"蜀将姜维之寇陇右也,征西将军郭淮自长安距之。"①朝廷即派遣司马昭进驻关中,并根据战局形势出兵佯攻汉中,迫使姜维撤退,以促进陇右防御作战的成功,并在战后撤回河南。"进帝位安西将军、持节,屯关中,为诸军节度。(郭)淮攻维别将句安于麹,久而不决。帝乃进据长城,南趣骆谷以疑之。维惧,退保南郑,安军绝援,帅众来降。转安东将军、持节,镇许昌。"②正元二年(255)洮西之役后,雍州刺史王经被姜维围困于狄道城,雍凉都督陈泰领兵西行赴援,朝廷又派太尉司马望莅临关中,战役结束后亦返回京师。"代王凌为太尉。及蜀将姜维寇陇右,雍州刺史王经战败,遣孚西镇关中,统诸军事。征西将军陈泰与安西将军邓艾进击维,维退。孚还京师,转太傅。"③通过上述措施,保证了关中军政形势的稳定。

### (六)另置陇右都督

原来陇右地区的主将是常驻该地的雍州刺史,但他在作战方面还要受命于征西将军、雍凉都督。如正元二年(255),雍凉都督陈泰即指示雍州刺史王经不得轻举妄动,要等与援军会合后再同蜀军交锋。"时(姜)维等将数万人至枹罕,趣狄道。(陈)泰敕经进屯狄道,须军到,乃规取之。"④甘露元年(256),邓艾于段谷之役

---

①《晋书》卷2《文帝纪》。
②《晋书》卷2《文帝纪》。
③《晋书》卷37《宗室传·安平献王孚》。
④《三国志》卷22《魏书·陈泰传》。

大破蜀军,朝廷升迁他为都督陇右诸军事,即陇右都督。下诏表彰曰:"逆贼姜维连年狡黠,民夷骚动,西土不宁。艾筹画有方,忠勇奋发,斩将十数,馘首千计;国威震于巴、蜀,武声扬于江、岷。今以艾为镇西将军、都督陇右诸军事,进封邓侯。"[1]这样一来,雍凉都督辖区就以陇山为界,被分割为关中、陇右(西)两个相对独立的战区,各置主将,互不统属。严耕望考证云:"自魏初置都督雍凉诸军事一人,治长安,以备蜀。曹真、司马懿、赵俨、夏侯玄、郭淮、陈泰、司马望相继为之。甘露元年,邓艾为陇右都督,而司马望尚在任。其后钟会、卫瓘相继为关中都督,而李充继邓艾为陇右都督,则自甘露元年实分雍凉为关中、陇右两都督也。"[2]上述职务变动,既是为了作战指挥方便,不必让远在千里之外的雍凉都督遥控陇右战局,同时也是陇西魏军力量增强的缘故。既然邓艾可以凭借一己之力打退来犯之敌,就没有必要继续依赖关中兵马长途跋涉前来支援。常驻陇右的将领更加熟悉当地情况,战时军情紧急,需要当机立断,也用不着往来传递禀报再接受陇东将帅的指挥调遣。

　　蜀汉针对曹魏雍凉地区的主攻方向曾发生数次改变,最初是建安末年刘备倾注全力对汉中的攻击,然后是建兴六至九年(228—231)诸葛亮对天水地区的北伐,以及延熙、景耀年间姜维频繁向雍凉二州交界地带的出征。蜀军主力进攻路线自东向西的转移,是曹魏中原国力恢复强盛的结果,逼迫它的敌人不得不选择更为偏远荒僻的区域作为攻击对象。这一趋势也促使曹魏

①《三国志》卷28《魏书·邓艾传》。
②严耕望:《中国地方行政制度史——魏晋南北朝地方行政制度史》(上),第26页。

对雍凉战区的兵力部署做出调整,不断增加陇右三郡(天水、南安、陇西)驻军的数量,并且加强当地的经济建设,巩固行政统治,使这个原来地旷民稀、警备松懈的地段成为坚不可摧的防线。诸葛亮初出祁山时,获得当地民众支持,"南安、天水、安定三郡反,应亮"①;仅有祁山、上邽等少数据点负隅顽抗,还要依赖从京畿远道而来的中军解围退敌。但是蜀汉末年,陇右战局已然完全改观。段谷之战获胜以后,曹魏又任命诸葛绪为雍州刺史,领兵驻守在天水郡的上邽、祁山地带,面对蜀汉在武都、阴平两郡的诸座围守。陇右都督邓艾则率军驻于陇西郡的狄道城,防备沓中屯田的姜维入侵。由于在兵员数量和作战能力等方面占据上风,他们不再需要关中的援兵,就能在景元三年(262)轻易打败姜维在侯和的进攻。

次年(263)魏国大举伐蜀,命令邓艾、诸葛绪分别从驻地率众南下。《三国志》卷28《魏书·钟会传》曰:"(景元)四年秋,乃下诏使邓艾、诸葛绪各统诸军三万余人,艾趣甘松、沓中连缀维,绪趣武街、桥头绝维归路。"参加灭蜀之役的陇右魏军拥有压倒性的优势,因此姜维节节败退,迅速撤回境内。武都、阴平两郡也被诸葛绪顺利占领,没有遇到顽强抵抗。邓艾、诸葛绪两军联合起来有六七万人,加上陇右各郡县留守的兵力,可能接近八万之众。考虑到蜀汉末年全国兵力也不过九万至十万人,而曹魏仅在陇右就有七八万军队,这充分反映出它的巨大军事优势。另外,曹魏陇右军队的战斗能力也要明显高出敌兵一筹,在灭蜀之役中发挥了重要作用。钟会统领的关中主力在剑阁受阻,甚至因乏粮而准备

①《三国志》卷9《魏书·曹真传》。

退兵。"(姜维)列营守险。会不能克,粮运县(悬)远,将议还归。"①邓艾却率其麾下劲旅攻其不备,"自阴平道行无人之地七百余里,凿山通道,造作桥阁。山高谷深,至为艰险,又粮运将匮,频于危殆。艾以毡自裹,推转而下。将士皆攀木缘崖,鱼贯而进。"②终于进入平川,占领江油,又在绵竹击败诸葛瞻的兵马,进据雒县,迫使刘禅归降,从而立下盖世奇功。如段灼所言:"蜀地阻险,山高谷深,而艾步乘不满二万,束马悬车,自投死地,勇气凌云,将士乘势,故能使刘禅震怖,君臣面缚。军不逾时,而巴蜀荡定。"又云邓艾麾下的凉州兵马、羌胡健儿,"五千余人,随艾讨贼,功皆第一。"③

祁山地带原先只有边陲孤峰上的一座小城,后来却成为数万伐蜀大军云集的出发基地;陇右魏军过去仅仅是勉强自保郡县的地方武装,如今则能在灭蜀之役中攻坚略地,无往而不胜,称得起是一支雄锐之师。上述变化是数十年内雍凉军事形势发生演变的结果,也是魏蜀国势分别向强弱两端发展的一个缩影。

---

①《三国志》卷44《蜀书·姜维传》。
②《三国志》卷28《魏书·邓艾传》。
③《晋书》卷48《段灼传》。

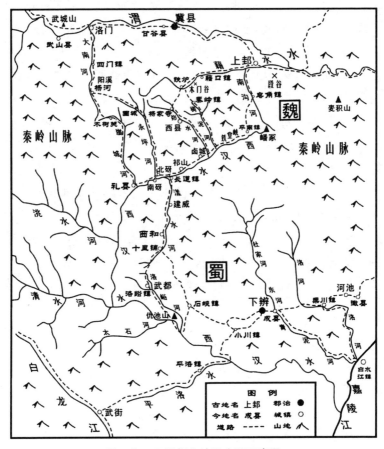

图二八　三国祁山地区交通示意图

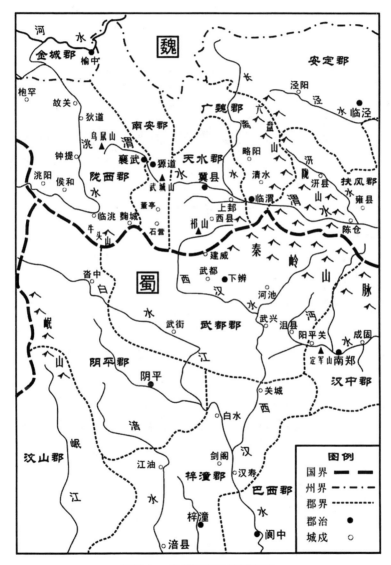

图二九　魏蜀陇右对峙形势图

# 第八章　曹魏的淮南重镇寿春

　　三国寿春城故址在今安徽省寿县,其地西临肥水,北凭长淮,土沃水丰而又舟车四通,故很早就成为江淮地区的经济、政治中心。战国后期,楚考烈王二十二年(前241)因受秦之军事压迫,自陈(今河南淮阳)迁都于寿春。秦汉时期寿春县或为九江郡治,或为淮南国都,武帝以后又为扬州刺史驻地。三国的南北战争当中,曹魏和晋初均在寿春设立了征东将军和扬州刺史的治所,即对吴作战的东线指挥中心;并在附近大兴屯田,聚积粮秣,将其作为淮南防务的重心地段和首要军镇。曹操在世时曾率舟师"四越巢湖",顺濡须水南下伐吴,寿春是其进军的后方兵站①。黄初五年(224)八月魏文帝征吴,"为水军,亲御龙舟,循蔡、颍,浮淮,幸寿春。"②然后循淮而下,经中渎水南至广陵。青龙二年(234)五月,"孙权入居巢湖口,向合肥、新城,又遣将陆议、孙韶各将万余人入淮、沔。"③魏明帝亲乘龙舟增援,奔赴前线。"遂进军幸寿春,录诸将功,封赏各有差。"④甘露二年(257)五月,诸葛诞联络吴国,

---

① 参见《三国志》卷10《魏书·荀彧传》载建安十七年,"会征孙权,表请(荀)彧劳军于谯,因辄留彧,以侍中光禄大夫持节,参丞相军事。太祖军至濡须,彧疾留寿春,以忧薨,时年五十。"
②《三国志》卷2《魏书·文帝纪》。
③《三国志》卷3《魏书·明帝纪》。
④《三国志》卷3《魏书·明帝纪》。

拥众十余万据寿春发动叛乱。曹魏为了保障朝廷的安全,不惜出动倾国之师前来镇压。"大将军司马文王督中外诸军二十六万众,临淮讨之。"[①]孙吴方面亦两次派遣数万兵马至淮南援救。此番寿春之战历时十个月,曾被学界认为是三国时期规模最大的战役[②]。从魏吴交锋的历史情况来看,寿春所在的淮南地区是孙吴北上的主要进攻方向,因此曹魏统治者非常重视寿春的防务,将该地当作东方屏藩、国之门户。同时也把它作为向吴国发动攻击的前线屯兵基地和运输兵粮的后方中转站。顾祖禹曾经综论寿春在古代战争中的重要影响,称其"控扼淮、颖,襟带江沱,为西北之要枢,东南之屏蔽。……自魏晋用兵,与江东争雄长,未尝不先事寿春"[③]。

　　三国时期的寿春地区为什么会有很高的战略地位和军事价值? 曹魏政权在当地采取了哪些防御部署措施? 其效果究竟如何? 魏吴作战双方对寿春及淮南战场的用兵有何谋划策略? 在交战前后的各个阶段分别具有哪些特点? 魏吴围绕寿春的攻守争夺对战争形势变化起到了何种程度的影响? 本章将对上述问题进行较为详细、深入的探讨。

---

①《三国志》卷 28《魏书·诸葛诞传》。

②参见任昭坤:《三国寿春之战为何被冷落》,《安徽史学》1986 年第 6 期。任氏强调,"(寿春之战)参战总兵力达五十万,其中司马昭二十六万,诸葛诞十余万(另有扬州新附兵四、五万),吴援兵八万二千(助守城三万,朱异率五万,在阳渊损失两千)。而著名的官渡之战、夷陵之战,参战兵力仅为十多万,赤壁之战也不过二十多万,蜀魏祁山之战投入兵力最多时有三十万,都比此战少得多。"

③[清]顾祖禹:《读史方舆纪要》卷 21《南直三·寿州》,第 1015 页。

# 一、三国寿春之战略地位析论

寿春之所以受到曹魏军事统帅的青睐，其中的原因是多方面的。归纳起来主要有以下几项，分述如下：

## （一）处于交通枢要的地理位置

曹操消灭袁氏集团、占领冀州之后，即在邺城建立霸府，并迁徙官员将士家属和各地民众于此①，借以壮大当地的经济、军事力量，将其作为统治北方的根据地。由此缘故，“冀州户口最多，田多垦辟”②。曹操晚年为了便于掌控荆、豫、雍州的战局，把国都转移到位于“天下之中”的洛阳。曹丕代汉后仍以洛阳为首都，并将河北士兵及家属大量向河南迁徙，以巩固京师的安全。“（文）帝欲徙冀州士家十万户实河南。时连蝗民饥，群司以为不可……帝遂徙其半。”③曹魏虽然号称占有十州之地，但由于战乱摧残，其经济重心仅在河南、鲁西南与河北南部。如杜恕所言，“今荆、扬、青、徐、幽、并、雍、凉缘边诸州皆有兵矣，其所恃内充府库外制四夷者，惟兖、豫、司、冀而已。”④孙氏立国于江南，以三吴，即苏湖平原为根本，兵甲粮赋萃聚于此地。周瑜曾对孙权说：“今将军承父

---

① 参见《三国志》卷 8《魏书·张燕传》，卷 11《魏书·胡昭传》注引《魏略》，卷 18《魏书·李典传》，卷 18《魏书·臧霸传》，卷 24《魏书·王观传》，卷 36《蜀书·马超传》注引《典略》。

② 《三国志》卷 16《魏书·杜畿附子恕传》。

③ 《三国志》卷 25《魏书·辛毗传》。

④ 《三国志》卷 16《魏书·杜畿附子恕传》。

兄余资,兼六郡之众,兵精粮多,将士用命,铸山为铜,煮海为盐,境内富饶,人不思乱。"①胡三省释曰:"六郡,会稽、吴、丹阳、豫章、庐陵、庐江也。"②其都城长期设于建业(今江苏南京市),部队的精锐主力"中军"也驻扎在附近。江东六郡与北方中原的交通往来,要经过魏吴对峙的中间地带——淮南,并且必须倚仗当地的两条水运干线,即沟通长江与淮河的中渎水道(古邗沟)和肥水、施水、濡须水道。因为大军出征,将士和战马驮畜消耗的粮草给养消耗甚巨,从后方往前线的运输保障是战役行动必须解决的首要问题。就投送方式而言,古代舟船航运要比陆地车畜人力转运效率高得多,"一船之载当中国数十两车"③,所以能够大大节省费用。

汉魏时期,上述这两条水路的通航情况有很大差别。中渎水由于久失疏浚,河道淤塞,冬春季节水量枯浅,不利于大规模船队航行。例如黄初六年(225)曹丕伐吴,"车驾幸广陵,(蒋)济表水道难通,又上《三州论》以讽帝。帝不从,于是战船数千皆滞不得行。"④另外,即使沿着这条水道抵达江畔,广陵一带江面宽阔,常有暴风狂涛,会对航行造成影响;若要实行强渡,必须和孙吴水师作殊死搏斗,亦难有胜算。北方政权由此路线进军往往遭遇挫折,如黄初五年(224)九月,魏文帝亲率舟师至广陵,"(孙吴)大浮舟舰于江。时江水盛长,帝临望,叹曰:'魏虽有武骑千群,无所用之,未可图也。'帝御龙舟,会暴风漂荡,几至覆没。"⑤次年十月,曹

---

①《三国志》卷54《吴书·周瑜传》注引《江表传》。
②《资治通鉴》卷64汉献帝建安七年"曹操下书责孙权任子"条胡三省注。
③《史记》卷118《淮南衡山列传》伍被语。
④《三国志》卷14《魏书·蒋济传》。
⑤《资治通鉴》卷70魏文帝黄初五年。

丕再度统水军南征，"如广陵故城，临江观兵，戎卒十余万，旌旗数百里，有渡江之志。吴人严兵固守。时天寒，冰，舟不得入江。帝见波涛汹涌，叹曰：'嗟乎，固天所以限南北也！'遂归。"①因此，这条航线在当时的军事利用相当有限，曹魏方面仅有文帝的两次南征，如前所述，都遇到了自然因素造成的阻碍而未能成功。

　　相形之下，三国时期的肥水、施水、濡须水航道比较畅通。原来肥、施二水并不相连，仅在夏季因为洪水泛滥才汇合在一起。后来经过人工开凿兴修，使肥水与施水、巢湖及濡须水连接起来，形成了贯通江淮的水道。据刘彩玉考证，这段运河建在合肥以西的将军岭，"它通过淮南丘陵蜂腰地带，平均长度约四公里左右。"②建安十四年（209）曹操率领水师南征，"春三月，军至谯，作轻舟，治水军。秋七月，自涡入淮，出肥水，军合肥。"③正是因为此段运河的开通，曹操的船队才能经淮水、肥水而到达合肥，并在此后数年的军事行动中经此途穿越巢湖，顺濡须水直抵江滨。从历史记载来看，赤壁之战以后，魏吴双方都将进攻和防御的主要方向转移到扬州地区，往往在肥水、施水、濡须水航道沿线展开战场，进行厮杀。如王象之所言："古者巢湖水北合于肥河，故魏窥江南则循涡入淮，自淮入肥，繇肥而趣巢湖，与吴人相持于东关。吴人挠魏亦必繇此。"④魏吴两国使臣的来往也是经历这条水道，如元兴元年（264）曹魏遣孙吴降将徐绍、孙彧为使臣到建业送交赍书，事毕本来已经动身回国，因为有人向孙皓举告其有罪，

①《资治通鉴》卷70魏文帝黄初六年。
②刘彩玉：《论肥水源与"江淮运河"》，《历史研究》1960年第3期。
③《三国志》卷1《魏书·武帝纪》。
④［清］顾祖禹：《读史方舆纪要》卷19《南直一·肥水》，第891页。

"(徐)绍行至濡须,召还杀之,徙其家属建安。"[1]

由于肥水、施水、濡须水航道在魏吴交通、作战方面的重要性,寿春的军事地位价值在这一历史阶段获得了显著的提升。其具体原因如下所述:

首先,寿春位于中原驶往江南主要航道的中段。战国中叶魏惠王迁都大梁以后,开凿了鸿沟运河,使济、汝、颖、泗诸水与淮河连接起来,从而形成了一个巨大的水运交通网,沟通了黄河流域与江淮、江南地区的航运。《史记》卷 29《河渠书》曰:"自是之后,荥阳下引河东南为鸿沟,以通宋、郑、陈、蔡、曹、卫,与济、汝、淮、泗会。于楚,西方则通渠汉水、云梦之野,东方则通沟江淮之间。于吴,则通渠三江、五湖。"而濒临淮河的寿春地理位置相当优越,其上接邻近的涡水、颖水入淮之口,下则通过肥水、施水、濡须水与长江相连,处于南北交通的航线中段,颇得舟楫之便,故在战国秦汉时期商贸活跃,经济繁荣。《汉书》卷 28 下《地理志下》曰:"寿春、合肥受南北湖皮革、鲍、木之输,亦一都会也。"班固所言之"受南北湖",《史记》卷 129《货殖列传》则称为"受南北潮",张守节《史记正义》注:"言江淮之潮,南北俱至庐州也。"即表明寿春、合肥是南北水运交通的汇合点。曹魏、西晋皆以洛阳为都,在中渎水淤塞不畅的情况下,京师所在的河南地区与江南的航运主要通过蒗荡渠、颖水入淮,再经肥水、施水、濡须水进入长江。学术界认为魏晋时期,"蒗荡渠——颖水漕路是沟通中原腹地与淮河中下游地区的一条最为便捷的水道。"[2]故有很高的军事利用价值,

---

①《三国志》卷 48《吴书·三嗣主传·孙皓》。
②王鑫义主编:《淮河流域经济开发史》,第 302 页。

寿春也由此受到兵家重视。需要强调的是,该地距离孙吴都城建业并不遥远,如源怀所言:"寿春之去建康才七百里",可以"乘舟藉水,倏忽而至"①。在此地保持一支强大的军队可以构成对吴国腹心重地的严重威胁。

此外,寿春处在淮河航道的中段,在此地设置军事重镇,又便于策应其东西沿淮两岸的战斗。淮水作为南北方之间的分界标志和天然防线,自桐柏山东出后绵延千里入海,寿春的地理位置恰好处在淮河中游,在此地屯兵积粮不仅能够扼守淮河转入肥水、颍水的航道,还可以东西兼顾,在战况紧急时顺流运兵去支援下游的涡口、钟离、盱眙、淮阴等要镇。宛晋津论述春秋战争形势时曾说:"要在淮河中游选择战场,州来地区又较为适宜。如果我们把淮河中游切分一下,便可以看到,州来地区,特别是今寿县、凤台一带正处于等分点上。据有这一地区,击东击西都是很方便的。"②由于以上原因,徐益棠曾指出,在沿淮诸镇当中,"寿春最为适中,百川归淮,自中原入江南者,亦以寿春最为便捷。故北人窥南,南人窥北,必先据此城为根基。握南北之咽喉,掣东西之肘腋,其兵要地理上的价值,自有不可磨灭的价值。"③

再者,寿春作为水陆转运枢纽,有四通五达之利。如东晋伏滔《正淮论》所言:"彼寿阳者,南引荆汝之利,东连三吴之富;北接梁宋,平涂不过七日;西援陈许,水陆不出千里。"④在地理位置上,

---

①《资治通鉴》卷 144 南齐和帝中兴元年。

②宛晋津:《建邑前后的寿春》,《六安师专学报》,1998 年第 3 期。

③徐益棠:《襄阳与寿春在南北战争中之地位》,华西大学、金陵大学合编:《中国文化研究汇刊》第八卷,1948 年,第 62 页。

④《晋书》卷 92《伏滔传》。

寿春是多条水旱道路的汇集点。其顺淮东下到达淮阴，可以从泗口北上至徐、兖两州；或由山阳之末口入中渎水，从而南下广陵[1]。如前所述，三国寿春城东之肥水可南下合肥，沟通施水、濡须水抵达江滨。1957 年 4 月在安徽寿县城南邱家花园出土的《鄂君启节》，记述了楚国在怀王时水陆运输的主要干线。其中车节铭文所示路线，即联系长江、淮河、汉水流域的交通。"按节文所示，商队先自鄂出发，由水路顺长江转汉江继而折入其支流唐白河直至棘阳，然后改行陆路。陆程自阳丘东北行至高丘，再东行至居巢，由此往南接长江水路，进而由水路上行至郢都。"[2]具体陆路行程是由阳丘（今河南泌阳县西北）出方城（今河南方城县东北），这是古代楚地和中原交往的重要通道。司马贞《史记索隐》引刘氏云："楚适诸夏，路出方城。"[3]再东行过象禾（今河南泌阳象河关）、冨焚（今河南遂城县）、繁阳（今安徽临泉鲖城）、高丘（今河南淮阳县）至下蔡（今安徽凤台县淮河北岸），由此渡淮，过寿春至居巢，即楚之"巢邑"，在今安徽六安东北与寿县交界处。黄盛璋云："车节路线自下蔡庚居巢以后，即可沿濡须水即《水经注》之栅口水入长江，此河古代亦常用为运道。"[4]该铭文反映了寿春早在战国时

①《水经》言淮水，"又东北至下邳淮阴县西，泗水从西北来流注之。又东过淮阴县北，中渎水出白马湖，东北注之。"［北魏］郦道元原注，陈桥驿注释：《水经注》卷 30《淮水》曰："淮、泗之会，即角城也。左右两川，翼夹二水，决入之所，所谓泗口也。"又云中渎水："旧江水道也。昔吴将伐齐，北霸中国，自广陵城东南筑邗城，城下掘深沟，谓之韩江，亦曰邗溟沟，自江东北通射阳湖。《地理志》所谓渠水也。西北至末口入淮。"第 481—482 页。

②刘玉堂：《楚国经济史》，湖北教育出版社，1996 年，第 288 页。

③《史记》卷 41《越王勾践世家》"夏路以左"句《索隐》注。

④黄盛璋：《关于鄂君启节地理考证与交通路线的复原问题》，《历史地理论集》，人民出版社，1982 年，第 283 页。

期就已经是南通长江、西去方城的中转地。中原通往江淮地区的
水道涡河、颍河，又是在寿春之北的东西两侧分别入淮。《水经》
言淮水，"又东北至九江寿春县西，泚水、泄水合北注之。又东，颍
水从西北来流注之。又东过寿春县北，肥水从县东北流注之。又
东过当涂县北，涡水从西北来注之。"①寿春处在淮水航道的中段，
绾毂肥、颍、涡三条河道的入淮水口，即古人所谓"北扼涡颍，南通
泚巢"；并为多条陆路所汇集，其军事上的重要性非常明显。曹魏
政权控制了该地，形势有利时可以寿春为中转站去进攻敌人，往
东、南等方向运送兵力、给养；局面困难时扼守此处，则能够封锁
吴军溯淮而上或沿泚水而进的攻击路线；这便是其地理位置所具
有的突出优点。综上所述，淮河上下千余里，地域辽阔，而寿春由
于其位置居中，水旱道路交汇，因此是防守淮南的重心所在。如
李焘所言："两淮之地，南北余千里，分兵而守则力不足，发兵而守
则内可忧，故欲守两淮，莫若守其本。淮北之本在彭城，淮南之本
在寿阳(春)。若顾二镇，聚兵甲，蓄财货，大佃积谷，守以良将，以
势临敌，敌人终不敢越彭城以谋淮南，越寿春以惊江扬。"②就可以
在战略布局上掌握优势，处于有利地位。

**(二)利于防御的地形和水文条件**

在三国的战争当中，寿春能够发挥重要的影响，除了地理位
置和交通因素之外，周边利于防守的自然环境也是不可忽视的原

---

① [北魏]郦道元注，[民国]杨守敬、熊会贞疏：《水经注疏》，第 2520—2530 页。
② [宋]李焘撰，胡阿祥、童岭点校：《六朝通鉴博议》卷9《梁论》，《六朝事迹编类·六朝
　　通鉴博议》，第 243 页。

因。寿春地处淮河干流南岸的平原，周围多有山水环绕，在地理形势上形成一个相对独立的区域。江淮之间的广袤地带，可以洪泽湖及迤南的张八岭为界，划分为淮南东部和西部两个区域。淮南东部为苏北平原，即地势低平的江淮下游三角洲地带和滨海洼地，充斥着江淮余流和散水，又有海水的顶托，故而宣泄不畅，导致其间湖泊列布，水网交织，不利于大规模步骑队伍行进。《读史方舆纪要》卷19引薛氏曰："孙氏割据，作涂中东兴塘以淹北道。南朝城瓦梁城，塞涂河为渊，障蔽长江，号称北海。大抵淮东之地，沮泽多而丘陵少；淮西山泽相半。"[1]淮南西部属于江淮低山丘陵，即大别山向东延伸的破碎余脉，其分布大致可以分为南北两列，地势平缓的寿春存于其间。寿春之北，临近淮河有八公山、紫金山、硖石山等低山丘陵，是大别山余脉的北列，构成一道天然的屏障，可以依凭险要设立城戍，抵抗来犯之敌。特别是西北的硖石山，为淮河中游的著名峡口，雄峙于水流两岸。《读史方舆纪要》卷21《南直三·寿州》曰："硖石城，在州西北二十五里硖石山上。山两岸相对，淮水经其中。相传大禹所凿，因于山上对岸结二城，以防津要。"[2]硖石、下蔡的东西戍所能够树栅阻舟，封锁沿淮上下的交通。如梁天监十五年（516），萧衍遣赵祖悦率众偷据硖石，昌义之、王神念等率水军溯淮来援，逼攻寿春。北魏都督崔亮令崔延伯守下蔡，与别将伊瓮生挟淮为营，树立木障、浮桥。"既断祖悦等走路，又令舟舸不通，由是衍军不能赴救，祖悦合军

---

[1]［清］顾祖禹：《读史方舆纪要》卷19《南直一·涂水》，第895页。
[2]［清］顾祖禹：《读史方舆纪要》卷19《南直三·寿州》，第1019页。

咸见俘虏。"①山陵地带之外的淮水,也是寿春北境的巨防。"长淮南北大小群川,无不附淮以达海者"②。每年三月,"春水生,淮水暴长六七尺。"③直至秋季八月,仍会出现"淮水暴长,堰悉坏决,奔流于海"④的情景。滔滔洪流对北方入侵之敌来说,亦是难以逾越的障碍。

　　寿春西境,是大别山北麓平缓坡地向淮北平原的过渡地带,有决(史河)、灌、沘(淠河)、泄(汲)诸水,北经六安、蓼县(今霍邱、固始)一带,流注于淮水。其地水网密布,对步兵、骑兵的行进会产生不利影响。如沈亚之所言:"寿春,其地堑水四络,南有淠,西遮淮、颍;东有沘,下以北注。激而回为西流,环郭而浚,入于淮,此天险于是也。"⑤此外,守方还能采取人工决水的方法来淹没道路,断绝陆上交通。寿春以东的沘水,以南的黎浆水、芍陂以及西境诸川,都可以利用陂塘堤堰,平时蓄水以防涝救旱,战时决水以阻滞敌军。后代如东晋祖约守寿阳,"朝议又欲作涂塘以遏胡寇"⑥。北魏郁豆眷、刘昶等寇寿春,桓崇祖"堰肥水却淹为三面之险"⑦,成功地打退了优势之敌。所以伏滔称其地,"外有江湖之阻,内保淮肥之固"⑧。

　　寿春南过芍陂,沿肥水而下,是由大别山余脉南列构成的低

---

①《魏书》卷 73《崔延伯传》。
②[清]顾祖禹:《读史方舆纪要》卷 19《南直一·淮河》,第 886 页。
③《梁书》卷 9《曹景宗传》。
④《梁书》卷 18《康绚传》。参见《资治通鉴》卷 148 梁武帝天监十五年。
⑤沈亚之:《寿州团练副使厅壁记》,[清]董诰等:《全唐文》卷 736,第 7602 页。
⑥《晋书》卷 100《祖约传》。
⑦《南齐书》卷 25《垣崇祖传》。
⑧《晋书》卷 92《伏滔传》。

山丘陵地带,即江淮丘陵;它向东延伸二百余公里,成为长江与淮河之间的分水岭。在江淮丘陵中部将军岭附近的蜂腰地段,即古代施水、肥水(今东肥河、南肥河)的分流之处。《读史方舆纪要》卷26《南直八·庐州府合肥县》"肥水"条引《邑志》曰:"肥水旧经(合肥)城北分二流,一支东南入巢湖,一支西北注于淮。"[①]如前所述,三国时期当地经过运河的开凿,使肥水与施水、巢湖及濡须水连接起来,形成了贯通江淮的另一条南北水道。在这条狭窄通道之上,曹魏设有军事重镇合肥,它依托江淮丘陵为道路要冲,是寿春南境的门户。由于地势险要,城垒坚固,以及守城将士的奋勇作战,曾经挫败了孙权、诸葛恪等率领的东吴大军多次进攻,有力地保护了寿春地区的安全,被誉为"淮右噤喉,江南唇齿"。顾祖禹曾云:"三国时吴人尝力争之,魏主睿曰:'先帝东置合肥,南守襄阳,西固祁山,贼来辄破于三城之下者,地有所必争也。'盖终吴之世曾不能得淮南尺寸地,以合肥为魏守也。"[②]

四周有利的地形、水文条件,也是寿春具有较高军事地位价值的原因。西晋永嘉四年(310)胡人乱华,中原局势危急,镇东将军周馥与长史吴思、司马殷识等上书,请求朝廷迁都于寿春,即认为当地形势完备,利于帝居。其文曰:"方今王都罄乏,不可久居,河朔萧条,崤函险涩,宛都屡败,江汉多虞,于今平夷,东南为愈。淮扬之地,北阻涂山,南抗灵岳,名川四带,有重险之固。是以楚人东迁,遂宅寿春,徐、邳、东海,亦足戍御。且运漕四通,无患

---

① [清]顾祖禹:《读史方舆纪要》卷26《南直八·庐州府合肥县》"淝水"条引《邑志》,第1274页。

② [清]顾祖禹:《读史方舆纪要》卷26《南直八·庐州府》,第1270页。

空乏。"①

### (三)物产丰饶的自然环境

《南齐书》卷14《州郡志上》曰:"寿春,淮南一都之会,地方千余里,有陂田之饶。"其西边的豫南信阳地区冈峦起伏,常年干旱缺水;其东边的苏北里下河平原地势低注,湖泽密布,多有泛滥之灾。如石珩问袁甫曰:"卿名能辩,岂知寿阳已西何以恒旱? 寿阳已东何以恒水?"②相形之下,寿春的自然条件可以说是得天独厚了,它位处淮河干流南岸的平原和丘陵地带,土质肥沃,地面起伏不大,坡度和缓,比较适宜于大规模的农垦建设。当地的气候温暖,降雨量充沛,加上河流众多,陂塘星列,具有丰富的水利资源,对发展农业极为有利。寿春南境边缘是大别山北麓的平缓坡地,多有川溪发源于此,蜿蜒北注,汇聚入淮。例如有淝(肥)、决(史河)、灌、沘(淠河)、泄(汲)及黎浆诸水,著名的芍陂,就在沘、泄与淝水之间,与诸水相注,灌溉其南境的沃野。芍陂在今寿县城南,曾是我国古代淮河流域最大的水利工程。《水经注》卷32《肥水》曰:"陂周一百二十许里,在寿春县南八十里,言楚相孙叔敖所造。魏太尉王凌与吴将张休战于芍陂,即此处也。陂有五门,吐纳川流,西北为香门陂水,北径孙叔敖祠下。谓之芍陂渎。"杨守敬疏云:"《后汉书·王景传》注,陂在安丰县东,径百里。《方舆纪要》引《元和志》,周三百二十四里,径百里。《华彝对境图》,周二百二十四里,并与《注》异。今芍陂塘周数十里,在寿州东南。寿州即

---

①《晋书》卷61《周馥传》。
②《晋书》卷52《袁甫传》。

故寿春县治。"①《太平寰宇记》卷129《淮南道七·寿州》亦云：

> 芍陂，在(安丰)县东一百步，《淮南子》云："楚相作期思
> 之陂，灌雩娄之野。"又《舆地志》："崔寔《月令》云孙叔敖作期
> 思陂，即此。故汉王景为庐江太守，重修起之，境内丰给。
> 齐、梁之代，多屯田于此。"又按芍陂上承淠水，南自霍山县北
> 界驼虞石入，号曰豪水，北流注陂中，凡经百里，灌田万顷。②

寿春地区由于拥有优裕的自然条件，便于农业垦殖，以故物
产颇丰。东晋伏滔曾称誉寿春，"龙泉之陂，良畴万顷，舒六之贡，
利尽蛮越，金石皮革之具萃焉，苞木箭竹之族生焉，山湖薮泽之
隈，水旱之所不害，土产草滋之实，荒年之所取给。此则系乎地利
者也。"③所以，为了保证对吴作战前线的物资需要，曹魏统治者于
此招募流民，派驻重兵，广开屯田，积聚粮草，作为固守淮南的经
济基础。另外，流注芍陂的诸水发源于江淮丘陵，夏季多有山洪
裹挟泥沙汹涌而下，淤塞河道及入陂水口，必须经常修缮方可保
持其灌溉效能。汉末扬州长期战乱导致堤堰渠道失修，造成农田
荒废。曹魏统治淮南后，大力修治芍陂等水利工程也是当地官员
的一项要务。如《读史方舆纪要》卷21《南直三·淮南道七·寿
州》"芍陂"条载："建安五年，刘馥为扬州刺史，镇合肥，广屯田，修
芍陂、茹陂、七门、吴塘诸堰以溉稻田，公私有积，历代为利。后邓
艾重修此陂，堰山谷之水，旁为小陂五十余所，沿淮诸镇并仰给于

---

① [北魏]郦道元注，[民国]杨守敬、熊会贞疏：《水经注疏》，第2678—2679页。
② [宋]乐史撰，王文楚等点校：《太平寰宇记》，第2548页。
③《晋书》卷92《伏滔传》。

此。"①后至西晋初年,刘颂出任淮南相,"在官严整,甚有政绩。旧修芍陂,年用数万人,豪强兼并,孤贫失业。颂使大小戮力,计功受分,百姓歌其平惠。"②上述措施使寿春优越的农垦条件得以充分发挥效益,为魏晋政权巩固当地的统治提供了坚实的经济基础。

　　综上所述,由于寿春地处四通五达的交通枢纽,在南北战争的边界地带位置居中;周围山水环绕,便于守备;而其丰饶的自然环境,又能为当地的驻军提供充足的物资需要;所以它在三国时期备受作战双方的重视,必欲取之以控制全局,以便掌握战争的主动权。如陈宣帝所言:"寿春者古之都会,襟带淮、汝,控引河、洛,得之者安,是称要害。"③宋代李焘曾予以详论:"寿春者,淮南之根本,淮北既去,则淮南当守;淮南欲守,则寿春在所先图。譬之常人之家,必有堂奥之居。收货财,聚子弟,以壮一室之望;四隅之地,虽有倾败,而堂奥之势不可不壮。寿春在当时,江淮之堂奥也,南引汝、颍之利,东连三江之富,北接梁、宋,西通陈、许,五湖之阻可以捍外,淮淝之固可以蔽内,壤土富饶,兵甲坚利。寿阳安,则淮北有收复之望,河南有平荡之期;寿阳一去,画江为守,使敌在吾耳目之前,伺吾转眄之隙,则江扬、荆襄其势孤矣。故寿阳在敌则吾忧,在我则敌惧,我得亦利,彼得亦利,此两家之所必争。"④在群雄并起的角逐当中,曹操捷足先登,控制了寿春地区,

①[清]顾祖禹:《读史方舆纪要》卷21《南直三·淮南道七·寿州》"芍陂"条,第1024页。
②《晋书》卷46《刘颂传》。
③《陈书》卷9《吴明彻传》。
④[宋]李焘撰,胡阿祥、童岭点校:《六朝通鉴博议》卷9《梁论》,《六朝事迹编类·六朝通鉴博议》,第244页。

并陆续投入劲兵勇将和干吏能臣,巩固防务,发展当地的经济建设,因此在与孙吴的对峙交战中处于有利地位。

## 二、汉末战乱与曹操初据扬州时期的寿春

曹魏对寿春的统治始于建安四年(199)秋,在战乱中窃据当地的袁术集团灭亡之后,曹操先后派遣严象、刘馥为扬州刺史进驻该地;但此时曹操的用兵重点先在河北,后对荆州,并未给予淮南地区特殊的重视。直到赤壁之战结束后,孙、曹两家陆续把主要作战方向转移到东线。建安十四年(209)秋,曹操率水军至合肥,"置扬州郡县长吏,开芍陂屯田"①,开始把寿春作为该州的军政、经济重心,而此前的历史可视为曹魏淮南战区设立的最初阶段。下文将对其兴建的经过,兵力和防务的部署情况及特点予以详细论述。

### (一)袁术占据寿春期间淮南的衰败

汉末军阀割据,烽烟四起。初平四年(193),寿春所在的淮南地区初历战火。袁术被曹操击败后,引军撤往九江。"扬州刺史陈瑀拒术不纳。术退保阴陵,集兵于淮北,复进向寿春;瑀惧,走归下邳,术遂领其州,兼称徐州伯。"②朝廷对此拒不承认,任命避乱淮浦的刘繇为扬州刺史,与袁术对抗。"州旧治寿春,(袁)术已据之,繇欲南渡江,吴景、孙贲迎置曲阿。及(孙)策攻庐江,繇闻

---

① 《三国志》卷1《魏书·武帝纪》建安十四年秋七月。
② 《资治通鉴》卷60汉献帝初平四年正月。

之，以景、贲本术所置，惧为袁、孙所并，遂构嫌隙，迫逐景、贲；景、贲退屯历阳，繇遣将樊能、于麋屯横江，张英屯当利口以拒之。术乃自用故吏惠衢为扬州刺史，以景为督军中郎将，与贲共将兵击英等。"①双方交战多时，"岁余不下。汉命加（刘）繇为（扬州）牧、振武将军，众数万人。"②后来孙策占据江东，刘繇败亡，袁术得以凭借淮南的富足称霸一方，号称兵精粮足。见吕布与袁术书曰："足下恃军强盛，常言猛将武士，欲相吞灭，每抑止之耳！"③倚仗民户繁盛，物产富庶，袁术产生了代汉称帝的非分之想，曾问张承曰："昔周室陵迟，则有桓、文之霸；秦失其政，汉接而用之。今孤以土地之广，士民之众，欲徼福齐桓，拟迹高祖，何如？"④他后来终于在寿春自命为皇帝。《后汉书》卷75《袁术传》曰："建安二年，因河内张炯符命，遂果僭号，自称'仲家'。以九江太守为淮南尹，置公卿百官，郊祀天地。"不过，袁术志大才疏，德能俱乏；生活上骄奢淫佚，又不恤民生。他先前占据南阳时，"南阳户口数百万，而术奢淫肆欲，征敛无度，百姓苦之。"⑤其统治淮南期间情况依旧，"术虽矜名尚奇，而天性骄肆，尊己陵物。及窃伪号，淫侈滋甚，媵御数百，无不兼罗纨，厌粱肉，自下饥困，莫之简恤。"⑥袁术称帝后在政治上陷于孤立，向淮北的进攻则被吕布和曹操接连挫败，导致兵众涣散；又恰逢旱灾，百姓流离失所，为饥寒所迫，甚至出现

①《资治通鉴》卷61汉献帝兴平元年十二月。
②《三国志》卷49《吴书·刘繇传》。
③《三国志》卷7《魏书·吕布传》注引《英雄记》。
④《三国志》卷11《魏书·张范传》。
⑤《三国志》卷6《魏书·袁术传》。
⑥《后汉书》卷75《袁术传》。

了人吃人的惨剧。参见《后汉书》卷75《袁术传》：

> （袁术）乃遣使以窃号告吕布，并为子娉布女。布执（袁）
> 术使送许。术大怒，遣其将张勋、桥蕤攻布，大败而还。术又
> 率兵击陈国，诱杀其王宠及相骆俊，曹操乃自征之。术闻大
> 骇，即走度淮，留张勋、桥蕤于蕲阳，以拒操。操击破斩蕤，而
> 勋退走。术兵弱，大将死，众情离叛。加天旱岁荒，士民冻
> 馁，江、淮间相食殆尽。

《三国志》卷1《魏书·武帝纪》注引《魏书》曰：

> 自遭荒乱，率乏粮谷，诸军并起，无终岁之计，饥则寇略，
> 饱则弃余，瓦解流离，无敌自破者不可胜数。袁绍之在河北，
> 军人仰食桑葚。袁术在江、淮，取给蒲蠃。民人相食，州里
> 萧条。

军事上的连续失败与淮南社会经济的崩溃，使袁术陷入内外
交困的绝境，他在建安四年（199）被迫离开寿春，临行前还纵火焚
毁了当地的宫殿，但是所至处处受阻，众叛亲离，最终病死于途
中。"于是资实空尽，不能自立。四年夏，乃烧宫室，奔其部曲陈
简、雷薄于灊山。复为简等所拒，遂大困穷，士卒散走。忧懑不知
所为，遂归帝号于绍……术因欲北至青州从袁谭，曹操使刘备徼
之，不得过，复走还寿春。六月，至江亭。坐簧床而叹曰：'袁术乃
至是乎！'因愤慨结病，欧血死。"[1]

---

[1]《后汉书》卷75《袁术传》。

### (二)严象出任刺史期间的扬州政局

袁术死后,淮南各地豪强并起,却没有一枝独大的势力。曹操派遣严象出任扬州刺史,开始建立在当地的统治。严象原籍关中,《三辅决录》曰:"象字文则,京兆人。少聪博,有胆智。"①后因才能出众而被提拔到朝廷做官。孔融荐举祢衡表曰:"终军欲以长缨,牵致劲越。弱冠慷慨,前世美之。近日路粹、严象,亦用异才擢拜台郎。"②《典略》亦言路粹,"建安初,以高才与京兆严像(象)擢拜尚书郎。像以兼有文武,出为扬州刺史。"③建安四年(199)六月袁术去世之前,曹操曾派遣一支部队进攻寿春,严象被委任为监军官员。袁术病死后,其残余势力无力抵抗南下的曹军,故向南逃奔庐江郡境。"术从弟胤畏曹操,不敢居寿春,率其部曲奉术枢及妻子奔庐江太守刘勋于皖城。"④严象所督率的曹军入驻寿春,他也随即被任命为地方行政长官,次年死于依附江东的庐江李术之手。其事亦见《三辅决录》:"(严)以督军御史中丞诣扬州讨袁术,会术病卒,因以为扬州刺史。建安五年,为孙策庐江太守李术所杀,时年三十八。"⑤

严象担任扬州刺史是由荀彧向曹操推荐的,但是他在任职期间并无突出的政绩,既未能安定州境,自己也以身殉难,因此被认为是荀彧不成功的举荐。《三国志》卷10《魏书·荀彧传》曰:"先

---

① 《三国志》卷10《魏书·荀彧传》注引《三辅决录》。
② 《后汉书》卷80下《文苑传下·祢衡》。
③ 《三国志》卷21《魏书·王粲传》注引《典略》。
④ 《资治通鉴》卷63汉献帝建安四年六月。
⑤ 《三国志》卷10《魏书·荀彧传》注引《三辅决录》。

是,或言策谋士,进戏志才。志才卒,又进郭嘉。太祖以或为知人,诸所进达皆称职,唯严象为扬州,韦康为凉州,后败亡。"当时的淮南政局有若干特点,分述如下:

1. **各股割据势力骄横跋扈。**袁术死后当地社会形势动荡,群豪纷立。"扬士多轻侠狡桀,有郑宝、张多、许乾之属,各拥部曲。宝最骁果,才力过人,一方所惮。"[1]刘晔与鲁肃书中亦称:"近郑宝者,今在巢湖,拥众万余,处地肥饶,庐江间人多依就之。"[2]再如收并袁术余党、拥众数万的庐江太守刘勋,长期占据灊山的土豪陈简、雷薄等。而朝廷委任的刺史严象却因为手下兵力孱弱而无法对其制约,更谈不上予以消灭。《三国志》卷14《魏书·刘晔传》记载豪强郑宝企图挟持寿春士民投奔江东孙策,"欲驱略百姓越赴江表,以(刘)晔高族名人,欲强逼晔使唱导此谋。"而刘晔几乎是孤身平息了这次叛乱,其经过如下:

> 晔时年二十余,心内忧之,而未有缘。会太祖遣使诣州,有所案问。晔往见,为论事势,要将与归,驻止数日。宝果从数百人赍牛酒来候使,晔令家僮将其众坐中门外,为设酒饭,与宝于内宴饮。密勒健儿,令因行觞而斫宝。宝性不甘酒,视候甚明,觞者不敢发。晔因自引取佩刀斫杀宝,斩其首以令其军,云:"曹公有令,敢有动者,与宝同罪。"众皆惊怖,走还营。营有督将精兵数千,惧其为乱,晔即乘宝马,将家僮数人,诣宝营门,呼其渠帅,喻以祸福,皆叩头开门内晔。晔抚慰安怀,咸悉悦服,推晔为主。晔睹汉室渐微,已为支属,不

---

① 《三国志》卷14《魏书·刘晔传》。
② 《三国志》卷54《吴书·鲁肃传》。

欲拥兵,遂委其部曲与庐江太守刘勋。勋怪其故,晔曰:"宝
无法制,其众素以钞略为利,仆宿无资,而整齐之,必怀怨难
久,故相与耳。"

《资治通鉴》卷63载其事于建安四年十一月,即在严象任职
扬州刺史期间;但是刘晔先与曹操派来的使者协商定计,杀死郑
宝后又自己决定将其余众交给庐江太守刘勋统属,在整个事变过
程里并没有当地最高行政长官严象的参与,这实在是出人意料。
如果《资治通鉴》考订的时间无误的话,就只能作两种解释。一是
严象当时不在现场,无法亲自指挥平叛;二是他虽在寿春,但是临
敌畏怯,没有能力处置事变,只好听任刘晔去安排举措。《三国
志》卷14《魏书·刘晔传》的上述记载还反映出以下值得注意的问
题。郑宝原来聚众巢湖,此时却在寿春安营扎寨。他本人名义上
服从汉室,故携带牛酒到州治官署来慰劳使者,且于城内往来自
由,可见他与所率精兵数千人来到寿春是受到朝廷和地方政府允
许的。严象虽然出任扬州刺史,但是手下缺兵少将。笔者判断,
他可能是迫于当时的形势而对郑宝进行招安,并让其率领部下驻
扎在寿春,企图利用其兵力来维护地方安全。但是这步棋应该属
于失策,因为郑宝在政治上极不可靠,调动他的部队进驻寿春实
为引狼入室,结果险些酿成暴乱陷城的大祸。

2. 面临江东孙氏的巨大威胁。孙策占据江东六郡之后,对近
邻淮南构成了沉重的军事压力。《三国志》卷46《吴书·孙策传》
曰:"是时袁绍方强;而策并江东,曹公力未能逞。且欲抚之,乃以
弟女配策小弟匡,又为子章取贲女,皆礼辟策弟权、翊,又命扬州
刺史严象举权茂才。"这些安抚的手段并未收到多少实效,孙策集

团仍然凭借其实力对淮南地区施加着强大的政治影响。如前所述,郑宝即被其吸引拉拢,"欲驱略百姓越赴江表"。建安四年(199)岁末,孙策用计打垮了庐江太守刘勋,从而将自己的势力范围扩展到江北。如前所述,刘勋先后收容了袁术余党和郑宝部曲,故实力大增,称雄于淮南。《三国志》卷14《魏书·刘晔传》曰:"时勋兵强于江、淮之间。孙策恶之,遣使卑辞厚币,以书说勋曰:'上缭宗民,数欺下国,忿之有年矣。击之,路不便,愿因大国伐之。上缭甚实,得之可以富国,请出兵为外援。'勋信之,又得策珠宝、葛越,喜悦……兴兵伐上缭,策果袭其后。勋穷踧,遂奔太祖。"《江表传》亦言孙策,"闻(刘)勋轻身诣海昏,便分遣从兄贲、辅率八千人于彭泽待勋,自与周瑜率二万人步袭皖城,即克之,得(袁)术百工及鼓吹部曲三万余人,并术、勋妻子。表用汝南李术为庐江太守,给兵三千人以守皖,皆徙所得人东诣吴。"[1]通过这次战役,孙策不仅壮大了军事力量,还在江北的皖城建立了据点,利用李术来向北进攻,蚕食曹操控制的领土。严象在任职扬州的一年里,始终没有建立起一支可靠有力的地方军队,最终被李术败亡。建安五年(200),"孙策所置庐江太守李述(术)攻杀扬州刺史严象,庐江梅乾、雷绪、陈兰等聚众数万在江、淮间,郡县残破。"[2]致使淮南政局再次陷入了混乱状况。

**(三)刘馥出任刺史后对扬州防务的部署调整**

刘馥字元颖,是沛国相县人。早年曾在寿春避乱。"建安初,

---

[1]《三国志》卷46《吴书·孙策传》注引《江表传》。
[2]《三国志》卷15《魏书·刘馥传》。

说袁术将戚寄、秦翊,使率众与俱诣太祖。太祖悦之,司徒辟为
掾。"①严象被杀后,曹操委派刘馥继任,具体时间不明,笔者判断
应在建安五年(200)八月袁曹官渡战前。见《三国志》卷15《魏
书·刘馥传》:"太祖方有袁绍之难,谓馥可任以东南之事,遂表为
扬州刺史。"《资治通鉴》卷63考订此事为当年十月,即官渡之战
结束后,与刘馥本《传》所言似不吻合,恐有微误。当时淮南形势
极为严峻,刘馥名义上为扬州刺史,其实所辖领土仅有九江一
郡②,且多有叛逆不从者。因为寿春距离江防较远,刘馥上任后将
治所向南移到二百余里外、位于淮南西部地区中心位置的合肥,
这样便于控制对孙吴作战的沿江防线,以及镇悚庐江等地的叛乱
势力,可以收到安辑民众、稳定社会秩序的效果。据历史记载,
"馥既受命,单马造合肥空城,建立州治,南怀(雷)绪等,皆安集
之,贡献相继。数年中恩化大行,百姓乐其政,流民越江山而归者
以万数。"③他注意兴修水利,开展屯田,恢复淮南的经济,借以保
障民生与军政用度。"于是聚诸生,立学校,广屯田,兴治芍陂及
茹陂、七门、吴塘诸堨以溉稻田,官民有畜。"④如前所述,芍陂水库
规模巨大,它的修复使用让临近的寿春地区受益匪浅,能够为曹
魏统治淮南提供充足的物资支持。大兴屯田,则是将流亡百姓收

①《三国志》卷15《魏书·刘馥传》。
②《资治通鉴》卷63汉献帝建安五年冬十月:"庐江太守李术攻杀扬州刺史严象,庐江
梅乾、雷绪、陈兰等各聚众数万在江淮间,曹操表沛国刘馥为扬州刺史。时扬州独
有九江。"胡三省注:"时庐江、丹阳、会稽、吴郡、豫章,皆属孙氏;馥刺扬州,独有九
江耳。"
③《三国志》卷15《魏书·刘馥传》。
④《三国志》卷15《魏书·刘馥传》。

编起来,普遍成立准军事化组织,使郡县地方武装的力量得以增强。

刘馥在任期间扬州的军政中心始终设在合肥,该地既是刺史治所,也是州兵主力常驻之处。他非常重视合肥的城防,"又高为城垒,多积木石,编作草苫数千万枚,益贮鱼膏数千斛,为战守备。"①此项举措在后来抵抗孙吴军队的进攻中发挥了重大作用。刘馥由于积劳成疾,在建安十三年(208)病逝。当年冬天,"孙权率十万众攻围合肥城百余日,时天连雨,城欲崩,于是以苫蓑覆之,夜然脂照城外,视贼所作而为备,贼以破走。扬州士民益追思之,以为虽董安于之守晋阳,不能过也。"②

另外,刘馥在任期间还利用孙吴集团内部的矛盾,将曹魏扬州南境的防线推进到长江岸边,先后占据了滨江要镇皖城与历阳。建安五年(200)四月,孙策被刺身亡,其弟孙权继位后,有些部下认为前途未卜,从而产生分裂叛离。例如,"庐陵太守孙辅恐权不能保江东,阴遣人赍书呼曹操。行人以告,权悉斩辅亲近,分其部曲,徙辅置东。"③盘踞庐江的李术自恃兵众,也拒绝拥戴孙权。《江表传》曰:"初,(孙)策表用李术为庐江太守。策亡之后,术不肯事权,而多纳其亡叛。权移书求索,术报曰:'有德见归,无德见叛,不应复还。'权大怒,乃以状白曹公曰:'严刺史昔为公所用,又是州举将,而李术凶恶,轻犯汉制,残害州司,肆其无道,宜速诛灭,以惩丑类。今欲讨之,进为国朝扫除鲸鲵,退为举将报塞

---

① 《三国志》卷 15《魏书·刘馥传》。
② 《三国志》卷 15《魏书·刘馥传》。
③ 《资治通鉴》卷 63 汉献帝建安五年冬。

怨仇。此天下达义，夙夜所甘心。术必惧诛，复诡说求救。明公所居，阿衡之任，海内所瞻，愿救执事，勿复听受。'"①建安五年（200）冬，孙权发兵渡江进攻皖城。"（李）术闭门自守，求救于曹公。曹公不救。粮食乏尽，妇女或丸泥而吞之。遂屠其城，枭术首，徙其部曲三万余人。"②在此次事件中，曹操指令刘馥作壁上观，收取渔翁之利。孙权消灭李术后撤回江东，刘馥得以进占皖城③，既除掉了敌对的豪强李术，又没有耗费兵员粮草。皖城附近属于沿江平原，土沃水丰，利于农耕。刘馥占领庐江地区后积极修建水利设施，如七门、吴塘诸堰④，以促进农业发展，巩固这座对吴作战的前线要塞。曹魏此番占据皖城后，直到赤壁之战（213）前后才被孙权重新控制⑤。

建安九年（204），孙吴丹阳都督妫览、郡丞戴员叛变，杀死丹杨太守孙翊，"遣人迎扬州刘馥，令住历阳，以丹阳应之"⑥。胡三

---

① 《三国志》卷47《吴书·吴主传》注引《江表传》。
② 《三国志》卷47《吴书·吴主传》注引《江表传》。
③ ［清］洪亮吉撰，［清］谢钟英补注：《〈补三国志疆域志〉补注》卷五按："建安四年孙策拔庐江，策亡，庐江太守李术不肯事（孙）权。五年，攻术于皖城，枭术首，徙其部曲三万余人。皖城入魏，当在此时。"《二十五史补编·三国志补编》，北京图书馆出版社，2005年，第479页。
④ 参见［宋］乐史撰，王文楚等点校：《太平寰宇记》卷126《淮南道四》庐州庐江县："七门堰，在县南一百一十里，刘馥为扬州刺史修筑，断龙舒水，灌田千五百顷。"第2497页。吴塘或作"吴塘陂"，［宋］乐史撰，王文楚等点校：《太平寰宇记》卷125《淮南道三》舒州怀宁县曰："吴塘陂，在县西二十里，皖水所注。曹操遣朱光为庐江太守，屯皖，大开稻田。"第2475页。
⑤ 《三国志》卷18《魏书·臧霸传》载建安十四年（209）："张辽之讨陈兰，霸别遣至皖，讨吴将韩当，使（孙）权不得救兰。当遣兵逆霸，霸与战于逢龙，当复遣兵邀霸于夹石，与战破之，还屯舒。"是说当时皖城由吴将韩当占据，臧霸未能攻取，故撤退到舒城。
⑥ 《资治通鉴》卷64汉献帝建安九年。

省注:"历阳与丹阳隔江,使馥来屯,以为声援。"历阳即著名的横江渡,后来妫览、戴员等失败被杀,但刘馥领兵进驻历阳,控制了这个重要津渡,亦在军事上处于有利地位。

综上所述,刘馥出镇扬州期间吸取了前任严象的失败教训,他努力发展生产,建立地方武装,并在军政中心的设置与兵力部署方面做出了重要的调整,采取积极进取的策略,将州治从寿春南移合肥,进占皖城、历阳等沿江据点,肃清或安抚(如雷绪等)境内的叛乱集团,把孙吴势力限制在江南。上述种种举措,都获得了显著的满意效果。需要强调的是,刘馥是单身赴任,曹操因为北方战事激烈,并未给他派遣兵将随行。刘馥仅凭一己之力,发挥了出色的组织、领导能力,使淮南的社会经济和地方政权得以恢复。尽管扬州兵力数量仍然有限,但是仍在后来挫败了孙权对合肥长达百余日的围攻,为曹魏保住了这一抗吴前沿阵地。另一方面,刘馥治理淮南成功的外因之一,就是孙吴集团扩张战略的某种失误。因为从袁术死后到刘馥上任之初,曹操都在竭力应对强大的河北袁绍,无法在南方投入重兵,致使当地守备薄弱,又多有豪强割据。此时孙氏已经占据江东,若能全力以赴跨江北进,曹操是无力阻止其占领淮南的。据史书记载,孙策在世时曾有向北方扩张的计划。"建安五年,曹公与袁绍相拒于官渡。(孙)策阴欲袭许,迎汉帝。密治兵,部署诸将。未发,会为故吴郡太守许贡客所杀。"①然而孙权继位之后,在很长时间内将主要用兵方向放在上游的荆州。他在建安五年(200)渡江攻取皖城,擒杀李术,却又回师撤退江南,此后直到建安十三年(208),再未派遣人马向

① 《三国志》卷46《吴书·孙策传》。

江北进攻,这在客观上给了刘馥建立、巩固当地政权的机会。等到赤壁之战结束以后,孙权领兵围攻合肥,则为时已晚,难以撼动曹魏在淮南的统治了。

## 三、赤壁之役后的扬州战局与寿春军政地位之提升

建安十三年(208)赤壁之战结束后,国内的政治、军事形势发生了明显的变化,孙、曹两家都调整了自己的作战部署和主要用兵方向。当年冬天,"孙权率十万众攻围合肥城百余日"[1],他又在周瑜病逝后"借荆州"予刘备,从而将当地吴军东调,集中力量投入淮南战场。曹操兵败赤壁后将大军撤回北方,留曹仁率偏师镇守江陵,在荆州战线采取守势。一年之后,又令曹仁放弃江陵退守襄阳。针对孙权在合肥等地的进攻,曹操于建安十四年(209)三月进军至谯(今安徽省亳州市),"作轻舟,治水军。秋七月,自涡入淮,出肥水,军合肥","置扬州郡县长吏,开芍陂屯田"[2]。在完成了对当地统治的巩固之后,"十二月,军还谯"[3]。此后孙权再攻合肥,曹操"四越巢湖",双方主力均在淮南展开激战。直到建安二十四年(219)关羽水淹七军,围攻樊城;曹操调集众军援救襄樊。"(孙)权内惮羽,外欲以为己功,笺与曹公,乞以讨羽自效。"[4]在与曹操达成默契后,吴国大军转而西进,偷袭江陵,占领荆州,而淮南地区的战事则因此缓和下来。在这一历史阶段,寿春的政

---

① 《三国志》卷15《魏书·刘馥传》。
② 《三国志》卷1《魏书·武帝纪》建安十四年。
③ 《三国志》卷1《魏书·武帝纪》建安十四年。
④ 《三国志》卷47《吴书·吴主传》。

治、军事地位随着扬州战局的演变逐渐提升,先是恢复了刺史治所,后又成为征东将军领兵屯驻之地,从而显得日益重要。其详情如下所述。

### (一)寿春复为州治时间辨析

如前所述,曹操进军淮南后采取的重要措施之一,就是"置扬州郡县长吏"。据《三国志集解》的作者卢弼考证,其中内容包括任命新的扬州刺史和将州治从合肥转移到寿春。他在《三国志》卷1《魏书·武帝纪》建安十四年"置扬州郡县长吏"句下注释中列举了若干史实以为证据。"本志《刘馥传》:太祖表馥为扬州刺史。馥单马造合肥空城,建立州治,兴治芍陂及茹陂、七门、吴塘诸堨。建安十三年卒。《蒋济传》:大军南征还,以温恢为扬州刺史,济为别驾。《魏略》:时苗为寿春令,扬州治在其县,时蒋济为治中(见本志卷二十三《常林传》裴注)。"①今人梁允麟亦赞同其观点,认为:"建安十四年(209年),温恢继为刺史,迁治寿春。"②也就是说,依照学术界上述看法,建安十三年冬孙权攻合肥时,扬州州治仍在该城。另外,刘馥死后刺史职务空缺,曹操于次年进驻淮南,至十二月撤军时,才任命了温恢为扬州刺史。但是笔者阅读史书,发觉其中还有若干疑问,现提出来以供探讨。

元代史学家胡三省曾指出,在建安十三年冬孙权进攻合肥之前,扬州刺史治所就已经迁往寿春了。《资治通鉴》卷65汉献帝建安十三年:"十二月,孙权自将围合肥,使张昭攻九江之当涂,不

---

① 卢弼:《三国志集解》卷1,第38页。
② 梁允麟:《三国地理志》,第178—179页。

克。"胡三省注曰:"合肥,曹操置扬州刺史治焉。时刺史已移治寿春。"但是胡氏并未说明其资料来源。笔者认为,胡氏此说亦有一定根据,因为《资治通鉴》卷 66 汉献帝建安十四年三月条曰:"曹操遣将军张喜将兵解围,久而未至。扬州别驾楚国蒋济密白刺史,伪得喜书,云步骑四万已到雩娄,遣主簿迎喜。三部使赍书语城中守将,一部得入城,二部为权兵所得。权信之,遽烧围走。"此事典出《三国志》卷 14《魏书·蒋济传》。而该条史料反映出以下问题:

第一,在刘馥死后至温恢上任之前,扬州已有刺史。蒋济曾向其密奏计策,以欺骗吴军,但是其本传没有记载这位刺史的姓名。梁允麟认为孙权初攻合肥时刘馥尚未病死,仍然在任。"《三国志·刘馥传》:'建安十三年卒,孙权率十万众攻围合肥城百余日。'欠当。1. 孙权攻合肥在刘馥卒前,故'孙权'前,应加'卒前'二字。2.《吴主传》云'权攻城逾月不能下';而此云'攻围百余日',不实。"[①]但依笔者拙见,梁氏此说恐难以成立,因为《刘馥传》曾言:"贼以破走。扬州士民益追思之,以为虽董安于之守晋阳,不能过也。"则是说明刘馥在合肥被围之前就已经去世了。依照前引《蒋济传》的说法,扬州刺史并没有空缺,应是朝廷迅速予以委任,只是史书佚失其姓名罢了。

第二,当时扬州刺史治所并不在合肥。因为当时该城被孙权围攻,蒋济奏请刺史伪造文书,谎称曹操大军来救,共派遣了三班信使赴合肥传达,有两班被围城吴军截获。这说明扬州别驾蒋济和刺史当时都不在合肥城内,他们策划和送递文书的活动都是在

①梁允麟:《三国地理志》,第 178 页。

城外进行的,可知刺史另有驻扎和办公地点,其治所在何处史无明言,而胡三省认为是在寿春。

第三,当时合肥城内最高指挥者并非行政官员,而是军事长官,即"城中守将"。《三国志》卷14《魏书·蒋济传》曰:"大军南征还,以温恢为扬州刺史。"所言应是以温恢取代刘馥死后继任的扬州刺史。

总之,上述史料确实能够为胡三省的看法提供佐证,即建安十三年冬孙权攻合肥时,扬州刺史治所很有可能已经转移到寿春。但是,这些记载只是表明了某些迹象,还不够充分。严格说来,《蒋济传》的记载可以证明当时扬州刺史驻地不在合肥,但是否设在寿春却未明言,还有待进一步证实。可以肯定的是,建安十四年曹操自淮南撤军时,扬州刺史治所应是设于寿春。曹操临行前,"使(张)辽与乐进、李典等将七千余人屯合肥。"①其中荡寇将军张辽为主将,"假节",即执有杀伐专权的节杖。这样一来,扬州的军事指挥中心和部队主力屯驻合肥,与行政中心、州治寿春发生分离。据《三国志》卷15《魏书·温恢传》所载,曹操行前,"又语张辽、乐进等曰:'扬州刺史晓达军事,动静与共咨议。'"反映出该州的军政事务有所分工,平时刺史温恢主管民政,军事方面则由张辽等人负责,只是在出现突发的紧急事件时,将军们才会与温恢咨询商议,这和以前刘馥刺州时军政事务兼领的情况不同。

### (二)曹操"置扬州郡县长吏"考述

那么,建安十四年(209)曹操"置扬州郡县长吏"究竟还有哪

---

① 《三国志》卷17《魏书·张辽传》。

些具体内容？史籍虽未明言,但可以通过耙梳文献进行搜集。曹操用兵施政,对于选贤任能非常重视。他深有感慨地说:"吾起义兵诛暴乱,于今十九年,所征必克,岂吾功哉? 乃贤士大夫之力也。天下虽未悉定,吾当要与贤士大夫共定之,而专飨其劳,吾何以安焉!"①曹操提倡"唯才是举",曾下《求贤令》曰:"自古受命及中兴之君,曷尝不得贤人君子与之共治天下者乎! 及其得贤也,曾不出闾巷,岂幸相遇哉? 上之人不求之耳。今天下尚未定,此特求贤之急时也。"②因为扬州是对敌前线,具有重要的地位,所以他把从政表现优异者派往那里任职。例如刺史温恢,"为廪丘长,鄢陵、广川令,彭城、鲁相,所在见称。入为丞相主簿,出为扬州刺史。太祖曰:'甚欲使卿在亲近,顾以为不如此州事大。故《书》云:'股肱良哉! 庶事康哉!'得无当得蒋济为治中邪?'时济见为丹杨太守,乃遣济还州。"③为了便于治理,还调派了熟悉当地情况的蒋济担任其副手。《三国志》卷14《魏书·蒋济传》亦云:"大军南征还,以温恢为扬州刺史,济为别驾。令曰:'季子为臣,吴宜有君。今君还州,吾无忧矣。'"

曹魏扬州有九江、庐江二郡。清人吴增仅考证云:"后汉扬州统六郡。兴平元年,孙策据有会稽、吴郡、丹阳、豫章四郡。魏惟九江、庐江二郡之地。建安初,策又击破庐江太守刘勋,于是庐江南境复为吴有。终魏之世,扬州只九江一郡及庐江北境耳。"④曹操任命的九江太守为杨沛,《魏略》曰:"及太祖辅政,迁沛为长社

---

① 《三国志》卷1《魏书·武帝纪》建安十二年二月丁酉令。
② 《三国志》卷1《魏书·武帝纪》建安十五年春。
③ 《三国志》卷15《魏书·温恢传》。
④ [清]吴增仅:《三国郡县表附考证》,《二十五史补编·三国志补编》,第310页。

令。时曹洪宾客在县界,征调不肯如法,沛先捶折其脚,遂杀之。由此太祖以为能。累迁九江、东平、乐安太守,并有治迹。"①庐江郡治皖城(今安徽省潜山县),自建安五年(200)孙权攻杀李术后由曹魏占领,刘馥虽在当地兴修水利,开垦农田;但是附近的豪强势力强劲,并与孙吴勾结,难以肃清,故始终未能控制该郡。《三国志》卷15《魏书·刘馥传》曰:"庐江梅乾、雷绪、陈兰等聚众数万在江、淮间,郡县残破。"建安十四年(209)曹操率兵进驻淮南,其间曾在寿春停留,并商议策划对庐江割据豪强的进剿。参见《三国志》卷14《魏书·刘晔传》:

> 太祖至寿春,时庐江界有山贼陈策,众数万人,临险而守。先时遣偏将致诛,莫能禽克。太祖问群下,可伐与不?咸云:"山峻高而溪谷深隘,守易攻难;又无之不足为损,得之不足为益。"晔曰:"策等小竖,因乱赴险,遂相依为强耳,非有爵命威信相伏也。往者偏将资轻,而中国未夷,故策敢据险以守。今天下略定,后伏先诛。夫畏死趋赏,愚知所同,故广武君为韩信画策,谓其威名足以先声后实而服邻国也。岂况明公之德,东征西怨,先开赏募,大兵临之,令宣之日,军门启而虏自溃矣。"太祖笑曰:"卿言近之!"遂遣猛将在前,大军在后,至则克策,如晔所度。

从上述记载可见,曹操起初只是派遣少数部队出征庐江,受到顽强抵抗而战事不利。后遂亲领大兵南下,"军合肥",并命令张辽、张郃、于禁、臧霸等名将分头进攻,阻击孙权的援兵,才得以

---

①《三国志》卷15《魏书·贾逵传》注引《魏略》。

肃清当地叛乱势力。事见《三国志》卷17《魏书·张辽传》：

> 陈兰、梅成以氐六县叛，太祖遣于禁、臧霸等讨成，辽督张郃、牛盖等讨兰。成伪降禁，禁还。成遂将其众就兰，转入灊山。灊中有天柱山，高峻二十余里，道险狭，步径裁通，兰等壁其上。辽欲进，诸将曰："兵少道险，难用深入。"辽曰："此所谓一与一，勇者得前耳。"遂进到山下安营，攻之，斩兰、成首，尽虏其众。太祖论诸将功，曰："登天山，履峻险，以取兰、成，荡寇功也。"增邑，假节。

《三国志》卷17《魏书·于禁传》：

> 后与臧霸等攻梅成，张辽、张郃等讨陈兰。禁到，成举众三千余人降。既降复叛，其众奔兰。辽等与兰相持，军食少，禁运粮前后相属，辽遂斩兰、成。增邑二百户，并前千二百户。

《三国志》卷18《魏书·臧霸传》：

> 张辽之讨陈兰，霸别遣至皖，讨吴将韩当，使（孙）权不得救兰。当遣兵逆霸，霸与战于逢龙，当复遣兵邀霸于夹石，与战破之，还屯舒。权遣数万人乘船屯舒口，分兵救兰，闻霸军在舒，遁还。霸夜追之，比明，行百余里，邀贼前后击之。贼窘急，不得上船，赴水者甚众。由是贼不得救兰，辽遂破之。

此番战役胜利结束后，曹操才在庐江设置郡县，设官治理。后来，又以此为前线据点，垦荒备战，积极开展对吴的侦察破坏活动。"曹公遣朱光为庐江太守，屯皖，大开稻田，又令闲人招诱鄱阳贼帅,使作内应。"①

　　《后汉书·郡国志四》载九江郡辖阴陵、寿春、浚道、成德、西曲阳、合肥、历阳、当涂、全椒、钟离、阜陵、下蔡、平阿、义成十四县。汉末大乱,江淮之间为战争之地,其间少有民居。曹魏九江郡(后改称淮南郡)之所辖各县,谢钟英《三国疆域志表》考证共有七处,为寿春、成德、下蔡、义成、西曲阳、平阿、合肥。②吴增仅亦云:"今考《孙韶传》,韶为边将数十年,淮南滨江屯候皆撤兵远徙,徐、泗、江、淮之地,不居者各数百里。钟离、当涂、阴陵、浚道、阜陵、全椒六县,并在江北淮南,知魏初皆废为境上地矣。"③如前所述,刘馥任职时曾占领历阳(今安徽省和县),后被孙吴占据④。曹操曾选举扬州贤才为县令,其事见《傅子》:

　　　　太祖征(刘)晔及蒋济、胡质等五人,皆扬州名士。每舍亭传,未曾不讲,所以见重;内论国邑先贤、御贼固守、行军进退之宜,外料敌之变化、彼我虚实、战争之术,夙夜不解。而晔独卧车中,终不一言。济怪而问之,晔答曰:"对明主非精神不接,精神可学而得乎?"及见太祖,太祖果问扬州先贤,贼之形势。四人争对,待次而言,再见如此,太祖每和悦,而晔终不一言。四人笑之。后一见太祖止无所复问,晔乃设远言

①《三国志》卷54《吴书·吕蒙传》。

②[清]谢钟英:《三国疆域志表》,《二十五史补编·三国志补编》,第400页。

③[清]吴增仅:《三国郡县表附考证》,《二十五史补编·三国志补编》,第310页。

④[清]洪亮吉撰,[清]谢钟英补注:《补三国疆域志补注》:"……《曹休传》:文帝时孙权遣将屯历阳,休到击破之。《江表传》:历阳有山石临水,高百丈。时历阳长表上言石印发,皓遣使以太牢祭历阳山。《晋书·五行志》:吴历阳县有岩穿似印,咸云石印封发,天下太平。《纪瞻传》:吴平,瞻徙家历阳。钟英按:据诸书所载,历阳县属吴,自汉历魏、吴至晋不废。"《二十五史补编·三国志补编》,第476—477页。

以动太祖,太祖适知便止。若是者三。其旨趣以为远言宜征精神,独见以尽其机,不宜于猥坐说也。太祖已探见其心矣,坐罢,寻以四人为令,而授晔以心腹之任;每有疑事,辄以函问晔,至一夜数十上耳。①

但按汉朝制度,州郡县道的主官不能由当地人士担任,因此这些名士应是外派到外地去任职。如《三国志》卷27《魏书·胡质传》曰:"胡质字文德,楚国寿春人也。少与蒋济、朱绩俱知名于江、淮间,仕州郡。蒋济为别驾,使见太祖。太祖问曰:'胡通达,长者也,宁有子孙不?'济曰:'有子曰质,规模大略不及于父,至于精良综事过之。'太祖即召质为顿丘令。"史籍所见曹操任命扬州各县令长者,有河南名儒郑浑。"浑兄泰,与荀攸等谋诛董卓,为扬州刺史,卒。浑将泰小子袤避难淮南,袁术宾礼甚厚。浑知术必败。时华歆为豫章太守,素与泰善,浑乃渡江投歆。太祖闻其笃行,召为掾,复迁下蔡长、邵陵令。天下未定,民皆剽轻,不念产殖;其生子无以相活,率皆不举。浑所在夺其渔猎之具,课使耕桑,又兼开稻田,重去子之法。民初畏罪,后稍丰给,无不举赡;所育男女,多以郑为字。辟为丞相掾属,迁左冯翊。"②州治所在的寿春,则任命了"少清白,为人疾恶"的时苗为县令,史载其"建安中,入丞相府。出为寿春令,令行风靡。扬州治在其县,时蒋济为治中"③。

综上所述,曹操大军初至扬州后采取了许多措施来稳定当地

①《三国志》卷14《魏书·刘晔传》注引《傅子》。
②《三国志》卷16《魏书·郑浑传》。
③《三国志》卷23《魏书·常林传》注引《魏略·清介传》。

的统治,例如选举贤能出任地方官员,肃清叛乱势力,建立庐江郡县,并对扬州长官的职任与驻地施行军政分离。寿春复为刺史治所,因为远离前线而获得了安全保障。曹操又下令"开芍陂屯田"[①],重点在州治附近发展经济,借以提供军政所需物资,减轻后方运输供应的压力。从事后的情况来看,其各种举措是卓有成效的。

### (三)征东将军驻地的频繁转移与久镇寿春

建安十四年(209)冬曹操从扬州撤军后,该地区的主将由屯守合肥的荡寇将军张辽担任。建安二十年(215),曹操亲率大军西征汉中,孙权乘机领兵进犯淮南。"八月,孙权率众十万围合肥。时张辽、李典、乐进将七千余人屯合肥。"[②]尽管双方兵力相差悬殊,但是张辽奋勇出击于先,严守城池在后。"(孙)权守合肥十余日,城不可拔,乃引退。辽率诸军追击,几复获权。"[③]由于张辽战功卓著,曹操授予其征东将军的官职。"太祖大壮辽,拜征东将军。"[④]此后担任此职者多为扬州战区的最高军事长官,洪饴孙《三国职官表》载:"魏征东将军一人,二千石,第二品。武帝置,黄初中位次三公,领兵屯寿春。统青、兖、徐、扬四州刺史。资深者为大将军。"[⑤]这里提到自魏文帝黄初年间起,扬州军事指挥中心和

---

① 《三国志》卷1《魏书·武帝纪》建安十四年。
② 《资治通鉴》卷67汉献帝建安二十年。
③ 《三国志》卷17《魏书·张辽传》。
④ 《三国志》卷17《魏书·张辽传》。
⑤ [清]洪饴孙:《三国职官表》,[宋]熊方等撰,刘祜仁点校:《后汉书三国志补表三十种》,第1503—1504页。

州兵主力驻地平时均在寿春,后来则延续到魏末晋初。下文即对几个有关问题进行考察,其一是建安时期至文帝初年征东将军的驻地出现过哪些变化,其二是征东将军是从哪一年开始久镇寿春的,其三是扬州主将和部队主力驻地从合肥北移到寿春并形成稳定格局之原因何在?

1. **建安、黄初时期扬州主将领兵屯所的多次迁移。** 从曹操派遣张辽等驻守合肥,到文帝黄初四年(223)曹仁进攻濡须失败,撤兵后病故;其间不过十余岁,而曹魏扬州的军事中心却频繁发生转移,这与当时全国政治形势和战局的剧烈变化具有密切联系。张辽屯兵合肥的时间,起于建安十四年(209)冬,数年后则南徙居巢(今安徽省巢湖市)。《三国志》卷17《魏书·张辽传》曰:"建安二十一年,太祖复征孙权,到合肥,循行辽战处,叹息者良久。乃增辽兵,多留诸军,徙屯居巢。"①笔者按:曹操于当年十月南征,次年三月从濡须撤军。故张辽移屯居巢之事实际在建安二十二年(217)。事见《三国志》卷1《魏书·武帝纪》:"(建安)二十二年春正月,王军居巢。二月,进军屯江西郝溪。(孙)权在濡须口筑城拒守。遂逼攻之,权退走。三月,王引军还,留夏侯惇、曹仁、张辽等屯居巢。"需要指出的是,留守居巢诸军的总指挥官是夏侯惇而并非张辽。参见《三国志》卷9《魏书·夏侯惇传》:"(建安)二十一年,从征孙权还,使惇都督二十六军,留居巢。"

到建安二十四年(219),曹魏的西线与南线作战接连遭受重创。刘备入川后又北上夺取汉中,曹操亲率大军来争却无力取胜,被迫撤兵。关羽北攻襄樊,消灭了于禁所率的精锐七军,围曹

_____

① 《三国志》卷17《魏书·张辽传》。

仁于樊城。"羽威震华夏。曹公议徙许都以避其锐。"①由于形势所迫,曹操要从东线调兵援救襄樊,故必须与孙权达成妥协,以减轻扬州方面的军事压力。"司马宣王、蒋济以为关羽得志,孙权必不愿也。可遣人劝权蹑其后,许割江南以封权,则樊围自解。曹公从之。"②而孙权在淮南作战受阻多年,始终没有突破性的进展,又担心关羽势力强盛后对自己构成威胁,于是和曹操一拍即合。"权内惮羽,外欲以为己功,笺与曹公,乞以讨羽自效。"③双方达成的协议是曹魏的扬州驻军撤退到合肥以北,远离边境,好让孙权安心率领主力西赴荆州。如孙权给曹丕上表所言:"先王以权推诚已验,军当引还,故除合肥之守,著南北之信,令权长驱不复后顾。"④其实曹操本意是要让夏侯惇、张辽的部队赶赴襄樊前线,关羽受挫退兵后,曹操遵守原来与孙权的约定,并没有让扬州军队返回居巢或合肥,而是先回到寿春;然后夏侯惇所部移驻召陵(今河南省漯河市),张辽所部迁往陈郡(今河南省淮阳市)。事见《三国志》卷9《魏书·夏侯惇传》:

> (建安)二十四年,太祖军于摩陂,召惇常与同载,特见亲重,出入卧内,诸将莫得比也。拜前将军,督诸军还寿春,徙屯召陵。

《三国志》卷17《魏书·张辽传》:

> 关羽围曹仁于樊,会权称藩,召辽及诸军悉还救仁。辽

①《三国志》卷36《蜀书·关羽传》。
②《三国志》卷36《蜀书·关羽传》。
③《三国志》卷47《吴书·吴主传》。
④《三国志》卷47《吴书·吴主传》注引《魏略》。

未至，徐晃已破关羽，仁围解。辽与太祖会摩陂。辽军至，太
祖乘辇出劳之，还屯陈郡。

延康元年暨黄初元年（220）正月，曹操病逝。孙权乘机派遣兵将
北进，企图扩占领土，在荆州一度占据襄阳，后被曹仁等击退。如
《魏三公奏》所言："先帝委裘下席，权不尽心，诚在恻怛，欲因大
丧，寡弱王室。希托董桃传先帝令，乘未得报许，擅取襄阳，及见
驱逐，乃更折节。"[1]《三国志》卷9《魏书·曹仁传》亦言文帝即王
位后，"孙权遣将陈邵据襄阳，诏仁讨之。仁与徐晃攻破邵，遂入
襄阳，使将军高迁等徙汉南附化民于汉北。"但是在扬州地区，曹
魏的反应相当迅速，立即命令征东将军张辽领兵返回合肥。"孙
权复叛，遣（张）辽还屯合肥，进辽爵都乡侯。给辽母舆车，及兵马
送辽家诣屯。"[2]张辽还派遣了小股部队进至历阳（横江渡）和居
巢，以威胁吴都建业，以致引起了孙权的恐慌，给曹丕上表询问其
意图。文曰：

> 近得守将周泰、全琮等白事，过月六日，有马步七百，径
> 到横江。又督将马和复将四百人进到居巢。琮等闻有兵马
> 渡江，视之，为兵马所击，临时交锋，大相杀伤。卒得此问，情
> 用恐惧。权实在远，不豫闻知，约敕无素，敢谢其罪。又闻张
> 征东、朱横海今复还合肥，先王盟要，由来未久，且权自度未
> 获罪衅，不审今者何以发起，牵军远次？[3]

---

①《三国志》卷47《吴书·吴主传》注引《魏三公奏》。
②《三国志》卷17《魏书·张辽传》。
③《三国志》卷47《吴书·吴主传》注引《魏略》。

由于准备抗击刘备出川复仇之师，孙权不愿两面树敌，故又向曹魏称臣降顺，并将俘获的于禁等送回，以求集中力量对蜀作战。《魏三公奏》称其"邪辟之态，巧言如流。虽重驿累使，发遣（于）禁等，内包陒嚣顾望之奸，外欲缓诛，支仰蜀贼"①。曹丕受其蒙蔽，下令张辽所部撤离合肥，移驻雍丘（今河南省杞县）。《三国志》卷17《魏书·张辽传》载黄初二年（221），"孙权复称藩。辽还屯雍丘，得疾。帝遣侍中刘晔将太医视疾，虎贲问消息，道路相属。疾未瘳，帝迎辽就行在所，车驾亲临，执其手，赐以御衣，太官日送御食。疾小差，还屯。"

当年夏侯惇病逝，文帝任命曹休统领其兵，转赴扬州战区。曹休曾至历阳与之吴军交锋，并渡江焚烧敌营，获胜后升为征东将军。事见其本传："夏侯惇薨，以休为镇南将军，假节都督诸军事，车驾临送，上乃下舆执手而别。孙权遣将屯历阳，休到，击破之，又别遣兵渡江，烧贼芜湖营数千家。迁征东将军，领扬州刺史，进封安阳乡侯。"②

黄初三年（222）魏吴关系彻底决裂，曹丕出动三路大军南征。"初，（孙）权外托事魏，而诚心不款。魏欲遣侍中辛毗、尚书桓阶往与盟誓，并征任子，权辞让不受。秋九月，魏乃命曹休、张辽、臧霸出洞口，曹仁出濡须，曹真、夏侯尚、张郃、徐晃围南郡。权遣吕范等督五军，以舟军拒休等；诸葛瑾、潘璋、杨粲救南郡，朱桓以濡须督拒仁。"③曹魏此役的兵将部署有些反常之处，曹休和张辽原

---

① 《三国志》卷47《吴书·吴主传》注引《魏三公奏》。
② 《三国志》卷9《魏书·曹休传》。
③ 《三国志》卷47《吴书·吴主传》黄武元年。

来驻在扬州,熟悉当地情况且多有胜绩,但是曹丕却命令他们乘船转到徐州地区,顺中渎水南下入江,与吴师交战的地点是洞口(或称洞浦)或海陵。参见《三国志》卷9《魏书·曹休传》:

> 帝征孙权,以休为征东大将军,假黄钺,督张辽等及诸州郡二十余军,击权大将吕范等于洞浦,破之。拜扬州牧。

《三国志》卷17《魏书·张辽传》:

> 孙权复叛,(文)帝遣辽乘舟,与曹休至海陵,临江。权甚惮焉,敕诸将:"张辽虽病,不可当也,慎之!"是岁,辽与诸将破权将吕范。辽病笃,遂薨于江都。

《三国志》卷55《吴书·徐盛传》:

> 曹休出洞口,盛与吕范、全琮渡江拒守。遭大风,船人多丧,盛收余兵,与休夹江。休使兵将就船攻盛。盛以少御多,敌不能克,各引军退。迁安东将军,封芜湖侯。

《三国志》卷60《吴书·全琮传》:

> 黄武元年,魏以舟军大出洞口,权使吕范督诸将拒之,军营相望。敌数以轻船钞击,琮常带甲仗兵,伺候不休。顷之,敌数千人出江中。琮击破之,枭其将军尹卢。迁琮绥南将军,进封钱唐侯。

海陵原为汉县,治今江苏省泰州市,曹操内迁淮南居民后,该县荒废为弃地,当时江面尚阔,故亦与京口(今江苏镇江市)隔岸相对。据胡三省考证,洞口又称洞浦,在历阳(今安徽省和县)江畔。"又萧子显曰:南兖州刺史每以秋月出海陵观涛;与京口对岸。又据

《晋书·谯王尚之传》,桓玄攻尚之于历阳,使冯该断洞浦,焚舟舰。则洞口在历阳江边明矣。"①

　　曹仁过去长期在荆州指挥对蜀汉的作战,此番却被调往扬州担任对吴进攻的主将,他从合肥出兵去攻打濡须(今安徽省无为县北),结果被孙吴守将朱桓击败。"黄武元年,魏使大司马曹仁步骑数万向濡须。……(朱)桓因偃旗鼓,外示虚弱,以诱致仁。仁果遣其子泰攻濡须城,分遣将军常雕督诸葛虔、王双等乘油船别袭中洲。中洲者,部曲妻子所在也。仁自将万人留橐皋,复为泰等后拒。桓部兵将攻取油船,或别击雕等,桓等身自拒泰,烧营而退,遂枭雕,生虏双,送武昌,临阵斩溺,死者千余。"②《三国志》卷47《吴书·吴主传》载黄武二年(223)三月,"曹仁遣将军常彫等,以兵五千,乘油船,晨渡濡须中州。仁子泰因引军急攻朱桓,桓兵拒之,遣将军严圭等击破彫等。是月,魏军皆退。"曹仁本《传》讳言其败,只是说他在战后又回到驻地合肥。"迁大司马,复督诸军据乌江,还屯合肥。黄初四年薨,谥曰忠侯。"③曹仁病死的时间也有些耐人寻味,前引《吴主传》记载魏军是在三月撤退,当年三月丙午,曹丕下诏还师曰:"昔周武伐殷,旋师孟津;汉祖征隗嚣,还军高平,皆知天时而度贼情也。且成汤解三面之网,天下归仁。今开江陵之围,以缓成死之禽。且休力役,罢省徭戍,畜养士民,咸使安息。"④而曹仁恰是在退兵后随即病死。见《三国志》卷2《魏书·文帝纪》黄初四年三月,"丁未,大司马曹仁薨。"这或许

①《资治通鉴》卷69魏文帝黄初三年九月胡三省注。
②《三国志》卷56《吴书·朱桓传》。
③《三国志》卷9《魏书·曹仁传》。
④《三国志》卷2《魏书·文帝纪》注引《魏书》载丙午诏。

与其作战失利、抑郁发病有关。例如曹休兵败于石亭,"弃甲兵辎重甚多。休上书谢罪,帝遣屯骑校尉杨暨慰喻,礼赐益隆。休因此痈发背薨。"①

从以上记载可以看到,从曹操南征扬州至曹丕三路攻吴结束的十四年间,扬州最高军事长官和州兵主力的驻地设在合肥的时间最长,至少有十年,即张辽在建安十四年至二十二年(209—217)、黄初元年至二年(220—221)屯合肥,曹仁在黄初三年至四年(222—223)曾以合肥为基地,由此地出发进攻濡须,失利后又回到该地。而夏侯惇领兵屯驻居巢仅有两年,即建安二十二年至二十四年(217—219)。此外,他和张辽或分屯陈郡、召陵与雍丘,时间都不算久。以下对曹魏征东将军久镇寿春的开始时间进行考证。

**2. 黄初四年征吴战役结束后扬州主将久驻寿春。**从曹魏的历史记载来看,曹仁是最后一位以合肥为常驻据点的扬州主将,黄初四年(223)三月他"还屯合肥"后病逝,率领舟师出征海陵、洞浦的征东大将军曹休又回到原来的辖区,并由扬州刺史晋升为扬州牧,总揽地方军政大权,由此可见朝廷对他的倚重。前引洪饴孙《三国职官表》载魏征东将军,"黄初中位次三公,领兵屯寿春"。说的应该就是曹休。曹操晚年到文帝去世,扬州最高军事长官皆为曹氏宗亲,如夏侯惇、曹休、曹仁,张辽实际上被降为副职,可见朝廷对这一战区的重视,必须让政治上最为可靠的亲族来担任指挥官。扬州黄初四年(223)以后直至魏末晋初,镇守当地的主将——扬州都督(职衔为征东将军或镇东、安东将军)先后有曹

---

① 《三国志》卷9《魏书·曹休传》。

休、满宠、王凌、毌丘俭、诸葛诞、王基、石苞、王浑等,其驻地平时俱在寿春,军队主力亦驻扎在附近,只是在吴军入侵或受命南征的情况下才会暂时离开,率领州兵赶赴前线。

　　3. **曹魏对敌战略的改变与寿春军事地位上升之联系。** 如上所述,自建安五年(200)刘馥出镇扬州到建安十三年(208)因病去世,合肥都是刺史治所与州兵主力屯驻之地。赤壁之战以后,随着淮南战事的加剧,曹魏在扬州的行政中心和军事指挥中心逐渐北移。先是将州治迁往寿春,此后十余年内,扬州军事长官和州兵主力的驻地虽然反复迁移,但是仍以靠近前线的合肥为主。黄初四年(223)曹仁病死、曹休复镇扬州,此后淮南的军政重心始终设置在寿春。那么,是什么原因促使朝廷做出了此项决定?笔者分析,这与曹魏对待吴蜀作战方略的改变有着密切的联系。

　　曹操在世时曾屡次率领大军南征,企图一举消灭孙权,占领江南;但是在赤壁、濡须等地先后受挫,使其认识到与吴、蜀的作战不可能速决,而会是长期的持久对峙。他统治的中原地区虽然疆域辽阔,却由于汉末战乱的破坏而萧条衰败,在此情况下应该把发展经济、恢复民生的任务放在首位。因为曹魏国土占据九州,又包括山东、三河与关中等传统的经济发达区域,如果假以时日、休养生息,会在将来对吴蜀构成压倒性的军事优势。曹操认清了这一形势,便先后在徐、扬、荆、益等地采取了后撤防线、迁徙居民的缓兵之计,在广袤的边境地段坚壁清野,给敌人的进攻造成补给困难,使其运输线过长而无力维持。这项战略措施起于建安十七年(212),"初,曹公恐江滨郡县为权所略,征令内移。民转相惊,自庐江、九江、蕲春、广陵户十余万皆东渡江。江西遂虚,合肥以南惟有皖城。"①后年,孙权又领兵渡江攻破皖城。曹魏"淮南滨江屯候皆彻兵远徙,徐、泗、江、淮之地,不居者各数百里"②。在荆州先是命令曹仁放弃江陵,退守襄阳;后来曹仁逐退吴将陈邵,"使将军高迁等徙汉南附化民于汉北"③。建安二十年(215)曹操进兵汉中,迫降张鲁,并"拔汉中民数万户以实长安及三辅"④。建安二十四年(219),曹操从汉中退兵,把这块"鸡肋"留给对手,"令(张)既之武都,徙氐五万余落出居扶风、天水界"⑤。这样至曹操晚年,他在江淮、江汉之间与秦岭山区构成了横贯大陆东西的荒僻隔离地带,即所谓"弃地",以此帮助守军来保卫后方的建设。曹丕代汉之后意气用事,频繁发动对吴战争,于黄初三至四年(222—223)三道征吴,又在黄初五年(224)、六年(225)两次亲率舟师出广陵临江,耗费巨大却无功而返。曹丕暴卒后,明帝曹睿接受臣下建议,奉行乃祖曹操的国策,即对内安民兴业,对外慎动征伐。如孙资所言:

> 又武皇帝圣于用兵,察蜀贼栖于山岩,视吴虏窜于江湖,皆挠而避之,不责将士之力,不争一朝之忿,诚所谓见胜而战,知难而退也。今若进军就南郑讨亮,道既险阻,计用精兵又转运镇守南方四州遏御水贼,凡用十五六万人,必当复更有所发兴。天下骚动,费力广大,此诚陛下所宜深虑。夫守战之力,力役参倍。但以今日见兵,分命大将据诸要险,威足

①《三国志》卷47《吴书·吴主传》建安十八年。
②《三国志》卷51《吴书·宗室传·孙韶》。
③《三国志》卷9《魏书·曹仁传》。
④《三国志》卷15《魏书·张既传》。
⑤《三国志》卷15《魏书·张既传》。

以震慑强寇，镇静疆场，将士虎睡，百姓无事。数年之间，中国日盛，吴蜀二虏必自罢弊。①

在这一战略方针的指导下，曹魏在对吴的主要战场——扬州方面基本上采取了守势。合肥处于前线，附近郡县居民均被迁徙，驻军无法从当地获得给养。主将若率重兵屯驻于此，后方的粮草供应负担会非常沉重。如果说淮南战事激烈时，将大军集于合肥还属于必要措施，那么孙权称帝后情况发生了变化，他志满意得，不思进取，以"限江自保"为基本国策，偶尔渡江出击也不过劫掠袭扰，并无北伐中原、一统天下的雄心壮志。在此种形势下，曹魏把征东将军与州兵主力的驻地北移寿春，能够依托芍陂附近的丰沃粮产，实属明智之举。这样部署是以合肥作为前哨据点，只留少数部队镇守监视，可以减少长途转运给养之劳苦。遇到小股敌人入侵，合肥守军足以应付。来寇人多势众，则由寿春所驻州兵主力赶赴增援。若是敌军来势凶猛，扬州部队难以应付，则调拨附近邻州诸军或是京师的中军前往救援。例如太和四年（230），"孙权扬声欲至合肥，（满）宠表召兖、豫诸军，皆集。贼寻退还。"②青龙二年（234），"（孙）权自将号十万，至合肥新城。（满）宠驰往赴，募壮士数十人，折松为炬，灌以麻油，从上风放火，烧贼攻具，射杀权弟子孙泰。贼于是引退。"③此次战役，曹睿还亲率舟师来到寿春，以保淮南万无一失。"（明）帝亲御龙舟东征。权攻新城，将军张颖等拒守力战，帝军未至数百里，权遁走……遂进军

---

①《三国志》卷14《魏书·刘放传》注引《孙资别传》。
②《三国志》卷26《魏书·满宠传》。
③《三国志》卷26《魏书·满宠传》。

幸寿春,录诸将功,封赏各有差。"①由此可见,曹魏在扬州地区改变兵力部署和对吴战略是行之有效的,这些措施既减少了粮饷运输所需人力财赋的严重损耗,又巩固了边境的防御,并给孙吴的进攻造成了很大困难,可谓是一举数得的高明策略。

## 四、曹魏寿春的城池建构

寿春作为曹魏的一方重镇,在敌人兵临城下时,需要凭借坚固的墙垒来挫败其进攻。寿春城依山傍水而建,充分利用了周围的地形和水文条件。《太平寰宇记》卷 129 言寿州,"其城临肥水,北有八公山,山北即灌(淮)水,自东晋至今,常为要害之地。"②拱卫城北的八公山,其主峰海拔 168 米③。《水经注》卷 32《肥水》曰:"昔在晋世,谢玄北御苻坚,祈八公山,及置阵于肥水之滨,坚望山上草木,咸为人状,此即坚战败处。非八公之灵有助,盖苻氏将亡之惑也。"④《资治通鉴》卷 77 载魏甘露二年(257)诸葛诞据寿春反,司马昭领大兵迁往平叛。"围城未合,文钦、全怿等从城东北,因山乘险,得将其众突入城。"胡三省注曰:"寿春城外无他山,唯城北有八公山耳。"《太平寰宇记》卷 129《淮南道七·寿州》曰:"八公山,一名肥陵山,在(寿春)县北四里。"又云:"肥水,东南自安丰县界流入,经县北二里,又西入于淮。晋孝武帝太元八年,苻坚伐

---

①《三国志》卷 3《魏书·明帝纪》青龙二年。

②[宋]乐史撰,王文楚等点校:《太平寰宇记》,第 2543 页。

③曲英杰:"今寿县一带海拔 20 米左右,其北八公山主峰海拔 168 米。"《楚都寿春郢城复原研究》,《江汉考古》1992 年第 3 期。

④[北魏]郦道元原注,陈桥驿注释:《水经注》,第 507 页。

晋,军至寿阳。晋谢玄、谢石拒之,置阵肥水之上,坚大败而遁。"①
《读史方舆纪要》卷21引胡氏曰:"淝水在城北二里,旧引淝水交
络城中,故昔人每恃淝水为攻守之资。"②寿春城池能够依据山岭
江河等天然障碍来阻挡敌兵,因此易守难攻。甘露二年(257)诸
葛诞据寿春而叛,司马昭率领大兵征讨,即因为对方城防坚固而
没有实行强攻,而是采取了长期围困的战术,以待其绝粮自毙。
"初围寿春,议者多欲急攻之,大将军以为:'城固而众多,攻之必
力屈,若有外寇,表里受敌,此危道也。今三叛相聚于孤城之中,
天其或者将使同就戮,吾当以全策縻之,可坐而制也。'诞以二年
五月反,三年二月破灭。六军按甲,深沟高垒,而诞自困,竟不烦
攻而克。"③

　　另外,当地气候的特点致使寿春常有水患。据现代学者研
究,"今日之寿县城附近海拔19—22米,年降雨量750毫米,且多
集中于5—9月降雨,加之上游雨季淮河水下泄,几乎年年有
灾。"④由于此项缘故,寿春城郭屡屡受到洪水、暴雨的冲刷侵蚀,
故频有倾圮。如干宝《晋纪》记载甘露二年至三年(257—258)司
马昭平淮南叛乱事曰:"寿春每岁雨潦,淮水溢,常淹城邑。故文
王之筑围也,(诸葛)诞笑之曰:'是固不攻而自败也。'及大军之
攻,亢旱逾年。城既陷,是日大雨,围垒皆毁。"⑤寿春城需要经常
进行修葺,才能保持它的完固。

---

①[宋]乐史撰,王文楚等点校:《太平寰宇记》,第2545页、2546页。
②[清]顾祖禹:《读史方舆纪要》卷21《南直三·寿州》,第1023页。
③《三国志》卷28《魏书·诸葛诞传》。
④丁邦钧:《寿春城考古的主要收获》,《东南文化》1991年第2期。
⑤《三国志》卷28《魏书·诸葛诞传》注引干宝《晋纪》。

寿春的城防体系包括寿春城及其附近的若干小城,这是筑垒的主体部分。寿春城有两重,即外城,或曰罗城;内城,或曰子城。《通典》卷181《州郡十一·古扬州上》曰:"寿州,战国时楚地。秦兵击楚,楚考烈王东徙都寿春,命曰郢,即此地也。"杜佑自注:"今郡罗城即考烈王所筑。今郡子城即宋武帝所筑。"①下文予以分别考述。

**(一)外城**

古代外城或称为郭(廓),《管子·度地》曰:"内为之城,城外为之郭。"或称郛、外郛,如《初学记》卷24引《风俗通义》曰:"郭或谓之郛,郛者亦大也。"②或称罗城,见前引《通典》杜佑注。曹魏寿春城内的空间广阔,可以容纳二十余万人众。如高贵乡公正元二年(255)毌丘俭在淮南起兵造反,"迫胁淮南将守诸别屯者,及吏民大小,皆入寿春城,为坛于城西,歃血称兵为盟,分老弱守城,(毌丘)俭、(文)钦自将五六万众渡淮,西至项。"③后于淮北兵败,"寿春城中十余万口,惧诛,或流迸山泽,或散走入吴。"④甘露二年(257),诸葛诞反于寿春,"敛淮南及淮北郡县屯田口十余万官兵,扬州新附胜兵者四五万人,聚谷足一年食,闭城自守。"⑤后吴国遣将全怿、全端等率三万众来接应,亦进入城内;如果再加上城内的居民,总数亦应有二十余万。据曲英杰考证:"西汉时寿春城人口

①[唐]杜佑:《通典》,第962页。
②[唐]徐坚等:《初学记》,第565页。
③《三国志》卷28《魏书·毌丘俭传》。
④《资治通鉴》卷76魏高贵乡公正元二年。
⑤《三国志》卷28《魏书·诸葛诞传》。

数当在二十余万,亦约占其时九江郡人口总数的四分之一,其为郡治所在,无论如何不会低于此数。战国时,其为楚都,城中人口亦不会少于此数,即亦当在二十万人左右。"[①]

　　曹魏寿春外城的周长与面积多少? 史籍未能详细记载,但可以通过参照其他资料进行推算。现安徽寿县即宋代以来至明清之寿州城址,历史沿革清晰。《读史方舆纪要》卷 21 称:"今州城周十三里有奇。"[②]宋以前城垣遗迹已从地面上消失,使人无法辨识其具体方位。学术界通常认为:"根据《汉书·地理志》、《水经注·淮水》、唐杜佑《通典》等文献关于寿春(寿州)的记载,从汉代开始一直到唐宋时期,其位置的大致范围始终没有大的变化。《通典》认为唐代寿州的州治寿春县为'汉旧县',并说郡罗城是'楚考烈王所筑',明确指出当时寿州所在的寿春县城的外城就是楚考烈王的都城和汉寿春城。"[③]因此,三国时期寿春城的规模很可能是战国至两汉寿春城郭的延续。近些年来,关于寿春古城的考古资料日益增多,可用于对其进行复原研究。从 1987 年开始,安徽省文物考古研究所与省地质研究所合作,利用遥感技术对楚都寿春古城址进行调查,试图通过图像的辨析,划定出寿春城遗址的外廓城、宫城、夯土台基及古河道的位置。其报告"推测寿春外廓城南北长约 6.2 公里,东西宽约 4.25 公里,总面积约 26.35 平方公里"[④]。外有护城河,廓城之内建有规划整齐的水道系统,"它既保证了城市内的生产、生活用水,又充当了城内的水上交通

①曲英杰:《楚都寿春郢城复原研究》,《江汉考古》1992 年第 3 期。
②[清]顾祖禹:《读史方舆纪要》卷 21《淮南道七·寿州》,第 1017 页。
③张钟云:《关于楚晚期都城寿春的几个问题》,《中国历史文物》2010 年第 6 期。
④丁邦钧:《寿春城考古的主要收获》,《东南文化》1991 年第 2 期。

线,而且将城区划分为一定数量相对独立的单位,有利于防卫管理。"①

曲英杰曾对这次遥感结果提出质疑,"总面积约 26.35 平方公里,未免规模过大,实不可能;且与《水经注》等古文献所记寿春古地貌不尽相符。"②他根据若干考古资料与文献记载,推求寿春郢城的大致复原面貌。"寿春郢城之北垣当在今门朝西和八里塘一线以南,东垣当在王八湖及其引渎一线以西。城隍即护城河。……此东垣、北垣与考古勘测所发现的南垣(在范河村南、张家圩北一线)、南垣(在寿县城南门至范河村一线;但北部不属郢城西垣,应排除在外),构成一呈南北扁长方形的城圈。其东西长约 4000 米,南北长约 3000 米,周长约 14000 米,与江陵郢城的规模略等,形制相近。"③

在 2000—2002 年间,安徽省考古工作者经过对寿春古城遗址的重新调查,对原先的结论进行了修正。据张钟云总结道:"这几处探沟的堆积情况表明,原本认定的西、南、北城墙是很值得怀疑的。进一步说,楚国在江陵纪南城长期定都,纪南城面积不过 16 平方千米,纪南城是楚国最鼎盛的时期;而在寿县仅 16 年,且已是日落西山之时,从理论上说,这个 26.35 平方千米寿春城也是值得怀疑的。"④在对比多种资料的基础上,张氏提出:楚寿春城的宫城位于现寿县城墙基址范围内,现存南宋城墙是经过下蔡、

①丁邦钧:《寿春城考古的主要收获》,《东南文化》1991 年第 2 期。
②曲英杰:《楚都寿春郢城复原研究》,《江汉考古》1992 年第 3 期。
③曲英杰:《楚都寿春郢城复原研究》,《江汉考古》1992 年第 3 期。
④张钟云:《关于楚晚期都城寿春的几个问题》,《中国历史文物》2010 年第 6 期。

楚都寿春、汉、唐、宋多年叠加形成的。"南宋寿县城墙就基本是一个南北东西对称的城了。其周长大约 8500 米,从大小来说它小于江陵纪南城,而大于来寿春之前的淮阳陈城周长的 4500 余米。这个结论从文献来看是比较合理的,也已经被国内一些专家学者所接受。"①上述论述较为客观,可以为我们了解三国时期寿春外城的规模提供大致的参考数据。

寿春外城的城门,据对楚都寿春郢城的考古调查,"在此范围内的纵横水道相互交叉呈井字形,将城内分为九个大的长方形区域,亦与江陵郢城相同。……水门与陆门当亦各有八座。"②三国时期寿春外郭的城门情况,史籍缺少具体的记载;而南北朝文献所载寿春城门有五座,曲英杰曾进行考证,认为它们和楚都寿春的城门位置相同,应是历经秦汉魏晋时期未有改变,但其余三座城门则佚失记载。上述五门分别为:

1. **芍陂门。** 为寿春外城南门。见《水经注》卷 32《肥水》:"肥水又左纳芍陂渎,渎水自黎浆分水,引渎寿春北,径芍陂门右,北入城。"熊会贞按:"芍陂渎自南而北入寿春城,出城入肥,不得至寿春北始入城。且芍陂在寿春南,芍陂门当为寿春南门。渎水在芍陂门右入城,益见自南入城。"③曲氏指出:"此芍陂门当为南垣东门。以城之面向南为正而言,右当指西,此芍陂渎当在芍陂门以西入城。"④

2. **象门、沙门。** 这两座为外城的西门,见《水经注》卷 32《肥

---

① 张钟云:《关于楚晚期都城寿春的几个问题》,《中国历史文物》2010 年第 6 期。
② 曲英杰:《楚都寿春郢城复原研究》,《江汉考古》1992 年第 3 期。
③ [北魏]郦道元注,[民国]杨守敬、熊会贞疏:《水经注疏》,第 2685—2686 页。
④ 曲英杰:《楚都寿春郢城复原研究》,《江汉考古》1992 年第 3 期。

水》："(淝水)又北出城注肥水。又西径金城北，又西，左合羊头溪水。水受芍陂，西北历羊头溪，谓之羊头涧水。北径熨湖，左会烽水渎，渎受淮于烽村南，下注羊头溪，侧径寿春城西，又北历象门，自沙门北出金城西门逍遥楼下，北注肥渎。"①曲英杰认为："其象门，当为寿春之郢城西垣南门。"而沙门"即寿春郢城之西垣北门"②。

3. 长逻门。为外城东门。见《南齐书》卷27《刘怀珍传》曰："泰始初，除宁朔将军、东安东莞二郡太守，率龙骧将军王敬则、姜产步骑五千讨寿阳……引军至晋熙，伪太守阎湛拒守，刘子勋遣将王仲虬步卒万人救之，怀珍遣马步三千人袭击仲虬，大破之于莫邪山，遂进寿阳。又遣王敬则破殷琰将刘从等四垒于横塘死虎，怀珍等乘胜逐北，顿寿春长逻门。宋明帝嘉其功，除羽林监、屯骑校尉，将军如故。"按横塘、死虎垒在寿春城东③，故刘怀珍等打败叛军后顺势追击，回师停驻在东城的长逻门。曲氏考证："横塘、死虎在今寿县东四十余里，可知刘怀珍进军是自东而西，其所屯驻之长逻门当为寿春郢城东垣南门。东垣北门临近东台湖，似不好屯兵。"④

4. 石桥门（草市门）。为外城北门。见《水经注》卷32《肥水》："肥水左渎，又西径石桥门北，亦曰草市门，外有石梁。"熊会

---

①[北魏]郦道元注，[民国]杨守敬、熊会贞疏：《水经注疏》，第2687—2688页。

②曲英杰：《楚都寿春郢城复原研究》，《江汉考古》1992年第3期。

③参见[清]顾祖禹：《读史方舆纪要》卷21《南直三·淮南道七·寿州》："横塘，在州东。《水经注》：'肥水入芍陂，又北右合阎涧水，积为阳湖。阳湖水西北径死虎亭南，夹横塘西注。'"第1025页。

④曲英杰：《楚都寿春郢城复原研究》，《江汉考古》1992年第3期。

贞疏云："当是今凤台县城北门,今草市尚在北门内外也。"又云:
"石桥门取此石梁为名。"①曲英杰强调:"以上城门之名不一定完
全沿于楚都郢城,有些当为后世所改。因无确切史料,不再进一
步加以辨析。以寿春郢城北垣东门即石桥门又称草市门,北垣一
带多有郢爰、金饼出土等推测,寿春郢城之市当设于北部、内城之
北,形成'面朝后市'的格局。"②

### (二)内城

　　前引《通典》卷 181《州郡十一·古扬州上》"寿州"条杜佑自
注:"今郡子城,即宋武帝所筑。"即言寿春内城为南朝刘裕建筑,
实际上它的出现还要提早许多。按春秋战国时诸侯筑城,即普遍
采取内外二层的形制,即孟子所言"三里之城,七里之郭"。尤其
是各国的都城基本上都采用外郭围绕宫城的建筑布局,考古发掘
多有验证,对楚都寿春郢城的发掘也表明在郭城之内有宫殿遗
址。另外,寿春在西汉前期曾作为淮南国的都城,汉末袁术称帝
时亦建都于此,理应也有宫城和外郭两重。因此,其大小城垒内
外相套的设防制度出现较早,不会迟至南朝才进行内城的建筑。
《水经注》卷 32《肥水》曰:"淠水又北径相国城东,刘武帝伐长安所
筑也,堂宇厅馆仍故,以相国为名。又北出城,注肥水。又西径金
城北,又西,左合羊头溪水。"③是说寿春内城称作"金城",刘裕在
东晋末年移镇寿春时,又在郭内筑了另一座内城,曰相国城。据

①［北魏］郦道元注,［民国］杨守敬、熊会贞疏:《水经注疏》,第 2682—2683 页。
②曲英杰:《楚都寿春郢城复原研究》,《江汉考古》1992 年第 3 期。
③［北魏］郦道元注,［民国］杨守敬、熊会贞疏:《水经注疏》,第 2687—2688 页。

顾祖禹考证,城市的内城名为"金城"是晋朝以来的俗称,此前则曰"中城",曹魏时寿春城内已有小城。见《读史方舆纪要》卷21《南直三·寿州》:

> 《(太平)广记》云:"寿阳城中有二城,一曰相国城,刘裕伐长安时筑;一曰金城,寿阳中城也。自晋以来中城率谓之金城。"按曹魏时已有小城,则裕所筑者相国城也。[1]

按寿春之"金城"即"中城"的位置,是在整座城市的西北角。《水经注》卷32《肥水》云:"(溠水)又北出城,注肥水。又西径金城北,又西,左合羊头溪水。水受芍陂,西北历羊头溪,谓之羊头涧水。北径熨湖,左会烽水渎,渎受淮于烽村南,下注羊头溪,侧径寿春城西,又北历象门,自沙门北出金城西门逍遥楼下,北注肥渎。"熊会贞按:"魏明帝筑金墉城于洛阳城西北角,此叙寿春城西之水,北出金城西门,北注肥,则金城亦在寿春城西北角,而不言水径相国城,益见金城在相国城西北矣。"[2]

### (三)城外的小城

《三国志》卷28《魏书·诸葛诞传》记载淮南第三次叛乱时,"(文)钦子鸯及虎将兵在小城中,闻钦死,勒兵驰赴之,众不为用。鸯、虎单走,逾城出,自归大将军。"又载寿春城破之时,"(诸葛)诞窘急,单乘马,将其麾下突小城门出。大将军司马胡奋部兵逆击,斩诞,传首,夷三族。"都表明寿春另有小城。对于上述记载,以往

---

①[清]顾祖禹:《读史方舆纪要》,第1017页。
②[北魏]郦道元注,[民国]杨守敬、熊会贞疏:《水经注疏》,第2688页。

史家往往把小城解释为内城,其位置在外郭之中。但是此说颇有疑问之处,如果小城在大城之内,文鸯、文虎翻越小城后,还有大城城墙及其卫兵的阻隔,怎么能够顺利地逃到司马师的军营里? 另外,寿春城陷之际,诸葛诞被迫突围,兵出小城后即与魏军交锋,如果是小城在外城之内,诸葛诞出内城后还要受到郭墙的遮拦,又怎么能立即和敌人接战呢? 实际上,据文献记载在寿春城近旁还有一座小城,乃诸葛诞所筑。参见《太平寰宇记》卷129《淮南道七·寿州》:"诸葛诞城,在县东一里。魏甘露二年,诞攻扬州刺史乐琳,杀之,乃与文钦叛,保据此城。大将军司马文王讨平之。"①又《读史方舆纪要》卷21《南直三·寿州》"寿春废县"条亦曰:"又州东一里有诸葛城,相传诸葛诞所筑。"因此,笔者认为,上述诸葛诞本《传》中的"小城",应该是在寿春城外不远之处筑造的,与大城形成犄角之势,相互支援联络,以便分散敌人围攻的兵力。

究其渊源,在寿春城旁另建小城的筑垒方法,可以追溯到战国的后期。《太平寰宇记》卷129《淮南道七·寿州》条引晋朝伏滔《正淮论》曰寿春城,"西南小城,即楚相春申君黄歇所居。"②据宛晋津考证,"当系春申君在楚考烈王二十二年楚都寿春之前所居之地。"③史料所反映魏晋南北朝时期的城市结构情况,既有大小二城相套的建筑形制,也有大小二城相邻并峙的现象,这在当时的军事筑垒中是常见的格局。例如《三国志》卷8《魏书·公孙瓒

---

① [宋]乐史撰,王文楚等点校:《太平寰宇记》,第2546页。
② [宋]乐史撰,王文楚等点校:《太平寰宇记》,第2542页。
③ 宛晋津:《建邑前后的寿春》,《六安师专学报》1998年第3期。

传》曰："瓒军败走勃海,与(公孙)范俱还蓟,于大城东南筑小城,与(刘)虞相近。"又《北史》卷34《高闾传》曰："今故宜于六镇之北筑长城,以御北虏,虽有暂劳之勤,乃有永逸之益,即于要害,往往开门,造小城于其侧,因施却敌,多置弓弩。"也是筑小城于长城近旁。从实战的情况记载来看,也能见到这种城垒的建筑形式。例如《晋书》卷120《李特载记》曰："晋梁州刺史许雄遣军攻特,特陷破之,进击,破尚水上军,遂寇成都。蜀郡太守徐俭以小城降,特以李瑾为蜀郡太守以抚之。罗尚据大城自守。流进屯江西,尚惧,遣使求和。"正是由于成都小城在大城之外,李特才能在大城仍然拒守的情况下接受小城的投降。《陈书》卷5《宣帝纪》记载太建五年(573)九月丁亥,"前鄱阳内史鲁天念克黄城小城,齐军退保大城……壬辰晦,夜明。黄城大城降。"这条史料所反映的也是此类例证。如果黄城小城在大城之内,那么就不会先被陈军攻克,而只能是在大城失守之后才会陷落。

　　文献记载当中,也可以看到六朝寿春守将在抵御敌人进攻时,采取过在城外另筑小城以分散敌人攻势的做法。例如《南齐书》卷25《垣崇祖传》载其守寿阳,"乃于城西北立堰塞肥水,堰北起小城,周为深堑,使数千人守之。"《魏书》卷66《李崇传》曰:"(崇)又于八公山之东南,更起一城,以备大水,州人号曰魏昌城。"《梁书》卷32《陈庆之传》还记载:"普通七年,安西将军元树出征寿春,除庆之假节、总知军事。魏豫州刺史李宪遣其子长钧别筑两城相拒,庆之攻之,宪力屈遂降,庆之入据其城。"可见在大城附近另筑小城的防御体系配置在当时是普遍流行的。

## 五、曹魏中原至寿春主要航道的转移与修治

建安末年至黄初年间，曹魏的政治、军事重心区域曾经发生过转移。曹操在消灭袁氏集团之后将霸府设在邺城（今河北省临漳县），置百官，徙民众，并把主力部队"中军"部署在那里，战时随同自己出征，平时则回到驻地休整，将士的家属也多安置在冀州。从建安十四年到建安二十二年（209—217），曹操曾率领大军"四越巢湖"，到淮南江北与孙权作战，其行军路线都是自邺城南下渡过黄河，经陈留（今河南开封市陈留镇）至谯（今安徽亳州市）。谯县是曹操故乡，后曾为魏国"五都"之一，也是曹操军队南下的水陆中转站和舟师训练屯驻地，在此乘船经涡水入淮，转入肥水过寿春抵合肥，再经施水入巢湖，顺濡须水至长江之滨。参见《三国志》卷1《魏书·武帝纪》：

> （建安）十四年春三月，军至谯，作轻舟，治水军。秋七月，自涡入淮，出肥水，军合肥……置扬州郡县长吏，开芍陂屯田。十二月，军还谯。
>
> ……十七年春正月，公还邺，天子命公赞拜不名，入朝不趋，剑履上殿，如萧何故事……冬十月，公征孙权。
>
> 十八年春正月，进军濡须口，攻破权江西营，获权都督公孙阳，乃引军还。诏书并十四州，复为九州。夏四月，至邺。

《后汉纪》卷30献帝建安十七年：

> 冬十月，曹操征孙权。侍中、尚书令荀彧劳军于谯。……是行也，操请（荀）彧劳军，因留彧以侍中、光禄大

夫,持节,参丞相军事。次寿春,或以忧死。①

《三国志》卷1《魏书·武帝纪》建安十九年:

> 秋七月,公征孙权。……冬十月,屠枹罕,斩建,凉州平。公自合肥还。

《三国志》卷1《魏书·武帝纪》建安二十一年:

> 冬十月,治兵,遂征孙权。十一月,至谯。
>
> 二十二年春正月,王军居巢。二月,进军屯江西郝溪。权在濡须口筑城拒守,遂逼攻之,权退走。三月,王引军还,留夏侯惇、曹仁、张辽等屯居巢。

在此十余年间,曹操以邺城为基地两面作战,或西征关中、汉中,或南下合肥、濡须。至建安末年关羽北伐襄樊,荆州战事告急。为了更好地控制战局,曹操将都城南迁洛阳,并最终在那里去世。曹丕在即位后仍以洛阳为首都,但是中军将士家属多在河北,形成国家的政治中心与军事重心区域相互脱离的不利局面。为了解决这一矛盾,魏文帝"欲徙冀州士家十万户实河南",借以拱卫帝都。由于时值灾荒,此举遭到群臣反对,"帝遂徙其半"②。此后朝廷的中军主力与家小遂部署在河南。诸葛亮曾对百官说明交好孙吴的益处,"若就其不动而睦于我,我之北伐,无东顾之忧,河南之众不得尽西,此之为利,亦已深矣。"③胡三省曾对此解释道:"言蜀与吴和,则虽倾国北伐,不须东顾以备吴,而魏河南之

---

① [东晋]袁宏:《后汉纪》,张烈点校:《两汉纪》下册,第581页。
② 《三国志》卷25《魏书·辛毗传》。
③ 《三国志》卷35《蜀书·诸葛亮传》注引《汉晋春秋》。

众，欲留备吴，不得尽西以抗蜀兵也。"①此处所言"河南之众"就是驻扎在洛阳附近的曹魏中军主力。

随着国都与军事重心区域的转移，曹魏大兵南下进入淮河的行军路线出现了变更，即由涡水向西转移到距离洛阳更近的颍水。例如黄初五年（224）曹丕征吴，"八月，为水军，亲御龙舟，循蔡、颍，浮淮，幸寿春。扬州界将吏士民，犯五岁刑已下，皆原除之。九月，遂至广陵。"②王鑫义对此考证，"魏文帝这次率水师东征的行军路线，显然是由洛阳出发，行经黄河，由荥阳水门转入蒗荡渠，经蒗荡渠顺流而下入颍河，循颍浮淮而至寿春，再由寿春沿淮东下，经中渎水（即古邗沟）漕路而至广陵。"③黄初六年（225）三月，"辛未，（魏文）帝为舟师东征。五月戊申，幸谯……八月，帝遂以舟师自谯循涡入淮。"④这是曹魏大军最后一次使用涡水航道入淮，其原因应是涡口距离淮河进入中渎水的末口（今江苏省淮安市）较近的缘故。但是这次航行遇到大寒，"水道冰，舟不得入江"⑤。回师至精湖又逢淤浅，"于是战船数千皆滞不得行"⑥。此役结束后，曹魏舟师南征不再经过中渎水道，也不再使用涡水航道。"由于涡水上游浅涩，有不能北通黄河的局限，自曹魏后期，涡水漕路或多为民间利用，罕见有大规模利用的记载。"⑦

①《资治通鉴》卷 71 魏明帝太和三年四月胡三省注。

②《三国志》卷 2《魏书·文帝纪》。

③王鑫义主编：《淮河流域经济开发史》，第 302—303 页。

④《三国志》卷 2《魏书·文帝纪》。

⑤《三国志》卷 2《魏书·文帝纪》。

⑥《三国志》卷 14《魏书·蒋济传》。

⑦王鑫义主编：《淮河流域经济开发史》，第 302 页。

自明帝即位至魏末,朝廷驻在河南的大军通过水路前往寿春均使用蒗荡渠和颍水,它是沟通中原腹地与淮河中下游地区最为便捷的航道。其路线沿途情况可参见《水经》关于"渠水"即蒗荡渠的记载,"渠水出荥阳北河,东南过中牟县(今中牟县东)之北,又东至浚仪县(今开封市西北),又屈南至扶沟县北(今扶沟县东北)",在扶沟以下利用沙水(又名蔡水)河道,"东南过陈县(今河南淮阳县)北",再南流经过项县(今河南沈丘县)进入颍水,附近有百尺堰,东南流经武丘(原名丘头,今河南沈丘县东南)、汝阴(今安徽阜阳市)、慎县(今安徽颍上县北)至颍口(今安徽颍上县东南)入淮。青龙二年(234)五月孙权进军合肥,"秋七月壬寅,(明)帝亲御龙舟东征。权攻新城,将军张颖等拒守力战,帝军未至数百里,权遁走……遂进军幸寿春,录诸将功,封赏各有差。"[1]《三国志》卷15《魏书·贾逵传》曰:"青龙中,帝东征,乘辇入逵祠,诏曰:'昨过项,见贾逵碑像,念之怆然……'"可见明帝此番率水师东征经过项县,应是取道蒗荡渠和颍水。

嘉平三年(251),扬州都督王凌谋反,"遣将军杨弘以废立事告兖州刺史黄华,华、弘连名以白太傅司马宣王。宣王将中军乘水道讨凌。先下赦赦凌罪,又将尚书广东,使为书喻凌,大军掩至百尺逼凌"[2]。也是经蒗荡渠、颍水前往寿春。《水经注》卷22《渠水》曰:"谷水又东流径陈城南,又东南流入沙水枝津,又东南流注于颍,谓之交口。水次大堰有,即古百尺堰也。《魏书》《国志》曰:

---

①《三国志》卷3《魏书·明帝纪》。

②《三国志》卷28《魏书·王凌传》。

司马宣王讨太尉王凌,大军掩至百尺堨,即此堨也。"①司马懿进军沿途经过丘头和项县,"凌自知势穷,乃乘船单出迎宣王,遣掾王彧谢罪,送印绶、节钺。军到丘头,凌面缚水次。宣王承诏遣主簿解缚反服,见凌,慰劳之,还印绶、节钺,遣步骑六百人送还京都。凌至项,饮药死。宣王遂至寿春。"②

正元二年(255)正月,征东将军毌丘俭、扬州刺史文钦起兵讨司马师,其进军为陆路,也是溯颍水而至项县。"为坛于(寿春)城西,歃血称兵为盟,分老弱守城,俭、钦自将五六万众渡淮,西至项。俭坚守,钦在外为游兵。"③司马师则将各地军队聚集在蒗荡渠与颍水相通的要镇陈县(今河南省淮阳县)与许昌,"戊午,帝统中军步骑十余万以征之。倍道兼行,召三方兵,大会于陈许之郊。"④然后分兵堵截围剿,最终挫败了这次叛乱。

甘露二年(257)五月,征东大将军诸葛诞据寿春以反。司马昭挟魏帝与太后出征,仍然使用经蒗荡渠、颍水入淮的行军路线,至寿春后将该城包围。"六月,车驾东征,至项。大将军司马文王督中外诸军二十六万众,临淮讨之。大将军屯丘头。使(王)基及安东将军陈骞等四面合围,表里再重,堑垒甚峻。又使监军石苞、兖州刺史州泰等,简锐卒为游军,备外寇。"⑤可见这条航道及沿途陆路在曹魏后期始终是大军东赴扬州的主要路线。

为了使蒗荡渠、颍水漕路发挥出更大的效能,并与都城洛阳

---

① [北魏]郦道元注,[民国]杨守敬、熊会贞疏:《水经注疏》,第 1918—1919 页。

②《三国志》卷 28《魏书·王凌传》。

③《三国志》卷 28《魏书·毌丘俭传》。

④《晋书》卷 2《景帝纪》。

⑤《三国志》卷 28《魏书·诸葛诞传》。

附近地区联系更为密切,曹魏政府动用人力对其屡加修治,又在其西侧开凿出几条渠道,使河南、淮北地区出现了新的水利交通网络,对兵员粮草的运输和屯田灌溉大为有利。据历史记载有下述各条运河:

1. 贾侯渠。黄初元年(220)七月,曹丕在称帝前夕曾东巡故里。"甲午,军次于谯,大飨六军及谯父老百姓于邑东。"①在此期间,他还做了若干人事安排。"至谯,以(贾)逵为豫州刺史。"②贾逵上任后,"外修军旅,内治民事,遏鄢、汝,造新陂,又断山溜长溪水,造小弋阳陂,又通运渠二百余里,所谓贾侯渠者也。"③《晋书》卷26《食货志》曰:"贾逵之为豫州,南与吴接,修守战之具,竭汝水,造新陂,又通运渠二百余里,所谓贾侯渠者也。"这条渠道至北朝时频受改动,已然无法辨识其具体方位④。据学界考证,"其故道似在沙水西南,纵贯南北,与洧、颍相通。"⑤

2. 讨虏渠。《三国志》卷2《魏书·文帝纪》载黄初六年(225):"三月,行幸召陵,通讨虏渠。乙巳,还许昌宫……辛未,帝为舟师东征。"召陵在今河南省郾城县东。胡三省曰:"召陵县,汉属汝南郡;《晋志》属颍川郡。(李)贤曰:召陵故城在今豫州郾城县东,通讨虏渠以伐吴也。"⑥又见《读史方舆纪要》卷47《河南

---

① 《三国志》卷2《魏书·文帝纪》。
② 《三国志》卷15《魏书·贾逵传》。
③ 《三国志》卷15《魏书·贾逵传》。
④ [北魏]郦道元注,[民国]杨守敬、熊会贞疏:《水经注疏》卷22《沙水》:"昔贾逵为魏豫州刺史,通运渠二百里余,亦所谓贾侯渠也。而川渠径复,交错畛陌,无以辨之。"第1914页。
⑤ 王育民:《中国历史地理概论》(上),第268页。
⑥ 《资治通鉴》卷70魏文帝黄初六年三月胡三省注。

二·许州郾城县》:"讨虏渠,在县东五十里。曹魏黄初六年行幸召陵,通讨虏渠,谋伐吴也。"[1]王育民认为,"其渠道当在今郾城、商水之间,为沟通颍、汝的水道。"[2]

3. **广漕渠**。此渠乃邓艾建议司马懿奏请开凿。《晋书》卷1《宣帝纪》正始三年(242):"三月,奏穿广漕渠,引河入汴,溉东南诸陂,始大佃于淮北。"而据《三国志》卷28《魏书·邓艾传》所载,其事在正始二年(241);《资治通鉴》卷74亦以正始二年奏开广漕渠为是。当年司马懿曾派遣邓艾巡视潩荡渠、颍水沿途情况,他在调查结束后提出报告,认为这一带土地肥沃,惟缺水利。建议开河引水以通运输灌溉,并将许昌附近的军屯向南移到颍水中下游与淮河两岸,借以增加粮储,并能巩固这条重要航道的防务安全。此项计划获得了司马懿的赞赏,并奏报朝廷施行。事见《三国志》卷28《魏书·邓艾传》:

> 时欲广田畜谷,为灭贼资,使艾行陈、项已东至寿春。艾以为"田良水少,不足以尽地利,宜开河渠,可以引水浇溉,大积军粮,又通运漕之道"。乃著《济河论》以喻其指。又以为"昔破黄巾,因为屯田,积谷于许都以制四方。今三隅已定,事在淮南,每大军征举,运兵过半,功费巨亿,以为大役。陈、蔡之间,土下田良,可省许昌左右诸稻田,并水东下。令淮北屯二万人,淮南三万人,十二分休,常有四万人,且田且守。水丰常收三倍于西,计除众费,岁完五百万斛以为军资。六七年间,可积三千万斛于淮上,此则十万之众五年食也。以

---

[1][清]顾祖禹:《读史方舆纪要》卷47《河南二·许州》,第2191页。
[2]王育民:《中国历史地理概论》(上),第268页。

此乘吴,无往而不克矣。"宣王善之,事皆施行。正始二年,乃
开广漕渠,每东南有事,大军兴众,泛舟而下,达于江、淮,资
食有储而无水害,艾所建也。

《水经注》卷22《沙水》云:"沙水又南与广漕渠合,上承庞官陂,云
邓艾所开也。虽水流废兴,沟渎尚夥。"[1]朱更扬认为此渠,"可能
利用沙水故道加以疏浚,或作局部改道。"[2]《读史方舆纪要》卷47
《河南二·陈州》曰:"又州南有广漕渠,《水经注》以为邓艾所开。
又翟王渠,在州东。唐赵翊为忠武节度使,按邓艾故迹决翟王渠
溉稻以利农是也。今皆堙废。"[3]按清代陈州即曹魏陈县(今河南
省淮阳县),此地开凿之广漕渠应属蒗荡渠的中段。

4. 淮阳、百尺二渠。这两条渠道修建于正始四年(243),见
《晋书》卷1《宣帝纪》正始四年:"帝以灭贼之要,在于积谷,乃大兴
屯守,广开淮阳、百尺二渠,又修诸陂于颍之南北,万余顷。自是
淮北仓庾相望,寿阳至于京师,农官屯兵连属焉。"而据《晋书》卷
26《食货志》所言,此二渠也是邓艾倡议并主持工程的,"遂北临淮
水,自钟离而南横石以西,尽沘水四百余里,五里置一营,营六十
人,且佃且守。兼修广淮阳、百尺二渠,上引河流,下通淮颍,大治
诸陂于颍南、颍北,穿渠三百余里,溉田二万顷,淮南、淮北皆相连
接。自寿春到京师,农官兵田,鸡犬之声,阡陌相属。每东南有
事,大军出征,泛舟而下,达于江淮,资食有储,而无水害,艾所建

---

①[北魏]郦道元注,[民国]杨守敬、熊会贞疏:《水经注疏》,第1913—1914页。

②水利部淮河水利委员会《淮河水利简史》编写组:《淮河水利简史》,水利电力出版社,
  1990年,第85页。笔者按:该书第三章《三国两晋南北朝时期淮河水利》,由朱更扬
  执笔。

③[清]顾祖禹:《读史方舆纪要》,第2177页。

也。"这两条渠道亦在曹魏陈县（今河南省淮阳县），参见《读史方舆纪要》卷47《河南二·陈州》："贾侯渠，在城西。《水经注》：'后汉贾逵为豫州刺史所开运渠也，或谓之淮阳渠。'"有学者认为淮阳渠可能是邓艾对贾逵所开渠道的进一步修广[1]。百尺渠另名百尺沟，《水经注》卷22《渠水》曰："沙水又东而南屈，径陈城东，谓之百尺沟。"杨守敬按："百尺渠即此百尺沟也。"[2]朱更扬认为：

> 沙水过陈县北，向东分一支下游入淮；向南分一支入颍水。邓艾所修的百尺渠，可能就是从陈县南流入颍的这段沙水故道，而淮阳渠，可能就是沙水的东支。[3]

又《读史方舆纪要》卷47《河南二·陈州》曰："百尺沟，在城东，本沙水也。《水经注》：'沙水自鄢陵城西北经州东而为百尺沟。沟水东南流，谷水自陈城南注之。其水上承涝陂，陂在陈城西北。百尺沟东南流注颍，谓之交口。'水次有大堰，即古百尺堰。曹魏嘉平三年王凌谋举兵寿春讨司马懿，懿发军袭凌，自水道掩至百尺堨是矣。亦名八丈沟。"[4]可见百尺沟东南流至交口汇入颍水，属于蒗荡渠的末段，因此或为该渠之别称。见于《水经注》卷22《颍水》："《经》云蒗荡渠者，百尺沟之别名也。"[5]前引《晋书·食货志》称其淮阳、百尺二渠，"上引河流，下通淮颍"，是沟通黄河与颍水、淮河的渠道，即表明它是古蒗荡渠的河段之一。

---

①参见王育民：《中国历史地理概论》（上），第269页。
②［北魏］郦道元注，［民国］杨守敬、熊会贞疏：《水经注疏》，第1917页。
③水利部淮河水利委员会《淮河水利简史》编写组：《淮河水利简史》，第85页。
④［清］顾祖禹：《读史方舆纪要》，第2176页。
⑤［北魏］郦道元注，［民国］杨守敬、熊会贞疏：《水经注疏》，第1820页。

如上所述,曹魏黄初至正始年间,政府先后于蒗荡渠、颍水流域大兴工程,疏浚漕路和增修运河,为保持河南各地至寿春航道的畅通起到了重要作用。如嘉平三年(251)司马懿讨伐王凌之叛,"帝自帅中军,泛舟沿流,九日而到甘城。凌计无所出,乃迎于武丘,面缚水次。"①同时,朝廷调遣大量军队在两淮进行屯田,积储粮秫,形成了对吴作战的有利态势,并为后来东征扬州的军事行动准备了充足的物质条件。

# 六、曹魏后期的寿春与扬州战局

曹魏后期,即齐王芳正始元年(240)至陈留王奂咸熙二年(265)在位期间,寿春所在扬州之军事形势出现了显著的变化。分述如下:

## (一)淮南频繁爆发大规模的军事行动

自魏明帝去世到邓艾、钟会灭蜀(263)以前,淮南屡次遭受外侵内乱,战事频仍,且规模巨大,成为南北对抗冲突最为激烈的区域。据史籍所载,在此期间寿春及附近地段有如下战争或进军活动:

1. 正始二年(241)芍陂之战。这次战役吴军进至寿春南郊。孙权于当年四月,"遣卫将军全琮略淮南。决芍陂,烧安城邸阁,收其人民。"②芍陂为古代著名水利设施,在寿春以南,相距不到百

---

① 《晋书》卷 1《宣帝纪》。
② 《三国志》卷 47《吴书·吴主传》赤乌四年。

里。《水经注》卷32《肥水》云:"(芍)陂周一百二十许里,在寿春县南八十里,言楚相孙叔敖所造。魏太尉王凌与吴将张休战于芍陂,即此处也。陂有五门,吐纳川流。"①安城亦在寿春之南,《三国志》卷27《魏书·王基传》载诸葛诞叛乱时,"基累启求进讨。会吴遣朱异来救诞,军于安城。"赵一清注:"《吴志·孙綝传》云,朱异率三万人屯安丰城为文钦势。安城在寿州南,安丰城在寿州西南,两城相近,故二传各书之。"②魏晋时期的军仓称为"邸阁"③,安城邸阁是曹魏扬州州治寿春附近的军仓。另外,孙吴此番出动的军队数量较多,为数万人,战事亦相当激烈。《三国志》卷28《魏书·王凌传》曰:"正始初,为征东将军,假节都督扬州诸军事。二年,吴大将全琮数万众寇芍陂,凌率诸军逆讨,与贼争塘,力战连日,贼退走。"曹魏的扬州守军虽然经过苦战迫使敌兵撤退,但是伤亡惨痛。"自旦及暮,将士死伤过半"④。另外芍陂决堤,积聚被焚,给当地经济造成了沉重的损失。

**2. 嘉平三年(251)淮南初叛。**司马懿于嘉平元年(249)发动政变诛灭曹爽,专擅朝政。扬州都督王凌与其外甥令狐愚相谋,"以帝幼制于强臣,不堪为主,楚王彪长而才,欲迎立之,以兴曹氏。"⑤其计划泄漏后,司马懿迅速率领中军乘舟前往平叛。王凌仓促失策,被迫出降。其书曰:"卒闻神军密发,已在百尺,虽知命

①[北魏]郦道元注,[民国]杨守敬、熊会贞疏:《水经注疏》卷32《肥水》,第2678—2679页。
②卢弼:《三国志集解》卷27,第622页。
③参见黎石生:《试论三国时期的邸阁与关邸阁》,《郑州大学学报》2001年第6期;任重、诸山:《魏晋南北朝的邸阁》,《兰台世界》2006年第20期。
④《三国志》卷24《魏书·孙礼传》。
⑤《三国志》卷28《魏书·王凌传》注引《汉晋春秋》。

穷尽,迟于相见,身首分离,不以为恨……"①王凌被擒后,司马懿领兵到淮南,"宣王遂至寿春。张式等皆自首,乃穷治其事。彪赐死,诸相连者悉夷三族。"②使这次叛乱未能发动,扬州的政治局势得到稳定。

3. 嘉平四年(252)东兴之战。孙权病逝后太傅诸葛恪主政,他大兴人力在东兴(今安徽巢湖市东关镇狮子山)筑造堤坝,截断濡须水航道。"恪以建兴元年十月会众于东兴,更作大堤。左右结山侠筑两城,各留千人,使全端、留略守之,引军而还。魏以吴军入其疆土,耻于受侮,命大将胡遵、诸葛诞等率众七万,欲攻围两坞,图坏堤遏。恪兴军四万,晨夜赴救。"吴将丁奉等率兵突袭,"魏军惊扰散走,争渡浮桥,桥坏绝,自投于水,更相蹈藉。乐安太守桓嘉等同时并没,死者数万。"③这是三国后期孙吴方面对魏作战少有的大胜。

4. 嘉平五年(253)诸葛恪伐淮南。东兴之役后,诸葛恪骄傲轻敌,企图乘胜大举进兵以扩占疆土。尽管遭到群臣反对,却仍然固执己见。"于是违众出军,大发州郡二十万众,百姓骚动,始失人心。"④这是孙吴自建国以来出动军队人数最多的一次征伐,但是诸葛恪缺乏作战经验,盛夏作战,天时不利,被瘟疫所困;围攻合肥又受到守将张特缓兵之计的欺骗,"攻守连月,城不拔。士卒疲劳,因暑饮水,泄下流肿,病者大半,死伤涂地。"以致被迫撤

①《三国志》卷28《魏书·王凌传》注引《魏略》载凌与太傅书。
②《三国志》卷28《魏书·王凌传》。
③《三国志》卷64《吴书·诸葛恪传》。
④《三国志》卷64《吴书·诸葛恪传》。

退回师,"士卒伤病,流曳道路。或顿仆坑壑,或见略获,存亡忿痛,大小呼嗟。"①不仅遭受了惨败,还引起了孙吴统治集团内部矛盾的激化,"秋八月,恪引军还。冬十月,大飨。武卫将军孙峻伏兵杀恪于殿堂。"②不过,曹魏方面的损失也很沉重。据毌丘俭等战后所言:"淮南将士,冲锋履刃,昼夜相守,勤瘁百日,死者涂地,自魏有军已来,为难苦甚,莫过于此。"③

5. 正元二年(255)淮南二叛。扬州都督毌丘俭与刺史文钦原与曹氏集团关系亲密,曹爽被诛后他们心怀惧恨,"遂矫太后诏,罪状大将军司马景王,移诸郡国,举兵反。近胁淮南将守诸别屯者,及吏民大小,皆入寿春城,为坛于城西,歃血称兵为盟,分老弱守城,俭、钦自将五六万众渡淮,西至项。俭坚守,钦在外为游兵。"④由于这次起兵未能获得曹魏其他官员、将领的支持,毌丘俭等势单力孤。司马师不顾自己病重,"统中军步骑十余万以征之。倍道兼行,召三方兵,大会于陈许之郊。"⑤并分调兖、豫、青、徐诸州军队袭击寿春,断其归路。结果挫败前锋文钦,"大破其军,众皆投戈而降,(文)钦父子与麾下走保项。(毌丘)俭闻钦败,弃众宵遁淮南。安风津都尉追俭,斩之,传首京都。钦遂奔吴,淮南平。"⑥

6. 甘露二年至三年(257—258)淮南三叛。扬州都督、征东大

---

①《三国志》卷 64《吴书·诸葛恪传》。
②《三国志》卷 48《吴书·三嗣主传·孙亮》太元二年。
③《三国志》卷 28《魏书·毌丘俭传》。
④《三国志》卷 28《魏书·毌丘俭传》。
⑤《晋书》卷 2《景帝纪》。
⑥《晋书》卷 2《景帝纪》。

将军诸葛诞与曹氏党羽夏侯玄、邓飏等甚为亲近，"又王凌、毌丘俭累见夷灭，惧不自安，倾帑藏振施以结众心，厚养亲附及扬州轻侠者数千人为死士。甘露元年冬，吴贼欲向徐堨，计诞所督兵马足以待之，而复请十万众守寿春，又求临淮筑城以备寇，内欲保有淮南。朝廷微知诞有自疑心，以诞旧臣，欲入度之。二年五月，征为司空。诞被诏书，愈恐，遂反。召会诸将，自出攻扬州刺史乐綝，杀之。敛淮南及淮北郡县屯田口十余万官兵，扬州新附胜兵者四五万人，聚谷足一年食，闭城自守。遣长史吴纲将小子靓至吴请救。"①司马昭闻讯后调动各地驻军集合在淮北项县一带。"秋七月，奉天子及皇太后东征，征兵青、徐、荆、豫，分取关中游军，皆会淮北。师次于项，假廷尉何桢节，使淮南，宣慰将士，申明逆顺，示以诛赏。甲戌，帝进军丘头。"②魏国大兵至寿春后，司马昭"使（王）基及安东将军陈骞等四面合围，表里再重，堑垒甚峻。又使监军石苞、兖州刺史州泰等，简锐卒为游军，备外寇"③。对其构成了严密合围。对于诸葛诞的反叛，孙吴方面立即回应。"六月，使文钦、唐咨、全端等，步骑三万救诞。"④其援军被魏师围困于寿春城内，随后又派遣大将军孙綝增援。"秋七月，綝率众救寿春，次于镬里。朱异至自夏口，綝使异为前部督，与丁奉等将介士五万解围。"⑤但是朱异领兵有限，与魏军相比仍然处于明显的劣势，所以解围不利，又被敌人烧尽粮饷，无奈退兵后拒绝再战，被

①《三国志》卷28《魏书·诸葛诞传》。
②《晋书》卷2《文帝纪》甘露二年。
③《三国志》卷28《魏书·诸葛诞传》。
④《三国志》卷48《吴书·三嗣主传·孙亮》太平二年。
⑤《三国志》卷48《吴书·三嗣主传·孙亮》太平二年。

孙綝降罪处死,并班师回国①。

　　吴国解围作战的失败,除了兵力对比的劣势,还有指挥部署上的失当。胡三省认为此时吴军应当采取围魏救赵之计,攻击曹魏其他州郡,迫使其分兵救助,从而削弱围城的兵力,或许会有成功的可能,而不应使用以弱攻强的拙笨策略。"寿春之围已固,虽使周瑜、吕蒙、陆逊复生,不能解也。若孙綝能举荆、扬之众出襄阳以向宛、洛,寿春城下之兵必分归以自救,诸葛诞、文钦等于此时决围力战,犹庶几焉。"②另外,吴军统帅孙綝因为怯敌,驻扎在巢湖舟中而不敢身赴前线;又擅杀名将朱异。如吴主孙亮对全纪所言:"孙綝专势,轻小于孤。孤见救之,使速上岸,为唐咨等作援,而留湖中,不上岸一步。又委罪朱异,擅杀功臣,不先表闻。"③这些都对此次军事行动产生了严重的负面作用。魏军统帅司马昭对此分析道:"(朱)异不得至寿春,非其罪也,而吴人杀之,适以谢寿春而坚诞意,使其犹望救耳。若其不尔,彼当突围,决一旦之命。或谓大军不能久,省食减口,冀有他变。料贼之情,不出此三者。今当多方以乱之,备其越逸,此胜计也。"④他面对坚固的寿春

---

①参见《三国志》卷64《吴书·孙綝传》:"魏悉中外军二十余万增诞之围。朱异帅三万人屯安丰城,为文钦势。魏兖州刺史州泰拒异于阳渊,异败退,为泰所追,死伤二千人。綝于是大发卒出屯镬里,复遣异率将军丁奉、黎斐等五万人攻魏,留辎重于都陆。异屯黎浆,遣将军任度、张震等募勇敢六千人,于屯西六里为浮桥夜渡,筑偃月垒。为魏监军石苞及州泰所破,军却退就高。异复作车箱围趣五木城。苞、泰攻异,异败归。而魏太山太守胡烈以奇兵五千诡道袭都陆,尽焚异资粮。綝授兵三万人使异死战,异不从。綝斩之于镬里,而遣弟恩救,会诞败引还。"

②《资治通鉴》卷77魏高贵乡公甘露二年胡三省注。

③《三国志》卷64《吴书·孙綝传》注引《江表传》。

④《晋书》卷2《文帝纪》。

城池和十余万守军,没有施行强攻,而是采取了长期围困的作战方略,前后长达九个月。"初围寿春,议者多欲急攻之,大将军以为:'城固而众多,攻之必力屈,若有外寇,表里受敌,此危道也。今三叛相聚于孤城之中,天其或者将使同就戮,吾当以全策縻之,可坐而制也。'诞以二年五月反,三年二月破灭。六军按甲,深沟高垒,而诞自困,竟不烦攻而克。"诸葛诞乏粮后被迫突围,"诞、钦、咨等大为攻具,昼夜五六日攻南围,欲决围而出。围上诸军,临高以发石车火箭逆烧破其攻具,弩矢及石雨下,死伤者蔽地,血流盈堑。复还入城,城内食转竭,降出者数万口……诞、咨等智力穷。大将军乃自临围,四面进兵,同时鼓噪登城,城内无敢动者。诞窘急,单乘马,将其麾下突小城门出。大将军司马胡奋部兵逆击,斩诞,传首,夷三族。"①最终取得了这场三国历史上规模最大、历时最久的战役胜利。

　　7. 景元四年(263)丁奉向寿春之役。曹魏于是年出兵伐蜀,刘禅遣使向吴国求救。《三国志》卷48《吴书·三嗣主传·孙休》永安六年:"冬十月,蜀以魏见伐来告。……甲申,使大将军丁奉督诸军向魏寿春,将军留平别诣施绩于南郡,议兵所向,将军丁封、孙异如沔中,皆救蜀。蜀主刘禅降魏问至,然后罢。"按吴国本无意全力救蜀,几路出兵均为虚张声势,或虽出征而未与敌军接战,如丁奉"率诸军向寿春,为救蜀之势。蜀亡,军还"②。或如留平与施绩在南郡,座谈计议而实未发兵。丁封、孙异进军沔中,胡三省评论道:"沔中,时为魏境,吴兵未能至也,拟其所向耳。吴之

───────────────

①《三国志》卷28《魏书·诸葛诞传》。
②《三国志》卷55《吴书·丁奉传》。

巫、秭归等县,皆在江北,与魏之新城接境,自此行兵,亦可以发沔中,然亦犹激西江之水以救涸辙之鱼耳。"①

笔者按:魏文帝去世后,南北战争冲突的焦点区域从东线转移到西方。诸葛亮"提卒十万"②,屡进祁山,又兵出陈仓、五丈原,对曹魏在关陇地区的统治构成了严重的威胁。相形之下,孙权同时期在荆、扬等地发动的攻势多为虚应故事,或骚扰劫掠,并未倾注全力攻城略地。如魏明帝即位后,"孙权攻江夏郡,太守文聘坚守。朝议欲发兵救之,帝曰:'权习水战,所以敢下船陆攻者,几掩不备也。今已与聘相持,夫攻守势倍,终不敢久也。'先时遣治书侍御史荀禹慰劳边方,禹到,于江夏发所经县兵及所从步骑千人乘山举火,权退走。"③青龙二年(234)五月,"孙权入居巢湖口,向合肥新城,又遣将陆议、孙韶各将万余人入淮、沔。"魏明帝亦认为其不足为虑,曰:"纵权攻新城,必不能拔。敕诸将坚守,吾将自往征之,比至,恐权走也。"结果,"秋七月壬寅,帝亲御龙舟东征。权攻新城,将军张颖等拒守力战,帝军未至数百里,权遁走,议、韶等亦退。"④孙权晚年昏聩,内乱频仍,又匮乏将才,更不愿意对魏作战。《三国志》卷27《魏书·王基传》曰:"吴尝大发众集建业,扬声欲入攻扬州,刺史诸葛诞使基策之。基曰:'昔孙权再至合肥,一至江夏,其后全琮出庐江,朱然寇襄阳,皆无功而还。今陆逊等已死,而权年老,内无贤嗣,中无谋主。权自出则惧内衅卒起,痈疽发溃;遣将则旧将已尽,新将未信。此不过欲补定支党,还自保护

---

① 《资治通鉴》卷78魏元帝景元四年冬十月甲申条胡三省注。
② 《晋书》卷1《宣帝纪》。
③ 《三国志》卷3《魏书·明帝纪》。
④ 《三国志》卷3《魏书·明帝纪》。

耳。'后权竟不能出。"

孙权死后扬州战事激化的原因,其一是司马懿诛杀曹爽后,曹魏统治集团内部冲突加剧,故而出现"淮南三叛"。发动叛乱者皆为反对司马氏专权的曹氏旧臣,又身为重要战区扬州驻军的指挥官,拥有庞大的兵力。曹魏后期,扬州驻军总共有十余万人①,除去各地驻守兵马之外,能够动用的机动兵力大约为六、七万人。如嘉平四年(252),"魏使将军诸葛诞、胡遵等步骑七万围东兴。"②正元二年(255)正月,"镇东大将军毌丘俭、扬州刺史文钦举兵作乱,矫太后令移檄郡国,为坛盟于西门之外,各遣子四人质于吴以请救。二月,俭、钦帅众六万,渡淮而西。"③毌丘俭和诸葛诞起兵后,叛军本身实力就很强大,若加上孙吴方面的援军或响应人马,总兵力会超过二十万人,所以司马氏要动用倾国之师来镇压,致使淮南屡次出现了大规模的军事对抗。

另一方面,孙权去世后,执政大臣诸葛恪改变其"限江自保"的军事战略,主张对魏积极作战以开拓疆土,扭转魏强吴弱的发展趋势。认为"自古以来,务在产育,今者贼民岁月繁滋,但以尚小,未可得用耳。若复十数年后,其众必倍于今。而国家劲兵之地,皆已空尽,唯有此见众可以定事。若不早用之,端坐使老,复十数年,略当损半,而见子弟数不足言。若贼众一倍,而我兵损半,虽复使伊、管图之,未可如何。"④因此不顾群臣的反对而对淮

_____

①《三国志》卷28《魏书·诸葛诞传》载其起兵反叛后,"敛淮南及淮北郡县屯田口十余万官兵,扬州新附胜兵者四五万人,聚谷足一年食,闭城自守。"
②《三国志》卷48《吴书·三嗣主传·孙亮》太元元年。
③《晋书》卷2《景帝纪》。
④《三国志》卷64《吴书·诸葛恪传》。

南发动了大规模的进攻。诸葛恪死后,继任的权臣孙峻、孙綝值逢扬州的两次严重叛乱,亦以为有机可乘,企图乘虚而入或与叛军联合来夺取寿春,故先后统领大军进入淮南。如毌丘俭、文钦起兵后,"(孙)峻及骠骑将军吕据、左将军留赞率兵袭寿春,军及东兴,闻钦等败。壬寅,兵进于橐皋,钦诣峻降,淮南余众数万口来奔。"①只是由于魏军抢先进占寿春,孙峻才被迫还师。诸葛诞反叛并遣使归降后,"吴人大喜"②,因此两次派遣数万之众至寿春救援,故而加剧了淮南地区的冲突,使其由曹魏的内战演变为有三方数十万兵力参与的大规模战役。这些都是三国后期曹魏扬州成为战事爆发最为频繁激烈之区域的原因。

### (二)淮南战事之焦点由合肥北移寿春

曹魏前期在淮南的防守战略,基本是以合肥为抗敌前线要塞,在地势上依托江淮丘陵的南列进行阻击,力保城池,不让敌人通过将军岭的水陆隘道而进入寿春附近平原地带。如曹睿所言:"先帝东置合肥,南守襄阳,西固祁山,贼来辄破于三城之下者,地有所必争也。"③在合肥拒敌之战例,曹操时共有三次,分别为建安十三年冬(208),"(孙)权自率众围合肥,使张昭攻九江之当涂。"④建安二十年(215)八月,"孙权围合肥,张辽、李典击破之。"⑤建安二十四年(219),"孙权攻合肥,是时诸州皆屯戍。(温)恢谓兖州

①《三国志》卷48《吴书·三嗣主传·孙亮》五凤二年。
②《三国志》卷28《魏书·诸葛诞传》。
③《三国志》卷3《魏书·明帝纪》。
④《三国志》卷47《吴书·吴主传》。
⑤《三国志》卷1《魏书·武帝纪》。

刺史裴潜曰：'此间虽有贼，不足忧，而畏征南方有变。今水生而子孝县（悬）军，无有远备。关羽骁锐，乘利而进，必将为患。'于是有樊城之事。"①魏明帝曹睿时合肥战斗先后亦有三次，分别在太和四年(230)，见《三国志》卷26《魏书·满宠传》："其冬，孙权扬声欲至合肥，宠表召兖、豫诸军，皆集。贼寻退还，被诏罢兵。宠以为今贼大举而还，非本意也，此必欲伪退以罢吾兵，而倒还乘虚，掩不备也，表不罢兵。后十余日，权果更来，到合肥城，不克而还。"青龙元年(233)，"是岁，(孙)权向合肥新城，遣将军全琮征六安，皆不克还。"②青龙二年(234)五月，"孙权入居巢湖口，向合肥新城"；七月，"权攻新城，将军张颖等拒守力战，帝军未至数百里，权遁走。"③

值得注意的是，从正始年间开始，曹魏在扬州抵御吴军进攻的战场屡番出现在合肥以北的寿春附近。史籍所载有三次：

其一，正始二年(241)，"(全)琮与魏将王凌战于芍陂，中郎将秦晃等十余人战死。"④如前所述，芍陂在寿春之南八十里，合肥位于陂东南近二百里。

其二，正元二年(255)，毌丘俭、文钦叛乱，吴国权臣孙峻乘机领兵北进，企图占领寿春，其先锋曾至黎浆(今安徽省寿县东南)。据《三国志》卷28《魏书·邓艾传》记载，"文钦以后大军破败于城下，艾追之至丘头。钦奔吴。吴大将军孙峻等号十万众，将渡江，镇东将军诸葛诞遣艾据肥阳，艾以与贼势相远，非要害之地，辄移

①《三国志》卷15《魏书·温恢传》。
②《三国志》卷47《吴书·吴主传》。
③《三国志》卷3《魏书·明帝纪》。
④《三国志》卷47《吴书·吴主传》赤乌四年夏四月。

屯附亭,遣泰山太守诸葛绪等于黎浆拒战,遂走之。"按黎浆在芍陂附近,位于寿春东南,有黎浆亭、黎浆水。《水经注》卷 32《肥水》曰:"(芍)陂有五门,吐纳川流,西北为香门陂水,北径孙叔敖祠下。谓之芍陂渎。又北分为二水:一水东注黎浆水,黎浆水东径黎浆亭南。文钦之叛,吴军北入,诸葛绪拒之于黎浆,即此水也。东注肥水,谓之黎浆水口。"杨守敬按:"水在今寿州东南。"又云:"(黎浆)亭在今寿州东南。"①

其三,甘露二年(257)诸葛诞据寿春反叛,《晋书》卷 2《文帝纪》载当年七月,"吴使文钦、唐咨、全端、全怿等三万余人来救诞,诸将逆击,不能御。"结果顺利进入寿春城与叛军汇合。"八月,吴将朱异帅兵万余人,留辎重于都陆,轻兵至黎浆。监军石苞、兖州刺史州泰御之,异退。"按朱异所率吴军先锋又至黎浆,其粮饷屯置于都陆,地在黎浆之南,后被魏军焚毁。见顾祖禹《读史方舆纪要》卷 21《南直三·寿州》安丰城条所附:"都陆城,在安丰县南。汉博乡县,元帝封六安缪王子交为侯邑,属九江郡。王莽改曰扬陆,后汉省。魏诸葛诞据寿春,吴遣朱异率诸将赴救,异留辎重于都陆,进屯黎浆,为魏将石苞等所败。既而魏太山太守胡烈以奇兵袭都陆,尽焚异粮,异走还。"又云:"《晋书地道记》:'都陆在黎浆南。'"②

上述情况,是在此之前魏吴双方交战从未出现过的。对于曹魏后期淮南大规模战事从合肥转移到寿春附近的原因,笔者在下文进行分析。

---

① [北魏]郦道元注,[民国]杨守敬、熊会贞疏:《水经注疏》,第 2679—2680 页。
② [清]顾祖禹:《读史方舆纪要》,第 1020—1021 页。

### （三）曹魏扬州防守战略的变化

从三国历史的发展趋势来看，曹魏后期经济恢复，国力逐渐富强，吴、蜀则日益衰弱。但是淮南作为魏吴对峙的主要战场，曹魏在合肥一带的防线不仅没有向南推进，反而屡屡失效，致使敌军三次入侵到扬州都督与刺史治所寿春附近，其缘故值得探讨。笔者认为，曹魏后期吴军能够进至芍陂和黎浆的原因并非一致，其中正元二年（255）、甘露二年（257）之役明显是由于叛军收缩淮南兵力，聚集在寿春城内，合肥守军应是被撤防调走，所以吴军可以不受阻拦地越过该地而到达黎浆。例如毌丘俭、文钦叛乱时，"追胁淮南将守诸别屯者，及吏民大小，皆入寿春城。"[①]诸葛诞起兵后，"敛淮南及淮北郡县屯田口十余万官兵，扬州新附胜兵者四五万人，聚谷足一年食，闭城自守。"[②]他们都采取了把扬州各地守军征调到寿春的做法，借以加强对自己的兵力控制，因而造成了合肥防务的空虚，使敌军能够长驱直入。但是正始二年（241）芍陂之战的情况却并非如此，当时曹魏淮南并未发生动乱，合肥守备依然坚固，而全琮的数万军队却毫无阻拦地抵达寿春南郊，这是因为吴兵没有走原来溯濡须水、施水北攻合肥的旧途，而是从西邻的庐江郡发动进攻，使用了另一条行军路线。

汉魏时期由寿春通往长江的道路，除了走合肥、巢湖而南下濡须之外，还有经过西邻庐江郡境的途径，即从寿春西行至阳泉（治今安徽霍邱县西北临水集），再沿芍陂西岸溯沘水至六安，东

①《三国志》卷28《魏书·毌丘俭传》。
②《三国志》卷28《魏书·诸葛诞传》。

南过江淮丘陵而至汉朝庐江郡治舒县(治今安徽庐江县西南),然后经过夹石(今安徽桐城县北)、挂车(今安徽桐城县南)到皖城(今安徽潜山县),再顺皖水南行至皖口(今安徽安庆市西山口镇)抵达江畔。这条道路的南段由于纵贯皖水流域,所以在当时被称作"皖道"①。建安十九年(214)孙权攻占皖城,曹魏庐江郡的防线后撤到六安,舒县、龙舒一带成为边境的弃地②,因此吴兵从皖城北入魏境的路线沿途没有严重的军事阻碍。吴黄龙元年(229)即魏太和三年四月,孙权在武昌称帝,九月又迁都建业。此后他一再亲率主力进攻合肥,另以皖城为基地频繁向魏国庐江郡发动袭击。例如,太和六年(232)陆逊领兵进攻魏庐江郡治阳泉③,青龙元年(233)、五年(237)全琮两次率众进攻六安④。后又派诸葛恪在皖水流域屯田积粮,对敌境进行袭扰侦察。诸葛恪准备由这条道路突袭寿春,孙权觉得时机未到,故否决了他的建议。事见《三国志》卷64《吴书·诸葛恪传》:"恪乞率众佃庐江皖口,因轻兵袭舒,掩得其民而还。复远遣斥候,观相径要,欲图寿春,权以为不可。"后来魏明帝猝然病逝,曹芳年幼登极,孙权认为曹魏易世之

---

① 《三国志》卷60《吴书·周鲂传》载周鲂诱曹休笺其五曰:"今使君若从皖道进住江上,鲂当从南对岸历口为应。"

② 《资治通鉴》卷74魏邵陵厉公正始四年胡三省注:"舒县,属庐江郡,春秋之故国也,时在吴、魏境上,弃而不耕,去皖口甚近。"

③ 事见《三国志》卷26《魏书·满宠传》:"吴将陆逊向庐江,论者以为宜速赴之。宠曰:'庐江虽小,将劲兵精,守则经时。又贼舍船二百里来,后尾空县,尚欲诱致,今宜听其遂进,但恐走不可及耳。'整军趋杨宜口。贼闻大兵东下,即夜遁。"《资治通鉴》卷72魏明帝太和六年胡三省注认为"杨宜口"即《水经注·决水》所云阳泉县之"阳泉口"。

④ 参见《三国志》卷47《吴书·吴主传》嘉禾二年:"是岁,(孙)权向合肥新城,遣将军全琮征六安。皆不克,还。"又载嘉禾六年,"冬十月,遣卫将军全琮袭六安,不克。"

际政局未稳,因而在正始二年(241)分兵北伐。西路由朱然率领进攻襄樊①,东路由全琮统率。为了出敌不意,全琮没有走从巢湖、施水北上合肥的旧途,而是和诸葛恪自皖城出发,进入魏国庐江郡境后分兵作战,诸葛恪围攻六安,全琮则领主力军队沿泄水到达位于寿春以南、芍陂北岸的安城。《三国志》卷47《吴书·吴主传》赤乌四年曰:

> 夏四月,遣卫将军全琮略淮南。决芍陂,烧安城邸阁,收其人民。威北将军诸葛恪攻六安。琮与魏将王凌战于芍陂,中郎将秦晃等十余人战死。

这次进攻完全出乎魏国的意料,由于合肥方面未曾发现吴军的行动迹象,曹魏扬州守将认为平安无事,便依照常例允许部分士兵返回后方家乡休假,以致在敌人兵临寿春城郊时措手不及,伤亡惨重,勉强打退了吴军的入侵。当时孙礼出任扬州刺史,据其本传所载:"吴大将全琮帅数万众来侵寇,时州兵休使,在者无几。(孙)礼躬勒卫兵御之,战于芍陂,自旦及暮,将士死伤过半。礼犯蹈白刃,马被数创,手秉枹鼓,奋不顾身,贼众乃退。诏书慰劳,赐绢七百匹。礼为死事者设祀哭临,哀号发心,皆以绢付亡者家,无以入身。"②

　　芍陂之役给予魏国君臣很大震动,经过朝议之后,决定改变在扬州的被动防守战略,由名帅司马懿亲自出征,消灭孙吴在皖

---

①《三国志》卷4《魏书·三少帝纪·齐王芳》正始二年:"夏五月,吴将朱然等围襄阳之樊城,太傅司马宣王率众拒之。"注引干宝《晋纪》曰:"吴将全琮寇芍陂,朱然、孙伦五万人围樊城,诸葛瑾、步骘寇柤中;琮已破走而樊围急。"

②《三国志》卷24《魏书·孙礼传》。

城的前线基地,以保证庐江地区和州治寿春的安全。《晋书》卷 1
《宣帝纪》正始三年(242)曰:"先是,吴遣将诸葛恪屯皖,边鄙苦
之,帝欲自击恪。议者多以贼据坚城,积谷,欲引致官兵。今悬军
远攻,其救必至,进退不易,未见其便。帝曰:'贼之所长者水也,
今攻其城,以观其变。若用其所长,弃城奔走,此为庙胜也。若敢
固守,湖水冬浅,船不得行,势必弃水相救,由其所短,亦吾利
也。'"次年九月,司马懿领兵南征。孙权得知消息后,起初准备派
兵支援,坚守皖城;后来改变主意,命令诸葛恪撤往江南后方。
"赤乌中,魏司马宣王谋欲攻恪。(孙)权方发兵应之,望气者以为
不利,于是徙恪屯于柴桑。"①司马懿大军抵达边境,诸葛恪便烧毁
皖城的粮草物资撤退。"(魏)军次于舒,恪焚烧积聚,弃城而
遁。"②使司马懿不战而胜。由于前线兵站的毁弃,此后吴军在庐
江的军事行动受到严重影响,未能再从皖城一线北上去攻击寿
春,表明曹魏这次进军获得了完全的成功。

　　孙权去世之后,曹魏又对淮南地区的防守战略进行了调整,
当敌人重兵进攻合肥时,不再迅速派遣州军主力赶赴前线增援,
而是聚集在寿春待命,先让合肥驻军通过守城战斗来消耗敌寇的
兵员和士气,到形势有利时再出动反击。从此前魏吴扬州作战的
情况来看,曹操在淮南迁徙居民,制造坚壁清野的无人地带之后,
合肥守军得不到附近居民的粮草和供应,所需给养只能从后方转
运而来,其负担相当沉重。为了减轻运输粮饷的压力,曹睿在位
时将扬州驻军主力后撤到寿春,在合肥只留下少数兵马镇守。吴

---

①《三国志》卷 64《吴书·诸葛恪传》。
②《晋书》卷 1《宣帝纪》。

军前来进攻时,先由合肥守军据城拒敌,等待寿春的州兵赶来援救。在几番战斗之后,扬州都督满宠感到这种作战方略仍有明显的缺陷,不利于迎敌制胜,应该予以调整。他先是向朝廷奏报,建议放弃距离施水较近的合肥旧城,在其北边依据山险另筑新城,以削弱吴国水师的优势。"青龙元年,宠上疏曰:'合肥城南临江湖,北远寿春,贼攻围之,得据水为势;官兵救之,当先破贼大辈,然后围乃得解。贼往甚易,而兵往救之甚难,宜移城内之兵,其西三十里,有奇险可依,更立城以固守,此为引贼平地而掎其归路,于计为便。'"①此项计划得到批准后立即施行,"其年,(孙)权自出,欲围新城,以其远水,积二十日不敢下船。"②为寿春魏军的驰援战斗赢得了充分的时间。但是满宠认为筑造新城并没有从根本上改变扬州魏军的兵力部署,大军仍然要从寿春赶赴合肥作战,未能免除远程跋涉和转送粮饷之劳苦。青龙二年(234)五月,"吴主入居巢湖口,向合肥新城,众号十万;又遣陆逊、诸葛瑾将万余人入江夏、沔口,向襄阳;将军孙韶、张承入淮,向广陵、淮阴。"③鉴于敌军声势浩大,满宠在领兵增援的同时,又向朝廷建议采取诱敌深入的策略,放弃合肥,让敌军前进至寿春。这是一项大胆的计划,其好处是可以延长敌军的供应路线,增加其补给运送的困难,还能依托两淮的屯兵与积聚就近抗击敌人的进攻,不必远赴合肥。此外,驻守河南的中军也便于利用水道迅速增援寿春,但是魏明帝未予采纳。"六月,征东将军满宠进军拒之。宠欲拔

①《三国志》卷 26《魏书·满宠传》。
②《三国志》卷 26《魏书·满宠传》。
③《资治通鉴》卷 72 魏明帝青龙二年。

新城守,致贼寿春。帝不听。"①但是这一计划在后来的防御作战中得到了施行。

嘉平五年(253)诸葛恪领二十万众伐淮南时,曹魏在扬州迎敌时采取的策略,就是将主力屯驻在寿春,对合肥不予救援,甚至准备放弃该城,待敌军疲敝消耗之后出师反击。朝廷派遣太尉司马孚前往寿春②,麾下统有重兵。《晋书》卷37《安平献王孚传》曰:"时吴将诸葛恪围新城,以孚进督诸军二十万防御之。孚次寿春,遣毌丘俭、文钦等进讨。诸将欲速击之,孚曰:'夫攻者,借人之力以为功,且当诈巧,不可争力也。'故稽留月余乃进军,吴师望风而退。"实际上,扬州魏军奉行的是权臣司马师的命令。《晋书》卷2《景帝纪》曰:

> (毌丘)俭、(文)钦请战,帝曰:"(诸葛)恪卷甲深入,投兵死地,其锋未易当。且新城小而固,攻之未可拔。"遂命诸将高垒以弊之。

据《汉晋春秋》记载,当时司马师感到局势严重,曾向谋士虞松求计。"是时姜维亦出围狄道。司马景王问虞松曰:'今东西有事,二方皆急,而诸将意沮,若之何?'"③虞松指出诸葛恪以大兵围攻合肥新城,是为了反客为主,引诱寿春魏军前来救援,伺机进行决战,如果采用避斗以疲敌的策略,则能收到不战而屈人之兵的效果。"今恪悉其锐众,足以肆暴,而坐守新城,欲以致一战耳,若

---

①《三国志》卷3《魏书·明帝纪》青龙二年。
②《三国志》卷4《魏书·三少帝纪·齐王芳》嘉平五年:"五月,吴太傅诸葛恪围合肥新城,诏太尉司马孚拒之。
③《三国志》卷4《魏书·三少帝纪·齐王芳》注引《汉晋春秋》。

攻城不拔,请战不得,师老众疲,势将自走,诸将之不径进,乃公之利也。"①司马师认为此计甚佳,于是"敕毌丘俭等案兵自守,以新城委吴"②。这一作战方略的要点在于准备放弃合肥,任凭吴军攻取,借以消耗敌人兵力的给养。当时合肥守将为张特,手下只有三千余人③,死伤过半,城将陷落,他以诈降之计骗过吴军,得以休整补缺而保住城池,实属偶然。张特诈降时曾说:"今我无心复战也。然魏法,被攻过百日而救不至者,虽降,家不坐也。自受敌以来,已九十余日矣。"④合肥距离寿春不过三百里⑤,司马孚与毌丘俭等所率军队若是前往赴援,数日即可到达,但是他们拖延多日,就是为了坚决执行司马师"以新城委吴"的指示,置合肥守军生死于不顾,以此疲惫和损耗敌兵,最后终于达到了目的。魏军主力尚未出动交锋,吴师就因为攻城战斗和疾疫流行而伤亡惨重,被迫狼狈而归,并在魏军的追击和堵截下损兵折将。"相持数月,(诸葛)恪攻城力屈,死伤太半。帝乃敕(文)钦督锐卒趋合榆,要其归路,(毌丘)俭帅诸将以为后继。恪惧而遁,钦逆击,大破之,斩首万余级。"⑥此役魏国折损了合肥守军近两千人,却使诸葛恪的二十万众遭到惨败,可谓获得了完全的胜利。

---

① 《三国志》卷4《魏书·三少帝纪·齐王芳》注引《汉晋春秋》。
② 《三国志》卷4《魏书·三少帝纪·齐王芳》注引《汉晋春秋》。
③ 《三国志》卷4《魏书·三少帝纪·齐王芳》注引《魏略》曰:"特字子产,涿郡人。先时领牙门,给事镇东诸葛诞,诞不以为能也,欲遣还护军。会毌丘俭代诞,遂使特屯守合肥新城。及诸葛恪围城,特与将军乐方等三军众合有三千人,吏兵疾病及战死者过半。"
④ 《三国志》卷4《魏书·三少帝纪·齐王芳》注引《魏略》。
⑤ 《资治通鉴》卷72魏明帝太和六年胡三省注:"魏扬州治寿春,距合肥二百余里。"
⑥ 《晋书》卷2《景帝纪》。

"淮南三叛"结束后,由于国力差距悬殊,孙吴再未对合肥或寿春发动大规模的进攻,仅有几回虚张声势的骚扰。从西晋代魏至平吴之役前夕,扬州地区未曾爆发过激烈战斗,晋朝征东将军和扬州刺史的治所以及州兵主力仍然屯驻在寿春附近,其军事部署和对吴防御战略没有出现明显的变化。

在中国历史上的南北对抗中,淮南的归属对双方至关重要,会在很大程度上决定今后战争的走势,历代兵家对此有着深刻的认识。唐庚曾言:"自古天下裂为南北,其得失皆在淮南。晋元帝渡江迄于陈,抗对北敌者,五代得淮南也。杨行密割据迄于李氏,不宾中国者,三姓得淮南也。吴不得淮南而邓艾理之,故吴并于晋。陈不得淮南而贺若弼理之,故陈并于隋。南得淮则足以拒北,北得淮则南不可复保矣。"①如上所述,三国的淮南是魏吴争夺的热点区域。寿春作为当地的经济都会和交通枢纽,受到曹魏政权的特殊重视,在那里兴修水利,开辟屯田,驻扎重兵,并大力修治中原通往寿春的航道,使其成为抗击吴国的重要基地。更为引人注目的是,曹魏统治者能够根据不同时期的形势变化,对扬州战区的兵力部署和作战方略进行及时的调整,使寿春的政治、军事地位逐步提升,成为都督和刺史的治所以及州兵主力的屯驻地;在应对孙吴进攻时,或出师合肥以挫折敌锋,或据守寿春而待其疲敝,均收到满意的效果。"淮南三叛"发生后,朝廷都能迅速派遣大军赶赴前线,以便及时平息或控制混乱局势,甚至不惜动用倾国之师进行决战,其意图就是不让寿春这一战略要地落入敌手,从而始终保持了对吴作战的有利态势。例如毋丘俭、文钦叛

①［清］顾祖禹:《读史方舆纪要》卷19《南直一》,第916页。

乱时，王基强调必须尽快予以消灭，否则叛军一旦巩固了寿春的防务，再投靠孙氏，就会引起半壁江山的震荡。"吴寇因之，则淮南非国家之有，谯、沛、汝、豫危而不安，此计之大失也。"[1]曹魏经营寿春与淮南的成功，使孙吴在这一主要进攻方向的作战无所作为，因此长期处于被动局面。如吴师道所言："终吴之世，曾不得淮南尺寸地，故卒无以抗魏。及魏已下蜀，经略上流，屯寿春，出广陵，则吴以亡矣。"[2]

西晋灭吴之役中，寿春所在的扬州战区被朝廷赋予重要的作战任务，就是出师历阳（今安徽省和县）横江渡，威胁孙吴国都建业，吸引并消灭敌人的精锐主力"中军"，使其不得增援长江上游。晋武帝还对顺流而下的水军统帅王濬下达指令，在到达东线后接受扬州都督王浑的指挥。"诏书使濬下建平，受杜预节度，至秣陵，受王浑节度。"[3]王浑率领的大兵从寿春出发，经合肥、居巢，避开吴军设防坚固的东关和濡须坞，趋向历阳，沿途连战连胜，迫使孙皓遣使归降。"及大举伐吴，（王）浑率师出横江，遣参军陈慎、都尉张乔攻寻阳濑乡，又击吴牙门将孔忠，皆破之，获吴将周兴等五人。又遣殄吴护军李纯据高望城，讨吴将俞恭，破之，多所斩获。吴厉武将军陈代、平虏将军朱明惧而来降。吴丞相张悌、大将军孙震等率众数万指城阳，浑遣司马孙畴、扬州刺史周浚击破之，临阵斩二将，及首虏七千八百级，吴人大震。孙皓司徒何植、建威将军孙晏送印节诣浑降。"[4]从而使伐吴战争的大局已定。后

---

①《三国志》卷 27《魏书·王基传》。
②［清］顾祖禹：《读史方舆纪要》卷 19《南直一》，第 916 页。
③《晋书》卷 42《王濬传》。
④《晋书》卷 42《王浑传》。

来王濬未接受王浑的指挥,乘虚直趋建业,收降孙皓。"明日,(王)浑始济江,登建邺宫,酾酒高会。自以先据江上,破皓中军,案甲不进,致在王濬之后。意甚愧恨,有不平之色,频奏濬罪状,时人讥之。"①晋武帝则充分肯定了王浑所率扬州部队的功绩,下诏表彰曰:"使持节、都督扬州诸军事、安东将军、京陵侯王浑,督率所统,遂逼秣陵,令贼孙皓救死自卫,不得分兵上赴,以成西军之功。又摧大敌,获张悌,使皓涂穷势尽,面缚乞降。遂平定秣陵,功勋茂著。"②由此可见寿春所在淮南战区所属军队战斗力之强劲,以及它们在平吴之役中发挥的重要作用。

①《晋书》卷42《王浑传》。
②《晋书》卷42《王浑传》。

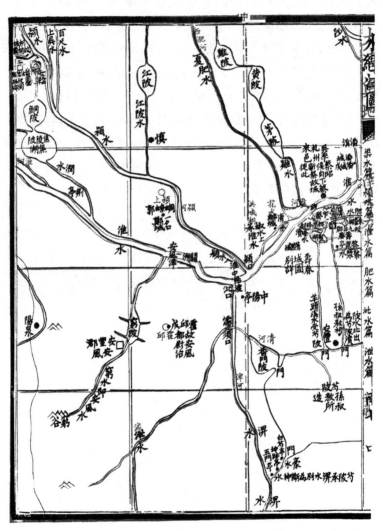

图三○　杨守敬《水经注图》中的寿春地图(左)

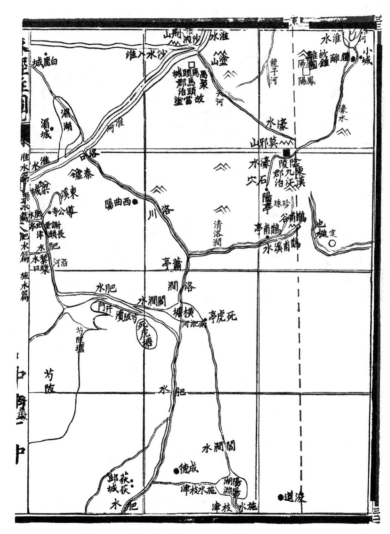

图三一　杨守敬《水经注图》中的寿春地图(右)

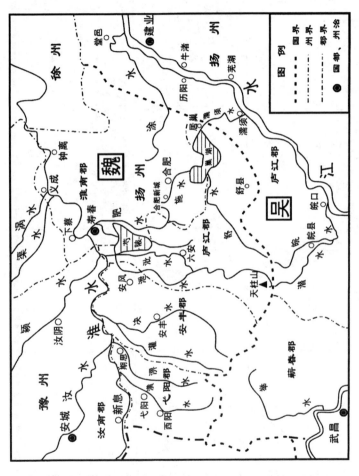

图三二　曹魏寿春与扬州形势图

# 第九章　汉末三国战争中的
## 广陵与中渎水道

　　三国时期,广陵曾为魏吴对峙的边防重镇。《通典》卷 171《州郡一》言曹魏:"东自广陵、寿春、合肥、沔口、西阳、襄阳,重兵以备吴。"①曹丕统治期间广陵几度重兵云集,成为魏师南征的前线阵地,但是此后对它的重视程度明显下降,最终撤守而使之成为孙吴的江北据点。杜佑曰:"文帝黄初六年亲征,幸广陵故城。及旋师,留张辽屯江都。齐王嘉平后属吴,即今郡。"②江都县在广陵城西南,西汉时从广陵县境分置而立。吴使纪陟回答司马昭询问江防情况时对曰:"自西陵以至江都,五千七百里。"并说江都是吴国滨江的重要镇戍之一,"疆界虽远,而其险要必争之地,不过数四。犹人虽有八尺之躯靡不受患,其护风寒亦数处耳。"③广陵具有何等军事价值,它在汉末三国战争中的地位和影响前后有何变化?这些是本章要讨论分析的问题。

## 一、广陵城、县与广陵郡、国

　　作为地名的"广陵"有狭义和广义的概念区分,或指某城、某

---

①［唐］杜佑:《通典》卷 171《州郡一》,第 907—908 页。
②［唐］杜佑:《通典》卷 171《州郡一》,第 907 页。
③《三国志》卷 48《吴书·三嗣主传·孙皓》注引干宝《晋纪》。

县(治今江苏扬州市北),或是秦汉魏晋时期的郡级行政区域,大致范围在今江淮之间的苏北平原。下面分别考述其沿革情况。

## (一)吴邗城与楚、汉广陵城

汉魏广陵城位于沟通江淮的中渎水道之南端,中渎水古称邗沟。春秋末期吴国强盛,曾连续出征北方。《史记》卷 31《吴太伯世家》载吴王夫差七年(前 489),"遂北伐齐,败齐师于艾陵。至缯,召鲁哀公而征百牢。季康子使子贡以周礼说太宰嚭,乃得止。因留略地于齐鲁之南。九年,为驺伐鲁,至,与鲁盟乃去。十年,因伐齐而归。十一年,复北伐齐……十三年,吴召鲁、卫之君会于橐皋。十四年春,吴王北会诸侯于黄池,欲霸中国以全周室。"为方便运输兵员粮饷,吴国于公元前 486 年开凿邗沟运河,得以从长江泛舟入淮,并在滨江的沟口筑垒戍守,名为邗城。《左传·哀公九年》:"秋,吴城邗,沟通江淮。"杜预注:"于邗江筑城,穿沟东北通射阳湖,西北至末口入淮,通粮道也,今广陵韩江是。"[①]学界认为:"此注之重要,第一在于肯定引江水入邗沟是从邗城下开始的,邗城是邗沟的南口;第二是注出邗沟的北口名末口。杜注虽欠详,但大体上注明了春秋时邗沟流经区域的形势。"[②]邗城、邗沟之邗,或作干,为先秦古国名。《说文解字》曰:"邗,国也,今属临淮。从邑,干声。一曰邗本属吴。"段玉裁注:"许云国者,许必有所据矣。本是邗国,其地汉属临淮郡。不知何县者,有未审也。

---

① [清]阮元校刻:《十三经注疏》,中华书局,1980 年,第 2165 页。
② 陈达祚、朱江:《邗城遗址与邗沟流经区域文化遗存的发现》,《文物》1973 年第 12 期。

此与鄆在颍川、邓属南阳一例。"①《管子·小问篇》曰:"昔者吴、干战,未龀不得入军门。国子擿其齿,遂入,为干国多。"尹知章注:"干,江边地也。"俞樾云:"'干'当作'邗'……哀九年《左传》'吴城邗',即此也。邗本国名,后为吴邑。此文云'吴、干战','吴'、'邗'均国名也。'国子'乃干国之人,故曰'为干国多'。言此役也,'国子'在于国中战功独多也。"戴望云:"宝应刘氏宝楠同俞说。又云:'江边,即广陵地也。'"②

杨伯峻考证曰:"邗城当在今扬州市北,运河西岸。邗江即《水经注》之韩江,吴于邗江旁筑城挖沟,连通长江与淮水,大致自今扬州市南长江北岸起,至今清江市淮水南岸止,今之运河即古邗沟水。"③邗沟、邗江、韩江均为一水之名,又曰邗溟沟、渠水。《水经注》卷30《淮水》曰:"昔吴将伐齐,北霸中国,自广陵城东南筑邗城,城下掘深沟,谓之韩江,亦曰邗溟沟,自江东北通射阳湖。《地理志》所谓渠水也,西北至末口入淮。"④据考古发掘和文献记载,春秋时邗城的具体位置是在今扬州市北五里蜀冈上,邗沟在蜀冈下,沟水由城东南的今铁佛寺前复屈曲向东至今螺丝桥,再由湾头北上⑤。然后穿越今高邮、宝应等县境的若干湖沼,在末口(今淮安新城北辰坊)入淮⑥。据考古学界勘察,春秋中期前后吴

①[汉]许慎撰,[清]段玉裁注:《说文解字注》,上海古籍出版社,1981年,第297页。

②黎翔凤撰,梁运华整理:《管子校注》,中华书局,2004年,第974—975页。

③杨伯峻:《春秋左传注》,中华书局,1981年,第1652页。

④[北魏]郦道元注,[民国]杨守敬、熊会贞疏:《水经注疏》,第2555页。

⑤参见陈达祚、朱江:《邗城遗址与邗沟流经区域文化遗存的发现》,《文物》1973年第12期。

⑥参见陈桥驿主编:《中国运河开发史》,第218页。

国修筑了多座城池,其中一部分是为了防御西邻的强敌楚国沿江东下。"吴国在其西北部,建筑了冶城、固城、朱方等三座城池。春秋晚期,吴王夫差又在扬州构筑了邗城,随时迎战出击楚军。"①邗城的军事作用很明显,就是为了保卫这条新开运河的水口。不过在邗城修筑后四年,夫差远赴黄池与晋、齐等诸侯盟会,越国乘机出师打败吴军。此后吴国即一蹶不振,直至被越灭亡之前,再也无力北上争霸。因此学界认为:"是故此城当时实际并未起过什么重要作用,至今城内散布的春秋战国时期的遗物很少,应与此有关。"②

越王勾践灭吴之后,楚又吞并越国,邗城在此期间不见于历史记载。直至战国中叶,楚国才重新在当地建立城戍和县邑。《史记》卷15《六国年表》楚怀王十年(前319),"城广陵。"从当时的历史背景来看,正值楚国势力强劲,积极向北方扩张的阶段。《史记》卷40《楚世家》怀王六年(前323):"楚使柱国昭阳将兵而攻魏,破之于襄陵,得八邑。又移兵而攻齐,齐王患之。"怀王十一年(前318):"苏秦约从山东六国共攻秦,楚怀王为从长,至函谷关。"此时距离夫差修建邗城已经过了一百六十余年,垣垒应多有毁坍,故予以重筑。秦灭楚后,仍在当地设广陵县,治所亦在该城,西汉沿袭。顾祖禹考证广陵曰:"楚旧县。《史记·表》:'怀王十年,城广陵。'秦因之,二世二年广陵人召平为陈王徇广陵是也。汉因之,吴王濞都此……后江都国及广陵国皆治焉,后汉为广陵

---

①赵玉泉、壮宏亮:《对春秋时期吴国城址的初步认识》,《东南文化》1998年第4期。
②纪仲庆:《扬州古城址变迁初探》,《文物》1979年第9期。

郡治。"①《水经注》卷30《淮水》称广陵城:"高祖六年为荆国,十一年为吴城,即吴王濞所筑也。景帝四年,更名江都,武帝元狩三年,更曰广陵。"②关于楚、汉广陵城的具体方位以及与吴邗城的沿革关系,古代文献记载多有矛盾。或认为三城均在一地,如《舆地纪胜》卷37云芜城:"古为邗沟城也,吴王濞故都。后芜荒,鲍照作《芜城赋》。"③或认为分为两处,前引《水经注》卷30《淮水》曰夫差:"自(汉晋)广陵城东南筑邗城,城下掘深沟,谓之韩江。"《读史方舆纪要》卷23亦载楚汉广陵城,"在府城东北",又云:"邗沟城,《寰宇记》:'在州西四里蜀冈上。'"④嘉庆十五年刊《扬州府志》卷30则曰:"古广陵城在蜀冈上邗沟城东北,(刘)濞乃更筑城于蜀冈之下,城自为二也。"

　　1978年,南京博物院组织专业人员对扬州市北郊蜀冈上的古城遗址进行了试掘,并就附近的古代城垣、壕堑、河道等遗迹做了调查,以考古发现结合文献资料记载,认为吴邗城、楚广陵城、汉吴王濞、东晋桓温所筑之广陵城、唐子城、南宋堡砦城,均在城北五里蜀冈之上。"其范围东南起自铁佛寺,向北顺1号城垣之东壁至江家山坎附近,转而向西至尹家桥头,再向南,接2号城垣的北墙,向西延伸包括2号城垣的西半部,其南界则为从观音山到铁佛寺一线。历经这些朝代,筑在蜀冈之上的古扬州城的规模基本上没有什么变化。"⑤曲英杰曾对20世纪50年代以来考古工

---

① [清]顾祖禹:《读史方舆纪要》卷23《南直五》,第1114页。
② [北魏]郦道元注,[民国]杨守敬、熊会贞疏:《水经注疏》,第2556页。
③ [宋]王象之:《舆地纪胜》卷37《淮南东路·扬州》,中华书局,1992年,第1565页。
④ [清]顾祖禹:《读史方舆纪要》卷23《南直五》,第1114、1115页。
⑤ 纪仲庆:《扬州古城址变迁初探》,《文物》1979年第9期。

作者对这一带古城址的调查和发掘情况进行总结,"先是就地表
残迹观察,认为其城墙有内、外两重,内城周长约 5000 米,外城周
长约 6000 米,当即古邗城所在。在城址附近黄巾坝、象鼻桥等地
出土有印纹硬陶罐,在萧家山还出土有青铜兵器和工具等,当属
春秋时期吴国文化遗存。后又依其现状分为西城和东城,均未发
现南垣遗迹,估计是以蜀冈南缘陡直的峭壁作为城墙。西城西垣
长 1400 米、北垣长 1060 米、东垣长 720 米,周长约 5000 米,面积
约 1.6 平方公里。城外绕以城壕……城内地面散布的古代遗物
主要为汉、唐、宋三个时期的砖瓦和陶瓷片。"①古城遗址的周长为
7 公里左右,与《后汉书·郡国志三》广陵县注所云"吴王濞所都,
城周十四里半"的情况基本相符,从而反映出吴邗城与楚汉广陵
城的范围是一致的,"城墙最下层夯土当即为春秋末期兴筑,后为
广陵城沿用。"②因而纠正了楚国与汉朝广陵城筑于蜀冈之下的传
统误识。

　　广陵地名的来源,与该城所处的丘陵地带有关。《太平寰宇
记》卷 123 曰:"广陵,按《郡国志》云:'州城置在陵上。'《尔雅》云:
'大阜曰陵。'一名阜冈,一名昆仑冈。故鲍照《芜城赋》云:'柂以
漕渠,轴以昆岗。'《河图括地》曰:'昆仑山横为地轴,此陵交带昆
仑,故曰广陵也。'"③或云广陵城所在的蜀冈是东西走向的带状丘
陵,《说文解字》曰:"袤,衣带以上,从衣,矛声。一曰南北曰袤,东
西曰广。"曲英杰云:"依此,广陵之义当特指此东西向的条带状丘

----

①曲英杰:《扬州古城考》,《中国史研究》2003 年第 2 期。
②曲英杰:《扬州古城考》,《中国史研究》2003 年第 2 期。
③[宋]乐史撰,王文楚等点校:《太平寰宇记》卷 123《淮南道一·扬州》,第 2443—2444 页。

陵。"①《水经注》云："(广陵)城东水上有梁,谓之洛桥。中渎水自广陵北出武广湖东,陆阳湖西。"②中渎水(邗沟)穿行于苏北的平原与湖沼地段,其南端靠近长江的水口地段西侧为江淮丘陵(或称淮阳丘陵)延伸东来的蜀冈,"绵亘四十余里,西接仪真、六合县界,东北抵茱萸湾,隔江与金陵相对。"③曲英杰指出:"今所见汉至六朝广陵城东南部凸出城垣很可能即因于原邗城址。其凸出部分东垣长700米。由此推之,吴所筑邗城或即如此700米见方,而东门及门外水上'洛桥'当亦设于此时。"④

邗城、广陵城的构筑很好地利用了周围的地形和水文条件,它的南面是蜀冈之陡壁,不易攀越。"邗城西南角临江,邗沟由此北绕城郭一周,于东南铁佛寺前稍向南复屈曲向东达今之螺丝桥。"⑤《读史方舆纪要》卷23引《图经》曰:"(广陵)城之东南北皆平地,沟浍交贯,惟蜀冈诸山西接庐、滁。"⑥在此地筑城可以居高临下,并利用环绕附近的河渠来增加敌兵进攻的困难。由于冈阜自西向东倾斜,蜀冈上的一些溪流汇注到广陵城的东北,形成了雷陂⑦,后亦称雷塘。《读史方舆纪要》卷23引《志》云:"雷塘有

---

①曲英杰:《扬州古城考》,《中国史研究》2003年第2期。

②[北魏]郦道元注,[民国]杨守敬、熊会贞疏:《水经注疏》,第2557页。

③[清]顾祖禹:《读史方舆纪要》卷23《南直五》,第1117页。

④曲英杰:《扬州古城考》,《中国史研究》2003年第2期。

⑤陈达祚、朱江:《邗城遗址与邗沟流经区域文化遗存的发现》,《文物》1973年第12期。

⑥[清]顾祖禹:《读史方舆纪要》卷23《南直五》,第1117页。

⑦《汉书》卷53《景十三王传》言江都王建,"后游雷波,天大风,建使郎二人乘小船入波中。船覆,两郎溺。"颜师古注:"波读为陂。雷陂,陂名。其下云入波中亦同。"《资治通鉴》卷19汉武帝元狩二年胡三省注:"雷陂,即广陵之雷塘,在今扬州堡城之北,平冈之上。"

二，上雷塘长广共六里，下雷塘长广共七里。"①亦可作为城池北面的天然屏障。因此古人称广陵城"西据蜀冈，北包雷陂"②，占有地利形势之便，故而易守难攻。秦末农民起义时，陈胜部将召平领兵围攻广陵，未能克服该城，故被迫渡江转移，与项梁会师③。由于广陵扼守江水进入邗沟之地段，影响南北漕运交通，因而在军事上具有重要的作用。顾祖禹曾论述道："三国吴嘉禾三年，分道伐魏，遣将军孙韶等入淮向广陵、淮阴，又太平二年孙峻使文钦等自江都入淮、泗以图青、济，盖皆使之自邗沟以入淮也。亦谓之邗江，亦曰合渎渠，今为漕河。盖江南之漕，广陵当其咽喉。"④强调这里是绾毂江淮航运的枢纽地点，为水旱交通道路所汇集。鲍照因而称赞广陵："浕迤平原，南驰苍梧涨海，北走紫塞雁门。柂以漕渠，轴以昆岗。重江复关之隩，四会五达之庄。"⑤

在广陵城附近沿江地段与其关系密切的有四县，其一为东边海陵（治今江苏泰州市）。秦封泥有"晦陵城印"，晦通海，晦陵即海陵，西汉后期亦属临淮郡。《汉书》卷28上《地理志上》言海陵县"有江海会祠"。王先谦曰："江海会者，谓江入海处也。"⑥两汉魏晋时期，今江苏泰州以东地带被海水淹没，后来经过多年泥沙淤积才逐渐形成陆地。杨守敬曰："今泰州、泰兴、靖江、如皋、通

①［清］顾祖禹：《读史方舆纪要》卷23《南直五》，第1122页。
②［清］顾祖禹：《读史方舆纪要》卷23《南直五》，第1114页。
③《史记》卷7《项羽本纪》："广陵人召平于是为陈王徇广陵，未能下。闻陈王败走，秦兵又且至，乃渡江矫陈王命，拜（项）梁为楚王上柱国。"
④［清］顾祖禹：《读史方舆纪要》卷23《南直五》，第1118页。
⑤［梁］萧统编，［唐］李善注：《文选》卷11《芜城赋》，第166页。
⑥［清］王先谦：《汉书补注》，中华书局，1983年，第749页。

州,汉时皆为海陵县地。今武进、江阴、常熟及太仓,濒海之乡,汉时皆为毗陵县地。故大江入海在其境。"[1]前述吴王刘濞曾在海陵设仓,并从广陵开茱萸沟,使当地与中渎水及江淮各地联系起来。《太平寰宇记》卷123曰:"茱萸沟,在(广陵)县东北一十里。西从合渎渠,东过茱萸埭,七十里至岱石湖入,西四里对张纲沟,入海陵县界。按阮升之记云:'吴王濞开此沟,通运至海陵仓。北有茱萸村,以村立名。'"[2]《后汉书·郡国志三》广陵郡无海陵县,言东阳县,"故属临淮。有长洲泽,吴王濞太仓在此。"王先谦曰:"然则海陵并入东阳矣。"[3]近世学界认为史籍漏载,东汉广陵郡应有海陵县。其说详见下文。

其二为南边的江都。《汉书》卷28下《地理志下》载广陵国有广陵、江都、高邮,平安四县。《读史方舆纪要》卷23曰:"秦广陵县,汉析置江都县,属广陵国,后汉因之。"[4]据《元和郡县图志》所言,汉广陵城在唐朝江都县北四里,"江都故城,在县西南四十六里。城临江水,今为水所侵,无复余址。"[5]是说汉江都县城在广陵城西南江畔,两地相距约五十里。江都之名的来历,据李吉甫记载,是由于"言远统长江,为一都会"[6]。据地质学考察,距今6000年至7000年前,长江在今扬州、镇江之间入海,"现在蜀冈下广阔肥沃的平原,那时还是一片烟波浩渺的水面。"[7]至春秋晚期吴筑

---

① [北魏]郦道元注,[民国]杨守敬、熊会贞疏:《水经注疏》,第2931页。
② [宋]乐史撰,王文楚等点校:《太平寰宇记》卷123《淮南道一·扬州》,第2447页。
③ [清]王先谦:《汉书补注》,第749页。
④ [清]顾祖禹:《读史方舆纪要》卷23《南直五》,第1114页。
⑤ [唐]李吉甫:《元和郡县图志》,第1072页。
⑥ [唐]李吉甫:《元和郡县图志》,第1071页。
⑦ 徐从法主编:《京杭运河志(苏北段)》,上海社会科学院出版社,1998年,第25页。

邗城时,引江入邗沟的水口仍在蜀冈之下。后来随着泥沙的沉积,滩涂淤涨形成陆地,长江扬州河段北岸逐渐南移,才在当地出现民居,建立了江都县,邗沟、中渎水的南口也由蜀冈之下延伸至此。由于地扼长江和渠水交汇之所,江都的军事、政治地位开始凸显。七国之乱以后,汉景帝将其子刘非徙封为江都王。《汉书》卷53《景十三王传》曰:"吴楚反时,非年十五,有才气,上书自请击吴。景帝赐非将军印,击吴。吴已破,徙王江都,治故吴国,以军功赐天子旗。"颜师古注:"治谓都之。刘濞所居也。"是说让刘非统治吴国的故地,但没有驻在广陵,而是把临江的江都县设为国都。

其三为西边的舆县。《汉书》卷28上《地理志上》载西汉后期临淮郡二十九县,其中有"舆,莽曰美德"。治今江苏仪征市北[1],即广陵城西。顾祖禹曰:"舆县城,(扬州)府西四十五里。汉县,属临淮郡,后汉属广陵郡,晋因之,宋元嘉十三年并入江都县。"[2]

其四为再往西的堂邑,秦封泥有"堂邑丞印",县治及领地在今江苏六合县北,或兼有安徽省天长县部分。堂邑原为吴地,公子光豢养的著名刺客专诸即当地人士。《史记》卷86《刺客列传》曰:"专诸者,吴堂邑人也。"《太平寰宇记》卷123《淮南道一·扬州府》曰:"六合县,本楚棠邑,春秋时,伍尚为棠邑大夫,即此地。"[3]西汉属临淮郡,《后汉书·郡国志三》曰:"堂邑故属临淮。有铁。春秋时曰堂。"

---

①周振鹤:《汉书地理志汇释》,安徽教育出版社,2006年,第259页。

②[清]顾祖禹:《读史方舆纪要》卷23《南直五》,第1115页。

③[宋]乐史撰,王文楚等点校:《太平寰宇记》卷123《淮南道一·扬州》,第2448页。

### (二)广陵郡、国沿革与经济发展

"广陵"地名的广义概念,是指汉魏六朝在江淮平原设置的郡级行政区划。如前所述,楚国筑城广陵后,曾在当地设县,秦灭楚后保留原县,归属薛郡,后分置东海郡,辖广陵县。谭其骧《秦新郡考》曰:"东海(分薛郡置)。《陈涉世家》陈王初即位,陵人秦嘉等皆特起,将兵围东海守庆于郯。《绛侯世家》,项籍已死,因东定楚泗川、东海郡,凡得二十二县。《汉书·楚元王传》,汉六年,立交为楚王,王薛郡、东海、彭城三十六县;《高帝纪》六年记此事,东海作郯郡。东海治郯,楚汉之际亦称郯郡也。"又云:"秦置东海之年,史无明征;《始皇本纪》,三十五年,立石东海上朐界中,以为秦东门,疑即在是年也。"[1]并考证其界址曰:"郡境全有《汉志》之泗水、广陵二国,东海、临淮二郡有之而不全。"[2]谭氏主编《中国历史地图集》第二册中,标明秦东海郡有 12 县。近年学界根据出土秦封泥等考古资料,考证出当时东海郡至少有 18 县,其中在苏北江淮之间和江北沿岸者仅有淮阴(治今江苏淮安市淮阴区)、广陵(今江苏扬州市北)、海陵(今江苏泰州市)、堂邑(今江苏六合县北)四县[3]。

秦亡以后,广陵所在的苏北平原划归项羽之楚国,属东阳郡。顾祖禹概述其建置演变曰:"(扬州府)楚、汉之际分置东阳郡,汉初属荆国,后又属吴。景帝更名江都国,武帝更名广陵国。后汉

---

① 谭其骧:《秦郡新考》,《长水集》(上),人民出版社,1987 年,第 7—8 页。
② 谭其骧:《秦郡界址考》,《长水集》(上),第 21 页。
③ 后晓荣:《秦代政区地理》,社会科学文献出版社,2009 年,第 238—244 页。

为广陵郡。"①两汉四百年间,上述郡国的疆域虽然屡次发生盈缩,但基本上均以广陵城附近为统治中心,把中渎水道贯穿的江淮平原作为政区的主体。这一区域北界淮河,南抵长江,东临黄海,西边是淮阳丘陵边缘的起伏岗地,连接今安徽东境的张八岭;整个区域三面环水,一面凭依丘岗,在山川形势上自成一个相对独立的地理单元。境内西高东低,为高度差别不大的浅洼平原,当地在远古时代曾被海水浸泡,后受西侧低山丘陵缓慢上升的影响,逐渐露出海面,形成陆地。由于地势低洼,又受江、淮、海水侵袭,因而湖沼密布,水网交织;古代有射阳湖、博支(芝)湖、津(精)湖、白马湖、樊梁湖、武广湖、陆阳湖、白水塘、富陵湖等,经过沧桑演变,成为今天的洪泽湖、宝应湖、高邮湖、邵伯湖和大纵湖等,至今尚有大小湖泊三十余个,骨干河道四十多条。另外,汉魏六朝时今盐城、泰州以东地带尚是浅海滩涂,并未有居民和县治;近海平原是 2000 年来由于长江冲积和海水沉积而形成的。当时境内的可耕地面积较少,除了湖泊河流之外,还有大片的泥沼,百姓或用原始的撒播方式种植。如《后汉书·郡国志三》载广陵郡东阳县有长洲泽,刘昭注云:"县多麇。《博物记》曰:'千千为群,掘食草根,其处成泥,名曰麇畯。民人随此畯种稻,不耕而获,其收百倍。'"这和希罗多德记载古埃及尼罗河畔居民的播种方法相似②。

---

①[清]顾祖禹:《读史方舆纪要》卷 23《南直五》,第 1112 页。

②古希腊《希罗多德历史》记载古埃及尼罗河下游居民:"……他们要取得收获,并不需要用犁犁地,不需要用锄掘地,也不需要做其他人所必需做的工作。那里的农夫只需等河水自行泛滥出来,流到田地上去灌溉,灌溉后再退回河床,然后每个人把种子撒在自己的土地上,叫猪上去踏进这些种子,此后便只是等待收获了。"商务印书馆,1985 年,第 115 页。

刘昭又云当地经济落后,海滨居民采集草实为食物。"扶海洲上有草名蒒,其实食之如大麦,从七月稔熟,民敛获至冬乃讫,名曰自然谷,或曰禹余粮。"直至东晋南朝,当地仍多有灌木丛生的沼泽,为亡命之徒所聚居[①]。

两汉时期社会长期安定,苏北平原由此得到持续的开发与建设,人口与县治的数量不断增长。尤其是吴王刘濞统治时期,依赖境内的自然资源,国以富强。"吴东有海盐章山之铜,三江五湖之利。"[②]其中煮盐之地应包括苏北的盐渎(今江苏盐城市)。《汉书》卷28上《地理志上》曰:"盐渎,有铁官。"王先谦补注:"《续志》,后汉改属广陵。《一统志》,故城今盐城县西北。"[③]刘濞后来将国都从吴(今江苏苏州市)迁移到江北的广陵,使之成为一座繁华的城市。鲍照《芜城赋》言广陵:"当昔全盛之时,车挂轊,人驾肩。廛闬扑地,歌吹沸天。孳货盐田,铲利铜山。才力雄富,士马精妍。故能奓秦法,佚周令。划崇墉,刳浚洫,图修世以休命。"李善注曰:"全盛,谓汉时也。"[④]刘濞还在广陵东边的海陵(今江苏泰州市)建筑太仓,储蓄粮谷,又从广陵开茱萸沟引水与之相通。西汉枚乘说朝廷漕运,"转粟西乡,陆行不绝,水行满河,不如海陵之仓。"臣瓒注:"海陵,县名也。有吴大仓。"[⑤]七国之乱后吴国废除,

---

① 参见《晋书》卷81《毛宝附孙璩传》:"海陵县界地名青蒲,四面湖泽,皆是菰葑,逃亡所聚,威令不能及。璩建议率千人讨之。时大旱,璩因放火,菰葑尽然,亡户窘迫,悉出诣璩自首,近有万户,皆以补兵,朝廷嘉之。"《晋书》卷73《庾冰附子希传》:"及海西公废,桓温陷倩及柔以武陵王党,杀之。希闻难,便与弟邈及子攸之逃于海陵陂泽中。"
② 《汉书》卷28下《地理志下》。
③ [清]王先谦:《汉书补注》,第749页。
④ [梁]萧统编,[唐]李善注:《文选》卷11《芜城赋》,第166—167页。
⑤ 《汉书》卷51《枚乘传》。

景帝以东阳、鄣二郡置江都国,立其弟刘非为王,辖十七县[①];其中位于苏北及沿江平原的有广陵、江都、舆、海陵、高邮、射阳、盐渎、平安、淮阴、富陵、堂邑十一县。武帝元狩二年(前121)江都王刘建谋反,"国除,地入于汉,为广陵郡。"[②]四年后又以广陵郡之四县(广陵、江都、高邮、平安)置广陵国,立其子刘胥为王;"五凤四年,坐祝诅上,自杀。"[③]广陵国废为郡。元帝初元二年(前47)复置广陵国,以刘胥子霸继位,后传位至成帝鸿嘉年间,因为绝嗣而国除为郡。东汉明帝永平元年(58),"八月戊子,徙山阳王荆为广陵王,遣就国。"[④]至永平十年(67),"春二月,广陵王荆有罪,自杀,国除。"[⑤]当地复为汉郡。据《后汉书·郡国志三》记载,广陵郡有"十一城,户八万三千九百七,口四十一万百九十"。属县为广陵、江都、高邮、平安、凌、东阳、射阳、盐渎、舆、堂邑、海西,共十一县。但是《宋书》卷35《州郡志一》曰:"海陵令,前汉属临淮,后汉、晋属广陵,三国时废,晋武帝太康元年复立。"李晓杰据此认为海陵县在东汉由临淮郡改属广陵,"而《续汉志》广陵郡下竟无此县,乃偶一漏载,当补。如此,则《续汉志》广陵郡下实应领十二县……降至汉末,下邳之淮浦、淮阴二县来属,广陵郡领县增至十四县之谱。"[⑥]因而当时人称其为"大郡",并说广陵"吏民殷富"[⑦],由此可

①参见周振鹤:《西汉政区地理研究》,人民出版社,1987年,第37页。
②《史记》卷59《五宗世家》。
③《汉书》卷14《诸侯王表》。
④《后汉书》卷2《显宗孝明帝纪》。
⑤《后汉书》卷2《显宗孝明帝纪》。
⑥李晓杰:《东汉政区地理》,第82页。
⑦《三国志》卷7《魏书·臧洪传》。

见其经济发达的状况。

## 二、邗沟、中渎水道与广陵地区的军事价值

在春秋以前的历史上,邗沟、中渎水道贯穿的苏北平原并未发生过重要的军事活动。夏、商、西周三代,黄河中下游区域经济发达、文化先进,南方则尚未得到充分开发,当地的苗蛮等部族势力薄弱,没有力量逐鹿中原。在政治舞台上轮番扮演主角的是发祥、活动于黄土高原丘陵的夏族、周族,与华北平原、山东半岛的东夷集团及其衍生的分支商族,政治、军事斗争的地理格局因此表现为东西对立。至春秋中叶,江汉平原的楚国势力壮大,频繁北上与齐、晋争盟。此后,位于东南沿海地区的吴、越两国也相继称雄。它们所在的苏南太湖平原和浙北的宁绍平原位置偏远,水网交织,荆莽丛生,经济、文化长期落后。吴王光对伍子胥言:"吾国僻远,顾在东南之地,险阻润湿,又有江海之害。君无守御,民无所依,仓库不设,田畴不垦。"[1]越臣范蠡亦称本国属于未开化的野蛮民族:"昔吾先君固周室之不成子也,故滨于东海之陂,鼋鼍鱼鳖之与处,而蛙黾之与同渚。余虽腼然而人面哉,吾犹禽兽也。"[2]此时由于铁器的推广,得以垦辟荒莱,"立城郭,设守备,实仓廪,治兵库"[3],具备了较为雄厚的经济条件,因此开始向北方扩张势力,以图成就霸业。如前述吴王夫差兵越江淮,屡次打败齐

---

① [东汉]赵晔著,张觉校注:《吴越春秋校注》卷4《阖闾内传》,岳麓书社,2006年,第55页。
② 《国语》卷21《越语下》,第657页。
③ [东汉]赵晔著,张觉校注:《吴越春秋校注》卷4《阖闾内传》,第55—56页。

国,终在黄池之会上主盟。《史记》卷 41《越王勾践世家》曰:"勾践已平吴,乃以兵北渡淮,与齐、晋诸侯会于徐州,致贡于周。周元王使人赐勾践胙,命为伯。"又云:"当是时,越兵横行于江、淮东,诸侯毕贺,号称霸王。"由于吴越经济区域的兴起,当地涌现了一支能够影响中国政局的力量,位于江淮间的苏北平原成为中原与东南地区往来的中间地带,其政治、军事地位因此逐渐上升,而在当地开辟水道以方便交通的任务,也在这一时期得以实施完成。

邗沟开凿以前,江淮之间不通水路,江南船队北上中原须从海上航行。《尚书·禹贡》称上古时代的扬州:"沿于江、海,达于淮、泗。"孔颖达《传》云:"顺流而下曰沿,沿江入海,自海入淮,自淮入泗。"①即顺长江而下,再经苏北沿海航行北上,进入淮河后,溯流至泗口转入泗水,然后即可抵达中原。顾栋高《春秋时海道论》驳海运始自唐代之说者:"而不知'浮于江、海,达于淮、泗',《禹贡》已有之。海道出师已作俑于春秋时,并不自唐起也。《左传·哀十年》吴之伐齐也,徐承帅舟师自海入齐,此即今登、莱之海道也。《国语》哀十三年越之入吴也,范蠡、舌庸帅师自海溯淮以绝吴路,此即今安东云梯关之海道也。"②但是上述路线迂回曲折,耗时费力,又有海上风涛的危害,其困难程度可想而知。邗沟的凿通对南北交往的发展进步意义重大,如吴王夫差曾把它当作向北方扩张势力的必经之路。"乃起师北征。阙为深沟,通于商、鲁之间,北属之沂,西属之济,以会晋公午于黄池。"③尤其是到战

---

①[清]阮元校刻:《十三经注疏》,第 149 页。
②[清]顾栋高:《春秋大事表》卷 8 下《春秋时海道论》,第 966—967 页。
③《国语》卷 19《吴语》,第 604 页。

国中叶,魏惠王开凿鸿沟运河,将济水与汝水、泗水、淮水连接起来,在河淮之间构建了一个巨大的水运交通网,北方航船也可以沿着黄河、济水和鸿沟诸渠顺流而下,能够到达江汉、江淮平原,并通过邗沟与吴越地区联络。如《史记》卷29《河渠书》所言:"荥阳下引河东南为鸿沟,以通宋、郑、陈、蔡、曹、卫,与济、汝、淮、泗会。于楚,西方则通渠汉水、云梦之野,东方则通沟江淮之间。于吴,则通渠三江、五湖。"邗沟所经苏北平原之战略地位也由此而逐渐重要起来。

　　自商鞅变法之后,秦国"东并河西,北收上郡,国富兵强,长雄诸侯,周室归籍,四方来贺,为战国霸君,秦遂以强"[1]。关中经济力量的崛起,使战国中叶至新莽末年的政治斗争在地域上表现为东西对抗的时代特点,即关中与关东两大势力的相峙与搏斗,如秦与六国、与陈胜吴广及刘邦项羽起义军的战争,楚汉战争,吴楚七国之乱,新莽与绿林赤眉起义军的战争等,双方作战对峙的热点区域集中在关中与关东交界的晋南、豫西和南阳盆地。吴越地区的经济政治力量虽不显著,它与北方接壤沟通的苏北平原和中渎水道也并非众所瞩目,然而考诸史实,它们仍然在几次大战中发挥过重要的作用。例如,秦末项梁、项羽起义时,以会稽郡为根据地,"于是梁为会稽守,籍为裨将,徇下县。"[2]郡治设在吴县(今江苏苏州市),其辖境有今江苏省长江以南、安徽省歙县以东,及浙江省金华以北等地,即包括太湖平原和宁绍平原。如乌江亭长

①《史记》卷68《商君列传·集解》引《新序》论曰。
②《史记》卷7《项羽本纪》。

所言："江东虽小，地方千里，众数十万人，亦足王也。"①项羽麾下精兵猛将甚众，是反秦战争获胜的主力。后来在楚汉战争中，项羽虽然建都彭城（今江苏徐州市），却仍以江南吴越故地为根本来供应粮饷兵力，并未依赖关东诸侯各国的资源。他在垓下之战失利的重要原因之一，是汉军破坏了中渎水道的补给线。当时韩信统率齐地军队，他自己亲率主力赶到垓下，又派遣灌婴率领骑兵南征，扫荡楚军在淮南的空虚后方，一直打到长江北岸的广陵，将沿途的运输设施、给养储存全部毁坏；又回师淮北，击败楚国的救兵并占领其国都彭城，然后再向西与刘邦会师。参见《史记》卷95：

　　　齐地已定，韩信自立为齐王，使婴别将击楚将公杲于鲁北，破之。转南，破薛郡长，身虏骑将一人。攻傅阳，前至下相以东南僮、取虑、徐。度淮，尽降其城邑，至广陵。项羽使项声、薛公、郯公复定淮北。婴度淮北，击破项声、郯公下邳，斩薛公，下下邳，击破楚骑于平阳，遂降彭城，虏柱国项佗，降留、薛、沛、鄼、萧、相。攻苦、谯，复得亚将周兰。与汉王会颐乡。

灌婴在黄淮、江淮平原上连续获胜，致使楚军在兵员数量和给养上处于严重劣势②，因而遭到惨败。《史记》卷7《项羽本纪》曰："项王军壁垓下，兵少食尽，汉军及诸侯兵围之数重。"最后被迫突

①《史记》卷7《项羽本纪》。
②《史记》卷8《高祖本纪》："高祖与诸侯兵共击楚军，与项羽决胜垓下。淮阴侯将三十万自当之，孔将军居左，费将军居右，皇帝在后，绛侯、柴将军在皇帝后。项羽之卒可十万。"

围逃走,兵败身亡。

　　汉初刘濞受封为吴王,据有东阳、鄣郡、吴郡、会稽,境内疆域
广阔,资源丰饶。如伍被云:"夫吴王赐号为刘氏祭酒,复不朝,王
四郡之众,地方数千里,内铸消铜以为钱,东煮海水以为盐,上取
江陵木以为船,一船之载当中国数十两车,国富民众。"①他依靠吴
越地区的财赋民力,企图推翻朝廷自己称帝,于是在举事前把国
都和军队主力从吴(今江苏苏州市)向北迁徙到广陵②,又在海陵
(今江苏泰州市)设立太仓,就是为将来的北伐建立前进基地并积
蓄粮饷。因为广陵水运四通,是沟通中原和东南联系的交通枢
纽。如贾谊所言:"汉以江、淮为奉地,盖鱼盐谷帛多出东南,广陵
又其都会也。"③后来刘濞起兵造反,就是从广陵出发,沿中渎水道
北上渡过淮河,进入中原。④ 其部众声势浩大,"发二十余万人。
南使闽越、东越,东越亦发兵从。"⑤汉军统帅太尉周亚夫击败吴师
的策略,就是以主力坚守昌邑(今山东金乡北)不战,派遣奇兵到
淮泗口(或称泗口、清口,即泗水入淮之口,在今江苏淮安市淮阴

①《史记》卷118《淮南衡山列传》。

②[东汉]袁康、吴平辑录:《越绝书》卷2《越绝外传记吴地传》曰:"匠门外信士里东广平
　　地者,吴王濞时宗庙也。太公、高祖在西,孝文在东。去县五里。永光四年,孝元帝
　　时,贡大夫请罢之。"上海古籍出版社,1985年,第18页。曲英杰考证云:"其太公(刘
　　邦父)、高祖、文帝之庙当与诸侯国都及郡治相同,各奉诏立于高祖十年、十二年、景
　　帝元年。如此,至景帝元年(公元前156年),刘濞当仍都于吴,故吴城外立有此三
　　庙。广陵很可能只是其起兵谋反的据点。"氏著:《扬州古城考》,《中国史研究》2003
　　年第2期。

③[清]顾祖禹:《读史方舆纪要》卷23《南直五·扬州府》注引贾谊曰,第1113页。

④《史记》卷106《吴王濞列传》:"孝景帝三年正月甲子,初起兵于广陵。西涉淮,因并楚
　　兵。"《集解》:"徐广曰:荆王刘贾都吴,吴王濞移广陵也。"

⑤《史记》卷106《吴王濞列传》。

区西南），截断从广陵转运而来的粮饷。见《史记》卷 106《吴王濞列传》：

> （周亚夫）至淮阳，问父绛侯故客邓都尉曰："策安出？"客曰："吴兵锐甚，难与争锋。楚兵轻，不能久。方今为将军计，莫若引兵东北壁昌邑，以梁委吴，吴必尽锐攻之。将军深沟高垒，使轻兵绝淮泗口，塞吴饷道。彼吴梁相敝而粮食竭，乃以全强制其罢极，破吴必矣。"条侯曰："善。"从其策，遂坚壁昌邑南，轻兵绝吴饷道。

在这场战争中，汉军因为兵力不足而没有南渡淮河去攻击广陵，只是用少数部队到淮水北岸的泗口进行阻截，同样使中渎水道未能发挥出补给路线的作用。吴军求战不得，最终因为粮草匮乏而撤退，战斗力也大为衰弱，结果被周亚夫乘势击破。"吴大败，士卒多饥死，乃畔散。"[①]《史记》卷 57《绛侯周勃世家》载周亚夫，"坚壁不出，而使轻骑兵弓高侯等绝吴楚兵后食道。吴兵乏粮，饥，数欲挑战，终不出……吴兵既饿，乃引而去。太尉出精兵追击，大破之。吴王濞弃其军，而与壮士数千人亡走，保于江南丹徒。汉兵因乘胜，遂尽虏之，降其兵，购吴王千金。月余，越人斩吴王头以告。凡相攻守三月，而吴楚破平。"

在上述两场大规模战争中，以吴越为根据地的楚军、吴军都需要控制广陵所在的苏北平原，才能利用中渎水道向北方运输亟需的粮饷和兵员。而获胜的汉军采取了相同的战略，就是摧毁或阻扼这条交通线。灌婴攻破其沿路据点，直到水道的南端。周亚

---

[①]《史记》卷 106《吴王濞列传》。

夫则较为稳妥和省力,只是截断其航船驶进泗水的入口,亦使前线的敌兵无法获得后方的给养,迫使吴军溃退,达到了不战而屈人之兵的目的,由此可见广陵地区与邗沟对于南北交锋的重要影响。在当时东西对立的政治格局之下,尽管这里还不是兵家最为关注的地域,却已经在战争舞台上崭露头角了。七国之乱显然给汉朝政府提供了经验教训,使其开始加强对江淮平原的重视,出于防范东南政治势力的目的,此后西汉统治者两次减少广陵附近封国或郡的辖境,企图以此削弱假想敌对阵营的力量,尽量缩小可能发生叛乱的影响。汉景帝之子刘非在平叛战争中立有功勋,因此受封吴国旧境为诸侯王。《史记》卷 59《五宗世家》曰:"吴楚反时,非年十五,有材力,上书愿击吴。景帝赐非将军印,击吴。吴已破,二岁,徙为江都王,治吴故国,以军功赐天子旌旗。"但是景帝将江南的吴郡(包含后来的会稽郡)收归朝廷,江都国仅有东阳和鄣郡的十七县地。《汉书》卷 28 下《地理志下》广陵县自注曰:"江都易王非、广陵厉王胥皆都此,并得鄣郡,而不得吴。"元狩元年(前 122)十一月,"淮南王安、衡山王赐谋反,诛。党与死者数万人。"[①]次年江都王刘建因为涉嫌参与这次谋叛而被迫自杀,封国废除为郡。武帝后来复置广陵国时,只封给其子刘胥以广陵、江都、高邮、平安四县,其领土大大缩减,仅保留中渎水的中段和南段沿岸境域,而东边临海的射阳、盐渎和海陵,西边的舆县、堂邑和东阳县,以及运河北段通往淮河的出口都属于汉朝的临淮郡,对广陵国形成三面包围之势(参考图三六),不让广陵王拥有中渎水道全部航段和整个苏北平原,以免他完全控制这块东南地

---

① 《汉书》卷 6《武帝纪》。

区通往中原的跳板。东汉光武帝建武十三年（37），"省并西京十三国"①，又将泗水国并入广陵郡，如前文所述，该郡有十二县，基本上包括了苏北平原。不过，此次划定疆界有个反常的现象值得注意，就是把位于淮水南岸中渎水道北段的淮阴及东邻之淮浦县划入了下邳国，又将西边位于淮水北岸的凌县拨给了广陵郡（参考图三七）。这样，广陵和下邳两个郡国拥有的辖境被淮河分割，因而在地理形势上都不够完整，各有一块领域受到对方的三面包围。下邳国占有淮阴，可以随时开闭运河的北口。广陵郡失去了中渎水道的北段，不能完全控制这条运河，却又掌握着淮阴对岸的凌县，能够对驶出运河、溯淮入泗的航道施加重要影响。东汉政府如此煞费苦心地重新划分边界，就是想让下邳国与广陵郡互相牵制，谁也无法独占苏北平原、垄断中渎水道的航行权，从而减小这一战略枢纽区域爆发叛乱后对朝廷造成的危害，此种格局一直沿续到汉末战乱前夕才发生改变。

## 三、汉末中原混战期间的广陵郡

中平元年（184）爆发的黄巾起义，动摇了东汉王朝的统治基础。各地义军同时俱起，"所在燔烧官府，劫略聚邑，州郡失据，长吏多逃亡。旬日之间，天下响应，京师震动。"②张角兄弟等率领的黄巾主力聚集在河北、河南等地，岁终起义失败后，其余众继续活

---

① 《后汉书》卷 1 下《光武帝纪下》。
② 《后汉书》卷 71《皇甫嵩传》。

动,"大者二三万,小者六七千"①,还有拥众号称百万的"黑山贼",仍然在北方开展斗争。至中平四年(187),"前中山太守张纯畔,入丘力居众中,自号弥天安定王,遂为诸郡乌桓元帅,寇掠青、徐、幽、冀四州。"②开始将战火蔓延到徐州境内。中平五年(188)十月,"青、徐黄巾复起,寇郡县。"③不过上述战乱仍是出现于华北平原,地处淮河以南的广陵郡境并未遭到兵灾,在全国动乱的大环境下保持着相对的安定。中平六年(189)四月灵帝驾崩,少帝即位后宫廷政治矛盾激化,宦官张让、段圭等诛杀外戚何进,又被袁绍等消灭,军阀董卓乘机率兵进京把持朝政,从而激起关东诸侯的联合讨伐行动,由此揭开了汉末三国长期战乱的序幕。董卓挟献帝西迁长安后,北方陷入了群雄割据混战的局面。如《典论》所言:"而山东大者连郡国,中者婴城邑,小者聚阡陌,以还相吞灭。会黄巾盛于海岱,山寇暴于并、冀,乘胜转攻,席卷而南,乡邑望烟而奔,城郭睹尘而溃,百姓死亡,暴骨如莽。"④广陵所在的徐州数次易主,先后被陶谦、刘备、吕布、曹操占据。直到建安三年(198)十二月,曹操攻陷下邳(治今江苏睢宁市县北),消灭吕布,徐州地区才基本上恢复了稳定,中原的政治形势也演变为袁绍、曹操两大集团的争斗,前者盘踞幽、冀、青、并四州,后者占有兖、豫、司、徐四州,双方隔黄河相峙,江东则被孙策势力割据。位于徐州南端的广陵郡在此期间发生了如下变化:

---

①《后汉书》卷71《朱儁传》。
②《后汉书》卷90《乌桓传》。
③《后汉书》卷8《孝灵帝纪》。
④《三国志》卷2《魏书·文帝纪》注引《典论》。

### (一)郡兵多被张超带出

中平六年(189)十二月,董卓为收买人心,将在京的一批"幽滞之士"外放为官,不料他们到任后联络起兵讨伐董卓。"卓信任尚书周毖、城门校尉伍琼等,用其所举韩馥、刘岱、孔伷、张咨、张邈等出宰州郡。而馥等至官,皆合兵将以讨卓。"①其中陈留太守张邈为东郡人,他的兄弟张超此前出任广陵太守,起用当地豪杰臧洪为功曹,对其言听计从。"政教威恩,不由己出,动任臧洪。"②汉末战乱前夕,广陵地区人口繁众,财赋充裕,兵强马壮。臧洪因此力劝张超与其兄张邈联手举义讨伐董卓。《后汉书》卷58《臧洪传》曰:"中平末,(洪)弃官还家,太守张超请为功曹。时董卓弑帝,图危社稷。洪说超曰:'明府历世受恩,兄弟并据大郡。今王室将危,贼臣虎视,此诚义士效命之秋也。今郡境尚全,吏人殷富,若动枹鼓,可得二万人。以此诛除国贼,为天下唱义,不亦宜乎!'超然其言,与洪西至陈留,见兄邈计事。"李贤注曰:"谓超为广陵,兄邈为陈留也。"张邈、张超兄弟合兵,成为关东诸侯讨伐董卓队伍中的骨干力量。"邈即引(臧)洪与语,大异之。乃使诣兖州刺史刘岱、豫州刺史孔伷,遂皆相善。邈既先有谋约,会超至,定议,乃与诸牧守大会酸枣。"③设坛歃血为盟,共举义旗。据史籍

---

① 《三国志》卷6《魏书·董卓传》。
② 《三国志》卷7《魏书·臧洪传》。
③ 《后汉书》卷58《臧洪传》。

所载,张邈与张超各自领兵数万①,即至少分别有二三万人马,前述臧洪说广陵郡"若动枹鼓,可得二万人",即与此相合,应该是把当时郡内的机动兵力基本带走,致使当地的军事力量受到严重削弱。关东诸侯聚集于酸枣(今河南延津西),"诸军兵十余万,日置酒高会,不图进取。"②最后粮尽而散,张超并没有返回广陵,而是继续与其兄张邈合兵,驻扎在陈留郡。兴平元年(194),张邈、张超起兵反对当时割据兖州的曹操,拥护吕布,至次年夏天兵败。"太祖乃尽复收诸城,击破布于巨野。布东奔刘备。邈从布,留超将家属屯雍丘。"③兴平二年(195)八月,曹操对雍丘发起围攻,"十二月,雍丘溃,(张)超自杀。夷(张)邈三族。邈诣袁术请救,为其众所杀。"④来自广陵的数万人马也就随着张超共同覆灭了。

**(二)四易郡守,屡遭战火摧残**

汉末战乱之始,广陵所在的徐州由于偏处海隅,暂时未受兵灾,经济形势一度较好。"董卓之乱,州郡起兵,天子都长安,四方断绝。(陶)谦遣使间行致贡献,迁安东将军、徐州牧,封溧阳侯。是时,徐州百姓殷盛,谷米封赡,流民多归之。"⑤陶谦任命同乡笮融主管徐州漕运,他却中饱私囊,浪费巨资兴建寺庙。《后汉书》

① 参见《后汉书》卷74上《袁绍传》:"初平元年,绍遂以勃海起兵,与从弟后将军术、冀州牧韩馥、豫州刺史孔伷、兖州刺史刘岱、陈留太守张邈、广陵太守张超、河内太守王匡、山阳太守袁遗、东郡太守桥瑁、济北相鲍信等同时俱起,众各数万。"
② 《三国志》卷1《魏书·武帝纪》。
③ 《三国志》卷7《魏书·张邈传》。
④ 《三国志》卷1《魏书·武帝纪》。
⑤ 《三国志》卷8《魏书·陶谦传》。

卷73《陶谦传》曰:"同郡人笮融,聚众数百,往依于谦,谦使督广
陵、下邳、彭城运粮。遂断三郡委输,大起浮屠寺。上累金盘,下
为重楼,又堂阁周回,可容三千许人,作黄金涂像,衣以锦彩。每
浴佛,辄多设饮饭,布席于路,其有就食及观者且万余人。"注引
《献帝春秋》曰:"融敷席方四五里,费以巨万。"张超领兵赴陈留之
前,将广陵政务转交给袁绥代理。"(袁)迪父迪父绥,为太傅掾。
张超之讨董卓,以绥领广陵事。"①至初平四年(193),陶谦任徐州
牧后,"信用非所,刑政不理。别驾从事赵昱,知名士也,而以忠直
见疏,出为广陵太守。"②这是主持郡务官员的第二次调任。

　　赵昱赴任广陵后,徐州的社会形势开始恶化。初平四年
(193)秋,"曹操击(陶)谦,破彭城傅阳。谦退保郯,操攻之不能
克,乃还。过拔取虑、睢陵、夏丘,皆屠之。凡杀男女数十万人,鸡
犬无余,泗水为之不流。"③次年曹操再番东征徐州,"略定琅邪、东
海诸县,(陶)谦惧不免,欲走归丹阳。"④笮融也畏惧南逃,路过广
陵时因贪图当地的富饶而杀死赵昱,大肆屠戮抢劫,造成沉重损
失。"兴平元年,曹操复击谦……徐方不安,(笮)融乃将男女万
口、马三千匹走广陵。广陵太守赵昱待以宾礼。融利广陵资货,
遂乘酒酣杀昱,放兵大掠,因以过江,南奔豫章,杀郡守朱皓,入据
其城。"⑤此后广陵经济衰弱,郡务无主,处于混乱状态。当年岁终

①《三国志》卷57《吴书·陆瑁传》。
②《后汉书》卷73《陶谦传》,李贤注引《谢承书》曰:"谦奏(赵)昱茂才,迁为太守。"
③《后汉书》卷73《陶谦传》。
④《后汉书》卷73《陶谦传》。
⑤《后汉书》卷73《陶谦传》。《三国志》卷8《魏书·陶谦传》注引谢承《后汉书》言赵昱:
　　"举茂才,迁广陵太守。贼笮融从临淮见讨,进入郡界,昱将兵拒战,败绩见害。"与范
　　晔《后汉书》所载不同。

陶谦病故,徐州官吏拥戴刘备主事。兴平二年(195)夏,吕布兵败兖州,前来投奔刘备。建安元年(196)春,袁术进攻徐州。"先主与术相持经月,吕布乘虚袭下邳。下邳守将曹豹反,间迎布。布虏先主妻子,先主转军海西。"①海西县在广陵郡北境,刘备得到糜竺的资助②,起初还想反攻吕布,"比至下邳,兵溃。收散卒东取广陵,与袁术战,又败。"③由于广陵衰败、给养匮乏,刘备陷入绝境,被迫向吕布求和,才得以暂缓。《三国志》卷32《蜀书·先主传》注引《英雄记》曰:"(刘)备军在广陵,饥饿困踬,吏士大小自相啖食,穷饿侵逼,欲还小沛,遂使吏请降布。布令备还州,并势击(袁)术。具刺史车马童仆,发遣备妻子部曲家属于泗水上,祖道相乐。"

刘备领兵赴小沛后,广陵郡南部曾为袁术所据。袁术占领淮南后,任命孙策舅父吴景为丹阳太守,堂兄孙贲为丹阳都尉,"为扬州刺史刘繇所迫逐,因将士众还住历阳。顷之,(袁)术复使贲与吴景共击樊能、张英等,未能拔。"④兴平二年(195)孙策领兵东渡长江,"助贲、景破英、能等,遂进击刘繇。繇走豫章。"⑤建安元年(196)孙策派遣孙贲、吴景返还寿春回报,袁术遂将二人留下委派官职,其中吴景任广陵太守、孙贲为九江太守。"(建安)二年春,袁术自称天子。"⑥吴景随即离开广陵,渡江复归属孙策。《三

---

① 《三国志》卷32《蜀书·先主传》。
② 《三国志》卷38《蜀书·糜竺传》:"先主转军广陵海西,竺于是进妹于先主为夫人,奴客二千,金银货币以助军资;于时困匮,赖此复振。"
③ 《三国志》卷32《蜀书·先主传》注引《英雄记》。
④ 《三国志》卷51《吴书·宗室传·孙贲》。
⑤ 《三国志》卷51《吴书·宗室传·孙贲》。
⑥ 《后汉书》卷9《孝献帝纪》。

国志》卷 50《吴书·妃嫔传·孙破虏吴夫人》曰:"(袁)术方与刘备争徐州,以景为广陵太守。术后僭号,策以书喻术,术不纳。便绝江津,不与通,使人告景,景即委郡东归。策复以景为丹杨太守。"孙贲亦弃职返回江东。《江表传》曰:"袁术以吴景守广陵,(孙)策族兄香亦为术所用,作汝南太守,而令(孙)贲为将军,领兵在寿春。策与景等书曰:'今征江东,未知二三君意云何耳?'景即弃守归,贲困而后免,香以道远独不得还。"①这样,广陵太守一职再次出现空缺。

建安二年(197)夏,吕布派遣陈登到许昌觐见。《三国志》卷 7《魏书·吕布传》曰:"登见太祖,因陈布勇而无计,轻于去就,宜早图之。"因而深受曹操赏识,随即任命陈登为广陵太守,让他暗地聚集兵马,准备夹击吕布。"临别,太祖执登手曰:'东方之事,便以相付。'令登阴合部众以为内应。"吕布曾让陈登为自己谋求徐州牧,未获朝廷批准,因而激忿。"登还,布怒,拔戟斫几曰:'卿父劝吾协同曹公,绝婚公路;今吾所求无一获,而卿父子并显重,为卿所卖耳!卿为吾言,其说云何?'登不为动容,徐喻之曰:'登见曹公言:待将军譬如养虎,当饱其肉,不饱则将噬人。公曰:'不如卿言也。譬如养鹰,饥则为用,饱则扬去。其言如此。'布意乃解。"但是吕布的猜疑并未消除,他把陈登的亲属软禁在下邳,才让其南渡淮水到广陵上任。建安三年(198)九月,曹操东征吕布。"冬十月,屠彭城,获其相侯谐,进至下邳。"②陈登则率领广陵兵马前来助阵,并担任大军的向导。《先贤行状》曰:"太祖到下邳,登

---

① 《三国志》卷 51《吴书·宗室传·孙贲》注引《江表传》。
② 《三国志》卷 1《魏书·武帝纪》。

率郡兵为军先驱。时登诸弟在下邳城中,(吕)布乃质执登三弟,欲求和同。登执意不挠,进围日急。布刺奸张弘,惧于后累,夜将登三弟出就登。布既伏诛,登以功加拜伏波将军。"①如前所述,从初平元年(190)春关东诸侯起兵,到建安三年(198)岁终吕布被擒,徐州动乱的局势才得以安定,而广陵在此期间前后有张超、袁绥、赵昱、吴景、陈登五人为郡守(袁绥为代领),发生四度更替,郡内壮丁先是被张超带走数万,后又几经战火洗劫,已是民生摧残,百业凋零了。

## (三)广陵士民开始渡江南迁

汉末中原战乱爆发后,淮河流域虽未首当其冲,但是当地有识之士已经预感到将来形势的恶化,纷纷举家南渡,迁徙到社会局势相对稳定的江东。如鲁肃为东城(治今安徽定远县东南)人,"后雄杰并起,中州扰乱,肃乃命其属曰:'中国失纲,寇贼横暴,淮、泗间非遗种之地,吾闻江东沃野万里,民富兵强,可以避害,宁肯相随俱至乐土,以观时变乎?'其属皆从命。乃使细弱在前,强壮在后,男女三百余人行。"②广陵名士亦多有南下避祸者,其中在孙策、孙权手下出任要职者不乏其人。如张纮,"字子纲,广陵人。游学京都,还本郡,举茂才,公府辟,皆不就,避难江东。孙策创业,遂委质焉。"③孙策在世时,"纮与张昭并与参谋。常令一人居守,一人从征讨。"④《江表传》曰:"初,权于群臣多呼其字,惟呼张

①《三国志》卷7《魏书·陈登传》注引《先贤行状》。
②《三国志》卷54《吴书·鲁肃传》注引《吴书》。
③《三国志》卷53《吴书·张纮传》。
④《三国志》卷53《吴书·张纮传》注引《吴书》。

昭曰张公,纮曰东部,所以重二人也。"①受到重用者还有秦松、陈
端等,孙策攻占会稽之后,"彭城张昭、广陵张纮、秦松、陈端等为
谋主。"②《三国志》卷53《吴书·张纮传》亦曰:"初,纮同郡秦松字
文表,陈端字子正,并与纮见待于孙策,参与谋谟。各早卒。"王永
平曾撰文考述汉末流寓江东之广陵人士,担任官职或闻名于世者
计有卫旌,张纮,秦松,陈端,吴硕,刘颖、刘略兄弟,徐彪,袁迪,杨
竺、杨穆兄弟,范慎,吕岱,华融、华谞父子,盛彦,韩建、韩绩父子,
闵鸿等二十余人,"形成了一个地域士人群体。诸人皆为仕宦显
达者或文化精英分子,而实际上,当时流寓江东之广陵人士远不
止这些,惟因材料缺失,其他人难以详考了。"③

### (四)淮阴、淮浦两县的划入

前文已述,东汉广陵郡有十二县,而位于淮水以南的淮阴与
地跨淮水两岸的淮浦县隶属下邳国。汉末情况则发生变化,两县
被划入广陵郡。《三国志》卷22《魏书·徐宣传》曰:"徐宣,字宝
坚,广陵海西人也。避乱江东,又辞孙策之命,还本郡。与陈矫并
为纲纪,二人齐名而私好不协,然俱见器于太守陈登,与登并心于
太祖。海西、淮浦二县民作乱,都尉卫弥、令梁习夜奔宣家,密送
免之。太祖遣督军扈质来讨贼,以兵少不进。宣潜见责之,示以
形势,质乃进破贼。"可见在建安初年淮浦已划归广陵郡,曹操派

①《三国志》卷53《吴书·张纮传》注引《江表传》。
②《三国志》卷46《吴书·孙策传》。
③王永平:《汉末流寓江东之广陵人士与孙吴政权之关系考述》,《孙吴政治与文化史
论》,上海古籍出版社,2005年,第323页。

兵到两县平叛,说明其事在吕布被消灭之后。吴增仅考证曰:"淮浦,故属下邳。《魏志·徐宣传》,宣,广陵人,为郡纪纲,海西、淮浦二县作乱云云。县盖汉末移来。"[1]

　　洪亮吉、谢钟英《〈补三国疆域志〉补注》徐州广陵郡条曰:"淮阴,汉旧县。"注云:"淮阴,《班志》属临淮(郡),《郡国志》属下邳(国)。胡三省曰:'魏广陵郡治。'《吴志》步骘、步夫人并云临淮淮阴人,盖仍旧言之。"[2]吴增仅认为淮阴县可能也是在汉末被划归广陵郡的。"淮阴,故属下邳。疑与淮浦同时移来。"[3]《水经注》言淮水:"又东北至下邳淮阴县西,泗水从西北来流注之。"杨守敬按:"后汉(淮阴)县属下邳,魏属广陵,《经》作于魏人,当作广陵淮阴,此作下邳,盖据旧籍为说,未遑改正耳。"[4]

　　广陵郡北部疆界变化的原因,应该与汉末朝廷失控、各地割据的混战形势有关。如前所述,淮阴、淮浦二县在东汉时归属下邳国,是中央政府为了削弱郡国势力,故意不按河川划分,使下邳、广陵郡的辖境犬牙交错,互相牵制,企图以此减少地方爆发叛乱的威胁。但是汉末军阀各霸一方,攻杀不已。淮阴及淮浦县的大部或部分领土隔在淮河以南,若有战乱则下邳郡兵渡淮救援殊为不易,而广陵郡兵沿中渎水道顺流前往却很便利。另外,淮阴、淮浦两县划归广陵,该郡在山川形势上便构成了一个完整的自然地理单元,南临长江,北拒淮水,东濒大海,西凭淮阳丘陵,可以依

---

[1]〔清〕吴增仅:《三国郡县表附考证》,《二十五史补编·三国志补编》,第289页。
[2]〔清〕洪亮吉撰、〔清〕谢钟英补注:《〈补三国疆域志〉补注》,《二十五史补编·三国志补编》,第470页。
[3]〔清〕吴增仅:《三国郡县表附考证》,《二十五史补编·三国志补编》,第289页。
[4]〔北魏〕郦道元注,〔民国〕杨守敬、熊会贞疏:《水经注疏》卷30《淮水》,第2552页。

靠天然屏障来部署守备,在战乱年代就能获得有利的防御态势。笔者判断,上述情况应是广陵郡北境在汉末发生改变的主要原因。

## 四、陈登对广陵的经营与两次御吴作战

陈登虽然在曹操集团中职位不高,却是才能过人的英杰。谢承《后汉书》称他"学通今古,处身循礼,非法不行,性兼文武,有雄姿异略"①。《先贤行状》亦曰:"登忠亮高爽,沉深有大略,少有扶世济民之志。博览载籍,雅有文艺,旧典文章,莫不贯综。"②刘表曾称赞说"元龙名重天下"③,刘备则回应:"若元龙文武胆志,当求之于古耳,造次难得比也。"④陈登在建安二年(197)秋赴任广陵太守,约在建安五年(200)秋冬时调离⑤,在任期间对广陵的经济恢复、交通建设、社会治安以及防御侵袭等方面卓有功效。分述如下:

### (一)兴修陂塘

陈登早年曾出任东阳(治今江苏金湖县)县长,"养耆育孤,视

①《后汉书》卷56《陈球传》注引谢承《后汉书》。
②《三国志》卷7《魏书·陈登传》注引《先贤行状》。
③《三国志》卷7《魏书·陈登传》。
④《三国志》卷7《魏书·陈登传》。
⑤ 严耕望:《两汉刺史太守表》东汉徐州广陵太守条考证曰:"陈登(元龙)——下邳淮浦人。建安二年任逾二三年迁。居郡有威信。"台北:"中央研究院"历史语言研究所,1993年,第174页。笔者认为他离任大约在建安五年秋冬时,详见下文。

民如伤"①。恰逢徐州大灾,升迁州典农校尉,政绩显著。"是时,世荒民饥,州牧陶谦表登为典农校尉,乃巡土田之宜,尽凿溉之利,秔稻丰积。"②他调任广陵太守后,亦修建多处水利设施,促进农业恢复,后世称作陈登塘、陈公塘或爱敬陂等,遗迹久存。如《新唐书》卷53《食货志三》曰:"初,扬州疏太子港、陈登塘,凡三十四陂,以益漕河,辄复堙塞。淮南节度使杜亚乃浚渠蜀冈,疏句城湖、爱敬陂,起堤贯城,以通大舟。"《太平寰宇记》卷123曰:"爱敬陂,在(江都)县西十五里。魏陈登为广陵太守,初开此陂,百姓爱而敬之,因以为名。亦号陈登塘。"③《读史方舆纪要》卷22曰:"高家堰,(淮安)府西南四十里。汉陈登筑堰防淮,此其故址也。"④同书卷23曰:"陈公塘,(扬州)府西五十里,与仪真县接界。后汉末陈登为广陵太守,浚塘筑陂,周回九十余里,灌田千余顷,百姓德之,因名。亦曰爱敬陂,陂水散为三十六汊,为利甚溥。"⑤

## (二)安辑地方

广陵此前几度经历战乱,多有居民失业流亡,沦为寇盗。陈登上任后努力整顿社会秩序,安定民生,使当地局势逐渐稳定。"登在广陵,明审赏罚,威信宣布。海贼薛州之群万有余户,束手归命。未及期年,功化以就,百姓畏而爱之。登曰:'此可用矣。'"⑥由于广陵

①《三国志》卷7《魏书·陈登传》注引《先贤行状》。
②《三国志》卷7《魏书·陈登传》注引《先贤行状》。
③[宋]乐史撰,王文楚等点校:《太平寰宇记》卷123《淮南道一·扬州》,第2446页。
④[清]顾祖禹:《读史方舆纪要》卷22《南直四》,第1079页。
⑤[清]顾祖禹:《读史方舆纪要》卷23《南直五》,第1123页。
⑥《三国志》卷7《魏书·陈登传》注引《先贤行状》。

统治稳固，没有后顾之忧。次年曹操东征徐州时，陈登率领郡兵渡过淮河北上助战，"又掎角吕布有功，加伏波将军。"①

### （三）疏凿水道

中渎水道是纵贯广陵郡境的漕运干线，对于南北交通具有重要地位及作用，其邗沟旧道的兴修，往往利用苏北平原上的河流、湖泊等自然条件，加以人工沟通而建成。《水经注》卷30《淮水》记载其具体路线是从广陵城侧北上，在武广湖（又名武安湖，今邵伯湖）与陆阳湖（又名渌洋湖，已湮，今江都市北尚有遗迹）之间穿过，流入樊梁湖（今高邮湖）后转向东北，经过博芝湖与射阳湖（约在今宝应县东与淮安、建湖、兴化三市县交界处），再折向西北，由山阳县末口（今江苏淮安新城北辰坊）流入淮河。原文曰："中渎水自广陵北出武广湖东，陆阳湖西。二湖东西相直五里，水出其间，下注樊梁湖。旧道东北出，至博芝、射阳二湖。西北出夹邪，乃至山阳矣。"杨守敬疏："武安湖即武广湖，在高邮州西南三十里。渌洋湖即陆阳湖，在州南三十里。"并释樊梁湖曰："戴云：按湖在高邮州西北五十里。守敬按：《陈书·敬成传》自繁梁湖下淮，围淮阴城，即此。《方舆纪要》，上流为繁梁溪，自天长县流入州界，潴而为湖。"又按："《续汉志》射阳，《注》引《地道记》有博支湖，支、芝音同。在今宝应东南九十里，其水北通射阳湖。《舆地纪胜》引《元和志》，汉广陵王胥有罪，其相胜之奏夺王射陂，即射阳湖也。在山阳县东南八十里，与宝应、盐城分湖为界，萦回三百里。在今山阳县东南七十里。"注文中的"夹邪"可能是"夹邱"之

---

① 《三国志》卷7《魏书·陈登传》。

误，"其地无考，当在今宝应之北，山阳之南。"①由于旧道迂回曲折，航运要多耗费时力。"全程约 380 里，比直线距离要长出四分之一。"②此外，博芝、射阳两湖水面宽广，多有风浪而不利行舟；中渎水的渠道在东汉后期又因长年失修而屡屡发生淤浅，难以顺利行舟。田余庆云："这一水道南高北下，两侧区域地势低洼，遍布湖泊沼泽。两岸不设堤防，水盛时所在漫溢，水枯时以至干涸。水道及其穿行的湖泊一般都很浅，不能常年顺利通航。七国之乱以后到东汉时期，中渎水道情况不见于历史记载，大概是湮塞不通或通而不畅。"③为了恢复郡内的正常水运，陈登出任广陵太守后，动用民力疏凿运河，使之畅通无阻。其事迹见《水经注》卷 30《淮水》引蒋济《三州论》：

> 淮湖纡远，水陆异路，山阳不通，陈登穿沟，更凿马濑，百里渡湖。

杨守敬按："刘文淇曰，邗沟水自樊梁湖不能直达射阳，先东北至博支，又由博支西北至射阳，其道纡曲殊甚，所谓淮湖纡远也。"又云："顾炎武《郡国利病书》，马濑，白马湖也。"④学术界据此研究认为，陈登对中渎水道除了疏浚淤塞之外，还采取了截弯改直的工程，他在旧道西边另辟新途，后代称为邗沟西道，其南段仍从广陵城至樊梁湖，但是往北不再绕道博芝、射阳二湖，"而是径直往北开渠，沟通津湖（今界首湖）、马濑湖，复经射阳湖北段达末

---

① [北魏]郦道元注，[民国]杨守敬、熊会贞疏：《水经注疏》卷 30《淮水》，第 2557—2558 页。
② 徐从法主编：《京杭运河志（苏北段）》，第 65 页。
③ 田余庆：《汉魏之际的青徐豪霸》，《秦汉魏晋史探微》，第 109 页。
④ [北魏]郦道元注，[民国]杨守敬、熊会贞疏：《水经注疏》卷 30《淮水》，第 2558—2559 页。

口(今淮安北五里,亦名北神堰)。"①改线后的中渎水道比以前缩短了航程,使江淮之间的交通更为顺畅。

## (四)北迁郡治

广陵郡治过去长期设在邻近长江的广陵县城。陈登赴任郡守之时,东南地区的政治形势发生了很大变化。孙策在兴平二年(195)冬渡江征伐,接连获胜。其本传云:"策为人,美姿颜,好笑语,性阔达听受,善于用人。是以士民见者,莫不尽心,乐为致死。刘繇弃军遁逃,诸郡守皆捐城郭奔走。"②至建安二年(197),他已然控制了江东大部分地区,"尽更置长吏,策自领会稽太守。复以吴景为丹杨太守,以孙贲为豫章太守。分豫章为庐陵郡,以贲弟辅为庐陵太守,丹杨朱治为吴郡太守。"③《江表传》记载他"威震江东,形势转盛"④。曹操在消灭吕布之后,随即率师北上河南,准备迎击强敌袁绍。广陵县城作为郡治,迫近江南敌境,而距离曹军主力太远,在防御态势上颇为不利。因此,陈登把郡治向北迁移到临近淮河的射阳(治今江苏宝应县东北射阳镇),这样靠近后方,比较容易获得支援。《江表传》曰:"广陵太守陈登治射阳。登即瑀之从兄子也。"⑤《资治通鉴》卷63汉献帝建安五年曰:"广陵太守陈登治射阳",胡三省注:"射阳县,前汉属临淮郡,后汉属广陵郡。应劭曰:在射水之阳。今楚州山阳县有射阳湖,即其地。

①徐从法主编:《京杭运河志(苏北段)》,第65—66页。
②《三国志》卷46《吴书·孙策传》。
③《三国志》卷46《吴书·孙策传》。
④《三国志》卷46《吴书·孙策传》注引《江表传》。
⑤《三国志》卷46《吴书·孙策传》注引《江表传》。

(李)贤曰:射阳在今楚州安宜县东。"《读史方舆纪要》卷 22 曰:
"射阳城,(盐城)县西九十里。汉县,属临淮郡,高帝封项伯为侯
邑。《功臣表》'汉六年封刘缠为射阳侯',即项伯也。后汉属广陵
郡。陈登为广陵太守,治射阳。三国时废。"①

### (五)两败吴兵

孙策占领江东之后,面临来自各方的诸多隐患。孙盛说他
"虽威行江外,略有六郡。然黄祖乘其上流,陈登间其心腹,且深
险强宗,未尽归复。"②尤其是仅有长江一水之隔的广陵郡,距离太
湖平原及孙氏巢穴吴县(今江苏苏州市)甚近,而太守陈登又有觊
觎之心。《先贤行状》曰:"(吕)布既伏诛,登以功加拜伏波将军,
甚得江、淮间欢心,于是有吞灭江南之志。"③他曾向曹操提出过发
动大军南征的建议④,态度非常积极。另外,陈登的堂叔陈瑀曾任
行吴郡太守,因对抗孙策失败、家属被俘⑤;"瑀单骑走冀州,自归

---

① [清]顾祖禹:《读史方舆纪要》卷 22《南直四·淮安府》,第 1082 页。
② 《三国志》卷 46《吴书·孙策传》注引孙盛《异同评》。
③ 《三国志》卷 7《魏书·陈登传》注引《先贤行状》。
④ 《三国志》卷 7《魏书·陈登传》注引《先贤行状》曰:"太祖每临大江而叹,恨不早用陈
　元龙计,而令封豕养其爪牙。"
⑤ 《三国志》卷 46《吴书·孙策传》注引《江表传》:"是时,陈瑀屯海西,策奉诏治严,当与
　(吕)布、瑀参同形势。行到钱唐,瑀阴图袭策,遣都尉万演等密渡江,使持印传三十余
　纽与贼丹杨、宣城、泾、陵阳、始安、黟、歙诸险县大帅祖郎、焦已及吴郡乌程严白虎等,
　使为内应,伺策军发,欲攻取诸郡。策觉之,遣吕范、徐逸攻瑀于海西。大破瑀,获其吏
　士、妻子四千人。"《三国志》卷 56《吴书·吕范传》曰:"是时下邳陈瑀自号吴郡太守,住
　海西,与强族严白虎交通。策自将讨虎,别遣范与徐逸攻瑀于海西,枭其大将陈牧。又
　从攻祖郎于陵阳,太史慈于勇里。七县平定,拜征虏中郎将,征江夏,还平鄱阳。"

袁绍。绍以为故安都尉。"①因此，陈登与孙策亦有私仇，也想借机予以报复，故与江东的反叛势力频繁联络。《江表传》曰："登即瑀之从兄子也。策前西征，登阴复遣间使，以印绶与严白虎余党。图为后害，以报瑀见破之辱。"②双方的矛盾很深，孙氏集团有必要消灭陈登，除掉寝榻之侧的心腹之患，由此引发了对广陵郡的两次进攻，均被陈登与后方来援的曹兵击退。

　　吴军首次攻击广陵的战役，孙策并未亲临前线，只是派遣优势兵力渡江来伐，引起广陵郡官吏们的惊恐，建议弃城撤走，但被陈登严词拒绝。《三国志》卷7《魏书·陈登传》注引《先贤行状》曰："孙策遣军攻登于匡琦城。贼初到，旌甲覆水，群下咸以今贼众十倍于郡兵，恐不能抗，可引军避之，与其空城。水人居陆，不能久处，必寻引去。登厉声曰：'吾受国命，来镇此土。昔马文渊之在斯位，能南平百越，北灭群狄，吾既不能遏除凶慝，何逃寇之为邪！吾其出命以报国，仗义以整乱，天道与顺，克之必矣。'"陈登采取偃旗息鼓以骄惰敌兵的计策，拒守城池而避免与来寇交锋。"乃闭门自守，示弱不与战，将士衔声，寂若无人。"等到敌军懈怠时，在黎明发动突然袭击，一举将其击溃。"登乘城望形势，知其可击。乃申令将士，宿整兵器，昧爽，开南门，引军指贼营，步骑钞其后。贼周章，方结陈，不得还船。登手执军鼓，纵兵乘之，贼遂大破，皆弃船迸走。登乘胜追奔，斩虏以万数。"

　　吴军二次进攻广陵的战役，距离上一次时间不长，却明显增加了兵力，陈登见形势危急，被迫向后方求救。"贼忿丧军，寻复

①《三国志》卷46《吴书·孙策传》注引《山阳公载记》。
②《三国志》卷46《吴书·孙策传》注引《江表传》。

大兴兵向(陈)登。登以兵不敌,使功曹陈矫求救于太祖。"[1]曹操
因为北有强敌袁绍,对分兵援助之事产生犹豫。陈矫尽力详细说
明保住广陵对徐州防务的重要性,这才打动了曹操,随即出兵救
援。"矫说太祖曰:'鄙郡虽小,形便之国也,若蒙救援,使为外藩,
则吴人剉谋,徐方永安,武声远震,仁爱滂流,未从之国,望风景
附,崇德养威,此王业也。'太祖奇矫,欲留之。矫辞曰:'本国倒县
(悬),本奔走告急,纵无申胥之效,敢志弘演之义乎?'太祖乃遣赴
救。"[2]在吴军撤退时,陈登派兵设下埋伏,又领众追击,多有斩获。
"吴军既退,登多设间伏,勒兵追奔,大破之。"[3]《先贤行状》则曰:
"登密去城十里治军营处所,令多取柴薪,两束一聚,相去十步,纵
横成行,令夜俱起火,火然其聚。城上称庆,若大军到。贼望火惊
溃,登勒兵追奔,斩首万级。"[4]终于守住了这块滨江要地。

关于这两次战役的时间和地点,文献记载有矛盾或含混不明
的情况。下面予以考述辨析:

1. **陈登拒守的城池**。前引《先贤行状》曰:"孙策遣军攻登于
匡琦城。"又《三国志》卷 22《魏书·陈矫传》云:"(广陵)郡为孙权
所围于匡奇,登令矫求救于太祖。"匡琦城与匡奇应为一地。前文
已述,陈登赴任后将广陵郡治北移至射阳(治今江苏宝应县东北
射阳镇),匡琦城与射阳有何关系?史籍未有明确记述。赵一清
认为"匡琦"可能是人名,六朝时期屡见以守将或城主命名的坞堡

---

①《三国志》卷 7《魏书·陈登传》注引《先贤行状》。

②《三国志》卷 22《魏书·陈矫传》。

③《三国志》卷 22《魏书·陈矫传》。

④《三国志》卷 7《魏书·陈登传》注引《先贤行状》。

壁垒。"匡琦似是人姓名,如高迁屯、白超垒之类。"他还提出匡琦城应是当时九江郡的当涂县城,"案建安十三年孙权围合肥,使张昭攻九江之当涂。而《张昭传》注引《吴书》云'别讨匡琦',则匡琦城即当涂城也。"①笔者按:当涂为两汉九江郡属县,在今安徽怀远县境淮河东岸。参见《读史方舆纪要》卷21《南直三》曰:"当涂城,在(怀远)县东七里涂山北麓下。古涂山氏国,汉为当涂县,属九江郡,武帝封魏不害为侯邑。后汉仍为当涂县。建安十三年孙权围合肥,使张昭攻当涂,不克。县寻废。晋初复置,属淮南郡。"②当涂县并非广陵郡境,不属陈登管辖,而且其地远在淮阴、钟离以西,吴军恐怕不敢越过射阳进入淮河,再经过淮阴、钟离等地去攻打当涂,否则会被陈登等截断粮饷及退路,所以说当涂就是匡琦的观点根据不足。谢钟英认为匡琦城很可能是在射阳附近,"《江表传》:'广陵太守陈登治射阳。'(孙)权攻登,宜在射阳,则匡琦当与射阳相近。"③谢氏之说较为合乎情理。

2. 吴军进攻广陵的年代。史书对陈登在广陵时受到吴军攻击的时间和情况有不同的记载,或言孙策并未进行这次进攻。《三国志》卷46《吴书·孙策传》曰:"建安五年,曹公与袁绍相拒于官渡。策阴欲袭许,迎汉帝。密治兵,部署诸将。未发,会为故吴郡太守许贡客所杀。先是,策杀贡,贡小子与客亡匿江边。策单骑出,卒与客遇,客击伤策。"最终导致死亡。《江表传》记述孙策的这次进攻是针对陈登所在广陵而准备的,由于他受到刺杀而被

①卢弼:《三国志集解》,第240页。
②[清]顾祖禹:《读史方舆纪要》卷21《南直三》,第1003页。
③[清]洪亮吉撰,[清]谢钟英补注:《〈补三国疆域志〉补注》,《二十五史补编·三国志补编》,第474页。

迫取消。"策前西征（黄祖），登阴复遣间使，以印绶与严白虎余党。图为后害，以报瑀见破之辱。策归，复讨登。军到丹徒，须待运粮。策性好猎，将步骑数出。策驱驰逐鹿，所乘马精骏，从骑绝不能及。"结果猝然遇到三位刺客，"便举弓射策，中颊"①，使其受到致命重伤而死。或如前述《先贤行状》所言，是孙策连续两次派遣兵将出征广陵，自己并未亲征。或如前引《陈矫传》记载，是孙权派兵进攻匡奇。或如前述《张昭传》注引《吴书》所言，是张昭在建安十三年（208）率兵攻击匡琦。胡三省发现了上述矛盾，在《资治通鉴》卷65注"孙权自将围合肥"条云："又《陈矫传》云：'陈登为（孙）权所围于匡奇，令矫求救于曹操。'而《先贤行状》云：'登为（孙）策所围。'按策始欲攻登，未济江，已为许贡客所杀。《吴书》云：'权征合肥，命张昭别讨匡奇。'于时陈矫已为曹仁长史。又陈登年三十六而卒，必已不在。不知登之被围果在何时也。"

　　笔者按：《江表传》所述孙策"西征"，是指他在建安四年（199）冬亲征黄祖的战役。孙策本传注引《吴录》载其表奏："臣讨黄祖，以十二月八日到祖所屯沙羡县……"战役结束回到吴郡休整应在次年年初，故准备在夏季水盛时北伐广陵。《资治通鉴》卷63记载建安五年四月，"丙午，策卒。"注引《资治通鉴考异》曰："虞喜《志林》云策以四月四日死，故置此。"这次出征虽未成行，但阅前引《江表传》云："策归，复讨登。军到丹徒，须待运粮。"所谓"复讨"应理解为再次征讨，说明此前孙策对陈登曾经发动过进攻，故笔者推测《先贤行状》所述孙策在世时连续出兵攻击广陵应为属实。

---

①《三国志》卷46《吴书·孙策传》注引《先贤行状》。

　　陈登在广陵主政时间不长，前述严耕望考证他在任不过三年，后被曹操调任东城太守，时间应在建安五年（200）四月孙策死后。据《三国志》卷29《魏书·方技传》："广陵太守陈登得病，胸中烦懑，面赤不食。"被名医华佗治愈，并预言三年之后会复发。"依期果发动，时佗不在，如言而死。"年纪还不到四十岁。也就是说，陈登赴任东城后不久即病故；孙权派张昭进攻匡琦是在赤壁之战前后，当与陈登据守广陵之事毫无干系。而孙策死后，孙权年少继位，众心未附。其本传云："是时惟有会稽、吴郡、丹杨、豫章、庐陵，然深险之地犹未尽从。而天下英豪布在州郡，宾旅寄寓之士以安危去就为意，未有君臣之固。"①孙氏集团对自己的统治尚且缺乏信心，"权年少，初统事。太妃忧之，引见张昭及（董）袭等，问江东可保安不。"②孙权惧怕曹操乘丧来伐，曾专门派遣使者探听消息，求续盟好③。在这种形势下，他应该不会派兵出征广陵，招惹事端的。因此卢弼注《陈矫传》"郡为孙权所围于匡奇"句曰："'权'当作'策'。'匡奇'注详见本志卷七《陈登传》注引《先贤行状》注。"④即认为陈登的防御作战是孙策在世时发生的。笔者分析，孙策于建安四年（199）冬先袭刘勋，再伐黄祖，遣兵进攻广陵应在此役之前。而建安三年（198）十二月曹操才消灭吕布，此前他的部队在兖、豫两州，与广陵郡的联系被吕布盘踞的下邳等地

①《三国志》卷47《吴书·吴主传》。
②《三国志》卷55《吴书·董袭传》。
③《三国志》卷52《吴书·顾雍传》注引《吴书》载雍母弟徽："拜辅义都尉，到北与曹公相见。公具问境内消息，徽应对婉顺，因说江东大丰，山薮宿恶，皆慕化为善，义出作兵。公笑曰：'孤与孙将军一结婚姻，共辅汉室，义如一家，君何为道此？'徽曰：'正以明公与主将义固磐石，休戚共之，必欲知江表消息，是以及耳。'公厚待遣还。"
④卢弼：《三国志集解》，第548页。

阻隔,是故无法派兵越过徐州北境来援助陈登。所以吴师初次攻击广陵,应该是在建安四年(199)夏秋期间水盛之际出动的。

## 五、曹操与孙氏重修盟好和广陵形势的变化

曹操在建安初年逐鹿中原期间,周围有袁绍、袁术、吕布、张绣、刘表、张杨等军阀,处于四面临敌的战局当中。如他自己所言:"是我独以兖、豫抗天下六分之五也。"①为了集中兵力击败对手,他采取了"远交近攻"的战略,对于江外的孙氏集团,曹操不惜使用封官晋爵和联姻结盟的手段进行拉拢。阮瑀《为曹公作书与孙权》曰:"离绝以来,于今三年,无一日而忘前好。亦犹姻媾之义,恩情已深。"李善注:"《尔雅》曰:婿之父曰姻,妇之父曰婚。《毛诗·笺》曰:重婚曰媾。"②是说孙曹两家曾经重复通婚,事见《三国志》卷46《吴书·孙策传》:"是时袁绍方强;而策并江东,曹公力未能逞,且欲抚之。乃以弟女配策小弟匡,又为子章取贲女,皆礼辟策弟权、翊,又命扬州刺史严象举权茂才。"两家联姻的时间,是在孙策派遣使者赴许昌进贡之后。《江表传》曰:"建安三年,策又遣使贡方物,倍于元年所献。其年,制书转拜讨逆将军,改封吴侯。"③而《三国志》卷53《吴书·张纮传》及《吴书》载其事在次年,使者为张纮。"建安四年,策遣纮奉章至许宫,留为侍御史。少府孔融等皆与亲善。"注引《吴书》曰:"纮至,与在朝公卿及

①《三国志》卷10《魏书·荀彧传》。
②［梁］萧统编,［唐］李善注:《文选》卷42《书中·阮元瑜为曹公作书与孙权》,第588页。
③《三国志》卷46《吴书·孙策传》注引《江表传》。

知旧述策材略绝异，平定三郡，风行草偃。加以忠敬款诚，乃心王室。时曹公为司空，欲加恩厚，以悦远人。至乃优文褒崇，改号加封，辟纮为掾，举高第，补侍御史，后以纮为九江太守。"司马光编撰《资治通鉴》时，认为张纮本传记载有误，订正为建安三年。其记述为：

> 孙策遣其正议校尉张纮献方物，曹操欲抚纳之，表策为讨逆将军，封吴侯；以弟女配策弟匡，又为子彰取孙贲女；礼辟策弟权、翊；以张纮为侍御史。

胡三省注曰："按《吴书》纮述策材略、忠款，曹公乃优文褒崇，改号加封。然则纮来在策封吴侯前，本传误也。"[1]但是孙策平定江东后，有着更大的政治野心，图谋向北方发展，因此连续发兵进攻广陵。裴松之认为当时远在荆州的刘表、黄祖与江东内地的山越并未对孙策构成沉重压力，而广陵陈登与江东仅有一水之隔，是其进取中原的拦路障碍，所以必须首先除掉。"黄祖始被策破，魂气未反。且刘表君臣本无兼并之志，虽在上流，何办规拟吴会？策之此举，理应先图陈登，但举兵所在，不止登而已。于时强宗骁帅，祖郎、严虎之徒，擒灭已尽，所余山越，盖何足虑？然则策之所规，未可谓之不暇也。若使策志获从，大权在手，淮、泗之间，所在皆可都，何必毕志江外？其当迁帝于扬、越哉！"[2]

　　建安五年（200）四月孙策猝死，广陵郡所受威胁得以缓解。继位的孙权由于年少而未获得群下的一致服从，其统治基础发生

---

[1]《资治通鉴》卷62汉献帝建安三年胡三省注。
[2]《三国志》卷46《吴书·孙策传》臣松之案。

动摇。《吴书》曰："是时天下分裂,擅命者众。孙策莅事日浅,恩泽未洽,一旦倾陨,士民狼狈,颇有同异。"①例如庐江太守李术原为孙策举用,"策亡之后,术不肯事(孙)权,而多纳其亡叛。"孙权来信索要,竟被李术一口回绝,声称:"有德见归,无德见叛,不应复还。"②就连孙权族兄领交州刺史孙辅也不相信他能够统治长久,因而和曹操私下联络,企图叛变作为内应。《典略》曰:"辅恐权不能保守江东,因权出行东治,乃遣人赍书呼曹公。"③只是由于阴谋泄露而被拘捕。"事觉,(孙)权幽系之。"④当年十月,曹操在官渡之战歼灭袁绍军队主力,威名远震。孙曹双方势力的此消彼长,使曹操对江东六郡产生了觊觎之心,"欲因丧伐吴"⑤,消灭孙氏集团。孙权闻讯后相当恐慌,曾专门派遣顾雍母弟徽(史籍失著其姓)为使者到许昌,企图重修盟好并探听消息。《吴书》云,"或传曹公欲东,权谓徽曰:'卿孤腹心,今传孟德怀异意,莫足使揣之,卿为吾行。'拜辅义都尉,到北与曹公相见。"⑥史载他谒见曹操时,"应对婉顺",但是虚张声势,过分宣扬江东局势的稳固,故而遭到曹操的嘲笑。"(徽)因说江东大丰,山薮宿恶,皆慕化为善,义出作兵。(曹)公笑曰:'孤与孙将军一结婚姻,共辅汉室,义如一家,君何为道此?'徽曰:'正以明公与主将义固磐石,休戚共之,必欲知江表消息,是以及耳。'"⑦曹操最终考虑河北袁氏集团

①《三国志》卷52《吴书·张昭传》注引《吴书》。
②《三国志》卷47《吴书·吴主传》注引《江表传》。
③《三国志》卷51《吴书·宗室传·孙辅》注引《典略》。
④《三国志》卷51《吴书·宗室传·孙辅》。
⑤《三国志》卷53《吴书·张纮传》。
⑥《三国志》卷52《吴书·顾雍传》注引《吴书》。
⑦《三国志》卷52《吴书·顾雍传》注引《吴书》。

近在咫尺,仍为心腹大患,必欲先除;而孙权远在吴越,力量尚弱,没有形成严重威胁,所以打消了出征江南的想法①,与孙权重申旧盟,并利用他来打击和削弱荆州的刘表,以减轻其对自己的军事压力。曹操对吴使"厚待遣还"②,并奏请朝廷任命孙权军政官职,"即表(孙)权为讨虏将军,领会稽太守。"③为了对孙权表示信任和诚意,还将羁留在许昌两年的孙策使者张纮遣送回吴。"曹公欲令纮辅权内附,出纮为会稽东部都尉。"④孙权进攻皖城,消灭反叛的李术时,曹操答应其请求,未予李术以援助。"术闭门自守,求救于曹公。曹公不救。粮食乏尽,妇女或丸泥而吞之。遂屠其城,枭术首,徙其部曲三万余人。"⑤从此至赤壁之战爆发的八年时间内,曹孙双方基本上和平相处,孙权连连出兵西征,攻打镇守夏口的刘表部将黄祖,并未再度向江北的广陵郡发动攻击。

值得注意的是,曹操出于缓和双方紧张关系的目的,还把与孙氏结怨颇深且力主对吴用兵的陈登调离广陵,改任东城太守。此举造成的后果有二:其一是引起当地居民和官吏的纷纷内迁,《先贤行状》载曹操"迁(陈)登为东城太守。广陵吏民佩其恩德,共拔郡随登,老弱襁负而追之。登晓语令还,曰:'太守在卿郡,频致吴寇,幸而克济。诸卿何患无令君乎?'"⑥其二是孙权的势力渐及江北。多谋善战的陈登被调走,当地百姓的迁徙,这些因素致

---

① 《三国志》卷52《吴书·顾雍传》注引《吴书》载吴使徽返回江东后,"(孙)权问定云何,徽曰:'敌国隐情,卒难探察,然徽潜采听,方与袁谭交争,未有他意。'"

② 《三国志》卷52《吴书·顾雍传》注引《吴书》。

③ 《三国志》卷53《吴书·张纮传》。

④ 《三国志》卷53《吴书·张纮传》。

⑤ 《三国志》卷47《吴书·吴主传》注引《江表传》。

⑥ 《三国志》卷7《魏书·陈登传》注引《先贤行状》。

使该郡的户口以及经济、军事力量均被削弱,其南境濒江的广陵、江都、海陵、舆等县大多被迫放弃,"孙权遂跨有江外。"①据《三国志》卷51《吴书·宗室传》记载,孙权任命族兄孙河为将军,领兵镇守广陵对岸的京城(今江苏镇江市)。《吴书》曰:"河质性忠直,讷言敏行,有气干,能服勤。少从坚征讨,常为前驱。后领左右兵,典知内事,待以腹心之任。又从策平定吴、会,从权讨李术。术破,拜威寇中郎将,领庐江太守。"②"后为将军,屯京城。"③因此笔者判断,孙权在江北沿岸可能只是派驻了少数斥候部队,担任巡逻和警戒工作。

## 六、建安后期淮南战局与孙权进攻徐州计划的兴废

建安十三年(208)冬,曹操南征荆州获胜后沿江东进,使他和孙权集团的矛盾迅速激化,以致引发了赤壁之役,战后双方又在相互接壤的淮南地带反复进行攻防厮杀。汉末的淮南可以张八岭山地为界,分为东西两部。东部是湖沼散布的苏北江淮平原,即曹操的广陵郡。西部是皖北的淮阳丘陵与江淮沿岸的带状平原,南有巢湖,北有芍陂。《读史方舆纪要》卷19引薛氏曰:"大抵淮东之地,沮泽多而丘陵少;淮西山泽相半,无水隔者独邾城白沙戍,入武昌及六安、舒城走南硖二路耳。"④三国时期,这两个区域各有一条沟通江淮的水道,东部为中渎水,西部是从濡须水口溯

---

① 《三国志》卷7《魏书·陈登传》注引《先贤行状》。
② 《三国志》卷51《吴书·宗室传·孙韶》注引《吴书》。
③ 《三国志》卷51《吴书·宗室传·孙韶》。
④ [清]顾祖禹:《读史方舆纪要》卷19《南直一·涂水》,第895页。

流到巢湖,再经施水至合肥,过将军岭附近的巢肥运河(或称江淮运河)①转入肥水,顺流经寿春进入淮河。建安后期(208—219)孙、曹军队主力的作战集中在淮南西部,沿着濡须水与施、肥二水进退。王象之曰:"古者巢湖水北合于肥河,故魏窥江南则循涡入淮,自淮入肥,缘肥而趣巢湖,与吴人相持于东关。吴人挠魏亦必缘此。司马迁谓'合肥、寿春受南北潮',盖此水耳。"②如曹操亲率大军"四越巢湖",两度兵临濡须口(今安徽无为县东南滨江处),孙权则在建安十三年(208)冬、二十年(215)秋及二十四年(219)三次出征合肥,均无功而返。双方都没有在淮南东部的广陵郡境大动干戈,仅有建安十三年(208)冬张昭领兵围攻过匡琦城③,由于当时"孙权率十万众攻围合肥城百余日"④,张昭所领部队不过是一支吸引与分散敌人兵力的偏师;他本人是文臣,并非擅长军事,因而只是佯攻而已。

广陵郡虽然在这段时期战事寥寥,但从史籍记载来看,由于

---

① 参见杨钧:《巢肥运河》,《地理学报》1958 年第 1 期;刘彩玉:《论肥水源与"江淮运河"》,《历史研究》1960 年第 3 期;张学锋:《巢肥运河与"施合于肥"》,《合肥学院学报》2006 年第 4 期。

② [清]顾祖禹:《读史方舆纪要》卷 19《南直一·肥水》,第 891 页。

③ 《三国志》卷 52《吴书·张昭传》注引《吴书》曰:"(孙)权征合肥,命(张)昭别讨匡琦。"史籍还有张昭此次围攻当涂县的记载,如《三国志》卷 47《吴书·吴主传》载建安十三年冬,"(孙)权自率众围合肥,使张昭攻九江之当涂。昭兵不利,权攻城逾月不能下。曹公自荆州还,遣张喜将骑赴合肥。未至,权退。"笔者按:如前所述,当涂县在今安徽淮河东岸,其地远在寿春东北,孙权当时攻合肥不下,距离寿春尚有二三百里路程,恐怕难以派兵远赴当涂作战。若从中渎水道进军,曹兵据守射阳、匡琦等城戍,扼守其水口,亦无法入淮过淮阴、钟离等地至当涂县,因此这段史料应有讹误。从当时形势判断,《吴书》所述张昭领兵攻打匡琦较为合理可靠。

④ 《三国志》卷 15《魏书·刘馥传》。

曹操在徐州布防薄弱，又有中渎水道的运输便利，故孙权屡次想从这一方向发动大规模进攻。孙氏集团占据江东以来，都城长期设在吴县（今江苏苏州市），依凭其财赋所出的太湖流域，政治中心和主力军队的屯据休整基地距离前线较远。赤壁之役后孙曹交战频繁，为了指挥、联络和调动军队的方便，孙权在建安十四年（209）迁都于京（今江苏镇江市）①，位于广陵城的对岸，并任命镇守京城的孙韶"为广陵太守、偏将军"②。两年后又向西迁都于形势更为有利的秣陵，改称建业（今江苏南京市）。《江表传》曰："（张）纮谓（孙）权曰：'秣陵，楚武王所置，名为金陵。地势冈阜连石头，访问故老，云昔秦始皇东巡会稽经此县，望气者云金陵地形有王者都邑之气，故掘断连冈，改名秣陵。今处所具存，地有其气，天之所命，宜为都邑。'权善其议，未能从也。后刘备之东，宿于秣陵，周观地形，亦劝权都之。权曰：'智者意同。'遂都焉。"③据《献帝春秋》记载，刘备当时还提出芜湖也适合建都，却被孙权否决，他的理由就是将来要经中渎水道北攻徐州，国君和军队主力常驻在秣陵，距离中渎水的入口广陵更近。"权曰：'秣陵有小江百余里，可以安大船。吾方理水军，当移据之。'备曰：'芜湖近濡须，亦佳也。'权曰：'吾欲图徐州，宜近下也。'"④

---

① 《三国志》卷 62《吴书·胡综传》曰："从讨黄祖，拜鄂长。（孙）权为车骑将军，都京，召综还，为书部。"笔者按：孙权担任车骑将军是在建安十四年冬，即周瑜击败曹仁、占领南郡之后。参见《三国志》卷 47《吴书·吴主传》："（建安）十四年，瑜、仁相守岁余，所杀伤甚众。仁委城走。权以瑜为南郡太守。刘备表权行车骑将军，领徐州牧。"所以他迁都京城应该是在当年。
② 《三国志》卷 51《吴书·宗室传·孙韶》。
③ 《三国志》卷 53《吴书·张纮传》注引《江表传》。
④ 《三国志》卷 53《吴书·张纮传》注引《献帝春秋》。

　　建安十七年（212），曹操因为兵力不足而收缩防线，准备将淮南居民迁往江北，引起当地百姓的恐慌，纷纷逃亡江南。《三国志》卷47《吴书·吴主传》建安十八年正月条曰："初，曹公恐江滨郡县为权所略，征令内移。民转相惊，自庐江、九江、蕲春、广陵户十余万皆东渡江。江西遂虚，合肥以南惟有皖城。"尤其是东部的广陵郡，几乎未加设防。"淮南滨江屯候皆彻兵远徙，徐、泗、江、淮之地，不居者各数百里。"①由于曹操对淮南西部重镇合肥的防御非常重视，留有张辽、李典、乐进等精兵强将，孙权的进攻一再失利，在此情况下面对防务空虚的广陵，使他兵进徐州的愿望更为迫切，只是因为屡受曹操攻击，又与刘备争夺湘水以东的荆州诸郡，所以迟迟未能成行。

　　鲁肃在周瑜死后领兵，他一直力主与刘备共同抗曹，能够基本维持着双方的盟约与合作关系。建安二十二年（217）鲁肃病故，继任的吕蒙积极主张偷袭荆州，消灭关羽，说服孙权打消了进攻徐州的计划。《三国志》卷54《吴书·吕蒙传》记载他曾和孙权秘密商讨作战方案，文字较为简略。《资治通鉴》卷68对此叙述更加详细："初，鲁肃尝劝孙权以曹操尚存，宜且抚辑关羽，与之同仇，不可失也。及吕蒙代肃屯陆口，以为羽素骁雄，有兼并之心，且居国上流，其势难久。"因而向孙权提出建议："今令征虏（孙皎）守南郡，潘璋住白帝，蒋钦将游兵万人循江上下，应敌所在，蒙为国家前据襄阳，如此，何忧于操，何赖于羽！且羽君臣矜其诈力，所在反覆，不可以腹心待也。今羽所以未便东向者，以至尊圣明，蒙等尚存也。今不于

---

①《三国志》卷51《吴书·宗室传·孙韶》。

强壮时图之，一旦僵仆，欲复陈力，其可得邪！"此时孙权已有进攻徐州的计划，所以犹豫不定，企图将袭取荆州的战役延后。"权曰：'今欲先取徐州，然后取羽，何如？'"胡三省注："自广陵以北，皆徐州之地。"汉末曹魏徐州治所均在下邳（今江苏睢宁市西北）。吕蒙认为徐州虽然防御薄弱，但是所在黄淮平原地势开旷，交通便利，有利于发挥曹操步骑兵种战斗力强的优势，而孙吴擅长水战的长处难以施展；而且距离后方较远，在前线投入大量兵力作战有很多困难。最好还是溯江西进，夺取关羽镇守的荆州。"今操远在河北，抚集幽、冀，未暇东顾，余土守兵，闻不足言，往自可克。然地势陆通，骁骑所骋，至尊今日取徐州，操后旬必来争，虽以七八万人守之，犹当怀忧。不如取羽，全据长江，形势益张，易为守也。"这段话说明曹操事先认识到孙权即使占领徐州也难以持久，所以敢于削弱当地的防务。胡三省还对此评论道："吕蒙自量吴国之兵力不足北向以争中原者，知车骑之地，非南兵之所便也。"即从军队数量和战术层面分析，提出北攻徐州不可取；应该扬长避短，攻击实力较弱的对手；泛舟上下，又能够保住长江防线。吕蒙的建议说服了孙权，"权尤以此言为当"[1]，因而撤销了经广陵去进攻徐州的计划，而暗地筹备偷袭荆州。建安二十四年（219）秋，关羽水淹七军、兵围樊城，孙权乘其后方空虚不备，派吕蒙统军迅速占领江陵等地，擒杀关羽，实现了"全据长江"的战略构想。

---

①《三国志》卷 54《吴书·吕蒙传》。

## 七、魏文帝在广陵地区的用兵

汉末至晋初期间,广陵地区规模最大的几次战役行动都发生于曹丕统治时期,他在黄初三至四年(222—223)、五年(224)、六年(225)连续大举出兵,经过中渎水道南下到达江畔,在江淮平原这一区域投入军队数量之众,是三国历史上空前绝后的。以下分述其进攻情况:

### (一)黄初年间曹魏在广陵郡境的军事行动

1. 洞浦之役。夷陵之战结束后,刘备败退永安,无力再与孙权为敌,而魏、吴两国的矛盾冲突迅速升级。黄初三年(222)九月,孙权拒绝遣送太子孙登赴洛阳为人质,曹丕随即下令征吴。"帝自许昌南征,诸军兵并进,(孙)权临江拒守。"①魏国此番作战分兵三路,"乃命曹休、张辽、臧霸出洞口,曹仁出濡须,曹真、夏侯尚、张郃、徐晃围南郡。"②其中西边进攻江陵(今湖北荆州市)一路为主攻方向,曹魏的精锐"中军"和荆州部队部署在那里,曹丕亲自坐镇宛城(今河南南阳市)指挥调度。但是由曹休统率的东路军队数量也很可观,"帝征孙权,以休为征东大将军,假黄钺,督张辽等及诸州郡二十余军,击(孙)权大将吕范等于洞浦。"③据《三国志》卷23《魏书·赵俨传》记载,这二十余支部队是从五个州征调

①《三国志》卷2《魏书·文帝纪》。
②《三国志》卷47《吴书·吴主传》黄武元年。
③《三国志》卷9《魏书·曹休传》。

来的。"黄初三年,赐爵关内侯。孙权寇边,征东大将军曹休统五
州军御之,征俨为军师。"洪饴孙注曰:"(魏)征东将军统青、兖、
徐、扬四州刺史,资深者为大将军。未言统五州军也。"①笔者按:
曹休这次征吴麾下除上述四州军队之外,还有豫州刺史贾逵率领
的兵马,因此史载"统五州军"。参见《三国志》卷15《魏书·贾逵
传》:"黄初中,与诸将并征吴,破吕范于洞浦。"曹休统率二十余支
部队的具体数量缺乏文献记载,他在洞浦之役曾派遣臧霸选拔出
"敢死万人"②的精锐渡江作战,可见军队总数应该远远超过此
数。六年之后,曹休又从寿春带领大兵进攻庐江,"帅步骑十万,
辎重满道,径来入皖。"③其中还不包括贾逵所统的豫州军队。
因此笔者推测,曹休在洞浦之役统率的军队总数可能会接近上
述"步骑十万"的规模;其行军路线主要是经淮河入中渎水,南下
抵达广陵、江都及海陵等临江诸县。可见《三国志》卷17《魏
书·张辽传》:"孙权复叛,帝遣辽乘舟,与曹休至海陵,临江。权
甚惮焉,敕诸将:'张辽虽病,不可当也,慎之!'是岁,辽与诸将
破权将吕范。"

　　孙权此时驻跸武昌(今湖北鄂州市),将扬州的江防交付吕
范、贺齐镇守,二人分别管辖的防区以扶州为界④。《三国志》卷
56《吴书·吕范传》曰:"权破羽还,都武昌,拜范建威将军,封宛陵
侯,领丹杨太守,治建业,督扶州以下至海。"贺齐则"拜安东将军,

---

①卢弼:《三国志集解》,第567页。

②《三国志》卷47《吴书·吴主传》黄武元年十一月。

③《三国志》卷60《吴书·周鲂传》。

④谢钟英曰:"扶州当系江宁西南江中之洲,未能确指其地。"[清]洪亮吉撰,[清]谢钟
　英补注:《〈补三国疆域志〉补注》,《二十五史补编·三国志补编》,第537页。

封山阴侯,出镇江上,督扶州以上至皖。"①这次曹休兵出广陵,在建业以东,故孙权命令吕范率当地部队应战,总共只有五支军队,其数量比起曹休统领二十余军要少得多。"权遣吕范等督五军,以舟军拒休等。"②部将有徐盛、全琮、孙韶等人③。此次战役的交兵地点,文献记载发生在洞浦,或称洞口、洞口浦,其地望在汉历阳县(今安徽和县)西南江畔。《太平寰宇记》卷 124《淮南道二》"和州·历阳县"条曰:"洞口浦,魏将曹休、张辽伐吴至此,吴军相望。《水经注》云,江水左列洞口。"④《读史方舆纪要》卷 29 亦曰:"洞浦,在(和)州西南,临江。亦曰洞口。曹丕黄初三年伐吴,分命曹休等出洞口。"又云:"洞浦盖亦江浦之别名矣。"⑤汉献帝延康元年(220)夏侯惇去世,曹丕任命曹休接管扬州军务,他曾领兵由合肥南下攻占历阳,甚至渡江去袭扰芜湖。"夏侯惇薨,以休为镇南将军,假节都督诸军事……孙权遣将屯历阳,休到,击破之,又别遣兵渡江,烧贼芜湖营数千家。迁征东将军,领扬州刺史,进封安阳乡侯。"⑥此番他率众到达广陵,却没有进攻对岸的京城(今江苏镇江市),反而溯流而上,将水陆兵马主力集结在洞浦。笔者分析其原因,可能是由于广陵一带江面宽阔,风涛汹涌,不宜进行大规模渡江行动;而历阳与对面的牛渚(今安徽马鞍山市采

---

① 《三国志》卷 60《吴书·贺齐传》。
② 《三国志》卷 47《吴书·吴主传》黄武元年。
③ 《三国志》卷 56《吴书·吕范传》:"曹休、张辽、臧霸等来伐,范督徐盛、全琮、孙韶等,以舟师拒休等于洞口。"
④ [宋]乐史撰,王文楚等校点:《太平寰宇记》卷 124《淮南道二》,第 2456 页。
⑤ [清]顾祖禹:《读史方舆纪要》卷 29《南直十一》,第 1422 页。
⑥ 《三国志》卷 9《魏书·曹休传》。

石矶)距离较近,因此船队航渡更为便利。顾祖禹曾曰:"昔人谓采石渡江,江面比瓜洲为狭,故繇采石济者常居十之七。夫自唐以来,沙洲日积,江面南北相距仅七八里,故昔日之采石比京口为重,而近日之京口比采石为切,消息之理也。"①另外,京口附近地形复杂,易于守备而不利于军队登陆作战。"沿江一带汊港支分,沙洲错列,而金、焦以至圌山,皆战守所资矣。"②这应该也是其中的缘故。

　　双方军队在洞浦隔江对峙,孙吴舟舰由于突遇南来飓风,被刮向北岸,多有覆溺,或因队形混乱而进入魏军水师营地,遭到围歼,损失惨重。"值天大风,诸船绠绁断绝,漂没著岸,为魏军所获,或覆没沉溺。其大船尚存者,水中生人皆攀缘号呼,他吏士恐船倾没,皆以戈矛撞击不受。"③曹丕下诏吹嘘说:"今征东诸军与权党吕范等水战,则斩首四万,获船万艘。"④实际上只消灭了数千人,参见《三国志》卷47《吴书·吴主传》黄武元年:"冬十一月,大风,范等兵溺死者数千,余军还江南。"吕范本传亦曰:"时遭大风,船人覆溺,死者数千。"⑤战后曹休乘机派遣臧霸渡江袭击,"以轻船五百、敢死万人袭攻徐陵,烧攻城车,杀略数千人。将军全琮、徐盛,追斩魏将尹卢,杀获数百。"⑥史家旧说徐陵为京口附

①[清]顾祖禹:《读史方舆纪要》卷25《南直七》,第1250页。
②[清]顾祖禹:《读史方舆纪要》卷25《南直七》,第1255页。
③《三国志》卷57《吴书·吾粲传》。
④《三国志》卷2《魏书·文帝纪》黄初四年三月注引《魏书》载丙午诏。
⑤《三国志》卷56《吴书·吕范传》。
⑥《三国志》卷47《吴书·吴主传》黄武元年十一月。

近地名①，谢钟英指出孙吴有两处徐陵，臧霸进攻之徐陵在建业西边的洞浦对岸，"今太平府西南东梁山之北。"②在今安徽马鞍山市当涂县境，并非京口别名。梁允麟亦云吴丹阳县（治今安徽当涂县小丹阳镇），"有徐陵，在县西南东梁山之北，与江北和县洞浦，亦称洞口相对。"又曰："徐陵亭在京口，今江苏镇江，故京口亦名徐陵。但臧霸所攻之徐陵则在今安徽当涂县，《通典》、《元和志》以为魏军所攻徐陵在京口，误。"③是役吴军水陆战死合计在万人左右，对于麾下只有"五军"的吕范来说，可谓是重大挫折；尤其是水军战船和将士损失惨重。据《三国志》卷60《吴书·贺齐传》记载："会洞口诸军遭风流溺，所亡中分，将士失色。"可见孙吴水军的战斗力大约丧失了50％，幸亏驻守扬州西部的贺齐领兵赶来救援，形势才转危为安。"黄武初，魏使曹休来伐，齐以道远后至，因住新市为拒……赖齐未济，偏军独全，诸将倚以为势。"④魏军在洞浦获胜后，曹丕曾命令乘胜大举渡江进攻，但曹休犹豫迟疑，结果被贺齐援兵赶到，因而贻误了战机。见《三国志》卷14《魏书·董

---

① 《资治通鉴》卷80晋武帝咸宁五年八月胡三省注："徐陵与洞浦对岸。吴主权时，吕范洞浦之败，魏臧霸渡江攻徐陵，全琮、徐盛击却之。又华覈封徐陵亭侯，则徐陵盖亭名。吴以其临江津，置督守之。南徐州记曰：京口先为徐陵，其地盖丹徒县之西乡京口里也。"[清]顾祖禹：《读史方舆纪要》卷25《南直七·镇江府》："徐陵亭，在府西。《南徐记》：'京口先为徐陵镇，其地盖丹徒县西乡京口里也。'《通释》：'徐陵、丹徒、京城，其实一也。'吴黄武元年吕范败于洞浦，魏臧霸以轻船袭徐陵，全琮、徐盛击却之。刘氏曰：'徐陵本亭名，华覈封徐陵亭侯是也。吴以其临江津，因置徐陵督守之。'"第1257页。

② [清]洪亮吉撰，[清]谢钟英补注：《〈补三国疆域志〉补注》，《二十五史补编·三国志补编》，第538页。

③ 梁允麟：《三国地理志》，第264—265页。

④ 《三国志》卷60《吴书·贺齐传》。

昭传》：“暴风吹贼船，悉诣（曹）休等营下，斩首获生，贼遂迸散。
诏敕诸军促渡。军未时进，贼救船遂至。”此后魏吴两军进入相持
阶段，至明年三月曹魏全线撤兵。

　　这次战役结束后，双方都进行了表彰奖励。魏国方面有主帅
曹休，“击（孙）权大将吕范等于洞浦，破之。拜扬州牧。”[1]军师赵
俨，“权众退，军还，封宜土亭侯，转为度支中郎将，迁尚书。”[2]豫州
刺史贾逵，“破吕范于洞浦，进封阳里亭侯，加建威将军。”[3]兖州刺
史王凌，“夜大风，吴将吕范等船漂至北岸。凌与诸将逆击，捕斩
首虏，获舟船，有功，封宜成亭侯，加建武将军。”[4]吴国方面则有主
将吕范拜扬州牧，徐盛“迁安东将军，封芜湖侯”[5]。全琮亦有封
赏，“迁琮绥南将军，进封钱唐侯。”[6]对此史家曾提出质疑，认为吕
范等将屡遭挫败，孙权为什么还要对他们进行奖赏？“据《魏志》
纪传所载，范军大挫。此虽敌国夸张之辞，然《孙权传》及（吕范）
本传俱云船人覆溺，死者数千，亦不讳败，是范军无功可证。而封
侯拜牧，俨若战胜酬庸者何也？”[7]卢弼认为，吕范等人以寡敌众，
虽然损兵折将，船只多有毁失，却阻止了魏军渡江占领建业等地
的企图，因而在战略上考量是成功的。徐盛、全琮等将的反击也
小有斩获，这是孙权对其予以嘉奖并鼓励士气的缘故。“盖当时
曹休率二十六军而来，愿将锐卒虎步江南，魏文且躬自督师，敕诸

①《三国志》卷9《魏书·曹休传》。
②《三国志》卷23《魏书·赵俨传》。
③《三国志》卷15《魏书·贾逵传》。
④《三国志》卷28《魏书·王凌传》。
⑤《三国志》卷55《吴书·徐盛传》。
⑥《三国志》卷60《吴书·全琮传》。
⑦卢弼：《三国志集解》，第1041页。

军促渡。军未前进,竟无所获。吴则疆域无虞,魏则尹卢战死。以少击众,退走敌军,保境之功,诚不可没。徐盛、全琮同进爵赏,仲谋之善于御将,此亦其一端也。"①

2. **曹丕初征广陵。**魏国的三道征吴历时半年,没有获得显著战果,曹仁在濡须兵败而退,洞浦战后曹休与吕范、贺齐等形成对峙局面,曹真、夏侯尚则对江陵久攻不下,魏文帝只得在黄初四年(223)三月颁诏还师。他声称:"昔周武伐殷,旋师孟津,汉祖征隗嚣,还军高平,皆知天时而度贼情也。且成汤解三面之网,天下归仁。今开江陵之围,以缓成死之禽。且休力役,罢省繇戍,畜养士民,咸使安息。"②在休整岁余之后,曹丕重燃战火,亲自统率军队至广陵。当年吴国的山越发动叛乱,有部分江防军队被抽调镇压,故魏国君臣乘机出征。发兵之前,魏文帝还派遣使者向孙权伪称议和,企图借此麻痹对手③。据《三国志》卷2《魏书·文帝纪》记载,曹丕在黄初五年(224)七月离开洛阳,东巡至许昌。"八月,为水军,亲御龙舟,循蔡、颖,浮淮,幸寿春。"然后聚集各地部队和给养,经中渎水道南下。"九月,遂至广陵,赦青、徐二州,改易诸将守。"他在广陵地区盘桓月余,未与敌兵交战,即班师撤回。"冬十月乙卯,太白昼见。行还许昌宫。"

《三国志》卷14《魏书·刘晔传》对于这次战役的记述值得关

---

① 卢弼:《三国志集解》,第1041页。
② 《三国志》卷2《魏书·文帝纪》黄初四年三月注引《魏书》载丙午诏。
③ 《三国志》卷47《吴书·吴主传》黄武三年注引《吴录》:"是岁蜀主又遣邓芝来聘,重结盟好。权谓芝曰:'山民作乱,江边守兵多彻,虑曹丕乘空弄态,而反求和。议者以为内有不暇,幸来求和,于我有利,宜当与通,以自辨定。恐西州不能明孤赤心,用致嫌疑。孤土地边外,间隙万端,而长江巨海,皆当防守。丕观衅而动,惟不见便,宁得忘此,复有他图。'"

注。"(黄初)五年,幸广陵泗口,命荆、扬州诸军并进。"可见魏国仍然是分兵三路,曹丕所部有随驾的中军主力以及邻近战地的各州军队;同时命令荆州、扬州驻军策应进攻,应该是从襄阳、合肥两地南下,威胁孙吴的江陵和濡须。此处记载文帝曾驻在广陵泗口,是位于淮北的泗水入淮之口,是此时曹魏广陵郡治所在。卢弼注曰:"泗口,三国魏时在徐州广陵郡淮阴县,今在江苏淮安府清河县北。淮阴县,前汉属临淮郡,后汉属下邳郡,三国魏为广陵郡治。《水经》:淮水又东北至下邳淮阴县西,泗水从西北来注之。"①而前引《刘晔传》又云:"大驾停住积日,(孙)权果不至,帝乃旋师。"因此有些史家认为曹丕此役只是停驻淮阴,并未到达江滨的广陵城。如梁允麟言魏文帝三征东吴,"第二次,黄初五年(224年),只至广陵淮阴之泗口,双方并未交兵。"②但实际上,史籍中还有许多关于曹丕当年兵临江畔的记载。卢弼即据此认为不能仅凭《刘晔传》的孤证来认定魏文帝在淮阴停留后撤退。其文曰:

> 然《吴志·孙权传》黄武三年九月,魏文帝出广陵,望大江,曰:"彼有人焉,未可图也!"注引干宝《晋纪》曰:"魏文帝在广陵,吴人临江为疑城,自石城至于江乘,一夕而成。魏人自江西望,甚惮之,遂退军。"《徐盛传》:"盛建计从建业筑围,围上设假楼。文帝到广陵,望围愕然。"注引《魏氏春秋》云文帝叹曰:"魏虽有武骑千群,无所用也。"据以上所云,魏文已由泗口南进至广陵废郡,即今扬州府江都县地。若仅至泗

---

① 卢弼:《三国志集解》,第404—405页。
② 梁允麟:《三国地理志》,第151页。

口,不能望大江,亦不能望围愕然,临流而叹也。①

此外,黄初六年(225)曹丕再次出征广陵前夕,鲍勋曾极力谏阻曰:"往年龙舟飘荡,隔在南岸,圣躬蹈危,臣下破胆。此时宗庙几至倾覆,为百世之戒。"②是说文帝在去年曾乘舟入江,被暴风吹往对岸,几乎身陷不测。卢弼注:"据此魏文已至大江中流矣。"③此事又见于《资治通鉴》卷70黄初五年九月:"时江水盛长……帝御龙舟,会暴风漂荡,几至覆没。"可见曹丕率军临江,应属确凿无疑的史实。由于广陵气候恶劣,风涛汹涌,加上被徐盛的伪装筑围所欺骗,文帝未敢渡江进攻,逗留月余后就下令班师了。

3.**曹丕再征广陵。**魏文帝自广陵退兵后没有返回京师洛阳,而是驻跸东邻的许昌,这样更加便于他和护驾的中军开赴徐州,此举反映了曹丕对上次作战无功而返很不甘心,企图再赴前线。黄初六年(225)开始后,魏文帝为大举出征进行了一系列准备工作。"春二月,遣使者循行许昌以东尽沛郡,问民所疾苦,贫者振贷之。"④实际上,曹丕派遣官员巡视许昌以东地区,也含有为下次东征检查沿途战备情况的使命。从他当时颁发诏书的内容来看,已经明确表示了为进军广陵所做人事调动安排以及长期驻扎的决心。《魏略》载诏曰:

> 吾今当征贼,欲守之积年。其以尚书令颍乡侯陈群为镇军大将军,尚书仆射西乡侯司马懿为抚军大将军。若吾临江

---

①卢弼:《三国志集解》,第97页。
②《三国志》卷12《魏书·鲍勋传》。
③卢弼:《三国志集解》,第97页。
④《三国志》卷2《魏书·文帝纪》。

授诸将方略,则抚军当留许昌,督后诸军,录后台文书事;镇军随车驾,当董督众军,录行尚书事;皆假节鼓吹,给中军兵骑六百人。吾欲去江数里,筑宫室,往来其中,见贼可击之形,使出奇兵击之;若或未可,则当舒六军以游猎,飨赐军士。[1]

当年"三月,行幸召陵,通讨虏渠。乙巳,还许昌宫……辛未,帝为舟师东征"[2]。召陵在今河南郾城县东,"讨虏渠"是为了对吴作战的运输便利而开凿的运河。《资治通鉴》卷70黄初六年三月胡三省注引李贤曰:"召陵故城在今豫州郾城县东,通讨虏渠以伐吴也。"据王育民考证,其渠道在今河南郾城、商水两县之间,为沟通颍水与汝水的河道[3]。值得注意的是,曹丕并未直接开赴广陵,而是辗转其故乡谯(今安徽亳州市,时为曹魏别都),停留了三个月,才亲率动身南下。"五月戊申,幸谯……八月,帝遂以舟师自谯循涡入淮,从陆道幸徐。"[4]至十月,"行幸广陵故城,临江观兵。"[5]在此期间,爆发了青州利成郡的军事叛乱,很快遭到镇压。"六月,利成郡兵蔡方等以郡反,杀太守徐质。遣屯骑校尉任福、步兵校尉段昭与青州刺史讨平之,其见胁略及亡命者,皆赦其罪。"[6]田余庆认为,"曹丕此次东征,至谯,延宕近半年,当时由于利城兵变的缘故。在循涡入淮的途中,曹丕离船,由陆道至徐(县

---

①《三国志》卷2《魏书·文帝纪》注引《魏略》。
②《三国志》卷2《魏书·文帝纪》。
③参见王育民:《中国历史地理概论》(上),第268页。
④《三国志》卷2《魏书·文帝纪》。
⑤《三国志》卷2《魏书·文帝纪》。
⑥《三国志》卷2《魏书·文帝纪》。

治今江苏泗洪境），驻留一二月，也当与徐州兵变之事有关。"①曹丕驻跸谯县期间，曾就进军广陵的问题召集群臣集议。鲍勋当面提出反对，认为此举劳民伤财，没有必胜的把握。"（黄初）六年秋，帝欲征吴，群臣大议，勋面谏曰：'王师屡征而未有所克者，盖以吴、蜀唇齿相依，凭阻山水，有难拔之势故也……今又劳兵袭远，日费千金，中国虚耗，令黠虏玩威，臣窃以为不可。'"②曹丕却固执己见，反而将鲍勋贬职。蒋济也警告说中渎水道的一些航段发生淤塞，行船困难，同样没有引起重视。"车驾幸广陵，济表水道难通，又上《三州论》以讽帝，帝不从。"③

魏国此番用兵规模浩大，"临江观兵，戎卒十余万，旌旗数百里。"④曹丕检阅时赋诗曰："观兵临江水，水流何汤汤！戈矛成山林，玄甲耀日光。猛将怀暴怒，胆气正从横。谁云江水广，一苇可以航。"⑤但是当年冬天广陵地区气温骤降，江都附近的中渎水道南段发生冰冻，船队无法驶入长江，只得收兵撤退。"是岁大寒，水道冰，舟不得入江，乃引还。"⑥在班师途中，驻守京城（今江苏镇江市）的吴军派遣小股部队渡江夜袭曹丕车驾，险获成功。"孙韶又遣将高寿等率敢死之士五百人于径路夜要之。帝大惊，寿等获副车羽盖以还。"⑦

①田余庆：《汉魏之际的青徐豪霸问题》，《历史研究》1983 年第 3 期。
②《三国志》卷 12《魏书·鲍勋传》。
③《三国志》卷 14《魏书·蒋济传》。
④《三国志》卷 2《魏书·文帝纪》。
⑤《三国志》卷 2《魏书·文帝纪》注引《魏书》。
⑥《三国志》卷 2《魏书·文帝纪》。
⑦《三国志》卷 47《吴书·吴主传》黄武四年注引《吴录》。

## (二)曹丕在广陵大举用兵的原因

魏文帝为什么要把对吴作战的主攻方向转移到广陵地区？笔者分析有以下因素。首先，曹魏建都于洛阳，其经济重心区域是北方的冀、兖、司、豫四州。如杜恕所言："今荆、扬、青、徐、幽、并、雍、凉缘边诸州皆有兵矣，其所恃内充府库外制四夷者，惟兖、豫、司、冀而已。"[1]要将大量的军队和物资从中原投送到千余里外的长江沿岸，车载畜驮、步骑行进的陆运方式耗时费力，而采取船只航运则会明显减轻负担[2]。汉末三国时期沟通南北的水道仅有三条，即汉水，肥水－施水－濡须水，以及中渎水。赤壁之战以来，曹操在江汉平原、濡须水流域长期作战却未占得上风，先是被迫放弃南郡，退守襄阳，后又"四越巢湖不成"[3]；始终未能在长江北岸控制一块港口区域，作为今后渡江作战的出发基地。上述情况迫使曹丕改变思路，设法转移军队的主攻方向，使用中渎水道运送兵粮。从洞浦之役的情况来看，吴国在广陵地区的防御相对薄弱（如前所述，吕范部下的水军只有万余人），守军平常屯集于对岸的京城（今江苏镇江市），并未在江北建立要戍，基本上放弃了对江淮平原的设防。曹魏军队经中渎水道南下，沿途没有遇到阻击，可以顺利抵达江畔。当地孙吴水军由于兵力有限，不敢主动过江挑战，任凭曹休的战船西行至洞浦。在当年的三道征吴作战中，吴军在濡须和江陵的抵抗非常顽强，以致曹仁与曹真的部

①《三国志》卷16《魏书·杜畿附子恕传》。
②《史记》卷118《淮南衡山列传》："上取江陵木以为船，一船之载当中国数十两车。"
③《三国志》卷35《蜀书·诸葛亮传》注引《汉晋春秋》。

队死伤惨重；只有曹休在洞浦前线屡传捷报，反映出当地的防御力量较弱，这使魏文帝认为进攻广陵有机可乘，故随后将主力部队调往东线，企图避重就轻而获得胜利。

其次，孙权在袭取荆州之后，把国都迁往武昌，其部队精锐主力"中军"也随驾部署在那里。黄初三年（222）魏军进攻江陵和沔口，吴国当地守军以逸待劳，又得到孙权就近发兵支援[①]，在形势上具有以主待客之利，这也是魏军受挫的原因之一。曹丕亲领大军开赴江陵的另一个缘故，是企图诱使孙权率吴军主力离开武昌，跋涉二千余里回到建业附近交战，这样自己就可以反客为主，等待迎战远来的疲惫之敌。正因如此，曹丕在广陵之役中急切盼望孙权到来。《三国志》卷14《魏书·刘晔传》载文帝在前线"会群臣，问：'（孙）权当自来不？'咸曰：'陛下亲征，权恐怖，必举国而应。又不敢以大众委之臣下，必自将而来。'"只有刘晔判断孙权不会中计，"彼谓陛下欲以万乘之重牵己，而超越江湖者在于别将，必勒兵待事，未有进退也。"当时曹丕的心情为敌国所知晓，因此出现了派人诈降谎报孙权到来的事件。"帝幸广陵，（卫臻）行中领军，从。征东大将军曹休表得降贼辞，'孙权已在濡须口。'臻曰：'权恃长江，未敢抗衡，此必畏怖伪辞耳。'考核降者，果守将诈所作也。"[②]

再次，吴国擒杀关羽、占领南郡后，当地受长期战争影响而经

---

① 《三国志》卷18《魏书·文聘传》："与夏侯尚围江陵，使聘别屯沔口，止石梵，自当一队，御贼有功。"石梵在今湖北天门县东南，此段史料实际上反映了文聘进攻沔口（今湖北武汉市汉阳区）受挫，退往石梵进行防御，抵挡住吴军的反击。《三国志》卷56《吴书·朱然传》载江陵被围时，"（孙）权遣将军孙盛督万人备州上，立围坞，为然外救。"
② 《三国志》卷22《魏书·卫臻传》。

济衰弱。孙权被迫在当年宣布："尽除荆州民租税。"①他由建业迁都武昌，当地的自然环境相当贫瘠。如陆凯所言："又武昌土地，实危险而塉确，非王都安国养民之处，船泊则沉漂，陵居则峻危。"②将宫廷亲眷侍从、百官僚属与戍卫军队安置于此，需要数量庞大的生活资料，这是荆州无法满足的，必须主要依靠江东地区来提供。孙吴的财赋渊薮是在太湖流域，曹丕兵赴广陵，也是准备渡江攻击孙权的后方，想要摧毁其经济重心，或是断绝吴都武昌的粮饷来援，属于釜底抽薪之计。据干宝《晋纪》所载，黄初五年，"魏文帝之在广陵，吴人大骇。"③可见确实起到了出敌不意的效果，使吴国君臣感受到严重的威胁。

### (三)广陵之役失利的原因

魏文帝三次大举出兵广陵，都是想要突破敌人的扬州防线，登陆后攻击、占领吴国故都建业附近的沿江地带，甚至是后方太湖流域。如曹休所言："愿将锐卒虎步江南，因敌取资，事必克捷。"④《三国志》卷55《吴书·徐盛传》载黄武三年(224)："魏文帝大出，有渡江之志。"黄武四年(225)，"是冬魏文帝至广陵，临江观兵，兵有十余万，旌旗弥数百里，有渡江之志。"⑤上述记载都表明了这一战略目的。但是曹丕连续出征未能如愿，劳师动众、耗费财赋而一无所获，从三次战役的结局来看均未达到预期效果，应

①《三国志》卷47《吴书·吴主传》建安二十四年。
②《三国志》卷61《吴书·陆凯传》。
③《三国志》卷47《吴书·吴主传》注引干宝《晋纪》。
④《三国志》卷14《魏书·董昭传》。
⑤《三国志》卷47《吴书·吴主传》注引《吴录》。

该说是以失败告终。导致魏文帝在广陵用兵失利的因素很多,下文分别予以探析。

　　首先,就天时而言,这三次进攻都选择在秋末冬初,显然是为了避免南方的暑热,以及春夏流行的时疫。周瑜曾说曹操:"驱中国士众远涉江湖之间,不习水土,必生疾病。"①北方将士在秋冬季节出征江南,有利于减少他们因为水土不服而带来的发病概率,却没有料到会出现"时大寒冰,舟不得入江"②的情况,以致于前功尽弃,只得班师。另外,长江北岸的许多支流在冬季进入枯水期,河道淤浅难以行舟。例如司马懿进攻皖城时说过:"若敢固守,湖水冬浅,船不得行,势必弃水相救,由其所短,亦吾利也。"③孙权与曹操相持于濡须口,"权为笺与曹公说:'春水方生,公宜速去。'别纸言:'足下不死,孤不得安。'曹公语诸将曰:'孙权不欺孤。'乃彻军还。"④中渎水道也是如此,故黄初六年(225)冬魏军从广陵撤退时,"还到精湖,水稍尽",造成船队搁浅,"于是战船数千皆滞不得行"⑤。急得曹丕想要效仿曹操在赤壁焚舟之举,他在后来追述道:"吾前决谓分半烧船于山阳池中"⑥,幸亏蒋济献策,用筑堤蓄水之法解脱了困境。"船本历适数百里中,(蒋)济更凿地作四五道,蹴船令聚;豫作土豚遏断湖水,皆引后船,一时开遏入淮中。"⑦

　　其次,在地利方面,曹丕则没有注意广陵附近江面宽阔、风涛

---

①《三国志》卷54《吴书·周瑜传》。

②《三国志》卷47《吴书·吴主传》注引《吴录》。

③《晋书》卷1《宣帝纪》。

④《三国志》卷47《吴书·吴主传》注引《吴历》。

⑤《三国志》卷14《魏书·蒋济传》。

⑥《三国志》卷14《魏书·蒋济传》。

⑦《三国志》卷14《魏书·蒋济传》。

险恶的环境特点。汉魏六朝时期,长江在今扬州、镇江附近出海,形成一个巨大的喇叭形河口。《南齐书》卷14《州郡志上》曰:"(刘宋永初)三年,檀道济始为南兖州,广陵因此为州镇。土甚平旷,刺史每以秋月多出海陵观涛,与京口对岸,江之壮阔处也。"江流奔腾,海潮交集,致使当地往往发生波涛汹涌、阻碍航行的现象。前述黄初五年(224)东征,魏文帝乘坐的龙舟即在暴风巨浪中操纵失控,漂往南岸,他也险些作了吴军的俘虏。此外,江淮平原地势低洼,中渎水西侧的淮阳丘陵在雨季时多有洪流挟带泥沙注入河道,因而容易出现淤塞,需要经常维修疏通,才能保证船只的正常航行。但是从建安初年陈登离开广陵郡后,受战乱破坏、民众迁徙等因素的影响,这条运河在十余年内没有得到疏浚,致使部分航段行船困难。所以黄初六年(225),"车驾幸广陵,(蒋)济表水道难通,又上《三州论》以讽帝。"[1]却未引起曹丕的重视,以致船队在返程中搁浅于精(津)湖。这一事件还表明,即使当时没有发生大寒,魏国军队能够渡过长江,恐怕也无法利用中渎水道来向前线输送足够的粮饷器械和补充兵力。

再次,以人和为论,当时北方经历了汉末以来的长期战乱,赤地千里,人口骤降。如杜恕所言:"今大魏奄有十州之地,而承丧乱之弊,计其户口不如往昔一州之民。"[2]当务之急应是恢复发展社会经济,以求富国强兵。曹丕称帝后却连续发动大规模对吴战争,国家在财赋和人力上很难承受这样的沉重负担。史籍记载许多大臣曾对此表示反对。例如辛毗曰:"方今天下新定,土广民

---

[1]《三国志》卷14《魏书·蒋济传》。
[2]《三国志》卷16《魏书·杜畿附子恕传》。

稀。夫庙算而后出军，犹临事而惧，况今庙算有阙而欲用之，臣诚
未见其利也。先帝屡起锐师，临江而旋。今六军不增于故，而复
循之，此未易也。今日之计，莫若修范蠡之养民，法管仲之寄政，
则充国之屯田，明仲尼之怀远；十年之中，强壮未老，童龀胜战，兆
民知义，将士思奋，然后用之，则役不再举矣。"①王朗建议各部以
保境安民为要务，不可轻举妄动。"臣愚以为宜敕别征诸将，各明
奉禁令，以慎守所部。外曜烈威，内广耕稼，使泊然若山，澹然若
渊，势不可动，计不可测。"②鲍勋奏曰："今又劳兵袭远，日费千金，
中国虚耗，令黠虏玩威，臣窃以为不可。"③曹丕刚愎自用，拒纳谏
言，一再坚持出兵广陵。但是他色厉内荏，到达前线后望见长江
天险便心生畏惧，接连述说环境的艰险困厄，以便给自己的退兵
寻找口实。例如，"时江水盛长，帝临望，叹曰：'魏虽有武骑千群，
无所用之，未可图也。'"④《南齐书》卷14《州郡志上》载广陵郡境，
"有江都浦水，魏文帝伐吴出此，见江涛盛壮，叹云：'天所以限南
北也。'"《文选》卷29《杂诗上》有魏文帝在广陵赋诗一首，也反映
了他在前线的怯战心理。诗云：

> 西北有浮云，亭亭如车盖。惜哉时不遇，适与飘风会。
> 吹我东南行，南行至吴会。吴会非我乡，安能久留滞？弃置
> 勿复陈，客子常畏人。⑤

---

①《三国志》卷25《魏书·辛毗传》。
②《三国志》卷13《魏书·王朗传》。
③《三国志》卷12《魏书·鲍勋传》。
④《资治通鉴》卷70魏文帝黄初五年九月。
⑤［梁］萧统编，［唐］李善注：《文选》，第415页。

李善注曰："当时实至广陵,未至吴会。今言至者,据已入其地也。"①赵一清据此评论曹丕曰："其心怯于吴人如此。"②魏文帝在班师回朝后反省了自己轻率用兵的错误,下诏责己曰："穷兵黩武,古有成戒。况连年水旱,士民损耗,而功作倍于前,劳役兼于昔,进不灭贼,退不和民。夫屋漏在上,知之在下,然迷而知反,失道不远,过而能改,谓之不过。"并宣布以后要奉行罢兵休战以休养生息的政策,来恢复民生与国力。"今将休息,栖(刘)备高山,沉(孙)权九渊,割除摈弃,投之画外。"③从此后双方交战的情况来看,广陵之役的连续失利显然给了魏晋统治者以深刻教训,此后直至太康元年(280)西晋灭吴,北方政权再也没有经中渎水道和广陵地区对吴国发动过进攻。

## 八、曹魏广陵郡治与辖区的变化

建安十七年(212),曹操宣布内迁庐江、九江、蕲春、广陵百姓后,当地居民纷纷南逃,"而江、淮间十余万众,皆惊走吴。"④以致在长江以北沿岸形成了空旷的荒芜地带,江淮平原不仅没有居民,就连魏军也基本上移驻淮河以北。"淮南滨江屯候皆彻兵远徙,徐、泗、江、淮之地,不居者各数百里。"⑤曹魏在当地只留下少数警戒、侦察部队,如何承天所云:"斥候之郊,非畜牧之所;转战

---

① [梁]萧统编,[唐]李善注:《文选》,第 415 页。
② 卢弼:《三国志集解》,第 98 页。
③《三国志》卷 13《魏书·王朗传》注引《魏书》。
④《三国志》卷 14《魏书·蒋济传》。
⑤《三国志》卷 51《吴书·宗室传·孙韶》。

之地,非耕桑之邑。"①前述建安初年陈登迁广陵郡治于射阳(今江苏宝应县东北射阳镇),此时又将郡治徙往淮阴县。胡三省曰:"魏之广陵郡治淮阴,汉之广陵故城废弃不治。"②黄初五年(224)曹丕初次亲征时,"九月,遂至广陵,赦青、徐二州,改易诸将守。"③卢弼注:"广陵故城在今扬州府东北,自三国魏吴分据,汉郡遂废。魏广陵郡徙治淮阴,见《通鉴》胡注。《一统志》:淮阴故城,今江苏淮安府清河县南。"④值得注意的是,东汉淮阴县城是在淮河南岸,位于中渎水北口的西边;而这时曹魏淮阴县治已经迁移到淮水北岸的泗口,即《水经注》所言之"角城"。《三国志》卷14《魏书·刘晔传》曰:"(黄初)五年,(文帝)幸广陵泗口,命荆、扬州诸军并进。"《三国志集解》汇集众说云:"《水经》:'淮水又东北至下邳淮阴县西,泗水从西北来流注之。'《注》:'淮泗之会即角城也,左右两川翼夹二水决入之所,所谓泗口也。'谢钟英曰:'泗口在今清河县北。'(卢)弼按:'据《纪》及《刘晔传》,则魏文浮淮至广陵泗口,实当日之淮阴,今日之清河也。'"⑤黄初六年(225),魏文帝再次南征。"冬十月,行幸广陵故城,临江观兵,戎卒十余万,旌旗数百里。"⑥此番他是到达滨江的汉广陵城旧址。赵一清曰:"《(读史)方舆纪要》卷二十三,广陵城在扬州府城东北,后汉为广陵郡治,三国移治淮阴,而以故城为边邑,后入于吴。"卢弼按:"广陵见上

---

①《宋书》卷64《何承天传》。
②《资治通鉴》卷76魏高贵乡公正元二年七月孙峻使卫尉冯朝城广陵条胡三省注。
③《三国志》卷2《魏书·文帝纪》。
④卢弼:《三国志集解》,第97页。
⑤卢弼:《三国志集解》,第97页。
⑥《三国志》卷2《魏书·文帝纪》。

年注,即今扬州府城东北之广陵废郡。魏之广陵既移治淮阴,故谓前郡治为故城。"①

黄初年间魏军三次大举兴兵经中渎水道临江,广陵城及附近数县重被占领。《三国志》卷17《魏书·张辽传》载黄初三年(222),"孙权复叛,(文)帝遣辽乘舟,与曹休至海陵,临江。权甚惮焉,敕诸将:'张辽虽病,不可当也,慎之!'是岁,辽与诸将破权将吕范。辽病笃,遂薨于江都。"黄初六年(225)曹丕到达广陵后,甚至打算在当地久驻。颁诏曰:"吾欲去江数里,筑宫室,往来其中,见贼可击之形,使出奇兵击之;若或未可,则当舒六军以游猎,飨赐军士。"②但是在他还师之后,曹魏在广陵地区的军事部署又恢复原状,淮河以南仍未设置防务。因此青龙二年(234)孙权分兵北伐,孙韶可以经中渎水道顺利入淮③。广陵郡治则仍然设在淮阴。《三国志》卷47《吴书·吴主传》嘉禾三年:"夏五月,(孙)权遣陆逊、诸葛瑾等屯江夏、沔口,孙韶、张承等向广陵、淮阳,权率大众围合肥新城。"卢弼注"淮阳"曰:"《通鉴》作'淮阴'。魏广陵郡治淮阴,今江苏淮安府清河县南。"④赵一清认为"广陵"、"淮阳"应连读,为同一地点,"淮阳"即"淮阴"之讹。"上云江夏沔口一地也,下云合肥新城亦一地也,此云广陵淮阳,书法不例。考《后汉书》广陵郡治广陵。三国属魏为重镇,陈登为太守,徙治射阳,又移治淮阴,而以故城为边邑。黄初五年(笔者按:应为六年)伐吴,

---

① 卢弼:《三国志集解》,第98页。
② 《三国志》卷2《魏书·文帝纪》注引《魏略》载诏曰。
③ 《三国志》卷3《魏书·明帝纪》青龙二年夏五月:"孙权入居巢湖口,向合肥新城,又遣将陆议、孙韶各将万余人入淮、沔。"
④ 卢弼:《三国志集解》,第915页。

自寿春至广陵登故城,临江观兵。胡三省曰:'广陵故城即芜城矣。'后吴人得其地,孙峻使冯朝城广陵是也。淮阳,后汉为陈国,今开封府陈州,去广陵甚远,淮阳是淮阴之误无疑。"①笔者认为,赵氏的上述考辩论据充分,能够证明孙韶、张承北伐目标是曹魏广陵郡治淮阴,而并非民国至今的河南淮阳县境,但仍有余意未伸,特作以下补充。前述曹操迁徙江淮居民之后,广陵郡治暨淮阴县治转移到淮河北岸的泗口,即角城,虽然沿袭淮阴旧名,实际上已经处于淮水之阳,所以古籍中称该地"淮阳"亦属合理,可能是为了表示和过去的"淮阴"旧城有所区别。另外,东晋南朝时曾在泗口角城附近别筑城池,亦名淮阳。顾祖禹考证云:"淮阳城,(泗)州东北百里。亦徐县地,晋义熙中置淮阳郡,宋、齐因之。魏高闾曰:'角城去淮阳十八里'是也。梁亦为淮阳郡。"②又引《郡国志》曰:"淮阳城在徐城东北五十里,西临淮水。有抱月城,其城抱淮、泗水,形势似月。"③也表明了泗口附近地段是能够称为淮阳的。

《水经》言淮水:"又东北至下邳淮阴县西,泗水从西北来流注之。"关于上述记载有不同理解,杨守敬认为是指东汉淮阴属下邳国的情况,曹魏淮阴隶属广陵。"后汉县属下邳,魏属广陵,《经》作于魏人,当作广陵淮阴,此作下邳,盖据旧籍为说,未遑改正耳。"④洪亮吉、谢钟英则认为《水经》的记载属实,魏淮阴县归属下邳郡,魏广陵郡移治于此(相当于东晋南朝的侨置),在所属四县

①卢弼:《三国志集解》,第 915 页。
②[清]顾祖禹:《读史方舆纪要》卷 21《南直三》,第 1038 页。
③[清]顾祖禹:《读史方舆纪要》卷 21《南直三》,第 1038 页。
④[北魏]郦道元注,[民国]杨守敬、熊会贞疏:《水经注疏》卷 30《淮水》,第 2552 页。

中只有凌、海西、淮浦三县是其故郡属地。洪氏考述曰："魏广陵
（郡）寄治淮阴，仅有淮北之凌、海西、淮浦三县，淮南之安平、射
阳、东阳均废为荒地。"[①]谢钟英亦云淮阴县，"据胡（三省）说移下
邳，广陵（郡治）来属。魏广陵（郡）治淮阴，仅有淮北之凌、海西、
淮浦，凡四县。其境西及北界下邳，东尽海，淮南为隙地，今江苏
淮安府之山阳、清河、安东是其地。"[②]笔者按：汉末魏晋广陵郡皆
属徐州，其都督与刺史治所均在下邳（今江苏睢宁县西北）。《宋
书》卷35《州郡志一》曰："徐州刺史，后汉治东海郯县，魏、晋、宋治
彭城。"吴仅增指出其说有误，并进行详考曰：

> 考《武（帝）纪》：初平四年，下邳阙宣自称天子，徐州牧陶
> 谦与共举兵。建安元年刘备领徐州，吕布袭取下邳。四年，
> 备至下邳，杀徐州刺史车胄。又《臧霸传》：迁徐州刺史。沛
> 国武周为下邳令，霸敬异周，身诣令舍。是彼时刺史固已移
> 治下邳也。《曹爽传》注引《魏略》：桓范督青徐诸军事，治下
> 邳。与徐州刺史争屋，引节欲斩（邹）岐。《晋书·宗室传》：
> 琅邪王伷出为征东大将军，假节，督徐州诸军事，代卫瓘镇下
> 邳。是魏及晋初皆未改治，后乃徙治彭城也。沈《志》疑误。[③]

曹魏在收缩防线的历史背景下，将广陵郡治设在位于淮北泗
口的淮阴县城，靠近徐州都督和刺史的治所下邳，后者也是州军

①［清］洪亮吉撰，［清］谢钟英补注：《〈补三国疆域志〉补注》，《二十五史补编·三国志
　补编》，第468页。
②［清］洪亮吉撰，［清］谢钟英补注：《〈补三国疆域志〉补注》，《二十五史补编·三国志
　补编》，第474页。
③［清］吴增仅：《三国郡县表附考证》，《二十五史补编·三国志补编》，第290页。

主力的屯聚之地,这样遇到敌军来侵时容易获得后方的支援。魏末邓艾灭蜀之后,曾给朝廷上奏建议:"开广陵、城阳以待吴人,则畏威怀德,望风而从矣。"[1]就是在魏吴边境开放警戒,借以招纳敌国叛降之人。胡三省曰:"开广陵、城阳为王国以待孙休也。广陵属徐州,城阳属青州,盖魏广陵郡治淮阴故城,城阳郡治莒,二郡壤界实相接也。"[2]曹魏在淮南东部广陵郡故地防务空虚的情况一直沿续到西晋初期,泰始六年(270)正月,"吴将丁奉入涡口"[3],就是经中渎水道北上,穿越整个江淮平原后驶入淮河,再溯流西行到达涡口(今安徽怀远县北淮河北岸)的。


# 九、孙吴进据广陵及经中渎水道北伐

广陵之役后,曹魏再次从苏北平原撤兵。谢钟英按:"湖即今高邮、邵伯等湖。自后魏兵无出广陵者,淮南渡江遂为弃地。"[4]孙吴乘虚进占了广陵郡南部的沿江地带,但仍为荒野而无人垦辟居住,故仅建立若干屯戍而并未设置郡县进行治理。洪亮吉考述云:"据诸书记载,吴广陵西据堂邑,东尽海陵,有今滁州来安、通州及扬州之江都、甘泉、泰州,江宁之江浦、六合,泗州之天长,无

---

① 《三国志》卷28《魏书·邓艾传》。

② 《资治通鉴》卷78魏元帝景元四年十二月胡三省注。卢弼:《三国志集解》卷28云:"弼按:'二郡实不相接,胡氏说误。'谢钟英曰:'据《吴志·徐盛传》,盛,琅邪莒人。则莒县应属琅邪。胡氏谓城阳郡治,误。'"第644页。

③ 《晋书》卷3《武帝纪》。

④ [清]洪亮吉撰,[清]谢钟英补注:《〈补三国疆域志〉补注》,《二十五史补编·三国志补编》,第468页。

郡县。"[1]陈健梅统计吴国另有后汉广陵郡废县六:广陵、江都、高邮、堂邑、海陵、舆县。"考孙吴在江淮之间的废地,北不逾合肥、高邮一线,包括后汉扬州庐江郡、九江郡以及徐州广陵郡沿江诸县。向北虽偶有深入,亦不能据守。"[2]并且使用中渎水道向北发动进攻。据史籍所载共有以下几次:

### (一)孙韶、张承率师入淮

魏文帝去世后吴国转守为攻,先后派遣兵将北征各地,都遇到顽强抵抗而未有胜绩。如王基所言:"昔孙权再至合肥,一至江夏,其后全琮出庐江,朱然寇襄阳,皆无功而还。"[3]其中规模较大的一次是在魏青龙二年(234),为了配合诸葛亮北伐关中,孙权发兵三路进攻曹魏。《三国志》卷3《魏书·明帝纪》曰:"五月,太白昼见。孙权入居巢湖口,向合肥新城,又遣将陆议、孙韶各将万余人入淮、沔……秋七月壬寅,帝亲御龙舟东征,权攻(合肥)新城,将军张颖等拒守力战,帝军未至数百里,权遁走,议、韶等亦退。"[4]其中孙韶率领的偏师即从广陵经中渎水道进入淮河,进军十分顺利。此役又见《三国志》卷47《吴书·吴主传》嘉禾三年:"夏五月,(孙)权遣陆逊、诸葛瑾等,屯江夏沔口,孙韶、张承等向广陵淮阳,权率大众围合肥新城。是时,蜀相诸葛亮出武功。权谓魏明帝不能远出,而帝遣兵助司马宣王拒亮,自率水军东征。未至寿春,权

---

① [清]洪亮吉撰,[清]谢钟英补注:《〈补三国疆域志〉补注》,《二十五史补编·三国志补编》,第468页。
② 陈健梅:《孙吴政区地理研究》,岳麓书社,2008年,第23页。
③ 《三国志》卷27《魏书·王基传》。
④ 《三国志》卷3《魏书·明帝纪》。

退还,孙韶亦罢。"如前所述,孙韶所部进攻的目标是位于泗口的曹魏广陵郡治淮阴,亦可称作淮阳。这次战役孙韶的副手张承是吴国名臣张昭之子,当时"为濡须都督、奋威将军,封都乡侯,领部曲五千人。"[1]看来孙韶所领的万余人是由京口与濡须两地驻军中抽调兵马组成的,其目的只是为了策应孙权主力在合肥的攻击,并未真正想要进占淮北,所以在沿途未遇敌人阻击的情况下,也没有留驻在中渎水道的北口,即淮水南岸的淮阴旧城一带,未能控制整个江淮平原。

### (二)孙峻城广陵与吕据诸军的北伐折返

孙权死后诸葛恪执政,建兴二年(253)他不顾群僚反对,大举进攻淮南,"于是违众出军,大发州郡二十万众,百姓骚动,始失人心。"[2]结果在魏军主力没有出动的情况下受挫于合肥,"攻守连月,城不拔。士卒疲劳,因暑饮水,泄下流肿,病者大半,死伤涂地。"[3]被迫狼狈撤兵。经过这次严重失利,诸葛恪回到建业后,重新考虑从敌军防御薄弱的广陵地区实施北伐。"又改易宿卫,用其亲近,复敕兵严,欲向青、徐。"[4]他在随后的宫廷政变中被杀,致使上述作战方案流产。孙亮五凤二年(255)正月,毌丘俭、文钦在寿春起兵反对司马氏,吴国权臣孙峻乘机再度进兵淮南西部,但是仍未获利。"魏诸葛诞入寿春,峻引军还。二月,及魏将军曹珍遇于高亭,交战,珍败绩。留赞为诞别将蒋班所败于菰陂,赞及将

---

① 《三国志》卷 52《吴书·张昭传》。
② 《三国志》卷 64《吴书·诸葛恪传》。
③ 《三国志》卷 64《吴书·诸葛恪传》。
④ 《三国志》卷 64《吴书·诸葛恪传》。

军孙楞、蒋修等皆遇害。三月,使镇南将军朱异袭安丰,不克。"①
孙峻因此又决定经中渎水道北伐,并着手加强广陵的兵力与防
务。当年七月,"使卫尉冯朝城广陵,拜将军吴穰为广陵太守,留
略为东海太守。"②胡三省评论曰:"魏之广陵郡治淮阴,汉之广陵
故城废弃不治。"③表明是企图在汉广陵城坍圮的旧址上施行重
建,并任命军政长官。十二月,"以冯朝为监军使者,督徐州诸军
事"④,即担任这一作战区域的临时指挥。但是冯朝对广陵城的修
筑耗费巨大,最终也未能竣工。《资治通鉴》卷 76 魏高贵乡公正
元二年七月条曰:"(孙)峻使卫尉冯朝城广陵,功费甚众,举朝莫
敢言,唯滕胤谏止之,峻不从,功卒不成。"其主要原因是当年吴国
遭遇旱灾,百姓生计无着,"民饥,军士怨畔。"⑤《晋书》卷 28《五行
志中》亦曰:"吴孙亮五凤二年,大旱,百姓饥。"广陵筑城在人力、
物力匮乏的情况下勉强进行,致使拖延日久,施工者纷纷发生叛
逃。"军士怨叛。此亢阳自大,劳民失众之罚也。其役弥岁,故旱
亦竟年。"尽管筑城未就,但是孙吴已经在中渎水道南口建立了屯
戍基地,为此后经此途径进行北伐打下了基础。谢钟英评论道:
"(孙)峻城广陵,系略取魏之弃地,功虽不就,其地遂为吴有。所
以吕据、唐咨自江都入淮泗,军无留行焉。"⑥

---

①《三国志》卷 48《吴书·三嗣主传·孙亮》。

②《三国志》卷 48《吴书·三嗣主传·孙亮》。

③《资治通鉴》卷 76 魏高贵乡公正元二年七月胡三省注。

④《三国志》卷 48《吴书·三嗣主传·孙亮》。

⑤《三国志》卷 48《吴书·三嗣主传·孙亮》。

⑥[清]洪亮吉撰,[清]谢钟英补注:《〈补三国疆域志〉补注》,《二十五史补编·三国志
补编》,第 468 页。

　　吴太平元年(256)八月,孙峻听从曹魏降将文钦的建议,派遣大军经中渎水道北征。"峻使(文)钦与吕据、车骑将军刘纂、镇南将军朱异、前将军唐咨自江都入淮、泗,以图青、徐。"①曹魏扬州都督诸葛诞获取了这一情报,借此向朝廷求援,企图增加兵力以发动叛乱。"甘露元年冬,吴贼欲向徐堨,计诞所督兵马足以待之,而复请十万众守寿春,又求临淮筑城以备寇,内欲保有淮南。"②谢钟英按:"魏甘露元年为吴太平元年,吴军出江都入淮泗,盖自今江都北向,至高邮、宝应折西,由盱眙趋寿州,故(诸葛)诞欲以临淮筑城。此时淮南之广陵属吴。"③出征之前,"(孙)峻与(滕)胤至石头,因饯之,领从者百许人入(吕)据营。据御军齐整,峻恶之,称心痛去,遂梦为诸葛恪所击,恐惧发病死,时年三十八。"④他在临终前将执政大权交付给族弟孙綝,并命令北伐将帅撤兵回境,激起吕据等人的愤怒,并联络朝臣滕胤共同消灭孙綝。"峻卒。以从弟偏将军綝为侍中、武卫将军,领中外诸军事。召还据等。据闻綝代峻,大怒……据、钦、咨等表荐卫将军滕胤为丞相,綝不听。癸卯,更以胤为大司马,代吕岱驻武昌。据引兵还,欲讨綝。"⑤而孙綝挟天子自重,向文钦、唐咨等颁诏以令其服从,又派水军到中渎水道南口进行阻击,擒获吕据,并在建业诛杀滕胤,平息了这场动乱。"綝遣使以诏书告喻钦、咨等,使取据。冬十月丁

————————————

①《三国志》卷64《吴书·孙峻传》。
②《三国志》卷28《魏书·诸葛诞传》。
③[清]洪亮吉撰,[清]谢钟英补注:《〈补三国疆域志〉补注》,《二十五史补编·三国志补编》,第468页。
④《三国志》卷64《吴书·孙峻传》。
⑤《三国志》卷48《吴书·三嗣主传·孙亮》。

未,遣孙宪及丁奉、施宽等以舟兵逆据于江都,遣将军刘丞督步骑攻胤。胤兵败夷灭。己酉,大赦,改年。辛亥,获吕据于新州。"[1]《三国志集解》引赵一清曰:"《(读史)方舆纪要》卷二十:'新州,今之珠金沙也,在江宁府北四十里。一云在京口西大江中'。(赵)一清案:吕据及孙綝传皆有逆据于江都之文,则谓在京口西者近是。"[2]而吕据本传记载这次出征和政变的过程如下:

> 太平元年,帅师侵魏。未及淮,闻孙峻死,以从弟綝自代,据大怒,引军还,欲废綝。綝闻之,使中书奉诏,诏文钦、刘纂、唐咨等使取据,又遣从兄宪以都下兵逆据于江都。左右劝据降魏,据曰:"耻为叛臣。"遂自杀。夷三族。[3]

其中对这次事变的某些细节有所补充,或有差异。例如此番北进未能抵达淮河即被召回,孙綝派遣孙宪带领都城建业的戍卫部队(都下兵)前往迎击吕据。吕据并非被擒,而是在众将附从孙綝后无奈自杀。卢弼对此推测道:"或先获据,而据后自杀。"[4]

### (三)丁奉进攻谷阳、涡口

孙皓建衡元年(269),时任徐州牧的大将军丁奉率众进攻西晋淮北的谷阳,但因事先走漏消息,当地官府组织百姓撤退,吴军没有取得任何战果,以致引起孙皓震怒,处死了军队的向导。"建衡元年,(丁)奉复帅众治徐塘,因攻晋谷阳。谷阳民知之,引去,

①《三国志》卷48《吴书·三嗣主传·孙亮》。
②卢弼:《三国志集解》,第926页。
③《三国志》卷56《吴书·吕范附子据传》。
④卢弼:《三国志集解》,第926页。

奉无所获。(孙)皓怒,斩奉导军。"①据《后汉书·郡国志二》记载,豫州沛国有谷阳县。卢弼《三国志集解》注"谷阳"曰:"《一统志》:今安徽凤阳府灵璧县西南。赵一清曰:《(读史)方舆纪要》卷二十一:谷阳城在宿州灵璧县西北七十五里,汉县,属沛郡。应劭曰:'县在谷水之阳。'谷水即睢水也。晋省。"②参见《水经注》卷30《淮水》:"涣水又东径谷阳戌南,又东南径谷阳故城东北,右与解水会。水上承县西南解塘,东北流径谷阳城南,即谷水也。应劭曰:城在谷水之阳,又东北流注于涣。"熊会贞按:"(谷阳)汉县属沛郡,后汉属沛国,后废。《地形志》,谷阳郡治谷阳城。在今灵璧县西南。"③钱林书考证云:"谷阳县故城,在今安徽省固镇县西北。"④

　　《晋书》卷3《武帝纪》载泰始六年(270)正月,"吴将丁奉入涡口,扬州刺史牵弘击走之。"涡口即涡水入淮之水口,东汉属九江郡义成县(治今安徽怀远县东北)。《后汉书·郡国志四》载扬州九江郡:"义成(县),故属沛(郡)。"王先谦注:"前汉县,三国魏因,《晋志》因,属淮南郡。《一统志》:东晋后省。故城今怀远县东北十五里涡口城。"⑤六朝时有城戌。顾祖禹曰:"涡口城,(怀远)县东北十五里。今讹为菔城。齐建武末,裴叔业攻涡阳,魏将王肃等驰救,叔业引还,为魏所败,还保涡口。"⑥唐代甚至在水口两侧

---

① 《三国志》卷55《吴书·丁奉传》。
② 卢弼:《三国志集解》,第1035页。
③ [北魏]郦道元注,[民国]杨守敬、熊会贞疏:《水经注疏》卷30《淮水》,第2544—2545页。
④ 钱林书:《〈续汉书郡国志〉汇释》,第88页。
⑤ [清]王先谦:《后汉书集解》,中华书局,1984年,第1258页。
⑥ [清]顾祖禹:《读史方舆纪要》卷21《南直三》,第1004页。

夹筑二城来加强防卫。李吉甫云："自贞元以后，（濠）州西涡口对岸置两城，刺史常带两城使，以守其要。"①丁奉此番进攻规模不小，《晋书》卷29《五行志下》言泰始六年："孙皓遣大众入涡口。"谷阳、涡口两地相近，均在寿春东北的淮河北岸地带，故司马光认为丁奉进攻谷阳和涡口可能只是同一次战役行动，并非在两年内接连北征。参见《资治通鉴》卷79晋泰始六年正月"吴丁奉入涡口"条胡三省注："《考异》曰：《吴志·丁奉传》：'建衡元年，攻晋谷阳。'晋帝纪不载，奉传不言入涡口，疑是一事。"由于大举出兵而无所收获，孙皓对此事一直耿耿于怀。甚至在丁奉死后还对其亲属加以处罚。"或有毁之者，皓追以前出军事，徙（丁）奉家于临川。"②

## 十、魏晋徐、扬二州军队的南征新路——涂水

由于曹丕两次兵出广陵的严重挫折，魏国乃至后来的西晋与孙吴作战时，再也没有使用过中渎水道。值得注意的是，三国后期在淮南出现了新的吴魏用兵路线与对峙区域，即涂水（今滁河）下游与今苏皖交界的"涂中"。吴黄龙三年（231），孙权暗地命令"中郎将孙布诈降以诱魏将王凌，凌以军迎布。冬十月，权以大兵潜伏于阜陵俟之，凌觉而走"③。阜陵为汉县，东汉属九江郡或阜陵国。钱林书考证："阜陵国故城，在今安徽全椒县东南。"④当地

---

①［唐］李吉甫：《元和郡县图志》卷9《河南道五·濠州》，中华书局，1983年，第234页。
②《三国志》卷55《吴书·丁奉传》。
③《三国志》卷47《吴书·吴主传》。
④钱林书：《〈续汉书郡国志〉汇释》，第249页。

属于涂水中游流域，汉末三国时县废，为魏吴边境弃地，是吴国军队的控制范围①。谢钟英考证孙权、孙皓与诸葛恪本传后总结道："据三传所言，黄龙后，阜陵、东兴皆为魏地。至建兴元年（诸葛）恪败魏师，复为吴有。终魏之世，淮南郡与吴以巢湖为界，吴守东兴，魏守合肥，湖滨之居巢、橐皋皆为隙地。"②

吴赤乌十年（247），孙权重施遣将诈降之故伎，企图引诱魏军入境接应，再设伏予以歼灭，但是被魏扬州刺史诸葛诞中途识破而未能成功。《江表传》曰："是岁（孙）权遣诸葛壹伪叛以诱诸葛诞，诞以步骑一万迎壹于高山。权出涂中，遂至高山，潜军以待之。诞觉而退。"③涂中在今安徽滁州地区，东与江苏六合县（现为南京市六合区）接境。杨守敬补《水经注·滁水》云："今滁州古曰涂中，其地实南北扼要之区。"④《资治通鉴》卷102晋海西公太和四年十一月辛丑条胡三省注引杨正衡曰："涂，音除。涂中，今滁州全椒县、真州六合县地。"孙权经涂中派兵设伏的高山，史家有两说。其一为两汉县名。《汉书》卷28下《地理志下》载临淮郡有高山县。《后汉书·郡国志三》载高山县属下邳国，《后汉书集解》曰："马与龙曰：光武封梁统为侯，见《统传》。（王）先谦曰：前汉县，属临淮，三国废。"又引谢钟英云："故城在今洪泽湖中，故泗州之东。"⑤钱林书按："高山县故城，在今江苏盱眙县南。"⑥其二为今

①陈健梅：《孙吴政区地理研究》："吴领有后汉九江郡废县三：阜陵、历阳、全椒。"第24页。
②[清]洪亮吉撰，[清]谢钟英补注：《〈补三国疆域志〉补注》，《二十五史补编·三国志补编》，第475页。
③《三国志》卷47《吴书·吴主传》注引《江表传》。
④[北魏]郦道元注，[民国]杨守敬、熊会贞疏：《水经注疏》，第2694页。
⑤[清]王先谦：《后汉书集解》，第1238页。
⑥钱林书：《〈续汉书郡国志〉汇释》，第180页。

滁州之山名。《三国志集解》引赵一清曰："滁州高山,惟州西北二十二里清流山最为险峻,南唐于此设清流关,今行旅犹称关山,疑是史所谓涂中高山也。"又引谢钟英曰："高山在今盱眙、来安间。"①卢弼认为从当时军事形势来判断,"高山"为滁州附近山名较为合理。"当时魏吴进兵在今六合、滁州之间,自以赵说为是。谢云在盱眙、来安间,吴兵或未至此也。"②

　　滁州位于涂(滁)水中游,故名为涂中,在合肥、钟离、广陵、建业、历阳几座要镇之间,故此也是淮南地区的交通枢纽。尤其是距离吴都建业(今江苏南京市)较近,因而引起兵家的格外重视。《读史方舆纪要》卷29《南直十一》称滁州:"东至扬州府二百六十里,南至和州一百五十里,西至庐州二百六十里,西北至凤阳府二百二十里,北至凤阳府泗州二百十四里,自州治至应天府一百四十五里。"③又云:"州山川环绕,江、淮之间,号为胜地。盖北出钟离则可以震徐、泗,西走合肥则可以图汝、颍,西南下历阳,东取六合,则建康之肩背举矣。"④穿行滁州地区的涂水(滁河),发源于安徽省肥东县梁园附近,东流经江北巢县、含山、全椒、来安、江浦诸县到达六合,即汉魏之堂邑县入江,水口又称滁口,因岸侧有瓜步山,其港口亦称瓜埠。顾祖禹曰:"涂水即滁河,源出庐州府合肥县东北七十里废梁县界。东流过滁州全椒县南六十里,又东至滁州东南为三汊河,又东入应天府六合县为瓦梁河,东南流至瓜埠

---

① 卢弼:《三国志集解》,第921页。
② 卢弼:《三国志集解》,第921页。
③ [清]顾祖禹:《读史方舆纪要》卷29《南直十一》,第1410页。
④ [清]顾祖禹:《读史方舆纪要》卷29《南直十一》,第1410页。

口而入大江。"①沿涂水而下至瓜埠渡江,行数十里即抵达建业②,故当地亦被吴国统治者视为江防诸座要戍之一。如王应麟所言:"塞建平之口,使自三峡者不得下;据武昌之津,使自汉水者不得进;守采石之险,使自合肥者不得渡;据瓜步之冲,使自盱眙者不得至;此守江之策也。"③为了保护都城的北方门户,吴国统治者曾征调大众在涂水中游修筑规模宏巨的防御工事"堂邑涂塘",其详细情况请见下文。

　　孙权在赤乌十三年(250)十一月,"立子亮为太子。遣军十万,作堂邑涂塘以淹北道。"④堂邑位于吴魏边境,胡三省曰:"堂邑县,前汉属临淮郡,后汉属广陵郡,魏、吴在两界之间为弃地。(李)贤曰:堂邑,今扬州六合县。杜佑曰:扬州六合县,春秋楚之棠邑,汉为堂邑。"⑤所谓"作涂塘"就是筑堤截断涂水,这样既可以断绝敌人船只顺流入江的途径,又能够浸坏涂塘以北的陆路,造成魏军步骑通行的困难。孙权与诸葛恪还先后在东关(或称东兴,今安徽巢湖市东关镇)筑堤阻断濡须水,也是出于同样目的。《三国志》卷64《吴书·诸葛恪传》曰:"(孙)权黄龙元年迁都建业,二年筑东兴堤遏湖水。后征淮南,败以内船,由是废不复修。恪以建兴元年十月会众于东兴,更作大堤,左右结山侠筑两城,各留

---

①[清]顾祖禹:《读史方舆纪要》卷19《南直一·涂水》,第894页。

②[清]顾祖禹:《读史方舆纪要》卷20《南直二·应天府》:"瓜步山,(六合)县东二十五里。亦曰瓜埠,东临大江。宋元嘉二十七年,魏主焘至六合,登瓜步,隔江望秣陵才数十里,因凿山为盘道,于其上设坛殿,《魏史》谓'起行宫于瓜步'是也。"第990页。

③[清]顾祖禹:《读史方舆纪要》卷19《南直一》,第885—886页。

④《三国志》卷47《吴书·吴主传》。

⑤《资治通鉴》卷75魏邵陵厉公嘉平二年十一月胡三省注。

千人,使全端、留略守之,引军而还。"结果引起敌兵的反击,"魏以吴军入其疆土,耻于受侮,命大将胡遵、诸葛诞等,率众七万,欲攻围两坞,图坏堤遏。"最后被吴国援军击败。涂塘的具体位置在六合县西,有守塘吴军所驻城垒,后世称作瓦梁垒、瓦梁城,或称吴王城。见《读史方舆纪要》卷20《南直二》应天府六合县条:"瓦梁垒,在县西五十五里。西北距滁州八十五里。即孙吴所作涂塘处也。亦曰瓦梁城。"又引《舆地纪胜》曰:"瓦梁堰即涂塘也。堰上有瓦梁城,亦曰吴王城,在姜家渡西,即孙权屯兵处。"①所以名为"瓦梁"的来历,是因为修建涂塘之处水道促狭,故被譬喻为片瓦。王蠴曾曰:"吴堰众流辐集,群山回环,东西相望,底若大陆,如瓦之口,丸泥可封也。"②薛季宣对吴国的上述防御工程评论道:"然闻孙氏割据,作涂中、东兴塘以淹北道。南朝瓦梁城塞后湖为渊,障蔽长江,号称北海。"③从涂塘兴筑的历史背景来看,是在孙权暮年病困之际,面临的军政形势颇为不利。如王基所言:"今陆逊等已死,而权年老,内无贤嗣,中无谋主。权自出则惧内衅卒起,痈疽发溃;遣将则旧将已尽,新将未信。"④因此被迫大发兵众,在江北修补堵塞危及国都防务的破绽。胡三省曾对"作堂邑涂塘"点评说:"淹北道以绝魏兵之窥建业,吴主老矣,良将多死,为自保之规摹而已。"⑤

--------

① [清]顾祖禹:《读史方舆纪要》卷20《南直二·应天府》,第992页。
② [清]顾祖禹:《读史方舆纪要》卷19《南直一》,第895页。
③ [宋]薛季宣:《浪语集》卷24《书·与郑景望一》,文渊阁《四库全书》第1159册,第378页。
④ 《三国志》卷27《魏书·王基传》。
⑤ 《资治通鉴》卷75魏邵陵厉公嘉平二年十一月胡三省注。

　　晋武帝受禅代魏后,扬州都督陈骞曾沿涂水东征,"攻拔吴枳里城,破涂中屯戍。"①其事在泰始十年(274)九月②。太康元年(280)灭吴之役,晋武帝出动六路大军,"东西凡二十余万"③。其中第一路是"遣镇军将军、琅邪王(司马)伷出涂中"④,即经过今滁州、沿涂水而下抵达江畔。胡三省曰:"伷,音胄。吴主权作堂邑涂塘即其地。盖从今滁州取真州路。涂,读曰滁。"⑤司马伷在晋初出任徐州都督,坐镇下邳(治今江苏睢宁市西北)⑥,其麾下军队主力亦屯聚于此。"伷镇御有方,得将士死力,吴人惮之。"⑦这次战役他率领徐州军队南下,吸取了曹丕广陵之役受挫的教训,没有重走中渎水道,而是在张八岭山地西侧行军,到达涂中。顾祖禹说滁州"盖北出钟离则可以震徐、泗"⑧,是指涂中有道路通往滨淮要镇钟离(今安徽凤阳市临淮镇,古之临淮关),渡淮北上可达徐州、泗州。《后汉书》卷75《吕布传》载建安二年(197),割据淮南的袁术与吕布反目,"遣其大将张勋、桥蕤等与韩暹、杨奉连势,步骑数万,七道攻布。"吕布写信拉拢韩暹、杨奉,"又许破(袁)术兵,悉以军资与之。暹、奉大喜,遂共击勋等于下邳,大破之,生禽桥蕤,余众溃走。"吕布战胜后进行追击,"又与暹、奉二军向寿春,水

①《晋书》卷35《陈骞传》。
②《晋书》卷3《武帝纪》泰始十年,"九月癸亥,以大将军陈骞为太尉。攻拔吴枳里城,获吴立信校尉庄祐。吴将孙遵、李承帅众寇江夏,太守嵇喜击破之。"
③《晋书》卷3《武帝纪》。
④《晋书》卷3《武帝纪》。
⑤《资治通鉴》卷80晋武帝咸宁五年冬十一月条胡三省注。
⑥《晋书》卷38《宣五王传·琅邪王伷》:"武帝践阼,封东莞郡王……出为镇东大将军、假节、徐州诸军事,代卫瓘镇下邳。"
⑦《晋书》卷38《宣五王传·琅邪王伷》。
⑧[清]顾祖禹:《读史方舆纪要》卷29《南直十一》,第1410页。

陆并进,所过虏略。到钟离,大获而还"①。这表明从下邳向南至钟离有水旱道路可以通行,司马伷应是沿着这条路线渡过淮河南下,然后"率众数万出涂中,孙皓奉笺送玺绶,诣伷请降"②。晋武帝对他的表彰诏书曰:

> 琅邪王伷督率所统,连据涂中,使贼不得相救。又使琅邪相刘弘等进军逼江,贼震惧,遣使奉伪玺绶。又使长史王恒率诸军渡江,破贼边守,获督蔡机,斩首降附五六万计,诸葛靓、孙奕等皆归命请死。③

其中反映了司马伷所领徐州军队的战斗经过:首先是占据涂中以后,断绝了孙吴广陵守兵沿江北岸西援历阳的道路。其次是派刘弘抵达瓜埠,对建业形成威慑,迫使孙皓决定投降。再次是在吴国遣使前来归降后,司马伷确定不会受到抵抗,才命令王恒等率众渡江作战,扫荡已经丧失斗志的吴军。需要注意的是,淮河与涂水之间并无航道相通,司马伷的大军由钟离南下应是陆行到达涂中,在缺乏大型战舰与众多船只的情况下,他不敢贸然派兵渡江,所以只是在吴军放弃抵抗后进军江南,乘机抢夺战果。另外,吴国灭亡前夕,晋军有三支部队逼近建业,扬州都督王浑在历阳,徐州都督司马伷据涂中,益梁二州都督王濬于牛渚登陆。"(孙)皓用光禄勋薛莹、中书令胡冲等计,分遣使奉书于濬、伷、浑"④,请求受降,企图挑起晋军将领之间的矛盾,以便从中渔利,

①《三国志》卷7《魏书·吕布传》注引《英雄记》。
②《晋书》卷38《宣五王传·琅邪王伷》。
③《晋书》卷38《宣五王传·琅邪王伷》。
④《三国志》卷48《吴书·三嗣主传·孙皓》。

但未能成功。王濬抢先进入建业，"于是受（孙）皓之降。解缚焚榇，延请相见。"①而最终负责安排押送孙皓父子进京的却是司马伷。"琅邪王伷遣使送孙皓及其宗族诣洛阳。"②其理由就是司马伷接收了吴国皇帝的玺绶，所以朝廷认定孙皓是正式向他请降的，因而同意由他主持遣送事宜。"伷以皓致印绶于己，遣使送皓。皓举家西迁，以太康元年五月丁亥集于京邑。"③尽管司马伷的战功远不如王濬和王浑，但还是抢得了一份荣誉，这也是他身为宗室、受到皇帝照顾的缘故。

　　广陵在三国战争中的地位和影响相当特殊，它是中原和吴越的连接地带，又有中渎水道沟通江淮，应属于兵家必争之地。但是综观魏吴数十年对峙交战的历史，却会发现双方都没有竭尽全力去争夺和保卫这一区域。曹操先是调走对吴作战态度积极的陈登，在淮河南岸据守，致使"孙权遂跨有江外"④。后又迁徙广陵等郡的居民，把徐州的防线后撤到淮北，这与他在淮南西部命令张辽所部固守合肥的决策截然不同。孙权在曹操放弃广陵后并未派遣重兵进驻或建立城戍，仍是在江南的京城（今江苏镇江市）加强防务。孙权初任孙河镇守京城，孙河被暗杀后，"（其侄）韶年十七，收河余众，缮治京城，起楼橹，修器备以御敌……后为广陵太守、偏将军。权为吴王，迁扬威将军，封建德侯。权称尊号，为镇北将军。"⑤当地扼守丹徒水入江之口，可以阻止敌船溯流进入

---

①《三国志》卷48《吴书·三嗣主传·孙皓》。

②《资治通鉴》卷81晋武帝太康元年四月。

③《三国志》卷48《吴书·三嗣主传·孙皓》。

④《三国志》卷7《魏书·陈登传》注引《先贤行状》。

⑤《三国志》卷51《吴书·宗室传·孙韶》。

吴越腹地；京口附近沿江多为岗阜，来寇也难以攀援登陆，在此设立重镇具有许多有利的防御条件。如《南齐书》卷14《州郡志上》所言："南徐州，镇京口。吴置幽州牧，屯兵在焉。丹徒水道入通吴会，孙权初镇之。《尔雅》曰：'绝高为京。'今京城因山为垒，望海临江，缘江为境，似河内郡，内镇优重。"后来魏文帝三次进兵广陵，吴军均未到江北进行阻击，始终坚持在南岸防御，这与他们在濡须、沔口、江陵等长江北岸要塞顽强抵抗的情况形成强烈反差。只是到了魏军久撤之后的嘉平年间，吴国才开始派兵到广陵和江都等沿岸地段屯戍。究其原因，是双方的君臣将帅大多清醒地认识到当地的环境特点。例如，中渎水在乱世无法经常疏浚，以致于"水道难通"①，因此不便作为投送大军与给养的运输路线。江淮平原地势低洼，湖沼散布，春夏季节常有洪涝，战争年代难以安居耕垦。曹丕发动广陵之役时曾想留驻在当地，颁诏曰："吾欲去江数里，筑宫室，往来其中，见贼可击之形，使出奇兵击之；若或未可，则当舒六军以游猎，飨赐军士。"②并企图在那里大兴屯田，作诗明志云："古公宅岐邑，实始翦殷商。孟献营虎牢，郑人惧稽颡。充国务耕殖，先零自破亡。兴农淮、泗间，筑室都徐方。量宜运权略，六军咸悦康。岂如《东山诗》，悠悠多忧伤。"③但最终还是因为自然条件恶劣而作罢。《三国志》卷14《魏书·蒋济传》曰："议者欲就留兵屯田，济以为东近湖，北临淮，若水盛时，贼易为寇，不可

①《三国志》卷14《魏书·蒋济传》。
②《三国志》卷2《魏书·文帝纪》注引《魏略》。
③《三国志》卷2《魏书·文帝纪》注引《魏书》。

安屯。帝从之,车驾即发。"谢钟英按:"湖即今高邮、邵伯等湖。"①
此外,广陵一带江面宽阔,波涛汹涌,会给船只往返造成困难。孙
权若是在江北屯兵阻击来寇,后方则不易向前线运输援军和粮
饷。另一方面,魏军船队要在广陵渡江作战也得冒很大风险,还
要设法解决中渎水道的淤塞问题,因此成功的概率比较低;这既
是孙权决定把扬州东部防御重点放在南岸京城的原因,也是曹操
放弃江淮平原和中渎水道,改走肥水、施水"四越巢湖"来进攻孙
吴的缘故。《孙子兵法·九变篇》云:"途有所不由,军有所不击,
城有所不攻,地有所不争。"②曹操深谙此道,所以不在广陵及徐州
设置重兵,因为他清楚即使对方来攻也不足为患。如吕蒙对孙权
曰:"徐土守兵,闻不足言,往自可克。然地势陆通,骁骑所骋,至
尊今日得徐州,操后旬必来争,虽以七八万人守之,犹当怀忧。"③
胡三省评论道:"曹操审知天下之势,虑此熟矣。此兵法所谓'城
有所不守'也。"④另一方面,孙权也明白曹丕进军广陵难以实现其
渡江掠地的意图,尽管吕范以寡敌众,形势危急,他却坚决不从武
昌派遣中军主力援救,坐待魏军受困于长江天堑而被迫撤退,从
而获得不战而屈人之兵的胜利;由此可以看出曹操、孙权作为英
明统帅的深谋远虑。而曹丕志大才疏,急于求成,没有看清由中
渎水道进军广陵的不利局面,就连续对当地大举用兵,其结果只
能是无功而返。贾诩劝阻他进攻吴蜀时说:"臣窃料群臣,无(刘)

---

① [清]洪亮吉撰,[清]谢钟英补注:《〈补三国疆域志〉补注》,《二十五史补编·三国志
　　补编》,第468页。
② [春秋]孙武撰,[三国]曹操等注,杨丙安校理:《十一家注孙子》,第152—154页。
③ 《三国志》卷54《吴书·吕蒙传》。
④ 《资治通鉴》卷68汉献帝建安二十四年胡三省注。

备、（孙）权对，虽以天威临之，未见万全之势也。"①实际上也是委婉地表示曹丕的才干不及孙权与刘备，比起其父曹操就差得更远了。

---

①《三国志》卷 10《魏书·贾诩传》。

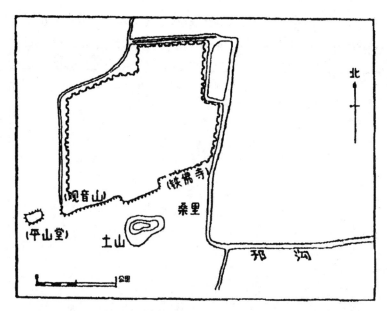

图三三　吴邗城、楚广陵城、汉吴王濞及东晋桓温广陵城示意图

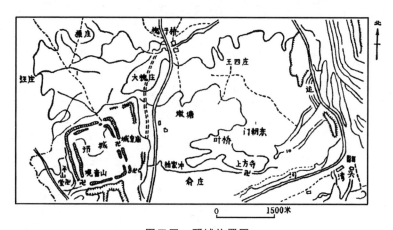

图三四　邗城位置图

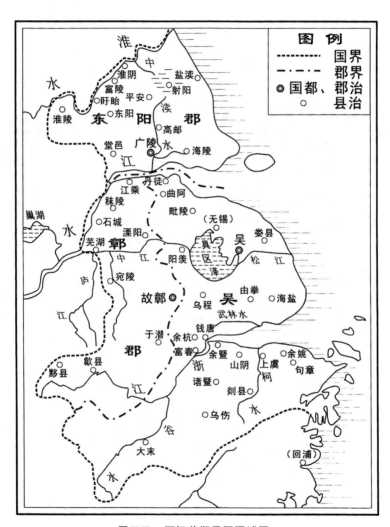

图三五　西汉前期吴国疆域图

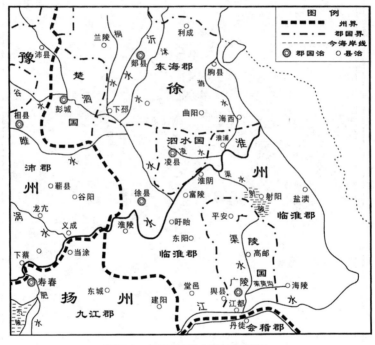

图三六　西汉后期广陵国疆域图

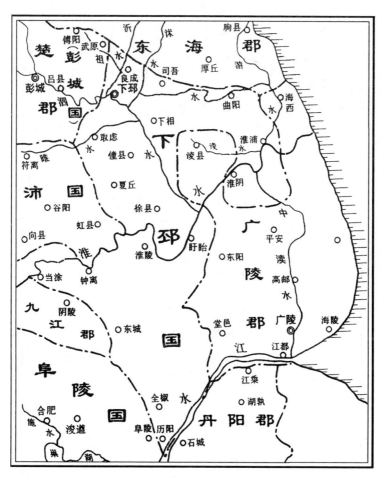

图三七　东汉中叶下邳国、广陵郡界图(79—128 年)

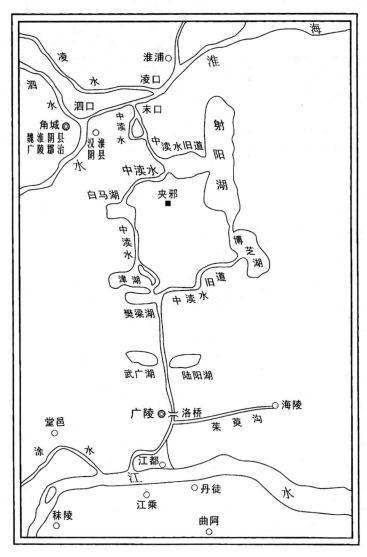

图三八　汉魏中渎水域示意图

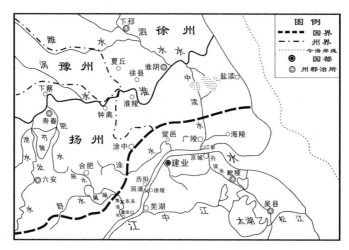

图三九　曹魏徐扬地区对吴作战形势图

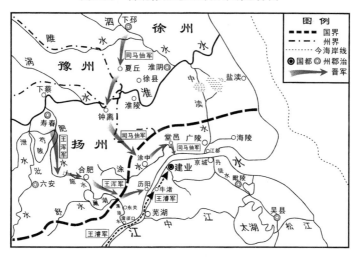

图四○　西晋徐、扬军队进攻建业示意图(280 年)

笔者按:曹魏广陵郡治淮阴县城迁至淮水北岸泗口西侧角城,参见本书第 715—720 页考证。

蜀汉篇

# 第一章　汉中对蜀魏战争的重要影响

在三国时代的长期混战里,汉中是蜀魏双方频频用兵、争夺激烈的战略要地。从公元 214 年刘备占领成都、统治益州开始,到公元 263 年蜀国灭亡为止,在这 50 年的时间内,蜀汉对曹魏的多次大规模进攻行动和汉中有关。建安二十二年至二十四年(217—219),刘备用法正之谋,举倾国之师,历时岁余夺取了汉中。常璩曰:"是后处蜀、魏界,固险重守,自丞相、大司马、大将军皆镇汉中。"[①]蜀汉常以该郡作为北伐的屯兵基地,据《三国志》记载,自建安二十四年(219)刘封占东三郡、至延熙二十年(257)姜维兵出骆谷抵达渭滨,共计 8 次由当地发兵进攻曹魏。而魏国方面,在此期间也对汉中地区很重视,曹操、曹真、曹爽和钟会先后五次出动大军进攻汉中,兵力多在 10 万以上。这一地区为什么会引起蜀魏双方的重视? 蜀国在汉中的军事部署前后发生过何种演变? 这些变化给当时的政治军事形势带来了哪些影响? 这些是本章需要分析研讨的问题。

## 一、汉中郡的地理特点及战略作用

秦汉时期的汉中郡地域辽阔,它西起沔阳的阳平关(今陕西

---

① [晋]常璩撰,刘琳校注:《华阳国志校注》卷 2《汉中志》,第 121 页。

省勉县武侯镇),东至郧关(今湖北郧县)和荆山,绵延千里。秦、西汉时其郡治在西城(今陕西安康市),属下有西城、锡、安阳、旬阳、长利、上庸、武陵、房陵、南郑、成固、褒中、沔阳十二县,东汉时裁至九县,郡治移在南郑(今陕西汉中市)[1]。汉献帝初平二年(191),张鲁割据汉中,改称为汉宁郡。建安二十年(215),曹操兵入南郑,逐降张鲁,复设汉中郡,但划出该郡东部的西城、安阳二县设西城郡(后称魏兴郡),割锡、上庸二县设上庸郡,另设有房陵郡;上述三郡纳入荆州版图,时称为"东三郡"。至此,汉中郡的管辖领域大致与今汉中地区相同,仅剩下南郑、褒中、沔阳、成固四县。刘备在公元219年夺取该郡后,又增设了若干县级辖区,数目说法不一,据谢钟英考订,蜀国汉中郡有七县,为南郑、蒲池、褒中、沔阳、成固、南乡、西乡[2]。

　　汉中地区之所以受到蜀魏双方的重视,成为军事要镇,和以下几个方面的原因有着密切关系:

## (一)汉中处于蜀魏两国的交界地带

　　三国时期,政治力量的地域分布态势是南北对峙,由南方的吴蜀联盟与占据北方中原的曹魏相互抗衡。关中平原是魏国西部的经济、政治重心区域,自曹操击败马超、韩遂占有此地后,委任卫觊等良吏招抚流亡,劝课农桑,兴修水利,大兴屯田,又多次从临近地区向那里迁徙人口,使当地的生产事业迅速恢复,军事

---

[1] 参见《汉书》卷28上《地理志上》,《后汉书·郡国志五》。

[2] [清]洪亮吉撰,谢钟英补注:《〈补三国疆域志〉补注》,《二十五史补编·三国志补编》,第526—528页。

力量逐步增强,成为对蜀作战的强大基地。蜀汉的基本统治区域则是以成都平原为中心的四川盆地,汉中郡坐落在关中和巴蜀之间,属于两大区域交界的中间地带,蜀魏两国为了保卫自己根据地的安全,有必要把重兵部署在敌我接壤之处,以便阻止对方军队入境践踏劫掠;同时,也造成了己方军队即将开入敌境的有利态势。占据汉中,具有防敌入侵和准备出击的双重作用,所以,这一地区成了割据战争当中两方尽力争夺的前哨阵地。如顾祖禹所言:"府北瞰关中,南蔽巴、蜀,东达襄、邓,西控秦、陇,形势最重。"[1]例如,刘备在建安十九年(214)占领益州后,曹操立刻意识到关中所受的威胁,为了不让刘备抢先夺得汉中,进逼秦陇,他迅速地在第二年率军西征,打败张鲁,控制了这一战略要地。并派遣张郃领兵侵入巴中,"割蜀之股臂"[2]。刘备也随即采取了针锋相对的措施,倾注全力来与曹操争夺汉中,经过岁余的反复交锋,终于迫使敌军撤退,获得了这块宝贵的领土。在此后数十年内,该郡的防御为蜀国的安全提供了切实的保障。如乐史所称:"汉中实为巴蜀捍蔽,故先主初得汉中,曰'曹公虽来,无能为也。'是以巴蜀有难,汉中辄没。自公孙述、先主、李雄、谯纵据蜀,汉中皆为所有。氐虏接畛,又为威御之镇。"[3]

## (二)汉中是道路汇集的交通枢纽

汉中地区之所以受到蜀魏两国统帅的重视,另一个原因就是

---

① [清]顾祖禹:《读史方舆纪要》,第 2660 页。
② 《三国志》卷 43《蜀书·黄权传》。
③ [宋]乐史撰,王文楚等点校:《太平寰宇记》卷 133《山南西道一·兴元府》,第 2610 页。

该郡四通八达,川陕之间的多条南北交通路线经过此地,并且可以东出襄樊,西抵陇右,是兵家所谓的"衢地",即现代军事学所言的战略枢纽。关中平原通往四川盆地的道路,较为近捷的是穿越秦岭山脉中间的几条通道,即褒斜道、傥骆道和子午道,到达汉中后,再通过金牛道或米仓道,分别进入川西(成都平原)和川东(巴地)。这五条道路汇集在汉中盆地,以南郑为中心。下面予以详述:

1.**雍州方向**。在汉中之北,通往关中平原,主要有三条道路,分别为:

(1)褒斜道。以南循褒谷、北走斜水而得名。此道路程为五百余里,由南郑出发,向西北行至褒中县(今陕西褒城县),进入褒水(今褒河)河谷北行,过石门、三交城、赤崖(又称赤岸),抵达褒水源头。此处和与它对应的斜水(今石头水)河谷有分水岭相隔,古称五里坂[①]。出谷便是魏国扶风郡郿县的五丈原,面临渭水。这条道路在秦岭诸途中旅程最短,有利于节省通行时间,故汉代关中通往巴蜀的驿路就设在此道。就传世金石铭文来看,两汉修筑褒斜道路的次数也比较多,反映出其往来利用的频繁,故被认为是较为重要的一条。如《史记》卷129《货殖列传》所言:"巴蜀亦沃野……然四塞,栈道千里,无所不通,唯褒斜绾毂其口。"

(2)傥骆道。由汉中盆地东端的城固(今陕西省洋县)入傥水

---

①王开主编:《陕西古代道路交通史》:"褒、斜二水在今太白县五里坡相近,一在坡西,一在坡东。五里坡古称五里坂,是一个长五、六华里的一面斜坡,坡下为斜水中游桃川谷地的平坦川道,坡上则为红岩河上游虢川平地的宽阔草滩与农田。短短五六华里的坡路,就把褒、斜二水的河谷贯通,成为'褒斜道'。"人民交通出版社,1989年,第99页。

河谷,过分水岭后,再沿骆谷进入关中平原①。傥骆道的路程虽然短促,但是中间的绝水地段较褒斜道为长,山路险峻,通行困难。

(3)子午道。该道在长安正南,经子午谷循池水而行,到达汉中盆地。其汉魏时路线由今西安市向南,沿子午谷入山后转入沣水河谷,翻越秦岭,经洵河上游,南过腰竹岭,顺池河到汉江北岸的池河镇附近,又陡转西北,大致沿汉江北岸,绕黄金峡西到南段的终端,即城固县东的龙亭,此处与傥骆道的南口相近②。这两条道路在城固汇合后,再西行至盆地的中心南郑。

2.益州方向。在汉中之南,通往四川盆地,主要有两条道路:

(1)金牛道。又称"剑阁道"、"石牛道",即传说中蜀王受秦国欺骗,遣力士为运送石牛所开之道。它自汉中盆地西端的古阳平关(今陕西勉县武侯镇)西南行,经今宁强县境至葭萌(即蜀汉之"汉寿",在今四川广元市西南昭化镇)③,西南行穿过剑门山,即天险剑阁,经梓潼、涪(今四川绵阳市)、雒(今四川广汉市)而到达成都。或由古阳平关西过沮县(今陕西略阳县东)、武兴(今陕西略阳县),与陈仓道相接。金牛道是巴山通道中较为重要的一条,也

---

① [清]顾祖禹:《读史方舆纪要》卷56《陕西五·汉中府》:"傥骆道,南口曰傥,在洋县北三十里;北口曰骆,在西安府盩厔县西南百二十里。谷长四百二十里,其中路屈曲八十里,凡八十四盘。"第2668页。

② [清]顾祖禹:《读史方舆纪要》卷56《陕西五·汉中府·洋县》:"子午谷,胡氏曰:'在县东百六十里。'《寰宇记》:'县东龙亭山由此入子午道'是也。又傥谷,在县北三十里,即骆谷之南口也。"第2683页。

③ 蓝勇:《四川古代交通路线史》:"这条古道应从古南郑(汉中)经勉县西南烈金坝。烈金坝'一名金牛驿,即秦人置石牛处也。'接着又入宁强东北的五丁峡(金牛峡)。其地'山如斧劈,临壁凌空,步步缅而上下',古道出五丁峡经今七盘关、龙门阁和明月峡的古栈道入古葭萌(广元昭化),再经剑门、柳池驿、武连驿、梓潼送险亭、五妇岭、石牛铺入成都。"西南师范大学出版社,1989年,第9页。

是历史上联系长安和成都的一条主要交通动脉。《读史方舆纪要》卷56《陕西五·汉中府》曰:"自秦以后,繇汉中入蜀者,必取途于此,所谓蜀之喉嗌也。"①

(2)米仓道。自南郑向南行,溯汉水的支流濂水而进,穿越巴山山脉的西段——米仓山,再沿宕渠水(今巴水河上游)而行,即到达巴中②。建安二十年(215),曹操兵入汉中,张鲁南逃时就是走的这条路线。由此向西,可以到达巴西郡的首府阆中,取道西至成都。若继续顺流而下,则能抵达宕渠(今四川渠县)、垫江(今重庆市合川县),汇入西汉水(嘉陵江),南入大江。张鲁归降后,曹操命张郃南徇三巴,曾进军至宕渠之蒙头、荡石,为张飞所败,逃回汉中。

此外,关中入蜀的另一条重要路线——陈仓道(又称故道、嘉陵道),也和汉中有着密切的联系。陈仓道是由长安沿渭水西行至陈仓(今陕西宝鸡市),翻越秦岭山脉的西端,向西南过散关,沿着嘉陵江的北段而下,经河池(今陕西徽县)、武兴(今陕西略阳县)、关城(今陕西宁强县阳平关镇)、白水关(今四川青川县沙州镇),至葭萌与金牛道汇合入蜀。

陈仓道迂回遥远,不若褒斜道近捷,但是较为平坦易行③,又有嘉陵江的水运之便,所以历来也颇受人们重视。汉代四川的物资北运秦川,除了经金牛道入汉中,再走褒斜道出秦岭外,也经嘉

---

① [清]顾祖禹:《读史方舆纪要》卷56《陕西五·汉中府》,第2671页。

② [清]顾祖禹:《读史方舆纪要》卷56《陕西五·汉中府·南郑县》:"米仓山,在府西南百四十里,牟子才云'汉中前瞰米仓'是也;又孤云山,在米仓西,《志》云:'山在褒城县南百二十里,亦曰两角山';皆南达巴中之道也。"第2674页。

③ 《史记》卷29《河渠书》曰:"抵蜀从故道,故道多阪,回远。今穿褒斜道,少阪,近四百里。"

陵江漕运至沮县(今陕西略阳县东),再走陈仓道进入关中①。这条道路虽然未入汉中境界,但是其途中的要枢——沮县、武兴濒临汉中西陲的要塞古阳平关,并有水路可通漕运。曹魏的军队如果未能占领汉中,想走陈仓道入蜀,会受到东侧蜀军的严重威胁,很容易被其出击阻截;蜀兵还可以先放魏师通过,随后切断其补给供应,造成大军乏粮的窘境。另一方面,巴蜀政权向关中的进军,也可以从汉中出发,西经阳平关、沮县北上,走陈仓道穿越秦岭。例如汉高祖刘邦的"明修栈道,暗渡陈仓";以及诸葛亮的第二次北伐,都是使用了这条道路。

3. **凉州方向。**由汉中西行,出阳平关至武兴(今陕西略阳县)后,除了可以沿故道北上陈仓,南下关城之外,还可以经多条道路通往原来汉朝的凉州地区:

(1)武都、阴平。这两郡位于汉中之西,在今甘肃陇南地区与甘南藏族自治州境,"土地险阻,有麻田,氐叟,多羌戎之民。"②东

---

① 参见黄盛璋:《川陕交通的历史发展》:"四川的布谷利用嘉陵水运可以运到沮县(略阳),以上就有两个去路:一是沿着嘉陵江支流黑峪河经下辨(成县)运到武都、天水等地,这就是虞诩所开的航道,另一条则先出散关、陈仓运往长安,汉析里桥'郙阁颂':

惟斯析里,处汉之右……汉水逆濮,稽滞行旅,路当二州,经用由沮。……常车迎布,岁数千两。

析里的郙阁即今略阳西二十里的临江崖,这里的汉水为西汉水即嘉陵江,沮就是现在的略阳。四川一向以布帛著名,'常车迎布,岁数千两',跟上引《虞诩传》漕布谷集中沮县情形符合。铭文中的'路当二州',其一指益州,其二则指凉州(陇西、武都诸郡)。铭文最后提到李翕派人造析里大桥,'醳散关之渐漯,从朝阳之平燥',这就是指由沮县北上嘉陵道出散关到关中的道路情形,由此可以证明沮县是当时四川布谷集中之地,从这里然后分散到陇西跟关中地区。"《地理学报》1957年第4期。

② [晋]常璩撰,刘琳校注:《华阳国志校注》卷2《汉中志》,第155页。

汉中叶，武都太守虞诩曾动员吏士，开通自沮县（今陕西略阳县东）至武都郡治下辨（今甘肃成县）的嘉陵江支流航道[1]，再往西南即到达阴平。武都、阴平二郡北与曹魏的天水、南安、陇西等郡接壤，南临益州的梓潼郡，阴平有景谷道（又名左担道）通往江油和涪县（今四川绵阳市涪城区），是蜀汉政权西北的侧门，后来邓艾灭蜀便是经由此途。武都、阴平若是落入敌手，蜀地和汉中西境都会受到威胁，故此刘备曾遣吴兰、雷铜领兵争夺该地，但是败于曹洪。建兴七年（229）诸葛亮派陈式自汉中起兵，全取二郡。汉中和武都之间有水路可以相通，孔明再出祁山时，便由此途以舟船运送兵员粮草[2]。诸葛亮病逝后，武都、阴平又成为姜维北伐的主要屯兵阵地。

（2）祁山、天水。由武兴至下辨（今甘肃成县）或河池（今陕西徽县），均有陆路北行，经祁山（今甘肃礼县东祁山镇）一带进入陇西的天水郡界。这组道路可以绕过秦岭的西侧，避开其险峻难登的不利地形。建兴六年（228）诸葛亮初次北伐，未听魏延"直从褒中出，循秦岭而东，当子午而北"[3]的建议，就是采用了这条较为安全的进军路线。

---

①《后汉书》卷58《虞诩传》："（迁武都太守）先是运道艰险，舟车不通，驴马负载，僦五致一。诩乃自将吏士，案行川谷，自沮至下辨，数十里中，皆烧石翦木，开漕船道，以人僦直雇借佣者，于是水运通利，岁省四千余万。"

②［晋］常璩撰，刘琳校注：《华阳国志校注》卷7《刘后主志》："（建兴）九年春，丞相亮复出围祁山……盛夏雨水，（李）平恐漕运不给，书白亮宜振旅。"刘琳注："这里说的漕运即后汉虞诩所开的从沮县到下辨的漕运河道……沮县在今陕西略阳东，下辨在今甘肃成县西。虞诩所开漕运道盖自今略阳溯嘉陵江、青源河及成县南河而达下辨。以后汉中的粮食即经由此漕运到武都。"第559—561页。

③《三国志》卷40《蜀书·魏延传》注引《魏略》。

4. **荆州方向**。在汉中之东,自盆地东端的成(城)固沿汉水而下,可以从秦岭、巴山之间的缺口向东到达西城(今陕西安康市),后人称为"西城道"。循汉水东进过旬阳、锡县(今陕西白河县)至郧关(今湖北郧县),东去陆路可入南阳盆地,抵达名都宛城(今河南南阳市),史称"旬关道"。从郧关东南顺流而下,则到达江汉平原的北方门户——重镇襄阳。自西城东南陆行,还有一条支路可达上庸(今湖北竹山县)、新城(今湖北房县),然后南下秭归,或东去襄阳。

三国时期,这一战略方向也发生过几次军事行动。如建安二十四年(219),刘备夺取汉中后,为了实现"隆中对"时制订的"跨有荆益"作战计划,曾令关羽北攻襄阳,又命刘封乘汉水东进,与孟达配合,占领了东三郡。后来孟达降魏,引兵来攻,上庸太守申耽又乘机反叛,刘封才丢弃西城,败归成都。曹魏太和四年(230),荆州都督司马懿配合曹真伐蜀,亦由宛地西进,溯汉水而上,企图夺取汉中,后途中遇霖雨而还。诸葛亮死后,蒋琬镇守汉中时,也曾有过利用汉水航运向东进攻,攻占魏兴、上庸等地的打算[1]。

综上所述,秦陇与巴蜀、襄樊联系的交通道路,大多汇总于汉中,实为四通五达之衢,占领该地攻防俱便,容易掌握军事上的主动权,因此它的地位十分重要。牟子才曰:"汉中前瞰米仓,后蔽石穴,左接华阳、黑水之壤,右通阴平、秦、陇之墟。黄权以为蜀之

---

[1]《三国志》卷44《蜀书·蒋琬传》:"琬以为昔诸葛亮数窥秦川,道险运艰,竟不能克,不若乘水东下。乃多作舟船,欲由汉、沔袭魏兴、上庸。会旧疾连动,未时得行。"

根本,杨洪以为蜀之咽喉者,此也。"①曹魏若是占领汉中,可以从多条道路威胁巴蜀,使其防不胜防。蜀国如果握有此地,则能够阻断由关中穿越秦岭的诸条路线,保证成都平原的安全。若要采取进攻态势,向北方中原用兵,可以有几个战略方向来选择进军,神出鬼没,使敌人难以判断。例如诸葛亮和姜维的多次北伐,都是以弱攻强,虽然和魏军互有胜负,但是主动权往往掌握在蜀汉方面。原因之一,就是蜀国占据了汉中要地,能够利用这一区域良好的通达性,转换进军方向,起到出敌不意的效果。例如诸葛亮初次北伐,用赵云、邓芝所部在箕谷佯动,作为疑兵,然后师出祁山,致使"南安、天水、安定三郡叛魏应亮,关中响震"②。他在屡次进攻陇右之后,又突然走褒斜道穿越秦岭,兵临五丈原。姜维也曾在频频出击陇西之际,挥师由骆谷直向秦川,皆为此类战例。

## (三)汉中地形险要,利于守方进行防御

蜀国以区区一州之域对抗雄据中原的曹魏,在很大程度上得益于地理条件的帮助。如张华《博物志》卷 1 所言:"蜀汉之土与秦同域,南跨邛筰,北阻褒斜,西即隈碍,隔以剑阁,穷险极峻,独守之国也。"③在与魏军抗争时,汉中首当其冲,它的四周群山环绕,峡谷纵横,地形相当复杂,构成了交通往来的巨大障碍。其北边的秦岭雄峙于渭水之南,西起嘉陵江,东至丹水河谷,横长约400 公里,纵宽约 100—180 公里,海拔多在 2000 米左右,给关中

---

①[清]顾祖禹:《读史方舆纪要》卷 56《陕西五·汉中府》,第 2663 页。
②《三国志》卷 35《蜀书·诸葛亮传》。
③[晋]张华撰,范宁校证:《博物志校证》,中华书局,1980 年,第 8 页。

入蜀的各条通道带来处处险阻。汉中南边的巴山，自嘉陵江谷向东，绵延千有余里，耸立于川、陕、鄂三省之间，又是四川盆地北部的天然屏障。曹魏军队入蜀，必须越过这两条山脉，或穿行于深峡穷谷，或攀登上座座高阪，其旅途之艰险可知。尤其是秦岭诸道的河谷两侧，多有悬崖峭壁，人马难以立足通行，因此古来常在沿途凿山架木，修建栈道。汉中西陲的阳平关，东端的黄金戍，也是著名的天险。守御的一方可以依险拒守，或以小股游军来抄掠对方的辎重，起到以寡制众的效果。例如：

建安二十年(215)，曹操亲率十万大军西征汉中，张鲁之弟张卫据守阳平关，"横山筑城十余里，攻之不能拔。"[1]曹操感叹汉中地势之险，下令撤退，后因张卫等闻讯懈怠，被曹军偷袭得手，才侥幸进入汉中。建安二十四年(219)，刘备在定军山阵斩夏侯渊，凭险固守，迫使曹操退回关中。参加这两次战役的曹魏君臣对当地的绝险深有感触，曹操事后曾言："南郑直为天狱，中斜谷道为五百里石穴耳。"[2]曹丕也说："汉中地形实为险固，四岳三涂皆不及也。张鲁有精甲数万，临高守要，一夫挥戟，千人不得进。"[3]后来魏明帝欲攻打汉中，大臣孙资亦引用曹操西征故事来劝阻，曹睿因此取消了作战计划。

此后，汉中的险要地势仍给曹魏大军的西征带来许多挫折与困难。如太和四年(230)，曹真、司马懿率兵自斜谷、骆谷、西城三道进攻汉中，"兵行数百里而值霖雨，桥阁破坏，后粮腐败，前军县

---

[1]《三国志》卷1《魏书·武帝纪》。
[2]《三国志》卷14《魏书·刘放传》注引《孙资别传》。
[3]［宋］李昉等：《太平御览》卷353《兵部·戟(下)》引《魏文帝书》，第1623页。

(悬)乏。"①后来只得回师。正始五年(244),曹爽、夏侯玄率众自骆谷入汉中,在兴势(今陕西洋县北)受到蜀军阻挡,逾月不得进,被迫撤兵,并在途中遭受袭击。"费祎进兵据三岭以截爽,爽争崄苦战,仅乃得过。所发牛马运转者,死失略尽,羌、胡怨叹,而关右悉虚耗矣。"②造成了魏军的重大损失。

### (四)汉中具有丰富的经济资源

汉中受到蜀魏双方重视的另一个原因,在于当地拥有得天独厚的自然条件。汉中盆地山环水绕,气候温润,土地肥饶,多有利于农业垦殖的河川平原和丘陵、平坝。常璩称其"厥壤沃美,赋贡所出,略侔三蜀"③。曾与天府之国——四川齐名。境内汉水及其大小支流纵横交织,便于发展水利事业,稻麦皆宜。盆地周围的秦巴山地森林茂盛,"褒斜材木竹箭之饶,拟于巴蜀。"④并出产铁矿、铜矿,可以开采冶炼。种种优越的自然条件,使汉中获得了较早的开发。战国时期,当地就已成为天下知名的经济区域。《战国策·秦策一》载苏秦说秦惠王曰:"大王之国,西有巴、蜀、汉中之利,北有胡貉、代马之用。"秦亡之后,刘邦被项羽封为汉王,都南郑,曾听从萧何的建议,在那里广开堰塘,练兵积谷,为后来出兵三秦,东进中原准备了物质基础。刘邦进军关中后,"萧何常居守汉中,足食足兵。"⑤当时修建的水利设施至后代仍得到了长期

①《三国志》卷27《魏书·王基传》注引司马彪《战略》。
②《三国志》卷9《魏书·曹爽传》注引《汉晋春秋》。
③[晋]常璩撰,刘琳校注:《华阳国志校注》卷2《汉中志》,第103页。
④《史记》卷29《河渠书》。
⑤[晋]常璩撰,刘琳校注:《华阳国志校注》卷2《汉中志》,第108页。

的修缮沿用。西汉时武帝为了把汉中的粮谷运至长安,曾拜张卬为该郡太守,发数万人作褒斜道五百余里。汉末张鲁割据巴汉,多有聚敛。曹操占领汉中后,曾"尽得(张)鲁府库珍宝"[①],并用缴获的物资大犒三军。随行的王粲在诗中描写当时的情景:"陈赏越丘山,酒肉逾川坻,军人多饫饶,人马皆溢肥。徒行兼乘还,空出有余资。"[②]由此能够看出当地物产的丰富。

　　对于蜀魏两国政权来说,如果部署大量军队在秦岭或巴山一带作战,粮草供应是一个生死攸关的问题。虽然关中和巴蜀沃野千里,盛产粮粟,但是出征的路途险阻,转运维艰,若是能在前线附近就地解决部分给养,可以节省大量的人力、物力,减少国家的巨额耗费。汉中盆地恰恰是川陕之间理想的屯兵垦殖场所,蜀国夺取汉中后,诸葛亮和他的继任者都曾在那里大兴屯田,并设立督农官职,劝课农桑,利用当地的山水沃土耕种粟谷,减缓了前方军粮供给不足的矛盾。

　　综上所述,汉中地区具有临近边界、道路汇集、地形险要、物产丰富等多种优越的地理条件,利于驻兵镇守或是向敌境出击,具有重要的战略价值。在三国时期的割据混战中,占据汉中的一方可以获得政治、经济、军事诸方面的好处,有益于巩固自己的统治。如阎圃所称:"汉川之民,户出十万,财富土沃,四面险固;上匡天子,则为桓、文,次及窦融,不失富贵。"[③]因此,它受到蜀魏两国的高度重视,引起了对这一地区的激烈争夺。

---

① 《三国志》卷1《魏书·武帝纪》。
② [梁]萧统编,[唐]李善注:《文选》卷27王粲《从军诗五首·之一》,第386—387页。
③ 《三国志》卷8《魏书·张鲁传》。

## 二、蜀国对魏战略与汉中兵力部署之演变

三国时期,蜀国对汉中地区的兵力部署屡屡做出调整,这和它在各历史阶段对魏作战的不同方略有着直接的关系,分述如下:

### (一)刘备亲征汉中时期

这一时期从建安二十二年冬(217)刘备发兵进攻汉中,至建安二十四年(219)七月攻占汉中全境后撤军回川为止,其特点是向这个战略方向投入了主力部队,并且倾注了全蜀人员、财赋的支持,直至取得战役的胜利。

赤壁之战以后,曹操和孙权、刘备形成了南北对峙的局面,双方在江北沿线相持不下的状况难以改变,因此都想在敌对势力较为弱小的西部地区进行扩张,借以壮大自己的力量,来制约对手,汉中这块战略要地也引起了他们的觊觎。建安十九年(214)四月,刘备占领成都,统治了益州,此举奠定了蜀汉政权的基业。曹操采取的对策,就是于次年四月针锋相对地出兵,经过半年多的跋涉作战,攻占了川陕的中间地带——汉中以及三巴,这一举措既保护了关中腹地,又能对巴蜀造成直接的威胁。然后他留夏侯渊、张郃等镇守汉中,自领大军撤还邺城。

　　两年后,刘备巩固了益州的统治,听从法正之谋[①],乘曹军主力退还中原,汉中守军薄弱、将帅才略不足的有利形势,全力出兵北伐,夺取了这块战略要地。曹操亲率大军来援时,刘备明智地选择了坚壁不战、迫使敌人撤兵的做法,双方相持月余,曹营给养匮乏,军心涣散,逃兵日增,曹操被迫放弃汉中退还[②]。

　　刘备占据汉中盆地后,为了连接荆、益两州,保障其侧翼的安全,又令刘封顺汉水东下,攻击上庸;命孟达从秭归北攻房陵。刘、孟的进攻节节获胜,顺利夺取了东三郡(西城、上庸、房陵)[③]。至此,原来汉朝的汉中郡辖区被蜀军全部占领,还打开了通往中原和荆襄地区的道路。汉中战役为蜀汉政权夺得了横越千里的战略要地,巩固了它的统治,造成了极为有利的形势。这一重大成功标志着刘备平生事业的光辉顶点,而胜利的获取与其审时度势有着紧密的联系。

## (二)魏延镇守汉中时期

　　这一时期是从建安二十四年(219)七月刘备撤还成都、命魏延驻守汉中,到蜀汉建兴五年(227)三月,诸葛亮统众北驻沔阳之前。在此期间,魏延镇守的汉中在驻军数量和外界环境上发生了

---

①《三国志》卷37《蜀书·法正传》载其说刘备曰:"今策(夏侯)渊、(张)郃才略,不胜国之将帅,举众往讨,则必可克。克之之日,广农积谷,观衅伺隙,上可以倾覆寇敌,尊奖王室,中可以蚕食雍、凉,广拓境土;下可以固守要害,为持久之计。此盖天以与我,时不可失也。"

②《三国志》卷32《蜀书·先主传》:"及曹公至,先主敛众拒险,终不交锋,积月不拔,亡者日多。夏,曹公果引军还,先主遂有汉中。"

③参见《三国志》卷32《蜀书·先主传》,《三国志》卷40《蜀书·刘封传》,《资治通鉴》卷68汉献帝建安二十四年夏五月。

很大改变。有以下两点值得注意：

1. **主力南撤，留守偏师。** 刘备占领汉中和东三郡后，于当年七月在沔阳登坛称王，任命数有战功的魏延为汉中都督、镇远将军领汉中太守，总揽当地军政要务。然后率蜀军主力撤回成都休整，后年（221）为了报荆州丢失、关羽被杀之仇，刘备又亲率大军东征孙吴并惨败于夷陵。刘禅继位后，诸葛亮主持国政，与孙吴和好；蜀国军队主力平时驻守在成都附近，仅于建兴三年（225）三月出征南中，平定当地蛮夷叛乱，事后又回到成都。在此期间，蜀国在汉中方向采取的是防御态势，所以留驻了一支偏师，具体人数不详。刘备临行时，魏延向他保证，"若曹操举天下而来，请为大王拒之；偏将十万之众至，请为大王吞之。"①夷陵之战以前，蜀汉全国的兵力约有十余万，张鹤泉曾根据一些史实推断，"汉中、江州都督区平时所驻军队都不会低于 2 万人。"②其说大致可信。

2. **东面侧翼丧失。** 刘备从汉中撤离时，该郡的两翼都在蜀军控制之下，东边的西城、上庸、房陵，由刘封、孟达等镇守；西边的武都、阴平虽属魏境，但是其中的要镇武兴（今陕西略阳县）由蜀军掌握。因为左右提供了保护，魏延最初的防御任务，只是阻击北面秦岭诸道来犯的敌人，相对来说较为容易。但在荆州关羽覆亡之后，东三郡与魏、吴接壤，在两国的威胁下，形势岌岌可危；守将孟达又因与刘封发生矛盾而降魏，引敌兵来攻。申耽、申仪兄弟见局面不利随即叛变；结果刘封孤军作战失败，逃归成都，西

---

① 《三国志》卷 40《蜀书·魏延传》。
② 张鹤泉：《蜀汉镇成都都督论略》，《吉林大学社会科学学报》1998 年第 6 期。

城、上庸、房陵落入魏国之手①。

东三郡的丧失,不仅使蜀国丢掉了一条出入中原的重要通道,而且加重了汉中郡的防御任务,魏延不得不从有限的军队中分出一部分投入到盆地的东缘,来提防曹魏在西城方向可能发动的进攻。幸而当地形势险要,扼守关塞并不需要太多的人马。另一方面,曹魏在这一时期,先是经历了曹操去世、曹丕篡汉等重大政治事变,后又和孙权交恶,在黄初年间三次动员大军南下征吴;面对蜀汉的西线基本上相安无事,没有发生过大的军事冲突,使汉中度过了战乱年代当中少有的和平岁月。

### (三)诸葛亮屯兵汉中时期

这一时期是从蜀汉建兴五年(227)春开始,对曹魏摆出进攻态势,多次兵伐秦陇,又准备迎击敌人的入侵。至建兴十二年(234)秋,诸葛亮在五丈原病逝,蜀军主力撤还成都结束。

刘备去世后,诸葛亮总揽蜀汉大权,他首先做出外交努力,与孙吴通好。结束了两国的敌对状态,共同抗魏。然后劝课农桑,休养生息,使国计民生得以恢复。既而南渡泸水,平定四郡的叛乱,稳定了益州内部的统治,并从南中少数民族那里获得了丰厚的贡赋收入,增强了蜀汉的实力。这时他开始改变原来对魏作战以防御为主的方略,着手实现北伐中原、匡复汉室的宏愿。由于荆州和东三郡(西城、上庸、房陵)的丢失,蜀军出川攻魏的途径只剩下秦陇方向,而汉中作为进军的出发基地,可以东向新城,北越

---

①参见《三国志》卷40《蜀书·刘封传》,《资治通鉴》卷69魏文帝黄初元年七月条。

秦岭,西出祁山,又遮护着自关中入川的门户,屯兵十分有利。因此诸葛亮在建兴五年(227)三月率大军进驻汉中,在七年之内从该地六次兴师伐魏①。在此期间,蜀国在对魏作战中基本处于主动地位,汉中集结了蜀军的主力,人数前后略有变化,大体维持在10万左右②。

### (四)蒋琬、费祎主持军政时期

　　这一时期从建兴十二年(234)秋蜀军主力撤回成都开始,至延熙十六年(253)春、费祎出屯汉寿后被刺身亡结束。诸葛亮死后,蜀汉以蒋琬为尚书令、大将军,总统国事;后被费祎接替。在此期间,魏国的政局很不稳定,出现了辽东公孙渊的叛乱、曹爽与司马懿的激烈争权,以及王凌在淮南的谋反,吴国亦屡屡出兵攻魏,形势对于蜀汉的北伐相当有利。但是,蜀国的治理较诸葛亮在世时逊色,其经济、军事力量略有下降,执政的蒋琬、费祎又谨慎持重,不愿冒险,所以基本上是采取伺机待发的战略。这一思想反映在军事部署上就是:最高统帅大将军的驻镇和军队主力在成都、汉中、涪县和汉寿之间频频调动,屡次准备出击魏境;但又犹豫不决,始终没有投入主力攻魏。延熙元年(238)蒋琬率众出屯汉中,至延熙六年(243)还至涪县。蒋琬死后,延熙七年(244)与十一年(248),费祎又两次领重兵进驻汉中,也只是派姜维率领

---

① 参见《三国志》卷33《蜀书·后主传》,《三国志》卷35《蜀书·诸葛亮传》。
② 参见《三国志》卷39《蜀书·马良附谡传》注引《襄阳记》载诸葛亮自街亭战败后退还汉中,斩马谡以谢众,"于时十万之众为之垂涕。"《晋书》卷1《宣帝纪》:"(青龙)二年,亮又率众十余万出斜谷,至于郿之渭水南原。"司马懿与其弟孚书曰:"亮志大而不见机,多谋而少决,好兵而无权,虽提卒十万,已堕吾画中,破之必矣。"

一支偏师向陇西三次出击①,均未取得成功。原因一是随着司马氏在政争中击败曹爽,掌握朝政,魏国的统治逐渐趋于稳定,朝内的政变并未削弱边境的防御力量。二是蜀汉投入的兵力太少,姜维"每欲兴军大举,费祎常裁制不从,与其兵不过万人"②。仅派出少数军队做试探性进攻,因此难以获得显赫战果。

曹魏政局转安和姜维西征的连续失利,使费祎打消了北伐的企图,他曾对姜维说:"吾等不如丞相亦已远矣,丞相犹不能定中夏,况吾等乎!且不如保国治民,敬守社稷,如其功业,以俟能者,无以为希冀侥幸而决成败于一举。若不如志,悔之无及。"③费祎在延熙十四年(251)夏从汉中撤出主力,自己回到成都。从此年冬天费祎北屯汉寿(今四川广元市昭化镇),至十六年(253)春他在当地被刺身亡。这一阶段蜀军主力随费祎驻扎在汉寿,汉中的守将为都督胡济,采取防御态势,军队数量仍是原有二万余人的较小规模。

**(五)姜维统军时期**

从延熙十六年(253)春费祎被刺身亡、姜维执掌军权开始,至炎兴元年(263)蜀汉灭亡为止。兵力部署的特点是蜀军主力由汉寿北移到武都、阴平境内,频频向魏国的陇西等地发动进攻;而汉

---

① 《三国志》卷44《蜀书·姜维传》延熙十年:"是岁,汶山平康夷反,维率众讨定之。又出陇西、南安、金城界,与魏大将军郭淮、夏侯霸等战于洮西。胡王治无戴等举部落降,维将还安处之。"《三国志》卷33《蜀书·后主传》:"(延熙十二年)秋,卫将军姜维出攻雍州,不克而还。将军句安、李韶降魏。十三年,姜维复出西平,不克而还。"

② 《三国志》卷44《蜀书·姜维传》。

③ 《三国志》卷44《蜀书·姜维传》注引《汉晋春秋》。

中的兵力削弱,致使在曹魏大举入侵时未做有效的抵抗,轻易被敌人占领。这一时期可以根据汉中守军人数的更变分为前后两个阶段:

第一阶段(253—258)。费祎死后,曹魏的政局发生了剧烈变化,出现了有利于蜀国进攻的形势:首先,司马氏执政后,废掉魏主曹芳,杀夏侯玄、李丰等大臣,国内政治斗争日趋激烈。拥曹将领毌丘俭、诸葛诞相继在淮南起兵反抗,并联络吴军来援。这两次内战迫使司马氏将大量军队投入扬州地区。

其次,东吴自孙权去世,执政的权臣们都企图利用曹魏的内乱,进军夺取淮南,扩展疆域。其中诸葛恪在公元 253 年领兵 20 万攻魏[1],人马之众是吴国历次北伐中空前绝后的。公元 257 年,孙綝为了援救联吴反叛的诸葛诞,亦前后发兵 10 余万[2],欲解寿春之围。淮南的叛乱与孙吴频频北犯,使曹魏多次派遣重兵到东线,甚至征调了关中的驻军,因此在西方对蜀作战不得不采取守势。

蜀汉方面,在费祎死后,姜维掌握军权,改变了蒋琬、费祎执政时期谨慎持重的防守战略,乘魏国内外多事,向其频繁发动攻势。"(姜)维自以练西方风俗,兼负其才武,欲诱诸羌、胡以为羽翼,谓自陇以西可断而有也。"[3]他在公元 253—258 这六年当中,

---

① 《三国志》卷 64《吴书·诸葛恪传》:"于是违众出军,大发州郡二十万众。"

② 《三国志》卷 64《吴书·孙綝传》:"魏大将军诸葛诞举寿春叛,保城请降。吴遣文钦、唐咨、全端、全怿等帅三万人救之……朱异帅三万人屯安丰城,为文钦势。魏兖州刺史州泰拒异于阳渊,异败退,为泰所追,死伤二千人。綝于是大发卒出屯镬里,复遣异率将军丁奉、黎斐等五万人攻魏。"

③ 《三国志》卷 44《蜀书·姜维传》。

五次领兵北伐。其中前四次均在陇西作战,每番战役结束,姜维都要回到成都复命,第二年再赶赴前线出征。但是采取如此频繁的进攻,其帐下的蜀军主力不可能每次都随同姜维千里迢迢撤回成都,再开赴陇西。据史籍所载,他们是以蜀国北境的武都、阴平两郡的一些地点(石营、钟题等)作为屯兵之所,由此出击或休整的。[①] 此外,值得注意的是阴平郡的沓中(今甘肃甘南藏族自治州舟曲县),早在正始九年(248)便已是姜维进军陇西的一个据点(参见《三国志》卷26《魏书·郭淮传》),后来又成为蜀军屯田练兵的基地。

此阶段最后一次北伐,是在公元257年诸葛诞起兵之后,由于魏军云集淮南,关中兵力削弱,姜维欲乘虚而入,故从汉中出发,"复率数万人出骆谷,径至沈岭"[②]。但是邓艾、司马望等坚壁不战,相持逾岁,迫使蜀军又一次无功而还。

第二阶段(258—263)。蜀国灭亡前夕,姜维对军事部署做出重大调整,汉中兵力受到前所未有的削弱,为随即而来的失败埋下祸根。

景耀元年(258),姜维自关中退还成都后,提出了新的对魏作战计划,其内容可参见《三国志》卷44《蜀书·姜维传》。从其记载来看,姜维的建议和后来实行的措施,是放弃汉中外围的据点,将

①参见《资治通鉴》卷76魏邵陵厉公嘉平五年:"及(费)祎死,(姜)维得行其志,及将数万人出石营,围狄道。"胡三省注:"石营在董亭西南,维盖自武都出石亭也。"《三国志》卷28《魏书·邓艾传》载正元二年:"(邓艾)解雍州刺史王经围于狄道,姜维退驻钟题。"胡三省注《资治通鉴》卷76曰:"钟题当在羌中,蜀之凉州界也。"《资治通鉴》卷77魏高贵乡公甘露元年六月:"姜维在钟题,议者多以为维力已竭,未能更出。"
②《三国志》卷44《蜀书·姜维传》。

驻军撤守汉、乐二城,采取坚壁清野、诱敌深入到盆地内部的做法。但是其中又说"使敌不得入平",这就与前后内容具有截然相反的含义。《华阳国志》卷7也有关于此事的记载,此句作"听敌入平",全文如下:

> (景耀元年)大将军(姜)维议,以为汉中错守诸围,适可御敌,不获大利。不若退据汉、乐二城,积谷坚壁,听敌入平,且重关镇守以御之。敌攻关不克,野无散谷,千里悬粮,自然疲退,此殄敌之术也。于是督汉中胡济却守汉寿,监军王含守乐城,护军蒋斌守汉城。又于西安、建威、武卫、石门、武城、建昌、临远皆立围守。[①]

另外,《资治通鉴》卷77和《蜀鉴》亦作"听敌入平",学术界因此判断今本《三国志·姜维传》中可能有传抄错讹。任乃强在《华阳国志校补图注》中认为"听敌入平"是正确的,"'不得'二字衍","'重',读如重叠之重。谓乐城、汉城、阳平关、白水关、葭萌城与兴势、黄金诸关戍镇守,使敌饥困平原中不得更进。非仅指一阳平关头也。"[②]他判断《华阳国志》等史籍虽系晚出,但当时撰写所据的《三国志》可能是善本,没有今本的一些错谬。

从前引史籍的记载来看,姜维做出的军事部署调整,包含有以下几方面内容:

1. 放弃汉中外围,收缩防守,诱敌深入。更改了自魏延镇守汉中以来拒敌于盆地边缘山区的作战方针,撤消了外围的大部分

---

① [晋]常璩撰,刘琳校注:《华阳国志校注》卷7《刘后主志》,第585—586页。
② [晋]常璩著,任乃强校注:《华阳国志校补图注》,第422页。

据点,军队集中到汉、乐二城,分别由蒋斌、王含驻守。西陲则严守阳安(平)关,主将为傅佥、蒋舒,阻止敌人破关后攻击武兴(今陕西略阳县),或南下关城(今陕西宁强县阳平关镇)。并准备派遣小股部队进行游击骚扰,待敌军乏粮撤退时乘势发动反攻。

2. 汉中部分人马退往汉寿。命令汉中都督胡济率领部分守军,撤至汉寿驻扎,待命行动。汉中驻军原来不满三万,此时分布情况大致是:汉、乐二城各有五千人[①],阳安关可能也有五千人,个别围守(如黄金、兴势围)各留少量兵力驻守,恐怕就不足二万了。

3. **加强陇西方向的防御。**姜维所立的西安、建威、武卫、石门、武城、建昌、临远诸围守,皆在陇西前线、蜀国北境,即今甘肃省南部。据刘琳考证,建威在今甘肃西和县南,武卫、石门都在今甘肃甘南藏族自治州境内。武城围在今甘肃武山县西南武城山上(笔者按:此说存疑,详见注文)。西安、建昌、临远三围具体地点不详,但亦当在甘肃南部[②]。姜维的部署是在上述七围加强兵力,巩固防务,可见他还是把对魏作战的攻防重点放在武都、阴平以北的陇西前线。

4. **主力军队分驻屯汉寿、沓中与成都。**姜维从关中退兵时,所率蜀军主力有一部分随他撤回成都,另一部分留在汉寿待命,仍然沿用了费祎临终前制定实施的防御部署。前引《三国志》卷44《蜀书·姜维传》及《华阳国志》等书也提到胡济率领军队退驻汉寿。

---

①《三国志》卷28《魏书·钟会传》:"蜀监军王含守乐城,护军蒋斌守汉城,兵各五千。"
②参见[晋]常璩撰,刘琳校注:《华阳国志校注》卷7《刘后主志》,第587页。笔者按:魏蜀边境在今甘肃礼县西汉水以南,而今武山县武城山在渭水沿岸魏国境内,距疆界较远,蜀国武城围恐不会设在那里。

　　景耀五年(262),姜维再次北伐侯和(今甘肃临潭县西南),被魏将邓艾挫败。朝内诸葛瞻、董厥等人认为姜维好战无功,致使国内疲敝,准备上表请后主将其调回成都,夺其兵权。而专权的宦官黄皓也想罢免姜维的大将军职务,让阎宇担任。姜维对此疑惧不安,便率领部分蜀军在沓中屯田,不再返回成都。

　　对于姜维此次调整军事部署,历代史家多认为是重大失误,这一措施为后来汉中失守、蜀国灭亡埋下了祸根。郭允蹈《蜀鉴》卷 3 论述较为深刻,内容如下:

　　　　蜀之门户,汉中而已。汉中之险,在汉魏则阳平而已。武侯之用蜀也,因阳平之围守,而分二城以严前后之防其守也,使之不可窥;而后其攻也,使之莫能御,此敌之所以畏之如虎也。今姜维之退屯于汉寿也,撤汉中之备,而为行险侥幸之计,则根本先拔矣。异时钟会长驱直入,曾无一人之守,而敌已欣然得志。初不必邓艾之出江油,而蜀已不支,不待知者而能见。呜呼,姜维之亡蜀也,殆哉![1]

　　先贤的评论是非常中肯的,蜀国与曹魏相比,在兵众和财力上处于明显的劣势,之所以能够守住汉中,拒敌于国门之外,在很大程度上靠的是依托汉中外围险要地势进行防御作战,这样可以用少数兵力扼守山川险隘,阻击来寇,使之不能入境。魏军人马虽众,但是千里跋涉,粮运难继,无法作持久的对抗。蜀军如果弃险不守,抛掉了自己的有利条件,就会使强大的敌人轻易进入平原,得以发挥其兵力上的优势;那么,汉、乐二城及阳安关的守御

―――――――――
[1] 文渊阁本《四库全书》第 352 册,第 507—508 页。

便岌岌可危了。这是一种极其冒险的战略部署,要是实施成功固然能获得大胜,但是以孤城弱旅应对强敌放开手脚的猛攻,难保不出现疏漏,倘若有失,汉中被敌人占领,将会对蜀国的安危造成极其严重的影响。

另一方面,蜀军有部分主力在北伐侯和失利后,没有返回汉寿或成都,而是留驻沓中屯田,更是一项严重的错误。蒋琬、费祎执政时期,蜀军主力平时屯于涪县、汉寿,位于后方成都与汉中之间。北部边境有警后,由于前线守军的就地抵抗,援兵在赶赴救急时,途中不会遇到敌人的阻击和干扰,可以按照预定的时间赶到作战地域。现在姜维担心自己回朝后会失去兵权,又念念不忘北伐陇右,故不愿退师汉寿。他领兵屯于边陲偏僻的沓中,一是暴露在敌人面前,容易受到攻击;二是和汉中东西悬隔千里,中间又有山水险阻的诸多障碍;一旦形势告急,很难及时赶到援救。魏军统帅正是看出了姜维兵力部署的这一破绽,在第二年分兵进攻,以偏师牵制住沓中的姜维①,主力军队顺利地占领汉中盆地,并由于蜀将蒋舒的叛变进据阳安(平)关。蜀军自开战以来节节败退,未曾进行有效的抵抗,除了汉、乐二城等少数据点,汉中全郡均被钟会占领,并且长驱直入,攻破关城(今陕西宁强县阳平关镇)向汉寿、剑阁进军。姜维积谷聚兵,“听敌入平”,企图将魏军主力牵制在汉中盆地加以歼灭的计划受到了毁灭性的打击。

汉中丢失对蜀汉防御带来了致命的后果,主要如下:

---

①《晋书》卷2《文帝纪》载司马昭曰:“计蜀战士九万,居守成都及备他郡不下四万,然则余众不过五万。今绊姜维于沓中,使不得东顾,直指骆谷,出其空虚之地,以袭汉中。彼若婴城守险,兵势必散,首尾离绝。举大众以屠城,散锐卒以略野,剑阁不暇守险,关头不能自存。以刘禅之暗,而边城外破,士女内震,其亡可知也。”

1. **造成蜀国整个北部防线的崩溃。** 魏军轻易地占据汉中,一举攻克了重镇阳安关口和关城,取得的战果是多方面的:首先,关城是汉中防御体系重要兵站基地,储有大量物资。魏军占领后,"得库藏积谷"[1],获得了意外的充足补给。其次,蒋舒率领投降的守兵,至少在千人以上,不仅补充了魏军的人力,而且为其提供了熟悉蜀汉部署情况的向导。再次,蜀将王平曾言,"贼若得关,便为祸也。"[2]这是因为阳安关在汉中防御体系中起着举足轻重的作用。敌人即使攻陷了汉城或乐城,只要阳安关不失,就不得进窥蜀道,成都平原和陇南地区的安全还有保证。而魏军占领阳安关后,既可以西取武兴(今陕西略阳县),又能够从金牛道南下,直逼汉寿;驻扎在阴平、武都的蜀军就有被截断归路、陷入邓艾和钟会夹击而覆灭的危险。姜维和廖化只得放弃了苦心经营多年的下辨、武兴及西安七围等要塞,仓皇撤退至汉寿,与张翼、董厥的援兵会合。因为敌军势大,姜维等人被迫又退保剑阁。这样一来,除了个别据点,蜀汉从汉中至阴平绵延千余里的领土丧失殆尽,设在岷山、摩天岭、米仓山以北的外围防线落入敌手。

2. **为后来邓艾偷渡阴平、迫降刘禅创造了条件。** 魏军占领汉中及武都、阴平以后,得到了几处入蜀通道的隘口,可以从多条路线(金牛道、米仓道、嘉陵道、景谷道)进攻巴蜀,形势极为有利。钟会的十余万大军在汉中未受重创,全师而进,云集剑阁,使蜀国面临着严重的威胁。姜维部下仅有四五万人,处于明显劣势,虽然凭险固守,阻挡住敌人的进攻;但是终因全力以赴,旁顾不暇,

---

[1]《三国志》卷28《魏书·钟会传》。
[2]《三国志》卷43《蜀书·王平传》。

被邓艾乘机从景谷道偷渡成功，灭亡了蜀汉政权。倘若汉中不
失，蜀国还能在陇南地区与魏军继续对抗。即使姜维撤出了阴
平，西安七围和下辨、武兴等地设防坚固，加上后方的支援，邓艾
很难取得速胜。魏军在陇南作战，远离后方，给养运输困难，大军
是无法持久驻扎的。而且，如果存在着来自东邻武都的威胁，邓艾
是不敢贸然从阴平悬军南下的。只是在侧翼安全得到保障的情况
下，他没有被敌人断后的危险，才敢于孤军深入，并偷袭成功。

　　从经济、政治、军事各方面的发展趋势来看，蜀国的灭亡是必
然的，迟早会到来。但是蜀汉亡国前还掌握着十万兵力和有利的
地形、要塞及防线，仅仅三个月便土崩瓦解，这与汉中地区过早、
轻易地丢失有密切的联系。

## 三、汉中对蜀魏两国作战影响之区别

　　综上所述，在三国时代的长期战争中，汉中由于它的特殊地
理位置及自然环境，曾经发挥过非常重要的影响。值得注意的
是，从蜀魏两国的交战过程来看，汉中所具有的战略价值对双方
并不是均等的。对于处于弱势的蜀汉来说，汉中是必争必守之
地。从防御的角度来讲，若失掉汉中，武都、阴平亦不能自保，四
川盆地与关中、陇右之间就没有了一个保护其安全的缓冲地带，
敌人能够从多条道路进攻或威胁巴蜀，守卫者顾此失彼，会造成
非常被动的局面。从进攻的情况来分析，蜀国占领汉中后的形势
是十分有利的，可以从多条道路向曹魏的荆襄、关中和陇右进行
攻击，魏军若是分兵防守，自然会削弱力量。事实上，诸葛亮、姜

维频频发动的北伐,虽然与敌人互有胜负,但是基本上掌握着战争的主动权;曹魏的守军尽管在数量上占优,却经常处在被动的境地。其原因之一,就是汉中蜀军能从几个方向出击,声东击西,使其防不胜防,疲于奔命,因此陷入被动。蜀汉自刘备占据益州以来,拓展领土最多的两次辉煌胜利,都是在把主力部队投入到汉中地区以后取得的。第一次是刘备兵进汉中,斩夏侯渊,迫退曹操,又东取西城、上庸、房陵三郡。第二次是诸葛亮自汉中北伐,坐镇建威,派陈式攻占武都、阴平二郡。这些史实,都证明了汉中对于蜀国进攻曹魏所起的重要作用。

　　另一方面,刘备在入川以后,军事上屡陷被动,几经惨败,究其原因,往往和他未对汉中驻防给予足够的重视有关。建安二十年(215),刘备引兵东下,和孙权争夺长沙、零陵、桂阳三郡,使曹操乘虚击败张鲁,夺得汉中,并进军三巴,致使蜀中惊恐摇动。建安二十四年(219),刘备在苦战之后占领了汉中和东三郡,却又把主力撤回成都,让关羽在东线孤军北伐,结果受到魏吴双方南北合击,丢弃了荆州。刘封在上庸抵御魏国进攻时,由于力量薄弱,无法相抗;而汉中守军因数量有限,亦不能给予有力的支持,使东三郡又落入敌手,蜀国在四川盆地以东的领土丧失殆尽。廖立曾严厉批评刘备的错误决策:"昔先帝不取汉中,走与吴人争南三郡,卒以三郡与吴人,徒劳役吏士,无益而还。既亡汉中,使夏侯渊、张郃深入于巴,几丧一州。后至汉中,使关侯身死无孑遗,上庸覆败,徒失一方。"①卢弼注释曰:"此虽忿言,然当日情势实

---

① 《三国志》卷 40《蜀书·廖立传》。

如此。"①

　　吴健曾详细论述过刘备汉中撤兵所带来的恶果,他认为,刘备如果率领益州主力军队留驻汉中或出击陇右,曹操的大部兵力是不敢离开关中的,至多只能抽调少数人马前往襄阳。而对付少数援兵,关羽不需要调走荆州守军。守军不调,荆州也就不会丢失。同时,若是关羽形势不利,身在汉中前沿的刘备君臣也会及时分兵顺汉江东援樊城,从侧后方夹攻曹军,关羽军队在荆州仍能站稳脚跟。之所以没有出现这种对蜀汉较为有利的局面,其根本原因就在于刘备率领益州主力离开了汉中前线,造成其既不能及时东援关羽,又没有牵制、打击曹操主力的任务,终于形成了关羽这支偏师独抗曹、孙两大强敌的局面②。

　　前文所述,姜维做出削减汉中兵力、放弃外围防守的错误决定,致使钟会伐蜀大军轻易地进入汉中盆地,占领阳安关,引起蜀国北部防御体系的全线崩溃。西晋名将羊祜曾对此感叹道:"蜀之为国,非不险也,高山寻云霓,深谷肆无景,束马悬车,然后得济,皆言一夫荷戟,千人莫当。及进兵之日,曾无藩篱之限,斩将搴旗,伏尸数万,乘胜席卷,径至成都,汉中诸城,皆鸟栖而不敢出……至刘禅降服,诸营堡者索然俱散。"③蜀国在三月之内土崩瓦解,其重要原因之一,也和其统帅部署失当,未能在汉中驻扎重兵以保证其安全有关。若说蜀国安危系于汉中一身,是一点也不过分的。

————————

①卢弼:《三国志集解》,第815页。
②参见吴健:《刘备汉中撤军刍议》,《福建师范大学学报》1988年第2期。
③《晋书》卷34《羊祜传》。

　　对于盘踞在中原和关西的曹魏来说,汉中地区固然也有重要的军事意义,但是对它的需要和依赖程度并不像蜀汉那样迫切。曹魏若要进攻巴蜀,那么汉中是势在必得的。如前所述,这样可以从几条道路入蜀,并使武都、阴平陷入孤悬境外、难以坚守的局面,形势将十分有利。相反,如果未能攻取汉中,仅有武都、阴平两郡,那么对蜀汉就构不成威胁。但若是对蜀汉采取防御战略,情况就有所不同了;能够掌握汉中当然很好,要是付出的代价太高,难以承受,也不妨放弃它,这样对曹魏虽有些被动,却还不至于构成致命的威胁。因为汉中的对蜀防御需要不少兵力,例如当年夏侯渊、张郃的数万人马抵御不了蜀军的进攻,曹操领大兵到来,其粮草给养需要从关中乃至中原内地运送,经过数百千里的跋涉,对于国家和民众来说都是极为沉重的负担,像南阳等地甚至因此激起了民变①。曹操深知汉中战略地位的重要,又痛感大军在此驻防殊为不易,所以把该地形象地称为"鸡肋"。在国力并不十分强大,中原残破、百废待举,又要兼顾东线战事的情况下,死守汉中对曹魏来说代价太大,有些得不偿失,不如把它抛给蜀汉。因此他最终还是采取了放弃汉中的做法,将对蜀作战的正面防线收缩至关中,把秦岭难以通行运输的困难抛给了蜀汉一方,利用"五百里石穴"的天险来阻碍对手。并迁徙百姓,将汉中变成空旷无人的荒野,使蜀军在北伐时无法在沿途获得补给。自己则通过防守避战来休养生息,恢复和增强国力,为将来的统一战争做好物质准备。魏明帝即位后,曾就是否攻占汉中举行廷议,大

---

① 《三国志》卷 11《魏书・管宁附胡昭传》:"建安二十三年,陆浑长张固被书调丁夫,当给汉中。百姓恶惮远役,并怀扰扰。民孙狼等因兴兵杀县主簿,作为叛乱,县邑残破。"

臣孙资追述曹操的有关战略构想，成功地说服曹睿罢兵。其言如下：

> 昔武皇帝征南郑，取张鲁，阳平之役，危而后济。又自往拔出夏侯渊军，数言'南郑直为天狱，中斜谷道为五百里石穴耳'。言其深险，喜出渊军之辞也。又武皇帝圣于用兵，察蜀贼栖于山岩，视吴虏窜于江湖，皆挠而避之，不责将士之力，不争一朝之忿，诚所谓见胜而战，知难而退也。今若进军就南郑讨亮，道既险阻，计用精兵又转运镇守南方四州遏御水贼，凡用十五六万人，必当复更有所发兴。天下骚动，费力广大，此诚陛下所宜深虑。夫守战之力，力役参倍。但以今日见兵，分命大将据诸要险，威足以震慑强寇，镇静疆场，将士虎睡，百姓无事。数年之间，中国日盛，吴蜀二虏必自罢弊。[①]

从以后的历史进程来看，曹操放弃汉中、对蜀采取守势的战略，在其死后基本上得到了贯彻（数十年中，只有曹真、曹爽对汉中的两次短暂进攻），并最终获得了成功。蜀国夺取汉中后，由于秦岭的阻隔，诸葛亮和姜维的北伐多次因乏粮而被迫撤兵，在领土扩张方面，数十年来未能取得突破性的进展。这说明曹操的上述决定是明智的，他对汉中的战略地位与军事价值做出了客观、正确的判断，眼光长远，为魏国将来的强盛与灭蜀统一奠定了基础。

---

①《三国志》卷14《魏书·刘放传》注引《孙资别传》。

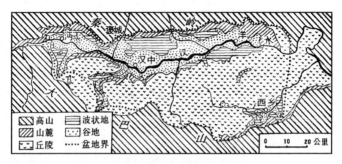

图四一　汉中盆地地形图

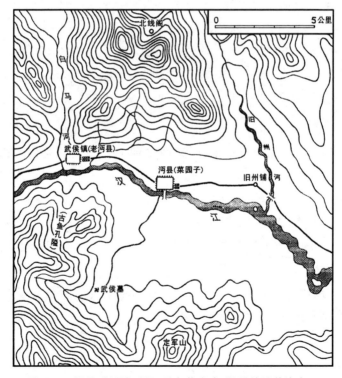

图四二　沔县附近地形图(引自黄盛璋《阳平关及其演变》)

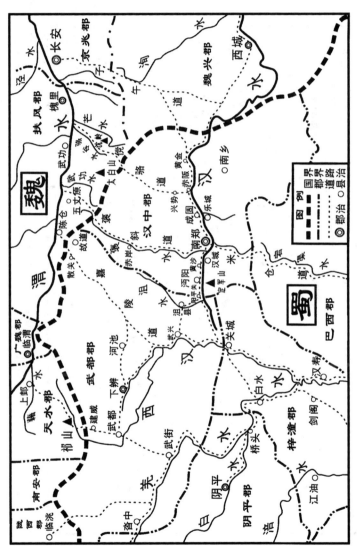

图四三　三国汉中地区形势图

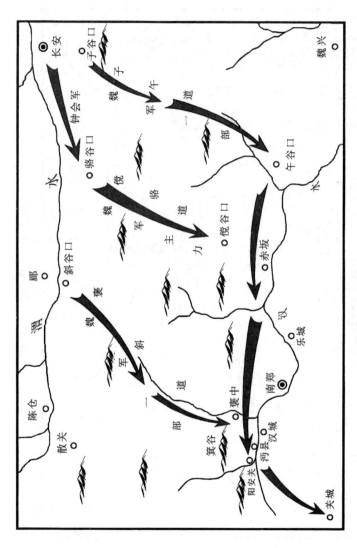

图四四　钟会伐蜀路线示意图（263 年）

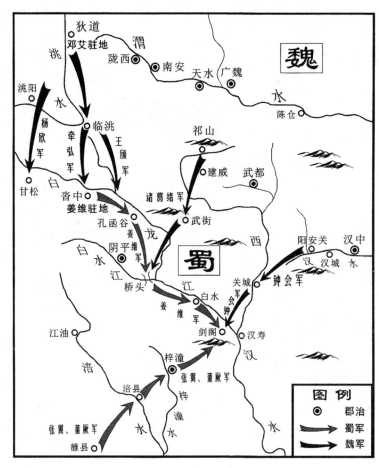

图四五　姜维退守剑阁路线示意图(263 年)

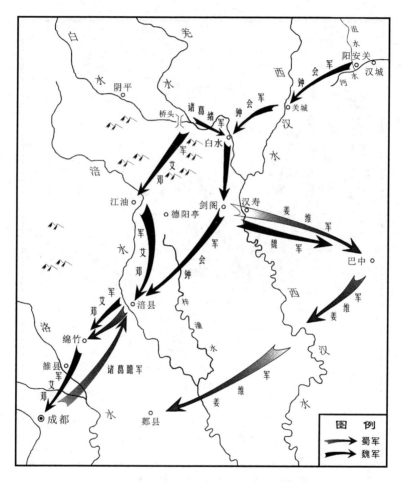

图四六　邓艾偷渡阴平路线示意图(263 年)

# 第二章　蜀汉的东陲重镇永安

　　三国时期刘备父子占领四川,据守周边的数座要塞保境安民,与国力远胜于自己的魏、吴对峙。杜佑曾云:"蜀主全制巴蜀,置益、梁二州,有郡二十二,以汉中、兴势、白帝并为重镇。"①《读史方舆纪要》亦引张氏曰:"武侯治蜀,东屯白帝以备吴,南屯夜郎以备蛮,北屯汉中以备魏。"②文中所言"白帝"为蜀汉的永安(今重庆市奉节县),即秦汉之鱼复县,东汉初年割据蜀地的公孙述曾改其名曰白帝城。章武二年(222)刘备在猇亭之战中惨败于吴将陆逊,"收合离散兵,遂弃船舫,由步道还鱼复,改鱼复县曰永安。"③并在此地构筑行宫,调集兵将戍守,阻止了孙吴军队的追击。"终蜀汉之世,恒以白帝为重镇。"④

　　永安之所以备受蜀汉统治集团重视,与其扼守交通要道具有密切联系。诸葛亮《隆中对》称"益州险塞,沃野千里,天府之土,高祖因之以成帝业"。是说四川盆地周围群山环绕,关险列阻;其核心区域成都平原土地广阔、物产丰饶,可以成为建国立业的根据地。古代蜀地与中原的交通往来主要依靠两条道路,其一是北经绵竹(治今四川德阳市北)、剑阁、葭萌(今四川广元市昭化镇)

----

① [唐]杜佑:《通典》卷171《州郡一》,第908页。

② [清]顾祖禹:《读史方舆纪要》卷69《四川四·夔州府》,第3247页。

③ 《三国志》卷32《蜀书·先主传》。

④ [清]顾祖禹:《读史方舆纪要》卷69《四川四·夔州府》,第3247页。

等地后翻越秦岭至关中的川陕金牛道。严耕望考证云："自成都至鹿头关一百八十三里，道路平坦。鹿头至剑州三百八十七里，渐入山区。剑州至金牛五百里间，途极险峻，多栈阁，是为南栈阁，建设桥阁盖至数万，所谓蜀道之险，全在此段。"①其二是由成都沿蜀江南下江州（今重庆市渝中区），再顺长江水陆并行，过枳县（今重庆市涪陵县）、临江（今重庆市忠县）、羊渠（今重庆市万县）至鱼复县，然后进入沟通川鄂的三峡（瞿塘峡、巫峡、西陵峡）地段。顾祖禹曰："大江自瞿唐关而下谓之峡江。"②故三峡古道亦称为峡江道，两岸峰岭夹峙，道路崎岖难行，江面多有激流险滩。胡三省曰："自三峡下夷陵，连山叠嶂，江行其中，回旋湍激。至西陵峡口，始漫为平流。"③出峡过夷陵（今湖北宜昌市区）、荆门（今湖北枝城市西北）后即抵达江汉平原。这两条入蜀通道上各有数座著名关塞，而最为重要的则是金牛道上的白水关（今四川青川县东北沙州镇），亦称"关头"；以及峡江道上的永安，即鱼复，又称作扞（捍）关、江关、夔门、夔关、瞿塘关。如郦道元《水经注》所言："昔廪君浮土舟于夷水，据捍关而王巴。是以法孝直有言：鱼复捍关，临江据水，实益州祸福之门。"④永安地处三峡的西口，历史文献表明，此处很早就已设关置守，成为兵家必争之地。

---

①严耕望：《唐代交通图考》第四卷《山剑滇黔区》，第904页。
②[清]顾祖禹：《读史方舆纪要·四川方舆纪要序》，第3123页。
③《资治通鉴》卷69魏文帝黄初三年六月胡三省注。
④[北魏]郦道元注，[民国]杨守敬、熊会贞疏：《水经注疏》卷37《夷水》，第3054页。

# 一、秦汉时期的扞(捍)关、江关

《华阳国志》卷1《巴志》鱼复县条记载春秋时期,"巴楚相攻,故置江关,旧在赤甲城,后移在江南岸,对白帝城故基。"[1]按江关在古籍中亦称为扞关、捍关或楚关。《史记》卷40《楚世家》记载楚肃王四年(前377),"蜀伐楚,取兹方。于是楚为扞关以距之。"司马贞《索隐》注:"《(续汉书)郡国志》巴郡鱼复县有扞关。"战国秦惠王时灭蜀,扞关又成为楚国抗秦的前线要塞。张仪曾恐吓楚王,声称秦以舫船载卒,"下水而浮,一日行三百余里,里数虽多,然而不费牛马之力,不至十日而距扞关。扞关惊,则从境以东尽城守矣,黔中、巫郡非王之有。"[2]《史记集解》引徐广曰:"巴郡鱼复(县)有扞水关。"此事又见《战国策》卷14《楚策一》,文中"扞关"作"捍关"。按"扞"与"捍"字义相同,故可以互用。如《水经注》卷34《江水》曰:"昔巴、楚数相攻伐,藉险置关,以相防捍。"杨守敬疏云:"捍关,《国策》、《史记》作扞关,字得通用。"[3]甘宁曾建议孙权攻夺夏口后,"鼓行而西,西据楚关,大势弥广,即可渐规巴蜀。"[4]胡三省曰:"楚关,扞关也。蜀伐楚,楚为扞关以拒之,故曰楚关。"[5]

近世学术界根据考古资料指出,史籍中的"扞关"实为"扞关"

---

[1] [晋]常璩著,任乃强校注:《华阳国志校补图注》卷1《巴志》,第36页。
[2]《史记》卷70《张仪列传》。
[3] [北魏]郦道元注,[民国]杨守敬、熊会贞疏:《水经注疏》,第2827页。
[4]《三国志》卷55《吴书·甘宁传》。
[5]《资治通鉴》卷65汉献帝建安十三年春胡三省注。

之误写。陈直云："《封泥考略》卷四、五十三页,有'扞关长印'、'扞关尉印'两封泥。吴式芬考即《续汉书·郡国志》巴郡鱼复县之扞关,据此当作扞关,今作扞关,为传写之误文。"[1]上述意见又为近年出土的张家山汉简《二年律令》所证实,其中《津关令》中数处载有"扞关",与郧关、武关、函谷、临晋诸关等著名要塞并列。另外,其第(16)简记载相国上南郡守书云:"云梦附窦园一所在胸忍界中,任徒治园者出人扞关,故巫为传,今不得,请以园印为传,扞关听。"[2]杨健认为,从令文所记来看,扞关当居于胸忍与巫县之间。"巫县汉初因沿未改,属南郡,仍与巴郡鱼复县毗邻,胸忍则在鱼复之西。《汉书·地理志》记鱼复县有'江关',《续汉书》志第二三《郡国志五》'鱼复'县本注'扞水有扞关',以《津关令》参照,扞关应即江关。"[3]并由此认为汉初扞关乃是继承了《史记》所载楚肃王四年为防备蜀国始筑的"捍关",而与《华阳国志·巴志》所记的"扞关"相同,也就是《汉书·地理志上》所载的"江关",其位置均在汉朝鱼复县,即今重庆市奉节县境。

在秦朝和西汉的统一中央集权时代,江关在国家政治中的地位和作用有所上升。《汉书》卷 28 上《地理志上》载巴郡十一县中,"鱼复,江关,都尉治。"按汉朝都尉即秦之郡尉,为天下各郡军事长官。《汉书》卷 19 上《百官公卿表上》:"郡尉,秦官,掌佐守典武职甲卒,秩比二千石。有丞,秩皆六百石。景帝中二年更名都

---

[1] 陈直:《史记新证》"肃王四年,蜀伐楚,取兹方,于是楚为扞关以距之"条"直按",中华书局,2006 年,第 91 页。

[2] 张家山二四七号汉墓竹简整理小组:《张家山汉墓竹简[二四七号墓]》(释文修订本),文物出版社,2006 年,第 87 页。

[3] 杨健:《西汉初期津关制度研究》,第 45—46 页。

尉。"秦汉时曾在函谷关等要塞设置"关都尉"[①]，对过往人员货物进行稽查课税。《初学记》卷 7 云："汉兴都关中，置关都尉，以察伪游，用传出入。汉文除关无用传，汉景复置用传。"注："传即今之过所也。"[②]《汉书》卷 90《酷吏传》亦曰："上乃拜（宁）成为关都尉。岁余，关吏税肆郡国出入关者，号曰：'宁见乳虎，无直宁成之怒。'其暴如此。"《二年律令·津关令》反映出西汉政府对"关中"或"关内"地区制有严格的经济保护法规，禁止黄金、铜料及器皿与马匹等重要物资流出。"其令扜关、郧关、武关、函谷［关］、临晋关，及诸其塞之河津，禁毋出黄金、诸奠黄金器及铜"，"禁民毋得私买马以出扜关、郧关、函谷［关］、武关及诸河塞津关"。并颁布规定对无符传偷渡关津者与失职稽查、纵容非法出入的官员施以重刑。"御史言：越塞阑关，论未有□，请阑出入塞之津关，黥为城旦舂；越塞，斩左止（趾）为城旦；吏卒主者弗得，赎耐；令、丞、令史罚金四两。智（知）其请（情）而出入之，及假予人符传，令以阑出入者，与同罪。"[③]从有关记载来看，西汉"关中"地区的居民享受的经济、政治利益要高于"关外"即"关东"的居民，因此封列侯者以居"关内"为荣，而以封地在"关外"为低人一等[④]。东汉时期定都洛阳，关西与关东居民身份地位的地域差别从此废止，关都尉也

---

① 参见《汉书》卷 19 上《百官公卿表上》："关都尉，秦官。"

② ［唐］徐坚等：《初学记》卷 7《地部下·关第八》引《汉书》，第 159 页。

③ 张家山二四七号汉墓竹简整理小组：《张家山汉墓竹简［二四七号墓］》（释文修订本），第 83—86 页。

④ 参见《汉书》卷 6《武帝纪》："（元鼎）三年冬，徙函谷关于新安。以故关为弘农县。"注引应劭曰："时楼船将军杨仆数有大功，耻为关外民，上书乞徙东关，以家财给其用度。武帝意亦好广阔，于是徙关于新安，去弘农三百里。"

被取消。《后汉书·百官志五》曰:"中兴建武六年,省诸郡都尉,并职太守,无都试之役。省关都尉,唯边郡往往置都尉及属国都尉,稍有分县,治民比郡。"扞关的地位与作用由是降低,等同于普通关塞;如前引《封泥考略》所述,主官为扞关长、尉,即小县的官员级别①。

秦、西汉政权定都咸阳、长安,以关中为统治重心与根据地,在战备方针上则以关东诸侯为国内主要的假想敌,因此在黄河晋陕河段、豫西及商洛山地及鄂西、峡江等处分别设置关塞,屯戍兵将,防遏来自东方的入侵。如贾谊所言:"所谓建武关、函谷、临晋关者,大抵为备山东诸侯也。天子之制在陛下,今大诸侯多其力,因建关而备之,若秦时之备六国也。"②汉朝设置江关的主要军事目的,也是防备荆州方向的来敌溯江而上,攻入四川盆地。秦汉统治者之所以在三峡西口的鱼复建关立戍,以为要镇,而没有选择在峡江航道中间的巫县、秭归等地,是因为鱼复县境地形、水文等自然条件对于设防更为有利。试述如下:

大江奔流数省,汇集众川,至奉节县境进入瞿塘峡。两岸峭壁耸立,江面突然变窄,致使激流汹涌,难以行舟。《读史方舆纪要》卷 69 曰:"自瞿唐而下谓之峡江。夏秋水泛,两岩扼束,数百里间,滩如竹节,波涛汹涌,舟楫惊骇。李埴曰:'江出浸山,行二千余里,合蜀众流毕出瞿唐之口,山疏而嵯萃,水激而奔汛,天下

---

① 参见《汉书》卷 19 上《百官公卿表上》:"县令、长,皆秦官,掌治其县。万户以上为令,秩千石至六百石。减万户为长,秩五百石至三百石。皆有丞、尉,秩四百石至二百石,是为长吏。"

② [汉]贾谊撰,阎振益、钟夏校注:《新书校注》卷 3《壹通》,中华书局,2000 年,第 113 页。

瑰玮绝特之观,至是殚矣。'"①瞿塘峡口附近还有著名的险滩滟滪(或称淫预)堆和黄龙(或称龙脊)滩,礁石密布,恶浪翻滚,屡屡造成船只沉没。《太平寰宇记》卷148曰:"滟滪堆,周回二十丈,在州西南二百步,蜀江中心,瞿塘峡口。冬水浅,屹然露百余尺,夏水涨,没数十丈,其状如马,舟人不敢进。又曰犹与,言舟子取途,不决水脉,故曰犹与。谚曰:'滟滪大如朴,瞿塘不可触;滟滪大如马,瞿塘不可下;滟滪大如鳖,瞿塘行舟绝;滟滪大如龟,瞿塘不可窥。'"②《水经注》卷33《江水》曰:"峡中有瞿塘、黄龙二滩,夏水回复,沿溯所忌。瞿塘滩上有神庙,尤至灵验。刺史二千石径过,皆不得鸣角伐鼓。商旅上下,恐触石有声,乃以布裹篙足。"杨守敬按:"《方舆胜览》夔州路称,龙脊滩在城东三里,状如龙脊,夏没冬见。李肇《国史补》,蜀之三峡,最号峻急,四月、五月尤险。"③鱼复所在的瞿塘峡区,古人称为"连崖千丈,奔流电激"④;两岸陆路崎岖,航道艰险,故在此设关占据地利,容易阻击来犯的敌兵。顾祖禹因此将瞿塘关列为四川少有的"重险"。

另外,从宏观的地理形势来看,若在峡江中段各地设置重兵进行防御,由于地形复杂,交通不便,还有物资给养与兵员补充方面的巨大困难。当地的自然条件不利于农垦,峡内屯兵的粮饷需要后方供给,而沿途的道路多有险阻。"自三峡七百里中,两岸连山,略无阙处。重岩叠嶂,隐天蔽日,自非停午夜分,不见曦月。"⑤

---

① [清]顾祖禹:《读史方舆纪要》卷69《四川四·夔州府》,第3251页。
② [宋]乐史撰,王文楚等点校:《太平寰宇记》卷148《山南东道七·夔州》,第2875页。
③ [北魏]郦道元注,[民国]杨守敬、熊会贞疏:《水经注疏》卷33《江水一》,第2819页。
④ [宋]乐史撰,王文楚等点校:《太平寰宇记》卷148《山南东道七·夔州》,第2875页。
⑤ [北魏]郦道元注,[民国]杨守敬、熊会贞疏:《水经注疏》卷34《江水二》,第2834页。

江面行舟亦非常艰难,范成大曾云:"天下至险之处,瞿唐滟滪是也。每一舟入峡数里,后舟方续发,水势怒急,恐猝相遇不可解析也。峡中两岸高岩峻壁,斧凿之痕皱皱然。而黑石滩最号险恶,两山束江,骤起水势,不能平也。"①而滟滪以西江面渐宽,岸边地势也略为平坦,既方便行旅,又可为垦田耕种。《水经注》卷33称:"江水又东径诸葛亮图垒南,石碛平旷,望兼川陆。"又言蜀汉永安宫遗址,"其间平地可二十许里,江山回阔,入峡所无。城周十余里,背山面江,颓墉四毁,荆棘成林,左右民居多垦其中。"②当地东屯的稻米出产在汉代即已著名。《读史方舆纪要》卷69《四川四·夔州府》奉节县曰:"又东瀼水,在府东十里。《舆地纪胜》:'公孙述于东瀼水滨垦稻田东屯,东屯稻田水畦延袤可得百许顷,前带清溪,后枕崇岗,树林葱蒨,气象深秀,去白帝故城五里,而多稻米为蜀第一,郡给诸官俸廪,以高下为差。'《夔门志》:'东屯诸处宜瓜畴芋区,瀼西亦然。'"③在鱼复县境建关屯戍,不仅可以就地得到部分补给,由于交通较为方便,情况紧急时还可以顺利得到后方江州等地的水陆支援,这是在峡口设置军事要镇的另一个有利因素。

再次,峡内地势与航道狭窄,敌人攻击兵力无法展开,步兵和战船只能列成纵队行进,虽有数量优势也难以在前锋部队中得到体现,这样既利于守方的阻击,也把供应补给的困难抛给了敌人方面。从历史上的成功战例来看,三国时期的夷陵之战,孙吴在

---

① [清]顾祖禹:《读史方舆纪要》卷66《四川一·重险》"瞿唐关"条,第3122—3123页。
② [北魏]郦道元注,[民国]杨守敬、熊会贞疏:《水经注疏》卷33《江水一》,第2813页。
③ [清]顾祖禹:《读史方舆纪要》卷69《四川四·夔州府》,第3251页。

战前已经占领了秭归和巫县，控制了三峡的大部分航道。陆逊却主动撤退到峡外的夷道（今湖北宜都市）和夷陵（今湖北宜昌市区），让刘备大军通过三峡，在峡口与之对峙。诸将曾反对此举曰："攻备当在初。今乃令入五六百里，相衔持经七八月，其诸要害皆以固守。击之必无利矣。"[1]陆逊解释说刘备初征时锐气正盛，不宜与之决战。"若此间是平原旷野，当恐有颠沛交驰之忧。今缘山行军，势不得展，自当罢于木石之间，徐制其弊耳。"[2]结果刘备的大量后续军队困于峡内，"树栅连营七百余里"[3]；求战不得，师老兵疲，被陆逊用火攻大破，狼狈逃归永安。

　　江关的具体位置，据《后汉书》卷17《岑彭传》李贤注云："《华阳国志》曰：巴、楚相攻，故置江关，旧在赤甲城，后移在江南岸，对白帝城，故基在今夔州人［鱼］复县南。"笔者按：赤甲城位于今奉节县城东北之赤甲山，在长江北岸。《读史方舆纪要》卷69《四川四·夔州府》曰："赤甲山，在府东北十五里。不生草木，土石皆赤，如人袒胛，本名赤岬山。《淮南子》注：'岬，山肋也。'或曰以汉时尝取巴人为赤甲军，故名。上有石城。《类要》云：即鱼复县故址也。一云公孙述所筑。"[4]江关后移南岸之记载，又见于《括地志》："江关，今夔州人［鱼］复县南二十里江南岸白帝城是。"[5]另外，还有学者认为江关应设在鱼复县东江面最窄的三钩镇。《太平寰宇记》卷148《山南东道七·夔州》云："三钩镇，在州东三里。

---

①《三国志》卷58《吴书·陆逊传》。
②《三国志》卷58《吴书·陆逊传》注引《吴书》。
③《三国志》卷2《魏书·文帝纪》黄初三年。
④［清］顾祖禹：《读史方舆纪要》卷69《四川四·夔州府》，第3250页。
⑤［唐］李泰等：《括地志辑校》卷4《夔州》，中华书局，2005年，第189页。

铁锁断江,山横江亘张两岸,造舟为梁,施战床于上以御寇,为镇居数溪之会,故曰三钩。唐武德二年废。"①严耕望曰:"瞿塘险程中,古置江关,即瞿唐关,为古代江流用兵之要。杜翁云'防隅一水关'是也。按入峡三里有三钩故镇,古人铁锁断江处,殆即关之故址欤?"②

　　东汉政权在与割据四川的军阀公孙述作战当中,江关的重要作用得到了充分表现。新莽末年天下大乱,公孙述占领成都,自称蜀王。谋士李熊劝说他利用当地的富饶资源,迅速出兵占据益州的交通门户。"北据汉中,杜褒、斜之险;东守巴郡,拒扞关之口。"观测时变,伺机扩占疆土,以成帝王之业。"见利则出兵而略地,无利则坚守而力农。东下汉水以窥秦地,南顺江流以震荆、扬。所谓用天因地,成功之资。"③公孙述采纳了上述建议,建武九年(33),"遣其将任满、田戎、程泛,将数万人乘枋箄下江关,击破冯骏及田鸿、李玄等。遂拔夷道、夷陵,据荆门、虎牙。横江水起浮桥、斗楼,立攒柱绝水道,结营山上,以拒汉兵。"④据史籍所载,公孙述曾亲至鱼复,并改其县名为白帝城。⑤ 建武十一年(35),汉将岑彭用火攻大破蜀兵于荆门,"溺死者数千人。斩任满,生获程泛,而田戎亡保江州。"⑥这次战役蜀军失利后,田戎没有凭借三峡沿途的关险来进行阻击,而是远远溃逃到江州(今重庆市渝中

①[宋]乐史撰,王文楚等点校:《太平寰宇记》,第 2875 页。

②严耕望:《唐代交通图考》第四卷《山剑滇黔区》,第 1113 页。

③《后汉书》卷 13《公孙述传》。

④《后汉书》卷 17《岑彭传》。

⑤[宋]李昉等:《太平御览》卷 167《州郡部十三·山南道上·夔州》引《郡国记》曰:"白帝城,即公孙述至鱼复,有白龙出井中,因号鱼复为白帝城。"第 815 页。

⑥《后汉书》卷 17《岑彭传》。

区),因而使蜀境东边门户洞开,汉军得以顺利入川。"(岑)彭上刘隆为南郡太守,自率臧宫、刘歆长驱入江关,令军中无得虏掠。所过,百姓皆奉牛酒迎劳。"①顾祖禹评论这次战争时,认为田戎放弃江关殊为失策,致使蜀国陷于非常被动局面。"江关蜀之东门也。入江关则已过三峡之险,夺全蜀之口矣。公孙述之败亡,始于失江关也。"②岑彭入蜀后被刺身亡,随即而来的吴汉从夷陵出发,"装露桡船,将南阳兵及弛刑募士三万人溯江而上。会岑彭为刺客所杀,汉并将其军。"③大兵经过三峡地段亦通行无阻,于是连破城池,进至成都,最终消灭了公孙述。

## 二、刘备取蜀之战前后的鱼复

### (一)汉末鱼复成为巴东郡治

在汉末军阀的割据混战中,四川的局势相对安定,多有士民避难入蜀。兴平元年(194)益州牧刘焉病死,"州大吏赵韪等贪(刘)璋温仁,共上璋为益州刺史,诏书因以为监军使者,领益州牧,以韪为征东中郎将,率众击刘表。"④此后巴蜀政局逐渐动乱不安,《英雄记》曰:"先是,南阳、三辅人流入益州数万家,收以为兵,名曰东州兵。璋性宽柔,无威略,东州人侵暴旧民,璋不能禁,政

①《后汉书》卷17《岑彭传》。
②[清]顾祖禹:《读史方舆纪要》卷69《四川四·夔州府》,第3247页。
③《后汉书》卷18《吴汉传》。
④《三国志》卷31《蜀书·刘焉传》。

令多阙,益州颇怨。"①由此引发了赵韪等组织的叛乱,驻守汉中的张鲁也与刘璋反目。"璋杀鲁母及弟,遂为仇敌。璋累遣庞羲等攻鲁,数为所破。鲁部曲多在巴西,故以羲为巴西太守,领兵御鲁。后羲与璋情好携隙,赵韪称兵内向,众散见杀,皆由璋明断少而外言入故也。"②

　　刘璋就任之后,曾对益州的行政建置进行改变,先将巴郡分为巴、永宁、固陵三郡。献帝兴平元年(194),"征东中郎将安汉赵韪建议分巴为二郡。韪欲得巴旧名,故白益州牧刘璋:以垫江以上为巴郡,河南庞羲为太守,治安汉;以江州至临江为永宁郡,朐忍至鱼复为固陵郡。巴遂分矣。"③建安六年(201),又改永宁为巴郡,固陵为巴东郡,另将丹兴、汉发二县立为巴东属国,后改称涪陵郡④。鱼复县则成为巴东郡治⑤,其政治地位明显上升。刘璋此次将巴郡分割为数郡,其原因应是疆域广阔的大郡在动乱年代不易掌控,如委任不当,主官率郡造反势力强大,从而难以平叛。领土较小的郡则便于灵活操纵与弹压,即使倒戈也为患稍轻。对大郡的这种分割处置在当时并非孤立的现象,例如曹操在占领荆州以后,嫌南郡辖境辽远,将其拆分为三,即襄阳、临江和南郡。见

①《三国志》卷31《蜀书·刘璋传》注引《英雄记》。
②《三国志》卷31《蜀书·刘璋传》。
③［晋］常璩撰,刘琳校注:《华阳国志校注》卷1《巴志》,第55页。
④［晋］常璩撰,刘琳校注:《华阳国志校注》卷1《巴志》:"建安六年,鱼复蹇胤白璋,争巴名。璋乃改永宁为巴郡,以固陵为巴东,徙(庞)羲为巴西太守。是为'三巴'。于是涪陵谢本白璋,求以丹兴、汉发二县为郡。初以为巴东属国。后遂为涪陵郡。"第55页。
⑤［晋］常璩撰,刘琳校注:《华阳国志校注》卷1《巴志》"巴东郡"下曰:"鱼复县,郡治。公孙述更名白帝,章武二年改曰永安。"第77页。

《晋书》卷15《地理志下》："后汉献帝建安十三年，魏武尽得荆州之地，分南郡以北立襄阳郡，又分南阳西界立南乡郡，分枝江以西立临江郡。"上述措施与刘璋对巴郡的重新划分情况类似，其历史背景与实施目的显然是相同的。

建安十三年(208)冬，曹操兵败赤壁后北还，留曹仁等驻守南郡。周瑜随后率军渡江，派遣甘宁攻占重镇夷陵。此时刘璋屯戍峡口的部将袭肃领众归降吴军。《三国志》卷54《吴书·吕蒙传》曰："益州将袭肃举军来附。瑜表以肃兵益蒙，蒙盛称肃有胆用，且慕化远来，于义宜益不宜夺也。权善其言，还肃兵。"胡三省评论云："先取夷陵，则与益州为邻，故袭肃举军以降。"①从此事可以看出刘璋部下与其离心离德，因此见到孙吴军势强盛即不战而降。另外，刘璋对鱼复地区的防守亦未予以重视，没有任命亲信主持该地军务，致使袭肃所部得以经过江关赶赴荆州投吴。

### (二)刘备取蜀作战中的鱼复

建安十五年(210)周瑜死后，刘备从孙权手中借得荆州，随即派遣心腹勇将张飞出任宜都太守，进驻三峡地段。同年刘备拒绝了孙权共同伐蜀的建议，并在夏口阻截孙瑜率领入川的水师。"备不听军过，谓瑜曰：'汝欲取蜀，吾当被发入山，不失信于天下也。'使关羽屯江陵，张飞屯秭归，诸葛亮据南郡，备自住孱陵。权知备意，因召瑜还。"②次年(211)刘璋为内忧外困所迫，请刘备领兵进驻葭萌(治今四川广元市昭化镇)抵御汉中张鲁。"璋增先主

---

①《资治通鉴》卷65汉献帝建安十三年胡三省注。
②《三国志》卷32《蜀书·先主传》注引《献帝春秋》。

兵,使击张鲁,又令督白水军。先主并军三万余人,车甲器械资货
甚盛。是岁,璋还成都。先主北至葭萌,未即讨鲁,厚树恩德,以
收众心。"①建安十七年(212)冬曹操东征孙权,"权呼先主自救。
先主遣使告璋曰:'曹公征吴,吴忧危急。孙氏与孤本为唇齿,又
乐进在青泥与关羽相拒,今不往救羽,进必大克,转侵州界,其忧
有甚于鲁。鲁自守之贼,不足虑也。'乃从璋求万兵及资实,欲以
东行。璋但许兵四千,其余皆给半。"②未能满足其要求,引起刘备
的不满,而张松因与刘备勾结之事泄露被杀,刘璋因而下令各座
关戍戒严,拒绝刘备入境。庞统为刘备策划取蜀三计,其上计为
长途奔袭四川腹地。"阴选精兵,昼夜兼道,径袭成都;璋既不武,
又素无预备,大军卒至,一举便定。"中计为假称撤兵回援荆州,诱
骗关头(今四川青川县沙州镇)守将杨怀、高沛来营告别。"将军
因此执之,进取其兵,乃向成都。"下计则是"退还白帝,连引荆州,
徐还图之"③。即撤兵占据三峡西口的鱼复重镇,与己方荆州的宜
都郡境接成一体,由于控制了入川的门户,可以等待机会随时进
取。"先主然其中计,即斩怀、沛,还向成都,所过辄克。"④由此可
见,在刘备集团的多种作战方案当中,鱼复因为其地理位置的特
殊性,是在取蜀战役通盘谋划必须要考虑的重要因素。庞统认
为,如果形势不利,暂且无法攻取全川,那也要占领白帝城,将艰
险难行的三峡地段全部掌握在自己手里,这样攻守俱便,可以把
鱼复作为将来出兵入川的前哨阵地。

---

① 《三国志》卷 32《蜀书·先主传》。
② 《三国志》卷 32《蜀书·先主传》。
③ 《三国志》卷 37《蜀书·庞统传》。
④ 《三国志》卷 37《蜀书·庞统传》。

反观刘璋方面的作战防御,只是在成都以北的剑阁道上层层设防阻击。"璋遣刘璝、冷苞、张任、邓贤等拒先主于涪,皆破败,退保绵竹。璋复遣李严督绵竹诸军,严率众降先主。先主军益强,分遣诸将平下属县"①,最后在雒城(今四川广汉市)受阻。"先主进军围雒。时璋子循守城,被攻且一年。"②虽然暂时保住了成都的安全,但是忽略了对蜀境东边门户鱼复的防守,没有加强当地的兵力,利用瞿塘峡口的险要地势来抵御刘备的荆州援军,结果在诸葛亮领兵入川后战局急转直下。刘备兵困雒城后,命令后方前来支援。"诸葛亮、张飞、赵云等将兵溯流定白帝、江州、江阳,惟关羽留镇荆州。"③刘璋对鱼复防务的忽视,致使诸葛亮所率援兵得以顺利进川。"至江州,分遣(赵)云从外水上江阳,与亮会于成都。"④并与攻破雒城后南下的刘备所部汇合。这不仅壮大了围攻成都的兵力,也断绝了刘璋南逃的道路,使其坐困孤城,被迫出降。刘璋失败固然有很多缘故,但轻易丢失了几座险要戍地则是其中较为重要的原因。如法正对其劝降笺曰:"又鱼复与关头实为益州福祸之门,今二门悉开,坚城皆下,诸军并破,兵将俱尽,而敌家数道并进,已入心腹,坐守都、雒,存亡之势,昭然可见。"⑤白帝城对于蜀地安危所起的作用,在此次战役里得到了充分的表现。

---

① 《三国志》卷 32《蜀书·先主传》。
② 《三国志》卷 32《蜀书·先主传》。
③ 《三国志》卷 32《蜀书·先主传》。
④ 《三国志》卷 36《蜀书·赵云传》。
⑤ 《三国志》卷 37《蜀书·法正传》。

### (三)刘备取蜀后对鱼复地区防务的强化

《华阳国志》卷1《巴志》记载刘备在占领全蜀之后，先后采取了若干措施来加强鱼复所在巴东地区的防务。首先，是提高当地守将的级别。"巴东郡，先主入益州，改为江关都尉。"刘琳注曰："西汉于鱼复县置江关都尉，镇守巴东，刘备盖因其旧。"①如前所述，东汉建武九年(33)罢关都尉后，鱼复县因为户口乏少仅设有县长及县尉，其军政长官秩级低于大县的令、尉。刘备这次在该地复设江关都尉，是郡级军事长官，所辖兵马亦应多于旧日。

其次，是扩大当地的防区。将原属荆州宜都郡的巫(今重庆市巫山县)、北井(今重庆市巫山县北)两县与巴东郡合并，更名为固陵郡。"建安二十一年，以朐忍、鱼复、汉丰、羊渠及宜都之巫、北井六县为固陵郡，武陵廖立为太守。"②其中朐忍、鱼复为汉朝旧县，汉丰治今重庆市开县，《太平寰宇记》卷137《山南西道五·开州》曰："开江县，本汉朐忍县地，蜀先主建安二十一年于今县南二里置汉丰县，以汉土丰盛为名。"③刘琳曰："羊渠，《续汉志》无此县，当是建安二十一年分朐忍县地与汉丰县同置。故城在今万县(《蜀鉴》谓盖在万县西南五十里羊飞山下，《纪要》谓即今万县市治)。"④固陵太守廖立为刘备在荆州时旧臣，曾任长沙太守，后来该郡被吴将吕蒙等袭破，因而逃亡入蜀。刘琳曰："《蜀志·廖

---

① [晋]常璩撰，刘琳校注：《华阳国志校注》，第71页。
② [晋]常璩撰，刘琳校注：《华阳国志校注》，第71页。
③ [宋]乐史撰，王文楚等点校：《太平寰宇记》，第2672页。
④ [晋]常璩撰，刘琳校注：《华阳国志校注》，第72页。

立传》:立字公渊,武陵临沅人。建安二十年归刘备,任巴郡太守。与此云任固陵太守稍异。盖固陵本亦属巴郡,《蜀志》未细加分别,与下辅匡例同。"①按廖立颇具才干,"先主入蜀,诸葛亮镇荆土,孙权遣使通好于亮,因问士人皆谁相经纬者,亮答曰:'庞统、廖立,楚之良才,当赞兴世业者也。'"②刘备任命他为固陵太守,体现了对当地防务的重视。而鱼复东邻的巫县、北井纳入固陵郡,从军事方面考虑,是延长了瞿塘峡口的防御纵深,把蜀境东陲门户向前推进,形成一个狭长的控制长江三峡西段的枢纽地带,这样在未来的战斗中能够根据局势的变化进行攻守进退的部署调整,拥有较为充分的余地。这一举措和汉武帝在元鼎三年(前114)冬采取的"广关",即"徙函谷关于新安,以故关为弘农县"③的措施有着相同的作用和意义。这项措施也表明,尽管此时南郡、宜都等地还是蜀汉的疆土,刘备却已经开始着手规划对于荆州方向的战略防御任务,借以保护四川根据地的安全。

　　刘备称帝之后,又将鱼复所在地区恢复了巴东郡的旧名。"章武元年,胸忍徐虑、鱼复塞机以失巴名,上表自讼,先主听复为巴东,南郡辅匡为太守。"④此后直到蜀汉灭亡,始终沿用这一郡名。只是在章武二年(222)夷陵之战失利之后,巫、北井两县为孙吴占据,蜀汉后来也未能夺回。

---

①[晋]常璩撰,刘琳校注:《华阳国志校注》,第73页。
②《三国志》卷40《蜀书·廖立传》。
③《汉书》卷6《武帝纪》。
④[晋]常璩撰,刘琳校注:《华阳国志校注》,第71页。

## 三、夷陵战后刘备对永安的经营

章武二年(222)闰六月,陆逊在夷陵大破蜀军。"先主自猇亭还秭归,收合离散兵,遂弃船舫,由步道还鱼复,改鱼复县曰永安。"[1]从此时到次年(223)四月癸巳病逝,刘备始终驻跸当地。他在临终前夕召来诸葛亮等嘱咐后事,"三年春二月,丞相亮自成都到永安。……五月,梓宫自永安还成都。"[2]刘备在永安停留的时间不满一岁,但是他采取了许多军事、政治方面的措施,使永安的地位价值迅速攀升,在蜀汉的对吴防御部署中开始发挥重要作用。试述如下:

### (一)调集援兵、加强防务

刘备败退永安之后,"吴遣将军李异、刘阿等蹑踪先主军,屯驻南山。"[3]卢弼注引谢钟英曰:"南山当在奉节县东北。"[4]可见孙吴追兵已经迫近肘腋。"秋八月,(吴)收兵还巫。"[5]仍然与永安相邻。笔者按:吴将李异原是益州军官,曾跟随大吏赵韪等起兵反叛刘璋,后见形势不利而倒戈[6]。张松曾对刘璋曰:"今州中诸将

---

①《三国志》卷32《蜀书·先主传》。

②《三国志》卷32《蜀书·先主传》。

③《三国志》卷32《蜀书·先主传》。

④卢弼:《三国志集解》卷32《蜀书·先主传》,第739页。

⑤《三国志》卷32《蜀书·先主传》。

⑥《三国志》卷31《蜀书·刘璋传》注引《英雄记》:"东州人畏(赵)韪,咸同心并助璋,皆殊死战,遂破反者,进攻韪于江州。韪将庞乐、李异反杀韪军,斩韪。"

庞羲、李异等皆恃功骄豪，欲有外意。"①他后来投奔孙吴，因为对
巴蜀情况非常熟悉，吴国经常派他领兵为先锋，在三峡地区与蜀
军作战，且多有胜绩。如陆逊占领夷陵后，"遣将军李异、谢旌等
将三千人，攻蜀将詹晏、陈凤。异将水军，旌将步兵，断绝险要，即
破晏等，生降得凤。"②后又进据秭归、巫县。章武元年（221）刘备
东征时，"吴将陆议、李异、刘阿等屯巫、秭归；将军吴班、冯习自巫
攻破异等，军次秭归。"③猇亭兵败后，陆逊再次派遣李异率军入
峡，紧追刘备到永安，可见颇受此人困扰之苦。

　　此时蜀汉形势危急，面临吴军入侵的严重威胁。《三国志》卷
58《吴书·陆逊传》曰："（刘）备既住白帝，徐盛、潘璋、宋谦等各竞
表言备必可禽，乞复攻之。"只是孙权顾虑曹魏方面的袭击，才接
受了陆逊、朱然等将的建议，暂时没有进军。刘备在夷陵战役中
损失惨重，"土崩瓦解，死者万数"，"其舟船器械，水步军资，一时
略尽。尸骸漂流，塞江而下。"④他带回永安的军队不多，且经历惨
败后身心俱疲，士气低落，故急需补充兵力，以确保夔门不失。据
史籍所载，前来永安的蜀汉援军主要有两支。其一是镇守江州的
赵云所部，刘备率众东征时，"留云督江州。先主失利于秭归，云
进兵至永安，吴军已退。"⑤其二是巴西太守阎芝派来的兵马，《三
国志》卷43《蜀书·马忠传》曰："先主东征，败绩猇亭，巴西太守阎
芝发诸县兵五千人以补遗阙，遣忠送往。"刘备在永安与马忠交谈

---

①《三国志》卷31《蜀书·刘璋传》。
②《三国志》卷58《吴书·陆逊传》。
③《三国志》卷32《蜀书·先主传》。
④《三国志》卷58《吴书·陆逊传》。
⑤《三国志》卷36《蜀书·赵云传》注引《云别传》。

后非常赏识,称赞道:"虽亡黄权,复得狐笃,此为世不乏贤也。"学术界有关研究认为,刘备所剩败兵大约有 1.5 万左右,赵云援军可能有 2 万人,加上阎芝派来的五千人,这样当时永安的驻军将有 4 万左右[1]。史籍对此缺乏具体明确的相关记载,上述的估算数据仅供参考。

### (二)建造行宫、移设尚书机构

刘备在汉鱼复县城以西地势开阔处建造了供自己居住的行宫,即永安宫,四周有城墙环绕。《水经注》云:"江水又东径南乡峡,东径永安宫南,刘备终于此,诸葛亮受遗处也。其间平地可二十许里,江山回阔,入峡所无。城周十余里,背山面江,颓墉四毁,荆棘成林,左右民居多垦其中。"杨守敬按:"《地理通释》引《元和志》,先主改鱼复为永安,仍于西七里别置永安宫。《夔州府志》,永安宫,今为府儒学基。"[2]顾祖禹亦曰:"永安宫,在卧龙山下。一云今府学宫是其地。先主征吴败还,至白帝,改鱼复为永安而居之,后人因名其处曰永安宫。"又引陆游《入蜀记》云:"夔州在山麓沙上,所谓鱼复永安宫也。宫今为学基,州治在宫西北,景德中转运使丁谓、薛延所徙,比白帝颇平旷,然失关险,无复雄桀矣。"[3]但据《太平寰宇记》所言,永安宫原为公孙述所筑[4],刘备应是在其旧址上修建。前引《水经注》言宫城周十余里,可见其规模不小。先

---

① 参见刘华、胡剑:《永安都督与蜀汉东部边防》,《湖北教育学院学报》2007 年第 6 期。

② [北魏]郦道元注,[民国]杨守敬、熊会贞疏:《水经注疏》卷 33《江水一》,第 2813 页。

③ [清]顾祖禹:《读史方舆纪要》卷 69《四川四·夔州府》,第 3252 页、3249 页。

④ [宋]乐史撰,王文楚等点校:《太平寰宇记》卷 148《山南东道七·夔州》:"永安宫,汉末公孙述所筑。"第 2875 页。

主未撤回成都,而是驻跸白帝并大建宫城,洪武雄认为"刘备初似有长驻永安之意"①,可以信从。

　　另一件值得关注的事,是刘备将尚书令刘巴召至永安②。东汉时期,尚书台正式成为处理国家政务的中枢机构,所谓"虽置三公,事归台阁"③。李固曾云:"尚书出纳王命,赋政四海,权尊势重,责之所归。"④尚书令专用士人,职权并重。应劭《汉官仪》曰:"尚书令主赞奏,总典纲纪,无所不统。"⑤谭良啸据此认为:"刘备驻白帝城后既建行宫,同时将尚书台移来,作为自己身边处理朝政事务的机构,刘巴因此被随即召到永安。"⑥谭氏所论诚是,笔者拟作如下补充:当时太子刘禅坐镇成都,蜀中也有许多日常事务需要处理,恐怕不便将尚书台全部机构移到永安,随同刘巴前来侍驾的应该只是部分官吏,作为临时在外设置的分支机构来协助皇帝办理政务,即魏晋所谓之行尚书台,简称为"行台"⑦。后来刘巴去世,刘备又召李严来继任此职。《三国志》卷40《蜀书·李严传》曰:"章武二年,先主征严诣永安宫,拜尚书令。"由此看来,尚书令及其所辖官吏亦应驻在宫城之内,以便就近工作服务。

────────────

①洪武雄:《蜀汉政治制度史考论》,台北:文津出版社,2008年,第110页。
②《三国志》卷43《蜀书·马忠传》曰:"先主已还永安,见忠与语,谓尚书令刘巴曰:……"可证当时刘巴侍驾在侧。
③《后汉书》卷49《仲长统传》,又李贤注云:"台阁谓尚书也。"
④《后汉书》卷63《李固传》。
⑤[清]孙星衍等辑,周天游点校:《汉官六种》,第140页。
⑥谭良啸:《刘备在白帝城论析》,《成都大学学报》2010年第6期。
⑦《三国志》卷22《魏书·陈泰传》曰:"转为(尚书)左仆射。诸葛诞作乱寿春,司马文王率六军军丘头,泰总署行台。"

## (三)设置永安都督

鱼复地区原来最高的军政长官是江关都尉,刘备在离世之前做出安排,将尚书令李严留在永安担任镇戍都督。"(章武)三年,先主疾病,严与诸葛亮并受遗诏辅少主;以严为中都护,统内外军事,留镇永安。"①《华阳国志》卷1《巴志》"巴东郡"条曰:"先主征吴,于夷道还,薨斯郡。以尚书令李严为都督。"按此之前,刘备仅在建安二十四年(219)任命魏延为汉中都督,章武元年(221)伐吴时任命赵云为江州都督②,这时又增设永安都督,因为其辖区范围是巴郡,故亦称为巴东都督③。三国时各方镇戍将领有都督和督将两级,督将领兵数千人至万人。如蒋钦称赞徐盛:"忠而勤强,有胆略器用,好万人督也。"④而都督或称"大督",统辖几位督将。如先主征吴,"使将军冯习为大督,张南为前部,辅匡、赵融、廖淳、傅肜等各为别督。"⑤麾下兵马通常达到数万。原来鱼复所在的巴东郡没有如此众多的军队,故只设有都尉。现在增设都督,是由于当地兵力显著增加以及在蜀汉防御体系中地位上升的缘故。刘备托孤是以李严作为诸葛亮的副手⑥,他是丞相以下职

①《三国志》卷40《蜀书·李严传》。
②参见《三国志》卷40《蜀书·魏延传》:"先主为汉中王,迁治成都,当得重将以镇汉川,众论以为必在张飞,飞亦以心自许。先主乃拔延为督汉中镇远将军,领汉中太守,一军尽惊。"《三国志》卷36《蜀书·赵云传》注引《云别传》载其劝阻刘备伐吴,"先主不听,遂东征,留云督江州。"
③[清]洪饴孙《三国职官表》:"永安都督一名巴东都督。"《二十五史补编》编委会:《二十五史补编·三国志补编》,第232页。
④《三国志》卷55《吴书·蒋钦传》注引《江表传》。
⑤《三国志》卷58《吴书·陆逊传》。
⑥《三国志》卷32《蜀书·先主传》:"先主病笃,托孤于丞相亮,尚书令李严为副。"

权最高的官员，"统内外军事"。由顾命大臣出任永安都督，体现
了蜀汉统治集团对该地的重视。李严担任永安都督共有三岁，至
建兴四年(226)离任。在此期间，蜀汉边戍要镇的兵力部署没有
发生明显变化，沿续了先主离世时的格局。

**(四)修筑围垒，强化城防**

在此阶段，为了预防荆州方向孙吴的进攻，永安地区大举修
建防御工事与战备设施，其数量众多，互为犄角。当地屯兵的城
垒可以分为以下四类。

1. 旧有城堡。即西汉以来沿续使用的白帝城和赤甲城，均在
江北。分述如下：白帝城，在今奉节县东白帝山上，地势极为峻
险。《水经注》卷33《江水》言巴东郡，"治白帝山，城周回二百八十
步，北缘马岭，接赤岬山，其间平处，南北相去八十五丈，东西七十
丈。又东傍东瀼溪，即以为隍。西南临大江，窥之眩目。惟马岭
小差委迤，犹斩山为路，羊肠数转，然后得上。"杨守敬按："《寰宇
记》引盛弘之《荆州记》，巴东郡峡上北岸，有一山孤峙甚峭。巴东
郡据以为城。此即白帝山也，山在今奉节县东十三里。"[①]按此城
面积不大，其东、南、西三面为东瀼水与长江环绕，又位于白帝山
巅，故难以攻破。杜甫曾有诗云："白帝城门水云外，低身直下八
千尺"；即为其甚高之写照。但该城在防御上具有两个明显的弱
点，其一是容量有限。如严耕望所言："城甚小，周回不到一里，盖

---

①[北魏]郦道元注，[民国]杨守敬、熊会贞疏：《水经注疏》卷33《江水一》，第2816—
　2817页。

高据崖岸,为一堡垒耳。"①因此驻守的军队与给养装备不多,难以持久作战。其二是在山顶取水艰难。例如东晋义熙年间,"益州刺史鲍陋镇此,为谯道福所围,城里无泉,乃南开水门,凿石为函,道上施木天公,直下至江中,有似猨臂相牵,引汲然后得水。"②是利用了某种机械装置才将江水汲引入城。白帝故城今已大部被毁,仅剩白帝庙为旅游胜地③。

赤甲城,城址在今奉节县城东北之赤甲山。《水经注》卷33《江水》称作"赤岬城"、"赤岬山"。其文曰:"江水又东径赤岬城西,是公孙述所造,因山据势,周回七里一百四十步,东高二百丈,西北高一千丈,南连基白帝山,甚高大,不生树木。其石悉赤。土人云,如人袒胛,故谓之赤岬山。"④另说赤甲城及赤甲山是因为驻有土著赤甲军而得名⑤。按赤甲城为两汉鱼复县故城及蜀国永安(初名奉节)县城,也是西汉与蜀汉江关都尉治所。《太平寰宇记》卷148《山南东道七·夔州》曰:"奉节县,本汉鱼复县也,今县北三

①严耕望:《唐代交通图考》第四卷《山剑滇黔区》,第1146页。
②[北魏]郦道元注,[民国]杨守敬、熊会贞疏:《水经注疏》卷33《江水一》,第2817页。
③参见陈可畏主编:《长江三峡地区历史地理之研究》,北京大学出版社,2002年,第157页。
④[北魏]郦道元注,[民国]杨守敬、熊会贞疏:《水经注疏》卷33《江水一》,第2814页。
⑤[北魏]郦道元注,[民国]杨守敬、熊会贞疏:《水经注疏》卷33《江水一》熊会贞按:"《方舆胜览》夔州路赤甲山引《元和(郡县图)志》,在城北三里,上有孤城。汉时常取巴人为赤甲军,盖犀甲之色也,与此石赤之说异。山在今奉节县东北十五里。"第2814页。又,[晋]常璩撰,刘琳校注:《华阳国志校注》卷1《巴志》载涪陵人多悫勇,"汉时赤甲军常取其民。蜀丞相亮亦发其劲卒三千人为连弩士,遂移家汉中。"第83页。刘琳注:"赤甲军,东汉、三国时作,盖以穿赤甲为称。奉节县东十五里的赤甲山即因赤甲军常驻其上而得名(旧说山崖赤色,如人袒肩胛,故称赤甲,误)。蜀汉张嶷在越嶲也领有赤甲军,见本书卷三。"第85页。

十里有赤甲城,是旧鱼复县基。《汉书·地理志》鱼复县江关,都尉所居,有橘官,属巴郡,是。蜀先主改为奉节县。"①又云赤甲城,"与旧白帝城相连,皆在县北,即楚地江关之要焉。邓芝从先主入蜀,为江关都尉,城即芝镇于此也。"②按白帝山与赤甲山南北相连,"两峰间有山势较低之极小平地。赤岬城、白帝城分别据此两峰建筑,而相连基,东临东瀼,西临大江,崖岸陡高,盖近千丈,望之眩目。惟白帝城北之马岭,差见委迤,可斩山为路,羊肠而上。"③按赤甲城周回七里,其面积大过白帝城许多倍,所以在军事防御和行政管辖方面的作用更为重要,故屡为郡县州府治所。如严耕望所言:"夔州殆必治古赤岬城,夔为大州,常为统府,固宜治赤岬大城,非治白帝小城也。"④

2. **刘备所建宫城**。即永安宫城,东距汉鱼复县城七里,刘备命令在旧公孙述行宫基础上进行扩建,并增筑城墙。关于宫城的大小,前引《水经注》卷33《江水》曰:"城周十余里,背山面江。"其规模超过了赤甲城和白帝城。因为这一带在峡口之外,地势较为空旷。"其间平地可二十许里,江山回阔,入峡所无。"因此可以营造大城,屯戍数量较多的兵马,以此作为东邻诸城的有力后援。

3. **诸葛亮垒**。刘备临终遣召诸葛亮前来永安,"(章武)三年春二月,丞相亮自成都到永安。"四月癸巳刘备去世,"五月,梓宫自永安还成都"⑤。孔明在永安仅停留了三个月,但是他对当地的

①[宋]乐史撰,王文楚等点校:《太平寰宇记》,第2873页。
②[宋]乐史撰,王文楚等点校:《太平寰宇记》,第2875页。
③严耕望:《唐代交通图考》第四卷《山剑滇黔区》,第1146—1147页。
④严耕望:《唐代交通图考》第四卷《山剑滇黔区》,第1146页。
⑤《三国志》卷32《蜀书·先主传》。

防务也做了若干部署。首先是在行宫之南滨江沙滩上修筑了壁垒，其西侧就是著名的八阵图碛。《太平寰宇记》卷148《山南东道七·夔州》曰："八阵图，在县西南七里。《荆州图副》云：'永安宫南一里，渚下平碛上，周回四百十八丈，中有诸葛武侯八阵图。聚细石为之，各高五尺，广十围，历然棋布，纵横相当，中间相去九尺，正中开南北巷，悉广五尺，凡六十四聚。'"又引盛弘之《荆州记》云："垒西聚石为八行，行八聚，聚间相去二丈许，谓之八阵图。因曰八阵既成，自今行师更不复败。八阵及垒，皆图兵势行藏之权，自后深识者所不能了。"[1]后世或将壁垒与图碛并称为"诸葛亮图垒"[2]。在永安宫前的沙滩上筑垒，应是为了保护宫城的安全，阻击敌人登陆。后世兵家亦曾在此地筑城设防，见《北史》卷95《陆腾传》："信州旧居白帝，腾更于刘备故宫城南，八阵之北，临江岸筑城，移置信州。"严耕望对此评论道："大抵峡江流狭，崖岸高耸，惟瞿唐峡口上之一小段，当西瀼水入江处，地势开朗，江流较宽，中有沙洲，故诸葛得于洲之北部接江岸处，布置纵横各百丈之八阵图，以为御敌之凭藉也。"[3]

另外，诸葛亮还主持修建了永安宫城（唐宋夔州治所）的引水供应工程。《夔州府志》云："夔州有义泉，诸葛武侯所凿。侯虑城中无水，乃接筒引泉入城。后夔守无艺，以榷水取钱，至宋，待制

---

① [宋]乐史撰，王文楚等点校：《太平寰宇记》卷148《山南东道七·夔州》，第2874页。

② [北魏]郦道元注，[民国]杨守敬、熊会贞疏：《水经注疏》卷33《江水一》："江水又东径诸葛亮图垒南，石碛平旷，望兼川陆，有亮所造八阵图，东跨故垒，皆累细石为之。自垒西去，聚石八行，行间相去二丈……"第2813页。

③ 严耕望：《唐代交通图考》第四卷《山剑滇黔区》，第1149页。

王龟龄罢之。"①

　　上述诸座城垒均在江北,这是永安附近的自然环境决定的。三峡西段的地形特点,是南岸峰岭陡峭,道路狭险,不利于师旅行进,而北岸稍微平缓,故从秭归西行出峡往往要从北岸行进至鱼复。严耕望对此考证后曾予以总结,认为三峡陆路,"盖夷陵以上至秭归多行江南,秭归以西盖多行江北。"②从后来刘备败逃的情况亦可证明这一情况,他率领余众自猇亭沿江西奔,然后乘船渡江到对岸的秭归,再沿着江北的道路回到永安(今重庆市奉节县)。"先主自猇亭还秭归,收合离散兵,遂弃船舫,由步道还鱼复。"③孙吴的追兵也是由此途径赶到巫县,故蜀汉在永安的城防都是设在江北,以便堵住敌兵的来路。

　　4. 李严所筑围戍。李严在就任永安都督之后,又在当地组织修建了一批防御工事。《华阳国志》卷1《巴志》"巴东郡"条曰:"先主征吴,于夷道还,薨斯郡。以尚书令李严为都督,造设围戍。"文中所言之"围戍",是汉魏时期的小型要塞堡垒,或分别称作"围"、"戍"。例如,"先主留魏延镇汉中,皆实兵诸围以御外敌,敌若来攻,使不得入。"④所谓"围",即用土木材料修筑的营垒,外有围墙、堑壕环绕,并设置鹿角以拒来敌。如夏侯渊守汉中,"(刘)备夜烧围鹿角。渊使张郃护东围,自将轻兵护南围。"⑤关羽在襄樊出战徐晃,"晃击之,退走,遂追陷与俱入围,破之,或自投沔水死。太

①［三国］诸葛亮著,段熙仲、闻旭初编校:《诸葛亮集》,中华书局,2012年,第239—240页。
②严耕望:《唐代交通图考》第四卷《山剑滇黔区》,第1135页。
③《三国志》卷32《蜀书·先主传》。
④《三国志》卷44《蜀书·姜维传》。
⑤《三国志》卷9《魏书·夏侯渊传》。

祖令曰：'贼围堑鹿角十重，将军致战全胜，遂陷贼围，多斩首虏。吾用兵三十余年，及所闻古之善用兵者，未有长驱径入敌围者也……'"[1]而"戍"则多依据山险筑就，如汉中著名的黄金戍，《水经注》卷27《沔水》曰："汉水又东径小、大黄金南，山有黄金峭，水北对黄金谷。有黄金戍傍山依峭，险折七里。氐掠汉中，阻此为戍，与铁城相对，一城在山上，容百余人，一城在山下，可置百许人，言其险峻，故以金、铁制名矣。"[2]胡三省亦引杜佑曰："黄金戍在洋州黄金县西北八十里，张鲁所筑，南接汉川，北枕古道，险固之极。"[3]在山岭峡谷险要地带修筑的围戍，尽管规模较小，但具有较强的防御能力。例如蜀国在汉中所设诸围，在钟会入川之战经受了长期的围困攻打，却仍未陷落。直到后主刘禅投降后给守军颁布命令，他们才放下武器。"诸围守悉被后主敕，然后降下。"[4]《资治通鉴》卷78魏元帝景元四年亦载此事曰："于是诸郡县围守皆被汉主敕罢兵降。"胡三省注："围守，即魏延所置汉中诸围之守兵也。"如前所述，李严就任永安都督时，当地已经建有数座规模较大的城垒，如赤甲城、白帝城、故鱼复县城和永安宫城等。李严"造设围戍"，看来应是在各座城池之间的山谷险要地段修筑小型堡垒，借以防止敌军穿插断后。刘备在夷陵战败撤退时，曾经屡次受到吴军此种战术的痛击。如安东中郎将孙桓，"投刀奋命，与（陆）逊戮力，备遂败走。（孙）桓斩上夔道，截其径要。（刘）备逾山越险，仅乃得免。忿恚叹曰：'吾昔初至京城，桓尚小儿，而今迫

---

①《三国志》卷17《魏书·徐晃传》。
②［北魏］郦道元注，［民国］杨守敬、熊会贞疏：《水经注疏》，第2326页。
③《资治通鉴》卷74魏邵陵厉公正始五年三月胡三省注。
④《三国志》卷33《蜀书·后主传》。

孤乃至此也！'"①《三国志》卷56《吴书·朱然传》亦曰："刘备举兵攻宜都，(朱)然督五千人与陆逊并力拒备。然别攻破备前锋，断其后道，备遂破走。"永安所在的峡江地带山岭列峙，道路崎岖，蜀汉方面用"围"、"戍"与白帝城、赤甲城、永安宫城等大型要塞错落配置，构成了严密坚固的工事体系，从而提高了该地区的防御能力。

## 四、诸葛亮北伐前后永安军事部署的变更

刘备去世后，丞相诸葛亮辅佐后主，与孙吴恢复盟好，"务农殖谷，闭关息民"②；并平定了南中地区的夷、汉叛乱，使益州的经济、政治形势迅速得到好转。于是，他开始筹划北伐。如其《出师表》所述："今南方已定，兵甲已足，当奖率三军，北定中原，庶竭驽钝，攘除奸凶，兴复汉室，还于旧都。"③这一持续多年的军事行动带来了蜀汉兵力部署格局的重大变化。刘禅即位以来，国内分设汉中、庲降、江州、永安四个都督辖区，镇戍所领各郡。主力部队"中军"平日驻守成都，有急则出征赴难。建兴五年(227)春，诸葛亮率领蜀军主力北屯汉中，准备来年兵出祁山。在此之前，他采取的重要举措就是将李严调离永安，改任江州都督，并加强驻地的防务。"(建兴)四年春，都护李严自永安还住江州，筑大城。"④

①《三国志》卷51《吴书·宗室传·孙桓》。
②《三国志》卷33《蜀书·后主传》。
③《三国志》卷35《蜀书·诸葛亮传》。
④《三国志》卷33《蜀书·后主传》。

裴松之注:"今巴郡故城是。"其原任永安都督一职由陈到接替。据杨戏《季汉辅臣赞》所言,陈到是汝南人,"自豫州随先主,名位常亚赵云,俱以忠勇称。建兴初,官至永安都督、征西将军,封亭侯。"①说明他跟随刘备很久,政治上非常可靠,且以勇敢善战著名,因此被委任戍守永安重镇的要职。

李严调离的原因是由于蜀汉大军北征,需要重臣在后方负责兵员、给养的补充。《三国志》卷40《蜀书·李严传》曰:"(建兴)四年,转为前将军。以诸葛亮欲出军汉中,严当知后事,移屯江州,留护军陈到驻永安,皆统属严。"即陈到要接受李严的指挥调遣。据史籍所载,诸葛亮北伐的军队总数在十万左右②,所耗费的物资财赋数量巨大。《孙子兵法·用间篇》曰:"凡兴师十万,出征千里,百姓之费,公家之奉,日费千金;内外骚动,怠于道路,不得操事者七十万家。"③对于翻越秦岭作战的蜀国大军来说,后勤方面的供应保证十分重要,所以必须由诸葛亮的副手李严来担负此项重任。永安远在边陲,而江州位置居中,又为水陆冲要,适合作为组织物资兵员调拨的转运枢纽,故将李严移镇于此。另外,李严虽然驻扎江州,但仍然肩负东部边防重任。如前所述,永安都督陈到受其统属。若白帝有警,江州驻军可以乘舟顺流而下前往救

---

①《三国志》卷45《蜀书·邓张宗杨传》末附《季汉辅臣赞》。

②参见《三国志》卷35《蜀书·诸葛亮传》注引《郭冲五事》曰:"亮时在祁山,旌旗利器,守在险要,十二更下,在者八万。"是说蜀国祁山驻军总数为十万,每次有二万人轮休,始终保持着八万人的战斗力。《三国志》卷39《蜀书·马良附弟谡传》注引《襄阳记》言诸葛亮处决马谡,"于时十万之众为之垂涕。亮自临祭,待其遗孤若平生。"《晋书》卷1《宣帝纪》载司马懿复弟孚书曰:"亮志大而不见机,多谋而少决,好兵而无权,虽提卒十万,已堕吾画中,破之必矣。"

③[春秋]孙武撰,[三国]曹操等注,杨丙安校理:《十一家注孙子》,第256页。

援。此番调整军事部署给永安都督辖区造成的变化主要有以下两点：

### (一)永安兵力减少

前述学界探讨，认为刘备留驻永安时当地的军队有数万之众（四万左右），用来防备孙吴的入侵。夷陵战役失败以后，孙刘双方恢复了通使和君主间的书信来往，但是双方仍然心存警惕，未能重结旧盟①。双方正式缔约和好是在刘禅即位之后、诸葛亮执政时才得以完成的。《三国志》卷33《蜀书·后主传》载建兴元年，"遣尚书郎邓芝固好于吴，吴王孙权与蜀和亲使聘，是岁通好。"随着边境局势的缓和，永安所受的军事压力迅速减轻，因此没有必要继续在当地屯集重兵。李严赴江州后，陈到在永安统军的数量即被明显削减。诸葛亮致其兄瑾书中曰："兄嫌白帝兵非精练。（陈）到所督，则先主帐下白毦，西方上兵也。嫌其少者，当复部分江州兵以广益之。"②由此可见，陈到所领人马虽然不多，但是有原来刘备御前的精锐部队，战斗力很强，故身佩"白毦"，即白色牦牛尾毛以为标识③。如果需要增补兵力，是由江州都督辖区负责提

---

① 参见《三国志》卷45《蜀书·邓芝传》曰："先是，吴王孙权请和，先主累遣宋玮、费祎等相与报答。丞相诸葛亮深虑权闻先主殂陨，恐有异计……乃遣芝修好于权。权果狐疑，不时见芝。"

② [宋]李昉等：《太平御览》卷341《兵部七十二·毦》载诸葛亮《与瑾书》，第1566页。

③ 笔者按：白旄(毦)因为稀少，被作为西方贡品，曾是帝王及其麾下的特殊标识。如《尚书·牧誓》言武王伐纣，"左杖黄钺，右秉白旄以麾。"《初学记》卷6《地部中·赋》载魏文帝《浮淮赋》述其南征扬州时，"白旄冲天，黄钺扈扈。武将奋发，骁骑赫怒。"《太平御览》卷341《兵部七十二·毦》载诸葛亮《与吴王书》曰："所送白毦薄少，重见辞谢，益以增惭。"

供。此时永安都督麾下兵马的具体数量,史籍缺乏明确的记载。据刘华、胡剑估算约有 1.5 万人左右①(笔者按:可能毋需那么多人,从后来罗宪守永安的情况来看,仅用数千人就足以长期坚守),而李严在江州统领的军队则应有数万之众。《三国志》卷 40《蜀书·李严传》载建兴八年(230),由于对魏前线局势紧张,诸葛亮从江州一次就调兵两万增援。"以曹真欲三道向汉川,亮命严将二万人赴汉中。"这两万人应是江州都督部下的机动作战部队,他们调走后,当地还需留有驻防巴郡和准备增援永安的兵马。由此判断,江州原有军队至少在四万以上,应远超过永安的驻兵。

**(二)永安都督接受江州都督指挥**

陈到原来只是李严帐下的护军,升任永安都督后拜为征西将军;而李严则有"中都护,统内外军事"之衔,麾下兵马众多,又负责战时支援永安的任务,因此陈到接受其领导顺理成章。如果说过去江州与永安两个都督辖区各自独立,互不统属,那么现在双方则有了上下级隶属关系。其根本原因,应该是永安驻兵较少,一旦国门有警,必须依靠屯戍江州的大军顺流救援。洪武雄对此曾有精辟考述,其文曰:"历来研究者屡言蜀有四大都督区,视永安与江州为两个独立的都督区。但当驻永安的陈到统属于督江州的李严时,其关系当如关中都督、黄金围督隶属督汉中的统帅节制一样,是上下而非平行关系。这种上下隶属关系,不仅见于李严督江州时。当其子李丰'督主江州'、'典严后事'时亦应如此,故诸葛亮对李丰曰:'委君于东关',江州以东实一防区耳。邓

---

①参见刘华、胡剑:《永安都督与蜀汉东部边防》,《湖北教育学院学报》2007 年第 6 期。

芝督江州时,亦复如此。《王平传》曰:'是时,邓芝在东,马忠在南,平在北境,咸著名迹。'与镇北大将军督汉中王平、镇南大将军庲降都督马忠相提并论的是督江州的邓芝,却不及地处东陲的永安督。"[①]延熙十一年(248),涪陵属国民夷杀都尉反叛,该地原为巴东属国,地近永安所在的巴东郡,但是领兵平叛的却是江州都督邓芝,并非永安都督。洪武雄对此评论道:"建兴四年(226)后,少兵在前,重兵在后,故地在遐迩的督永安无足够兵力平叛,而需由督江州的邓芝领兵平乱。"[②]此言诚是。江州与永安都督辖区的上述统属关系,至建兴十二年(234)诸葛亮去世后得以沿续。《三国志》卷45《蜀书·邓芝传》曰:"亮卒,迁前军师前将军,领兖州刺史,封阳武亭侯,顷之为督江州。(孙)权数与芝相闻,馈遗优渥。"正是因为邓芝总领蜀汉东境防务,才有资格与接壤邻国之君主互通慰问往来。而陈到任永安都督,卒于任上[③],但是终年不详。由于吴蜀复结盟好,边境久无战况,故陈到任职后未见有事迹被录。

## 五、诸葛亮逝世后永安防务之演变

### (一)陈到死后的永安都督

陈到于建兴四年(226)督永安后,病终于任上。"到卒官,以

---

①洪武雄:《蜀汉政治制度史考论》,第117页。

②洪武雄:《蜀汉政治制度史考论》,第117页。

③[晋]常璩撰,刘琳校注:《华阳国志校注》卷1《巴志》:"(李)严还江州,征西将军汝南陈到为都督。到卒官,以征北大将军南阳宗预为都督。"第71页。

征北大将军南阳宗预为都督。"①按宗预本传所载,他就任永安都
督是在延熙十二年(249)出使吴国归来之后。"(孙权)遗预大珠
一斛,乃还。迁后将军,督永安,就拜征西大将军,赐爵关内侯。"②
有些学者据此认为陈到担任永安都督有 23 年之久③。洪武雄对
此有疑议,他指出陈到兼任的征西将军一职在建兴八年被姜维接
替,虽然其卒年不可知,"但卒于建兴八年(230)之前殆无疑"④,因
此在陈到死后有很长时间未见关于永安都督的记载。"正因督永
安者仅领少数兵力且隶属于江州都督,何人督永安实无足轻重,
故自建兴年间陈到卒后,一、二十年间,有关永安督的事迹遂亦史
载不明。"⑤

宗预担任永安都督是由延熙十二年(249)至景耀元年(258)。
本传曰:"景耀元年,以疾征还成都。后为镇军大将军,领兖州刺
史。"⑥史书对继任宗预督永安者的记载颇有矛盾,有罗宪(献)和
阎宇两种说法。《华阳国志》卷 1《巴志》曰:"预还内,领军襄阳罗
献为代。"⑦同书卷 7《刘后主志》景耀元年亦曰:"征北大将军宗预
自永安征拜镇军将军,领兖州刺史,以襄阳罗宪为领军,督永安
事。"⑧但是《襄阳记》曰:"时黄皓预政,众多附之,宪独不与同,皓
恚,左迁巴东太守。时右大将军阎宇都督巴东,为领军,后主拜宪

①[晋]常璩撰,刘琳校注:《华阳国志校注》卷 1《巴志》,第 71 页。
②《三国志》卷 45《蜀书·宗预传》。
③参见刘华、胡剑:《永安都督与蜀汉东部边防》,《湖北教育学院学报》2007 年第 6 期。
④洪武雄:《蜀汉政治制度史考论》,第 114 页。
⑤洪武雄:《蜀汉政治制度史考论》,第 117 页。
⑥《三国志》卷 45《蜀书·宗预传》。
⑦[晋]常璩撰,刘琳校注:《华阳国志校注》卷 1《巴志》,第 71 页。
⑧[晋]常璩撰,刘琳校注:《华阳国志校注》卷 1《巴志》,第 585 页。

为宇副贰。"①此事又见于《晋书》卷 57《罗宪传》。刘琳指出《华阳国志》的上述记载有遗漏和错误,"时阎宇任巴东都督,(罗)宪任领军,为宇副贰。炎兴元年,魏伐蜀,阎宇回成都,宪留守永安(见《晋书》本传)。这里说罗宪代宗预为都督,不确。"②洪武雄亦称:"《后主传》载:景耀元年(258),'宦人黄皓始专政。'罗宪左迁巴东太守当在此时,其时右大将军阎宇都督巴东,罗宪则为巴东太守、巴东副贰都督,为阎宇副手。"③认为罗宪接任宗预督永安的记载与史实相悖,不可信从。

阎宇此前继马忠为庲降都督,史称其"宿有功干,于事精勤。继踵在忠后,其威风称绩,皆不及忠"④。他曾与朝内奸佞黄皓勾结,图谋取代姜维的大将军职务⑤。阎宇从景耀元年(258)担任巴东(永安)都督,到景耀六年(263)曹魏大军伐蜀,形势危急,他奉命带领当地大部分守军赶赴成都救援,"留宇二千人,令(罗)宪守永安城。"⑥蜀汉寻即灭亡。

**(二)永安的两度增兵**

据历史记载,自建兴四年(226)李严调任江州以后,蜀汉对永安地区有过两次增兵行动。第一次是在建兴十二年(234)诸葛亮

---

①《三国志》卷 41《蜀书·霍弋传》注引《襄阳记》。

②[晋]常璩撰,刘琳校注:《华阳国志校注》卷 1《巴志》,第 73 页。

③洪武雄:《蜀汉政治制度史考论》,第 115 页。

④《三国志》卷 43《蜀书·马忠传》。

⑤《三国志》卷 44《蜀书·姜维传》:"维本羁旅托国,累年攻战,功绩不立,而宦臣黄皓等弄权于内,右大将军阎宇与皓协比,而皓阴欲废维树宇。维亦疑之,故自危惧,不复还成都。"

⑥《三国志》卷 41《蜀书·霍弋传》注引《襄阳记》。

病逝后，"吴虑魏或承衰取蜀，增巴丘守兵万人，一欲以为救援，二欲以事分割也。蜀闻之，亦益永安之守，以防非常。"①此举引起吴蜀两国的警惕，后主遣右中郎将宗预出使吴国，欲缓和紧张局势。"孙权问预曰：'东之与西，譬犹一家，而闻西更增白帝之守，何也？'预对曰：'臣以为东益巴丘之戍，西增白帝之守，皆事势宜然，俱不足以相问也。'权大笑，嘉其抗直，甚爱待之。"②于是双方尽释前嫌。

第二次增兵是在蜀延熙二十年（257），即吴太平二年。自神凤元年（252）孙权去世后，吴国内乱频仍。先是孙峻杀太傅诸葛恪而执政，随后"蜀使来聘，将军孙仪、张怡、林恂等欲因会杀峻。事泄，仪等自杀，死者数十人，并及公主鲁育。"③太平元年（256）孙峻猝亡，其从弟孙綝执政，杀死企图政变的大司马滕胤、骠骑将军吕据。"孙宪与将军王惇谋杀綝。事觉，綝杀惇，迫宪令自杀。"④孙吴乐乡都督施绩见政局动荡，恐怕曹魏乘机发动进攻，因此秘密联络蜀国，准备协同抵御。施绩本传曰："太平二年，拜骠骑将军。孙綝秉政，大臣疑贰，绩恐吴必扰乱，而中国乘衅，乃密书结蜀，使为并兼之虑。蜀遣右将军阎宇将兵五千，增白帝守，以须绩之后命。"⑤当时宗预仍任永安都督，次年（257）病归成都，由阎宇接替其职。太平三年（258）孙綝废黜孙亮，另立孙休，随后被孙休擒杀，国内政局趋于稳定，吴蜀边境亦没有发生战事。

①《三国志》卷45《蜀书·宗预传》。
②《三国志》卷45《蜀书·宗预传》。
③《三国志》卷64《吴书·孙峻传》。
④《三国志》卷48《吴书·三嗣主传·孙亮》。
⑤《三国志》卷56《吴书·朱然附子绩传》。

### (三)全琮攻永安事质疑

杜佑《通典》卷171《州郡一·序目上》"白帝"条注云:"先主章武元年屯之,遂为重镇。后主建兴十五年,吴将全琮来攻,不克。"①此条史料在后世屡被地志、史籍所引用。当今学界有些人士认为:"时陈到督永安,两国关系并无纠葛,战争原因可能是两国边防军挑起。"②但依笔者拙见,此事是否存在颇有疑问。首先,《通典》的著述时间较晚,所记载的这次战争又属于孤例,不见于正史及魏晋著作。根据其他记载来看,当时吴蜀关系并未恶化,似乎找不到发生大规模冲突的原因和充分理由。其次,全琮当年是在淮南地区作战,距离永安有数千里之遥。蜀建兴十五年(237)即吴嘉禾六年,《三国志》卷47《吴书·吴主传》载当年:"冬十月,遣卫将军全琮袭六安,不克。"同书卷56《朱桓传》曰:"嘉禾六年,魏庐江主簿吕习请大兵自迎,欲开门为应。桓与卫将军全琮俱以师迎。既至,事露,军当引还。"全琮本人的列传表明,他从黄武元年(222)起即在扬州地区任职并领兵战斗,历任九江太守、东安太守和徐州牧,是吴国驻守东部边境的大将,曾多次率领军队进攻曹魏的庐江、淮南等郡,始终没有离开过这一战略方向,魏晋史籍中也未见全琮在建兴十五年前后到过荆州西部的记述。再次,当时驻守孙吴西陲的是西陵都督步骘,其辖境包括秭归、巫县。如果吴蜀边境出现战况,应该是由他来领兵或遣将出击,而不会由全琮越俎代庖。全琮的官职、责任与步骘相匹,各守一方。

---

① [唐]杜佑:《通典》卷171《州郡一·序目上》,第908页。
② 刘华、胡剑:《永安都督与蜀汉东部边防》,《湖北教育学院学报》2007年第6期。

如果没有特殊情况,很难设想他会突然离开驻地,远涉数千里去进攻蜀国边塞。种种迹象表明,全琮在建兴十五年进攻永安一事疑点甚多,其真实可靠性的程度很低。

　　或许是看到了上述可疑之处,古代几位著名地理学者虽然在其著作中收录了此次战事,却没有采用《通典》所说的时间,即建兴十五年。例如乐史《太平寰宇记》卷 148 曰:"刘先主改鱼复为永安,仍于州西七里别置永安宫,城在平地。其后吴将全琮来袭,不克。"[①]王应麟《通鉴地理通释》卷 11 云:"先主败于夷陵,退屯白帝,改为永安。其后吴将全琮来袭,不克。"[②]顾祖禹《读史方舆纪要》卷 69 亦曰:"章武三年先主败于彝陵,退屯白帝。其后吴将全琮来袭,不能克。"[③]以上诸位先贤均对全琮进攻永安的时间作了含混的处理,反映了他们并不认可《通典》此战在建兴十五年的记载。这样处理似乎给读者带来如下认识:即刘备到永安以后,全琮随即来袭。从夷陵之战前后的史事记载来看,建安二十四年(219)冬孙权偷袭荆州,擒杀关羽。全琮参加了这场战役,并在公安(今湖北公安县)出席庆功酒宴。"刘备将关羽围樊、襄阳,琮上疏陈羽可讨之计。权时已与吕蒙阴议袭之,恐事泄,故寝琮表不答。及擒羽,权置酒公安,顾谓琮曰:'君前陈此,孤虽不相答,今日之捷,抑亦君之功也。'于是封阳华亭侯。"[④]但是此后全琮被东调扬州守境御魏,未曾参加夷陵战役。《三国志》卷 58《吴书·陆逊传》曰:"黄武元年,刘备率大众来向西界。权命(陆)逊为大都

---

①[宋]乐史撰,王文楚等点校:《太平寰宇记》卷 148《山南东道七·夔州》,第 2871 页。

②[宋]王应麟:《通鉴地理通释》卷 11《三国形势考上》,第 677 页。

③[清]顾祖禹:《读史方舆纪要》卷 69《四川四·夔州府》,第 3247 页。

④《三国志》卷 60《吴书·全琮传》。

督、假节,督朱然、潘璋、宋谦、韩当、徐盛、鲜于丹、孙桓等五万人拒之。"其麾下将领并没有全琮。而同书卷60《全琮传》亦云:"黄武元年,魏以舟军大出洞口,权使吕范督诸将拒之,军营相望。敌数以轻船钞击,琮常带甲仗兵,伺候不休。"可见他当年确在扬州与魏军作战,未能参与打败和追击刘备的军事行动。

综上所述,笔者认为全琮在建兴十五年或黄武元年都没有可能领兵进入三峡伐蜀,《通典》的有关记述应有谬误,或许为张冠李戴,也可能是子虚乌有。但由于史料匮乏,对此问题就很难予以深究了。

### (四)永安或取代江州成为东陲重镇

在蜀汉后期,永安都督辖区的军事地位有逐渐上升的趋势。其表现如下:首先,是主将职衔的提高。陈到的军职是属于"四征"之一的征西将军,而后任的宗预则为征西大将军,阎宇是右大将军,在班位上明显高出了一个档次,体现出朝廷对永安都督职衔的重视。其次,当地驻军的人数有所增加。如前所述,蜀汉政权在建兴十二年(234)和景耀元年(258)对永安有两次增兵。前一次人数不详,后一次有五千人。如果按前述刘华、胡剑等估算的数字,陈到督永安时部下约有一万五千人左右,那么到蜀汉后期可能增加到二万余人,这与诸葛亮去世后汉中留守的兵马数量大致相当①。

洪武雄曾经对延熙末年,即孙权死后蜀汉东境的军事形势做

①《三国志》卷43《蜀书·王平传》:"(延熙)七年春,魏大将军曹爽率步骑十余万向汉川,前锋已在骆谷。时汉中守兵不满三万,诸将大惊。"

过独特的评论,认为蜀汉虽然再度增兵永安,但是所遣军队却不是来自江州,而是由庲降都督阎宇远自南中领兵而来。景耀六年(263)魏军伐蜀,成都有难,负责"知后事"的江州都督却无足够兵力应急,需要由阎宇远自永安带兵支援。"种种迹象显示,延熙后期后东防线上转为以永安为重,宗预、阎宇皆以重将驻守巴东,此段期间江州都督或者隶于永安,或者已废置,其地位已无足轻重,故自延熙十四年(251)邓芝卒官后,乃不知何人督江州。"[1]也就是说,这两个都督辖区的军事地位有了发生转换的迹象,永安可能居于江州之上。从某种意义上讲,"江州、永安只应视作'东关'一个防卫区,当其统帅驻守江州时,永安受其节制,当其统帅移防永安,江州或亦受其指挥。"[2]洪氏上述观点发人深省,值得重视和深究。

## 六、蜀汉灭亡之际永安孤军的奋战

景耀六年(263),曹魏遣钟会等率十八万大军伐蜀,姜维、张翼等据守剑阁,阻敌主力,却被邓艾偷渡阴平至成都城下,迫降刘禅。后主随即向各地将官颁发放弃抵抗的归降敕令,驻守永安的罗宪也接到了这一指示,"及得禅手敕,乃师所统临于都亭三日。"[3]罗宪为襄阳人,随父逃难入蜀。"少以才学知名,年十三能属文。后主立太子,为太子舍人,迁庶子、尚书吏部郎。"他曾在外

---

[1]洪武雄:《蜀汉政治制度史考论》,第118页。
[2]洪武雄:《蜀汉政治制度史考论》,第118页。
[3]《资治通鉴》卷78魏元帝咸熙元年二月。

交方面显示出才能，"以宣信校尉再使于吴，吴人称美焉。"[1]罗宪为人正直，不肯趋炎附势，结果被奸佞排挤出朝廷。"时黄皓预政，众多附之，宪独不与同，皓恚，左迁巴东太守。时右大将军阎宇都督巴东，为领军，后主拜宪为宇副贰。"[2]阎宇西赴成都增援时，带走了大部分驻军，只给留守永安的罗宪留下了区区两千人。关于罗宪（献）当时的职务，有些学者认为他已经接任阎宇为永安都督[3]。洪武雄提出反对意见："值此巨变，蜀汉应未正式任命罗宪为都督，故《襄阳记》称：'留（阎）宇二千人'，永安的统帅名义上仍为阎宇，故《吴书》但称其为'蜀巴东守将'。《华阳国志》中的《巴志》、《刘后主志》称景耀元年（258）以罗宪代宗预督永安的说法并误。"[4]笔者赞同这一观点，另作补充如下：司马光已认识到这个问题，因此在《资治通鉴》卷78中称："初，刘禅使巴东太守襄阳罗宪将兵二千人守永安……"并未承认他就任过永安都督。

罗宪镇守永安期间，尽管兵员奇缺，蜀汉败亡后当地局势发生混乱，吴军又乘机来攻，但是他临危不惧，迅速安定民心，并组织了坚决的抵抗。"宪守永安城。及成都败，城中扰动，边江长吏皆弃城走，宪斩乱者一人，百姓乃安。"[5]关于孙吴对永安的进攻，据《三国志》卷48《吴书·三嗣主传》永安七年（264）记载仅为一

---

①《三国志》卷41《蜀书·霍弋传》注引《襄阳记》。

②《三国志》卷41《蜀书·霍弋传》注引《襄阳记》。

③参见张鹤泉：《蜀汉镇成都督论略》，《吉林大学社会科学学报》1998年第6期。刘华、胡剑：《蜀汉永安都督考》，《重庆工商大学学报》2007年第4期。刘华、胡剑：《永安都督与蜀汉东部边防》，《湖北教育学院学报》2007年第6期。

④洪武雄：《蜀汉政治制度史考论》，第115—116页。

⑤《晋书》卷57《罗宪传》。

次，"二月，镇军将军陆抗、抚军将军步协、征西将军留平、建平太守盛曼，率众围蜀巴东守将罗宪。"至七月，"魏使将军胡烈步骑二万侵西陵，以救罗宪，陆抗等引军退。"若详考史事，吴国其实先后有三次进攻。分述如下：

1. 建平太守盛宪的进攻。见《晋书》卷57《罗宪传》："吴闻蜀败，遣将军盛宪西上，外托救援，内欲袭宪。宪曰：'本朝倾覆，吴为唇齿，不恤我难，而邀其利，吾宁当为降虏乎！'乃归顺。于是缮甲完聚，厉以节义，士皆用命。"结果利用夜袭挫败了吴军的进攻。吴将盛宪即前文所述之"建平太守盛曼"，建平郡之巫县与永安毗邻，故就近来攻。《襄阳耆旧传》亦曰："吴闻蜀已败，遂起兵西上，外托援救，内欲袭献（宪）城以固其国。遣盛曼等水陆到，说献以合同之计，献乃会议曰：'今本朝倾覆，吴为同盟，不恤我难而邀其利，可主降于北，臣求福于东乎？今守孤城，百姓未定，宜一决战以定众心。'遂衔枚夜击破曼，旋军保城，告誓将士，厉以节义，莫不用命。"[1]盛曼领吴兵到永安时，曾遣使说降，"诣（罗）献求借城门，献遣参军杨宗谩曰：'城中土一撮不可得，何言城门乎？'"[2]表现了他誓死御敌的决心。

2. 西陵督将步协的进攻。钟会密告邓艾悖逆并领旨将其逮捕，他率兵入成都后与姜维谋反，企图据蜀自立，被部下诸将所杀，蜀中因此陷入混乱，孙吴乘机派遣西陵督将步协率军再次来攻。如果说上次盛曼的进攻只是试探性的，那么这回步协则是大举攻击，企图占领全蜀。"吴闻钟、邓败，百城无主，有兼蜀之志，

---

①［宋］李昉等：《太平御览》卷417《人事部五十八·忠勇》引《襄阳耆旧传》，第1925页。
②［宋］李昉等：《太平御览》卷37《地部二·土（下）》引《荆州先德传》，第176页。

而巴东固守,兵不得过,使步协率众而西。"①罗宪先是在江边阻击,见敌军势大,被迫退入城中固守,并遣使向曹魏告急,最终乘敌不备发动突袭而得胜,使步协惨败而归。"宪临江拒射,不能御,遣参军杨宗突围北出,告急安东将军陈骞,又送文武印绶、任子诣晋王。协攻城,宪出与战,大破其军。"②但《华阳国志》卷1《巴志》的相关记载与诸书有所不同,其文如下:

> 泰始二年,吴大将步阐、唐咨攻献,献保城。咨西侵至朐忍。故蜀尚书郎巴郡杨宗告急于洛,未还,献出击阐,大破之。阐、咨退,献迁监军、假节、安南将军,封西鄂侯。③

任乃强对此段史事分析考证,指出文中的"泰始二年"为谬误,"按《吴书·孙休纪》'永安七年,进兵巴东'。即魏灭蜀年也。《晋书·罗宪传》'泰始初入朝',在败吴师后。《通鉴》不误。"④关于率众的将领步阐,任氏认为:"《吴书》作步协。当是阐受命,以弟代行。"⑤此番进攻的吴军来势凶猛,且人数众多,故分为两路,由步阐(或步协)围攻永安,唐咨则领兵溯江而上,抵达西边的朐忍(今重庆市云阳县双江镇),后因永安的吴军攻城失利而被迫撤退。

　　3. **镇军将军陆抗的进攻。**吴军的接连失败致使孙休恼羞成怒,即增兵三万,并派吴国当时最有才干的将领陆抗率众前往,围

---

① 《三国志》卷41《蜀书·霍弋传》注引《襄阳记》。
② 《三国志》卷41《蜀书·霍弋传》注引《襄阳记》。
③ ［晋］常璩著,任乃强校注:《华阳国志校补图注》,第34页。
④ ［晋］常璩著,任乃强校注:《华阳国志校补图注》,第34页。
⑤ ［晋］常璩著,任乃强校注:《华阳国志校补图注》,第34页。

攻永安。"孙休怒,复遣陆抗等帅众三万人增宪之围。"①按陆抗为步协、步阐的上级,"永安二年,拜镇军将军,都督西陵,自关羽(濑)至白帝。"②他统率的大兵对于永安孤军具有压倒性的优势,尽管如此,却仍未能攻破城池。《晋书》卷57《罗宪传》曰:"宪距守经年,救援不至,城中疾疫太半。"《襄阳记》则曰:"被攻凡六月日而救援不到,城中疾病大半。或说宪奔走之计,宪曰:'夫为人主,百姓所仰,危不能安,急而弃之,君子不为也,毕命于此矣。'"③按曹魏方面原来没有出兵援助罗宪的打算,后来被其忠勇气概所感动,才发兵来救,迫使吴军撤退。"陈骞言于晋王,遣荆州刺史胡烈将步骑二万攻西陵以救宪,秋,七月,吴师退。晋王使宪因仍旧任,加陵江将军,封万年亭侯。"④

　　罗宪所守的永安(县)城,即赤甲城、汉鱼复县故城。它经过蜀汉历届守将的修缮增筑,防御工事非常坚固,加上士众吏民用命,粮水不绝,因此能够以弱敌强,困守六月而岿然不动,致使孙吴损折兵将,无功而返,其乘虚深入蜀地的企图被彻底挫败。罗宪统率孤军浴血奋战,宁死不屈,最后保全了城池和将士们的名节。这次战役的光荣胜利,是蜀汉政权终结后的灿烂余辉,也充分证明了益州东陲门户永安对于保境安民的重要作用。

---

①《三国志》卷41《蜀书·霍弋传》注引《襄阳记》。
②《三国志》卷58《吴书·陆抗传》。
③《三国志》卷41《蜀书·霍弋传》注引《襄阳记》。
④《资治通鉴》卷78魏元帝咸熙元年。

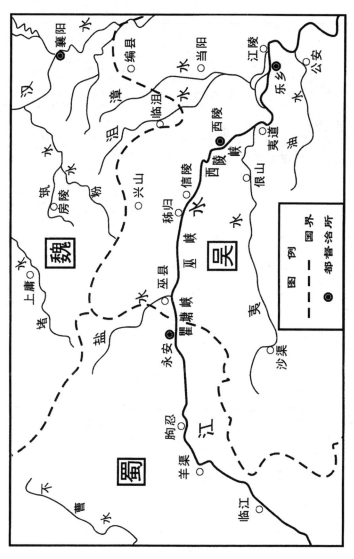

图四七　三国三峡地区形势图

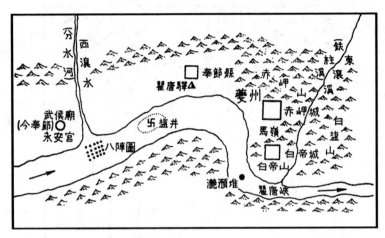

图四八 夔州地理形势图（引自严耕望《唐代交通图考》第四卷）

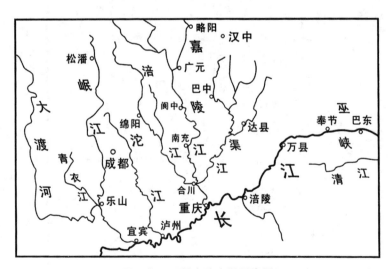

图四九 四川水路交通示意图

# 第三章　蜀汉北伐路线与兵力部署之变更

赤壁之战以后,曹操和孙权、刘备形成了南北长期对峙的局面,双方在江淮、江汉地带相持不下,难以获得进展,因此都想在敌对势力较为弱小的西部地区进行扩张,借以壮大自己的力量并制约对手。曹操于建安十六年(211)进兵关中,驱逐了马超、韩遂;而孙权、刘备都企图出兵打败刘璋,占据四川①。刘备虽然领有荆州数郡,但在政治、军事上未能完全独立;他和孙权的结盟并非平等的合作,而是存在着某种程度上的依附,"借荆州"一语就是孙刘两家主客关系的明确反映。从领土范围来看,刘备控制了荆州的南郡与长沙、武陵、零陵、桂阳以及江夏郡的沔口等地,而南阳、襄阳和江夏北部被曹操占据,孙权又侵蚀了江夏郡的江南各县②,致使刘备的荆州疆域残缺不全,无法凭借山川险阻的地利

---

① 《三国志》卷32《蜀书·先主传》载建安十五年:"(孙)权遣使云欲共取蜀,或以为宜报听许,吴终不能越荆有蜀,蜀地可为己有。荆州主簿殷观进曰:'若为吴先驱,进未能克蜀,退为吴所乘,即事去矣。今但可然赞其伐蜀,而自说新据诸郡,未可兴动,吴必不敢越我而独取蜀。如此进退之计,可以收吴、蜀之利。'先主从之,权果辍计。迁观为别驾从事。"注引《献帝春秋》曰:"孙权欲与备共取蜀,遣使报备曰:'米贼张鲁居王巴、汉,为曹操耳目,规图益州。刘璋不武,不能自守。若操得蜀,则荆州危矣。今欲先攻取璋,进讨张鲁,首尾相连,一统吴、楚,虽有十操,无所忧也。'备欲自图蜀,拒答不听……"

② 谢钟英考证云:"追(刘)琦既死,吴遂略取江夏江南诸县以通道江陵。于是程普领江夏太守,治沙羡。"[清]洪亮吉撰、[清]谢钟英补注:《〈补三国疆域志〉补注》,《二十五史补编》编委会编:《二十五史补编·三国志补编》,第559页。

条件来拒敌,形势相当被动。如诸葛亮所言:"主公之在公安也,北畏曹公之强,东惮孙权之逼,近则惧孙夫人生变于肘腋之下;当斯之时,进退狼跋。"①直到建安十九年(214),"夏五月,刘备克成都,遂有益州。"②占领了富庶险要的天府之国——益州,开辟了三国鼎立的地理格局。"翻然翱翔,不可复制。"③从此至炎兴元年(263)蜀亡以前的五十岁内,刘备与诸葛亮、姜维以弱战强,频频出师攻魏。"在蜀汉政治中,最为突出的事件要算北伐曹魏了,它贯穿于蜀汉整个历史过程中,为历代史家关注。"④蜀汉北伐的兵力部署与进攻路线在不同历史阶段具有明显差异,大致可以分为四个时期。下文对此进行分析论述。

## 一、刘备进攻汉中的部署与用兵途径

刘备占领益州后的北伐,是建安二十二年(217)冬对汉中的进攻,至建安二十四年(219)五月迫使曹操撤兵,占据汉中全境后在七月凯旋回川。这次战役历时近两年,刘备亲率主力到前线作战,并且倾注了全蜀人员、财赋的支持,直至取得最终的胜利。下面略述其背景、战役部署与实施情况。

### (一)蜀汉在战前面临的形势

刘备占领成都后统治全川,奠定了蜀汉政权的基业。曹操始

---

①《三国志》卷 37《蜀书·法正传》。

②[东晋]袁宏:《后汉纪》卷 30 献帝建安十九年,张烈点校:《两汉纪》下册,第 585 页。

③《三国志》卷 37《蜀书·法正传》。

④赵昆生:《再论蜀汉政治中的北伐问题》,《重庆师院学报》1998 年第 1 期。

终把刘备视为自己的强劲对手,当初"借荆州"时,他得知孙权"以土地业备,方作书,落笔于地"①;此时刘备夺取了"沃野千里,天府之土"②的益州,自然会给他更大的震动。曹操的对策就是针锋相对地出兵攻占川陕之间的汉中盆地,这一举措既保护了西部的经济重心关中平原,又能对巴蜀敌境造成直接的威胁。据《三国志》卷1《魏书·武帝纪》记载,曹操在刘备取蜀的次年(215)四月自陈仓出兵南下,在打败沿途氐族的抵抗之后,于七月到达阳平关,开始攻击汉中边防。阳平关陷落后,张鲁逃亡巴中。"公军入南郑,尽得鲁府库珍宝。巴、汉皆降。"九月,汉中以南巴郡的夷族首领前来归顺。"巴七姓夷王朴胡、賨邑侯杜濩举巴夷、賨民来附。于是分巴郡,以胡为巴东太守,濩为巴西太守,皆封列侯。"十一月,"(张)鲁自巴中将其余众降。封鲁及五子皆为列侯。"汉中局势完全安定后,十二月曹操即率大军返回邺城,他在停留汉中期间采取了一系列强化当地防务和削弱敌国力量的措施,计有:

1. 迁徙边境居民。汉末中原长期遭受战乱灾荒,人口大量耗减。甚至到魏明帝时,杜恕犹称:"今大魏奄有十州之地,而承丧乱之弊,计其户口不如往昔一州之民。"③曹操将临近益州的汉中、武都百姓大量内迁,安置在关中、洛阳与邺城等境内腹心重地,这样既可以加强当地的经济建设,又能避免他们逃逸流亡或被南邻的蜀汉政权劫略而去。例如杜袭,"随太祖到汉中讨张鲁。太祖还,拜袭驸马都尉,留督汉中军事。绥怀开导,百姓自乐出徙洛、

①《三国志》卷54《吴书·鲁肃传》。
②《三国志》卷35《蜀书·诸葛亮传》。
③《三国志》卷16《魏书·杜畿附子恕传》。

邺者,八万余口。"①《三国志》卷15《魏书·张既传》曰:"从征张
鲁,别从散关入讨叛氐,收其麦以给军食。鲁降,既说太祖拔汉中
民数万户以实长安及三辅。"又言:"太祖将拔汉中守,恐刘备北取
武都氐以逼关中,问既。既曰:'可劝使北出就谷以避贼,前至者
厚其宠赏,则先者知利,后必慕之。'太祖从其策,乃自到汉中引出
诸军,令既之武都,徙氐五万余落出居扶风、天水界。"

2. 令征西将军镇汉中。曹操在建安十六年(211)击败马超、
韩遂、平定关中以后,任命夏侯渊为当地主将,"以渊行护军将军,
督朱灵、路招等屯长安。"②由他负责雍、凉二州的军务,镇压境内
各地的叛乱。曹操进攻汉中时,"(夏侯)渊等将凉州诸将侯王已
下,与太祖会休亭。太祖每引见羌、胡,以渊畏之……太祖还邺,
留渊守汉中,即拜渊征西将军。"③曹操提升了夏侯渊的职衔,并将
雍州主将治所与州军主力部署在对蜀作战的汉中前线,此举造成
了随时向益州出击的战略态势,还可以防备敌兵北上夺取汉中,
因而在军事上处于有利地位,对刘备施加了严峻的威胁与压力。

3. 进攻巴郡。曹操占领汉中后,麾下谋臣曾建议他乘胜伐
蜀,消灭刘备;可是曹操考虑蜀道艰难,又有东方孙权的威胁,因
而予以拒绝。例如司马懿,"从讨张鲁,言于魏武曰:'刘备以诈力
虏刘璋,蜀人未附而远争江陵,此机不可失也。今若曜威汉中,益
州震动。进兵临之,势必瓦解。因此之势,易为功力。圣人不能
违时,亦不失时矣。'魏武曰:'人苦无足。既得陇右,复欲得蜀!'

---

① 《三国志》卷23《魏书·杜袭传》。
② 《三国志》卷9《魏书·夏侯渊传》。
③ 《三国志》卷9《魏书·夏侯渊传》。

言竟不从。"①《三国志》卷14《魏书·刘晔传》亦曰:"(张)鲁奔走,汉中遂平。晔进曰:'明公以步卒五千,将诛董卓,北破袁绍,南征刘表,九州百郡,十并其八,威震天下,势慑海外。今举汉中,蜀人望风,破胆失守,推此而前,蜀可传檄而定。'……太祖不从,大军遂还。"当时刘备率领军队东出三峡,与孙权争夺长沙、零陵、桂阳三郡,益州防务空虚。曹操虽然不肯进军伐蜀,但是看到此时有机可乘,便命令夏侯渊部下张郃领兵越过米仓山去进攻川东的巴中,企图蚕食刘备的疆土,"欲徙其民于汉中"②,以削弱其国力;结果被蜀将张飞击败,因而未能得逞③。

　　刘备在占领四川之后,未能处理好与孙权的同盟关系,以致于双方兵戈相见。"(建安)二十年,孙权以先主已得益州,使使报欲得荆州。先主言:'须得凉州,当以荆州相与。'权忿之,乃遣吕蒙袭夺长沙、零陵、桂阳三郡。先主引兵五万下公安,令关羽入益阳。"④直到获悉曹操攻占汉中,他才被迫与孙权妥协,并放弃三郡领土而回师入川。"是岁,曹公定汉中,张鲁遁走巴西。先主闻之,与权连和,分荆州江夏、长沙、桂阳东属;南郡、零陵、武陵西属,引军还江州。"⑤刘备未能抢先占据汉中,出师荆州又徒劳无功,因此后来廖立批评他的决策有误,造成了蜀汉在战略形势上

---

①《晋书》卷1《宣帝纪》。
②《三国志》卷36《蜀书·张飞传》。
③参见《三国志》卷17《魏书·张郃传》:"(张)鲁降,太祖还,留郃与夏侯渊等守汉中,拒刘备。郃别督诸军,降巴东、巴西二郡,徙其民于汉中。进军宕渠,为备将张飞所拒,引还南郑。"
④《三国志》卷32《蜀书·先主传》。
⑤《三国志》卷32《蜀书·先主传》。

的被动。"昔先帝不取汉中,走与吴人争南三郡,卒以三郡与吴人,徒劳役吏士,无益而还。既亡汉中,使夏侯渊、张郃深入于巴,几丧一州。"[1]不过,他及时听取了部下的意见,派遣黄权领兵到巴中,消灭了投靠曹操的几股夷族势力。《三国志》卷43《蜀书·黄权传》曰:

> 及曹公破张鲁,鲁走入巴中,权进曰:"若失汉中,则三巴不振,此为割蜀之股臂也。"于是先主以权为护军,率诸将迎鲁。鲁已还南郑,北降曹公,然卒破杜濩、朴胡,杀夏侯渊,据汉中,皆权本谋也。

据《三国志》卷32《蜀书·先主传》记载,此事发生在刘备从荆州撤军之后。"引军还江州。遣黄权将兵迎张鲁,张鲁已降曹公。"《华阳国志》卷6《刘先主志》亦曰:"(先主)引军还江州。以(黄)权为护军迎(张)鲁,鲁已北降曹公。权破公所署三巴太守杜濩、朴胡、袁约等。"[2]刘备随后率领大军进入巴郡,遣张飞等逐退张郃,收复了巴山以南的失地,使局势重新获得稳定,然后回到成都。"(张)郃数犯掠巴界。先主令张飞等进军宕渠之蒙头拒郃,相持五十余日。飞从他道邀郃战于阳石,遂大破郃军。郃失马,缘山,独与麾下十余人从间道还南郑也。(建安)二十一年,先主还成都。"[3]

次年(217)冬季,刘备接受法正的建议,出兵进攻汉中。《三国志》卷37《蜀书·法正传》曰:"(建安)二十二年,正说先主曰:

---

①《三国志》卷40《蜀书·廖立传》。

②[晋]常璩撰,刘琳校注:《华阳国志校注》,第526页。

③[晋]常璩撰,刘琳校注:《华阳国志校注》,第526—527页。

'曹操一举而降张鲁,定汉中,不因此势以图巴、蜀,而留夏侯渊、张郃屯守,身遽北还,此非其智不逮而力不足也,必将内有忧逼故耳。今策渊、郃才略,不胜国之将帅,举众往讨,则必可克。克之之日,广农积谷,观衅伺隙,上可以倾覆寇敌,尊奖王室,中可以蚕食雍、凉,广拓境土,下可以固守要害,为持久之计。此盖天以与我,时不可失也。'"从张郃在巴中惨败于张飞,几乎全军覆没的情况来看,法正认为面对汉中之敌处于优势,很有把握攻占该地,这样蜀汉不仅消除了北边的威胁,而且处于攻守俱便的有利地位,因而力劝刘备把握战机,迅速出征。"先主善其策,乃率诸将进兵汉中,(法)正亦从行。"

## (二)刘备进攻汉中的路线与作战部署

刘备北伐汉中采取了兵分两路的策略,由张飞、马超与吴兰等将领偏师先行,进攻曹魏陇南地区的武都郡治下辨(或作"下辩",治今甘肃成县);刘备则率主力后发,攻打夏侯渊、张郃镇守的汉中西边门户阳平关(今陕西勉县武侯镇)[1]。《三国志》卷1《魏书·武帝纪》记载建安二十二年(217)十月,"刘备遣张飞、马超、吴兰等屯下辩;遣曹洪拒之。"曹洪的部将有曹休、曹真等,所率"虎豹骑"乃魏军最为精锐的部队[2]。张飞、马超所率蜀军的进

---

[1]《三国志》卷32《蜀书·先主传》:"(建安)二十三年,先主率诸将进兵汉中。分遣将军吴兰、雷铜等入武都,皆为曹公军所没。先主次于阳平关,与渊、郃等相拒。"

[2]《三国志》卷9《魏书·曹休传》:"常从征伐,使领虎豹骑宿卫。刘备遣将吴兰屯下辩,太祖遣曹洪征之,以休为骑都尉,参洪军事。"《三国志》卷9《魏书·曹真传》:"太祖壮其骁勇,使将虎豹骑。讨灵丘贼,拔之,封灵寿亭侯。以偏将军将兵击刘备别将于下辩,破之,拜中坚将军。"

攻路线，是从"沮道"，即沮县（治今陕西略阳县东）西行至下辨，曾获得附近氏族的响应，后被曹洪等挫退。《三国志》卷25《魏书·杨阜传》曰："会刘备遣张飞、马超等从沮道趣下辩，而氐雷定等七部万余落反应之。太祖遣都护曹洪御超等，超等退还。"这条道路沟通陇南山区与汉中盆地，地位相当重要。严耕望曾云："今成县、略阳，唐为同谷县、顺政县，汉属下辨、沮县境。此一地区，毂绾东西南北交通枢纽，秦、陇、楚、蜀于此分途，然地当嘉陵江诸上源之西汉水（漾水）、浊水（白水）、两当水（散关水）及诸小谷水之会。山势险阻，河谷复杂，湍急幽深，水陆交通皆称艰困，时有颠覆陨坠之祸，故自汉以下，地方长官屡加凿治，或开通山隘建栈阁，或疏凿河谷通水运。"[1]例如东汉安帝时，武都太守虞诩利用嘉陵江支流黑峪河开通漕运后成为坦途。其本传云："先是运道艰险，舟车不通，驴马负载，僦五致一。诩乃自将吏士，案行川谷，自沮至下辩数十里中，皆烧石翦木，开漕船道，以人僦直雇借佣者，于是水运通利，岁省四千余万。"[2]

建安十九年（214）刘备围攻成都时，马超自汉中来投。"先主遣人迎超，超将兵径到城下。城中震怖，璋即稽首，以超为平西将军，督临沮，因为前都亭侯。先主为汉中王，拜超为左将军，假节。"[3]马超领兵驻扎的"临沮"，学界多认为是在南郡之临沮县（治今湖北当阳市西北）[4]，其实并不符合史实，因为据史籍所载马超

① 严耕望：《唐代交通图考》第三卷《秦岭仇池区》，第841页。
② 《后汉书》卷58《虞诩传》。
③ 《三国志》卷36《蜀书·马超传》。
④ 参见卢弼：《三国志集解》卷36《蜀书·马超传》"督临沮"注："临沮见《关羽传》。"即认为是关羽中伏被杀之南郡临沮县。第782页。

从未离开蜀境前赴荆州。《华阳国志》卷6《刘先主志》载章武元年（221）刘备称帝时封赐诸臣，"马超骠骑将军，领凉州刺史，封斄乡侯，北督临沮。"刘琳注曰："［临沮］在今湖北当阳县西北，属南郡。查《蜀志·马超传》，马超督临沮是在初归刘备时。建安二十四年关羽失荆州，此县已属吴，这里说'北督临沮'，疑误。"①笔者按：《华阳国志》作者常璩为晋人，在四川生活多年，熟悉风土地理。他写作"北督临沮"，明确表示此处所言之临沮是在成都之北，已标明其方位。顾名思义，"临沮"是指濒临沮水之地，而天下各地多有名为"沮水"的河流，故"临沮"地名也并非仅有南郡临沮一处。例如关中亦有沮水和临沮，《旧唐书》卷38《地理志一·关内道》曰："（武德）九年，分冯翊置临沮县。贞观元年，省河滨、临沮二县。"武都郡沮县也有沮水，为汉水之北源，出于今陕西留坝县西，南流至勉县西与汉水南源会合，交汇之水口曰沮口。《水经》曰："沔水出武都沮县东狼谷中。"郦道元注："沔水一名沮水。阚骃曰：以其初出沮洳然，故曰沮水也。县亦受名焉。导源南流，泉街水注之。水出河池县，东南流入沮县，会于沔。沔水又东南，径沮水戍而东南流，注汉，曰沮口。所谓沔汉者也。"②又见《水经注》卷20《漾水》："故道水南入东益州之广业郡界，与沮水枝津合，谓之两当溪，水上承武都沮县之沮水渎，西南流，注于两当溪。虞诩为郡漕谷布在沮，从沮县至下辨，山道险绝……"熊会贞疏："沮水枝津当在今徽县东南，接略阳县界。"③另外，沮县附近的嘉陵江河

---

① ［晋］常璩撰，刘琳校注：《华阳国志校注》卷6《刘先主志》，第 536 页。
② ［北魏］郦道元注，［民国］杨守敬、熊会贞疏：《水经注疏》，第 2295—2296 页。
③ ［北魏］郦道元注，［民国］杨守敬、熊会贞疏：《水经注疏》，第 1706 页。

段古代也称作"沮水",《汉书》卷 28 下《地理志下》云武都郡:"沮(县),沮水出东狼谷,南至沙羡南入江,过郡五,行四千里。"任乃强注云:"沮,汉旧县。晋存。故城即今陕西嘉陵江右岸之略阳县。"又曰:

> 此谓西汉水入沔,至汉口入江也。五郡,武都、汉中、南阳、南郡、江夏也。今沔水上游仍有地名沮口,其水处于沮县之峡口,有路循另一小河曰西沮,平通于沮县。二水分流,同是远古时之一河道遗迹。自有人类,其水已绝。下流为嘉陵江(西汉水)所夺故也。汉魏世人犹传其古时通为一河,故皆曰"沮水"也。[1]

两汉沮县之地望,古籍载其位于今略阳县东百一十里处[2],为历史地理学界所接受[3]。笔者据此推测,前述《蜀志·马超传》所言"督临沮",《华阳国志》之"北督临沮",应是在沮县附近之沮水流域,因为该地位处汉中至武都两郡之通道,又有陆路北上散关、陈仓以达关中,故为古代军事枢要。蜀汉后来于沮县之西筑武兴城(今陕西略阳县),置督将镇守。东晋也曾在此地分驻军队以保护汉中,防备前秦,称作"沮水诸戍"[4]。马超督率军队所驻之"临

---

[1] [晋]常璩著,任乃强校注:《华阳国志校补图注》,第 102 页。

[2] [清]王先谦:《后汉书集解·郡国志五上》武都郡沮县注:"前汉县,三国蜀因,见《常志》。洪(亮吉)云,有武兴,蜀以蒋舒为武兴督,即此。今略阳县治。见《纪要》。《晋志》因。《一统志》:故城今汉中府略阳县东一百十里。"第 1285 页。

[3] 参见周振鹤:《汉书地理志汇释》,安徽教育出版社,2006 年,第 340 页。钱林书:《〈续汉书郡国志〉汇释》,安徽教育出版社,2007 年,第 343 页。

[4] 《晋书》卷 113《苻坚载记上》:"晋梁州刺史杨亮遣子广袭仇池,与(苻)坚将杨安战,广败绩,晋沮水诸戍皆委城奔溃,亮惧而退守磬险,安遂进寇汉川。"

沮",看来应该在沮县(今陕西略阳县东)左右濒临沮水某处河段。

刘备占领成都、统治全川后,命令马超进驻临沮,是将益州北部边防向前推进到武都郡的沮水流域,逼近汉中的门户阳平关。马超长期在凉州活动,"信著北土,威武并昭"[1],故被安置在这一带戍守。他后来从沮县进攻下辨时获得临近氐族支持,"而氐雷定等七部万余落反应之"[2],就是其影响与号召力的反映。马超北督临沮的时间,据前引其本传记载,是在刘备攻占成都以后。值得注意的是,曹操建安二十年(215)进攻汉中时,走的是陈仓道。"三月,公西征张鲁,至陈仓,将自武都入氐……夏四月,公自陈仓以出散关,至河池……七月,公至阳平。"[3]曹军沿途经过沮县附近的沮水流域,严耕望考证云:"按曹操由陈仓、河池进兵击张鲁至阳平关,当即循沮水而东者。"[4]但是曹军在行进过程中并未和马超所部发生冲突,可见那里并无蜀兵。按照当时形势判断,当时刘备率领蜀军主力到荆州与孙权争夺长沙等郡,在川北的兵力薄弱,恐怕马超也不敢继续在沮水流域驻防,很可能是见曹军势盛而被迫南撤了,后来曹操返回邺城,张郃又在巴中惨败,"独与麾下十余人从间道退"[5],汉中曹军的力量大为削弱,马超或在此时又重返武都郡境,占据沮县。前引《华阳国志》卷6称刘备称帝后,拜"马超骠骑将军,领凉州刺史,封斄乡侯,北督临沮"。则反映了他在汉中战役结束后继续留在沮水流域戍守,防备北面陈仓

---

① 《三国志》卷36《蜀书·马超传》。
② 《三国志》卷25《魏书·杨阜传》。
③ 《三国志》卷1《魏书·武帝纪》。
④ 严耕望:《唐代交通图考》第三卷《秦岭仇池区》,第784页。
⑤ 《三国志》卷36《蜀书·张飞传》。

的曹军。

张飞在驱逐张郃后据守阆中(今四川阆中市),部下约有兵众万余人①,此番参战是沿嘉陵江北上到沮县,与马超、吴兰等部会合后,再西赴下辨,估计总兵力约在二万左右,其任务是占领武都郡境,保护随后进攻汉中的蜀军主力之侧翼安全,避免敌军从武都出击截断蜀汉后方的粮草补给。建安二十三年(218)正月,曹洪进攻由吴兰、任夔据守的下辨,张飞屯兵固山(今甘肃成县西北),诈称要截断魏军的后路,但被曹休识破,他向曹洪提出:"贼实断道者,当伏兵潜行。今乃先张声势,此其不能也。宜及其未集,促击(吴)兰,兰破则飞自走矣。"②曹洪接受了他的建议,纵兵击败吴兰。三月,张飞、马超见形势不利,退出下辨,吴兰等将被阴平氐族首领强端所杀③。不过,张飞、马超的部下并未遭受重大损失,仍在武都、汉中之间坚持阻击,使曹洪军队未能赶赴阳平关前线救援,基本上实现了作战意图④。

进攻汉中的蜀军主力由刘备亲自统率,具体人数史无详载。据《三国志》卷32《蜀书·先主传》所载,刘备在两年前东征长沙三

①参见《三国志》卷36《蜀书·张飞传》:"(张郃)进军宕渠、蒙头、荡石,与飞相拒五十余日。飞率精卒万余人,从他道邀郃军交战。"又曰:"先主伐吴,飞当率兵万人,自阆中会江州。"

②《三国志》卷9《魏书·曹休传》。

③《三国志》卷1《魏书·武帝纪》建安二十三年正月:"曹洪破吴兰,斩其将任夔等。三月,张飞、马超走汉中,阴平氐强端斩吴兰,传其首。"

④参见李承畴、孙启祥:《张飞"间道"进兵汉中考辨》:"张飞从固山退走后,去向如何,史书虽未明确记载,但是,度当时之势,张飞可能在武都与汉中之间继续狙击曹洪军。因为张飞、马超的目的是切断武都曹兵与汉中的联系,而在整个战斗中,均未见武都的曹洪援救汉中的夏侯渊,说明张飞、马超尽管在初期失败了,但仍起到了阻止武都曹兵南下的作用。"《汉中师院学报》1991年第1期。

郡时所领的主力部队为五万人①，此次可能也大致相同。这支队伍是蜀军的精锐，以法正为谋主，部将有赵云、黄忠、魏延、刘封、陈式、张翼、高详等人，留诸葛亮在成都镇守接济兵员粮饷的补充供应。蜀军在建安二十三年（218）到达汉中郡西边门户阳平关，与曹军开始发生战斗②。据《资治通鉴》卷68考订记述，时间是在当年四月，"刘备屯阳平关，夏侯渊、张郃、徐晃等与之相拒。"刘备的部队是从成都集结出发，其行军路线可以分为两段。下文予以详述：

其一为益州境内的"剑阁道"路段，即从成都北上至白水关（今四川青川县东北沙州镇）。汉代益州北境与汉中接壤之门户为白水关，公孙述割据四川时，"遂使将军侯丹开白水关，北守南郑。"③汉顺帝时李固"出为广汉雒令，至白水关，解印绶，还汉中，杜门不交人事。"④汉末白水关由刘璋部将杨怀镇守⑤，其地位非常重要，法正曾称"鱼复与关头实为益州福祸之门"⑥，此两处关隘即指位于今川东奉节县的"江关"和川北的白水关。白水关又称"关

---

①《三国志》卷32《蜀书·先主传》："（建安）二十年，孙权以先主已得益州，使使报欲得荆州。先主言：'须得凉州，当以荆州相与。'权忿之，乃遣吕蒙袭夺长沙、零陵、桂阳三郡。先主引兵五万下公安，令关羽入益阳。"

②《三国志》卷32《蜀书·先主传》："（建安）二十三年，先主率诸将进兵汉中。分遣将军吴兰、雷铜等入武都，皆为曹公军所没。先主次于阳平关，与渊、郃等相拒。"

③《后汉书》卷13《公孙述传》。

④《后汉书》卷63《李固传》。

⑤《三国志》卷32《蜀书·先主传》曰："（刘）璋敕关戍诸将文书勿复关通先主。先主大怒，召璋白水军督杨怀，责以无礼，斩之。"可见杨怀为白水关守将。

⑥《三国志》卷37《蜀书·法正传》载其劝降刘璋书云："又鱼复与关头实为益州福祸之门，今二门悉开，坚城皆下，诸军并破，兵将俱尽，而敌家数道并进，已入心腹，坐守都、雒，存亡之势，昭然可见。"

头",《三国志》卷 37《蜀书·庞统传》曰:"杨怀、高沛,璋之名将,各
仗强兵,据守关头,闻数有笺谏璋,使发遣将军还荆州。"任乃强考
证云:"自汉末至梁魏间,陇、蜀接壤地区军事频繁,每于郡县城以
外,更置关戍。其属将领所驻之兵防重地,皆筑城屯粮,称为'关
城',一曰'关头'。如阳平、白马、白水、阳安、黄金、兴势、剑阁、马
阁与阴平桥头皆是。此'关头',所指为白龙江岸之白水关与嘉陵
江岸之阳平关,二处皆所以备张鲁者。阳平关直拒汉中,白水关
防备武都叛羌之助汉中入侵也。"①由于年代久远,史籍缺少明确
记载,致使有人认为"白水关今已不详所在"②。另外,古代历朝于
白水(今白龙江)沿岸及支流设置过若干座城镇津戍,亦以白水关
为名③,也会产生混淆,以致对其地望诸家说法颇有分歧。传统观
点多认为在今略阳以南的嘉陵江沿岸,如胡三省据《水经注》认为
白水关在汉葭萌县(治今四川广元市西南昭化镇)北境④,顾祖禹
云:"白水关,在(宁羌)州西南九十里,接四川昭化县界。章怀太
子贤曰:'关在金牛县西。'杜佑以为在县南也。东北去关城一百
八十里。"⑤谭宗义云:"自阳安关(笔者按:这里是指今阳平关镇)
而南,顺嘉陵江上游而下,即达白水关。"⑥其具体地点,谭其骧认

---

① [晋]常璩著,任乃强校注:《华阳国志校补图注》,第 77 页。
② 黄盛璋:《阳平关及其演变》,《西北大学学报》1957 年第 3 期。
③ 《资治通鉴》卷 42 汉光武帝建武六年三月胡三省注:"余据《水经》,白水出陇西临洮
　县西南西倾山,东南流入阴平,又东南经广汉白水县。临洮与西县接界,故天水之西
　县有白水关,而广汉之白水县亦有白水关,自源徂流,同一白水也。"
④ 《资治通鉴》卷 122 刘宋文帝元嘉十一年三月胡三省注:"《水经注》:'白水出临洮县
　西南西倾山,东南流,至葭萌县北,因谓之葭萌水;水有津关,即所谓白水关也。'"
⑤ [清]顾祖禹:《读史方舆纪要》卷 56《陕西五·汉中府》,第 2695 页。
⑥ 谭宗义:《汉代国内陆路交通考》,第 40 页。

为东汉白水关在今广元市北的朝天镇，即宋代以后之朝天关，为嘉陵江沿途道路与自宁强县西南而下的金牛道交汇之处①。以上诸说的缺陷，就是葭萌以北的朝天岭一带相隔白水（今白龙江）较远；而顾名思义，白水关应当濒临白水，故上述观点具有难以解释的问题。刘琳指出，汉晋白水县辖今四川广元市西北部及青川县东部地域，白水关在青川县白水镇（笔者按：现改名为沙州镇）附近。"近年中华地图学社出版的《中国历史地图集》定白水关于今广元北朝天驿之朝天关，不合。因朝天关远离白水，亦不在白水县境（此地汉属葭萌县），无缘取白水之名。"②此外，《后汉书》卷63《李固传》注引《梁州记》云："关城西南百八十里有白水关，昔李固解印绶处也。"刘琳认为白水关，"按其道里方向，亦当在今白水镇一带（今阳平关至白水约一百六、七十里）……又阳平关（关城）至朝天驿仅五十二公里（以铁路计，铁路系沿江行，故水路亦略同），与刘澄之《梁州记》所说'百八十里'相距很远。"③他的观点已为现今学术界所认同，可以参见相关论著④。

汉魏时期由四川盆地的核心成都通往秦陇的道路是朝东北方向行进，在龙门山东南麓穿越剑门关（即剑阁所在的大、小剑山）后达到葭萌附近，再溯白龙江西北行，过白水关后出川。建安二十四年（219）秋，刘备在汉中战役胜利后对这条道路进行了大规

---

①参见谭其骧主编：《中国历史地图集》第二册《秦·西汉·东汉时期》东汉"益州刺史部北部"图，中国地图出版社，1982年，第53—54页。

②［晋］常璩撰，刘琳校注：《华阳国志校注》卷2《汉中志》，第153页。

③［晋］常璩撰，刘琳校注：《华阳国志校注》卷2《汉中志》，第153页。

④参见李之勤：《金牛道北段线路的变迁与优化》，《中国历史地理论丛》2004年第2期。孙启祥：《金牛古道演变考》，《成都大学学报》2008年第1期。

模的修治,《典略》曰:"备于是起馆舍,筑亭障,从成都至白水关,四百余区。"①谭宗义曾根据刘备南征成都的有关记载,考证了剑阁道沿途城镇关塞的设置情况②。建安十七年(212)冬,刘备屯兵于葭萌,诱杀刘璋白水关守将杨怀,迅速北赴关头夺取其部队,并军后复从葭萌南下,经过梓潼(今四川梓潼县)、涪县(今四川绵阳市)、绵竹(今四川绵竹市),在雒城(今四川广汉市)受阻约一年后,至建安十九年(214)秋抵达成都,迫使刘璋投降③。值得注意的是,刘璋此番防御的策略只是守城,并未在地势绝险的剑阁进行阻击,致使刘备领兵顺利通过。后来刘备与诸葛亮治蜀时,屡次对其栈道进行整修,并设置关成以加强防备④,故姜维能够据此抵抗钟会的重兵进攻。

其二为金牛道(或称石牛道)的北段。古代关中平原入蜀的

---

①《三国志》卷32《蜀书·先主传》建安二十四年注引《典略》。

②参见谭宗义:《汉代国内陆路交通考》,第38—45页。

③参见《三国志》卷32《蜀书·先主传》:"(刘)璋敕关成诸将文书勿复关通先主。先主大怒,召璋白水军督杨怀,责以无礼,斩之。乃使黄忠、卓膺勒兵向璋。先主径至关中,质诸将并士卒妻子,引兵与忠、膺等进至涪,据其城。璋遣刘璝、冷苞、张任、邓贤等拒先主于涪,皆破败,退保绵竹。璋复遣李严督绵竹诸军,严率众降先主。先主军益强,分遣诸将平下属县,诸葛亮、张飞、赵云等将兵溯流定白帝、江州、江阳,惟关羽留镇荆州。先主进军围雒。时璋子循守城,被攻且一年。十九年夏,雒城破。进围成都数十日,璋出降。"《三国志》卷41《蜀书·王连传》:"王连字文仪,南阳人也。刘璋时入蜀,为梓潼令。先主起事葭萌,进军来南,连闭城不降,先主义之,不强逼也。及成都既平,以连为什邡令,转在广都,所居有绩。"

④参见《三国志》卷32《蜀书·先主传》注引《典略》曰:"(刘)备于是起馆舍,筑亭障,从成都至白水关,四百余区。"[唐]李吉甫:《元和郡县图志》卷33《剑南道下·剑州》剑阁道:"秦惠王使张仪、司马错从石牛道伐蜀。即此也。后诸葛亮相蜀,又凿石驾空为飞梁阁道,以通行路。"第846页。[清]顾祖禹:《读史方舆纪要》卷66《四川一·剑门》注引《舆地广记》曰:"孔明以大剑至小剑当隘束之路,乃立剑门县。以阁道三十里尤险,复置尉守之。"第3109页。

道路主要有两条,最早的一条为故道,或称陈仓道,即从陈仓(今陕西宝鸡市)南行,经过大散关到今凤县,穿过所谓"宝凤隘道",沿嘉陵江而下,过略阳与今阳平关镇后,穿越朝天岭(今四川广元市北朝天镇)到达葭萌、剑阁,又称作嘉陵道。另一条为金(石)牛道,起点是位于今陕西勉县武侯镇的古阳平关,亦到剑阁入蜀。顾祖禹曰:"金牛道,今之南栈。自沔县而西南至四川剑州之大剑关口,皆谓之金牛道,即秦惠王入蜀之路也。自秦以后,繇汉中至蜀者,必取途于此,所谓蜀之喉嗌也。"①金牛道在不同时代之具体行进路线有所差异,蓝勇总结道:"关于金牛道从勉县入川路线历史上有三种说法。一说前及认为经金牛峡、宁强县治、七盘关、朝天镇到广元、昭化。按此应为元明清的路线。一说经过烈金坝西向阳平关沿嘉陵江到朝天、广元、昭化。按这是隋唐宋古道的路线。另一说为道光《昭化县志》提出的汉晋路线,即第二说到阳平关后西南折向古白水关沿白水至葭萌(昭化)。"②刘琳在《华阳国志校注》中考证云:"古代白水关为陕、甘入蜀之孔道。自汉中来系取道关城而至关头,即由今勉县趋阳平关,西南至白水关(此为古石牛道之一段,今仍为大路)。自武都来系由今甘肃成县,东南经略阳(属沮县)沿嘉陵江至阳平关,入白水关。自阴平来,则由今甘肃文县循白水江、白龙江,至白水关。白水关而南,沿白龙江河谷至葭萌(今此路上仍有古栈道遗迹)。自葭萌而西经小剑而入剑门。三道均由白水,故法正云'鱼复、关头,益州祸福之门'。至南北朝以后,由今陕西宁强越七盘关至朝天驿、广元、昭化之路

---

①[清]顾祖禹:《读史方舆纪要》卷56《陕西五·汉中府》,第2670—2671页。
②蓝勇:《四川古代交通路线史》,第17页。

大辟,白水关始渐失去其重要性。"①白水关入川线路曲折稍远,不如嘉陵道直行过朝天镇至葭萌更为近捷,但是前者的交通状况要优越许多。李之勤在《北段线路的变迁与优化》一文中对此进行了深入论证,他指出:"白水关线虽有大、小剑门飞阁险道数十里,而清江和白水江河谷,除个别段落外,一般较为平坦易行。嘉陵江河谷线则广元、阳平关间二三百里,全为峡谷峭岩,如杜甫诗篇所说:'绝壁无尺土'。虽有顺流水运之利,但陆路则高山峡谷,崎岖盘折,飞阁险碥,极不易行。占全程 2/3 的朝天镇阳平关段,至今尚无简易公路的修筑。地形条件在三线中可以说最差。数万间桥阁栈道,赖常年维修始得维持通行。"②另外,陕南和川西北地区人口稀少,经济落后,从金牛道的起点汉中郡沔阳县经剑阁至广汉郡治梓潼之间将近千里,只有白水和葭萌这两个县级政区居民点。"所以,结合前述道路夷险、修筑通行难易物资供应和安全保障等条件,对当时联系汉中和巴蜀的驿道选择这么一条白水关线,就不会令人感到奇怪了。"③经过南北朝的长期割据混战,至隋唐再次统一之后,随着社会经济的发展和军事政治方面的优势从白水河谷转移到嘉陵江河谷,汉中成都间的金牛驿道才发生变更,自今阳平关沿嘉陵江南下,穿过朝天岭直接到达广元、昭化,而不再绕道白水关了。

刘备率蜀军主力进攻汉中的战役持续了一年有余,在此期间他对兵力的作战部署可以划分为三个阶段。分述如下:

①[晋]常璩撰,刘琳校注:《华阳国志校注》卷2《汉中志》,第153页。
②李之勤:《金牛道北段线路的变迁与优化》,《中国历史地理论丛》2004年第2期。
③李之勤:《金牛道北段线路的变迁与优化》,《中国历史地理论丛》2004年第2期。

1. **相持阶段**。自东汉建安二十三年(218)四月刘备率兵到达阳平关(今陕西勉县武侯镇)前线交战,至建安二十四年(219)春蜀军攻入汉中盆地之前。魏将夏侯渊、张郃、徐晃等顽强阻击,"相守连年"①。其中主要原因是阳平关附近依山傍水,地势险要。这座要塞位于泾水(今白马河)入沔交汇之处(参见图五一、图五二),西、南两面为河流环绕,背依高山,因而易守难攻。如曹丕所述:"张鲁有精甲数万,临高守要。一夫挥戟,千人不得进。"②当年曹操征伐汉中,据董昭追忆:"攻阳平山上诸屯,既不时拔,士卒伤夷者多。武皇帝意沮,便欲拔军截山而还。"③《三国志》卷14《魏书·刘晔传》亦曰:"太祖征张鲁,转晔为主簿。既至汉中,山峻难登,军食颇乏。太祖曰:'此妖妄之国耳,何能为有无? 吾军少食,不如速还。'便自引归,令晔督后诸军,使以次出。"只是由于意外缘故偶然获胜。"会前军未还,夜迷惑,误入贼营,贼便退散。"④作战期间刘备曾派陈式带领小股部队阻绝马鸣阁道,欲截断汉中魏军的后方补给路线,被徐晃击败⑤。据《三国志》卷17《魏书·张郃

---

① 《三国志》卷9《魏书·夏侯渊传》:"(建安)二十三年,刘备军阳平关,渊率诸将拒之,相守连年。"
② [宋]李昉等:《太平御览》卷353《兵部八十四》引《魏文帝书》,第1623页。
③ 《三国志》卷8《魏书·张鲁传》注引《魏名臣奏》。
④ 《三国志》卷8《魏书·张鲁传》注引《魏名臣奏》。
⑤ 《三国志》卷17《魏书·徐晃传》:"太祖还邺,留晃与夏侯渊拒刘备于阳平。备遣陈式等十余营绝马鸣阁道,晃别征破之,贼自投山谷,多死者。太祖闻,甚喜,假晃节,令曰:'此阁道,汉中之险要咽喉也。刘备欲断绝外内,以取汉中。将军一举,克夺贼计,善之善者也。'"马鸣阁的地点,据胡三省注《资治通鉴》卷68汉献帝建安二十三年四月条曰:"马鸣阁,在今利州昭化县。"即当时蜀之葭萌附近,后人多从其说,但其中有疑问。从前引《徐晃传》的记载来看,第一,马鸣阁如在葭萌附近,即不(转下页)

传》记载："刘备屯阳平，郃屯广石。备以精卒万余，分为十部，夜急攻郃。郃率亲兵搏战，备不能克。"顾祖禹曰："广石戍，在（沔）县西。……既而夏侯渊败没，（张）郃自广石引兵还阳平。广石盖与阳平关相近也。"①孙启祥考证认为广石当在阳平关西北、汉水北岸，"亦即今陕西勉县西北的隘垭口（艾叶口）至茶店一带。"②由于战事不利，兵力消耗很大，刘备急令诸葛亮发兵支援。《三国志》卷41《蜀书·杨洪传》载诸葛亮为此与当地豪族大姓商议，杨洪主张全力以赴拿下汉中，以保障益州的安全。他说："汉中则益州咽喉，存亡之机会，若无汉中则无蜀矣，此家门之祸也。方今之事，男子当战，女子当运，发兵何疑！"结果，"亮于是表洪领蜀郡太守，众事皆办，遂使即真。"蜀军在后方倾力支持下逐渐扭转了战局。

据《三国志》卷1《魏书·武帝纪》所载，当年七月，曹操见汉中

---

（接上页）属于汉中境界，曹操所言"此阁道，汉中之险要咽喉也"就无法解释。第二，当时刘备已在阳平关一带与夏侯渊交战，葭萌在蜀军的后方；若从胡三省之说，刘备遣陈式绝马鸣阁岂不成了切断自家的粮道交通，焉有此理？第三，汉中曹军既然在阳平关与刘备对峙，怎能绕到蜀军背后数百里外的葭萌附近去和敌人作战呢？由此看来，马鸣阁应在汉中与关中间的秦岭峡谷之中，而在昭化附近之说是不能成立的。南宋王应麟《通鉴地理通释》卷11《三国形势考（上）》"马鸣阁"条，认为该地在褒斜道中，建有栈道。清人浦起龙《读杜心解》注曰："飞仙阁，在今汉中府略阳县东南四十里。或云，即三国时马鸣阁。"孙启祥《汉末曹刘汉中争夺战地名考辨》据此研究，指出曹军后方在关中，"当时援救夏侯渊需经陈仓道或褒斜道。褒斜道远离阳平关，刘备不可能在那里与徐晃作战，只有陈仓道必须防范。因而，马鸣阁应在陈仓道上。"今勉县西北、略阳东南的飞仙岭，"'上有阁道百余间，即入蜀大路'，完全可能是当年刘备遣将断绝阁道，以防止曹军援救汉中或偷袭成都之地。"载《襄樊学院学报》2012年第1期。

①［清］顾祖禹：《读史方舆纪要》卷56《陕西五·汉中府》沔县，第2701页。
②孙启祥：《汉末曹刘汉中争夺战地名考辨》，《襄樊学院学报》2012年第1期。

战事胶着,惟恐有失,便亲自率领大军来援。"遂西征刘备。九月,至长安。"

2. **进攻阶段**。从建安二十四年(219)正月刘备兵入阳平关,至三月曹操进兵汉中前。在此阶段刘备攻入汉中盆地。"自阳平南渡沔水,缘山稍前,于定军兴势作营。"①笔者按:"兴势"在今陕西洋县北,离定军山甚远,中华书局点校本疑误。《三国志》旧本多作"山势",近是。曹军原先在兵力和作战指挥上已经处于劣势,现又失去地利,因而遭到惨败,督帅夏侯渊阵亡。刘备打破阳平天险,进入汉川之后,采取了如下部署:

(1)留部将高详驻守阳平关,保护后方补给的通道②。

(2)主力南渡汉水,在定军山麓扎营,伺机东进。这样部署的原因,其一是可以避免背水作战的不利境地。因为夏侯渊所部在汉水之北,依托褒斜道口来对抗蜀军;而曹操大兵近在关中,随时可以经秦岭诸道南下增援。刘备若背靠汉水与敌人交锋,一旦战事不利,退无所据,就有全军覆没的危险,所以他不敢在没有把握的情况下,陈兵于水北与曹军作战。即使在定军山获胜之后,蜀军和张郃、郭淮所部相比占有明显优势,刘备也不愿冒此风险。可见《三国志》卷26《魏书·郭淮传》:"渊遇害,军中扰扰,淮收散卒,推荡寇将军张郃为军主,诸营乃定。其明日,(刘)备欲渡汉水来攻。诸将议众寡不敌,备便乘胜,欲依水为陈以拒之。淮曰:'此示弱而不足挫敌,非算也。不如远水为陈,引而致之,半济而

---

① 《三国志》卷32《蜀书·先主传》建安二十四年春。
② 《三国志》卷9《魏书·曹真传》:"是时,夏侯渊没于阳平,太祖忧之。以真为征蜀护军,督徐晃等破刘备别将高详于阳平。"

后击,备可破也。'既陈,备疑不渡。淮遂坚守,示无还心。"

　　其二,在汉水以南驻营,既可以沿流向盆地中心进攻,还能够诱使敌人渡河来战,造成对方背水对阵的不利形势,以便获胜。例如,后来曹操军队渡汉水来攻蜀营,赵云"更大开门,偃旗息鼓。公军疑云有伏兵,引去。云雷鼓震天,惟以戎弩于后射公军,公军惊骇,自相蹂践,堕汉水中死者甚多"[①]。

　　其三,在定军山麓驻扎,有居高临下的地势条件,无论防御还是反攻都比较有利。事后夏侯渊领兵来攻时,"先主命黄忠乘高鼓噪攻之,大破渊军,斩渊及曹公所署益州刺史赵颙等。"[②]即反映了蜀军部署的得当。

　　刘备在定军山之役获胜后,汉中曹军形势危急,且有被歼灭的危险。曹操不得不亲自出马,率领大兵到他深所憎恶的"妖妄之国"[③]来解救受困的部下。

　　3. **防御和反攻阶段**。时间为建安二十四年(219)三月至五月,从曹操率众来到汉中至他撤回长安、刘备夺得汉中及东三郡。曹操前次西征,走的是陈仓道,但是这次该途已被张飞所部封锁,于是改走较为近捷而险阻很多的褒斜道。《三国志》卷1《魏书·武帝纪》建安二十四年:"三月,王自长安出斜谷,军遮要以临汉中,遂至阳平。"为了防备蜀军在中途截击,曹操先派出部队遮护险要地段,然后大军进临汉中。此番曹操所率兵力数目没有明确记载,不过可以做一些推断。《诸葛亮集·正议》曰:"及至孟德,

---

①《三国志》卷36《蜀书·赵云传》注引《云别传》。
②《三国志》卷32《蜀书·先主传》建安二十四年。
③《三国志》卷14《魏书·刘晔传》。

以其谲胜之力,举数十万之师,救张郃于阳平,势穷虑悔,仅能自脱。"①此处可能有所夸张,但曹操兵力超过十万应无问题。另外,曹操前次西征汉中曾领兵十万②,这次战役结束后,蜀将魏延曾对刘备说:"若曹操举天下而来,请为大王拒之;偏将十万之众至,请为大王吞之。"③看来曹操亲征所领的兵力应该在十万以上。如果加上张郃、郭淮所部,那么他在汉中前线的人马数量要大大超过刘备。尽管如此,曹操面临的局面仍然相当棘手,因为魏军虽众,可是秦岭诸道交通困难,粮运难继;而且东方荆襄地区的战事频频告急,亟待曹操回援,所以他不可能在汉中久驻。刘备认清了当前的形势,明智地选择了坚壁不战、迫使敌人撤兵的做法,他信心十足地对臣下讲:"曹公虽来,无能为也,我必有汉川矣。"④在东路,即汉中盆地,蜀军在汉水之南依据山险而守,不与曹军交锋⑤,又派遣兵将毁其粮储,使敌人的给养更加匮乏⑥。双方相持月余,曹营军心开始涣散,逃兵越来越多,曹操被迫放弃汉中,领兵退还⑦。

---

① 《三国志》卷35《蜀书·诸葛亮传》注引《诸葛亮集·正议》。
② 《三国志》卷8《魏书·张鲁传》注引《魏名臣奏》载杨暨表曰:"武皇帝始征张鲁,以十万之众,身亲临履,指授方略……"
③ 《三国志》卷40《蜀书·魏延传》。
④ 《三国志》卷32《蜀书·先主传》。
⑤ 《三国志》卷1《魏书·武帝纪》建安二十四年:"三月,王自长安出斜谷,军遮要以临汉中,遂至阳平。(刘)备因险拒守。夏五月,引军还长安。"《三国志》卷17《魏书·张郃传》:"太祖在长安,遣使假郃节。太祖遂自至汉中,刘备保高山不敢战……"
⑥ 《三国志》卷36《蜀书·赵云传》注引《云别传》:"夏侯渊败,曹公争汉中地,运米北山下,数千万囊。黄忠以为可取,云兵随忠取米。忠过期不还,云将数十骑轻行出围,迎视忠等。"
⑦ 参见《三国志》卷32《蜀书·先主传》:"及曹公至,先主敛众拒险,终不交锋,积月不拔,亡者日多。夏,曹公果引军还,先主遂有汉中。"

后来蜀汉的名将王平,也是在此时归降刘备的<sup>①</sup>。

蜀军在西路的作战情况不详,据曹魏方面记载,夏侯渊战死后,张郃、郭淮率其余部自广石退往阳平关附近。曹操随即任命曹真为征蜀护军,督徐晃等将在阳平击败蜀将高详,打通了去往武都的道路。后来,魏军从汉中撤退时,曹真、张郃率领部众自阳平关向西移动,与驻守下辨的曹洪军队会合,然后走故道向北退至陈仓<sup>②</sup>。张飞、马超所部原来可能驻扎在汉中、武都交界地带抗击曹洪,并阻碍曹操大军从陈仓道南下。看来,曹军主力自斜谷进入汉中后,张飞等人为了避免遭受两面夹攻,退出了这一地区,可能是向南撤到关头(今陕西宁强县阳平关镇)一带,保护蜀军后方通往汉中前线的补给道路,致使曹真、张郃与曹洪能够合兵一处。据史籍记载,建安二十四年(219)七月,张飞曾出现在汉中蜀军营内<sup>③</sup>,但无法确定他是在曹操退兵关中之前还是之后率众与刘备会师的。

曹军北撤之后,刘备占领汉中郡,但是其东部的西城、上庸、房陵三郡还在曹操手里。为了连接荆、益两州,保障汉中盆地侧

---

① 《三国志》卷43《蜀书·王平传》:"王平字子均,巴西宕渠人也。本养外家何氏,后复姓王。随杜濩、朴胡诣洛阳,假校尉,从曹公征汉中,因降先主,拜牙门将、裨将军。"

② 《三国志》卷17《魏书·张郃传》:"渊遂没,郃还阳平……遂推郃为军主。郃出,勒兵安陈,诸将皆受郃节度,众心乃定。太祖在长安,遣使假郃节。……太祖乃引出汉中诸军,郃还屯陈仓。"《三国志》卷9《魏书·曹真传》:"从至长安,领中领军。是时,夏侯渊没于阳平,太祖忧之。以真为征蜀护军,督徐晃等破刘备别将高详于阳平。太祖自至汉中,拔出诸军,使真至武都迎曹洪等还屯陈仓。"

③ 《三国志》卷40《蜀书·魏延传》:"先主为汉中王,迁治成都,当得重将以镇汉川,众论以为必在张飞,飞亦以心自许。先主乃拔延为督汉中镇远将军,领汉中太守,一军尽惊。"

翼的安全,刘备又令副军中郎将刘封乘胜顺汉水东下,攻击上庸;宜都太守孟达从秭归北攻房陵。孟达进军顺利,杀房陵太守蒯祺,夺取该郡后与刘封合攻上庸,迫使太守申耽投降,并送其妻子和宗族为人质到成都。刘备任命申耽为征北将军、领上庸太守,其弟申仪为西城太守[1]。至此,原来汉朝的汉中郡辖区(建安二十年曹操占据汉中后,另分其东部数县为西城、上庸、房陵三郡[2])被蜀军全部占领,还打开了通往中原荆襄地区的道路。汉中战役为蜀汉政权夺得了横越千里的战略要地,巩固了它的统治,造成了相当有利的形势。这一重大成功标志着刘备平生事业的光辉顶点,而胜利的获取与其审时度势、部署得当有着紧密的联系。

## 二、诸葛亮伐魏路线与兵力布署之演变

蜀汉建兴五年(227)春,诸葛亮率领蜀汉大军进驻汉中,对曹魏摆出进攻态势,此后多次北伐秦陇,并准备迎击敌人的入侵。至建兴十二年(234)秋,诸葛亮在五丈原病逝后,蜀军主力撤回成都,这一时期共有七年。

刘备在建安二十四年(219)占领汉中后,留魏延镇守,自己领蜀军主力返回成都,并于两年后(221)率师东出三峡征吴,在猇亭

---

[1]参见《三国志》卷32《蜀书·先主传》建安二十四年:"夏,曹公果引军还,先主遂有汉中。遣刘封、孟达、李平等攻申耽于上庸。"《三国志》卷40《蜀书·刘封传》:"建安二十四年,命(孟)达从秭归北攻房陵,房陵太守蒯祺为达兵所害。达将进攻上庸,先主阴恐达难独任,乃遣(刘)封自汉中乘沔水下统达军,与达会上庸。上庸太守申耽举众降,遣妻子及宗族诣成都。先主加耽征北将军,领上庸太守员乡侯如故,以耽弟仪为建信将军、西城太守,迁封为副军将军。"

[2]参见梁允麟:《三国地理志》,第174—177页。

...

惨败后逃回永安(今重庆市奉节县),郁郁而终。诸葛亮在刘备去世后总揽蜀汉大权,他首先做出外交努力,"遣尚书郎邓芝固好于吴,吴王孙权与蜀和亲使聘,是岁通好。"[①]结束了两国的敌对状态,共同抗魏。然后劝课农桑,休养生息,使国计民生得以恢复。既而南渡泸水,平定四郡的叛乱,稳定了益州内部的统治,并从南中少数民族那里获得了丰厚的贡赋收入,"出其金、银、丹、漆、耕牛、战马给军国之用"[②]。增强了蜀汉的实力。这时他开始改变原来对魏作战以防御为主的方略,着手实现北伐中原、匡复汉室的宏愿。由于荆州和东三郡(西城、上庸、房陵)的丢失,蜀军出川攻魏的途径只剩下秦陇方向,而以汉中作为进军的出发基地,可以东向新城,北越秦岭,西出祁山,又遮护着自关中入川的门户,屯兵区域十分有利。如张浚所言:"汉中形胜之地,前控六路之师,后据两川之粟,左通荆襄之财,右出秦陇之马,号令中原,必基于此。"[③]诸葛亮在建兴五年(227)三月率大军进驻汉中,在七年之内从该地六次兴师伐魏。在此期间,汉中集结了蜀军的主力,人数前后略有变化,大体维持在十万左右。如诸葛亮自街亭战败后退还汉中,斩马谡以谢众,"于时十万之众为之垂涕"[④]。建兴十二年(234),诸葛亮兵进秦川。《晋书》卷1《宣帝纪》载此事曰:"(青龙)二年,亮又率众十余万出斜谷,垒于郿之渭水南原。"司马懿与其弟孚书曰:"亮志大而不见机,多谋而少决,好兵而无权,虽提卒十万,已堕吾画中,破之必矣。"当时蜀汉边境的兵力部署,分别集中

---

①《三国志》卷33《蜀书·后主传》建兴元年。

②[晋]常璩撰,刘琳校注:《华阳国志校注》卷4《南中志》,第357页。

③[清]顾祖禹:《读史方舆纪要》卷56《陕西五·汉中府》,第2662页。

④《三国志》卷39《蜀书·马良附弟谡传》注引《襄阳记》。

在重镇汉中、白帝城(今重庆市奉节县)和今川黔滇交界地带。如张浚所言:"武侯之治蜀也,东屯白帝以备吴,南屯夜郎以备蛮,北屯汉中以备魏。"①其中以汉中驻军的数量为最多。从历史记载来看,诸葛亮北伐期间兵力部署和进攻路线前后有所变化,可以划分为三个阶段:

### (一)初据汉中与兵出陇右

这一阶段从建兴五年(227)三月到建兴七年(229)秋。其特点是大军主力和丞相府营驻扎在沔阳县之阳平、石马,下面分别论述当时的情况:

1. **设府营于沔阳**。刘禅即位后,诸葛亮以丞相身份主持国事,随即建立府署,设置官吏来处理政务。《三国志》卷35《蜀书·诸葛亮传》载:"建兴元年,封亮武乡侯,开府治事。顷之,又领益州牧。政事无巨细,咸决于亮。"建兴五年(227)他率诸军北驻汉中,相府机构一分为二,一部留在成都,由参军蒋琬和长史张裔等"统留府事"②,处置日常政务和大军的后勤供应事宜;部分官员跟随前往汉中,见于本传的有霍弋、向朗、吕乂、杨仪等人。从三国史实来看,军队主力"中军"通常部署在最高统帅的居处附近。例如曹操的中军平时驻扎于邺城,后因曹丕定都洛阳又迁往河南③。

---

① [宋]王应麟:《通鉴地理通释》卷11《三国形势考上》,第679页。
② 《三国志》卷44《蜀书·蒋琬传》。
③ 参见《三国志》卷25《魏书·辛毗传》:"(文)帝欲徙冀州士家十万户实河南……"《三国志》卷35《蜀书·诸葛亮传》注引《汉晋春秋》亦载诸葛亮向群臣陈述与孙吴结好之理由曰:"……若就其不动而睦于我,我之北伐,无东顾之忧,河南之众不得尽西,此之为利,亦已深矣。"

孙吴中军也随着都城的迁移,或在建业,或在武昌。诸葛亮北驻汉中时期,蜀军主力因为随相府所在屯集,合称为"府营"①,起初驻扎在盆地西部的沔阳县境(今陕西勉县)汉水北岸的阳平、石马,"(建兴)五年春,丞相亮出屯汉中,营沔北阳平石马。"②《三国志》卷35《蜀书·诸葛亮传》亦曰:"(建兴)五年,率诸军北驻汉中,临发,上疏曰:……遂行,屯于沔阳。""阳平"即古阳平关,后又称为阳安关、关口、白马城、沔口城,在沔阳西境,汉水与沔水(今白马河)交汇之处,即今勉县武侯镇。见《水经注》卷27《沔水上》:"沔水又东径白马戍南,沔水入焉。……沔水又南径张鲁治东,水西山上,有张天师堂,于今民事之。庾仲雍谓山为白马塞,堂为张鲁治。东对白马城,一名阳平关。沔水南流入沔,谓之沔口。其城西带沔水,南面沔川,城侧二水之交,故亦曰沔口城矣。"③"石马"在阳平关之东,相距60里④,由于附近有白马山而得名。参见《资治通鉴》卷70魏明帝太和元年胡三省注:"沔水径白马戍南,谓之白马城,一名阳平关。又有白马山,山石如马,望之逼真。"《读史方舆纪要》卷56陕西宁羌州沔县:

> 石马城,在县东二十里,蜀汉建兴五年,武侯伐魏至汉中,屯于沔北阳平、石马,此即石马城。或以为诸葛垒,亦曰

①《三国志》卷33《蜀书·后主传》建兴七年:"冬,亮徙府营于南山下原上,筑汉、乐二城。"
②《三国志》卷33《蜀书·后主传》。
③[北魏]郦道元注,[民国]杨守敬、熊会贞疏:《水经注疏》卷27《沔水》,第2297—2299页。
④参见谢钟英《三国疆域表》蜀国汉中郡沔阳县:"阳平关(今沔县西四十里),石马(今沔县东二十里)。"《二十五史补编·三国志补编》,第408页。

诸葛城,隋置白马镇于此。①

　　阳平、石马是蜀军主力分驻之所,另据《水经注》的记载,诸葛亮的府营设置在两地之间、沔阳故城以西之处,后人称为"武侯垒"。见《水经注》卷 27《沔水上》:"沔水又东径武侯垒南。诸葛武侯所居也,南枕沔水,水南有亮垒,背山向水,中有小城,回隔难解。沔水又东,径沔阳县故城南……"②

　　值得注意的是,诸葛亮的府营驻地选择了汉中西部的沔阳,而没有设置在盆地的中心区域南郑。南郑原来是汉中都督魏延的驻所,他属下军队除了有一部分防守外围要戍之外,其余人马都屯集于此处。诸葛亮领众军进驻汉中以后,当地的军政要务由他本人主持,魏延的都督官职被撤消,另外有所任命,其所属部队改编为大军的先锋。可参见《三国志》卷 40《蜀书·魏延传》:"诸葛亮驻汉中,更以延为督前部,领丞相司马、凉州刺史。"后来他又因屡立战功,"迁为前军师征西大将军,假节,进封南郑侯。"从魏延封爵的情况来看,他统辖的部队并未移防,应该还是驻扎在南郑附近,因为三国时期边境守将的封邑往往就是他自己领兵的驻地③。诸葛亮统领的大军进驻汉中后屯于沔阳,和刘备当年在该地驻营并登坛称王的情况相似。不过,从一些记载来看,诸葛亮的府营虽在沔阳,但是他本人也曾在南郑召集过诸将商议军机。

---

① [清]顾祖禹:《读史方舆纪要》卷 56《陕西五》,第 2698 页。
② [北魏]郦道元注,[民国]杨守敬、熊会贞疏:《水经注疏》卷 27《沔水》,第 2299 页。
③ 参见《三国志》卷 54《吴书·周瑜传》:"(孙)权拜瑜偏将军,领南郡太守。以下隽、汉昌、刘阳、州陵为奉邑,屯据江陵。"《三国志》卷 55《吴书·程普传》:"拜裨将军,领江夏太守,治沙羡,食四县。"《三国志》卷 58《吴书·陆逊传》:"加拜逊辅国将军,领荆州牧,即改封江陵侯。"

例如，"夏侯楙为安西将军，镇长安，（诸葛）亮于南郑与群下计议……"①又《水经注》卷 27《沔水》引《诸葛亮笺》亦云："朝发南郑，暮宿黑水，四五十里。"②

诸葛亮为什么要选择沔阳作为府营和大军主力的驻地呢？笔者分析可能有以下一些原因：

其一，和西出祁山、平取陇右的进攻战略有关。《三国志》卷 40《蜀书·魏延传》注引《魏略》的记载表明，诸葛亮不同意魏延"直从褒中出，循秦岭而东，当子午而北"直接攻击长安的计划，认为这样做太危险。因为蜀汉的兵力、财赋有限，如果在关中和魏军进行正面交锋，河南的敌军主力增援比较容易，自己的后勤供应又难以保证，成功的把握不大。所以他采取的是西出阳平关、沮县，经武兴（今陕西略阳县）、下辨（今甘肃成县）至祁山，然后夺取天水诸郡的战略。这条路线没有褒斜、子午诸道中那样多的险阻，行军和运输给养较为容易。如诸葛亮所言，此举"安从坦道，可以平取陇右"。而且，陇右诸郡士民对曹魏的统治并不是心悦诚服，诸葛亮匡复汉室的号召会得到普遍的响应，这可以从后来"南安、天水、安定三郡叛魏应亮"③的情况得到证明。另一方面，敌兵增援则需要远涉千里，蜀军迎战时能够以逸待劳，还能利用陇山的有利地形进行防御，截断关中通往陇右的道路，阻止魏军登阪西援④。

---

① 《三国志》卷 40《蜀书·魏延传》注引《魏略》。
② ［北魏］郦道元注，［民国］杨守敬、熊会贞疏：《水经注疏》卷 27《沔水》，第 2316 页。
③ 《三国志》卷 35《蜀书·诸葛亮传》。
④ 见《三国志》卷 22《魏书·陈泰传》："众议以（王）经奔北，城不足自固，（姜）维若断凉州之道，兼四郡民夷，据关、陇之险，敢能没经军而屠陇右。宜须大兵四集，乃致攻讨。大将军司马文王曰：'昔诸葛亮常有此志，卒亦不能。事大谋远，非维所任也。……'"

如能实现上述战略意图,陇右地区就会有不少人叛曹拥汉。正如陇西太守游楚对蜀将所言:"卿能断陇,使东兵不上,一月之中,则陇西吏人不攻自服;卿若不能,虚自疲弊耳。"[①]

需要强调的是,兵出陇右和诸葛亮《隆中对》占领益州后直趋秦川的设想有矛盾,这是由于时过境迁,面对新的形势必须做出改变的缘故。赤壁之战以后,南北长期对峙的局面已经奠成,曹操在北方的统治业已巩固,孙、刘两家若从江淮、江汉地区北伐中原难以取得进展,因此都把战略进攻的目标放在益州刘璋身上。但是取得益州、汉中后如果攻取关中,则面临与曹军主力决战的局面,要耗费大量兵员粮饷;关中平原沃野千里,在地形上有利于曹军步骑骁勇的军事优势,而凉州(此处指东汉之凉州)地处偏远,羌汉杂居,曹操的统治相对较为薄弱;所以孙、刘将帅均有攻占益州、汉中后进据凉州的设想。例如建安十五年(210)周瑜向孙权建议:"乞与奋威俱进取蜀。得蜀而并张鲁,因留奋威固守其地,好与马超结援。瑜还与将军据襄阳以蹙操,北方可图也。"[②]并获得孙权首肯,只是由于周瑜猝然病逝而被迫中断计划。建安十九年(214)刘备占领益州,孙权向他索还荆州。"先主言:'须得凉州,当以荆州相与。'"[③]也表明了他下一步进攻的目标并非关中,而是陇右。总的来说,孙刘两家在综合国力上处于下风,必须凭借江河、山岭等自然障碍因素才能弥补自身军事力量的劣势。如贾诩所言:"吴、蜀虽蕞尔小国,依阻山水,刘备有雄才,诸葛亮善

---

①《三国志》卷15《魏书·张既传》注引《魏略》。

②《三国志》卷54《吴书·周瑜传》。

③《三国志》卷32《蜀书·先主传》。

治国,孙权识虚实,陆议见兵势,据险守要,泛舟江湖,皆难卒谋也。"[①]向西北凉州用兵能够利用陇山和陇中黄土高原的复杂地形来削弱曹军的优势,由此而获得的益处,诸葛亮看得很清楚,所以他不愿走秦岭诸道进攻关中,故而拒绝了魏延的建议。这一阶段诸葛亮的三次北伐(建兴六年春、冬,建兴七年春),都是从汉中沔阳西出阳平关,再分别向祁山、陈仓、武都与阴平西境进攻,每次守兵都回到汉中。显然,府营和大军主力屯驻在沔阳,距离汉中盆地西侧的出口较近,便于向上述地区运动兵力。如果是企图北越秦岭,走褒斜、傥骆、子午诸道进攻关中,那么府营和军队主力设置在盆地中部或东部就比较有利了。

其二,利于在陈仓(嘉陵)道与汉中的防御。如前所述,曹操两次进军汉中,一次是走陈仓道经武兴(今陕西略阳县)、沮县(今陕西略阳县东)入阳平关,一次是走褒斜道过褒中。这两条道路是川陕交通的正途,也是敌兵进攻汉中的主要路线。沔阳的位置在沮县东南、褒谷南口的西南,蜀军主力屯集于此,距离两处要道都不很远,无论敌兵从哪条路线前来进攻,出动迎击均很方便。尤其是西边的陈仓道值得注意。当时剑阁至武兴的道路虽然由蜀军控制,但是武都、阴平尚在敌手,所以这条路线西边和北边受到的威胁较大。敌军若从陈仓、下辨而来,武兴一旦有失,不仅是蜀国的门户关城、白水岌岌可危,就连汉中蜀军回川的道路也有被切断的危险。诸葛亮屯兵于沔阳,离陈仓道较近,从防御的角度来说,能够及时地增援武兴,确保汉中与蜀地之间的联系。

---

另外,阳平关山水交汇,地势险要,在这里设置关戍可以有效地阻击来犯之敌。但它也是汉中盆地西部的最后一道屏障,若被敌人攻破,直入平川,蜀军即无险可守。此前曹操、刘备都是经由此途占领汉中的,诸葛亮在制订防御策略时,肯定会考虑刚刚发生过的这两次战例。阳平西北道路通往沮县(今陕西略阳县东)、武兴(今陕西略阳县),与自陈仓而下之嘉陵道汇合,再南下关头(今陕西宁强县阳平关镇与汉魏白水关)入蜀,因此它是汉中乃至蜀国北方极为重要的战略枢纽,不容有失。如王平所言:"贼若得关,便为深祸。"胡三省注:"关,关城也。杜佑曰:关城,俗名张鲁城,在西县西四十里。呜呼! 王侯设险以守其国。其后关城失守,钟会遂平行至汉中;王平谓贼若得关,遂为深祸,斯言验矣。"[1]诸葛亮将大军部署在这里,可以攻防俱便,有一举两得的功效。

其三,垦殖条件优越。沔阳地处汉水上游,境内有多条支流汇入,河川丘陵土壤肥沃,灌溉便利,具有优越的农业发展条件。近世勉县老道寺东汉墓中出土的釉陶陂池、水田、陶水塘模型,即反映了当时沔阳水利事业的发达[2]。蜀军主力屯驻于此,还能够利用该地的丰饶资源进行屯田,解决一部分粮饷供应。此后史籍所载的蜀军黄沙屯田,就是在沔阳的东境。

其四,可以利用当地矿产。蜀汉的北伐战争势必要消耗大量兵器,蜀地虽然盛产铁矿,但是如果能在前线附近就地制造补充,可以省却不少运输上的困难。而汉中产铁,沔阳是其中一个重点矿区。两汉时期,政府就已经在这里开矿冶炼,并设置了负责铸

---

[1]《资治通鉴》卷74魏邵陵厉公正始五年正月胡三省注。
[2]参见郭清华:《陕西勉县老道寺汉墓》,《考古》1985年第5期。

作事务的机构——铁官。可见《汉书》卷 28 上《地理志上》汉中郡沔阳县班固注:"有铁官。"《后汉书·郡国志五》亦曰汉中郡沔阳,"有铁"。《华阳国志》卷 2《汉中志》曰:"沔阳县州治。有铁官。"①此外,附近的山地又有"材木竹箭之饶"②,冶矿的燃料和弓箭的主要材料都有充分的来源。《诸葛亮集》有《作斧教》,载其在北伐战争中曾"间自令作部刀斧数百枚,用之百余日,初无坏者"③。如今定军山一带经常出土有"扎马钉"、箭镞和铁刀等三国遗物,专家分析它们可能就是诸葛亮在当地铸造的兵器。

　　这一时期,蜀汉在沔阳还修筑了一座城池,后世号为"诸葛城"。参见《太平寰宇记》卷 133 兴元府西县(今陕西勉县,三国时沔阳)条后:"诸葛城,即诸葛孔明拔陇西千余家还汉中,筑此城以处之,因取名焉。"④《三国志》卷 35《蜀书·诸葛亮传》载建兴六年(228)街亭战役失败后,蜀军撤离陇右,"亮拔西县千余家,还于汉中,戮(马)谡以谢众。"《资治通鉴》卷 71 胡三省注引《续汉志》曰:"西县,前汉属陇西郡,后汉属汉阳郡,有嶓冢山、西汉水。"因为这些移民原来属于敌国,政治上不甚可靠,为了防止其逃亡叛乱,蜀汉在大军驻地附近专门建筑了城池来安置他们,集中居住,便于监管。这种情况在孙吴那里也能看到,见《读史方舆纪要》卷 26 无为州偃月城条:"新附城,在州南十五里,三国吴诸葛恪置此以居新附者,因名。"⑤

---

①[晋]常璩撰,刘琳校注:《华阳国志校注》卷 2《汉中志》,第 123 页。

②《史记》卷 29《河渠书》。

③[三国]诸葛亮著,段熙仲、闻旭初编校:《诸葛亮集·文集》卷二《作斧教》,第 34 页。

④[宋]乐史撰,王文楚等点校:《太平寰宇记》,第 2618 页。

⑤[清]顾祖禹:《读史方舆纪要》卷 26《南直八》,第 1284 页。

2. 建府库于赤崖(岸)。汉中北部的防务主要是在褒斜道沿线部署兵力,伺机北出秦川,或是阻击敌人入侵。这一时期的布防除了沿袭旧制,还在褒斜道途中的赤崖(或称赤岸)新建了储备物资给养的军事据点,见《读史方舆纪要》卷56《陕西五·汉中府南郑县》:

> 赤崖,在府城西北。亦曰赤岸。武侯屯汉中,置赤岸库以储军资。①

《三国志》卷36《蜀书·赵云传》注引《云别传》曰:

> 云有军资余绢,亮使分赐将士,云曰:"军事无利,何为有赐? 其物请悉入赤岸府库,须十月为冬赐。"亮大善之。②

据现代考古调查,赤岸在今陕西留坝县柘梨园乡北15华里处,山石皆呈红色,人们称为"红崖"或"赤崖"③。

据《水经注》所载,诸葛亮为了加强褒斜道的防务,保护赤崖的物资,还派遣赵云、邓芝率领一支偏师在附近驻守屯田。建兴六年(228)诸葛亮初出祁山,曾令赵云、邓芝所部为疑兵,伪称将从褒斜道进军,吸引了关中曹真率领的魏师主力,交战时以寡敌众,结果兵败于箕谷,退至赤崖。赵云在撤军途中曾烧毁了沿路的栈道④,借以断阻追兵。赤崖有守军和粮秣贮备,防御较为坚固,是

---

① [清]顾祖禹:《读史方舆纪要》卷56《陕西五》,第2674页。
② 《资治通鉴》卷71魏明帝太和二年亦载此事,胡三省注:"赤崖即赤岸,蜀置库于此,以储军资。"
③ 参见王开主编:《陕西古代道路交通史》,第98页。
④ [北魏]郦道元注,[民国]杨守敬、熊会贞疏:《水经注疏》卷27《沔水》:"汉水又东合褒水。水西北出衙岭山,东南径大石门,历故栈道下谷,俗谓千梁无柱也。诸(转下页)

蜀国在褒斜道上的前哨阵地。赤崖以北则属于隙地——蜀魏两国的中间地带,因而并未严加设防,魏军来侵时不会遇到顽强的阻挡,但是到了赤崖便是蜀国的势力范围,有重兵戍守的要塞,不能轻易通过了。故此,《资治通鉴》卷72载诸葛亮病死于五丈原后蜀军撤退,司马懿率众追击。"追至赤岸,不及而还。"

3. 戍守东部诸围。诸葛亮未想从这个方向发动进攻,仍是采取防御态势,用少数兵力来监视和阻击可能由傥骆道、子午道和溯汉水而来的敌军。这一时期当地兵力部署情况的记述不多,因为蜀军主力驻扎在西部的沔阳,看来东部地区防务没有发生大的变动,据《水经注》所言,仍然是在城固、南乡等县城屯军,并且注重傥骆道上的兴势围和子午道南端的黄金围两处据点的防守①。

4. 采用西赴武都、祁山与北趋陈仓的进攻路线。在这一阶段,诸葛亮曾三次发兵攻魏,结束后均回师汉中。首次北伐是在

---

(接上页)葛亮《与兄瑾书》云:前赵子龙退军,烧坏赤崖以北阁道,缘谷一百余里,其阁梁一头入山腹,其一头立柱于水中。今水大而急,不得安柱,此其穷极,不可强也。又云:顷大水暴出,赤崖以南,桥阁悉坏。时赵子龙与邓伯苗一戍赤崖屯田,一戍赤崖口,但得缘崖与伯苗相闻而已。"第2305—2306页。《三国志》卷36《蜀书·赵云传》:"(建兴)五年,随诸葛亮驻汉中。明年,亮出军,扬声由斜谷道,曹真遣大众当之。亮令云与邓芝往拒,而身攻祁山。云、芝兵弱敌强,失利于箕谷,然敛众固守,不至大败。军退,贬为镇军将军。"

① [北魏]郦道元注,[民国]杨守敬、熊会贞疏:《水经注疏》卷27《沔水上》:"汉水又东径小城固南。州治大城固,移县北,故曰小城固。城北百二十里,有兴势坂。诸葛亮出洛(骆)谷,戍兴势,置烽火楼,处处通照。"又云:"汉水又东径小、大黄金南,山有黄金峭,水北对黄金谷。有黄金戍傍山依峭,险折七里。"杨守敬按:"《元和志》,黄金县西北百亩山黄金谷,水陆艰险。语曰:山水艰阻,黄金、子午。魏遣曹爽由骆谷伐蜀,蜀将王平拒之于兴势山,张旗帜至黄金谷,谓此山也。谷在今洋县东八十里。"第2323—2326页。

魏太和二年(228)正月①,《三国志》卷35《蜀书·诸葛亮传》记载:
"(建兴)六年春,扬声由斜谷道取郿,使赵云、邓芝为疑军,据箕
谷,魏大将军曹真举众拒之。亮身率诸军攻祁山,戎陈整齐,赏罚
肃而号令明。"首攻祁山之役本来形势很好,"南安、天水、安定三
郡叛魏应亮,关中响震。"后来街亭失利的原因,主要是诸葛亮用
人不当,"时有宿将魏延、吴壹等,论者皆言以为宜令为先锋,而亮
违众拔谡,统大众在前。"②而马谡并无实战经验,"舍水上山,举措
烦扰。"③结果被魏将张郃大败,"士卒离散。亮进无所据,退军还
汉中。"④任乃强对此评论道:"诸葛亮于此役,置赵云、魏延、吴懿
等宿将于后方而专任马谡、王平等青年英锐之士(时谡年三十
九),故其初势甚张,一鼓而下三郡,至街亭,临陇坂,有直窥长安
之志。然谡议论有余而经验不足,遂为张郃所破。"⑤此外,蜀军的
战斗力与将领才干也不及对手。诸葛亮战后总结,认为应当加强
训练和提拔英锐。曰:"大军在祁山、箕谷,皆多于贼,而不能破贼
为贼所破者,则此病不在兵少也,在一人耳。今欲减兵省将,明罚
思过,校变通之道于将来;若不能然者,虽兵多何益!"⑥并根据战
绩对部将进行了擢惩,"丞相亮既诛马谡及将军张休、李盛,夺将
军黄袭等兵,(王)平特见崇显,加拜参军,统五部兼当营事,进位

---

①《三国志》卷3《魏书·明帝纪》太和二年正月:"蜀大将诸葛亮寇边,天水、南安、安定
　三郡吏民叛应亮。遣大将军曹真都督关右,并进兵。右将军张郃击亮于街亭,大破
　之。亮败走,三郡平。"
②《三国志》卷39《蜀书·马良附弟谡传》。
③《三国志》卷43《蜀书·王平传》。
④《三国志》卷39《蜀书·马良附弟谡传》。
⑤[晋]常璩著,任乃强校注:《华阳国志校补图注》,第396页。
⑥《三国志》卷35《蜀书·诸葛亮传》注引《汉晋春秋》。

讨寇将军。"①

　　这次战役的蜀军往返路线,是从沔阳驻地出发,沿沮水(今黑河)经沮县至武兴(今陕西略阳县)②,然后沿前述张飞、马超西征之"沮道",即溯嘉陵江西北行至今青泥河口,再溯流至武都郡治下辨③。由下辨(今甘肃成县)北赴祁山堡(今甘肃礼县东祁山镇)之古道,据苏海洋《祁山古道中段研究》考证属于"寒峡支道",起于礼县东之长道镇(在祁山堡西约10公里),溯汉水支流漾水河南下,经祁家峡、石堡至今西和县城附近,然后东南过青羊峡、石峡镇,到今纸坊镇后东行至成县④,与自略阳而来的"沮道"接轨。关于诸葛亮为什么要选择西赴武都,再转而北上陇右的主攻路线,史念海曾论述道:"这条道路和直越秦岭以向秦川一途比较起来,自然是太迂回了,因为要复兴汉室,必须经略中原,而经略中原,理应出秦川而东行,如今却反出汉中而西上,似乎是背道而驰了。但是以当时的形势而论,若是不取得凉州,则无由获致兵源与马匹,也无由解决军粮的问题。在这些问题未达到以前,就东向而争中原,那无异自取败亡。"⑤斯言诚是。

　　诸葛亮的再次北伐是在祁山、街亭之役失利后的当年(228)冬天,《汉晋春秋》记载:"亮闻孙权破曹休,魏兵东下,关中虚弱。"

①《三国志》卷43《蜀书·王平传》。

②严耕望论述略阳古代东连汉中之路线曰:"复考《道光略阳县志》一《关隘目》。'接官亭在东四十里,东达沔县,南通宁羌,山路一线,颇为崎岖。'又《道路目》,正东经登云岭四十里至接官亭,由此而东至沔县,为赴郡(谓汉中)大道。"《唐代交通图考》第三卷《秦岭仇池卷》,第779页。

③参见王开主编《陕西古代道路交通史》,第120页。

④苏海洋:《祁山古道中段研究》,《西北工业大学学报》,2010年第1期。

⑤史念海:《论诸葛亮的攻守策略》,《河山集》,第300页。

认为有机可乘，因而在十一月上奏，请求北伐，而群臣多不赞同。
"而议者谓为非计。"①他经过力争而获得后主批准。"冬，亮复出
散关，围陈仓，曹真拒之，亮粮尽而还。魏将王双率骑追亮，亮与
战，破之，斩双。"②陈仓城在陕西宝鸡市东、大散关之北，地扼宝凤
通道的隘路，即秦岭与陇山之间的缺口，是关中平原西南穿越秦
岭的进出要塞。《通典》卷175《州郡五》记述汉中郡至西京长安，
"驿路一千二百二十三里。"③严耕望云："今以里数核之，乃西北取
兴州顺证郡（今略阳），凤州河池郡（今凤县），折而东北，出大散
关，经凤翔府扶风郡（今凤翔），再东至京师也。"④顾祖禹称其为
"秦蜀之噤喉"，论述散关、陈仓形势曰：

> 南山自蓝田而西，至此方尽。又西则陇首突起，汧、渭萦
> 流。关当山川之会，扼南北之交，北不得此无以启梁、益，南
> 不得此无以图关中，盖自禹迹已来，散关恒为孔道矣。⑤

汉魏陈仓有上下二城相连，"上城，秦文公筑。"⑥魏太和二年
（228），"（曹）真以（诸葛）亮惩于祁山，后出必从陈仓，乃使将军郝
昭、王生守陈仓，治其城。明年春，亮果围陈仓，已有备而不能
克。"⑦顾祖禹曰："此下城也。"⑧《三国志》卷3《魏书·明帝纪》注

---

①《三国志》卷35《蜀书·诸葛亮传》注引《汉晋春秋》。
②《三国志》卷35《蜀书·诸葛亮传》。
③［唐］杜佑：《通典》，第927页。
④严耕望：《唐代交通图考》第三卷《秦岭仇池卷》，第755页。
⑤［清］顾祖禹：《读史方舆纪要》卷52《陕西一》，第2497页。
⑥［清］顾祖禹：《读史方舆纪要》卷55《陕西四》，第2641页。
⑦《三国志》卷9《魏书·曹真传》。
⑧［清］顾祖禹：《读史方舆纪要》卷55《陕西四》，第2642页。

引《魏略》亦云："先是,使将军郝昭筑陈仓城;会亮至,围昭,不能拔。"又曰:"亮自以有众数万,而昭兵才千余人,又度东救未能便到,乃进兵攻昭。"采用云梯、冲车、地道等多种战术攻城,但皆被郝昭打退。"昼夜相攻拒二十余日,亮无计,救至,引退。"但是在归程中设伏打败了追击的魏军,斩杀敌将王双[1]。

　　诸葛亮的第三次北伐是在次年春季,距离陈仓之役结束时间很近。《三国志》卷33《蜀书·后主传》曰:"(建兴)七年春,亮遣陈式攻武都、阴平,遂克定二郡。"此番作战期间,曹魏陇右主将郭淮领兵救援,诸葛亮亲率蜀军主力赴前线迎击,迫走敌军,保证了战役的胜利。"魏雍州刺史郭淮率众欲击式,亮自出至建威,淮退还,遂平二郡。"[2]任乃强对此考辨曰:"《一统志》谓建威城在今甘肃成县西。今按《水经注》叙述形势,其城当在今西和县境,或即西和县治地。武都郡所辖沮、下辨、河池、故道诸县,当亮进军祁山与陈仓时,应已收复。此时亮至建威,已在下辨(成县)西北。然则陈式所取,但阴平郡与武都郡之西部数县耳。《陈志》为叙述省便,云'遂平二郡'也。"[3]又云:"盖祁山地区,秦岭地势平缓,南侧多雨,有西汉水与诸溪谷流注,虽高寒而可垦牧,故亮屯营于此以压魏境。建威在祁山南建安水侧,其旁有兰坑、历城、错水、金盘诸营戍,与祁山南北犄角,故亮常进住于此。"[4]顾祖禹亦认为陈式此役攻占的地域是阴平县(治今甘肃文县,为汉阴平道及魏蜀

---

[1]《三国志》卷33《蜀书·后主传》:"(建兴)六年春,亮出攻祁山,不克。冬,复出散关,围陈仓,粮尽退。魏将王双率军追亮,亮与战,破之,斩双,还汉中。"
[2]《三国志》卷35《蜀书·诸葛亮传》。
[3][晋]常璩著,任乃强校注:《华阳国志校补图注》,第397页。
[4][晋]常璩著,任乃强校注:《华阳国志校补图注》,第397页。

阴平郡治),及其北方的武都郡西南辖境。参见《读史方舆纪要》卷59《陕西八·巩昌府》:"汉武开西南夷置阴平道,属广汉郡,设北部都尉治焉。以其地隔碍雍、梁,实为险塞也。即今之文县矣。诸葛武侯于建兴七年平定阴平,北至武都,谓'全蜀之防,当在阴平'。"[1]又同卷曰阶州(治今甘肃省陇南市武都区):"东北至成县四百六十里"[2],"州接壤羌、戎,通道陇、蜀,山川险阻,自古为用武之地。后汉虞诩为武都太守,占相地势,筑营垒百八十所,以制羌裔。诸葛武侯图兼关、陇,先取武都,为北伐之道"[3]。蜀军此次战役的进军路线,仍是由沔阳至武兴(今陕西略阳县)后,再经"沮道"西赴下辨;然后陈式继续前进,占领武都西境和阴平;诸葛亮所率之主力则由下辨北上至建威,迫使郭淮撤退。因为蜀军此后两次北伐(公元230年、231年)仍是到祁山附近作战,所以此番战役目的明显是为了保障由武都北上天水之主攻路线的侧翼安全,同时也开辟了后来姜维由阴平溯白龙江经沓中至洮水流域的伐魏路线。

## (二)增强汉中防务与再出祁山

这一阶段自建兴七年(229)冬至建兴九年(231)夏,其军事部署之特点是通过筑汉、乐二城和移动府营来加强汉中盆地沔水南岸的防务,又从蜀中调兵前来增援,准备迎击入侵的魏军;并且在建兴八年(230)冬、九年(231)春两次北伐南安、天水,给予曹魏沉

---

① [清]顾祖禹:《读史方舆纪要》卷59《陕西八·巩昌府》,第2848页。
② [清]顾祖禹:《读史方舆纪要》卷59《陕西八·巩昌府》,第2847页。
③ [清]顾祖禹:《读史方舆纪要》卷59《陕西八·巩昌府》,第2848页。

重打击。其作战部署与进攻路线情况分述如下：

1. **徙府营，筑汉、乐二城。**《三国志》卷 33《蜀书·后主传》建兴七年（229）："冬，亮徙府营于南山下原上，筑汉、乐二城。"即将其相府所在的中军大营由汉水北岸迁移到南岸的定军山麓（诸葛亮后来的葬身之地）。谢钟英《三国疆域表》蜀国汉中郡沔阳县条曰："南山，今沔县直南，南江县北。"[①]汉、乐二城则分别在沔阳和成固两地，可见《华阳国志》卷 2《汉中志》成固县："蜀时以沔阳为汉城，成固为乐城。"[②]又见《资治通鉴》卷 71 魏明帝太和三年十二月：

> 汉丞相亮徙府营于南山下原上，筑汉城于沔阳，筑乐城于成固。胡三省注：沔阳、成固二县，皆属汉中郡。《水经注》："沔水径白马戍城南，城即阳平关也。又东径武侯垒南，诸葛武侯所居也。又东径沔阳故城南，城南对定军山。又东过南郑县，又东过成固县南。"如此，则汉城在南郑西，乐城在南郑东也。

这里的问题是，沔阳、成固两县已有汉代旧城，诸葛亮所建汉、乐二城是在原有城址上修筑，还是另起城池呢？刘琳《华阳国志校注》卷 2《汉中志》写道："［汉城］《水经注》称西乐城，在今勉县东南、汉水之南、洋家河西岸山上。"[③]而沔阳旧城则在汉水北岸。史籍中关于"西乐城"有以下记载。例如《水经注》卷 27《沔水》曰：

---

① ［清］谢钟英，《三国疆域表》，《二十五史补编》编委会编：《二十五史补编·三国志补编》，第 409 页。

② ［晋］常璩撰，刘琳校注：《华阳国志校注》，第 125 页。

③ ［晋］常璩撰，刘琳校注：《华阳国志校注》，第 126 页。

沔水又东径西乐城北,城在山上,周三十里,甚险固。城侧有谷,谓之容裒谷,道通益州,山多群獠,诸葛亮筑以防遏……城东容裒溪水注之,俗谓之洛水也。水南导巴岭山,东北流。水左有故城,凭山即险,四面阻绝,昔先主遣黄忠据之,以拒曹公。溪水又北径西乐城东,而北流注于汉。①

《太平寰宇记》卷133兴元府西县:

西乐城古城,甚险固,号为张鲁城。在县西四十里。②

《诸葛亮集·故事》卷5《遗迹篇》引《地理通释》:

《通鉴》:(诸葛亮)筑汉城于沔阳、乐城于城固。二县属汉中郡,沔阳今兴元府西县,城固今城固县,故西乐城在西县西南,武侯所立甚险固。《舆地广记》:城固县,蜀改为乐城。③

照《水经注》的记载来看,汉城即西乐城的地理位置相当重要,由那里往南,有一条道路穿过巴山山脉可以通往四川盆地,而当地的少数民族与蜀汉政权的服属关系又不很稳定,在此筑城具有"镇遏蛮夷"的军事意义。

成固汉代旧城亦在汉水以北,但在南岸也有一座古城遗迹,俗传为蜀将刘封所筑。刘琳曾考证道:"[成固县]《秦汉金文录》著录有《秦成固戈》,当是秦已置县。两汉、蜀、晋因。故城在今陕西省城固县东六里汉水北岸(《史记·晁错传》《正义》引《括地志》、《元和志》卷二二、《寰宇记》卷一三三、《舆地纪胜》卷一八三

---

①[北魏]郦道元注,[民国]杨守敬、熊会贞疏:《水经注疏》卷27《沔水》,第2302—2303页。
②[宋]乐史撰,王文楚等点校:《太平寰宇记》,第2618页。
③[三国]诸葛亮著,段熙仲、闻旭初编校:《诸葛亮集》,第234页。

等均同）。其城北面与东面皆临湑水河，南临汉水（见《水经注》）。
《元和志》说是韩信所筑。传说蜀汉时刘封又于汉水南岸筑城，称
为南城（见《舆地纪胜》卷一八三、《纪要》卷五六）。"[1]笔者认为：刘
封在汉中战役结束后立即东赴上庸，至多曾经在成固一带短暂停
留，并没有充分时间筑城，南城应是诸葛亮所筑的乐城，后被讹传
为同时代的刘封所建。

　　值得注意的是，诸葛亮的上述部署（筑城、移府营）都是在汉
水南岸进行，其原因史籍未载。笔者分析，这显然和加强汉中防
务、准备抵御魏军入侵有直接关系。府营是指挥中枢，设在汉水
北岸有一定的危险。如果魏军依仗兵力雄厚，突破汉中的外围防
御进入盆地，府营即面临背水迎敌的不利局面。若是迁徙到水南
的定军山麓，敌兵来攻时必须先涉汉水，蜀军可以半渡而击，或是
乘其既济未曾列阵时发动进攻，使对方陷入背水作战的窘境。这
样部署在防御上比较有利，和此前刘备率军入阳平关后渡沔水而
南，依定军山势扎营的情况相同。汉、乐二城筑于沔南也有同样
的原因，即准备在敌人攻入汉川平原后在水南坚持作战，利用城
垒进行固守对抗。

　　从当时的历史背景来看，诸葛亮已经向魏国发动了三次北
伐，虽未能割据陇右、占领陈仓，但是也取得了斩王双、破追兵，攻
占武都、阴平二郡的胜利，引起魏国朝野的震动。魏明帝曹睿在
诸葛亮初入汉中之际，就企图发兵进攻，被孙资等大臣劝阻[2]。而

---

[1]［晋］常璩撰，刘琳校注：《华阳国志校注》卷2《汉中志》，第126页。
[2]参见《三国志》卷14《魏书·刘放传》注引《孙资别传》："诸葛亮出在南郑，时议者以为可因大发兵，就讨之，帝意亦然……"

这时蜀军的胜利很可能会引来魏国的报复性反击，相形之下，敌强我弱，因此孔明未雨绸缪，预先做好防御的准备。事实上，魏国在第二年便大举兴兵来攻打汉中，由此可见诸葛亮确实具有先见之明，或许事前得到情报，因而对形势发展做出了正确的预测，使自己立于不败之地。

2. **增兵汉中以加强防务**。建兴八年(230)，魏明帝遣曹真、张郃、司马懿兵分三路进攻汉中，形势严峻。"其势甚锐，有一鼓平蜀之志。"①消息传来后，诸葛亮从容应对，命令江州都督李严率兵北上，以加强汉中的兵力。见《三国志》卷40《蜀书·李严传》："(建兴)八年，迁骠骑将军，以曹真欲三道向汉川，亮命严将二万人赴汉中，亮表严子丰为江州都督督军，典严后事。"

诸葛亮在初次北伐失利后，有人曾建议调兵补充，遭到拒绝②。他对汉中军队采取了轮换休整的制度，"十二更下，在者八万"③，即从原有驻守的10万大兵中每番遣还十分之二回乡，期满依次更替，前线兵力减少到八万。而此时局势紧张，因此从后方调兵增援。另外，从这场战役过后诸葛亮迅速发兵进入南安，又复出祁山的情况来看，他在战前应该已有成算，首先是有把握打退敌军的进攻；其次是他判断雍凉魏军聚集于汉中以北的秦岭地带，导致陇西防务削弱，正是再次向天水地区发动进攻、实现其"平取陇右"既定战略的良好机会。诸葛亮的计划是在曹真、司马

①［晋］常璩著，任乃强校注：《华阳国志校补图注》，第399页。
②《三国志》卷35《蜀书·诸葛亮传》注引《汉晋春秋》："或劝亮更发兵者，亮曰：'大军在祁山、箕谷，皆多于贼，而不能破贼为贼所破者，则此病不在兵少也，在一人耳。今欲减兵省将，明罚思过，校变通之道于将来；若不能然者，虽兵多何益？……'"
③《三国志》卷35《蜀书·诸葛亮传》注引《郭冲五事》。

懿退兵后留下李平(即李严)与其两万援军镇守汉中,自己率蜀兵主力赶赴祁山。见诸葛亮事后奏表:"臣当北出,欲得(李)平兵以镇汉中,平穷难纵横,无有来意,而求以五郡为巴州刺史。去年臣欲西征,欲令平主督汉中,平说司马懿等开府辟召。臣知平鄙情,欲因行之际逼臣取利也,是以表平子丰督主江州,隆崇其遇,以取一时之务。"①

3. 屯军赤阪、迫退魏军进攻。当年(230)秋季,魏军分兵数路发动进攻,诸葛亮亲率主力由沔阳东移至成固县境的赤阪,做好迎击的准备。见《三国志》卷33《蜀书·后主传》:"(建兴)八年秋,魏使司马懿由西城,张郃由子午,曹真由斜谷,欲攻汉中。丞相亮待之于城固、赤阪。"城固(今陕西洋县)位于汉中盆地的东端,曹魏由东方、东北方向进攻汉中的两条道路(即子午道和溯汉水沿线的西城道)在盆地边缘的成(城)固县境汇合,越过山险之后,才能进入平川,抵达南郑。赤阪在成固县东的龙亭山,正处在交通要冲,屯兵于此,能够以逸待劳,就近支援兴势、黄金围守,阻击敌人进入盆地。可见《资治通鉴》卷71魏明帝太和四年八月胡三省注:

> 赤坂在今洋州东二十里龙亭山,坂色正赤。魏兵溯汉水及从子午道入者,皆会于成固,故于此待之。

《读史方舆纪要》卷56《陕西五·汉中府》洋县:

> 龙亭山,县东二十里。志云:龙亭山乃入子午谷之口,其山阪赭色,亦名赤阪。蜀汉建兴八年,魏曹真縣子午谷,司马

---

① 《三国志》卷40《蜀书·李严传》。

懿愬西城汉水侵汉,武侯次于城固赤阪以待之。盖两道并进,此为总会之地也。[①]

看来,诸葛亮认为褒斜道沿途险阻较多,且此前被赵云退兵时烧毁栈道,难以通行,易于防守,使用现有的兵力阻击来寇已经足够了。而子午道和沿汉水而上的魏军如果会师则人数众多,被他当作心腹之患,因此亲自率领主力开赴赤阪。后来,魏军在进兵中途遭遇持续恶劣天气,造成道路破坏,后方补给难以输送。"会大霖雨三十余日,或栈道断绝"[②],"桥阁破坏,后粮腐败,前军县(悬)乏"[③];又在兴势等地峡谷中受到阻击[④],无法前进而被迫还师,蜀军主力未曾投入战斗就获得了胜利。不过,诸葛亮准备充分、部署周密得当;而魏军的兵力优势在山险之地无法施展,给养运输又难以维持,即使未曾遇到霖雨天气的阻碍干扰,这次进攻战役也没有取胜的可能。

4. 北伐南安与再出祁山之役。雍凉都督曹真是"子午之役"的积极策划者与总指挥[⑤],但是此举消耗了大量财赋人力而寸功未得,曹真也在退兵后一病不起(次年三月逝世)。值此有利时机,诸葛亮认为应该对敌人防御较弱的陇右再次发动进攻。曹真

---

① [清]顾祖禹:《读史方舆纪要》卷56《陕西五·汉中府》,第2682页。

② 《三国志》卷9《魏书·曹真传》。

③ 《三国志》卷27《魏书·王基传》注引司马彪《战略》。

④ 《三国志》卷9《魏书·夏侯渊传》注引《魏略》:"黄初中为偏将军。子午之役,霸召为前锋,进至兴势围,安营在曲谷中。蜀人望知其是霸也,指下兵攻之。霸手战鹿角间,赖救至,然后解。"

⑤ 《三国志》卷9《魏书·曹真传》:"真以'蜀连出侵边境,宜遂伐之,数道并入,可大克也。'帝从其计。真当发西讨,帝亲临送。真以八月发长安,从子午道南入。司马宣王溯汉水,当会南郑。诸军或从斜谷道,或从武威入。"

退兵是在当年九月①，蜀汉方面随即进行出征调遣。《华阳国志》卷7《刘后主志》建兴八年（230）曰："大雨，道绝，（曹）真等还。丞相亮以当西（北）征，因留严汉中，署留府事。严改名平。丞相司马魏延、将军吴懿西入羌中，大破魏后将军费曜、雍州刺史郭淮于阳溪。"②《三国志》卷33《蜀书·后主传》建兴八年云："是岁，魏延破魏雍州刺史郭淮于阳溪。……九年春二月，亮复出军围祁山，始以木牛运。"从上述记载可以看出，诸葛亮是在魏军撤退后马上做出反攻的决定，由于大军行动需要较长时间的准备，因此先派魏延、吴懿带领偏师在当年冬季出征陇右，而自己率蜀军主力在次年二月再次到达祁山前线，与来援的司马懿交锋。

（1）魏延的进军路线和作战地点。《三国志》卷40《蜀书·魏延传》曰："（建兴）八年，使延西入羌中，魏后将军费瑶、雍州刺史郭淮与延战于阳溪，延大破淮等，迁为前军师征西大将军，假节，进封南郑侯。"笔者按：此处所言"羌中"指陇西的某个羌族居住区域，并不明确，而蜀汉杨戏所作的《辅臣赞》则记载吴壹（懿）和魏延进入到曹魏的南安郡境。"建兴八年，与魏延入南安界，破魏将费瑶，徙亭侯，进封高阳乡侯，迁左将军。"③魏南安郡辖今甘肃陇西、定西、武山等县境，共领獂道（治今甘肃陇西县东南）、新兴（治今甘肃武山县西南）、中陶（治今甘肃陇西县东北）三县，郡治在獂

---

①《三国志》卷3《魏书·明帝纪》太和四年："九月，大雨，伊、洛、河、汉水溢，诏（曹）真等班师。"

②［晋］常璩撰，刘琳校注：《华阳国志校注》卷7《刘后主志》，第557—559页。

③《三国志》卷45《蜀书·杨戏传》附《辅臣赞》。

道①。而魏延、吴懿击败魏军的阳溪,刘琳推测"当在武山西南一带"②。康世荣《阳溪辨》认为南安郡是当时羌人聚居地之一,"魏延、吴懿西入南安郡的必经路线,一定是沿西汉水北上,经下辨、建威而至今礼县东南部。再沿西汉水北上而到达今礼县城关镇。然后北向入南安郡界。据实地考察,今礼县北有四礼公路通武山,起于礼县城,沿崖城河北上,越木树关即至武山界的杨河,迄于洛门南的四门,全长60公里。……值得探讨的是,木树关以北峡谷今名杨河,木树关以南峡谷亦称阳河,因崖城河位于西汉水之阳,故名。今公路沿线地域,三国时基本为南安郡辖地,窃疑以木树关为界的南北峡谷,即建兴八年魏延、吴懿入西羌,于南安郡境内破费曜的阳溪。"③其说可从。

(2)诸葛亮复出祁山的路线与战场。曹魏太和五年(231)二月,诸葛亮再攻陇右,"围将军贾嗣、魏平于祁山"④;郭淮、费曜等据守上邽(今甘肃天水市秦城区)。魏明帝委任司马懿来接替病危的曹真,出任雍凉都督,"统车骑将军张郃、后将军费曜、征蜀护军戴凌、雍州刺史郭淮等讨亮。"⑤司马懿命令关中和陇右魏军全力赶赴前线,"宣王使曜、陵留精兵四千守上邽,余众悉出,西救祁山。"⑥张郃建议部分军队留守关中,"分军住雍、郿为后镇。"⑦司马

①参见梁允麟:《三国地理志》,第207—208页。
②[晋]常璩撰,刘琳校注:《华阳国志校注》,第559页。
③康世荣:《"六出祁山"辨疑》,《陇右文博》1997年第1期。
④《晋书》卷1《宣帝纪》。
⑤《晋书》卷1《宣帝纪》。
⑥《三国志》卷35《蜀书·诸葛亮传》注引《汉晋春秋》。
⑦《晋书》卷1《宣帝纪》。

懿则认为这样会削弱兵力,故加以拒绝。"(宣)帝曰:'料前军独能当之者,将军言是也。若不能当,而分为前后,此楚之三军所以为黥布禽也。'遂进军隃麋。"①笔者按:隃麋为汉扶风郡属县,《后汉书》卷19《耿弇传》李贤注曰:"隃麋,县名,属右扶风,故城在今陇州汧阳县东南。"即今陕西千阳县东南,是自关中翻越陇坂的必经之路。司马懿不肯分兵是因为没有把握战胜蜀军,胡三省对其答张郃之语评论道:"观懿此言,盖自知其才不足以敌亮矣。"②诸葛亮率领蜀军主力东进迎击曹魏援军,仅留下少数部队继续围困祁山城,并击败了郭淮、费曜从上邽而来的阻击。"亮分兵留攻,自逆宣王于上邽。郭淮、费曜等徼亮,亮破之,因大芟刈其麦,与宣王遇于上邽之东。"③司马懿畏怯孔明而坚壁不战,"敛兵依险,军不得交",迫使蜀军撤退到距离后方较近的祁山地带。"亮引而还。宣王寻亮至于卤城。"④笔者按:卤城所在地点即祁山城东二十里之汉代盐官故城⑤,今甘肃礼县盐官镇。蜀军准备充分,据有地利,因而处于优势。"亮时在祁山,旌旗利器,守在险要。"⑥张郃建议司马懿留驻上邽,派遣小股部队骚扰蜀军后方,逼迫其退兵。"可止屯于此,分为奇兵,示出其后,不宜进前而不敢逼,坐失民望

---

①《晋书》卷1《宣帝纪》。

②《资治通鉴》卷72魏明帝太和五年三月胡三省注。

③《三国志》卷35《蜀书·诸葛亮传》注引《汉晋春秋》。

④《三国志》卷35《蜀书·诸葛亮传》注引《汉晋春秋》。

⑤[北魏]郦道元注,[民国]杨守敬、熊会贞疏:《水经注疏》卷20《漾水》:"水北有盐官,在嶓冢西五十许里,相承营煮不辍,味与海盐同。故《地理志》云:西县有盐官是也。"杨守敬按:"今本《汉志》脱有盐官三字,当据此补。"第1689页。严耕望曰:"检《汉志》无此文,故王念孙云脱'有盐官'三字。"《唐代交通图考》第三卷《秦岭仇池区》,第827页。

⑥《三国志》卷35《蜀书·诸葛亮传》注引《郭冲五事》。

也。今亮县(悬)军食少,亦行去矣。"①司马懿仍然不肯接受,率军至祁山后继续采取避战对策,激起魏国众将的不满,纷纷要求出战。"宣王不从,故寻亮。既至,又登山掘营,不肯战。贾栩、魏平数请战,因曰:'公畏蜀如虎,奈天下笑何?'宣王病之。"②迫于部将踊跃求战的压力,司马懿违心发动了进攻,结果被蜀军击溃,惨败而归。"诸将咸请战。五月辛巳,乃使张郃攻无当监何平于南围,自案中道向亮。亮使魏延、高翔、吴班赴拒,大破之,获甲首三千级,玄铠五千领,角弩三千一百张,宣王还保营。"③

此战蜀军部署是在祁山城以东的西汉水两岸依山设立南北二座军垒,中间筑堤以便往来。"亮屯卤城,据南北二山,断水为重围。"④诸葛亮率主力屯于水北的卤城,水南的营垒则由王平镇守。王平初从母家姓何,故前引《汉晋春秋》言司马懿"乃使张郃攻无当监何平于南围"。《三国志》卷43《蜀书·王平传》亦曰:"(建兴)九年,亮围祁山,平别守南围。魏大将军司马宣王攻亮,张郃攻平,平坚守不动,郃不能克。"《晋书》卷1《宣帝纪》记载此役为魏军获胜。"帝攻拔其围,亮宵遁,追击破之,俘斩万计。"历代史家一般认为《晋书》此处不实,为司马懿讳言兵败,因而多以《汉晋春秋》所写为准,如《资治通鉴》卷72魏明帝太和五年五月即如此记述。如任乃强所言:"是懿攻卤城,实败还。《晋纪》反夸饰为胜也。"⑤此役之后魏军固守围戍,避而不战双方相持逾月,蜀军终

---

①《三国志》卷35《蜀书·诸葛亮传》注引《汉晋春秋》。
②《三国志》卷35《蜀书·诸葛亮传》注引《汉晋春秋》。
③《三国志》卷35《蜀书·诸葛亮传》注引《汉晋春秋》。
④《晋书》卷1《宣帝纪》。
⑤[晋]常璩著,任乃强校注:《华阳国志校补图注》卷7《刘后主志》,第401页。

因乏粮而撤退。《三国志》卷 40《蜀书·李严传》曰:"亮军祁山,平(即李严)催督运事。秋夏之际,值天霖雨,运粮不继,平遣参军狐忠、督军成藩喻指,呼亮来还;亮承以退军。"

(3)张郃中箭的木门与青封。诸葛亮在撤退途中设伏,射杀曹魏名将张郃,但是交战的时间和地点文献记载有所不同,或言在魏蜀祁山交锋之前,死于木门;或言是诸葛亮自祁山撤兵之后,在青封阵亡。关于木门的位置,学界通常认为是在祁山以北,即今天水市西南,对此并无异议①。青封之地望于史无征,难以确认。任乃强对此曾有一段精辟的分析,其文如下:

《三国志·张郃传》:"亮复出祁山,诏郃督诸将西至略阳,亮还保祁山。郃追至木门,与亮交战,飞矢中郃右膝薨。"木门,谷名,祁山北有木门水,北流入藉水。藉水又东入渭,见《水经注》。是郃败死在祁山之北,亮退守卤城南北围之前。与《晋书》张郃同宣帝懿分攻南北围之说不合。《三国志·后主传》云:"夏六月,亮粮尽退军,郃追至青封,与亮交战,被箭死。"夫膝非致命之地,当是郃于木门被箭,仍督军进攻祁山。并追亮至青封,战败死。本传讳败于青封,以薨字接于木门之役也。青封地当在祁山之南。由张郃败死于青封,足见亮之退军出于主动,非如《晋书·宣纪》所云"宵遁"。②

---

① 刘琳曰:"木门,即《水经注·渭水》之木门谷,在今甘肃天水市西南九十里(据《方舆纪要》、雍正《甘肃通志》,在祁山北。)"[晋]常璩撰,刘琳校注:《华阳国志校注》,第561 页。康世荣赞同此说,并补充道:"木门谷的准确、合理位置,当是今秦岭乡西北,由铁炉到藉口的峡谷。"康世荣:《"六出祁山"辨疑》,《陇右文博》1997 年第 1 期。
② [晋]常璩著,任乃强校注:《华阳国志校补图注》卷 7《刘后主志》,第 401 页。

对于青封之地望,学界或引证《太平御览》引袁希之《汉表传》以为青封即木门。"亮粮尽军还,至于青封木门,郃追之。亮驻军,削大树皮题曰:'张郃死此树下。'豫令兵夹道以数千强弩备之。郃果自见,千弩俱发,射郃而死。"[①]刘琳曰:"据此,青封与木门当指一地,青封盖为乡亭之名。"[②]康世荣亦赞同刘琳的意见,强调张郃阵亡的青封即木门谷,在祁山之北,由是认为任乃强的观点有误,"所以他把青封定在木门之南或者祁山之南某地的说法没有道理"[③]。但据笔者之见,康氏的结论未免有些草率,因为他的论证有以下两个问题无法解释。其一,若按康氏的观点,青封即祁山以北的木门谷,张郃若死于此处,就是在蜀军从上邽向祁山南撤之途中战死,那怎么还能参加此后的卤城战斗,去攻打王平镇守的南围呢?其二,《三国志》卷33《蜀书·后主传》与卷35《诸葛亮传》都记载蜀军是在卤城作战过后因为粮尽而退兵,于回国途中埋伏射死张郃,其地点显然是在祁山之南,绝不会背道而驰,撤往祁山以北的木门谷。因此,《汉表传》所言青封木门连读之句很可能有不实之处。《太平御览》引述的《汉表传》含有错误,如称"祁山"为"祁连山",又称诸葛亮削树皮题"张郃死此树下",与《史记》所言孙膑在马陵道设伏之事相仿[④],似有嫁移之嫌,且又为孤证,恐难令人信服。由于史料匮乏,这一问题难以深究。但在目前情

①[宋]李昉等:《太平御览》卷291《兵部二十二·料敌(下)》引《汉表传》,第1346页。
②[晋]常璩撰,刘琳校注:《华阳国志校注》,第561页。
③康世荣:《"六出祁山"辨疑》,《陇右文博》1997年第1期。
④《史记》卷65《孙子吴起列传》:"孙子度其行,暮当至马陵。马陵道陕,而旁多阻隘,可伏兵,乃斫大树白而书之曰'庞涓死于此树之下'。于是令齐军善射者万弩,夹道而伏,期曰'暮见火举而俱发'。庞涓果夜至斫木下,见白书,乃钻火烛之。读其书未毕,齐军万弩俱发,魏军大乱相失。庞涓自知智穷兵败,乃自刭。"

况下,任乃强之论证是较为合理的分析与推测,而康世荣的反驳有明显缺陷,并不能自圆其说。

### (三)筹划与进兵关中

这一阶段从建兴十年(232)到建兴十二年(234),其军事部署之特点是将主力部署在沔阳黄沙一带屯田,向斜谷邸阁聚集粮草,为从褒斜道北进关中预做准备。就绪之后,诸葛亮即在建兴十二年(234)春率大军直出斜谷,占据五丈原,与司马懿所率魏师对峙,至八月病逝,蜀军撤回汉中。诸葛亮在进军关中之前,针对给养的解决问题做出了以下部署:

1. **屯田黄沙,造木牛流马**。《三国志》卷33《蜀书·后主传》曰"(建兴)十年,亮休士劝农于黄沙,作流马木牛毕,教兵讲武"。黄沙在沔阳东境,是诸葛亮驻军屯田的地点。可见《水经注》卷27《沔水》:"汉水又东,黄沙水左注之。水北出远山,山谷邃险,人迹罕交,溪曰五丈溪。水侧有黄沙屯,诸葛亮所开也。"杨守敬疏云:"《地形志》,沔阳有黄沙城,在今沔县东北,即黄沙驿,栈道至此,始出险就平。"[①]《读史方舆纪要》卷56载宁羌州沔县:

> 黄沙水,在县东四十里,有天分堰,引水溉田。志云:黄沙水源出县东北四十里之云濛山,下流入于汉。又有养家河,在县南二十里。或曰漾水之支流也。今县南三十里为白崖堰,又南五里为马家堰,县东南三十里又有石燕子堰,俱引以溉田。又旧州河,在县北二十五里,引为石刺塔堰;又罗村

---

①[北魏]郦道元注,[民国]杨守敬、熊会贞疏:《水经注疏》卷27《沔水》,第2304页。

河,在县西南百九十里,引为罗村堰;俱有灌溉之利。①

可见黄沙附近多为汉水支流交汇之处,利于修筑塘堰,灌溉农田。诸葛亮将大军主力由沔阳西部东迁,是为了利用当地的自然条件屯垦积粮,同时这里距离褒斜道的南口也比较近,起程出兵亦很方便。同时又建造了不少车辆——木牛、流马,为了将来运输粮草。

2. **造斜谷邸阁,使诸军运米。**《三国志》卷33《蜀书·后主传》载:"(建兴)十一年冬,亮使诸军运米,集于斜谷口,治斜谷邸阁。""诸军"即诸葛亮率领北驻汉中的蜀军主力,如建兴十二年孔明死后,"(杨)仪率诸军还成都"②。"邸阁"是三国时军队储粮的大仓,通常设置在前线附近,平时积贮,战时可就近取食,其详情可参见王国维《观堂别集》卷1《邸阁考》以及相关论著③。斜谷邸阁的地址,有人以为是在斜谷北口,李之勤提出反对,认为斜谷北段处于曹魏势力范围之内,蜀军不可能在那里设仓,"斜谷口"在史籍中也被用来表示临近斜谷南口之褒谷北口,蜀军的邸阁应是设在该地④。邸阁所在的谷口不仅是屯粮之所,诸葛亮还在那里设置了一座大型武器制造作坊,由名匠蒲元主持。参见《诸葛亮集·故事》卷4《制作篇》引《诸葛亮别传》:

　　亮尝欲铸刀而未得,会蒲元为西曹掾,性多巧思,因委之

①［清］顾祖禹:《读史方舆纪要》卷56《陕西五·汉中府》,第2700页。

②《三国志》卷33《蜀书·后主传》。

③参见黎石生:《试论三国时期的邸阁与关邸阁》,《郑州大学学报》2001年第6期。任重、诸山:《魏晋南北朝的邸阁》,《兰台世界》2006年第20期。

④李之勤:《诸葛亮北出五丈原取道城固小河口说质疑》,《西北大学学报》1985年第3期。

于斜谷口,熔金造器,特异常法,为诸葛铸刀三千口。……刀成,以竹筒密纳铁珠满中,举刀断之,应手虚落,若薙水刍,称绝当世,因日神刀。[①]

诸葛亮安排蜀军主力往斜谷邸阁运粮,所运粟米除了汉中屯田所产之外,还应有从后方调运来的粮饷。待大军出征后,再由此运往秦川。从后来诸葛亮北伐的情况来看,十余万军队在五丈原与魏师对峙半年之久,而未发生乏粮现象,反映出给养的充足。上述史实表明,诸葛亮屯田积谷的部署获得成效,在很大程度上解决了困扰蜀军多年的后勤供给问题。

　　3. **蜀军穿越秦岭的褒斜道。**诸葛亮此番从汉中北伐,走的是褒斜道,这条道路南起褒谷口(今陕西褒城县北)北至斜谷口(今陕西眉县南斜峪关口),即循汉水支流褒水(褒河)及渭水支流斜水(今名石头河)河谷而行,这两条河流皆以太白县的五里坡(衙岭山)为发源地,行程贯穿褒、斜二谷,以故得名。古代由长安去汉中,先入斜谷,后入褒谷,因之亦称"斜谷道",为古代巴蜀通秦川之主干道路。顾祖禹曰:"褒斜道,今之北栈。南口曰褒,在褒城县北十里;北口曰斜,在凤翔府郿县西南三十里。总计川、陕相通之道,谷长四百七十里,昔秦惠王取蜀之道也。"[②]褒斜道的大规模整修和使用,起于汉武帝时。当时四川贡赋翻越秦岭运往关中,是经故道,即陈仓道,今称嘉陵道。这条道路较为宽坦,但迂回绕远,多有爬坡,因而耗费时间。《史记》卷29《河渠书》言武帝时有人上书请开通褒斜道及漕运,"下御史大夫张汤。汤问其事,

────────────

①[三国]诸葛亮著,段熙仲、闻旭初编校:《诸葛亮集》,第216—217页。
②[清]顾祖禹:《读史方舆纪要》卷56《陕西五·汉中府》,第2663页。

因言:'抵蜀从故道,故道多阪,回远。今穿褒斜道,少阪,近四百里;而褒水通沔,斜水通渭,皆可以行船漕。漕从南阳上沔入褒,褒之绝水至斜,间百余里,以车转,从斜下下渭。如此,汉中之谷可致,山东从沔无限,便于砥柱之漕。且褒斜材木竹箭之饶,拟于巴蜀。'"朝廷同意并实施了这项工程,使京师至巴蜀的交通路程得以缩短,不过褒斜二水湍流激荡,无法行船。"天子以为然,拜汤子卬为汉中守,发数万人作褒斜道五百余里。道果便近,而水湍石,不可漕。"汉末三国时期,褒斜道成为秦岭南北交兵的重要行军路线。《读史方舆纪要》卷56曾综述其历次战事:"建安二十二年先主争汉中,曹操出斜谷以临汉中,不克既还,数言南郑为天狱,中斜谷道为五百里石穴耳。言其深险也。蜀汉建兴五年武侯将伐魏,使诸军运米集于斜谷口,治斜谷邸阁。……乃扬声縠斜谷道取郿,魏使曹真屯郿谷以拒之。八年魏曹真欲縠斜谷侵汉,陈群曰:'斜谷阻险,转运有抄袭之虞。'是也。十二年武侯作木牛流马,复运米集斜谷口,治邸阁,率大众出斜谷至郿,军于渭水南。既而武侯卒,杨仪等整军而还,入谷然后发丧。魏延不受命,引兵先据南谷口逆击仪等,兵败走死。景曜六年魏钟会分从斜谷、骆谷、子午谷趋汉中。魏景元五年司马昭以槛车征邓艾,命钟会进军成都,又遣贾充将兵入斜谷。时钟会谋以蜀叛,欲使姜维将五万人出斜谷为前驱,不果。"[1]

褒斜道沿途河谷之中峭壁耸立,水流湍急,往往凿山架木,修

---

①[清]顾祖禹:《读史方舆纪要》卷56《陕西五·汉中府》,第2664页。

造栈道以便通行,路况十分艰险,史家对此屡有论述①。三国时褒斜栈道曾经数次遭到破坏,例如益州牧刘焉任命张鲁为督义司马,"住汉中,断绝谷阁,杀害汉使。"②《后汉书》卷75《刘焉传》则曰刘焉,"遂任鲁以为督义司马,遂与别部司马张修将兵掩杀汉中太守苏固,断绝斜谷,杀使者。"建兴六年(228)诸葛亮初次北伐时,赵云在箕谷兵败,撤退时焚毁斜谷部分栈道。诸葛亮《与兄瑾书》云:"前赵子龙退军,烧坏赤崖以北阁道缘谷一百余里,其阁梁一头入山腹,其一头立柱于水中。今水大而急,不得安柱,此其穷极,不可强也。又云:顷大水暴出,赤崖以南,桥阁悉坏。"③建兴十二年(234)诸葛亮在五丈原病逝后,魏延与杨仪争夺兵权。"延大怒,挽仪未发,率所领径先南归,所过烧绝阁道。"④此后修缮过的栈道缺少支撑的底柱,因而不够牢固。《水经注》卷27《沔水》曰:"后诸葛亮死于五丈原,魏延先退而焚之,谓是道也。自后按旧修路者,悉无复水中柱,径涉者浮梁振动,无不摇心眩目也。"⑤褒斜道翻越衙岭山后进入斜谷,过赤崖,出斜谷北口,西侧为诸葛亮屯兵之五丈原,对面就是汉魏郿县县城,俗称"斜谷城"。李吉甫云:

---

① 严耕望:《唐代交通图考》第三卷《秦岭仇池区》述褒斜道:"按此道全线皆行于山区中,西侧山峰海拔多达二千五百公尺以上。其北段一般等高线亦约一千五百公尺,而南段循褒水河谷而行,近处等高线多在一千至一千五百公尺,下陷为河谷,河口地带且在六百公尺以下,故南段溪谷尤为险峻,亦最险恶。通道逶迤于高山深谷间,或侧径巅岩,盘阁梯天,或缀木峭壁,危耸万端,或悬梁渡豁,下临无地,如此飞栈凌空,钩栏相属,诚极天下之至险,行者上天入地,陟危崖绝壁,涉怒涧骇涛,心摇目眩,人马俱困。"第746页。

② 《三国志》卷31《蜀书·刘焉传》。

③ [北魏]郦道元注,[民国]杨守敬、熊会贞疏:《水经注疏》卷27《沔水》,第2305—2306页。

④ 《三国志》卷40《蜀书·魏延传》。

⑤ [北魏]郦道元注,[民国]杨守敬、熊会贞疏:《水经注疏》卷27《沔水》,第2306页。

"（郿）县理城，亦曰斜谷城，城南当斜谷，因以为名。"①由郿县北渡渭水东行，即是通往咸阳、长安的大道。

4. **诸葛亮改变进攻目标和路线的原因。**这一阶段诸葛亮放弃了原来兵出祁山、占领陇右的计划，改为走褒斜道直入关中，企图与魏军在平原进行决战。如司马懿所预测："亮再出祁山，一攻陈仓，挫衄而反。纵其后出，不复攻城，当求野战，必在陇东，不在西也。"②从此前魏延兵入南安与诸葛亮再攻祁山的战绩来看，蜀军在交锋中均有获胜，但未能达到攻占陇右的战略目的。究其原因，首先是因为从汉中至武都、北上祁山的路途迂远，只有沮县到下辨一段可通漕运，沿途山道崎岖，大军需要的粮饷供应难以输送到前线，因此无法持久与敌军相持。诸葛亮此役在祁山占据上风，本来不想退兵，无奈给养难济，只得悻悻而返。"亮虑粮运不继，设三策告都护李平曰：'上计断其后道。中计与之持久，下计还住黄土。'时宣王等粮亦尽。盛夏雨水。平恐漕运不给，书白亮宜振旅。夏六月，亮承平旨引退。"③但从汉中走褒斜道进攻关中，虽有栈道险阻，毕竟路途较近，接济方便。诸葛亮在五丈原与魏军对峙百余日，营内粮饷仍很充裕。蜀军后来撤退，司马懿"乃行其营垒，观其遗事，获其图书、粮谷甚众"④。即反映了此役蜀国的后勤运输取得了明显改善。

其次，是曹魏加强了陇右的守备力量。诸葛亮一再向天水等

①［唐］李吉甫：《元和郡县图志》卷2《关内道二》，第44页。
②《晋书》卷1《宣帝纪》。
③［晋］常璩撰，刘琳校注：《华阳国志校注》，第559—560页。
④《晋书》卷1《宣帝纪》。

地用兵,已经引起了魏方的重视,把祁山与上邽视为防御重点,采取了许多预防措施。《晋书》卷37《宗室传·安平献王孚》曰:"每诸葛亮入寇关中,边兵不能制敌,中军奔赴,辄不及事机,宜预选步骑二万,以为二部,为讨贼之备。又以关中连遭贼寇,谷帛不足,遣冀州农丁五千屯于上邽,秋冬习战阵,春夏修田桑。由是关中军国有余,待贼有备矣。"司马懿也在关中和陇右开办冶铁,"兴京兆、天水、南安监冶"①,用来铸造兵器农具,以发展垦屯与巩固战备。蜀军来伐时,魏师往往占据地利,而且坚守城围避而不战,使蜀军难以获得速胜,因此诸葛亮不再认为进攻陇右是蜀汉北伐的最佳选择。

另外,诸葛亮初次北伐时未听魏延的建议,不肯直接攻击关中。其重要原因之一是自知蜀军的战斗力不如对手,和敌人做正面交锋没有获胜的把握②。街亭之败以后,他曾说:"大军在祁山、箕谷,皆多于贼,而不能破贼为贼所破者,则此病不在兵少也,在一人耳。"③此后蜀军经过悉心艰苦的训练,作战能力大有提高。如孔明所称:"八阵既成,自今行师庶不覆败"④。自陈仓之役伏斩王双以来,蜀军未曾在野战当中输给过对手,使司马懿"畏蜀如虎"⑤,所以此时敢于在关中平原上与敌人展开决战。在这种情况下,诸葛亮考虑放弃实施多年的陇右作战计划,准备改变进攻方向和路线,从褒斜道直出秦川。从作战情况来看,司马懿忌惮孔

---

① 《晋书》卷1《宣帝纪》。
② 参见杨德炳:《失街亭斩马谡与蜀军的战斗力》,《武汉大学学报》1992年第2期。
③ 《三国志》卷35《蜀书·诸葛亮传》注引《汉晋春秋》。
④ [北魏]郦道元注,[民国]杨守敬、熊会贞疏:《水经注疏》卷33《江水一》,第2813页。
⑤ 《三国志》卷35《蜀书·诸葛亮传》注引《汉晋春秋》。

明之用兵,因而不敢与其会战,仍然采用固守待其粮乏撤军的策略。如孙吴张俨所言:"仲达据天下十倍之地,仗兼并之众,据牢城、拥精锐,无禽敌之意,务自保全而已。"①诸葛亮在五丈原多次挑战,其至送妇人巾帼以羞辱,司马懿均忍受下来而不出兵应敌。"会亮病卒,诸将烧营遁走,百姓奔告,帝出兵追之。亮长史杨仪反旗鸣鼓,若将距帝者。帝以穷寇不之逼,于是杨仪结阵而去。"②以致受到当地民众的嘲讽,"时百姓为之谚曰:'死诸葛走生仲达。'帝闻而笑曰:'吾便料生,不便料死故也。'"③司马懿在蜀军撤走后,"经日,乃行其营垒,观其遗事",并赞叹曰:"天下奇才也!"④反映出他对诸葛亮军事才能的敬畏。吕思勉认为,"此非虚美之辞"⑤。并举《晋书》卷24《职官志》所述史实,说明司马昭在灭蜀后专门搜寻有关典籍,并派遣"特有才用,明解军令"的陈勰,"受诸葛亮围陈用兵倚伏之法,又甲乙校标帜之制",用来训练和指挥禁军。"此事足见诸葛亮之治戎,确有法度也。"⑥

综上所述,诸葛亮在北伐期间,将军队主力屯于汉中后的形势是相当有利的。当地是川陕之间的交通枢纽,又有道路经武都、祁山而到达陇右。如牟子才所言:"汉中前瞰米仓,后蔽石穴,左接华阳、黑水之壤,右通阴平、秦、陇之墟。黄权以为蜀之根本,杨洪以为蜀之咽喉者,此也。"⑦蜀汉大军屯驻该地攻防俱便,既可

①《三国志》卷35《蜀书·诸葛亮传》注引张俨《默记·述佐篇》。
②《晋书》卷1《宣帝纪》。
③《晋书》卷1《宣帝纪》。
④《晋书》卷1《宣帝纪》。
⑤吕思勉:《三国史话》,江苏美术出版社,2014年,第128页。
⑥吕思勉:《三国史话》,第128页。
⑦[清]顾祖禹:《读史方舆纪要》卷56《陕西五·汉中府》,第2663页。

以阻挡敌军向蜀汉发起的攻击,又能够从多条道路向曹魏的关中和陇右出征;魏军若是分兵防守,自然会削弱力量。综观诸葛亮的屡次北伐,虽然与敌人互有胜负,但是基本上掌握着战争的主动权;曹魏的守军尽管在数量上占优,却经常处在被动的境地。其主要原因,就是汉中蜀军能从几个方向出击,声东击西,使其防不胜防,疲于奔命,因此陷入被动,这是诸葛亮用兵有方的反映。孙吴张俨对其称赞道:"孔明起巴、蜀之地,蹈一州之土,方之大国,其战士人民,盖有九分之一也,而以贡赞大吴,抗对北敌,至使耕战有伍,刑法整齐,提步卒数万,长驱祁山,慨然有饮马河、洛之志。"①司马懿虽然握有优势兵力,却畏首畏尾,不敢决斗,"使彼孔明自来自去。若此人不亡,终其志意,连年运思,刻日兴谋,则凉、雍不解甲,中国不释鞍,胜负之势,亦已决矣。昔子产治郑,诸侯不敢加兵,蜀相其近之矣。方之司马,不亦优乎!"②诸葛亮派遣使者到魏营,"(司马)懿问其寝食及事之烦简,不问戎事。"并说:"诸葛孔明食少事烦,其能久乎!"③胡三省评论道:"懿所惮者亮也,问其寝食及事之烦简,以觇寿命之久近耳,戎事何必问邪!"④说明司马懿自知并非诸葛亮的对手,又不敢奢望在交战中冒险获胜,所以只能盼着他早些病死。顾祖禹曰:"孔明有汉高之略,而无汉高之时。"⑤是说诸葛亮在北伐的宏观战略上是基本正确的,但是生不逢时。曹操平定北方中原与关中之后,着力恢复发展当地建

---

①《三国志》卷35《蜀书·诸葛亮传》注引张俨《默记·述佐篇》。

②《三国志》卷35《蜀书·诸葛亮传》注引张俨《默记·述佐篇》。

③《资治通鉴》卷72魏明帝青龙二年八月。

④《资治通鉴》卷72魏明帝青龙二年八月胡三省注。

⑤[清]顾祖禹:《读史方舆纪要·四川方舆纪要序》,第3095页。

设,已然统治稳固;再加上守方兵力、给养上占优,又采取持重避战的策略,故难以迅速摧毁。如王夫之所言,司马懿"即见兵据要害,敌即盛而险不可逾,据秦川沃野之粟,坐食而制之"[①]。因此孔明以蜀汉的弱势兵力北伐,并无良机可乘;再加上他鞠躬尽瘁而过早夭亡,致使未能成就其宏图伟业了。

## 三、蒋琬、费祎执政期间的对魏战略与用兵部署

这一时期从建兴十二年(234)八月孔明病逝,"(杨)仪率诸军还成都"[②]开始,至延熙十六年(253)春、费祎出屯汉寿后被刺身亡结束,为时十八年有余。诸葛亮死后,朝廷遵其遗嘱,"以丞相留府长史蒋琬为尚书令,总统国事。……(次年)夏四月,进蒋琬位为大将军。"[③]后被费祎接替。在此期间,魏国的政局很不稳定,出现了辽东公孙渊的叛乱、曹爽与司马懿的激烈争权,以及王凌在淮南的谋反,吴国亦屡屡出兵攻魏。但是,蜀汉此前连年北伐,人力物资耗费甚巨,朝内不少大臣对此态度消极[④]。诸葛亮去世后

---

① [清]王夫之:《读通鉴论》卷10《三国》,第270页。
② 《三国志》卷33《蜀书·后主传》。
③ 《三国志》卷33《蜀书·后主传》。
④ 《资治通鉴》卷71魏明帝太和二年十一月:"汉诸葛亮闻曹休败,魏兵东下,关中虚弱,欲出兵击魏,群臣多以为疑。"胡三省注:"因祁山之败,疑魏不可伐。"再如《三国志》卷40《蜀书·李严传》载诸葛亮调江州都督李严(平)领兵赴汉中,遭到李平拖延搪塞。"臣当北出,欲得平兵以镇汉中,平穷难纵横,无有来意。"后又阻挠粮运,迫使诸葛亮从前线撤兵。"亮军祁山,平催督运事。秋夏之际,值天霖雨,运粮不继,平遣参军狐忠、督军成藩喻指,呼亮来还;亮承以退军。平闻军退,乃更阳惊,说'军粮饶足,何以便归',欲以解己不办之责,显亮不进之愆也。又表后主,说'军伪退,欲以诱贼与战'。亮具出其前后手笔疏本末,平违错章灼。平辞穷情竭,首谢罪负。"

国失栋梁,朝野人心忐忑。"时新丧元帅,远近危悚"①,有诸多不利因素。执政的蒋琬、费祎又谨慎持重,因而不愿轻举妄动,基本上是采取以守境为主、伺机待发的战略。这一指导思想反映在兵力部署上就是:军队统帅——大将军的驻镇和部队主力在成都、汉中、涪县和汉寿之间频频调动,屡次准备出击魏境,但是犹豫不决,始终没有投入主力进攻,只是在后期由姜维率领一支万人上下的偏师向陇西发动了三次攻势。在用兵方略上也不再以"断陇道"、割据陇右为作战目的,而是改为"衔持河右"②,即企图攻占河西走廊,割据凉州。下文对此分别予以详述:

**(一)最高军事长官与蜀军主力驻地的屡次移动**

据史籍所载,蜀汉兵力部署和主帅驻所的变化可以分为以下五个阶段:

1. **驻守成都阶段**(234—238)。建兴十二年秋(234),杨仪率领蜀军主力撤回成都,朝廷随即任命蒋琬主持军政要务。"亮卒,以琬为尚书令,俄而加行都护,假节,领益州刺史,迁大将军,录尚书事,封安阳亭侯。"③诸葛亮北伐期间,蒋琬处理后方政务井井有条,深得孔明赞赏,故向后主推荐其为自己的接班人。"亮数外出,琬常足食足兵以相供给。亮每言:'公琰托志忠雅,当与吾共赞王业者也。'密表后主曰:'臣若不幸,后事宜以付琬。'"④他继任

①《三国志》卷44《蜀书·蒋琬传》。
②《三国志》卷44《蜀书·蒋琬传》。
③《三国志》卷44《蜀书·蒋琬传》。
④《三国志》卷44《蜀书·蒋琬传》。

后治国有方,镇静自若,获得朝野的拥戴。"琬出类拔萃,处群僚之右,既无戚容,又无喜色,神守举止,有如平日,由是众望渐服。"①

蜀汉北伐大军返回成都后,汉中仅留下原有规模的驻守军队,人数估计仍为二万余人②,吴壹被任命主持当地的防务。"(建兴)十二年,丞相亮卒,以壹督汉中,车骑将军,假节,领雍州刺史,进封济阳侯。"③吴壹原是刘璋的属下,后来归降刘备,担任过护军讨逆将军、关中都督,立有战功;其妹又被刘备纳为夫人④。由他来镇守汉中要地,在政治和军事上都比较可靠。建兴十五年(237)吴壹病逝,由其副手王平继任汉中都督⑤。在此期间当地的兵力没有变化,一直处于防御态势,也未尝遇到魏军入侵。《晋书》卷1《宣帝纪》载青龙三年(235),"蜀将马岱入寇,帝遣将军牛金击走之,斩千余级。"当时司马懿驻镇长安,马岱所部袭扰魏境何处情况不详。

2. 北驻汉中阶段(238—243)。延熙元年(238),曹魏出师平定公孙渊的叛乱,为此将司马懿调离长安,领兵赶赴辽东。蜀汉认为有机可乘,便在当年十一月命蒋琬率领诸军出屯汉中⑥,并开

①《三国志》卷44《蜀书·蒋琬传》。
②参见《三国志》卷43《蜀书·王平传》载延熙七年:"时汉中守兵不满三万……"
③《三国志》卷45《蜀书·杨戏传》载《季汉辅臣赞》。
④《三国志》卷45《蜀书·杨戏传》载《季汉辅臣赞》:"先主定益州,以壹为护军讨逆将军,纳壹妹为夫人。章武元年,为关中都督。建兴八年,与魏延入南安界,破魏将费瑶,徙亭侯,进封高阳乡侯,迁左将军。"
⑤《三国志》卷43《蜀书·王平传》:"迁后典军、安汉将军,副车骑将军吴壹住汉中,又领汉中太守。十五年,进封安汉侯,代壹督汉中。"
⑥《三国志》卷33《蜀书·后主传》延熙元年:"冬十一月,大将军蒋琬出屯汉中。"

府治事,准备和吴国联合发兵,东西两线配合作战。刘禅为此颁发诏书曰:

> 寇难未弭,曹睿骄凶,辽东三郡苦其暴虐,遂相纠结,与之离隔。睿大兴众役,还相攻伐。曩秦之亡,胜、广首难,今有此变,斯乃天时。君其治严,总帅诸军屯住汉中,须吴举动,东西掎角,以乘其衅。[1]

次年,后主又加封蒋琬为大司马,表明朝廷对汉中屯兵统帅的重视。由于"吴期二三,连不克果"[2];孙权几次攻魏都是试探、骚扰性的,没有产生重大影响,雍凉地区魏军也未能调赴东线,因此蜀军主力不敢贸然北伐。蒋琬在待机期间,对进攻关中、陇右的众多困难深有感触,故提出了顺汉水东进,攻略曹魏荆州西境的建议,但是遭到朝内群臣的反对。事见《三国志》卷44《蜀书·蒋琬传》:

> 琬以为昔诸葛亮数窥秦川,道险运艰,竟不能克,不若乘水东下。乃多作舟船,欲由汉、沔袭魏兴、上庸。会旧疾连动,未时得行。而众论咸谓如不克捷,还路甚难,非长策也。

王夫之曾评论蒋琬东征之计不便施行的理由,曰:"蒋琬改诸葛之图,欲以舟师乘汉、沔东下,袭魏兴、上庸,愈非策矣。魏兴、上庸,非魏所恃为岩险,而其赘余之地也。纵克之矣,能东下襄、樊北收宛、雒乎? 不能也。何也? 魏兴、上庸,汉中东迤之余险,士卒所凭以阻突骑之冲突,而依险自固,则出险而魂神已慑,固不能逾阃

---

① 《三国志》卷44《蜀书·蒋琬传》。
② 《三国志》卷44《蜀书·蒋琬传》。

限以与人相搏也。且舟师之顺流而下也,逸矣;无与遏之而戒心
弛,一离乎水而衰气不足以生,必败之道也。先主与吴共争于水
而且溃,况欲以水为势,而与车骑争于原陆乎? 魏且履实地、资宿
饱,坐而制之于丹、淯之湄,如蛾赴焰,十扑而九亡矣。"①

为了充分说明群臣反对东征的意见,并商讨下一步的战略计
划,朝廷在延熙四年(241)十月派遣费祎到汉中面见蒋琬②,二人
商议后由蒋琬上表启奏,说明自己病重,不宜主持军政。"芟秽弭
难,臣职是掌。自臣奉辞汉中,已经六年,臣既暗弱,加婴疾疢,规
方无成,夙夜忧惨。"③且曹魏目前地域辽阔,势力强大,与之正面
交战难以获胜;何况孙吴也不肯尽力北伐来配合蜀军行动。"今
魏跨带九州,根蒂滋蔓,平除未易。若东西并力,首尾掎角,虽未
能速得如志,且当分裂蚕食,先摧其支党。然吴期二三,连不克
果,俯仰惟艰,实忘寝食。"④在此形势下,蒋琬、费祎建议暂时不对
曹魏发动大规模进攻,将屯驻汉中的蜀军主力后撤到涪县(今四
川绵阳市),当地有涪水运输之利,粮饷供应方便,漕运上抵边关
江油,下达重镇江州(今重庆市渝中区);陆路北通剑阁,西南距成
都仅三百余里⑤。即使曹魏进攻汉中,从该地出师支援也较为容

①[清]王夫之:《读通鉴论》卷10《三国》,第284页。
②《三国志》卷32《蜀书·后主传》:"(延熙)四年冬十月,尚书令费祎至汉中,与蒋琬咨
　论事计,岁尽还。"
③《三国志》卷44《蜀书·蒋琬传》。
④《三国志》卷44《蜀书·蒋琬传》。
⑤《三国志》卷31《蜀书·刘璋传》:"先主至江州北,由垫江水诣涪,去成都三百六十里,
　是岁建安十六年也。"[晋]常璩撰,刘琳校注:《华阳国志校注》卷2《汉中志》:"涪县去
　成都三百五十里,水通于巴。于蜀为东北之要,蜀时大将军镇之。"第147页。

易。"今涪水陆四通,惟急是应,若东北有虞,赴之不难。"①

　　上述计划获得朝廷批准后便付诸实施,次年(242)春季蜀汉开始从汉中将部分军队南撤。"(延熙)五年春正月,监军姜维督偏军,自汉中还屯涪县。"②胡三省注此事曰:"蜀诸军时皆属蒋琬,姜维所领偏军耳。"③延熙六年(243),蒋琬率领蜀军主力撤驻涪县,费祎随即出任大将军,接掌兵权,汉中的军政事务仍由都督王平主持。事见《资治通鉴》卷74魏邵陵厉公正始四年:"冬,十月,汉蒋琬自汉中还住涪,疾益甚,以汉中太守王平为前监军、镇北大将军,督汉中。十一月,汉主以尚书令费祎为大将军、录尚书事。"蜀军此番兵力部署的调动引起了吴国的震恐,荆州守将步骘、朱然等以为蜀国背弃盟约,意欲联魏伐吴,迅速上报朝廷,请求准备应战。但是孙权自有卓识,不信流言,仍然维持与蜀汉交好,来共同抗魏④。

　　3. 屯驻涪县阶段(243—248)。从延熙六年(243)冬蜀军主力撤至涪县,到延熙十一年(248)夏费祎出屯汉中前。其间大司马蒋琬驻镇于涪,尚书令、大将军费祎平时居成都治理国事,边境有警时便领兵北上增援。汉中都督王平驻守至延熙十一年(248)去

---

①《三国志》卷44《蜀书·蒋琬传》。
②《三国志》卷33《蜀书·后主传》。
③《资治通鉴》卷74魏邵陵厉公正始三年正月胡三省注。
④《三国志》卷47《吴书·吴主传》赤乌七年,"是岁,步骘、朱然等各上疏云:'自蜀还者,咸言欲背盟与魏交通,多作舟船,缮治城郭。又蒋琬守汉中,闻司马懿南向,不出兵乘虚以掎角之,反委汉中,还近成都。事已彰灼,无所复疑,宜为之备。'权揆其不然,曰:'吾待蜀不薄,聘享盟誓,无所负之,何以致此? 又司马懿前来入舒,旬日便退,蜀在万里,何知缓急而便出兵乎? ……人言苦不可信,朕为诸君破家保之。'蜀竟自无谋,如权所筹。"

世,当地守军仍保持二万余人的规模,并经历了延熙七年(244)的兴势保卫战。这个阶段蜀军的部署有以下特点:

(1)汉中兵力不足。据《三国志》卷43《蜀书·王平传》记载:"时汉中守兵不满三万",又分散在数百里范围内的多处据点之中,呈现出相对薄弱的态势;若是敌人大举入侵,后方援军不及赴救,便有陷落的危险。魏国方面也看出了这一形势,所以在蜀军主力南撤后的第二年(244)即发动进攻,"魏大将军曹爽率步骑十余万向汉川"。汉中蜀将闻讯大惊,在军事会议上,有些将领认为敌众我寡,"今力不足以拒敌,听当固守汉、乐二城,遇贼令入,比尔间,涪军足得救关"。即建议采取收缩兵力、放弃外围而固守待援的做法。主将王平坚决反对,他主张在傥骆道中的险要地段——兴势进行阻击,说:"汉中去涪垂千里,贼若得关,便为祸也。今宜先遣刘护军、杜参军据兴势,平为后拒;若贼分向黄金,平率千人下自临之,比尔间,涪军行至,此计之上也。"从他的话来看,由于汉中的守军人数有限,又相当分散,王平所率领的"后拒"(机动预备队)数量少得可怜,如果敌人从兴势前线分出部分兵力改走子午道,由黄金戍进入汉中,身为都督的王平只能带领千余人赶赴援救。

众将中只有参军刘敏拥护王平的决策,他认为"男女布野,农谷栖亩,若听敌入,则大事去矣"①。由于兵力较为缺乏,蜀军在防御时不得不采用虚张声势的做法,"多张旗帜,弥亘百余里。"②傥骆道内山路狭曲陡峭,魏军兵力上的优势得不到发挥,粮草难以

①《三国志》卷44《蜀书·蒋琬传》。
②《三国志》卷44《蜀书·蒋琬传》。

运到前线。蜀军虽处于劣势,但凭险据守,有地利之便,又频频发动夜袭,致使敌人"进不获战,攻之不可"①,陷入被动境地,这才坚持到后方援军赶来,扭转了整个战局的形势,迫使曹爽退兵。

(2)援军驻地距离汉中略远。这次战役的情况表明,蜀国兵力的战略部署存在缺陷,即汉中前线与后方援军的驻地距离较远,遇有急难赴救时要耗费较多时日。蜀军主力屯集在涪县,担任支援北境的任务,见《资治通鉴》卷74魏邵陵厉公正始五年三月条:"汉中守兵不满三万,诸将皆恐,欲守城不出以待涪兵。"胡三省注曰:"自蒋琬屯涪,蜀之重兵在焉。"而两地相隔几近千里,按汉代军队每日行程,"轻行五十里,重行三十里"②,加上蜀道阻险,行旅艰难,援军赶赴汉中需要较长时间。据《资治通鉴》卷74魏邵陵厉公正始五年所载,曹爽大兵三月自骆谷入汉中,"闰月,汉主遣大将军费祎督诸军救汉中",四月,"涪军及费祎兵继至"。前后拖延了将近两月,若不是王平安排得当,竭力死守,汉中就有失陷的危险。

战役结束后,至九月,费祎见局势稳定,便率援兵撤还。此后蜀汉又在军务上做出调整,"是岁,汉大司马(蒋)琬以病固让州职于大将军(费)祎,汉主乃以祎为益州刺史,以侍中董允守尚书令,为祎之副。"③让费祎主管军国大事,朝廷日常公务交给董允处理。

---

①《晋书》卷2《文帝纪》:"大将军曹爽之伐蜀也,以帝为征蜀将军,副夏侯玄出骆谷,次于兴势。蜀将王林夜袭帝营,帝坚卧不动。林退,帝谓玄曰:'费祎以据险距守,进不获战,攻之不可,宜亟旋军,以为后图。'爽等引旋,祎果驰兵趣三岭,争险乃得过。"
②《汉书》卷70《陈汤传》。
③《资治通鉴》卷74魏邵陵厉公正始五年。

次年(245)，"十二月，汉费祎至汉中，行围守。"[①]据胡三省注，"围守"即"实兵诸围"，在外围据点补充兵员，加强防御。汉代刺史巡视辖区称为"行部"[②]，费祎"行围守"，是检查汉中的战备情况。看来，蜀汉朝廷对去年的作战仍然心有余悸，恐怕该地在防守上还有什么漏洞，所以再派费祎到那里视察，次年(246)六月他返回成都。

4. 再驻汉中阶段(248—251)。延熙十一年(248)五月，大将军费祎率领蜀军主力再次出屯汉中，当时魏国并未准备侵蜀，看来蜀汉军事部署变更的目的是为了伺机进攻，这和曹魏政局的动荡有着密切关系。费祎北驻汉中的前一年，魏国朝内斗争激化，执政新贵曹爽等人与司马懿为首的旧臣不和，矛盾逐渐激化。《资治通鉴》卷75魏邵陵厉公正始八年(247)载："大将军爽用何晏、邓飏、丁谧之谋，迁太后于永宁宫，专擅朝政，多树亲党，屡改制度。太傅(司马)懿不能禁，与爽有隙。五月，懿始称疾，不与政事。"费祎认为机会将临，因此亲率大军进驻汉中，准备待曹魏内乱之际，再次发起进攻。

费祎抵达汉中的第二年(249)，魏国发生了高平陵事变，司马懿诛灭了曹爽集团，虽然没有出现蜀国期待的内战，但是敌方大将夏侯霸前来投降。费祎认为有机可乘，便连续派遣姜维出兵伐魏，向陇西等地作试探性的攻击。《三国志》卷33《蜀书·后主传》载："(延熙)十二年春正月，魏诛大将军曹爽等，右将军夏侯霸来降。夏四月，大赦。秋，卫将军姜维出攻雍州，不克而还。将军句

---

①《资治通鉴》卷74魏邵陵厉公正始六年。
②《汉书》卷83《朱博传》："及为刺史行部，吏民数百人遮道自言，官寺尽满。"

安、李韶降魏。十三年,姜维复出西平,不克而还。"这两次进军都未获得显著胜利,原因之一是魏国的统治仍很稳定,朝内的政变并未削弱边境的防御力量。原因之二是蜀汉投入的进攻兵力太少,姜维"每欲兴军大举,费祎常裁制不从,与其兵不过万人"[①]。只是派出少数军队,因此难以取得显赫战果。曹魏政局转危为安和姜维西征的连续无功,使费祎彻底取消了北伐的企图,在延熙十四年(251)夏从汉中率主力撤回成都。《汉晋春秋》载费祎对姜维说:"吾等不如丞相亦已远矣,丞相犹不能定中夏,况吾等乎!且不如保国治民,敬守社稷,如其功业,以俟能者,无以为希冀侥幸而决成败于一举。若不如志,悔之无及。"[②]

5.**驻镇汉寿阶段**(251—253)。从延熙十四年(251)冬费祎北屯汉寿(今四川广元市昭化镇),至延熙十六年(253)春正月他在当地被刺身亡。这一阶段蜀军主力随费祎驻扎在汉寿,汉中的守将为都督胡济,继续采取防御态势,军队数量仍是原有的较小规模。

《三国志》卷44《蜀书·费祎传》载:"后(延熙)十四年夏,还成都,成都望气者言都邑无宰相位,故冬复北屯汉寿。"陈寿把蜀汉军事的这一部署调动说成是迷信所致,很难令人信服。胡三省就对此种解释提出了反对:"以祎之才识,乃复信望气者之说邪!"[③]实际上,费祎屯兵汉寿是对原有防御部署缺陷的弥补,望气之说可能只是托词。蒋琬在世时蜀军主力驻扎于涪县(治今四川绵阳

---

①《三国志》卷44《蜀书·姜维传》。
②《三国志》卷44《蜀书·姜维传》注引《汉晋春秋》。
③《资治通鉴》卷75魏邵陵厉公嘉平三年十二月胡三省注。

市),其优点是距离成都较近,给养运输方便,而且位置居中,利于策应四方。缺点是离汉中前线略远,一旦遇警,有赴救不及之虞,如前所述,延熙七年(244)兴势之役的情况充分表明了这一点。而大军驻于汉中,虽能有效地保护边陲,震慑敌境,但后方给养的长途供应却是沉重不堪的负担。汉寿(即葭萌)在涪县东北数百里,物产丰富①,有西汉水(嘉陵江)运输之便,又南遮剑阁,居阴平、金牛两道汇合入蜀之口。不仅具有控御枢要、交通便利的条件,还把到汉中的距离缩短了一倍,可以更加迅速地支援前方。费祎将军队主力屯于汉寿,是一种攻防俱利的折中办法,使原来大军驻扎汉中或涪县带来的种种困难得到缓解,改善了北部地区的防御部署,不失为蜀魏双方对弈中的一步妙手。

**(二)改行"衔持河右"、"断凉州之道"的战略**

　　蒋琬驻镇汉中期间,还与费祎、姜维等商议,提出了蜀汉北伐新的战略,即放弃原先诸葛亮进攻天水和关中两地的作战方案,改为以曹魏的凉州(今甘肃河西走廊地带)为将来的主攻方向。东汉的凉州疆域辽阔,包括今甘肃、宁夏全境以及青海湟水流域和内蒙古额尔济纳旗,而曹魏的凉州辖区大幅度缩小,仅有金城、武威、张掖、酒泉、敦煌、西海、西郡和西平八郡,辖今甘肃兰州以西,青海湖以东等地域。由于当地土壤贫瘠又缺少水源,故不利于垦殖而开发较晚,而羌胡等族的游牧经济相当活跃。《汉书》卷

①[晋]常璩撰,刘琳校注:《华阳国志校注》卷2《汉中志》:"晋寿县,本葭萌城,刘氏更曰汉寿。水通于巴西,又入汉川。有金银矿,民今岁岁洗取之。蜀亦大将军镇之。漆、药、蜜所出也。"第150页。

28 下《地理志下》曰："自武威以西,本匈奴昆邪王、休屠王地,武帝时攘之,初置四郡,以通西域,鬲绝南羌、匈奴。其民或以关东下贫,或以报怨过当,或以悖逆亡道,家属徙焉。习俗颇殊,地广民稀,水草宜畜牧,故凉州之畜为天下饶。"此种经济特点,使魏国在凉州缺乏粮饷而无力供养重兵,蜀军进攻该地遇到的抵抗力量较弱,而对于补充自己奇缺的战马则相当有利。由于距离内地遥远,一旦凉州受到蜀军进攻,屯驻关中的雍凉都督若要发兵增援则更加困难。此外,当地羌族对曹魏的统治政策颇为不满,频繁发起暴动,这对于蜀汉来说,又是可以借助的军事和经济、政治力量。综合以上各种因素,蒋琬向朝廷提出了新的北伐战略,其奏疏言道:

> 辄与费祎等议,以凉州胡塞之要,进退有资,贼之所惜;且羌、胡乃心思汉如渴,又昔偏军入羌,郭淮破走,算其长短,以为事首,宜以姜维为凉州刺史。若维征行,衔持河右,臣当帅军为维镇继。[1]

这里所说的"凉州胡塞之要",是指曹魏的凉州与武威郡治姑臧(今甘肃武威市),它处于西北边境的交通枢纽,占据该地可以控制河西走廊的东端出口,故为敌军的防御重点,也是蜀军未来攻击、夺取的目标。武威地区拥有河西走廊面积最大而又连成一片的绿洲,受祁连山所出诸条河流冲积流灌,故水草丰茂,农牧皆宜而盛产谷畜。顾祖禹云:"姑臧废县,今(凉州)卫治。汉置县,为武威郡治。"又曰:"卫山川险厄,土田沃饶,自汉开河西,姑臧尝为都会。魏、晋建置州镇,张轨以后,恒以一隅之地,争逐于群雄

---

①《三国志》卷 44《蜀书·蒋琬传》。

间。……其地宜马,唐置八监,牧马三十万匹,汉班固所称'凉州之畜为天下饶'是也。"①因此蒋琬称其"进退有资,贼之所惜"。蒋琬疏中提到"又昔偏军入羌,郭淮破走",则是说建兴八年(230)冬,"丞相司马魏延、将军吴懿西入羌中,大破魏后将军费曜、雍州刺史郭淮于阳溪"②的战役。其具体过程虽不明了,但据上述蒋琬所言,魏延获胜应是得到了当地羌胡的协助,此次成功的战例值得效仿。姜维是"凉州上士"③,熟悉地理民情,诸葛亮称赞他"甚敏于军事,既有胆义,深解兵意"④。因此蒋琬、费祎举荐他遥领凉州刺史,先带领偏师发起进攻,若能"衔持河右",即在河西走廊取得立足之地,再出动主力赴援,力争全据凉州。前述诸葛亮北伐的战略目标是"平取陇右"⑤;在交通方面企图占据陇山,阻断魏军主力的西援道路,故被称为"断陇"或"隔绝陇道"⑥。而蒋琬、费祎提出并被姜维随后执行的新作战方案,魏将陈泰称之为"断凉州之道,兼四郡民夷"⑦,即攻占姑臧县城(今甘肃武威市)后封闭河西走廊门户,随后吞并武威、张掖、酒泉、敦煌四郡。这一计划反映出蜀汉国势渐衰,而曹魏在陇右与关中的设防日益巩固,诸葛亮在世时北伐秦川尚且无法如愿,现在蒋琬、费祎之辈更不作非

---

① [清]顾祖禹:《读史方舆纪要》卷63《陕西十二》,第2991页。

② [晋]常璩撰,刘琳校注:《华阳国志校注》卷7《刘后主志》,第558—559页。

③ 《三国志》卷44《蜀书·姜维传》。

④ 《三国志》卷44《蜀书·姜维传》。

⑤ 《三国志》卷40《蜀书·魏延传》注引《魏略》。

⑥ 参见《三国志》卷15《魏书·张既传》注引《魏略》载魏陇西太守游楚谓蜀帅曰:"卿能断陇,使东兵不上,一月之中,则陇西吏人不攻自服,卿若不能,虚自疲弊耳。"又《三国志》卷26《魏书·郭淮传》载郭淮谓司马懿语:"若(诸葛)亮跨渭登原,连兵北山,隔绝陇道,摇荡民、夷,此非国之利也。"

⑦ 《三国志》卷22《魏书·陈泰传》。

分之念,所以愈发避实就虚,转向攻击距离中原最远和防务更为
薄弱的河西地区,企图使敌人难以救援。上述作战计划由费祎带
回成都后呈交朝廷,并且迅速得到批准施行,即让姜维从汉中前
线带领少数部队先回到涪县,作出征的准备。《三国志》卷33《蜀
书·后主传》曰:"(延熙)四年冬十月,尚书令费祎至汉中,与蒋琬
咨论事计,岁尽还。五年春正月,监军姜维督偏军,自汉中还屯涪
县。"此后蜀汉的屡次北伐皆由姜维领兵出行,基本上奉行"衔持
河右"的这一战略,在曹魏雍凉二州的交界地段多次用兵,只有延
熙十九年(256)段谷之役、延熙二十年(257)沈岭之役两次例外。

### (三)姜维的偏师北伐及其行军路线

姜维是蜀汉后期文武兼备、最具才能的将领,当年诸葛亮称赞
曰:"姜伯约忠勤时事,思虑精密,考其所有,永南、季常诸人不如
也。"[1]孔明给予过姜维作战方面上的指导,曾说:"此人心存汉室,而
才兼于人,毕教军事,当遣诣宫,观见主上。"[2]连敌国也不得不承认
他的本领出众,为蜀汉君臣仰仗。"蜀所恃赖,唯维而已。"[3]甚至
企图派遣刺客来暗杀他。"司马昭患姜维数为寇,官骑路遗求为刺
客入蜀,从事中郎荀勖曰:'明公为天下宰,宜杖正义以伐违贰,而以
刺客除贼,非所以刑于四海也。'昭善之。"[4]蒋琬、费祎执政时期,姜
维屡次领兵征魏。在此十八年间,史籍所载他的北伐情况如下:

1. **延熙三年陇西之役(240)**。延熙元年(238)冬,姜维随从蒋

---

[1]《三国志》卷44《蜀书·姜维传》。
[2]《三国志》卷44《蜀书·姜维传》。
[3]《三国志》卷4《魏书·三少帝纪·陈留王奂》景元四年五月诏。
[4]《资治通鉴》卷78魏元帝景元三年。

琬进驻汉中。如前所述,至延熙五年(242)正月他率偏师返回涪县。在此时期,他曾经数次进攻魏境。《三国志》卷44《蜀书·姜维传》云:"(建兴)十二年,亮卒,维还成都,为右监军辅汉将军,统诸军,进封平襄侯。延熙元年,随大将军蒋琬住汉中。琬既迁大司马,以维为司马,数率偏军西入。六年,迁镇西大将军,领凉州刺史。"笔者按:蒋琬就任大司马是在延熙二年(239)三月①,而延熙四年(241)十月,朝廷派费祎赴汉中与蒋琬商议军政,姜维亦在场②,可见他在汉中前线数次伐魏应是在这两年半的时间之内,但是文献缺乏有关记载,明确记述的只有蜀延熙三年,即魏正始元年(240)一次。事见《华阳国志》卷7《刘后主志》:"[延熙]二年春三月,进大将军琬大司马,开府。……辅汉将军姜维领大司马司马。西征,入羌中。是岁魏明帝崩,齐王即位。"③《三国志》卷26《魏书·郭淮传》亦曰:"正始元年,蜀将姜维出陇西。淮遂进军,追至强中,维退,遂讨羌迷当等,按抚柔氏三千余落,拔徙以实关中。"卢弼注:"毛本'强'作'疆','强中'即'强川'。阚骃曰:强水出阴平西北强山,一曰强川。姜维之还也,邓艾遣王欣追败之强川口,即是地也。"④笔者按:卢弼释"强中"为"强川"(即白龙江,其

①《三国志》卷33《蜀书·后主传》延熙元年:"冬十一月,大将军蒋琬出屯汉中。二年春三月,进蒋琬位为大司马。"
②《三国志》卷33《蜀书·后主传》:"(延熙)四年冬十月,尚书令费祎至汉中,与蒋琬咨论事计,岁尽还。"又《三国志》卷44《蜀书·蒋琬传》曰蒋琬意欲乘汉水东下伐魏,"而众论咸谓如不克捷,还路甚难,非长策也。于是遣尚书令费祎、中监军姜维等喻指。"是表明费祎自成都前往,而姜维身在汉中且原本不赞同蒋琬东征之策,为朝廷明晓,故让他和费祎一起说服蒋琬改变主张。
③[晋]常璩著,任乃强校注:《华阳国志校补图注》卷7《刘后主志》,第404—405页。
④卢弼:《三国志集解》卷26《魏书·郭淮传》,第609页。

说见下文），似有些牵强，"强中"应从前述《华阳国志》记载为"羌中"，即羌族居住区，如前引《郭淮传》所言在陇西郡境①。梁允麟考证："魏陇西郡领县5，先治狄道，后治襄武。辖今甘肃临洮、渭源、陇西、漳县、岷县。"又云终魏之世，陇西郡西南部原汉朝枹罕、大夏、安故、白石、河关、氐道六县，"即今甘肃临洮南，临夏以东，武山、岷县以西地区仍没于羌、氐。荒废为旷野，为魏、蜀双方弃地。是后姜维伐魏多取道于此。"②

另外，卢弼之说还有一处不合情理，即姜维此番进军陇西郡是从汉中出征，不应返回白水关（今四川青川县东北沙州镇），再沿白龙江至阴平西北的强川口出境，这样行军是辗转迂回，绕了一个很大的弯路。蜀军自汉中赴陇西，应是走诸葛亮初出祁山的路线，即由沔阳（治今陕西勉县东）西行，至沮县（今陕西略阳县东）走"沮道"到武都郡治下辨（今甘肃成县西）、武都县，再北上建威（今甘肃西和县城附近），到今礼县境内渡西汉水，经南安郡界转赴陇西。建兴六年（228）春，诸葛亮兵至祁山后，曾派遣一支部队进攻陇西郡治襄武，为太守游楚所拒，走的就是上述路线③，姜维此番西征道路亦应与其相同。此外，建兴八年（230）冬，诸葛亮

①笔者按：古籍中的"陇西"有两种含义，或言陇山以西的黄土高原广袤区域，或言汉魏之陇西郡，在今甘肃省中西部。汉晋典籍对前一种含义均称"陇右"，以避免与后一种含义混淆；《三国志》亦然，其中言"陇西"者皆专指陇西郡。

②梁允麟：《三国地理志》，第203页。

③参见《三国志》卷15《魏书·张既传》注引《魏略》："太和中，诸葛亮出陇右，吏民骚动。天水、南安太守各弃郡东下，楚独据陇西，召会吏民……吏民遂城守。而南安果将蜀兵，就攻陇西。楚闻贼到，乃遣长史马颙出门设陈，而自于城上晓谓蜀帅，言：'卿能断陇，使东兵不上，一月之中，则陇西吏人不攻自服，卿若不能，虚自疲弊耳。'使颙鸣鼓击之，蜀人乃去。后十余日，诸军上陇，诸葛亮破走。"

在汉中，"使（魏）延西入羌中，魏后将军费瑶、雍州刺史郭淮与延战于阳溪，延大破淮等。"①前文已述，也是走上述路线到达与陇西郡交界之南安郡境的。严耕望考证唐代陇南交通时云成州（今甘肃成县）："西北至渭州、陇西郡（今陇西）三百八十里。此则三国以来由武都、仇池西北经石营、董亭（今陇西县西南）至南安（今陇西县东北渭水北）之道路也。"②

2. 延熙十年洮西之役（247）。即曹魏正始八年。当年魏国凉州若干羌族部落发动叛乱，请求蜀汉援救，被姜维领兵迎回。《三国志》卷33《蜀书·后主传》曰："（延熙）十年，凉州胡王白虎文、治无戴等率众降，卫将军姜维迎逆安抚，居之于繁县。"此番战役，《三国志》卷44《蜀书·姜维传》记载略详，说明他领兵到达过曹魏的陇西、南安、金城郡境，并在洮水西岸与魏军战斗，未言胜负。其文曰："（延熙）十年，迁卫将军，与大将军费祎共录尚书事。是岁，汶山平康夷反，维率众讨定之。又出陇西、南安、金城界，与魏大将军郭淮、夏侯霸等战于洮西。胡王治无戴等举部落降，维将还安处之。"胡三省对此役曾有说明，表示会战发生的洮水东西两岸分别是汉、羌二族居住活动之地域。"《水经注》：'洮水与蜀白水俱出西倾山，山南即白水源，山东即洮水源。洮水东流径吐谷浑中，又东径临洮、安故、狄道，又北至枹罕，入于河。'诸县皆在洮东，若洮西则羌虏所居也。"③据《三国志》卷26《魏书·郭淮传》叙述，羌胡的这次叛乱遍及四郡，声势浩大，又与蜀汉联络。"（正

---

①《三国志》卷40《蜀书·魏延传》。
②严耕望：《唐代交通图考》第三卷《秦岭仇池区》，第821页。
③《资治通鉴》卷75魏邵陵厉公正始八年。

始)八年,陇西、南安、金城、西平诸羌饿何、烧戈、伐同、蛾遮塞等相结叛乱,攻围城邑,南招蜀兵,凉州名胡治无戴复叛应之。"曹魏金城郡治允吾(今甘肃永靖县西北)、西平郡治西都(今青海西宁市),处于黄河兰州附近河段与青海湖以东的湟水流域。这次叛乱延续至次年,一度占据河关(今甘肃临夏县西北)、白土城(今青海西宁市东南),断绝雍凉二州交通,并包围凉州及武威郡治所姑臧,对曹魏在当地的统治构成严重的威胁,后来被魏将郭淮击败。"(正始)九年,遮塞等屯河关、白土故城,据河拒军。淮见形上流,密于下渡兵据白土城,击,大破之。治无戴围武威,家属留在西海。淮进军趣西海,欲掩取其累重,会无戴折还,与战于龙夷之北,破走之。令居恶虏在石头山之西,当大道止,断绝王使。淮还过讨,大破之。"①对于来援的蜀军,魏将夏侯霸领兵在为翅(今甘肃岷县东)进行阻击,郭淮随后又率众前来增援,迫使姜维撤退。"讨蜀护军夏侯霸督诸军屯为翅。淮军始到狄道,议者佥谓宜先讨定枹罕,内平恶羌,外折贼谋。淮策维必来攻霸,遂入沨中,转南迎霸。维果攻为翅,会淮军适至,维遁退。进讨叛羌,斩饿何、烧戈,降服者万余落。"②治无戴等兵败后沿洮水西岸南撤,姜维又前来接应,留阴平太守廖化在边境筑城固守③。郭淮与夏侯霸分

---

① 《三国志》卷 26《魏书·郭淮传》。

② 《三国志》卷 26《魏书·郭淮传》。

③ 《三国志》卷 26《魏书·郭淮传》:"姜维出石营,从强川,乃西迎治无戴,留阴平太守廖化于成重山筑城,敛破羌保质。(郭)淮欲分兵取之。诸将以维众西接强胡,化以据险,分军两持,兵势转弱,进不制维,退不拔化,非计也,不如合而俱西,及胡、蜀未接,绝其内外,此伐交之兵也。淮曰:'今往取化,出贼不意,维必狼顾。比维自致,足以定化,且使维疲于奔命。兵不远西,而胡交自离,此一举而两全之策也。'乃别遣夏侯霸等追维于沓中,淮自率诸军就攻化等。维果驰还救化,皆如淮计。"

兵两路对其进行攻击,又逼迫姜维回救廖化[①]。双方在洮水西岸交战后未分胜负,姜维遂带领治无戴等部众返回蜀国。

任乃强对此役分析评论道:"由《维传》言,是维先讨平康夷乱,因兵威遂出陇西,抚胡王治无戴等以袭南安与金城诸郡,与郭淮等战,未能克之,遂率诸降胡回蜀。由《后主传》言,则是维先出陇西,招降胡王治无戴等,率之还蜀。未言与郭淮等战者,未有胜负,但得其胡民,未得其地也。"[②]又云:"是此役连兵一年,地延五郡,南至沓中(今甘肃西固县地),西至西海(今青海湖畔),北逾西平(今西宁)、金城(今兰州),遥达武威(今甘肃河西武威县),东至安定(今镇原、泾川一带),羌胡蜂起,所在据险。蜀则大出军以应之。《郭淮传》中之'令居恶虏',盖即白虎文也。姜维究未能得郡县,但率诸胡王羌众归,未败耳。《淮传》夸言策中,未言战克,则蜀未败可知。在亮、维历次北伐用兵中,此次形势壮盛,约与初出祁山相当。于《后主传》不能不书。故曰《陈志·后主传》有脱文。按《常志》当如此补也。"[③]笔者按:姜维以区区万人之偏师远赴陇西等地,与优势敌兵屡番作战而未有败绩,最终成功接应羌众归蜀,已充分显示其军事才能。此役未能联合羌胡在当地立足,主要原因是姜维部下兵力太少,而执掌兵权的费祎没有出动大军增援,所以战果有限,自是在意料之中。

这次战役蜀军开赴魏境的行进路线,史籍所载相当简略,难以详察。如前所述,姜维率偏师转战陇西、南安、金城三郡,曾经

①《三国志》卷26《魏书·郭淮传》。
②[晋]常璩著,任乃强校注:《华阳国志校补图注》,第413—414页。
③[晋]常璩著,任乃强校注:《华阳国志校补图注》,第414页。

远赴洮西(今甘肃临夏回族自治州)。《三国志》卷26《魏书·郭淮传》记载了蜀军在正始八年(247)、九年(248)的两次行军作战地点(《后主传》仅记载为延熙十年),有所差异。前一次魏方预判蜀军会进攻为翅,即临洮(今甘肃岷县)东约百里的麹山,故先遣夏侯霸屯兵于此,后来郭淮又从狄道(今甘肃临洮市)南下增援,"维果攻为翅,会淮军适至,维遁退。"其中并未提到姜维从哪条道路开赴前线。从当时形势来看,为翅(麹山)东临南安郡的西南边界,姜维此后曾由武都(今甘肃成县西)、建威(今甘肃西和县)北上渡过漾水(今西汉水),然后"出石营,经董亭,围南安"①。胡三省曰:"石营在董亭西南,(姜)维盖自武都出石营也。"②严耕望云:"董亭在南安郡西南,石亭又在董亭西南。"③《读史方舆纪要》卷59曰:"石营,在(西和)县西北二百里。三国汉延熙十六年,姜维自武都出石营围狄道。又十九年姜维围祁山不克,出石营,经董亭趋南安,即此。"④胡、顾均认为姜维是从蜀汉武都郡境经石营进入魏南安郡界,而石营的位置西距麹山不逾百里⑤,蜀军应当是从那里转赴为翅的。可以参考《三国志》卷22《魏书·陈泰传》:"雍州刺史王经白泰,云姜维、夏侯霸欲三道向祁山、石营、金城,求进兵为翅,使凉州军至枹罕,讨蜀护军向祁山。"这里说得很清楚,王经请求在蜀军来犯的三条路线上分别设防,镇守枹罕(治今甘肃临夏县东北)显然是阻止敌兵沿洮水西岸北赴金城,进兵为翅则

---

①《三国志》卷44《蜀书·姜维传》。

②《资治通鉴》卷76魏邵陵厉公嘉平五年四月胡三省注。

③严耕望:《唐代交通图考》第三卷《秦岭仇池区》,第821页。

④[清]顾祖禹:《读史方舆纪要》卷59《陕西八·巩昌府》,第2825页。

⑤参见谭其骧主编:《中国历史地图集》第三册《三国·西晋》魏雍州图,第15—16页。

是抵御从石营方向东来的蜀军。

前述《郭淮传》提到的后一次作战（正始九年），"姜维出石营，从强川，乃西迎治无戴，留阴平太守廖化于成重山筑城，敛破羌保质。"文中所说的"强川"是指"强（羌）水"，即今白龙江。参见《水经注》卷20《漾水》："阚骃曰：强水出阴平西北强山，一曰强川。姜维之还也，邓艾遣天水太守王颀败之于强川，即是水也。其水东北（杨守敬按：以图证之，当作东南），径武都、阴平、梓潼、南安入汉水。"杨守敬疏云："此皆指郡言。武都、阴平二郡见前。梓潼郡见《梓潼水注》。强水径武都郡南，阴平郡东，据《晋志》径梓潼郡之白水县东，汉德、晋寿等县北。惟南安郡，《元和志》剑州下称宋置此郡者，即今剑州治。"①此处所言强水汇入之"汉水"即西汉水、今嘉陵江。白龙江发源于今甘川交界的郎木寺，经甘南高原的峡谷地带奔流东行，经过今甘肃迭部、舟曲、武都等县，南下至阴平桥头（今甘肃文县东）与白水江汇合，再东南流经白水关（今四川青川县东北沙州镇），至葭萌（今广元市西南昭化镇）入嘉陵江。《水经注》卷32《羌水》亦云："羌水又东南流至桥头合白水，东南去白水县故城九十里。"从魏晋史籍来看，姜维"出石营，从强川"而赴洮西的路线，可能是先从武都赴石营西行受阻，然后撤回桥头，再溯白龙江进入甘南高原峡谷地带，沿途经过重镇沓中。据裴卷举等《沓中考》研究，蜀军在此屯垦的驻地位于今甘南藏族自治州舟曲县大峪乡和武坪乡境内②。沓中群山环抱，土地肥沃，利于垦殖及防守，故姜维曾在此屯田并建设成为前线基地。自沓中溯强

①［北魏］郦道元注，［民国］杨守敬、熊会贞疏：《水经注疏》卷20《漾水》，第1720页。
②裴卷举、王俊英：《沓中考》，《西北史地》1997年第2期。

水(即白龙江)西行,则是另一要成甘松(今甘肃迭部县东卡坝)。曹魏灭蜀之役,指示陇右魏军两路出击。"今使征西将军邓艾督帅诸军,趣甘松、沓中以罗取维,雍州刺史诸葛绪督诸军趣武都、高楼,首尾蹴讨。"①《读史方舆纪要》卷 60 记载甘松在洮州(今甘肃临潭县)卫所西南:"甘松城,在卫西南。蜀汉景曜末姜维败于侯和,退屯沓中,司马昭遣邓艾自狄道趋甘松、沓中以缀姜维。志云:甘松本生羌地,张骏置甘松护军于此。乞伏国仁时置甘松郡。"②宋白考证其地望即北周与隋、唐之芳州治所常芬县③,在今甘肃迭部县东达拉沟口卡坝附近。笔者按:中古陇蜀交界地带称"甘松"者有两地,另一处在今松潘西北之甘松岭,史家经常将两处混淆④。由甘松城再溯羌水(即强水)西行即抵达隋唐叠州(今甘肃迭部县)。甘松、沓中地区向北有道路穿越迭山和南秦岭山脉的峡谷,渡过洮水即进入洮西区域⑤。当时羌王治无戴围攻武

---

① 《三国志》卷 4《魏书·三少帝纪·陈留王奂》景元四年五月诏。

② [清]顾祖禹:《读史方舆纪要》卷 60《陕西九·洮州卫》,第 2892 页。

③ 《资治通鉴》卷 202 唐高宗仪凤元年闰月胡三省注:"宋白曰:叠州常芬县,旧为吐谷浑所据,周武成三年,逐诸羌,始有其地,乃于三交筑城,置甘松防,又为三川县,以隶常香郡。建德三年,改三川为常芬县,仍立芳州,以邑隶焉,取地多芳草以名州。隋废州,唐复置。"

④ 笔者按:《隋书》卷 29《地理志上》明确记载,宕昌郡怀道县"后周置甘松郡",汶山郡通轨县有甘松山,即为两地。胡三省注《资治通鉴》卷 78 魏元帝景元四年正月"遣征西将军邓艾督三万余人自狄道趣甘松"句曰:"甘松,本生羌之地,张骏置甘松护军,乞伏国仁置甘松郡。后魏时,白水羌朝贡,置甘松县,太和六年,改置扶州。隋改甘松为嘉诚县,属同昌郡。唐武德初,置松州,取甘松岭为名,且其地产甘松也。"即将芳州、松州两处甘松混为一谈。[清]顾祖禹《读史方舆纪要》卷 60《陕西九·洮州卫》甘松城条亦然,第 2892 页。

⑤ 参阅严耕望:《唐代交通图考》第四卷《山剑滇黔区》篇二五《岷山雪岭地区松茂等州交通网》:"就史证参今地,唐世洮、叠、芳、松道,当即由今洮州旧城西南渡洮水,循车坝沟或卡车沟而南,逾叠山石门,至札朵那及包座河口,唐叠州当在此地区。(转下页)

威不利,回师西海(今青海湖)又被郭淮击败,随后沿洮水西岸南撤,准备与前来接应的蜀军会合。而蜀军此前自石营赴为翅受阻,不得过临洮,故撤回后改"从强水",应是沿白龙江西北而行,过沓中、甘松北渡洮水,击退魏兵后汇合羌众撤退。"与魏大将军郭淮、夏侯霸等战于洮西。胡王治无戴等举部落降,维将还安处之。"[①]姜维此前"留阴平太守廖化于成重山筑城,敛破羌保质"[②]。谢钟英曰:"成重山当在狄道之西,羌中西倾山之东。"[③]所言较为含混。值得注意的是,此番战役后期,郭淮"乃别遣夏侯霸等追(姜)维于沓中"[④]。这表明姜维与羌众的撤退路线是从洮西南渡洮水,穿越叠(迭)山进入白龙江河谷,然后经沓中返回蜀国的。沓中东南至阴平(今甘肃文县)有数条道路[⑤],均可通往桥头,转赴

---

(接上页)又东南循白龙江至达拉沟口,唐芳州当在此地区。"第 955 页。又云:"自洮河出叠山至达拉沟之通道有三。其一,自洮州旧城西南渡洮,溯宽敞之车巴沟(《民国地图集》作车坝沟),又南行叠山北麓,通过无数崎岖栈道,攀越叠山石门,至札轧那寺(当即《民国地图集》之札朵那),南至白龙江,循江东南至达拉沟口。其二,自洮州旧城西南渡洮,溯卡车沟,攀登叠山石门,与第一路合。其三,自洮州旧城东南出卓尼,折入大峪沟,南逾叠山之另一石门,顺泥巴沟(《民国地图集》有拉巴子沟,可能即泥巴沟),至白龙江,溯江西南至达拉沟口。凡此三线,要以第一线为甘、川间最重要道路之一,特达拉沟绾毂诸线,固无怪其早在元兵南下平滇之时即已获得显著之地位也。"第 956 页。

① 《三国志》卷 44《蜀书·姜维传》。

② 《三国志》卷 26《魏书·郭淮传》。

③ 卢弼:《三国志集解》卷 26《魏书·郭淮传》引谢钟英曰,第 610 页。

④ 《三国志》卷 26《魏书·郭淮传》。

⑤ 裴卷举、王俊英指出,如从沓中沿白水(今白龙江)干流而下至阴平,路程较长,另有多条捷径接通两地。其一,从大峪沿拱坝河东下,越拱坝梁,出博峪沟径至阴平;其二,从大峪到沙滩,南行跋涉武坪大海沟林间古道,越青山梁至南坪,沿黑河南至阴平;其三,从拱坝河畔进插岗沟越插岗岭,入峪沟,再沿白水江到阴平;其四,从拱坝河进入铁坝沟,越木头岭,亦进入白水江河谷,顺流可至阴平。《沓中考》,《西北史地》1997 年第 2 期。

白水关,再抵达剑阁。这条路线是姜维数次北伐洮水流域的往返途径,也是蜀亡前夕他从沓中撤退至剑阁坚守的道路。

严耕望根据唐宋时川陇交通的情况考察,认为蜀地通往岷州(秦汉临洮县,今甘肃岷县)还有一条道路,是从白水关经桥头溯羌水(今白龙江)西北而行,经今甘肃武都县东南的葭芦城、覆津县和武州到达宕州(治今甘肃舟曲县西)境内,再由今宕昌县两河口循羌水支源(今发源于岷县之岷江)西北上行,经良恭县逾岭至岷州(今甘肃岷县),即进入洮水流域,并认为这也是三国姜维北伐的道路之一。"北宋张舜民记自岷州东南行经宕、阶(宋治福津县),至临江寨,沿流行程栈道险绝,山水亦秀绝。此即中古时代蜀中与西北域外贸易之一主道;蜀汉姜维经营洮水沓中,盖亦取此道;惟行程不详耳。"[1]不过,张舜民《画墁录》称这条道路至宋代依然艰险难行,"自岷州趋宕州,沿水而行,稍下行大山中,入栈路,或百十步复出,略崖险岑,不克乘骑,必步至临江寨,得白江,至阶州复七八日。"顾祖禹曰:"其所经皆使传所不能达也。"[2]若是大军出入,辎重来往则非常困难。另外,自两河口溯岷江北上的道路并不经过沓中,史籍亦未见到姜维沿此途径伐魏的确切记载。

3. 延熙十二年麴山之役(249)。是岁即魏嘉平元年,司马懿在正月发动高平陵事变,诛灭曹爽及其势力,陇右魏将夏侯霸恐受株连而归降蜀汉。蜀国认为有机可乘,在四月命令姜维再次北

---

①严耕望:《唐代交通图考》第三卷《秦岭仇池区》,第 823 页。
②［清］顾祖禹:《读史方舆纪要》卷 60《陕西九·岷州卫》,第 2900 页。

征陇西①。《三国志》卷 22《魏书·陈泰传》："嘉平初,代郭淮为雍州刺史,加奋威将军。蜀大将军姜维率众依麹山筑二城,使牙门将句安、李歆等守之,聚羌胡质任等寇逼诸郡。"如前所述,麹山又称为翅,在临洮(今甘肃岷县)之东约百里。前述正始八年(247)凉州羌乱,姜维率军来援,曹魏发兵阻击,"讨蜀护军夏侯霸督诸军屯为翅"②,即在当地。姜维于麹山筑城留兵戍守后离开此地,二城随即被魏军围困,姜维闻讯来援,在牛头山(在麹山西南,洮水南岸③)与魏将陈泰相距。"(郭)淮从(陈)泰计,使泰率讨蜀护军徐质、南安太守邓艾等进兵围之,断其运道及城外流水。(句)安等挑战,不许,将士困窘,分粮聚雪以稽日月。维果来救,出自牛头山,与泰相对。"④陈泰与郭淮商议,分兵夹击,欲截断蜀军后路,姜维被迫撤走,麹山两城粮尽水绝,只得投降。"(陈)泰曰:'兵法贵在不战而屈人。今绝牛头,维无反道,则我之禽也。'敕诸军各坚垒勿与战,遣使白淮,欲自南渡白水,循水而东,使淮趣牛头,截其还路,可并取维,不惟安等而已。淮善其策,进率诸军军洮水。维惧,遁走。安等孤县,遂皆降。"⑤魏军随后在麹城留兵屯

---

① 《三国志》卷 33《蜀书·后主传》:"(延熙)十二年春正月,魏诛大将军曹爽等,右将军夏侯霸来降。夏四月,大赦。秋,卫将军姜维出攻雍州,不克而还。将军句安、李韶降魏。"

② 《三国志》卷 26《魏书·郭淮传》。

③ 《资治通鉴》卷 75 魏邵陵厉公嘉平元年四月胡三省注:"牛头山盖在洮水之南,以形名山。"[清]顾祖禹:《读史方舆纪要》卷 60《陕西九·岷州卫》:"牛头山,在卫东南。魏收《志》阶陵县有牛头山。《五代志》:'牛头山在成州上禄县界,又东北即麹山也。'"第 2899 页。

④ 《三国志》卷 22《魏书·陈泰传》。

⑤ 《三国志》卷 22《魏书·陈泰传》。

驻，"因置戍守于此，为拒蜀要地。"①

　　另据史籍所载，魏军对麹城围攻时间拖延很长，当时驻守关中的司马昭进兵骆谷，佯作攻击汉中，姜维恐怕后方有失，这才放弃对句安、李歆的救援。"蜀将姜维之寇陇右也，征西将军郭淮自长安距之。进帝位安西将军、持节，屯关中，为诸军节度。淮攻维别将句安于麹，久而不决。帝乃进据长城，南趣骆谷以疑之。维惧，退保南郑，安军绝援，帅众来降。"②曹魏后期名将邓艾时任南安太守，在姜维退兵后保持警惕，留驻白水（今白龙江）北岸，并挫败了他偷袭洮城的企图。事见《三国志》卷28《魏书·邓艾传》："出参征西军事，迁南安太守。嘉平元年，与征西将军郭淮拒蜀偏将军姜维。维退，淮因西击羌。艾曰：'贼去未远，或能复还，宜分诸军以备不虞。'于是留艾屯白水北。三日，维遣廖化自白水南向艾结营。艾谓诸将曰：'维今卒还，吾军人少，法当来渡而不作桥。此维使化持吾，令不得还。维必自东袭取洮城。'洮城在水北，去艾屯六十里。艾即夜潜军径到，维果来渡，而艾先至据城，得以不败。"熊会贞曰："据《通鉴》洮城在白水北，去艾屯六十里。洮城近洮水，则艾所屯，当是今祥楚河下流，清江之北。"③任乃强认为姜维在牛头山退兵后转向西进，与邓艾周旋的地点在魏临洮西南。"此役战地在洮水与白水二河谷间，即今甘肃岷县以西，宕昌、会川、临洮一带。"又云："句安后随邓艾入蜀，见《艾传》。"④

①［清］顾祖禹：《读史方舆纪要》卷60《陕西九》，第2898页。
②《晋书》卷2《文帝纪》。
③［北魏］郦道元注，［民国］杨守敬、熊会贞疏：《水经注疏》卷20《漾水》，第1711页。
④［晋］常璩著，任乃强校注：《华阳国志校补图注》，第415—416页。

笔者按：姜维此番进军路线似应与上次北伐途径相同，即从武都、建威至石营后西行到达麹山。但因句安等降魏后麹城被敌军占据利用，蜀汉出师走这条道路会受到明显阻碍，故此后再未见到姜维对麹山、为翅发起进攻。

4. 延熙十三年西平之役(250)。史籍记载这次战役的时间略有差异，《三国志》卷33《蜀书·后主传》云："(延熙)十三年，姜维复出西平，不克而还。"而同书卷44《蜀书·姜维传》则曰："(延熙)十二年，假维节，复出西平，不克而还。"如前所述，魏西平郡治西都(今青海西宁市)，位于湟水下游区域。距离蜀汉发兵的涪县(今四川绵阳市)相当遥远，山路行进艰难，拖延时日。故笔者推测，或许是在延熙十二年(249)秋冬出征，逾岁才到达西平郡境作战，因为未能迅速攻陷郡城、粮草不济而撤兵。姜维此番出征的具体行程缺乏记载，按此前进军情况判断，应是仍走阴平道至桥头，溯白龙江西北行至沓中、甘松，然后北渡洮水至洮阳(今甘肃临潭县)，在羌族活动区域沿洮水西岸北上。洮水在魏金城郡治允吾(今甘肃永靖县)汇入黄河，沿河岸北进在兰州市西至河湟交汇之处[1]，再溯湟水西行数日，即抵达西平郡治西都。《读史方舆纪要》卷64言西宁镇："湟水废县，今镇治。汉为破羌县地，属金城郡。后汉建安中置西都县，为西平郡治。"又引《水经注》云："湟水经湟中城，又东经临羌、破羌、允街、枝阳、金城而合于大河。"[2]

从汉末三国历史来看，西平当地豪族对曹魏统治心怀不满，

---

[1] 〔清〕顾祖禹：《读史方舆纪要》卷60《陕西九·临洮府》兰州目下曰："河会城，在州西。……《水经注》：'湟河至允吾与大河会，河会城盖在二河之会也。'"第2873页。

[2] 〔清〕顾祖禹：《读史方舆纪要》卷64《陕西十三》，第3007页，3011页。

屡屡暴动,或收容叛逆势力。如建安十七年(212)韩约(即韩遂)在关中被曹操击败,随后投靠西平郭宪①。建安二十四年(219),"太祖崩,西平麹演叛,称护羌校尉。(苏)则勒兵讨之。"②《三国志》卷15《魏书·张既传》亦曰:"武威颜俊、张掖和鸾、酒泉黄华、西平麹演等并举郡反,自号将军,更相攻击。"魏明帝太和元年(227),"西平麹英反,杀临羌令、西都长,遣将军郝昭、鹿磐讨斩之。"③再加上当地羌族的频繁叛乱,使曹魏在当地的统治很不稳定。蜀汉因此决定发兵远征,企图联络那里的羌汉豪酋,在西北建立一块反魏的根据地,可惜未能成功。姜维这次孤军深入敌境,从蜀中赴西平往返数千里,其领兵不过万人,却面对优势敌兵屡战不殆,全师而还,堪称壮举。

## 四、姜维统军时期的北伐与兵力部署变化

### (一)费祎被刺对蜀汉军政局势的影响

姜维出征西平俘获了曾任魏中郎的当地豪族郭脩(修),带回国后他表示愿意归降并担任官职,实际上意欲乘机刺杀蜀汉君主重臣,并于三年之后得逞。"(延熙)十六年春正月,大将军费祎为

①《三国志》卷11《魏书·王脩传》注引《魏略》:"郭宪字幼简,西平人,为其郡右姓。建安中为郡功曹,州辟不就,以仁笃为一郡所归。至十七年,韩约失众,从羌中还,依宪。"
②《三国志》卷16《魏书·苏则传》。
③《三国志》卷3《魏书·明帝纪》。

魏降人郭脩所杀于汉寿。"①《魏氏春秋》曰："(郭)脩字孝先,素有业行,著名西州。姜维劫之,脩不为屈。刘禅以为左将军。脩欲刺禅而不得亲近,每因庆贺,且拜且前,为禅左右所遏,事辄不克,故杀祎焉。"②魏帝曹芳下诏褒奖曰:"故中郎西平郭脩,砥节厉行,秉心不回。乃者蜀将姜维寇钞脩郡,为所执略。往岁伪大将军费祎驱率群众,阴图窥窬,道经汉寿,请会众宾,脩于广坐之中手刃击祎,勇过聂政,功逾介子,可谓杀身成仁,释生取义者矣。"③这次暗杀事件对蜀汉国势的发展趋向发生了重要影响。首先,费祎执政稳健,维持了诸葛亮、蒋琬以来益州社会较为安定的局面;而在他去世之后,朝政渐被宦官黄皓等奸佞操纵。《华阳国志》卷7《刘后主志》曰:"祎当国[功]名略与蒋琬比,而任业相继,虽典戎于外,庆赏刑威,咸咨于己。承诸葛之成规,因循不革,故能邦家和壹。自祎殁后,阉宦秉权。"④就个人能力而言,他也远远超过朝内的同僚。《费祎别传》曰:"于时军国多事,公务烦猥,祎识悟过人,每省读书记,举目暂视,已究其意旨,其速数倍于人,终亦不忘。常以朝晡听事,其间接纳宾客,饮食嬉戏,加之博弈,每尽人之欢,事亦不废。董允代祎为尚书令,欲斅祎之所行,旬日之中,事多愆滞。允乃叹曰:'人才力相县(悬)若此甚远,此非吾之所及也。听事终日,犹有不暇尔。'"⑤其次,费祎治国持重谨慎,他认为在当前形势下蜀汉北伐中原没有可能获得成功,所以在军事战略上比蒋

①《三国志》卷33《蜀书·后主传》。
②《三国志》卷4《魏书·三少帝纪》嘉平五年八月注引《魏氏春秋》。
③《三国志》卷4《魏书·三少帝纪》嘉平五年八月诏。
④[晋]常璩撰,刘琳校注:《华阳国志校注》,第582页。
⑤《三国志》卷44《蜀书·费祎传》注引《祎别传》。

琬更为保守,根本不愿大举出兵伐魏,与急于建功的姜维意见相左。《三国志》卷44《蜀书·姜维传》曰:"维自以练西方风俗,兼负其才武,欲诱诸羌、胡以为羽翼,谓自陇以西可断而有也。每欲兴军大举,费祎常裁制不从,与其兵不过万人。"他曾对姜维说:"吾等不如丞相亦已远矣;丞相犹不能定中夏,况吾等乎! 且不如保国治民,敬守社稷,如其功业,以俟能者,无以为希冀徼幸而决成败于一举。若不如志,悔之无及。"①费祎死后,姜维执掌军权,随即开始施行其大举北伐的计划。

### (二)姜维在蜀汉后期的六次北伐

据史籍所载,从费祎被刺当岁(253)至蜀汉灭亡前夕(262),姜维在这十年之内率领数万军队共向曹魏雍凉地区发动了六次进攻。其中每次战役的具体过程以及进兵路线见如下考述:

1. 延熙十六年南安之役(253)。《三国志》卷33《蜀书·后主传》记载费祎遇害当年,"夏四月,卫将军姜维复率众围南安,不克而还。"如前所述,魏南安郡治獂道(今甘肃陇西县东南)。姜维本传对这次战役记述略为详细,包括他进兵的路线和魏军的救援行动。"夏,维率数万人出石营,经董亭,围南安,魏雍州刺史陈泰解围至洛门,维粮尽退还。"笔者按:洛门即今甘肃武山县东洛门镇,曹魏援兵是从上邽(今甘肃天水市秦州区)沿渭水西行而来。《资治通鉴》卷76魏邵陵厉公嘉平五年(253)记载:"及祎死,维得行其志。"胡三省注:"费祎死,蜀诸臣皆出维下,故不能裁制之。"需要说明的是,姜维此番出征是吴、蜀联合向曹魏发起的大规模军

---

①《三国志》卷44《蜀书·姜维传》注引《汉晋春秋》。

事行动。同年三月,孙吴权臣诸葛恪"违众出军,大发州郡二十万众"①,进攻淮南。"夏四月,围新城,大疫,兵卒死者大半。秋八月,恪引军还。"②此前诸葛亮与孙权结盟后,双方往往事先联络,东西同时出兵伐魏,使敌人首尾难顾③。这次两国联手大举进攻,给予曹魏政权很大的震动,以致朝内人心惶惶。《汉晋春秋》记载权臣司马师向谋士虞松征求对策,并采纳了他在东线缓守、西线急救的建议。"是时姜维亦出围狄道。司马景王问虞松曰:'今东西有事,二方皆急,而诸将意沮,若之何?'松曰:'昔周亚夫坚壁昌邑而吴楚自败,事有似弱而强,或似强而弱,不可不察也。今(诸葛)恪悉其锐众,足以肆暴,而坐守新城,欲以致一战耳。若攻城不拔,请战不得,师老众疲,势将自走,诸将之不径进,乃公之利也。姜维有重兵而县(悬)军应恪,投食我麦,非深根之寇也。且谓我并力于东,西方必虚,是以径进。今若使关中诸军倍道急赴,出其不意,殆将走矣。'景王曰:'善!'乃使郭淮、陈泰悉关中之众,解狄道之围;救毌丘俭等案兵自守,以新城委吴。姜维闻淮进兵,军食少,乃退屯陇西界。"④虞松认为蜀军人数虽众但粮草不足,只是乘陇右麦熟之际进军掠食,难以久留,其预测相当准确,前述姜维本传亦言蜀军是"粮尽而还"。

---

① 《三国志》卷 64《吴书·诸葛恪传》。
② 《三国志》卷 48《吴书·三嗣主传·孙亮》建兴二年。
③ 例如《三国志》卷 47《吴书·吴主传》嘉禾三年:"夏五月,权遣陆逊、诸葛瑾等屯江夏、沔口,孙韶、张承等向广陵、淮阳,权率大众围合肥新城。是时,蜀相诸葛亮出武功。"《三国志》卷 47《吴书·吴主传》赤乌四年注引《汉晋春秋》载殷礼建议当年北伐:"使强者执戟,羸者转运,西命益州军于陇右,授诸葛瑾、朱然大众,指事襄阳,陆逊、朱桓别征寿春,大驾入淮阳,历青、徐。"
④ 《三国志》卷 4《魏书·三少帝纪·齐王芳》嘉平五年五月注引《汉晋春秋》。

　　关于蜀魏此役的作战地点,《汉晋春秋》记载姜维围困狄道(今甘肃临洮市),魏军"解狄道之围",该城属陇西郡。而前引《三国志》中《后主传》与《姜维传》是说蜀兵经石营、董亭围攻南安(郡城),并非在陇西郡战斗。《资治通鉴》卷76魏邵陵厉公嘉平五年载姜维:"乃将数万人出石营,围狄道。"是采取了调和两种记载的处理方法,不过笔者认为这样似有欠妥之处。因为如果蜀军从位于南安郡西南的石营出发去围攻洮水东岸的狄道,只有两条道路可走。其一是从石营北赴董亭、南安郡治獂道(治今甘肃陇西县东南),再西过陇西郡治襄武(今甘肃陇西县),才能往西抵达狄道。若是沿此路线前进,则无法迅速攻陷这两座设防严密的郡城;要是绕过它们继续前行,把自己的退路和后勤供应队伍抛在身后,那就会被獂道、襄武的敌兵截断,后果不堪设想,所以此路断不可用。其二是从石营西行,经过麴山,抵达临洮(今甘肃岷县),然后沿洮水东岸北上,方可到狄道城下。由于此前句安投降,麴城失守后一直由魏军据守,因此这条道路也无法使用。故笔者判断,《资治通鉴》据《汉晋春秋》所言姜维率师出石营,围攻狄道一事相当可疑,还需补充其他佐证方可令人信服。相形之下,《三国志》中《后主传》与《姜维传》是说蜀兵经石营、董亭围攻南安的战役经过和进军路线则比较合乎情理。此外,《华阳国志》卷7《刘后主志》延熙十六年亦云:"四月,(姜)维将数万攻南安。魏雍州刺史陈泰救之。维粮尽,还。"[1]表明陈寿的相关记载有着更多的证据,因而是比较可信的。

　　对于蜀军的行程,胡三省曰:"石营在董亭西南,(姜)维盖自

---

[1]［晋］常璩撰,刘琳校注:《华阳国志校注》,第582页。

武都出石营也。"①如前所述,漾水(今礼县境内西汉水盐官川河段)以南的武都郡为蜀汉境域,姜维此番出征的路线应是从郡治下辨(今甘肃成县)西至武都县(今甘肃成县西),再北上建威(今甘肃西和县),渡过漾水后可以西行过今礼县至石营。这里还有一个问题,就是蜀军从后方(成都或涪县)经过哪条道路到达武都前线?史籍对此并无明确记载,从当时的情况来看,存在着两条交通路线。第一条是出剑阁至汉寿,沿白水即今白龙江西北行,过白水关到阴平桥头,再北赴武街,或作武阶,即甘肃省武都县(今陇南市武都区),然后北赴下辨、蜀汉武都县至建威、石营。曹魏灭蜀之役中,诸葛绪领兵自祁山、建威、武街南下②,到阴平桥头堵截姜维,走的就是这条道路③。"武街"地望,旧说为下辨④。严耕望曾作《武街与武阶辨》,指出古籍中数见武街地名,非在一处,此武街位于今甘肃武都县(现陇南市武都区),在下辨西南二百里以上。"就《魏志·钟会传》与《通鉴》景元三年(笔者按:应为'四年')《纪》书诸葛绪进军路线而言,由祁山,经建威,至桥头。是由

---

① 《资治通鉴》卷76魏邵陵厉公嘉平五年夏胡三省注。

② 参见《晋书》卷2《文帝纪》景元四年:"于是征四方之兵十八万,使邓艾自狄道攻姜维于沓中,雍州刺史诸葛绪自祁山军于武街,绝维归路。"《三国志》卷44《蜀书·姜维传》:"及钟会将向骆谷,邓艾将入沓中,然后乃遣右车骑廖化诣沓中为维援,左车骑张翼、辅国大将军董厥等诣阳安关口以为诸围外助。比至阴平,闻魏将诸葛绪向建威,故住待之。月余,维为邓艾所摧,还住阴平。"

③ 参见《三国志》卷28《魏书·钟会传》:"(景元)四年秋,乃下诏使邓艾、诸葛绪各统诸军三万余人,艾趣甘松、沓中以连缀维,绪趣武街、桥头绝维归路。"

④ 《资治通鉴》卷78魏元帝景元四年五月:"诏诸军大举伐汉,遣征西将军邓艾督三万余人自狄道趣甘松、沓中,以连缀姜维;雍州刺史诸葛绪督三万余人自祁山趣武街桥头,绝(姜)维归路。"胡三省注:"(李)贤曰:下辨县属武都郡,今成州同谷县,旧名武街城。《水经注》:浊水径武街城南。"

西汉水上源度入白龙江流域,其所经之武街,必即平洛水发源处之武街,非成县之武街也。"①第二条道路是出白水关后东北行,至关头(今陕西宁强县阳平关镇),然后沿嘉陵江北上至武兴(今陕西略阳县),转入"沮道",经今青泥河西北行至下辨、武都,再北上建威、石营。这条路线的便利之处是沿途有多处可以借助河流漕运。邓艾曾言蜀军在陇右作战拥有五项优势,其中"彼以船行,吾以陆军,劳逸不同,三也"②。胡三省对此注曰:"言蜀船自涪戍白水,可以上沮水,由沮水入武都下辨,自此而西北,水路渐峻狭,小舟犹可入也,魏军度陇而西,皆陆行。"③由于上述优点,笔者判断蜀军此次北出石营、董亭,走第二条道路即水路的可能性要更大一些。

2. 延熙十七年狄道、襄武之役(254)。当年即曹魏正元元年。四月,魏"狄道长李简密书请降于汉。六月,姜维寇陇西"④。蜀国接到李简送来的降书时,群臣多不信任。"众议狐疑,而(张)嶷曰必然。"⑤因而坚定了姜维出征的决心,结果顺利占领了该地。"既到狄道,(李)简悉率城中吏民出迎军"⑥;蜀军得以利用城内的粮草积储继续作战,"卫将军姜维率嶷等因(李)简之资以出陇西。"⑦《三国志》卷44《蜀书·姜维传》记载蜀军自狄道东进,围攻陇西郡治襄武,并击败曹魏救兵,攻占附近诸县,撤退时将居民迁徙到蜀

①严耕望:《唐代交通图考》第三卷《秦岭仇池区》,第847页。
②《三国志》卷28《魏书·邓艾传》。
③《资治通鉴》卷77魏高贵乡公甘露元年六月胡三省注。
④《资治通鉴》卷76魏高贵乡公正元元年。
⑤《三国志》卷43《蜀书·张嶷传》注引《益部耆旧传》。
⑥《三国志》卷43《蜀书·张嶷传》。
⑦《三国志》卷43《蜀书·张嶷传》。

国境内。"进围襄武,与魏将徐质交锋,斩首破敌,魏军败退。(姜)维乘胜多所降下,拔河关、狄道、临洮三县民还。"胡三省曰:"河关县,前汉属金城郡,后汉属陇西郡。以地里考之,河关、临洮在狄道西,姜维自狄道西拔河关、临洮,意欲收魏之边县以自广耳。"①任乃强考证河关地望,"按今地推,今甘肃永靖县,即汉河关县地。"又云:"'临洮',亦陇西属县。今甘肃岷县,盖其故城也。洮水自西来,至是,折而北流,经狄道,至河关县东入黄河。"②蜀军在这次作战中屡屡获胜,但折损了荡寇将军张嶷。"军前与魏将徐质交锋,嶷临阵陨身,然其所杀伤亦过倍。"③

关于姜维此番进军路线,任乃强判断应是出白水关后,溯白龙江经桥头、阴平抵达临洮(今甘肃岷县),再沿洮水东岸北上进至狄道。"(洮水)沿流有路自岷县南逾浅岭入白龙江河谷,通武都、阴平。汉时,洮水与白龙江以内为汉民住区,以外为羌民住区。仅微有互渗而已。姜维数出陇西,皆循此白龙江与洮水一线进军,外连羌众以规陇右。进则图据陇西、金城、武威、安定、北地诸郡,退则徙所曾占领地域之民于蜀,空其地以利羌民之内徙。盖诸羌遥附于蜀,故以羌民进住洮水以东为蜀利也。"④笔者认为,就史籍所载而言,蜀军的作战经过是先进占狄道,然后北取河关,南下临洮⑤。

---

① 《资治通鉴》卷76魏高贵乡公正元元年十月。
② [晋]常璩著,任乃强校注:《华阳国志校补图注》,第419页。
③ 《三国志》卷43《蜀书·张嶷传》。
④ [晋]常璩著,任乃强校注:《华阳国志校补图注》,第419页。
⑤ 《资治通鉴》卷76魏高贵乡公正元元年十月:"汉姜维自狄道进拔河间、临洮。将军徐质与战,杀其荡寇将军张嶷,汉兵乃还。"胡三省注:"'河间',当作'河关'。河关县,前汉属金城郡,后汉属陇西郡。以地里考之,河关、临洮在狄道西,姜维自狄道西拔河关、临洮,意欲收魏之边县以自广耳。"

可见姜维占领狄道之前临洮县由魏军戍守,蜀军由当地北上狄道会遭遇敌兵阻击;而临洮及洮水以西是羌族居住地区,没有曹魏驻军,蜀军在那里活动不会遇到抵抗,所以姜维很可能不是在今岷县以南进入魏境,而是经过沓中、甘松等地,在岷县以西的今甘肃临潭县境渡过洮水,沿其西岸北进,然后东渡进占狄道城,再以此为据点向襄武、河关与临洮等地发起攻击。

姜维的这次北伐虽然未能巩固战果,最终放弃了三县领土,但是他攻城略地,屡次交锋获胜,又挟带大量居民回国,已经是功勋卓著了。任乃强对此评论道:"又汉魏六朝时期,战争之目的,主要在于得其地而有其民,其次为得其民而不得其地。若刘备之于汉中'得其地而不得其民',则时人以为'不利'(在《先主传》),斯为下矣。缘汉魏时口赋至重,往往过于田赋。而徭役繁多,动有待于民力。故争民之战,尤重于争地云。"①由此可见姜维此番作战之成功,但仍因兵员或粮饷的欠缺而没有能够在洮水流域立足常驻。

3. **延熙十八年洮西、狄道之役**(255)。在曹魏正元二年。姜维这次北伐的准备有几点值得注意:首先,此番出征和上次间隔时间很短。"(延熙)十八年春,姜维还成都。夏,复率诸军出狄道。"②蜀汉军队没有经过较长的休整,就再次投入远征,反映了姜维求战心切的急迫情绪。其次,遭到少数蜀国军政官员公开反对。《三国志》卷45《蜀书·张翼传》曰:"(延熙)十八年,与卫将军姜维俱还成都。维议复出军,唯翼廷争,以为国小民劳,不宜黩

---

① [晋]常璩著,任乃强校注:《华阳国志校补图注》,第419页。
② 《三国志》卷33《蜀书·后主传》。

武。维不听,将翼等行,进翼位镇南大将军。维至狄道,大破魏雍州刺史王经,经众死于洮水者以万计。翼曰:‘可止矣,不宜复进,进或毁此大功。’维大怒,曰:‘为蛇画足。’维竟围经于狄道,城不能克。自翼建异论,维心与翼不善,然常牵率同行,翼亦不得已而往。”任乃强评曰:“张翼为蜀将巨头之一。由其一再谏阻进军,足见当时蜀中士夫之一般心理,不在于与魏争衡天下,而仅在于立功自利,与姜维主谋矛盾。此即足以使维不能与魏东争关陇,而必图取狄道,稳定一隅局势也。”又云:“维畏张翼与留内掣肘,挟之同行。”[1]其说甚有见地。再次,姜维在战前故意散布流言,声称蜀军要三路攻击陇右,企图迷惑敌人,诱使其分散部队进行防备,以便在主攻方向形成兵力上的优势。这一计策欺骗了曹魏陇右的主将王经,他向当时驻长安的雍凉都督陈泰上报,请求分别在三处屯兵以阻击来寇,但被陈泰拒绝。“雍州刺史王经白(陈)泰,云姜维、夏侯霸欲三道向祁山、石营、金城,求进兵为翅,使凉州军至枹罕,讨蜀护军向祁山。泰量贼势终不能三道,且兵势恶分,凉州未宜越境,报经:‘审其定问,知所趣向,须东西势合乃进。’”[2]

据《三国志》卷22《魏书·陈泰传》记载,蜀汉这次北伐的规模较大,仍有数万军队;是从枹罕(今甘肃临夏市西南)准备东渡洮水去进攻狄道(今甘肃临洮市),陈泰命令王经据守狄道,等待关中援兵赶到后再与敌人交战。“时(姜)维等将数万人至枹罕,趣狄道。泰敕(王)经进屯狄道,须军到,乃规取之。”但是王经违令

①[晋]常璩著,任乃强校注:《华阳国志校补图注》,第420页。
②《三国志》卷22《魏书·陈泰传》。

西渡洮水进击蜀军,结果在会战中遭到惨败。"(姜维)大破魏雍州刺史王经于洮西,经众死者数万人。经退保狄道城,维围之。"①《三国志》卷 4《魏书·三少帝纪》记载洮西大战的时间是在八月辛亥,交战过后,"辛未,以长水校尉邓艾行安西将军,与征西将军陈泰并力拒维。"陈泰、邓艾率兵自上邽(今甘肃天水市秦州区)前来援救,凉州魏军也赶来协助,双方经过交锋,姜维担心自己的后方粮道与退路被截断,因此解狄道之围而撤兵②。"(九月)甲辰,姜维退还。"③洮西之战是姜维对魏作战所获的最大胜利,消灭敌军数以万计,王经率残兵退渡洮水,"以万余人还保狄道城,余皆奔散。"④后来因为敌军迅速增援而被迫撤退,但已给曹魏在陇右的军事力量造成严重损失。段灼曾述邓艾在狄道解围之后,"留屯上邽。承官军大败之后,士卒破胆,将吏无气,仓库空虚,器械殚尽。"⑤邓艾对属下说:"洮西之败,非小失也;破军杀将,仓廪空虚,百姓流离,几于危亡。"⑥任乃强评论道:"就艾所分析,当时维虽未破狄道,亦未言进至南安、陇西郡城,而其影响所及,实已控制陇西、南安、金城诸郡之多数民众。其军已可乘船浮渭以袭天水与略阳(广魏)诸郡,魏军但能以重兵分守狄道、陇西、南安、上邽四点。则蜀军在陇右势力实甚强大,姜维之成就不小,《陈志》未能

①《三国志》卷 44《蜀书·姜维传》。
②《三国志》卷 22《魏书·陈泰传》:"泰与交战,(姜)维退还。凉州军从金城南至沃干阪。泰与(王)经共密期,当共向其还路,维等闻之,遂遁,城中将士得出。"
③《三国志》卷 4《魏书·三少帝纪·高贵乡公髦》正元二年。
④《三国志》卷 22《魏书·陈泰传》。
⑤《晋书》卷 48《段灼传》。
⑥《三国志》卷 28《魏书·邓艾传》。

阐述之,但言'陇以西亦骚动不宁(《维传》文)'也。"①

　　关于姜维的这次北伐,文献中未曾直接提到蜀军是由哪条道路抵达洮西地区的。任乃强推测:"姜维盖自临洮(今岷县)斜趋枹罕集羌军规取金城(今兰州),故王经渡洮水截之。野战利于轻军与羌军,故大败经也。"②对此笔者有不同看法,现提出以供同行师友商讨。首先,王经渡洮作战并不能阻截蜀军北上,因为蜀军已经北至故关。据史籍所载,"(陈)泰进军陈仓,会(王)经所统诸军于故关与贼战不利,经辄渡洮。"③当时姜维率军到达故关,即前述汉河关县,在今甘肃永靖县境内④,且打败了据守的魏兵,其位置已在狄道与枹罕之北,因此王经所部渡过洮水只能追击敌人,而无法阻击蜀军。从上述记载来看,故关一带的魏军是王经的部下,他们被蜀兵击败后有覆没的危险,王经领兵渡过洮水应是前来救援;如果听任姜维歼灭这股部队,王经就有失职之罪,所以不得不出兵来救。此外,他自忖拥有数万之众,可以和姜维一战,所以不顾陈泰的命令离开狄道前往洮西。姜维的主攻目标本来是据守狄道的魏军主力,但他先去进攻故关,是为了削弱北边的敌兵力量,以便在东渡洮水攻击狄道时,其侧翼与后方不致受到威胁。因此战胜这股敌人之后,蜀军随即又南返枹罕,当地位于黄

---

① [晋]常璩著,任乃强校注:《华阳国志校补图注》,第420页。

② [晋]常璩著,任乃强校注:《华阳国志校补图注》,第420页。

③ 《三国志》卷22《魏书·陈泰传》。

④ 胡三省曰:"故关,谓汉时故边关也,在洮水西。"《资治通鉴》卷76魏高贵乡公正元二年八月胡三省注。任乃强曰:"'故关'疑即河关县之积石关。杨守敬《三国疆域图》定在狄道北洮水之东,当非。"[晋]常璩撰,任乃强校注:《华阳国志校补图注》,第420页。

河、洮水汇合之处，水面较窄而利于涉渡①，故姜维准备在这一地区渡过洮河赶赴狄道。此时恰逢前来求战的王经所部，而魏军又处于背水作战的不利局面②，所以姜维决定和他们决战，并彻底打败了强大的敌兵。

其次，任氏认为蜀军"自临洮（今岷县）斜趋枹罕"，此说亦有可疑之处。因为如果临洮是在蜀汉控制之下，那么姜维在狄道撤围回国时，就可以直接南下，退至临洮。但是实际上，蜀军是从狄道向西撤退，重新渡过洮水，退到钟题。可见《三国志》卷28《魏书·邓艾传》："解雍州刺史王经围于狄道，姜维退驻钟提。"又见《华阳国志》卷7《刘后主志》："魏征西将军陈泰救狄道。维退驻钟题。"刘琳注："［钟题］县名，在今甘肃临洮县西。"③由此看来，临洮及附近的麹山应驻有魏军，所以姜维宁可绕路洮西，也不肯走临洮的近路返回境内。笔者据此推测，蜀军很可能与上次进兵路线相同，还是经过沓中或甘松等地，在岷县以西的今甘肃临潭县境渡过洮水，沿其西岸北上故关，然后在枹罕附近大败魏军，乘胜东进围攻狄道，撤退时也是沿原路返回。

---

①《汉书》卷28下《地理志下》陇西郡："临洮，洮水出西羌中，北至枹罕东入河。"［北魏］郦道元注，［民国］杨守敬、熊会贞疏：《水经注疏》卷2《河水》："《秦州记》曰：'枹罕有河夹岸，岸广四十丈。义熙中，乞佛于此河上作飞桥，桥高五十丈，三年乃就。'河水又东，洮水注之。"第148页。

②王经洮西之败，其部下军队多有溃逃入水溺死者。参见《三国志》卷4《魏书·三少帝纪》高贵乡公髦正元二年十一月癸丑诏："往者洮西之战，将吏士民或临阵战亡，或沉溺洮水，骸骨不收，弃于原野，吾常痛之。其告征西、安西将军，各令部人于战处及水次钩求尸丧，收敛藏埋，以慰存亡。"又《三国志》卷45《蜀书·张翼传》亦曰："（姜）维至狄道，大破魏雍州刺史王经，经众死于洮水者以万计。"

③［晋］常璩撰，刘琳校注：《华阳国志校注》，第584页。

4. **延熙十九年段谷之役**(256)。发生于曹魏甘露元年(256)。洮西大败之后,魏国在陇右的兵员、器械与粮饷遭受了沉重损失,军事形势对蜀汉相当有利,姜维于是再次出兵北伐。当时敌方将官多认为蜀军需要休整,不会连续入侵。"议者多以为(姜)维力已竭,未能更出。"①但主将邓艾对局面有清醒的认识,他分析了蜀军具备的五项优势,并且预判到姜维即将发动的进攻。"今以策言之,彼有乘胜之势,我有虚弱之实,一也。彼上下相习,五兵犀利,我将易兵新,器杖未复,二也。彼以船行,吾以陆军,劳逸不同,三也。狄道、陇西、南安、祁山,各当有守,彼专为一,我分为四,四也。从南安、陇西,因食羌谷,若趣祁山,熟麦千顷,为之县(悬)饵,五也。贼有黠数,其来必矣。"②

如前所述,姜维的宏愿是实现诸葛亮"平取陇右"的遗志,而不仅仅是攻占河西走廊。"维自以练西方风俗,兼负其才武,欲诱诸羌、胡以为羽翼,谓自陇以西可断而有也。"③由于前两年在洮水流域作战接连获胜,使他增强了大举伐魏的信心,准备在相隔二十五年之后重新进攻祁山地区,占领魏国天水郡的重镇上邽(治今甘肃天水市秦州区)。上邽和祁山是曹魏在陇右的设防重点,诸葛亮当年率大军屡攻不克,姜维深知此役若想成功相当困难,自己麾下兵马不足,因此和汉中都督胡济立誓同时出征,在上邽会师。不料胡济毁约未至,邓艾在祁山等地又早有准备,致使姜维孤军作战惨败而归。《三国志》卷 33《蜀书·后主传》曰:"(延

---

①《三国志》卷 28《魏书·邓艾传》。
②《三国志》卷 28《魏书·邓艾传》。
③《三国志》卷 44《蜀书·姜维传》。

熙)十九年春,进姜维位为大将军,督戎马,与镇西将军胡济期会
上邽,济失誓不至。秋八月,维为魏大将军邓艾所破于上邽。维
退军还成都。"任乃强对此评论道:"维方掌全国军政,而与胡济以
誓约出军,则其时蜀将士不愿北伐之普遍心理可知也。誓约出军
而犹失期,则张翼之言所代表之人众矣。"①笔者按:军队将士未能
按照规定时间赶到战场或戍守地点,在秦汉军法中称作"失期"或
"后期",属于重罪,往往被判处死刑或赎死,可参见有关事例②。
但是战后胡济未受任何处分,仍然担任原职③,应是被蜀汉朝内反
对姜维北伐之势力所包庇。据《三国志》卷28《魏书·邓艾传》记
载,蜀军此前进攻时多劫掠或征取前线当地种植的谷物来补充粮
饷,借以减少后方长途转运的困难。邓艾根据敌兵作战的这一特
点,预测姜维的进攻路线可能是两个方向。"从南安、陇西,因食
羌谷;若趣祁山,熟麦千顷,为之县(悬)饵。"对此事先进行了很有
针对性的防御部署,致使姜维抵达天水后频受挫折,辗转跋涉却
屡次攻坚不下,最终遭到失败。"顷之,维果向祁山,闻艾已有备,
乃回从董亭趣南安,艾据武城山以相持。维与艾争险,不克,其
夜,渡渭东行,缘山趣上邽,艾与战于段谷,大破之。"④这段记载提
到双方交战的一些地点,前述董亭在南安郡治源道(治今甘肃陇

---

①[晋]常璩著,任乃强校注:《华阳国志校补图注》,第420页。

②《史记》卷48《陈涉世家》载其召令徒属曰:"公等遇雨,皆已失期,失期当斩。……"
《史记》卷111《卫将军骠骑列传》载博望侯张骞,"为将军,出右北平,失期,当斩,赎为
庶人。"《后汉书》卷58《盖勋传》注引《续汉书》:"中平元年,黄巾贼起,故武威太守酒
泉黄隽被征,失期。梁鹄欲奏诛隽,勋为言得免。"

③《三国志》卷44《蜀书·姜维传》载段谷之役过后的景耀元年:"令督汉中胡济却住汉寿,
监军王含守乐城,护军蒋斌守汉城。"可见胡济仍然担任汉中都督,未遭罢黜或杀戮。

④《三国志》卷28《魏书·邓艾传》。

西县东南)西南,武城山即今甘肃武山县之北山①,段谷在今天水市东南②。任乃强分析道:"此次维出祁山,盖欲取天水、略阳二郡为北伐基地,故邀汉中督胡济会师。因邓艾在天水有备,乃东向缘山斜趋泾谷水白城溪,出董亭,渡渭而北,欲西行獂道(魏南安郡治,在陇西县东南三十五里)。故邓艾还趋武城山以扼之。维不得西袭南安,乃复潜军渡渭而南,东向以趋上邽。渡处当在冀县(今甘谷县)西落门附近,从而循藉水以趋上邽。艾亦追至,与战于上邽东南之段谷。迂回千里奔驰,疲乏而战,故大败也。"③笔者对此再作补充,姜维此番失利的原因,除了胡济所部失期未至与邓艾部署有方,致使蜀军孤军往返疲惫不堪之外,还有给养未能及时运到前线的缘故,乏粮也严重影响了蜀军的战斗力。魏将王基曾追述三国因断粮而失败的战例。"昔子午之役,兵行数百里而值霖雨,桥阁破坏,后粮腐败,前军县(悬)乏。姜维深入,不待辎重,士众饥饿,覆军上邽。"④后者说的就是段谷之役蜀军惨败的情况。

　　蜀汉此役伤亡惨痛,"星散流离,死者甚众。"⑤曹魏朝廷下诏

---

①任乃强曰:"武城山,按《水经注》卷十七言:渭水自高城岭过襄武县。又东南经獂道县故城西,'又东经武城县西,武城川水注焉'。武城山应在此水左右,盖今甘肃武山县之北山也。"[晋]常璩著,任乃强校注:《华阳国志校补图注》,第420页。

②[北魏]郦道元注,[民国]杨守敬、熊会贞疏:《水经注疏》卷17《渭水》:"藉水又东,合段谷水,水出西南马门溪,东北流,合藉水。藉水又东入于渭。"杨守敬疏:"《蜀志·姜维传》,维为邓艾所破于段谷。《通典》,上邽县有段谷水。《元和志》,段谷水源出县东南山下。今有骆驼水出秦州东南,东北流入藉,当即此水也。"第1494页。

③[晋]常璩著,任乃强校注:《华阳国志校补图注》,第421页。

④《三国志》卷27《魏书·王基传》注引司马彪《战略》。

⑤《三国志》卷44《蜀书·姜维传》。

表彰邓艾,称其"筹画有方,忠勇奋发,斩将十数,馘首千计"①。表明段谷之战蜀军阵亡士兵数千、将领十几位。后来段灼又称邓艾:"手执耒耜,率先将士,所统万数,而身不离仆虏之劳,亲执士卒之役。故落门、段谷之战,能以少击多,摧破强贼,斩首万计。"②是说魏军此次在南安、天水两地战斗中杀敌超过一万,如果加上"星散流离"的逃亡与被俘士兵,蜀汉的兵力损失可能会在万余人到两万人之间。因为仅有益州一隅之地,蜀汉全国军队只有九万到十万人,所以这次损失相当沉重,何况受到重创者还是姜维麾下久经沙场的精锐之师。这次战役是姜维统军时期魏蜀交锋的转折点,此后蜀汉方面虽仍有北伐之举,却未获得过胜绩,也不敢再向设防坚固的祁山地区发动进攻了。

5. 延熙二十年至景耀元年骆谷之役(257—258)。在曹魏甘露二年至甘露三年。段谷之役次年(257),诸葛诞在寿春起兵反魏,"敛淮南及淮北郡县屯田口十余万官兵,扬州新附胜兵者四五万人,聚谷足一年食,闭城自守。遣长史吴纲将小子靓至吴请救。"③这次叛乱规模巨大,严重威胁曹魏的统治,司马昭为此调集中外兵马二十六万前往镇压④,几乎抽空了全国的机动兵力。雍州的魏军精锐也被调走,蜀汉乘机派遣姜维率领大军自汉中经傥骆道而出,企图歼灭敌众,占领三辅。《三国志》卷44《蜀书·姜维传》曰:"(延熙)二十年,魏征东大将军诸葛诞反于淮南,分关中兵

---

①《三国志》卷28《魏书·邓艾传》。

②《晋书》卷48《段灼传》。

③《三国志》卷28《魏书·诸葛诞传》。

④《三国志》卷28《魏书·诸葛诞传》甘露二年:"六月,车驾东征,至项。大将军司马文王督中外诸军二十六万众,临淮讨之。"

东下。维欲乘虚向秦川,复率数万人出骆谷,径至沈岭。时长城积谷甚多而守兵乃少,闻维方到,众皆惶惧。"笔者按:傥骆道南口位于今汉中洋县傥水河口,北口在今周至县西骆峪,长约 240 公里,是沟通长安与汉中盆地中心南郑最为近捷的一条古道①,姜维选择这条道路进军是为了尽快入侵关中平原。沈(沉)岭在傥骆道途中,位于今周至县南。胡三省云:"自骆谷出扶风,隔以中南山,其间有三岭:一曰沈岭,近芒水;一曰衙岭;一曰分水岭。"②《读史方舆纪要》卷 53 曰:"沉岭,(盩厔)县南五十里。蜀汉景曜初,姜维率众出骆谷,经沉岭向长安,即此。今亦名姜维岭……芒水,在县东南,出南山芒谷。《水经注》:'芒水经盩厔县竹园中分流注渭。'"③又云:"长城戍,在(盩厔)县西南三十里。蜀汉延熙二十年,姜维出骆谷至沉岭,时长城积谷甚多而守兵少……"④刘琳亦曰:"[长城],戍名,据《水经注·渭水》,在今周至县南……芒水出南山芒谷,北流经今周至县东,北入渭水。今名丹峪河。"⑤曹魏陇右都督邓艾闻讯后率兵来援,由于寡不敌众,邓艾与雍凉都督司马望扼守险要,坚壁不战,使姜维无隙可乘,双方对峙将近一岁后,蜀军最终撤退。亦见《三国志》卷 44《蜀书·姜维传》:"魏大将军司马望拒之,邓艾亦自陇右,皆军于长城。(姜)维前住芒水,皆倚山为营。望、艾傍渭坚围,维数下挑战,望、艾不应。景耀元年,

---

① [清]顾祖禹:《读史方舆纪要》卷 56《陕西五·汉中府》傥骆道条称唐中叶以降藩镇割据,"自是关中多故,朝廷每縣骆谷而南,以其道之近且便也。"又引宋白云:"自兴元东北至长安,取骆谷路,不过六百五十二里,是往来之道莫便于骆谷也。"第 2669 页。
② 《资治通鉴》卷 74 魏邵陵厉公正始五年四月胡三省注。
③ [清]顾祖禹:《读史方舆纪要》卷 53《陕西二·西安府》盩厔县,第 2567 页。
④ [清]顾祖禹:《读史方舆纪要》卷 56《陕西五·汉中府》盩厔县,第 2569 页。
⑤ [晋]常璩撰,刘琳校注:《华阳国志校注》,第 585 页。

维闻诞破败,乃还成都。复拜大将军。"

**6. 景耀五年侯和之役(262)。**在曹魏景元三年。这是姜维的最后一次北伐,距离蜀汉灭亡仅有一岁。有关记载非常简略,但是线索还算清晰。姜维于当年十月进攻曹魏的洮阳,其兵力数量不详,在侯和被邓艾挫败,被迫返回沓中。参见《三国志》卷4《魏书·三少帝纪》景元三年:"冬十月,蜀大将姜维寇洮阳,镇西将军邓艾拒之,破维于侯和,维遁走。"蜀汉方面记述景耀五年:"是岁,姜维复率众出侯和,为邓艾所破,还住沓中。"①文献记载侯和与洮阳位于临洮西南方向的洮水北岸,东西相邻。《水经注》卷2《河水》曰:"洮水又东,北流,径洮阳曾城北。《沙州记》曰:强城东北三百里有曾城,城临洮水者也。建初二年,羌攻南部都尉于临洮,上遣行车骑将军马防与长水校尉耿恭救之,诸羌退聚洮阳,即此城也。洮水又东径共和山南,城在四山中。洮水又东径迷和城北,羌名也。又东径甘枳亭,历望曲,在临洮西南,去龙桑城二百里。洮水又东,径临洮县故城北。"②胡三省曰:"洮阳,洮水之阳也。洮水之阴,魏不置郡县,维渡洮而攻之也。"③又云洮阳以东的迷和城即侯和。"《水经注》:'洮水径洮阳城,又东径共和山南,城在四山中,又东径迷和城北。'意侯和即此地也。"④此说颇获后代学者赞同,但含有误识。杨守敬指出《水经注·河水》所言的洪和即侯和,在洮水北岸,而迷和即泥和则在洮水南岸,两者并非一地。"董祐诚曰:《元和志》,贞观四年洮州自洮阳城,移治故洪和

---

① 《三国志》卷33《蜀书·后主传》。
② [北魏]郦道元注,[民国]杨守敬、熊会贞疏:《水经注疏》卷2《河水》,第150—152页。
③ 《资治通鉴》卷78魏元帝景元三年十月胡三省注。
④ 《资治通鉴》卷78魏元帝景元三年十月胡三省注。

城,八年复旧。美相县西至州七十五里,贞观移州,县亦随徙。是洪和在洮阳东七十余里也。今为洮州厅治。《方舆纪要》,魏邓艾败姜维于侯和,凉张骏置侯和屯护军。苻秦王猛讨叛羌,使别将守侯和。后魏太和十五年,吐谷浑脩泥和城,置戍,魏攻拔之。侯和、洪和、泥和、迷和,即一城也,音转耳。案下《注》言,又东径迷和城北,则迷和在洮水南,与洪和之在水北者不同。洪、侯音相转,侯和当即洪和。泥、迷音相近,泥和当即迷和也。"①《华阳国志》卷7《刘后主志》景耀五年任乃强注:"侯和,杨守敬《三国疆域图》定于甘肃临潭县之旧洮州(今临潭县治徙此)。"②又云:"按《水经注》文之'崌台山',当即是今西倾山,在夏河县西南。其时夏河县为吐谷浑地也。'曾城',当在今碌曲县,本宕昌故地,宕昌部之中心邑聚,则今卓尼是也。'洪和城在四山中',则非洮水岸地,拟为今临潭县治(老洮州),当是。洮水过侯和城外洪和山南后,乃历迷和城(即泥和城,在今岷县西),又东径甘枳亭,历望曲,至临洮故城北,乃折东北流(并据《水经注》),则此临洮是今岷县,迷和,枳亭,望曲皆在其西南之洮水南岸。狄道为今之临洮县,又远在其西北矣。"③刘琳注:"[侯和]在今甘肃临潭县西南,《旧唐志》:'临潭县,秦汉时羌地,本吐谷浑之镇,谓之洪和城。后周攻得之,改为美相县。贞观四年洮州理于此。'洪和即侯和,亦即唐之临潭县,在今县西南。姜维由此渡洮水攻洮阳城(今临潭县西南七十里),邓艾拒之,维退走,败于侯和。参《陈志·陈留王奂纪》。"④

---

①[北魏]郦道元注,[民国]杨守敬、熊会贞疏:《水经注疏》卷2《河水》,第151页。

②[晋]常璩著,任乃强校注:《华阳国志校补图注》,第423页。

③[晋]常璩著,任乃强校注:《华阳国志校补图注》,第423页。

④[晋]常璩撰,刘琳校注:《华阳国志校注》,第590页。

　　关于姜维此番进兵的路线,任乃强认为蜀军是从临洮北攻狄道,失利后退往侯和;再遭邓艾挫败,被迫撤回沓中。"维盖由当时之临洮县北侵狄道,为艾所拒,退至侯和。与艾决战而败,乃更退向沓中也。"①梁允麟则云:"姜维出侯和,今甘肃岷县西南,攻临洮,为邓艾所败,退至沓中。西北师院译注《三国志选译》谓侯和在临潭西南。与姜维进军路线不合。"②愚意以为上述两说均有错误,与历史记述并不相符。因为前述史籍所载姜维作战的洮阳与侯和,都在今甘肃临潭县附近的洮水河曲之内,即其此前多次北伐进兵的洮西地区之南部,文献中并无蜀军向洮水以东之狄道与临洮发起进攻的任何史实。姜维受到邓艾阻击后,退回沓中;可见他应是从该地出发朝西北方向进军,在洮水河曲以西地带北渡洮河,去进攻洮阳(今甘肃临潭县西南)。由此看来,姜维此番出征仍是沿续前几次进军洮西的旧路,避开魏军戍守的临洮,企图北上枹罕、河关,并攻击狄道。值得注意的是,洮水西岸的羌族居住区域原来没有魏军的常驻要戍,所以姜维的此前多次进兵来去自如,都很顺利。但是在段谷之役胜利之后,升任陇右都督的邓艾预判到蜀军的下一次进攻方向,因而扩大了陇西郡的防御范围,在洮西地区的南部建立了临河的洮阳、侯和两座城池,驻军戍守,以阻止蜀军再次由这一地带渡过洮水后北上。从实战结果来看,邓艾的部署相当成功。姜维渡洮北上受阻于洮阳,邓艾随后率主力自狄道迅速赶来,并在侯和挫败了蜀军的进攻。姜维的军队背依洮水,形势不利,因而不敢在当地久驻,只得返回沓中。如

────────────

①[晋]常璩著,任乃强校注:《华阳国志校补图注》,第423页。
②梁允麟:《三国地理志》,第204页。

前所述,蜀军控制的沓中、甘松位于今甘南藏族自治州舟曲、迭部两县境内,这一地带在汉魏时期与洮水流域的具体交通情况,史籍并无详细记载。曹魏景元四年(263)灭蜀之役,邓艾自狄道等地发兵三路进攻沓中,企图"罗取"聚歼在当地屯田的姜维。《晋书》卷2《文帝纪》曰:"九月,又使天水太守王颀攻维营,陇西太守牵弘邀其前,金城太守杨欣趣甘松。"可见沓中通往北边魏境的主要道路有三条,前述严耕望《唐代交通图考》考证出六朝以后当地北上的两条道路,其一是由甘松,即唐代芳州(治今甘肃迭部县东达拉沟口卡坝)沿白龙江西北行,在叠州(今甘肃迭部县)向北穿越迭山,渡过洮水,即到达洮阳城下,这应是邓艾派遣杨欣"趣甘松"而攻沓中的途径。其二,是由今舟曲县武坪乡(考古发掘表明此地为蜀军屯田沓中的重要据点之一)[1]邻近的两河口镇(白龙江与其支流岷江汇合处)出发,溯岷江西北行,翻越其分水岭岷山后,即可抵达临洮(今甘肃岷县)。由于两河口是联结陇蜀道路的交通枢要,笔者推测姜维的营寨可能在这一带,上述路线或许是"天水太守王颀攻维营"的途径。前引《沓中考》指出舟曲县大峪乡是蜀军沓中屯田的核心地点,在这里还应该有一条道路能够北入临洮(今甘肃岷县),即邓艾派遣"陇西太守牵弘邀其前"的途径,牵弘进驻该地是为了防止沓中蜀军直接沿此道路攻入魏境。根据后世当地的交通情况推测,这第三条路线很有可能是甘南地区的另一古道,即由舟曲县洛大镇西行至迭部县代古寺,再沿今岷代公路所经地段北上,经过著名的腊子口穿越迭山,然后进入岷县境内(参考本书第968页图六四)。姜维侯和之役的进军路

---

[1]参见裴卷举、王俊英:《沓中考》,《西北史地》1997年第2期。

线,大约是从沓中出发,经甘松,即上述第一条道路到达洮阳;或者是由前述第三条道路经腊子口翻越迭山后西行,再被北渡洮水至洮阳。因为临洮附近有魏兵戍守,又容易获得狄道驻军的南下支援,所以笔者估计蜀军走两河口、沿岷江而行的可能性并不大。

**(三)蜀国灭亡前的对魏作战部署**

1. 汉中放弃外围、部分驻军撤至汉寿。景耀元年(258)骆谷之役结束后,姜维回到成都,建议调整汉中地区的兵力部署。此前蜀国防守汉中的战略是在外围的秦岭峡谷中阻击来寇,阻止敌兵进入盆地平原,并且收到较好的效果。"初,先主留魏延镇汉中,皆实兵诸围以御外敌,敌若来攻,使不得入。及兴势之役,王平捍拒曹爽,皆承此制。"[1]姜维认为这种防御策略难以取得全胜,因而作用有限。"以为错守诸围,虽合《周易》'重门'之义,然适可御敌,不获大利。"[2]他提出放弃汉中外围若干要塞,将驻军集中戍守汉城(今陕西勉县南)与乐城(今陕西城固县南),采取坚壁清野、诱敌深入的战术,倚靠阳平关(或称阳安关)、关城(今陕西宁强县阳平关镇)、白水关等多重关塞来阻击敌人。《华阳国志》卷7《刘后主志》记载姜维建议:"不若退据汉、乐二城,积谷坚壁。听敌入平,且重关镇守以御之。"[3]任乃强注:"'重',读如重叠之重。谓乐城、汉城、阳平关、白水关、葭萌城与兴势、黄金诸关戍镇守,使敌饥困平原中不得更进。非仅指一阳平关头也。"[4]此策中的

---

①《三国志》卷44《蜀书·姜维传》。
②《三国志》卷44《蜀书·姜维传》。
③[晋]常璩著,任乃强校注:《华阳国志校补图注》,第417页。
④[晋]常璩著,任乃强校注:《华阳国志校补图注》,第422页。

"听敌入平",《三国志》卷44《蜀书·姜维传》作"使敌不得入平",这就和他诱敌深入的整个建议内容相反,史家因而判断今本《三国志·姜维传》中此处可能有讹文,所以多采用《华阳国志》的相关记载,例如《资治通鉴》卷77和《蜀鉴》均作"听敌入平"。现今学术界亦然,如任乃强曰:"'不得'二字衍,《通鉴》依《常志》作听敌入平,谓听其进入汉水平原。"①。刘琳亦云:"[听敌入平]让敌人进入平川(汉中平原),'平'同'坪'。按汉中平原西起勉县武侯镇,东至洋县龙亭铺。'听敌入平'即撤除洋县以北的兴势、黄金等围。"②姜维还建议在汉中派出"游军",即游击部队,对进入盆地的敌寇进行骚扰。待其疲乏缺粮而被迫撤退时,"游军"与守城部队共同出击歼灭来寇。"有事之日,令游军并进以伺其虚。敌攻关不克,野无散谷,千里县(悬)粮,自然疲乏。引退之日,然后诸城并出,与游军并力搏之,此殄敌之术也。"③

　　朝廷同意了姜维的作战计划,随即进行调动部署。其中包含两项内容,第一,是让汉中都督胡济率部分军队撤往汉寿(今四川广元市昭化镇),其余部队集中到汉、乐二城,外围仅留驻很少的警戒人员。"于是令督汉中胡济却住汉寿,监军王含守乐城,护军蒋斌守汉城。"④这样一来,驻守汉、乐二城与秦岭诸围的蜀军仅留下万余人。《三国志》卷28《魏书·钟会传》载景元四年(263)魏军进攻汉中时,"蜀令诸围皆不得战,退还汉、乐二城守。魏兴太守刘钦趣子午谷,诸军数道平行,至汉中。蜀监军王含守乐城,护军

---

①[晋]常璩著,任乃强校注:《华阳国志校补图注》,第422页。

②[晋]常璩撰,刘琳校注:《华阳国志校注》,第587页。

③《三国志》卷44《蜀书·姜维传》。

④《三国志》卷44《蜀书·姜维传》。

蒋斌守汉城,兵各五千。"从以前情况来看,若是蜀军主力"中军"没有进住汉中,当地常驻的边防部队约为二万余人。如延熙七年(244)曹爽伐蜀,"时汉中守兵不满三万,诸将大惊。"[1]胡济率领部分军队撤走后,汉中驻军的数量大约减少了 50% 左右。

　　第二,在武都、阴平两郡前线增加要戍。"又于西安、建威、武卫、石门、武城、建昌、临远皆立围守。"[2]任乃强曰:"所举围守七处,可考者:'建威',在祁山东南,'武城',即武城山,在天水陇西二郡间。'武卫'疑即武街,在武都郡;石门,在武都天水郡间。并见《晋书·张骏载记》。西安、建昌、临远虽无考,顾名思义,亦当在武都、阴平、西羌地界,不在汉中。"[3]又云:"《三国志·张翼传》:'延熙元年入为尚书,稍迁督建威,假节,封都亭侯,征西大将军。'盖亮殁后,祁山地区曾设都督,比于汉中,即以建威为治也。景耀中已废督,改为围守。"[4]刘琳亦曰:"[建威]在今甘肃西和县南,详上文建兴七年注。诸葛亮曾出建威,延熙中张翼曾为建威督,可见这些围有的是早已有之,非姜维始立。[武卫、石门]据《晋书·张骏传》,张骏据河西,'因前赵之乱,取河南地(青海、甘肃黄河以南地),至于狄道(甘肃临洮县西南),置武卫、石门、侯和、漒川、甘松五屯护军。据此可知武卫、石门都在今甘肃甘南藏族自治州境内。[武城]延熙十九年邓艾据武城山以拒姜维。山在今甘肃武山县西南,武城围守当即在山上。参《水经注·渭

---

①《三国志》卷 43《蜀书·王平传》。
②《三国志》卷 44《蜀书·姜维传》。
③[晋]常璩著,任乃强校注:《华阳国志校补图注》,第 422 页。
④[晋]常璩著,任乃强校注:《华阳国志校补图注》,第 397 页。

水》。〔西安、建昌、临远〕不详，当亦在甘南。'"①关于"武城"的地望，任、刘都认为在今武山县的"武城山"，恐误。因为武城山在渭水北岸，远离蜀魏边境。姜维在段谷之战前曾进攻该地受阻，被迫撤走，此后蜀国的边防要戍皆在漾水（今西汉水）以南，距离今武山县甚远，不应在深入魏境的武城山建立围守，其具体地望仍待详考。

2. **姜维留驻沓中屯田。**段谷之役惨败后，引起蜀汉朝野对姜维的强烈不满，"众庶由是怨讟。"②此后他又接连出征，耗费人力财赋且未获胜绩，更使朝内诸臣对其产生怨言。《三国志》卷42《蜀书·谯周传》曰："于时军旅数出，百姓雕瘁，周与尚书令陈祗论其利害，退而书之，谓之《仇国论》。"公开批评姜维穷兵黩武，祸国殃民，并表示对其北伐的想法根本无法理解。"如遂极武黩征，土崩势生，不幸遇难，虽有智者将不能谋之矣。若乃奇变从横，出入无间，冲波截辙，超谷越山，不由舟楫而济盟津者，我愚子也，实所不及。"对于姜维来说，更为不利的是，此时内政渐被阉宦黄皓操纵，而朝中大臣多与之勾结，致使政事日趋败坏。《华阳国志》记载姜维自骆谷之役返回成都后，曾启奏后主除掉黄皓，但遭到拒绝，因而心生惧意，请求前往沓中屯田。"（姜）维恶黄皓恣擅，启后主欲杀之。后主曰：'皓趋走小臣耳，往董允切齿，吾常恨之，君何足介意！'维见皓枝附叶连，惧于失言，逊辞而出。后主敕皓诣维陈谢。维说皓求沓中种麦，以避内逼耳。"③司马光和胡三省

---

① 〔晋〕常璩撰，刘琳校注：《华阳国志校注》，第587页。
② 《三国志》卷44《蜀书·姜维传》。
③ 《三国志》卷44《蜀书·姜维传》注引《华阳国志》。

都认为姜维请除黄皓未果之事在他出征洮阳以前[1]，当时为景耀五年(262)冬，距离蜀汉灭亡仅有一年时间了。

　　曹魏景元四年(263)夏，司马昭在发动灭蜀之役前夕，曾提到蜀汉的兵力部署。"计蜀战士九万，居守成都及备他郡不下四万，然则余众不过五万。"[2]笔者按：上述蜀国兵力与实际情况略有误差，据王隐《蜀记》刘禅降魏时所献士民簿记载，"领户二十八万，男女口九十四万，带甲将士十万二千，吏四万人。"[3]后者的统计应更为可靠，但司马昭所言亦差距不大，相差仅有 10％左右。根据他的情报，蜀汉在国都和其他战备方向(对吴的永安、江州，对南中蛮夷)总共有四万余人，而在北方的对魏作战兵力约有五万余人。如前所述，汉中汉、乐二城与外围戍守有万余人，胡济驻守汉寿准备北援的兵力约有一万余人，剩下二万余人分布在阳安、武兴、白水等著名关口，以及武都、阴平两郡的诸多要塞，例如桥头与西安七围。据此看来，姜维留在沓中屯田戍守的军队数量相当有限，虽无明确记载，但恐怕不会超过万人，或许仅有数千人。沓中局促小地难以驻守大军，所以此后邓艾敢以三万兵马分道来攻，就是他拥有巨大优势的缘故。

　　3. 关于蜀汉末年改变军事部署的讨论与分析。对姜维撤汉

---

①《资治通鉴》卷 78 魏元帝景元三年："黄皓用事于中，与右大将军阎宇亲善，阴欲废维树宇。维知之，言于汉主曰：'皓奸巧专恣，将败国家，请杀之！'汉主曰：'皓趋走小臣耳，往董允每切齿，吾常恨之，君何足介意！'维见皓枝附叶连，惧于失言，逊辞而出。汉主敕皓诣维陈谢。维由是自疑惧(胡三省注：'此维未出洮阳以前事也。')，返自洮阳，因求种麦沓中，不敢归成都。"
②《晋书》卷 2《文帝纪》。
③《三国志》卷 33《蜀书·后主传》注引王隐《蜀记》。

中诸围之举措,历代史家多持批评态度,通常被认为是冒险之举,且为后来蜀汉灭亡埋下祸根。如胡三省云:"姜维自弃险要以开狄焉启疆之心,书此为亡蜀张本。"①郭允蹈亦云:"今姜维之退屯于汉寿也,撤汉中之备,而为行险侥幸之计,则根本先拔矣。异时钟会长驱直入,曾无一人之守,而敌已欣然得志。初不必邓艾之出江油,而蜀已不支,不待知者而能见。"②任乃强分析较为透彻,他强调姜维此举是为了集中兵力在西线作战,因为此前曹魏对汉中的进攻均被守军据秦岭险阻挫败,故使姜维产生了轻敌思想,但汉中撤围也并非是完全荒谬的策略,从后来钟会伐蜀受阻于剑阁而准备撤退的情况来看,姜维的计划仍然存在着成功的可能,《三国志》和《华阳国志》对他的批评有偏颇的成分。"盖姜维屡出陇西,熟谙西方形势,而不重视汉中,以为汉中诸围兵多而分,久不见敌,欲撤各围兵集力于西,以为可获大利也。汉中与魏,险阻隔绝,曹操、曹真、曹爽四度大举皆未获利。诸葛亮、姜维再出谷道,亦未获利。故蜀人采维之策,但注意汉寿、剑阁诸防也。《陈志》与《常志》并有责维虚防误国之意。夫魏伐蜀分为三道,邓艾诸葛绪皆自陇西,惟钟会入汉中,终亦阻于剑阁,不得收降。则维所策亦非甚谬。蜀人恶维黩武,所评未为允也。"③郭鹏也认为传统史家指责姜维在汉中部署失误导致亡国的观点过于偏激,蜀汉后期兵力不足,对魏主要在陇西作战,"且姜维用兵,重攻不重守,重歼灭敌军,而不在意固守却敌。所以,对汉中防务实行敛兵聚

①《资治通鉴》卷77魏高贵乡公甘露三年十二月胡三省注。
②[宋]郭允蹈:《蜀鉴》卷3,文渊阁本《四库全书》第352册,第507—508页。
③[晋]常璩著,任乃强校注:《华阳国志校补图注》,第422页。

谷,移兵向西,自然是势所必行了。"又指出蜀汉内政、人事、兵力、经济的衰败是亡国的主要原因,"(姜维)松懈汉中防务,虽造成钟会长驱直入之机,有不尽妥当之处,但时势使之然,亦未可厚非也。"[1]

　　笔者认为,曹魏占据中原,地域辽阔,又是秦汉以来经济、文化发达的中心区域,其国力本来就远超吴、蜀。如诸葛恪所言:"今贼皆得秦、赵、韩、魏、燕、齐九州之地,地悉戎马之乡,士林之薮。今以魏比古之秦,土地数倍;以吴与蜀比古六国,不能半之。"[2]经过数十年休养生息,至蜀汉灭亡前夕,更是形成了压倒性的优势。司马昭曰:"今诸军可五十万,以众击寡,蔑不克矣。"[3]即使在偏远的陇西战场,形势也是如此。曹魏灭蜀之役,"乃下诏使邓艾、诸葛绪各统诸军三万余人,艾趣甘松、沓中连缀维,绪趣武街、桥头绝(姜)维归路。"[4]陇西魏军两路兵马合计有六七万人,而蜀汉全国军队也不过十万之众,还要驻守成都及各地边塞,即使缩减汉中兵力,转而投入西线,其数量和战斗力仍然处于劣势,姜维的谋略也不在敌方主将邓艾之上。在这种情况下,蜀汉集中力量攻击陇右是很难成功的,洮阳、侯和之役的失利就是明证。出征前,蜀汉宿将廖化全无信心,他批评姜维道:"'兵不戢,必自焚',伯约之谓也。智不出敌,而力少于寇,用之无厌,何以能立?

---

①郭鹏:《蜀汉后期汉中军事防务及"敛兵聚谷"刍议——兼谈对姜维的评价》,《成都大学学报》1992年第3期。

②《三国志》卷64《吴书·诸葛恪传》。

③《晋书》卷2《文帝纪》。

④《三国志》卷28《魏书·钟会传》。

诗云'不自我先,不自我后'。今日之事也。"①如果说曹魏前、中期的统治尚未巩固,蜀汉北伐还有机可乘,那么在司马氏平定"淮南三叛"之后,就已然是无懈可击了。而蜀汉后期民生艰困,奸佞当政,其国力远不如初。按照当时的客观形势,对魏作战应该注重汉中等北方边境的防守,以确保国门的安全,调集军队攻击陇右显然不是上策。曹魏一旦发起总攻,汉中必然是敌兵主力的进军方向,即使增兵防守,都面临着巨大的危险,怎么还能削减当地驻军呢? 太和四年(230)曹真、司马懿分道伐蜀,诸葛亮严阵以待,还担心守备不足,下令从后方调兵,"亮命(李)严将二万人赴汉中。"②与诸葛亮的慎重相比,姜维在汉中撤围的部署显得相当轻率,反映出他只考虑如何加强进攻陇西的兵力,而忽略了敌人重兵压境后会造成关塞失守的危险。顾祖禹即指出,作为大将,攻战与防守必须结合运用,不可偏废,姜维所犯的错误就是忽视防守,结果导致战败。"弃守以为战者不可谓善战者也。故曰以战为守,守必固,以守为战,战必强,战守不相离也,如形影然。姜维不知守,所以不知战也。"③

　　另一方面,曹魏在三国对抗中占有"天时",吴、蜀的领土、民众和资源均处于明显的劣势,之所以能够与强敌相峙多年,依靠的就是"地利"与"人和"两条。如贾诩对曹丕所言:"吴、蜀虽蕞尔小国,依阻山水,刘备有雄才,诸葛亮善治国,孙权识虚实,陆议见兵势,据险守要,泛舟江湖,皆难卒谋也。用兵之道,先胜后战,量敌论将,故举无遗策。臣窃料群臣,无备、权对,虽以天威临之,未

---

① 《三国志》卷 45《蜀书·廖化传》注引《汉晋春秋》。
② 《三国志》卷 40《蜀书·李严传》。
③ [清]顾祖禹:《读史方舆纪要·四川方舆纪要叙》,第 3097 页。

见万全之势也。"①在"地利"方面，孙吴凭借长江天堑，蜀汉则依赖
秦岭数百里峡谷，扼守各处关隘，能够利用地形险阻以寡敌众，阻
止魏国大军入侵，刘备与费祎、王平防御汉中的成功都清楚地表
明了这一点。姜维在汉中实行"敛兵聚谷"、"听敌入平"，则丧失
了拒敌的地理条件优势，使自己兵力乏少的缺陷暴露无遗，在防
御上更加被动。司马昭看出了姜维汉中军事部署的漏洞，并针对
其破绽制订了有效的攻击方案。他对群臣说："出其空虚之地，以
袭汉中。彼若婴城守险，兵势必散，首尾离绝。举大众以屠城，散
锐卒以略野，剑阁不暇守险，关头不能自存。以刘禅之暗，而边城
外破，士女内震，其亡可知也。"②后来钟会伐蜀，便顺利通过秦岭
峡谷，魏军遵照预定方案，并未全力围攻蜀军集中戍守的汉、乐二
城，仅留下少数兵力监视，大军继续西行，先下阳安关口，又"攻破
关城，得库藏积谷"③。蜀汉原来牵制敌军主力于汉中盆地的计划
未能实现，在强敌深入的形势下被迫放弃武都、阴平两郡，退守数
百里后的剑阁，这样就给邓艾偷渡阴平、攻破蜀军防线侧翼并占
领成都的作战行动提供了机会与可能。

　　姜维在汉中"敛兵积谷"、"听敌入平"的部署，要求各城戍要
塞在战时孤军奋斗、长期坚守，以待敌兵粮尽撤退时进行追歼。
此项作战方案执行起来有很大的难度，尤其是对城戍守将的政治
品质与军事素养要求甚高，既要忠贞不二，又需智勇兼备；像孙吴
守江陵之朱然，守濡须之朱桓；蜀汉守葭萌之霍峻，守永安之罗

①《三国志》卷10《魏书·贾诩传》。
②《晋书》卷2《文帝纪》。
③《三国志》卷28《魏书·钟会传》。

尚,皆能以寡胜众,这就是所谓"人和"。但蜀汉后期政治昏暗,文武官员颇有败类。曹魏灭蜀之役的获胜有两次关键性事变,都是由于城守长官临阵降敌而导致防线崩溃。首先,魏军攻打阳安关(即阳平关)时,"蒋舒开城出降,傅佥格斗而死。(钟)会攻乐城,不能克,闻关口已下,长驱而前。"①阳平关乃天险,夏侯渊、张郃借此抗拒刘备坚守逾岁,如若丢失,敌兵可南下直逼关城(今陕西宁强县阳平关镇)和白水关(今四川青川县沙州镇),致使益州门户告急。如王平所言:"汉中去涪垂千里。贼若得关,便为祸也。"②阳安关的丧失使魏军主力得以长驱直入,进抵剑阁。《蜀记》曰:"蒋舒为武兴督,在事无称。蜀令人代之,因留舒助汉中守。舒恨,故开城出降。"③表明此人既乏才干,又无忠心,却得以窃据要职,最终败坏大事。其次,邓艾偷渡阴平时极为艰难。其本传云:"艾自阴平道行无人之地七百余里,凿山通道,造作桥阁。山高谷深,至为艰险,又粮运将匮,频于危殆。艾以毡自裹,推转而下。将士皆攀木缘崖,鱼贯而进。先登至江由(油),蜀守将马邈降。"④上述记载反映,邓艾所部虽然进入蜀国内地,但是全无随行辎重,又没有战马,是一支装备给养非常匮乏的轻军。马邈其实无须出战,只要坚守数日或十余日就能迫使敌兵陷入乏粮的绝境,他的不战而降恰好补充了邓艾亟需的粮饷、人员和装备,使敌兵得以壮大实力与声势,一路杀向成都。蜀汉灭亡前夕,吴国派遣薛珝前来通使,"及还,(孙)休问蜀政得失,对曰:'主暗而不知其过,臣

---

① 《三国志》卷44《蜀书·姜维传》。
② 《三国志》卷43《蜀书·王平传》。
③ 《三国志》卷44《蜀书·姜维传》注引《蜀记》。
④ 《三国志》卷28《魏书·邓艾传》。

下容身以求免罪，入其朝不闻正言。经其野民皆菜色。臣闻燕雀处堂，子母相乐，自以为安也，突决栋焚，而燕雀怡然不知祸之将及，其是之谓乎！'"①蒋舒、马邈的叛降看似偶然，实际上存在着某种必然性，因为这两次事变只是蜀汉后期内政腐败的一个缩影。在奸佞当道、邪气充盈的政治环境下，朝廷多是任人唯亲或唯财是举，官员往往是不称职的，并非所有的将领都能临危不惧、困守孤城。姜维制订在汉中等地诱敌深入的作战计划时忽视了"人和"这一重要因素，所以上述方案具有很大的风险，其执行力度难以保障，这也是后来失败的另一项缘由。

　　侯和之役失利后，姜维率领部分主力留驻沓中屯田，没有返回后方，这对第二年的对魏防御作战非常不利。如前所述，诸葛亮去世后统兵的蒋琬、费祎或是驻扎在濒临魏境的汉中，或是居于水陆交通枢纽涪县、汉寿，使主帅与麾下军队既便于迅速应敌，且容易与朝廷和后方联络接济。而沓中的地理位置过于偏僻，致使姜维所部与汉中、武都前线及成都后方沟通困难，一旦关中和祁山之敌发动入侵，即无法及时赶赴前线进行指挥和增援。另外需要强调，尽管陈寿评论姜维"粗有文武"②，他却是蜀汉仅有的大将之才，其作用旁人无可替代。虽然姜维选择留驻沓中是为了避祸，并非出自本心，但却造成了最高军事长官及其幕府机构位处荒远边陲，偏离主要作战方向的不利局面。司马昭认识到上述军事部署的失误，由此制订了以偏师牵制姜维、主力进攻汉中的计划。他对群臣说："今绊姜维于沓中，使不得东顾，直指骆谷，出其

①《三国志》卷53《吴书·薛综传》注引《汉晋春秋》。
②《三国志》卷44《蜀书·姜维传》评。

空虚之地,以袭汉中。"①并借魏帝之名颁布诏书曰:"夫兼弱攻昧,武之善经,致人而不致于人,兵家之上略。蜀所恃赖,唯(姜)维而已,因其远离巢窟,用力为易。今使征西将军邓艾督帅诸军,趣甘松、沓中以罗取维,雍州刺史诸葛绪督诸军趣武都、高楼,首尾蹙讨。若擒维,便当东西并进,扫灭巴蜀也。"②从后来灭蜀之役的进程来看,姜维拼尽全力摆脱了邓艾、诸葛绪的围攻,待其回到阴平为时已晚,钟会大军已然攻破阳安关与关城(今陕西宁强县阳平关镇),迫使他退据剑阁,死守最后一处天险。可见魏军能够顺利突破蜀汉北边防线,在很大程度上得益于姜维所部和后方援兵的驻地偏远,来不及赶赴东线。司马昭充分利用了对方军事部署的明显失误,使钟会、邓艾所部的进攻势如破竹,迅速占领了汉中、武都和阴平三郡,进抵剑阁,只在后方留下汉、乐二城等少数据点,为灭蜀战争的最终胜利奠定了基础。

## 五、关于蜀汉频繁北伐原因的分析

在三国鼎立时期,蜀汉仅有益州一隅之地,势力最为弱小,却频频向强敌曹魏发起攻势。如前所述,诸葛亮平定南中后移师汉中,自建兴六年至十二年(228—234),连续 6 次出兵伐魏。姜维从延熙三年至景耀五年(240—262),总共北伐 10 次。直到蜀汉灭亡前一岁,他还在领兵进攻洮阳。而国力远在其上的曹魏,自曹丕称帝到灭蜀之役以前,仅由曹真、曹爽父子发动过两次攻蜀

---

①《晋书》卷 2《文帝纪》。
②《三国志》卷 4《魏书·三少帝纪·陈留王奂》景元四年五月诏。

战役,分别在太和四年(230)和正始四年(243),均受挫于秦岭峡谷之间而被迫撤退。双方的进攻次数相差悬殊,且与各自的国力强弱形成反比,因而引起历代史家的关注。就曹魏方面而言,所占疆域虽然广大,但北方中原受长期战乱影响,人口大量死亡流徙,经济衰敝而民不聊生。魏文帝不听臣下谏阻,三次南征孙权劳而无功。他总结教训后下诏责备自己"穷兵黩武",不顾"连年水旱,士民损耗,而功作倍于前,劳役兼于昔,进不灭贼,退不和民"。并宣布今后要休养生息,不再对外用兵。"今将休息,栖(刘)备高山,沉(孙)权九渊,割除摈弃,投之画外。"①其子曹睿即位后听从孙资的建议,仍然遵行上述保境安民的政策,注重恢复经济及繁衍人口,在军事上则以防御为主,着眼于将来形成对吴蜀两国的压倒性优势,然后再一举歼敌。如孙资所言:"夫守战之力,力役参(三)倍。但以今日见兵,分命大将据诸要险,威足以震摄强寇,镇静疆埸,将士虎睡,百姓无事。数年之间,中国日盛,吴蜀二虏必自罢弊。"②曹魏在四十余年间只对蜀汉发起过两次进攻,是受上述基本国策制约与影响的缘故,这项政策到后来获得显著的效果,魏蜀国势强弱相距甚远,以致司马昭自信有绝对把握灭蜀,声称:"我今伐之如指掌耳。"③王夫之亦对此称赞道:"(孙)资片言定之于前,而拒诸葛,挫姜维,收效于数十年之后,司马懿终始所守者此谋也。"④

　　曹魏息兵安民政策之作用与经济、军事力量发展的走势,诸

---

①《三国志》卷13《魏书·王朗传》注引《魏书》。

②《三国志》卷14《魏书·刘放传》注引《孙资别传》。

③《三国志》卷28《魏书·钟会传》。

④[清]王夫之:《读通鉴论》卷10《三国》,第270页。

葛亮洞若观火,因此不愿困守区区益州,坐视敌国势力的膨胀。他在街亭之败后仍要出师北伐,引起朝议的反对,故作《后出师表》以说明自己被迫用兵的原因。"今民穷兵疲,而事不可息,事不可息,则住与行劳费正等,而不及今图之,欲以一州之地与贼持久,此臣之未解六也。"[1]顾祖禹曾就此深刻剖析论证,强调四川虽然是土沃地险的天府之国,但如果闭境息民,不思进取,以其一隅之地是无法抵御中原势力之进攻的。"以天下之大仅存一蜀,蜀其不能逃于釜中矣。"[2]因此有识之君臣将帅必定会利用巴蜀的丰饶资源来攻取天下,而并非坐享其成。"四川非坐守之地也。以四川而争衡天下,上之足以王,次之足以霸;恃其险而坐守之,则必致于亡。昔者汉高尝用之矣。汉高王巴、蜀,都南郑,出陈仓,定三秦,战于荥阳、成皋之间,而天下遂归于汉。诸葛武侯亦用之矣。武侯之言曰:'王业不偏安'也。又曰:'虽不讨贼,王业亦亡。惟坐而待亡,孰与伐之?'是以六出祁山而不遑安也。"[3]蜀汉执政集团大都明晓此理,所以蒋琬、费祎亦率军进驻过汉中,又派姜维领偏师侵扰陇西,企图乘曹魏出现内乱外忧之际而占据其疆土。只是蒋、费二人自知才能有限,谨慎持重而不肯冒险,又没有遇到合适的机会,故未曾大举用兵。姜维志存高远,始终渴望实现诸葛亮的遗愿。他执掌兵权后屡次兴动大众北伐,虽然遭受张翼、谯周、陈祗等人的批评和反对,但是并未受到朝廷阻止,可见刘禅与执政大臣们是同意其对魏进攻的。顾祖禹对此评论道:"谯周以姜维数战而咎之者,是未足

---

[1]《三国志》卷35《蜀书·诸葛亮传》注引《汉晋春秋》。
[2][清]顾祖禹:《读史方舆纪要·四川方舆纪要叙》,第3097页。
[3][清]顾祖禹:《读史方舆纪要·四川方舆纪要叙》,第3094页。

以服姜维也。"又云："姜维用蜀之不能善用之者也,谓其不知战可也,谓其不当战则非也。姜维以残弊之蜀,屡与魏人交逐于秦川,而魏人无如何也。及外有洮阳之败,内畏黄皓之谮,解甲释兵,屯田沓中,而敌师已压其境,此足以明坐守之非策矣。"①蜀汉统治集团直至灭亡前夕才摒弃北伐战略,诸葛瞻"与辅国大将军南乡侯董厥并平尚书事"②,二人勾结奸宦黄皓③,上表指责姜维好战无功,请求以黄皓亲信阎宇取代其大将军职位④。此事发生在景耀五年(262)秋,"(姜)维出侯和,为魏将邓艾所破,还驻沓中。(黄)皓协比阎宇,欲废维树宇。故维惧,不敢还。"⑤次年蜀汉即被魏灭亡。

　　至于蜀汉北伐屡遭失败、未能以弱胜强之原因,史家多认为是军事统帅的才能并未超过对手所致。陈寿称诸葛亮:"于治戎为长,奇谋为短,理民之干,优于将略。而所与对敌,或值人杰,加众寡不侔,攻守异体,故虽连年动众,未能有克。"另外,孔明麾下缺少智士良将,也对其用兵获胜造成妨碍。"亮之器能政理,抑亦管(仲)、萧(何)之亚匹也,而时之名将无城父、韩信,故使功业陵迟,大义不及邪?"⑥此后执政统军的蒋琬、费祎与姜维才干又远在孔明之下,就更难以实现蚕食雍凉、窥觎中原之目的了。

---

① [清]顾祖禹:《读史方舆纪要·四川方舆纪要叙》,第3095页。
② 《三国志》卷35《蜀书·诸葛亮传》。
③ 《三国志》卷35《蜀书·诸葛亮传》:"自(诸葛)瞻、(董)厥、(樊)建统事,姜维常征伐在外,宦人黄皓窃弄机柄,咸共将护,无能匡矫,然建特不与皓和好往来。"
④ 《三国志》卷35《蜀书·诸葛亮传》注引孙盛《异同记》曰:"(诸葛)瞻、(董)厥等以维好战无功,国内疲弊,宜表后主,召还为益州刺史,夺其兵权;蜀长老犹有瞻表以阎宇代维故事。"
⑤ [晋]常璩撰,刘琳校注:《华阳国志校注》,第590页。
⑥ 《三国志》卷35《蜀书·诸葛亮传》。

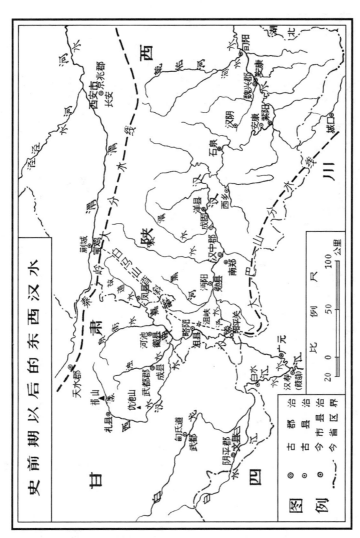

图五〇　史前期以后的东西汉水（引自任乃强校注《华阳国志校补图注》）

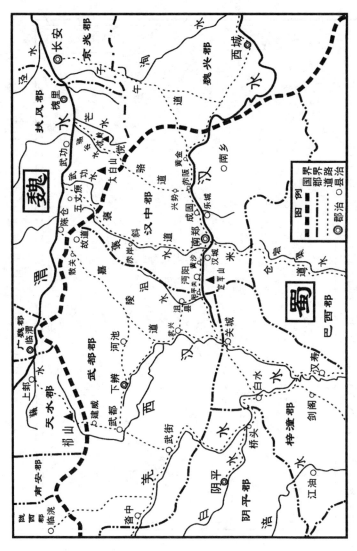

图五一　三国汉中地区形势图

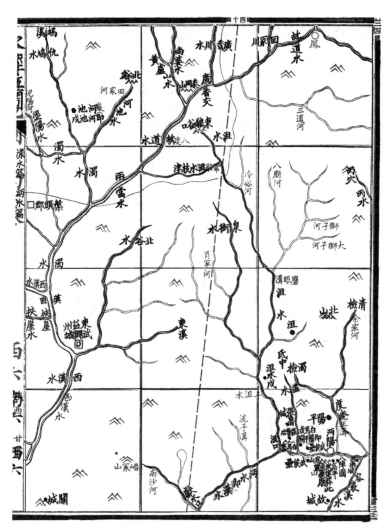

图五二　杨守敬《水经注图》中的沔水上游流域(左)

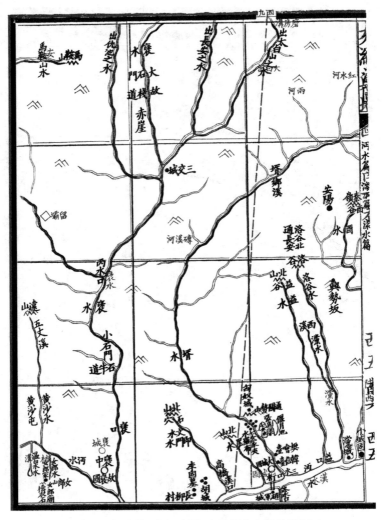

图五三　杨守敬《水经注图》中的沔水上游流域(右)

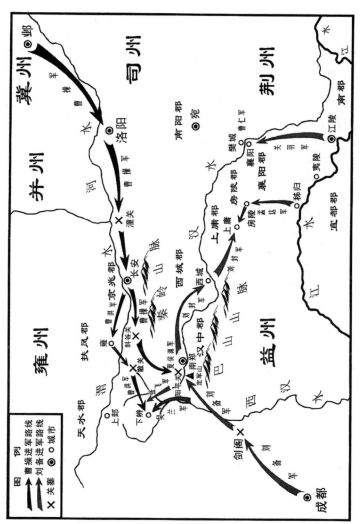

图五四 刘备进攻汉中战役（217—219年）

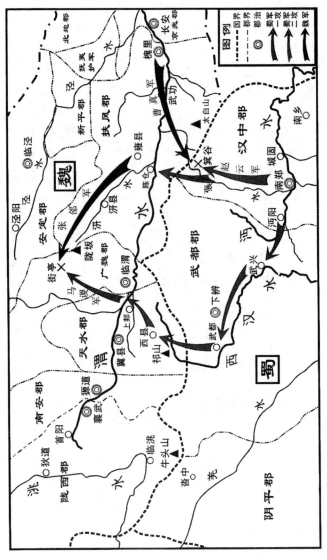

图五五 诸葛亮第一、二次北伐（228年）

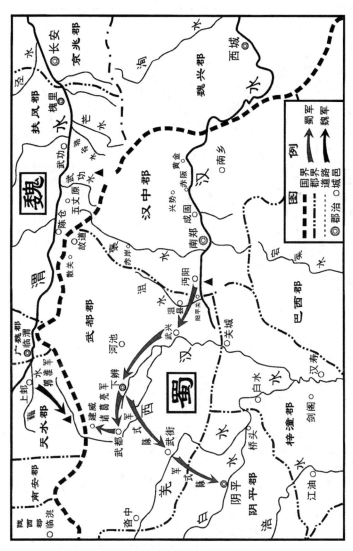

图五六　诸葛亮第三次北伐（229 年）

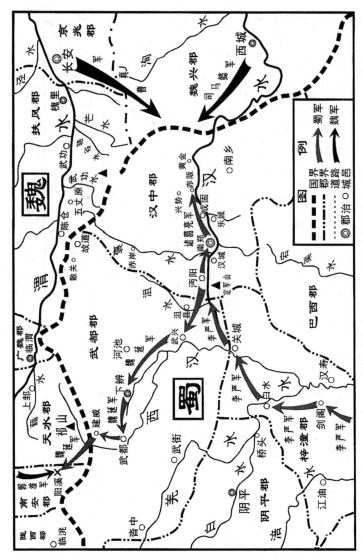

图五七　曹真、司马懿侵蜀与诸葛亮第四次北伐（230 年）

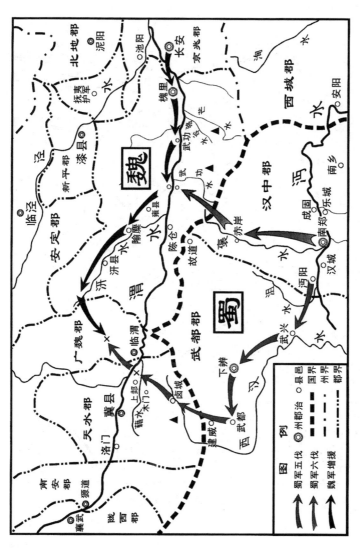

图五八　诸葛亮第五、六次北伐（231，234年）

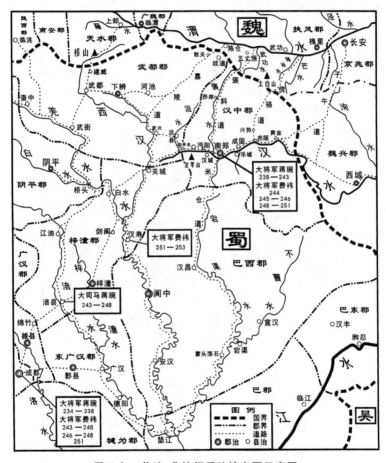

图五九　蒋琬、费祎领兵驻镇变更示意图

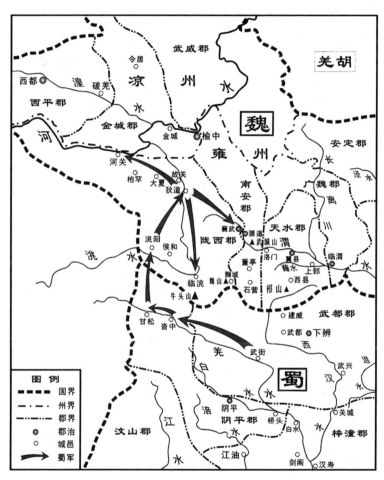

图六〇　姜维狄道、襄武之役(254 年)

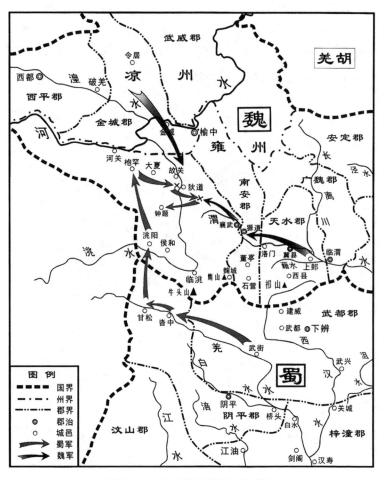

图六一　姜维洮西之役(255年)

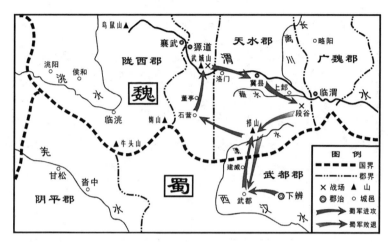

图六二　姜维段谷之役(256年)

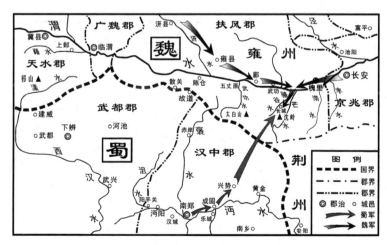

图六三　姜维骆谷之役(257年)

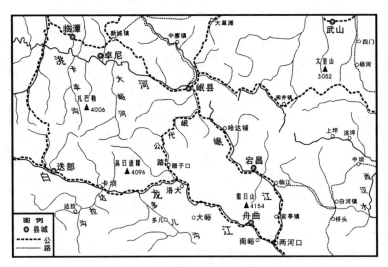

图六四　甘南地区交通道路图

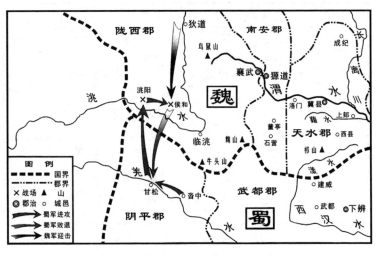

图六五　姜维洮阳、侯和之役(262 年)

宋杰 著

# 三国
# 兵争要地与攻守战略研究

### 下 册

中华书局

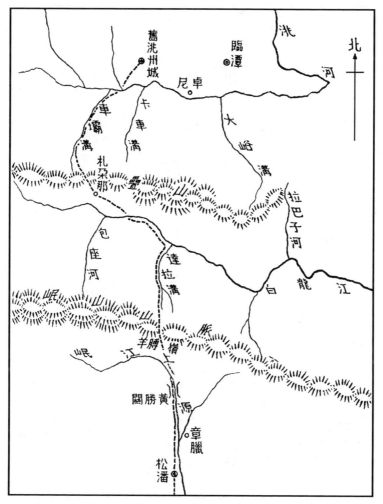

图六六　自洮河出叠山至达拉沟之通道(引自严耕望《唐代交通图考》第四卷)

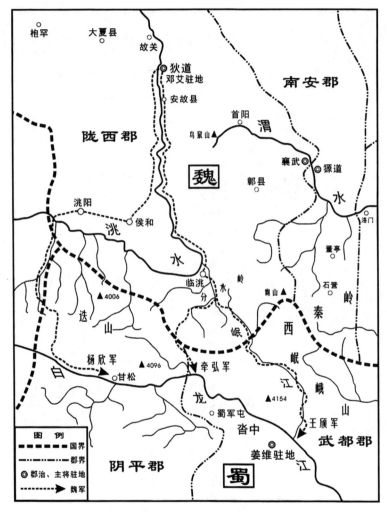

图六七　邓艾分兵三路进攻沓中（263年）

孙 吴 篇

# 第一章　孙吴的江防部署与作战方略

## 一、关于孙吴江防研究之综述

三国时期，孙权以江东六郡为根本，西取荆州，北抗曹魏，占据南方半壁河山，传国近六十年，功业卓著，故被后世尊称为"大皇帝"或"吴大帝"①。孙权自己虽不以用兵见长，但是他知人善任，先后拜周瑜、鲁肃、吕蒙、陆逊等英杰为将相，故能屡挫强敌，转危为安。陆机曾在《辨亡论》中指出，孙权因为获得赤壁之役、夷陵之战与击退曹丕三道征吴（222—223 年）等数次大战的胜利，才得以建国称帝，与蜀、魏鼎足而立②。李焘因此称赞他说："噫！用江南一方之地，或攻以兼敌，或守以拒寇，或和以息民，皆有人

---

① 参见《三国志》卷 64《吴书·孙綝传》注引《江表传》载孙亮曰："孤大皇帝之适（嫡）子，在位已五年，谁敢不从者？"《三国志》卷 65《吴书·贺邵传》载其上疏曰："昔大皇帝勤身苦体，创基南夏，割据江山，拓土万里。"《资治通鉴》卷 75 魏邵陵厉公嘉平四年："初，吴大帝筑东兴堤以遏巢湖，其后入寇淮南，败，以内船，遂废不复治。"

② 《三国志》卷 48《吴书·三嗣主传》注引陆机《辨亡论》上篇："魏氏尝藉战胜之威，率百万之师，浮邓塞之舟，下汉阴之众，羽楫万计，龙跃顺流，锐师千旅，虎步原隰，谋臣盈室，武将连衡，喟然有吞江浒之志，一宇宙之气。而周瑜驱我偏师，黜我赤壁，丧旗乱辙，仅而获免，收迹远遁。汉王亦冯帝王之号，率巴、汉之人，乘危骋变，结垒千里，志报关羽之败，图收湘西之地。而我陆公亦挫之西陵，覆师败绩，困而后济，绝命永安。续以濡须之寇，临川摧锐，蓬笼之战，子轮不反。由是二邦之将，丧气挫锋，势衄财匮，而吴藐然坐乘其弊，故魏人请好，汉氏乞盟，遂跻天号，鼎峙而立。"

出为之谋,故无一不如其志。呜乎!举贤任能,保守江东,孙权至是不负讨逆之托矣。"①他得以创业成功,除了用人得当之外,另一个重要原因就是拥有"地利",即优越的地理环境。鲁肃说:"江东沃野万里,民富兵强。"②此外还具备利于防守的自然条件。孙权年少继位,其母忧虑而问群臣能否保境平安? 董袭回答说:

> 江东地势,有山川之固,而讨逆明府,恩德在民。讨虏承基,大小用命,张昭秉众事,袭等为爪牙,此地利人和之时也,万无所忧。③

诸葛亮《隆中对》亦称:"孙权据有江东,已历三世,国险而民附,贤能为之用,可引以为援而不可图也。"④这里所说孙氏的"国险",主要是指长江。赤壁之战前夕,群臣主迎降者皆云:"且将军大势,可以拒操者,长江也。今操得荆州,奄有其地,刘表治水军,蒙冲斗舰,乃以千数,操悉浮以沿江,兼有步兵,水陆俱下,此为长江之险,已与我共之矣。"⑤傅幹谏阻曹操南征时亦曰:"吴有长江之险,蜀有崇山之阻,难以威服,易以德怀。"⑥纵观孙权在世时与魏、蜀之作战,往往依凭长江在军事领域的便利因素,或以为天堑而阻敌南下,如黄初五年(224)曹丕率大军至广陵。"时江水盛长,帝临望,叹曰:'魏虽有武骑千群,无所用之,未可图也。'帝御龙舟,

---

① [宋]李焘撰,胡阿祥、童岭点校:《六朝通鉴博议》卷1《吴论》,《六朝事迹编类·六朝通鉴博议》,第158页。
② 《三国志》卷54《吴书·鲁肃传》注引《吴书》。
③ 《三国志》卷55《吴书·董袭传》。
④ 《三国志》卷35《蜀书·诸葛亮传》。
⑤ 《三国志》卷54《吴书·周瑜传》。
⑥ 《三国志》卷1《魏书·武帝纪》建安十九年秋七月条注引《九州春秋》。

会暴风漂荡,几至覆没。"①或利用其航道往来运输,即周瑜所言:
"境内富饶,人不思乱,泛舟举帆,朝发夕到。"②或发挥习于水战的
优势而歼敌,"上岸击贼,洗足入船。"③袁准曾对曹爽说:

> 吴楚之民脆弱寡能,英才大贤不出其土,比技量力,不足
> 与中国相抗,然自上世以来常为中国患者,盖以江汉为池,舟
> 楫为用,利则陆钞,不利则入水,攻之道远,中国之长技无所
> 用之也。④

吴国疆域辽远,陆机言其"地方几万里,带甲将百万,其野沃,
其民练,其财丰,其器利,东负沧海,西阻险塞,长江制其区宇,峻
山带其封域,国家之利,未见有弘于兹者矣"⑤。刘备死后,孙权与
蜀汉重新结盟抗魏,其北方防线大体上循江而设(沔口以北吴军
曾溯汉水进据石城,即今湖北荆门市),魏吴之间的战事也多在江
北沿岸进行,故江畔又称作"滨江兵马之地"⑥。三国数十年间,曹
魏与孙吴的边境基本上保持稳定,这是由于两国对抗在较长时期
维持着相对的均势而造成的。王应麟曾引吴氏曰:"吴据荆、扬,
尽长江所极而有之,而寿阳、合肥、蕲春皆为魏境。吴不敢涉淮以
取魏,而魏不敢绝江以取吴,盖其轻重强弱足以相攻拒也。"⑦李焘

---

① 《资治通鉴》卷 70 魏文帝黄初五年九月。
② 《三国志》卷 54《吴书·周瑜传》注引《江表传》。
③ 《三国志》卷 54《吴书·吕蒙传》注引《吴录》。
④ 《三国志》卷 4《魏书·三少帝纪·齐王芳》正始七年冬十二月注引习凿齿《汉晋春秋》。
⑤ 《三国志》卷 48《吴书·三嗣主传》注引陆机《辨亡论》。
⑥ 《三国志》卷 48《吴书·三嗣主传·孙休》:"太元二年正月,封琅邪王,居虎林。四月,
　(孙)权薨,休弟亮承统,诸葛恪秉政,不欲诸王在滨江兵马之地,徙休于丹杨郡。"
⑦ [宋]王应麟:《通鉴地理通释》卷 12《三国形势考下》,第 769 页。

认为地理环境在战争中的作用非常重要，甚至超过了智谋和人力。孙权的军事指挥能力并非超过了曹操，部下的大臣也不比诸葛亮高出一筹，之所以能够屡败强敌，主要是因为他占据了江南的地利，即长江天险，可以坐待敌人来攻，然后运用自己水军的优势来克制对手。其文曰：

> 孙权于吴，破曹公，走先主，魏、蜀之强，不得而加之，岂孙权用兵征伐过曹公，而群臣皆出诸葛亮右耶？独据长江之大势，坐而制之，西北自不敢动，而能以短攻其所长耳。曹氏父子常矜其众，而加兵于吴矣，太祖一举而舟焚于赤壁，魏文再临而城遍于武昌。至广陵之役，睹江涛汹涌，而为浮云之章，亦见其智力无所施于此矣。其后曹真围江陵而不拔，臧霸攻洞口而不利，曹仁辱于濡须，曹休败于石亭。北之所恃者兵，而兵加南则屈，以其所长，在南不在北也。此非臆说，诸葛亮谓北方之人不习水战，周瑜谓舍鞍马，仗舟楫，曹操必破。二公料于前，故臣敢申言于后。①

不过，对于孙权而言，能够维系此种防御态势殊为不易。首先因为曹魏的综合国力明显要强于孙吴，如诸葛恪所称："今贼皆得秦、赵、韩、魏、燕、齐九州之地，地悉戎马之乡，士林之薮。今以魏比古之秦，土地数倍。以吴与蜀比古六国，不能半之。"②华覈亦曰："今大敌据九州之地，有大半之众，习攻战之余术，乘戎马之旧

①[宋]李焘撰，胡阿祥、童岭点校：《六朝通鉴博议》卷2《吴论》，《六朝事迹编类·六朝通鉴博议》，第171页。
②《三国志》卷64《吴书·诸葛恪传》。

势。"①孙权以弱敌强，故经常处于被动的守势。其次是由于长江
从三峡东出，横贯中国大陆入海，有绵延数千里之远；而吴国军队
数量有限，应对曹魏大兵本来就捉衿见肘；一旦后方出现动乱，还
要被迫从临江前线调回部队进行镇压②。在这种不利的局势下，
如何在漫长的国境上布置坚固的防线，以阻止强敌入侵，是一道
相当棘手的难题。曹操曾在给孙权的书信中说：

> 夫水战千里，情巧万端。越为三军，吴曾不御；汉潜夏
> 阳，魏豹不意。江河虽广，其长难卫也。③

孙权自己也承认："孤土地边外，间隙万端，而长江巨海，皆当防
守。(曹)丕观衅而动，惟不见便，宁得忘此，复有他图。"④那么，他
是怎样克服上述困难，成功地在长江沿岸设防以抵御入侵，并能
伺机北伐、撼动敌境的呢？这一问题引起了后代史家的关注。例
如，南宋王应麟在《通鉴地理通释》中著有《三国形势考》，其下篇
专门论述吴国边防重镇的分布、战事经过，还辑录了许多名臣学
者对孙吴守江战略的重要评论，后来多被顾祖禹纳入《读史方舆
纪要》书内。胡安国曾著《设险论》，文中屡次例举孙吴的守江策
略，企图为统治集团提供借鉴。另一位南宋史学家李焘著有《六
朝通鉴博议》，他将该书进献给朝廷，希望统治集团能够吸取历史

---

① 《三国志》卷 65《吴书·华覈传》。
② 参见《三国志》卷 47《吴书·吴主传》黄武三年注引《吴录》："是岁蜀主又遣邓芝来聘，
重结盟好。(孙)权谓芝曰：'山民作乱，江边守兵多彻，虑曹丕乘空弄态，而反求和。
议者以为内有不暇，幸来求和，于我有利，宜当与通，以自辨定。恐西州不能明孤赤
心，用致嫌疑。'"
③ [梁]萧统编，[唐]李善注：《文选》卷 42《书中·阮元瑜为曹公作书与孙权》，第 589 页。
④ 《三国志》卷 47《吴书·吴主传》黄武三年注引《吴录》。

上南北割据战争中的成功经验和失败教训,制订出合理的作战方略,以便实现战胜金兵、重新统一中国的大业。书中撰有《吴论》一篇,列举并分析了 22 条史事,来研讨孙吴对魏作战策略的谋虑得失,例如三国的基本形势(各种政治军事力量的分布态势)的兵争要地,南北双方的主要进军路线,进攻和防御的战略方向,地形、水文、交通等条件对战争的影响等等。

当代学术界关于孙吴的守江战略亦多有论著,大致可以分为以下三类:

其一,对孙权长江防线设置情况与谋略的研究。例如分析"限江自保"的论文,有周兆望著《东吴之舟师及作战特点——兼论"限江自保"说》①,与《论东吴"限江自保"说》②,认为东吴对外战争立足水战,或据水为势而陆战,利在速战速决、出奇制胜。并指出孙权实施"限江自保"军事策略的原因在于国力所限,战马奇缺,兵种单一化;以及山越的不断反抗斗争,带来后顾之忧。因此虽有争天下之志,却力不从心;但不能将其理解为单纯的保守江东,其完整意义应是立足江东,面向全国,等待时机,以图进取。不失为一种审时度势、知己知彼的务实之举。胡阿祥著《东吴"限江自保"述论》③,认为"限江自保"是孙吴的基本守国政策,具体内容是以建业为重心,以扬州为根本,以日益发展的南方经济为基础,以南方土著豪族和北方南迁大姓的协力为依托,凭借地理上的山河之险,层层防御,力求以舟师水战来阻扼骑兵陆战,在军事

---

①周兆望:《东吴之舟师及作战特点——兼论"限江自保"说》,《汉中师院学报》1991 年第 2 期。

②周兆望:《论东吴"限江自保"说》,《南昌大学学报》1993 年第 3 期。

③胡阿祥:《孙吴"限江自保"述论》,《金陵职业大学学报》2003 年第 4 期。

上就是依托长江,守在江北,沿江部署兵力,对荆州、扬州的众多"险要必争之地"进行防御。曾现江撰《孙吴长江防线论略》[①],认为长江天堑在孙吴的军事地理上占有重要位置,因此布重兵于长江沿岸,在沿线据点设置军镇督将,扼守险要,互相策应,并广行屯田,以此解决军粮和兵力的补充问题,它在孙吴实现"限江自保"的国策中发挥了重要作用。

此外,赵小勇、汪守林的《东吴末年江防兵力考释》[②],判断孙吴荆州防守兵力有五万到八万人,扬州约有十三万人。赵小勇的《东吴长江防线兵要地理初探》[③],认为孙吴江防划分为江陵、武昌和建业三个防区,其经营策略是守江而争淮汉,长江防线的存在使东吴政权得以维持,并促进了沿岸城市的经济发展,也促成了东吴君臣的偏安心理。他的《论长江防线与东吴政局》一文[④],通过论述江东大族和朝廷在江防体系中的地位和作用来剖析东吴政局的基本态势,讨论了东吴政局的基本特点。还有尹辉风所著《孙吴长江防线研究》[⑤],论述了吴国江防体系的形成与经营情况,以及它和孙吴政局的相互影响。

其二,对孙吴江防军镇与政区设置以及与守江战略关系的探讨。如严耕望著《中国地方行政制度史——魏晋南北朝地方行政制度》[⑥]上卷《魏晋南朝行政制度》第二章《都督与刺史》中论述了

---

① 曾现江:《孙吴长江防线论略》,《成都大学学报》2001年第2期。

② 赵小勇、汪守林:《东吴末年江防兵力考释》,《连云港师范高等专科学校学报》,2005年第1期。

③ 赵小勇:《东吴长江防线兵要地理初探》,《中国历史地理论丛》2006年第2期。

④ 赵小勇:《论长江防线与东吴政局》,安徽师范大学硕士论文,2006年。

⑤ 尹辉风:《孙吴长江防线研究》,湖南师范大学硕士论文,2008年。

⑥ 严耕望:《中国地方行政制度史——魏晋南北朝地方行政制度》(上),第103页。

三国孙吴滨江各都督辖区的问题。张鹤泉《孙吴军镇都督论略》<sup>①</sup>
一文,也探讨了孙吴江防军镇都督的设置与分布。胡阿祥在《六
朝疆域与政区述论》<sup>②</sup>中,对孙吴疆域规模及边防重镇也做了陈
述。陈健梅著有《孙吴政区地理研究》<sup>③</sup>一书,涉及疆域的经略;并
在论文《从政区建置看吴国在长江沿线的攻防策略——以吴、魏
对峙为背景的考察》<sup>④</sup>中,指出孙吴依托大江,通过相关政区建置,
在“竟长江所及”的地理优势下,积极经营江北防线,以取得“固国
江外”的战略优势,同时配合江南沿江的指挥中枢、滨江防御和后
勤补给,兼顾中、下游,充分发挥地缘优势,有效地利用了长江这
一天然屏障与北方政权长期对峙。

　　其三,是对六朝时期南方或南北双方攻守战略进行的综论性
研究,其中包含有与孙吴江防战略的相关内容。例如何荣昌《略
论六朝的江防》<sup>⑤</sup>,从疆域形势和地理条件的视角出发,分析了六
朝长江军事地位的形成,并就控制荆楚、据有险要、捍卫淮水、防
守江津渡口等方面论述了江防的概况。郭黎安的《六朝建都与军
事重镇的分布》<sup>⑥</sup>,也是从地理环境入手,结合当时的政治、军事形
势,择要阐述六朝(包括孙吴)重要军镇的分布及其对保卫首都的
作用。并着重论证了都城的东西锁钥京口和历阳,北边门户寿

①张鹤泉:《孙吴军镇都督论略》,《史学集刊》1996年第2期。
②胡阿祥:《六朝疆域与政区述论》,《南京理工大学学报》2003年第1期。
③陈健梅:《孙吴政区地理研究》,岳麓书社,2008年。
④陈健梅:《从政区建置看吴国在长江沿线的攻防策略——以吴、魏对峙为背景的考察》,《中国史研究》2010年第1期。
⑤何荣昌:《略论六朝的江防》,江苏省六朝史研究会编:《六朝史论文集》,黄山书社,1993年。
⑥郭黎安:《六朝建都与军事重镇的分布》,《中国史研究》1999年第4期。

春、淮阴和盱眙，西边屏藩江陵与襄阳。陈金凤有论文《魏晋南北朝时期中间地带略论》[①]和专著《魏晋南北朝中间地带研究》[②]，该书第二章第三节《吴魏战争中的江淮、江汉与荆州》，提到孙权在江淮的用兵一方面是为了解除长江防线的危险，另一方面是抢占北进的基地。

纵观目前学界对孙吴的江防战线与用兵谋略的研究状况，相关论著以概述性为主的作品居多，在探讨的深度和广度方面还有继续发掘的潜力，某些观点亦值得商榷，故试撰此章，以求推进研讨并作引玉之砖。

## 二、孙权"临江塞要"的边防战略

如前所述，学术界往往用"限江自保"来概括孙吴的基本守国政策，或是它的某种军事策略。笔者认为，如果用来表示作战的谋略，那么"限江自保"一语比较笼统，未能准确地反映出孙权是怎样以弱敌强，守住绵延数千里之长江防线的。根据历史记载，孙权没有平均分散部署有限的兵力，而是把它们集中屯戍到几个边防要镇，以阻挡魏师进据江畔。如阮瑀为曹操所作书信中所称："临江塞要，欲令王师终不得渡。"[③]因此，愚意以为用"临江塞要"来概括孙权的守江战略是更为恰当的。所谓"临江塞要"，即阻塞位于长江北岸的"要地"——位处交通枢要的兵家必争之地。

---

① 陈金凤：《魏晋南北朝时期中间地带略论》，《江汉论坛》2000 年第 3 期。
② 陈金凤：《魏晋南北朝中间地带研究》，天津古籍出版社，2005 年。
③ ［梁］萧统编，［唐］李善注：《文选》卷 42《书中·阮文瑜为曹公作书与孙权》，第 589 页。

《孙子兵法·九地篇》称其为"衢地"，即道路汇集，通往各方的要
衢。"四达者，衢地也。"占据它则能在一定程度上掌握主动权，并
左右战局的发展。如王夫之所言："唯夫南北之襟喉，东西之腰
领，忽为我有而天下震惊，得则可兴，失则必危。"①例如，战国时段
规曾说成皋（即后世虎牢关）属于"一里之厚，而动千里之权者"②。
汉魏时河东连接关东、关西两大经济、政治区域，地位重要。故曹
操对荀彧说："河东被山带河，四邻多变，当今天下之要地也。君
为我举萧何、寇恂以镇之。"③孙吴江防采取"临江塞要"的策略，这
在吴甘露元年（265）晋王司马昭与吴使纪陟的对话中也能得到清
晰的反映。其事见干宝《晋纪》：

> （司马昭）又问："吴之戍备几何？"对曰："自西陵以至江
> 都，五千七百里。"又问曰："道里甚远，难为坚固？"对曰："疆
> 界虽远，而其险要必争之地，不过数四。犹人虽有八尺之躯
> 靡不受患，其护风寒亦数处耳。"文王善之，厚为之礼。④

吴国的江防重镇有哪些？纪陟在上述谈话中只提到了西陵（今湖
北宜昌市）和江都（即汉广陵郡属县，今江苏扬州市西南）两处，其
他地点并未明言。根据唐代杜佑在《通典》卷171《州郡一》中的概
述，吴国沿江大致共有十余座要戍。其文曰：

> 吴主北据江，南尽海，置交、广、荆、郢、扬五州，有郡四十有
> 三。以建平、西陵、乐乡、南郡（笔者按：即江陵）、巴丘、夏口、武

---

① ［清］王夫之：《读通鉴论》卷29《五代中》，第902页。
② ［西汉］刘向集录：《战国策》卷26《韩策一》，第927页。
③ 《三国志》卷16《魏书·杜畿传》。
④ 《三国志》卷48《吴书·三嗣主传·孙皓》注引干宝《晋纪》。

昌、皖城、牛渚圻、濡须坞并为重镇。其后得沔口、郱城、广陵。

杜佑还对上述各座重镇的守将与战事作过简要的考证,其中对孙吴占领沔口的时间判断有错误。他在"其后得沔口"句下注释曰:"孙权嘉禾后,陆逊、诸葛瑾屯守。"[①]而实际上赤壁之战前后沔口是由刘琦、刘备占据,建安二十年(215)孙、刘两家立约,"遂分荆州长沙、江夏、桂阳以东属权,南郡、零陵、武陵以西属备。"[②]此后孙权一直占有该地。黄初三年(222)曹丕三道征吴,曾派文聘领兵企图攻占沔口,但未能如愿,被迫止步于石梵(今湖北天门市东南),并在那里阻击吴军的反攻[③],沔口仍然被吴国控制,嘉禾三年(234)陆逊等曾由此北伐襄阳。

王应麟《三国形势考》下篇以杜氏总结的基础上,又补充了陆口、下雉、阳新、寻阳、柴桑、皖口、东兴(东关)、徐陵(京口)、涂中(涂塘)等九处沿江军镇[④],合计为 22 处。不过,它们对于抗击魏兵的作用以及在江防体系中的地位是有轻重差异的。所谓"临江塞要"是在北岸阻截敌兵。如叶适所云:"三国孙氏常以江北守江,而不以江南守江,至于六朝无不皆然。"[⑤]因此孙吴江北诸镇受

①[唐]杜佑:《通典》卷 171《州郡一》,第 908 页。

②《三国志》卷 47《吴书·吴主传》。

③《三国志》卷 18《魏书·文聘传》:"与夏侯尚围江陵,使聘别屯沔口,止石梵,自当一队,御贼有功,迁后将军,封新野侯。"卢弼:《三国志集解》卷 18《文聘传》注引谢钟英曰:"石梵当在今天门县东南,汉水北,其地去襄阳几七百里。"第 466 页。笔者按:依文聘本传所言,他接受的作战任务是进驻沔口,但是受阻遏在汉水北岸的石梵。他在这次战役中的功绩只是在石梵防御吴军的反攻,即"止石梵,自当一队,御贼有功",可见曹魏并未占领沔口。

④[宋]王应麟:《通鉴地理通释》卷 12《三国形势考下》,第 751—777 页。

⑤[宋]叶适:《水心集》卷 2《状·定山瓜步石跋三堡坞状》,文渊阁本《四库全书》第 1164 册,第 55 页。

到敌军的威胁更为直接和严重,江南诸镇则相对较轻。清儒谢钟英认识到这一点,因此在《三国疆域表》中把孙吴的江防重镇分为"江外"和"江东"两类以示其地位与作用的区别:

> 其固国江外,以广陵、涂中、东兴、皖(城)、寻阳、邾(城)、夏口、江陵、西陵、建平为重镇;江东则以京口、建业、牛渚、柴桑、半州、武昌、沙羡、陆口、巴丘、乐乡、公安、夷道、荆门为重镇,夹江置守。上游要害,尤重建平。[①]

前引纪陟所言,沿江诸镇当中最为重要的也就是四座左右,"其险要必争之地,不过数四"。从三国历史记载来看,曾经屡次爆发残酷战斗并被孙吴屯驻重兵的要塞,应该是位处江北且阻遏交通要道的四处,如曹操"四越巢湖"受阻的濡须(今安徽含山县),孙策、孙权进攻多年才从黄祖手中夺取的沔口(今湖北武汉市汉阳区),吴国与蜀、魏多次激烈争夺的江陵(今湖北荆州市),以及陆逊大败刘备的夷陵(今湖北宜昌市,后改称西陵)。吴军占领邾城(今湖北武汉市黄陂区)和广陵较晚,且从未在当地阻击过魏师,其地位显然要稍逊一筹。皖城(今安徽潜山县)虽然也较为重要,但严格地说还不是"必争之地"。例如孙权在建安五年(200)、十九年(214)两次攻占该地,随后即撤往江东或北岸的寻阳(今湖北黄梅县西南)[②],未在那里设置军镇。后来诸葛恪自皖口(今安徽安庆市南,皖水入江处)进驻皖城,以此为据点袭扰魏

---

① [清]谢钟英:《三国疆域表》,《二十五史补编·三国志补编》,第 410 页。
② 《三国志》卷 54《吴书·吕蒙传》载建安十九年吕蒙率兵攻占皖城,"(孙)权嘉其功,即拜庐江太守,所得人马皆分与之,别赐寻阳屯田六百户,官属三十人。蒙还寻阳……"

境。赤乌六年(243)，司马懿率兵反击，孙权即命令诸葛恪放弃城守，退往南岸的柴桑(今江西九江市)[①]，没有尽力保卫该地。濡须、沔口、江陵、西陵之所以最为重要，是因为它们地扼南北交通或东西来往的水运干道，下文试述其详。

## (一)西陵

孙吴西陵(即夷陵)地扼峡江航道出口，是阻挡四川盆地方向来敌的关塞。胡三省曰："自三峡下夷陵，连山叠嶂，江行其中，回旋湍激。至西陵峡口，始漫为平流。夷陵正当峡口，故以为吴之关限。"[②]顾祖禹曾论其地："三国时为吴、蜀之要害。吕蒙袭公安，降南郡，陆逊别取宜都，守峡口以备蜀，而荆州之援绝矣。先主之东讨也，从巫峡、建平至夷陵，列营数十，陆逊固守夷陵以待之。"[③]最终击败敌军，粉碎了刘备收复荆州的企图。刘禅继位以后，吴蜀恢复盟好，直至蜀汉灭亡前夕，四十年内两国未曾发生冲突；孙吴为了预防不测，始终在这里驻扎重兵。西陵北界邻近曹魏襄阳郡的临沮(治今湖北南漳县东南城关镇)县境，有来往道路，但是"水陆纡险，行径裁通"[④]，不易投送大军和所需粮饷。泰始八年

---

①《三国志》卷 47《吴书·吴主传》赤乌六年："是岁，司马宣王率军入舒，诸葛恪自皖迁于柴桑。"《三国志》卷 64《吴书·诸葛恪传》："恪乞率众佃庐江皖口，因轻兵袭舒，掩得其民而还。复远遣斥候，观相径要，欲图寿春，权以为不可。赤乌中，魏司马宣王谋欲攻恪，权方发兵应之，望气者以为不利，于是徙恪屯于柴桑。"《晋书》卷 1《宣帝纪》："先是，吴遣将诸葛恪屯皖，边鄙苦之……(正始)四年秋九月，帝督诸军击诸葛恪，车驾送出津阳门。军次于舒，恪焚烧积聚，弃城而遁。"

②《资治通鉴》卷 69 魏文帝黄初三年五月胡三省注。

③[清]顾祖禹：《读史方舆纪要》卷 78《湖广四》夷陵州条，第 3679 页。

④《南齐书》卷 15《州郡志下》。

(272)西陵守将步阐叛降,遭到吴军围攻,晋荆州刺史杨肇即沿此途领兵救援,因为兵员粮饷供应缺乏导致惨败而归。朝内官员弹劾晋军主将羊祜,其罪名就是:"乃遣杨肇偏军入险,兵少粮悬,军人挫衄。"①最后二人都遭到处分,"(羊祜)竟坐贬为平南将军,而免杨肇为庶人。"②由于西陵通往北方的道路不畅,曹魏和西晋并没有从荆州(襄阳)方向对其发动大规模进攻,仅有嘉平三年(251)和咸宁四年(278)的两次突然袭击③,在获胜后立即撤回。所以西陵的军事作用主要是防备自三峡顺流东进的来寇或假设敌,北边的入侵对其产生的威胁并不严重。夷陵对岸则有道路南通湘水流域的武陵郡,当地少数民族经常反抗孙吴的统治。刘备东征出峡后,"使使诱导武陵蛮夷,假与印传,许之封赏。于是诸县及五溪民皆反为蜀。"④黄龙三年(231),当地民众再次反叛,孙权"遣太常潘濬率众五万讨武陵蛮夷"⑤。历时三载才将其镇压下去⑥。所以西陵的防务,还有保障江南湘西少数民族地区稳定的作用。如陆抗所言:"如使西陵盤结,则南山群夷皆当扰动,则所忧虑,难可竟言也。"⑦综上所述,西陵驻军不仅能够封锁三峡,还

---

① 《晋书》卷34《羊祜传》。
② 《晋书》卷34《羊祜传》。
③ 参见《三国志》卷27《魏书·王基传》:"随征南王昶击吴。基别袭步协于夷陵,协闭门自守。示以攻形,而实分兵取雄父邸阁,收米三十余万斛,虏安北将军谭正,纳降数千口。"《晋书》卷34《杜预传》:"预既至镇,缮甲兵,耀威武,乃简精锐,袭吴西陵督张政,大破之,以功增封三百六十五户。"
④ 《三国志》卷47《吴书·吴主传》。
⑤ 《三国志》卷47《吴书·吴主传》。
⑥ 《三国志》卷47《吴书·吴主传》嘉禾三年,"冬十一月,太常潘濬平武陵蛮夷。事毕,还武昌。"
⑦ 《三国志》卷58《吴书·陆抗传》。

可以北阻魏兵,南镇诸蛮。因此陆逊认为这里是荆州最重要的关塞,并向朝廷陈言:"以为西陵国之西门,虽云易守,亦复易失。若有不守,非但失一郡,则荆州非吴有也。如其有虞,当倾国争之。"①

三国鼎立时期,吴、蜀是联合抗敌的盟友,处于敌对状态的时间仅有短短数年。与孙吴长期交战的是雄踞中原的曹魏,双方构成南北对峙的形势。曹氏地广兵众,在军事上占有主动,故自赤壁之役起频频发动南征。需要强调的是,曹魏方面的主攻路线基本上都是采用水道,军中有大规模的船队,其中原因主要有两条。首先,大军作战的给养、财赋消耗严重,而且运输要占用许多劳力。栈潜追述曹丕伐吴时,"六军骚动,水陆转运,百姓舍业,日费千金。"②如果是陆道运输粮饷,需要使用车载或担负,利用人力或畜力,劳动效率低下而且耗费甚高。例如《史记》卷30《平准书》曾言汉武帝时通西南夷道,"作者数万人,千里负担馈粮,率十余钟致一石。"另外军人携带武器装备,若是经过长途跋涉,体力会大量损耗,对于作战交锋十分不利。但如果是乘舟投送兵员粮草,可以利用风力、水力,不仅节省大量劳动,运输效率也会得到明显提高。勾践曾说越人:"水行而山处,以船为车,以楫为马,往若飘风,去则难从。"③伍被亦言吴地:"上取江陵木以为船,一船之载当中国数十两车。"④因为水陆转运的耗费和功效差别很大,所以曹魏大军南下必须要利用航道和船队。其次,魏、吴之间有浩荡长

①《三国志》卷58《吴书·陆抗传》。
②《三国志》卷25《魏书·高堂隆传》。
③［东汉］袁康、吴平辑录:《越绝书》卷8《越绝外传记地传》,第58页。
④《史记》卷118《淮南衡山列传》。

江阻隔,孙吴又擅长水战。如果曹魏南征军队采取陆行的方式,则无法使大量船只随行,那么即使顺利到了江边,也只能望洋兴叹而无法涉渡,更谈不上与吴国的舟师进行交锋了。有鉴于此,曹操平定中原后策划南伐,即在邺城训练水军,"作玄武池以肄舟师"[1]。赤壁之役失利,他回到北方重新整顿。次年三月,"军至谯,作轻舟,治水军。"准备就绪后才再次南征。"秋七月,自涡入淮,出肥水,军合肥。"[2]后来曹操四越巢湖,曹丕两出广陵,都是率领庞大的船队南下。

三国时期魏吴交境的南北水运干道主要有三条,西为汉水,中为肥水、施水和濡须水,东为中渎水(即古邗沟)。汉末中渎水道多有淤塞,往往通而不畅,黄初六年(225)曹丕由此路征吴,返回时船队曾在途中搁浅。"(蒋)济表水道难通,又上《三州论》以讽帝。帝不从,于是战船数千皆滞不得行。"[3]孙权因为了解当地的情况,也没有在广陵(今江苏扬州市西北)及中渎水入江的水口与瓜洲渡驻守重兵,只是在对面南岸的京城(今江苏镇江市)驻军戍守。曹丕两次经这条水道征吴,虽然顺利抵达广陵,没有受到任何抵抗,但因为寒冰、飓风等自然因素阻碍而不能渡江[4],此后魏国及西晋再未使用这条水道南征。孙权死后,执政大臣孙峻企

---

①《三国志》卷1《魏书·武帝纪》。
②《三国志》卷1《魏书·武帝纪》。
③《三国志》卷14《魏书·蒋济传》。
④参见《资治通鉴》卷70魏文帝黄初五年:"八月,为水军,亲御龙舟,循蔡、颍,浮淮如寿春。九月,至广陵……时江水盛长,帝临望,叹曰:'魏虽有武骑千群,无所用之,未可图也。'帝御龙舟,会暴风漂荡,几至覆没。"《三国志》卷2《魏书·文帝纪》黄初六年:"冬十月,行幸广陵故城,临江观兵,戎卒十余万,旌旗数百里。是岁大寒,水道冰,舟不得入江,乃引还。"

图在广陵筑城戍守,最终未能成功[1],因此这里并非"临江塞要"的重镇。

据文献所载,孙权江防的重点是阻断汉水与濡须水这两条航道,沔口、江陵和濡须均与此有关。其详情分述如下:

## (二)沔口

沔口位于今湖北武汉市汉阳区,亦称夏口,因有鲁山又称鲁口。李吉甫言其地:"春秋时谓之夏汭,汉为沙羡之东境。自后汉末谓之夏口,亦名鲁口。吴置督将于此,名为鲁口屯,以其对鲁山岸为名也。"[2]由于沔口是汉水穿行江汉平原后汇入长江的要冲,汉末刘表派遣部将黄祖在当地据守。孙策、孙权兄弟占领江东以后,为了消除上游的威胁,曾经多次逆流向夏口发动进攻,终于在建安十三年(208)春攻占该地,但后来撤回,故又被刘琦和刘备控制。沔口的鲁山(即龟山)和对岸的蛇山相互向江心凸出,该处又因泥沙沉积而形成宽阔的沙洲,即著名的鹦鹉洲,长江水流由此被分为两条较为狭窄的航道,利于守军实行阻击。如建安十五年(210)孙权派遣舟师西进,企图攻取益州,即在沔口遭到刘备的拦截,只得退兵。《献帝春秋》载孙权,"遣孙瑜率水军住夏口。备不听军过,谓瑜曰:'汝欲取蜀,吾当被发入山,有失信于天下也。'使关羽屯江陵,张飞屯秭归,诸葛亮据南郡,备自住孱陵。权知备

---

①《资治通鉴》卷 76 魏高贵乡公正元二年七月:"(孙)峻使卫尉冯朝城广陵,功费甚众,举朝莫敢言,唯滕胤谏止之,峻不从,功卒不成。"
②[唐]李吉甫:《元和郡县图志》卷 27《江南道三·鄂州》,第 643 页。

意,因召瑜还。"①直至建安二十年(215),孙刘两家订约。"分荆州
江夏、长沙、桂阳东属;南郡、零陵、武陵西属。"②沔口才终于归属
东吴,开始驻军布防。由于该地控扼汉水末流与长江中游的两条
重要的水道,故受到孙吴的格外重视。李吉甫称沔口:"三国争
衡,为吴之要害,吴常以重兵镇之。"③黄初二年(221)四月,孙权迁
都武昌(今湖北鄂州市),沔口在其西北百数十里对岸,是防守魏
师乘汉水南侵的要塞,保护着国都外围的安全。黄初三年(222)
九月,曹丕发兵三道征吴。为了策应围攻江陵的战斗,另派江夏
太守文聘入侵沔口地区,因为受到吴军抵抗和反攻而退据石梵
(今湖北天门市东南)。司马懿担任荆州都督时,曾向朝廷建议佯
攻皖城(今安徽潜山县),引诱江夏吴军东调,再乘虚出动舟师顺
汉水攻占夏口(即沔口)。"若为陆军以向皖城,引(孙)权东下,为
水战军向夏口,乘其虚而击之,此神兵从天而堕,破之必矣。"④此
项作战计划获得魏明帝的赞同,并在太和二年(228)实行,由于进
攻皖城的曹休遭到惨败⑤,司马懿经汉水南下的部队在中途撤回。

　　荀彧曾说军事上"要地"的作用并非只是单纯的防御,也可以
利用它来发起攻击。"进可以胜敌,退足以坚守。"⑥沔口在魏吴交
战中的情况也是如此,它曾多次被吴国作为进攻的出发基地,派

---

①《三国志》卷32《蜀书·先主传》注引《献帝春秋》。
②《三国志》卷32《蜀书·先主传》。
③[唐]李吉甫:《元和郡县图志》卷27《江南道三·鄂州》,第643页。
④《晋书》卷1《宣帝纪》。
⑤《三国志》卷9《魏书·曹休传》:"太和二年,帝为二道征吴,遣司马宣王从汉水下,休
　督诸军向寻阳。贼将伪降,休深入,战不利,还宿石亭。军夜惊,士卒乱,弃甲兵辎重
　甚多。"
⑥《后汉书》卷70《荀彧传》。

遣兵将溯汉水而上去攻扰曹魏的襄阳、江夏两郡。黄龙元年
(229)九月,孙权迁都建业。他在临行前调任陆逊为荆州牧,镇守
武昌,并召集众将会议江夏的御敌之策,最终接受了小将张梁的
建议,"遣将入沔,与敌争利。"①如嘉禾三年(234),"夏五月,(孙)
权遣陆逊、诸葛瑾等屯江夏、沔口,孙韶、张承等向广陵、淮阳,权
率大众围合肥新城。"②此番战役中陆逊率领的一路即由沔口溯汉
水北攻襄阳。又见《三国志》卷3《魏书·明帝纪》青龙二年:"五
月,太白昼见。孙权入居巢湖口,向合肥新城,又遣将陆议(笔者
按:即陆逊)、孙韶各将万余人入淮、沔。"从后来吴魏交锋的情况
来看,陆逊留守武昌期间,吴国"遣将入沔"的作战获得很大成功,
控制了襄阳以下的汉水航道,将其北境推进到远离沔口的石城③。
《元和郡县图志》载石城地望在唐郢州长寿县,即今湖北钟祥市
北。"吴于此置牙门戍城,羊祜镇荆州,亦置戍焉。"④孙吴还专门
设置了镇戍汉水下游地区的"沔中督"⑤。

## (三)江陵

　　汉水自襄阳南下,经过宜城、钟祥后,在今湖北潜江市西北到
达扬口。扬口又称作汉津,由此进入汉水的支流扬水,向西航行
可抵江陵(今湖北荆州市)。春秋时伍子胥率兵伐楚,曾疏浚和使

①《三国志》卷51《吴书·宗室传·孙奂》注引《江表传》。
②《三国志》卷47《吴书·吴主传》。
③《晋书》卷34《羊祜传》:"吴石城守去襄阳七百余里,每为边害,祜患之。"
④[唐]李吉甫:《元和郡县图志》卷21《山南道二·郢州》,第538页。
⑤《三国志》卷51《吴书·宗室传》:"(孙)邻迁夏口沔中督、威远将军,所居任职。"《三国
　志》卷51《吴书·宗室传·孙奂》注引《江表传》曰:"(孙)权以(张)梁计为最得,即超
　增梁位。后稍以功进至沔中督。"

用过这条水道。《水经注》卷28《沔水》曰:"沔水又东南与扬口合,水上承江陵县赤湖。江陵西北有纪南城,楚文王自丹阳徙此,平王城之。班固言:楚之郢都也。城西南有赤坂冈,冈下有渎水,东北流入城,名曰子胥渎。盖吴师入郢所开也。"①当今学术界称其为"荆汉运河"②。建安十三年(208)曹操征荆州,刘备南撤时,"辎重数千两,日行十余里,别遣关羽乘船数百艘,使会江陵。"③就是准备利用扬水前往。后来在当阳兵败,"先主斜趋汉津,适与羽船会,得济沔。"④并与刘琦所部会师转赴夏口。此外,江陵东南又是长江支流夏水的源头。《汉书》卷28上《地理志上》曰:"夏水首受江,东入沔,行五百里。"其故道之起源地在今湖北省沙市东南,向东流经今监利县北界折向东北,至堵口(今仙桃市东北)汇入汉水。《水经》曰:"夏水出江津于江陵县东南,又东过华容县南,又东至江夏云杜县,入于沔。"郦道元注云:"应劭《十三州记》曰:江别入沔为夏水源,夫夏之为名,始于分江,冬竭夏流,故纳厥称。既有中夏之目,亦苞大夏之名矣。当其决入之所,谓之堵口焉。"⑤这条河流可供船只航行,沟通古云梦泽东西两端的江陵与沔口,而不必经过荆江水道绕行巴丘。赤壁之战后,孙刘联军进攻据守江陵的曹仁,刘备即向周瑜建议分兵从夏水而入,截断曹仁所部与襄阳后方的联系。"备谓瑜云:'仁守江陵城,城中粮多,足为疾害。使张益德将千人随卿,卿分二千人追我,相为从夏水入截仁

①[北魏]郦道元原注,陈桥驿注释:《水经注》卷28《沔水》,第452页。
②参见王育民:《中国历史地理概论》(上),第241页。
③《三国志》卷32《蜀书·先主传》。
④《三国志》卷32《蜀书·先主传》。
⑤[北魏]郦道元原注,陈桥驿注释:《水经注》卷32《夏水》,第509—510页。

后,仁闻吾入必走。'瑜以二千人益之。"①

　　江陵位于江汉平原的核心地带,原野平沃,物产丰饶,陆路交通亦很发达,如史书所言:"江陵平衍,道路通利。"②可以西赴峡口,东走华容与北上襄阳,后者即古代南北交通的著名干线"荆襄道"。秦汉时期,这条道路属于"驰道",秦始皇、汉武帝等皆经此途南巡③,因而构筑良好、通行顺畅。曹操从襄阳南下追击刘备时,"轻骑一日一夜行三百余里"④。江陵城南有著名的渡口"江津",在今湖北荆州市沙市区,江心沙洲有城戍。《水经注》卷34《江水》曰:"洲上有奉城,故江津长所治,旧主度州郡,贡于洛阳,因谓之奉城,亦曰江津戍也。戍南对马头岸,昔陆抗屯此与羊祜相对。"⑤汉代曾在江津设"津乡"县。《后汉书》卷17《岑彭传》称其"当荆州要会"。李贤注:"津乡,县名,所谓江津也。《东观记》曰:津乡当荆、杨之咽喉。"由此乘舟顺流而下,可航渡至南岸的油江口,即公安,有陆道通往今湖南省境的荆州诸郡。建安十四年(209)冬,孙刘联军攻占江陵,刘备驻军公安,后从此地出发,平定江南武陵、长沙、桂阳、零陵四郡。由于江陵位居荆州的中心区域,为长江、汉水及荆襄道等多条陆路所交汇,所以成为秦汉六朝期间中南地区最繁荣的商业城市。《汉书》卷28下《地

---

①《三国志》卷54《吴书·周瑜传》注引《吴录》。

②《三国志》卷58《吴书·陆抗传》。

③参见《史记》卷6《秦始皇本纪》二十八年,"乃西南渡淮水,之衡山、南郡。浮江,至湘山祠……上自南郡(笔者按:即江陵)由武关归。"《史记》卷28《封禅书》载元封五年(前106)汉武帝自长安出行,"上巡南郡,至江陵而东。登礼灊之天柱山,号曰南岳。"

④《三国志》卷35《蜀书·诸葛亮传》。

⑤[北魏]郦道元原注,陈桥驿注释:《水经注》卷34《江水》,第537页。

理志下》曰:"江陵,故郢都,西通巫、巴,东有云梦之饶,亦一都会也。"

　　从三国南北对峙的交战情况来看,江陵因为地处枢要而成为曹魏、西晋南下攻吴的重点目标之一。史籍所载有魏国在黄初三至四年(222—223)、嘉平二年(250)、嘉平四年(252)的三次进攻,晋朝在泰始八年(272)和太康元年(280)的两次进攻。其中尤以黄初三至四年历时六个月的江陵围城之役最为惨烈。"魏遣曹真、夏侯尚、张郃等攻江陵,魏文帝自住宛,为其势援,连屯围城……真等起土山,凿地道,立楼橹临城,弓矢雨注。"[①]尽管援救断绝,守将朱然临危不惧。"将士皆失色,然晏如而无怨意,方厉吏士,伺间隙攻破两屯。"[②]终于迫使魏军退兵。另一方面,江陵又是蜀汉、孙吴北伐的前线基地。关羽从此地发兵,屡败襄阳敌寇,曾全歼七军,威震华夏。曹魏正始二年(241),"朱然、孙伦五万人围樊城,诸葛瑾、步骘寇柤中。"[③]正始七年(246),"吴将朱然入柤中,斩获数千;柤中民吏万余家渡沔。"[④]吴军的这两次北上也是由江陵出兵,或水陆并发,或由陆道进攻,给魏国造成严重威胁。南宋胡安国曾列举魏晋史实,说明江陵至峡口一带是荆州军事价值最高的区域。"按湖北十有四州,其要会在荆峡,故刘表时军资寓江陵,先主时重兵屯油口,关公、孙权则并力争南郡,陆抗父子则协规守宜都,晋大司马(桓)温及其弟冲则保据渚宫与上明;此皆

---

①《三国志》卷56《吴书·朱然传》。
②《三国志》卷56《吴书·朱然传》。
③《三国志》卷4《魏书·三少帝纪·齐王芳》正始二年注引干宝《晋纪》。
④《三国志》卷4《魏书·三少帝纪·齐王芳》正始七年注引《汉晋春秋》。

荆峡封境也。"①综上所述,由于江陵地理位置非常重要,具有左右荆州乃至全国战局的影响,因此成为孙吴屈指可数的边防要戍之一。如顾祖禹所言:"盖江陵之得失,南北之分合判焉,东西之强弱系焉,此有识者所必争也。"②

### (四)濡须

濡须水自巢湖东口南流入江,水口即濡须口,在今安徽无为县东南。建安十六年(211),孙权迁都秣陵(今江苏南京市)。次年,"闻曹公将来侵,作濡须坞。"③并在建安十八年(213)、二十二年(217)凭借坞城成功地击退了曹操大军的进攻。实施此项工程是接受了吕蒙的建议。《三国志》卷54《吴书·吕蒙传》曰:"后从权拒曹公于濡须,数进奇计,又劝权夹水口立坞,所以备御甚精,曹公不能下而退。"注引《吴录》曰:

> (孙)权欲作坞,诸将皆曰:"上岸击贼,洗足入船,何用坞为?"吕蒙曰:"兵有利钝,战无百胜。如有邂近,敌步骑蹙人,不暇及水,其得入船乎?"权曰:"善。"遂作之。

这两次战役的规模巨大,例如建安二十二年正月,"曹公出濡须,号步骑四十万,临江饮马。(孙)权率众七万应之。"④据傅幹所言,

---

① [宋]胡寅:《斐然集》卷25《先公行状·设险论》,文渊阁本《四库全书》第1137册,第662页。
② [清]顾祖禹:《读史方舆纪要》卷78《湖广四·荆州府》,第3652页。
③ 《三国志》卷47《吴书·吴主传》。
④ 《三国志》卷55《吴书·甘宁传》注引《江表传》。

曹操出动的实际兵力约在十万左右①，"号步骑四十万"乃是浮夸之数，孙权当时全部兵力总数不过十万②，出动七万人迎敌可算倾国之师了。黄初四年(223)二月，魏将曹仁率步骑数万攻向濡须，吴国守将朱桓人马缺少，"手下及所部兵，在者五千人，诸将业业，各有惧心。"③但是他临危不惧，偃旗息鼓引诱敌人深入。"(曹)仁果遣其子泰攻濡须城，分遣将军常雕督诸葛虔、王双等，乘油船别袭中洲。"④结果朱桓调度得当，歼灭曹魏水军，敌兵主力攻城不下，只得狼狈撤走。"桓部兵将攻取油船，或别击雕等，桓等身自拒泰，烧营而退，遂枭雕，生虏双，送武昌，临阵斩溺，死者千余。"嘉平四年(252)十月，吴国执政的太傅诸葛恪又在濡须城以北的东兴，即东兴(今安徽巢湖市东关镇)筑堤戍守，阻断濡须水航道。此举引起曹魏的强烈反应，随即发动大军来攻。"(诸葛)恪兴军四万，晨夜赴救。"⑤前锋留赞、吕据、唐咨、丁奉等率领精锐乘魏军不备而进行突袭，"兵得上，便鼓噪乱斫。魏军惊扰散走，争渡浮桥，桥坏绝，自投于水，更相蹈藉。乐安太守桓嘉等同时并没，死者数万。"⑥终曹魏一朝，在此方向的用兵始终未能得逞，这有赖于

---

① 《三国志》卷1《魏书·武帝纪》注引《九州春秋》建安十九年七月载傅幹进谏曰："今举十万之众，顿之长江之滨，若贼负固深藏，则士马不得逞其能，奇变无所用其权，则大威有屈而敌心未能服矣。"

② 《三国志》卷35《蜀书·诸葛亮传》："(孙)权勃然曰：'吾不能举全吴之地，十万之众，受制于人。吾计决矣！非刘豫州莫可以当曹操者。然豫州新败之后，安能抗此难乎？'"

③ 《三国志》卷56《吴书·朱桓传》。

④ 《三国志》卷56《吴书·朱桓传》。

⑤ 《三国志》卷64《吴书·诸葛恪传》。

⑥ 《三国志》卷64《吴书·诸葛恪传》。

东吴在濡须地区建立的坚强防御。如唐庚所言："曹公以数十万众,再至居巢,逡巡而不能进;诸葛诞以步骑七万,失利而退;以濡须、东兴之扼其吭也。"①

　　濡须地区之所以屡次遭受曹魏的大规模进攻,主要是因为它有当时江淮之间最重要的交通水道。濡须水上接巢湖,再溯施水而至合肥,沿肥水过寿春入淮。曹魏的基本经济区域在中原的冀、兖、司、豫四州,即今河北南部、山东西部与河南省境,可以利用黄河以南的泗、涡、颍、汝诸水进入淮河,与肥水、施水、濡须水道相连而入长江。如前所述,三国时期中渎水道常有淤塞,不利于船队航行。汉水一路,因为襄阳通往中原主要依靠陆道②,汉江南北航运的优势只限于荆州地域,因而不够充分。另外,汉水在沔口入江,距离东吴国都建业与经济重心太湖流域甚远。如果魏军能够打通濡须水道,占领口岸,会给吴国的心腹要地造成直接威胁。如顾祖禹所言:"然则濡须有警,不特建邺可虞,三吴亦未可处堂无患也。"③周南亦曰:"昔魏之重镇在合肥,孙氏既夹濡须而立坞矣,又堤东兴以遏东湖,又堰涂塘以塞北道,然总之不过合肥、巢县之左右,力遏魏人之东而已。魏不能逾濡须一步,则建邺可以奠枕。故孙氏之为守易。"④由于濡须水航道较窄,沿途岸边又有丘陵山地,易于设防阻击,所以吴国在这里的防御作战屡获

---

① [清]顾祖禹:《读史方舆纪要》卷26《南直八·庐州府》,第1283页。
② 《后汉书·郡国志四》注引《荆州记》曰:"襄阳旧楚之北津,从襄阳渡江,经南阳,出方关,是周、郑、晋、卫之道,其东津经江夏,出平皋关,是通陈、蔡、齐、宋之道。"
③ [清]顾祖禹:《读史方舆纪要》卷26《南直八·庐州府》无为州条,第1283页。
④ [宋]周南:《山房集》卷7《对策·丁卯召试馆职策》,文渊阁本《四库全书》,第1169册,第98—99页。

胜利。张浚曾对此评论道："武侯谓曹操四越巢湖不成者,巢湖之水,南通大江,濡须正扼其冲;东、西两关又从而辅翼之,馈舟难通,故虽有十万之师,未能寇大江也。"①

另一方面,孙吴也经常利用这条水道对魏国发起进攻。王象之曰："古者巢湖水北合于肥河,故魏窥江南则循涡入淮,自淮入肥,繇肥水而趣巢湖,与吴人相持于东关。吴人挠魏亦必繇此。"②孙权曾屡率重兵对合肥进行攻击,例如建安十三年(208),"孙权率十万众攻围合肥城百余日,时天连雨,城欲崩,于是以苫蓑覆之,夜然脂照城外,视贼所作而为备,贼以破走。"③建安十六年(211)张辽以七千守军挫败吴师。后来曹丕下诏褒奖曰："合肥之役,辽、典以步卒八百,破贼十万,自古用兵,未之有也。使贼至今夺气,可谓国之爪牙矣。"④魏明帝青龙二年(234),"(孙)权自将号十万,至合肥新城。"⑤曹睿去世后,吴国在淮南频频发动大规模作战,也是沿濡须水入巢湖而进,甚至抵达寿春附近。例如,魏嘉平五年(253),诸葛恪发兵二十万,"意欲曜威淮南,驱略民人"⑥,后因围攻合肥新城不下而被迫退兵。正元二年(255)正月,毌丘俭、文钦在淮南反叛,"(二月)甲子,吴大将孙峻等众号十万至寿春,诸葛诞拒击破之。"⑦甘露二年(257),诸葛诞在寿春反魏。吴大将军孙綝出屯镬里(今安徽巢县),派遣文钦、全怿、朱异等

① [清]顾祖禹:《读史方舆纪要》卷19《南直一·东关》,第915页。
② [清]顾祖禹:《读史方舆纪要》卷19《南直一·肥水》,第891页。
③《三国志》卷15《魏书·刘馥传》。
④《三国志》卷17《魏书·张辽传》。
⑤《三国志》卷26《魏书·满宠传》。
⑥《三国志》卷64《吴书·诸葛恪传》。
⑦《三国志》卷4《魏书·三少帝纪·高贵乡公曹髦》。

几次领兵数万增援寿春。因此，濡须地区不仅是孙吴的防御重镇，还是对魏国发动大规模进攻的前沿阵地，具有攻防俱便的重要作用。

　　综上所述，孙权的"临江塞要"，主要是守住长江北岸的西陵、江陵、沔口和濡须四个交通要枢，辅以皖口、邾城等地，来抵御曹魏的南下进攻和防备蜀汉可能从三峡发动的袭击。就东吴与魏、蜀交战的情况来看，这一战略实施得相当成功。从赤壁之战（208）到孙权去世（252）共有四十四年，在此期间曹、刘两家对吴国的多次大规模进攻或以失败告终，或是无功而返。笔者分析孙权的防守策略，有以下特点值得注意：

　　其一，背依长江拒敌，而非隔江对峙。从六朝南北割据对抗的形势来看，南方政权总体上处于弱势，通常不敢出动主力与北方敌人在中原决战，故往往利用黄河、淮河、长江这三条东西流淌的河道作为天然水利防线，来弥补自身军事力量的不足。具体到各个朝代的统治集团，则根据自身的国力强弱来决定据守哪一条水道。综合实力越强，其防线就越靠北边。如李焘所言"吴之备魏，东晋之备五胡，宋、齐、梁之备元魏，陈之备高齐、周、隋，力不足者守江，进图中原者守淮，得中原而防北寇者守河。"①六朝的政治地理格局大致相同，都是立国于江东，即以建康（或称建业，今江苏南京市）为首都，以富庶的太湖流域为根据地。为了保障都城与三吴经济重心的安全，南方统治集团总是力求将其外围防线向北推移到淮河，向西控制长江中游的荆州。"不得淮则无以拒

---

①［宋］李焘撰，胡阿祥、童岭点校：《六朝通鉴博议》，《六朝事迹编类·六朝通鉴博议》，第154页。

北寇之入，不得荆则无以固上流之势。"①其中占领淮南地区尤为重要，像东晋、刘宋文帝以降及南齐、梁朝，基本上是以淮河为天堑来抗击敌人。如果仅仅是和北寇划江而治，那么国都就和敌境只有一水之隔，形势是极为不利的。唐庚曾对此议论道："自古天下裂为南北，其得失皆在淮南。晋元帝渡江迄于陈，抗对北敌者，五代得淮南也。杨行密割据迄于李氏，不宾中国者，三姓得淮南也。"又说："南得淮则足以拒北，北得淮则南不可复保矣。"②王德曰："淮者，江之蔽也；弃淮不守，是谓唇亡齿寒也。"③顾祖禹亦总结道：

> 自南北分疆，往往以长淮为大江之蔽。陈人失淮南，遂为隋人所并。唐末杨行密与朱温亟战于淮上，温不能渡淮，杨氏遂能以淮南之境与中原抗。五代周取淮南，而李氏之亡不旋踵矣。④

综观赤壁之战以后孙权的用兵，也是在淮南和荆州两个战略方向努力，以求将国土向北边和西方延伸。由于上述原因，"故孙权擐甲胄，冒矢石，转斗合淝，以为满宠争上流之地；陆逊、吕蒙相与赞其决，以蹑取荆州，全据长江。"⑤但是他在扬州的作战收效有限，虽然迫使曹操放弃了江北沿岸地带，但是始终未能攻克合肥，越

---

①[宋]李焘撰，胡阿祥、童岭点校：《六朝通鉴博议》，《六朝事迹编类·六朝通鉴博议》，第 156 页。

②[清]顾祖禹：《读史方舆纪要》卷 19《南直一》，第 915—916 页。

③《宋史》卷 368《王德传》。

④[清]顾祖禹：《读史方舆纪要》卷 19《南直一·淮河》，第 887 页。

⑤[宋]李焘撰，胡阿祥、童岭点校：《六朝通鉴博议》，《六朝事迹编类·六朝通鉴博议》，第 156 页。

过江淮丘陵以全据淮南。在这种情况下,孙权不得已而求其次,被迫采用了"临江塞要"的策略,在濡须、沔口、江陵等地设置重兵,以阻止敌兵来攻时顺利抵达江岸。如胡安国所言:

> 地有常险,则守亦有常势。当孙氏时,上流争襄阳而不得,故以良将守南郡与夷陵。下流争淮南而不得,故以大众筑东兴与皖口。中流争安陆而不得,故以三万劲卒戍邾城。今黄冈是也。①

赵范曾指出,如果失去淮河流域而退守江南,让敌兵完全占领北岸,那么南方政权的防御将陷入十分被动的局面。"有淮则有江,无淮则长江以北港汉芦苇之处,敌人皆可潜师以济,江面数千里,何从而防哉!"②孙权在江北沿岸要地戍守御敌,则可以避免这种不利形势的出现。张栻称赞这一决策曰:"自古倚长江之险者,屯兵据要,虽在江南,而挫敌取胜,多在江北。故吕蒙筑濡须坞而朱桓以偏将却曹仁之全师,诸葛恪修东兴堤而丁奉以兵三千破胡遵七十万(笔者按:'十'字衍,应为'七万')。转弱为强,形势然也。"③

其二,封锁水运干道,弃守若干渡口。按前引纪陟所言,长江上下自西陵峡口东至广陵有五千七百余里,其北岸可以设港通航之地甚多,而孙权的兵力有限,不能处处部署重兵,因此他对沿岸渡口的防守采取了区别对待的做法。像西陵、江陵、沔口、濡须等

---

① [宋]胡寅撰:《斐然集》卷25《先公行状·设险论》,文渊阁本《四库全书》第1137册,第662页。
② [清]顾祖禹:《读史方舆纪要》卷19《南直一》引赵范言,第887页。
③ [清]顾祖禹:《读史方舆纪要》卷19《南直一》,第915—916页。

交通枢要之地极为重视，会与敌人拼死争夺而绝不放弃。但是有些渡口，虽然也很重要，他却没有设置军镇以拒敌。例如历阳县（今安徽和县）曾为东汉扬州治所，有著名的乌江渡、横江渡和洞浦，对岸为牛渚，即采石矶（今安徽马鞍山市），距离吴都建业只有百余里，精骑驰骋朝发夕至，在军事上很有影响。王应麟引张虞卿曰："考前世盗贼与夫南北用兵，由寿阳、历阳来者十之七，由横江、采石渡者三之二。"①孙权占领该地后仅留守少数部队，并未像其他要镇那样派遣督将率众镇守。其中原因就是当地与北方没有水路相通，魏军自合肥南下入巢湖后，就要从居巢走陆道东行，过大小岘山而至历阳。到达江边的军队是以步骑为主，不能拥有众多船只随行，这样即便占领江滨的数座港口，也无法组织大规模的航渡，因此给孙吴造成的威胁并不严重，只要在南岸的牛渚驻守一些人马，防御敌人小股兵力的渡江袭击就可以了，用不着在北岸的历阳留驻重兵。黄初三年（222）九月，魏国大军三道征吴，曹休率张辽、臧霸等将率舟师经中渎水至海陵（今江苏泰州市）入江，然后向西占领了历阳的洞浦港口，并未受到阻击，可见那里没有驻扎多少吴军。史书记载曹休在洞浦大破吴将吕范，②其实是飓风将吴军部分船只吹送到北岸魏军营寨，故被敌兵杀败。"暴风吹贼船，悉诣休等营下，斩首获生，贼遂迸散。"③《三国志》卷47《吴书·吴主传》黄武元年："冬十一月，大风。（吕）范等

①[宋]王应麟：《通鉴地理通释》卷12《三国形势考下》引张氏云，第763—764页。
②参见《三国志》卷9《魏书·曹休传》："帝征孙权，以休为征东大将军，假黄钺，督张辽等及诸州郡二十余军，击权大将吕范等于洞浦，破之。拜扬州牧。"《三国志》卷18《魏书·臧霸传》："与曹休讨吴贼，破吕范于洞浦，征为执金吾，位特进。"
③《三国志》卷14《魏书·董昭传》。

兵溺死者数千,余军还江南。"尽管曹休进展顺利,魏文帝却下令阻止他派兵渡江,这应是战船和运舟不足的缘故,若仅以轻兵涉渡,则容易被吴国水军或牛渚守兵消灭,故董昭认为此举是"自投死地"。事见《三国志》卷14《魏书·董昭传》:

> (黄初)三年,征东大将军曹休临江在洞浦口,自表:"愿将锐卒虎步江南,因敌取资,事必克捷,若其无臣,不须为念。"帝恐休便渡江,驿马诏止。时昭侍侧,因曰:"窃见陛下有忧色,独以休济江故乎? 今者渡江,人情所难,就休有此志,势不独行,当须诸将。臧霸等既富且贵,无复他望,但欲终其天年,保守禄祚而已,何肯乘危自投死地,以求侥幸? 苟霸等不进,休意自沮。臣恐陛下虽有敕渡之诏,犹必沉吟,未便从命也。"

另外一个战例是太康元年(280)西晋平吴之役,在晋朝制订的作战计划中,是由扬州都督王浑率领的部队进据历阳的横江渡口,准备过江攻占要镇牛渚①,向吴都建业发动最后的总攻。他在前往历阳途中也没有受到吴军的阻击,孙皓的反攻兵力是从建业派来的中军。"吴丞相军师张悌、护军孙震、丹杨太守沈莹帅众三万济江,围成阳都尉张乔于杨荷桥。"②王浑击溃吴军主力之后不敢渡江,也是因为他的军队是以步骑为主,没有大量船只和水军,

---

① 《晋书》卷42《王浑传》:"及大举伐吴,浑率师出横江。"《三国志》卷48《吴书·三嗣主传·孙皓》天纪三年冬:"晋命镇东大将军司马伷向涂中,安东将军王浑、扬州刺史周浚向牛渚,建威将军王戎向武昌,平南将军胡奋向夏口,镇南将军杜预向江陵,龙骧将军王濬、广武将军唐彬浮江东下。"

② 《三国志》卷48《吴书·三嗣主传·孙皓》注引干宝《晋纪》。

所以需要等待王濬的舟师前来接应,朝廷命令会师后由王浑担任主帅。"诏书使濬下建平,受杜预节度,至秣陵,受王浑节度。"①扬州刺史周浚建议不要等待王濬而先行过江,当即遭到王浑的拒绝,其理由就是朝廷的作战计划规定不让他的少数部队贸然进行涉渡,以免遭到歼灭;必须要等王濬到来后提供大量船只,共同渡江发起攻击。"受诏但令江北抗衡吴军,不使轻进。贵州虽武,岂能独平江东!今者违命,胜不足多;若其不胜,为罪已重。且诏令龙骧受我节度,但当具君舟楫,一时俱济耳。"②

上述战例反映出,如果是单纯的步骑兵种前来进攻,即使占领了不通北方水路的渡口,对孙吴的江防也不会构成严重的威胁,因为陆军无法渡江和在水上作战,对吴国真正致命的是强大的水军和运输船队。所以在兵力相对不足的情况下,孙权与其后代统治者并不在历阳这类港口屯驻重兵,而曹操及其魏国后继者也不把当地作为南征的主攻方向,而是将大规模的用兵放在邻近有水道沟通北方的濡须和东关一带。

杜佑列举的皖城(今安徽潜山县)虽然属于吴国境内,曾经作为庐江郡治,但实际上屡得屡失,多次被孙权放弃而没有在那里坚持戍守。该地往北有道路经夹石(今安徽桐城县北)、舒城可以分别通往六安与合肥,往东南则有发源于潜山的皖水流入长江,水口即皖口(今安徽安庆市南,皖水入江处)③,因而也是处于江淮之间的交通枢要。顾祖禹称其"淮服之屏蔽,江介之要冲";又云:

---

①《晋书》卷 42《王濬传》。
②《晋书》卷 61《周浚传》。
③《资治通鉴》卷 73 魏明帝景初元年胡三省注:"皖水自霍山县东南流三百四十里入大江,谓之皖口。"

"盖其地上控淮、肥,山深水衍,战守之资也。"①由于皖城的军事地
位比较重要,盘踞江东的孙氏不能容忍它被敌对势力所控制,孙
权曾在建安五年(200)和十九年(214)两次攻克李术和朱光镇守
的皖城,但是均未留兵屯戍,只是在滨江的皖口有驻军②。"黄武
七年,鄱阳太守周鲂谲诱魏大司马曹休,休将步骑十万至皖城以
迎鲂。"③孙权派陆逊等将迎击曹休,在石亭(今安徽舒城境内)成
功击溃魏军,但仍然据守皖口④。后来诸葛恪进屯皖城,赤乌六年
(243)司马懿率兵入侵庐江郡,孙权即命令守将诸葛恪放弃皖城,
退往南岸的柴桑(今江西九江市)⑤,甚至连江滨的皖口也抛弃了,
这与吴军在濡须、江陵等地的殊死防御战斗形成了鲜明的反差。
究其原因,应是这条江淮之间的南北通道是半水半陆,皖城以北
的皖水航道受潜山阻碍,至其终点后需要改为陆行绕过大别山脉
东麓继续北进。太和六年(232),陆逊沿此道北上进攻庐江,魏国
扬州都督满宠即认为不用急速赴救。他说:"庐江虽小,将劲兵
精,守则经时。又贼舍船二百里来,后尾空县(悬),尚欲诱致,今

---

① [清]顾祖禹《读史方舆纪要》卷26《南直八·安庆府》,第1299页。

② 参见《三国志》卷47《吴书·吴主传》:"(黄武四年)六月,以太常顾雍为丞相。皖口言
木连理。"

③《三国志》卷56《吴书·朱桓传》。

④《三国志》卷64《吴书·诸葛恪传》:"恪乞率众佃庐江皖口,因轻兵袭舒,掩得其民而
还。复远遣斥候,观相径要,欲图寿春,权以为不可。"

⑤《三国志》卷47《吴书·吴主传》赤乌六年:"是岁,司马宣王率军入舒,诸葛恪自皖迁
于柴桑。"《三国志》卷64《吴书·诸葛恪传》:"恪乞率众佃庐江皖口,因轻兵袭舒,掩
得其民而还。复远遣斥候,观相径要,欲图寿春,权以为不可。赤乌中,魏司马宣王
谋欲攻恪。权方发兵应之,望气者以为不利,于是徙恪屯于柴桑。"《晋书》卷1《宣帝
纪》正始三年:"先是,吴遣将诸葛恪屯皖,边鄙苦之……四年秋九月,帝督诸军击诸
葛恪,车驾送出津阳门。军次于舒,恪焚烧积聚,弃城而遁。"

宜听其遂进,但恐走不可及耳。"①曹魏大军若从寿春、合肥经这条道路南下,中间有一段路程无法利用水运,兵员和给养的投送不甚便利,所以魏国征吴通常不选择这条路线作为主攻方向;即使投入大规模部队占领该地,也会由于后方辽远,粮饷转运难以为继而被迫撤退。鉴于以上情况,皖城多次成为魏、吴双方的弃地。在孙权的"临江塞要"战略部署当中,皖城属于可争可弃的据点,而非"兵家必争之地"。孙权对待皖城的攻防策略很明显:如果敌人派兵驻守,那么必须要将其消灭或逐退,以保证江防的安全;若是魏军不在当地久驻,自己也可以暂时弃守皖城和皖口,避免与强敌交战,借此来保存有限的兵力。在孙吴的长江防御体系当中,皖城的地位和作用显然不如濡须、江陵和沔口,主要原因就在于它所在的这条南北交通路线是半水半陆,其运输的效率要低于汉水及肥水、施水、濡须水。由于这个缘故,魏军主力很少从这里南下进攻,对吴国江防的威胁相对较轻,因此孙权并未在这里设置军镇。

即使有贯连江淮的水道,但是如果沟通不够顺畅,孙权也不在江北的水口驻军戍守。例如中渎水,即吴王夫差开凿之邗沟,"首受江于广陵郡之江都县"②,北流至末口(今江苏淮安市楚州区)入淮。汉朝江都县在今扬州市西南江畔,中渎水之南端在此,为江水流进古邗沟的入口。建安十八年(213),"曹公恐江滨郡县为权所略,征令内移。民转相惊,自庐江、九江、蕲春、广陵户十余

---

① 《三国志》卷26《魏书·满宠传》。
② [北魏]郦道元原注,陈桥驿注释:《水经注》卷30《淮水》,第481页。

万皆东渡江。"①当地居民逃亡一空,曹操也未在广陵(治今江苏扬州市)留戍军队。"淮南滨江屯候皆彻兵远徙,徐、泗、江、淮之地,不居者各数百里。"②可是孙权并未乘虚而入,占领江北的广陵。这是由于中渎水道年久失修,常有淤塞,船队航行多有阻碍,因此北伐南征都比较困难。另外,广陵邻近海口,附近江面宽阔,风急浪高,对舟船往来影响较为严重,不利于大规模的渡江行动。孙权对此心中有数,所以没有派兵驻守广陵,只是在对岸的京城,或称京口(今江苏镇江市)置督将,领兵防备江北的敌情。京口附近有南入太湖的丹徒水③,当地西至吴都建业,沿江一带多为山岗,敌兵难以攀缘登陆;镇江以东沿岸地形复杂,也不利于船只靠岸,京口因而易守难攻,又可以阻止敌人沿丹徒水道深入吴越内地。"繇京口抵石头凡二百里,高冈逼岸,宛如长城,未易登犯。繇京口而东至孟渎七十余里,或高峰横亘,或江泥沙淖,或洲渚错列,所谓二十八港者皆浅涩短狭,难以通行,故江岸之防惟在京口。"④孙权初任孙河镇守京城,孙河被暗杀后,"(其侄)韶年十七,收河余众,缮治京城,起楼橹,修器备以御敌……后为广陵太守、偏将军。权为吴王,迁扬威将军,封建德侯。权称尊号,为镇北将军。"⑤黄初三年(222)九月,魏文帝命令曹休率张辽、臧霸等率军

---

① 《三国志》卷 47《吴书·吴主传》建安十八年。
② 《三国志》卷 51《吴书·宗室传·孙韶》。
③ 《南齐书》卷 14《州郡志上》:"南徐州,镇京口。吴置幽州牧,屯兵在焉。丹徒水道入通吴会,孙权初镇之。《尔雅》曰:'绝高为京。'今京城因山为垒,望海临江,缘江为境,似河内郡,内镇优重。"
④ [清]顾祖禹:《读史方舆纪要》卷 25《南直七》,抵 1250 页。
⑤ 《三国志》卷 51《吴书·宗室传·孙韶》。

自中渎水南下，一路畅行无阻抵达江滨。"孙权复叛，帝遣（张）辽乘舟，与曹休至海陵，临江。权甚惮焉，敕诸将：'张辽虽病，不可当也，慎之！'是岁，辽与诸将破权将吕范。辽病笃，遂薨于江都。"①按海陵县属广陵郡，即今江苏泰州市。江都县在今扬州市西南。这次战役孙权仍在京城设防，不派兵将到江北阻击敌兵。魏军一度渡江攻击徐陵（今安徽当涂县西南），后被吴国水军击退。"曹休使臧霸以轻船五百、敢死万人袭攻徐陵，烧攻城车，杀略数千人。将军全琮、徐盛追斩魏将尹卢，杀获数百。"②梁允麟考证吴丹阳县（治今安徽当涂县小丹阳镇），"有徐陵，在县西南东梁山之北，与江北和县洞浦，亦称洞口相对。"又曰："徐陵亭在京口，今江苏镇江，故京口亦名徐陵。但臧霸所攻之徐陵则在今安徽当涂县，《通典》《元和志》以为魏军所攻徐陵在京口，误。"③魏文帝在黄初五年（224）、六年（225）两次经中渎水南征，都是未遭抵抗而顺利抵达江畔。曹丕"行幸广陵故城，临江观兵，戎卒十余万，旌旗数百里"④。尽管广陵距离建业很近，但是孙权既未在江北进行阻击，也没有亲自率领主力前来迎战，他预先就料定魏军不会在这里渡江成功，所以就在武昌静待其受挫。结果不出其所料，曹丕两次进军都受到当地自然环境的恶劣影响，只得悻悻收兵⑤。

---

①《三国志》卷17《魏书·张辽传》。
②《三国志》卷47《吴书·吴主传》。
③梁允麟：《三国地理志》，第264—265页。
④《三国志》卷2《魏书·文帝纪》。
⑤《资治通鉴》卷70魏文帝黄初五年九月："时江水盛长，帝临望，叹曰：'魏虽有武骑千群，无所用之，未可图也。'帝御龙舟，会暴风漂荡，几至覆没。"《三国志》卷2《魏书·文帝纪》黄初六年："是岁大寒，水道冰，舟不得入江，乃引还。"

魏师撤退时还曾在精湖搁浅,"于是战船数千皆滞不得行"①。

综上所述,孙权"临江塞要"战略的要旨,在于封锁南北交通的水运干道。他根据此项原则对江北各座渡口的不同军事价值进行了预判,予以区别对待。像历阳和广陵这类港口,或者不通南北水道,或者航运不畅,孙权都没有在那里设置军镇。若是皖城与皖口那种要塞和渡口,所处的南北交通路线只有部分水道可以通航,则依据形势变化与需要来确定作战策略,或者出兵攻占,或者驱走强敌,或是撤往南岸以待来寇退兵。但对于通行顺畅的南北水道,孙权的态度则非常坚定,就是决不让敌人染指其江北的出口。像濡须、沔口以及水陆交会的江陵,都派遣善战的将领领兵驻守,在曹魏大军强攻时拼死抵御,等待后方全力支援,以保证对这些要地的掌控,使敌寇无法使用汉水、濡须水等航道来为渡江作战运送兵员、战船和装备给养。从魏吴交战的历史来看,孙权的上述部署相当成功。运用此种策略,他能够集中兵力迎击对手,以弱敌强且不落下风,曹魏的每次南征都以失败撤退告终,就连号称用兵如神的曹操也无计可施,甚至发出"生子当如孙仲谋"的感叹。

## 三、沿江要塞的城垒构筑

孙权面对的强敌曹操,在军事方面具有明显的优势,不仅兵马众多,而且战斗力很强。当年沮授比较袁、曹实力,即云:"北兵

---

① 《三国志》卷 14《魏书·蒋济传》。

数众而果劲不及南"①。再加上曹操擅于用兵,"其行军用师,大较依孙、吴之法,而因事设奇,谲敌制胜,变化如神。"②孙权实施"临江塞要",每次防御作战基本上都是以寡敌众,处于劣势。为了提高军队的防守能力,他采用了在沿江要地构筑城垒和坞堡的办法。古代使用冷兵器,很难攻陷坚固的城池,吴军据此屡次挫败曹魏大兵的进攻。据史籍所载,孙权曾在长江两岸重镇筑造以下城垒坞堡。

## (一)石头城与濡须坞

《三国志》卷 47《吴书·吴主传》曰:"十六年,(孙)权徙治秣陵。明年,城石头,改秣陵为建业。闻曹公将来侵,作濡须坞。"《后汉书·郡国志四》荆州丹阳郡"秣陵"条刘昭补注言其事在建安十七年,"其地本名金陵,秦始皇改。建安十六年,孙权改曰建业。十七年,城石头。"此说被司马光《资治通鉴》采用。孙权迁都建业(今江苏南京市)后,即在秦淮河口附近的覆舟山上建立城戍,以增强守卫。《资治通鉴》卷 66 汉献帝建安十七年九月载:"张纮以秣陵山川形胜,劝孙权以为治所;及刘备东过秣陵,亦劝权居之。权于是作石头城,徙治秣陵,改秣陵为建业。"胡三省注:"石头城,在今建康城西二里。《金陵志》:石头城去台城九里,南合秦淮水。张舜民曰:石头城者,天生城壁,有如城然,在清凉寺北覆舟山上。江行自北来者,循石头城,转入秦淮。陆游曰:龙湾望石头山,不甚高,然峭立江中,缭绕如垣墙。"据史籍所载,当时秦淮河沿岸还树立起木栅,作为建业城西的防卫工事。《六朝记》

---

① 《三国志》卷 6《魏书·袁绍传》。
② 《三国志》卷 1《魏书·武帝纪》注引《魏书》。

云:"孙权缘淮立栅,又于江岸必争之地筑城,名曰石头,常以腹心大臣镇守。"①顾祖禹考证其城垒有相邻的两座,一名石头城,一名石头仓城。其文曰:

> 《图经》:"石头城在上元县西四里。南抵淮水,当淮之口。南开二门,东开一门。其南门之西者曰西门。又有石头仓城,仓城之门曰仓门。汉建安十六年孙权徙治秣陵,明年城石头,贮宝货军器于此。"诸葛武侯使建业,曰:"石头虎踞,王业之基也。"其地控扼江险,为金陵必争之处。②

濡须坞筑于濡须口,在今安徽无为县东南。按"坞"字本义为小型城堡,为保护居民或官吏、驻军的临时性防卫工事。胡三省曰:"城之小者曰坞。天下兵争,聚众筑坞以自守。"③如张嶷任越隽太守,"始嶷以郡郭宇颓坏,更筑小坞。在官三年,徙还故郡,缮治城郭,夷种男女莫不致力。"④邓艾镇守陇西时,"修治障塞,筑起城坞。泰始中,羌虏大叛,频杀刺史,凉州道断。吏民安全者,皆保艾所筑坞焉。"⑤不过,孙权所筑濡须坞却与它们有别,普通的城坞是建构封闭式的环形围墙,而濡须坞是在岸边筑起一道面向陆地的弧形垣墙,状如新月。参见《吴录》:"孙权闻操来,夹水立坞,状如偃月,以相拒,月余乃退。"⑥故又称为偃月

---

① [清]顾祖禹:《读史方舆纪要》卷20《南直二·应天府》,第933—934页。
② [清]顾祖禹:《读史方舆纪要》卷20《南直二·应天府》,第930—931页。
③ 《资治通鉴》卷87晋怀帝永嘉四年七月胡三省注。
④ 《三国志》卷43《蜀书·张嶷传》。
⑤ 《三国志》卷28《魏书·邓艾传》。
⑥ 《后汉书》卷70《荀彧传》注引《吴录》。

坞、偃月城①。其临水一侧有停泊舟舰的港湾,外设木栅以阻止敌船,并留有栅口以供己方船只出入。例如,"建安十八年,曹公至濡须,与孙权相拒月余。权乘轻舟,从濡须口入偃月坞。"②濡须坞是在水口两岸各立一座,主坞称作"大坞"③,配备有数量众多的精良武器,因此能够屡次打败曹兵的强攻。如吕蒙初次跟随孙权在濡须据守,"数进奇计,又劝权夹水口立坞,所以备御甚精,曹公不能下而退。"④建安二十二年(217),"曹公又大出濡须,(孙)权以(吕)蒙为督,据前所立坞,置强弩万张于其上,以拒曹公。曹公前锋屯未就,蒙攻破之,曹公引退。"⑤

　　后来吴国又向北推进防线,在今安徽无为县东北的濡须山南麓筑城,派兵戍守。黄初四年(223)二月曹仁领兵来攻,朱桓在战前激励士气说:"桓与诸军,共据高城,南临大江,北背山陵,以逸待劳,为主制客,此百战百胜之势也。"⑥可见其城戍已经离开水口岸边的平川,迁往北边的丘陵地段。由于是依山筑城,地势较高,故被朱桓称作"高城",这使敌兵的进攻更为困难。孙权死后,诸葛恪又率众在濡须城以北的东关(即东兴)筑堤阻断水流。其本

---

①[宋]乐史撰,王文楚等点校:《太平寰宇记》卷126《淮南道四·庐州》巢县条曰:"偃月坞,在县东南二百八十里濡须水口。初,吕蒙守濡须,闻曹操将来,欲夹水筑坞……遂筑坞如偃月,故以为名。"第2495页。[清]顾祖禹:《读史方舆纪要》卷26《南直八·庐州府》无为州"偃月城"条曰:"州东北五十里,与巢县接界,即濡须坞也。"第1284页。

②[唐]李吉甫:《元和郡县图志》阙卷逸文卷二淮南道和州含山县濡须坞条,第1078页。

③《三国志》卷56《吴书·朱然传》:"曹公出濡须,(朱)然备大坞及三关屯,拜偏将军。"

④《三国志》卷54《吴书·吕蒙传》。

⑤《三国志》卷54《吴书·吕蒙传》。

⑥《三国志》卷56《吴书·朱桓传》。

传云："(诸葛)恪以建兴元年十月会众于东兴,更作大堤,左右结山侠筑两城,各留千人,使全端、留略守之,引军而还。"①随后曹魏出动大兵,"魏以吴军入其疆土,耻于受侮,命大将胡遵、诸葛诞等率众七万,欲攻围两坞,图坏堤遏。"②全端、留略的守军虽然人数很少,但是坞城凭借险要的地势,使敌军无法攻陷。"城在高峻,不可卒拔。"终于坚持到孙吴援兵前来,大败魏军。"乐安太守桓嘉等同时并没,死者数万。故叛将韩综为魏前军督,亦斩之。获车乘牛马驴骡各数千,资器山积,振旅而归。"③

## (二)武昌城

黄初二年(221)四月,孙权为了巩固在荆州的统治,正式在长江中游的鄂县建立都城。"(孙)权自公安都鄂,改名武昌,以武昌、下雉、寻阳、阳新、柴桑、沙羡六县为武昌郡……八月,城武昌。"④即在汉代鄂县县城旧址上重修城垒以保护首都的安全。胡三省曰:"既城石头,又城武昌,此吴人保江之根本也。"⑤东汉鄂县主官为县长⑥,并非县令。按照汉朝制度,"万户以上为令,秩千石至六百石。减万户为长,秩五百石至三百石。"⑦这说明鄂县原来规模不大,户口较少,县城的面积和垣墙之牢固程度因而有限,不

---

① 《三国志》卷 64《吴书·诸葛恪传》。
② 《三国志》卷 64《吴书·诸葛恪传》。
③ 《三国志》卷 64《吴书·诸葛恪传》。
④ 《三国志》卷 47《吴书·吴主传》。
⑤ 《资治通鉴》卷 69 魏文帝黄初二年八月胡三省注。
⑥ 参见《三国志》卷 62《吴书·胡综传》:"(孙)策薨,(孙)权为讨虏将军,以综为金曹从事。从讨黄祖,拜鄂长。"
⑦ 《汉书》卷 19 上《百官公卿表上》。

能满足都城的需要,所以必须重新修筑。据考古调查,孙吴武昌城遗址位于今湖北省鄂州市鄂城区长江南岸的台地上,当地俗称"吴王城"。"发现城址大体作长方形,东西方向长约 1100 米,南北方向宽约 500 米。"[①]该城西有樊山,南为洋澜湖,即古南湖,大江流经城北,充分利用了山川湖泽作为其天然屏障。城垒本身则依据地理形势而建造,"北垣及东垣北段,以寿山、窑山高地为城垣,依江湖之险而未设城壕。东垣南段、南垣和西垣,则构筑坚固的城垣,设置宽深的城壕,利用江湖相通的险要来进行防护。"[②]武昌城的修建相当成功,由于安全可靠,后来在东晋南朝历代均被当作重镇。

### (三)夏口城与鲁山城

《三国志》卷 47《吴书·吴主传》黄武二年(223)正月,"曹真分军据江陵中州。是月,城江夏山。"即在江夏郡南岸沙羡境内建城戍守,称为"夏口城"。见《水经注》卷 35《江水》:"黄鹄山东北对夏口城,魏黄初四年孙权所筑也。依山傍江,开势明远,凭墉藉阻,高观枕流。上则游目流川,下则激浪崎岖,寔舟人之所艰也。对岸则入沔津,故城以夏口为名,亦沙羡县治也。"此处记载该城修建时间有误。熊会贞按:"《吴志·孙权传》,黄武二年正月,城江夏山。《元和志》,鄂州城本夏口城,吴黄武二年城江夏,以安屯戍

---

① 鄂州市博物馆、湖北省文物考古研究所:《六朝武昌城考古调查综述》,《江汉考古》1993 年第 2 期。
② 鄂州市博物馆、湖北省文物考古研究所:《六朝武昌城考古调查综述》,《江汉考古》1993 年第 2 期。

地也。考吴黄武二年,当魏黄初四年,则此二为四之误,今订。"①
夏口城依凭黄鹄山(即今武汉市武昌区之蛇山)而建,地势险要。
熊会贞考证云:"《齐志》,夏口城据黄鹄矶。《方舆胜览》,夏口城
依山负险,周回不过二三里,乃知古人筑城欲坚,不欲广也。"②在
此地筑城具有重要的军事价值,一来能够控制长江西来的航道,
二来屯兵可以支援对岸汉水入江的沔口,因此受到孙吴政权的重
视,在夏口设置军镇,先后派遣宗室孙皎、孙奂、孙邻、孙壹、孙秀、
孙慎及鲁肃之子鲁淑等要员担任都督或督将③。

　　鲁山城位于汉水入江的沔口右侧,为孙吴江夏郡治所在地。
《水经注》卷 35《江水》曰:"江水又东径鲁山南,古翼际山也。《地
说》曰:汉与江合于衡北翼际山旁者也。山上有吴江夏太守陆涣
所治城,盖取二水之名。"④笔者按:沔口原来的城垒是在汉水左
岸,为刘表部将黄祖据守,并作为沙羡县治。《水经注》云:"(鲁)
山左即沔水口矣。沔左有邶月城,亦曰偃月垒,戴监军筑,故曲陵
县也,后乃沙羡县治。昔魏将黄祖所守,遣董袭、凌统攻而擒之。
祢衡亦遇害于此。"⑤梁允麟分辨云:"黄祖乃汉将,故'后'、'魏'二
字应改作'汉'。"⑥其名为邶月城、偃月垒,表明它和濡须坞的构造
相同,都是在岸边建筑,半水半陆,垣墙为弧形新月状,并有港湾

①［北魏］郦道元注,［民国］杨守敬、熊会贞疏:《水经注疏》,第 2899 页。
②［北魏］郦道元注,［民国］杨守敬、熊会贞疏:《水经注疏》,第 2899—2900 页。
③参见《三国志》卷 48《吴书·三嗣主传·孙亮》太平二年六月,《三国志》卷 48《吴书·
　三嗣主传·孙皓》天纪元年夏,《晋书》卷 3《武帝纪》泰始六年十二月,《三国志》卷 54
　《吴书·鲁肃传》。
④［北魏］郦道元原注,陈桥驿注释:《水经注》卷 35《江水》,第 541 页。
⑤［北魏］郦道元原注,陈桥驿注释:《水经注》卷 35《江水》,第 541 页。
⑥梁允麟:《三国地理志》,第 304 页。

可以停靠船只。《后汉书》卷 80 下《文苑传下》曰:"后黄祖在蒙冲船上,大会宾客,而(祢)衡言不逊顺",被黄祖所杀,就反映了郤月城岸边泊船的情况。由于沔左之旧城位于汉江北岸,曹军来攻时处于背水作战的不利形势。若是在鲁山之上筑城,敌人进攻则需要涉渡汉水,守军又有居高临下的优势,这些因素都提高了该城的防御能力。鲁山城修筑的具体时间不详,史书中未见明确记载。

### (四)陆逊城邾

孙权赤乌四年(241),"秋八月,陆逊城邾。"[①]邾城为东汉江夏郡属县,隋朝以降该地称黄冈县,胡三省曰:"邾城在江北,汉江夏郡邾县之故城也。楚宣王灭邾,徙其君于此,因以为名,今黄州城是也。"[②]今为武汉市新洲区邾城街道。邾城与武昌隔岸相对,位置相当重要。黄初三年(222)九月,曹丕三道南征,曾遣将文聘进攻沔口,邾城即被魏国占领,后被陆逊收复。《太平寰宇记》载黄州,"汉为江夏郡西陵县地。三国时初属魏,吴赤乌三年使陆逊攻邾城,常以三万兵守之,是此地。"[③]这表明陆逊是在攻占邾城的次年对故垒重新修筑。魏明帝时贾逵任豫州刺史,治项城(今河南项城市),而孙吴的都城和中军主力在其南边的武昌(今湖北鄂州市),两地之间并无直通的水旱道路,孙权没有来自北边豫州方向的威胁,可以放心出动中军兵力支援各地,因此掌握了用兵的主

---

① 《三国志》卷 47《吴书·吴主传》。
② 《资治通鉴》卷 96 晋成帝咸康五年三月胡三省注。
③ [宋]乐史撰,王文楚等点校:《太平寰宇记》卷 131《淮南道九·黄州》,第 2580 页。

动。"是时州军在项，汝南、弋阳诸郡，守境而已。（孙）权无北方之虞，东西有急，并军相救，故常少败。"①为了改变这种不利的局面，贾逵向朝廷建议从豫州境内开通一条直达江畔的道路，使魏军得以南下进逼对岸的武昌，迫使孙权不敢撤走都城的警备部队，借此可以扭转被动的形势，此计策获得了明帝的赞同。事见贾逵本传："逵以为宜开直道临江，若权自守，则二方无救；若二方无救，则东关可取。乃移屯潦口，陈攻取之计，帝善之。"②在贾逵的上述计划中，郏城是"直道临江"的终点，对武昌的威胁非常严重，所以陆逊决定投入重兵攻克郏城，消除了这个隐患，并修固城垒使其成为武昌的江北屏障。贾逵建议开辟的"直道"，后来在西晋平吴之役中发挥了作用。晋朝豫州刺史王戎率军由这条道路南下进攻武昌，顺利抵达前线，而郏城等地的江夏吴军兵力薄弱，寡不敌众，只得被迫投降③。

### （五）乐乡城

乐乡在今湖北松滋县东北，西汉时属南郡高成县，东汉县废，改属孱陵。三国时孙吴都督朱然自江陵移镇乐乡，在此地筑城戍守。具体时间不明，应在黄初四年（223）三月江陵围城之役结束以后。朱然去世，乐乡都督一职由其子朱绩继任，后改姓为施绩。《三国志》卷56《吴书·朱然传》曰："然卒，绩袭业，拜平魏将军，乐

---

① 《三国志》卷15《魏书·贾逵传》。
② 《三国志》卷15《魏书·贾逵传》。
③ 《晋书》卷43《王戎传》："迁豫州刺史，加建威将军，受诏伐吴。戎遣参军罗尚、刘乔领前锋，进攻武昌，吴将杨雍、孙述、江夏太守刘朗各率众诣戎降。戎督大军临江，吴牙门将孟泰以蕲春、邾二县降。"

乡督。"《水经注》卷 35《江水》云:"江水又径南平郡孱陵县之乐乡城北,吴陆抗所筑,后王濬攻之,获吴水军督陆景于此渚也。"熊会贞疏:"《渚宫故事》五,吴置军督于江陵,(陆)抗迁治乐乡。《通典》亦云,乐乡城即抗所筑。然吴朱绩已为乐乡督,抗盖改筑耳。"①顾祖禹考证曰:"乐乡城,(松滋)县东七十里。三国吴所筑,朱然尝镇此。其后陆抗又改筑焉,屯兵于此,与晋羊祜相拒。"②

## (六)朱然城江陵

《三国志》卷 47《吴书·吴主传》载赤乌十一年(248)正月,"朱然城江陵"。筑城结束后,次年三月朱然即去世。这项工程的实施有耐人寻味之处。关羽镇守江陵城期间,曾对其加以修筑,城垣十分坚固。《水经注》卷 34《江水》言江陵县:"旧城,关羽所筑。羽北围曹仁,吕蒙袭而据之。羽曰:此城吾所筑,不可攻也。乃引而退。"③据李吉甫所云,关羽是在旧城之南扩增新的城区,新旧城区之间保留了过去的城墙以相互隔离。"江陵府城,州城本有中隔,以北旧城也,以南关羽所筑。"④这样使城市的容量得到扩充,即便敌人攻进某一面城墙,守军还能依靠中间的隔墙继续抵抗,不致于立即陷落。因为江陵城具有坚强的守备,它在黄初三年至四年(222—223)间抵住了曹魏大军历时六个月的围攻。史书所言之"城江陵",依照常理判断,"城江陵"可能是在原有基础上的大规模修筑,或是另择地点重新筑城,而并非小规模的修缮,否则

---

① [北魏]郦道元注,[民国]杨守敬、熊会贞疏:《水经注疏》,第 2873 页。
② [清]顾祖禹:《读史方舆纪要》卷 78《湖广四·荆州府》松滋县,第 3674 页。
③ [北魏]郦道元原注,陈桥驿注释:《水经注》卷 34《江水二》,第 536 页。
④ [唐]李吉甫:《元和郡县图志》,第 1051 页。

就不值得列入孙权本传。另外，如果仅仅是对遭受围攻而损坏的城墙进行维修，为了尽快备战，应在黄初四年战事结束后不久进行，没有理由拖延到二十余年以后再来施工，因此重建江陵城的原因值得我们探讨。在缺乏对此事直接、明确记载的情况下，笔者以为可以参照当时兵垒工事建筑的时代特征来做一些分析推断。

在汉末三国的长期割据战争里，临近前线地区的居民大多被迁徙到内地，魏吴的江淮、江汉之间出现了空虚无人的广袤弃地。《宋书》卷35《州郡志一》曰："三国时，江淮为战争之地，其间不居者各数百里。"黄初三至四年（222—223）曹魏攻伐江陵之后，当地民生惨遭屠戮。《三国志》卷9《魏书·夏侯尚传》亦云："荆州残荒，外接蛮夷，而与吴阻汉水为境，旧民多居江南。"两国交界地带的居民向内迁移，引起位于边境附近的许多城市发生了性质的变化，由原来以居民为主的郡县都会改变为单纯军事化的屯兵堡垒，不再具有农、工、商业等经济活动。这一趋势造成了边境军镇发展的两种表现状况：

第一，移往地势险峻之处。原来的郡县城市是地区的商业中心，其地址的选择首先要考虑交通方便，往往在临近大路或河道的平地筑城。例如汉代，"合肥受南北湖皮革、鲍、木之输，亦一都会也。"①所以城市建立在施水之滨，靠近航道以便于货物转运和行旅来往，但在战时反而成了一项不利于防守的因素。如满宠上奏所言："合肥城南临江湖，北远寿春，贼攻围之，得据水为势；官

①《汉书》卷28下《地理志下》。

兵救之,当先破贼大辈,然后围乃得解。贼往甚易,而兵往救之甚难。"①因此建议将城向西迁移到山险之处。"宜移城内之兵,其西三十里,有奇险可依,更立城以固守,此为引贼平地而掎其归路,于计为便。"②据考古调查,合肥新城建立在鸡鸣山东麓起伏连绵的岗地顶部③,地势险要,便于防守。青龙元年(233)孙权来攻合肥,"欲围新城,以其远水,积二十日不敢下船。"④诸葛亮驻军汉中期间,在盆地边缘的沔阳、城固建筑汉、乐二城。后来姜维在汉中撤围,即放弃了位于盆地中心平川的郡治南郑(今陕西汉中市),"诸围皆敛兵聚谷,退就汉、乐二城。"⑤钟会伐蜀时对其屡攻不下,直到刘禅投降后,"诸围守悉被后主敕,然后降下。"⑥如前所述,孙吴濡须地区的设防,也是从入江水口的平川向北迁移到濡须山麓,在当地建立城坞,依据险峻地势来增强防御的能力。

第二,缩小城垒规模。城垒的大小必须和守军多少相称,才能组织起有效的防御。先秦兵家曾经详细地探讨研究过这个问题,如《尉缭子·兵谈》曰:"建城称地,以地称人,以人称粟。三相称,则内可以固守,外可以战胜。"⑦《尉缭子·守权》曰:"守法,城一丈,十人守之,工食不与焉……千丈之城,则万人之守。"⑧《墨

---

① 《三国志》卷 26《魏书·满宠传》。
② 《三国志》卷 26《魏书·满宠传》。
③ 参见安徽省文物考古研究所:《合肥市三国新城遗址的勘探和发掘》,《考古》2008 年第 12 期。
④ 《三国志》卷 26《魏书·满宠传》。
⑤ 《三国志》卷 44《蜀书·姜维传》。
⑥ 《三国志》卷 33《蜀书·后主传》。
⑦ 华陆综注译:《尉缭子注译》卷 1《兵谈第二》,第 4 页。
⑧ 华陆综注译:《尉缭子注译》卷 2《守权第六》,第 25 页。

子·杂守篇》也说:"凡不守者有五,城大人少,一不守也;城小人众,二不守也;人众食寡,三不守也……"①讲的就是这种情况。面积很大的城市,需要较多数量的军队来进行防守,消耗的给养也随之增加,因此不利于长期防御作战。三国时期的战争实践表明,构筑坚固或地势险峻的小型城垒,只需千余人或三四千人就能够在较长时间内抵抗强敌的围攻。例如太和二年(228)十二月,诸葛亮围陈仓,魏将郝昭拒守。"亮自以有众数万,而昭兵才千余人,又度东救未能便到,乃进兵攻昭。起云梯冲车以临城。昭于是以火箭逆射其云梯,梯然,梯上人皆烧死。昭又以绳连石磨压其冲车,冲车折。亮乃更为井阑百尺以射城中,以土丸填堑,欲直攀城。昭又于内筑重墙。亮又为城突,欲踊出于城里。昭又于城内穿地横截之。昼夜相攻拒二十余日,亮无计,救至,引退。"②合肥新城经过考古调查,"城址平面呈长方形,南北长420米、东西宽210米。"③反映出城垒的规模不大。嘉平五年(253)诸葛恪发兵二十万攻淮南,围合肥新城。守将张特孤军奋战。"特与将军乐方等三军众合有三千人,吏兵疾病及战死者过半。"④在此恶劣情况下,仍然坚守了九十余日⑤,最终也保住了新城。钟会兵进汉中时,"蜀监军王含守乐城,护军蒋斌守汉城,兵各五千。"⑥

---

①[清]孙诒让撰:《墨子间诂》卷15《杂守》,中华书局,1986年,第586—587页。
②《三国志》卷3《魏书·明帝纪》注引《魏略》。
③安徽省文物考古研究所:《合肥市三国新城遗址的勘探和发掘》,《考古》2008年第12期。
④《三国志》卷4《魏书·三少帝纪·齐王芳》嘉平五年注引《魏略》。
⑤《三国志》卷4《魏书·三少帝纪·齐王芳》嘉平五年注引《魏略》载张特谓吴人曰:"今我无心复战也。然魏法,被攻过百日而救不至者,虽降,家不坐也。自受敌以来,已九十余日矣……"
⑥《三国志》卷28《魏书·钟会传》。

魏军也始终未能将其攻陷。

　　江陵原是战国秦汉中南地区最为繁华的商业都会,桓谭曾云:"楚之郢都,车毂击,民肩摩,市路相排突,号为朝衣新而暮衣敝。"①但经过黄初三至四年围城之役,当地民众死伤流离,又遭受瘟疫的侵袭。"疠气疾病,夹江涂地。"②劫余民众被迫前往江南,江陵从此也演变为单纯的军事要塞。刘宋何承天《安边论》追述道:"曹、孙之霸,才均智敌,江、淮之间,不居各数百里。魏舍合肥,退保新城,吴城江陵,移民南涘。"③即把江陵重筑城垒与迁徙当地居民联系在一起,并与曹魏的合肥移城相提并论。由此来看,徙民之后造成了江陵城的空虚,而朱然的都督治所与麾下吴军主力又迁往南岸的乐乡城,当地只留下少数吴军戍守经过关羽扩建的"广十八里"④之江陵大城,自然有不敷足用的困难。后来的文献记载表明,孙吴的江陵守将称为"江陵督",有张咸、伍延等人,其级别比起原来的都督明显降低,督将所率通常为数千人,最多可至万人⑤。笔者据此推断,朱然在赤乌十一年(248)重筑江陵城,很有可能是离开原来的旧址,另建一座较小的城垒;与合肥别筑新城的情况类似,以便与守军减少的状况互相适应。从六朝的相关记载来看,当地至少有四座城池,为纪南城与"江陵三城"。

---

① [汉]桓谭:《新论》卷中,上海人民出版社,1977年,第23页。
②《三国志》卷2《魏书·文帝纪》黄初四年三月注引《魏书》载丙午诏。
③《宋书》卷64《何承天传》。
④ [唐]李吉甫:《元和郡县图志》阙卷逸文卷一《山南道·江陵府》"江陵府城"条曰:"(关)羽北围曹仁于樊,留糜芳守城,及吕蒙袭破芳,羽还救城,闻芳已降,退住九里,曰:'此城吾所筑,不可攻也。'乃退保麦城。今江陵城广十八里。"第1051页。
⑤《三国志》卷55《吴书·蒋钦传》注引《江表传》:"(徐)盛忠而勤强,有胆略器用,好万人督也。"

见《周书》卷 29《高琳传》："(天和)三年,迁江陵[副]总管。时陈将
吴明彻来寇,总管田弘与梁主萧岿出保纪南城,唯琳与梁仆射王
操固守江陵三城以抗之。昼夜拒战,凡经十旬,明彻退去。"《元和
郡县图志》亦记载江陵府有东城、西城、故郢城和江陵府城①。《读
史方舆纪要》卷 78 载荆州府江陵县有多座城池,府治在江陵城,
即两汉三国南郡治所。此外有郢城,"府治东北三里,楚平王时所
城也。"②纪南城,"府北十里。即故郢城,楚文王自丹阳迁都于此,
后平王更城郢,以此为纪城。"③还有沙市城,"府东南十五里,商贾
辏集之处,相传楚故城也。"④以及在府城西北东晋南朝的安兴城
(参见本书第 1343 页图八一)。朱然应是利用了附近某座故城旧
址进行重筑,将其改造为面积较小的屯兵要塞,以利于防守。

**(七)西陵的步骘城与步阐城**

　　西陵即汉之夷陵县,在今湖北宜昌市区东南部,原有县城。
建安十四年(209)周瑜攻江陵,曾遣甘宁袭取夷陵,"往即得其城,
因入守之。时手下有数百兵,并所新得,仅满千人。"⑤后来曹仁派
五六千人围攻不下,甘宁坚守至援军前来解围。吴蜀夷陵之战
时,陆逊率主力在南岸防御刘备,以偏师守夷陵城与蜀将黄权相

---

①[唐]李吉甫:《元和郡县图志》阙卷逸文卷一《山南道·江陵府》曰:"东城,魏以萧詧
　为梁王,居东城。西城,梁王詧称藩于魏,置总管以辅之,居西城。""故郢城,在县口
　三里,即楚之旧都也,子囊临终遗言'必城郢',即此也。江陵府城,州城本有中隔,以
　北旧城也,以南关羽所筑。"第 1051 页。
②[清]顾祖禹:《读史方舆纪要》卷 78《湖广四·荆州府》,第 3655 页。
③[清]顾祖禹:《读史方舆纪要》卷 78《湖广四·荆州府》,第 3656 页。
④[清]顾祖禹:《读史方舆纪要》卷 78《湖广四·荆州府》,第 3656 页。
⑤《三国志》卷 55《吴书·甘宁传》。

拒。战后陆逊任西陵都督,即以该城驻镇。

　　步骘、步阐父子镇守西陵期间,曾经在当地与江岸衔接的沙洲——故城洲上另建城垒。参见《水经注》卷34《江水》:"江水出峡东南流,径故城洲。洲附北岸,洲头曰郭洲,长二里,广一里,上有步阐故城,方圆称洲,周回略满。故城洲上城周五里,吴西陵督步骘所筑也。孙皓凤凰元年,骘息阐复为西陵督,据此城降晋,晋遣太傅羊祜接援,未至,为陆抗所陷也。"①学术界或认为上述记载是同一座城池,即步阐故城为其父步骘所建。不过,后来步阐据西陵降晋,陆抗平叛攻城前曾筑造长围,"自赤溪至故市。"②胡三省对此注释道:"故市即步骘故城,所居成市,而阐别筑城,故曰故市。"③表明这是两座不同的城垒。据刘开美研究,步阐城位于明清东湖县城附近的古郭洲坝上。他依据多条史料指出:"这表明步氏父子两城是南北相邻的,都处于赤溪下游,步骘故城在赤溪以南、步阐故城以北。"又说:"步阐垒位于樵湖岭一线以西,今市一中(西陵二路)以北至三江大桥以南之间的范围内。"④由于故城洲三面被江水环绕,这两座城垒在设置沙洲之上,敌人攻城需要涉水前往,因此增加了攻城的难度。陆抗在永安二年(259),"拜镇军将军,都督西陵,自关羽(濑)至白帝。"⑤至建衡二年(270)调任乐乡都督。他驻镇西陵时又对该城进行改造,扩增了防守的器具设备。凤凰元年(272)步阐盘踞此城叛乱,陆抗采取筑垒围困

①[北魏]郦道元原注,陈桥驿注释:《水经注》卷34《江水》,第533页。
②《三国志》卷58《吴书·陆抗传》。
③《资治通鉴》卷79晋武帝泰始八年胡三省注。
④刘开美:《夷陵古城变迁中的步阐垒考》,《三峡大学学报》2007年第1期。
⑤《三国志》卷58《吴书·陆抗传》。

的战术,并不马上攻城,引起了部下的不满。"诸将咸谏曰:'今及三军之锐,亟以攻阐,比晋救至,阐必可拔。'"①陆抗对他们解释道:"此城处势既固,粮谷又足,且所缮修备御之具,皆抗所宿规。今反身攻之,既非可卒克。"②在部将强烈要求的情况下,陆抗被迫同意进行攻城,结果不出其所料,以失利告终。"宜都太守雷谭言至恳切,抗欲服众,听令一攻。攻果无利。"③最后还是在长期围困后才将其攻陷,反映了步阐城守备的险要坚固。

## 四、筑堤堰遏水的防守战术

孙权为了阻断魏军南侵的水旱道路,还使用了建筑堤坝塘堰的防御战术。利用河渠进行攻防战斗的方法由来已久,起初是在环绕城墙之外挖掘堑壕,再注水以阻碍敌人攻城,故将其合称为"城池"或"城隍"。春秋以降,又出现了利用河水围城或淹敌的进攻策略。例如智伯引汾水灌赵之晋阳④,韩信塞潍水上游,待楚军半渡时放水截断其队伍⑤。三国时曹操惯用此术,曾围吕布于下邳,"用荀攸、郭嘉计,遂决泗、沂水以灌城。月余,布将宋宪、魏续

①《三国志》卷58《吴书·陆抗传》。
②《三国志》卷58《吴书·陆抗传》。
③《三国志》卷58《吴书·陆抗传》。
④《史记》卷43《赵世家》:"知伯怒,遂率韩、魏攻赵。赵襄子惧,乃奔保晋阳……三国攻晋阳,岁余,引汾水灌其城,城不浸者三版。城中悬釜而炊,易子而食。"
⑤《史记》卷92《淮阴侯列传》:"韩信乃夜令人为万余囊,满盛沙,壅(潍)水上流,引军半渡,击龙且,详不胜,还走。龙且果喜曰:'固知信怯也。'遂追信渡水。信使人决壅囊,水大至。龙且军大半不得渡,即急击,杀龙且。"

等执陈宫,举城降。"①后又围攻邺城,"毁土山、地道,作围堑,决漳水灌城。城中饿死者过半。"②孙权则采用了筑造堤堰阻水或蓄水拒敌的新战术,与传统的引水攻防战法有所不同,并且得到了后代的沿用。如薛季宣所言:"然闻孙氏割据,作涂中、东兴塘以淹北道。南朝瓦梁城塞后湖为渊,障蔽长江,号称北海。"③淮南地区水网交织,湖沼散布,古人多依据其自然环境的特点来兴修塘堰等水利工程,用来灌溉农田。薛季宣又云:

> 大抵淮东之地,沮泽多而丘陵少;淮西山泽相半,无水隔者独邾城、白沙戍,入武昌及六合、舒城,走南硖二路耳。古人多于川泽之地立塘坞,以遏水溉田。在孙氏时,尽罢县邑,治以屯田都尉。自刘馥、邓艾之后大田淮南,迨南北朝增饬弥广。今舒州有吴陂堰,庐江有七门堰,巢县有东兴塘,滁、和州、六合间有涂塘、瓦梁堰,天长有石梁堰,高邮有白马塘,扬州有召伯埭、衰塘屯,楚州有石鳖塘、射陂、洪泽屯,淮阴有白水屯,盱眙有破釜塘,安丰有芍陂,固始有茹陂,是皆古人屯田遏水之处,其余不可记。④

孙权将其修建陂塘的方法转化运用在防御作战当中,在濡须水和涂水航道狭窄之处筑堤断流,派兵戍守,以阻止敌人船队的航行,

---

① 《三国志》卷 1《魏书·武帝纪》。
② 《三国志》卷 1《魏书·武帝纪》。
③ [宋]薛季宣:《浪语集》卷 24《书·与郑景望一》,文渊阁本《四库全书》第 1159 册,第 378 页。
④ [宋]薛季宣:《浪语集》卷 24《书·与郑景望一》,文渊阁本《四库全书》第 1159 册,第 378 页。

兼以淹没上游沿岸的陆路,作为保护滨江要塞的一种方略,属于战法方面的创举。据历史记载所筑堤坝塘堰共有东兴(即东关)、涂中和江陵三处,下文分别予以详述:

### (一)东兴堤

这种战术最初是在濡须地区的东兴,即东关(今安徽巢湖市东关镇)获得实施的,始于孙权黄龙二年(230)。《三国志》卷64《吴书·诸葛恪传》:"初,(孙)权黄龙元年迁都建业,二年筑东兴堤遏湖水。"《汉晋春秋》亦云:"初,孙权筑东兴堤以遏巢湖。后征淮南,坏不复修。"[1]此前曹操的"四越巢湖"和曹仁进攻濡须之役中,由于吴军是在岸边的坞城据守,濡须水道的航行并未受到阻碍,曹兵战船可以驶入长江,去攻击江心的中洲。如建安十八年(213)正月:"曹公出濡须,作油船,夜渡洲上。权以水军围取,得三千余人,其没溺者亦数千人。"[2]曹仁派其子曹泰攻濡须城,"分遣将军常雕督诸葛虔、王双等,乘油船别袭中洲。"[3]虽然最终未能获胜,但是一度造成了吴军的被动局面。孙权在东兴筑堤后,敌人船队被阻截不得入江,从而避免了中洲后方被袭的情况再次发生。所谓筑堤"遏湖水"或"遏巢湖",是因为濡须水自巢湖东口流出后南下,堤坝筑成断流后,不仅敌船无法通过,还会引起巢湖水面上升,淹没周围的道路和戍守据点,造成泛滥成灾。南朝梁武帝也曾重演在东关筑堤的故伎,引起北魏淮南臣民的恐慌。元澄

---

[1]《三国志》卷4《魏书·三少帝纪·齐王芳》嘉平四年注引《汉晋春秋》。

[2]《三国志》卷47《吴书·吴主传》建安十八年注引《吴历》。

[3]《三国志》卷56《吴书·朱桓传》。

上奏曰：

> 萧衍频断东关，欲令巢湖泛溢。湖周回四百余里，东关合江之际，广不过数十步，若贼计得成，大湖倾注者，则淮南诸戍必同晋阳之事矣。又吴楚便水，且灌且掠，淮南之地，将非国有。寿阳去江五百余里，众庶惶惶，并惧水害。……若犹豫缓图，不加除讨，关塞既成，襄陵方及，平原民戍定为鱼矣。①

此种战术利于防守，却对进攻大有妨碍。因为筑堤阻止了敌船航行，同时也使自己的船队不能利用这条水道溯流上行。为了配合诸葛亮的北伐，孙权在青龙元年（233）、二年（234）两度出征合肥，其中多有水军。东兴堤由于阻碍船只行驶而被拆毁，事后并没有修复。"后征淮南，败以内船，由是废不复修。"②孙权去世后，吴国执政大臣诸葛恪再次兴动大众，在东关筑堤，并建立坞城，留兵将戍守。"更于堤左右结山挟筑两城，使全端、留略守之，引军而还。"③曹魏方面对此举反映强烈，"使将军诸葛诞、胡遵等步骑七万围东兴"④，企图毁坝通航，消灭守堤驻兵。孙吴援军自建业及时赴救，然后发动反攻。"（十二月）戊午，兵及东兴，交战，大破魏军，杀将军韩综、桓嘉等。"⑤此役吴军大获全胜，东兴堤因而得以保存。

---

① 《魏书》卷 19 中《任城王·拓跋澄传》。
② 《三国志》卷 64《吴书·诸葛恪传》。
③ 《三国志》卷 4《魏书·三少帝纪·齐王芳》嘉平四年五月注引《汉晋春秋》。
④ 《三国志》卷 48《吴书·三嗣主传·孙亮》建兴元年。
⑤ 《三国志》卷 48《吴书·三嗣主传·孙亮》建兴元年。

## (二)堂邑涂塘

孙权于赤乌十三年(250)十一月,"立子亮为太子。遣军十万,作堂邑涂塘以淹北道。"①堂邑即今江苏南京市六合区,"春秋时楚之棠邑。襄十四年,楚子囊师于棠以伐吴。又伍尚为棠邑大夫是也。汉为棠邑县,属临淮郡,后汉属广陵郡。三国时为吴、魏分界处。"②胡三省亦云:"堂邑县……魏、吴在两界之间为弃地。"又引李贤曰:"堂邑,今扬州六合县。"③县境有涂水,后改称滁水、滁河,为长江右岸支流。涂水发源于安徽省肥东县梁园附近,东流经巢县、含山、全椒、来安、江浦等县至六合,中途汇入支流甚多,其入江水口后称滁口,旁有瓜步山,故其临江港口又称瓜埠。顾祖禹曰:"滁河,在(六合)县治西南。自滁、和州界会五十四流之水,入县境分为三,亦名三汊河,南接江浦县界,又东合为一,流经县治,复东南至瓜埠入江,即古滁水也。"④又曰:"瓜步山,县东二十五里。亦曰瓜埠,东临大江。宋元嘉二十七年,魏主焘至六合,登瓜步,隔江望秣陵才数十里,因凿山为盘道,于其上设坛殿,《魏史》谓'起行宫于瓜步'是也。"⑤滁口、瓜埠与吴都建业隔江相望,距离不过数十里。《江防考》曰:"自瓜步渡江为唐家渡,至南岸二十里,又二十五里即南京之观音门也。"⑥曹魏军队可以沿涂

①《三国志》卷47《吴书·吴主传》。
②[清]顾祖禹:《读史方舆纪要》卷20《南直二·应天府》,第988—989页。
③《资治通鉴》卷75魏邵陵厉公嘉平二年十一月胡三省注。
④[清]顾祖禹:《读史方舆纪要》卷20《南直二·应天府》,第992页。
⑤[清]顾祖禹:《读史方舆纪要》卷20《南直二·应天府》,第990页。
⑥[清]顾祖禹:《读史方舆纪要》卷20《南直二·应天府》六合县瓜步山条引《江防考》,第990页。

水而下,步骑与舟船兼行。若能抵达江畔,就会给建业造成严重威胁。因此,孙权晚年大兴兵众,在堂邑修建规模宏巨的堤堰,即所谓"涂塘",以此阻遏涂水通航,并淹没北来道路。晋武帝平吴之役,"遣镇军将军琅邪王(司马)伷出涂中",胡三省注:"吴主(孙)权作堂邑涂塘即其地。盖从今滁州取真州路。"①另云:"淹北道以绝魏兵之窥建业,吴主老矣,良将多死,为自保之规摹而已。"②杨守敬曰:"今滁州古曰涂中,其地实南北扼要之区。"③曹魏扬州都督王凌获讯后请求出兵反击,被朝廷拒绝。"太尉王凌闻吴人塞涂水,欲因此发兵,大严诸军,表求讨贼;诏报不听。"④

涂塘在六合县西,有守塘吴军所驻城垒,后世称作瓦梁垒、瓦梁城,或称吴王城。见《读史方舆纪要》卷20《南直二》应天府六合县条:"瓦梁垒,在县西五十五里。西北距滁州八十五里。即孙吴所作涂塘处也。亦曰瓦梁城。陈大建五年,吴明彻败齐军于石梁,瓦梁城降。明初与元兵相持于瓦梁垒。其处有东西二城,《(舆地)纪胜》曰:'瓦梁堰即涂塘也。堰上有瓦梁城,亦曰吴王城,在姜家渡西,即孙权屯兵处。'宋尝修故城,开四门,今余址尚存。"又引张氏曰:"自瓦梁下船直至滁河口便入大江,此防守要地也。"⑤涂塘在后世又称吴堰。"按吴堰,瓦梁堰之别名,以孙吴始作此堰也。"⑥之所以名为"瓦梁",是由于涂塘修建之处河道狭窄,

①《资治通鉴》卷80晋武帝咸宁五年十一月条及胡三省注。
②《资治通鉴》卷75魏邵陵厉公嘉平二年十一月胡三省注。
③[北魏]郦道元注,[民国]杨守敬、熊会贞疏:《水经注疏》卷32《滁水》,第2694页。
④《资治通鉴》卷75魏邵陵厉公嘉平三年四月。
⑤[清]顾祖禹:《读史方舆纪要》卷20《南直二·应天府》,第992页。
⑥[清]顾祖禹:《读史方舆纪要》卷19《南直一》,第894页。

以片瓦譬喻。宋人王蠋曰:"吴堰众流辐集,群山回环,东西相望,底若大陆,如瓦之口,丸泥可封也。"①因为涂水与淮河之间没有航道相连,并非南北交通的水运干道,所以曹魏南征通常不走这条路线。西晋平吴之役中,司马伷也是率偏师出涂中(今安徽滁州市),以分散孙皓的注意力,而没有在江北和吴军发生战斗②。

### (三)江陵大堰

如前所述,江陵处于江汉平原,其北方地势平坦,良好的陆上交通条件把它和汉水之滨的重镇襄阳联系起来。《南齐书》卷 15《州郡志下》曰:"江陵去襄阳步道五百,势同唇齿。"著名的南北干线"荆襄道"相当顺畅,建安十三年(208)曹操占领襄阳,"闻先主已过,曹公将精骑五千急追之,一日一夜行三百余里,及于当阳之长坂。"③孙吴后期为了阻碍北来的敌寇,乐乡都督陆抗下令在江陵以北建筑大型堤堰,遏制河流以浸淹平川道路,使敌人和叛降者不能轻易来往。《三国志》卷 58《吴书·陆抗传》曰:"抗敕江陵督张咸作大堰遏水,渐渍平中,以绝寇叛。"《资治通鉴》卷 79 亦云:"抗以江陵之北,道路平易,敕江陵督张咸作大堰遏水,渐渍平土以绝寇叛。"胡三省注:"今江陵有三海八柜,引诸湖及沮、漳之水注之,弥漫数百里,即作堰之故智也。"④

泰始八年(272)十月,吴国西陵督将步阐据城投降晋朝,陆抗

---

① [清]顾祖禹:《读史方舆纪要》卷 19《南直一》,第 895 页。
②《晋书》卷 38《宣五王传·琅邪王伷》载其渡江后才与敌军发生战斗,"又使长史王恒率诸军渡江,破贼边守,获督蔡机,斩首降附五六万计,诸葛靓、孙奕等皆归命请死。"
③《三国志》卷 32《蜀书·先主传》。
④《资治通鉴》卷 79 晋武帝泰始八年十月条及胡三省注。

率军前往平叛。西晋荆州刺史杨肇领兵赴救步阐,荆州都督羊祜采取围魏救赵之计,"率兵五万出江陵"①,企图迫使陆抗自西陵撤兵回援。陆抗识破其计策,命令张咸毁堰泄水,使江陵以北的河流水位降低而无法行船,从而破坏了羊祜军队的物资运输计划。"祜欲因所遏水,浮船运粮,扬声将破堰以通步军。抗闻,使(张)咸亟破之。诸将皆惑,屡谏不听。祜至当阳,闻堰败,乃改船以车运,大费损功力。"②结果未能及时赶赴江陵攻城以解西陵之围。陆抗先是立围迫退杨肇的援军,乘势进行追击,"使轻兵蹑之,(杨)肇大破败,(羊)祜等皆引军还。(陆)抗遂陷西陵城,诛夷(步)阐族及其大将吏。"③在这次战役中,陆抗的兵力远远少于敌军,但是他调度得当,以寡胜众。特别是破堰泄水使羊祜的晋军主力在这次战役中无所作为,成为取胜的重要因素。战后晋朝有关部门劾奏:"(羊)祜所统八万余人,贼众不过三万。祜顿兵江陵,使贼备得设。乃遣杨肇偏军入险,兵少粮悬,军人挫衄。背违诏命,无大臣节。可免官,以侯就第。"④可见江陵大堰的修筑增强了孙吴在当地的防御能力,成为克敌制胜的利器之一,这种战术的运用也获得了史家的赞许。如宋人朱黼曰:"吴大帝筑堂邑涂塘以淹北道,王凌表请攻讨而司马懿不许。诸葛恪一城东兴以遏巢湖,而魏之三将数十万之众皆覆没于堤下。则堰水以固围,未为非策也。"⑤

---

①《晋书》卷 34《羊祜传》。
②《三国志》卷 58《吴书·陆抗传》。
③《三国志》卷 58《吴书·陆抗传》。
④《晋书》卷 34《羊祜传》。
⑤[宋]王应麟:《通鉴地理通释》卷 12《三国形势考下》引朱氏曰,第 779—780 页。

## 五、孙权对江防作战区域的部署及其演变

如前所述,孙权江防战略的要点在于堵塞敌兵入江的水运通道,为此他在北岸设置了多所城坞以屯兵驻守。需要强调的是,这些要塞并非闭关自守的孤立据点,而是和附近的大小戍所相互联系,构成了某个防守区域。前线的拒敌关城拥有后方及相邻战区的支援,以保证它们在遭到强敌进攻的时候,不致于陷入孤军作战的被动局面。孙权袭取荆州之后,其北部边境"自西陵以至江都,五千七百里"①。防线辽远漫长,难以集中管辖,故在长江上游、中游、下游三个较大的地段分别设置若干都督,以领兵作战。笔者姑且将其命名为荆州西部、荆州东部和扬州三个战区,下文试述其详。

### (一)荆州西部各都督辖区的设置变更

1. 江陵(乐乡)、西陵都督辖区的分置。这一区域包括汉末吴初沿江的南郡、宜都两郡,其主体是位于荆山、巫山和峡口以东与古云梦泽以西的江汉平原,受其外围地形和水文条件的影响,它可以自成一个地理单元。如甘宁所言:"南荆之地,山陵形便,江川流通,诚是国之西势也。"②胡三省曰:"谓在吴之西,据上流之形势。"③南郡和荆州东部的江夏郡要戍沔口之间有云梦泽的阻隔,长江航道过江陵后又折而向南,顺流至巴丘(今湖南岳阳市)再转

---

① 《三国志》卷 48《吴书·三嗣主传·孙皓》注引干宝《晋纪》。
② 《三国志》卷 55《吴书·甘宁传》。
③ 《资治通鉴》卷 65 汉献帝建安十三年春胡三省注。

向东北,蜿蜒数百里才能到达中游的重镇夏口、武昌。荆州西部一旦战事爆发,若是等待江夏郡的驻军溯流来援,时间会拖延很久,因此它在吴国的江防体系中构成一个相对独立的作战区域。由于需要应对西邻蜀汉与北边襄阳魏军的入侵威胁,该地区的军事重心分别设在位于峡口的西陵与水陆要枢江陵(后移往对岸的乐乡)。严耕望曾云:"大抵自巴丘、洞庭以上西接蜀境为一都督区,其都督或治西陵,或治乐乡(或江陵)。"①不过在孙吴立国之初,即夷陵之战以后,这一地域分为西陵、江陵两个都督辖区,互不统属。据严氏考证:"西陵都督始于陆逊,然《逊传》不言督,步骘继之。本传云:'权称尊号,拜骠骑将军……是岁,都督西陵,代陆逊抚二境。'"②所谓西陵之"二境",即北邻魏界,西接蜀壤,其辖区为东汉末年之宜都郡,包括三峡的巫峡、西陵峡及峡口附近各县,在峡中的建平(今重庆市巫山县北)、秭归(今湖北秭归县)、信陵(今湖北秭归县东)和峡口南岸的夷道(今湖北宜都市陆城镇)与北岸的夷陵,即西陵均有驻军。黄初二年(221)刘备出川东征,陆逊为了诱敌深入,放弃了建平、秭归等地的戍守,退至峡口阻击。猇亭之战胜利后,蜀军败归永安(今重庆市奉节县),吴国又将边戍向西推进到建平。

　　建安二十四年(219)孙权攻占荆州之役,任命吕蒙为"大督"③,即都督。吕蒙病终前推荐朱然接任,"蒙卒,(孙)权假然节,

①严耕望:《中国地方行政制度史——魏晋南北朝地方行政制度》(上),第30页。
②严耕望:《中国地方行政制度史——魏晋南北朝地方行政制度》(上),第29页。
③《三国志》卷51《吴书·宗室传·孙皎》:"后吕蒙当袭南郡,(孙)权欲令皎与蒙为左右部大督。蒙说权曰:'若至尊以征虏能,宜用之;以蒙能,宜用蒙。昔周瑜、程普为左右部督,共攻江陵,虽事决于瑜,普自恃久将,且俱是督,遂共不睦,几败国事,此目前之戒也。'权寤,谢蒙曰:'以卿为大督,命皎为后继。'禽关羽,定荆州,皎有力焉。"

镇江陵。"①即为江陵都督,统辖南郡战区。但是孙权将南郡治所移至南岸的公安,由诸葛瑾任太守。"黄武元年,迁左将军,督公安,假节,封宛陵侯。"②并别领一军,作为江陵的后方支援部队。黄初三年至四年(222—223)魏军围攻江陵,朱然始终在城内坚守,诸葛瑾则率领为数不少的军队前来救援。《吴录》曰:"曹真、夏侯尚等围朱然于江陵,又分据中州,(诸葛)瑾以大兵为之救援。瑾性弘缓,推道理,任计画,无应卒倚伏之术。兵久不解,权以此望之。"③不过,诸葛瑾所统人马直接受孙权调遣,并不隶属于朱然,直到赤乌四年(241)他去世以后,孙权才命令继承其职务的诸葛融接受朱然指挥④。江陵围城之役结束后,孙权改变了南郡战区的兵力配置,把朱然的都督治所和军队主力迁往对岸的乐乡。胡三省曰:"乐乡城在今江陵府松滋县东,乐乡城北,江中有沙碛,对岸踏浅可渡,江津要害之地也。"⑤江陵的驻军减少,成为单纯的军事据点,守将的职务也降为都督手下的督将,史籍所见有张咸、伍延等人⑥。这样部署的好处是主将和军队主力处于后方,比较安全,不易遭受敌人突袭;而且在减少了运往前线的粮饷给养,节省了物资和人力的损耗。江陵受到魏军进攻时,则由对岸的乐乡都督领兵督将来救。例如嘉平二年(250)魏将王昶进攻江陵,乐

---

①《三国志》卷 56《吴书·朱然传》。

②《三国志》卷 52《吴书·诸葛瑾传》。

③《三国志》卷 52《吴书·诸葛瑾传》注引《吴录》。

④《三国志》卷 56《吴书·朱然传》:"诸葛瑾子融,步骘子协,虽各袭任,权特复使然总为大督。"

⑤《资治通鉴》卷 79 晋武帝泰始六年四月胡三省注。

⑥参见《三国志》卷 58《吴书·陆抗传》:"抗敕江陵督张咸作大堰遏水。"《晋书》卷 3《武帝纪》太康元年二月:"甲戌,杜预克江陵,斩吴江陵督伍延。"

乡都督施绩随即渡江赴援,"凿七道并来攻。于是(王)昶使积弩同时俱发,贼大将施绩夜遁入江陵城。"①王昶攻城不下,只得退兵。值得注意的是,西陵与江陵(乐乡)都督辖区唇齿相依,因此往往相互支援,配合作战。例如夷陵之战时,"刘备举兵攻宜都,(朱)然督五千人与陆逊并力拒备。"②战役结束后再回到江陵驻地。黄初三年(222)九月江陵遭到魏军围攻时,驻扎在固陵(孙权分宜都郡巫、秭归二县所置郡,后罢)的潘璋也领兵赴救。"到魏上流五十里,伐苇数百万束,缚作大筏,欲顺流放火,烧败浮桥。"③正始二年(241)朱然率众进攻襄阳,也有西陵的驻军前来助战。干宝《晋纪》曰:"朱然、孙伦五万人围樊城,诸葛瑾、步骘寇柤中。"④全部北征人马应在六万以上,这从后来司马懿与曹爽的谈话中也能得到反映。"设令贼二万人断沔水,三万人与沔南诸军相持,万人陆钞柤中,君将何以救之?"⑤由此来看,如果再加上江陵、乐乡与西陵、建平的留守部队,这两个辖区的兵力至少有八万左右。吴末边兵人数减少,统辖宜都、建平与南郡战区的陆抗请求补足编制,"使臣所部足满八万,省息众务,信其赏罚。"⑥亦可作为参考。

　　2. 乐乡、西陵都督辖区的数次合并与分离。到孙权晚年,随着诸葛瑾、步骘的相继病逝,公安、西陵两地的驻军由他们的儿子

①《三国志》卷 27《魏书·王昶传》。
②《三国志》卷 56《吴书·朱然传》。
③《三国志》卷 55《吴书·潘璋传》。
④《三国志》卷 4《魏书·三少帝纪·齐王芳》正始二年五月注引干宝《晋纪》。
⑤《三国志》卷 4《魏书·三少帝纪·齐王芳》正始七年十二月注引《汉晋春秋》
⑥《三国志》卷 58《吴书·陆抗传》。

诸葛融、步协继位管辖。但是这两个人才干平庸,不擅用兵,因此孙权将他们调拨到朱然麾下。"诸葛瑾子融,步骘子协,虽各袭任,(孙)权特复使(朱)然总为大督。"①荆州西部从而组成了一个都督辖区,主将驻地仍在乐乡。朱然死后由其子施绩袭业出任乐乡都督,战区的划分又恢复原状,施绩不再监领公安与西陵的军务,因此嘉平二年(250)王昶进攻江陵时,施绩只能写信请求诸葛融出兵相助,而不能直接给他下命令。其书曰:"(王)昶远来疲困,马无所食,力屈而走,此天助也。今追之力少,可引兵相继,吾欲破之于前,足下乘之于后,岂一人之功哉,宜同断金之义。"②孙权死后,诸葛恪执掌朝政,一度剥夺了施绩的职务,将乐乡都督辖区划归其弟诸葛融统领。建兴二年(253)冬,孙峻发动政变,杀死诸葛恪、诸葛融兄弟,施绩才得以官复原职③。

　　孙休即位以后,施绩仍驻镇乐乡,其防区获得扩大。"永安初,迁上大将军、都护督,自巴丘上迄西陵。"④但是次年朝廷又任命陆抗任西陵都督,与施绩分庭抗礼。"永安二年,拜镇军将军,都督西陵,自关羽(濑)至白帝。三年,假节。"⑤孙皓即位后施绩病故,朝廷随即命令陆抗兼领其军务,移镇乐乡,重新将两个都督辖

---

①《三国志》卷56《吴书·朱然传》。
②《三国志》卷56《吴书·朱然传》。
③《三国志》卷56《吴书·朱然附子绩传》:"(施)绩便引兵及(王)昶于纪南。纪南去城三十里,绩先战胜而(诸葛)融不进,绩后失利。(孙)权深嘉绩,盛责怒融,融兄大将军恪贵重,故融得不废。初绩与恪、融不平,及此事变,为隙益甚。建兴元年,迁镇东将军。二年春,恪向新城,要绩并力,而留置半州,使融兼其任。冬,恪、融被害,绩复还乐乡,假节。"
④《三国志》卷56《吴书·朱然附子绩传》。
⑤《三国志》卷58《吴书·陆抗传》。

区合并。"建衡二年,大司马施绩卒,拜抗都督信陵、西陵、夷道、乐乡、公安诸军事,治乐乡。"①陆抗在乐乡驻扎的军队主力约有三万人,后来步阐在西陵叛乱,"陆公偏师三万,北据东坑,深沟高垒,按甲养威。反虏踡迹待戮,而不敢北窥生路。"②战役结束后,晋朝有司劾奏羊祜时亦称:"祜所统八万余人,贼众不过三万。祜顿兵江陵,使贼备得设。"③

陆抗统辖荆州西部战区只有三载,他在凤凰三年(274)去世,孙皓重新分置西陵、乐乡两个战区,任命留宪和孙歆担任都督。④综观孙吴一代,荆州西部是否设置两个还是一个都督辖区,通常和有没有称职的良将密切相关。若是人才充裕,则分置为二,如朱然先后与陆逊、步骘并任都督,施绩与陆抗并任都督。若是只有一位名将,则将两个都督辖区合并,由他一人指挥;如前述陆逊、步骘死后,其军务均由朱然兼领,施绩死后,乐乡与西陵都督辖区合并,由陆抗统率。陆抗病逝之后,情况则有所不同,可能是考虑到没有合格的大将来接替,普通将领又负担不了统辖西境数郡的重任,因此吴国再次分置西陵、乐乡都督。另外在孙皓末年,荆州西部江防出现了很多破绽。其一是兵员严重匮乏,总共才有五万余人。陆抗临终上疏:"前乞精兵三万,而主者循常,未肯差

---

① 《三国志》卷58《吴书·陆抗传》。
② 《晋书》卷54《陆机传》。
③ 《晋书》卷34《羊祜传》。
④ 参见《晋书》卷3《武帝纪》太康元年二月:"二月戊午,王濬、唐彬等克丹杨城。庚申,又克西陵,杀西陵都督、镇军将军留宪,征南将军成璩,西陵监郑广。"《晋书》卷34《杜预传》:"(杜预)又遣牙门管定、周旨、伍巢等率奇兵八百,泛舟夜渡,以袭乐乡,多张旗帜,起火巴山,出于要害之地,以夺贼心。吴都督孙歆震恐,与伍延书曰:'北来诸军,乃飞渡江也。'"

赴。自步阐以后，益更损耗。"①要求补满八万，但朝廷一直没有理
会。其二是所任将领缺少经验和才干，如乐乡都督孙歆是宗室纨
绔，未战先怯。杜预只派了几百人偷渡过江，就引起他的惧怕。
"吴都督孙歆震恐，与伍延书曰：'北来诸军，乃飞渡江也。'"②结果
被少数敌兵化装入营生擒俘虏。吴丞相张悌即言："我上流诸军，
无有戒备，名将皆死，幼少当任，恐边江诸城，尽莫能御也。"③其三
是乐乡都督辖区的部分兵将调往西陵，造成该地防务的虚弱。陆
抗死后，孙皓将其麾下部队分给其诸子率领，陆晏所部移驻夷道
（今湖北宜都市陆城镇）。"（陆）晏及弟景、玄、机、云，分领抗兵。
晏为裨将军、夷道监。"④王濬伐吴时，"（二月）壬戌，克荆门、夷道
二城，获监军陆晏。"⑤而乐乡和江陵两地也在晋军的攻击下迅速
失陷，这既是主将孙歆无能的结果，也有当地兵力缺乏的因素。
宋儒胡安国即认为吴国荆州西部战事的失利原因之一，就是南郡
战区兵力的削弱。"孙皓之季，虑不及远，彻南郡之备，专意下流，
于是杜预、王濬一举取之。"⑥

### （二）荆州东部的武昌（左右部）都督辖区

荆州东部即长江中游的江防区域基本上是在江夏郡。赤壁
之战前后，该郡江北的沔口等要镇为刘琦、刘备所据，孙权"借荆

①《三国志》卷58《吴书·陆抗传》。
②《晋书》卷34《杜预传》。
③《三国志》卷48《吴书·三嗣主传·孙皓》注引《襄阳记》。
④《三国志》卷58《吴书·陆抗传》。
⑤《晋书》卷42《王濬传》。
⑥〔宋〕胡寅：《斐然集》卷17《寄赵相》，文渊阁本《四库全书》第1137册，第507页。

州"与刘备后,江夏郡南岸各地被孙吴陆续占领。谢钟英考证云:
"迨(刘)琦既死,吴遂略取江夏江南诸县以通道江陵。于是程普
领江夏太守,治沙羡。十五年,鲁肃遂屯陆口,吴境越江夏而西
矣。"①至建安二十年(215),孙、刘两家缔约,"遂分荆州长沙、江
夏、桂阳以东属权,南郡、零陵、武陵以西属备。"②北岸的沔口等地
从此划归孙氏。建安二十四年(219)吴军攻取南郡、宜都,孙权由
建业移驻公安。待当地局势稳定后,在黄初二年(221)四月迁都
鄂县,"改名武昌。以武昌、下雉、寻阳、阳新、柴桑、沙羡六县为武
昌郡。"③后又重归江夏郡。由于武昌是都城所在地,孙权的"中
军"精锐主力驻扎在附近,军事力量较为强大,周围多设要戍以拱
卫京师。其西有防备上流来袭的陆口(今湖北嘉鱼县陆溪镇),关
羽镇江陵时,孙权先后委任鲁肃、吕蒙、陆逊等名将驻此防范,后
迁往附近的蒲圻(今湖北赤壁市)。"嘉禾三年,(孙)权令(吕)岱
领潘璋士众,屯陆口,后徙蒲圻。"④西北就是江汉合流的沔口,如
前所述,该地有左岸黄祖所立的偃月城和右岸的鲁山城,以及黄
武二年(223)在南岸黄鹄山所筑的夏口城,后世合称"夏口三
城"⑤。这三座要塞构成一个防御体系,可以阻断长江航运并封锁
北方舟师沿汉水入江的出口。沔口以东有陆逊所建之邾城(今湖
北武汉市新洲区),其防区的东限则在北岸的寻阳(今湖北黄梅县

---

①[清]洪亮吉撰,[清]谢钟英补注:《〈补三国疆域志〉补注》,《二十五史补编·三国志
　补编》,559页。

②《三国志》卷47《吴书·吴主传》。

③《三国志》卷47《吴书·吴主传》。

④《三国志》卷60《吴书·吕岱传》。

⑤《晋书》卷85《何无忌传》:"无忌与(刘)毅、(刘)道规复进讨(桓)振,克夏口三城,遂平
　巴陵,进次马头。"

西南)和南岸位于鄱阳湖口的柴桑(今江西九江市)。

1. 吴初建都武昌时期的情况。孙权在武昌驻跸八年(221—229),这一阶段吴国长江中游的攻防战事主要是沿着汉水与皖水两条南北航道进行。魏军的大规模入侵共有两次,黄初三年(222)九月曹魏围攻江陵,"使(文)聘别屯沔口,止石梵。"①即受吴军阻击而未能到达沔口,停留在西边的石梵(今湖北天门市)。太和二年(228),"(孙)权使鄱阳太守周鲂谲魏大司马曹休。休果举众入皖"②,准备进据江北的寻阳(今湖北黄梅县西南)③,结果被陆逊率领的吴军在皖城(今安徽潜山县)以北的石亭击败。孙权出征也基本上是沿着这两条路线,如《三国志》卷15《魏书·贾逵传》所言:"时孙权在东关,当豫州南,去江四百余里。每出兵为寇,辄西从江夏,东从庐江。"笔者按:三国时曾有三座东关,此处所言之东关实为吴都武昌,其详见本书《孙吴武昌又称"东关"考》。孙权驻跸武昌时,荆州东部战区的总兵力具体数目不详,但据文献所载,他在一次作战当中投入的军队可以达到五六万人。例如,黄初七年(226)魏文帝去世,"孙权以五万众自围(文)聘于石阳,甚急。聘坚守不动,权住二十余日乃解去。"④太和二年石亭之战,"(曹)休将步骑十万至皖城以迎(周)鲂。时陆逊为元帅,全琮与(朱)桓为左右督,各督三万人击休。"⑤考虑到以上两次战役进行

---

① 《三国志》卷18《魏书·文聘传》。
② 《三国志》卷58《吴书·陆逊传》。
③ 《三国志》卷9《魏书·曹休传》:"太和二年,帝为二道征吴,遣司马宣王从汉水下,(曹)休督诸军向寻阳。"
④ 《三国志》卷18《魏书·文聘传》。
⑤ 《三国志》卷56《吴书·朱桓传》。

时,江夏各镇与都城武昌还有留守的人马,合计起来可能会有七八万或八九万人左右。

**2. 陆逊任武昌都督期间的情况。**黄龙元年(229)四月孙权称帝,"秋九月,权迁都建业,因故府不改馆,征上大将军陆逊辅太子登,掌武昌留事。"①陆逊调赴武昌后的军职,清儒吴增仅认为应是武昌都督。赤乌七年(244)陆逊代顾雍为丞相。孙权下诏曰:"……其州牧都护领武昌事如故。"②吴增仅考证云:"逊卒,诸葛恪代逊。(孙)权乃分武昌为左右两部,吕岱督右部,以证逊传所云,则知所谓领武昌事者,乃武昌都督,非武昌郡事也。"③当时太子孙登和大部分中央官署都留在武昌,实际上具有陪都的地位。武昌都督辖区除了江夏郡,还有东邻的豫章、鄱阳、庐陵三郡,地域相当广阔。见陆逊本传:"(孙)权东巡建业,留太子、皇子及尚书九官,征逊辅太子,并掌荆州及豫章三郡事,董督军国。"④胡三省曰:"三郡,豫章、鄱阳、庐陵也。三郡本属扬州,而地接荆州,又有山越,易相扇动,故使逊兼掌之。"⑤武昌都督辖区的驻军总数仍然不明,估计随着"中军"精锐的调走会有所下降,但是还能一次出动五万兵马,可见实力仍然不可小觑。黄龙三年(231)二月,孙权"遣太常潘濬率众五万讨武陵蛮夷"⑥。当时潘濬属于留驻武昌的"尚书九官"之一,战役结束后又回到那里。嘉禾三年(234),"冬

---

①《三国志》卷47《吴书·吴主传》。

②《三国志》卷58《吴书·陆逊传》。

③[清]吴增仅:《三国郡县表附考证》,《二十五史补编·三国志补编》,第380页。

④《三国志》卷58《吴书·陆逊传》。

⑤《资治通鉴》卷71魏明帝太和三年九月胡三省注。

⑥《三国志》卷47《吴书·吴主传》。

十一月,太常潘濬平武陵蛮夷,事毕,还武昌。"①这一情况反映出陆逊麾下的军队为数不少,五万人只是这一都督辖区出动的机动兵力而已,还应有留驻部队。

陆逊驻镇武昌共有十六年(229—245),在此期间并未遭受魏军的大举入侵。与之相反,由于他的军事才能出众,屡次向魏境进攻获胜,使武昌都督辖区这一阶段的局势大为好转。他的用兵路线仍然是汉水、皖水两条河流,"遣将入沔,与敌争利"②,控制了汉水下游航道,舟师可以进逼襄阳附近,并设置了"沔中督"③。太和六年(232),他又溯皖水而上,转行陆路去袭击六安④。赤乌三年(240)又攻占了武昌对岸的要戍邾城⑤。总之,基本上掌握了辖区沿江作战的主动权。

**3. 陆逊死后武昌都督辖区的分置。**赤乌八年(245)陆逊病逝,此后孙吴再未出现像他那样文武兼备、统辖全局的大将。由于武昌都督辖区疆域辽阔,兵力强大,孙权既找不到德才俱全的人选,又不愿意让某位大臣独自掌管,恐怕将来出现拥兵自重、藐视朝廷的局面。因此考虑再三,在赤乌九年(246)将这一辖区分为左右二部,委派两位都督镇守。"(吕)岱督右部,自武昌上至蒲

---

① 《三国志》卷47《吴书·吴主传》。
② 《三国志》卷51《吴书·宗室传·孙奂》注引《江表传》。
③ 《三国志》卷51《吴书·宗室传·孙奂》注引《江表传》载张梁:"后稍以功进至沔中督。"
④ 《三国志》卷26《魏书·满宠传》:"明年,吴将陆逊向庐江,论者以为宜速赴之。宠曰:'庐江虽小,将劲兵精,守则经时。又贼舍船二百里来,后尾空县,尚欲诱致,今宜听其遂进,但恐走不可及耳。'整军趋杨宜口。贼闻大兵东下,即夜遁。"
⑤ [宋]乐史撰,王文楚等点校:《太平寰宇记》卷131《淮南道九·黄州》:"吴赤乌三年使陆逊攻邾城,常以三万兵守之,是此地。"第2580页。

圻。迁上大将军,拜子凯副军校尉,监兵蒲圻。"①负责沔口、夏口以及蒲圻等驻镇的防务。"以威北将军诸葛恪为大将军,督左部,代陆逊镇武昌。"②孙权临终前调诸葛恪赴建业托孤,武昌左部都督改由其属下徐平接任③。严耕望考证云:

> 右部督区自武昌上至蒲圻,当包括夏口督,或且包括沔中督;而左部督区当自武昌下迄半州、柴桑两督。由此言之,武昌上下地区,诸督之上亦有统督者,惟不以"都督"为名耳。然《晋书·陶璜传》:"皓以璜为使持节、都督交州诸军事、前将军、交州牧。……征璜为武昌都督。"《吴志·虞翻传》注引《会稽典录》,虞昺,"晋军来伐,遣昺持节都督武昌已上诸军事。"是末叶亦以"都督"为名矣。④

徐平之后担任武昌左部都督者有范慎,初为太子孙登门客,"后为侍中,出补武昌左都督。"⑤他后被孙皓调任太尉,以薛莹代之⑥。太平元年(256),武昌右部都督吕岱去世,陆凯曾接任此职⑦。孙

---

① 《三国志》卷60《吴书·吕岱传》。
② 《资治通鉴》卷75魏邵陵厉公正始七年九月。
③ 《三国志》卷57《吴书·虞翻传》注引《会稽典录》:"诸葛恪为丹杨太守,讨山越,以(徐)平威重思虑,可与效力,请平为丞。稍迁武昌左部督,倾心接物,士卒皆为尽力。"
④ 严耕望:《中国地方行政制度史——魏晋南北朝地方行政制度》(上),第31页。
⑤ 《三国志》卷59《吴书·孙登传》注引《吴录》。
⑥ 《三国志》卷53《吴书·薛综传》载建衡三年(271),"是岁,何定建议凿圣溪以通江淮。皓令莹督万人往,遂以多盘石难施功,罢还,出为武昌左部督。后定被诛,皓追圣溪事,下莹狱,徙广州。"
⑦ 《三国志》卷61《吴书·陆凯传》:"五凤二年,讨山贼陈毖于零陵,斩毖克捷,拜巴丘督、偏将军,封都乡侯,转为武昌右部督。"

皓即位(264)后他改任巴丘都督。西晋平吴之役中,孙皓曾任命虞昺为"持节都督武昌已上诸军事"①,即武昌右部都督,但是他在到任后即投降晋军。

　　值得注意的是,夏口地区因有三城,各置兵将,故孙吴曾另设都督以统辖。如甘露二年(257)叛降魏国之孙壹,曹髦下诏曰:"吴使持节都督夏口诸军事镇军将军沙羡侯孙壹,贼之枝属,位为上将,畏天知命,深鉴祸福,翻然举众,远归大国……"②另外,武昌因为樊山、南湖的局限,地域狭窄崎岖,无法进驻大军,沿岸又缺乏良港,难以停靠大型船队。如陆凯所言:"又武昌土地,实危险而堉确,非王都安国养民之处,船泊则沉漂,陵居则峻危。"③而西邻的夏口有著名的商港和水军泊地"船官浦"、"黄军浦"④,适于舟师驻扎。吴末孙皓水军主力驻于建业附近,杜预即担心它们如果西调江夏,"积大船于夏口,则明年之计或无所及。"⑤前述太和二年(228)石亭之役,孙权出动六万大军迎战曹休,获胜后即返回武昌以西的驻地。"诸军振旅过武昌"⑥,因此可能武昌当地的驻军为数并不多,大部分荆州东部驻军是在西边的沙羡(夏口)、蒲圻和北岸的沔口附近,毕竟武昌的主要威胁是来自汉水下游和长江上流一带。

---

①《三国志》卷 57《吴书·虞翻传》注引《会稽典录》。

②《三国志》卷 4《魏书·三少帝纪·高贵乡公髦》甘露二年六月乙巳诏。

③《三国志》卷 61《吴书·陆凯传》。

④[北魏]郦道元原注,陈桥驿注释:《水经注》卷 35《江水》:"江之右岸有船官浦,历黄鹄矶西而南矣,直鹦鹉洲之下尾,江水浐曰㳷浦,是曰黄军浦。昔吴将黄盖军师所屯,故浦得其名,亦商舟之所会矣。"第 541 页。

⑤《晋书》卷 34《杜预传》。

⑥《三国志》卷 58《吴书·陆逊传》。

武昌都督辖区与西邻的乐乡都督辖区之间也有相互支援作战的配合行动。例如,嘉禾三年(234)吴国响应诸葛亮北伐而出兵,"夏五月,(孙)权遣陆逊、诸葛瑾等,屯江夏沔口。"①后来溯汉水北进至襄阳附近。撤退时二人商议欺骗敌人,"(陆逊)乃密与瑾立计,令(诸葛)瑾督舟船,逊悉上兵马,以向襄阳城。敌素惮逊,遽还赴城。瑾便引船出,逊徐整部伍,张拓声势,步趋船,敌不敢干。"②这次战役中诸葛瑾的部队就是从公安赶赴沔口与陆逊会师北进襄阳的。诸葛亮去世后,孙权恐怕曹魏乘机灭蜀,"增巴丘守兵万人,一欲以为救援,二欲以事分割也。"③这些开赴巴丘的吴军也应是从武昌都督辖区向西调赴,而准备应变的。

### (三)扬州各都督辖区的划分与演变

1. 周瑜死后孙吴江防战线的收缩与主攻方向的变更。赤壁之战以后,孙权在荆、扬二州的江北地区同时发动攻势。西线令周瑜协同刘备进攻江陵,并在次年冬季得手,迫使曹仁撤退到襄阳。自己在扬州东线进攻合肥,并令张昭攻打匡琦(或云匡奇,谢钟英认为在广陵郡治射阳附近,即今江苏宝应县东北射阳镇)④,沿着濡须水、施水与中渎水两条航道进行北伐。建安十五年(210)周瑜病逝,孙权痛失股肱,又无得力将领替代,只得接受鲁

①《三国志》卷47《吴书·吴主传》。
②《三国志》卷58《吴书·陆逊传》。
③《三国志》卷45《蜀书·宗预传》。
④《三国志》卷52《吴书·张昭传》注引《吴书》:"(孙)权征合肥,命(张)昭别讨匡琦。"卢弼《三国志集解》卷7《陈登传》引谢钟英曰:"《江表传》广陵太守陈登治射阳,孙权攻登宜在射阳,则匡琦当与射阳相近。"第240页。

肃的建议，"借荆州"与刘备，而当时江夏郡北岸的沔口等地亦为刘备所据，故孙权的江防收缩到扬州境内。为了准备迎击曹操在濡须流域的入侵，他在建安十六年（211）将都城和中军主力由京城（今江苏镇江市）西迁至建业。此后孙权的攻防路线比较固定，基本上是沿着濡须水道进行，或过巢湖北攻合肥（建安二十年事），或在濡须口夹岸的坞城抗拒曹操（建安十八年、二十二年事）。在此期间，他屡次想要通过中渎水道北上，占领徐州的广陵等地。如刘备到京城进见时，建议孙权建都芜湖，他就表明过这样的企图。"备曰：'芜湖近濡须，亦佳也。'权曰：'吾欲图徐州，宜近下也。'"①尤其是在建安十八年（213）后，曹操迁徙淮南民众，引起当地百姓南逃，江淮之间形成数百里的无人居住地带。"民转相惊，自庐江、九江、蕲春、广陵户十余万皆东渡江。江西遂虚。合肥以南惟有皖城。"②孙权北进徐州的愿望因此更为强烈，后来经过吕蒙的劝说，才把主攻方向转移到西边的荆州。事见《三国志》卷 54《吴书·吕蒙传》：

> 又聊复与论取徐州意。蒙对曰："今操远在河北，新破诸袁，抚集幽、冀，未暇东顾。徐土守兵，闻不足言，往自可克。然地势陆通，骁骑所骋，至尊今日得徐州，操后旬必来争，虽以七八万人守之，犹当怀忧。不如取羽，全据长江，形势益张。"权尤以此言为当。

建安二十年（215），孙权初次与刘备争夺荆州东边三郡，迫使刘备

---

①《三国志》卷 53《吴书·张纮传》注引《献帝春秋》。
②《三国志》卷 47《吴书·吴主传》。

让步。"更寻盟好。遂分荆州,以湘水为界:长沙、江夏、桂阳以东属权,南郡、零陵、武陵以西属备。"①建安二十四年(219)又乘关羽北征襄樊之际,偷袭荆州得手,从此完全控制了数千里的长江防线。在孙权据守扬州江防期间,由于战线相对较短,曹操只是"四越巢湖"来进攻濡须口,并未从中渎水道发兵入江,因此孙权的防御比较简单,仅在广陵对岸的京口留驻孙韶率领少数军队戍守,防备敌军来袭。大部分主力集中在建业附近待命,或北攻合肥,或据守濡须,不用长途跋涉和分兵抵抗。据文献记载反映,这一期间孙权领兵出征的兵力是比较多的。例如他在建安十三年(208)冬和建安二十年(215)八月两次进攻合肥,都号称出动了十万人马②。建安二十二年(217)二月曹操攻濡须,"(孙)权率众七万应之,使(甘)宁领三千人为前部督。"③迫使曹操无功而返。

2. **孙权建都武昌期间扬州的都督辖区设置。**孙权袭取荆州后驻跸公安,其政治中心和军队主力都偏居西隅,不便于指挥和支援长江中游和下游沿岸的战事,因而迁都武昌,以便居中调度而左右逢源。扬州江东六郡是其立国的根据地,三吴太湖流域又是国家财赋所出之渊薮,故受到特殊重视,留驻重兵以备江防。据史籍所载,孙权将长江下游以扶州为界划分为两个都督辖区,扶州以东由吕范统领,镇守建业。《三国志》卷56《吴书·吕范

①《资治通鉴》卷67汉献帝建安二十年。
②参见《三国志》卷15《魏书·刘馥传》:"建安十三年卒。孙权率十万众攻围合肥城百余日,时天连雨,城欲崩,于是以苫蓑覆之,夜然脂照城外,视贼所作而为备,贼以破走。"《三国志》卷17《魏书·张辽传》:"太祖既征孙权还,使辽与乐进、李典等将七千余人屯合肥。太祖征张鲁,教与护军薛悌,署函边曰'贼至乃发'。俄而(孙)权率十万众围合肥,乃共发教。"
③《三国志》卷55《吴书·甘宁传》注引《江表传》。

传》曰：

> （孙）权讨关羽，过（吕）范馆。谓曰："昔早从卿言，无此
> 劳也。今当上取之，卿为我守建业。"权破羽还，都武昌，拜范
> 建威将军，封宛陵侯，领丹杨太守，治建业，督扶州以下至海。

扶州以西至皖口（今安徽安庆市西南山口镇）和皖城（今安徽潜山县）由贺齐统率。"拜安东将军，封山阴侯，出镇江上，督扶州以上至皖。"[①]严耕望云："据此两条记载，吴初，吕范以丹阳太守督扶州以下至海，后领扬州牧；同时，贺齐督扶州以上至皖，后领徐州牧。扶州在今何地虽待考，然大江下流亦分上下两大督区，此明证也。"[②]谢钟英认为扶州应是建业西南江中沙洲[③]，而严耕望认为其地还应在其西边，"必在建业、濡须口间殆可断言，或者即洞口、牛渚上下欤？"[④]两大督区之所属兵力相比，似乎有些悬殊。贺齐所统大约只有万余人。建安二十年（215）他随同孙权出征合肥，"（贺）齐时率三千兵在津南迎权。"[⑤]后来他镇压鄱阳民众叛乱，"斩首数千，余党震服，丹杨三县皆降，料得精兵八千人。"[⑥]而坐镇建业的吕范麾下兵将众多，所辖至少有徐盛、全琮、孙韶等率领的五支部队，即"五军"。如黄初三年（222）九月曹丕三道南征。"魏

---

① 《三国志》卷 60《吴书·贺齐传》。
② 严耕望：《中国地方行政制度史——魏晋南北朝地方行政制度》（上），第 32 页。
③ 参见［清］洪亮吉撰，［清］谢钟英补注：《〈补三国疆域志〉补注》："有扶州……（谢）钟英按：扶州当系江宁西南江中之洲，未能确指其地，姑附于此。"《二十五史补编·三国志补编》，第 537 页。
④ 严耕望：《中国地方行政制度史——魏晋南北朝地方行政制度》（上），第 32 页。
⑤ 《三国志》卷 60《吴书·贺齐传》注引《江表传》。
⑥ 《三国志》卷 60《吴书·贺齐传》。

乃命曹休、张辽、臧霸出洞口,曹仁出濡须,曹真、夏侯尚、张郃、徐晃围南郡。(孙)权遣吕范等督五军,以舟军拒休等。"①《三国志》卷56《吴书·吕范传》曰:"曹休、张辽、臧霸等来伐,(吕)范督徐盛、全琮、孙韶等,以舟师拒休等于洞口。"当时徐盛任建武将军,全琮为牛渚督,孙韶为京下督,均为吕范部下,可见他应任都督一职,故魏国称其为"大将"②。徐盛、孙韶所领兵力数目不详,但仅全琮属下就有万余人③,总共兵马应有数万之众,明显要超过贺齐所部。其中原因,应是建业靠近三吴经济重心,又邻近广陵、历阳、濡须等江北重镇,所受曹魏威胁更为严重。而贺齐驻地在扬州西隅,本传仅说他"出镇江上",具体地点不详。他所负责的皖城方向并非敌军主攻路线,很少前来入侵,因此防守的兵力需要不多。吕范在洞口(或曰洞浦,属历阳县,今安徽和县江畔)与魏军激战时,贺齐率众来援,由于路远未能及时赶到参战,又因兵少而被称作"偏军"④。

　　值得关注的是,江北重镇濡须此时的防务有所加强。孙权驻跸武昌时期,朱桓为濡须督将。他在此前迁荡寇校尉,"授兵二千人。使部伍吴、会二郡,鸠合遗散,期年之间,得万余人。"⑤手下兵马至少在一万三千以上。其本传亦云:"与人一面,数十年不忘,

---

① 《三国志》卷47《吴书·吴主传》。
② 《三国志》卷9《魏书·曹休传》:"帝征孙权,以休为征东大将军,假黄钺,督张辽等及诸州郡二十余军,击权大将吕范等于洞浦,破之,拜扬州牧。"
③ 参见《三国志》卷60《吴书·全琮传》:"后(孙)权以为奋威校尉,授兵数千人,使讨山越。因开募召,得精兵万余人,出屯牛渚,稍迁偏将军。"
④ 《三国志》卷60《吴书·贺齐传》:"黄武初,魏使曹休来伐,齐以道远后至,因住新市为拒。会洞口诸军遭风流溺,所亡中分,将士失色。赖齐未济,偏军独全,诸将倚以为势。"
⑤ 《三国志》卷56《吴书·朱桓传》。

部曲万口,妻子尽识之。"①因此能够凭据险要,并未依靠吕范、贺齐的支援,就独自挫败了曹仁来犯的数万魏军②。

**3. 孙权还都建业以后的扬州布防情况。**黄龙元年(229)九月,孙权自武昌迁都建业,扬州地区的沿江防御部署随之出现了某些变化。首先是由于随驾的中军主力转移到都城建业附近,长江下游的吴军兵力得到加强。例如赤乌十三年(250)十一月,孙权"遣军十万,作堂邑涂塘以淹北道"③。一次在淮南出动如此众多的兵马,这在他驻跸武昌期间是没有过的。其次,是取消了扬州江防以扶州为界划为上下两大都督辖区的制度。平时主力军队屯据在都城建业附近待命出征,此外在京城(今江苏镇江市)、牛渚(今安徽马鞍山市)和濡须等重镇屯戍兵马,并设置都督或督将以加防范。现分述如下:

京城又称徐陵,对岸为中渎水入江之口与著名的瓜洲渡,敌人若从广陵乘舟南下,京城首当其冲,故为徐州方向的御敌要戍。由于此处接近长江海口,江面逐渐开阔,呈喇叭口状,有多有飓风和冬季岸边的冰冻,曹魏舟师渡江有不小困难。加上中渎水多有淤浅,湖沼散布,也不利于大规模的船队航行。所以孙权在世时没有在广陵驻军,而只是在南岸的京口严阵以待。守将为宗室孙韶,其伯父孙河在孙策时即为京城守将,建安九年(204)被属下所

---

①《三国志》卷 56《吴书·朱桓传》。

②《三国志》卷 56《吴书·朱桓传》:"黄武元年,魏使大司马曹仁步骑数万向濡须……桓部兵将攻取油船,或别击(常)雕等,桓等身自拒(曹)泰,烧营而退,遂枭雕,生虏(王)双,送武昌,临阵斩溺,死者千余。"

③《三国志》卷 47《吴书·吴主传》。

杀。孙韶时年十七岁,"收河余众,缮治京城,起楼橹,修器备以御敌。"①后继承伯父职业,任广陵太守、镇北将军,在京城防御江北敌寇。其本传云:

> 韶为边将数十年,善养士卒,得其死力。常以警疆埸远斥候为务,先知动静而为之备,故鲜有负败。青、徐、汝、沛颇来归附,淮南滨江屯候皆彻兵远徙,徐、泗、江、淮之地,不居者各数百里。自权西征,还都武昌,韶不进见者十余年。权还建业,乃得朝觐。权问青、徐诸屯要害,远近人马众寡,魏将帅姓名,尽具识之,所问咸对。身长八尺,仪貌都雅。权欢悦曰:"吾久不见公礼,不图进益乃尔。"加领幽州牧、假节。②

嘉禾三年(234)孙权为配合诸葛亮北伐关中,出兵三路攻魏,孙韶即领兵由京城出发,沿中渎水北上入淮。"夏五月,(孙)权遣陆逊、诸葛瑾等屯江夏、沔口,孙韶、张承等向广陵、淮阳,权率大众围合肥新城。"③孙韶担任的具体军职未见记载,在他死后的继任者均为京下督,有可能这就是其生前的职务。不过,笔者认为还有存在着一种更大的可能性,即孙韶原任京下都督,由于继任者资历尚浅,才干不足,因而被降为督将来使用。孙吴军界这种情况还常见,如施绩之继朱然为乐乡督,步协、步阐之袭步骘任西陵督等。孙韶所部面对曹魏的青、徐、汝、沛等地,防区广阔且有中渎水道,故地位相当重要,他因此假节遥领幽州牧,无论是他的

---

①《三国志》卷 51《吴书·宗室传·孙韶》。
②《三国志》卷 51《吴书·宗室传·孙韶》。
③《三国志》卷 47《吴书·吴主传》。

职责和功绩都称得起担任都督,但还需要材料来证实。

赤乌四年(241)孙韶去世,由丞相顾雍之孙顾承接任。"芍陂之役,拜奋威将军,出领京下督。数年,与兄谭、张休等俱徙交州。"①朝廷又委任孙韶之子孙越、孙楷陆续担任此职,直到吴末天玺元年(276)孙楷因被调任而起疑,随即归降晋朝②。此后未见吴国再设京下督一职,但出现了徐陵督。天纪三年(279)广州郭马聚众反叛,孙皓派执金吾滕循率万人自东道征讨,"又遣徐陵督陶濬将七千人从西道"③。胡三省认为此处徐陵即京口之别称,"又华覈封徐陵亭侯,则徐陵盖亭名。吴以其临江津,置督守之。《南徐州记》曰:京口先为徐陵,其地盖丹徒县之西乡京口里也。"④自孙权还都建业至吴国灭亡,曹魏与西晋再未经过中渎水道南下进攻。

濡须地区的防守兵力则有所削减。如前所述,孙权驻武昌时朱桓任濡须督,麾下有部曲万人。在他去世后由元勋张昭长子张承继任,其职务虽然由督将提升为都督,但领兵数量却减少了一半。"后为濡须都督、奋威将军,封都乡侯,领部曲五千人。"⑤这种情况一直沿续到孙权死后,例如建兴元年(252)冬,曹魏诸葛诞、胡遵率兵七万入侵东关,围攻堤侧两坞,但是濡须城的守将并未

---

①《三国志》卷 52《吴书·顾雍传》。

②《三国志》卷 51《吴书·宗室传·孙韶》:"赤乌四年卒。子越嗣,至右将军。越兄楷武卫大将军、临成侯,代越为京下督……天玺元年,征楷为宫下镇骠骑将军。初永安贼施但等劫(孙)皓弟谦,袭建业,或白楷二端不即赴讨者,皓数遣诘楷。楷常惶怖,而卒被召,遂将妻子亲兵数百人归晋。"

③《三国志》卷 48《吴书·三嗣主传·孙皓》。

④《资治通鉴》卷 80 晋武帝咸宁五年八月胡三省注。

⑤《三国志》卷 52《吴书·张昭传》。

发兵来救,而是等待后方的部队前来解围,可见其兵马仅能自保,无力出击。孙皓时钟离牧任濡须督,手下也只有五千人,因此对朱育哀叹曰:"大皇帝时,陆丞相讨鄱阳,以二千人授吾。潘太常讨武陵,吾又有三千人,而朝廷下议,弃吾于彼,使江渚诸督,不复发兵相继。蒙国威灵自济,今日何为常。"①并说他因为缺乏兵马,不敢向朝廷提出轻举妄动的建议。"苟有所陈,至见委以事,不足兵势。终有败绩之患。"②

　　据史籍所载,在濡须都督辖区的兵力数量被削减的情况下,朝廷的对策是在当地遇到强敌进攻时,由南岸邻近的牛渚驻军以及建业的中军主力前来赴救。孙权驻武昌时,任命全琮为东安太守,领兵平定当地山寇。他在到任之后,"明赏罚,招诱降附,数年中,得万余人。(孙)权召琮还牛渚,罢东安郡。"③孙权还都建业后,又提升了全琮的官职。"黄龙元年,迁卫将军、左护军、徐州牧,尚公主。"④牛渚即采石矶,在历阳横江渡对岸,为建业西南门户,近在肘腋,故孙权不仅对其委以重任,还招为驸马以建立姻亲关系。需要注意的是,全琮麾下驻军数量亦显著增加。他在"嘉禾二年,督步骑五万征六安"⑤。《三国志》卷28《魏书·王凌传》亦曰:"(正始)二年,吴大将全琮数万众寇芍陂,凌率诸军逆讨,与贼争塘,力战连日,贼退走。"称全琮为"大将",即表明他任职都

---

①《三国志》卷60《吴书·钟离牧传》注引《会稽典录》。
②《三国志》卷60《吴书·钟离牧传》注引《会稽典录》。
③《三国志》卷60《吴书·全琮传》。
④《三国志》卷60《吴书·全琮传》。
⑤《三国志》卷60《吴书·全琮传》。

督,部下兵马众多。《吴书》亦称全琮初为将,后为"督帅"①,也反映了他已经升任都督的史实,其职务应为"牛渚都督"。不过,全琮率兵北伐时会有其他将领的部队来协助参战。例如嘉禾六年(237),"冬十月,遣卫将军全琮袭六安。"②其中就有濡须督朱桓的兵马归其指挥。"(全)琮以军出无获,议欲部分诸将,有所掩袭。(朱)桓素气高,耻见部伍。"③因为有其他军镇的兵马随行,原来全琮麾下的牛渚部队应该不到五万,具体数据难以估算,可能会有两三万人。全琮死后由其长子全绪袭任其位,"出授兵,稍迁扬武将军、牛渚督。孙亮即位,迁镇北将军。"④在诸葛诞、胡遵围攻东兴、企图毁堤放水的危机时刻,诸葛恪从建业发出援兵,"兴军四万,晨夜赴救。"⑤而屯驻牛渚的全绪则认为敌军势大、时间紧迫,如果等待建业援兵到来后共同反攻,东关可能已被魏军攻陷,因此和老将丁奉商议,先行发兵赶赴前线,最终大获全胜,击溃了占有绝对优势的敌军⑥。

吴末仍设有牛渚都督一职,孙皓在西晋发动平吴之役的天纪三年(279),"八月,以军师张悌为丞相,牛渚都督何植为司徒。"⑦但是当地的驻军可能数量不多,晋将王浑所部轻易地占领了历阳

---

① 《三国志》卷60《吴书·全琮传》注引《吴书》曰:"初,琮为将甚勇决。当敌临难,奋不顾身。及作督帅,养威持重,每御军,常任计策,不营小利。"
② 《三国志》卷47《吴书·吴主传》。
③ 《三国志》卷56《吴书·朱桓传》。
④ 《三国志》卷60《吴书·全琮传》注引《吴书》。
⑤ 《三国志》卷64《吴书·诸葛恪传》。
⑥ 《三国志》卷60《吴书·全琮传》注引《吴书》:"东关之役,绪与丁奉建议,引兵先出,以破魏军。"
⑦ 《三国志》卷48《吴书·三嗣主传·孙皓》。

重要的横江渡口,而对岸的牛渚驻军居然不敢过江迎战,只是坐等由建业而来的孙吴中军前来汇合,然后再渡江反击[①],结果被晋军击败。而王濬的舟师顺利在牛渚靠岸,登陆时也没有受到抵抗,他在牛渚留宿一夜,次日才进兵建业[②],接受孙皓的归降。

## 六、吴末江防兵力数量之考辨

孙吴末年在数千里长江防线上布置了多少兵力?由于史料匮乏,要对这个问题做出准确的估算是非常困难的,只能根据极为零散的数据来进行大致上的推断。孙皓降晋时所献图籍中有吴国军民的户口簿册,"户五十二万三千,吏三万二千,兵二十三万,男女口二百三十万。"[③]孙吴是兵民分籍,学术界对"兵二十三万"的数目基本上予以认可,但是这些军队在全国各地的分布状况,史籍却没有具体的说明。赵小勇、汪守林曾作《东吴末年江防兵力考释》一文,认为当时荆州地区的江防兵力为五到八万人,扬州地区的江防兵力约为十三万人。"总计,东吴末年整个江防所用兵力为十八万至二十一万。"[④]对于这个估算的数据,笔者认为明显偏高了。

---

[①]《三国志》卷48《吴书·三嗣主传·孙皓》注引《襄阳记》:"晋来伐吴,皓使(张)悌督沈莹、诸葛靓,率众三万渡江逆之。至牛渚……遂渡江战,吴军大败。"

[②]参见《晋书》卷42《王濬传》载其上书曰:"臣自达巴丘。所向风靡,知孙皓穷踧,势无所至。十四日至牛渚,去秣陵二百里,宿设部分,为攻取节度。"又云:"臣以十五日至秣陵……"

[③]《三国志》卷48《吴书·三嗣主传·孙皓》注引《晋阳秋》。

[④]赵小勇、汪守林:《东吴末年江防兵力考释》,《连云港师范高等专科学校学报》2005年第1期。

首先,赵、汪两位统计吴末扬州兵力时,采用了《晋书》卷38《琅邪王伷传》的记载。他在平吴之役中率领偏师数万出涂中(今安徽滁州市),"使长史王恒率诸军渡江,破贼边守,获督蔡机,斩首降附五六万计。"上述记录出于晋武帝奖励其功绩的诏书,也就是司马伷自己上报的杀敌战果,这个数据是不甚可靠的。魏晋时期军队虚报战功是非常普遍的现象,朝廷为了对外宣传,对此并不追究。《三国志》卷11《魏书·国渊传》曰:"破贼文书,旧以一为十,及(国)渊上首级,如其实数。"因此引起曹操的惊诧。其次,按前引司马伷本传所言,他是在渡江之后消灭了吴军五六万人。但就地理情况来看,从涂中南下至瓜步渡江,就是孙吴的首都建业。当时建业附近的吴军已经被孙皓征调三次,由张悌、张象和陶濬分别率领,去迎击王浑、王濬所率的晋兵,先后被击溃或归降、逃散。孙皓最后陷入穷途末路的困境,麾下已经无兵可派,所以被迫束手降晋,因此不会在京师一带还有五六万军队,留待司马伷渡江之后来消灭。再次,如前引晋武帝诏书所言,司马伷实际上是在孙皓投降晋朝之后,渡江接受瓜步对岸吴军的归顺,所以应该没有发生大规模的战斗。笔者愚见,如按前引《国渊传》的记载来推算,司马伷歼敌五六万人的数据可能会大大缩水到十分之一,也就是五六千人。减去虚估的数字,吴末扬州江防兵力应该会在七八万人左右。

其次,赵、汪的数据统计还有重要的遗漏,即没有考虑宗室诸王统领的部队。吴末孙皓不信任异姓边防将领,害怕他们拥兵自重,因此屡次任命宗室或文士出任都督,如孙歆、范慎、薛莹、鲁淑、虞昺等;此外,还将大量军队调给诸王,以加强皇族控制的军事力量。例如,凤凰二年(273)九月,"改封淮阳为鲁,东平为齐,又封陈留、章陵等九王,凡十一王,王给三千兵。大赦。"①天纪二年(278)七月,"立成纪、宣威等十一王,王给三千兵。大赦。"②这两次共立二十二王,拨给军队六万六千人。按孙权死后吴国为了防范藩王作乱,"不欲诸王处江滨兵马之地"③,将他们的封国安置在内地后方,因此这六万六千兵马并非处在江防要地。孙吴全国的二十三万兵力减去此数,所剩只有十六万余人,而国内有"郡四十三,县三百一十三"④,其中的大多数郡县不在江畔,也需要派兵戍守,哪怕是再减去一两万人,所剩的江防兵力也就是十四五万了。

　　再次,从钟会、邓艾灭蜀之役的情况来看,曹魏方面在战前曾经详细地计算过对方的兵力数量,然后再决定进攻的方略和派出多少人马。司马昭在召集群臣谋划时说:"计蜀战士九万,居守成都及备他郡不下四万,然则余众不过五万。今绊姜维于沓中,使不得东顾,直指骆谷,出其空虚之地,以袭汉中。彼若婴城守险,兵势必散,首尾离绝。举大众以屠城,散锐卒以略野,剑阁不暇守险,关头不能自存。以刘禅之暗,而边城外破,士女内震,其亡可知也。"⑤为了使获胜更有把握,他将攻守双方的兵力对比大致确定在二比一左右。"于是征四方之兵十八万,使邓艾自狄道攻姜维于沓中,雍州刺史诸葛绪自祁山军于武街,绝维归路,镇西将军钟会帅前将军李辅、征蜀护军胡烈等自骆谷袭汉中。"⑥通过合理

①《三国志》卷48《吴书·三嗣主传·孙皓》。
②《三国志》卷48《吴书·三嗣主传·孙皓》。
③《三国志》卷59《吴书·吴主五子传·孙奋》。
④《三国志》卷48《吴书·三嗣主传·孙皓》注引《晋阳秋》。
⑤《晋书》卷2《文帝纪》。
⑥《晋书》卷2《文帝纪》。

的运筹部署,最终顺利地灭亡了蜀国。我们看到,西晋在平吴之役中出动的人马只有二十余万。见《晋书》卷3《武帝纪》咸宁五年:"十一月,大举伐吴,遣镇军将军、琅邪王伷出涂中,安东将军王浑出江西,建威将军王戎出武昌,平南将军胡奋出夏口,镇南大将军杜预出江陵,龙骧将军王濬、广武将军唐彬率巴蜀之卒浮江而下,东西凡二十余万。"如果按赵、汪之文所述,吴末江防兵力有十八万至二十一万,那么西晋的进攻兵力数量就没有多少优势。若是参照灭蜀之役的情况来看,双方攻守兵力在二比一左右,晋军有二十余万(顾祖禹认为将近三十万人)[1],则吴国的江防兵力也就是十余万人,至多为十四五万,与笔者前文估算的数据基本吻合。

　　如前所述,孙吴末年的江防体系可以分为长江上游、中游和下游三个较大的作战区域,即国都建业所在的扬州,荆州东部的武昌左右两部都督辖区,荆州西部的西陵、乐乡都督辖区。从平吴之役孙皓在扬州地区出动的防御兵力来看,有张悌、诸葛靓统领渡江反攻王浑的中军三万人[2],张象率领迎击王濬的水军一万人[3],和最后拼凑起来交给陶濬的二万人[4](其中可能有后方及京师的卫戍部队,以及张悌中军败逃回来的残兵),共计六万。扬州

---

[1] 参见[清]顾祖禹:《读史方舆纪要·南直方舆纪要序》:"晋之取吴也,用兵三十万,而所出之道六;隋之取陈也,用兵五十万,而所出之道八……盖吴与陈皆滨江设险,利在多其途以分其势。"第868页。

[2] 参见《三国志》卷48《吴书·三嗣主传·孙皓》天纪四年春注引《襄阳记》曰:"晋来伐吴,皓使(张)悌督沈莹、诸葛靓,率众三万渡江逆之。"

[3]《晋书》卷42《王濬传》:"(孙)皓遣游击将军张象率舟军万人御濬,象军望旗而降。"

[4]《三国志》卷48《吴书·三嗣主传·孙皓》天纪四年:"(三月)戊辰,陶濬从武昌还,即引见,问水军消息,对曰:'蜀船皆小。今得二万兵,乘大船战,自足击之。'于是合众,授濬节钺。明日当发,其夜众悉逃走。"

沿江戍地剩下的军队数量不明,除了濡须、东关等重镇会有一定兵力驻守,大多数应该被孙皓抽调,可能还会留下一两万人;也就是说,吴末扬州江防兵力大概共有七八万人左右。西陵、乐乡都督辖区在陆抗生前归其一人统辖,死后由留宪镇西陵,孙歆镇乐乡。据陆抗给朝廷的上奏所言,这一战区的兵员严重缺编。"今臣所统千里,受敌四处,外御强对,内怀百蛮。而上下见兵财有数万,羸弊日久,难以待变。"①西陵、乐乡两个辖区的旧日编制为八万人,但被有关部门缩减为五万左右,难以应敌。故陆抗恳请改尽快予以补充,"使臣所部足满八万。"但是未能获得批准,"前乞精兵三万,而主者循常,未肯差赴。"他强烈要求改变新制,增加兵力。"若兵不增,此制不改,而欲克谐大事,此臣之所深戚也。"②这样,荆州西部(西陵、乐乡都督辖区)与扬州的江防兵力合计约为十二三万人。

　　孙吴末年荆州东部的武昌左部、右部都督辖区之江防兵力,则没有任何史料可供参考,实为憾事。陆逊镇武昌时,麾下有兵马数万。从平吴之役的实战情况来看,吴国在荆州西部和扬州都进行过尽力抵抗,惟独荆州东部武昌等地的守军望风归降。例如《晋书》卷3《武帝纪》记载太康元年,"二月戊午,王濬、唐彬等克丹杨城。庚申,又克西陵,杀西陵都督、镇军将军留宪,征南将军成璩,西陵监郑广。壬戌,(王)濬又克夷道乐乡城,杀夷道监陆晏、水军都督陆景。"江陵抗击杜预的进攻则坚持了十天③。吴丞相张

①《三国志》卷58《吴书·陆抗传》。
②《三国志》卷58《吴书·陆抗传》。
③《资治通鉴》卷81晋武帝太康元年二月:"乙丑,王濬击杀吴水军都督陆景。杜预进攻江陵,甲戌,克之,斩伍延。"

悌，"与讨吴护军张翰、扬州刺史周浚成陈相对。沈莹领丹杨锐卒刀盾五千，号曰青巾兵，前后屡陷坚陈，于是以驰淮南军，三冲不动。退引乱，薛胜、蒋班因其乱而乘之，吴军以次土崩，将帅不能止，张乔又出其后，大败吴军于版桥。"[1]而武昌所在的江夏地区守兵却放弃抵抗，不战而降。如王濬所部顺流而下，"兵不血刃，攻无坚城，夏口、武昌，无相支抗。"[2]王戎率豫州兵马，"受诏伐吴。戎遣参军罗尚、刘乔领前锋，进攻武昌，吴将杨雍、孙述、江夏太守刘朗各率众诣戎降。"[3]孙皓宠信文士虞昺，"晋军来伐，遣昺持节都督武昌已上诸军事，昺先上还节盖印绶，然后归顺。"[4]武昌地区的防务形同虚设，将吏士卒均无斗志，与扬州、荆州西部的吴军迎战情况形成强烈的反差。笔者认为，恐怕当地兵员缺少的严重程度远远超过了前两个地区，处于寡不敌众的明显劣势，所以就连勉强迎战的一点儿勇气也丧失殆尽了。武昌都督辖区的兵力无法确定，这对吴末江防兵力的估算影响很大。孙皓对当地防务的重视程度显然不如荆州西部，因为他把将门之子陆景、陆晏和有丰富经验的留宪都派往西陵和乐乡任职，所以武昌都督辖区的兵力可能会遭到较大幅度的削减，笔者推测，其驻军或许只有两三万人，因此在大敌来临时土崩瓦解，纷纷放弃抵抗。

　　综上所述，据笼统的估计，孙吴末年的江防兵力大致为荆州西部五万余人，荆州东部二三万人，扬州沿江守军为七八万人，合计起来大致在十四万至十六万之间，即十五万人上下。这个数目

---

①《三国志》卷48《吴书·三嗣主传·孙皓》注引干宝《晋纪》。

②《晋书》卷42《王濬传》。

③《晋书》卷43《王戎传》。

④《三国志》卷57《吴书·虞翻传》注引《会稽典录》。

的推算相当勉强,只是粗略的估算而已,希望获得方家的纠正。
另外,吴末全国兵力为二十三万这一数字,比起吴国全盛时期有
明显的下降。建兴二年(253)诸葛恪伐淮南,"大发州郡二十万
众"①,一次出兵的人数就接近吴末全国兵力的总数,如果再加上
扬州各镇的留守部队与荆州武昌左右部、西陵、乐乡都督辖区及
后方的驻军,当时孙吴全国可能会有三十万兵。孙皓在位时期政
治败坏,多有士家和编户农民荫庇于豪族的现象。如陆抗所言,
"又黄门竖宦,开立占募,兵民怨役,逋逃入占。"②《世说新语·政
事篇》载贺邵任吴郡太守,"于是至诸屯邸,检校诸顾、陆役使官兵
及藏逋亡,悉以事言上,罪者甚众。"③他还向朝廷上疏,揭露守江
士卒经常受到不法官员的驱使。他们"妄兴事役,发江边戍兵以
驱麋鹿,结罝山陵,芟夷林莽,殚其九野之兽,聚其重围之内,上无
益时之分,下有损耗之费。而兵士罢于运送,人力竭于驱逐,老弱
饥冻,大小怨叹。"④从而导致发生江畔军人因为生活恶劣而叛逃
投敌的普遍现象。"又江边戍兵,远当以拓土广境,近当以守界备
难,宜特优育,以待有事,而征发赋调,烟至云集,衣不全短褐,食
不赡朝夕,出当锋镝之难,入抱无聊之戚。是以父子相弃,叛者成
行。"⑤陆凯曾上奏列举孙皓不遵守先帝孙权政策法度之二十事,
其中两条即与守江战士被滥征徭役、克扣廪赐有关。其文曰:

　　　先帝战士,不给他役,使春惟知农,秋惟收稻,江渚有事,

①《三国志》卷64《吴书·诸葛恪传》。
②《三国志》卷58《吴书·陆抗传》。
③余嘉锡:《世说新语笺疏》卷上之下《政事第三》,中华书局,1983年,第166页。
④《三国志》卷65《吴书·贺邵传》。
⑤《三国志》卷65《吴书·贺邵传》。

责其死效。今之战士，供给众役，廪赐不赡。是不遵先帝十五也。

　　夫赏以劝功，罚以禁邪，赏罚不中，则士民散失。今江边将士，死不见哀，劳不见赏。是不遵先帝十六也。①

　　在孙皓的苛政压迫之下，吴国沿江前线有许多士兵逋入豪门或叛降敌方，造成边境驻军数量明显减少，朝廷被迫压缩荆州等地各战区的军队编制。对比西晋伐吴的六路大兵和王濬、杜预等智勇双全的将帅，吴末守江军队不仅在人数上处于劣势，还由于待遇低下而士气不振，再加上外无善战的主将临阵指挥，内乏贤明之君相居中调度，失败即在所难免了。陆机《辨亡论》曾分析论证，认为孙皓虽然昏聩暴虐，但他在即位初还有陆抗、施绩、丁奉与陆凯、范慎、孟宗、楼玄等文武能臣辅佐。"元首虽病，股肱犹良。"②所以孙吴的江防和内政还可以继续维持。但到其统治后期，上述名臣皆已亡故，孙皓在朝内任用奸佞，守边又匮乏良将，局势便不可收拾。"爰逮末叶，群公既丧，然后黔首有瓦解之患，皇家有土崩之衅。"③因而在西晋大军排山倒海的攻击下只得溃败投降了。

--------

① 《三国志》卷 61《吴书·陆凯传》。
② 《晋书》卷 54《陆机传》。
③ 《晋书》卷 54《陆机传》。

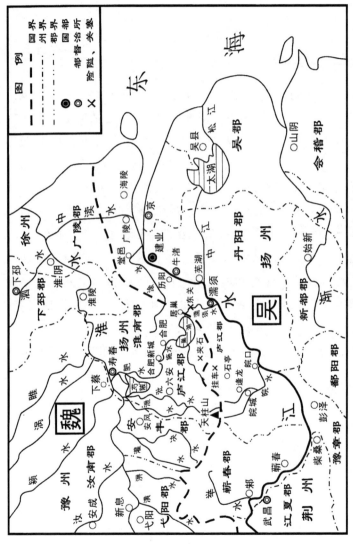

图六八　孙吴扬州江防形势图

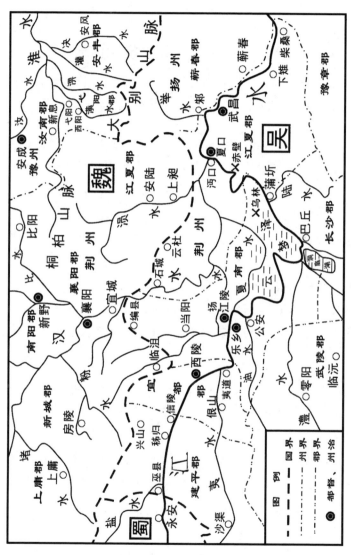

图六九　孙吴荆州江防形势图

# 第二章　孙吴的抗魏重镇

## ——濡须和东关

濡须本是古代水名,在今安徽省中部,自巢湖东口宛转而下,汇入长江。三国时期,濡须流域是魏吴双方频繁用兵的热点地区之一。公元 213 年至 252 年,曹魏曾数次出动大军进攻该地,企图由此打开临江的通道。孙吴则在濡须口夹水筑坞,设立军镇,置濡须(都)督统辖当地的防务。后又在其北面的东兴,即东关(今安徽巢湖市东关镇)修建了巨堤坚城,作为抗击魏军入侵的前哨阵地。每有危难,孙吴常遣倾国之师赶赴救援,力保该镇不失。综观魏吴交战的历史,濡须和东关为保障孙吴的江防安全发挥了突出作用。顾祖禹《读史方舆纪要》卷 26 曾引述前人的评论:

> 宋周氏曰:"孙氏既夹濡须而立坞,又堤东兴以遏巢湖,又堰涂塘以塞北道,然总不过于合肥、巢湖之左右,遏魏人之东而已。魏不能过濡须一步,则建业可以奠枕,故孙氏之为守易。"
>
> 唐氏曰:"曹公以数十万众,再至居巢,逡巡而不能进;诸葛诞以步骑七万,失利而退;以濡须、东兴之扼其吭也。"[1]

濡须和东关为什么会在当时产生重要的军事影响? 孙吴在当地

---

[1] [清]顾祖禹:《读史方舆纪要》卷 26《南直八》,第 1282—1283 页。

的防御部署情况如何？魏吴两国在那里历次交兵的过程怎样？其攻防的作战方略有何变化？这些都是本章将要分析、研究的课题，下面分别进行论述：

## 一、吴国所置濡须督将考述

三国时期，各个军事集团为了适应征伐的需要，纷纷建立了领兵的"都督"官职。《宋书》卷 39《百官志上》载："建安中，魏武帝为相，始遣大将军督军。"孙吴政权也普遍设置了不同类型的都督，其中有统管全国军务的都督中外诸军事，如孙峻①。有临时带兵作战的征讨都督，如韩当、蒋钦等②。此外还有负责各地驻屯防务的军镇都督，亦称"督"、"督将"、"督军"。胡三省曰："吴保江南，凡边要之地皆置督。"③王欣夫《补三国兵志》称吴国"遇征伐之事，则置大都督，或称中部督、中军督、前部督，又有左、右二部督，其督水军者则为水军督、水军都督。又有监军使者、督军使者，皆将兵者也……而又边镇设监督"。自注："胡三省曰：吴之边镇有督有监，督者督诸军之职，监者监诸军事之职。"④濡须乃东吴边陲冲要，其得失会影响到长江防线的稳固与都城、社稷的安危，因而

①《三国志》卷 64《吴书·孙峻传》："既诛诸葛恪，迁丞相大将军，督中外诸军事、假节……"
②参见《三国志》卷 55《吴书·蒋钦传》："（建安十三年）贺齐讨黟贼，钦督万兵，与齐并力，黟贼平定。"《三国志》卷 55《吴书·韩当传》："黄武二年，封石城侯，迁昭武将军，领冠军太守，后又加都督之号。将敢死及解烦兵万人，讨丹杨贼，破之。"
③《资治通鉴》卷 71 太和三年九月条胡三省注。
④王欣夫：《补三国兵志》，《中国历史文献研究集刊》第二集，岳麓书社，1981 年，第 137—141 页。

受到统治集团的特殊重视,多遣能征善战的忠勇之士出任督将。据《三国志》所载,自建安十七年(212)孙权筑濡须坞后,曾有朱然、蒋钦、吕蒙、周泰、朱桓、骆统、张承、钟离牧等八人主管过该地的军务,其历任情况分述如下:

1. **朱然**。濡须的首任主将。顾祖禹《读史方舆纪要》卷19《南直一》"东关"条记载濡须最早的守将为吕蒙。"建安十七年吕蒙守濡须,闻曹公欲东下,劝权夹水口立坞,诸将皆曰:'上岸击贼,洗足入船,何用坞为?'蒙曰:'兵有利钝,战无百胜,如有邂逅,敌步骑蹙人,不暇及水,其得入船乎?'权曰:'善。'遂作濡须坞。"①而实际上,这段史料的来源是《三国志》卷54《吴书·吕蒙传》,文字如下:

> (吕蒙)后从(孙)权拒曹公于濡须,数进奇计,又劝权夹水口立坞,所以备御甚精,曹公不能下而退。裴松之注引《吴录》曰:"权欲作坞,诸将皆曰:'上岸击贼,洗足入船,何用坞为?'吕蒙曰:'兵有利钝,战无百胜,如有邂逅,敌步骑蹙人,不暇及水,其得入船乎?'权曰:'善。'遂作之。"

从上述原始史料来看,它只是记述了建安十七至十八年吕蒙跟随孙权至濡须作战并提出立坞建议,并未写到他担任了该地驻军的主将。据《三国志》卷56《吴书·朱然传》所载,守坞的将领是吴国另一位名将朱然,"曹公出濡须,然备大坞及三关屯,拜偏将军。"卢弼注引赵一清曰:"大坞即濡须坞也。"②曹操曾在建安十八年、

---

①[清]顾祖禹:《读史方舆纪要》卷19《南直一》,第913页。
②卢弼:《三国志集解》卷56《吴书·朱然传》,第1038页。

二十二年两次进攻濡须,据前引《吕蒙传》记载,魏军第二次进攻濡须时,吴国是由吕蒙任都督,据坞抵抗。"后曹公又大出濡须,权以蒙为督,据前所立坞,置强弩万张于其上,以拒曹公。"那么,朱然守坞肯定是在首次濡须会战之时,即建安十八年了。这次战役干系重大,所以孙权亲自统兵出征,朱然分管濡须坞与三关屯的防务,但未授予都督之衔。

2. 蒋钦。《三国志》卷 55《吴书·蒋钦传》曰:"从征合肥,魏将张辽袭权于津北,钦力战有功,迁荡寇将军,领濡须督。"此次合肥战役是在建安二十年(215)八月,蒋钦因为阵前立功而升任濡须督。就现存史料而言,这是孙吴在濡须设置军镇都督的最早记载。

3. 吕蒙。建安二十二年(217),曹操再次进攻濡须时,孙权任命吕蒙为濡须督,挫败了魏军的攻击,事见前引《吕蒙传》。

4. 周泰。魏吴第二次濡须会战结束后,孙权在还师之前留下勇将周泰督濡须诸军。由于周泰出身寒门,部下将领多有不服,孙权因此特为其设宴行酒,历数战功,并赐御帻青盖以示恩宠。见《三国志》卷 55《吴书·周泰传》及注引《江表传》。

5. 朱桓。《三国志》卷 56《吴书·朱桓传》载:"后代周泰为濡须督。"《资治通鉴》卷 69 载其事在黄初三年(222),"九月,命征东大将军曹休、前将军张辽、镇东将军臧霸出洞口,大将军曹仁出濡须,上军大将军曹真、征南大将军夏侯尚、左将军张郃、右将军徐晃围南郡。吴建威将军吕范督五军,以舟军拒休等,左将军诸葛瑾、平北将军潘璋、将军杨粲救南郡,裨将军朱桓以濡须督拒曹仁。"次年二月,朱桓在濡须调度自如,击败来犯的优势魏军,受到孙权的嘉奖升迁。本传载"权嘉桓功,封嘉兴侯,迁奋武将军,领彭城相"①。

6. 骆统。骆统原为朱桓部将,在抵御曹仁军队的作战中立功封侯。朱桓调离后,骆统继任濡须督,黄武七年(228)去世。《三国志》卷57《吴书·骆统传》曰:"以随陆逊破蜀军于宜都,迁偏将军。黄武初,曹仁攻濡须,使别将常雕等袭中洲,统与严圭共拒破之,封新阳亭侯,后为濡须督。数陈便宜,前后书数十上,所言皆善,文多故不悉载……年三十六,黄武七年卒。"

另据《三国志》卷56《吴书·朱桓传》记载,朱桓于黄龙元年(229)任前将军,至嘉禾六年(237)前后,曾统率部下兵马驻扎在濡须中洲,很可能是在骆统死后复任濡须督之职。

7. 张承。东吴重臣张昭之子,曾任濡须都督,出任年代不详。见《三国志》卷52《吴书·张昭附子承传》:"权为骠骑将军,辟为西曹掾,出为长沙西部都尉。讨平山寇,得精兵万五千人。后为濡须都督、奋威将军,封都乡侯,领部曲五千人。"据本传所载,他死于赤乌七年(244)。

8. 钟离牧。永安六年(263)任平魏将军、领武陵太守,讨平五溪夷人叛乱。《三国志》卷60《吴书·钟离牧传》载其因功"迁公安督、扬武将军,封都乡侯,徙濡须督。复以前将军假节,领武陵太守。卒官"。

濡须的守将或称"督",或称"都督",洪饴孙《三国职官表》及陶元珍《三国吴兵考》皆谓权轻者曰督。而据严耕望考证,军镇主将称"都督"者,不仅权位视"督"为重,它除了掌管本辖区的军务,

---

① 《三国志》卷56《吴书·朱桓传》。

还兼统邻近数"督"，即史籍中所言的"大督"。其说曰：

> 按乐乡都督始于朱然。《吴志·朱然传》云：
>
> "蒙卒，权假然节，镇江陵。……诸葛瑾子融，步骘子协，虽各袭任，权特复使然总为大督。……赤乌十二年卒。"
>
> 据《步骘传》，协为西陵督；据《诸葛瑾传》，融为公安督；则然为大督，除督江陵外，又兼统西陵、公安两督也。大督即都督之谓。①

如按严耕望所言，濡须守将称"督"者，其统辖范围仅限于本地区，称"都督"者则兼统附近数位督将，职权较重。

## 二、孙吴在濡须驻军的人数

吴国在濡须地区驻军的人数未有明确记载，从一些史料来分析，平时约在万人左右，后期曾减至数千人。如督将朱桓，"与人一面，数十年不忘，部曲万口，妻子尽识之。"②部曲是隶属于朱桓个人的将士，他所统率的还有直属国家的军队③，合计应超过万人。黄初四年(223)濡须之战时，朱桓曾中魏将曹仁诱敌之计，误认为敌军主力东攻羡溪，分调兵将赴救。"既发，卒得仁进军拒濡

①严耕望：《中国地方行政制度史——魏晋南北朝地方行政制度》(上)，第28页。

②《三国志》卷56《吴书·朱桓传》。

③张鹤泉指出："这些国家军队只受军镇都督的指挥，并没有人身隶属关系。《吴书·宗室孙奂传》说：'(孙)綝遣朱异潜袭(孙)壹。异至武昌，壹率部曲千余口过将胤妻奔魏。'这说明，在孙吴军镇都督降敌时，他只能号令自己的部曲，并不能控制国家的军队。因此在军镇戍守的国家士兵只同军镇都督有军事上的联系，他们与军镇都督所领部曲是完全不同的。"《孙吴军镇都督论略》，《史学集刊》1996年第2期。

须七十里问。桓遣使追还羡溪兵,兵未到而仁奄至。时桓手下及所部兵,在者五千人,诸将业业,各有惧心。"①看来,由于濡须大部分守军前往羡溪,坞城兵少,才引起诸将的恐慌。朱桓以五千人留守,也反映出原有驻军的总数会超过万人。张承任濡须都督时,"封都乡侯,领部曲五千人。"②他的私属兵马少于朱桓,如果加上国家直属的军队,所领总数可能也会接近万人。

另外,《三国志》卷55《吴书·周泰传》注引《江表传》载孙权至濡须坞,与周泰宴饮,"坐罢,住驾,使泰以兵马导从出,鸣鼓角作鼓吹。"按照汉朝制度,统率兵马至万人的将军才有资格使用此乐。见《资治通鉴》卷68汉献帝建安二十二年三月胡三省注:"刘昫曰:鼓吹,本军旅之音,马上奏之。自汉以来,北狄之乐,总归鼓吹署。余按汉制,万人将军给鼓吹。"也可以表明濡须守兵为万人左右。

又,驻守濡须的最高将领为督或都督,按吴国兵制,一般的"督将"统辖兵马在万人左右。可参见《三国志》卷55《吴书·蒋钦传》注引《江表传》载蒋钦曰:

> (徐)盛忠而勤强,有胆略器用,好万人督也。

《三国志》卷55《吴书·蒋钦传》:

> (建安十三年)贺齐讨黟贼,钦督万兵,与齐并力,黟贼平定。

《三国志》卷55《吴书·韩当传》:

———————————

① 《三国志》卷56《吴书·朱桓传》。
② 《三国志》卷52《吴书·张昭附子承传》。

黄武二年,封石城侯,迁昭武将军,领冠军太守,后又加都督之号。将敢死及解烦兵万人,讨丹阳贼,破之。

《资治通鉴》卷 69 魏文帝黄初三年十一月:

吴将孙盛督万人据江陵中洲,以为南郡外援。

统率数万人者则又称为"大督"。军镇都督有时也仅领数千人。吴国后期政治腐败,边境各镇守军多不足额;荆州主将陆抗曾上奏请求补兵,"又黄门竖宦,开立占募,兵民怨役,逋逃入占。乞特诏简阅,一切料出,以补疆场受敌常处,使臣所部足满八万,省息众务,信其赏罚,虽韩、白复生,无所展巧。"①据《三国志》卷 60《吴书·钟离牧传》注引《会稽典录》所载,濡须的驻军在永安六年以后,只有督将钟离牧所属的五千人;邻近沿江的诸将,并不归他指挥,也不向濡须派兵支援、补充。如钟离牧对侍中朱育发怨所称:"大皇帝时,陆丞相讨鄱阳,以二千人授吾,潘太常讨武陵,吾又有三千人,而朝廷下议,弃吾于彼,使江渚诸督,不复发兵相继。蒙国威灵自济,今日何为常。"

由于濡须的战略地位十分重要,遇到魏军大举进犯时,东吴往往出动驻扎在都城建业附近的中军主力来援,力保该地不失。例如建安二十二年(217)曹操南征濡须,孙权领兵七万赴前线应敌②。嘉平四年(252)胡遵、诸葛诞进攻东关,太傅诸葛恪"兴军四万,晨夜赴救"③。这样就使当地的兵力大大增强了。

---

① 《三国志》卷 58《吴书·陆抗传》。
② 《三国志》卷 55《吴书·甘宁传》注引《江表传》曰:"曹公出濡须,号步骑四十万,临江饮马。权率众七万应之,使宁领三千人为前部督。"
③ 《三国志》卷 64《吴书·诸葛恪传》。

# 三、濡须守军的兵力部署

濡须都督进行防御作战时,其统辖区域的范围如何? 所属兵力(步骑、水军)配置在哪些地点? 据史书记载来看,濡须地区的吴军分布在以下据点:

## (一)濡须坞、濡须城

濡须坞是该地区的防御核心,濡须督将的治所,也是守军主力的驻地,后又称"濡须城"。濡须坞的军事作用,主要是保护登陆作战的步兵撤退上船。吴军将士往往是依托水边的船队进行陆战,利则进取,不利则登舟还师,所谓"上岸杀贼,洗足入船"。若是遇到优势敌人的袭击,"步骑蹙入,不暇及水",则可以利用坞垒防守掩护,使自己的部队安全撤到舟中;所以这种坞是紧靠岸边,背水而立,面向平地,实际上是半水半陆。濡须坞又被称为"偃月坞"、"偃月城",就是表明它仅在水边筑起一道状如新月的弧形坞墙,作为防御工事。临江一侧,船只可以驶入坞内,靠岸停泊。上述情况可见《元和郡县图志》和州含山县濡须坞条:"建安十八年,曹公至濡须,与孙权相拒月余。权乘轻舟,从濡须口入偃月坞。"[①]《读史方舆纪要》卷 19《南直一》"东关"条:"(濡须坞)亦曰偃月城,以形如偃月也。(建安)十八年,曹操至濡须,与权相拒月余。权乘轻舟入偃月坞,行五六里,回环作鼓吹,操不敢击。"[②]

①[唐]李吉甫:《元和郡县图志》,第 1078 页。
②[清]顾祖禹:《读史方舆纪要》,第 913—914 页。

因为水中无法筑墙，故在浅水之处立栅，留有栅口，以供船只出入。这也是濡须水和濡须口古称"栅水"和"栅口"名称的来历。

濡须坞南扼濡须水入江之口，由于它的军事意义非常重要，孙吴对守军配备了充足、精良的武器，借以增强其战斗力，在防御中发挥了明显的作用。《三国志》卷54《吴书·吕蒙传》载吕蒙"又劝（孙）权夹水口立坞，所以备御甚精，曹公不能下而退"。"后曹公又大出濡须，权以蒙为督，据前所立坞，置强弩万张于其上，以拒曹公。曹公前锋屯未就，蒙攻破之，曹公引退。"

据魏晋以后的历代地理书籍所载，濡须坞有两处地点，史料所述如下：

甲、位置在濡须水入江之口，即今安徽无为县东南，距离旧巢县二百余里。参见《元和郡县图志》："濡须坞，在（含山）县西南一百十里。濡须水，源出巢县西巢湖，亦谓之马尾沟，东流经亚父山，又东南流注于江……坞在巢县东南二百八里濡须水口。"[1]《太平寰宇记》卷126《淮南道四·庐州》巢县，"偃月坞，在县东南二百八十里濡须水口。初，吕蒙守濡须，闻曹操将来，欲夹水筑坞……遂筑坞如偃月，故以为名。"[2]

乙、在前者之北，位于今安徽无为县东北的濡须山南麓，距离旧巢县仅数十里。参见《资治通鉴》卷66建安十七年（212）九月条胡三省注："（李）贤曰：濡须，水名，在今和州历阳县西南。孙权夹水立坞，状如偃月。杜佑曰：濡须水，在历阳西南百八十里。余据濡须水出巢湖，在今无为军北二十五里，濡须坞在今巢县东南

---

①［唐］李吉甫：《元和郡县图志》，第1078页。
②［宋］乐史撰，王文楚等点校：《太平寰宇记》卷126《淮南道四·庐州》巢县条，第2495页。

四十里。"又见《读史方舆纪要》卷 26《南直八》无为州"濡须山"条：

> 州东北五十里,接和州含山县界,濡须之水经焉。三国吴作坞于此,所谓濡须坞也。①

《读史方舆纪要》卷 26《南直八》无为州"偃月城"条：

> 州东北五十里。与巢县接界,即濡须坞也。②

为什么会出现两处坞址,位置相距百余里呢？笔者认为,这可能是反映了孙吴前后修筑两处坞城的情况。根据一些史料的记载来看,濡须坞的地理位置和本身构造在不同时期曾发生过变化。如下所述：

　　1. 建安十七年筑坞在滨江的濡须水口。《元和郡县图志》与《太平寰宇记》中记载的坞址,是在濡须水的南口,汇入长江之处,与《三国志》卷 54《吴书·吕蒙传》所载"夹水口立坞"的史实相合,它表现的是濡须坞在建安十七年(212)初立时的地理位置,即滨江而建,距离巢县和濡须山较远。濡须坞由于是"夹水口而立",即在濡须水入江之口两侧各建造一座坞垒,数量是两座。参见顾野王《舆地志》："栅江口,古濡须口也。吴魏相持于此。"③夹水筑坞的意图是用来阻击顺流而下的敌人船队,以及防御在河流两岸陆行的魏军。这种筑垒部署可以参见建兴元年(252)诸葛恪在东兴作堤断濡须水,"左右结山侠(夹)筑两城"④的情况。

---

①[清]顾祖禹:《读史方舆纪要》卷 26《南直八》,第 1284 页。
②[清]顾祖禹:《读史方舆纪要》卷 26《南直八》,第 1284 页。
③[宋]王应麟:《通鉴地理通释》卷 12《三国形势考下》,第 767 页。
④《三国志》卷 64《吴书·诸葛恪传》。

另外,史籍中又有濡须"大坞"之名,这一名称应该是与其他较小的坞城相对而产生的,由此推断,有可能上述濡须两坞是一大一小。《三国志》卷56《吴书·朱然传》曰:"曹公出濡须,然备大坞及三关屯,拜偏将军。"据赵一清解释,"大坞即濡须坞也,三关屯即东兴关也。"[1]朱然任濡须主将时,和守军主力屯驻在大坞,位于濡须水道的左岸,兼管三关屯的防务。

2. 建安二十二年又于濡须口筑城。据《三国志》卷1《魏书·武帝纪》所载,濡须城始筑于建安二十二年(217),是年二月,曹操"进军屯江西郝溪。权在濡须口筑城拒守,遂逼攻之,权退走"。时间在濡须坞初筑五年之后。旧说以为濡须城即濡须坞,即在一处。如《资治通鉴》卷68建安二十二年亦载:"春,正月,魏王操军居巢,孙权保濡须。二月,操进攻之。"胡三省注:"孙权所保者,十七年所筑濡须坞也。"卢弼《三国志集解》所注《三国志》卷1《魏书·武帝纪》建安二十二年二月条[2],与胡三省之言相同。他们都认为孙权此次筑城及防御作战和建安十七年立坞是在同一地点。

为什么濡须坞建立之后,孙权又要在当地筑城呢?"城"和"坞"就字义而言,两者有别。"坞"的含义最初为驻扎军队的小城,服虔《通俗文》曰:"营居曰坞,一曰庳城也。"[3]《字林》曰:"坞,小障也,一曰小城。字或作'隖'。"[4]其记载始见于西汉中后期的居延汉简[5],为边

---

①卢弼:《三国志集解》卷56《吴书·朱然传》,第1038页。

②卢弼:《三国志集解》卷1《魏书·武帝纪》,第59页。

③《后汉书》卷9《孝献帝纪》李贤注。

④《后汉书》卷24《马援传》李贤注。

⑤谢桂华、李均明、朱国炤:《居延汉简释文合校》6·8简文:"五凤二年八月辛巳朔乙酉甲渠万岁隧长成敢言之乃七月戊寅夜随坞陛伤要有廖即日视事敢言之。"文物出版社,1987年,第9页。

郡驻军的一种防御设施。汉末三国时期长期战乱,各地军阀、豪强出于防暴御敌的需要,普遍筑坞,以求自保。例如《元和郡县图志》卷 5 载:"白超故城,一名白超垒,一名白超坞,在(新安)县西北十五里。垒当大道,左右有山,道从中出。汉末黄巾贼起,白超筑此垒以自固。"①董卓挟献帝至关中后,"筑郿坞,高与长安城埒,积谷为三十年储,云事成,雄据天下;不成,守此足以毕老。"②杜恕因病辞官后,"遂去京师,营宜阳一泉坞,因其垒堑之固,小大家焉。"③郡县城池属于某个地区的政治、经济、军事、文化中心,住有居民,人口众多。而照前引各家注释所言,"坞"属于小城,用于应急,其规模不大,墙垒不高。从筑城学的观点来看,"坞"是一种与城池、营垒相同的环形军事防御工程,范围小,防御设施比较简单。"所以其规模、牢固性及设施无法与郡县城池相比。一般说,坞壁仅有四隅及坞门的简单楼台设施和较薄的坞墙,近似近代有些地区所筑的土寨子。因而,当时的郡县城池,有些至今尚有遗存,而当时曾遍及各地的坞壁,现在却已无遗迹可寻"④。陈寅恪曾云:"《说文》所谓小障、庳城,略似欧洲的堡(castle),非城。城讲商业交通,坞讲自给自保。城大坞小。《孟子》言及'三里之城,七里之郭',而董卓所筑最大的郿坞,周围也不到三里、七里之数。"⑤由此可见孙权在濡须后筑之"城",比起原有的"坞",肯定是添高加固了,借此来增强其防御能力。

---

①[唐]李吉甫:《元和郡县图志》卷 5《河南道一》,第 142—143 页。
②《三国志》卷 6《魏书·董卓传》。
③《三国志》卷 16《魏书·杜畿附子恕传》注引《杜氏新书》。
④《中国军事史》编写组:《中国军事史》第六卷《兵垒》,第 138—139 页。
⑤陈寅恪:《陈寅恪魏晋南北朝史讲演录》,黄山书社,1999 年,第 140 页。

（3）黄初四年朱桓据守之濡须城在水口以北的濡须山麓。《三国志》卷56《吴书·朱桓传》记载黄初四年濡须战役时,也提到"濡须城","（曹）仁果遣其子泰攻濡须城,分遣将军常雕督诸葛虔、王双等,乘油船别袭中洲。"就该传中反映的一些情况来看,笔者觉得朱桓据守的濡须城和孙权在濡须口所筑之城有些区别,似为两处要塞,因为《朱桓传》载该城位置时称:"桓与诸军,共据高城,南临大江,北背山陵。"这里有两点值得注意:

第一,此处所说的濡须城,位置有所移动,由依水改为"傍山",很可能离开了河岸,完全建造在陆地上,四面环墙,不再是原来那种半水半陆的坞垒。因为是在山麓筑城,地势较高,再加上城墙的增高,故被朱桓称为"高城",这一改动使敌军进攻城池的难度加大了。

第二,濡须城所在之山麓,即濡须山的南麓,这片丘陵山地距离长江北岸还有近百里的路程。而原濡须坞所在的水口附近是滨江平原,无山可傍,很难筑起高城。由此看来,《朱桓传》所言之濡须城,恐怕不会是建安二十二年孙权在水口旧坞基础上改建的那座坞城,而是向北推移至濡须山麓重新筑造的,这座城池看来应是前引《资治通鉴》胡三省注和《读史方舆纪要》所讲的"濡须坞",在无为县东北、旧巢县东南数十里处。

从军事地理的角度来分析,孙吴方面此举是相当有利的。吴国起初在濡须口筑坞,把防御兵力重点部署在背水的滨江平原上,地形开阔,以步骑为主的敌军来去较为便利。如果把防区向北推移,在濡须山的南麓筑城固守,不仅扩展了防御阵地的纵深,还可以利用当地的险要地势和狭窄的水陆通道来阻击魏军,使敌人的优势兵力不容易展开。另外,在濡须山麓筑城镇守,又使防御重心和北面的东关诸屯缩短了距离,能够向后者提供有力的支援,彼此构成了一个完整紧密的防守体系。经过这次兵力部署的调整,吴国在濡须地区的防御态势得到了改善,并且增强了抗击魏军入侵的能力。

濡须水口之坞与濡须山南麓之城,相距有百余里,因为年代久远,史书所载又晦暗不明,这两处要塞往往被混为一谈。笔者分析判断,它们应是孙吴在不同时期分别建造的。古代地志中关于濡须坞地点的矛盾记载,可以用这种说法来做出合理的解释。

### (二)中洲

或云"中州",即长江中心的沙洲,位于濡须水口附近。见《三国志》卷47《吴书·吴主传》:"(黄武)二年春正月,曹真分军据江陵中州……三月,曹仁遣将军常雕等,以兵五千,乘油船,晨渡濡须中州。"卢弼《三国志集解》引赵一清曰:"凡曰中洲皆江中之洲也,下文濡须中州正同。"[1]

中洲由于是在濡须坞的后方,孙吴最初对它没有设防。建安十八年(213)曹操初次进攻濡须时,曾派遣一支数千人的船队乘夜渡江,占领中洲,企图截断大坞与江东联系的水道,但随即被吴国水师歼灭[2]。后来,中洲被孙吴用来安置濡须驻军的妻子家属,《三国志》卷56《吴书·朱桓传》载:"黄武元年,魏使大司马曹仁步

---

[1] 卢弼:《三国志集解》卷47《吴书·吴主传》,第907页。
[2] 事见《三国志》卷47《吴书·吴主传》建安十八年正月条注引《吴历》:"曹公出濡须,作油船,夜渡洲上。权以水军围取,得三千余人,其没溺者亦数千人。"

骑数万向濡须,仁欲以兵袭取洲上,伪先扬声,欲东攻羡溪……桓因偃旗鼓,外示虚弱,以诱致仁。仁果遣其子泰攻濡须城,分遣将军常雕督诸葛虔、王双等,乘油船别袭中洲。中洲者,部曲妻子所在也。"朱桓属下部曲就有万人,若仅按每卒一妻一子计算,也有两万人之众。由此可见,中洲的面积是相当可观的。

把将士亲属安排到某地居住,主要是出于政治上的考虑,将他们作为人质控制起来,以防止前线官兵投敌,而集中宿营则便于监管。三国时期,各方都采取了类似的措施。在这种情况下,袭取敌方将士的家属,往往会起到瓦解其军心士气的有效作用。例如,吕蒙偷袭江陵,"尽得(关)羽及将士家属……故羽吏士无斗心"①。曹仁进攻濡须中洲也是出于同样目的。《三国志》卷56《吴书·朱桓传》载嘉禾六年(237),朱桓因与全琮、胡琮等将领发生争执,"刺杀佐军,遂托狂发,诣建业治病。权惜其功能,故不罪。使子异摄领部曲,令医视护。数月复遣还中洲。"由于朱桓患病未愈,故回到军队的家属驻地休养。

### (三)羡溪

羡溪位于濡须坞之东,即今安徽裕溪口,孙吴在此有驻军。黄初四年(223)曹仁攻濡须时,曾散布魏军主力东攻羡溪的流言,诱使吴师分兵救援。见《资治通鉴》卷70黄初四年二月条:"曹仁以步骑数万向濡须,先扬声欲东攻羡溪,朱桓分兵赴之。"胡三省注:"羡溪在濡须东,而蜀本《注》以为沙羡,误矣。杜佑曰:羡溪在濡须东三十里。"

---

① 《三国志》卷54《吴书·吕蒙传》。

顾祖禹认为羡溪就是中洲，见《读史方舆纪要》卷 26《南直八》无为州条："羡溪，在州东北，亦谓之中洲。三国吴黄武初朱桓戍濡须，其部曲妻子皆在羡溪，魏曹仁来侵，率万骑向濡须，先扬声欲东攻羡溪是也。"[1]其说有误，按《三国志·吴书·朱桓传》所载："黄武元年，魏使大司马曹仁步骑数万向濡须，仁欲以兵袭取洲上，伪先扬声，欲东攻羡溪。桓分兵将赴羡溪，既发，卒得仁进军拒濡须七十里问。"羡溪与中洲分明是两处，因此曹仁采取了"声东击西"的策略，意在将濡须人马调至羡溪，以便乘虚占领中洲。

另外，《三国志》卷 14《魏书·蒋济传》写得清楚，曹仁在实行此项计划时，曾派蒋济佯攻羡溪，吸引吴军，而将主力投向中洲。"黄初三年，与大司马曹仁征吴，济别袭羡溪，仁欲攻濡须洲中。"可见羡溪与中洲乃两地，并非是一处。

### (四)东关

孙吴东关故址在今安徽巢湖市东南濡须山，位于濡须坞之北，临近巢湖濡须水之北口。魏国则于十里以外对岸的七宝山上建立西关，与之相拒。参见《读史方舆纪要》卷 19《南直一》"东关"条：

> 东关在庐州府无为州巢县东南四十里，东北距和州含山县七十里。其地有濡须水，水口即东关也，亦谓之栅江口。有东西两关，东关之南岸吴筑城，西关之北岸魏置栅。李吉甫曰："濡须水出巢湖，东流出濡须山、七宝山之间，两山对

---

[1]〔清〕顾祖禹：《读史方舆纪要》卷 26《南直八》，第 1286 页。

峙，中有石梁，凿石通流，至为险阻，即东关口也。"濡须水出
关口东流注于江，相传夏禹所凿。三国吴于北岸筑城，魏亦
对岸置栅。[1]

《元和郡县图志》阙卷逸文卷二曰：

> 东关口，在（巢）县东南四十里，接巢湖，在西北至合肥
> 界，东南有石渠，凿山通水，是名关口，相传夏禹所凿，一号东
> 兴。今其地高峻险狭，实守扼之所，故天下有事，必争之地。[2]

《读史方舆纪要》卷26《南直八》巢县条：

> 东关，县东南四十里。即濡须山麓也，与无为州、和州接
> 界。又西关，在县东南三十里七宝山上。三国时为吴、魏相
> 持之要地。[3]

谢钟英《三国疆域表》注吴庐江郡历阳县"东关"曰：

> 今含山县西南七十里，濡须坞之北。[4]

东关又称"东兴"，为吴国与魏交界之边境要塞。孙权在位
时，此地屡有得失，仅作为前哨营寨，称为"三关屯"，并未修筑关
城。参见《三国志》卷56《吴书·朱然传》："曹公出濡须，然备大坞
及三关屯，拜偏将军。"卢弼《三国志集解》注引赵一清曰："大坞即
濡须坞也，三关屯即东兴关也，关当三面之险，故吴人置屯于

---

① ［清］顾祖禹：《读史方舆纪要》卷19《南直一》"东关"条，第913页。
② ［唐］李吉甫：《元和郡县图志》，第1082页。
③ ［清］顾祖禹：《读史方舆纪要》卷26《南直八》，第1289页。
④ ［清］谢钟英：《三国疆域表》，《二十五史补编·三国志补编》，第413页。

此。"①《读史方舆纪要》卷 26 巢县"东关"条曰:

> 又有三关屯,即东关也。关当三面之险,故吴人置屯于此。
> 《吴志》"曹公出濡须,朱然备大坞及三关屯",皆东关矣。②

曹操四越巢湖,进攻濡须时,吴军两度退保大坞,放弃了坞北的三关屯——东关,该地遂被魏军占领,见《太平寰宇记》卷 124《淮南道二·和州》含山县条:"魏武帝祠,在县西南九十里。按《魏志》,建安十八年,'曹操侵吴,楼船东泛巢湖,将逼历阳,至濡须口,登东关以望江山',后人因立祠焉。江水,在县南一百七十里。"③建安二十一年至二十二年(216—217),曹操攻濡须坞不利,收兵北还时,曾留夏侯惇领二十六军屯居巢④。两年之后魏吴连和,共同对荆州的关羽作战。曹操下令撤除居巢、合肥的守军⑤,将其西调至荆襄前线,居巢以南的东关看来也不会有魏军留守了。

吴黄龙二年(230),孙权遣众在东兴筑造大堤,遏止濡须水流,借此阻挡魏国船队南下。后来吴军北伐淮南,其舟师要溯濡须水而上,进入巢湖,为此又毁掉堤坝,以利行船。孙权晚年,吴军数次进攻合肥不利,还师后仍然据守濡须,东兴堤废而不修⑥,

---

① 卢弼:《三国志集解》卷 56《吴书·朱然传》,第 1038 页。

② [清]顾祖禹:《读史方舆纪要》卷 26《南直八》,第 1289 页。

③ [宋]乐史撰,王文楚等点校:《太平寰宇记》卷 124《淮南道二》,第 2459 页。

④《三国志》卷 9《魏书·夏侯惇传》:"(建安)二十一年,从征孙权还,使惇都督二十六军,留居巢。"

⑤《三国志》卷 9《魏书·夏侯惇传》:"(建安)二十四年,太祖军于摩陂,召惇常与同载,特见亲重,出入卧内,诸将莫得比也。拜前将军,督诸军还寿春,徙屯召陵。"

⑥《三国志》卷 64《吴书·诸葛恪传》:"初,(孙)权黄龙元年迁都建业,二年筑东兴堤遏湖水。后征淮南,败以内船,由是废不复修。"

该地重又被魏国占领。谢钟英曾研究了《三国志》中孙权、孙皓与诸葛恪三人本传的有关记载,在《补三国疆域志补注》中总结道:"据三传所言,黄龙后,阜陵、东兴皆为魏地。至建兴元年恪败魏师,复为吴有。终魏之世,淮南郡与吴以巢湖为界,吴守东兴,魏守合肥,湖滨之居巢、橐皋皆为隙地。"①

吴国重新控制东关,驻军屯守,是在孙权死后的建兴元年(252)十月,太傅诸葛恪执掌朝政,为了向北扩张,在那里筑堤阻水,建立关城。"恪以建兴元年十月会众于东兴,更作大堤,左右结山侠筑两城,各留千人,使全端、留略守之,引军而还。"②《三国志》卷48《吴书·三嗣主传·孙亮》建兴元年记载此事为:"冬十月,太傅恪率军遏巢湖,城东兴,使将军全端守西城,都尉留略守东城。"魏国方面认为吴师此举侵犯了自己的领土,便兴兵予以反击。"魏以吴军入其疆土,耻于受侮,命大将胡遵、诸葛诞等率众七万,欲攻围两坞,图坏堤遏。"③而吴国的关城地势险要,魏军屡攻不克,随即惨败于孙吴的援兵。魏国此战失利后,该地即被东吴牢牢控制住,直至其灭亡。

《水经注》卷29《沔水下》曾提到孙吴的"东关三城",文字如下:"湖水又东径右塘穴北,为中塘,塘在四水中,水出格虎山北,山上有虎山(城),有郭僧坎城,水北有赵祖悦城,并故东关城也。昔诸葛恪帅师作东兴堤,以遏巢湖,傍山筑城,使将军全端、留略等,各以千人守之。魏遣司马昭督镇东诸葛诞,率众攻东关三城,

①［清］洪亮吉撰,［清］谢钟英补注:《〈补三国疆域志〉补注》,《二十五史补编·三国志补编》,第475页。
②《三国志》卷64《吴书·诸葛恪传》。
③《三国志》卷64《吴书·诸葛恪传》。

将毁堤遏,诸军作浮梁,陈于堤上,分兵攻城。恪遣冠军丁奉等,登城鼓噪夺击,朱异等以水军攻浮梁。魏征东胡遵军士争渡,梁坏,投水而死者数千。塘即东兴堤,城亦关城也。"杨守敬疏曰:"此云'三城',按《朱然传》曹公出濡须,然备大坞及三关屯,大坞即濡须坞,三关即东兴关也。是东兴本有三城,其后元逊更分筑两城耳。三字亦非误也。"①按照杨守敬的解释和他所绘制的《水经图注》,格虎山即濡须山,"东关三城"有两座在山上,即虎山城、郭僧坎城;另一座在山阴水北,即赵祖悦城,是孙吴在三关屯的旧址上建立起来的。建兴元年(252)诸葛恪修建东兴堤后,又在大堤的左右另筑了两座关城。需要强调的是,上述情况亦反映了东关诸城和濡须城并非在一处(参见本书第1065页图六九)。值得注意的是,《三国志》卷56《吴书·朱桓传》中的濡须城是在山的南麓,"南临大江,北背山陵",而东关三城当中,两座在山上,一座在山北,皆与其位置不合。

### (五)新附城

该城在今安徽无为县南,即濡须山西南数十里处,乃吴国权臣诸葛恪所建,屯驻军队由魏国降人组成。见《读史方舆纪要》卷26偃月城条:"新附城,在州南十五里。三国吴诸葛恪筑此以居新附者,因名。"②"新附",即指新近归附者,汉代已有此称。见《后汉书》卷22《王梁传》:"拜山阳太守,镇抚新附,将兵如故。"三国时亦有把来降之敌众编入军队的事例,如毌丘俭在寿春反叛,"淮南将

---

① [北魏]郦道元注,[民国]杨守敬、熊会贞疏:《水经注疏》,第2426—2429页。
② [清]顾祖禹:《读史方舆纪要》卷26《南直八》,第1284页。

士,家皆在北,众心沮散,降者相属,惟淮南新附农民为之用。"[1]事后诸葛诞又在寿春叛乱,"敛淮南及淮北郡县屯田口十余万官兵,扬州新附胜兵者四五万人,聚谷足一年食,闭城自守。"[2]当时还有将归降之敌单独编成一支部队作战的情况,见《三国志》卷48《吴书·三嗣主传》孙休永安七年:"夏四月,魏将新附督王稚浮海入句章,略长吏赀财及男女二百余口。"此事又见《资治通鉴》卷78魏元帝咸熙元年,"夏,四月,新附督王稚浮海入吴句章,略其长吏及男女二百余口而还。"胡三省注:"新附督,盖以吴人新附者别为一部,置督以领之。句章县属会稽郡。"

魏国兵民亦多有降吴者,可见《三国志》卷24《魏书·高柔传》:"鼓吹宋金等在合肥亡逃。旧法,军征士亡,考竟其妻子。太祖患犹不息,更重其刑。"五凤二年(255)正月魏将毌丘俭、文钦反于淮南,吴丞相孙峻率兵向寿春,"军及东兴,闻钦等败。壬寅,兵进于橐皋,钦诣峻降,淮南余众数万口来奔。"[3]

由此看来,"新附城"这座前线的军事据点,士众多是魏国降人,被孙吴纳入城内,担负屯驻守卫之任。

**(六)水军泊地。**

濡须守军是临江作战,所以还拥有一支船队,其泊地有以下几处:

**1. 濡须坞。**由于坞城是夹水而立,孙吴的船只可以驶入岸边

---

①《三国志》卷28《魏书·毌丘俭传》。

②《三国志》卷28《魏书·诸葛诞传》。

③《三国志》卷48《吴书·三嗣主传·孙亮》。

坞内停泊。参见《元和郡县图志》阙卷逸文卷二"濡须坞"条:"建安十八年,曹公至濡须,与孙权相拒月余。权乘轻舟,从濡须口入偃月坞。坞在巢县东南二百八里濡须水口。"[1]

　　2. 上流。濡须坞内水域狭窄,难以容纳大量的船只。据《三国志》卷14《魏书·蒋济传》所载,朱桓守濡须时,其所属水军船队停泊在濡须口外长江上流某处,以便在大坞和中洲受到攻击时顺水驶来支援。蒋济认为吴军这样部署相当有利,魏兵若冒险对中洲发动袭击,会因为敌人洲上驻军与水师的夹攻而导致失败,故反对此项作战计划,但未被曹仁接受,果然失利而还。"黄初三年,与大司马曹仁征吴,济别袭羡溪。仁欲攻濡须洲中,济曰:'贼据西岸,列船上流,而兵入洲中,是为自内地狱,危亡之道也。'仁不从,果败。"

　　3. 濡须水口。建安十八年(213),孙权领兵抵御曹军时,曾命令董袭率楼船巨舰停在濡须水口,准备阻击敌兵船队顺流入江,不幸遇风倾覆。见《三国志》卷55《吴书·董袭传》:"曹公出濡须,袭从权赴之,使袭督五楼船住濡须口。夜卒暴风,五楼船倾覆,左右散走舸,乞使袭出。袭怒曰:'受将军任,在此备贼,何等委去也,敢复言此者斩!'于是莫敢干。其夜船败,袭死。权改服临殡,供给甚厚。"

## 四、魏吴在濡须地区的历次攻防作战

　　三国时期,曹魏大兵屡次南征孙吴,濡须流域是其重要的主

----

[1]〔唐〕李吉甫:《元和郡县图志》,第1078页。

攻方向。魏军共对濡须、东关一线发动了四次大规模进攻战役，所采用的方略前后亦有变化，但是由于吴师防守得当，魏国的攻势先后均被挫败。其作战的详细经过如下：

### （一）曹操初攻濡须

此次战役发生在建安十八年（213）正月至二月。赤壁之战以后，孙权改变了对魏的主要作战方向，在荆州西线仅派周瑜率领的偏师与刘备军队配合攻击江陵，自己则亲统主力，大举进攻合肥等地。针对孙吴的战略调整，曹操也迅速做出反应，在江陵留下曹仁的少数人马转入防守，后又撤至襄樊，而将大军调到东线。建安十四年（209），曹操率兵南下扬州，他在谯县（今安徽亳州市）制造战船、训练水军，恢复淮南的郡县行政组织，在合肥留驻张辽所率的精兵强将，并消灭了当地陈兰、梅成、陈策等豪强割据势力，以上种种措施，有力地巩固了扬州的军事防御[①]。建安十六年（211）七月至十七年（212）正月，曹操为了安定后方，占领关中，驱逐了马超、韩遂势力。随即准备征伐淮南，与强敌孙权作战。其目的一是挫败吴军在江北扩张的企图，确保中原东南的安全；二是占领濡须水口这座交通冲要，对孙吴的都城建业与三吴经济重心造成威胁。

孙权得知曹军即将南征的消息后，也开始积极备战。《三国志》卷47《吴书·吴主传》建安十七年载："闻曹公将来侵，作濡须

---

[①]《三国志》卷1《魏书·武帝纪》记载这次行动曰："（建安）十四年春三月，军至谯，作轻舟，治水军。秋七月，自涡入淮，出肥水，军合肥……置扬州郡县长吏，开芍陂屯田。十二月，军还谯。"

坞。”当时众将习惯于乘船水战和登陆游击,多不赞成在濡须筑坞设防,吕蒙力陈其便,才获得孙权的同意①。当年十月,曹操出动大军南征②,次年正月到达濡须。孙权亦率领吴军主力在此地阻击,双方互有胜负。孙权起初曾试图与曹兵正面交锋,但战果不佳。见《三国志》卷51《吴书·宗室传·孙瑜》:“后从权拒曹公于濡须,权欲交战,瑜说权持重,权不从,军果无功。”该传又载孙瑜“年三十九,建安二十年卒”。可见所言是建安十八年(213)濡须战役之事。孙吴方面的失利情况还见于《三国志》卷1《魏书·武帝纪》:“(建安)十八年春正月,进军濡须口,攻破(孙)权江西营,获权都督公孙阳,乃引军还。”不过,吴军曾歼灭了偷袭濡须中洲的曹兵近万人,也是显著胜利。《三国志》卷47《吴书·吴主传》建安十八年正月注引《吴历》曰:“曹公出濡须,作油船,夜渡洲上。权以水军围取,得三千余人,其没溺者亦数千人。”

　　孙权转入防御之后,双方在濡须相持了月余,由于坞城守备严密,曹兵屡攻不下③。在此期间孙权曾驾轻舟冒险窥测曹营,《吴历》曰:“权数挑战,公坚守不出。权乃自来,乘轻船,从濡须口入公军。诸将皆以为是挑战者,欲击之。公曰:‘此必孙权欲身见吾军部伍也。’敕军中皆精严,弓弩不得妄发。权行五六里,回还作鼓吹。公见舟船器仗军伍整肃,喟然叹曰:‘生子当如孙仲谋,

---

① 《三国志》卷54《吴书·吕蒙传》注引《吴录》:“权欲作坞,诸将皆曰:‘上岸击贼,洗足入船,何用坞为?’吕蒙曰:‘兵有利钝,战无百胜。如有邂逅,敌步骑蹙人,不暇及水,其得入船乎?’权曰:‘善。’遂作之。”

② 《三国志》卷1《魏书·武帝纪》建安十七年,“冬十月,公征孙权。”

③ 《三国志》卷54《吴书·吕蒙传》:“后从权拒曹公于濡须,数进奇计,又劝权夹水口立坞,所以备御甚精,曹公不能下而退。”

刘景升儿子若豚犬耳！'"①裴松之注又引《魏略》曰："权乘大船来观军，(曹)公使弓弩乱发，箭着其船，船偏重将覆，权因回船，复以一面受箭，箭均船平，乃还。"

最后，曹操见吴军守备甚严，无隙可乘，只得撤军北还。《三国志》卷47《吴书·吴主传》曰："(建安)十八年正月，曹公攻濡须，权与相拒月余。曹公望权军，叹其齐肃，乃退。"裴松之注引《吴历》曰："权为笺与曹公，说：'春水方生，公宜速去。'别纸曰：'足下不死，孤不得安。'曹公语诸将曰：'孙权不欺孤。'乃彻军还。"

这次战役双方出动的兵力，《三国志》及裴注中未有明确记载。据《资治通鉴》所言，曹兵号四十万，吴军为七万。见该书卷66建安十八年："春，正月，曹操进军濡须口，号步骑四十万，攻破孙权江西营，获其都督公孙阳。权率众七万御之，相守月余。"司马光此处记载可能有误，因为该段文字明显是来自《三国志》卷55《吴书·甘宁传》注引《江表传》："曹公出濡须，号步骑四十万，临江饮马。权率众七万应之，使宁领三千人为前部督。权密敕宁，使夜入魏军。宁乃选手下健儿百余人，径诣曹公营下，使拔鹿角，逾垒入营，斩得数十级。"而据《甘宁传》所载，夜劫魏营事发生于建安十九年(214)他参加攻皖战斗以后，应该是在建安二十二年(217)曹操再攻濡须之时，《通鉴》则错把《江表传》对这次战役双方的兵力记载当作是建安十八年的情况了。

**(二)曹操再攻濡须**

此次会战的时间在建安二十二年(217)。建安十九年(214)

---

①《三国志》卷47《吴书·吴主传》建安十八年正月条注引《吴历》。

闰五月,孙权统兵攻克皖城,拔除了曹魏在扬州长江北岸的最后一个据点①。次年,他又乘曹操西征汉中,亲领大军进攻合肥,虽然被魏将张辽击退,但是扬州地区的军事形势依然紧张,孙吴在兵力方面占有很大的优势,随时可以卷土重来。据《三国志》卷1《魏书·武帝纪》所载,曹操于建安二十一年(216)二月返回邺城,五月进爵魏王后,便再次筹备南征;当年十月发兵,次年正月抵达居巢,二月向濡须发动攻击,没有取得明显的战果②。据前引《江表传》所称,曹兵号称四十万,实际兵力可能有十余万人③;孙吴迎战的军队有七万人,处于劣势④。其交战经过如下:

曹操的军队渡过巢湖以后,驻扎在濡须水北口的居巢,然后向吴军发动攻击。孙权仍然以濡须坞为防御的核心,任命吴国当时最为出众的将军吕蒙为督,在坞内配置了强弩万张。曹兵前锋到坞前立营未就时,被吕蒙率众击溃。参见《资治通鉴》卷68建安二十二年:

> 春正月,魏王操军居巢,孙权保濡须。二月,操进攻之。胡三省注:"孙权所保者,十七年所筑濡须坞也。"

《三国志》卷54《吴书·吕蒙传》曰:

---

① 《三国志》卷47《吴书·吴主传》:"(建安)十九年五月,权征皖城。闰月,克之,获庐江太守朱光及参军董和,男女数万口。是岁刘备定蜀。"

② 《三国志》卷1《魏书·武帝纪》:"(建安)二十一年春二月,公还邺……夏五月,天子进公爵为魏王……冬十月,治兵,遂征孙权,十一月,至谯。二十二年春正月,王军居巢。"

③ 参见《三国志》卷1《魏书·武帝纪》建安十九年七月注引《九州春秋》傅干曰:"今举十万之众,顿之长江之滨,若贼负固深藏,则士马不能逞其能,奇变无所用其权,则大威有屈而敌心未能服矣。"据此推测,曹操"四越巢湖"的兵力规模大致为十万以上。

④ 《三国志》卷55《吴书·甘宁传》注引《江表传》:"曹公出濡须,号步骑四十万,临江饮马。权率众七万应之,使宁领三千人为前部督。"

　　　后曹公又大出濡须,权以蒙为督,据前所立坞,置强弩万
　　张于其上,以拒曹公。曹公前锋屯未就,蒙攻破之,曹公引
　　退。拜蒙左护军、虎威将军。

　　曹操大军抵达濡须后,孙权命勇将甘宁率部下百人夜袭魏
营,大挫敌军锐气。曹兵主力屯驻在长江西岸的郝溪,随即向濡
须发动进攻。孙权见敌人势盛,便领兵后撤,见《三国志》卷1《魏
书·武帝纪》:"(建安)二十二年春正月,王军居巢,二月,进军屯
江西郝溪。权在濡须口筑城拒守,遂逼攻之,权退走。"卢弼注引
谢钟英曰:"郝溪在居巢东、濡须之西。"①不过,据《三国志》中《吕
蒙传》、《徐盛传》的记载来看,曹兵虽然到达江边,但未能攻克濡
须坞城。在两军对峙交战的过程中,曾经遭遇风暴,将孙吴停泊
在濡须水口的楼船舰队颠覆,水军将领董袭溺亡。曹操还派兵袭
击历阳的横江渡(在濡须东北),孙权遣徐盛等人乘船赴救,也遭
遇飓风,将战船吹至敌岸。徐盛率兵登陆作战,杀退敌军,待风停
后驶回。事见董袭、徐盛二人本传。

　　魏吴相持一段后,孙权见形势不利,"令都尉徐详诣曹公请
降,公报使修好,誓重结婚。"②曹操也认为无法取胜,便接受了孙
权的伪降,率兵撤退,留下夏侯惇统曹仁、张辽等二十六军屯于居
巢③,继续威胁濡须。

---

① 卢弼:《三国志集解》卷1《魏书·武帝纪》,第59页。
② 《三国志》卷47《吴书·吴主传》。
③ 《三国志》卷1《魏书·武帝纪》:"(建安二十二年)三月,王引军还,留夏侯惇、曹仁、张
　辽等屯居巢。"《三国志》卷9《魏书·夏侯惇传》:"(建安)二十一年,从征孙权还,使惇
　都督二十六军,留居巢。"

### （三）曹仁进攻濡须

　　黄初三年（222）夷陵之战以后，魏吴关系恶化，曹丕决心攻吴，他在进攻战略上做了一些调整。曹操在世时几次南征，如赤壁之战、四越巢湖，都是集中兵力为一路。这样部署的缺陷，是使自己的众多军队局限在一个进攻点上，难以展开，因此在兵员数量上的优势就不能完全得到体现，无法充分发挥兵多将广的长处。而吴军每次迎敌，却可以相应地将主力集结于一处，给予阻击。对孙吴来说，曹魏的这种作战部署易于应付，由于是集中防御，吴国兵员短缺的弱点得以掩盖，暴露得不太明显。为了分散敌人的兵力，曹丕采取了多路进攻的战略，孙权亦遣将分头抵御。《资治通鉴》卷69黄初三年记载了双方的部署："九月，（魏）命征东大将军曹休、前将军张辽、镇东将军臧霸出洞口，大将军曹仁出濡须，上军大将军曹真、征南大将军夏侯尚、左将军张郃、右将军徐晃围南郡。吴建威将军吕范督五军，以舟军拒休等，左将军诸葛瑾、平北将军潘璋、将军杨粲救南郡，裨将军朱桓以濡须督拒曹仁。"

　　进攻濡须的魏军由曹仁指挥，属下有数万人，次年（223）二月，到达濡须前线。据《三国志》卷56《吴书·朱桓传》和《三国志》卷14《魏书·蒋济传》的记载，曹仁制订了兵分三路、声东击西的作战计划，其内容如下：

　　1. 派遣蒋济率少数人马伪装成主力，大张旗鼓地去攻打羡溪（今安徽裕溪口），企图把濡须的吴军吸引出来救援，达到削弱其防御力量的目的。

2. 待吴国援兵出动后,命其子曹泰带领主力进攻濡须坞城,即使攻城不下,也能牵制住留守的吴军。

3. 派常雕、诸葛虔、王双领兵五千,乘油船袭击濡须中洲,欲俘虏吴国守军的家属,作为人质来胁迫敌兵投降。

4. 曹仁自己统兵万人屯驻橐皋(今安徽巢县西北柘皋镇),作为曹泰攻城部队的后援。

《三国志》卷56《吴书·朱桓传》记载吴国濡须守将朱桓起初被魏军主力进攻羡溪的流言欺骗,"分兵将赴羡溪,既发,卒得仁进军拒濡须七十里问。桓遣使追还羡溪兵,兵未到而仁奄至。时桓手下及所部兵,在者五千人,诸将业业,各有惧心。"朱桓临危不惧,对部将侃侃而言,详析了敌兵之弊与吴军的有利条件,使得众心安定。"桓喻之曰:'凡两军交对,胜负在将,不在众寡。诸君闻曹仁用兵行师,孰与桓邪?兵法所以称客倍而主人半者,谓俱在平原,无城池之守,又谓士众勇怯齐等故耳。今人既非智勇,加其士卒甚怯,又千里步涉,人马罢困,桓与诸军,共据高城,南临大江,北背山陵,以逸待劳,为主制客,此百战百胜之势也。虽曹丕自来,尚不足忧,况仁等邪!'"随后,朱桓又做出应敌的部署,"因偃旗鼓,外示虚弱,以诱致仁。"待敌军到来后,"部兵将攻取油船,或别击雕等,桓等身自拒泰,烧营而退,遂枭雕,生虏双,送武昌,临阵斩溺,死者千余。"

这次战役的结果是吴国获胜,偷袭中洲的魏军被歼,常雕等将或死或俘,攻击大坞的曹泰所部也受挫而退。因为耻于言败,《三国志》卷9《魏书·曹仁传》中对于此战只字未提。而吴军的损失很小,只有千余人①。

### (四)胡遵、诸葛诞攻东关

公元 252 年四月,孙权病逝,执政的吴国太傅诸葛恪意欲北伐淮南,于当年十月派兵至濡须以北的东兴修筑大堤和两座关城,各留千人,遣将全端、留略驻守,将防线向北推移,接近巢湖。参见《三国志》卷 64《吴书·诸葛恪传》:

> 恪以建兴元年十月会众于东兴,更作大堤,左右结山侠筑两城,各留千人,使全端、留略守之,引军而还。

《三国志》卷 48《吴书·三嗣主传·孙亮》建兴元年:

> 冬十月,太傅恪率军遏巢湖,城东兴,使将军全端守西城,都尉留略守东城。

吴国此举引起了曹魏方面的强烈反应,镇东将军诸葛诞上书权臣司马师,主张对吴军的入侵给予反击,采取兵分三路,先攻击江陵、武昌,使其守军无法东调,然后再派精锐部队围攻东关诸城,待敌人援兵到来时将其歼灭。这项建议得到了司马师的赞同。"诸葛诞言于司马景王曰:'致人而不致于人者,此之谓也。

---

① 曹丕在当年三月丙午日诏书中称曹仁在濡须前线消灭了上万吴军,见《三国志》卷 2《魏书·文帝纪》黄初四年三月丙申条注引《魏书》载丙午诏曰:"……今征东诸军与权党吕范等水战,则斩首四万,获船万艘。大司马据守濡须,其所禽获亦以万数……"其实是一种虚报战功的宣传,曹魏方面历来有此传统。《三国志》卷 11《魏书·国渊传》中曾解释其原因曰:"夫征讨外寇,多其斩获之数者,欲以大武功,且示民听也。"又曰:"破贼文书,旧以一为十。"由此判断,魏军在这次濡须之战中可能只消灭了千余吴兵。

今因其内侵,使文舒逼江陵,仲恭向武昌,以羁吴之上流,然后简精卒攻两城,比救至,可大获也。'景王从之。"①

当时,曹魏征南大将军王昶、征东将军胡遵、镇南将军毌丘俭等都上报了伐吴的作战计划,内容各不相同。"昶等或欲泛舟径渡,横行江表,收民略地,因粮于寇;或欲四道并进,临之以武,诱间携贰,待其崩坏;或欲进军大佃,逼其项领,积谷观衅,相时而动。"②朝廷因此下诏征求尚书傅嘏的意见,傅嘏在回奏中详细地分析了孙吴的军事形势和魏国多年对吴交战的教训后,认为立即向吴国进攻的主张是不可取的,"自治兵已来,出入三载,非掩袭之军也。贼丧元帅,利存退守,若撰饰舟楫,罗船津要,坚城清野,以防卒攻,横行之计,殆难必施。贼之为寇,几六十年,君臣伪立,吉凶同患,若恪蠲其弊,天去其疾,崩溃之应,不可卒待。今边壤之守,与贼相远,贼设罗落,又持重密,间谍不行,耳目无闻。夫军无耳目,校察未详,而举大众以临巨险,此为希幸徼功,先战而后求胜,非全军之长策也。"③傅嘏认为,只有"进军大佃",即在边境地区驻军屯田,才是较为完善的策略,但是司马师未予听从④,仍然坚持伐吴的主张。

魏国在嘉平四年(252)十一月,"诏王昶等三道击吴。十二月,王昶攻南郡,毌丘俭向武昌,胡遵、诸葛诞率众七万攻东兴。"⑤

---

①《三国志》卷4《魏书·三少帝纪·齐王芳》注引《汉晋春秋》。
②《三国志》卷21《魏书·傅嘏传》注引司马彪《战略》。
③《三国志》卷21《魏书·傅嘏传》注引司马彪《战略》。
④《三国志》卷21《魏书·傅嘏传》注引司马彪《战略》:"时不从嘏言。其年十一月,诏昶等征吴。"
⑤《资治通鉴》卷75魏邵陵厉公嘉平四年。

胡遵所部到达东兴后,随即"敕其军作浮桥度,陈于堤上,分兵攻两城。城在高峻,不可卒拔"①。吴国闻讯迅速派兵来援,"甲寅,(诸葛)恪以大兵赴敌。戊午,兵及东兴。"②援军的人数为四万,由将军留赞、吕据、唐咨、丁奉为前部,自建业而来,昼夜兼行③。吴军前锋到达东兴后,利用敌人的轻敌发动突袭,击溃魏兵,歼灭数万人,大获全胜。在西线进攻江陵和武昌的王昶、毌丘俭得到魏军大败于东关的消息后,也立即烧营退走④。

这次战役的惨重失败,给予魏国朝野很大的震动。执政的司马师承担了责任,并贬削了其弟司马昭(担任监军)的爵位⑤。另一方面,东关(兴)及濡须地区的险要地势和魏军屡攻不克的战绩也使其后继的统帅吸取了教训,此后直到吴国灭亡,曹魏和西晋南征时,再也没有直接对东关、濡须发动进攻。

## 五、濡须地区在军事上备受重视的原因

魏吴双方为什么对濡须地区屡次投入重兵、进行激烈争夺呢? 这主要是由于濡须特殊的地理位置、水文地形条件以及对交

①《三国志》卷64《吴书·诸葛恪传》。
②《三国志》卷48《吴书·三嗣主传·孙亮》。
③参见《三国志》卷64《吴书·诸葛恪传》:"恪兴军四万,晨夜赴救……恪遣将军留赞、吕据、唐咨、丁奉为前部。"
④《三国志》卷4《魏书·三少帝纪·齐王芳》注引《汉晋春秋》曰:"毌丘俭、王昶闻东军败,各烧屯走。"
⑤《三国志》卷4《魏书·三少帝纪·齐王芳》注引《汉晋春秋》:"朝廷欲贬黜诸将,景王(司马师)曰:'我不听公休,以至于此。此我过也,诸将何罪?'悉原之。时司马文王为监军,统诸军,唯削文王爵而已。"

通方面的重要影响所决定的,控制了该地的一方将会在军事上获得明显的主动权。详述如下:

三国战争的基本形势,是魏与吴、蜀之间的南北对抗。曹魏统一北方,占据了中原沃土,三分天下已有其二,在国力、人口、兵员的数量上占有优势,因此在对吴作战中往往采取攻势。尽管魏军以步骑为主,长于陆战,但是考虑到江淮多为水乡泽国,河道纵横,如果能够利用船只运送军队和粮草,其效率要比人畜驮载的陆运高出许多①。另外,吴国的舟师是江防中坚,曹魏若没有水军参与征伐,不仅难以和敌人的船队交战,而且无法运送大军渡江。因此,曹魏的对吴作战经常是水陆并发,例如建安十三年(208)曹操南征荆襄前,"作玄武池以肄舟师。"②次年兵进扬州,"春三月,军至谯,作轻舟,治水军。秋七月,自涡入淮,出肥水,军合肥。"③黄初五年(224)、六年(225)魏文帝两次伐吴,亦出动战船数千艘④,兵众十余万⑤。曹魏后期与吴国的大规模用兵,也是以水路运输为主,"每东南有事,大军兴众,泛舟而下,达于江淮。"⑥

由于倚赖水运,魏军的南下作战多是途经以下三条南北流向的河道进入长江:

---

① 《史记》卷118《淮南衡山列传》载刘濞:"上取江陵木以为船,一船之载当中国数十两车。"

② 《三国志》卷1《魏书·武帝纪》。

③ 《三国志》卷1《魏书·武帝纪》。

④ 参见《三国志》卷14《魏书·蒋济传》:"车驾幸广陵,济表水道难通,又上《三州论》以讽帝。帝不从,于是战船数千皆滞不得行。"

⑤ 《三国志》卷2《魏书·文帝纪》黄初六年"(三月)辛未,帝为舟师东征……八月,帝遂以舟师自谯循涡入淮……冬十月,行幸广陵故城,临江观兵,戎卒十余万,旌旗数百里。是岁大寒,水道冰,舟不得入江,乃引还。"

⑥ 《三国志》卷28《魏书·邓艾传》。

1. **东路**。中渎水，即古邗沟，自淮阴至广陵。

2. **西路**。汉水，自襄樊至沔口。

3. **中路**。肥水－施水－巢湖－濡须水，自寿春、芍陂过合肥入巢湖，经居巢、东兴（关）至濡须口。

其中第3条路线最受重视，常被选用。例如曹操在赤壁之战后"四越巢湖"的军事行动，黄初四年（223）曹仁率众数万进攻濡须，嘉平四年（252）胡遵、诸葛诞领兵七万围攻东关等等。这是因为：**肥水－施水－巢湖－濡须水道是当时南北交通干线的重要航段**。

东汉三国时期，江南的经济、政治重心地区是在三吴，即太湖流域。中原与该地如通过汉水、长江进行往来，是绕行千里、耗费时力而得不偿失的。从军事方面考虑，曹操统一北方后，原以冀州，即邺城附近为根本。曹丕称帝后定都洛阳，又迁冀州士家五万户于河南①，军队主力集中在许、洛一带②。南征的大军从河北或河南出发，若经襄樊、沿汉水而下，进入长江，距离孙吴的都城建业与三吴根据地太远，难以对敌人的心腹地带构成致命威胁，所以汉水一途并不是魏军主力征吴路线的最佳选择，使用它的往往是一支偏师。

中渎水道虽然距离吴都建业和太湖流域较近，但是它的航行

---

① 参见《三国志》卷25《魏书·辛毗传》："（文）帝欲徙冀州士家十万户实河南。时连蝗民饥，群司以为不可……帝遂徙其半。"

② 曹丕以后，魏国军队的主力——中军平时驻扎在河南洛阳、许昌一带，可见《三国志》卷35《蜀书·诸葛亮传》注引《汉晋春秋》载诸葛亮对群臣言交好吴国可以牵制曹魏的兵力，有利于蜀汉的作战，"若就其不动而睦于我，我之北伐，无东顾之忧，河南之众不得尽西，此之为利，亦已深矣。"

使用却存在着一些严重困难。首先，航路附近由于地处卑湿，靠近黄海，常常发生水患，从而造成淤塞。"这一水道南高北下，两侧区域地势低洼，遍布湖泊沼泽。两岸不设堤防，水盛时所在漫溢，水枯时以至干涸。水道及其穿行的湖泊都很浅，不能常年顺利通航。七国之乱以后到东汉时期，中渎水道情况不见于历史记载，大概是湮塞不通或通而不畅。"[①]黄初六年（225）曹丕由此途征吴，蒋济曾表奏广陵"水道难通，又上《三州论》以讽帝，帝不从"[②]，结果整支船队在精湖搁浅。再者，广陵一带江面宽阔[③]，又因濒临海口而时有奔腾澎湃的潮水，在那里渡江的难度较大。例如黄初五年（224）九月，曹丕征吴至广陵，"时江水盛长，帝临望，叹曰：'魏虽有武骑千群，无所用之，未可图也。'帝御龙舟，会暴风漂荡，几至覆没。"[④]鉴于上述原因，中渎水道在魏国对吴作战里使用的次数不多，主要是曹丕的两次南征，还都遇到了不小的麻烦。

　　由于汉水和中渎水在当时沟通江南（三吴地区）与中原联络方面的种种不利因素，肥水－濡须水一线便成为当时南北交通最为重要的干道。这条路线水陆兼行，自华北大平原南下，可以通过黄河以南的泗、涡、颍、汝等诸条水道入淮，至寿春后沿肥水而行，至将军岭经巢肥运河过合肥，经施水进巢湖，再沿濡须水入

---

① 田余庆：《汉魏之际的青徐豪霸》，《秦汉魏晋史探微》，第 109 页。
② 《三国志》卷 14《魏书·蒋济传》。
③ 参见［唐］李吉甫：《元和郡县图志》阙卷逸文卷二："大江，西北自六合县界流入，晋祖逖击楫中流自誓之所，南对丹徒之京口，旧阔四十余里，今阔十八里。"第 1072 页。［清］顾祖禹：《读史方舆纪要》卷 23《南直五·扬州府江都县》扬子江条："初自广陵扬子镇济江，江面阔相距四十余里。唐立伊娄埭，江阔犹二十余里，宋时瓜洲渡口犹十八里，今瓜洲渡至京口不过七八里。"中华书局，2005 年，第 1117—1118 页。
④ 《资治通鉴》卷 70 魏文帝黄初五年九月。

江,顺流直下,即可到达建业、京口及太湖流域了。此路比汉水一途距离缩短了许多,又没有中渎水航道的各种自然障碍,故汉末三国时北方人士南游,常走这条路线。像"崔琰字季珪,清河东武城人也。……琰既受遣,而寇盗充斥,西道不通。于是周旋青、徐、兖、豫之郊,东下寿春,南望江、湖"①。魏吴使臣在洛阳、建业之间往来,亦经历此途。如元兴元年(264)曹魏遣徐绍出使东吴,他回国途中就是在濡须被孙皓下令追截,召回建业后处死的②。出于上述缘故,魏国军队的南下作战,也就频频采用这条道路了。

濡须口所在的地理位置,正好处于这条水陆交通干线的终点,魏军如果进据水口,把它作为前方基地,入江攻吴,还能在军事上获得多种益处。例如:

第一,濡须口附近港汊众多,风浪较小,江中没有礁石矶头的险阻,易于举行强渡行动。在对岸登陆后东进,便可直插孙吴的腹地苏湖平原。正如顾祖禹所言:"濡须口,三吴之要害也。江流至此,阔而多夹。阔则浪平,多夹则无风威,繇此渡江而趋繁昌,无七矶、三山之险也。石臼湖、黄池之水直通太湖,所限者东坝一坏土耳。百人剖之,不逾时也。陆则宁国县及泾县皆荒山小邑,方阵可前,一入广德,自宜兴窥苏、常,长兴窥嘉、湖,独松关窥杭州,三五日内事耳。然则濡须有警,不特建邺可虞,三吴亦未可处

① 《三国志》12《魏书·崔琰传》。

② 《三国志》卷48《吴书·三嗣主传·孙皓》:"(元兴元年)是岁,魏置交阯太守之郡。晋文帝为魏相国,遣昔吴寿春城降将徐绍、孙彧衔命赍书,陈事势利害,以申喻皓。甘露元年三月,皓遣使随绍、彧报书曰:'……今遣光禄大夫纪陟、五官中郎将弘璆宣明至怀。'绍行至濡须,召还杀之,徙其家属建安,始有白绍称美中国者故也。"

堂无患也。"①

第二，濡须口的位置适中，正处在吴国两大经济、政治区域——荆、扬二州之间，魏军由此地可以向几个战略方向用兵。除了南渡之外，顺江东北而去，会威胁沿岸津要芜湖、牛渚及吴都建业的安全。溯流西上，则逼迫中游的皖城、武昌、夏口等重镇。

第三，占领濡须，还能堵住吴军北上进攻的道口。肥水－巢湖－濡须水一途，不仅屡为魏国南征所用，同时也是吴师北伐的首选途径。王象之曾曰："古者巢湖水北合于肥河，故魏窥江南则循涡入淮，自淮入肥，繇肥而趣巢湖，与吴人相持于东关。吴人挠魏亦必繇此。"②吴国若想逐鹿中原，战胜曹魏而一统寰宇，也必须首先控制淮南，将其作为前进的跳板。吴军的优势在于舟师，经濡须水入巢湖后抵达合肥，再沿肥水进至寿春，是它们攻击淮南时最重要的一条途径；濡须若被魏国占据，将航道封闭，孙吴船队滞于江内，不得北上，就无法发挥其军事上的长处了。

总之，在曹魏与吴国的对抗当中，濡须地区具有很高的战略价值，夺取该地会使魏军处于攻防俱便的有利形势之下，所以它多次在这一方向出动重兵，力图攻占这片水域。而对孙吴来说，自然不能让敌人的图谋得逞。吴国的兵力相对不足，比起曹魏来明显处于劣势；它所守御的长江尽管号称天堑，但是防线过长，实际上没有力量在沿江处处派兵屯驻。如果与敌人划江而守，天险即失其半；长江绵延数千里，其间可渡之处甚多，会顾此失彼，防不胜防。仅仅依靠江中的水战来阻止强敌南渡，形势也较为被

①［清］顾祖禹：《读史方舆纪要》卷26《南直八·庐州府》无为州条，第1283页。
②［清］顾祖禹：《读史方舆纪要》卷19《南直一·肥水》，第891页。

动。如建安十三年（208），曹兵云集赤壁，濒江待发，就给孙吴君臣带来极大的恐慌。"诸议者皆望风畏惧，多劝（孙）权迎之。"①《三国志》卷54《吴书·周瑜传》记载当时群臣主降的重要理由，就是曹操兵强，又已占领沿江地带，因此造成了对孙吴十分不利的局面。"议者咸曰：'曹公豺虎也，然托名汉相，挟天子以征四方，动以朝廷为辞，今日拒之，事更不顺。且将军大势，可以拒操者，长江也。今操得荆州，奄有其地，刘表治水军，蒙冲斗舰，乃以千数，操悉浮以沿江，兼有步兵，水陆俱下，此为长江之险，已与我共之矣。而势力众寡，又不可论。愚谓大计不如迎之。'"

　　为了保障江东的安全，从军事上考虑，较为理想的策略是在淮南建立外围防线，不让敌人到达江畔。史实表明，赤壁之战以后，吴国调整了守江战略，其主要内容是缩短战线，把有限的军队集中到江北几处枢纽地点，努力夺取或扼守一些交通冲要，如江陵、濡须、沔口、广陵等等，尽量阻止敌人的兵马水师入江。曹操曾称孙吴此举为："临江塞要，欲令王师终不得渡。"②张栻评曰："自古倚长江之险者，屯兵据要，虽在江南，而挫敌取胜，多在江北。故吕蒙筑濡须坞而朱桓以偏将却曹仁之全师，诸葛恪修东兴堤而丁奉以兵三千破胡遵七十（笔者按：'十'字为衍文）万。转弱为强，形势然也。"③这种作战意图在吴国使臣纪陟与司马昭的对话里有明确的反映。"（司马昭）又问：'吴之戎备几何？'对曰：'自西陵以至江都，五千七百里。'又问曰：'道里甚远，难为坚固。'对

①《三国志》卷47《吴书·吴主传》。
②［梁］萧统编，［唐］李善注：《文选》卷42《阮元瑜为曹公作书与孙权》，第589页。
③［清］顾祖禹：《读史方舆纪要》卷19《南直一·东关》，第915—916页。

曰：'疆界虽远，而其险要必争之地，不过数四，犹人虽有八尺之躯靡不受患，其护风寒亦数处耳。'"①

　　肥水－施水－巢湖－濡须水一线，既然是魏军南征的主要途径，那么堵住这条水陆干道，便成了孙吴防御作战的一项重任。吴军在这条路线上的哪个地点驻扎人马、阻击敌人最为理想呢？从史实来看，孙吴的历任统帅是很想夺取合肥的，如果控制了该地，就可以扼守将军岭一带狭窄的水陆通道，把魏军挡在江淮丘陵以北，并且使巢湖东、南的几处滨江渡口（历阳、羡溪、濡须口、皖口）得到掩护。为了达到此项目的，孙权曾多次亲率大军围攻合肥，但是由于军事实力及作战指挥等方面的原因，吴国始终未能攻克该城，不得已而退求其次，即选择了固守濡须地区的战略。濡须口是濡须水入江之处，其北面的东兴（关）有濡须、七宝两山对峙，河道狭窄，地势险要，曹魏的优势兵力难以展开和作迂回运动，有利于吴军的防守作战。如张浚所言："武侯谓曹操四越巢湖不成者，巢湖之水，南通大江，濡须正扼其冲，东、西两关又从而辅翼之，馈舟难通，故虽有十万之师，未能寇大江也。"②另外，孙吴要想在这一航线沿途进行阻击，这里是最后的地点。如果濡须失守，魏军主力再次集结江畔，吴国"临江塞要"战略部署中最重要的一环即被打破，又得被迫在广阔的长江防线上以弱敌强，面对类似赤壁之战前夕的被动局势，这是它绝对不愿意看到的。因此，孙吴不仅在濡须设坞置防，来阻止敌人入江；每当这一作战方向出现危急时，往往会迅速调遣军队前来援救，为保卫该地而竭

①《三国志》卷48《吴书·三嗣主传·孙皓》注引干宝《晋纪》。
②［清］顾祖禹：《读史方舆纪要》卷19《南直一·东关》，第915页。

尽全力。吴国的这种战略部署,是根据濡须地区在当时具备的重要军事意义和枢纽作用所决定的。

综上所述,濡须地区位于交通枢要,它北凭山险,南控江口,所扼之水路是当时中原与江南来往的主要途径,在军事上具有重要的地位价值,因而成为魏吴两国频繁交兵的必争之地。吴国利用濡须、东关一带的狭窄水道和险要地势,设置军镇,建筑坞城,并在战时及时赴援,故能屡次以弱抗强,挫败曹魏优势兵力的进攻。不过,地理条件并非决定战争胜负的主要因素。吴国末年政治腐败,昏君孙皓滥施酷刑,横征暴敛,导致民怨沸腾;加上军队的指挥无方,士气低落。"吴之将亡,贤愚所知。"①因此西晋大军南征时,孙吴诸镇人马一触即溃,昔日固若金汤的要塞纷纷陷落,只好在石头城上树起降幡了。

值得注意的是,西晋灭吴之役,兵分六路,"遣镇军将军琅邪王(司马)伷出涂中,安东将军王浑出江西,建威将军王戎出武昌,平南将军胡奋出夏口,镇南大将军杜预出江陵,龙骧将军王濬、巴东监军鲁国唐彬下巴、蜀,东西凡二十余万。"②扬州的晋军是攻吴的主力之一,大军指向涂中(今安徽滁河流域)和横江(今安徽和县东南),地点皆在濡须和东关的东北,其意图很明显,就是避实就虚,攻占孙吴防御比较薄弱的一些津要,不在守卫坚固的濡须、东关损耗大量兵力,贻误时间。由于从居巢经大小岘山开赴历阳走的是陆路,没有船队随行,王浑所部无法大批渡江,朝廷命令他

①《三国志》卷48《吴书·三嗣主传·孙皓》注引《襄阳记》。
②《资治通鉴》卷80晋武帝咸宁五年冬十一月。

到达历阳后等待益州王濬的水师接应,然后共同过江攻取建业①。看来,西晋军队的统帅吸取了曹魏时期强攻濡须地区屡屡受挫的经验教训,这一战略调整获得了成功,晋军顺利抵达横江,在无险可守的滨江平原上消灭了来援的孙吴中军主力②,致使建业门户洞开,孙皓无兵可调,只得俯首称臣。

---

①《晋书》卷 61《周浚传》载晋军占据历阳后,扬州刺史周浚遣别驾何恽建议先遣小股部队渡江,主帅王浑坚持按照命令等待王濬水师会合。他说:"受诏但令江北抗衡吴军,不使轻进。贵州虽武,岂能独平江东! 今者违命,胜不足多;若其不胜,为罪已重。且诏令龙骧受我节度,但当具君舟楫,一时俱济耳。"
②《晋书》卷 61《周浚传》:"拜折冲将军、扬州刺史,封射阳侯。随王浑伐吴,攻破江西屯戍,与孙皓中军大战,斩伪丞相张悌等首级数千,俘馘万计,进军屯于横江。"

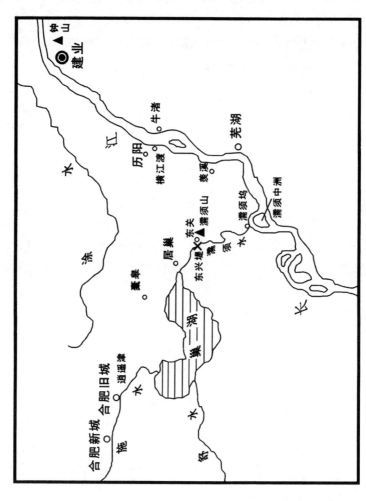

图七〇　三国合肥、濡须地区形势图

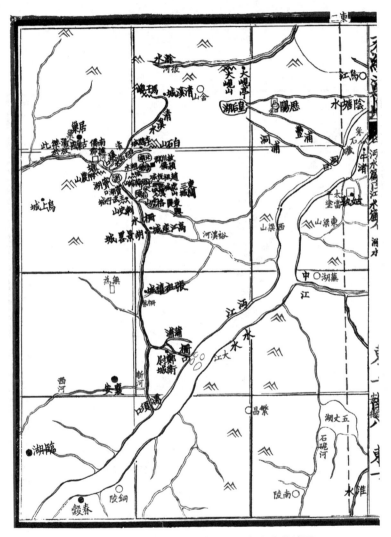

图七一　杨守敬《水经注图》濡须水流域关城图

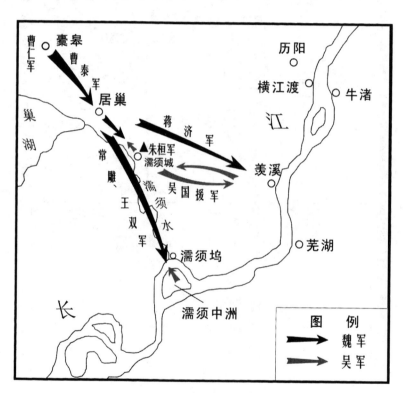

图七二　曹仁进攻濡须之役(223 年)

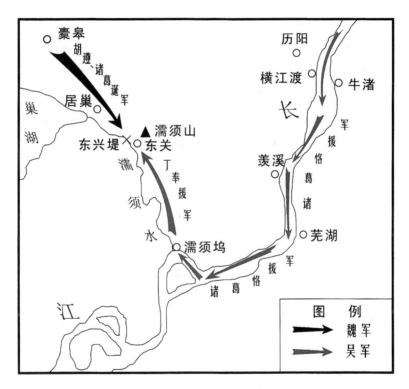

图七三　曹魏嘉平四年东关之役（252 年）

# 第三章 三国的庐江战局与江北孤镇皖城

在汉末三国的战争中,皖城是吴魏双方激烈争夺的边防戍要,皖城即庐江郡之皖县(治今安徽省潜山县)。《读史方舆纪要》卷 26 称该地:"春秋时为皖国,战国属楚。秦属九江郡,二汉属庐江郡,汉末吴克皖城,遂为重镇。"[①]由于此地具有重要的军事价值,孙、曹两家在那里进行过频繁的攻守作战。据文献记载,汉末孙策、孙权曾三次攻陷皖城,后来又以该地为前线据点,先后命陆逊、全琮、诸葛恪、朱异领兵袭击魏境,曹魏和西晋也派遣过臧霸、曹休、司马懿和应缂等将帅进攻皖城。现将其交战情况与军事背景分述如下:

## 一、建安时期皖城的攻守交战

两汉时期,皖县隶属庐江郡。东汉建武十年(34)六安国并入庐江郡,从而明显扩大了领域,有舒、雩娄、寻阳、灊(潜)、临湖、龙舒、襄安、皖、居巢、六安、蓼、安丰、阳泉、安风十四县,幅员相当辽阔。其辖区西阻大别山,南以长江为界,自寻阳向东北至芜湖;北距淮河,东边则沿芍陂西岸、将军岭及巢湖西岸南下至今无为县西界,其疆域略呈向西倾斜的梯形,包括今安徽省西部江淮之间

---

① [清]顾祖禹:《读史方舆纪要》卷 26《南直八·安庆府》,第 1298 页。

地域,以及湖北省黄梅县与河南省固始、商城二县,为山川湖泊所环绕,因而在自然地理上可以划作一个独立的单元。

东汉庐江郡治在皖城东北二百余里的舒县(治今安徽庐江县西南)。顾祖禹考证其地望沿革云:"古舒国,汉置舒县,为庐江郡治,后汉因之。三国时废,为境上地。"①由于位处庐江郡的中心地段,自汉初以来,舒县长期为政治、军事活动的热点区域。"文帝十六年分淮南为庐江国,封淮南厉王子赐为庐江王,都舒。元狩初复为郡。后汉建武四年李宪称帝于舒。六年马成拔舒,获李宪。永康初黄巾攻舒,庐江太守羊续破走之。"②这种格局直到汉末才发生变化,董卓之乱爆发后,中原群雄并起,相互攻杀。初平四年(193),盘踞南阳的袁术与曹操交战惨败。"术退保雍丘,又将其余众奔九江,杀扬州刺史陈温而自领之,又兼称徐州伯。"③从此袁术控制了淮南地区。当时庐江太守为陆康,仍以舒县为郡治,由于拒绝为袁术提供物资而被消灭。"时袁术屯兵寿春,部曲饥饿,遣使求委输兵甲。(陆)康以其叛逆,闭门不通,内修战备,将以御之。术大怒,遣其将孙策攻康,围城数重。康固守,吏士有先受休假者,皆逾伏还赴,暮夜缘城而入。受敌二年,城陷。月余,发病卒,年七十。"④陆康在开战前已获得讯息,事先将家小送还江东。见《三国志》卷58《吴书·陆逊传》:"逊少孤,随从祖庐江太守康在官。袁术与康有隙,将攻康,康遣逊及亲戚还吴。逊年长于康子绩数岁,为之纲纪门户。"这次战役结束后,有两件事情

---

① [清]顾祖禹:《读史方舆纪要》卷26《南直八·庐州府》,第1276—1277页。

② [清]顾祖禹:《读史方舆纪要》卷26《南直八·庐州府》,第1277页。

③ 《后汉书》卷75《袁术传》。

④ 《后汉书》卷31《陆康传》。

值得注意：

其一，袁术曾在战前许诺孙策为庐江太守，但后来违约任命了亲信刘勋继任。《三国志》卷46《吴书·孙策传》曰："（袁）术初许策为九江太守，已而更用丹杨陈纪。后术欲攻徐州，从庐江太守陆康求米三万斛。康不与，术大怒。策昔曾诣康，康不见，使主簿接之。策常衔恨。术遣策攻康，谓曰：'前错用陈纪，每恨本意不遂。今若得康，庐江真卿有也！'策攻康，拔之。术复用其故吏刘勋为太守，策益失望。"袁术的食言促使孙策离开他转向江东发展。

其二，刘勋就任后将郡治南移皖城，并在袁术败亡后收容了他的余部和亲属，此后皖城成为庐江地区的军政中心。建安四年（199）六月，袁术病死。《江表传》曰："术从弟胤、女婿黄猗等畏惧曹公，不敢守寿春，乃共舁术棺枢、扶其妻子及部曲男女，就刘勋于皖城。"[①]孙策本传对此事记载略有差异，"后（袁）术死，长史杨弘、大将张勋等将其众欲就策。庐江太守刘勋要击，悉虏之，收其珍宝以归。"[②]此后皖城频频引起附近军阀集团的关注，从而对其进行频繁的争夺。在汉末建安年间，皖城地区发生过以下数次战争。

### （一）建安四年冬孙策袭取皖城

袁术死后，淮南地区陷于分裂状态，曹操曾派严象至寿春担任扬州刺史，《三辅决录[注]》曰："（严）象字文则，京兆人。少聪

---

① 《三国志》卷46《吴书·孙策传》注引《江表传》。
② 《三国志》卷46《吴书·孙策传》。

博,有胆智。以督军御史中丞诣扬州讨袁术,会术病卒,因以为扬州刺史。"①豪杰陈兰、雷薄拥众割据灊山,在袁术病终之前就与其脱离部属关系。袁术称帝后,"荒侈滋甚,后宫数百皆服绮縠,余粱肉,而士卒冻馁,江淮间空尽,人民相食。术前为吕布所破,后为太祖所败,奔其部曲雷薄、陈兰于灊山,复为所拒,忧惧不知所出。"②刘勋既吞并了袁术的余部,又接纳了扬州豪强郑宝部下的兵众。据《三国志》卷14《魏书·刘晔传》记载,"扬士多轻侠狡桀,有郑宝、张多、许乾之属,各拥部曲。宝最骁果,才力过人,一方所惮。"后被刘晔诱骗刺杀,统属其人马,但因乏粮而将兵众交付刘勋。"(刘)晔睹汉室渐微,己为支属,不欲拥兵,遂委其部曲与庐江太守刘勋。勋怪其故,晔曰:'(郑)宝无法制,其众素以钞略为利,仆宿无资,而整齐之,必怀怨难久,故相与耳。'"郑宝的部下为万余人③,刘勋因此壮大了自己的势力,并成为江东孙氏集团的严重威胁。"时(刘)勋兵强于江、淮之间。孙策恶之。"④因而策划发动了偷袭皖城的战役行动。

当时刘勋兵马虽众,给养却无法解决,因而向邻郡求助。《江表传》载袁术部曲归属后,"勋粮食少,无以相振,乃遣从弟偕告籴于豫章太守华歆。歆郡素少谷,遣吏将偕就海昏上缭,使诸宗帅共出三万斛米以与偕。偕往历月,才得数千斛。"⑤孙策利用这一

---

① 《三国志》卷10《魏书·荀彧传》注引《三辅决录[注]》。
② 《三国志》卷6《魏书·袁术传》。
③ 《三国志》卷54《吴书·鲁肃传》载刘子扬与鲁肃书曰:"近郑宝者,今在巢湖,拥众万余。处地肥饶,庐江闲人多依就之。"
④ 《三国志》卷14《魏书·刘晔传》。
⑤ 《三国志》卷46《吴书·孙策传》注引《江表传》。

机会，"伪与勋好盟"①，又送去贵重礼物，诱使刘勋出兵上缭征粮，企图乘虚袭取皖城。刘晔察觉了这一计谋，但是刘勋不听从其劝阻，执意出兵，致使孙策偷袭成功。《三国志》卷14《魏书·刘晔传》曰：

> （孙策）遣使卑辞厚币，以书说（刘）勋曰："上缭宗民，数欺下国，忿之有年矣。击之，路不便，愿因大国伐之。上缭甚实，得之可以富国，请出兵为外援。"勋信之，又得策珠宝、葛越，喜悦。外内尽贺，而（刘）晔独否。勋问其故，对曰："上缭虽小，城坚池深，攻难守易，不可旬日而举，则兵疲于外，而国内虚。策乘虚而袭我，则后不能独守。是将军进屈于敌，退无所归。若军必出，祸今至矣。"勋不从。兴兵伐上缭，策果袭其后。勋穷蹙，遂奔太祖。

《三国志》卷46《吴书·孙策传》亦曰："勋新得术众，时豫章上缭宗民万余家在江东，策劝勋攻取之。勋既行，策轻军晨夜袭拔卢江，勋众尽降。勋独与麾下数百人自归曹公。"上缭属汉朝海昏县境，县治在今江西永修县西北。

　　孙策的作战计划部署得相当周密，他伪称出兵西征江夏黄祖，行至石城（今安徽马鞍山市东）后得到刘勋离境的讯息，随即派遣孙贲、孙辅率八千人顺流赴彭泽（今江西彭泽县）阻击②，不让刘勋回援；孙策亲率主力进攻其巢穴，迅速获得胜利。"即克之，

---

①《三国志》卷46《吴书·孙策传》。
②《三国志》卷46《吴书·孙策传》注引《江表传》："时（孙）策西讨黄祖，行及石城。闻勋轻身诣海昏，便分遣从兄贲、辅，率八千人于彭泽待勋。"

得（袁）术百工及鼓吹部曲三万余人，并术、勋妻子……皆徙所得人东诣吴。"①刘勋闻讯即撤兵回救，在彭泽遭到孙贲等截击，失利后只好向江夏黄祖求援，但又被孙策领兵击败，被迫投奔曹操。"贲、辅又于彭泽破勋。勋走入楚江，从寻阳步上到置马亭，闻策等已克皖，乃投西塞。至沂，筑垒自守，告急于刘表，求救于黄祖。祖遣太子射船军五千人助勋。策复就攻，大破勋。勋与偕北归曹公，射亦遁走。"②孙策随后又率众西征江夏，再次获得胜利。《江表传》曰："策收得勋兵二千余人、船千艘，遂前进夏口攻黄祖。时刘表遣从子虎、南阳韩晞将长矛五千，来为黄祖前锋。策与战，大破之。"③刘勋降众的精锐也被孙策收编，提高了军队的战斗力。《三国志》卷55《吴书·陈武传》曰："（孙）策破刘勋，多得庐江人，料其精锐，乃以（陈）武为督，所向无前。"战后他留下少数军队驻守皖城，率领部众撤回江东。"表用汝南李术为庐江太守，给兵三千人以守皖。"④从此将这一地区纳入了自己的势力范围，这次战役的时间在建安四年（199）冬⑤。

### （二）建安五年冬孙权攻占皖城

李术（史籍或称为李述）留守皖城后，并非忠心效力孙氏集团，而是积极扩大武装，企图在淮南独树一帜。建安五年（200）夏

①《三国志》卷46《吴书·孙策传》注引《江表传》。
②《三国志》卷46《吴书·孙策传》注引《江表传》。
③《三国志》卷46《吴书·孙策传》注引《江表传》。
④《三国志》卷46《吴书·孙策传》注引《江表传》。
⑤参见《三国志》卷46《吴书·孙策传》注引《吴录》载策表曰："臣讨黄祖，以十二月八日到祖所屯沙羡县。刘表遣将助祖，并来趣臣。"

孙策遇刺身亡,由十九岁的孙权继位,从而引起江东政局的波动,不少部下认为难以维持统治,因而产生了叛离的念头。《吴书》曰:"是时天下分裂,擅命者众。孙策莅事日浅,恩泽未洽,一旦倾陨,士民狼狈,颇有同异。"①甚至连他的族兄孙辅也私下与曹操联系,"辅恐(孙)权不能保守江东,因权出行东治,乃遣人赍书呼曹公。行人以告,权乃还……乃悉斩辅亲近,分其部曲,徙辅置东。"②在上述政治背景下,李术也脱离了与孙权的隶属关系,并收容其叛逃兵众。《江表传》曰:"初(孙)策表用李术为庐江太守。策亡之后,不肯事(孙)权,而多纳其亡叛。权移书求索,术报曰:'有德见归,无德见叛,不应复还。'权大怒。"③此时李术势力强劲,曾率众北征寿春,杀死曹操任命的扬州刺史严象④,使淮南再次分裂动荡。《三国志》卷15《魏书·刘馥传》曰:"孙策所置庐江太守李述攻杀扬州刺史严象,庐江梅乾、雷绪、陈兰等聚众数万在江、淮间,郡县残破。"孙权决心出兵消灭李术,以保住自己在江北的唯一阵地。他先写信给曹操,恳请其不要援助李术。其文曰:

> 严刺史昔为公所用,又是州举将,而李术凶恶,轻犯汉制,残害州司,肆其无道。宜速诛灭,以惩丑类。今欲讨之,进为国朝扫除鲸鲵,退为举将报塞怨仇,此天下达义,夙夜所甘心。术必惧诛,复诡说求救。明公所居,阿衡之任,海内所

①《三国志》卷52《吴书·张昭传》注引《吴书》。
②《三国志》卷51《吴书·宗室传·孙辅》注引《典略》。
③《三国志》卷47《吴书·吴主传》注引《江表传》。
④《三国志》卷10《魏书·荀彧传》注引《三辅决录[注]》曰:"(严)象字文则,京兆人。少聪博,有胆智。以督军御史中丞诣扬州讨袁术,会术病卒,因以为扬州刺史。建安五年,为孙策庐江太守李术所杀,时年三十八。"

瞻，愿敕执事，勿复听受。①

并派遣使臣顾徽到许昌向曹操致意②。曹操起初想要乘机东征孙权以平定江南，但考虑到头号劲敌袁绍在官渡战败后仍然保有河北四州，存在着卷土重来的威胁，因此需要维系与孙氏集团的盟好，以免陷入两面作战、腹背受敌的被动局面。出于上述原因，他答应了顾徽与张纮的请求，与孙权和平相处。"曹公闻(孙)策薨，欲因丧伐吴。(张)纮谏，以为乘人之丧，既非古义，若其不克，成仇弃好，不如因而厚之。曹公从其言，即表(孙)权为讨虏将军，领会稽太守。曹公欲令纮辅权内附，出纮为会稽东部都尉。"③另外，他决定听任孙权攻打李术，而不发兵救援。于是，孙权在当年冬天出征皖城④，经过围攻后消灭了李术。《江表传》曰："是岁举兵攻(李)术于皖城。术闭门自守，求救于曹公。曹公不救。粮食乏尽，妇女或丸泥而吞之。遂屠其城，枭术首，徙其部曲三万余人。"⑤为了确保对皖城地区的控制，孙权任命了善战而又可靠的宗亲孙河来作当地的军政长官。《吴书》曰："河质性忠直，讷言敏行，有气干，能服勤。少从(孙)坚征讨，常为前驱，后领左右兵，典

①《三国志》卷47《吴书·吴主传》注引《江表传》。
②《三国志》卷52《吴书·顾雍传》注引《吴书》："雍母弟徽，字子叹……转东曹掾。或传曹公欲东，权谓徽曰：'卿孤腹心，今传孟德怀异意，莫足使揣之，卿为吾行。'拜辅义都尉，到北与曹公相见。公具问境内消息，徽应对婉顺。因说江东大丰，山薮宿恶，皆慕化为善，义出作兵。公笑曰：'孤与孙将军一结婚姻，共辅汉室，义如一家，君何为道此？'徽曰：'正以明公与主将义固磐石，休戚共之，必欲知江表消息，是以及耳。'公厚待遣还。"
③《三国志》卷53《吴书·张纮传》。
④《资治通鉴》卷63汉献帝建安五年记载孙权攻李术事在十月之后。
⑤《三国志》卷47《吴书·吴主传》注引《江表传》。

知内事,待以腹心之任。又从(孙)策平定吴、会,从(孙)权讨李术。术破,拜威寇中郎将,领庐江太守。"①

### (三)建安十四年曹将臧霸对皖城的进攻

赤壁之战以后,"孙权率十万众攻围合肥城百余日,时天连雨,城欲崩,于是以苫蓑覆之,夜然脂照城外,视贼所作而为备,贼以破走。"②曹操则率主力回到北方,并在谯县(今安徽亳州市)建造船只、训练舟师,然后到淮南巩固当地统治,准备向孙权发动反击。"(建安)十四年春三月,军至谯,作轻舟,治水军。秋七月,自涡入淮,出肥水,军合肥……置扬州郡县长吏,开芍陂屯田。十二月,军还谯。"③曹操在此期间进行的另一项重要措施,就是派遣张辽、臧霸等将肃清陈兰、梅成等割据皖西的地方叛乱势力。《三国志》卷17《魏书·张辽传》曰:

> 陈兰、梅成以氐六县叛,太祖遣于禁、臧霸等讨成,辽督张郃、牛盖等讨兰。成伪降禁,禁还。成遂将其众就兰,转入灊山。灊中有天柱山,高峻二十余里,道险狭,步径裁通,兰等壁其上。辽欲进,诸将曰:"兵少道险,难用深入。"辽曰:"此所谓一与一,勇者得前耳。"遂进到山下安营,攻之,斩兰、成首,尽虏其众。太祖论诸将功,曰:"登天山,履峻险,以取兰、成,荡寇功也。"增邑,假节。

《资治通鉴》卷66汉献帝建安十四年亦载其事:"庐江人陈兰、梅

---

①《三国志》卷51《吴书·宗室传·孙韶》注引《吴书》。
②《三国志》卷15《魏书·刘馥传》。
③《三国志》卷1《魏书·武帝纪》。

成据灊、六叛,操遣荡寇将军张辽讨斩之;因使辽与乐进、李典等将七千余人屯合肥。"胡三省注:"灊、六二县,皆属庐江郡。(李)贤曰:灊,今寿州霍山县。灊,音潜。"又引《资治通鉴考异》曰:"辽传无年。按繁钦《征天山赋》云:'建安十四年十二月甲辰,丞相武平侯曹公东征,临川未济,群舒蠢动,割有灊、六,乃俾上将荡寇将军张辽治兵南岳之阳。'又云:'陟天柱而南徂。'故置于此。"值得注意的是,在这次军事行动中,曹将臧霸曾领兵向皖城的吴军进攻,受到守将韩当的阻击,被迫退兵至舒县。"张辽之讨陈兰,霸别遣至皖,讨吴将韩当,使(孙)权不得救兰。当遣兵逆霸,霸与战于逢龙,当复遣兵邀霸于夹石,与战破之,还屯舒。权遣数万人乘船屯舒口,分兵救兰,闻霸军在舒,遁还。霸夜追之,比明,行百余里,邀贼前后击之。贼窘急,不得上船,赴水者甚众。由是贼不得救兰,辽遂破之。"[1]笔者按:前述孙权在消灭李术之后委任孙河为庐江太守,而后者不久调驻京口(今江苏镇江市),建安九年(204)被部下妫览、戴员暗杀[2]。建安五年(200)曹操任命刘馥为扬州刺史,他曾将势力扩展到皖城一带。《三国志》卷15《魏书·刘馥传》记载他任职以后,"数年中恩化大行,百姓乐其政,流民越江山而归者以万数。于是聚诸生,立学校,广屯田,兴治芍陂及茄陂、七门、吴塘诸堨以溉稻田,官民有畜。"其中吴塘陂就在皖城附近,参见《太平寰宇记》卷125:"怀宁县,本汉皖县……吴塘陂,在县西二

---

①《三国志》卷18《魏书·臧霸传》。
②《三国志》卷51《吴书·宗室传·孙韶》载其伯父孙河:"后为将军,屯京城。"被大都督督兵妫览、吴郡丞戴员刺杀。《资治通鉴》卷64载其事在汉献帝建安九年。

十里,皖水所注。"①后来朱光任庐江太守驻扎皖城,也是在此地大开稻田。谢钟英认为建安五年孙权攻陷皖城后不久就将军队撤走,当地随即被刘馥占领。"(孙)策亡,庐江太守李术不肯事(孙)权。(建安)五年,攻术于皖城,枭术首,徙其部曲三万余人。皖城入魏当在此时。"②吴增仅也是持相同看法③。不过,最晚在赤壁之战以后,皖城又处于孙氏集团的控制之下,由韩当所部进行防守。

　　臧霸与韩当交战的地点有逄龙和夹石,夹石在今安徽桐城县北,又名南硖(石),道路险峻,为吴、魏双方交界地带。胡三省曰:"夹石在今安庆府桐城县北四十七里,今名西峡山。"④顾祖禹考证曰:"(桐城)县北六十里。有两崖相夹如关。又西硖山,在县北四十七里。旧置军垒,一曰南硖戍,即夹石山也。《(通鉴地理)通释》:'淮南有两夹石,在寿州淮水上者曰北硖石,在桐城者曰南硖石。'薛氏谓淮西山泽无水隔者,有六安、舒城走南硖之路,南硖所以蔽皖也。建安十九年孙权攻皖,张辽自合肥驰救,至硖石,闻城已破,筑垒硖石南而还,谓之南硖戍。"⑤逄龙之地望应在皖县之北境,《太平寰宇记》卷125载怀宁县原为汉朝皖县,皖水在县城西

①[宋]乐史撰,王文楚等点校:《太平寰宇记》卷125《淮南道三·舒州怀宁县》,第2474—2475页。

②[清]洪亮吉撰,[清]谢钟英补注:《〈补三国疆域志〉补注》,《二十五史补编·三国志补编》,第479页。

③[清]吴增仅:《三国郡县表附考证》吴扬州庐江郡:"(建安)五年,(孙)策亡。(李)术不肯事(孙)权。权复攻之,遂屠其城。时虽以孙河为太守,然皖城已屠,度已弃而不治,孙河似只遥领其职,故地复为魏有。建安十八年,庐江等郡十余万户皆东渡江,合肥以南惟有皖城。十九年,权征皖城,获庐江太守朱光,于是庐江复又入吴。"《二十五史补编·三国志补编》,第366—367页。

④《资治通鉴》卷67汉献帝建安十九年五月胡三省注。

⑤[清]顾祖禹:《读史方舆纪要》卷26《南直八·安庆府》,第1305—1306页。

北,水北有古城曰逢龙城,唐朝曾在此地重修壁垒以屯驻军民,亦称作皖城,后又废罢。"废皖城。唐武德五年,大使王弘让析置,在古逢龙城内。按《魏志》:'臧霸讨吴将韩当,当引兵逆战于逢龙。'即此地。"①卢弼《三国志集解》引谢钟英曰:"逢龙当与夹石相近。"②按文献记载交战情况来看,逢龙在夹石之南,所以韩当与臧霸在逢龙对阵时,另派部队到夹石去截断其退路,形成夹攻之势。"当遣兵逆霸,霸与战于逢龙,当复遣兵邀霸于夹石。"据臧霸本传所言,此役魏军此番作战是获胜后退兵,其实《魏志》多讳败而言胜,为本国人物虚夸溢美③。另据其他文献反映,实际上臧霸是吃了败仗。例如,陆机《辨亡论》历数孙吴对外作战的胜绩,除了赤壁、夷陵之役的大捷之外,还有两次胜利。"续以濡须之寇,临川摧锐;蓬笼之战,匹轮不反。"④李善注予以解释:前者即建安十八年(213)正月曹操偷袭濡须中洲,被孙权击败⑤;后者即指建安十四年(209)韩当在逢龙打败臧霸的战役。古籍中"逢龙"或作"蓬笼",李善注云:"《魏志》曰:张辽之讨陈兰,别遣臧霸至皖讨吴。吴将韩当遣兵逆霸,与战于蓬笼。《楚辞》曰:登蓬笼而下隕兮。王逸曰:蓬笼,山名也。《公羊传》曰:晋败秦于殽,匹马只轮无反者。"⑥可见臧霸此在这场战役遭到惨败,经夹石退据舒县,并非是

---

① [宋]乐史撰,王文楚等点校:《太平寰宇记》卷125《淮南道三·舒州怀宁县》,第2477页。
② 卢弼:《三国志集解》卷18《魏书·臧霸传》,第465页。
③ 参见[清]赵翼撰,王树民校证:《廿二史札记校证》卷6《三国志多回护》,中华书局,1984年,第122页。
④ [梁]萧统编,[唐]李善注:《文选》卷53《论三》陆士衡《辨亡论·上》,第737页。
⑤ 参见《三国志》卷47《吴书·吴主传》建安十八年正月注引《吴历》:"曹公出濡须,作油船,夜渡洲上。(孙)权以水军围取,得三千余人,其没溺者亦数千人。"
⑥ [梁]萧统编,[唐]李善注:《文选》卷53《论三》陆士衡《辨亡论·上》,第737页。

交战获胜。

## (四)建安十九年孙权再次攻占皖城

在臧霸进攻皖城失利之后,曹操再次向该地派兵出征,占领了这一地区。事见《三国志》卷54《吴书·吕蒙传》:"曹公遣朱光为庐江太守,屯皖,大开稻田,又令闲人招诱鄱阳贼帅,使作内应。"曹操在当地大开屯田,是由于皖城距离后方合肥、寿春较远,又不通水运,粮饷供应运输相当困难,故企图就地生产来解决。朱光与对岸的山越首领联络,策动他们起兵反抗孙吴的统治,如果阴谋得逞,就会将其势力扩展到南岸,形成夹江呼应之势,对孙吴荆、扬两地的航运交通产生严重的阻碍。为了收复失地,杜绝隐患,孙权亲自领兵进行反攻,成功地拿下了皖城,俘获大量官兵。"(建安)十九年五月,(孙)权征皖城。闰月,克之,获庐江太守朱光及参军董和,男女数万口。"[1]曹操此前何时占领皖城,史籍对此没有明确的记载。前引清儒谢钟英、吴增仅之观点,均认为从建安五年(200)孙权消灭李术后撤军直到建安十九年(214)吕蒙攻陷皖城之前,当地都是由曹操所部统治。但是吴、谢二人的以上观点与史籍记载有所抵触,因为从前述逢龙之役臧霸进攻皖城被韩当击败的情况来看,孙吴集团在建安十四年(209)秋仍控制着这一地区;皖城被曹操集团重新占领的时间应当是在此之后,而不是这次战斗以前。就吴魏双方这一时期的作战情况来看,曹操在建安十四年十二月率军离开淮南,回到北方,并在建安十六年(211)西征关中,平定马超、韩遂的叛乱,在次年正月才率

---

①《三国志》卷47《吴书·吴主传》。

领主力回到邺城。在这段时间内扬州的曹兵数量较少,勉强能够自保,应该无力分兵攻克皖城。至建安十七年(212)十月,曹操南征孙权。"十八年春正月,进军濡须口,攻破权江西营,获权都督公孙阳,乃引军还。"①孙权为了阻止曹操占据濡须滨江地区,集中了精兵强将与之对抗。《三国志》卷47《吴书·吴主传》曰:"(建安)十八年正月,曹公攻濡须。(孙)权与相拒月余,曹公望权军,叹其齐肃,乃退。"在此之前,曹操曾下令北迁淮南民众,引起当地百姓的恐慌,纷纷南逃渡江。"江西遂虚,合肥以南惟有皖城。"②由此来看,很有可能是曹操在建安十七年(212)冬越过巢湖进攻濡须口时,乘孙权主力军队调往当地应战、皖城一带防务虚弱而派兵占领的。

曹操在建安十八年(213)正月撤回北方,仅留下张辽、李典与乐进率七千余人驻守合肥,兵力严重不足。如前所述,江淮之间的民众又多逃亡南方,这就使皖城的守军陷于孤立的被动局面。孙权于是抓住了这个有利的战机,迅速攻陷了皖城,攻城战斗只进行了一日。《三国志》卷54《吴书·吕蒙传》曰:"于是(孙)权亲征皖,引见诸将,问以计策。(吕)蒙乃荐甘宁为升城督,督攻在前,蒙以精锐继之。侵晨进攻,蒙手执枹鼓,士卒皆腾踊自升,食时破之。"此役俘虏了太守朱光和城中的数万军民,评功时吕蒙为最,甘宁次之③。值得注意的是,孙权任命吕蒙为皖城地区的当地军政长官,并分给他俘获的兵马,但是命令他和所统军队移驻西

---

① 《三国志》卷1《魏书·武帝纪》。
② 《三国志》卷47《吴书·吴主传》建安十八年正月。
③ 《三国志》卷55《吴书·甘宁传》:"后从攻皖,为升城督。(甘)宁手持练,身缘城,为吏士先。卒破获朱光。计功,吕蒙为最,宁次之,拜折冲将军。"

南江畔的寻阳（今湖北黄梅县西南），而没有留守皖地。"权嘉其功，即拜庐江太守，所得人马皆分与之，别赐寻阳屯田六百人，官属三十人。蒙还寻阳。"①究其原因，应该是江淮之间民众迁移一空，形成了广袤的无人地带。皖城距离敌境较近，但是与皖水入江之港口相隔较远，约有二百多里。李吉甫言唐朝怀宁县即汉朝皖县，"皖水，西北自霍山县流入，经怀宁县北二里，又东南流二百四十里入大江。"②若是孙吴在此驻守重兵，则后方的军需供给和兵力支援有一定困难。所以当地驻军的主力和长官治所迁移到寻阳，临近长江航道，而在皖城只留下少数警戒部队，以减少粮饷供应的耗费。

## 二、孙权建都武昌时期皖城地区的战事

自建安十九年（214）五月孙权攻占皖城之后，双方的主要战场向东转移，《三国志》卷 1《魏书·武帝纪》记载，"七月，公征孙权。"至十月，"公自合肥还。"

建安二十年（215），"八月，孙权围合肥，张辽、李典击破之。"

建安二十一年（216），"冬，十月，治兵，遂征孙权。十一月至谯。"

建安二十二年（217），"春正月，王军居巢。二月，进军屯江西郝溪。权在濡须口筑城拒守，遂逼攻之，权退走。三月，王引军还，留夏侯惇、曹仁、张辽等屯居巢。"

---

① 《三国志》卷 54《吴书·吕蒙传》。
② ［唐］李吉甫：《元和郡县图志》阙卷逸文卷二，第 1079 页。

建安二十四年(219),曹、刘两家的激烈交锋成为三国战争的焦点,曹操先是被迫从汉中撤退,又调集兵马救援受关羽围攻的襄樊。孙权此时改变联刘抗曹的策略,"笺与曹公,乞以讨羽自效。"①曹操也及时利用孙刘之间的矛盾,促使双方发生冲突。"司马宣王、蒋济以为关羽得志,孙权必不愿也。可遣人劝权蹑其后,许割江南以封权,则樊围自解。曹公从之。"②结果孙权袭取荆州成功,并建都武昌,又在峡口大败刘备。夷陵之战以后,魏吴关系恶化。魏文帝曾三次征吴,其中首次是在黄初三年(222)九月至四年(223)三月分兵南征:东路由曹休、张辽等经中渎水道而下入江,中路由曹仁率众越巢湖进攻濡须口,西路则由曹真、夏侯尚领中军主力围攻江陵。第二次、三次征吴分别在黄初五年(224)和六年(225),是由曹丕亲率舟师自中渎水道南下至广陵。总之,从建安十九年(214)至黄初七年(226)五月曹丕去世前,皖城地区未曾经历战事。

## (一)黄初七年曹休对皖城、寻阳的进攻

曹丕在黄初七年(226)五月病逝,由明帝曹睿继位,当年魏国扬州都督曹休统兵入皖,打败了当地的孙吴守军,又先后收纳其叛降兵将。事见《三国志》卷9《魏书·曹休传》:"明帝即位,进封长平侯。吴将审德屯皖,(曹)休击破之,斩德首。吴将韩综、翟丹等前后率众诣休降。增邑四百,并前二千五百户,迁大司马,都督扬州如故。"关于这次战役,史籍未能记载详细情况。从当时的历

①《三国志》卷47《吴书·吴主传》。
②《三国志》卷36《蜀书·关羽传》。

史背景来看,曹休此番进兵皖城,主要目的是策应对岸鄱阳彭绮发起的反吴叛乱,后又企图牵制孙权对石阳(今湖北武汉市黄陂区西)的进攻。

曹睿即位前后,孙吴在鄱阳地区的平叛战斗正在激烈进行。彭绮的叛乱始于黄初六年(225)岁末,即吴黄武四年。"冬十二月,鄱阳贼彭绮自称将军,攻没诸县,众数万人。"[1]当时正值曹丕率众南征,《吴录》曰:"是冬魏文帝至广陵,临江观兵。兵有十余万,旌旗弥数百里,有渡江之志。"[2]彭绮在这时起兵反吴,是利用孙权重兵集于前线而后方空虚的缘故,他与吴军的战斗持续了一年有余,直到黄武六年(227)才结束。"春正月,诸将获彭绮。"[3]魏明帝登极后曾召集群臣商议是否援助彭绮,大部分官员认为应该乘吴国内乱而出兵进攻。"时吴人彭绮又举义江南,议者以为因此伐之,必有所克。"[4]只有孙资表示异议:

> 帝问资,资曰:"鄱阳宗人前后数有举义者,众弱谋浅,旋辄乖散。昔文皇帝尝密问贼形势,言洞浦杀万人,得船千万,数日间船人复会;江陵被围历月,权裁以千数百兵住东门,而其土地无崩解者。是有法禁,上下相奉持之明验也。以此推(彭)绮,惧未能为权腹心大疾也。"绮果寻败亡。[5]

从前引《曹休传》的记载来看,魏明帝最终还是决定出兵策应彭

①《三国志》卷47《吴书·吴主传》。
②《三国志》卷47《吴书·吴主传》注引《吴录》。
③《三国志》卷47《吴书·吴主传》。
④《三国志》卷14《魏书·刘放传》注引《孙资别传》。
⑤《三国志》卷14《魏书·刘放传》注引《孙资别传》。

绮,曹休进攻皖城的作战也进行得相当顺利,歼灭了吴将审德率领的驻军。但是据史籍所言,曹休此番进兵只是到了逢龙,即前述臧霸败于韩当之处,并未乘胜进占皖城,而且很快就率众离开了。见周鲂致曹休笺其六:"前彭绮时,闻旌麾在逢龙,此郡民大小欢喜,并思立效。若留一月日间,事当大成,恨去电速,东得增众专力讨绮,绮始败耳。"①值得注意的是,曹休的部队既没有南下支援彭绮,也没有北返寿春,而是自逢龙向西进发,到了鄂东的江北要镇寻阳(今湖北黄梅县西南)。见《三国志》卷3《魏书·明帝纪》黄初七年(226)八月,"辛巳,立皇子冏为清河王。吴将诸葛瑾、张霸等寇襄阳,抚军大将军司马宣王讨破之,斩霸,征东大将军曹休又破其别将于寻阳。论功行赏各有差。"曹休离开皖城西赴寻阳,应是当时孙权乘魏国大丧而发兵进攻荆州,当地形势比较危急的缘故。"八月,孙权攻江夏郡,太守文聘坚守。朝议欲发兵救之,帝曰:'权习水战,所以敢下船陆攻者,几掩不备也。今已与聘相持,夫攻守势倍,终不敢久也。'"②《三国志》卷18《魏书·文聘传》亦曰:"孙权以五万众自围聘于石阳,甚急。聘坚守不动,权住二十余日乃解去。"如前所述,襄阳也受到了吴将诸葛瑾、张霸等部的攻击。由此看来,曹休离开皖城去进攻寻阳,是为了应付吴国乘丧北伐的突发事件,以便迫使孙权从江夏撤兵,因此被迫改变了南下援助彭绮的初衷。从他沿途进军畅行无阻的情况来看,吴国在皖城至寻阳的大别山南麓一带并未有多少军队设防,所以曹休能够顺利地到达江畔。

①《三国志》卷60《吴书·周鲂传》。
②《三国志》卷3《魏书·明帝纪》。

　　前述韩当曾驻守皖城,后调赴荆州作战。"又与吕蒙袭取南郡,迁偏将军,领永昌太守。宜都之役,与陆逊、朱然等共攻蜀军于涿乡,大破之,徙威烈将军,封都亭侯。"①黄初三年(222)九月魏军围攻江陵,韩当在其东邻据守。"曹真攻南郡,当保东南。在外为帅,厉将士同心固守,又敬望督司,奉遵法令,(孙)权善之。"②战后他又被调回扬州,"黄武二年,封石城侯,迁昭武将军,领冠军太守,后又加都督之号,将敢死及解烦兵万人,讨丹杨贼,破之。"③黄初七年(226)韩当病逝,由其子韩琮袭爵领兵。"其年,(孙)权征石阳,以(韩)综有忧,使守武昌。而综淫乱不轨。权虽以父故不问,综内怀惧。"④韩琮叛降曹休则是在次年(227)岁终。"闰(十二)月,韩当子琮以其众降魏。"⑤此时距离石阳之役已有岁余,他应该是在孙权返还武昌后又回到原来在扬州的驻地,因此得以就近投降曹休。"载父丧,将母家属部曲男女数千人奔魏。魏以为将军,封广阳侯。数犯边境,杀害人民,(孙)权常切齿。"⑥此后韩琮始终在曹魏扬州都督辖区领兵,直到孙权去世后,嘉平四年(252)十二月东兴之役魏兵失利,"综为前锋,军败身死。诸葛恪斩送其首,以白权庙。"⑦

### (二)太和二年石亭之役

　　曹魏太和二年(228)即吴黄武七年,是岁曹休率领大军进攻

①《三国志》卷55《吴书·韩当传》。
②《三国志》卷55《吴书·韩当传》。
③《三国志》卷55《吴书·韩当传》。
④《三国志》卷55《吴书·韩当传》。
⑤《三国志》卷47《吴书·吴主传》黄武六年。
⑥《三国志》卷55《吴书·韩当传》。
⑦《三国志》卷55《吴书·韩当传》。

皖城遭到惨重失败。"夏五月,鄱阳太守周鲂伪叛,诱魏将曹休。秋八月,(孙)权至皖口,使将军陆逊督诸将大破休于石亭。"①《资治通鉴》卷71魏明帝太和二年胡三省注"石亭"曰:"其地当在今舒州怀宁、桐城二县之间。"即今安徽潜山县北境。这次战役之前,鄱阳郡内仍有抵触孙吴统治的山越势力,孙权因此暗地命令太守周鲂以他们的名义联络魏扬州都督曹休,诱骗其入境来援,以便给予伏击,周鲂则请求由自己出面派人赴魏境沟通。"(周鲂)被命密求山中旧族名帅为北敌所闻知者,令谲挑魏大司马扬州牧曹休。鲂答,恐民帅小丑不足仗任,事或漏泄,不能致休。乞遣亲人赍笺七条以诱休。"②其中还有一个缘故,就是周鲂此前曾与曹休联系诈降,但是未能奏效。事见他给孙权的密奏:"圣朝天覆,含臣无效,猥发优命,敕臣以前诱致贼休,恨不如计。今于郡界求山谷魁帅为北贼所闻知者,令与北通。臣伏思惟,喜怖交集。窃恐此人不可卒得,假使得之,惧不可信,不如令臣谲休,于计为便。"③而曹休此番中计前往皖城,亦有以下原因:

其一,鄱阳郡山越的反吴倾向与活动由来已久,曹操在世时就曾经加以利用。前述朱光任庐江太守而屯据皖城时,曾命令间谍渡江,"招诱鄱阳贼帅,使作内应。"④此前彭绮发动的叛乱,也是经历岁余,直到去年才被镇压下去,民众对孙吴统治心怀怨恨者仍然大有人在。周鲂致曹休笺其五中曰:"鄱阳之民,实多愚劲,帅之赴役,未即应人,倡之为变,闻声响抃。今虽降首,盘节未解,

①《三国志》卷47《吴书·吴主传》黄武七年。
②《三国志》卷60《吴书·周鲂传》。
③《三国志》卷60《吴书·周鲂传》。
④《三国志》卷54《吴书·吕蒙传》。

山栖草藏,乱心犹存。"①这番话并非虚构,而是具有一定程度的真实性,所以能够挑动曹休。

其二,周鲂提供了孙权即将北征石阳、滨江兵力被抽调殆尽的虚假情报。其笺曰:"东主致恨前者不拔石阳,今此后举,大合新兵,并使潘濬发夷民,人数甚多。"又云:"东主顷者潜部分诸将,图欲北进。吕范、孙韶等入淮,全琮、朱桓趋合肥,诸葛瑾、步骘、朱然到襄阳,陆议、潘璋等讨梅敷。东主中营自掩石阳,别遣从弟孙奂治安陆城,修立邸阁,辇赍运粮,以为军储,又命诸葛亮进指关西,江边诸将无复在者,才留三千所兵守武昌耳。若明使君以万兵从皖南首江渚,鲂便从此率厉吏民,以为内应。此方诸郡,前后举事,垂成而败者,由无外援使其然耳;若北军临境,传檄属城,思咏之民,谁不企踵? 愿明使君上观天时,下察人事,中参蓍龟,则足昭往言之不虚也。"②致使曹休误认为能够乘虚而入,不会遇到强烈的防御和反击。

其三,周鲂称自己受到孙权猜疑,有性命之忧,他所接任的王靖就是被杀的前车之鉴。"鲂所代故太守广陵王靖,往者亦以郡民为变,以见谴责,靖勤自陈释,而终不解。因立密计,欲北归命,不幸事露,诛及婴孩。鲂既目见靖事,且观东主一所非薄,姻不复厚,虽或暂舍,终见翦除。今又令鲂领郡者,是欲责后效,必杀鲂之趣也。虽尚视息,忧惕焦灼,未知驱命,竟在何时?"③一旦鄱阳山越发动叛乱,周鲂就会以失职的罪名被诛。"今此郡民,虽外名

---

① 《三国志》卷 60《吴书·周鲂传》。
② 《三国志》卷 60《吴书·周鲂传》。
③ 《三国志》卷 60《吴书·周鲂传》。

降首,而故在山草,看伺空隙,欲复为乱,为乱之日,鲂命讫矣。"①
为了欺骗曹休,孙权还故意派遣使臣前往鄱阳进行责问;周鲂假
戏真做,截断头发以表示谢罪,由此博得了曹休的信任。"鲂初建
密计时,频有郎官奉诏诘问诸事。鲂乃诣部郡门下,因下发谢。
故休闻之,不复疑虑。"②

其四,是曹休屡胜之后的轻敌。魏文帝即位之后,曹休以宗
室出任边镇大将,在扬州率领重兵与吴国作战数次获胜。如黄初
三年(222),"孙权遣将屯历阳,休到,击破之,又别遣兵渡江,烧贼
芜湖营数千家。"③当年九月,曹丕三道南征。"以(曹)休为征东大
将军,假黄钺,督张辽等及诸州郡二十余军,击(孙)权大将吕范等
于洞浦,破之。拜扬州牧。"④实际上这次获胜有运气的成分,由于
遭遇飓风,孙吴船队多有覆没,或吹致北岸敌营而被擒获。如吕
范本传曰:"时遭大风,船人覆溺,死者数千。"⑤《三国志》卷14《魏
书·董昭传》亦曰:"暴风吹贼船,悉诣(曹)休等营下,斩首获生,
贼遂迸散。"不管怎样,这是曹魏对孙吴水军作战少有的胜利。前
述黄初七年(226)曹休进攻皖城,斩杀守将审德,又西出寻阳击败
吴军,连续出征获胜,难免会使他产生轻敌的情绪。不过,曹休上
回在皖城获胜后转赴寻阳,未能南下援助彭绮,致使后者孤军战
斗岁余而最终失败,这应是曹休心中存在的芥蒂。周鲂正是利用
了这一点,在伪降密笺中写道:"前彭绮时,闻旌麾在逢龙,此郡民

①《三国志》卷60《吴书·周鲂传》。
②《三国志》卷60《吴书·周鲂传》。
③《三国志》卷9《魏书·曹休传》。
④《三国志》卷9《魏书·曹休传》。
⑤《三国志》卷56《吴书·吕范传》。

大小欢喜,并思立效。若留一月日间,事当大成,恨去电速,东得增众专力讨绮,绮始败耳。愿使君深察此言。"①以此来激起曹休弥补前番作战缺憾的欲望,其计策因此而得逞。

　　孙权方面的欺敌计划布置得十分周密,致使曹休与魏国朝廷都被蒙蔽,企图乘此机会发动一场大规模的战役。据史籍所载,曹魏命令荆州都督司马懿、豫州刺史贾逵和扬州都督曹休三路同时出击。事见《三国志》卷15《魏书·贾逵传》:"太和二年,(明)帝使逵督前将军满宠、东莞太守胡质等四军,从西阳直向东关,曹休从皖,司马宣王从江陵。"其中扬州的曹休一路为主攻方向,兵马数量最多。"(曹)休果信(周)鲂,帅步骑十万,辎重满道,径来入皖。"②他的任务是在接应周鲂叛乱之后挥师西赴寻阳(今湖北黄梅县西南),即与黄初七年(226)的那次进军路线基本相同。曹休本传曰:"太和二年,帝为二道征吴,遣司马宣王从汉水下,休督诸军向寻阳。"③在开战之前,魏国有些大臣对于此项计划提出了担心,但是未能改变朝廷的决定。例如蒋济曾表奏曹休:"深入虏地,与权精兵对,而朱然等在上流,乘休后,臣未见其利也。"④满宠亦上疏曰:"曹休虽明果而希用兵,今所从道,背湖旁江,易进难退,此兵之注[挂]地也。若入无强口,宜深为之备。"⑤胡三省云:"绖,古卖翻,罥也。言其地险,师行由之,为所罥挂,进退不可也。《孙子·地形篇》曰:地形有通者,有挂者。我可以往,彼可以来曰

---

①《三国志》卷60《吴书·周鲂传》。
②《三国志》卷60《吴书·周鲂传》。
③《三国志》卷9《魏书·曹休传》。
④《三国志》卷14《魏书·蒋济传》。
⑤《三国志》卷26《魏书·满宠传》。

通。可以往，难以返曰挂。"又云："无强口，在夹石东南。"①

孙权为了确保此番作战的胜利，专门从数千里外的西陵调来名将陆逊，任命他作前线总指挥官，"乃召逊假黄钺，为大都督，逆休。"②即表示他拥有专断杀伐之权，并将吴国的中军精锐交付给陆逊调遣。陆机《逊铭》曰："魏大司马曹休侵我北鄙，乃假公黄钺，统御六师及中军禁卫而摄行王事，主上执鞭，百司屈膝。"③面临曹休的十万大军，吴国调集了六万兵马到皖城来迎战。"时陆逊为元帅，全琮与桓为左右督，各督三万人击休。"④孙权也亲临皖口，在前线督战⑤。他还命令在武昌以北的安陆发动攻势，以转移魏军的注意力，但是被蒋济看破。"（曹休）军至皖，吴出兵安陆，济又上疏曰：'今贼示形于西，必欲并兵图东，宜急诏诸军往救之。'"⑥另外，曹魏的作战计划在执行中途发生了改变。由于曹休提出要深入敌境，朝廷命令司马懿停止前进，又让贾逵所属部队向东转移，与曹休军队会合后共同南下皖城。"（贾）逵至五将山，（曹）休更表贼有请降者，求深入应之。诏宣王驻军，逵东与休合进。"⑦

关于曹休与陆逊所部的作战经过，魏吴双方的记载略有不同。《三国志》卷9《魏书·曹休传》曰："贼将伪降，休深入，战不

①《资治通鉴》卷71魏明帝太和二年八月胡三省注。
②《三国志》卷58《吴书·陆逊传》。
③《三国志》卷58《吴书·陆逊传》注引陆机《逊铭》。
④《三国志》卷56《吴书·朱桓传》。
⑤《三国志》卷47《吴书·吴主传》黄武七年："秋八月，（孙）权至皖口，使将军陆逊督诸将大破（曹）休于石亭。"
⑥《三国志》卷14《魏书·蒋济传》。
⑦《三国志》卷15《魏书·贾逵传》。

利,退还宿石亭。军夜惊,士卒乱,弃甲兵辎重甚多。"是说魏军交锋失利但并未溃败,仍然进行了有秩序的撤退和宿营,而在当晚军营内发生了惊乱,导致部队逃跑,损失了大量装备器械与粮饷物资。而吴国方面则未曾提到敌人宿营夜惊之事,记载曹休到前线时已经发觉受骗,但仍认为自己有能力击败吴军,所以没有退却,而是设伏迎战,结果遭到陆逊所部的冲击而溃逃到夹石。"(曹)休既觉知,耻见欺诱,自恃兵马精多,遂交战。逊自为中部,令朱桓、全琮为左右翼,三道俱进。果冲休伏兵,因驱走之,追亡逐北,径至夹石。斩获万余,牛马骡驴车乘万两,军资器械略尽。"①《三国志》卷60《吴书·周鲂传》亦曰:"鲂亦合众,随陆逊横截休。休幅裂瓦解,斩获万计。"从最终的战果来看,曹休的十万人马只损失了万余人,可见双方并未进行持续的激烈战斗,《曹休传》的记载可能更接近真实。魏军失利后的撤退应是有组织的,所以大部分兵力得以保存。陆逊的追击也就是随踪跟进而已,没有赶上敌军主力进行厮杀,所以斩获不多。

在开战之前,吴将朱桓曾向孙权献计,建议派遣万余军队到曹休后方的险要地段夹石、挂车实行阻击,砍伐木柴以堵塞道路,以求全歼敌兵,趁机攻取淮南重镇寿春,但是被陆逊否决了。"(朱)桓进计曰:'(曹)休本以亲戚见任,非智勇名将也。今战必败,败必走,走当由夹石、挂车,此两道皆险厄,若以万兵柴路,则彼众可尽,而休可生虏。臣请将所部以断之。若蒙天威,得以休自效,便可乘胜长驱,进取寿春,割有淮南,以规许、洛。此万世一

---

① 《三国志》卷58《吴书·陆逊传》。

时,不可失也。'(孙)权先与陆逊议,逊以为不可,故计不施行。"①
但据史籍所载,陆逊接受了朱桓建议的部分内容,派遣一支小部
队到夹石阻塞道路,而不是上万兵马,结果因兵力薄弱而被前来
救援的魏军驱散。事见《三国志》卷14《魏书·蒋济传》:

> 会(曹)休军已败,尽弃器仗辎重退还。吴欲塞夹石,遇
> 救兵至,是以官军得不没。

《三国志》卷15《魏书·贾逵传》:

> (贾)逵度贼无东关之备,必并军于皖;(曹)休深入与贼
> 战,必败。乃部署诸将,水陆并进,行二百里,得生贼,言休战
> 败,权遣兵断夹石。诸将不知所出,或欲待后军。逵曰:"休
> 兵败于外,路绝于内,进不能战,退不得还,安危之机,不及终
> 日。贼以军无后继,故至此,今疾进,出其不意,此所谓先人
> 以夺其心也,贼见吾兵必走。若待后军,贼已断险,兵虽多何
> 益!"乃兼道进军,多设旗鼓为疑兵,贼见逵军,遂退。逵据夹
> 石,以兵粮给休,休军乃振。

《三国志》卷26《魏书·满宠传》:

> (曹)休遂深入。贼果从无疆口断夹石,要休还路。休战
> 不利,退走。会朱灵等从后来断道,与贼相遇。贼惊走,休军
> 乃得还。

石亭之役,曹休所部虽然兵力伤亡不多,仅有万余人,但是物
资装备与牲畜车辆的损失惨重。为了尽快逃命,许多将士甚至扔

---

① 《三国志》卷56《吴书·朱桓传》。

掉了武器。战后曹休曾埋怨贾逵没有及时救援,并命令他的部队去捡拾沿途丢失的兵仗,遭到贾逵的拒绝。《魏略》曰:"(曹)休怨(贾)逵进迟,乃呵责逵,遂使主者敕豫州刺史往拾弃仗。逵恃心直,谓休曰:'本为国家作豫州刺史,不来相为拾弃仗也。'乃引军还。"①曹休还上表劾奏贾逵犯有"后期"的罪行,要求朝廷给予惩治。贾逵也上表辩解,并举奏曹休指挥失措,致使作战失败。魏明帝则采取了息事宁人的做法,没有给他们任何处分。《魏书》云:"(曹)休犹挟前意,欲以后期罪(贾)逵,逵终无言,时人益以此多逵。"②《魏略》则云贾逵:"遂与(曹)休更相表奏,朝廷虽知逵直,犹以休为宗室任重,两无所非也。"③此番战役使曹魏扬州都督辖区在兵员、物资、装备和士气方面遭受了沉重打击,以致在随后的十余年内始终采取守势,没有力量再向孙吴的皖城和濡须等地发动进攻。主帅曹休因为兵败忧愤成疾而死④。卢弼按:"曹仁于黄初四年三月战败濡须,而三月即死。曹休于太和二年九月战败石亭,而九月即死。二人战败旋死,情事相同。"⑤

## 三、孙权迁都建业后的庐江战局

曹魏太和三年(229),即吴黄龙元年四月丙申,孙权在武昌正

---

① 《三国志》卷15《魏书·贾逵传》注引《魏略》。
② 《三国志》卷15《魏书·贾逵传》注引《魏书》。
③ 《三国志》卷15《魏书·贾逵传》注引《魏略》。
④ 《三国志》卷9《魏书·曹休传》:"(曹)休上书谢罪,帝遣屯骑校尉杨暨慰喻,礼赐益隆。休因此痈发背薨,谥曰壮侯。"
⑤ 卢弼:《三国志集解》卷9《魏书·曹休传》,第281页。

式称帝,后又将都城迁回建业。"秋九月,(孙)权迁都建业,因故府不改馆。征上大将军陆逊辅太子登,掌武昌留事。"①此后直到神凤元年(252)孙权去世,在这二十余年当中,皖城所在的庐江郡成为吴国频繁出兵袭扰魏境的前线阵地,据史籍所载共发生过至少七次北进的军事行动。而在同一时期,魏国仅有正始四年(243)司马懿领兵进攻皖城的一次南征。其情况分述如下:

### (一)太和六年陆逊攻庐江

汉朝庐江郡境至三国为魏吴双方分据,魏国庐江郡有三县,即阳泉、六安与零娄,郡治初在阳泉,后移六安②;另分出安风、安丰、蓼三县置安丰郡。吴国庐江郡领皖、临湖、襄安三县。其他汉朝庐江郡旧县或划归他郡,或废为边境弃地。"寻阳,吴改属蕲春郡,余下潜、舒、龙舒、居巢 4 县废。"③太和六年(232)孙吴武昌都督陆逊领兵经皖城向魏国庐江阳泉发动进攻,魏扬州都督满宠没有听从属下尽快派兵解围的建议,认为阳泉城守卫坚固,不会被迅速攻陷;敌军深入魏境,远离皖水航道和后方,作战形势存在着隐患,因而不用过于担心。战局发展如其所料,魏国援兵出动后,陆逊即连夜撤退。事见《三国志》卷26《魏书·满宠传》:"吴将陆逊向庐江,论者以为宜速赴之。宠曰:'庐江虽小,将劲兵精,守则经时。又贼舍船二百里来,后尾空县,尚欲诱致,今宜听其遂进,但恐走不可及耳。'整军趋杨宜口。贼闻大兵东下,即夜遁。"胡三

---

① 《三国志》卷 47《吴书·吴主传》。
② 《三国志》卷 56《吴书·朱桓附子异传》载赤乌四年以后:"魏庐江太守文钦。营住六安,多设屯寨,置诸道要,以招诱亡叛,为边寇害。"
③ 梁允麟:《三国地理志》,第 184 页。

省认为"杨宜口"即《水经注》所云之"阳泉口",为阳泉水汇入决水之处。"魏庐江郡治阳泉县。《续汉志》:阳泉县有阳泉湖,故阳泉乡也,汉灵帝封黄琬为侯国。《水经注》:阳泉水受决水,东北流,径阳泉县故城东,又西北入决水,谓之阳泉口。"①

### (二)青龙元年全琮攻六安

曹魏青龙元年(233)即吴嘉禾二年,孙权曾率众进攻合肥,为了配合其攻势并分散淮南敌人的防守兵力,他命令全琮从皖城领军北上,攻击魏国庐江郡六安县,但是未获成功。"是岁,(孙)权向合肥新城,遣将军全琮征六安。皆不克,还。"②此番战役吴国在庐江地区投入的军队数量较多,计有五万之众,是规模较大的一次作战行动。《三国志》卷60《吴书·全琮传》曰:"嘉禾二年,督步骑五万征六安。六安民皆散走,诸将欲分兵捕之。琮曰:'夫乘危侥幸,举不百全者,非国家大体也。今分兵捕民,得失相半,岂可谓全哉? 纵有所获,犹不足以弱敌而副国望也。如或邂逅,亏损非小,与其获罪,琮宁以身受之,不敢徼功以负国也。'"

### (三)景初元年全琮、朱桓征庐江

曹魏景初元年(237)即吴嘉禾六年,《三国志》卷47《吴书·吴主传》载当年"冬十月,遣卫将军全琮袭六安,不克"。不过,据同书《朱桓传》所言,此番吴国进军的目标是为了接应魏庐江官员吕习的叛降,企图袭取郡治阳泉,由于阴谋暴露而未能得逞。"嘉禾

①《资治通鉴》卷72魏明帝太和六年胡三省注。
②《三国志》卷47《吴书·吴主传》。

六年,魏庐江主簿吕习请大兵自迎,欲开门为应。(朱)桓与卫将军全琮俱以师迎。既至,事露,军当引还。城外有溪水,去城一里所,广三十余丈,深者八九尺,浅者半之,诸军勒兵渡去,桓自断后。时庐江太守李膺整严兵骑,欲须诸军半渡,因迫击之。及见桓节盖在后,卒不敢出,其见惮如此。"①为了避免再次无功而返,全琮想要袭击附近的魏国据点,但是与副将朱桓发生矛盾,以致营中出现内乱,朱桓愤怒杀死部属与佐军官员,全琮只得撤兵而还。"是时全琮为督,(孙)权又令偏将军胡综宣传诏命,参与军事。琮以军出无获,议欲部分诸将,有所掩袭。桓素气高,耻见部伍,乃往见琮。问行意,感激发怒,与琮校计。琮欲自解,因曰:'上自令胡综为督,综意以为宜尔。'桓愈恚恨,还乃使人呼综。综至军门,桓出迎之。顾谓左右曰:'我纵手,汝等各自去。'有一人旁出,语综使还。桓出,不见综。知左右所为,因斫杀之。桓佐军进谏,刺杀佐军,遂托狂发,诣建业治病。权惜其功能,故不罪。"②

### (四)诸葛恪屯皖口袭舒

《三国志》卷47《吴书·吴主传》嘉禾六年(237)记载全琮自六安退兵之后,"诸葛恪平山越,事毕,北屯庐江。"准备继续在这一地区发动进攻。笔者按:孙吴丹阳郡境多为山区,当地居民长期不服从吴国的统治,是其心腹之患。诸葛恪曾数次请求出任该郡长官,保证平定叛乱,并收编精锐以扩充兵力。"恪以丹杨山险,民多果劲。虽前发兵,徒得外县平民而已,其余深远,莫能禽尽,

---

① 《三国志》卷56《吴书·朱桓传》。
② 《三国志》卷56《吴书·朱桓传》。

屡自求乞为官出之,三年可得甲士四万。"①诸葛恪出任丹阳太守
后恩威并施,使山越被迫陆续投降。"于是老幼相携而出。岁期,
人数皆如本规。恪自领万人,余分给诸将。"②诸葛恪以功拜为威
北将军,封都乡侯。他又向孙权请求,"乞率众佃庐江皖口,因轻
兵袭舒,掩得其民而还。"③即率领部下在皖水入江之口(今安徽安
庆市山口镇)附近屯田,后来又经皖城北上,袭击魏国的舒县(今
安徽庐江县),俘获当地百姓以送回吴境。舒县当时为两国边境
上的弃地,居民很少。胡三省曰:"舒县,属庐江郡,春秋之故国
也,时在吴、魏境上,弃而不耕,去皖口甚近。"④顾祖禹曰:"古舒
国,汉置舒县,为庐江郡治,后汉因之。三国时废,为境上地。"⑤这
次进攻的时间,史籍未有明确记载,当在嘉禾六年(237)之后。诸
葛恪还加强了对敌境要道的侦察警戒,企图向淮南腹地发动进
攻,但是未能得到朝廷的批准。"复远遣斥候,观相径要,欲图寿
春,(孙)权以为不可。"⑥不过,他的上述部署为数年后孙吴在庐江
地区的大规模军事行动做了必要的准备。

### (五)正始二年全琮决芍陂、诸葛恪攻六安

魏明帝曹睿盛年猝逝,由幼主曹芳即位。孙权认为此时有
机可乘,所以在赤乌四年(241)即魏正始二年分兵大举北伐。西

①《三国志》卷 64《吴书·诸葛恪传》。
②《三国志》卷 64《吴书·诸葛恪传》。
③《三国志》卷 64《吴书·诸葛恪传》。
④《资治通鉴》卷 74 魏邵陵厉公正始四年十一月胡三省注。
⑤[清]顾祖禹:《读史方舆纪要》卷 26《南直八·庐州府》舒城县条,第 1276—1277 页。
⑥《三国志》卷 64《吴书·诸葛恪传》。

路在荆州进攻襄樊，"夏五月，吴将朱然等围襄阳之樊城，太傅司马宣王率众拒之。"①干宝《晋纪》曰："朱然、孙伦五万人围樊城，诸葛瑾、步骘寇柤中。"②东路扬州则是由皖城北上，再分兵攻击六安和寿春以南的芍陂。"夏四月，遣卫将军全琮略淮南，决芍陂，烧安城邸阁，收其人民。威北将军诸葛恪攻六安。琮与魏将王凌战于芍陂，中郎将秦晃等十余人战死。"③这次战役全琮获得了显著的战果，首先是破坏了曹魏在淮南最大的水利设施——芍陂。芍陂在汉代已有相当规模，《后汉书》卷76《循吏传》载王景任庐江太守，"郡界有楚相孙叔敖所起芍陂稻田。"李贤注："陂在今寿州安丰县东。陂径百里，灌田万顷。"《水经注》卷32《肥水》云："陂周一百二十许里，在寿春县南八十里，言楚相孙叔敖所造。魏太尉王凌与吴将张休战于芍陂，即此处也。陂有五门，吐纳川流。"④此番陂塘被吴军决堤溃流，给当地的农业生产造成了严重损失。

其次是烧毁了安城邸阁。安城在寿春之南，诸葛诞叛乱时，"（王）基累启求进讨。会吴遣朱异来救诞，军于安城。基又被诏引诸军转据北山。"⑤赵一清注曰："《吴志·孙綝传》云，朱异率三万人屯安丰城为文钦势。安城在寿州南，安丰城在寿州西南，两城相近，故二传各书之。"⑥"邸阁"是三国时期大型军用粮仓的名

---

① 《三国志》卷4《魏书·三少帝纪·齐王芳》正始二年。
② 《三国志》卷4《魏书·三少帝纪·齐王芳》正始二年注引干宝《晋纪》。
③ 《三国志》卷47《吴书·吴主传》赤乌四年。
④ ［北魏］郦道元注，［民国］杨守敬、熊会贞疏：《水经注疏》卷32《肥水》，第2678—2679页。
⑤ 《三国志》卷27《魏书·王基传》。
⑥ 卢弼：《三国志集解》卷27《魏书·王基传》，第622页。

称，如曹魏在长安有横门邸阁①，河南有南顿邸阁，毌丘俭、文钦叛乱时，王基向司马师建议，"军宜速进据南顿，南顿有大邸阁，计足军人四十日粮。保坚城，因积谷，先人有夺人之心，此平贼之要也。"②蜀汉诸葛亮北伐关中之前，"亮使诸军运米，集于斜谷口，治斜谷邸阁。"③嘉平元年（249）十二月，魏将王基攻吴西陵，"（步）协闭门自守。基示以攻形，而实分兵取雄父邸阁，收米三十余万斛。"④由此看来，安城邸阁是曹魏扬州的军仓，在州治寿春之南，被吴兵焚毁。另外，附近的百姓也被全琮收掠带走了。

孙吴这次征伐庐江、淮南，出动的军队数量可观。《三国志》卷28《魏书·王凌传》曰："（正始）二年，吴大将全琮数万众寇芍陂，凌率诸军逆讨，与贼争塘，力战连日，贼退走。"而诸葛恪的部下仅收编的山越就有万余人，加上原有的旧属至少也有两万余众。值得注意的是，以往孙吴在淮南的北伐大多是溯濡须水、施水而进攻合肥，企图在拿下该城后穿越江淮丘陵，再向北进攻扬州的军政中心寿春。例如孙权曾先后在建安十三年（208）、建安二十年（215）、青龙元年（233）、青龙二年（234）四次亲自率众攻打合肥，结果都无功而返。其原因在于曹魏合肥设防坚固，州治寿

①《三国志》卷40《蜀书·魏延传》注引《魏略》载魏延建议："闻夏侯楙少，主婿也，怯而无谋。今假延精兵五千，负粮五千，直从褒中出，循秦岭而东，当子午而北，不过十日可到长安。楙闻延奄至，必乘船逃走。长安中惟有御史、京兆太守耳，横门邸阁与散民之谷足周食也。比东方相合聚，尚二十许日，而公从斜谷来，必足以达。如此，则一举而咸阳以西可定矣。"
②《三国志》卷27《魏书·王基传》。
③《三国志》卷33《蜀书·后主传》。
④《三国志》卷27《魏书·王基传》。

春距离前线只有二百余里<sup>①</sup>，援军水陆并下，数日即可抵达，所以难以攻陷。此番孙吴改变进攻路线，由皖城北上过夹石，经舒县至六安，即可顺沘水（或称淠水）而至寿春以南数十里的芍陂<sup>②</sup>，得以避开了合肥坚城及所在将军岭的险要地势。如果全琮的部队沿袭旧途，肯定还会在合肥受阻，无法进至寿春南郊。因而从进攻路线的选择来看，孙吴的数万军队走皖城北入魏境有其合理的因素，所以能够取得超过以往的战绩。

### （六）正始四年吴、魏在庐江的相互攻伐

诸葛恪自嘉禾六年（237）驻军皖口，开垦屯田，后又进驻皖城以为前进基地，频繁出兵袭击魏国舒县、六安等地，并在皖城囤积粮草，图谋大举进犯，给曹魏庐江郡的防务制造了许多麻烦。权臣司马懿准备亲自率众进攻皖城，清除孙吴的这一前线兵站，引起了许多朝臣的反对。《晋书》卷1《宣帝纪》正始三年曰："先是，吴遣将诸葛恪屯皖，边鄙苦之，帝欲自击恪。议者多以贼据坚城，积谷，欲引致官兵。今悬军远攻，其救必至，进退不易，未见其便。"司马懿则认为皖城距离吴国后方稍远，如果敌人胆怯而自行撤退，则可以不战而屈人之兵。若是守城拒战，则附近的河湖冬

---

① 《资治通鉴》卷72魏明帝太和六年胡三省注："魏扬州治寿春，距合肥二百余里。"

② 参见《水经》："沘水出庐江灊县西南，霍山东北，东北过六县东，北入于淮。"郦道元注："淠水又西北径马亭城西，又西北径六安县故城西……淠水又西北，分为二水，芍陂出焉。"杨守敬按："《宋书·长沙王道怜传》，芍陂有旧沟，引淠水入陂。"熊会贞按："前汉之六县，后汉改六安，据《吴志·孙权传》嘉禾六年，遣卫将军全琮袭六安，当魏景初元年。《朱异传》魏庐江太守文钦营住六安，在魏正始中。是魏仍称六安。《经》作于魏时，当作六安县，而作六县，盖传抄脱安字也。"［北魏］郦道元注，［民国］杨守敬、熊会贞疏：《水经注疏》卷32《沘水》，第2667—2671页。

季淤浅,不通航运,孙吴援军难以发挥行舟与水战的优势,只能步行前来救助,魏国军队得以施展其善于陆战的长处,所以认为这次出征胜算在握。"帝曰:'贼之所长者水也,今其攻城,以观其变。若用其所长,弃城奔走,此为庙胜也。若敢固守,湖水冬浅,船不得行,势必弃水相救,由其所短,亦吾利也。'"[①]

正当司马懿筹备出征之际,庐江地区再次遭受了吴军的袭击。曹魏正始四年(243),即吴赤乌六年正月,"诸葛恪征六安,破魏将谢顺营,收其民人。"[②]当年九月,司马懿自洛阳南征。《晋书》卷1《宣帝纪》曰:"帝督诸军击诸葛恪,车驾送出津阳门。"笔者按:津阳门又称"津门",在洛阳南城靠西。参见《后汉书》卷42《光武十王传·东海恭王强》李贤注:"津门,洛阳南面西头门也,一名津阳门。每门皆有亭。"孙权闻讯后本来准备发兵援助,让诸葛恪坚守皖城,后来听信术士之语,认为不宜动兵,因此在司马懿进至舒县(治今安徽庐江县西南)之时,指示诸葛恪放弃抵抗,烧毁粮草积聚后撤退到江南的柴桑(今江西九江市)。事见《三国志》卷47《吴书·吴主传》赤乌六年:

> 是岁,司马宣王率军入舒,诸葛恪自皖迁于柴桑。

《三国志》卷64《吴书·诸葛恪传》:

> 赤乌中,魏司马宣王谋欲攻恪,权方发兵应之,望气者以为不利,于是徙恪屯于柴桑。

《晋书》卷1《宣帝纪》:

---

① 《晋书》卷1《宣帝纪》正始三年。
② 《三国志》卷47《吴书·吴主传》。

（正始四年秋九月）军次于舒，（诸葛）恪焚烧积聚，弃城而遁。

孙权命令诸葛恪的这次撤退有些出人意料之外，因为敌军尚未入境，就让他烧毁物资逃跑，并且不是退到滨江北岸的皖口，而是直接撤回江南。以笔者之见，像孙权之类的开国君主恐怕不会轻易相信望气之说，这多半是个借口，实际原因很可能是对司马懿用兵的忌惮。魏明帝景初二年（238），司马懿出征辽东，公孙渊请孙权相助。"（孙）权亦出兵遥为之声援，遗文懿书曰：'司马公善用兵，变化若神，所向无前，深为弟忧之。'"[1]这段话即反映出他对司马懿的敬畏，此番迎战强敌，孙权帐下缺少与之匹配的名将，陆逊、朱然俱在荆州，而诸葛恪志大才疏，又不擅长军事，这从他后来领兵进攻淮南时举措失当，劳师无功的情况就可以看得出来[2]。孙权很可能是认为他与司马懿交锋没有获胜的把握，为了避免兵力的损失，宁可放弃皖城和毁掉囤积的粮谷，令诸葛恪远撤后方。所谓"望气者以为不利"，只不过是掩盖自己怯战的口实而已。

司马懿进入舒县后得知吴军放弃皖城，便没有继续前进，停留了十天左右就领兵撤回了。事后步骘、朱然等上疏称蜀国准备

---

[1]《晋书》卷1《宣帝纪》。

[2] 参见《三国志》卷64《吴书·诸葛恪传》载其率二十万众出征淮南，围攻合肥新城。"攻守连月，城不拔。士卒疲劳，因暑饮水，泄下流肿，病者大半，死伤涂地。诸营吏日白病者多，恪以为诈，欲斩之，自是莫敢言。恪内惟失计，而耻城不下，忿形于色。将军朱异有所是非，恪怒，立夺其兵。都尉蔡林数陈军计，恪不能用，策马奔魏。魏知战士罢病，乃进救兵。恪引军而去。士卒伤病，流曳道路，或顿仆坑壑，或见略获，存亡忿痛，大小呼嗟。"

背弃盟约,联魏攻吴。孙权不予置信,回答说:"吾待蜀不薄,聘享盟誓,无所负之,何以致此? 又司马懿前来入舒,旬日便退,蜀在万里,何知缓急而便出兵乎?"①

### (七)嘉平二年吕据、朱异的进军迎降

司马懿从庐江地区撤走后,孙权没有让诸葛恪重返庐江,而是任命名将朱桓之子朱异到当地驻守,朱异曾领兵攻陷魏境六安附近的营寨。《三国志》卷56《吴书·朱桓附子异传》曰:"赤乌四年,随朱然攻魏樊城,建计破其外围,还拜偏将军。魏庐江太守文钦营住六安,多设屯寨,置诸道要,以招诱亡叛,为边寇害。(朱)异乃身率其手下二千人,掩破钦七屯,斩首数百,迁扬武将军。(孙)权与论攻战,辞对称意。权谓异从父骠骑将军(朱)据曰:'本知季文胆定,见之复过所闻。'"曹魏嘉平二年(250),即吴赤乌十三年十月,文钦写信给朱异谎称归降,请吴国发兵接应,但被朱异识破并上报朝廷,孙权则认为应该派遣重兵前往,以窥其虚实。"(朱)异表呈(文)钦书,因陈其伪,不可便迎。(孙)权诏曰:'方今北土未一,钦云欲归命,宜且迎之。若嫌其有谲者,但当设计网以罗之,盛重兵以防之耳。'乃遣吕据督二万人,与异并力,至北界,钦果不降。"②由于吴军严阵以待,文钦虽有突袭的准备,但见对方兵多势众,因而不敢贸然出击③,结果吕据、朱异所部安全撤回。

此后至嘉平四年(252)孙权病终,庐江地区再未发生战事。

---

①《三国志》卷47《吴书·吴主传》。
②《三国志》卷56《吴书·朱桓附子异传》。
③《三国志》卷47《吴书·吴主传》赤乌十三年:"冬十月,魏将文钦伪叛以诱朱异。(孙)权遣吕据就异以迎钦。异等持重,钦不敢进。"

## 四、庐江战事的沉寂与西晋平吴前夕对皖城的用兵

孙吴以黄武元年（222）建元立国，至天纪四年（280）灭亡，历时五十八载。而孙权在位三十年，时间略超其半数，可以他去世为界将吴国统治分为前后两个阶段。神凤元年（252）四月孙权病终，享年七十一岁。此后数年之内，淮南地区相继爆发了东兴之役（252），诸葛恪围攻合肥新城（253），以及正元二年（255）毌丘俭、文钦的叛乱与甘露二年至三年（257—258）诸葛诞的兵变。尤其是在后两次战争里，曹魏调集中外兵马开赴扬州，吴国权臣孙峻、孙綝也先后派遣大军北上，企图趁火打劫来占领寿春。吴魏之间的大规模交锋连续发生在淮南区域，而庐江吴军仅在五凤二年（255）发动过一次攻势。"三月，使镇南将军朱异袭安丰，不克。"[1]安丰县治在今河南固始县东，位于大别山的北麓。当年正月，魏扬州都督毌丘俭和刺史文钦起兵讨伐专擅朝政的司马氏，次月失败，吴国则乘乱向淮南出兵。"闰月壬辰，（孙）峻及骠骑将军吕据、左将军留赞率兵袭寿春。军及东兴，闻（文）钦等败。壬寅，兵进于橐皋，钦诣峻降。淮南余众数万口来奔。魏诸葛诞入寿春，峻引军还。"[2]朱异此番偷袭安丰，也是利用当地刚刚经历动乱而统治不稳的时机出兵，但是未能成功。此后吴国直到灭亡之际，也再未能由皖城向魏境发起进攻。镇压"淮南三叛"以后，司马昭确定了"先蜀后吴"的统一战略，全力筹备西征益州。他对群

---

①《三国志》卷48《吴书·三嗣主传·孙亮》。
②《三国志》卷48《吴书·三嗣主传·孙亮》。

臣说:"略计取吴,作战船,通水道,当用千余万功,此十万人百数十日事也。又南土下湿,必生疾疫。今宜先取蜀,三年之后,因巴蜀顺流之势,水陆并进,此灭虞定虢,吞韩并魏之势也。"①景元四年(263)钟会、邓艾灭蜀,两年之后西晋代魏,它与吴国军事对抗的热点区域即从寿春、合肥向西转移到峡口的西陵和江汉之间的襄阳、江陵等地。受军政形势变化的影响,庐江地区的战事则长期陷于沉寂状态。

　　西晋发动平吴之役的前一岁,即晋武帝咸宁四年(278),吴国派遣兵众屯据皖城,广种稻田,囤积粮谷,又企图把该地建设为袭击北方的前线基地,因而引起了晋朝的强烈反应,在当年十月出兵反击②。其详情可见《晋书》卷42《王浑传》:"迁安东将军、都督扬州诸军事,镇寿春。吴人大佃皖城,图为边害。浑遣扬州刺史应绰督淮南诸军攻破之,并破诸别屯,焚其积谷百八十余万斛、稻苗四千余顷、船六百余艘。浑遂陈兵东疆,视其地形险易,历观敌城,察攻取之势。"应绰的这次进攻相当顺利,彻底清除了吴国在当地的军事力量。不过晋军也没有在当地留驻下来,因为如果是在占领皖城后久驻,应绰就没有必要将缴获的大量粮食付之一炬,可以保存下来慢慢食用。只有在迅速撤退而又缺乏牲畜车辆运载的情况下,为了不把物资留给敌人,才会将它们统统毁掉。次年(279)十一月,西晋出动六路大军平吴。王浑率领的扬州部队主力开赴历阳(今安徽和县东南)的横江渡口,并歼灭了渡江迎

────────────

① 《晋书》卷2《文帝纪》。
② 《晋书》卷3《武帝纪》咸宁四年:"冬十月,以征北大将军卫瓘为尚书令。扬州刺史应绰伐吴皖城,斩首五千级,焚谷米百八十万斛。"

战的孙吴中军精锐。另外,他还派遣一支偏师南下皖城,然后沿大别山南麓西进,攻占了吴国的江北要镇寻阳(今湖北黄梅县西南)。"及大举伐吴,(王)浑率师出横江,遣参军陈慎、都尉张乔攻寻阳濑乡,又击吴牙门将孔忠,皆破之,获吴将周兴等五人。"[1]这次进军与黄初七年(226)曹休南征的路线基本相同,沿途也没有受到吴军的抵抗。可见在前番应绰攻占皖城之后,吴国在这一地区已经没有坚固的防务了。

## 五、汉末皖城军事价值陡升的原因

在历述三国时期皖城与庐江地区的战争之后,有些问题值得我们关注。首先,皖城自春秋后期到汉末董卓之乱爆发前,只是一个普通的县邑,其军事、政治上的地位并不高,在数百年内既没有作为郡治,也未曾经历过大规模的战斗。即使是在秦灭六国之战、秦末农民起义、楚汉战争、绿林赤眉起义与东汉统一战争等历次全国范围较长时间的内战里,几股主要的敌对政治势力也没有在皖城地区进行对抗交锋。据史籍所载,仅有建武十七年(41)七月妖巫李广等在该地的小规模叛乱,被光武帝刘秀派兵迅速镇压。"遣虎贲中郎将马援、骠骑将军段志讨之。九月,破皖城,斩李广等。"[2]为什么到了汉末三国时期,皖城被各方数次选作庐江郡治,又成为军阀集团竞相争夺的战略要地呢? 笔者认为,这与皖城位处江淮之间的道路枢要以及当时南北对抗地理格局的形

---

① 《晋书》卷 42《王浑传》。
② 《后汉书》卷 1 下《光武帝纪下》。

成具有密切关系。下文对此予以详细分析论述。

　　古代中国南北方之分野,常以秦岭、淮河为天然界限,逾淮南而过大江,则是包括今苏南和浙、赣与闽北、闽中一带的东南沿海地区,它属于一个相对独立的经济、政治区域,即孙吴立国的江东六郡,古代亦泛称为"扬越"。如孙策去世之后,"及(孙)权据扬越,外杖周张,内冯顾陆,距魏赤壁,克取襄阳。"①这一地理区域以富饶的太湖平原、宁绍平原为重心,故又称作"吴会"②,即吴与会稽两郡。秦汉三国时期,北方中原与东南地区的交往联系,是通过汝、颍、涡、泗等鸿沟诸渠的各条水道南下入淮,然后分寿春、广陵两路穿过淮南入江,再渡江抵达"吴会"。汉魏广陵郡属徐州,其沟通江淮的主要路线是中渎水道,航路南抵江都(今江苏扬州市西南),北至末口(今江苏淮安市楚州区),魏文帝曾两次亲率舟师经此途径伐吴。但是中渎水道淤浅,不利于大型船队行驶。《三国志》卷14《魏书·蒋济传》载黄初六年(225),"车驾幸广陵,(蒋)济表水道难通,又上《三州论》以讽帝。帝不从,于是战船数千皆滞不得行。"广陵至对岸京口一带江面宽阔,又因靠近海口而多有飓风,导致波涛汹涌。黄初五年(224)曹丕临江后,"帝御龙舟,会暴风漂荡,几至覆没。"③因此很不安全,后来曹魏、西晋也再未从这条道路南征。相形之下,从寿春南行抵达江畔的各条路线则发挥着更为重要的作用。

---

① 《晋书》卷108《慕容廆载记》。

② 参见《三国志》卷35《蜀书·诸葛亮传》载其《隆中对》曰:"荆州北据汉、沔,利尽南海,东连吴会,西通巴、蜀,此用武之国,而其主不能守,此殆天所以资将军,将军岂有意乎?"

③ 《资治通鉴》卷70魏文帝黄初五年九月。

寿春位于淮水中段,又是江淮地区的经济、政治中心。《史记》卷 40《楚世家》载楚考烈王二十二年(前 241),"与诸侯共伐秦,不利而去。楚东徙都寿春。"秦朝统一天下后建立九江郡,以寿春为郡治,西汉淮南王刘安亦以寿春为国都。从寿春沿肥水南下过将军岭,是淮南的另一座重要城市合肥,它和寿春南北相邻,同为沟通中原与东南地区来往的水陆要冲。《汉书》卷 28 下《地理志下》曰:"寿春、合肥受南北湖皮革、鲍、木之输,亦一都会也。"颜师古注:"皮革,犀兕之属也。鲍,鲍鱼也。木,枫楠豫章之属。"由寿春、合肥南下渡江,又有两条水陆干道。东道自合肥沿施水入巢湖,再由巢湖东口经濡须水南下入江,顺流过芜湖、牛渚(今安徽马鞍山市)即可到达吴国都城建业(今江苏南京市)。这条道路是三国吴魏征战的主要用兵路线,曹操"四越巢湖",曹仁攻濡须,诸葛诞、胡遵攻东兴,以及孙吴对合肥的多次进攻,都是使用这条道路。但是由于战事频繁,双方均在沿途设置关塞,屯驻劲兵。如魏作合肥新城,吴先立濡须坞,后筑东兴堤以断濡须水,并在附近依山建城,显著地增加了敌兵通行和进攻的困难,因此两国又利用其西边的道路相互攻伐。

西道是从寿春南下经过汉朝庐江郡境抵达皖城,再沿皖水临江的路线,在当时称作"皖道"[①],以两汉庐江郡治舒县(治今安徽庐江县西南)为中转站。谭宗义曾考证云:"自九江寿春,南下庐江舒县一道,亦秦汉之世,江淮间交通要路。盖自寿春而北,即接彭城,睢阳、陈诸地,控引中州。又自庐江而南,渡大江,东临吴

---

[①]参见《三国志》卷 60《吴书·周鲂传》载诱曹休笺其五曰:"今使君若从皖道进住江上,鲂当从南对岸历口为应。"

越。溯江而上,乃至豫章、江陵矣。"①不过,由寿春至舒县的道路
亦有两条,分别经过合肥与六安,现分述如下:

　　其一,寿春南下可水陆兼行,至将军岭穿越江淮丘陵后至合
肥,然后沿巢湖西岸南行,渡过舒水(今杭埠河)后到达舒县。东
汉初年豪强李宪曾在舒县叛乱,自称淮南王,后称天子,被光武帝
刘秀从寿春发兵镇压,就是走的这条道路。建武四年(28),"秋八
月戊午,进幸寿春……遣扬武将军马成率三将军伐李宪。九月,
围宪于舒。"②后年(30)正月攻陷舒城,擒杀李宪。曹魏太和二年
(228)曹休率众入皖,也是途经合肥。参见《三国志》卷26《魏书·
满宠传》:"秋,使曹休从庐江南入合肥;令宠向夏口。"陆逊击败曹
休后,"追亡逐北,径至夹石,斩获万余,牛马骡驴车乘万两,军资
器械略尽。"③谭宗义云:"由斩获物观之,曹休南下(时发自寿春),
应循陆道,其间即经合肥。"④又周鲂诱曹休笺其三曰:

　　　　东主顷者潜部分诸将,图欲北进。吕范、孙韶等入淮,全
　　琮、朱桓趋合肥,诸葛瑾、步骘、朱然到襄阳,陆议、潘璋等讨
　　梅敷,东主中营自掩石阳,别遣从弟孙奂治安陆城,修立邸
　　阁,辇赍运粮,以为军储。⑤

谭氏又对此评论道:"此虽诱敌之计,想亦实情。吕范孙韶及全琮
朱桓二路均针对曹休而发。前引《陆逊传》,曹休中计南入皖之

①谭宗义:《汉代国内陆路交通考》,第189页。
②《后汉书》卷1上《光武帝纪上》。
③《三国志》卷58《吴书·陆逊传》。
④谭宗义:《汉代国内陆路交通考》,第192页。
⑤《三国志》卷60《吴书·周鲂传》。

际,为朱桓全琮所破,追亡逐北,则与此所言'东主顷者潜部分诸将,图欲北进'对照,全琮所屯应即在皖或其附近,而目的地乃'趋合肥'。前已证合肥通寿春,故自寿春南入庐江,先道经合肥。"[1]

其二,自寿春西溯淮水至阳泉,或称阳渊(治今安徽霍邱县西北临水集),即曹魏初年庐江郡治[2],然后由此溯沘水、沿芍陂西岸南下而至六安,即汉朝之六县,再东南穿越江淮丘陵,渡舒水而抵达舒县。垓下之战前夕,汉将刘贾攻占寿春后北上与刘邦大军会师,参加决战。"韩信乃从齐往,刘贾军从寿春并行,屠城父,至垓下。"[3]裴骃《史记集解》引如淳曰:"并行,并击之。"张守节《史记正义》注:"城父,亳州县也。屠谓多刑杀也。刘贾入围寿州,引兵过淮北,屠杀亳州、城父,而东北至垓下。"项羽在淮南的守将周殷见形势不利,随即叛降,从舒县领兵攻陷六县(即今安徽六安市)后与刘贾所部会合,共同开赴垓下作战。"大司马周殷叛楚,以舒屠六,举九江兵,随刘贾、彭越皆会垓下。"[4]裴骃《史记集解》引如淳曰:"以舒之众屠破六县。"张守节《史记正义》注:"《括地志》云:'舒,今庐江之故舒城是也。故六城在寿州安丰南百三十二里,偃姓,咎繇之后。'按:周殷叛楚,兼举九江郡之兵,随刘贾而至垓

---

① 谭宗义:《汉代国内陆路交通考》,第 193 页。
② 参见[清]洪亮吉撰,[清]谢钟英补注:《〈补三国疆域志〉补注》魏扬州庐江郡:"阳泉,汉旧县。"注云:"《寰宇记》:故城在霍邱县西北九十五里,临水,山东。《方舆纪要》:今霍邱县西九十里。"又云:"有阳宜口,吴陆逊伐庐江,满宠趋阳宜口,即此。"注曰:"《满宠传》:太和六年陆逊向庐江。宠曰:庐江虽小,将劲兵精,守则经时,乃整众趋阳宜口。《水经注》:阳泉水首受决水,北径阳泉县故城东,又西北入淮水,谓之阳泉口,亦谓之扬宜口。甘露三年,吴朱异率兵屯安丰,为文钦声援。兖州刺史州泰破之于阳渊,或曰即阳泉也。"《二十五史补编·三国志补编》,第 478—479 页。
③《史记》卷 7《项羽本纪》。
④《史记》卷 7《项羽本纪》。

下。"其事又见《汉书·高帝纪下》五年:"十一月,刘贾入楚地,围寿春。汉亦遣人诱楚大司马周殷。殷畔楚,以舒屠六,举九江兵迎黥布,并行屠城父,随刘贾皆会。"吴国赤乌四年(241),孙权派兵从皖城北攻庐江。"夏四月,遣卫将军全琮略淮南,决芍陂,烧安城邸阁,收其人民。威北将军诸葛恪攻六安。琮与魏将王凌战于芍陂,中郎将秦晃等十余人战死。"①此番进军也是先到舒县境内,至六安后分兵,全琮沿沘水而上,至芍陂北岸和从寿春南下的魏军交战。诸葛恪围攻六安县城,保证全琮所部后方的安全。

自舒县西南行,需要穿越大别山脉东端的低山丘陵地带,所经险要有无强口(今安徽庐江县西)和夹石(今安徽桐城县北)等地。太和二年(228)曹休领兵进攻皖城。"(满)宠上疏曰:'曹休虽明果而希用兵,今所从道,背湖旁江,易进难退,此兵之洼地也。若入无强口,宜深为之备。'宠表未报,休遂深入。贼果从无强口断夹石,要休还路。"②《资治通鉴》卷71胡三省注:"无强口,在夹石东南。"卢弼则表示异议,认为:"吴人断曹休归路,当在夹石戍西北也。满宠言背湖傍江。湖即是巢湖,在巢县西南十五里。盖无为镇本曰无强,由濡须口以断夹石北也。"③又朱桓称曹休非智勇名将,"今战必败,败必走,走当由夹石、挂车,此两道皆险厄,若以万兵柴路,则彼众可尽,而(曹)休可生虏。"④《资治通鉴》卷71胡三省注引《元丰九域志》曰:"舒州桐城县北有挂车镇,有挂车岭,镇因岭而得名。"今安徽省桐城县南有挂车河镇,故谭其骧认

---

①《三国志》卷47《吴书·吴主传》。
②《三国志》卷26《魏书·满宠传》。
③卢弼:《三国志集解》卷26《魏书·满宠传》,第601页。
④《三国志》卷56《吴书·朱桓传》。

为挂车当在桐城县南,可参见其主编《中国历史地图集》第三册第 26—27 页。经夹石、挂车南行,又先后过陆逊破曹休之石亭(今安徽潜山县东北)与韩当破臧霸之逢龙(今安徽潜山县北)[1],即可到达皖城,进入皖河流域。皖城之西是大别山脉东端的皖西山地,呈西南—东北走向,山势高峻,其主峰天柱山海拔达 1488 米,古代亦称作"天山"。在它的东侧则是连绵起伏的沿江丘陵,发源于皖西山地东南麓的皖水、潜水分别向南流注,于皖城东西两侧穿过后,在今怀宁县石牌镇北与从太湖县境西来的长河汇合,形成流量充沛的皖水下游河段,然后向东在皖口(今安徽安庆市西山口镇)注入长江。皖口又称南皖口,是"皖道"的终点。由皖口乘舟渡江,对岸为今安徽贵池市与东至县境,为孙吴丹阳、豫章、鄱阳三郡的交界地带,属于皖南山地的北部,当地居民多为山越之人,曾屡次起兵反叛孙吴的统治,曹魏因此企图与之联系,并利用其力量来削弱吴国。鄱阳太守周鲂即借此缘故诈降魏国,诱骗曹休率兵入皖。其笺之三曰:"若明使君以万兵从皖南首江渚,鲂便从此率历吏民,以为内应。"[2]其笺之五曰:"今使君若从皖道进住江上,鲂当从南对岸历口为应。"[3]文中所言之"历口",是江南古历水的入江之口,在今安徽贵池市境。谢钟英《三国疆域志》吴扬州庐江郡皖县"历口"条曰:"今怀宁县南张溪河入江处。"[4]他在《〈补三国疆域志〉补注》中又考证云:"今张溪河在怀宁县对岸入江,疑即

---

[1] 参考谭其骧主编:《中国历史地图集》第三册《三国·西晋时期》三国吴扬州图,其中"逢龙"地名作"龙逢"。中国地图出版社,1990 年,第 26—27 页。

[2]《三国志》卷 60《吴书·周鲂传》。

[3]《三国志》卷 60《吴书·周鲂传》。

[4][清]谢钟英撰:《三国疆域表》,《二十五史补编·三国志补编》,第 413 页。

古历水。"①

皖口东邻长江下游北岸的重要港口安庆,其水域为回流区,江岸平坦,加上北有盛唐山天然屏障可遮御北风,长江来往船只常在此停泊,有著名的盛唐湾、长风港等古渡。据史籍所载,楚灵王四年(前537)开始伐吴,"所经地名如夏汭、鹊岸、罗汭、莱山、南怀、汝清等,当为自今武汉而下至安徽裕溪口一带。其中鹊岸渚,是春秋时吴越交战的鹊尾渚,为《左传·昭五年》楚败吴的鹊岸。也就是李白诗《长干行》中提及的长风沙,即现在安庆市郊长风镇的鸭儿沟。这些早期的舟师征战,无疑有助于港口的发展。"②孙吴奉行"限江自保"的国策,长江水道不仅是其御敌的天堑,也是联络中游、下游两地的交通命脉,皖口的地理位置恰在其中间,即为吴国荆、扬二州的分界处。孙权建都武昌时,扬州江防划为东西两段,以扶州(今江苏南京市东南江心沙洲)中分,交给吕范、贺齐各自统辖。"拜(吕)范建威将军,封宛陵侯,领丹杨太守,治建业督扶州以下至海。"③贺齐则"拜安东将军,封山阴侯,出镇江上,督扶州以上至皖"④。可见皖口不仅是江淮地区南北通道的端点,还能起到控扼长江东西航运的作用。因此顾祖禹称安庆府为金陵之门户,又说它是"淮服之屏蔽,江介之要冲"⑤。《怀宁县志》亦云:"县境自吕蒙倚此拒魏始为重镇。皖地肥美,得之足以开屯田

---

①[清]洪亮吉撰,[清]谢钟英补注:《〈补三国疆域志〉补注》,《二十五史补编·三国志补编》,第479页。

②叶勃主编:《安庆港史》,武汉出版社,1990年,第7页。

③《三国志》卷56《吴书·吕范传》。

④《三国志》卷60《吴书·贺齐传》。

⑤[清]顾祖禹:《读史方舆纪要》卷26《南直八·安庆府》,第1299页。

以饷士众,故魏帝常耽耽焉。迨六朝立国皆在金陵,则上溯武昌,下趋瓜步,喉吭之扼必于是焉。"①

　　皖城作为江淮间的交通枢纽,其重要性还体现在当地另有一条西通荆州江滨的陆道,即由皖城向西,沿着皖西山地的南麓与古彭蠡泽(其范围约当今长江北岸皖西的武昌湖、泊湖、大官湖、龙感湖以及鄂东的源湖等滨江湖区)之间的道路行进,过今安徽太湖、宿松县境而抵达寻阳(治今湖北黄梅县西南)。寻阳也有江北的港湾,可以停泊船只。汉朝在当地设有楼船官②,制造舟舰并训练水军。元封五年(前106)汉武帝南巡时,"登灊天柱山,自寻阳浮江,亲射蛟江中,获之。舳舻千里,薄枞阳而出,作《盛唐枞阳之歌》。遂北至琅邪。"③所行路线就是在灊县登天柱山后南至皖城,然后西行至寻阳,再乘船顺流而下,到皖口以东的枞阳(今安徽枞阳县)上岸北行。前述建安四年(199)冬孙策攻克皖城,刘勋自海昏(治今江西永修县西北)乘舟回援,在彭泽受到孙贲、孙辅的阻击后,"从寻阳步上"④,企图改由上述陆道赴救。"到置马亭,闻策等已克皖,乃投西塞。"⑤孙策在占领皖城后,也派遣周瑜领兵沿此道路迎击刘勋。事见《三国志》卷54《吴书·周瑜传》:"从攻皖,拔之。时得桥公两女,皆国色也。策自纳大乔,瑜纳小乔。复进寻阳,破刘勋,讨江夏,还定豫章、庐陵。"黄初七年(226)曹休领

①朱之英、舒景衡撰:《怀宁县志》,转引自叶勃主编:《安庆港史》,第10页。
②《汉书》卷64上《严助传》:"今闽越王狼戾不仁,杀其骨肉,离其亲戚,所为甚多不义,又数举兵侵陵百越,并兼邻国,以为暴强,阴计奇策,入燔寻阳楼船,欲招会稽之地,以践勾践之迹。"颜师古注:"汉有楼船贮在寻阳也。"
③《汉书》卷6《武帝纪》。
④《三国志》卷46《吴书·孙策传》注引《江表传》。
⑤《三国志》卷46《吴书·孙策传》注引《江表传》。

兵入皖，斩杀守将审德后，"又破其别将于寻阳"①。太康元年
（280）西晋平吴之役，"（王）浑率师出横江，遣参军陈慎、都尉张乔
攻寻阳濑乡，又击吴牙门将孔忠，皆破之。"②都是走的这条路线。

　　皖城不仅水旱道路四通，而且拥有优越的自然条件。当地属
于皖、潜二水夹持的冲积平原，虽然面积不大，但是土壤富含有机
质，肥力较高；附近散布川流湖沼，水源和降雨量相当丰富，又气
候温暖，对发展农业非常有利。便于交通的地理位置与土沃水丰
的垦殖环境，使皖城受到魏吴两国的重视，双方都想占据此地以
控制江淮之间的道路，并兴办屯垦以积聚粮饷，以免从千里迢迢
的后方进行转运。顾祖禹称皖城所以受各方觊觎的原因是："盖
其地上控淮、肥，山深水衍，战守之资也。"③如曹操派遣朱光占领
皖城后大开稻田，又在城西修筑吴塘堰以蓄水灌溉④。吕蒙因此
向孙权建议："皖田肥美，若一收熟，彼众必增。如是数岁，操态见
矣。宜早除之。"⑤后来诸葛恪进据皖城，也是"据坚城，积谷"⑥，以
此地为前线兵站，屡次向魏境发动袭击。

　　从战国中叶至东汉初期，中国政治斗争的地理格局是东西对
抗。如秦灭六国与秦末农民战争、楚汉战争，以及吴楚七国之乱
和新莽政权对绿林赤眉军的交锋，都是关中与关东两大军事集团

---

①《三国志》卷 3《魏书·明帝纪》黄初七年。

②《晋书》卷 42《王浑传》。

③［清］顾祖禹：《读史方舆纪要》卷 26《南直八·安庆府》，第 1299 页。

④［宋］王应麟：《通鉴地理通释》卷 12《三国形势考下·吴重镇》"皖城、皖口"条："吴塘
　　陂在县西二十里，皖水所注。曹公遣朱光为庐江太守屯皖，大开稻田。"自注："此塘
　　即朱光所开也。薛氏曰：吴陂堰皖水，朱光、吕蒙所征皖屯也。"第 759 页。

⑤《三国志》卷 54《吴书·吕蒙传》。

⑥《晋书》卷 1《宣帝纪》正始三年。

的角逐,双方对峙交兵的热点区域是河东、上党、豫西和南阳盆地等中间地带,而位于南北交通路线上的皖城与庐江郡则偏离在外,因此不被兵家所关注,在数百年内没有爆发大规模的战争与长期的军事对峙。东汉末年以降的六朝时期,中国政治基本矛盾的地理表现改变为南北抗衡,这才使地处江淮之间的皖城与庐江地区之军事价值陡然上升,开始爆发了频繁的攻守战斗与持久相拒。

## 六、皖城与庐江地区军事影响的局限性

自初平元年(190)关东诸侯起兵讨伐董卓,至太康元年(280)西晋灭吴,汉末三国的战乱整整延续了九十年。在此期间,皖城地区虽然战事频仍,你来我往,但是从各方交兵的情况来看,有两个突出的问题值得深入探讨。首先,赤壁之战以后,南北对抗的形势得以确立,而魏吴主力军队的作战区域和用兵路线并不在庐江郡,如曹操四越巢湖,曹丕两下广陵,孙权四次进攻合肥,直到最后西晋出动六路大军平吴,都没有使用皖城所在的"皖道"。双方以重兵攻守相持的地区,主要是在合肥－濡须沿线,以及襄樊－江陵、沔口一带。魏吴两国在庐江地区往来进攻的军队大多只是偏师,孙吴方面投入主力人数最多的一次为六万,是太和二年(228)石亭之役。"时陆逊为元帅,全琮与(朱)桓为左右督,各督三万人击(曹)休。"①这与孙权统十万众攻合肥,诸葛恪"大发州

①《三国志》卷 56《吴书·朱桓传》。

郡二十万众"①出征淮南的情况相比,显然具有明显的差距。

　　曹魏在这一方向出动兵马最多的也是石亭之役,文献记载共有十万之众。"(曹)休果信(周)鲂,帅步骑十万,辎重满道,径来入皖。"②对此需要指出的有两点。其一,曹休率领的只是扬州都督辖区的兵马,有"州军",即本州各郡县征伐的军队;还有"外军",即朝廷派遣驻外的军队;并不包括曹魏驻扎在京师洛阳与许昌附近的主力精锐"中军"。其二,史籍记载曹休出征有"步骑十万",这个数字可能含有虚夸成分。因为在赤壁之战以后,曹操集团拥有的全部兵力也只是二十多万。如司马懿所言:"今天下不耕者盖二十余万,非经国远筹也。"③建安末年蜀魏曾在汉中、襄樊等地激烈厮杀,曹兵损失惨重,仅于禁的七军就被关羽消灭了三万余人④。曹丕称帝后三次征吴,兵员伤亡也很严重⑤。魏明帝即位后社会经济仍未全面恢复,如杜恕所言:"今大魏奄有十州之地,而承丧乱之弊,计其户口不如往昔一州之民。"⑥据此看来,全国军队恐怕不会增加多少,能够维持在原有的数量就很不错了。曹魏的主力中军驻扎在洛阳、许昌一带,边境上除了扬州,还有荆豫、雍凉、青徐等都督辖区也需要驻有兵马防备吴蜀的侵犯。如果当时曹魏共有二十余万军队,曹休的扬州兵马应该不会达到十

---

①《三国志》卷 64《吴书·诸葛恪传》。

②《三国志》卷 60《吴书·周鲂传》。

③《晋书》卷 1《宣帝纪》。

④《三国志》卷 47《吴书·吴主传》:"(建安)二十四年,关羽围曹仁于襄阳,曹公遣左将军于禁救之。会汉水暴起,羽以舟兵尽虏禁等步骑三万送江陵,惟城未拔。"

⑤《三国志》卷 10《魏书·贾诩传》载其劝阻曹丕征吴,"文帝不纳。后兴江陵之役,士卒多死。"

⑥《三国志》卷 16《魏书·杜畿附子恕传》。

万。若是他领兵十万入皖，再加上留守在淮南、庐江两郡的军队，就会有十几万人，区区边陲一州将占据曹魏全国总兵力的半数，这显然是不切实际的。史籍所载的出征人数，有时只是对外宣传的虚假数目。如曹操赤壁之役统二十余万兵马，诈称八十万[①]。诸葛恪征淮南用二十万众，"号五十万，来向寿春。"[②]曹休的"步骑十万"，很可能也是浮夸的兵数。不过如果加上驾驭万余车辆牲畜的众多随征民夫，或许会接近十万的数目。总而言之，曹魏的中军主力曾多次由荆襄道、巢湖及濡须水与中渎水道攻击孙吴，却从未以"皖道"作为进军路线。在汉末三国的战争中，皖城及所处的庐江地区属于南北对抗的一个次要战场，而并非魏晋与孙吴作战的主要用兵方向，这是什么原因造成的呢？

其次，皖城虽然被史家称为重镇，但是与合肥、江陵、襄阳、樊城、濡须、东关等要戍相比，它从来没有能够凭借守城挫败过强敌的围攻。从前述各个战例来看，来犯的敌兵只要包围了皖城，几乎是每攻必克。如前述建安时期孙策、孙权对皖城的三次攻陷，咸宁四年(278)应绰攻破皖城。而诸葛恪镇守皖城时，司马懿入侵的军队刚刚到达舒县，相距还有二百余里，他就焚烧积聚，逃往江南的柴桑(今江西九江市)了。为什么皖城不能像三国其他著名关塞那样，使敌寇屡攻不克呢？这也是需要解答的重要问题。笔者认为，皖城及庐江地区虽然有来往南北的道路，可供魏吴军队来往征战；但是当地的自然条件有某些不利因素，因而难以充

---

① 参见《三国志》卷54《吴书·周瑜传》注引《江表传》："(周)瑜请见曰：'诸人徒见操书，言水步八十万，而各恐慑，不复料其虚实，便开此议，甚无谓也。今以实校之，彼所将中国人，不过十五六万，且军已久疲，所得表众，亦极七八万耳，尚怀狐疑……'"
② 《三国志》卷28《魏书·毌丘俭传》注引毌丘俭、文钦上表曰。

当双方的主攻路线,在皖城长期坚守也有诸多困难。现分述如下:

## (一)寿春至皖口道路的通达性存有缺陷

经皖城、舒县沟通江淮的道路是水陆相间的,船只不得直航,这样就对魏吴两国的南北攻伐带来了消极影响。如前所述,由于皖西山地及其余脉的阻隔,自合肥或六安南下皖城的道路有一段不通水运,大约为二百余里,需要步行经过夹石等山险,到达皖水上游才能乘船,然后顺流到皖口入江。孙吴临江拒守,又以舟师水战为长,所以在北伐时往往利用那些连通江淮或江汉的航道。例如在扬州经濡须水口上至巢湖,再沿施水进攻合肥。在荆州东自沔口入汉水,溯流而进攻襄樊;西从江陵经扬水或夏水转入汉水①,再北赴襄阳,这样得以发挥其航运的便利与水战优势。如袁淮所称:"吴楚之民脆弱寡能,英才大贤不出其土,比技量力,不足与中国相抗,然自上世以来常为中国患者,盖以江汉为池,舟楫为用,利则陆钞,不利则入水,攻之道远,中国之长技无所用之也。"②以步骑作战及陆运并非孙吴军队之长处,因此他们往往回避这种战斗与交通方式。如蜀汉群臣讽刺孙权,"且志望已满,无上岸之情。"③满宠在合肥以西建造新城后,孙权领兵来攻,"以其远水,积

---

① 源于江陵的扬水与夏水沟通汉水(即沔水)的情况参见《水经注》卷28《沔水》:"沔水又东南与扬口合,水上承江陵县赤湖……扬水又北注于沔,谓之扬口,中夏口也。曹太祖之追刘备于当阳也,张飞按矛于长坂,备得与数骑斜趋汉津,遂济夏口是也。"又《水经》云:"夏水出江津于江陵县东南,又东过华容县南,又东至江夏云杜县,入于沔。"[北魏]郦道元原注,陈桥驿注释:《水经注》,第452—454页,第509—510页。
② 《三国志》卷4《魏书·三少帝纪·齐王芳》注引《汉晋春秋》。
③ 《三国志》卷35《蜀书·诸葛亮传》注引《汉晋春秋》。

二十日不敢下船。"①而皖城北至六安、舒县航路不通,又有挂车、夹石等险厄,如果使用这条道路北伐,物资转运相当困难,需要耗费大量人畜劳力和给养。所以孙吴在这一方向并未全力投入,作战目的也多是袭扰破坏,像诸葛恪征六安,"收其民人。"②全琮攻淮南,"决芍陂,烧安城邸阁,收其人民。"③属于短期的突袭,并没有作攻城略地后长期据守的打算。曹魏将帅也深知这一点,太和六年(232)陆逊自皖城北攻庐江,满宠便认为不足为惧。他说:"庐江虽小,将劲兵精,守则经时。又贼舍船二百里来,后尾空县(悬),尚欲诱致,今宜听其遂进,但恐走不可及耳。"④战局发展果然不出其所料,陆逊得知寿春魏兵出动增援后随即连夜撤退。

曹魏方面没有选择"皖道"作为征吴主攻路线的理由则更为充足,因为要想打破孙吴的长江天堑,只能使用舟师,还必须是大型战船,才能在水战的装备上不落下风。如果仅派遣陆军步骑前往,那么即使到达江滨,也只能望洋兴叹。黄初五年(224)九月,曹丕率兵至广陵,见江水浩荡而叹曰:"魏虽有武骑千群,无所用也。"⑤征吴部队的大量船只需要经过汉水或江淮之间的航道才能驶入长江,而难以在陆上转运,因此皖城以北二百余里的陆道就成为北方水师南行入江的死结,根本无法破解,这应该是曹魏和西晋的军事统帅不考虑将其列为战略主攻方向的根本原因。另外,解决大军出征的巨量物资供应是非常重要的问题,陆运需要

① 《三国志》卷26《魏书·满宠传》。
② 《三国志》卷47《吴书·吴主传》赤乌六年。
③ 《三国志》卷47《吴书·吴主传》赤乌四年。
④ 《三国志》卷26《魏书·满宠传》。
⑤ 《三国志》卷55《吴书·徐盛传》注引《魏氏春秋》。

大量的人畜与车辆,运输队伍自身的粮草消耗也相当可观;水运则能够利用河流与风力等自然力,船只的载运能力又大大超过车辆。如汉代吴楚地域,"一船之载当中国数十两车"①,其效率远高于陆运方式。从相关历史记载来看,若从寿春南征皖城,由于中间航道不通,陆军随行的后勤队伍因而非常庞大,耗费惊人。如太和二年(228)曹休南下,"帅步骑十万,辎重满道,径来入皖"②。后来溃逃时丢弃了"牛马骡驴车乘万两"③,就是明显的失败例证。由于皖水上游以北航道断绝,缺乏船只直驶入淮的航运途径,所以魏吴双方都不愿意选择这条道路作为主攻路线。

### (二)对皖城易攻难守原因的分析

关于皖城易被攻陷而难以坚守的缘故,笔者考虑有以下几项:

首先,皖城距离淮南的经济、政治中心寿春、合肥较远,中间又不通水运,并有夹石、挂车等险阻,因而来往不易。如果皖城在北方政权控制之下,往往形成孤立于边境的相对隔绝状态。若是遭到强敌的围攻,而后方又没有及时救援,往往经受不住敌人优势兵力的打击而导致陷落。例如建安五年(200)冬孙权攻李术于皖城,"术闭门自守,求救于曹公。曹公不救。粮食乏尽,妇女或丸泥而吞之。遂屠其城,枭术首。"④后来曹操派遣朱光进占皖城,建安十七年(212),"曹公恐江滨郡县为(孙)权所略,征令内移。

---

① 《史记》卷118《淮南衡山列传》。
② 《三国志》卷60《吴书·周鲂传》。
③ 《三国志》卷58《吴书·陆逊传》。
④ 《三国志》卷47《吴书·吴主传》注引《江表传》。

民转相惊,自庐江、九江、蕲春、广陵户十余万皆东渡江,江西遂虚,合肥以南惟有皖城。"①在此背景之下,皖城的孤立形势愈发严重,结果被孙权集中兵力迅速攻克,合肥的曹军则驰援不及。《三国志》卷54《吴书·吕蒙传》曰:"侵晨进攻,蒙手执枹鼓,士卒皆腾踊自升,食时破之。既而张辽至夹石,闻城已拔,乃退。"这次战役也表明了皖城地悬边陲,因而难以赴救的情况。

对于孙吴方面而言,皖城虽然有皖水与长江相连,但是也存在着某些通航的困难。这条航道全长约有二百余里,李吉甫言唐朝怀宁县即汉之皖县,"皖水,西北自霍山县流入,经怀宁县北二里,又东南流二百四十里入大江,谓之皖口。"②由于潜水与长河的汇入,皖水下游航段的流量充沛,宜于船只通行。但是石牌以北的皖水上游流量骤减,在秋冬枯水季节不利于船队航行。建安四年(199)冬,孙策施计调离刘勋后,"自与周瑜率二万人步袭皖城,即克之。"③就是因为水位较浅而没有乘船前往。即使在夏季,如果缺少降雨和山洪的注入,皖水上游的通航也会受到影响。例如,"(建安)十九年五月,(孙)权征皖城。闰月,克之。"④据当时吕蒙所言,若是洪水消落,孙吴的舟师仍然不能顺利通过皖河上游的航道。因此他建议孙权速战速决,以免船队会停滞在皖城附近而无法返回长江。"诸将皆劝作土山,添攻具。蒙趋进曰:'治攻具及土山,必历日乃成,城备既修,外救必至,不可图也。且乘雨

①《三国志》卷47《吴书·吴主传》建安十八年。
②[唐]李吉甫:《元和郡县图志》阙卷逸文卷二,第1079页。
③《三国志》卷46《吴书·孙策传》注引《江表传》。
④《三国志》卷47《吴书·吴主传》。

水以入，若留经日，水必向尽，还道艰难，蒙切危之。'"①他认为应当尽快攻城，"及水以归，全胜之道也。"②此计获得了孙权的赞同与成功施行。司马懿在正始三年（242）议论进攻皖城时也说过："贼之所长者水也，今其攻城，以观其变。若用其所长，弃城奔走，此为庙胜也。若敢固守，湖水冬浅，船不得行，势必弃水相救，由其所短，亦吾利也。"③鉴于以上原因，孙吴方面若想在皖城长期固守，抵抗曹魏的重兵进攻，同样存在着后方不易支援的困难，所以孙权攻克皖城后随即撤走主力，只留下少数警戒部队。吕蒙升任当地的军政长官，却将治所移驻临江的寻阳④。正始四年（243）司马懿率众伐皖，孙权命令诸葛恪弃城焚烧积聚，撤往江南的柴桑。表面上是听从了望气者关于交战将会失利的预测，实际则应是既考虑到司马懿擅长用兵，而皖城冬季水道淤浅，又难以派遣船队进行援助的缘故。司马懿抵达舒县后，侦察到孙吴军队放弃皖城，他停留了十日后撤回寿春⑤，并没有进驻皖城，也是由于当地距离后方太远而难以固守的缘故。

　　三国时期有许多以长期抵抗强敌围攻而著名的要塞，它们的

---

①《三国志》卷 54《吴书·吕蒙传》注引《吴书》。

②《三国志》卷 54《吴书·吕蒙传》注引《吴书》。

③《晋书》卷 1《宣帝纪》正始三年。

④事见《三国志》卷 54《吴书·吕蒙传》："（孙）权嘉其功，即拜庐江太守，所得人马皆分与之，别赐寻阳屯田六百人，官属三十人。蒙还寻阳。"

⑤参见《三国志》卷 47《吴书·吴主传》赤乌七年步骘、朱然等各上疏称蜀欲联合曹魏，背盟伐吴。孙权答云："吾待蜀不薄，聘享盟誓，无所负之，何以致此？又司马懿前来入舒，旬日便退，蜀在万里，何知缓急而便出兵乎？昔魏欲入汉川，此间始严，亦未举动，会闻魏还而止，蜀宁可复以此有疑邪？又人家治国，舟船城郭，何得不护？今此间治军，宁复欲以御蜀邪？人言苦不可信，朕为诸君破家保之。"

共同特点是依托山岭江河等有利的地形、水文条件,因而在很大程度上提升了城垒的防御能力。例如孙权在濡须,"夹水口立坞,所以备御甚精,曹公不能下而退。"①由于濡须坞是在入江水口建立,既能获得自己舟师的支援,又扼守航道两侧,迫使敌军在狭窄的江边无法展开优势兵力,所以屡攻不克。诸葛恪建东兴堤,"左右结山侠筑两城,各留千人,使全端、留略守之。"②魏军数万来攻,但是受到地势不利的影响,"城在高峻,不可卒拔。"③守军终于坚持到援兵到来,从而保住了堤城。曹魏的襄阳南依岘山,北临汉水,故而易守难攻,被称为"樊、沔冲要,山川险固,王业之本也"④。满宠请移合肥驻军,另建新城时也是强调其形势险要。"宜移城内之兵,其西三十里,有奇险可依,更立城以固守,此为引贼平地而揥其归路,于计为便。"⑤但是皖城位于皖河平原之上,地势平旷而无险可守,又未能高筑墙垒,深浚壕堑,所以易于攻取。如吕蒙所言:"今观此城,不能甚固,以三军锐气,四面并攻,不移时可拔。"⑥既没有利用附近的山川之险,城防亦比较薄弱,皖城的屡屡陷落也就在情理之中了。

在汉末三国的兵争要地当中,皖城地区的情况相当特殊。它地处江淮之间的水陆通道,另有通往寻阳的道路联络荆扬两地,下游的皖口又控扼长江航线,因而军事地位相当重要,南北交战

①《三国志》卷 54《吴书·吕蒙传》。
②《三国志》卷 64《吴书·诸葛恪传》。
③《三国志》卷 64《吴书·诸葛恪传》。
④[清]顾祖禹:《读史方舆纪要》卷 75《湖广五·襄阳府》,第 3699 页。
⑤《三国志》卷 26《魏书·满宠传》。
⑥《三国志》卷 54《吴书·吕蒙传》注引《吴书》。

双方对它进行了激烈的反复争夺,都想占据皖城作为进攻敌境的出发阵地。如徐锴所言:"皖之为地,中国得之可以制江表,江表得之亦以患中国。吴孙权克皖而曹操不宁,周世宗平淮南而李氏穷蹙。"①另一方面,由于受前述地理因素的限制,皖城易攻难守,所以被各方更替占领,屡次改变归属。魏吴两国都不愿意该地被敌人所掌控,但是彼此的策略却有差异。孙吴的态度十分明确,就是坚决不让敌对势力控制皖水流域,借此来避免长江航运受到威胁。为了达到这一战略目的,孙策、孙权先后出动主力,消灭了刘勋、李术和朱光,又在太和二年(228)集中兵力击退曹休的入侵,竭尽全力使皖城掌握在自己的手中。直到吴国灭亡前夕,皖城地区还是保留在其境域之内。

　　对于曹魏政权来说,皖城与扬州后方距离较远,即使攻占了该地,也难以在那里留驻重兵、转运给养,因而很难实现在此长期固守的战略目的。尤其是在建安十七年(212)曹操内迁江北民众之后,将防线收缩到合肥、六安一带。"淮南滨江屯候皆彻兵远徙,徐、泗、江、淮之地,不居者各数百里。"②皖城孤悬于国境的形势愈发严重。太和二年(228)石亭之役,曹休遭到惨败之后,魏国基本放弃了过去进占皖城并屯田据守的作战策略,默认了孙吴控制该地的现实。正始四年(243)司马懿入舒县,诸葛恪撤走柴桑。尽管皖城唾手可得,魏军也没有进据占领,而是选择了退兵。咸宁四年(278)应绰攻占皖城,还缴获了大批粮草和船只,即使情况相当有利,他还是烧掉积谷、木船,最终撤回了军队。这些战例表

①[清]顾祖禹:《读史方舆纪要》卷26《南直八·安庆府》,第1299页。
②《三国志》卷51《吴书·宗室传·孙韶》。

明,在江淮之间形成空旷地带的局面下,曹魏、西晋无力据守远离寿春后方的皖城。不过,如果皖城只有吴国的少量边防警戒部队,对魏国领土没有构成入侵的严重威胁,曹魏可以采取置之不理的态度。若是吴国在皖城屯驻重兵,垦田积谷,以此地为侵掠庐江和淮南的前线兵站,这就是魏国所不能容忍的了,必须要出兵予以清除。因为无力在皖城久驻,石亭之役以后,曹魏出兵皖水流域之目的只是摧毁孙吴在那里的军事基地,以保证寿春、合肥一带主要防线侧翼的安全,而并非对皖城的长期占领。司马懿进兵舒县,是由于诸葛恪屡次侵袭六安,并且"远遣斥候,观相径要,欲图寿春"①,所以要消除这个隐患。他在得知吴军焚烧积蓄撤走以后,认为已经实现了预期的战略任务,可以胜利还师,而没有必要再进驻皖城了。西晋建国以后,仍然奉行上述策略。咸宁四年(278),"吴人大佃皖城,图为边害。"②扬州都督王浑即令刺史应绰攻占该地,焚毁缴获的粮草和船只;他在完成作战任务后亦率众撤退,并未留驻在那里。

孙权晚年匮乏人才,国内政治动荡,太子孙登早逝,其弟孙和与孙霸争嗣又被废黜、赐死,麾下良将纷纷病故,王基称其"内无贤嗣,中无谋主"③,因而"限江自保",失去进取之心。他反对诸葛恪攻略寿春的作战计划④,在司马懿进攻皖城时,孙权也不愿发兵支援并坚守拒敌,而是命令诸葛恪撤回南岸,宁可损失当地积蓄

---

①《三国志》卷64《吴书·诸葛恪传》。
②《晋书》卷42《王浑传》。
③《三国志》卷27《魏书·王基传》。
④《三国志》卷64《吴书·诸葛恪传》:"恪乞率众佃庐江皖口,因轻兵袭舒,掩得其民而还。复远遣斥候,观相径要,欲图寿春,权以为不可。"

的大量物资,这充分表现出他的保守退让态度。不过,孙权应该
预判到魏军即便占领皖城,也没有足够的力量来长期驻防,所以
不必和对手硬拼,可以暂时后撤以保存实力,将来敌军还是会退
回到本国境内,事后的情况也如其所料。由于皖城易攻难守,因
此孙权敢于放弃该地,等待司马懿撤军,这也属于不战而屈人之
兵的策略。上述情况的出现,既是受皖城地理环境与交通条件所
局限,也是由于江淮地区空旷数百里、少有民居的特殊形势而造
成的。

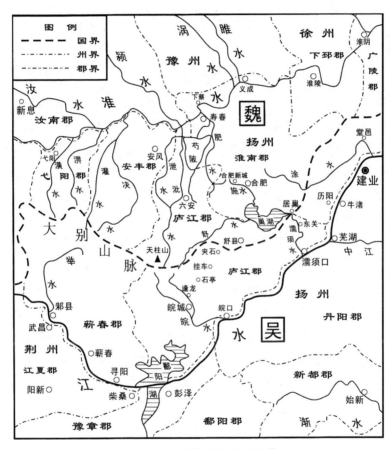

图七四　三国皖城地区形势图

# 第四章　孙吴武昌军镇的兴衰

在孙吴对抗蜀、魏的战争里,武昌(今湖北省鄂州市)作为军事要地发挥过重大的作用。李吉甫曾云鄂州:"三国争衡,为吴之要害,吴常以重兵镇之。"①孙吴立国近六十年间,先后两次在武昌建都。曹魏黄初二年(221)四月,"刘备称帝于蜀。(孙)权自公安都鄂,改名武昌。"②至吴黄龙元年(229)四月孙权称帝,九月还都建业(今江苏省南京市),但是仍留下储君与重臣镇守该地,"征上大将军陆逊辅太子登,掌武昌留事。"③蜀汉灭亡后,孙皓在甘露元年(265)九月,"从西陵督步阐表,徙都武昌,御史大夫丁固、右将军诸葛靓镇建业。"④次年十月,吴郡永安施但等劫持宗室孙谦发动叛乱,"比至建业,众万余人。丁固、诸葛靓逆之于牛屯,大战,但等败走。获谦,谦自杀。"迫于后方局势不稳,"十二月,皓还都建业,卫将军滕牧留镇武昌。"⑤武昌为什么屡次受到孙吴统治者的重视? 它的军事地位在三国期间前后发生过哪些变化? 其中原因何在? 这些问题引起过学术界的关注⑥,但相关领域在研究

①[唐]李吉甫:《元和郡县图志》卷 27《江南道三·鄂州》,第 643 页。

②《三国志》卷 47《吴书·吴主传》。

③《三国志》卷 47《吴书·吴主传》。

④《三国志》卷 48《吴书·三嗣主传·孙皓》。

⑤《三国志》卷 48《吴书·三嗣主传·孙皓》。

⑥参见熊海堂:《试论六朝武昌城的兴衰》,《东南文化》1986 年第 2 期;郭黎安:《略论东吴两晋时期的武昌》,载[日]谷川道雄主编:《地域社会在六朝政治文化上(转下页)

深度和系统性等方面仍有发掘余地,故予以考述析论。

## 一、武昌之地望溯源

孙吴武昌在上古名称为"鄂",初为苗蛮散居之地。《史记》卷
1《五帝本纪》言尧舜时,"三苗在江淮、荆州数为乱。"张守节《正
义》云:"吴起云:'三苗之国,左洞庭而右彭蠡。'案:洞庭,湖名,在
岳州巴陵西南一里,南与青草湖连。彭蠡,湖名,在江州浔阳县东
南五十二里。以天子在北,故洞庭在西为左,彭蠡在东为右。今
江州、鄂州、岳州,三苗之地也。"至西周后期,鄂地被楚国先祖熊
渠占领,并封给其次子熊红。《史记》卷40《楚世家》曰:"当周夷王
之时,王室微,诸侯或不朝,相伐。熊渠甚得江汉间民和,乃兴兵
伐庸、杨粤,至于鄂。熊渠曰:'我蛮夷也,不与中国之号谥。'乃立
其长子康为句亶王,中子红为鄂王,少子执疵为越章王,皆在江上
楚蛮之地。"《括地志》云:"武昌县,鄂王旧都。今鄂王神即熊渠子
之神也。"①

春秋战国时期,楚国长期都郢(今湖北省荆州市),鄂地被封
予王室亲贵,邑主称作"鄂君"。《说苑》卷11《善说》曰:"鄂君子皙
亲楚王母弟也,官为令尹,爵为执圭。"又言其生活奢华,"乘青翰

---

(接上页)所起的作用》,日本玄文社,1989年;鄂州市博物馆、湖北省文物考古研究所:
　《六朝武昌城考古调查综述》,《江汉考古》1993年第2期;熊寿昌:《汉三国时期武昌
　佛教文化遗存》,《世界宗教研究》1995年第4期;陈金凤:《孙吴建都与撤都武昌原因
　探析》,《河南科技大学学报》2003年第4期;吴成国、汪莉:《六朝时期夏口、武昌的港
　航和造船》,《武汉交通职业学院学报》2007年第4期。
①《史记》卷40《楚世家·正义》引《括地志》。

之舟,极芘芘,张翠盖而翕犀尾,班丽袿衽,会钟鼓之音毕,榜枻越人拥楫而歌。"①鄂君所以能骄逸淫侈,是由于其封地滨近长江,有舟楫通航之利,故得以经营贩运而收获颇丰。1957年4月在安徽寿县城南邱家花园出土的《鄂君启节》,其铸造时间是楚怀王六年(公元前323年),为怀王颁发给封地在今湖北鄂城的鄂君启于水陆两路运输货物的免税通行证。铭文还记载了国家规定其水陆运输的范围、船只的数量、载运牛马和有关折算办法,以及禁止运送铜与皮革等物资的具体条文。通过车节和舟节的文字内容,还可以了解到从"鄂"到"郢"的水陆交通路线、车辆及船只的调配、沿途所享受的特权等。其中车节铭文所示路线,即联系长江、淮河、汉水流域的交通。"按节文所示,商队先自鄂出发,由水路顺长江转汉江继而折入其支流唐白河直至棘阳,然后改行陆路。陆程自阳丘东北行至高丘,再东行至居巢,由此往南接长江水路,进而由水路上行至郢都。"②黄盛璋考证:"车节路线自下蔡庚居巢以后,即可沿濡须水即《水经注》之栅口水入长江,此河古代亦常用为运道。"③该铭文反映了鄂地早在战国时期就已经是沿江上下、北通淮汉的转运港口。据《楚辞·九章》所载,屈原被流放于江南之野,途中即在鄂地登陆,并作《涉江》以抒发心怀,辞云:"乘鄂渚而反顾兮,欸秋冬之绪风。步余马兮山皋,邸余车兮方林。"东汉王逸注曰:"言己登鄂渚高岸,还望楚国,向秋冬北风,愁而长叹,心中忧思也。"④

---

① [汉]刘向撰,赵善诒疏证:《说苑疏证》,华东师范大学出版社,1985年,第311页。
② 刘玉堂:《楚国经济史》,第288页。
③ 黄盛璋:《关于鄂君启节地理考证与交通路线的复原问题》,《历史地理论集》,第283页。
④ [宋]洪兴祖撰:《楚辞补注》,中华书局,1983年,第129页。

战国后期秦并楚地，设立郡县，鄂地置县后归属南郡。刘邦建立西汉王朝后，将秦朝南郡部分辖区划出，另立江夏郡，鄂县即在其境内，可见《汉书》卷28上《地理志上》荆州"江夏郡，高帝置"条。又《晋书》卷15《地理志下》亦言荆州，"六国时，其地为楚。及秦，取楚鄢郢为南郡，又取巫中地为黔中郡，以楚之汉北立南阳郡，灭楚之后，分黔中为长沙郡。汉高祖分长沙为桂阳郡，改黔中为武陵郡，分南郡为江夏郡。"汉武帝时，曾封其长女以鄂县为采邑，称为鄂邑公主。《汉书》卷7《昭帝纪》载刘弗陵即位后，"帝姊鄂邑公主益汤沐邑，为长公主。"注引应劭曰："鄂，县名，属江夏。公主所食曰邑。"《汉书》卷68《霍光传》曰："（上官）桀因帝姊鄂邑盖主内安女后宫为婕妤，数月立为皇后。"颜师古注："鄂邑，所食邑，为盖侯所尚，故云盖主也。"参照前述楚王封赐鄂君的情况来看，西汉鄂县的商贸转运业可能依然较为发达，所以武帝将其封给长女以示关爱。东汉鄂县仍属江夏郡，其行政区划未有改变。

从以上史实来看，鄂地在周秦两汉时期虽为长江航运港口之一，但是在政治和军事上尚未获得君主将帅的重视。自春秋以降至汉末战乱前夕将近千年的时间里，当地既没有被当作国都或州郡的治所，也未曾驻扎过重兵或爆发过大规模的战斗，可见并非所谓兵家必争之地。两汉文献并无对鄂县人口数量的明确记载，只有关于江夏郡的户口数据。例如《汉书》卷28上《地理志上》言该郡有："户五万六千八百四十四，口二十一万九千二百一十八。县十四……"《后汉书·郡国志四》："江夏郡十四城，户五万八千四百三十四，口二十六万五千四百六十四。"两汉江夏郡皆治西陵（今湖北省武汉市新洲区西），鄂县并非该郡最大的属县，如果按照该郡各县的平均人口来估算,那么西汉鄂县约为 4060 户,15658 人;而东汉鄂县约为 4173 户,18961 人;均不及万户,即未能达到秦汉大县的标准。参见《汉书》卷 19 上《百官公卿表上》曰:"县令、长,皆秦官,掌治其县。万户以上为令,秩千石至六百石。减万户为长,秩五百石至三百石。"因此,鄂县的行政长官亦应为县长而非县令,可参见汉末的有关记载。例如,《三国志》卷 62《吴书·胡综传》曰:"(孙)策薨,(孙)权为讨虏将军,以综为金曹从事。从讨黄祖,拜鄂长。"综上所述,汉代鄂县人口不多,属于小县,虽有商贸航运业,但在政治、军事上无可称述。该地成为战争热点区域的时间较晚,起始于汉末三国,下文试叙其详。

## 二、汉末江夏战局与鄂县的多次易主

秦汉四百余年间(公元前 221 年至公元 189 年),不仅鄂县附近未爆发过激战,它所隶属的江夏郡也是如此,甚至在整个长江中游沿岸地段也没有经历过较长时间的大规模兵灾战乱。这是因为秦朝到东汉初年国内政治、军事斗争的地域表现是东西对抗,即"山西"或称"关西"势力与"山东"即"关东"集团的矛盾冲突,双方对峙争夺的地带主要是"山西"和"山东"两大经济区域交界的晋南运城、长治盆地,豫西丘陵和南阳盆地。秦、西汉、新莽王朝定都关中,防范关东诸侯西侵的重要关隘设置在临晋(今陕西省大荔县朝邑镇东南)、函谷(今河南省灵宝市北)和武关(今陕西省丹凤县东)。如贾谊所言:"所谓建武关、函谷、临晋关者,大抵为备山东诸侯也。天子之制在陛下,今大诸侯多其力,因建关而备之,若秦时之备六国也。"①长江中游沿岸地带由于远离战争热点区域,因此不入兵家法眼。但是汉末的政治形势发生了根本的变化,东汉百余年内,南方经济有了显著的增长,从《后汉书·郡国志》第四、五部分的记载和统计来看,扬州的人口从西汉时的320万增长到430余万,荆州人口从350万增长到620余万,益州人口从470余万增长到720余万。虽然人口密度仍不及北方,但是反映出东汉南方人口的增加是相当迅速的,这也是经济发展的显著标志。在汉末北方军阀长期混战造成社会严重衰敝的情况下,相对安定富庶的扬、荆、益州能提供足够的物资基础,维持某个割据政权与中原王朝相抗衡。于是在黄巾起义和董卓之乱以后,逐渐形成了新的南北对抗政治格局。

### (一)赤壁战前孙、刘在江夏的攻防与鄂县两度易手

汉献帝兴平二年(195),孙策脱离袁术集团,向江南太湖流域扩张,发展自己的势力,其进展相当顺利。"渡江转斗,所向皆破,莫敢当其锋,而军令整肃,百姓怀之。"②他驱逐扬州刺史刘繇,迫降会稽太守王朗,在占领江东腹地之后,转而向西方的长江中游地带扩张,与占据江夏的黄祖发生了激烈交锋。黄祖是刘表麾下势力最为强劲的战将,他出任江夏太守多年,文献记载其任职可以追溯到初平三年(192)。当时孙策父坚领兵攻打襄阳,包围刘表。"表将黄祖自江夏来救表,(孙)坚逆击破祖,乘胜将轻骑追

①[汉]贾谊撰,阎振益、钟夏校注:《新书校注》卷3《壹通》,第113页。
②《三国志》卷46《吴书·孙策传》。

之,为祖伏兵所杀。"①孙策在建安四年(199)十一月攻破皖城(今安徽省潜山县),击败庐江太守刘勋,从而打开了进军长江中游的门户。"策收得勋兵二千余人、船千艘,遂前进夏口攻黄祖。时刘表遣从子虎、南阳韩晞将长矛五千,来为黄祖前锋。策与战,大破之。"②次年孙策遇刺身亡,其弟孙权继位后局势不稳。史称:"是时,惟有会稽、吴郡、丹杨、豫章、庐陵,然深险之地犹未尽从。而天下英豪布在州郡,宾旅寄寓之士以安危去就为意,未有君臣之固。"③因此暂未对外用兵。建安五年(200)冬,孙权再克皖城,擒杀反叛的李术。"遂屠其城,枭术首,徙其部曲三万余人。"④据历史记载,此后孙吴与江夏黄祖频频交兵,最终将其消灭。

　　(建安)八年,(孙)权西伐黄祖,破其舟军,惟城未克。⑤

　　十一年,(周瑜)督孙瑜等讨麻、保二屯。枭其渠帅,囚俘万余口,还备宫亭。江夏太守黄祖遣将邓龙将兵数千人入柴桑,瑜追讨击,生虏龙送吴。⑥

　　十二年,(孙权)西征黄祖,虏其人民而还。

　　十三年春,权复征黄祖。祖先遣舟兵拒军,都尉吕蒙破其前锋。而凌统、董袭等尽锐攻之,遂屠其城。祖挺身亡走,骑士冯则追枭其首,虏其男女数万口。⑦

---

① [东晋]袁宏:《后汉纪》卷27献帝初平三年,张烈点校:《两汉纪》下册,第518—519页。
② 《三国志》卷46《吴书·孙策传》注引《江表传》。
③ 《三国志》卷47《吴书·吴主传》。
④ 《三国志》卷47《吴书·吴主传》注引《江表传》。
⑤ 《三国志》卷47《吴书·吴主传》。
⑥ 《三国志》卷54《吴书·周瑜传》。
⑦ 《三国志》卷47《吴书·吴主传》。

　　孙权占领江夏郡后,随即任命了一些将领担任各县的行政长官,其中也有鄂县。如胡综,"权为讨虏将军,以综为金曹从事。从讨黄祖,拜鄂长。"①此时鄂县首次归属孙吴。但是此番战役结束后,孙权率领军队返回江东。刘表任命其长子刘琦继任江夏太守,又领兵收复了该郡。《三国志》卷35《蜀书·诸葛亮传》载其为刘琦谋划,效重耳外出避祸之策。"琦意感悟,阴规出计。会黄祖死,得出,遂为江夏太守,俄而表卒。"谢钟英按:"据此,孙权斩(黄)祖未有江夏地。"②于是,鄂县重新成为刘氏的统治区域。

　　建安十三年(208)七月,曹操亲率大军南征荆州。"九月,公到新野,(刘)琮遂降。"③刘备弃樊城南逃,兵败当阳后投奔江夏的刘琦,后听从鲁肃联吴的建议,移师鄂县以待消息。《三国志》卷32《蜀书·先主传》注引《江表传》载:"(鲁)肃曰:'孙讨虏聪明仁惠,敬贤礼士,江表英豪,咸归附之,已据有六郡,兵精粮多,足以立事。今为君计,莫若遣腹心使自结于东,崇连和之好,共济世业,而云欲投吴巨,巨是凡人,偏在远郡,行将为人所并,岂足托乎!'(刘)备大喜,进住鄂县,即遣诸葛亮随肃诣孙权,结同盟誓。"孙权决定联刘抗曹后,派遣周瑜率水军三万人先行迎敌。"(刘)备从鲁肃计,进住鄂县之樊口。诸葛亮诣吴未还,备闻曹公军下,恐惧,日遣逻吏于水次候望权军。吏望见(周)瑜船,驰往白备,备曰:'何以知非青徐军邪?'吏对曰:'以船知之。'备遣人慰劳之。"④

---

①《三国志》卷62《吴书·胡综传》。

②[清]洪亮吉撰,[清]谢钟英补注:《〈补三国疆域志〉补注》,《二十五史补编》编委会编:《二十五史补编·三国志补编》,第558页。

③《三国志》卷1《魏书·武帝纪》。

④《三国志》卷32《蜀书·先主传》注引《江表传》。

孙刘两家汇合后进军在赤壁（今湖北省嘉鱼县）挫败曹兵。

### （二）刘琦死后吴据江夏南岸诸县

　　曹操在赤壁失利后自华容撤退、留曹仁守江陵。"先主与吴军水陆并进,追到南郡"①,与曹仁鏖战多日。"(建安)十四年,(周)瑜、(曹)仁相守岁余,所杀伤甚众,仁委城走。权以瑜为南郡太守。"②当年冬天,"(刘)琦病死,群下推先主为荆州牧,治公安。"③此时刘备率领主力驻扎在刚刚平定的长沙、桂阳、零陵、武陵等地和南郡江南诸县,刘琦余部屯驻江北的夏口,而江夏郡南岸的沙羡、鄂县和下雉等地则被孙权乘机占据。如程普本传曰:"与周瑜为左右督,破曹公于乌林。又进攻南郡,走曹仁。拜裨将军,领江夏太守,治沙羡,食四县。"又言:"周瑜卒,代领南郡太守。权分荆州与刘备,普复还领江夏,迁荡寇将军。"④谢钟英对此考证曰:"按《武帝纪》,赤壁之败在(建安)十三年十二月。《孙权传》云瑜、仁相守岁余,则取南郡在十四年冬。既取南郡,先主始领荆州牧。而《先主传》刘琦之死在先主领牧前,是琦死亦在十四年冬……迨琦既死,吴遂略取江夏江南诸县,以通道江陵。于是程普领江夏太守,治沙羡。"⑤

　　建安十五年(210)周瑜病死后,孙权听从继任主将鲁肃的建

---

①《三国志》卷32《蜀书·先主传》。
②《三国志》卷47《吴书·吴主传》。
③《三国志》卷32《蜀书·先主传》。
④《三国志》卷55《吴书·程普传》。
⑤[清]洪亮吉撰,[清]谢钟英补注:《〈补三国疆域志〉补注》,《二十五史补编·三国志补编》,第559页。

议,借荆州(南郡江北地区)与刘备,并将当地吴军东调,屯驻在陆口。《三国志》卷 54《吴书·鲁肃传》曰:"肃初住江陵,后下屯陆口。威恩大行,众增万余人,拜汉昌太守、偏将军。"按陆口又称陆(渌)溪口,或蒲圻口、蒲矶口,在今湖北省嘉鱼县西南长江南岸,因处于陆水入江之口而得名。《水经注》卷 35《江水》曰:"江之右岸得蒲矶口,即陆口也。"熊会贞按:"因蒲矶山得名。下云陆水径蒲矶山,北入大江。接云,江水又东径蒲矶山北,则此口东去山不远矣。在今嘉鱼县西南。"①《资治通鉴》卷 75 魏邵陵厉公正始七年胡三省注亦云:"《水经注》:陆水出长沙下隽县,西径蒲圻县北,又径蒲矶山北入大江,谓之陆口。江水又径蒲矶山北对蒲矶洲,洲头即蒲圻县治。"陆口位于汉沙羡县境,后来孙吴于此另设蒲圻县。胡三省引《武昌志》曰:"蒲矶山今在嘉鱼县境,盖蒲圻县初置于此。"又引宋白曰:"蒲圻县,汉沙羡县地,吴黄武二年,于沙羡县置蒲圻县,在荆江口,因湖以称,故曰蒲圻。"②另按:陆水之发源地下隽县(治今湖北省通城县西北),在赤壁战后即为孙吴占领,周瑜击败曹仁、攻克江陵之后,孙权封下隽等县为其食邑。见周瑜本传:"权拜瑜偏将军,领南郡太守。以下隽、汉昌、刘阳、州陵为奉邑,屯据江陵。"③周瑜去世后,上述食邑转封给继任的鲁肃。"瑜士众四千余人,奉邑四县,皆属焉。"④

　　江夏郡南岸东部的下雉县(治今湖北阳新县东富池口)较早

①[北魏]郦道元注,[民国]杨守敬、熊会贞疏:《水经注疏》,第 2884 页。
②《资治通鉴》卷 75 魏邵陵厉公正始七年胡三省注。
③《三国志》卷 54《吴书·周瑜传》。
④《三国志》卷 54《吴书·鲁肃传》。

被孙吴占领,亦派有驻军①。建安二十年(215),孙权向刘备索荆
州不得,"乃遣吕蒙袭夺长沙、零陵、桂阳三郡。先主引兵五万下
公安,令关羽入益阳。"②甘宁因领兵拒敌有功,曾被封赐下雉作为
食邑。见《三国志》卷55《吴书·甘宁传》:"(孙)权嘉宁功,拜西陵
太守,领阳新、下雉两县。"鄂县属吴的情况史籍虽然缺少明文记
载,但根据当时的形势来判断,在它西边的沙羡和东边之下雉二
县均为孙吴所有,其势不得独存。故谢钟英论述曰:"(建安)十五
年,鲁肃遂屯陆口,吴境越江夏而西矣。其时其事若合符节,故权
有江夏江南诸县,断在十五年。"③鲁肃去世后,吕蒙领兵继续驻在
陆口。"鲁肃卒,蒙西屯陆口,肃军人马万余尽以属蒙。"④

　　另外,"借荆州"后,江北重镇夏口(即沔口)仍在刘琦余部的
控制之下。参见《三国志》卷32《蜀书·先主传》:"先主表(刘)琦
为荆州刺史,又南征四郡。武陵太守金旋、长沙太守韩玄、桂阳太
守赵范、零陵太守刘度皆降。庐江雷绪率部曲数万口稽颡。"谢钟
英云:"盖琦战士万人留镇夏口,江夏全境俱为琦有。庐江与江夏
接境,故雷绪率部曲来降。"⑤孙权企图进攻四川,"遣孙瑜率水军
住夏口,(刘)备不听军过,谓瑜曰:'汝欲取蜀,吾当被发入山,不

---

①[北魏]郦道元注,[民国]杨守敬、熊会贞疏:《水经注疏》卷35《江水三》云:"(富水)又
　西北径下雉县,王莽更名之润光矣,后并阳新。水之左右,公私裂溉,咸成沃壤。旧
　吴屯所在也。"第2927页。
②《三国志》卷32《吴书·先主传》。
③[清]洪亮吉撰,[清]谢钟英补注:《〈补三国疆域志〉补注》,《二十五史补编·三国志
　补编》,第559页。
④《三国志》卷54《吴书·吕蒙传》。
⑤[清]洪亮吉撰,[清]谢钟英补注:《〈补三国疆域志〉补注》,《二十五史补编·三国志
　补编》,第559页。

失信于天下也。'……权知备意,因召瑜还。"①此条记载表明当时
夏口有刘氏驻军。直到建安二十年(215),刘备与孙权争夺三郡
失利,被迫重结盟好。"分荆州江夏、长沙、桂阳东属,南郡、零陵、
武陵西属。"②孙吴才得以占有江夏郡长江北岸的部分领土,并对
南岸的鄂县等地实行名正言顺的控制。

## 三、孙权迁都武昌前的都城转移

孙权以武昌为国都的时间前后八年多,即公元 221 至 229
年。在此之前,孙氏曾经数次迁移都城,其情况并不稳定,可以分
为以下几个阶段。

### (一)都吴

吴县即今江苏省苏州市,为秦汉吴郡治所,也是孙坚祖居之
地。《吴书》曰:"坚世仕吴,家于富春。"③汉末战乱爆发后,孙坚、
孙策父子领兵与其家属离开当地。建安元年(196),孙策渡江略
地,其亲信朱治时任吴郡都尉,"乃使人于曲阿迎太妃及权兄弟,
所以供奉辅护,甚有恩纪。治从钱唐欲进到吴,吴郡太守许贡拒
之于由拳,治与战,大破之。贡南就山贼严白虎,治遂入郡,领太
守事。策既走刘繇,东定会稽。"④此后孙策即以吴县作为统治中

①《三国志》卷 32《蜀书·先主传》注引《献帝春秋》。
②《三国志》卷 32《蜀书·先主传》。
③《三国志》卷 46《吴书·孙坚传》注引《吴书》。
④《三国志》卷 56《吴书·朱治传》。

心,其家小亲族亦住在该地。例如胡综,"少孤,母将避难江东。孙策领会稽太守,综年十四,为门下循行,留吴与孙权共读书。"①周瑜脱离袁术投奔孙策,"遂自居巢还吴。是岁,建安三年也。策亲自迎瑜,授建威中郎将。"②孙策遇刺身亡后孙权继位,仍以吴县为其治所。《三国志》卷47《吴书·吴主传》曰:"曹公表权为讨虏将军、领会稽太守,屯吴,使丞之郡行文书事。"孙氏政权以吴县为都的时间前后有十四年,后迁都于京。

## (二)都京

京或称京城、京口,即东汉吴郡之丹徒县,今江苏省镇江市,为长江下游重镇。《元和郡县图志》卷25《江南道·润州》言:"本春秋吴之朱方邑,始皇改为丹徒。汉初为荆国,刘贾所封。后汉献帝建安十四年,孙权自吴理丹徒,号曰京城,今州是也。十六年迁都建业,以此为京口镇。"又云:"按京者,人力所为,绝高丘也……京上郡城,城前浦口,即是京口。"③京口对岸为江都县(今江苏省扬州市西南),有著名的瓜洲渡,又是中渎水(古邗沟)江口所在地。《水经注》卷30《淮水》曰:"(淮阴)县有中渎水,首受江于广陵郡之江都县。县城临江,应劭《地理风俗记》曰:县为一都之会,故曰江都也。"④因为京口为长江、中渎水和浦水流经之地,为数条航道所交汇,故历来受到兵家的重视。《南齐书》卷14《州郡志上》云:"丹徒水道入通吴会,孙权初镇之。《尔雅》曰:'绝高为

---

①《三国志》卷62《吴书·胡综传》。
②《三国志》卷54《吴书·周瑜传》。
③[唐]李吉甫:《元和郡县图志》,第589—590页。
④[北魏]郦道元注,[民国]杨守敬、熊会贞疏:《水经注疏》卷30《淮水》,第2554页。

京。'今京城因山为垒,望海临江,缘江为境,似河内郡,内镇优重。"由于地理位置的重要,孙策在渡江作战之初,即派遣兵将镇守该地。《元和郡县图志》卷25《江南道·润州》引《吴志》曰:"汉献帝兴平二年,长沙桓王孙策创业江东,使将军孙何领兵屯京地。"①孙何之"何"当作"河"。《三国志》卷51《吴书·孙韶传》曰:"伯父河,字伯海,本姓俞氏,亦吴人也。孙策爱之,赐姓为孙,列之属籍。后为将军,屯京城。"建安九年(204),孙河为部下妫览、戴员所杀,其侄男孙韶挺身而出,"收河余众,缮治京城,起楼橹,修器备以御敌。"孙权闻讯之后,"引军归吴。夜至京城下营,试攻惊之,兵皆乘城传檄备警,讙声动地,颇射外人。权使晓喻乃止。明日见韶,甚器之,即拜承烈校尉,统河部曲,食曲阿、丹徒二县,自置长吏,一如河旧。后为广陵太守、偏将军。"②

　　孙吴在京城建都的时间是在建安十四年(209),参见《三国志》卷62《吴书·胡综传》:"从讨黄祖,拜鄂长。(孙)权为车骑将军,都京,召综还,为书部。"笔者按:孙权担任车骑将军是在建安十四年冬,即周瑜击败曹仁、占领南郡之后。参见《三国志》卷47《吴书·吴主传》:"(建安)十四年,瑜、仁相守岁余,所杀伤甚众,仁委城走。权以瑜为南郡太守。刘备表权行车骑将军,领徐州牧。"所以他迁都京城应该是在当年,其中原因笔者试作如下探讨。

　　孙吴军队的精锐主力为国君麾下的"中军"③,或称"中营",见

---

①[唐]李吉甫:《元和郡县图志》,第590页。

②《三国志》卷51《吴书·宗室传·孙韶》。

③《三国志》卷62《吴书·胡综传》称孙权:"又作黄龙大牙,常在中军,诸军进退,视其所向。"《晋书》卷42《王浑传》载其"先据江上,破(孙)皓中军",晋武帝褒奖其功曰:"摧大敌,获张悌,使皓涂穷势尽,面缚乞降。遂平定秣陵,功勋茂著。"

《三国志》卷5《吴书·周鲂传》："东主顷者潜部分诸将,图欲北进。吕范、孙韶等入淮,全琮、朱桓趋合肥,诸葛瑾、步骘、朱然到襄阳,陆议、潘璋等讨梅敷。东主中营自掩石阳。"又孙綝与国君孙休相互猜忌,"因孟宗求出屯武昌,吴主许之。綝尽敕所督中营精兵万余人,皆令装载。"①胡三省注:"中营兵,即中军也。"中军平时即在都城附近驻扎,护卫皇室与京畿,战时出征,事毕返回驻地。吴县距离长江较远,立都于此地虽然比较安全,但若是大敌临江,则主力开赴前线会拖延时日。曹操统一中原之前,北方战乱频仍,江东因此未曾受到强敌的直接威胁,故设都于吴的弊病尚未暴露。建安十三年(208)秋,曹操南征荆州,先后占领襄阳和江陵,使孙权感受到来自长江上游的沉重军事压力,若是继续屯兵于吴,恐怕一旦有变,不及应敌救急,故率领主力来到柴桑(今江西省九江市)。参见《三国志》卷35《蜀书·诸葛亮传》："时(孙)权拥军在柴桑,观望成败。"②而赤壁之战以后曹操撤回中原,随即改变了对吴作战的主攻方向,在建安十四年(209)亲率大军出征扬州。"秋七月,自涡入淮,出肥水,军合肥。"并且在当地实行了一系列巩固统治的措施,"置扬州郡县长吏,开芍陂屯田。"③直至岁末才收兵返回谯郡。曹操这番军事行动实际上是一次大规模演习,为此后"四越巢湖"、进攻孙吴扬州腹地预作准备,而孙权建都京城的时间就是在此之后,其目的明显是为了迎击江北敌人的入侵,将主力军队和最高统帅的驻地靠近前线,借以缩短敌情通报与军队出

①《资治通鉴》卷77曹魏高贵乡公甘露三年。
②《三国志》卷35《蜀书·诸葛亮传》。
③《三国志》卷1《魏书·武帝纪》。

动的时间。建安十五年(210)刘备造访京城,以为孙权只是临时驻跸,因此问道:"吴去此数百里,即有警急,赴救为难。将军无意屯京乎?"①即充分表明了建都吴县的缺点与迁都京口的必要性。

### (三)都建业

建业即今江苏省南京市,汉之秣陵县,古称金陵,东晋南朝更名建康。建安十六年(211),孙权在建都京口两年后迁都秣陵,改称建业。据史籍所载,他是在张纮和刘备建议下做出的决定。《三国志》卷53《吴书·张纮传》曰:"纮建计宜出都秣陵,权从之。令还吴迎家,道病卒。"其注引《江表传》载:"纮谓权曰:'秣陵,楚武王所置,名为金陵。地势冈阜连石头,访问故老,云昔秦始皇东巡会稽经此县,望气者云金陵地形有王者都邑之气,故掘断连冈,改名秣陵。今处所具存,地有其气,天之所命,宜为都邑。'权善其议,未能从也。后刘备之东,宿于秣陵,周观地形,亦劝权都之。权曰:'智者意同。'遂都焉。"张、刘二人均提到秣陵的地理条件宜于充当都城,和京城(今江苏省镇江市)相比,它的境域更为旷阔,周围丘陵耸峙,"远近群山,环绕拱卫,郁葱巍焕,形胜天开"②。东北的钟山(又称蒋山、紫金山)地势险要,"周回六十里,高百五十余丈,负北面南。其东则达青龙、雁门诸山,北连雊亭山,西临青溪";其气势雄伟,"岩峣巉峻,实作扬州之镇。"③秣陵西边的石头山,"北缘大江,南抵秦淮口,去台城九里。"④其地在战国时就被当

①《三国志》卷53《吴书·张纮传》注引《献帝春秋》。
②[清]顾祖禹:《读史方舆纪要》卷20《南直二》,第943页。
③[清]顾祖禹:《读史方舆纪要》卷19《南直一》,第877页。
④[清]顾祖禹:《读史方舆纪要》卷20《南直二》引《舆地志》,第930页。

作要塞,筑城守卫。《太平寰宇记》卷90《升州·上元县》曰:"石头城,楚威王灭越,置金陵邑,即此也。后汉建安十七年,吴大帝乃加修理,改名石头城,用贮兵粮器械。"①《资治通鉴》卷69胡三省注:"石头城,在今建康城西二里。"又引张舜民曰:"石头城者,天生城壁,有如城然,在清凉寺北覆舟山上。江行自北来者,循石头城,转入秦淮。"②《丹阳记》言其"因山以为城,因江以为池,形险固,有奇势。故诸葛亮曰:'钟山龙盘,石城虎踞。'良有之矣。"③

其次,秣陵西有秦淮河,"旧名龙藏浦。有二源,一发句容县北六十里之华山,南流;一发溧水县东南二十里之东庐山,北流;合于方山,西经府城中,至石头城注大江。其水经流三百里,地势高下,屈曲自然。"④其河道不仅利于交通运输,还可作为天然防线。孙权建都秣陵后,即在秦淮河两岸树立木栅以为方舆工事。《读史方舆纪要》卷20《南直二》曰:"孙吴至六朝,都城皆去秦淮五里。吴时夹淮立栅十余里,史所称栅塘是也。"⑤隋朝开皇九年(589)出师灭陈,贺若弼领兵自广陵渡江入京口。"司马消言于后主,请北据蒋山,南断淮水(注:谓秦淮水)"⑥,就是企图利用金陵附近的地势与河流负隅顽抗。另外,秦淮水道较为宽阔,其入江之口又有港湾,可以容纳大型战船,有利于舰队的集结,这也是孙权考虑在此地建都的重要原因之一。《献帝春秋》记载他回答刘

① [宋]乐史撰,王文楚等点校:《太平寰宇记》卷90《江南东道二》,第1788页。
② 《资治通鉴》卷66汉献帝建安十七年胡三省注。
③ [宋]李昉等:《太平御览》卷193《居处部二十一》引《丹阳记》,第931页。
④ [清]顾祖禹:《读史方舆纪要》卷20《南直二》引《建康实录》,第951页。
⑤ [清]顾祖禹:《读史方舆纪要》卷20《南直二》,第951页。
⑥ [清]顾祖禹:《读史方舆纪要》卷19《南直一》,第878页。

备的询问道:"秣陵有小江百余里,可以安大船。吾方理水军,当
移据之。"①再者,秣陵临近丰衍富饶的太湖平原,水陆运输都很便
利,拥有充足物资基础作为经济上的依靠。综合以上各种因素,
它确属南方政权理想的建都地点。顾祖禹所言:"府前据大江,南
连重岭,凭高据深,形势独胜。孙吴建都于此,西引荆楚之固,东
集吴会之粟,以曹氏之强,而不能为兼并计也。诸葛武侯云:'金
陵钟山龙蟠,石头虎踞,帝王之宅。'王导亦云:'经营四方,此为根
本。'盖舟车便利则无艰阻之虞,田野沃饶则有转输之藉,金陵在
东南,言地利者自不能舍此而他及也。"②

　　另外,需要指出的是,孙权建都秣陵与其防御战略的调整具
有密切的关系。《三国志》卷47《吴书·吴主传》曰:"(建安)十六
年,权徙治秣陵。明年,城石头,改秣陵为建业。闻曹公将来侵,
作濡须坞。"即说明了他迁都的特定军事原因,是为了应对曹操即
将在淮南发动的大规模进攻。赤壁之战后曹操率军退回北方,积
极准备以扬州为主攻方向来打击孙吴的腹地,即所谓"四越巢
湖",其进军路线是经寿春、合肥至巢湖,再沿濡须水南入长江,这
是孙权在濡须口筑坞抵御的缘故。如前所述,曹操在建安十四
年(209)出兵合肥,"置扬州郡县长吏,开芍陂屯田"③,就是为未来
的进攻预作准备。孙权看到了战局的变化,也随即进行了兵力部
署的改变。周瑜攻占江陵后,曾在建安十五年(210)提出了西取

---

①《三国志》卷53《吴书·张纮传》注引《献帝春秋》。
②[清]顾祖禹:《读史方舆纪要》卷20《南直二》,第921页。
③《三国志》卷1《魏书·武帝纪》。

巴蜀、北据襄阳的作战计划①,并且得到了孙权的首肯。但是天不假年,周瑜卒逝,使孙吴失去了胆识出众且无可替代的统帅,进攻益州和襄阳的计划由是夭折。面对曹操在淮南蓄势待发的进攻,孙权感到力量不足,被迫"借荆州"与刘备,将南郡吴军东调以缩短战线,集中兵力来应付强敌。曹军在扬州地区的进攻路线,除了水师由濡须口入江之外,还可以动用步骑经大小岘山至历阳(今江苏省和县)的横江渡口,威胁对岸的牛渚,即采石矶,今安徽省马鞍山市。京口面对徐州南下的中渎水道,而这并非曹军主力的进攻路线。就可能爆发激战的濡须、历阳等地而言,京口的位置过于偏东,在此建都并屯驻中军主力,猝有急变赶赴淮南则距离较远,不如西边的秣陵更为近便。例如,秣陵和牛渚相距百里,急行仅需一日。淮南的要镇寿春、合肥与秣陵有长江及支流水路可通,并无艰阻。源怀曾云:"寿春之去建邺,七百而已",可以"藉水凭舟,倏忽而至"②。曹魏嘉平四年(252)十二月,胡遵、诸葛诞率众七万攻打吴国重镇东关(今安徽省巢湖市东关镇)。"甲寅,吴太傅恪将兵四万,晨夜兼行,救东兴。"并派遣勇将丁奉为先锋,"奉自率麾下三千人径进。时北风,奉举帆二日,即至东关,遂据徐塘。"③由此可见,在扬州成为南北争战热点区域的情况下,孙吴立都秣陵,能够获得军事上的诸多好处,这是它从京口撤都西迁

---

① 《三国志》卷54《吴书·周瑜传》:"瑜乃诣京见权曰:'今曹操新折衄,方忧在腹心,未能与将军连兵相事也。乞与奋威俱进取蜀,得蜀而并张鲁,因留奋威固守其地,好与马超结援。瑜还与将军据襄阳以蹙操,北方可图也。'权许之。瑜还江陵,为行装,而道于巴丘病卒。"

② 《魏书》卷41《源怀传》。

③ 《资治通鉴》卷75魏邵陵厉公嘉平四年。

建业的根本原因。

## 四、孙权迁都武昌原因再探

建安二十四年（219）岁末，孙权弃刘联曹，袭取荆州，擒杀关羽，导致了三国历史发展趋势发生重大改变。在此之前，曹操与吴、蜀的对抗交锋陷于两面受敌的被动局面。他在东线扬州方向的对吴作战长期没有取得进展，"四越巢湖不成"[1]，反而被迫北迁江淮居民，放弃了淮河以南的大片土地。在西线，刘备占领了益州后又夺取汉中，迫使曹操领兵撤退。关羽北伐襄樊连连告捷，消灭了于禁率领的精锐"七军"，围曹仁于樊城。但是在孙权反戈后形势陡变，吴蜀矛盾冲突的激化使曹操坐收渔翁之利，得以摆脱了此前的困境，重新在政治和军事上处于有利的局面。正如诸葛亮在事后所言："先帝东连吴、越，西取巴、蜀，举兵北征，夏侯授首，此操之失计而汉事将成也。然后吴更违盟，关羽毁败，秭归蹉跌，曹丕称帝。凡事如是，难可逆见。"[2]在荆州之役中，孙权及其军队主力离开都城建业赶赴前线，占领江陵后，他移驾公安（今湖北省公安县），并逐步巩固了对当地的统治。到黄初二年（221）四月，"刘备称帝于蜀。（孙）权自公安都鄂，改名武昌。"[3]关于他迁都的原因，学术界多认为是在长江中下游对蜀、魏作战的需要，其详如下所述。

---

[1]《三国志》卷35《蜀书·诸葛亮传》注引《汉晋春秋》。
[2]《三国志》卷35《蜀书·诸葛亮传》注引《汉晋春秋》。
[3]《三国志》卷47《吴书·吴主传》。

　　黄惠贤说:"为什么孙吴要建都武昌,实因三国鼎立,战乱频繁,建业地处长江下游,上游'一旦有警','水道溯流二千里','不相赴及'。而武昌扼中游,乃'江滨兵马之地';西救西陵,东达建业,可以应付自如。"[1]陈金凤则云:"孙氏定都武昌时的基本指导思想是:利用武昌的进攻退守的兵要地理形势,集中力量与蜀汉、曹魏抗衡,保卫孙吴西部境土的安全,并相机扩大自己的势力范围。另外,孙权之所以能离建业而都武昌,也与下游军事压力减轻有关。孙权与刘备交恶时,努力地结好魏。魏文帝曹丕也坐山观虎斗,企图借孙吴之力制蜀,不在江淮地区对孙吴发动进攻,反而在政治上予孙权以支持。"[2]熊海堂说:"孙权为适应赤壁之战后三国鼎立和吴蜀联盟出现裂痕的新形势,不得不把军事指挥中心移向长江中游。"[3]余鹏飞则指出:"这是因为赤壁战后,孙、刘两家争夺荆州的矛盾日益尖锐。所以,孙权必须经常前往长江中游就近指挥和调动军队。"[4]

　　以上诸说都认为由于荆州战事激烈,孙权迁都武昌的原因是为了靠近前线,便于指挥调度。从当时的战争形势来看,上述观点无疑是合理确切的。但是如果再作深究,那么就会发现还有一些问题并未得到解决。试举如下:

　　其一,孙权迁都武昌是在黄初二年(221)四月刘备称帝之后,

---

[1]黄惠贤:《公元三至十九世纪鄂东南地区经济开发的历史考察(上篇)》,黄惠贤、李文澜主编:《古代长江中游的经济开发》,武汉出版社,1988年,第171页。
[2]陈金凤:《孙吴建都与撤都武昌原因探析》,《河南科技大学学报》2003年第4期。
[3]熊海堂:《试论六朝武昌城的兴衰》,《东南文化》1986年第2期。
[4]余鹏飞:《孙权定都建业考》,《襄樊学院学报》1999年第1期。

此前他有岁余驻跸在南郡的公安(今湖北省公安县),筑有宫殿[1]。当时刘备即将出川复仇,夺回荆州。"秋七月,遂帅诸军伐吴。孙权遣书请和,先主盛怒不许。"[2]随后便拉开了夷陵之战的序幕。另外,去年岁末,魏吴军队也曾爆发了冲突。"孙权遣将陈邵据襄阳,诏(曹)仁讨之。仁与徐晃攻破邵,遂入襄阳。"[3]魏国的军事行动对吴南郡北境也构成了威胁。武昌至公安的长江水道蜿蜒将近千里,如果是为了就近指挥荆州战局,那么孙权继续留在公安显然更为方便,为什么他在大战爆发之前迁都武昌,远离前线呢?笔者认为,这是他从掌控长江战线全局的角度考虑,选择位置居中的地点作为首都,将军事指挥机构和主力中军屯驻在那里,可以东西兼顾,及时驰援各方。吴国的防务以长江为天堑,"自西陵以至江都,五千七百里",故司马昭称其"道里甚远,难为坚固"[4]。孙权领众西征关羽之后,其后方扬州兵力空乏,需要提防曹魏乘虚而入,直捣巢穴。实际上魏吴双方在荆州之役前后的联合也是互相利用,尔诈我虞。曹操为了促使吴国袭击关羽,曾经撤走了合肥的守军以示结盟诚意,以便让孙权放心西赴南郡。但是在关羽覆亡后,曹丕立即派遣张辽、朱灵率军进驻合肥、历阳等要地,对吴国腹地构成军事压力,以致引起孙权的惊惧,立即上书询问道:

---

① 《三国志》卷54《吴书·吕蒙传》:"以蒙为南郡太守,封孱陵侯……封爵未下,会蒙疾发,(孙)权时在公安,迎置内殿,所以治护者万方……年四十二,遂卒于内殿。时权哀痛甚,为之降损。"

② 《三国志》卷32《蜀书·先主传》。

③ 《三国志》卷9《魏书·曹仁传》。

④ 《三国志》卷48《吴书·三嗣主传·孙皓》注引干宝《晋纪》。

先王以权推诚已验，军当引还，故除合肥之守，著南北之信，令权长驱不复后顾。近得守将周泰、全琮等白事，过月六日，有马步七百，径到横江，又督将马和复将四百人进到居巢，琮等闻有兵马渡江，视之，为兵马所击，临时交锋，大相杀伤。卒得此问，情用恐惧。权实在远，不豫闻知，约敕无素，敢谢其罪。又闻张征东、朱横海今复还合肥，先王盟要，由来未久，且权自度未获罪衅，不审今者何以发起，牵军远次？①

魏国部分大臣也认为孙权并非诚心归降曹魏，不过只是权宜之计。《魏三公奏》所载夷陵之战前的表章即深刻地揭露了孙权对魏的欺诈利用，称其"邪辟之态，巧言如流。虽重驿累使，发遣（于）禁等，内包隗嚣顾望之奸，外欲缓诛，支仰蜀贼"。"狃忕累世，诈伪成功，上有尉佗、英布之计，下诵伍被屈强之辞，终非不侵不叛之臣。"并列举了孙权称臣以来所犯罪状，认为应该对他撤消官爵，出师征讨。"权所犯罪衅明白，非仁恩所养，宇宙所容。臣请免权官，鸿胪削爵土，捕治罪。敢有不从，移兵进讨，以明国典好恶之常，以静三州元元之苦。"②夷陵之战爆发后，刘晔即向曹丕建议乘虚攻击吴国后方。"今天下三分，中国十有其八。吴、蜀各保一州，阻山依水，有急相救，此小国之利也。今还自相攻，天亡之也。宜大兴师，径渡江袭其内。蜀攻其外，我袭其内，吴之亡不出旬月矣。"只是曹丕碍于情面，未肯听从，言曰："人称臣降而伐之，疑天下欲来者心，必以为惧，其殆不可！"③胡三省对此评论道：

---

① 《三国志》卷 47《吴书·吴主传》注引《魏略》。
② 《三国志》卷 47《吴书·吴主传》注引《魏略》。
③ 《三国志》卷 14《魏书·刘晔传》注引《傅子》。

"若魏用刘晔之言,吴其殆矣。"①对于孙权来说,其后方三吴地区面临着曹魏侵袭的严重危险,不得不预作东西两线交锋的准备。武昌所在的江夏地区位于长江中游,在此建都屯集重兵,便于左右逢源。当地和南郡毗邻,奔赴驰援不难,而江东一旦告急则可以举帆顺流而下,更为方便。公安处在荆江河段,其位置偏西,国君与军队主力驻扎于此不利于对江夏以东地区的迅速联络救援。东晋咸康八年(342),荆州都督庾翼想把治所从武昌移到与公安相邻的乐乡(今湖北省松滋县),征虏长史王述致笺谏曰:"且武昌实是江东镇戍之中,非但捍御上流而已。急缓赴告,骏奔不难。若移乐乡,远在西陲,一朝江渚有虞,不相接救。方岳取重将,故当居要害之地,为内外形势,使窥觎之心不知所向。"②终于使庾翼撤消了移镇的计划。综上所述,孙权占领荆州后,不仅需要准备抗击三峡和襄阳方向的蜀、魏军队进犯,还要考虑保护根据地扬州的安全,提防曹魏派兵突袭。武昌位于孙吴长江防线的中段,在该地建都屯兵能够兼顾东西两线的战事,既利于和各方的信息传递,又方便部队沿江上下的调动,因而从战略角度来看是较为理想的都城选址。就在孙权迁都武昌的次年,即黄初三年(222),魏吴两国最终决裂,曹丕下令三道伐吴。"秋九月,魏乃命曹休、张辽、臧霸出洞口,曹仁出濡须,曹真、夏侯尚、张郃、徐晃围南郡。"其中曹休、曹仁两路人马是在东线的扬州发动进攻,而孙权在武昌居中调度,应付裕如。"权遣吕范等督五军,以舟军拒休

---

① 《资治通鉴》卷 69 魏文帝黄初二年八月胡三省注。
② 《晋书》卷 75《王述传》。

等;诸葛瑾、潘璋、杨粲救南郡;朱桓以濡须督拒仁。"①成功击退了曹魏大军的攻势。

其二,以上所言是在宏观上进行分析,说明了孙吴当时在长江中游的江夏郡设置都城的必要性。实际上,前引学术界诸君论证孙权迁都武昌之原因,大多也是从这个视角出发去阐述。但需要注意的是:如果说在江夏郡建都符合孙吴兼顾东西用兵的战略考虑,那么江夏郡有许多城市,为什么孙权要选择武昌而不是其他的县市呢? 要知道秦汉鄂县仅是个小城,如前所述,因为不满万户只能设长,而不够设置县令的资格。它在先秦秦汉的政治、军事历史上并不起眼,既没有作为江夏郡治,也从未充当过荆州刺史的治所。据《汉书》卷28上《地理志上》和《后汉书·郡国志四》记载,两汉江夏郡治所在西陵县(治今湖北省武汉市新洲区西)②。清儒王先谦根据《水经注》相关记载,认为西汉江夏郡治可能在安陆县(治今湖北省云梦县),东汉移至西陵。

> 据《江水注》,郡治安陆。《续志》:后汉治西陵。刘《注》:雒阳南千五百里。《元和志》:唐云梦县东南,溳水之北,有江夏故城,周数里,据山川。言之此城南近夏水,余址宽大,汉郡所理也。此说存考。③

汉末战乱时期,刘表先后任命黄祖和刘琦出任江夏太守,其治所

---

① 《三国志》卷47《吴书·吴主传》。
② 参见严耕望:《汉书地志县名首书者即郡国治所辨》,载《"中央研究院"院刊》第一辑。周振鹤:《汉书地理志汇释》,第139—140页。
③ [清]王先谦:《汉书补注》卷28上《地理志上》:"据《江水注》,郡治安陆。《续志》:后汉治西陵。"第710页。

均在江北的沙羡(县治今湖北省武汉市汉口区,孙权时移至南岸,即今武汉市武昌区)①,或称夏口、沔口。孙权为什么不沿袭前代的做法,选择西陵、沙羡或其他城市,而要在此前默默无闻的小县鄂城建都呢? 有些学者指出,武昌和建业两地在地理形势上有相似的优越之处,故而同样具备充当都城的条件。例如余鹏飞曾云:“两城都位于长江南岸的重要渡口处,都有长江支流可以停泊水军船队(鄂城西有樊川,即今长港;建业西有夹江,即今秦淮河入江孔道),鄂城的樊口,建业的石头城都是东吴最重要的水军根据地。建业四周环山,鄂城亦类似。建业西郊石头城所在的清凉山,也就相当于鄂城的西山。建业南有前湖,北有后湖(今玄武湖);鄂城南有洋兰湖,西南有三山湖和梁子湖。此外,两城都富有铜、铁等矿藏,为铸造兵器和钱币以及生活用具提供了极好的条件。因此,孙权选此二城作为都城和‘西都’,是很有战略眼光的。”②熊海堂亦有类似的意见③,所言诚是。但是,鄂县的土壤和沿岸地形都比较恶劣,因此也有人认为不宜作为国都。如陆凯所言:“又武昌土地,实危险而墝确,非王都安国养民之处。船泊则沉漂,陵居则峻危。”④胡三省曰:“墝,秦昔翻,土薄也。确,克角翻,山多大石也。”⑤鄂县一带江面宽阔,多有风浪,容易造成船只倾覆。如《水经注》卷35《江水》载孙权出游,“与群臣泛舟江津,属值风起,权欲西取芦洲。谷利不从,及拔刀急止,令取樊口薄,舶

---

①参见梁允麟:《三国地理志》,第303页。
②余鹏飞:《孙权定都建业考》,《襄樊学院学报》1999年第1期。
③参见熊海堂:《试论六朝武昌城的兴衰》,《东南文化》1986年第2期。
④《三国志》卷61《吴书·陆凯传》。
⑤《资治通鉴》卷79晋武帝泰始二年胡三省注。

船至岸而败,故名其处为败舶湾。"①鄂县西北的樊口港湾较小,停泊条件明显不及西邻的夏口,因此杜预伐吴前上表,担心孙皓徙都武昌,并"积大船于夏口,则明年之计或无所及"②。由于沿岸具有良港,孙吴的造船工场多设在夏口,后世称之为"船官浦"③,可参考有关研究④。就军事价值而言,地扼汉水入江之处的沙羡(夏口)也优于武昌。"盖其地通接荆、岘,江、汉合流,自古以来为兵冲要地。"⑤顾祖禹曾论当地在三国战争中的重要影响,"汉置江夏郡治沙羡,刘表镇荆州,以江、汉之冲恐为吴人侵轶,于是增兵置戍,使黄祖守之。孙策破黄祖于沙羡,而霸基始立。"⑥尽管沙羡(夏口)的军事价值和交通条件超过武昌,孙权还是选择了后者作为都城,其中原因需要继续探讨。

笔者认为,孙权建都武昌而不是在江夏郡的其他城市,应该是考虑到另一个重要因素,即安全性。万乘之君一身系国家安危,尤其是在战争年代,常居之都城在防御上必须拥有可靠的安全系数。前引余鹏飞、熊海堂等先生提到了武昌为山川江湖所环绕,其御敌的自然条件相当有利,其言诚是,不过这些因素只是在敌人兵临城下的危急时刻才会发挥作用。笔者认为,就江夏地区而言,武昌的地理位置居中,周围有诸多要镇拱卫,可以在首都附

---

①[北魏]郦道元注,[民国]杨守敬、熊会贞疏:《水经注疏》卷35《江水三》,第2911页。
②《晋书》卷34《杜预传》。
③[北魏]郦道元注,[民国]杨守敬、熊会贞疏:《水经注疏》卷35《江水三》,第2898页。
④参见吴成国、汪莉:《六朝时期夏口、武昌的港航和造船》,《武汉交通职业学院学报》2007年第4期。
⑤[清]顾祖禹:《读史方舆纪要》卷76《湖广二》,第3520页。
⑥[清]顾祖禹:《读史方舆纪要·湖广方舆纪要序》,第3484页。

近构成防护体系,使其不至于受到敌寇的直接威胁。武昌南边是孙吴后方,需要防御的是沿江上下的东西两面,以及对岸的江北地区。从吴国的设防情况来看,孙权已经在武昌西北对岸占据了汉水入江的沔口,并且"遣将入沔,与敌争利"①,占领了汉水下游地区,设立沔中督。武昌对面的江北邾城,据陶侃所言,"且吴时此城乃三万兵守。"②武昌东邻为要镇虎林,孙吴设置督将领兵镇守。《资治通鉴》卷 75 魏邵陵厉公嘉平四年(252)正月载孙权分封,"王夫人子休为琅邪王,居虎林。"胡三省注:"虎林滨大江,吴置督守之。其后孙綝遣朱异自虎林袭夏口,兵至武昌,而夏口督孙壹奔魏,则虎林又在武昌之下。"其东又有著名的西塞山③,亦为防守要地。特别重要的是武昌西邻屯有重兵的夏口(孙吴沙羡县治),既能西拒顺江而下的敌军,也可以北渡支援沔口、沔中的战事。而若以南岸夏口城为都,则距离对面的沔口太近,会暴露在北方来敌的兵锋之下。顾祖禹曾深刻地论述过建都武昌的优越性,即能充分利用夏口等江夏各地镇戍来保护它的安全。"孙权知东南形胜必在上流也,于是城夏口,都武昌。武昌则今县也,而夏口则今日之武昌也。继孙氏而起者,大都不能改孙氏之辙矣。"④又云:"孙氏都武昌,非不知其危险堵确,仅恃一水之限也,以江夏迫临江、汉,形势险露,特设重镇以为外拒,而武昌退处于后,可从容而图应援耳。名为都武昌,实以保江夏也。未有江夏

---

① 《三国志》卷 51《吴书·宗室传·孙奂》注引《江表传》。
② 《晋书》卷 66《陶侃传》。
③ [唐]李吉甫:《元和郡县图志》卷 27《江南道三·鄂州·武昌》曰:"西塞山,在县东八十五里,竦峭临江。"第 646 页。
④ [清]顾祖禹:《读史方舆纪要·湖广方舆纪要序》,第 3484 页。

破而武昌可无事者。"①综上所述，鄂县，即武昌之所以被孙权选择为都城，从战略角度来讲，是因为它地处吴国长江防线之中段，将政治、军事指挥中枢和国家的总预备队"中军"设于该地，就能够兼顾下游和上游东西两线的战事。此外，武昌具有利于防守的地形、水文条件，其地理位置居于江夏地区的中心，而且在东、西、北面有虎林、夏口、沔口、郴城等要镇拱卫，其安全拥有可靠的保障，这也是它被选作都城的重要因素。

## 五、孙权加强武昌防御的措施

孙权迁都鄂城（武昌）之后，为了保护这一军政中心的安全，采取了一系列措施来巩固当地的防务。分述如下：

### （一）设立武昌郡

《三国志》卷47《吴书·吴主传》黄初二年（221）四月，"（孙）权自公安都鄂，改名武昌。以武昌、下雉、寻阳、阳新、柴桑、沙羡六县为武昌郡。"此项措施是建立新的京畿，即首都特别行政区。其中有四县原属江夏郡。为：

1. **武昌**。即两汉之鄂县。有些文献记载孙权将其设为国都、改名武昌之后，仍保存鄂县的地方行政区划，另立治所于袁山（即樊山）以东。《水经注》卷35《江水》引《九州记》曰："鄂，今武昌也。孙权以魏黄初中，自公安徙此，改曰武昌县。鄂县徙治于袁山

---

① ［清］顾祖禹：《读史方舆纪要·湖广方舆纪要序》，第3485页。

东。"又云:"今武昌郡治。城南有袁山,即樊山也。"杨守敬则认为此事发生在西晋灭吴以后。"此沈约所云晋太康元年复立之鄂县也,属武昌郡,宋、齐、梁因。《寰宇记》,汉旧鄂县,吴改武昌,晋复立鄂县,此县废矣。是晋之鄂县有迁徙,当即此《注》所云徙至袁山东者,在今武昌县西南二里。"①

2. **阳新**。治今湖北省阳新县西南,为吴武昌县东邻。汉朝该地属于鄂县辖区,孙吴将其划出另立县治。参见谢钟英《三国疆域表》:"阳新县,吴分鄂县立,今武昌府兴国州西南五十里。"②《舆地纪胜》卷33言该地:"上接荆鄂,下接江池,面洪都,背淮甸。富川介江、鄂作垒,山连楚峤,水接湘川,石壁峥嵘,林峦葱郁。"③故为兵家所重。建安二十年(215),孙刘初争荆州,甘宁抗击关羽战绩卓著,"(孙)权嘉宁功,拜西陵太守,领阳新、下雉两县。"④看来此县从鄂县分出的时间较早,应在孙权迁都武昌之前。

3. **下雉**。治今湖北省阳新县东,西汉前期为淮南国辖县,后属江夏郡。《元和郡县图志》卷27《江南道三·鄂州》"永兴县"条曰:"下雉故县,在县东南一百四十里。"⑤当地扼富水入江之口,北临网湖,南倚鸡笼山,亦为兵争要地。顾祖禹称其"襟山带江,土沃民萃,西连江夏,东出豫章,此为襟要。汉武帝时淮南王安谋反,其臣伍被曰:'守下雉之城,绝豫章之口。'谓此也"⑥。孙吴亦

①[北魏]郦道元注,[民国]杨守敬、熊会贞疏:《水经注疏》,第2913—2914页。
②[清]谢钟英:《三国疆域表》,《二十五史补编·三国志补编》,第415页。
③[宋]王象之撰,李勇先校点:《舆地纪胜》卷33《兴国军·阳新县》,四川大学出版社,2005年,第2804页。
④《三国志》卷55《吴书·甘宁传》。
⑤[唐]李吉甫:《元和郡县图志》卷27《江南道三·鄂州》,第645页。
⑥[清]顾祖禹:《读史方舆纪要》卷76《湖广二》,第3539页。

曾再次驻军。《水经注》卷 35《江水》言富水:"又西北径下雉县,王莽更名之润光矣,后并阳新。水之左右,公私裂溉,咸成沃壤,旧吴屯所在也。又东流注于江,谓之富口。"[1]

4. **沙羡**。汉朝该县治所位于今湖北省武汉市汉口区,孙吴时移治于长江南岸的夏口,即今武汉市武昌区境内,为孙吴武昌县西邻。《晋书》卷 15《地理志下》载武昌郡:"吴置。统县七,户一万四千三百。"并于沙羡县下注曰:"有夏口,对沔口,有津。"表明吴之沙羡及夏口并在长江南岸,与沔口,即汉水入江之口相对。杨守敬曾考证沙羡县治在汉末三国时期曾经两次迁徙,见《水经注疏》卷 35《江水三》:

> 沙羡县治有三,一、两汉江夏郡之沙羡也;一、建安中黄祖移置之沙羡也;一、吴、晋旋置旋废之沙羡也。汉之沙羡,即《水经》之沙羡。《经》为三国魏人作,于蜀、吴及他改置之郡县皆不照,仍以汉制立文,全书可考。观此《经》江水东北至沙羡县西北,沔水从北来注之。《沔水经》南至沙羡县北入江。又《元和志》,鄂州为汉沙羡之东境,则《方舆纪要》谓在武昌府治西南,近之。或以为即府治,未审。黄祖移置之沙羡在却月城。吴、晋旋置旋废之沙羡在夏口城。[2]

其余二县,寻阳治今湖北省黄梅县西南,位于长江北岸[3],在

---

①[北魏]郦道元注,[民国]杨守敬、熊会贞疏:《水经注疏》,第 2927 页。

②[北魏]郦道元注,[民国]杨守敬、熊会贞疏:《水经注疏》,第 2892 页。

③[清]王先谦:《汉书补注》卷 45:"沈钦韩曰:《通典》汉寻阳故县在江北,今蕲春郡界。晋温峤移于江南。先谦曰:寻阳庐江(郡)县,今黄州府黄梅县北。"第 1033 页。

汉代属庐江郡。孙吴名将黄盖曾任石城县长，"后转春谷长、寻阳令。"①建安十四年(209)冬，周瑜领兵将攻占南郡，吕蒙屡立战功。"还，拜偏将军，领寻阳令。"建安十九年(214)孙权克皖城，吕蒙因功拜庐江太守，仍驻寻阳。"别赐寻阳屯田六百人，官属三十人。蒙还寻阳，未期而庐陵贼起，诸将讨击不能禽，权曰：'鸷鸟累百，不如一鹗。'复令蒙讨之。蒙至，诛其首恶，余皆释放，复为平民。"②寻阳南对九江，是鄱阳湖诸水汇入长江之所。《汉书》卷28上《地理志上》曰："寻阳，《禹贡》九江在南，皆东合为大江。"《元和郡县图志》卷28《江南道四·江州》曰："浔阳县，本汉旧县，以在浔水之阳，故曰浔阳。"③浔水入江处即为港口。元封五年(前106)汉武帝南巡，"自寻阳浮江，亲射蛟江中，获之。"④西汉浔阳港湾多有水军战船停泊，《汉书》卷64上《严助传》言闽越王侵凌邻国，"入燔寻阳楼船，欲招会稽之地，以践勾践之迹。"颜师古注："汉有楼船贮在寻阳也。"

　　柴桑县治所在今江西省九江市西南，汉朝属豫章郡。按寻(浔)阳、柴桑两地分据长江南北，隔岸相对。《元和郡县图志》卷28《江南道四·江州》"浔阳县"条曰："柴桑故城，在县西南二十里。"⑤柴桑临近鄱阳湖口，古称"豫章之口"，张守节曰："即彭蠡湖口，北流出大江者。"⑥故历来为军事要镇。《三国志》卷55《吴

①《三国志》卷55《吴书·黄盖传》。
②《三国志》卷54《吴书·吕蒙传》。
③［唐］李吉甫：《元和郡县图志》卷28《江南道四·江州》，第676页。
④《汉书》卷6《武帝纪》。
⑤［唐］李吉甫：《元和郡县图志》卷28《江南道四·江州》，第676页。
⑥《史记》卷118《淮南衡山列传·正义》。

书·徐盛传》曰:"孙权统事,以为别部司马,授兵五百人,守柴桑长,拒黄祖。"曹操南征荆州,刘备逃至夏口。"时(孙)权拥军在柴桑,观望成败。"诸葛亮赴该地说其联刘抗曹,"权大悦,即遣周瑜、程普、鲁肃等水军三万,随亮诣先主,并力拒曹公。"①孙权迁都武昌后亦关注此地,派遣重臣名将领兵镇守,史籍所载有诸葛恪、陆抗等②。

　　按寻阳、柴桑、下雉三县相邻,地扼长江与鄱阳湖、浔水相汇处,为武昌东方门户,据守该地可封锁长江航道,保护都城的安全。例如,西汉淮南王刘安谋反,伍被献策据守国之西境,阻止汉朝军队顺江而下。其语曰:"南收衡山以击庐江,有寻阳之船,守下雉之城,结九江之浦,绝豫章之口,强弩临江而守,以禁南郡之下。"③孙权将寻阳、柴桑纳入武昌郡,也是出于类似的目的,即在首都东边构筑防区。武昌县西邻的沙羡,孙权随后在该地筑城加强防御。《水经注》卷35《江水》云:"黄鹄山东北对夏口城,魏黄初四年孙权所筑也。依山傍江,开势明远,凭墉藉阻,高观枕流。上则游目流川,下则激浪崎岖,寔舟人之所艰也。对岸则入沔津,故城以夏口为名,亦沙羡县治也。"熊会贞按:"《吴志·孙权传》,黄武二年正月,城江夏山。《元和志》,鄂州城本夏口城,吴黄武二年城江夏,以安屯戍地也。考吴黄武二年,当魏黄初四年,则此二为四之误,今订。《齐志》,夏口城据黄鹄矶。《方舆胜览》,夏口城依

---

①《三国志》卷35《蜀书·诸葛亮传》。

②参见《三国志》卷47《吴书·吴主传》赤乌六年,"是岁,司马宣王率军入舒,诸葛恪自皖迁于柴桑。"《三国志》卷58《吴书·陆抗传》:"赤乌九年,迁立节中郎将,与诸葛恪换屯柴桑。"

③《史记》卷118《淮南衡山列传》。

山负险,周回不过二三里,乃知古人筑城欲坚,不欲广也。在今江夏县西。"①孙权赤乌二年(239),"夏五月,城沙羡。"②再次增筑该县的城垒。孙吴在夏口屯有重兵,设置督将,职称"夏口督",史载有孙壹、孙秀、孙慎与鲁肃之子鲁淑等③,均为宗室或亲信臣僚。在此地设置要镇,可以抗击西边顺江而下的敌人船队。武昌对岸的江北地区,孙权先后设立了鲁山城和邾城两所军镇。其西北的鲁山城,位于汉水入江的沔口右侧。《水经注》卷35《江水》云:"江水又东径鲁山南,古翼际山也。《地说》曰:汉与江合于衡北翼际山旁者也。山上有吴江夏太守陆涣所治城,盖取二水之名。"杨守敬疏云:"《寰宇记》引《舆地志》,鲁山下有城,即吴江夏太守所理之地。与此《注》作山上,异,必有一误。"④在沔口筑城设防,能够封锁敌兵自汉水南来的航道,还可以得到对岸驻军的支援。武昌正北对岸的邾城⑤,原为汉江夏郡属县,治今湖北武汉市新洲区,孙吴占领其地稍晚,属蕲春郡。《元和郡县图志》卷27《江南道三》曰:"故邾城,在(黄冈)县东南一百二十里,古邾国也,后为楚所灭,汉以为县。"又云:"本春秋时邾国之地,后又为黄国之境。战国时属楚。秦属南郡。二汉为江夏郡西陵县地。魏为重镇,文帝黄初中,吴先扬言欲畋于江北,豫州刺史满宠度其必袭西阳,遂先

①[北魏]郦道元注,[民国]杨守敬、熊会贞疏:《水经注疏》,第2899—2900页。

②《三国志》卷47《吴书·吴主传》。

③参见《三国志》卷48《吴书·三嗣主传·孙亮》太平二年六月,《三国志》卷48《吴书·三嗣主传·孙皓》天纪元年夏,《晋书》卷3《武帝纪》泰始六年十二月,《三国志》卷54《吴书·鲁肃传》。

④[北魏]郦道元注,[民国]杨守敬、熊会贞疏:《水经注疏》,第2895页。

⑤[清]顾祖禹:《读史方舆纪要》卷76《湖广二》黄冈故城条注引《括地志》:"邾城在州东南百二十里,临江,与武昌相对。"第3555页。

为之备。权闻之,寻亦退还。后吴克邾城,使陆逊以三万人城而守之。"①《三国志》卷47《吴书·吴主传》载赤乌四年(241),"秋八月,陆逊城邾。"即在当地修筑城垒。可见孙权将都城武昌置于周边防卫体系的中心,有东、西、北三面各地军镇的保护,因而显著地提高了它的安全系数。

孙吴武昌郡的行政建制后来不见于史籍,史学界通常认为它被撤销了。杨守敬考证云:"《元和志》,吴江夏郡理武昌。《晋书·王戎传》,戎受诏伐吴,前锋进攻武昌,江夏太守刘朗诣戎降,尤吴江夏郡治武昌之切证。盖改武昌郡为江夏也。后世地学家多不知吴有废武昌郡而立江夏郡事。"②关于武昌郡废置的时间,历来有不同看法。分述如下:

其一,洪亮吉、谢钟英认为是在孙吴末年。见《〈补三国疆域志〉补注》:"武昌郡,汉建安二十五年吴分江夏郡置。"谢钟英按:"吴末改为江夏郡。"③洪氏提出武昌郡与江夏郡合并的原因是由于后者在江北的土地逐渐被曹魏侵占,所以不得不把郡治移到江南。"(建安)十五年,(孙)权始有江夏江南诸县。二十年,据江夏郡。其后江北地渐入魏。黄武元年,魏将文聘屯沔口。嘉禾三年,陆逊、诸葛瑾屯江夏、沔口。赤乌中城沙羡,以孙邻为夏口、沔中督。沔北新市、安陆、云杜、竟陵皆为魏地,江夏移治武昌,改武昌为江夏郡。"④

①[唐]李吉甫:《元和郡县图志》卷27《江南道三·黄州》,第652—653页。
②[北魏]郦道元注,[民国]杨守敬、熊会贞疏:《水经注疏》,第2913页。
③[清]洪亮吉撰,[清]谢钟英补注:《〈补三国疆域志〉补注》,《二十五史补编·三国志补编》,第560页。
④[清]洪亮吉撰,[清]谢钟英补注:《〈补三国疆域志〉补注》,《二十五史补编·三国志补编》,第559页。

其二，今人梁允麟认为孙权还都建业后，武昌郡丧失了京畿（首都特别行政区）的特殊地位，故被撤销。"黄龙元年（229 年），孙权在武昌登基后，复迁都建业。武昌郡复为江夏郡。领县 6：武昌、沙羡、下雉、阳新、蒲圻、柴桑。寻阳县改属蕲春郡。"①其中蒲圻县是孙吴黄武二年（223）分沙羡县境而另立，原属长沙郡，此时并入江夏郡②。

其三，吴增仅认为武昌建郡的史料很少，可能表示它存在的时间不长。从情理上判断，孙权迁都建业之后，武昌郡演变为军镇，不应由太守担任辖区军事长官。"今以史文证之，武昌郡祇一见《（孙）权传》，武昌太守祇一见《士燮传》，燮子廞为武昌太守，时建安末立郡之始。权都建业，武昌为重镇，不应［笔者注：此处似脱一'置'字］太守，别无所见。此可证者也。"③值得注意的是，他指出北宋欧阳忞《舆地广记》的有关记载非常重要，该书卷 27《荆湖北路上·鄂州》武昌县条曰："二汉鄂县，属江夏郡。吴孙权都之。黄武三年改为武昌县，及置江夏郡。"吴增仅据此提出武昌郡可能是在孙吴黄武三年（224）就废除了，其建郡时间仅有两年。其说见下：

> 夫江夏为汉旧郡，与建安二十五年吴置武昌（郡），明见于志。欧阳氏岂得不知？而《舆地广记》乃云黄武三年置江夏郡者，疑黄武三年武昌（郡）已废，其时以寻阳改属蕲春，

---

① 梁允麟：《三国地理志》，第 302—303 页。
② 参见［宋］乐史撰，王文楚等点校：《太平寰宇记》卷 112《江南西道十·鄂州》："蒲圻县，汉沙羡县之地，《地理志》江夏郡有沙羡县。又吴黄武二年于沙羡县置蒲圻县，在竞（荆）江口，属长沙郡，因潴以称，故曰蒲圻。"第 2284—2285 页。
③［清］吴增仅：《三国郡县表附考证》，《二十五史补编·三国志补编》，第 380 页。

度亦因省郡之故；又以诸县还属江夏，故移置江夏郡于武昌。《晋书·王戎传》：受诏伐吴，前锋进攻武昌，江夏太守刘朗诣戎降。此尤足证吴之江夏治武昌也。后世地志多以《晋志》江夏、武昌二郡并立，遂谓吴时武昌未省，未可据矣。[①]

笔者按：《舆地广记》四库全书本此段为"皇初三年改为武昌县"，李勇先等校为："黄初三年改为武昌县。"[②]与吴增仅所阅《舆地广记》文字略有差异，曹魏黄初三年即孙吴黄武元年（222）。今人陈健梅提出："武昌郡的建置当与孙权都鄂有关，割江夏郡江南辖境，置郡以为京畿所在。黄武二年（223），因为江北江夏郡辖县入魏，复武昌郡为江夏郡。"[③]从时间上看，黄武元年（222）九月曹魏三道征吴，文聘等乘势侵占孙吴江北江夏属地，这次战役结束于魏黄初四年（223）三月[④]。一般来说，当地政区改变建制应于收兵罢战、形势稳定之后进行。吴、陈两人的观点难分孰是，吴增仅的判断虽有《舆地广记》之证，但因版本的区别有"黄武三年"和"黄初三年"的两岁差异，因而不好确定。陈健梅的看法虽合乎情理，然而缺乏史料依据，故此分歧难以定论，武昌郡在黄武三年（224）废置的说法可能更为合理。

---

① ［清］吴增仅：《三国郡县表附考证》，《二十五史补编·三国志补编》，第380页。
② ［宋］欧阳忞撰，李勇先、王小红校注：《舆地广记》，四川大学出版社，2003年，第779页。
③ 陈健梅：《孙吴政区地理研究》，第308页。
④ 参见《三国志》卷2《魏书·文帝纪》黄初四年三月注引《魏书》载丙午诏："孙权残害民物，朕以寇不可长，故分命猛将三道并征……昔周武伐殷，旋师孟津，汉祖征隗嚣，还军高平，皆知天时而度贼情也。且成汤解三面之网，天下归仁。今开江陵之围，以缓成死之禽。且休力役，罢省縣戍，畜养士民，咸使安息。"

## (二)增筑城池

在冷兵器时代,城堡是难以攻克的防御工事。孙权在黄初二年(221)四月迁都鄂城后,"八月,城武昌。"[1]立即重修城垒作为首都安全的屏障。胡三省曰:"既城石头,又城武昌,此吴人保江之根本也。"[2]孙权定都武昌后,并于旧址扩建城池,此后历东晋南朝皆为重镇;其遗址位于今湖北省鄂州市鄂城区,在长江南岸由寿山和窑山相连形成的一个江边台地上,当地俗称"吴王城"。鄂州市博物馆和湖北省文物考古工作队曾对其多次勘测,"发现城址大体作长方形,东西方向长约 1100 米,南北方向宽约 500 米。"[3]《读史方舆纪要》卷 76 引薛氏曰:"武昌之地,襟带江沔,依阻湖山。"[4]其城西凭樊山,南为古南湖,北沿大江。通过对城址的考古学调查及从城周的地形观察发现,"六朝武昌城完全依照自然地形而建。北垣及东垣北段,以寿山、窑山高地为城垣,依江湖之险而未设城壕。东垣南段、南垣和西垣,则构筑坚固的城垣,设置宽深的城壕,利用江湖相通的险要来进行防护。"[5]

另一方面,考古发掘反映,"从现存城垣及北垣江滩上所发现的大量春秋战国时期的几何印纹陶片和汉代的绳纹陶片,以及地层剖面的叠压关系、果品公司陶井的清理均可证明,六朝武昌城

---

[1]《三国志》卷 47《吴书·吴主传》。
[2]《资治通鉴》卷 69 魏文帝黄初二年八月胡三省注。
[3]鄂州市博物馆、湖北省文物考古研究所:《六朝武昌城考古调查综述》,《江汉考古》1993 年第 2 期。
[4][清]顾祖禹:《读史方舆纪要》卷 76《湖广二》,第 3520 页。
[5]鄂州市博物馆、湖北省文物考古研究所:《六朝武昌城考古调查综述》,《江汉考古》1993 年第 2 期。

是在汉代鄂县县城旧址上修建而成。"[1]这在文献中也可找到相应记载。《水经注》卷 35《江水》提到鄂县故城,"言汉将灌婴所筑也。"[2]李吉甫亦云:"孙权故都城,在县东一里余,本汉将灌婴所筑。晋陶侃、桓温为刺史,并理其地。"[3]熊会贞按:"盖因灌(婴)所筑而增修之。考《史记·灌婴传》渡江定豫章等郡。《赣水注》以南昌城为婴所筑,此南郡地,南接豫章,史虽不言,或婴还淮北时经过所为乎?"[4]

　　《太平寰宇记》卷 112 言孙吴武昌:"城有五门,各以所向为名。西角一门谓之流津,北临大江。"[5]所谓"各以所向为名",应是有东西南北四门。三国史籍乏载,可参见《晋中兴书》:"陶侃领江州刺史,镇武昌,课种柳。都尉夏施夜盗,拔郡西门柳为己所种,侃后因驻车施门,问此是郡西门柳,何以盗种?施怖,谢罪。"[6]《读史方舆纪要》卷 76"吴王城"条曰:"又东门有彝市,亦(陶)侃所设也。"[7]《太平寰宇记》所言之"流津门",在城之西北角[8],临近江边码头,故又称作"临津门"。参见《晋书》卷 66《陶侃传》:"侃舆车出临津(门)就船,明日,薨于樊溪。"武昌城港口在城北临江的钓台,

---

① 鄂州市博物馆、湖北省文物考古研究所:《六朝武昌城考古调查综述》,《江汉考古》1993 年第 2 期。

② [北魏]郦道元注,[民国]杨守敬、熊会贞疏:《水经注疏》,第 2916 页。

③ [唐]李吉甫:《元和郡县图志》卷 27《江南道三·鄂州·武昌》,第 646 页。

④ [北魏]郦道元注,[民国]杨守敬、熊会贞疏:《水经注疏》,第 2916 页。

⑤ [宋]乐史撰,王文楚等点校:《太平寰宇记》卷 112《江南西道十》,第 2283 页。

⑥ [宋]乐史撰,王文楚等点校:《太平寰宇记》卷 112《江南西道十》,第 2283 页。

⑦ [清]顾祖禹:《读史方舆纪要》卷 76《湖广二》,第 3527 页。

⑧ 参见[北魏]郦道元注,[民国]杨守敬、熊会贞疏:《水经注疏》卷 35《江水三》熊会贞疏引《太平寰宇记》云:"吴王置城,有五门,各以所向为名。西北一角谓之流津,北临大江。"第 2916 页。

《江表传》曰："（孙）权于武昌新装大船，名为长安，试泛之钓台坼。"①《水经注》卷35《江水》亦载此事曰："昔孙权装大船，名之曰长安，亦曰大舶，载坐直之士三千人。与群臣泛舟江津，属值风起，权欲西取芦洲。谷利不从，及拔刀急止。"②可见钓台坼即临江之渡口"江津"。熊海堂考证云："当年码头的大致位置当在钓台（今雨台山）附近的'小回'处，今仍为鄂州市江边码头。"③

　　孙吴武昌城受到周围地形和水文条件的限制，其规模不大，但因为是帝王所居，故建有宫群，统称"武昌宫"④。据考古学者对武昌城的勘察，"城的北部因建有大量的民房及工厂等，未能进行细致的勘探工作，因而无法证实是否建有子城。但从城址内的地势来分析（北部较南部略高），孙吴武昌宫的所在有可能在这一带。"⑤《舆地纪胜》卷81言吴王宫城，"在武昌东，周约四百八十步。"又云："安乐宫，在武昌吴王城中……旧传宫中古瓦澄泥为之，可以为砚，一瓦值万钱。"⑥《读史方舆纪要》卷76亦言武昌孙吴故宫城，"中有安乐宫，宫中有太极殿，殿前有御沟，流为牧马港，即吴王饮马处。"⑦

---

① 《三国志》卷47《吴书·吴主传》注引《江表传》。
② ［北魏］郦道元注，［民国］杨守敬、熊会贞疏：《水经注疏》，第2911页。
③ 熊海堂：《试论六朝武昌城的兴衰》，《东南文化》1986年第2期。
④ 参见《三国志》卷47《吴书·吴主传》赤乌十年注："《江表传》载权诏曰：'建业宫乃朕从京来所作将军府寺耳，材柱率细，皆以腐朽，常恐损坏。今未复西，可徙武昌宫材瓦，更缮治之。'有司奏言曰：'武昌宫已二十八岁，恐不堪用。宜下所在通更伐致。'"
⑤ 鄂州市博物馆、湖北省文物考古研究所：《六朝武昌城考古调查综述》，《江汉考古》1993年第2期。
⑥ ［宋］王象之撰，李勇先校点：《舆地纪胜》卷81《寿昌军》，四川大学出版社，2005年，第2804页。
⑦ ［清］顾祖禹：《读史方舆纪要》卷76《湖广二》，第3527页。

### (三)建置周边烽戍

　　武昌防御的加强,还体现在都城附近建立了烽戍,以侦伺敌情,传递信息。孙权攻占荆州之后,在长江沿岸上下数千里内设置了烽火台,西至峡口,东达吴郡。庾阐《扬都赋》注曰:"烽火以炬置孤山头,皆缘江相望,或百里,或五十、三十里。寇至则举以相告,一夕可行万里。孙权时,合暮举火于西陵,鼓三竟,达吴郡南沙。"①而在武昌对岸的举洲,即有此类设施。《水经注》卷35《江水》曰:"北岸烽火洲,即举洲也,北对举口。"杨守敬《疏》云举州:"俗名鸭蛋洲,在今黄冈县西北团风镇南江中。"又按:"《吴志·胡综传》,黄武八年,黄龙见举口。即此,在今黄冈县西北五十五里。"②此外还有屯驻小股部队的戍所,例如武昌樊山,"在县西三里。一名西山,一名樊冈……昔孙权于樊口被风破船,凿樊岭而归,山盖缘江为险,吴晋间有樊山戍。"③又北岸之龙骧水,"南至武城,俱入大江,南直武洲,洲南对杨桂水口,江水南出也,通金女、大文、桃班三治,吴旧屯所在,荆州界尽此。"④武昌东与西阳分界处,"江水左则巴水注之,水出零娄县之下灵山,即大别山也。与决水同出一山,故世谓之分水山,亦或曰巴山。南历蛮中,吴时,旧立屯于水侧,引巴水以溉野。"熊会贞按:"今罗田为三国吴、魏分界处,故吴屯兵守险,并引水溉田,以储粮。"⑤

---

①《三国志》卷47《吴书·吴主传》赤乌十三年注引庾阐《扬都赋》注。
②[北魏]郦道元注,[民国]杨守敬、熊会贞疏:《水经注疏》,第2906页。
③[清]顾祖禹:《读史方舆纪要》卷76《湖广二》,第3527页。
④[北魏]郦道元注,[民国]杨守敬、熊会贞疏:《水经注疏》,第2902—2903页。
⑤[北魏]郦道元注,[民国]杨守敬、熊会贞疏:《水经注疏》,第2917页。

## （四）迁徙人口

汉末到孙吴初年，武昌（鄂城）由于政治军事地位的陡升，引起了当地人口的迅速膨胀。黄巾起义之后，北方陷入长期的军阀割据混战，多有士民渡江避难。据史籍所载，洛阳的异邦佛教徒也纷纷来到相对安定的武昌，如祖籍月氏的居士支谦及其乡人，还有自交趾北上的印度僧人维祇难与竺将炎等前来投靠孙权，在其支持下翻译研究佛经，兴建寺院，宣传佛法[①]。另外，原住建业的妃嫔、宗室及其仆从，还有文武百官和他们的家属亦随国君移居武昌，带来了数量庞大的皇室、官僚队伍。此外，还有不少被迁徙的百姓。《水经注》卷35《江水》引《九州记》提到孙权迁都武昌后，"分建业之民千家以益之。"[②]这些居民的身份如何，缺乏明确的文献记载。但从秦汉朝廷向京师徙民的情况来看，应该多是富户。鄂城地区吴墓曾出土半圆纹神兽铜镜，其铭文曰："黄武六年十一月丁巳朔七日丙辰，会稽山阴作师鲍唐镜服明者也。宜子孙□□富贵老寿……家在武昌……"黄惠贤对其论述道："这面镜子是在黄武六年（227年）十一月七日制造的，工匠名叫鲍唐，他是会稽山阴人，现住武昌。可以推断，他和住在武昌的家属，大概就是孙权从建业迁来的千余家之一。"[③]她还根据考古资料进行推断，认为孙吴武昌的官府作坊里不少有技术的工匠来自长江下游的吴会地区。"大批建业居民西迁，对武昌一带手工业的发展起了

---

[①]参见任继愈：《中国佛教史》第一卷，中国社会科学出版社，1981年，第167—179页。
[②]［北魏］郦道元注，［民国］杨守敬、熊会贞疏：《水经注疏》，第2913页。
[③]黄惠贤：《公元三至十九世纪鄂东南地区经济开发的历史考察（上篇）》，黄惠贤、李文澜主编：《古代长江中游的经济开发》，第178页。

重大的促进作用。"①再者,武昌成为国都后,当地的驻军数量亦得到显著增加。"对岸邾城驻军三万,而作为军事大本营的武昌,驻军数量当然不会少于邾城。"②据学术界研究,"如果从东汉晚期鄂县就有较为发达的铜镜制造业和较为集中的聚落来判断,鄂县当是一个有四、五万之口的县城。"而在孙权建都武昌后,随着当地驻军、移民及宫廷、官僚机构与家眷的迁居,"武昌人口当有十几万人之多。"③人口的大量增加也强化了孙吴国都的经济和军事力量。

### (五)发展造船、冶铸等手工业

武昌成为都城以后,众多驻军和官贵百姓的物资需要急剧增加。孙吴统治者为了解决上述需求,曾利用当地的港湾与矿藏等环境资源,努力发展造船和金属冶铸业。武昌港湾有两座,一座是西北的樊口,即樊川入江之口,在樊山(或称袁山)的西侧④,又称作樊港。《太平寰宇记》卷 112 曰:"樊港,源出青溪山,三百里至大港,阔三十丈,水由并在县内界。"⑤顾祖禹亦言:"樊港,在樊山西南麓。寒溪之水注为樊溪,亦曰袁溪,北注大江,谓之樊口。志云:在县西北五里。建安十三年刘备败于当阳,用鲁肃计,自夏

①黄惠贤:《公元三至十九世纪鄂东南地区经济开发的历史考察(上篇)》,黄惠贤、李文澜主编:《古代长江中游的经济开发》,第 179 页。
②熊海堂:《试论六朝武昌城的兴衰》,《东南文化》1986 年第 2 期。
③熊海堂:《试论六朝武昌城的兴衰》,《东南文化》1986 年第 2 期。
④[唐]徐坚等:《初学记》卷 8 引《武昌记》曰:"樊口之东有樊山。"第 190 页。
⑤[宋]乐史撰,王文楚等点校:《太平寰宇记》卷 112《江南西道十》,第 2283 页。

口进屯鄂县之樊口是也。"①另一座是前述离城较近的钓台,因有大石临江可以垂钓而得名②,孙权尝于此宴饮沉醉。《三国志》卷52《吴书·张昭传》曰:"权于武昌,临钓台,饮酒大醉。权使人以水洒群臣曰:'今日酣饮,惟醉堕台中,乃当止耳。'"钓台位于武昌西北角流津门(或称临津门)外,出门即是江边码头。钓台港湾狭小,不及樊口宽阔,古人因此分别称其为小回、大回。《读史方舆纪要》卷76言钓台:"在(武昌)县北门外大江中。孙权尝驻兵于此。又县有大、小回,乃大江回曲处,在樊口者曰大回,在钓台下者曰小回。唐元结歌曰:'樊水于东流,大江又北来,樊山当其南,此中为大回,丛石横大江,人云是钓台,水石相冲击,此中为小回。'是也。"③孙吴曾在武昌港湾设置大型造船工场,能够建造巨舰。《江表传》曰:"权于武昌新装大船,名为长安,试泛之钓台圻。时风大盛,谷利令柂工取樊口。权曰:'当张头取罗州。'利拔刀向柂工,曰:'不取樊口者斩!'工即转柂入樊口。"④《水经注》卷35《江水》亦载此事曰:"樊口之北有湾。昔孙权装大船,名之曰长安,亦曰大舶,载坐直之士三千人。与群臣泛舟江津,属值风起,权欲西取芦洲。谷利不从,及拔刀急止,令取樊口薄……"⑤汉魏时代的一艘船只可以运载三千士兵自然是夸张之辞,但也能反映出舟舰巨大非比寻常。此段记载同时也表明了钓台码头因为港

①[清]顾祖禹:《读史方舆纪要》卷76《湖广二》,第3529页。
②[宋]乐史撰,王文楚等点校:《太平寰宇记》卷112《江南西道十·鄂州》:"钓台。武昌城下有石圻,临江悬峙,四眺极目。"第2282页。
③[清]顾祖禹:《读史方舆纪要》卷76《湖广二》,第3530—3531页。
④《三国志》卷47《吴书·吴主传》注引《江表传》。
⑤[北魏]郦道元注,[民国]杨守敬、熊会贞疏:《水经注疏》,第2911页。

湾狭小而难以抵御巨浪,所以猝遇风暴时需要转向樊口大港来
停泊。

　　孙吴武昌还设有发达的金属冶炼制造业。陶弘景《古今刀剑
录》云:"吴主孙权黄武五年采武昌山铜铁作十口剑,万口刀,各长
三尺九寸,刀头方,皆是南钢越炭作之,上有'大吴'篆字。"[①]建国
以来,鄂州地区的孙吴墓葬中曾出土过大量的刀、剑、戟、削、弩机
等铜铁兵器,"其中环首铁刀的数量最多,同一墓中有出 3—4 件
者,且有长达 86.6 厘米的环首铁刀。"[②]另外,1977 年 8 月 25 日在
鄂州西山西麓的古井中出土双耳铜釜一件,其肩部有铭文曰:"黄
武元年作三千四百卅八枚",腹部又有"武昌"和"官"字[③],表明出
自当地官府作坊,在黄武元年(222)一次就生产了这类铜釜 3438
件。除此之外,孙吴武昌的铜镜制造业也很著名,会稽、武昌是六
朝时期南方铜镜的两大产地,武昌出土的铜镜数量甚至超过了都
城建业(建康)所在的南京地区,其中有相当数量是带有建安、黄
武等纪年并表明"武昌"产地。"孙吴中期墓出土的龙虎纹镜的铭
文中记有'朱氏作镜';新庙戴家山出土的龙虎纹镜的铭文中记有
'张氏作镜';以及西山出土的兽带纹镜中的铭文记有'李氏作镜'
等;其中明确记为会稽籍匠师者为鲍氏、唐氏和任氏,而鲍氏和唐
氏又明记为'家在武昌',故他们应是被孙吴政权征调来武昌的工
匠。"[④]鄂州市博物馆曾在当地发现过多处采铜和炼铜的古遗址,

---

①[宋]李昉等:《太平御览》卷 343《兵部七十四·剑(中)》引陶弘景《古今刀剑录》,第
　　1578 页。
②蒋赞初:《鄂州六朝墓发掘资料的学术价值》,《鄂州大学学报》2006 年第 2 期。
③鄂钢基建指挥部文物小组、鄂城县博物馆:《湖北鄂城发现古井》,《考古》1978 年第 5 期。
④蒋赞初:《鄂州六朝墓发掘资料的学术价值》,《鄂州大学学报》2006 年第 2 期。

湖北省博物馆的技术人员又在吴王城的东南角和西南角外钻探出红烧土和炼渣的遗迹,城南则发现过炼铁遗址。学术界据此认为,"如果再结合《晋书·地理志》所云'武昌郡鄂县有新兴、马头二冶'的记载,更具体地说明了吴晋时期古武昌铜铁手工业的兴盛。"[①]以上情况都反映了孙吴在武昌建都前后当地手工业经济的蓬勃发展,往往和军事及商贸活动密切相关。

　　通过上述各项措施,孙权在迁都武昌后巩固了当地的防务,从而充分发挥了该地作为军政指挥中心的作用。他以武昌为都前后只有八年(221—229),在此期间获得了多次对敌作战的胜利。例如,黄初三年(222)闰六月在夷陵大胜蜀军,"临陈所斩及投兵降首数万人。刘备奔走,仅以身免。"[②]黄初三年九月至四年(223)三月,挫败了曹丕在南郡、濡须和洞口的三路进攻。黄初五年(224)、六年(225),迫使曹丕在广陵两度退兵。太和二年(228)八月,在石亭大破曹休率领的魏军。"追亡逐北,径至夹石,斩获万余,牛马骡驴车乘万两,军资器械略尽。"[③]上述战役的地点尽管分散在长江沿岸上下,东西相隔甚远,但是孙权坐镇武昌,居中调度,应付裕如,故得以克敌制胜。

## 六、陆逊镇守期间武昌的"陪都"地位

　　黄龙元年(229)孙权称帝,随后迁都建业,在武昌居住八年后

---

①蒋赞初:《鄂城六朝考古散记》,《江汉考古》1983年第1期。

②《三国志》卷47《吴书·吴主传》。

③《三国志》卷58《吴书·陆逊传》。

又回到了旧都。其中原因如何？此前多有学者进行过论述。例如，黄惠贤从经济角度来分析，并引用《三国志》卷61《吴书·陆凯传》的记载："（孙）皓徙都武昌，扬土百姓溯流供给，以为患苦。""又武昌土地，实危险而墝确，非王都安国养民之处。船泊则沉漂，陵居则峻危。"据此认为："武昌在当时存在着两个十分重要的经济上的弱点：一、土地瘠薄，农业资源贫乏，大量的粮食、麻布等生活必需品，仰给于长江下游；二、港险陵峻，生活条件差，交通很不便。在这样的地方，当时是人口稀少，劳力不足。"而在以农业为主、生产技术很不发达的封建社会前期，"如果土地贫瘠，农业资源差，人口的移殖就缺乏吸引力。人口移殖困难，就不能顺利地解决劳力缺短和经济贫困的境况。这样的地方，那怕军事上十分重要，要想长期维持全国性政治上的中心地位，看来几乎是不可能的。"①余鹏飞则强调："东吴统治中心的确定，是由当时军事斗争的形势所决定的。"刘备病死后，执政的诸葛亮与孙吴恢复盟好，"吴与蜀的矛盾解决。与此同时，曹魏多次伐吴，孙权亲自到皖口（今安徽省安庆市西南）指挥抗魏。"②在此情况下，他决定迁都到距离前线较近的建业。陈金凤亦指出："经过夷陵之战的较量，孙吴稳固地取得荆州南部地区，其西部的边境得以巩固。而蜀汉国力空前削弱，已经很难再构成对吴的威胁。"这是诸葛亮被迫与孙吴和好的原因，另一方面，长江下游来自曹魏的威胁大大增加，例如黄初五年（224）、六年（225），曹丕两次亲率大军到达临

---

① 黄惠贤：《公元三至十九世纪鄂东南地区经济开发的历史考察（上篇）》，黄惠贤、李文澜主编：《古代长江中游的经济开发》，第172页。
② 余鹏飞：《孙权定都建业考》，《襄樊学院学报》1999年第1期。

江的广陵，威胁孙吴腹地。"自夷陵之战以来，三国鼎立的形势也已经确立，孙权向上游发展受到扼制。如此一来，孙权的战略重心不得不转向经营长江下游的江北防线，稳定长江下游统治区。武昌作为孙吴最高军事、政治权力中心显然是不大合适了。"①

从黄龙元年（229）九月孙权还都建业到天纪四年（280）三月孙皓亡国，其间共有 50 年。此时期内，武昌在孙吴的长江防御体系中仍然具有重要地位，甚至经历过孙皓的短暂迁都（266—267），但是其军事政治影响处于逐渐下降的趋势。从陆逊留守该地到他在赤乌八年（245）去世，武昌还是都城建业之外首屈一指的要镇。陆逊本传云："黄龙元年，拜上大将军、右都护。是岁，权东巡建业，留太子、皇子及尚书九官。征逊辅太子，并掌荆州及豫章三郡事，董督军国。"②这条记载反映了陆逊的职务与武昌撤都后保留的国家机构，分述如下：

1. 上大将军、掌荆州及豫章三郡事。陆逊此前镇守峡口以备蜀，其主要职衔有三项，即辅国将军、荆州牧和西陵都督。此时他升为上大将军，是孙吴的最高军衔。另外，孙权在其原任荆州牧的职权之外，又授予陆逊对临近武昌的豫章、鄱阳、庐陵郡的统治权力，成为该辖区的最高军政长官。胡三省曰："吴于大将军之上复置上大将军。三郡，豫章、鄱阳、庐陵也。三郡本属扬州，而地接荆州，又有山越，易相扇动，故使逊兼掌之。"③陆逊曾领兵镇压上述三郡的叛乱。嘉禾六年（237），"中郎将周祗乞于鄱阳召募，

---

① 陈金凤：《孙吴建都与撤都武昌原因探析》，《河南科技大学学报》2003 年第 4 期。
② 《三国志》卷 58《吴书·陆逊传》。
③ 《资治通鉴》卷 71 魏明帝太和三年九月胡三省注。

事下问逊。逊以为此郡民易动难安,不可与召,恐致贼寇。而祗固陈取之,郡民吴遽等果作贼杀祗,攻没诸县。豫章、庐陵宿恶民,并应遽为寇。逊自闻,辄讨即破,遽等相率降,逊料得精兵八千余人,三郡平。"[1]

2. 领武昌事(武昌都督)及所辖兵力。上大将军乃虚衔,陆逊出镇武昌后的实际军事职务史籍未有明述。清儒吴增仅认为应是武昌都督,见其著作《三国郡县表附考证·江夏郡武昌县》:"黄武初,权自建业徙都此。黄龙元年还都建业,于此置都督为重镇。后分为左右两部。"[2]据陆逊本传所言,赤乌七年(244)顾雍去世,由他代为丞相。孙权下诏曰:"……其州牧都护领武昌事如故。"[3]吴增仅对此进行考证后云:"逊卒,诸葛恪代逊。(孙)权乃分武昌为左右两部,吕岱督右部,以证逊传所云,则知所谓领武昌事者,乃武昌都督,非武昌郡事也。"[4]笔者按:吴氏分析颇有见地。陆逊原为西陵都督,他赴武昌后,其职务由步骘接替。参见《三国志》卷52《吴书·步骘传》:"权称尊号,拜骠骑将军,领冀州牧。是岁,都督西陵,代陆逊抚二境。"南郡方面,此时由朱然担任乐乡都督[5]。而陆逊所辖长江中游之武昌与江夏、豫章、鄱阳、庐陵数郡

---

[1]《三国志》卷58《吴书·陆逊传》。

[2][清]吴增仅:《三国郡县表附考证》,《二十五史补编·三国志补编》,第371页。

[3]《三国志》卷58《吴书·陆逊传》。

[4][清]吴增仅:《三国郡县表附考证》,《二十五史补编·三国志补编》,第380页。

[5]严耕望曾指出:"按乐乡都督始于朱然。"他列举《三国志》卷56《吴书·朱然附绩传》的记载,"然卒,绩袭业,拜平魏将军,乐乡督。"认为:"吴之督将例皆世袭。据此绩继然为乐乡督,而江陵实无督,《然传》所谓'镇江陵'者,以乐乡在江陵对江不远,屯乐乡,即以镇江陵也。"《中国地方行政制度史——魏晋南北朝地方行政制度(上)》,第28—29页。

则缺少任命都督的明确记载,仅有夏口督、沔中督①等职权较小的督将。看来陆逊是他们的上级,具体军职应是武昌都督。陆逊负责的都督辖区除了武昌所在的江夏郡,还有前述豫章、鄱阳、庐陵三郡,而不包括西邻的长沙郡,其西南境界是到江夏、长沙两郡接壤的蒲圻县(今湖北省赤壁市)。洪亮吉《补三国疆域志》将吴蒲圻县列入长沙郡,谢钟英则认为应属武昌(后为江夏)郡,他根据《三国志》卷60《吴书·吕岱传》有关记载考证道:"潘濬卒,岱代濬领荆州文书,与陆逊并在武昌,故督蒲圻。陆逊卒,分武昌为二部,岱督右部,自武昌上至蒲圻。是蒲圻吴属武昌。洪氏从沈《志》隶长沙,非也。"②

　　孙吴再次迁都建业,其主力"中军"亦随之东调,武昌地区的军队数量显著减少,因而导致防御力量的削弱。这个问题如何解决,曾经引起孙权的担心和焦虑。"初权在武昌,欲还都建业,而虑水道溯流二千里,一旦有警,不相赴及,以此怀疑。"③武昌留守的人马究竟有多少?史籍未有详细明确的记载,但是关于其机动兵力的情况还有少数史料可供参考。例如《江表传》载孙权还都建业前,曾在夏口坞中大会百官商议武昌地区的防御战略,"诸将或陈宜立栅栅夏口,或言宜重设铁锁者,权皆以为非计。"小将张梁建议,"遣将入沔,与敌争利,形势既成,彼不敢干也。使武昌有

---

①《三国志》卷51《吴书·宗室传·孙贲附子邻》:"邻迁夏口沔中督、威远将军,所居任职。"《三国志》卷51《吴书·宗室传·孙奂》注引《江表传》记张梁,"后稍以功进至沔中督。"

②[清]洪亮吉撰、[清]谢钟英补注:《〈补三国疆域志〉补注》,《二十五史补编·三国志补编》,第564页。

③《三国志》卷51《吴书·宗室传·孙奂》注引《江表传》。

精兵万人,付智略者任将,常使严整。一旦有警,应声相赴。"这项作战方略得到孙权的赞同,"权以梁计为最得,即超增梁位。"①此处所言的"精兵万人",就是武昌都督辖区的总预备队。另外,曹魏青龙二年(234)五月,孙权三路伐魏。"孙权入居巢湖口,向合肥新城,又遣将陆议、孙韶各将万余人入淮、沔。"②陆议即陆逊,此条资料也表明他统率出击的机动兵力有万余人,可以和前述《江表传》的记载相对应。若是遇到紧急情况,都督麾下万余兵马不敷使用,则抽调辖区各郡县的部分常驻军队前来汇合出征。例如,黄龙三年(231),武陵蛮(或称五溪蛮)发动叛乱,孙权即命令驻在武昌的太常潘濬调集诸军征讨,平叛后再回到原来驻地。"权假濬节,督诸军讨之。信赏必行,法不可干,斩首获生,盖以万数。自是群蛮衰弱,一方宁静。先是,濬与陆逊俱驻武昌,共掌留事,还复故。"③此役出动的人数达到五万之众,就是武昌都督辖区在特殊军情下能够调用集中的作战兵力。参见《三国志》卷47《吴书·吴主传》:"(黄龙)三年春二月,遣太常潘濬率众五万讨武陵蛮夷。"又抚夷将军高尚亦曰:"昔潘太常督兵五万,然后以讨五溪夷耳。"④

　　3. 宫府和尚书九官。孙权回到建业,却留下太子孙登和诸皇子,以及朝廷的诸多行政部门。太子孙登所居的东宫,和诸皇子、百官居住办公的府署合称为"宫府"⑤,亦由辅佐太子的重臣陆逊监

①《三国志》卷51《吴书·宗室传·孙奂》注引《江表传》。
②《三国志》卷3《魏书·明帝纪》。
③《三国志》卷61《吴书·潘濬传》。
④《三国志》卷60《吴书·钟离牧传》。
⑤汉代宫殿和府寺合称"宫府",可参见《后汉书》卷1上《光武帝纪上》更始元年九月:
　"更始将北都洛阳,以光武行司隶校尉,使前整修宫府。"亦可专指宫殿、行宫,见《史记》卷126《滑稽列传》:"武帝时,征北海太守诣行在所。有文学卒史王先(转下页)

领管理。参见《三国志》卷59《吴书·孙登传》："权迁都建业,征上大将军陆逊辅登镇武昌,领宫府留事。"陆逊作为太子首辅,对皇室、公族诸子的教育非常严格。其本传记载:

> 时建昌侯(孙)虑于堂前作斗鸭栏,颇施小巧。逊正色曰:"君侯宜勤览经典以自新益,用此何为?"虑即时毁彻之。射声校尉(孙)松于公子中最亲,戏兵不整。逊对之髡其职吏。南阳谢景善刘廙先刑后礼之论。逊呵景曰:"礼之长于刑久矣,廙以细辩而诡先圣之教,皆非也。君今侍东宫,宜遵仁义以彰德音。若彼之谈,不须讲也。"①

在陆逊的谆谆教导下,太子孙登谨言慎行,律己甚严。史载:"登或射猎,当由径道,常远避良田,不践苗稼。至所顿息,又择空间之地,其不欲烦民如此。尝乘马出,有弹丸过,左右求之。有一人操弹佩丸,咸以为是,辞对不服,从者欲捶之。登不听,使求过丸,比之非类,乃见释。"②

留守武昌的"尚书九官"应是宫廷中枢机构"尚书省"和外朝的"九卿"。参见《资治通鉴》卷71魏明帝太和三年:"九月,吴主迁都建业,皆因故府,不复增改,留太子登及尚书九官于武昌。"胡三省注:"九官,九卿也。"又《资治通鉴》卷77魏高贵乡公甘露元年十一月:"(孙)峻从弟宪尝与诛诸葛恪,峻厚遇之,官至右将军、

---

(接上页)生者,自请与太守俱……遂与俱。行至宫下,待诏宫府门。"后代或专指太子东宫,见《资治通鉴》卷191唐高祖武德九年六月庚申:"张婕妤窃知世民表意,驰语建成。建成召元吉谋之,元吉曰:'宜勒宫府兵,托疾不朝,以观形势。'……建成、元吉至临湖殿,觉变,即跋马东归宫府。"
①《三国志》卷58《吴书·陆逊传》。
②《三国志》卷59《吴书·孙登传》。

无难督,平九官事。"胡三省注:"九官,即九卿也。魏明帝太和二年,吴主还建业,留尚书九官于武昌。"笔者按:孙吴曾仿照汉朝官职设立九卿,分治政务,回迁建业后其机构留在武昌。可见《三国志》卷61《吴书·潘濬传》:"权称尊号,拜为少府,进封刘阳侯,迁太常。"如前所述,潘濬曾在黄龙三年(231)率军征讨武溪蛮,获胜后又回到武昌。嘉禾三年(234),当地蛮夷再次叛乱,"冬十一月,太常潘濬平武陵蛮夷。事毕,还武昌。"①都反映了孙吴太常卿是常驻武昌的。此外,孙权在嘉禾六年(237)立法禁止官员弃职奔丧,违者处死。"其后吴令孟宗丧母奔赴,已而自拘于武昌以听刑。陆逊陈其素行,因为之请,权乃减宗一等,后不得以为比,因此遂绝。"②这一案件的审讯过程也说明了朝廷的最高司法部门——廷尉设在武昌,所以在吴县(今江苏省苏州市)任职的孟宗犯罪后到武昌去投案自首,而不是去距离案发地较近的都城建业。审讯结束后法官的拟判意见首先报告给"董督军国"的陆逊处置,只是因为需要法外施恩,才上报给皇帝进行最终裁决。

在这一阶段,后来又发生了两次事件。其一,是在吴嘉禾元年(232)正月,"吴主少子建昌侯(孙)虑卒。太子登自武昌入省吴主,因自陈久离定省,子道有阙;又陈陆逊忠勤,无所顾忧。乃留建业。"③据学术界研究,孙权宠爱步夫人,而孙登与步夫人不睦,这使其地位受到威胁。"为巩固孙登之地位,陆逊寻机使孙登返归京师建业,权欲令登回到武昌,登'陈陆逊忠勤,无所顾虑,权遂

---

① 《三国志》卷47《吴书·吴主传》。
② 《三国志》卷47《吴书·吴主传》嘉禾六年正月。
③ 《资治通鉴》卷72魏明帝太和六年。

留焉'。"①此后,孙吴再也没有派遣太子进驻武昌。其二,是前述赤乌七年(244)顾雍去世,陆逊代为丞相。孙权下诏曰:"今以君为丞相,使使持节守太常傅常授印绶。君其茂昭明德,修乃懿绩,敬服王命,绥靖四方。於乎! 总司三事,以训群寮,可不敬与,君其勖之! 其州牧都护领武昌事如故。"②按汉魏朝廷"三事"即三公,参见韦玄成诗云:

> 天子我监,登我三事,顾我伤队,爵复我旧。③ 颜师古注:
> "监,察也。三事,三公之位,谓丞相也。"

又见魏明帝吊唁韩暨诏书:

> 故司徒韩暨,积德履行,忠以立朝,至于黄发,直亮不亏。
> 既登三事,望获毗辅之助,如何奄忽,天命不永!④

所谓"总司三事,以训群寮",是说陆逊升任丞相,为三公之首,有训诫百官的职责。除此之外,他还保留了原有的各项职务,继续留在武昌,表明其权力获得了进一步的增长,是自孙吴建国以来权势达到顶峰的股肱重臣。另外,在此期间,吴都建业又于武昌之外别设尚书省。例如,嘉禾二年(233),辽东公孙渊斩吴国使臣太常张弥、执金吾许晏、将军贺达等,"(孙)权大怒,欲自征渊,尚书仆射薛综等切谏乃止。"⑤嘉禾六年(237),诸葛恪平定山越叛

---

① 王永平:《孙吴政治与文化史论》,第 231 页。
② 《三国志》卷 58《吴书·陆逊传》。
③ 《汉书》卷 73《韦玄成传》。
④ 《三国志》卷 24《魏书·韩暨传》注引《楚国先贤传》。
⑤ 《三国志》卷 47《吴书·吴主传》。

乱。"（孙）权嘉其功，遣尚书仆射薛综劳军。"①赤乌元年（238），丞相顾雍审讯校事吕壹案件。"时尚书郎怀叙面詈辱壹，雍责叙曰：'官有正法，何至于此！'"②上述史实表明孙权还都建业时，身边亦拥有尚书省大小官员，这可能是为了处理京师附近地区和国内重要公务需要及时禀报皇帝，因而不能将尚书机构都留在武昌的缘故。太子孙登回到建业之后，史籍中再未见到武昌设有尚书官署的记载，看来应是最终被取消了。另外，吕壹案件是由设置在建业的廷尉机构收审的，"后壹奸罪发露，收系廷尉。（顾）雍往断狱，壹以因见，雍和颜色，问其辞状。"③和前述嘉禾六年（237）吴令孟宗弃官奔丧到武昌受审的情况不同，或许九卿机构有些是同时设置于建业与武昌两地，根据事务的需要来决定在哪里进行处置。

　　综上所述，孙权迁都建业后，武昌的军事政治地位仍然非常重要。那里保留了太子和诸皇子的宫府，以及处理朝廷庶务的尚书省和九卿部门，实际上相当于国家的陪都。另外，武昌还是陆逊所任荆州牧的治所与统领数郡军务的主将驻地，其管辖的疆域远超过了西陵、乐乡等都督辖区，故而是孙吴长江中下游地区最大的军镇，其影响非同一般。

## 七、孙权去世前后武昌军政部署的反复变化

　　荆州牧陆逊病逝后，孙吴政局陆续发生震荡，经历了太子孙

---

①《三国志》卷64《吴书·诸葛恪传》。
②《三国志》卷52《吴书·顾雍传》。
③《三国志》卷52《吴书·顾雍传》。

和废黜与鲁王孙霸赐死、孙权去世、孙峻暗杀辅臣诸葛恪等重大事变。在此期间(245—253),东吴统治者反复调整对武昌地区的军事、行政部署,反映出朝廷对该地的重视以及统治策略的改变。其情况分述如下:

### (一)陆逊死后职权的分散与武昌都督辖区之割裂

陆逊病逝于赤乌八年(245)二月,他生前曾担任丞相、上大将军、荆州牧和武昌都督等多个重要职务。值得注意的是,陆逊遗留职务的空缺时间居然有一年半之久,孙权迟至次年(246)九月才任命了继任者,由此可见挑拣人选的艰难。其中原因主要有二。首先,陆逊是少有的能臣,宋人洪迈《容斋随笔》卷13《孙吴四英将》把他和周瑜、鲁肃、吕蒙并列,称作"一时英杰"。实际上陆逊出将入相,文武俱备,其能力明显在鲁肃和吕蒙之上。如《通鉴辑览》所言:"孙吴人才,周瑜之后当推陆逊。"[①]在他身后没有韬略才干与之匹敌的大臣能够担起这副重任。其次,太子孙亮年幼,尚无控制政坛的能力。而孙权老迈多病,如果朝内有人权势过重,那么在易世之后可能会构成对嗣君的威胁。孙权应是鉴于上述顾虑,所以再三斟酌,最终采取了分散权力的办法来处理这一矛盾,就是将原来陆逊担负的诸多要职分别授予几位大臣,而不是像过去那样只由一人来兼任。其分派的具体情况是:

1. 分武昌都督辖区为左右两部。由于这一战区包括江夏、豫章、鄱阳、庐陵四郡,疆域广阔,兵马众多,孙权不愿意把它交给某位大臣独自掌管,以免将来出现尾大不掉、对抗朝廷的尴尬局面,

---

① 卢弼:《三国志集解》卷58《吴书·陆逊传》注引《通鉴辑览》,第1071页。

因此将其划为左右二部，分别由两位都督镇守。《三国志》卷60
《吴书·吕岱传》曰："及陆逊卒，诸葛恪代逊。权乃分武昌为两
部，岱督右部，自武昌上至蒲圻。迁上大将军，拜子凯副军校尉，
监兵蒲圻。孙亮即位，拜大司马。"武昌右部包括夏口、沔口、陆
口、蒲圻等兵争要地，故地位及影响要重于左部。出任右部都督
的是在岭南、湖湘屡立战功的老臣吕岱，据其本传所言，他在建安
二十年(215)"督孙茂等十将，从取长沙三郡。又安成、攸、永新、
茶陵四县吏共入阴山城，合众拒岱。岱攻围，即降，三郡克定。
(孙)权留岱镇长沙。"后来改任交州刺史，多次平定地方叛乱。
"黄龙三年，以南土清定，召岱还屯长沙沤口。会武陵蛮夷蠢动，
岱与太常潘濬共讨定之。嘉禾三年，(孙)权令岱领潘璋士众，屯
陆口，后徙蒲圻。"吕岱负责武昌上流的防务，并在潘濬死后成为
陆逊的副手，处理荆州地区的大量日常行政事务。"潘濬卒，岱代
濬领荆州文书，与陆逊并在武昌，故督蒲圻。"①他对于巩固地方统
治具有丰富经验，但是未曾指挥过直接对抗魏、蜀汉等强敌的大
规模战役。

　　武昌左部都督是由诸葛恪担任，见《资治通鉴》卷75正始七
年(246)九月，"分荆州为二部：以镇南将军吕岱为上大将军，督右
部，自武昌以西至蒲圻；以威北将军诸葛恪为大将军，督左部，代
陆逊镇武昌。"太元元年(251)岁末孙权病重，调诸葛恪赴建业任
辅政大臣，武昌左部都督改由其属下徐平接任。《会稽典录》曰：
"诸葛恪为丹阳太守，讨山越，以(徐)平威重思虑，可与效力，请平
为丞。稍迁武昌左部督，倾心接物，士卒皆为尽力。"建兴二年

①《三国志》卷60《吴书·吕岱传》。

（253）十月诸葛恪遇害，徐平仍在武昌左部任职，曾私释逃亡被捕的诸葛建。"初，平为恪从事，意甚薄。及恪辅政，待平益疏。恪被害，子建亡走，为平部曲所得。平使遣去，别为佗军所获。"①据《三国志》卷64《吴书·诸葛恪传》记载："建得渡江，欲北走魏。行数十里，为追兵所逮。"

**2. 荆州行政长官由诸葛恪继任。**陆逊所任之荆州牧，是东吴半壁江山的行政长官，其重要性自不待言。孙权委任当时群臣中"才气干略，邦人所称"②的诸葛恪来接替这一职务，其本传曰："会逊卒，恪迁大将军，假节，驻武昌，代逊领荆州事。"③之所以没有让吕岱继任，可能是因为他年事甚高。吕岱在陆逊逝世之前，"时年已八十。"尽管"体素精勤，躬亲王事"④，但毕竟已至垂暮之年，恐猝发不测，故让年富力强的诸葛恪来统领荆州事务。诸葛恪虽然机敏干练，却因性格骄愎悚躁而有明显的缺陷。关于他的这一弱点，孙权看得很清楚，但苦于再没有更为合适的人选，是迫不得已的任命。太元元年（251）岁末孙权病危时，曾下诏议选托孤辅相。"时朝臣咸皆注意于（诸葛）恪，而孙峻表恪器任辅政，可付大事。权嫌恪刚很自用，峻以当今朝臣皆莫及，遂固保之，乃征恪。"⑤诸葛恪自武昌赴建业后，被任命为首席辅政大臣。"（孙）权不豫，而太子少，乃征恪以大将军领太子太傅，中书令孙弘领少傅。权疾困，召恪、弘及太常滕胤、将军吕据、侍中孙峻，属以后事。翌日，

---

① 《三国志》卷57《吴书·虞翻传》注引《会稽典录》。
② 《三国志》卷64《吴书·诸葛恪传》评。
③ 《三国志》卷64《吴书·诸葛恪传》。
④ 《三国志》卷60《吴书·吕岱传》。
⑤ 《三国志》卷64《吴书·诸葛恪传》注引《吴书》。

权薨。"①荆州牧的职务仍然由诸葛恪担任,次年他指挥东兴战役大败魏军,又因功加任扬州牧。"获车乘牛马驴骡各数千,资器山积,振旅而归。进封恪阳都侯,加荆扬州牧,督中外诸军事。"②

3. **步骘任丞相、吕岱任上大将军。** 赤乌九年(246),"秋九月,以骠骑将军步骘为丞相,车骑将军朱然为左大司马,卫将军全琮为右大司马,镇南将军吕岱为上大将军,威北将军诸葛恪为大将军。"③继任丞相职务的步骘长期担任地方军政长官,他早年出任交州刺史,其本传曰:"刘表所置苍梧太守吴巨阴怀异心,外附内违。骘降意怀诱,请与相见,因斩徇之,威声大震。士燮兄弟,相率供命,南土之宾,自此始也。"④孙权袭杀关羽,夺取荆州后,当地局势动荡,又调步骘领兵助阵,驻扎在长沙郡。"延康元年,权遣吕岱代骘,骘将交州义士万人出长沙。会刘备东下,武陵蛮夷蠢动,权遂命骘上益阳。备既败绩,而零、桂诸郡犹相惊扰,处处阻兵。骘周旋征讨,皆平之。黄武二年,迁右将军左护军,改封临湘侯。五年,假节,徙屯沤口。"陆逊赴任武昌后,步骘接替其西陵都督的职务,负责镇守峡口。"赤乌九年,代陆逊为丞相",但仍然保留原来职务,未曾离开驻地。"在西陵二十年,邻敌敬其威信"⑤,最终死于任上。看来病困的孙权不愿身边存在一位贵为"百官之长"的宰辅重臣,想避免在临危之际有人利用丞相的权势来左右政局。因此他既未选择身边近臣来担任此职,也没有让步骘到建

---

①《三国志》卷64《吴书·诸葛恪传》。
②《三国志》卷64《吴书·诸葛恪传》。
③《三国志》卷47《吴书·吴主传》。
④《三国志》卷52《吴书·步骘传》。
⑤《三国志》卷52《吴书·步骘传》。

业来就任,而是将其留在西陵以保持边陲的稳定,丞相因此变成了荣誉头衔,而并非实际要职。陆逊的"上大将军"亦为虚衔,授予其副手吕岱也不过是一种褒奖而已。

### (二)分封诸王于武昌附近

孙权临终前的另一项重要举措,就是将诸皇子派遣出京,分封在武昌附近的几个要镇为诸侯王。他在太元元年(251)十一月寝疾,"十二月,驿征大将军(诸葛)恪,拜为太子太傅。诏省徭役,减征赋,除民所患苦。二年春正月,立故太子和为南阳王,居长沙;子奋为齐王,居武昌;子休为琅邪王,居虎林。"①四月孙权即去世。这几位皇子当中,孙和是已废太子,封地距离京城建业最远,其国在长沙郡,当地有位处洞庭湖口的重镇巴丘(今湖南省岳阳市),是武昌以东的门户。顾祖禹曰:"府襄山带江,处百越、巴、蜀、荆、襄之会,全楚之要膂也。三国初曹公下荆州,以舟师追先主至巴丘,既而败还,先主与周瑜俱自巴丘追蹑之。后鲁肃戍守于此,以为重镇。"②当地还有孙吴囤积前线军粮的巨大仓储"巴丘邸阁",见《水经注》卷38《湘水》:"(巴丘)山在湘水右岸,山有巴陵故城,本吴之巴丘邸阁城也……城跨冈岭,滨阳三江。巴陵西对长洲,其洲南分湘浦,北届大江,故曰三江也。三水所会,亦或谓之三江口矣。"③

孙奋封国居武昌,其重要性自不待言。而孙休所居之虎林,

---

① 《三国志》卷47《吴书·吴主传》。
② [清]顾祖禹:《读史方舆纪要》卷77《湖广三·岳州》,第3627页。
③ [北魏]郦道元注,[民国]杨守敬、熊会贞疏:《水经注疏》卷38《湘水》,第3161—3164页。

即在武昌东邻,亦为要镇,平时设有督将领兵驻守。谢钟英《三国疆域表》吴江夏郡武昌县条曰:"虎林,今武昌县东。"①史载孙吴派驻虎林的督将有朱熊,见《三国志》卷64《吴书·孙綝传》:"(孙)亮内嫌綝,乃推鲁育见杀本末,责怒虎林督朱熊、熊弟外部督朱损不匡正孙峻,乃令丁奉杀熊于虎林,杀损于建业。"又有陆胤,"永安元年,征为西陵督,封都亭侯。后转在虎林。"中书丞华覈曾上表举荐他来建业担任要职,"江边任轻,不尽其才,虎林选督,堪之者众。若召还都,宠以上司,则天工毕修,庶绩咸熙矣。"②

　　孙权做出此项安排的原因,应是考虑这几位皇子年长成人,若是留在建业,恐怕他们在自己死后会与储君孙亮争夺皇位,故分封到远离京城的长江中游地区,以保证易世之际的政局稳定;此举也是给予这些皇子的保护,使其避免因受新君和辅政大臣们的猜忌而被害,同时亦能对武昌附近的要地起到镇慑作用。诚如诸葛恪所追述:"大行皇帝览古戒今,防芽遏萌,虑于千载。是以寝疾之日,分遣诸王,各早就国,诏策殷勤,科禁严峻,其所戒敕,无所不至。诚欲上安宗庙,下全诸王,使百世相承,无凶国害家之悔也。"③

### (三)诸葛恪徙江滨诸王,欲迁都武昌

　　太元二年(252)孙权病死,孙亮继位,诸葛恪总揽朝政。"权诏有司诸事一统于恪,惟杀生大事然后以闻。"④他随即对武昌的

---

①[清]谢钟英:《三国疆域表》,《二十五史补编·三国志补编》,第414页。
②《三国志》卷61《吴书·陆凯附弟胤传》。
③《三国志》卷59《吴书·孙奋传》。
④《三国志》卷64《吴书·诸葛恪传》注引《吴书》。

军政部署做出调整,皆与孙权生前的意图相悖。其一是将分封在武昌附近的孙奋、孙休迁徙到内地,远离边境和重要军镇。如孙休,"太元二年正月,封琅邪王,居虎林。四月,权薨,休弟亮承统。诸葛恪秉政,不欲诸王在滨江兵马之地,徙休于丹杨郡。太守李衡数以事侵休。休上书乞徙他郡,诏徙会稽。"①孙权驻跸武昌时曾言自己是"处身疆畔,豺狼交接"②,可见当地形势之险要,但是孙奋拒绝从命,不肯徙国。《三国志》卷59《吴书·孙奋传》曰:"太元二年,立为齐王,居武昌。权薨,太傅诸葛恪不欲诸王处江滨兵马之地,徙奋于豫章。奋怒,不从命,又数越法度。"诸葛恪为此专门致函,向他详细说明了迁徙的原因是为了强干弱枝,接受汉朝的历史教训。"昔汉初兴,多王子弟,至于太强,辄为不轨,上则几危社稷,下则骨肉相残,其后惩戒,以为大讳。自光武以来,诸王有制,惟得自娱于宫内,不得临民,干与政事,其与交通,皆有重禁,遂以全安,各保福祚。此则前世得失之验也。"信中还以鲁王孙霸骄横被杀为例,向孙奋提出威吓警告。"大王宜深以鲁王为戒,改易其行,战战兢兢,尽敬朝廷,如此则无求不得。若弃忘先帝法教,怀轻慢之心,臣下宁负大王,不敢负先帝遗诏,宁为大王所怨疾,岂敢忘尊主之威,而令诏敕不行于藩臣邪? 此古今正义,大王所照知也。夫福来有由,祸来有渐,渐生不忧,将不可悔。向使鲁王早纳忠直之言,怀惊惧之虑,享祚无穷,岂有灭亡之祸哉?"最终收到了效果,"奋得笺惧,遂移南昌。"值得注意的是,南阳王孙和没有被迁。诸葛恪系孙和王妃张氏之母舅,双方有姻亲关系并互相联

---

①《三国志》卷48《吴书·三嗣主传·孙休》。
②《三国志》卷47《吴书·吴主传》。

络,因而在政治上较为可靠,看来这是将其留驻长沙的原因。

其二是派遣官员重修武昌宫室,准备向当地迁都,据说诸葛恪此举也有迎接孙和就近接替帝位的意愿。参见《三国志》卷59《吴书·孙和传》:"太元二年正月,封和为南阳王,遣之长沙。四月,权薨,诸葛恪秉政。恪即和妃张之舅也。妃使黄门陈迁之建业上疏中宫,并致问于恪。临去,恪谓迁曰:'为我达妃,期当使胜他人。'此言颇泄。又恪有徙都意,使治武昌宫,民间或言欲迎和。"又见《三国志》卷48《吴书·三嗣主传》建兴元年十二月:"雷雨,天灾武昌端门。改作端门,又灾内殿。"裴松之注引《吴录》云:"诸葛恪有迁都意,更起武昌宫。今所灾者恪所新作。"笔者按:孙权在晚年曾下令撤除武昌宫之材瓦,用于修筑建业的宫殿[1],表明他已经杜绝了还都武昌的想法,而诸葛恪的徙都计划与其背道而驰。由于他在次年出征淮南失败,引起朝野愤怨而遭到暗杀,致使该项企图未能实现,孙和亦受牵连被害。"及恪被诛,孙峻因此夺和玺绶,徙新都。又遣使者赐死。"[2]

## 八、孙吴后期武昌军镇的衰落

东吴国家存在的时间,若从孙权建号黄武元年(222)开始,至

---

[1]《三国志》卷47《吴书·吴主传》赤乌十年,"三月,改作太初宫,诸将及州郡皆义作。"注引《江表传》载:"权诏曰:'建业宫乃朕从京来所作将军府寺耳。材柱率细,皆以腐朽,常恐损坏。今未复西,可徙武昌宫材瓦,更缮治之。'有司奏言:'武昌宫已二十八岁,恐不堪用。宜下所在通更伐致。'权曰:'大禹以卑宫为美,今军事未已,所在多赋,若更通伐,妨损农桑。徙武昌材瓦,自可用也。'"

[2]《三国志》卷59《吴书·孙和传》。

孙皓天纪四年(280)降晋,共有 58 年。其中孙权在位 30 年,而孙亮、孙休、孙皓合计为 28 年,可以称作东吴统治的后期;在此历史阶段,武昌都督辖区仍在延续以前逐渐衰落的轨迹,尽管其间出现过孙皓的短暂迁都,也未能改变这一发展趋势。具体情况如下所述:

### (一)都督辖区仍分两部、屡以士人任职

自赤乌九年(246)孙权分武昌都督辖区为左右两部,此后沿至吴国末叶,再未对此进行更改。据史籍所载,在徐平之后担任武昌左部都督者有范慎,他早年曾为太子孙登门客①,《吴录》曰:"慎,字孝敬,广陵人,竭忠知己之君,缠绵三益之友,时人荣之。著论二十篇,名曰《矫非》。后为侍中,出补武昌左都督。治军整顿。孙皓移都,甚惮之。"遂将其调赴建业,"以为太尉。慎自恨久为将,遂托老耄。军士恋之,举营为之陨涕。凤凰三年卒。"②笔者按:武昌左部督在文献当中或称为"武昌督",见《三国志》卷 48《吴书·三嗣主传》建衡三年(271):"以武昌督范慎为太尉。"或称"武昌都督",见《资治通鉴》卷 79 晋武帝泰始七年:"吴以武昌都督广陵范慎为太尉。"其后出任武昌左部督者又有薛莹,其父薛综以文著名,"凡所著诗赋难论数万言,名曰《私载》。又定《五宗图述》、《二京解》,皆传于世。"③薛莹此前亦出任文职,擅长写作。"初为

---

① 《三国志》卷 59《吴书·孙登传》:"黄龙元年,权称尊号,立为皇太子。以(诸葛)恪为左辅,(张)休右弼,(顾)谭为辅正,(陈)表为翼正都尉,是为四友。而谢景、范慎、刁玄、羊衜等皆为宾客,于是东宫号为多士。"
② 《三国志》卷 59《吴书·孙登传》注引《吴录》。
③ 《三国志》卷 53《吴书·薛综传》。

秘府中书郎,孙休即位,为散骑中常侍。数年,以病去官。孙皓
初,为左执法,迁选曹尚书,及立太子,又领少傅。建衡三年,皓追
叹莹父综遗文,且命莹继作。"①据《三国志》卷53《吴书·薛综传》
记载,"是岁,何定建议凿圣溪以通江淮。皓令莹督万人往,遂以
多盘石难施功,罢还,出为武昌左部督。后定被诛,皓追圣溪事,
下莹狱,徙广州。"陆抗曾为其向朝廷请求赦免,"闻武昌左部督薛
莹征下狱,抗上疏曰:'……莹父综纳言先帝,傅弼文皇,及莹承
基,内厉名行,今之所坐,罪在可宥。臣惧有司未详其事,如复诛
戮,益失民望。乞垂天恩,原赦莹罪,哀矜庶狱,清澄刑网,则天下
幸甚!'"②

　　陆凯在吕岱去世后任武昌右部督,见其本传:"五凤二年,讨
山贼陈毖于零陵,斩毖克捷,拜巴丘督、偏将军,封都乡侯,转为武
昌右部督。与诸将共赴寿春,还,累迁荡魏、绥远将军。孙休即
位,拜征北将军,假节领豫州牧。"③吕岱本传而言,他在任上病逝
是在太平元年(256),陆凯应在此时接任其职位。孙皓继位(264)
他被调任巴丘都督。武昌右部都督所辖地域,"自武昌上至蒲
圻"④,故又称为"督武昌以上诸军事",吴末虞昺曾任此职。《会稽
典录》曰:"昺字世文,(虞)翻第八子也。少有倜傥之志,仕吴黄门
郎。以捷对见异,超拜尚书侍中。晋军来伐,遣昺持节都督武昌
已上诸军事,昺先上还节盖印绶,然后归顺。"⑤此外,史载孙吴后

①《三国志》卷53《吴书·薛综传》。
②《三国志》卷58《吴书·陆抗传》。
③《三国志》卷61《吴书·陆凯传》。
④《三国志》卷60《吴书·吕岱传》。
⑤《三国志》卷57《吴书·虞翻传》注引《会稽典录》。

期任"武昌督"而未言其督左右部者,有夏口沔中督孙邻(赤乌十二年去世)之子孙述①,还有鲁肃之子鲁淑,"永安中,为昭武将军、都亭侯、武昌督。建衡中,假节,迁夏口督。所在严整,有方干。凤皇三年卒。"②

此外,泰始七年(271),"吴将陶璜等围交阯,太守杨稷与郁林太守毛炅及日南等三郡降于吴。"③孙皓随即任命陶璜为交州都督,他在任时多有功绩。"武平、九德、新昌土地阻险,夷獠劲悍,历世不宾,璜征讨,开置三郡,及九真属国三十余县。"④后因江防形势严峻,调任陶璜转赴荆州。"征璜为武昌都督,以合浦太守修允代之。"⑤由于当地人士强烈呼吁陶璜留任,朝廷又取消了原先的任命。"交土人请留璜以千数,于是遣还。"⑥

值得注意的是,孙吴政权还针对各地督将设置了监军官员,其中有武昌监。见《晋书》卷34《杜预传》:"预欲间吴边将,乃表还其获之众于(孙)皓。皓果召(张)政,遣武昌监留宪代之。故大军临至,使其将帅移易,以成倾荡之势。"胡三省曰:"吴之边镇有督、有监,督者,督诸军事之职,监者,监诸军事之职。"⑦笔者按:孙吴军镇之"监",其全称应为"监军使者"。如孙亮五凤二年(255)十

①《三国志》卷51《吴书·宗室传·孙邻》注引《吴历》:"邻又有子曰述,为武昌督,平荆州事。"
②《三国志》卷54《吴书·鲁肃传》。
③《晋书》卷3《武帝纪》。
④《晋书》卷57《陶璜传》。
⑤《晋书》卷57《陶璜传》。
⑥《晋书》卷57《陶璜传》。
⑦《资治通鉴》卷80晋武帝咸宁四年胡三省注。

二月，"以冯朝为监军使者，督徐州诸军事。"①吴末钟离徇，"拜偏将军，戍西陵。与监军使者唐盛论地形势。"②监军使者可以上奏弹劾督将，能致其撤职杀身，故在军中权势甚重。据廖伯源研究，其制度渊源于西汉，盛于东汉。"监军使者大致可分为三类：其一为监察征伐之使者，其二为监督屯守兵营之使者，其三为督州郡兵讨伐地方性叛乱之使者。"③孙吴之武昌监应属于第二类。廖先生还总结道："出为使者，监督屯兵军营，是宫庭亲近小臣外出掌握权力之一例。另一方面，亦可见皇帝对身分较高之军官（如将军）之防间；在无战争时，不使将军领兵，以防兵为将有。"④

　　综上所述，孙吴后期出任武昌都督者多为文人，如范慎、薛莹、鲁淑、虞昺等，而少有像孙述那样的将门之后。如此重要的军镇却接连任命一批文官掌管，他们既不擅长军事，也没有作战的经历与功绩，难怪虞昺在大敌来临时便弃甲投降了。笔者分析，吴国执政者这样安排可能有以下原因：其一，自孙权病逝（252）至步阐据西陵降晋（272），在二十年时间内，武昌及上流各地未曾遭受重兵入侵。魏吴之间的大规模军事冲突都爆发在下游的淮南。如建兴元年（252）东兴之战，建兴二年（253）诸葛恪征淮南，五凤二年（255）毌丘俭、文钦反叛，孙峻进兵巢湖；太平二年至三年（257—258）诸葛诞据寿春反叛、孙綝发兵接应会战等等。武昌所在的江夏郡并非双方争夺的焦点区域，局势较为平静，所以吴国

①《三国志》卷48《吴书·三嗣主传·孙亮》。
②《三国志》卷60《吴书·钟离牧传》注引《会稽典录》。
③廖伯源：《使者与官制演变》，台北：文津出版社有限公司，2006年，第139页。
④廖伯源：《使者与官制演变》，第149页。

没有把著名战将派往当地戍守。其二,因为武昌战区地处长江中游之枢要,又屯有重兵,其军政长官若是惯于征战的武将,孙吴统治者或会担心其挟兵自重、左右政局,甚至举众反叛或投敌。而由文职官员出任武昌都督,则对朝廷的潜在威胁要减少许多。也许是基于这种安全方面的考虑,才很少让将官来担任这一职务。但是这种安排对于对外作战是明显不利的,因此后来西晋伐吴进攻武昌时,几乎是兵不血刃地结束了战斗。"王戎遣参军襄阳罗尚、南阳刘乔将兵与王濬合攻武昌,吴江夏太守刘朗、督武昌诸军虞昺皆降。"①

### (二)武昌短暂复为都城

孙皓在位时曾经听从步阐的建议,由建业迁都武昌。甘露元年(265),"九月,从西陵督步阐表,徙都武昌。御史大夫丁固、右将军诸葛靓镇建业。"②当年十一月,"皓至武昌,又大赦。"但是他只在当地驻跸岁余就返回了旧都。宝鼎元年(266)十月,永安(今浙江德清县西)施但等聚众数千人反叛,并劫持孙皓之弟永安侯孙谦,"比至建业,众万余人。丁固、诸葛靓逆之于牛屯,大战,但等败走。获谦,谦自杀。"③孙皓随即在武昌撤都东归。"十二月,皓还都建业,卫将军滕牧留镇武昌。"因为史书缺少步阐表奏的具体内容,关于孙皓此次迁都的原因,史家多有歧说。《汉晋春秋》曾述:

①《资治通鉴》卷81晋武帝太康元年二月。
②《三国志》卷48《吴书·三嗣主传·孙皓》。
③《三国志》卷48《吴书·三嗣主传·孙皓》。

初，望气者云荆州有王气破扬州而建业宫不利，故皓徙
武昌，遣使者发民掘荆州界大臣名家冢与山冈连者以厌之。
既闻（施）但反，自以为徙土得计也。使数百人鼓噪入建业，
杀但妻子，云天子使荆州兵来破扬州贼，以厌前气。①

《资治通鉴》卷 79 也采纳了上述说法，认为"望气者云荆州有王
气，当破扬州，故吴主徙都武昌"。傅乐成对此提出疑议："孙皓虽
荧惑巫祝，然以常理推之，步阐必不致以此种可笑之理由，表请徙
都。"②日本学者冈崎文夫则认为孙皓迁都武昌之目的，可能是为
了"筹画北伐"。其所著《魏晋南北朝通史·内编》第一章第十节
云："孙皓举措之出人意表，可以暂时迁都武昌为例。此事因听从
居今湖北宜昌当时之西陵都步阐上表而起。皓迁都理由不详，想
系为筹画北伐故也。"③但此种观点也受到学术界的质疑，如陈金
凤云："以当时孙吴之国力，何敢轻言北伐，故此种推测尚存疑
问。"④据傅乐成分析，孙皓徙都之前，魏军已入川灭蜀，而吴之西
境屡次爆发军事冲突。炎兴元年（263）蜀亡之时，魏人曾挑动蛮
夷东侵吴界，被武陵太守钟离牧所破。咸熙元年（264）钟会谋反
被杀，孙吴欲乘乱西并蜀土，为驻扎永安的巴东太守罗宪所拒。
"蜀亡，魏吴均乘乱为'浑水摸鱼'之举，孙皓徙都，又适在此二事
之后。故如谓步阐以经略西方为理由，表请徙都，或为较近情理
之推测。如此，则皓能遵循孙权之政策也。"⑤傅先生所述甚是，笔

①《三国志》卷 48《吴书·三嗣主传·孙皓》注引《汉晋春秋》。
②傅乐成：《荆州与六朝政局》，《汉唐史论集》，台北：联经出版事业公司，1977 年，第 99 页。
③转引自傅乐成：《荆州与六朝政局》，《汉唐史论集》，第 99 页。
④陈金凤：《孙吴建都与撤都武昌原因探析》，《河南科技大学学报》2003 年第 4 期。
⑤傅乐成：《荆州与六朝政局》，《汉唐史论集》，第 101 页。

者补作续貂之言如下：

武昌因为地处长江中游的枢要地段，孙皓在此建都并屯驻重兵，可以居中调遣，兼顾东西两线，便于攻守调度与指挥联络，在军事上具有明显的优越性。当年孙权的中军驻在武昌，形势利便。"每出兵为寇，辄西从江夏，东从庐江。"而对岸曹魏豫州兵力较弱，"汝南、弋阳诸郡，守境而已。（孙）权无北方之虞，东西有急，并军相救，故常少败。"[①]而还都建业后，与中上游地区相隔甚远，进行联系和支援均很困难，其用兵方向也容易被敌人揣测。所以西晋名将杜预非常担心孙皓再次迁都武昌，认为会给晋朝的伐吴行动造成困境，故上奏朝廷请求迅速出兵。其文曰：

自秋已来，讨贼之形颇露。若今中止，孙皓怖而生计，或徙都武昌，更完修江南诸城，远其居人，城不可攻，野无所掠，积大船于夏口，则明年之计或无所及。[②]

由此可见，孙皓迁都武昌在战略上是相当有利的，因此为敌人所忌惮。但是他在一年后又还都建业，其中原因比较复杂。如《三国志》卷 61《吴书·陆凯传》所言，有物资供应方面的巨大困难。"皓徙都武昌，扬土百姓溯流供给，以为患苦。又政事多谬，黎元穷匮。"胡三省曰："吴武昌属荆州，而丹阳、宣城、毗陵、吴、吴兴、会稽、东阳、新都、临海、建安、豫章、临川、鄱阳、庐陵皆属扬州，故苦于西上，溯流以供给。"[③]还有官僚豪贵与百姓们的普遍反对，他们甚至编出童谣："宁饮建业水，不食武昌鱼；宁还建业死，不止武

---

① 《三国志》卷 15《魏书·贾逵传》。
② 《晋书》卷 34《杜预传》。
③ 《资治通鉴》卷 79 晋武帝泰始二年胡三省注。

昌居。"①前述建业附近施但等人的暴动,也会使孙皓感到后方的局势不稳,需要回师弹压。另外,司马氏灭蜀后须巩固当地的统治,其兵员财力在这次战役中也遭受了沉重的损耗,又因连续内乱而丧失了邓艾、钟会两员大将,故需要休养生息。咸熙二年(265)十二月,司马炎逼迫魏帝禅让,刚刚建立了晋朝,在当时不愿与吴国兵戎相见,因此施展缓兵之计,派使者诣吴以求结好。如陆凯所言:"今强敌新并巴蜀,有兼土之实,而遣使求亲,欲息兵役。"②此举起到了麻痹孙皓的作用,可能会使他误认为局势并不紧张,没有必要耗费巨大财力和以抵触臣民广泛意愿为代价来继续驻跸武昌。可以说是在各种因素的制约影响下,孙皓终于摒弃前功而返回建业了。

### (三)荆州军政重心区域的西移

陆机《辨亡论》曰:"吴制荆、扬而奄交、广。"③孙吴的江南河山基本上由荆、扬二州构成,偏居南陲的交州对于国势影响不大。孙权定都武昌时期,该地是全国的军政重心。他还都建业之后,武昌仍是荆州的军政重心区域。陆逊以丞相领荆州牧,他所统率的武昌都督辖区是长江中上游疆域最广、兵将最多的作战区域,这些都充分反映了武昌在孙吴江防体系中的重要地位。但是到孙吴后期,上述情况则逐渐发生了改变。孙亮、孙休在位期间,武昌虽然在名义上还是荆州牧的治所,实际上这一职务多由在建业

---

①《三国志》卷61《吴书·陆凯传》。
②《三国志》卷48《吴书·三嗣主传·孙皓》。
③《三国志》卷48《吴书·三嗣主传》注引陆机《辨亡论》下篇。

执政的权臣所兼任，并非亲自到武昌驻扎。例如，太元元年(251)岁末，接替陆逊领荆州事的诸葛恪在孙权临终前调回建业执掌朝政。建兴二年(253)二月，因指挥东兴之役获胜，诸葛恪"加荆扬州牧，督中外诸军事。"①他在十月被孙峻暗杀，荆州牧一职随即空缺。太平元年(256)九月孙峻猝亡，其从弟孙綝掌权，"为侍中武卫将军，领中外诸军事，代知朝政。"②结果引起朝外大臣的不满，"吕据闻之大恐，与诸督将连名，共表荐滕胤为丞相，綝更以胤为大司马，代吕岱驻武昌。"③滕胤与吕据等合谋政变，企图除掉孙綝，因为消息走露而失败。滕胤被杀，故未能赴武昌上任。孙綝废掉孙亮，另立孙休后受到封赏："其以大将军为丞相、荆州牧，食五县。"不过他仍在建业主政，"綝一门五侯，皆典禁兵，权倾人主，自吴国朝臣未尝有也。"④终因势力太盛引起君臣相忌，孙綝"由是愈惧，因孟宗求出屯武昌，(孙)休许焉"⑤。但是他未能成行，在永安元年(258)十二月朝廷腊会之际，孙綝被捕处死。此后孙吴统治集团对荆州的军政部署屡屡做出重大调整，反映出这一地区防御重心的西移。具体情况如下：

其一，将上流的西陵、乐乡都督辖区予以合并。其主将初治西陵，见《三国志》卷58《吴书·陆抗传》："永安二年，拜镇军将军，都督西陵，自关羽至白帝。"潘眉注曰："'关羽'下当有'濑'字，即《甘宁传》所云关羽濑也，在益阳荼莫江上。《水经注》：益阳县西

①《三国志》卷64《吴书·诸葛恪传》。
②《三国志》卷64《吴书·孙綝传》。
③《三国志》卷64《吴书·孙綝传》。
④《三国志》卷64《吴书·孙綝传》。
⑤《三国志》卷64《吴书·孙綝传》。

有关羽濑，南对甘宁故垒也。"卢弼按："孙吴于沿江要地置督，分段管辖。自关羽濑至白帝城，即西陵（都）督之辖境。"①孙皓即位后，这一战区的主将治所移驻乐乡。建衡二年（270），"大司马施绩卒，拜（陆）抗都督信陵、西陵、夷道、乐乡、公安诸军事，治乐乡。"②这项调整使乐乡都督辖区成为荆州最为重要的作战区域，如陆抗上表所言："今臣所统千里，受敌四处，外御强对，内怀百蛮。"③其地位远远超过了武昌左右两部。

其二，巴丘和乐乡相继成为荆州牧治所。蜀国灭亡后，东吴对长江上流防线的重视程度显著提高，除了一度迁都武昌之外，还重新任命了荆州牧。如前所述，孙亮、孙休在位时，陆凯曾任武昌右部都督。"孙皓立，迁镇西大将军，都督巴丘，领荆州牧，进封嘉兴侯。"④这一任命是在元兴元年（264），它反映出朝廷不再把荆州牧作为荣誉头衔赐给在京的权臣，而是当作实职授予当地的军镇主将。另外，荆州牧的驻地也离开武昌，向西方转移到巴丘，就是力图靠近西陵、南郡等即将爆发激烈军事冲突的热点区域，以便在受到强敌入侵时能够迅速联络并提供有力的支援。吴甘露元年（265）岁末，孙皓迁都武昌。次年陆凯升任左丞相，调到武昌在朝内任职，此后又随同皇帝百官还都建业。孙皓离开武昌后，任命亲信右丞相万彧出镇巴丘，接替陆凯遗留的军职。宝鼎元年（266），"十二月，皓还都建业，卫将军滕牧留镇武昌。二年春，大

---

①卢弼：《三国志集解》，第 1073 页。
②《三国志》卷 58《吴书·陆抗传》。
③《三国志》卷 58《吴书·陆抗传》。
④《三国志》卷 61《吴书·陆凯传》。

敕,右丞相万彧上镇巴丘。"①宝鼎三年(268),孙皓还向西晋发动攻势,分兵三路出击,结果被对方轻易挫败。当年九月,"吴主出东关;冬,十月,使其将施绩入江夏,万彧寇襄阳。诏义阳王(司马)望统中军步骑二万屯龙陂,为二方声援。会荆州刺史胡烈拒绩,破之,望引兵还。"②

建衡元年(269)秋,陆凯在建业病逝,他兼任的荆州牧一职再度空缺。由于朝内缺少丞相,万彧也在次年(270)调离巴丘回京③。凤凰元年(272)十二月,陆抗领兵平定步阐在西陵的叛乱,并击败前来援救的西晋军队。孙皓对其战功进行表彰,"二年春,就拜大司马、荆州牧。"④陆抗的驻地仍在乐乡(今湖北省松滋县),史载其攻占西陵后,"修治城围,东还乐乡,貌无矜色,谦冲如常,故得将士欢心。"⑤

自永安元年(258)十月孙休继位,到凤凰二年(273)陆抗就任荆州牧。在此期间,曹魏淮南发生了诸葛诞的大规模叛乱,当地的经济、军事实力受到削弱,司马氏又积极策划与发动了伐蜀战役,其军队主力投往西线,因此这一阶段魏晋与孙吴在长江下游地区没有爆发大规模的战争。司马昭所制订的战略,是"先蜀后吴"。他曾对群臣曰:"自定寿春已来,息役六年,治兵缮甲,以拟二虏。略计取吴,作战船,通水道,当用千余万功,此十万人百数十日事也。又南土下湿,必生疾疫。今宜先取蜀,三年之后,因巴

---

①《三国志》卷48《吴书·三嗣主传·孙皓》。

②《资治通鉴》卷79晋武帝泰始四年。

③《三国志》卷48《吴书·三嗣主传·孙皓》:"(建衡)二年春,万彧还建业。"

④《三国志》卷58《吴书·陆抗传》。

⑤《三国志》卷58《吴书·陆抗传》。

蜀顺流之势,水陆并进,此灭虞定虢,吞韩并魏之势也。"①蜀汉亡后,孙吴西陵、南郡边境受到严重威胁,成为双方对峙冲突的热点区域。在此背景之下,孙吴的荆州军政重心逐次西移,其表现即为该地区最重要的军镇和荆州牧治所从武昌转至巴丘、再移到乐乡。

### (四)陆抗死后荆州兵力的分散与削弱

凤凰三年(274)秋陆抗病故以后,孙皓又对荆州的军事部署进行改动,值得关注的内容有以下几点:

1. 乐乡与西陵都督辖区分离。宜都、建平郡和南郡这两个作战区域在合并十五年(259—274)后又被分开,各置都督以统领兵马。《晋书》卷3《武帝纪》载太康元年(280),"二月戊午,王濬、唐彬等克丹杨城。庚申,又克西陵,杀西陵都督、镇军将军留宪,征南将军成璩,西陵监郑广。"《资治通鉴》卷81亦载太康元年二月,"庚申,(王)濬克西陵,杀吴都督留宪等。"表明吴末西陵都督为留宪,而主持南郡战区军务的乐乡都督则为孙歆,见《晋书》卷34《杜预传》:"又遣牙门管定、周旨、伍巢等率奇兵八百,泛舟夜渡,以袭乐乡,多张旗帜,起火巴山,出于要害之地,以夺贼心。吴都督孙歆震恐。"孙歆之父乃宗室孙邻,他曾驻守豫章,"在郡垂二十年,讨平叛贼,功绩修理。召还武昌,为绕帐督。"孙权还都建业后,孙邻仍在武昌军镇长期任职,其本传云:"时太常潘濬掌荆州事,重安长陈留舒燮有罪下狱,濬尝失燮,欲置之于法。论者多为有言,

---

①《晋书》卷2《文帝纪》。

濬犹不释。"经过孙邻说情，"濬意即解，燮用得济。邻迁夏口沔中督、威远将军，所居任职。赤乌十二年卒。"①孙皓统治期间，孙邻诸子皆受重用，担任督将。"邻又有子曰述，为武昌督，事荆州事。震，无难督。谐，城门校尉。歆，乐乡（都）督。"②不过，孙歆未历战阵，缺乏经验。晋师伐吴时，杜预派遣周旨等率小股精锐埋伏在乐乡城外。"歆遣军出距王濬，大败而还。旨等发伏兵，随歆军而入，歆不觉，直至帐下，虏歆而还。"③由此可见其庸碌无能。

2. **分散兵权**。陆抗死后，"吴主使其子晏、景、玄、机、云分将其兵。"④使原先集中的军事权力散落。孙皓的这一做法和将原陆抗所领都督辖区分为乐乡、西陵两部的主旨是相同的，都是为了削弱地方军镇及主将的武力，防止陆氏宗族势力强大以发动内乱兵变，借以巩固朝廷的安全。

3. **减少边防驻军数量**。据陆抗临终前上书所言，他手下驻扎乐乡、西陵等地的部队按照正常编制应为八万人，在屡经战乱消耗之后，却未得到补充，以致处境窘迫。"臣往在西陵，得涉逊迹。前乞精兵三万，而主者循常，未肯差赴。自步阐以后，益更损耗。今臣所统千里，受敌四处，外御强对，内怀百蛮，而上下见兵财有数万，羸弊日久，难以待变。"他请求朝廷迅速增调兵马，否则后果不堪设想。"乞特诏简阅，一切料出，以补疆场受敌常处，使臣所部足满八万，省息众务，信其赏罚，虽韩、白复生，无所展巧。若兵

---

①《三国志》卷51《吴书·宗室传·孙邻》。
②《三国志》卷51《吴书·宗室传·孙邻》注引《吴历》。
③《晋书》卷34《杜预传》。
④《资治通鉴》卷80晋武帝泰始十年。

不增,此制不改,而欲克谐大事,此臣之所深戚也。"①让陆抗难以理解的是,朝廷并非缺少人马,而是将其挪作他用。凤凰二年(273)九月,孙皓"又封陈留、章陵等九王,凡十一王,王给三千兵。"②陆抗认为这项安排完全没有必要,上书劝阻道:"臣愚以为诸王幼冲,未统国事,可且立傅相,辅导贤姿,无用兵马,以妨要务。"③但是并未得到朝廷的回应。据史籍所载,孙皓末年军镇兵力短缺是普遍现象。例如濡须督钟离牧曾对侍中朱育发怨道:"大皇帝时,陆丞相讨鄱阳,以二千人授吾。潘太常讨武陵,吾又有三千人,而朝廷下议,弃吾于彼,使江渚诸督,不复发兵相继。蒙国威灵自济,今日何为常。"④吴末军镇乏兵,既是孙皓恣意享乐,忽视边防所致,同时也不能排除他有畏惧地方兵变,有意削弱督将势力的企图。

依笔者拙见,在陆抗生前,可以说孙皓对荆州军政部署的调整是基本正确的,反映了他对当地战局的重视,并且起到了巩固加强西陲边防的积极作用。但是,他在陆抗死后对荆州防务所做的种种变更均为严重失误,军镇因为分割而规模变小,以致实力减弱;兵不足用,将非其才,使吴国在灭亡前夕已经呈露败象。如丹杨太守沈莹所言:"我上流诸军,无有戒备,名将皆死,幼少当任,恐边江诸城,尽莫能御也。"⑤尤其是孙皓对武昌所在的江夏地区之战略重要性缺乏清醒的认识,没有在长江中游集结强大的兵

---

①《三国志》卷58《吴书·陆抗传》。
②《三国志》卷48《吴书·三嗣主传·孙皓》。
③《三国志》卷58《吴书·陆抗传》。
④《三国志》卷60《吴书·钟离牧传》注引《会稽典录》。
⑤《三国志》卷48《吴书·三嗣主传·孙皓》注引《襄阳记》。

力,以保证对上流的及时增援或阻击来犯之敌。如前所述,西晋主将杜预对此看得很清楚,他最为担心的就是孙皓迁都武昌,坚壁清野,并在附近部署水军主力,这样可能会使伐吴的行动无功而返。"若今中止,孙皓怖而生计,或徙都武昌,更完修江南诸城,远其居人,城不可攻,野无所掠,积大船于夏口,则明年之计或无所及。"①所幸孙皓昏庸暴虐,无此见识。晋吴双方的国势、军力、财赋对比已经是强弱悬殊,孙皓的战略部署又屡有败笔,结果导致西晋伐吴时各路进军势如破竹,"兵不血刃,攻无坚城,夏口、武昌,无相支抗。"②极为顺利地直捣建业,迫使孙皓献表归降了。

　　武昌在三国战争中的地位和影响经历了由盛而衰的演变过程,这与当时南北对抗的政治、军事形势的变化有密切关系。赤壁之战以后,长江沿岸地区的战事频繁,由于武昌是位处长江中游的港口,在此设置军镇并屯集重兵,可以利用江、沔航运而兼顾荆、扬二州的战事。该地附近山川环绕,又有夏口、邾城等要镇拱卫,因此受到孙吴统治者的重视,致使武昌的军政地位迅速上升,先后作为都城和江夏郡、荆州及武昌都督的治所。吴国在陆逊死后匮乏帅才,日益衰败。武昌都督辖区被分为左右二部,驻军减少,孙皓又多用文官担任主将,导致防务虚弱。蜀国灭亡之后,南北对峙冲突的焦点和孙吴江防重心向西转移到南郡和西陵峡口,武昌在孙吴的兵力部署中并不占据首要位置。上述各种因素综合在一起,使得这座昔日强盛的军镇在西晋平吴之役中不堪一击,迅速崩溃。

①《晋书》卷34《杜预传》。
②《晋书》卷42《王濬传》。

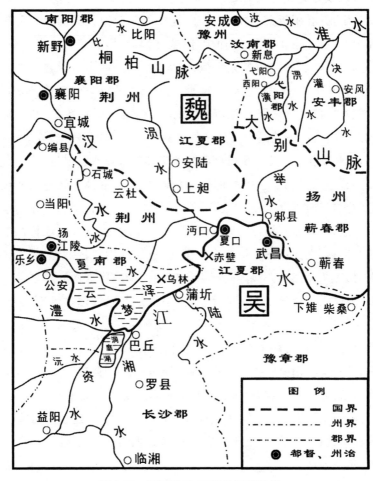

图七五　三国武昌、夏口地区形势图

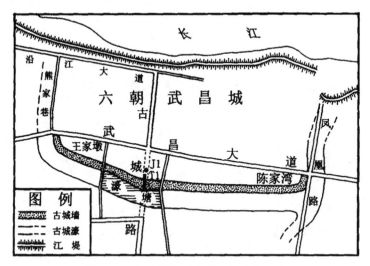

图七六　六朝武昌城位置及遗址分布图

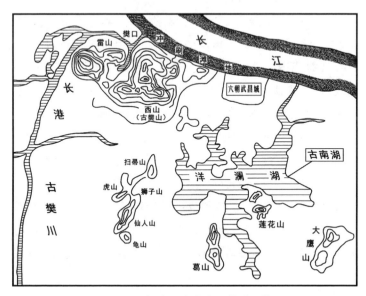

图七七　六朝武昌城遗址及城外形势图

# 第五章　孙吴武昌又称"东关"考

## 一、对太和二年孙吴"东关"地理位置的疑问

　　三国魏明帝太和二年(228)发生了魏吴石亭之战,其整个过程为:孙权令吴鄱阳太守周鲂施诈降计,诱使魏扬州牧曹休领兵十万深入皖地(今安徽潜山县),至石亭(今安徽潜山县北)被吴将陆逊击败,"因驱走之,追亡逐北,径至夹石,斩获万余,牛马骡驴车乘万两,军资器械略尽。"[1]由于魏豫州刺史贾逵及时率兵援救,曹休的部队才避免了全军覆没的厄运。因为耻言其败,《三国志》中《魏书》的《明帝纪》和《曹休传》载此事甚略,仅寥寥数语。从其他记载来看,曹魏发动的这次进攻规模很大,实际上是兵分三路,由豫州、扬州、荆州辖区的魏军主将贾逵、曹休和司马懿亲自出征,企图分别攻击孙吴的要镇——东关、皖城和江陵。参见《三国志》卷15《魏书·贾逵传》:"太和二年,帝使逵督前将军满宠、东莞太守胡质等四军,从西阳直向东关,曹休从皖,司马宣王从江陵。"《资治通鉴》卷71太和二年亦载周鲂诈降后,"(曹)休闻之,率步骑十万向皖以应鲂;(明)帝又使司马懿向江陵,贾逵向东关,三道俱进。"后来魏国方面发现曹休孤军深入,有覆灭的危险,才命令

---

[1]《三国志》卷58《吴书·陆逊传》。

司马懿所部停止前进,并派遣贾逵引兵与曹休会合。

　　贾逵起初领兵所向的"东关",过去史家一直认为是孙吴于东兴(今安徽巢湖市东关镇)设立的边境要塞,地点在巢湖东南、含山县西南的濡须水北口附近。胡三省注《资治通鉴》卷 71 魏明帝太和二年(228)五月"贾逵向东关"条曰:"东关,即濡须口,亦谓之栅江口,有东、西关;东关之南岸,吴筑城,西关之北岸,魏置栅。后诸葛恪于东关作大堤以遏巢湖,谓之东兴堤,即其地也。"①卢弼注《三国志》卷 15《魏书·贾逵传》"……从西阳直向东关"条亦曰:"东关在今安徽和州含山县西南七十里,濡须坞之北。"②长期以来,这种看法并无争议。目前流行的一些军事史著作对此也是这样解释③。笔者近读《三国志》、《晋书》等史籍后,觉得此说可疑之处甚多,特提出与学界同仁一起探讨。

　　疑点之一:如按上述说法来解释,贾逵所率魏军进攻东关的举动显得有些反常。因为从魏吴两国交战的历史来看,曹魏各州驻防军队出境的作战行动可以分为三类:

### (一)援救邻州

　　曹魏与孙吴接壤的南部地域,自东而西划分为徐州、扬州、豫州、荆州四个军政辖区,守军平时负责本州的防务,不得随意离境。在邻近州郡遭到入侵或发生动乱、形势十分危急时,它们才根据朝廷的调遣出境救援。例如《三国志》卷 15《魏书·温恢传》

---

①《资治通鉴》卷 71 魏明帝太和二年。

②卢弼:《三国志集解》卷 15《魏书·贾逵传》,第 430 页。

③参见《中国军事史》编写组:《中国军事史·历代战争年表》,第 328 页。武国卿:《中国战争史》第四册,第 305 页。

载建安二十四年(219)年关羽围攻襄樊,温恢提醒兖州刺史裴潜
准备率兵出境支援。"于是有樊城之事,诏书召潜及豫州刺史吕
贡等","潜受其言,置辎重,更为轻装速发"。又《三国志》卷14《魏
书·蒋济传》:

> 建安十三年,孙权率众围合肥。时大军征荆州,遇疾疫,
> 唯遣将军张喜单将千骑,过领(豫州)汝南兵以解围。

《三国志》卷26《魏书·满宠传》:

> (太和)四年,拜宠征东将军。其冬,孙权扬声欲至合肥,
> 宠表召兖、豫诸军,皆集。贼寻退还,被诏罢兵。

《三国志》卷4《魏书·三少帝纪·陈留王奂》咸熙元年:

> 初,自平蜀之后,吴寇屯逼永安,遣荆豫诸军犄角赴救。
> 七月,贼皆遁退。

### (二)合兵进攻

曹操在世时,因为力量有限,向孙吴发动进攻时基本上是用
其主力——中军,再调集部分州郡的兵员,汇聚一路南下征伐,如
赤壁之战和后来的"四越巢湖"。此外,还有曹丕于黄初五年
(224)、六年(225)发动的两次"广陵之役",也是这种情况。

### (三)分道进兵

曹丕代汉后至西晋初期,国势日盛,经常采取向吴国分兵几
路发动进攻的策略。如果暂时不算太和二年的这次出征,还有四
次,基本上都是驻扎各州的军队分别向自己防区正面的敌境进

兵。例如:

1.黄初三年(222)三道征吴。当年九月,文帝派遣征东大将军曹休(镇寿春)出洞口,大将军曹仁(屯合肥)出濡须,中军大将军曹真、征南大将军夏侯尚(屯新野)出南郡。事见《三国志》卷2《魏书·文帝纪》黄初四年三月癸卯注引《魏书》载丙午诏,《三国志》卷47《吴书·吴主传》和《资治通鉴》卷69魏文帝黄初三年九月。

2.嘉平二年(250)征南将军王昶所属的荆州军队分兵三路南征。"乃遣新城太守州泰袭巫、秭归、房陵,荆州刺史王基诣夷陵,昶诣江陵。"①

3.嘉平四年(252)三道征吴。魏国派遣征南大将军王昶(屯新野)攻南郡,镇南将军毌丘俭(屯豫州项城)攻武昌,镇东将军诸葛诞、征东将军胡遵(屯寿春)攻东关②。

4.西晋太康元年(280)六路平吴。镇军将军司马伷(镇下邳)出涂中,安东将军王浑(镇寿春)出江西横江,建威将军王戎(镇豫州安城)出武昌,平南将军胡奋(荆州江夏)出夏口,镇南大将军杜预(镇襄阳)出江陵,龙骧将军王濬下巴蜀③。

若按上述的战役分类方法来区别,贾逵此次向东关的攻击是属于第三类——分道进兵。但就此类其他战例来看,若是分道进

---

① 《三国志》卷27《魏书·王昶传》。

② 事见《三国志》卷4《魏书·三少帝纪·齐王芳》嘉平四年五月注引《汉晋春秋》,《三国志》卷4《魏书·三少帝纪·齐王芳》嘉平四年十一月,《资治通鉴》卷75魏邵陵厉公嘉平四年十一月、十二月。

③ 参见《晋书》卷3《武帝纪》咸宁五年十一月,《三国志》卷48《吴书·三嗣主传》孙皓天纪三年冬条。

兵,豫州地区的曹魏军队通常是南下,向武昌、夏口对岸的孙吴江北境界出击,没有发生过出境到本国邻州后再单独向敌邦边境发动进攻的情况。因此在太和二年三道征吴时,如果朝廷命令贾逵领兵越过州界,远赴扬州地区去独自进攻东兴,似乎与当时的用兵惯例不合。

疑点之二:曹休攻皖,是从寿春向巢湖西南进军;若是贾逵从西阳进攻巢湖东南的东兴,那么,在地图上画出曹、贾两军行进的路线,就会发觉它们交叉起来,呈"×"形,反映出这两支部队在往战场时舍近赴远,即东边的魏兵向西南出征、西边的魏兵向东南进发,实在是有悖军事指挥与部队调动的常情。东兴距离曹魏的扬州驻军最近,从寿春乘船出发,顺肥水、施水入巢湖后即可到达,相当便利。从三国历史来看,魏国向孙吴的濡须口岸发动攻击基本上都是走这条路线,以中军或扬州的部队担任进攻主力。如曹操的"四越巢湖",曹仁对濡须,以及诸葛诞和胡遵对东兴的进攻等等。而贾逵统领的兵马远在西阳(治今河南光山县西),如奔赴东兴无水路可通,需要远途陆行跋涉,甚为不便。魏军的战略决策者们为什么要舍近求远,不使用邻近的扬州驻军,而让贾逵的豫州军队出境去进攻东兴呢?从常理上讲,他们不应该犯这种非常低级的错误。

再者,魏吴双方的交战,主要是沿着几条南北流向的水道——汉水,肥水、巢湖、濡须水,中渎水进行,多在荆、扬二州境内。曹魏对吴的兵力部署,也是以这两州为重点。豫州南部有大别山脉的阻隔,境内又没有直接通航入江的河流,南北交通不便,所以军事地位不甚重要,敌寇的入侵不多,州郡驻军的数量也比

较少。和缘边其他各州相比,豫州对国家安全提供的主要支持是
在财赋方面,而不是武备。如杜恕在太和年间上疏所云:"今荆、
扬、青、徐、幽、并、雍、凉缘边诸州皆有兵矣,其所恃内充府库外制
四夷者,惟兖、豫、司、冀而已。"①从敌国的情况来看,濡须口岸是
孙吴对魏作战的主要防御方向,坞城坚固,驻有重兵。曹操在世
时,"四越巢湖"均未得手。建安二十二年(217)一役,曹操曾出动
大军攻打濡须,号称四十万,仍受阻而退。《资治通鉴》卷 68 载是
年三月,"操引军还,留伏波将军夏侯惇都督曹仁、张辽等二十六
军屯居巢。"相形之下,贾逵所率出征东关的豫州部队数量很少,
仅有满宠、胡质等统领的区区四军,又未得到扬州魏兵的补充,如
果让它们去进攻濡须重镇,根本没有取胜的希望。很难设想魏军
的统帅们会不明白这一点,做出以弱旅攻坚的决定。

　　疑点之三:在汉晋的史书中,"直"字所表示的道路或行进路
线,往往是反映它们在地图上呈现为南北方向的垂直线段。此类
历史记载的例证很多,如秦朝开拓的"直道",就是从关中的甘泉
宫向北直抵边防重镇九原(今内蒙古包头市西)②。又如《汉书》卷
29《沟洫志》载贾让奏言:"……民居金堤东,为庐舍,往十余岁更
起堤,从东山南头直南与故大堤会。"《后汉书》卷 17《岑彭传》载建
武十一年岑彭伐蜀,攻拔江州后,"留冯骏守之,自引兵乘利直指
垫江,攻破平曲,收其米数十万石。"按江州即今重庆,垫江在其北
面,为今四川的合川。又《晋书》卷 34《羊祜传》载羊祜上奏伐吴方

---

① 《三国志》卷 16《魏书·杜畿附子恕传》。
② 参见《史记》卷 15《六国年表》秦始皇三十五年:"为直道,道九原,通甘泉。"《史记》卷
　　88《蒙恬列传》:"太史公曰:吾适北边,自直道归,行观蒙恬所为秦筑长城亭障,堑山
　　堙谷,通直道,固轻百姓力矣。"

略亦曰：

> 今若引梁益之兵水陆俱下，荆楚之众进临江陵，平南、豫州，直指夏口，徐、扬、青、兖并向秣陵，鼓旆以疑之，多方以误之，以一隅之吴，当天下之众，势分形散，所备皆急。

由此看来，《贾逵传》中的"从西阳直向东关"，应该理解为从西阳南下开赴东关。也就是说，这座"东关"的位置当在豫州西阳的正南方向，而东兴是在其东面略为偏南，方位并不符合。

贾逵如果是统兵自西阳向东兴进军，按照《三国志》的写法，不应称为"直向"。类似的情况可见《三国志》卷36《蜀书·关羽传》所载，建安十三年曹操南征荆州，刘备自樊城退往江陵，"曹公追至当阳长阪，先主斜趣汉津，适与羽船相值，共至夏口。"虽然刘备从当阳逃往汉津的路径也是直线，但因在地图上标示出来不是垂直的，所以被陈寿写作"斜趣"，而非"直向"。

**疑点之四**：这是最重要的一点，当时孙吴尚未在东兴建立东关。公元252年以前，孙吴是在濡须水的南口滨临长江处立坞，抵抗曹魏军队的南征。坞城附近有长江的中洲，洲上居住着濡须守军的家属[1]。该地在东兴之南，相距有百余里[2]。建安十七年(212)魏军南征时，孙权曾在东关设立前哨营寨，称为"三关屯"。见《三国志》卷56《吴书·朱然传》："曹公出濡须，然备大坞及三关

---

[1] 参见《三国志》卷47《吴书·吴主传》黄武二年三月条，《三国志》卷56《吴书·朱桓传》："中洲者，部曲妻子所在也。"

[2] [唐]李吉甫：《元和郡县图志》阙卷逸文卷二："（濡须）坞在巢县东南二百八里濡须水口。""东关口，在（巢）县东南四十里，接巢湖，在西北至合肥界，东南有石渠，凿山通水，是名关口，相传夏禹所凿，一号东兴。"第1078页，1082页。

屯。"卢弼《三国志集解》卷56注引赵一清曰:"大坞即濡须坞也,三关屯即东兴关也。关当三面之险,故吴人置屯于此。"①又见《读史方舆纪要》卷26庐州府无为州巢县东关条②。曹操兵抵濡须,吴军退保大坞,坞北的三关屯即被放弃了。此后,东兴属于魏境,吴军只是在进攻合肥时经过该地,并未在那里设置关塞,留驻守兵。孙权黄龙二年(230)曾于东兴筑堤以遏巢湖,随即败坏,但其事在石亭之战以后。直到曹魏嘉平四年,即吴建兴元年(252),孙吴权臣诸葛恪为了向北扩张,才在濡须水北口筑堤阻水,建立关城。其事可见《三国志》卷48《吴书·三嗣主传·孙亮》建兴元年:

> 冬十月,太傅恪率军遏巢湖,城东兴,使将军全端守西城,都尉留略守东城。

《三国志》卷64《吴书·诸葛恪传》:

> 初,(孙)权黄龙元年迁都建业,二年筑东兴堤遏湖水。后征淮南,败以内船,由是废不复修。恪以建兴元年十月会众于东兴,更作大堤,左右结山侠(夹)筑两城,各留千人,使全端、留略守之,引军而还。魏以吴军入其疆土,耻于受侮,命大将胡遵、诸葛诞等率众七万,欲攻围两坞,图坏堤遏……丹杨太守聂友素与恪善,书谏恪曰:"大行皇帝(孙权)本有遏东关之计,计未施行。今公辅赞大业,成先帝之志……"

---

① 卢弼:《三国志集解》卷56《吴书·朱然传》,第1038页。
② [清]顾祖禹:《读史方舆纪要》卷26《南直八·庐州府》无为州巢县东关条曰:"又有三关屯,即东关也。关当三面之险,故吴人置屯于此。《吴志》'曹公出濡须,朱然备大坞及三关屯',皆东关矣。"第1289页。

如前所述,在太和二年(228),濡须水北口的东关尚未建立,该地既不存在吴国的城堡要塞,也没有"东关"这个名称,贾逵领兵所向的"东关"自然不会在那里。如果认为他是率军进攻濡须水南口的孙吴坞城,也是无法自圆其说的。因为在《三国志》及裴注的记载里,当地只称作"濡须",从未叫过"东关"。

综上所述,主张太和二年贾逵领兵所赴之"东关"即东兴的传统观点缺乏根据,与史实不符,是无法成立的。

## 二、三国有三"东关",贾逵所向之"东关"乃武昌

那么,诸葛恪在东兴设关筑堤之前,吴国是否另有一处"东关",又位于曹魏豫州境域的南面呢? 笔者检索《三国志》及裴注,发现其中共有 16 处提到"东关",就其时间和地点的区别可以分为三类:

1. 东兴之东关。计有 13 条,其时间背景皆在建兴元年(252)诸葛恪于当地筑堤建城之后,或为魏吴双方述论当年的东兴之战,或为记载宝鼎三年(268)吴主孙皓督师北征到东关的事迹。这组史料的文字内容较多,不便赘举,故将出处列入注释,以备读者检索查阅①。

①参见《三国志》卷 4《魏书·三少帝纪·齐王芳》嘉平四年冬十一月条,《三国志》卷 11《魏书·王脩传》注引王隐《晋书》,《三国志》卷 13《魏书·王肃传》,《三国志》卷 21《魏书·傅嘏传》,《三国志》卷 21《魏书·傅嘏传》注引司马彪《战略》,《三国志》卷 22《魏书·桓阶传》,《三国志》卷 27《魏书·王基传》,《三国志》卷 28《魏书·毌丘俭传》,《三国志》卷 28《魏书·毌丘俭传》注,《三国志》卷 28《诸葛诞传》。《三国志》卷 48《吴书·三嗣主传·孙皓》载吴宝鼎三年秋九月条,《三国志》卷 60《吴书·全琮传》注引《吴书》,《三国志》卷 64《吴书·诸葛恪传》。

2. 蜀汉之江州(今重庆市)。见《三国志》卷 40《蜀书·李严传》注引诸葛亮又与平子丰教曰:"吾与君父子戮力以奖汉室,此神明所闻,非但人知之也。表都护典汉中,委君于东关者,不与人议也。"卢弼《三国志集解》:"胡三省曰东关谓江州。"①其事见《三国志》卷 40《蜀书·李严传》:"(建兴)四年,转为前将军。以诸葛亮欲出军汉中,严当知后事,移屯江州……八年,迁骠骑将军。以曹真欲三道向汉川,亮命严将二万人赴汉中。亮表严子丰为江州都督督军,典严后事。"

以上两组记载都和贾逵领兵"直向东关"没有直接联系。

3. 孙吴都城武昌。《三国志》卷 15《魏书·贾逵传》中的两条记载,所叙为明帝太和元年、二年事,时间均在诸葛恪于东兴设关之前。文中谈到的"东关",地点在曹魏的豫州之南,反映了当时这座"东关"实际上是孙吴的都城武昌。现列举其史料如下:

第一条:"明帝即位,……时孙权在东关,当豫州南,去江四百余里。每出兵为寇,辄西从江夏,东从庐江。国家征伐,亦由淮、沔。是时州军在项,汝南、弋阳诸郡,守境而已。权无北方之虞,东西有急,并军相救,故常少败。逵以为宜开直道临江,若权自守,则二方无救;若二方无救,则东关可取。乃移屯潦口,陈攻守之计,帝善之。"下面进行详细分析:

首先,这条记载中提到的"东关"为吴主孙权的驻跸之所,也是吴国军队主力的所在地,由那里出兵袭扰曹魏的江夏、庐江等郡。魏明帝即位之初,孙权常驻在哪里呢?众所周知,是在武昌(今湖北鄂州市),而不是在濡须或东兴。汉献帝建安二十四年

①卢弼:《三国志集解》卷 40《蜀书·李严传》,第 817 页。

(219)，孙权遣吕蒙袭取荆州、擒获关羽后，便由建业徙驻公安（今湖北公安县）①。《三国志》卷47《吴书·吴主传》载曹魏黄初二年（221）四月，"（孙）权自公安都鄂，改名武昌，以武昌、下雉、寻阳、阳新、柴桑、沙羡六县为武昌郡……八月，城武昌。"至魏太和三年（229）四月，孙权在武昌正式称帝。后因三吴的粮米财赋溯江运输困难，他才于当年九月将都城迁回到建业。

在此期间，吴国的军队主力——中军亦随孙权西移，部署于武昌附近地域。《元和郡县图志》卷27《江南道三》"鄂州"条曰："三国争衡，为吴之要害，吴常以重兵镇之。"②《三国志》卷62《吴书·胡综传》载："黄武八年夏，黄龙见夏口，于是（孙）权称尊号，因瑞改元。又作黄龙大牙，常在中军，诸军进退，视其所向。"陶弘景《刀剑录》亦写孙权在武昌设立了规模较大的兵器作坊，为其军队提供装备，"黄武五年采武昌山铜铁作十口剑、万口刀，各长三尺九寸，刀头方，皆是南钢越炭作之，上有大吴篆字。"③

《三国志》卷60《吴书·周鲂传》所载周鲂与曹休书信中也提到孙权调拨兵马北伐，自领中营（军）渡江进攻，以致武昌兵力空虚的情况。"吕范、孙韶等入淮，全琮、朱桓趋合肥，诸葛瑾、步骘、朱然到襄阳，陆议、潘璋等讨梅敷。东主（孙权）中营自掩石阳，别遣从弟孙奂治安陆城，修立邸阁，辇赍运粮，以为军储，又命诸葛亮进指关西，江边诸将无复在者，才留三千所兵守武昌耳。"周鲂为引诱曹休入皖，所供关于吴军进攻方向、路线的情报是虚假的，

---

① 《三国志》卷54《吴书·吕蒙传》："会蒙疾发，权时在公安，迎置内殿……"
② ［唐］李吉甫：《元和郡县图志》卷27，第643页。
③ ［宋］李昉等：《太平御览》卷343《兵部七十四·剑中》，第1578页。

但是信中确实反映出孙吴军队主力平时驻扎在武昌一带,曹魏方面也清楚这一点。

在太和二年的石亭之役中,孙权曾随迎击曹休的军队主力到皖口①,拜陆逊为大都督,"统御六师及中军禁卫而摄行王事"②,后即返回武昌。获胜后的吴军诸部也是先回到武昌,接受孙权的检阅和赏赐。见《三国志》卷58《吴书·陆逊传》黄武七年条,"……诸军振旅过武昌,(孙)权令左右以御盖覆逊,入出殿门,凡所赐逊,皆御物上珍,于时莫与为比。"

上述史实,皆与《贾逵传》所言"时孙权在东关"者相合,这是笔者认为当时之"东关"即指武昌的第一条理由。

其次,《贾逵传》中这条史料所说的"东关"在曹魏豫州的正南方向,而且是在魏江夏郡之东,庐江郡之西。"时孙权在东关,当豫州南。……每出兵为寇,辄西从江夏,东从庐江。"由此看来,这座"东关"绝对不会是濡须或东兴,因为这两地都在曹魏豫州的东南,又在魏庐江郡的东边,其方位与《贾逵传》所载截然不同。但是吴都武昌的地理方位却与上述记载相符,恰好是在曹魏豫州的正南方向,其经度位于江夏与庐江两郡之间。这是第二条理由。

再次,这条史料还反映了曹魏太和二年三道征吴作战计划出笼的背景。当时孙权定都武昌,正在豫州之南。而贾逵所率的州军驻扎在项(今河南沈丘县南),距离江边甚远,对于防区正面屯于武昌、夏口等地的吴军主力并未构成威胁,使敌人东西用兵自

---

①《三国志》卷47《吴书·吴主传》黄武七年:"夏五月,鄱阳太守周鲂伪叛,诱魏将曹休。秋八月,权至皖口,使将军陆逊督诸将大破休于石亭。"

②《三国志》卷58《吴书·陆逊传》注引陆机《逊铭》曰。

如。为了改变军事上的不利局面,贾逵在太和元年(227),即石亭之战的前一年上奏魏明帝,请求开辟一条南下临江的"直道",遣兵进驻江北,逼迫武昌之敌,使其不敢轻易向东西两个作战方向分兵。"逵以为宜开直道临江,若权自守,则二方无救;若二方无救,则东关可取。乃移屯潦口,陈攻守之计,帝善之。"得到了魏明帝的赞同,这才有了次年三道伐吴的军事举措:豫州兵马直向东关(武昌),扬州曹休袭皖,荆州司马懿攻江陵,这一战役的部署基本上是按照贾逵所建议的作战方案进行的。只是由于后来曹休中计,深入绝地,形势突然变化,才改调贾逵所部急赴夹石救援。

　　《贾逵传》中涉及"东关"的这条史料并不是孤证,还可以参见其他史籍的记载。如《晋书》卷1《宣帝纪》太和元年条后,曾载司马懿到洛阳朝见魏明帝,言及征吴方略,其文曰:"(天子)又问二虏宜讨,何者为先?(司马懿)对曰:'吴以中国不习水战,故敢散居东关。凡攻敌,必扼其喉而捣其心。夏口、东关,贼之心喉。若为陆军以向皖城,引(孙)权东下,为水战军向夏口,乘其虚而击之,此神兵从天而堕,破之必矣。'天子并然之,复命帝屯于宛。"

　　这次谈话的时间,卢弼认为当在太和二年正月至三月期间,即同年九月三道伐吴之前。见《三国志集解》卷3《魏书·明帝纪》注:"魏之攻吴,三道进兵,本用懿策。曹休统率无方,遂有夹石之败。赵氏言魏君臣怵于硖石之役,谋吴甚急,则前后事实颠倒矣。仲达此策,盖在攻破孟达之后,街亭战胜之前。若马谡已败,三郡皆平,魏明必不询二虏宜讨何者为先矣。"①

　　《晋书》卷1《宣帝纪》的上述记载表明:第一,孙权当时所驻的

---

① 卢弼:《三国志集解》卷3《魏书·明帝纪》,第109页。

"东关"在皖城之西,故司马懿曰:"夏口、东关,贼之心喉。若为陆军以向皖城,引(孙)权东下",这也是该地即为武昌的明证。文中的"东关"若是东兴,则应该在皖城之东。这里提到孙权"散居东关",应是指武昌所在临江依山,地域狭隘①,吴国军队主力实际上是分散驻扎在武昌及附近几处沿江要镇,如西邻的夏口、沙羡及对岸的鲁山等等,故称为"散居"②。

第二,司马懿提出的征吴方案与贾逵的建议内容相近,即主张以陆军一部进攻江北的皖城,吸引武昌的吴军主力东下救援,再遣水军乘虚而入,沿汉江顺流直捣夏口,打击敌人的心脏。由此可见,曹魏太和二年的征吴行动,在兵力部署上综合采纳了贾逵与司马懿的建议,先派遣曹休率军入皖,豫州和荆州的军队随即开拔,进逼武昌、夏口与江陵。但是由于曹休的轻敌冒进,另外两路兵马尚未到达攻击目标时,他已被吴军击溃,致使整个作战计划遭到失败。

《三国志》卷15《魏书·贾逵传》的这条记载存有一个疑问,就是其中"去江四百余里"一句,说的是哪个地点呢?如果仅从上文来看,它似乎是指当时孙权所驻的东关。"时孙权在东关,当豫州南,去江四百余里,……"但若是仔细考察,这种理解存在着许多

---

① 《三国志》卷61《吴书·陆凯传》载陆凯所言:"又武昌土地,实危险而塉确,非王都安国养民之处,船泊则沉漂,陵居则峻危。"

② 吴军在武昌附近的分布情况可以参见《水经注》卷35《江水三》载夏口(今湖北武汉市武昌区)有黄军浦:"昔吴将黄盖军师所屯,故浦得其名,亦商舟之所会矣。"又"黄鹄山东北对夏口城,魏黄初二年,孙权所筑也。"鲁山城在今汉阳龟山上,亦见《水经注》卷35《江水三》:"江水又东径鲁山南,古(右)翼际山也……山上有吴江夏太守陆涣所治城。"沙羡城在今武汉市武昌区西之金口镇北,赤壁之战后,程普领江夏太守,治沙羡。后又筑城。见《三国志》卷47《吴书·吴主传》赤乌二年,"夏五月,城沙羡。"

矛盾,是难以解释清楚的。

如前所述,《三国志》中提到的"东关"有三处,其中蜀汉的江州与此无涉;孙吴的武昌虽在豫州之南,可是位于江边,并非"去江四百余里",与《贾逵传》的记载不合。若按传统的观点来解释,此处的东关即指东兴,则问题更多:首先是方位不对,东兴并不在曹魏豫州的南面,而是在其南境的东方。其次,东兴距离长江岸边也远不到四百里,只有一百余里。再次,孙权当时驻留在武昌,并未率兵前往东兴。

总之,这三处"东关"都与《贾逵传》所载"去江四百余里"的条件不相符合。

那么,孙权是否有可能在豫州之南、距离长江四百余里的某个地点另设置过一座东关,并在那里亲驻过呢?答案显然是否定的,这不仅是因为史籍中没有这方面的记载,从三国的史实来看,孙权在魏吴战争期间的几处都址——京(镇江)、建业(南京)、武昌(鄂城),都是在沿江上下,非有数百里之遥。综观孙权的战时行踪,除了在上述三处都城常驻之外,主要是在"滨江兵马之地"——柴桑、陆口、公安、皖城、夏口等处临时停留活动,仅有几次统兵短暂攻击过江北的石阳与合肥,从未在远离长江数百里处久驻。另一方面,如果是豫州之南及长江以南四百余里的地点,即属于孙吴的大后方,并无设置对魏作战的军事重镇之必要,事实上吴国也没有在那一带建立过著名的关塞。

怎样才能合乎史实与逻辑地解释《贾逵传》的这条记载呢?从整段史料的叙述情况和当时的地理形势来看,笔者认为,"去江四百余里"指的是贾逵统领的豫州南境,陈寿在撰写《三国志》时,可能在此句之前省略了"豫州"二字，或是古书传抄时有所遗漏，致使后人在理解上出现了一些困难。

　　当时，曹魏的豫州南以大别山脉为界，和长江之间隔有原来汉朝扬州的庐江郡，相距数百里。建安十七年（212），曹操命令滨江郡县居民内迁，引起骚乱。《三国志》卷47《吴书·吴主传》载："民转相惊，自庐江、九江、蕲春、广陵户十余万皆东渡江，江西遂虚，合肥以南惟有皖城。"这样，就在江北形成了一条人烟绝少的隔离地带，两国边境上只有一些军事据点，曹魏的军队主力和居民繁众之地离开长江较远。例如《三国志》卷51《吴书·孙韶传》载魏"淮南滨江屯候皆彻兵远徙，徐、泗、江、淮之地，不居者数百里"。《三国志》卷62《吴书·胡综传》亦曰："吴将晋宗叛归魏，魏以宗为蕲春太守，去江数百里，数为寇害。"豫州南境的汝南、弋阳两郡，其治所距离江边约在400里左右，未与孙吴的边境相邻。也正是由于这个缘故，如前引《三国志》卷16《魏书·杜恕传》所言，曹魏在太和年间并没有把豫州看作是"缘边诸州"。

　　在这种形势下，吴国的军队若想攻击曹魏的豫州南境，必须舍舟陆行，放弃水战的特长，又要长途跋涉、转运粮草，困难是很多的。所以《贾逵传》记载孙权在考虑进攻的战略目标时，通常选择豫州两翼临水的庐江、江夏。"每出兵为寇，辄西从江夏，东从庐江。"另一方面，曹魏的豫州州军远在项城（今河南沈丘县），距离江畔有数百里之遥，对武昌、夏口的吴军并未构成威胁。因此《贾逵传》中写道："权无北方之虞，东西有急，并军相救，故常少败。"

　　如果用补注的方式标出《贾逵传》这段史料中省略或遗漏的

某些词语,其内容便易于理解。试阅:"时孙权在东关,当豫州南,(豫州)去江四百余里;(孙权)每出兵为寇,辄西从江夏,东从庐江。……"这样认识既符合此时的史实情况,也不妨碍笔者对当时"东关"即武昌的解释。这里存在着以下可能性,即陈寿撰写这段文字时,因为"去江四百余里"一句的主语"豫州",与前一句"当豫州南"的词句有重叠,所以把它省略了。

《三国志》卷15《魏书·贾逵传》的第二条记载是:"太和二年,帝使逵督前将军满宠、东莞太守胡质等四军,从西阳直向东关,曹休从皖,司马宣王从江陵。逵至五将山,休更表贼有请降者,求深入应之。诏宣王驻军,逵东与休合进。逵度贼无东关之备,必并军于皖;休深入与贼战,必败。乃部署诸将,水陆并进,行二百里,得生贼,言休战败,(孙)权遣兵断夹石……(逵)乃兼道进军,多设旗鼓为疑兵,贼见逵军,遂退。逵据夹石,以兵粮给休,休军乃振。"

这条史料提到贾逵曾督率满宠、胡质等所属的四支军队进攻东关。《三国志》卷26《魏书·满宠传》也叙述了此次军事行动,但误作太和三年,卢弼在《三国志集解》卷26中已做了纠正。《满宠传》的记载明确地反映了他领兵征吴的方向并非东进,而是由豫州南下,直逼武昌附近的夏口。"(太和二年)秋,使曹休从庐江南入合肥,令宠向夏口。"满宠发觉曹休若孤军深入,处境极为危险,便及时上疏请求朝廷准备给予支援。"宠表未报,休遂深入。贼果从无强口断夹石,要休还路。休战不利,退走。会朱灵等从后来断道,与贼相遇。贼惊走,休军乃得还。"这也可以证明《贾逵传》中的"直向东关"并不是去进攻濡须或东兴,而是前往武昌、夏口方向作战。

## 三、"东关（武昌）"名称来历的探讨

武昌在当时为什么又被称作"东关"呢？史籍当中对此并无明文记载，笔者只能在这里做些分析与推测。据《古今图书集成》所载，孙权将鄂县名称改为"武昌"，是为了使这个地名带有褒扬之义，表示孙吴政权将要"以武而昌"。"章武元年，吴孙权自公安徙都，更鄂曰武昌。按县南有山名武昌，权欲以武而昌，故名。"[1]曹魏与吴为敌，双方兵戈相见，对立仇视。魏国若在当时承认"武昌"这个名称，则在政治影响上多少助长了敌人的气焰，对自己有损无益。所以，如果魏方对此地点采取另一种叫法，也是合乎情理的。

值得注意的是，《三国志》的《吴书》当中，并没有出现把武昌称为"东关"的记载，此类情况仅存在于《三国志》的《魏书》里，很可能反映了在此特定时期（孙权迁都武昌到诸葛恪于东兴筑堤建城）之内，"东关"这个地名只是曹魏单方面用来称呼武昌的。从《三国志》的成书背景来看，陈寿修此书时，魏、吴两国先已有史，如官修的王沉《魏书》、韦昭《吴书》，以及鱼豢私撰的《魏略》。这三种书是陈寿所依据的基本材料，他虽然进行了某些改动，但是仍在很大程度上保留了原有的内容。《三国志·吴书》来源于吴人的著作，吴人并不称武昌为"东关"，所以在其中见不到这类记

---

[1]［清］陈梦雷编纂，［清］蒋廷锡校订：《古今图书集成》第15册卷1115《方舆汇编·职方典·武昌府部汇考一·武昌府建置沿革考》"武昌县"条，第17723页。

载。而《魏书·贾逵传》中涉及"东关"的两条史料则带有较多的原始性,它们更为直接地反映了历史的实际情况,表明当时魏人对武昌的叫法是与吴人有别的。

此外,从地理位置来看,武昌被称作"东关"可能还有以下理由:

武昌、夏口附近地域在周代曾称为"鄂",因为鄂城位于鄂地之东,在过去称作"东鄂"。如《晋书》卷15《地理志下》武昌郡武昌县注曰:"故东鄂也。楚子熊渠封中子红于此。"《太平寰宇记》卷112《江南西道》鄂州武昌县条亦云:"旧名东鄂,《系本》云:'楚子熊渠封中子于鄂。'汉为鄂县。"①黄初二年(221)孙权迁都武昌后,在当地筑城,使它成为鄂地东部的一座军事重镇,这或许是它被称为"东关"的原因。

另一种可能性是,当时武昌和邻近的夏口(今湖北武汉市武昌区)并峙江上,成为相邻的两座雄关。后人苏轼的《前赤壁赋》曾云:"西望夏口,东望武昌,山川相缪,郁乎苍苍。"也许是由于武昌在夏口之东,因此魏人把它叫作"东关"。

建兴元年(252)诸葛恪于东兴筑堤建城之后,"东关"这个地名开始被用来称呼东兴,并且得到了魏吴双方的认可。而作为武昌别称的"东关"则渐渐隐晦,以致后来被人们淡忘了。

---

① [宋]乐史撰,王文楚等点校:《太平寰宇记》,第 2280 页。

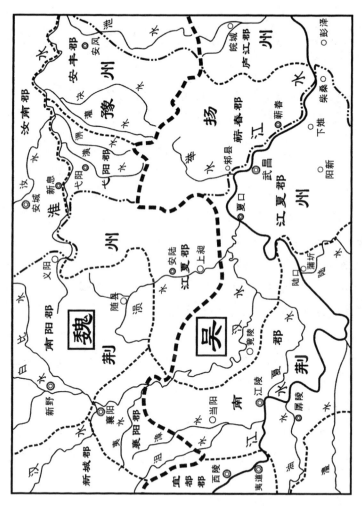

图七八　孙吴武昌地理形势图

# 第六章　汉末三国的夏口与江夏战局

汉魏六朝文献中的"夏口"地名，实际上有狭义和广义两种概念。狭义的"夏口"最初指长江北岸"夏水"（即汉水、沔水）入江之口，又称沔口、汉口；因其在鲁山（今武汉市龟山）东北麓注入长江，故又称作"鲁口"。《汉书》卷28上《地理志上》曰："夏水首受江，东入沔，行五百里。"它本来是长江的支流，其故道之源头在今湖北省沙市东南，向东流经今监利县北界折向东北，至堵口（今湖北仙桃市东北）汇入汉水。《水经》曰："夏水出江津于江陵县东南，又东过华容县南，又东至江夏云杜县，入于沔。"郦道元注云："应劭《十三州记》曰：江别入沔为夏水源，夫夏之为名，始于分江，冬竭夏流，故纳厥称。既有中夏之目，亦苞大夏之名矣。当其决入之所，谓之堵口焉。"又言："自堵口下，沔水通兼夏目，而会于江，谓之夏沔也。故《春秋左传》称吴伐楚，沈尹射奔命夏沔也。杜预曰：汉水曲入江，即夏口矣。"[1]由于夏、沔二水合流，自此以下的汉水河道亦兼称为"夏水"，故其入江之口称作夏口。后来孙权在南岸的黄鹄山（今武汉市蛇山）筑垒戍守，名为夏口城[2]，历经东晋南朝皆为重镇，为世人沿称，因此逐渐取代了北岸的夏口地名。

---

①［北魏］郦道元原注，陈桥驿注释：《水经注》卷32《夏水》，第510页。

②［北魏］郦道元注，［民国］杨守敬、熊会贞疏：《水经注疏》卷35《江水三》："黄鹄山东北对夏口城，魏黄初四年孙权所筑也。"第2899页。

胡三省曾对此详论:

> 应劭曰:沔水自江夏别至南郡华容为夏水,过江夏郡而入于江。盖指夏水入江之地为夏口。庾仲雍曰:"夏口,一曰沔口,或曰鲁口。"《水经注》曰:"沔水南至江夏沙羡县北,南入于江。"然则曰夏口,以夏水得名;曰沔口,以沔水得名;曰鲁口,以鲁山得名;实一处也。其地在江北。自孙权置夏口督,屯江南,今鄂州治是也。故何尚之云:夏口在荆江之中,正对沔口。(李)贤注亦谓夏口戍在今鄂州。于是相承以鄂州为夏口,而江北之夏口晦矣。①

顾祖禹亦分辨曰:

> 《晋志》:"沙羡有夏口,对沔口有津。"章怀太子(李)贤曰:"汉水始欲出大江为夏口,又为沔口。"夏口实在江北,孙权于江南筑城,依山傍江,对岸则入沔津,故名以夏口,亦为沙羡县治。至唐置鄂州,而夏口之名移于江南,沔水入江之口止谓之沔口,或谓之汉口,夏口之名遂与汉口对立,分据江之南北矣。②

广义的"夏口",则泛指今武汉地区,六朝时往往将其划为一个作战区域,遣将戍守,或称为"夏口三城"③。王素对此曾有著述云:"本文所说的'夏口地区',在南朝,应该包括江沔沿岸的夏口、鲁山、沔口三城,亦即今天的武昌、汉阳、汉口三镇。"又言:"夏口、鲁

---

①《资治通鉴》卷 65 汉献帝建安十三年胡三省注。
②[清]顾祖禹:《读史方舆纪要》卷 75《湖广一》,第 3511 页。
③《晋书》卷 85《何无忌传》。

山、沔口三城,汉末三国时就已并存,属荆州江夏郡沙羡县。"①

在汉晋之间的各方交战当中,夏口是兵家竞相瞩目的焦点。《读史方舆纪要》将其列为湖广地区的"重险"②,李吉甫曾述该地:"春秋时谓之夏汭,汉为沙羡之东境。自后汉末谓之夏口,亦名鲁口。吴置督将于此,名为鲁口屯,以其对鲁山岸为名也。三国争衡,为吴之要害,吴常以重兵镇之。"③司马懿向魏明帝述伐吴之策时亦言其为用兵冲要。"凡攻敌,必扼其喉而捣其心。夏口、东关,贼之心喉。"④夏口为什么具有重要的军事地位与作用?它对三国战争的影响前后发生过何种变化?这些问题是本篇所要探讨的主要内容。关于孙刘与曹魏各方对夏口地区的军事部署和用兵谋略,以及该地对当时荆州乃至全国战局所产生的重要影响,应该是三国战争史领域里很有意义的课题,但史学界对此进行的专门研究并不多见⑤。在三国历史的不同阶段,随着政治形势的变化,夏口地区的军事价值与作用具有明显的差异,因此试对当地双方各时期作战部署之特点与交锋情况进行探讨。

---

①王素:《南朝夏口地区社会经济杂考》,中国唐史学会、湖北省社会科学院历史研究所编:《古代长江中游的经济开发》,武汉出版社,1988年,第30页。

②[清]顾祖禹:《读史方舆纪要》卷75《湖广一》,第3507页。

③[唐]李吉甫:《元和郡县图志》卷27《江南道三·鄂州》,第643页。

④《晋书》卷1《宣帝纪》。

⑤参见吴成国:《论六朝时期夏口城市军事功能的提升》,《江汉论坛》2003年第11期;吴成国、汪莉:《六朝时期夏口、武昌的港航和造船》,《武汉交通职业学院学报》2007年第4期;朱子彦、边锐:《从夏口战略地位论曹操赤壁战败的原因》,《许昌学院学报》2007年第1期。

## 一、黄祖镇守期间的夏口

汉末黄巾起义失败后,各地军阀豪强割据混战,朝内又频发宫廷政变。"初平元年,长沙太守孙坚杀荆州刺史王睿,诏书以(刘)表为荆州刺史。"①当时政局动荡,司马彪《战略》曰:"刘表之初为荆州也,江南宗贼盛,袁术屯鲁阳,尽有南阳之众。吴人苏代领长沙太守,贝羽为华容长,各阻兵作乱。"②刘表上任后采纳了蒯越的建议,"南据江陵,北守襄阳,荆州八郡可传檄而定。"③就是以位居全州之中的水陆交通枢纽江陵为经济重心,屯聚物资钱粮④。将州治和军队主力设置在邻近荆州北境的襄阳,准备抵御来自南阳袁术的进攻。刘表巩固荆州统治的举措进展顺利,"乃使越遣人诱宗贼帅,至者十五人,皆斩之而袭取其众。唯江夏贼张虎、陈坐拥兵据襄阳城,表使越与庞季往譬之,乃降。江南悉平。诸守令闻表威名,多解印绶去。表遂理兵襄阳,以观时变。"⑤同时,他还任命将军黄祖为江夏太守,镇守夏口地区以加强长江防务。建安元年(196),名士祢衡从许昌南下,投奔刘表。《平原祢衡传》曰:"表甚礼之。将军黄祖屯夏口,祖子射与衡善,随到夏口。"⑥

---

①《后汉书》卷 74 下《刘表传》。
②《三国志》卷 6《魏书·刘表传》注引司马彪《战略》。
③《三国志》卷 6《魏书·刘表传》注引司马彪《战略》。
④参见《三国志》卷 32《蜀书·先主传》:"曹公以江陵有军实,恐先主据之,乃释辎重,轻军到襄阳。闻先主已过,曹公将精骑五千急追之,一日一夜行三百余里,及于当阳之长坂。"
⑤《后汉书》卷 74 下《刘表传》。
⑥《三国志》卷 10《魏书·荀彧传》注引《平原祢衡传》。

《后汉书》卷 80 下《文苑传》则言祢衡，"后复侮慢于表，表耻不能容，以江夏太守黄祖性急，故送衡与之。"据史籍所载，黄祖军队在当地的驻扎与作战有以下情况值得注意。

### (一)将沙羡县治与江夏郡治移到北岸沔口

夏口地区在东汉属于江夏郡沙羡县，其县治在长江南岸，位于今湖北省武汉市江夏区金口镇附近。黄祖在任时驻守之夏口，则在长江北岸的沔口。见《三国志》卷 55《吴书·董袭传》："建安十三年，(孙)权讨黄祖。祖横两蒙冲挟守沔口。"《水经注》卷 28 言沔水，"又南至江夏沙羡县北，南入于江。庾仲雍曰：夏口亦曰沔口矣。"杨守敬按："《左传·昭四年》杜《注》，汉水曲入江，今夏口也。《通鉴》汉建安十三年，先言黄祖在夏口，后言祖守沔口，此夏口一名沔口之证。"[1]

黄祖所据之城垒在汉水入江之口左侧，即河道东北，名为"却(缺)月城"，或"偃月城(垒)"，即为当时沙羡县治所。参见《水经注》卷 35《江水》："沔左有却月城，亦曰偃月垒，戴监军筑，故曲陵县也，后乃沙羡县治。昔魏将黄祖所守，吴遣董袭、凌统攻而擒之。祢衡亦遇害于此。"[2]王先谦考证云："曲陵，晋县。《吴志》，孙权从孙策讨黄祖于沙羡。则沙羡乃汉末移治，不得先有曲陵而后为沙羡也。'后'盖'先'之误云。沔左，则今汉口镇地。"[3]杨守敬按："汉沙羡本在江南，见上沙阳县下。《吴志·孙策传·注》引

---

①[北魏]郦道元注，[民国]杨守敬、熊会贞疏：《水经注疏》，第 2418 页。
②[北魏]郦道元注，[民国]杨守敬、熊会贞疏：《水经注疏》，第 2897 页。
③[清]王先谦：《汉书补注》，第 711 页。

《吴录》，策讨黄祖到祖所屯沙羡县。又《孙权传》，建安四年，讨黄祖于沙羡。十三年复征祖，屠其城。据《董袭传》黄祖横两蒙冲守沔口，则此沙羡在沔口，当刘表所移置。"①对于汉末魏晋期间沙羡县治的迁徙，杨守敬并作考证云：

> 沙羡县治有三，一、两汉江夏郡之沙羡也；一、建安中黄祖移置之沙羡也；一、吴、晋旋置旋废之沙羡也。汉之沙羡，即《水经》之沙羡。《经》为三国魏人作，于蜀、吴及他改置之郡县皆不照，仍以汉制立文，全书可考。观此《经》江水东北至沙羡县西北，沔水从北来注之。《沔水经》南至沙羡县北入江。又《元和志》，鄂州为汉沙羡之东境，则《（读史）方舆纪要》谓在武昌府治西南，近之。或以为即府治，未审。黄祖移置之沙羡在却月城。吴、晋旋置旋废之沙羡在夏口城，并详下。②

据《汉书》卷28上《地理志上》和《后汉书·郡国志四》记载，两汉江夏郡皆治西陵县（今湖北省武汉市新洲区西）③，黄祖也曾在此领兵驻守。《元和郡县图志》曰："黄陂县，本汉西陵县地，三国时刘表为荆州刺史，以此地当江、汉之口，惧吴侵轶，建安中使黄祖于此筑城镇遏，因名黄城镇。"又云："武湖，在县南四十九里。黄祖阅武习战之所。"④但就史籍所载来看，他作为江夏太守，无论

① [北魏]郦道元注，[民国]杨守敬、熊会贞疏：《水经注疏》，第2897页。
② [北魏]郦道元注，[民国]杨守敬、熊会贞疏：《水经注疏》，第2892页。
③ 钱林书云西陵县治在黄陂东邻之新洲，"西陵县故城，在今湖北新洲县西北、举水西岸。"《续汉书郡国志汇释》，第226页。
④ [唐]李吉甫：《元和郡县图志》卷27《江南道三·黄州》，第653页。

是率兵戍守或处治公务的地点长期是在沙羡的夏口。例如前述建安元年(196)祢衡到夏口,曾为黄祖写作公文信札。"衡为作书记,轻重疏密,各得体宜。(黄)祖持其手曰:'处士,此正得祖意,如祖腹中之所欲言也。'"①杨守敬考证云:"《后汉书·祢衡传》,黄祖在蒙冲船上,衡言不逊,复大骂,祖杀之。祖守沙羡,故郦氏浑叙祢衡事于沙羡。《舆地纪胜》则以鹦鹉洲为衡遇害处。《名胜志》引《冢庙记》谓衡墓在鹦鹉洲畔。"②又总结道:"后汉江夏郡治西陵。建安中,黄祖治沙羡,吴治鲁山城,又治武昌。"③因此,很有可能是黄祖初赴任时沿袭汉朝旧制,驻守在原来的郡治西陵县,但是时间不长,后来又移镇于长江北岸的沙羡夏口了。

## (二)封锁江汉水路、阻挡东方来敌

夏口地区在秦汉时代并没有经历过大规模的战乱,也未曾屯驻重兵。汉末刘表遣黄祖领兵据此,是为了防备江东孙氏的西侵。顾祖禹曾论曰:"汉置江夏郡治沙羡,刘表镇荆州,以江、汉之冲恐为吴人侵轶,于是增兵置戍,使黄祖守之。孙策破黄祖于沙羡,而霸基始立。孙权知东南形胜必在上流也,于是城夏口,都武昌。武昌则今县也,而夏口则今日之武昌也。继孙氏而起者,大都不能改孙氏之辙矣。"④夏口地区为江、汉合流之处,汉魏时期水网纵横,湖沼交错,沿江两岸水口众多,据《水经注》所载有沌口、沔口、湖口、㵺口、举口、龙骧水口、武口、樊口、杨桂水口等,为诸

---

①《后汉书》卷 80 下《文苑传下》。
②[北魏]郦道元注,[民国]杨守敬、熊会贞疏:《水经注疏》,第 2898 页。
③[北魏]郦道元注,[民国]杨守敬、熊会贞疏:《水经注疏》,第 2896 页。
④[清]顾祖禹:《读史方舆纪要·湖广方舆纪要序》,第 3484 页。

条河道所汇集。这些古水口的变迁,袁纯富、刘玉堂所著《武汉古地理变迁及其经济的影响》[1]一文曾做过系统的论述。刘表占据了这一区域,就能够有效地控制长江中游的水运交通,阻击孙氏船队对荆州入侵。从夏口地区的地理环境来看,由于长江两岸有向江心突出的龟山与蛇山,江面受到约束而变得狭窄[2],致使水流湍急,冲刷力强,泥沙不能停积。而在龟蛇二山的上下游,因为水面宽阔,江流平缓,泥沙容易堆积,日久则形成沙洲,如前所述,东汉时已有鹦鹉洲。《江夏记》云:"鹦鹉洲在县北,案《后汉书》曰:黄祖为江夏太守,时黄祖与太子射宾客大会,有献鹦鹉于此洲,故以为名。"[3]鹦鹉洲的出现,使当地的长江水道分为两股,分别靠近北岸的沔口与南岸的黄鹄山。航船可以在鹦鹉洲抛锚停泊,躲避风浪。从军事方面来讲,由于江面变窄和沙洲能够驻军停舟,使得夏口成为截断上下流往来联络的绝佳地点。如《三国志》卷 55《吴书·甘宁传》注引《吴书》曰:

> (甘)宁将僮客八百人就刘表。表儒人,不习军事。时诸英豪各各起兵,宁观表事势,终必无成。恐一朝土崩,并受其祸,欲东入吴。黄祖在夏口,军不得过,乃留依祖。

---

[1]袁纯富、刘玉堂:《武汉古地理变迁及其对经济的影响》,中国唐史学会、湖北省社会科学院历史研究所编:《古代长江中游的经济开发》,第 1—17 页。

[2]根据当代的测量数据,龟蛇两山之间的江面宽度为 1060 米,而其西南上流的鲇鱼套江面直线距离为 1300 米,逾西的白沙洲头则为 1700 米,宽度增加了 60%。蛇山以下的江面逐渐加宽,如徐家棚两岸直线距离约为 1200 米,到青山港附近宽达 3880 米,增加到三倍以上。参见周兆锐:《武汉市历史地理》,《武汉师范学院学报》1979 年第 3 期。

[3][宋]李昉等:《太平御览》卷 69《地部三十四·洲》,第 328 页。

建安十六年(211),孙权欲出兵伐蜀,遭到刘备反对,并发书劝阻。"权不听,遣孙瑜率水军住夏口,备不听军过。"孙瑜即无可奈何,只得回奏情况。"权知备意,因召瑜还。"①这些史实都表明在夏口设防能够有效地阻截江上军队的来往。另外,孙吴舟师如果驶入沔口,既可以溯汉水航道而至襄阳,使刘表所驻州治受到威胁;还能逆夏水而抵达江陵,进攻荆州的财赋积聚之处。后世萧衍曾云:"汉口路通荆、雍,控引秦、梁,粮运资储,听此气息,所以兵压汉口,连络数州。"②如上所述,夏口地区控制着荆州全境的交通命脉,其军事价值非常重要,这就是刘表对它给予重视的原因。

### (三)仅在沔口左侧筑城戍守

黄祖所驻之沙羡"却月城"或"偃月垒",是当时在水边依据地形所筑造的一种城防工事,因其状似弯月而得名,或称为"偃月坞"。参见《元和郡县图志》中淮南道和州含山县"濡须坞"条:"建安十八年,曹公至濡须,与孙权相拒月余。权乘轻舟,从濡须口入偃月坞。坞在巢县东南二百八里濡须水口。初,吕蒙守濡须,闻曹公将来,夹水筑坞,形如偃月,故以为名。"③《太平寰宇记》卷131《淮南道九·汉阳军》亦曰:"却月城,与鲁城相对,以其形似却月故。《荆州记》云:'河口北岸临江水有却月城,魏将黄祖所守,吴遣董袭攻而擒之。其城遂废。'"④笔者按:却月城、偃月垒的城墙临水而筑,呈半圆形,好像残缺之月。它靠近河岸的那一面或

①《三国志》卷32《蜀书·先主传》注引《献帝春秋》。
②《梁书》卷1《武帝纪上》。
③[唐]李吉甫:《元和郡县图志》阙卷逸文卷二,第1078页。
④[宋]乐史撰,王文楚等点校:《太平寰宇记》,第2585页。

有港湾,为了方便船只驶入,往往不筑墙垒,如前文所述孙权乘轻舟入濡须坞,它的城垒主要是为了防备来自陆上的攻击。可见《三国志》卷54《吴书·吕蒙传》:"后从(孙)权拒曹公于濡须,数进奇计,又劝权夹水口立坞,所以备御甚精,曹公不能下而退。"注引《吴录》曰:"权欲作坞,诸将皆曰:'上岸击贼,洗足入船,何用坞为?'吕蒙曰:'兵有利钝,战无百胜。如有邂逅,敌步骑蹙人,不暇及水,其得入船乎?'权曰:'善。'遂作之。"

　　另外,戍守河道的城垒通常是在两岸分别筑立,形成拱卫之势,即前引《吕蒙传》所言"夹水口立坞"。黄祖所筑却月城是沔口左侧,与它隔岸相对的鲁城有两个问题值得注意。其一,鲁城的地点并非濒临沔水,而是建筑在鲁山之上(详见下文)。其二,就史籍所载来看,鲁城出现的时间较晚,黄祖驻守夏口时尚未见到,它是在建安二十年(215)刘备分江夏郡与孙权之后才由吴将陆涣筑造镇守的。参见《水经注》卷35《江水》:"江水又东径鲁山南,古翼际山也。《地说》曰:汉与江合于衡北翼际山旁者也。山上有吴江夏太守陆涣所治城,盖取二水之名。"[1]《元和郡县图志》卷27《江南道三·鄂州》侧称:"鲁山,一名大别山,在县东北一百步。其山前枕蜀江,北带汉水,山上有吴将鲁肃神祠。"[2]因为鲁城在山上,故又称作鲁山城。笔者认为,黄祖之所以只在沔水左侧筑却月城,并未采取在右岸筑城夹守水口的兵垒部署,是因为以下两个原因。首先是当时沔水入江处的河道紧靠鲁山,其右岸没有筑城的余地。其次是当时汉水入江航段河道狭窄。萧衍曾言:"汉

①[北魏]郦道元注,[民国]杨守敬、熊会贞疏:《水经注疏》,第2895页。
②[唐]李吉甫:《元和郡县图志》卷27《江南道三》,第648页。

口不阔一里,箭道交至。"①胡三省曰:"谓船自中流而下,敌人夹岸射之,其箭交至也。"②张修桂根据古地理资料论道:"这些史料充分说明:鲁山旁的汉水口是当时汉水单一河口段的唯一出口,舍此别无三角洲分流可供利用。汉口不阔一里,两岸箭道交至,河面宽度当不足二百公尺;再从却月城距汉阳三里恰好处在今天汉水河道上分析,当时汉水河口较今偏南,当紧逼鲁山,从其北麓东注长江。"③这便是黄祖未曾在沔口右岸筑城夹守的原因。他封锁沔口的办法,除了依托却月城的筑垒工事抵抗敌军,还将两条大型战船横在水口,并用绳索联系固定,借以阻挡敌船驶入。参见《三国志》卷55《吴书·董袭传》:"建安十三年,权讨黄祖。祖横两蒙冲挟守沔口,以栟闾大绁系石为碇,上有千人,以弩交射,飞矢雨下,军不得前。"最终是吴军勇士冒死登船,斩断缆绳,使阻塞之船散开,才得以进军攻破城池的。"(董)袭与凌统俱为前部,各将敢死百人,人披两铠,乘大舸船,突入蒙冲里。袭身以刀断两绁,蒙冲乃横流,大兵遂进。(黄)祖便开门走,兵追斩之。明日大会,(孙)权举觞属袭曰:'今日之会,断绁之功也。'"

就镇守夏口的主将人选而言,自初平元年(190)刘表赴任,至建安十三年(208)却月城失陷,黄祖在此领兵镇守十余岁之久。尽管他曾经屡次受挫于孙氏,但毕竟在很长时间内守住夏口,阻击下流入侵之敌,从而保护了荆州腹地的安全。据史籍所载,黄祖老谋深算,诡计多端,在军事上为刘表所倚仗。孙策曾言:"祖

---

①《梁书》卷1《武帝纪上》。

②《资治通鉴》卷144南齐和帝中兴元年二月甲申条胡三省注。

③张修桂:《汉水河口段历史演变及其对长江汉口段的影响》,《复旦学报》1984年第3期。

宿狡猾，为表腹心，出作爪牙，表之鸱张，以祖气息。"①例如初平三年（192），袁术遣孙坚进攻刘表，黄祖即受命离开江夏前来救援，并击杀孙坚。"表败，坚遂围襄阳。会表将黄祖救至，坚为流箭所中死，余众退走。"②据《典略》所言，黄祖是用夜袭诈败设伏之计得以获胜。"刘表夜遣将黄祖潜出兵，坚逆与战，祖败走，窜岘山中。坚乘胜夜追祖，祖部兵从竹木间射坚，杀之。"③黄祖镇守夏口期间，孙吴共向其发动了四次进攻。第一次在建安四年（199），《三国志》卷47《吴书·吴主传》曰："建安四年，从策征庐江太守刘勋。勋破，进讨黄祖于沙羡。"《三国志》卷46《吴书·孙策传》注引《江表传》曰："（刘勋）闻策等已克皖，乃投西塞。至沂，筑垒自守，告急于刘表，求救于黄祖。祖遣太子射船军五千人助勋。策复就攻，大破勋。勋与偕北归曹公，射亦遁走。策收得勋兵二千余人，船千艘，遂前进夏口攻黄祖。时刘表遣从子虎、南阳韩晞将长矛五千，来为黄祖前锋。策与战，大破之。"该传注引《吴录》载孙策表奏详述其战况及胜绩：

> 臣讨黄祖，以十二月八日到祖所屯沙羡县。刘表遣将助祖，并来趣臣。臣以十一日平旦部所领江夏太守行建威中郎将周瑜、领桂阳太守行征虏中郎将吕范、领零陵太守行荡寇中郎将程普、行奉业校尉孙权、行先登校尉韩当、行武锋校尉黄盖等同时俱进。身跨马擽陈，手击急鼓，以齐战势。吏士奋激，踊跃百倍，心精意果，各竞用命。越渡重堑，迅疾若飞。

---

① 《三国志》卷46《吴书·孙策传》注引《吴录》。
② 《后汉书》卷74下《刘表传》。
③ 《后汉书》卷74下《刘表传》注引《典略》。

火放上风,兵激烟下,弓弩并发,流矢雨集,日加辰时,祖乃溃烂。锋刃所截,焱火所焚,前无生寇,惟祖迸走。获其妻息男女七人,斩虎、韩晞以下二万余级,其赴水溺者一万余口,船六千余艘,财物山积。

梁允麟对此质疑道:"试问策军有几人,能斩敌首二万余级?两军水师交战,何能掳其妻息七人?倘祖家属部曲扫地无余,何能自后坚持九年与吴对抗?战果不实。"①笔者按:梁先生所言诚是,汉魏时代虚报夸大战功已成惯例,并为当局所默许,如实申报者则如凤毛麟角之罕见。可参看《三国志》卷11《魏书·国渊传》:"破贼文书,旧以一为十,及渊上首级,如其实数。太祖问其故,渊曰:'夫征讨外寇,多其斩获之数者,欲以大武功,且示民听也。河间在封域之内,(田)银等叛逆,虽克捷有功,渊窃耻之。'太祖大悦,迁魏郡太守。"

　　孙吴后三次进攻的情况,《三国志》卷47《吴书·吴主传》曰:"(建安)八年,权西伐黄祖,破其舟军,惟城未克。而山寇复动,还过豫章,使吕范平鄱阳,程普讨乐安。太史慈领海昏,韩当、周泰、吕蒙等为剧县令长。"又云:"(建安)十二年,西征黄祖,虏其人民而还。十三年春,权复征黄祖,祖先遣舟兵拒军,都尉吕蒙破其前锋,而凌统、董袭等尽锐攻之,遂屠其城。祖挺身亡走,骑士冯则追枭其首,虏其男女数万口。"从史籍所载来看,实际上孙吴对夏口的前三次征伐都没有成功,未能夺取该地。直到黄祖晚年昏聩,吏治败坏,将士离心,才导致其在江夏统治的崩溃。建安十三

---

①梁允麟:《三国地理志》,第304页。

年(208),黄祖部将甘宁归降孙权,并献西征夏口之策曰:

> 今汉祚日微,曹操弥骄,终为篡盗。南荆之地,山陵形便,江川流通,诚是国之西势也。宁已观刘表,虑既不远,儿子又劣,非能承业传基者也。至尊当早规之,不可后操。图之之计,宜先取黄祖。祖今年老,昏耄已甚,财谷并乏,左右欺弄,务于货利,侵求吏士,吏士心怨,舟船战具,顿废不修。怠于耕农,军无法伍。至尊今往,其破可必。一破祖军,鼓行而西,西据楚关,大势弥广,即可渐规巴蜀。①

甘宁此议遭到重臣张昭的反对,认为当时孙吴在江东的统治尚未稳固,劳师远征恐怕腹地会发生动乱,但是遭到了甘宁的反驳,最终获得了孙权的首肯,并发兵出征夏口大获全胜。"张昭时在坐,难曰:'吴下业业,若军果行,恐必致乱。'宁谓昭曰:'国家以萧何之任付君,君居守而忧乱,奚以希慕古人乎?'权举酒属宁曰:'兴霸,今年行讨,如此酒矣,决以付卿。卿但当勉建方略,令必克祖,则卿之功,何嫌张长史之言乎。'权遂西,果禽祖,尽获其士众。"②至此,孙氏经过将近十年的交锋,终于消灭了黄祖,占领了这一战略要镇。

## 二、刘琦与刘备统治期间的夏口

孙权攻占夏口后不久,便撤兵回到江东,未能在当地建立统

---

① 《三国志》卷55《吴书·甘宁传》。
② 《三国志》卷55《吴书·甘宁传》。

治。刘表随即任命长子刘琦为江夏太守，重新占领了该郡。《三国志》卷6《魏书·刘表传》曰："表及妻爱少子琮，欲以为后，而蔡瑁、张允为之支党，乃出长子琦为江夏太守。"而据《后汉书》卷74下《刘表传》所言，则是刘琦惧怕被蔡氏所暗害，接受了诸葛亮的建议，主动请求外出任职的。"琦不自宁，尝与琅邪人诸葛亮谋自安之术。亮初不对。后乃共升高楼，因令去梯，谓亮曰：'今日上不至天，下不至地，言出子口而入吾耳，可以言未？'亮曰：'君不见申生在内而危，重耳居外而安乎？'琦意感悟，阴规出计。会表将江夏太守黄祖为孙权所杀，琦遂求代其任。"谢钟英按："据此，孙权斩（黄）祖未有江夏地。"①

　　曹操在当年（208）七月率大军南征荆州。"九月，公到新野，（刘）琮遂降。"②刘备南逃当阳，兵败于长坂。此时孙权派遣鲁肃前来联络，"到当阳长阪，与（刘）备会，宣腾权旨，及陈江东强固，劝备与权并力。备甚欢悦。时诸葛亮与备相随，肃谓亮曰：'我子瑜友也。'即共定交。备遂到夏口，遣亮使权，肃亦反命。"③需要指出的是，当时刘琦也领兵离开夏口北上，准备以奔丧为名与刘琮争夺嗣位，但在中途听说曹操兵至，于是收兵南撤，并在汉津与刘备余众会合，共同退往夏口。参见《后汉书》卷74下《刘表传》：

　　　　琮以侯印授琦。琦怒，投之地，将因奔丧作难。会曹操军至新野，琦走江南。

---

① [清]洪亮吉撰，[清]谢钟英补注：《〈补三国疆域志〉补注》，《二十五史补编》编委会编：《二十五史补编·三国志补编》，第558页。
② 《三国志》卷1《魏书·武帝纪》。
③ 《三国志》卷54《吴书·鲁肃传》。

《三国志》卷 32《蜀书·先主传》：

> 先主弃妻子，与诸葛亮、张飞、赵云等数十骑走，曹公大获其人众辎重。先主斜趋汉津，适与羽船会，得济沔，遇表长子江夏太守琦众万余人，与俱至夏口。

刘琦与刘备会师后，两家兵马共有二万余众。见诸葛亮对孙权语："豫州军虽败于长阪，今战士还者及关羽水军精甲万人，刘琦合江夏战士亦不下万人。"[1]考虑到周瑜所率吴军也不过三万人[2]，加入赤壁破曹阵营的刘氏军队之数量可称得起是举足轻重了。按周瑜最初的想法是独自抗曹，并未想到与刘备联合，他准备乘刘琦赴襄阳争位、夏口空虚之际进军占领该地，以封锁江、沔，拒退敌兵。故向孙权提出："将军禽操，宜在今日。瑜请得精兵三万人，进住夏口，保为将军破之。"[3]后来刘备、刘琦回师夏口，与孙权结盟，才使周瑜改变作战计划，"与备并力逆曹公，遇于赤壁。"[4]

曹操在赤壁败退之后，鼎足三分之势渐成，而夏口地区则由孙刘两家分据南北。至建安二十年(215)蜀吴订盟，"遂分荆州长

---

①《三国志》卷 35《蜀书·诸葛亮传》。

②《三国志》卷 35《蜀书·诸葛亮传》："权大悦，即遣周瑜、程普、鲁肃等水军三万，随亮诣先主，并力拒曹公。"《三国志》卷 54《吴书·周瑜传》注引《江表传》载孙权谓周瑜曰："卿言至此，甚合孤心。子布、文表诸人，各顾妻子，挟持私虑，深失所望。独卿与子敬与孤同耳，此天以卿二人赞孤也。五万兵难卒合，已选三万人，船粮战具俱办，卿与子敬、程公便在前发，孤当续发人众，多载资粮，为卿后援。卿能办之者诚决，邂逅不如意，便还就孤，孤当与孟德决之。"

③《三国志》卷 54《吴书·周瑜传》。

④《三国志》卷 54《吴书·周瑜传》。

沙、江夏、桂阳以东属权,南郡、零陵、武陵以西属备。"①孙吴才控制了沔口地带,得以全据江夏。在此期间,夏口地区对战争的影响发生了若干变化。如下所述:

### (一)作战方向转为西、北

曹操南征荆州之前,黄祖、刘琦镇守夏口地区的防御部署是针对东方入侵的,假想敌是沿江西进的孙吴军队,作战任务是阻击敌寇,毋使其舟师溯江或逆沔进入长沙、南郡及江夏区域。孙刘联盟之后,刘备率领所部"进住鄂县之樊口"②,并与周瑜会师,共同西进迎敌。刘琦领部下镇守夏口北岸,该地的战争形势发生了根本性的变化,其面临的敌人改为位于西、北方向的曹军。夏口以西,溯沔水至堵口(今湖北仙桃市东北)转入夏水,航路即可抵达南郡治所江陵,为江汉平原的中心地带。赤壁失利之后,"曹公留曹仁等守江陵城,径自北归。(周)瑜与程普又进南郡。与仁相对。"③双方交战至建安十四年(209)冬,曹仁才放弃江陵,撤往襄阳。"瑜、仁相守岁余,所杀伤甚众。仁委城走。"④在孙曹的江陵争夺战中,刘备所部的军事行动值得关注。据史籍所载,他在乌林破曹后向周瑜建议,由自己另率人马从夏口入沔,再经夏水进入南郡,以切断曹仁与襄阳后方的联系,形成合围之势。此计获得了周瑜的赞同,并拨给刘备部分军队。"备谓瑜云:'仁守江

---

①《三国志》卷 47《吴书·吴主传》。
②《三国志》卷 32《蜀书·先主传》注引《江表传》。
③《三国志》卷 54《吴书·周瑜传》。
④《三国志》卷 47《吴书·吴主传》。

陵城,城中粮多,足为疾害。使张翼德将千人随卿,卿分二千人追我,相为从夏水入截仁后,仁闻吾入必走。'瑜以二千人益之。"①从后来的情况看,刘备的这次进军使曹仁陷入不利局面,后来曹仁被迫撤军,曹操曾派遣李通领兵接应,李通则在途中病故。事见《三国志》卷18《魏书·李通传》:"刘备与周瑜围曹仁于江陵,别遣关羽绝北道。通率众击之,下马拔鹿角入围,且战且前,以迎仁军,勇冠诸将。通道得病薨,时年四十二。"周瑜占领江陵后于次年(210)猝然离世,孙权"借荆州"与刘备,江陵地区改由关羽镇守,直至建安二十四年(219)被吕蒙袭取。

夏口以北是曹魏占据的部分江夏郡境,主官为刘表旧将文聘。其本传云:"太祖先定荆州,江夏与吴接,民心不安,乃以聘为江夏太守,使典北兵,委以边事,赐爵关内侯。"②据梁允麟考证,"魏江夏郡辖今湖北潜江北、天门、应城、孝感、黄陂以北及河南信阳市一带。领汉旧县6,分置石阳,共领7县。"③由于汉水在夏口地区以多条水路呈网状分注长江,湖汊交错,不利于集中用兵,文聘麾下军队数量也很有限,故与刘琦所部并未发生冲突。赤壁战后,"先主表琦为荆州刺史,又南征四郡。武陵太守金旋、长沙太守韩玄、桂阳太守赵范、零陵太守刘度皆降。"另外,"庐江雷绪率部曲数万口稽颡"④,前来夏口投奔刘备、刘琦,又壮大了当地的兵力。谢钟英云:"盖琦战士万人留镇夏口,江夏全境俱为琦有。庐

①《三国志》卷54《吴书·周瑜传》注引《吴录》。
②《三国志》卷18《魏书·文聘传》。
③梁允麟:《三国地理志》,第172页。
④《三国志》卷32《蜀书·先主传》。

江与江夏接境,故雷绪率部曲来降。"①与夏口刘氏屯兵相比,曹魏江夏郡驻军的实力较弱,故文聘始终不敢南侵。另一方面,建安十五年(210)"借荆州"后,关羽在江陵东、北方向频频发动攻势,以求控制汉水航道,其作战区域属于曹魏江夏郡西境,故文聘在此阶段的用兵主要是抵抗关羽西来的进攻。参见《三国志》卷18《魏书·文聘传》:"与乐进讨关羽于寻口,有功,进封延寿亭侯,加讨逆将军。又攻羽重辎于汉津,烧其船于荆城。"因此就无暇对南境的夏口地区进行侵扰了。

**(二)夏口南岸各地渐被吴军占领**

建安十四年(209)冬,周瑜进据江陵,他把该郡江南诸县划给刘备。《江表传》曰:"周瑜为南郡太守,分南岸地以给备。备别立营于油江口,改名为公安。刘表吏士见从北军,多叛来投。备以瑜所给地少,不足以安民,复从(孙)权借荆州数郡。"②这就是"借荆州"之始,孙权则准许他攻占邻近的江南四郡。"先主表琦为荆州刺史,又南征四郡。武陵太守金旋、长沙太守韩玄、桂阳太守赵范、零陵太守刘度皆降。"③随后刘琦病逝,葬于驻地夏口鲁山之上④,其余部为刘备所兼并,他还继承了荆州行政长官的职衔。

---

① [清]洪亮吉撰,[清]谢钟英补注:《〈补三国疆域志〉补注》,《二十五史补编》编委会编:《二十五史补编·三国志补编》,第559页。
② 《三国志》卷32《蜀书·先主传》注引《江表传》。
③ 《三国志》卷32《蜀书·先主传》。
④ [北魏]郦道元注,[民国]杨守敬、熊会贞疏:《水经注疏》卷35《江水三》:"江水又东径鲁山南,古翼际山也。《地说》曰:汉与江合于衡北翼际山旁者也。山上有吴江夏大守陆涣所治城……有刘琦墓及庙也。山左即沔水口矣。"第2895—2896页。

"群下推先主为荆州牧,治公安。"①但此时孙权派遣程普占领了夏口地区南岸的沙羡。《三国志》卷55《吴书·程普传》曰:"与周瑜为左右督,破曹公于乌林,又进攻南郡,走曹仁。拜裨将军,领江夏太守,治沙羡,食四县。"此沙羡乃南岸的汉朝旧县(治今湖北武汉市江夏区金口镇),与刘备所辖刘琦余部镇守的沔口隔岸相对。《水经注》卷35《江水》言孙权后来在当地筑城。"对岸则入沔津,故城以夏口为名,亦沙羡县治也。"杨守敬按:"此谓吴、晋沙羡故治也。《宋志》沙羡,汉旧县,吴省,汉末,沙羡治沔口,见上考。《吴志·孙权传》,赤乌二年,城沙羡。盖移沙羡于夏口而增城之。观《孙奂传》庶子壹袭沙羡侯,迁镇军,假节督夏口,此沙羡治夏口之证。"②谢钟英对此考证云:"按《武帝纪》,赤壁之败在(建安)十三年十二月。《孙权传》云瑜、仁相守岁余,则取南郡在十四年冬。既取南郡,先主始领荆州牧。而《先主传》刘琦之死在先主领牧前,是琦死亦在十四年冬。……迨琦既死,吴遂略取江夏江南诸县,以通道江陵。于是程普领江夏太守,治沙羡。"③次年(210)周瑜猝逝,"(孙)权以鲁肃为奋武校尉,代瑜领兵,令程普领南郡太守。鲁肃劝权以荆州借刘备,与共拒曹操,权从之。"④刘备从此控制了南郡的江北领土,直至峡口的宜都等郡,成为荆州西部的主人。

　　但是另一方面,在刘备势力迅速扩张的同时,孙权则巩固了

①《三国志》卷32《蜀书·先主传》。
②[北魏]郦道元注,[民国]杨守敬、熊会贞疏:《水经注疏》,第2900页。
③[清]洪亮吉撰,[清]谢钟英补注:《〈补三国疆域志〉补注》,《二十五史补编·三国志补编》,559页。
④《资治通鉴》卷66汉献帝建安十五年。

在江夏郡江南地区的统治。他将程普调回南岸的沙羡,恢复原
职。见其本传:"周瑜卒,代领南郡太守。权分荆州与刘备,普复
还领江夏,迁荡寇将军。"①此外,鲁肃所辖的周瑜旧部也从南郡东
调,屯驻在沙羡西邻的陆口,即今湖北省嘉鱼县西南长江南岸,处
于陆水入江之口。见《三国志》卷54《吴书·鲁肃传》:"肃初住江
陵,后下屯陆口。威恩大行,众增万余人,拜汉昌太守、偏将军。"
下隽县(治今湖北通城县西北)是陆水发源地,赤壁战后即为孙吴
占领,孙权曾封下隽、汉昌、浏阳、州陵为周瑜食邑②。周瑜病逝
后,这些封邑转给了继任的鲁肃。"瑜士众四千余人,奉邑四县,
皆属焉。"③谢钟英就此考证道:"迫(刘)琦既死,吴遂略取江夏江
南诸县,以通道江陵。于是程普领江夏太守,治沙羡。(建安)十
五年,鲁肃遂屯陆口,吴境越江夏而西矣。其时其事若合符节,故
孙权有江夏江南诸县,断在十五年。"④谢氏认为,所谓孙权"借荆
州",实际上是与刘备所做的领土交换,并非无偿给予。其论曰:

> 江南四郡为先主所手定,江夏为刘琦所固有。所谓"借
> 荆州"者,不过南郡江北之地。且权既取江夏江南诸县,先主
> 有南郡,数适相当。其后吴索荆州,实强词夺理。⑤

---

①《三国志》卷55《吴书·程普传》。
②《三国志》卷54《吴书·周瑜传》:"(孙)权拜瑜偏将军,领南郡太守。以下隽、汉昌、刘
阳、州陵为奉邑,屯据江陵。"
③《三国志》卷54《吴书·鲁肃传》。
④[清]洪亮吉撰,[清]谢钟英补注:《〈补三国疆域志〉补注》,《二十五史补编·三国志
补编》,559页。
⑤[清]洪亮吉撰,[清]谢钟英补注:《〈补三国疆域志〉补注》,《二十五史补编·三国志
补编》,559页。

　　不过,夏口地区的江北重镇沔口仍在刘备军队的控制之下。建安十六年(211),"孙权欲与(刘)备共取蜀,遣使报备曰:'米贼张鲁居王巴、汉,为曹操耳目,规图益州。刘璋不武,不能自守。若操得蜀,则荆州危矣。今欲先攻取璋,进讨张鲁,首尾相连,一统吴、楚,虽有十操,无所忧也。'备欲自图蜀,拒答不听。"遭到刘备反对后,孙权企图独自进攻四川,"遣孙瑜率水军住夏口。备不听军过,谓瑜曰:'汝欲取蜀,吾当被发入山,不失信于天下也。'……权知备意,因召瑜还。"[1]上述记载表明当时夏口仍有刘氏驻军,尚能阻止孙吴水师过境,其实力不可小觑。但是从周围的军事形势来看,刘备在夏口北岸的驻军与其主力所据南郡等地相隔甚远,北边有曹军压境,东边江北的寻阳(今湖北省黄梅县西南)为吴将吕蒙所屯[2],南岸的长江沿线和西边濒近汉水的竟陵、云杜、南新市等地亦被吴军占领[3]。蜀吴双方一旦反目,江汉航运中断,刘备沔口所部就会成为一支孤军,其处境相当险恶。建安十九年(214),刘备占领成都。据《三国志》卷47《吴书·吴主传》记载:"(孙)权以备已得益州,令诸葛瑾从求荆州诸郡。"结果遭到刘备拒绝,关羽又驱逐吴国委派的南三郡官吏。孙权闻讯大怒,"乃遣吕蒙督鲜于丹、徐忠、孙规等兵二万取长沙、零陵、桂阳三郡,使鲁肃以万人屯巴丘以御关羽。权住陆口,为诸军节度。"刘

---

[1]《三国志》卷32《蜀书·先主传》注引《献帝春秋》。

[2]《三国志》卷54《吴书·吕蒙传》:"又与周瑜、程普等西破曹公于乌林,围曹仁于南郡……曹仁退走,遂据南郡,抚定荆州。还,拜偏将军,领寻阳令。鲁肃代周瑜,当之陆口,过蒙屯下。"

[3]《三国志》卷51《吴书·宗室传·孙皎》:"代程普督夏口。黄盖及兄瑜卒,又并其军。赐沙羡、云杜、南新市、竟陵为奉邑。"上述四县原为程普封邑,在其死后转给继任的孙皎。

备亦进驻公安，"使关羽将三万兵至益阳。"双方相持未战，"会曹公入汉中，备惧失益州，使使求和。"最终重结盟好，"遂分荆州长沙、江夏、桂阳以东属权，南郡、零陵、武陵以西属备。"此后刘备将夏口的江北地段交给孙权，从当时的战局来看，该地已经远离蜀汉的南郡及零陵、武陵，难以持久独存，割让给对方也是无奈之举。孙吴从此得以全据夏口这一战略要地，而刘氏再也不能对其染指了。

## 三、孙吴所置夏口督将综考

孙吴统治时期，夏口地区的兵力及防务得到了显著的加强。据史籍所载，当地的军事长官为"夏口督"。"督"又称"督将"，为吴国普遍设置。见陆凯上奏："愿陛下简文武之臣，各勤其官，州牧督将，藩镇方外，公卿尚书，务修仁化。"[1]胡三省曰："吴保江南，凡边要之地皆置督。"[2]严耕望考证云："吴于缘江军事要地置督以备魏蜀，其督区似更小。据洪饴孙《三国职官表》及陶元珍《三国吴兵考》，自西而东有信陵、西陵、夷道、乐乡、江陵、公安、巴丘、蒲圻、沔中、夏口，武昌、半州、柴桑、吉阳、皖口、濡须、芜湖、徐陵、牛渚、京下诸督。亦有称都督者。洪、陶二氏皆仅谓权轻者曰督。"[3]据严氏对《三国志》卷58《吴书·陆抗传》的考证，都督的辖区更大，麾下统率几位督将。"抗所统有西陵督步阐、江陵督张咸、公

<hr>

[1]《三国志》卷61《吴书·陆凯传》。
[2]《资治通鉴》卷71魏明帝太和三年九月胡三省注。
[3]严耕望：《中国地方行政制度史——魏晋南北朝地方行政制度》（上），第27页。

安督孙遵、水军督留虑、宜都太守雷谭等,是都督统辖数督之明证,不仅权位视督为重而已。"①督将所领部队从数千人到万人不等,如蒋钦言徐盛,"忠而勤强,有胆略器用,好万人督也。"②都督则将数万人,又称为"大督"、"大都督"。参见《三国志》卷58《吴书·陆逊传》:"黄武元年,刘备率大众来向西界。权命逊为大都督,假节,督朱然、潘璋、宋谦、韩当、徐盛、鲜于丹、孙桓等五万人拒之。"刘备方面,"使将军冯习为大督,张南为前部,辅匡、赵融、廖淳、傅肜等各为别督。"黄武七年(228)曹休率兵至皖城。"全琮与(朱)桓为左右督,各督三万人击休。"③史载孙吴夏口历任督将甚众,其情况列述如下:

**(一)程普**

如前所述,程普曾在建安十四、十五年(209—210)两度出任江夏太守。"(孙)权分荆州与刘备,普复还领江夏,迁荡寇将军,卒。"④《三国志》卷51《吴书·孙皎传》言其"代程普督夏口",可见最初担任夏口督将职务者即为程普,并终于任上。其在任及死亡时间不详。《吴书》曰:"普杀叛者数百人,皆使投火。即日病疠,百余日卒。"⑤从三国文献记载来看,自建安十七年(212)起,孙吴的军事行动即不见有程普参加,或许当时已经病逝。

---

① 严耕望:《中国地方行政制度史——魏晋南北朝地方行政制度》(上),第28页。
②《三国志》卷55《吴书·蒋钦传》注引《江表传》。
③《三国志》卷56《吴书·朱桓传》。
④《三国志》卷55《吴书·程普传》。
⑤《三国志》卷55《吴书·程普传》注引《吴书》。

## （二）孙皎

　　继任程普的孙皎是孙吴宗室，如前所述，其就任约在建安十七年（212），至建安二十四年（219）荆州之役后逝世。据《三国志》卷51《吴书·孙皎传》记载，他统领所部惯于征战，在就任夏口督将之后，又收并了黄盖和孙瑜属下的旧部。"始拜护军校尉，领众二千余人。是时曹公数出濡须，皎每赴拒，号为精锐。迁都护征虏将军，代程普督夏口。黄盖及兄瑜卒，又并其军。"另外，东吴名将甘宁及所部兵马也在其麾下，因为受到孙皎欺辱，向孙权请调到吕蒙属下。孙权曾为此写信严厉斥责孙皎。其文曰：

　　　　近闻卿与甘兴霸饮，因酒发作，侵陵其人，其人求属吕蒙督中。此人虽粗豪，有不如人意时，然其较略大丈夫也。吾亲之者，非私之也。吾亲爱之，卿疏憎之；卿所为每与吾违，其可久乎？夫居敬而行简，可以临民；爱人多容，可以得众。二者尚不能知，安可董督在远，御寇济难乎？卿行长大，特受重任，上有远方瞻望之视，下有部曲朝夕从事，何可恣意有盛怒邪？人谁无过，贵其能改，宜追前愆，深处咎责。[1]

由此可见，孙皎在夏口统率的兵将众多，实力强劲。此外，史籍记载他任人得当，与同僚、属下关系融洽。"自置长吏。轻财能施，善于交结，与诸葛瑾至厚，委庐江刘靖以得失，江夏李允以众事，广陵吴硕、河南张梁以军旅，而倾心亲待，莫不自尽。"[2]在军事方

----

[1]《三国志》卷51《吴书·宗室传·孙皎》。
[2]《三国志》卷51《吴书·宗室传·孙皎》。

面值得注意的是,此时吴蜀之间在荆州争夺领土的矛盾加深,彼此貌合神离,孙皎镇守夏口期间主要的作战行动是针对西邻的关羽。建安二十年(215),孙刘出兵争夺南三郡。孙权命令吕蒙,"与孙皎、潘璋并鲁肃兵并进,拒羽于益阳。"①有鉴于此,孙皎对北方的曹魏边境采取了缓和对策,双方没有发生较大规模的攻略侵扰。建安二十四年(219)吴国发兵偷袭南郡,孙权最初任命孙皎与吕蒙为左、右部大督分领众军,但是遭到吕蒙的反对。"蒙说权曰:'若至尊以征虏能,宜用之;以蒙能,宜用蒙。昔周瑜、程普为左右部督,共攻江陵,虽事决于瑜,普自恃久将,且俱是督,遂共不睦,几败国事,此目前之戒也。'权寤,谢蒙曰:'以卿为大督,命皎为后继。'"②孙皎此役多有功绩,战后突然去世。"禽关羽,定荆州,皎有力焉。建安二十四年,卒。"③《三国志》卷55《吴书·蒋钦传》曰:"权讨关羽,钦督水军入沔。"其所率舟师应是从沔口溯汉水西进,再转入夏水而抵达江陵的。

### (三)孙奂

孙奂为孙皎之弟,从建安二十四年(219)继任其职至嘉禾三年(234)病终。《三国志》卷51《吴书·孙奂传》曰:"兄皎既卒,代统其众,以扬武中郎将领江夏太守。在事一年,遵皎旧迹,礼刘靖、李允、吴硕、张梁及江夏闾举等,并纳其善。奂讷于造次而敏于当官,军民称之。"汉末与孙吴之夏口主将往往兼任即江夏太

①《三国志》卷47《吴书·吴主传》。
②《三国志》卷51《吴书·宗室传·孙皎》。
③《三国志》卷51《吴书·宗室传·孙皎》。

守,如黄祖、程普等;史籍或仅记载其行政职务,而不提其军职,如前述程普所任夏口督之事见于《孙皎传》,而本传只言其任江夏太守,孙奂的情况应与之相似。他在任时曾随同孙权出征,颇有胜绩。"黄武五年,权攻石阳,奂以地主,使所部将军鲜于丹帅五千人先断淮道,自帅吴硕、张梁五千人为军前锋,降高城,得三将。大军引还,权诏使在前住,驾过其军,见奂军阵整齐,权叹曰:'初吾忧其迟钝,今治军,诸将少能及者,吾无忧矣。'拜扬威将军,封沙羡侯。吴硕、张梁皆裨将军,赐爵关内侯。"[①]

### (四)孙承

孙奂之子,任夏口督及江夏太守的时间为嘉禾三年(234)至赤乌六年(243)。《三国志》卷 51《吴书·孙奂传》曰:"奂亦爱乐儒生,复命部曲子弟就业,后仕进朝廷者数十人。年四十,嘉禾三年卒。子承嗣,以昭武中郎将代统兵,领郡。赤乌六年卒。"其在任事迹并无记载。

### (五)孙邻

亦为孙吴宗室,担任夏口督时间为赤乌六年至十二年(243—249)。史载孙承死后,"无子,封承庶弟壹奉奂后,袭业为将。"[②]但孙壹当时仅领其兵而未继任夏口督将。孙权任命了在他身边的绕帐督孙邻出任此职。《三国志》卷 51《吴书·孙邻传》曰:"邻年九岁,代领豫章,进封都乡侯。在郡垂二十年,讨平叛贼,功绩修

---

① 《三国志》卷 51《吴书·宗室传·孙奂》。
② 《三国志》卷 51《吴书·宗室传·孙奂》。

理。召还武昌，为绕帐督。"孙承去世，"邻迁夏口沔中督、威远将军，所居任职。赤乌十二年，卒。"笔者按："沔中"是指沔口以北江夏郡境的汉水航道沿岸。见《三国志》卷58《吴书·陆逊传》："嘉禾五年，(孙)权北征，使(陆)逊与诸葛瑾攻襄阳。逊遣亲人韩扁赍表奉报，还，遇敌于沔中，钞逻得扁。"孙吴曾单独设置"沔中督"①，主管江夏郡在江北汉水以南各地的军务。由此可见孙邻所辖的作战领域已经超出了夏口地区，而推进到襄阳以南的汉水下游地带。孙邻去世后，"子苗嗣。苗弟旅及叔父安、熙、绩，皆历列位。"②但孙苗继承其爵位和部曲之外，是否接任了夏口督将一职，史籍并无具体记载，姑且存疑。

## （六）孙壹

孙奂之子，任夏口督的时间为建兴二年（253）至太平二年（257）。孙壹为孙承之弟，"奉奂后，袭业为将。"③即统领孙奂所遗部曲。建兴二年（253）十月，孙峻发动政变，谋杀辅政大臣诸葛恪。"壹与全熙、施绩攻恪弟公安督融，融自杀。壹从镇南迁镇军，假节督夏口。"④至孙亮太平元年（256）十月，吴国朝内又生动乱，滕胤、吕据谋诛孙綝，失败被杀，牵连孙壹。次年六月，他被迫自夏口投奔曹魏。"据、胤皆壹之妹夫也，壹弟封又知胤、据谋，自杀。綝遣朱异潜袭壹。异至武昌，壹知其攻己，率部曲千余口过将胤妻奔魏。魏以壹为车骑将军、仪同三司，封吴侯，以故主芳贵

---

① 《三国志》卷51《吴书·宗室传·孙奂》注引《江表传》载张梁："后稍以功进至沔中督。"
② 《三国志》卷51《吴书·宗室传·孙邻》。
③ 《三国志》卷51《吴书·宗室传·孙奂》。
④ 《三国志》卷51《吴书·宗室传·孙奂》。

人邢氏妻之。"[1]魏帝曹髦甘露二年（257）六月乙巳诏曰：

> 吴使持节都督夏口诸军事镇军将军沙羡侯孙壹，贼之枝属，位为上将，畏天知命，深鉴祸福，翻然举众，远归大国，虽微子去殷，乐毅遁燕，无以加之……[2]

由此可知，孙壹所任军职非普通督将，而是"都督夏口诸军事"，即所谓"都督"、"大督"，应能统率数位别督，故曹髦诏书称其"位为上将"。所辖战区恐非夏口一地，可能相当于孙邻所任之"夏口沔中督"，即包括沔口西边长江之北、汉水以南的地域。

### （七）孙秀

为孙权之弟孙匡嫡孙。其父长水校尉孙泰，"嘉禾三年，从权围新城，中流矢死。泰子秀为前将军、夏口督。"[3]孙秀出任时间不详，后遭吴主孙皓猜忌，于建衡二年（270）九月归降晋朝。《三国志》卷48《吴书·三嗣主传》建衡二年："秋九月，何定将兵五千人上夏口猎。都督孙秀奔晋。是岁大赦。"《三国志》卷51《吴书·孙匡传》曰："秀公室至亲，捉兵在外，皓意不能平。建衡二年，皓遣何定将五千人至夏口猎。先是，民间金言秀当见图，而定远猎，秀遂惊，夜将妻子亲兵数百人奔晋。晋以秀为骠骑将军、仪同三司，封会稽公。"

### （八）鲁淑

鲁淑为鲁肃之子，建衡二年（270）至凤凰三年（274）任夏口

---

①《三国志》卷51《吴书·宗室传·孙奂》。
②《三国志》卷4《魏书·三少帝纪·高贵乡公曹髦》甘露二年六月乙巳诏。
③《三国志》卷51《吴书·宗室传·孙匡》。

督。《三国志》卷 54《吴书·鲁肃传》曰:"肃遗腹子淑既壮,濡须督张承谓终当到至。永安中,为昭武将军、都亭侯、武昌督。建衡中,假节,迁夏口督。所在严整,有方干。凤皇三年卒。"

## (九)孙慎

为孙桓之弟孙俊少子[①],出任夏口督时间亦不详,史载天纪元年(277)他曾领兵侵掠晋朝边境。《三国志》卷 48《吴书·三嗣主传》曰:"天纪元年夏,夏口督孙慎出江夏、汝南,烧略居民。"《资治通鉴》卷 80 晋武帝咸宁三年载其事在十二月,内容略详。"冬,十二月,吴夏口督孙慎入江夏、汝南,略千余家而去。诏遣侍臣诘羊祜不追讨之意,并欲移荆州。祜曰:'江夏去襄阳八百里,比知贼问,贼已去经日,步军安能追之! 劳师以免责,非臣志也。昔魏武帝置都督,类皆与州相近,以兵势好合恶离故也。疆埸之间,一彼一此,慎守而已。若辄徙州,贼出无常,亦未知州之所宜据也。'"但是太康元年(280)西晋灭吴之役中,却未见到孙慎在夏口或江夏地区指挥作战的记载,或已被免职。

以上考证表明,夏口督将、都督大多为孙氏宗室,这反映出该地在军事上非常重要,因此吴国君主往往选择政治上更为可靠的皇室亲属来担任。不过史籍所载略有缺漏,并不完全。据文献记载,孙吴出任江夏太守者还有蔡遗、刁嘉与陆涣等。《三国志》卷 54《吴书·吕蒙传》曰:"蒙少不修书传,每陈大事,常口占为笺疏。

---

① 《三国志》卷 51《吴书·宗室传·孙桓》注引《吴书》曰:"桓弟俊,字叔英,性度恢弘,才经文武,为定武中郎将,屯戍薄落,赤乌十三年卒。长子建袭爵,平虏将军。少子慎,镇南将军。"

常以部曲事为江夏太守蔡遗所白,蒙无恨意。及豫章太守顾邵卒,权问所用,蒙因荐遗奉职佳吏。"其事具体时间不明,应发生在建安二十四年(219)吕蒙病逝以前。又《三国志》卷62《吴书·是仪传》曰:"典校郎吕壹诬白故江夏太守刁嘉谤讪国政,权怒,收嘉系狱,悉验问。时同坐人皆怖畏壹,并言闻之,仪独云无闻。"据《资治通鉴》卷74记载,其事在孙权赤乌元年(238),即刁嘉任职应在此年之前。《水经注》卷35《江水》:"江水又东径鲁山南,古翼际山也。《地说》曰:汉与江合于衡北翼际山旁者也。山上有吴江夏太守陆涣所治城,盖取二水之名。"①陆涣其人事迹,正史缺录,《水经注》同卷记载他曾领兵驻扎在下隽县北的金城山。"江之右岸得蒲矶口,即陆口也。水出下隽县西三山溪,其水东径陆城北,又东径下隽县南,故长沙旧县,王莽之闰隽也。宋元嘉十六年,割隶巴陵郡。陆水又屈而西北流,径其县北,北对金城,吴将陆涣所屯也。"杨守敬按:"《舆地纪胜》,金城山在江夏县东南二百三十里。引此《注》文。《方舆纪要》亦谓金城山在江夏城东南二百里,吴将陆涣屯此。《南迁录》所云金城险固者也。考《寰宇记》江夏东南之金城山,在金口水南,非此城也。此城当在今通城县西北,陆涣,《吴志》无传,下文云翼际山上有吴江夏太守陆涣所治城。则涣乃郡守也。"②如前所述,孙吴所任夏口督将或兼任江夏太守,有时史书仅录其行政职务,所以上述江夏太守也有可能同时担任夏口督,但这只是推测,还需要其他史料予以证实。另外,曹魏黄初二年(221)四月,"权自公安都鄂,改名武昌,以武昌、下雉、寻

---

① [北魏]郦道元注,[民国]杨守敬、熊会贞疏:《水经注疏》,第2895页。
② [北魏]郦道元注,[民国]杨守敬、熊会贞疏:《水经注疏》,第2884—2885页。

阳、阳新、柴桑、沙羡六县为武昌郡。"[1]夏口遂属武昌郡境。吴增仅认为武昌郡可能是在孙吴黄武三年(224)就废除了,其建郡时间仅有两年,此后沙羡仍归属江夏郡[2]。

## 四、孙吴夏口之城防

城垒是冷兵器时代难以攻破的防御工事,六朝夏口三城之中,沔水左侧的却月城(偃月垒)为黄祖所筑,而江北的鲁山城和南岸的夏口城则为孙吴所始筑,从而构成了跨锁大江的城防体系。下文予以详述。

### (一)夏口城

孙权黄武二年(223)春正月,"曹真分军据江陵中州。是月,城江夏山。"[3]当年即曹魏黄初四年,据《水经注》卷35《江水》记载,吴国所筑城池是在夏口南岸的黄鹄山,即蛇山东北,名为"夏口城",为吴沙羡县治。其文曰:

> 黄鹄山东北对夏口城,魏黄初四年孙权所筑也。依山傍江,开势明远,凭墉藉阻,高观枕流,上则游目流川,下则激浪崎岖,寔舟人之所艰也。对岸则入沔津,故城以夏口为名,亦沙羡县治也。[4]

---

①《三国志》卷47《吴书·吴主传》。
②[清]吴增仅:《三国郡县表附考证》,《二十五史补编·三国志补编》,第380页。
③《三国志》卷47《吴书·吴主传》。
④[北魏]郦道元注,[民国]杨守敬、熊会贞疏:《水经注疏》,第2899—2900页。

《元和郡县图志》卷27《江南道三·鄂州》亦云："州城本夏口城,吴黄武二年,城江夏以安屯戍地也。城西临大江,西南角因矶为楼,名黄鹤楼。"①由于该城形势险峻,后为东晋南朝政权所沿用。《南齐书》卷15《州郡志下》曰:"夏口城据黄鹄矶,世传仙人子安乘黄鹄过此上也。边江峻险,楼橹高危,瞰临沔、汉,应接司部,宋孝武置州于此,以分荆楚之势。"如前所述,汉末黄祖移沙羡县治于江北之沔口,程普任江夏太守时治汉朝沙羡旧城(今湖北武汉市江夏区金口镇),其地距离江面最窄的龟蛇两山相对处稍远,不利于扼守,故孙吴迁徙县治于夏口城。杨守敬按:"此谓吴、晋沙羡故治也。《宋志》沙羡,汉旧县,吴省,汉末,沙羡治沔口,见上考。"②

　　从历史背景来看,当时正值曹魏大军三道征吴,分别攻击孙吴的洞口、徐陵、濡须与江陵等滨江要镇,战局相当紧张。魏江夏太守文聘"别屯沔口,止石梵,自当一队"③,已经占据了夏口地区的江北地带,严重威胁着吴国首都武昌(今湖北鄂州市)的安全。孙权筑城是为了防止敌人渡江攻占南岸的黄鹄山一带,截断长江航道的交通。如谢钟英所言:"黄武二年正月城江夏山,盖畏(文)聘逼也。"④夏口城的规模并不算很大,祝穆曾云:"夏口城依山负险,周回不过二三里,而历代攻围多不能破,乃知古人筑城欲坚不欲广也。"⑤夏口城为刘宋郢州城,沈攸之起兵江陵,欲顺流东下进

---

①［唐］李吉甫:《元和郡县图志》卷27《江南道三》,第644页。
②［北魏］郦道元注,［民国］杨守敬、熊会贞疏:《水经注疏》,第2900页。
③《三国志》卷18《魏书·文聘传》。
④［清］洪亮吉撰,［清］谢钟英补注:《〈补三国疆域志〉补注》,《二十五史补编·三国志补编》,第559页。
⑤［清］顾祖禹:《读史方舆纪要》卷75《湖广一》,第3511页。

攻建康。路过夏口时幕僚臧寅建议:"郢城兵虽少而地险,攻守势异,非旬日可拔。若不时举,挫锐损威。"①但沈攸之被守将柳世隆激怒,"及攻郢城,三十余日不拔。"②结果军队溃散,沈攸之自缢身亡。南齐末年萧衍自襄阳进军夏口,"东下攻围二百余日,方降……梁末,北齐得之,遣慕容俨守之,为陈将侯瑱攻围,凡二百日,不下。"③由此可见该城的险要坚固。

孙权赤乌二年(239),"夏五月,城沙羡。"④这是孙吴对夏口城的第二次增筑。卢弼《三国志集解》注曰:"沙羡,今湖北武昌府江夏县西南。赵一清曰:'沙羡即江夏也。黄武二年城之,今复筑。'"⑤杨守敬按:"《吴志·孙权传》,赤乌二年,城沙羡。盖移沙羡于夏口而增城之。观《孙奂传》庶子壹袭沙羡侯,迁镇军,假节督夏口,此沙羡治夏口之证。"⑥

### (二)鲁山城

在沔水入江之口右侧的鲁山(今武汉市龟山)上。如前所述,汉末黄祖在沔口左侧建却月城,其右岸因为紧靠鲁山而并无余地,故难以筑垒。如此部署对于封锁沿江攻击之敌溯流进入沔口,尚且能够胜任,但是敌兵若从北边陆地来犯,或顺汉水航道而下,则难以据守。从史籍所载来看,后来孙吴在鲁山之上修筑了

①《资治通鉴》卷 134 刘宋顺帝昇明元年十二月。
②《资治通鉴》卷 134 刘宋顺帝昇明二年正月。
③[宋]乐史撰,王文楚等点校:《太平寰宇记》卷 112《江南西道十·鄂州》,第 2275 页。
④《三国志》卷 47《吴书·吴主传》。
⑤卢弼:《三国志集解》,第 918 页。
⑥[北魏]郦道元注,[民国]杨守敬、熊会贞疏:《水经注疏》,第 2900 页。

城垒,并将江夏郡治移到此地,以便加强防御。程普等吴将任江夏太守时,郡治设在南岸的沙羡。黄初二年(221)四月,"(孙)权自公安都鄂,改名武昌。以武昌、下雉、寻阳、阳新、柴桑、沙羡六县为武昌郡。"①吴增仅认为,"沙羡等县移属武昌,江夏(郡)时当徙治。"②杨守敬亦论述孙吴江夏郡曾移治江北鲁山。《水经注》卷35《江水》曰:"江水又东径鲁山南,古翼际山也。《地说》曰:汉与江合于衡北翼际山旁者也。山上有吴江夏太守陆涣所治城,盖取二水之名。《地理志》曰:夏水过郡入江,故曰江夏也。旧治安陆,汉高帝六年置。吴乃徙此城,中有《晋征南将军荆州刺史胡奋碑》,又有平南将军王世将刻石,记征杜曾事,有刘琦墓及庙也。山左即沔水口矣。"杨守敬按:"后汉江夏郡治西陵。建安中,黄祖治沙羡,吴治鲁山城,又治武昌。吴乃徙此云者,犹言吴尝治此耳。"③《太平寰宇记》卷131《淮南道九·汉阳军》引《舆地志》曰:"鲁山临江,盘基数十里。山下有城,即吴江夏太守所理之地。"④此言鲁山城在山下,与前引《水经注》所云城在山上有所不同。陈健梅考证道:

> 因江夏郡治江北,故黄武五年(226),孙奂领江夏太守时,孙权攻石阳,奂得以地主之便,断淮道,降高城。则黄初二年(221)自江夏郡析出武昌郡后,江夏郡辖境当在江北,郡治徙江北鲁山江夏城,领县为江北诸县。武昌郡省后,江夏

---

①《三国志》卷47《吴书·吴主传》。
②[清]吴增仅:《三国郡县表附考证》,《二十五史补编·三国志补编》,第380页。
③[北魏]郦道元注,[民国]杨守敬、熊会贞疏:《水经注疏》,第2895—2896页。
④[宋]乐史撰,王文楚等点校:《太平寰宇记》,第2583页。

郡移治武昌。①

孙吴在鲁山增筑城堡，又移江夏郡治于此，是为了确保夏口江北重地的安全，使当地的防御体系趋于完备。

### (三)夏口坞

孙吴在夏口地区修筑的城防设施还有"坞"。《江表传》记载孙权还都建业前夕，"及至夏口，于坞中大会百官议之。"②其地点应在南岸。如前所述，从孙权在江南沙羡驻扎兵将，至刘备割江夏郡属吴后，夏口地区的江北部分习惯称作"沔口"，而南岸沿称作"夏口"。如胡三省所云："自孙权置夏口督，屯江南，今鄂州治是也。故何尚之云：夏口在荆江之中，正对沔口。贤注亦谓夏口戍在今鄂州。于是相承以鄂州为夏口，而江北之夏口晦矣。"③但孙权聚集百官议事之"坞"并非黄初四年(223)所筑之夏口城，因为两者代表不同的建筑工事。汉魏六朝的"坞"，可以分为两类。其一，是保护居民和驻军的小型筑垒。"就其本身而言，是一种与城池、营垒相同的环形军事防御工程。"④如樊准任河内太守，"时羌复屡入郡界，准辄将兵讨逐，修理坞壁，威名大行。"注引《说文》曰："坞，小障也。"⑤董卓专揽朝政，"又筑坞于郿，高厚七丈，号曰：'万岁坞'"。李贤注："坞旧基高一丈，周回一里一百步。"⑥规模都

---

①陈健梅：《孙吴政区地理研究》，第 172 页。
②《三国志》卷 51《吴书·宗室传·孙奂》注引《江表传》。
③《资治通鉴》卷 65 汉献帝建安十三年胡三省注。
④《中国军事史》编写组：《中国军事史》第六卷《兵垒》，第 136 页。
⑤《后汉书》卷 32《樊准传》及李贤注。
⑥《后汉书》卷 72《董卓传》及李贤注。

不是很大。魏晋战乱时期的"坞"或称坞壁、坞堡、壁垒，往往是由当地军阀或豪强建立的。如"河内督将郭默收整余众，自为坞主"①。胡三省注"城之小者曰坞。天下兵争，聚众筑坞以自守；未有朝命，故自为坞主"。又云："壁垒，盖时遭乱离，豪望自相保聚所筑者。"②

　　其二，是在岸边修筑的弧形防御城垒。即前述沔口之"偃月垒"，濡须之"偃月坞"，以坞墙形如新月而得名。《吴录》曰："孙权闻操来，夹水立坞，状如偃月，以相拒，月余乃退。"③此种工事背水而立，面向陆地以防备敌军攻袭；其临水一侧，船只能够驶入坞内停泊。如建安十八年（213），"曹操至濡须，与权相拒月余。权乘轻舟入偃月坞，行五六里，回环作鼓吹，操不敢击。"④夏口南岸附近多有适于舟舰停靠的大型港湾。何尚之曰："夏口在荆、江之中，正对沔口，通接雍、梁，实为津要。"又云："镇在夏口，既有见城，浦大容舫。"⑤即表明当地沿江的港湾水域宽阔，利于军用。胡三省对此评论道："守江之备，船舰为急，故以浦大容舫为便。"⑥如鹦鹉洲东有著名的"黄军浦"，是赤壁战时黄盖所领船队的泊地，也是沿江上下的商船码头。《水经注》卷35《江水》曰："直鹦鹉洲之下尾，江水浲回沬浦，是曰黄军浦。昔吴将黄盖军师所屯，故浦得其名，亦商舟之所会矣。"⑦黄鹄山（今蛇山）西又有港湾曰"船官

---

① 《资治通鉴》卷87晋怀帝永嘉四年七月。
② 《资治通鉴》卷100晋穆帝升平元年八月胡三省注。
③ 《后汉书》卷70《荀彧传》注引《吴录》。
④ ［清］顾祖禹：《读史方舆纪要》卷19《南直一》"其重险有东关"条，第914页。
⑤ 《宋书》卷66《何尚之传》。
⑥ 《资治通鉴》卷128刘宋孝武帝孝建元年六月胡三省注。
⑦ ［北魏］郦道元注，［民国］杨守敬、熊会贞疏：《水经注疏》，第2898—2899页。

浦",设有官府经营的船厂。《水经注》卷35《江水》曰:"江之右岸有船官浦,历黄鹄矶西而南矣。"①顾祖禹曰:"又船官浦,在黄鹄矶西,自昔为泊舟之所,有船官司之,因名。《括地志》:'船官浦东对黄鹄山'是也。"②秦汉政府管理船只的机构称为"船官"③。吴成国根据六朝史料总结说:"船官不只是管理舟船靠泊事务,还管理船舶修造事务。"并认为:"为使破损船只及时地得到维修,并不断补充战船以增加吴国的水师实力,孙权在这一带相应地设立了大型造船工场。"④由此看来,前述《江表传》记载之"坞"应属于"偃月坞"类的岸防工事,筑垒以保护港湾停泊的船只及船场设施。孙权能够在坞内聚集百官,议论国事,反映其规模不小,与那些夹岸而立、保护水口的普通坞垒应有所区别。黄祖筑于沔口左侧之却月城则未有孙吴驻军的记载。

## 五、曹丕三道南征后孙吴沔北各地的陷落

建安二十年(215)刘备分江夏等郡东属,吴军主力随即转移到扬州,先是进攻合肥,后又在濡须等地抗击曹操的南征。荆州魏吴边界则没有较大的军事冲突,夏口地区亦较为平静,其驻军将领孙皎瞩目于西邻的关羽,因而不愿频繁兴兵侵扰北方魏境,

---

① [北魏]郦道元注,[民国]杨守敬、熊会贞疏:《水经注疏》,第2898页。
② [清]顾祖禹:《读史方舆纪要》卷76《湖广二·武昌府》"黄金浦"条,第3525页。
③ 陈伟主编:《里耶秦简牍校释(第一卷)》:"迁陵守丞敦狐告船官……"武汉大学出版社,2012年,第19页。《汉书》卷19上《百官公卿表上》注引如淳曰:"楫濯,船官也。"
④ 吴成国、汪莉:《六朝时期夏口、武昌的港航和造船》,《武汉交通职业学院学报》2007年第4期。

双方关系有所缓和。"皎尝遣兵候获魏边将吏美女以进皎,皎更其衣服送还之,下令曰:'今所诛者曹氏,其百姓何罪?自今以往,不得击其老弱。'由是江淮间多归附者。"①自建安二十四年(219)孙权袭取江陵之后,荆州战局发生了根本的变化。吴国徙都武昌,其军队主力和政治中心迁移到长江中游地区,夏口的军事地位和影响因此陡然上升,成为在西、北两面保护首都安全的重要屏障。顾祖禹曰:"孙氏都武昌,非不知其危险堵确,仅恃一水之限也,以江夏迫临江、汉,形势险露,特设重镇以为外拒,而武昌退处于后,可从容而图应援耳。名为都武昌,实以保江夏也。未有江夏破而武昌可无事者。"②前述武昌建都后,孙吴江夏郡徙治江北鲁山城,其目的是加固沔口地区的防御,以应对北方汉水航道方向的敌人入侵。另一方面,孙吴将政治、军事重心迁徙到江夏郡境,也促使强敌曹魏把进攻和威胁的方向转移到那里。例如,司马懿曾向魏明帝建议:"吴以中国不习水战,故敢散居东关。凡攻敌,必扼其喉而搂其心。夏口、东关,贼之心喉。若为陆军以向皖城,引权东下,为水战军向夏口,乘其虚而击之,此神兵从天而堕,破之必矣。"此计获得了曹睿的赞同,"天子并然之。"③曹魏对夏口地区发动的大规模攻势始于黄初三年(222)。当年九月,曹丕出动重兵三道征吴。"魏乃命曹休、张辽、臧霸出洞口,曹仁出濡须,曹真、夏侯尚、张郃、徐晃围南郡。(孙)权遣吕范等督五军,以舟军拒休等;诸葛瑾、潘璋、杨粲救南郡;朱桓以濡须督拒仁。"④

①《三国志》卷51《吴书·宗室传·孙皎》。
②[清]顾祖禹:《读史方舆纪要·湖广方舆纪要序》,第3485页。
③《晋书》卷1《宣帝纪》。
④《三国志》卷47《吴书·吴主传》。

为了配合魏军在南郡方向的攻势,牵制驻在武昌的吴军主力,曹魏江夏太守文聘亦领兵南下,占领了夏口地区北岸临近汉水入江处。"与夏侯尚围江陵,使聘别屯沔口,止石梵,自当一队,御贼有功,迁后将军,封新野侯。"①洪亮吉注"石梵":"杜佑曰:在沔州沔口上。胡三省曰:据《梁书·安成王秀传》:石梵时属竟陵郡界。"谢钟英按:"梁竟陵郡即汉竟陵县,今安陆府治唐沔州,今沔阳州故竟陵郡地。石梵当在今天门县东南,汉水北。"②此次战役结束于黄初四年(223)三月,魏军在江陵、濡须等地进攻受挫,无功而返。文聘所部虽然也撤离了沔口,但是成功地占领了孙吴夏口以北汉水流域的大片领土。洪亮吉曾纵论曰:

> (建安)十五年(孙)权始有江夏江南诸县,二十年据江夏郡。其后江北地渐入魏。黄武元年魏将文聘遂屯沔口。嘉禾三年陆逊、诸葛瑾屯江夏沔口。赤乌中城沙羡,以孙邻为夏口沔中督。沔北新市、安陆、云杜、竟陵皆为魏地,吴仅有沔南。③

《三国志》卷51《吴书·孙皎传》曰:"代程普督夏口。黄盖及兄瑜卒,又并其军。赐沙羡、云杜、南新市、竟陵为奉邑。"谢钟英按:"《孙瑜传》,瑜卒于建安二十年,其时先主已分江夏东属,故权得以云杜等四县为皎奉邑。"④黄武七年(228),周鲂写信诱曹休南

①《三国志》卷18《魏书·文聘传》。
②[清]洪亮吉撰,[清]谢钟英补注:《〈补三国疆域志〉补注》,《二十五史补编·三国志补编》,第560页。
③[清]洪亮吉撰,[清]谢钟英补注:《〈补三国疆域志〉补注》,《二十五史补编·三国志补编》,第559页。
④[清]洪亮吉撰,[清]谢钟英补注:《〈补三国疆域志〉补注》,《二十五史补编·三国志补编》,第559页。

下,称孙权"别遣从弟孙奂治安陆城,修立邸阁,辇赀运粮,以为军储"①。是时安陆(治今湖北安陆市)仍属吴有。嘉禾三年(234),陆逊溯汉水进军襄阳受阻。"到白围,托言住猎,潜遣将军周峻、张梁等击江夏新市、安陆、石阳。"②表明上述各县已属于魏国领土。谢钟英评论道:"据诸葛亮曰:其智力不侔,故限江自保;权之不能越江,犹魏贼之不能渡汉。时(孙)权称尊号,改元黄龙,可知沔北之安陆、新市、云杜、竟陵皆黄武中入魏,以魏以汉水为界。"③陈健梅对谢氏之说提出修正,云:"黄武中沔北之地入魏,吴失安陆、新市两县,然云杜、竟陵在沔南,仍为吴境。"④笔者按:云杜县治今湖北京山县,在沔北,与南新市(治今湖北京山东北)相近。可参见谭其骧主编《中国历史地图集》第三册三国魏、吴荆州图,及梁允麟《三国地理志》魏国江夏郡条。黄龙元年(229)孙权召集百官议论御敌之策,"诸将或陈宜立栅栅夏口,或言宜重设铁锁者,权皆以为非计。"小将张梁建议:"遣将入沔,与敌争利"⑤,获得孙权的赞同。由此可见当时吴国势力仅在沔口附近,尚未溯汉水进军去收复失地。竟陵县治在今湖北潜江西北,距离沔口有三百余里,故当时应在魏国控制之下,谢钟英之说实为合理无误。

《后汉书·郡国志四》载江夏郡领西陵、西阳、轪、鄳、竟陵、云杜、沙羡、邾、下雉、蕲春、鄂、平春、南新市、安陆十四县。而在黄

---

① 《三国志》卷60《吴书·周鲂传》。
② 《三国志》卷58《吴书·陆逊传》。
③ [清]洪亮吉撰,[清]谢钟英补注:《〈补三国疆域志〉补注》,《二十五史补编·三国志补编》,第559页。
④ 陈健梅:《孙吴政区地理研究》,第171页。
⑤ 《三国志》卷51《吴书·宗室传·孙奂》注引《江表传》。

初三至四年（222—223）江陵之役后，曹魏江夏郡境南扩，据梁允麟考证，辖今湖北潜江北、天门、应城、孝感、黄陂以北及河南信阳市一带，领汉旧县六（安陆、云杜、南新市、竟陵、邾、平春），分置石阳，共领七县①。石阳原是孙吴占据江夏后新置之县，见《宋书》卷36《州郡志二》："江夏又有曲陵县，本名石阳，吴立。"其地在今湖北武汉市黄陂区西②，南邻沔口，也是在黄初三至四年的南征中陷落于魏，由江夏太守文聘所据。黄初七年（226）曹丕病逝，"秋七月，（孙）权闻魏文帝崩，征江夏，围石阳，不克而还。"③《三国志》卷18《魏书·文聘传》曰："孙权以五万众自围聘于石阳，甚急。聘坚守不动，权住二十余日乃解去。聘追击破之。"当时魏国亦发兵前来救援，"（明）帝曰：'权习水战，所以敢下船陆攻者，几掩不备也。今已与聘相持，夫攻守势倍，终不敢久也。'先时遣治书侍御史荀禹慰劳边方，禹到，于江夏发所经县兵及所从步骑千人乘山举火，权退走。"④孙吴最终未能夺回这一边陲要镇。次年（227）正月，曹魏宣布："分江夏南部，置江夏南部都尉。"⑤笔者按：都尉原为秦朝西汉郡级军事长官，是太守的副职。据《后汉书·百官志五》记载，东汉初年为了加强中央集权，削弱地方官员的军事权力，在建武六年（30），"省诸郡都尉，并职太守，无都试之役。省关都尉，唯边郡往往置都尉及属国都尉，稍有分县，治民比郡。"注引《古今

---

① 梁允麟：《三国地理志》，第172—174页。
② ［唐］李吉甫：《元和郡县图志》卷27《江南道三·黄州·黄陂》："石阳故城，在县西二十三里。吴闻魏文帝崩，征江夏，围石阳，不克而还，即此也。"第654页。
③《三国志》卷47《吴书·吴主传》。
④《三国志》卷3《魏书·明帝纪》。
⑤《三国志》卷3《魏书·明帝纪》。

注》曰:"(建武)六年八月,省都尉官。"即仅在军情紧迫的边境地区保留都尉职务,并作为辖区的主官,以应对武装冲突。曹魏此举是效仿汉朝制度,将江北临近吴境的江夏郡南部设为带有军事性质的特殊管辖区域。这是因为边界地带居民稀少,故无法建立县乡等行政管理机构,只能驻扎军队以巡视警戒,并由武职官员治理。如何承天所言:"斥候之郊,非畜牧治所;转战之地,非耕桑之邑。故坚壁清野,以俟其来,整甲缮兵,以乘其敝。"①

综上所述,孙权自建安末年擒杀关羽,夺取蜀汉荆州,其西线疆域获得了极大的扩张,但是在江夏郡境却丧失了江北的许多故有领土,以致敌兵迫近夏口地区,对国都武昌构成了严重的威胁,是孙权亟待解决的紧要问题。

## 六、陆逊出镇武昌期间江夏战局的演变

孙权夺取荆州后,接连在夷陵之战(221—222)和江陵之役(222—223)获胜,挫败了蜀、魏的进攻,从而巩固了对新占领土的统治。此后,魏国转移了对吴用兵的主攻方向,曹丕在黄初五年(224)、六年(225)两次亲率舟师自中渎水南下,威胁吴国的江东后方。这些因素促使孙权在黄龙元年(229)称帝后徙都建业,将其政治、军事重心区域东移扬州。孙权在离开武昌前夕,做出了两项重要的决定,使得此后的江夏战局发生了有利于吴国的演变。分述如下:

———————

① 《宋书》卷 64《何承天传》。

### (一)任命陆逊为荆州军政长官

孙权将太子孙登和尚书、九卿等政府机构留在武昌,把西陵都督陆逊调来辅佐孙登,并委任他作荆州地区的最高军政长官。"权东巡建业,留太子、皇子及尚书九官。征逊辅太子,并掌荆州及豫章三郡事,董督军国。"[①]陆逊是孙吴当时最具干略的统帅,原任荆州牧,此番保留原职,又获得对东邻豫章、鄱阳、庐陵郡的统治权力。胡三省曰:"三郡,豫章、鄱阳、庐陵也。三郡本属扬州,而地接荆州,又有山越,易相扇动,故使逊兼掌之。"[②]据吴增仅考证,陆逊的实际军事职务是武昌都督。《三国郡县表附考证·江夏郡武昌县》曰:"黄武初,权自建业徙都此。黄龙元年还都建业,于此置都督为重镇。后分为左右两部。"[③]赤乌七年(244)顾雍去世,陆逊又代为丞相。孙权下诏曰:"……其州牧都护领武昌事如故。"[④]吴增仅对此考释云:"逊卒,诸葛恪代逊。(孙)权乃分武昌为左右两部,吕岱督右部,以证逊传所云,则知所谓领武昌事者,乃武昌都督,非武昌郡事也。"[⑤]他负责的都督辖区除了武昌所在的江夏郡,还有前述豫章、鄱阳、庐陵三郡,其西南境界是到与长沙郡接壤的蒲圻县(今湖北省赤壁市)。谢钟英据《三国志》卷60《吴书·吕岱传》有关记载考证云:"陆逊卒,分武昌为二部,岱督

---

①《三国志》卷58《吴书·陆逊传》。
②《资治通鉴》卷71魏明帝太和三年九月胡三省注。
③[清]吴增仅:《三国郡县表附考证》,《二十五史补编·三国志补编》,第371页。
④《三国志》卷58《吴书·陆逊传》。
⑤[清]吴增仅:《三国郡县表附考证》,《二十五史补编·三国志补编》,第380页。

右部，自武昌上至蒲圻。是蒲圻吴属武昌。"①陆逊智勇兼备，多谋
善断，他负责武昌、江夏地区军务是极为称职的人选。

### (二)确定"遣将入沔，与敌争利"的进攻战略

孙权徙都建业，军队主力随之东调，武昌、江夏地区的兵力自
然减弱。在这种形势下，采取何种对策来稳定长江中游的防务，
以免陷于被动，是困扰吴国统治集团的难题。孙权临行之前为此
在夏口坞中专门召开会议，来商讨决定在该地区对魏作战的方针
策略。《江表传》曰："初权在武昌，欲还都建业，而虑水道溯流二
千里，一旦有警，不相赴及，以此怀疑。及至夏口，于坞中大会百
官议之，诏曰：'诸将吏勿拘位任，其有计者，为国言之。'"②但是多
数将领的建议都很消极，使孙权非常失望。"诸将或陈宜立栅栅
夏口，或言宜重设铁锁者，权皆以为非计。"③笔者按：六朝时为了
阻止敌船航行，常于水中树立木栅作防御工事，称为"水栅"。如
欧阳纥据岭南反叛，"乃出顿洭口，多聚沙石，盛以竹笼，置于水栅
之外，用遏舟舰。"④吴明彻攻徐州，"诏以(王)轨为行军总管，率诸
军赴救。轨潜于清水入淮口，多竖大木，以铁锁贯车轮，横截水
流，以断其船路。"⑤胡三省曰："立栅于水中曰水栅。"⑥在江河两岸

---

①[清]洪亮吉撰，[清]谢钟英补注：《〈补三国疆域志〉补注》，《二十五史补编·三国志
补编》，第564页。
②《三国志》卷51《吴书·宗室传·孙奂》注引《江表传》。
③《三国志》卷51《吴书·宗室传·孙奂》注引《江表传》。
④《陈书》卷11《章昭达传》。
⑤《周书》卷40《王轨传》。
⑥《资治通鉴》卷134刘宋顺帝昇明元年十二月胡三省注。

架设铁索横截水面以拦阻船只,也是一种防御战术,孙吴末年曾在峡口采用,被王濬以火炬攻破。《晋书》卷 42《王濬传》曰:"吴人于江险碛要害之处,并以铁锁横截之,又作铁锥长丈余,暗置江中,以逆距船。先是,羊祜获吴间谍,具知情状。濬乃作大筏数十,亦方百余步,缚草为人,被甲持杖,令善水者以筏先行,筏遇铁锥,锥辄著筏去。又作火炬,长十余丈,大数十围,灌以麻油,在船前,遇锁,然炬烧之,须臾,融液断绝,于是船无所碍。"上述建立水栅与设列铁索以封锁沔口的建议,都是龟缩在江滨的被动防御措施,敌人大举进攻时根本起不了阻碍作用。如胡三省所言:"以人力设险,而不以人力守之,无益也。"[①]主张立栅设铁索于沔口是放弃了对汉水下游航道和夏口以北、以西江夏郡境的争夺,具有雄才大略的孙权当然不会赞成。这时孙奂部将张梁提出了与众不同的计策,就是派遣兵将溯汉水而进,占据沿途的要地。并在武昌驻扎精兵和轻舟作为机动预备部队,以便随时赴警援救。张梁此计得到孙权的赏识和采纳。《江表传》曰:

> 时梁为小将,未有知名,乃越席而进曰:"臣闻香饵引泉鱼,重币购勇士,今宜明树赏罚之信,遣将入沔,与敌争利,形势既成,彼不敢干也。使武昌有精兵万人,付智略者任将,常使严整。一旦有警,应声相赴。作甘水城,轻舰数十,诸所宜用,皆使备具。如此开门延敌,敌自不来矣。"权以梁计为最得,即超增梁位。后稍以功进至沔中督。[②]

---

① 参见《资治通鉴》卷 81 晋武帝太康元年二月戊午条胡三省注。
② 《三国志》卷 51《吴书·宗室传·孙奂》注引《江表传》。

孙权离开武昌后,陆逊对"遣将入沔"的进攻战略执行得怎样?史籍缺乏详细明确的记载。据袁准所言:"孙权自十数年以来,大畋江北,缮治甲兵,精其守御,数出盗窃,敢远其水,陆次平土。"①对魏作战相当积极主动。通过钩稽文献,可以看出孙吴此时在汉水下游用兵获得了很大的成功,明显改变了此前退据沔口的困境。相关史料反映出吴国势力进展的情况:

1. **控制襄阳以下的汉江航道**。曹魏青龙二年,即吴嘉禾三年(234)五月,为了配合诸葛亮北伐,"孙权入居巢湖口,向合肥新城,又遣将陆议、孙韶各将万余人入淮、沔。"②陆议即陆逊,据其本传所载,他和诸葛瑾分率吴军进攻襄阳,后因形势不利,准备撤退。"乃密与瑾立计,令瑾督舟船,逊悉上兵马,以向襄阳城。敌素惮逊,遽还赴城。瑾便引船出,逊徐整部伍,张拓声势,步趋船,敌不敢干。军到白围,托言住猎,潜遣将军周峻、张梁等,击江夏新市、安陆、石阳。"③白围,即襄阳附近白河入汉水之口所立围戍④,可见陆逊所部屯驻前线就在襄阳城附近,大军乘舟溯汉水进退自如,整条航道是在孙吴控制之下。"逊遣亲人韩扁赍表奉报,还,遇敌于沔中,钞逻得扁。"⑤表明沿途有小股敌兵侦察活动,曾截击吴军联络人员,但不敢阻拦陆逊的大军。此役在孙权迁都建

---

① 《三国志》卷4《魏书·三少帝纪》正始七年注引《汉晋春秋》。
② 《三国志》卷3《魏书·明帝纪》。
③ 《三国志》卷58《吴书·陆逊传》。
④ [清]顾祖禹:《读史方舆纪要》卷79《湖广五·襄阳府》:"白河,府东北十里。其上游即河南南阳府淯、淯诸水所汇流也。自新野县流入界,经光化县东,至故邓城东南入于沔水。三国时于河口立围屯。魏青龙二年吴陆逊领兵向襄阳,不克而还,行到白围是也。"第3708页。
⑤ 《三国志》卷58《吴书·陆逊传》。

业五年以后，由此反映出陆逊在夏口以西、以北的进攻已然大获成效，能够在襄阳以下的汉江河道自由航行。

曹魏正始二年，即吴赤乌四年（241）四月，"车骑将军朱然围樊，大将军诸葛瑾取柤中。"①此番吴国攻魏声势浩大，朱然所部兵马众多，樊城形势危急，其外郭一度被破。参见干宝《晋纪》："吴将全琮寇芍陂，朱然、孙伦五万人围樊城，诸葛瑾、步骘寇柤中；琮已破走而樊围急。"②《三国志》卷 56《吴书·朱桓附子异传》："赤乌四年，随朱然攻魏樊城，建计破其外围，还拜偏将军。"朱然时任乐乡都督，诸葛瑾驻公安，吴军是从江陵等地乘船前来进攻，否则无法渡过汉水包围樊城。故《魏略》曰："时吴使朱然、诸葛瑾攻围樊城，遣船兵于岘山东斫材。"③司马懿救援时，"吴军夜遁走，追至三州口，斩获万余人，收其舟船军资而还。"④这也表明陆逊镇武昌时，襄阳以下的汉水航道是被孙吴控制，因此船队可以溯流而上。魏正始七年即吴赤乌九年（246），"吴将朱然入柤中，斩获数千。柤中民吏万余家渡沔。"战役结束后，袁淮对曹爽曰："今襄阳孤在汉南，贼循汉而上，则断而不通。"⑤也反映了曹魏在丧失对汉水航道的控制权后所表现出来的无奈，这应是陆逊遣将入沔所获胜利所致。

**2. 远戍石城。**孙吴迁都建业之后，在荆州汉水流域推进最远的军事据点是石城，其戍守时间延续到西晋初年。《晋书》卷 34

①《三国志》卷 47《吴书·吴主传》。
②《三国志》卷 4《魏书·三少帝纪》正始二年五月注引干宝《晋纪》。
③《三国志》卷 23《魏书·常林传》注引《魏略》。
④《晋书》卷 1《宣帝纪》。
⑤《三国志》卷 4《魏书·三少帝纪》正始七年注引《汉晋春秋》。

《羊祜传》曰:"吴石城守去襄阳七百余里,每为边害,祜患之。"石城地望旧说在今湖北钟祥市,即唐朝郢州治所长寿县。《元和郡县图志》卷 21 曰:"县城,本古之石城,背山临汉水,吴于此置牙门戍城,羊祜镇荆州,亦置戍焉,即今州理是也。"①顾祖禹云:"郢州子城三面墉基皆天造,正西绝壁下临汉江,石城之名,盖始于此。"称此地"肘腋荆、襄,噤喉江、沔,舟车辐集,水陆要冲"。又说:"盖石城者南北运道所必经也。"②按照李吉甫的解释,孙吴对汉水航道的控制已经远离沔口,北据钟祥,占有交通津要。但此说尚存有疑点,即钟祥距离襄阳不过三百里,与前引《羊祜传》所云"吴石城守去襄阳七百余里"不合。熊会贞认为长寿县之石城为西晋所立,孙吴石城则在唐复州沔阳县(今湖北仙桃市)东南。"是晋之石城在沔北,即今钟祥县治。吴之石城在沔南,在今沔阳州东南。判然各别,自李吉甫已混而为一矣。"③唐代复州与汉阳之间的距离,"东至沔州陆路三百四十里,水路七百里。"④

　　3. 设立沔中督。随着沔水流域的作战胜利,孙吴在占领区域设置了督将,即"沔中督"。史籍所载有建议"遣将入沔"的张梁。此外,担任夏口沔中督的孙邻,应是负责夏口及邻近新占领土的防务。"沔中"的地域范围,文献未有明确具体的说明⑤。汉魏六朝广义的"沔中"包括整个汉水中下游流域。例如"桓温以其弟黄

①[唐]李吉甫:《元和郡县图志》卷 21《山南道二·郢州·长寿》,第 538 页。
②[清]顾祖禹:《读史方舆纪要》卷 77《湖广三·承天府》,第 3581 页—3582 页。
③[北魏]郦道元注,[民国]杨守敬、熊会贞疏:《水经注疏》卷 28《沔水》,第 2401 页。
④[唐]李吉甫:《元和郡县图志》,第 536 页。
⑤《三国志》卷 48《吴书·三嗣主传·孙休》永安六年。

门郎豁都督沔中七郡诸军事"①,胡三省注:"沔中七郡,魏兴、新城、上庸、襄阳、义成、竟陵、江夏也。"狭义的"沔中"则指汉水下游东汉魏晋的江夏郡一带。见《后汉书》卷86《南蛮传》:

> 至建武二十三年,南郡潳山蛮雷迁等始反叛,寇掠百姓,遣武威将军刘尚将万余人讨破之,徙其种人七千余口置江夏界中,今沔中蛮是也。

《晋书》卷81《桓宣传》:

> 上宣为武昌太守。寻迁监沔中军事、南中郎将、江夏相。

另外,六朝又有"沔北"和"沔中"之地理概念区别,如《晋书》卷74《桓豁传》:"豁表以梁州刺史毛宪祖监沔北军事,兖州刺史朱序为南中郎将、监沔中军事,镇襄阳,以固北鄙。"可见"沔中"又有汉水以南的含义。因此笔者推测孙吴"沔中督"所辖区域可能是汉水在吴成石城(今湖北钟祥市)以下至沔口的沿岸地区,即孙权迁都建业后,陆逊派遣兵将溯汉水而进陆续占领的地域,主要为汉江夏郡竟陵(治今湖北潜江市西北)、云杜(治今湖北京山县新市镇)等县在沔水以南的辖境。如诸葛亮所言:"权之不能越江,犹魏贼之不能渡汉,非力有余而利不取也。"②

　　4. 攻占邾地并筑城戍守。邾城原为汉江夏郡属县,其地临近大江,隋朝以后该地属黄冈县,今为武汉市新洲区邾城街道。邾城与武昌隔岸相对,位置重要。黄初三年(222)文聘进攻沔口时,该地为魏国占领,后被陆逊收复。李吉甫云唐之黄州,"本春秋时

---

①《资治通鉴》卷101晋穆帝升平五年四月。
②《三国志》卷35《蜀书·诸葛亮传》注引《汉晋春秋》。

邾国之地,后又为黄国之境。战国时属楚。秦属南郡。二汉为江夏郡西陵县地。魏为重镇,文帝黄初中,吴先扬言欲畋于江北,豫州刺史满宠度其必袭西阳,遂先为之备。权闻之,寻亦退还。后吴克邾城,使陆逊以三万人城而守之。"①胡三省曰:"邾城在江北,汉江夏郡邾县之故城也。楚宣王灭邾,徙其君于此,因以为名,今黄州城是也。杜佑曰:黄州东南百二十里,临江与武昌相对,有邾城,此言唐黄州治所也。"②陆逊占领邾城的时间,据《太平寰宇记》所载是在孙吴赤乌三年(240),"(黄州)汉为江夏郡西陵县地。三国时初属魏,吴赤乌三年使陆逊攻邾城,常以三万兵守之,是此地。"③而《三国志》卷47《吴书·吴主传》载赤乌四年(241),"秋八月,陆逊城邾。"这表明他在攻占邾城的第二年对当地故垒重新修筑加固。该地的收复消除了魏军迫近武昌北岸的威胁,陆逊逝于赤乌八年(245),此役是他最后一次出征。

综上所述,孙权在徙都建业之前任命陆逊为荆州地区最高长官,主管江夏战区军务,并采纳了张梁"遣将入沔,与敌争利"的作战方略。这两项决定相当英明,其实施的后果卓有成效,显著地扩展了孙吴在武昌都督辖区的江北领土,进而扭转了文聘进攻沔口以来江夏战事的不利局面。尽管吴军主力随同孙权东移,但是陆逊审时度势,指挥得当,因此与敌交战屡有胜绩,得以巩固了吴国在长江中游地区的统治。陆逊在江夏地区取得成功还有其他原因,分述如下:

---

①[唐]李吉甫:《元和郡县图志》卷27《江南道三·黄州》,第652页。
②《资治通鉴》卷96晋成帝咸康五年三月胡三省注。
③[宋]乐史撰,王文楚等点校:《太平寰宇记》卷131《淮南道九·黄州》,第2580页。

首先,是曹魏政权在文帝去世后采取了休养生息的国策,并不积极谋求出征消灭吴蜀。魏文帝急于求成,从黄初三年(222)起对吴连续三次用兵均未获胜,国力消耗严重。如杜恕所言:"今大魏奄有十州之地,而承丧乱之弊,计其户口不如往昔一州之民,然而二方僭逆,北虏未宾,三边遭难,绕天略帀;所以统一州之民,经营九州之地,其为艰难。"①有鉴于此,明帝继位后接收孙资的建议,"但以今日见兵,分命大将据诸要险,威足以震摄强寇,镇静疆场,将士虎睡,百姓无事。数年之间,中国日盛,吴蜀二虏必能自弊。"②对外作战以防御为主,并采取了收缩战线的作法。在荆州方面,其军事行政长官征南将军、荆州都督与荆州刺史的治所和主力部队的驻地设置在远离前线的宛城(今河南南阳市),与原来荆州主将乐进、曹仁驻守襄阳、樊城的情况明显不同,直到正始四年(243)王昶出任荆、豫二州都督时,才将驻地略向南推移到新野③。从黄初七年(226)文帝去世到嘉平二年(250)王昶征江陵之前,曹魏荆州部队有二十余年未向孙吴发动进攻。在此期间,太和二年(228)明帝曾下令伐吴,"曹休从皖,司马宣王从江陵。"④但是这次战役主要是曹休率领扬州驻军进攻皖城,司马懿所领荆州军队的出征只是为了策应,行至中途就折返,并未到达前线与吴师交锋。而在这一阶段,孙吴的荆州驻军却向襄樊方向发动了四

---

①《三国志》卷16《魏书·杜畿附子恕传》。

②《三国志》卷14《魏书·刘放传》注引《孙资别传》。

③《三国志》卷27《魏书·王昶传》载其正始年间奏请:"今屯宛,去襄阳三百余里,诸军散屯,船在宣池,有急不足相赴,乃表徙治新野。"《资治通鉴》卷74载其事在正始四年。

④《三国志》卷15《魏书·贾逵传》。

次攻势。分别为黄初七年(226)诸葛瑾、张霸并攻襄阳;青龙二年(234)陆逊与诸葛瑾攻襄阳;正始二年(241)朱然、孙伦围樊城,诸葛瑾、步骘掠柤中;正始七年(246)朱然寇柤中。由此可见曹魏一方用兵的消极,孙吴方面则要积极主动得多。另外,魏国还对淮、沔以南的残余居民屡次施行北徙,借以坚壁清野、后撤防线。袁淮曾向大将军曹爽说明将边境民众迁移后方的好处:"夫用兵者,贵以饱待饥,以逸击劳,师不欲久,行不欲远,守少则固,力专则强。当今宜捐淮、汉以南,退却避之。若贼能入居中央,来侵边境,则随其所短,中国之长技得用矣。若不敢来,则边境得安,无钞盗之忧矣。使我国富兵强,政修民一,陵其国不足为远矣。"①在此种形势下,孙吴在汉水下游地区的作战扩张并未遇到强劲的抵抗与反击,这是陆逊获得成功的客观原因。

其次,曹魏继任文聘的江夏守将才略平庸,并非陆逊对手。文聘长期任江夏太守,抵御吴军多有功绩。"聘在江夏数十年,有威恩,名震敌国,贼不敢侵。"②他死后由逯式任职,陆逊施计使其将吏失和,削弱了对方的战斗力量。"又魏江夏太守逯式,兼领兵马。颇作边害,而与北旧将文聘子休宿不协。逊闻其然,即假作答式书云:'得报恳恻,知与休久结嫌隙,势不两存,欲来归附,辄以密呈来书表闻,撰众相迎。宜潜速严,更示定期。'以书置界上,式兵得书以见式。式惶惧,遂自送妻子还洛。由是吏士不复亲附,遂以免罢。"③可见逯式有勇无谋,故遭到陆逊暗算而去职,亦

---

①《三国志》卷4《魏书·三少帝纪·齐王芳》正始七年注引《汉晋春秋》。
②《三国志》卷18《魏书·文聘传》。
③《三国志》卷58《吴书·陆逊传》。

使其江夏战事受到不利影响。

## 七、曹魏西晋的筑垒进逼策略与江北都督之复置

经过多年的经济恢复发展,曹魏国势明显增强,并在政治、军事领域逐渐确立了对蜀、吴的压倒性优势。诸葛恪曾感叹道:"若贼众一倍,而我兵损半,虽复使伊、管图之,未可如何。"[1]反观吴国方面,由于孙权晚年昏聩,任用吕壹等奸佞以苛察百官,又废长立少,赐死鲁王孙霸,斥责名将陆逊使其抑郁而终,以致在南北对峙中转向被动不利的局面。孙权曾大举调兵至建业,扬言北伐。魏将王基认为不过是虚张声势,"今陆逊等已死,而权年老,内无贤嗣,中无谋主。权自出则惧内衅卒起,痈疽发溃;遣将则旧将已尽,新将未信。此不过欲补定支党,还自保护耳。"[2]后来果然如其所料。魏吴国势彼消此长的历史发展趋势反映在江夏地区,即表现为魏方军力壮大与防线的前移。下文对此予以详述:

### (一)王基城上昶以逼夏口

嘉平二年(250),魏征南将军王昶上奏:"孙权流放良臣,适(嫡)庶分争,可乘衅而制吴、蜀;白帝、夷陵之间,黔、巫、秭归、房陵皆在江北,民夷与新城郡接,可袭取也。"[3]朝廷同意其出征。次年(251)正月,魏荆州刺史王基征吴还师后,向朝廷请求将江夏郡

---

①《三国志》卷 64《吴书·诸葛恪传》。
②《三国志》卷 27《魏书·王基传》。
③《三国志》卷 27《魏书·王昶传》。

治南移以进逼吴境的建议,获得批准。《三国志》卷27《魏书·王基传》曰:"基又表城上昶,徙江夏治之,以逼夏口,由是贼不敢轻越江。"曹魏江夏郡治此前设在安陆(治今湖北安陆市),据《元和郡县图志》卷27记载:"江夏郡自后汉末当吴、魏二国之境,永嘉南迁后又当苻秦、石赵与东进犬牙为界,自后魏、周、隋与宋、齐、梁、陈交争之地,故江夏前史所载,或移于沙羡,或移于上昶,或移理鲁山城。南北二朝两置江夏郡。吴理武昌,曹魏与晋俱理安陆,故汉所理江夏郡前书多言在安陆。"又称上昶地望,"在今(安)州西北五十三里上昶故城是也。"①谢钟英对此提出不同意见,"据《元和志》,上昶去夏口远甚,不足以逼夏口,其地当在今孝感县境,疑西北为东南之讹。"②笔者认为谢氏所言合乎情理。前引《元和郡县图志》称曹魏江夏郡治原在安陆,上昶故城在其西北。若按此说,王基是往后方迁徙郡治,并非进逼夏口。梁允麟亦言:"上昶,《一统志》:今安陆县西北。《辞海》:今云梦西南;谢钟英:当在孝感县。从地望、情势言之,后说近是。"③

　　从《王基传》的上述记载来看,此时孙吴在夏口地区部署的军队主力驻在南岸,所以曹魏筑城上昶,"由是贼不敢轻越江。"可见此次举措相当成功,收到了抑制敌军行动的效果。史载王基前移江夏郡治后,"明制度,整军农,兼修学校,南方称之。"④使魏国这一边境地带的统治日趋巩固。当时朝廷企图再次征吴,下诏让王

---

①[唐]李吉甫:《元和郡县图志》卷27《江南道三·安州》,第649页。
②[清]洪亮吉撰,[清]谢钟英补注:《〈补三国疆域志〉补注》,《二十五史补编·三国志补编》,第486页。
③梁允麟:《三国地理志》,第172页。
④《三国志》卷27《魏书·王基传》。

基提供作战计划以备参考。王基认为目前时机尚未成熟,在缺乏充裕物资保证的情况下,不可轻举妄动。"夫兵动而无功,则威名折于外,财用穷于内,故必全而后用也。若不资通川聚粮水战之备,则虽积兵江内,无必渡之势矣。"①他提议利用江陵以北和安陆附近的水利资源,推广屯田务农以储备军需,然后占据夏口(沔口)以牵制吴国的江夏驻军,再分兵两路去进攻江陵和夷陵,联合当地的少数民族,并使用沮、漳、资水河道向前线运送粮饷,这样就可以顺利攻占孙吴江夏和南郡的江北地带,达到断绝长江航道与吴蜀之间联系的战略目标。其奏对原文曰:

> 夫今江陵有沮、漳二水,溉灌膏腴之田以千数。安陆左右,陂池沃衍。若水陆并农,以实军资,然后引兵诣江陵、夷陵,分据夏口,顺沮、漳,资水浮谷而下。贼知官兵有经久之势,则拒天诛者意沮,而向王化者益固。然后率合蛮夷以攻其内,精卒劲兵以讨其外,则夏口以上必拔,其江外之郡不守。如此,吴、蜀之交绝,交绝而吴禽矣。不然,兵出之利,未必可矣。②

朝廷接受了他的建议,停止了伐吴的作战准备。

### (二)江北都督辖区的设立

曹魏在甘露四年(259)将荆州划为两个独立的都督辖区,各置主将统领。《晋书》卷2《文帝纪》曰:"(甘露)四年夏六月,分荆

---

① 《三国志》卷27《魏书·王基传》。
② 《三国志》卷27《魏书·王基传》。

州置二都督,王基镇新野,州泰镇襄阳。"据史籍所载,驻扎新野的王基就任荆州都督,其本传曰:"甘露四年,转为征南将军,都督荆州诸军事。"①他的辖区包括了汉水以西至巫山之东的襄阳、新城、上庸等郡,负责对吴国江陵、西(夷)陵方向的作战事务②。州泰出镇襄阳时的都督名号,可参见《三国志》卷28《魏书·邓艾传》:"艾州里时辈南阳州泰,亦好立功业,善用兵,官至征虏将军、假节都督江南诸军事。景元二年薨。"按州泰任都督不过三岁,自甘露四年(259)至景元二年(261),前引《邓艾传》言其名号为"都督江南诸军事",即江南都督,则与史实甚为相悖。因为曹魏至西晋灭吴前夕,其势力范围皆在北岸,江南并无军队与民户屯驻,"都督"又非遥领之虚职,故称"都督江南诸军事"是非常明显的谬误。笔者根据其他史料记载判断,此处"江南"应是"江北"之讹,即州泰所任官职应为"都督江北诸军事",或江北都督。例如《晋书》卷39《王沈传》言其"迁征虏将军、持节、都督江北诸军事。五等初建,封博陵侯,班在次国。平蜀之役,吴人大出,声为救蜀,振荡边境。沈镇御有方,寇闻而退。转镇南将军"。是说王沈在景元四年(263)灭蜀之前担任此职,孙休为援助蜀汉曾发兵侵掠曹魏边境,

①《三国志》卷27《魏书·王基传》。
②襄阳郡境作战及该郡军政长官太守胡烈均由王基指挥,参见《三国志》卷27《魏书·王基传》注引司马彪《战略》:"景元二年春三月,襄阳太守胡烈表上'吴贼邓由、李光等,同谋十八屯,欲来归化,遣将张吴,邓生,并送质任。克期欲令郡军临江迎拔。'大将军司马文王闻。诏征南将军王基部诸军,使烈督万人径造沮水,荆州、义阳南屯宜城,承书夙发。若由等如期到者,便当因此震荡江表。基疑贼诈降,诱致官兵,驰驿止文王,说由等可疑之状。'且当清澄,未宜便举重兵深入应之。'又曰:'夷陵东道,当由车御,至赤岸乃得渡沮,西道当出箭溪口,乃趣平土,皆山险狭,竹木丛蔚,卒有要害,弩马不陈。今者筋角弩弱,水潦方降,废盛农之务,徼难必之利,此事之危者也……'文王累得基书,意疑。寻敕诸军已上道者,且权停住所在,须后节度。"

"使大将军丁奉督诸军向魏寿春,将军留平别诣施绩于南郡,议兵所向,将军丁封、孙异如沔中,皆救蜀。"[1]如前所述,此处所言"沔中"是汉水在沔口(今湖北武汉市汉阳区)入江之前航道所经的地域,即东汉魏晋的江夏郡南部临近沔水一带。《晋书》卷34《羊祜传》载其就任荆州都督后,"诏罢江北都督,置南中郎将,以所统诸军在汉东江夏者皆以益祜。"表明曹魏与西晋初年江北都督的辖区是江夏郡,该郡在地理形势方面自成一个独立的单元,即从襄阳南流之汉水以东至豫州弋阳郡西境,南与孙吴江夏郡北境交界。曹魏江夏郡军务原属驻扎在宛城(后移新野)的荆豫都督统领,由于战区主将和州军主力的驻地与江夏前线相隔较远,若是边境有急,后方难以及时赴救,故另置江北都督,就近管辖以便联络支援。江北都督设镇于襄阳,显然是由于该地濒临汉水,便于利用舟师顺流驰援沔中、沔口方向的前线。《史记》卷69《苏秦列传》载秦王告楚曰:"汉中之甲,乘船出于巴,乘夏水而下汉,四日而至五渚。"就是说夏季洪流湍急时,汉中的舟师可以利用沔水航行迅速抵达江滨[2]。

### (三)羊祜进据江沔与江北都督的废置复立

西晋初期由于荆州军事形势的好转,一度撤销了江北都督辖区。羊祜在泰始五年(269)出任荆州都督,其治所则由新野南移

---

①《三国志》卷48《吴书·三嗣主传·孙休》永安六年。
②《史记》卷69《苏秦列传·集解》:"《战国策》曰:'秦与荆人战,大破荆,袭郢,取洞庭、五渚。'然则五渚在洞庭。"

到襄阳①。由于他施用计策,使边境局势得以改观。"吴石城守去
襄阳七百余里,每为边害,祜患之,竟以诡计令吴罢守,于是戍逻
减半。"②如前所述,石城地望有歧义,或言在今湖北钟祥市,或言
在仙桃市东南,是孙吴荆州边戍向北伸延最远者,现为形势所迫
而弃守,使西晋襄阳、江夏南境的防御压力得到明显的缓解,晋武
帝因此下令撤销江夏郡的都督辖区建制,将其重新并入荆州战
区,由羊祜总管。"诏罢江北都督,置南中郎将,以所统诸军在汉
东江夏者皆以益祜。"③据史籍所载,泰始八年(272)羊祜在援救西
陵步阐之役失败后改变策略,对孙吴江夏地区加紧了军事进逼行
动;他并非直接进攻吴军要塞,而是在边境险要及富庶地域建筑
城垒、步步为营,以迫使敌人撤退。"(羊)祜以孟献营武牢而郑人
惧,晏弱城东阳而莱子服,乃进据险要,开建五城,收膏腴之地,夺
吴人之资,石城以西,尽为晋有。"④此举与王基城上昶以逼夏口的
做法如出一辙,属于同样的战术。羊祜还以怀柔政策对吴国兵将
施行感化招抚,因而大获成功。"自是前后降者不绝。乃增修德
信,以怀柔初附,慨然有吞并之心。每与吴人交兵,克日方战,不
为掩袭之计。将帅有欲进谲诈之策者,辄饮以醇酒,使不得言。
人有略吴二儿为俘者,祜遣送还其家。后吴将夏详、邵颛等来降,

---

①《晋书》卷34《羊祜传》曰:"祜乐山水,每风景,必造岘山,置酒言咏,终日不倦。"按岘
　山在襄阳城东南,《水经注疏》卷28《沔水》曰:"沔水又径桃林亭东,又径岘山东,……
　羊祜之镇襄阳也。与邹润甫尝登之,及祜薨,后人立碑于故处,望者悲感,杜元凯谓
　之《堕泪碑》。"第2378页。
②《晋书》卷34《羊祜传》。
③《晋书》卷34《羊祜传》。
④《晋书》卷34《羊祜传》。

二儿之父亦率其属与俱。吴将陈尚、潘景来寇，祜追斩之，美其死节而厚加殡敛。景、尚子弟迎丧，祜以礼遣还。"①从历史记载来看，晋军通过稳步的筑垒进逼，已经占据了夏口地区的北岸部分，把吴国领土压挤到沔口附近的临江狭窄地带；羊祜甚至亲自率众到汉南江北进行以狩猎为名的军事演习，使孙吴在当地的防御态势非常被动。"吴将邓香掠夏口，祜募生缚香，既至，宥之。香感其恩甚，率部曲而降。祜出军行吴境，刈谷为粮，皆计所侵，送绢偿之。每会众江沔游猎，常止晋地。"②

　　西晋初年在江夏地区顺利拓展之原因，除了自身兵员财力雄厚，将领运筹谋略成功之外，还与孙吴后期国势衰弱、军事部署失当等缘故有关。孙权死后，朝内连续发生政变。例如建兴二年（253）孙峻诛杀执政大臣诸葛恪，太平元年（256）孙綝杀大司马滕胤、骠骑将军吕据，太平三年（258）九月孙亮谋黜孙綝失败被废，当年十二月吴主孙休又擒诛孙綝，元兴元年（264）孙皓诛杀丞相濮阳兴、左将军张布。上述政变不仅使朝内重臣、宗室屡遭屠戮，还殃及地方军政要员。如前所述，身为夏口督将的孙壹、孙秀即被迫率领部曲先后投奔敌国。陆逊死后，孙权将武昌都督辖区分为左右两部，沿至吴国灭亡③。在此期间，夏口还曾作为一个独立

<hr />

①《晋书》卷34《羊祜传》。
②《晋书》卷34《羊祜传》。
③《三国志》卷60《吴书·吕岱传》："及陆逊卒，诸葛恪代逊。（孙）权乃分武昌为两部，岱督右部，自武昌上至蒲圻。"《三国志》卷53《吴书·薛综传》载孙皓建衡三年，"是岁，何定建议凿圣溪以通江淮。皓令（薛）莹督万人往，遂以多盘石难施功，罢还，出为武昌左部督。"

的都督辖区①。这样一来,不仅分散了江夏地区的兵力配置,还使当地的军令也无法施行统一指挥调度,对于防务显然是起到了消极影响。另外,永安六年(263)蜀汉灭亡,孙吴的西陵、南郡边境受到严重威胁,成为南北对峙交锋的热点区域。上述军事形势的变化促使吴国逐渐将荆州军政重心从夏口、武昌所在江夏地区向西方转移,其表现主要有二。首先是将上流的西陵、乐乡都督辖区予以合并。孙皓建衡二年(270),"大司马施绩卒,拜(陆)抗都督信陵、西陵、夷道、乐乡、公安诸军事,治乐乡。"②调整后的乐乡都督辖区成为荆州最为重要的作战区域,如陆抗上表所言:"今臣所统千里,受敌四处,外御强对,内怀百蛮。"③其次是将荆州牧治所从武昌西移巴丘(今湖南岳阳市),后又西移乐乡(治今湖北松滋县东北),力图靠近西陵、南郡等地,以求在战时联络方便,能够就近提供支援。如元兴元年(264)孙皓即位,将陆凯升迁为镇西大将军,"都督巴丘,领荆州牧,进封嘉兴侯。"④凤凰元年(272),陆抗领兵平定步阐在西陵的叛乱,其战功受到孙皓表彰。"二年春,就拜大司马、荆州牧。"⑤陆抗的都督治所设在乐乡,其本传记载他攻克西陵之后,"东还乐乡,貌无矜色,谦冲如常,故得将士欢心。"⑥由于进行了上述调整,孙吴在江夏地区的军事政治力量遭

---

① 《三国志》卷 4《魏书·三少帝纪·高贵乡公曹髦》甘露二年六月乙巳诏:"吴使持节都督夏口诸军事镇军将军沙羡侯孙壹,贼之枝属,位为上将,畏天知命,深鉴祸福,翻然举众,远归大国……"

② 《三国志》卷 58《吴书·陆抗传》。

③ 《三国志》卷 58《吴书·陆抗传》。

④ 《三国志》卷 61《吴书·陆凯传》。

⑤ 《三国志》卷 58《吴书·陆抗传》。

⑥ 《三国志》卷 58《吴书·陆抗传》。

到削弱,所以无法对羊祜的筑垒进逼采取针锋相对、寸土必争的强硬对策,以致国土日蹙,退缩到临江一隅之地。

到咸宁三年(277)羊祜因病离职前夕,晋朝对荆州都督辖区又重新进行了划分。《三国志》卷48《吴书·孙皓》曰:“天纪元年夏,夏口督孙慎出江夏、汝南,烧略居民。”因为羊祜救援奔赴不及,致使敌寇从容撤退,朝廷派遣使节对其责问。“诏遣侍臣移书诘祜不追讨之意。”羊祜则以所镇驻地距离边境太远为由进行申辩,“江夏去襄阳八百里,比知贼问,贼去亦已经日矣。步军方往,安能救之哉! 劳师以免责,恐非事宜也。”[1]晋武帝了解到荆州军事部署的这一弊端,遂在当年秋季再次设置江北都督,以专治江夏军务。“九月戊子,以左将军胡奋为都督江北诸军事。”[2]从此又恢复了荆州都督与江北都督两个辖区的部署格局,让他们分别负责对孙吴的南郡和江夏方向进行作战。

## 八、西晋灭吴之役中攻取夏口、武昌的用兵方略

晋武帝在咸宁五年(279)十一月下诏伐吴,凭借兵力优势,此役分为五路出征。“晋命镇东大将军司马伷向涂中,安东将军王浑、扬州刺史周浚向牛渚,建威将军王戎向武昌,平南将军胡奋向夏口,镇南将军杜预向江陵,龙骧将军王濬、广武将军唐彬浮江东下。”[3]值得注意的是,晋朝对夏口所在的江夏地区派遣了三路人

---

①《晋书》卷34《羊祜传》。
②《晋书》卷3《武帝纪》咸宁三年。
③《三国志》卷48《吴书·三嗣主传·孙皓》天纪三年冬。

马配合攻击,收到了很好的效果。下面分别予以详述:

### (一)胡奋主攻沔口、江安

江北都督胡奋率领江夏郡军队向夏口地区的北岸沿江地带进攻,其具体战况史籍缺佚。据《水经注》卷35《江水》所述,沔口右侧为鲁山(今武汉市龟山),"山上有吴江夏太守陆涣所治城",又言鲁山城中"有《晋征南将军荆州刺史胡奋碑》"。杨守敬按:"《晋书·胡奋传》,以功累迁征南将军,假节都督荆州诸军事。《舆地纪胜》汉阳军,胡公祠,有《晋征南将军胡奋碑》。考晋武伐吴,奋出夏口,则其踪迹尝至此。今碑立,祠亦废。"①表明胡奋此役的进攻目标是沔口,并攻占了鲁山城,在城内铭刻石碑记功。由于荆州吴军主力集结在南郡,杜预进攻江陵、乐乡时,晋朝命令胡奋的江夏军队予以策应,攻打南郡的郡治公安,使其驻军无法对江陵等地增援。《晋书》卷3《武帝纪》载太康元年(280)二月,"甲戌,杜预克江陵,斩吴江陵督伍延;平南将军胡奋克江安。于是诸军并进,乐乡、荆门诸戍相次来降。"胡三省曰:"江安,即公安,吴南郡治焉。杜预既定江南,改曰江安县,为南平郡治所。"②

### (二)王戎进攻武昌

王戎为西晋豫州刺史,率军向孙吴江夏郡治武昌进攻。曹魏豫州治所原在项县(治今河南项城县东南),后移安成(治今河南汝南县东南),该州南部弋阳郡与吴江夏郡交界。魏初贾逵任豫

---

①[北魏]郦道元注,[民国]杨守敬、熊会贞疏:《水经注疏》,第2896页。
②《资治通鉴》卷81晋武帝太康元年二月甲戌条胡三省注。

州刺史，"州南与吴接，逮明斥候，缮甲兵，为守战之备。"①但是当地兵力薄弱，又受交通阻碍，对敌境未能构成威胁，致使吴国动用武昌驻军无所顾忌。《三国志》卷15《魏书·贾逵传》曰：

> 时孙权在东关，当豫州南，去江四百余里。每出兵为寇，辄西从江夏，东从庐江。国家征伐，亦由淮、沔。是时州军在项、汝南、弋阳诸郡，守境而已。权无北方之虞，东西有急，并军相救，故常少败。

按当时孙吴尚未在巢湖以南濡须山麓修筑关城扼守濡须水道，此处所言"东关"实为其国都武昌（今湖北鄂州市），对此笔者曾有专文详细考证②。贾逵向朝廷建议从西阳（治今河南光山县西南）修筑直达长江北岸的道路，形成对武昌的军事压力，借以牵制当地的吴军，此计获得魏明帝的赞同。"逵以为宜开直道临江，若（孙）权自守，则二方无救；若二方无救，则东关可取。乃移屯潦口，陈攻取之计，帝善之。"③《三国志》卷15《魏书·贾逵传》记载他曾在太和二年（228）督前将军满宠、东莞太守胡质等所辖四支部队从西阳南征吴境。王戎此番率领豫州军队伐吴，也应是走这条道路。孙吴末年在武昌对岸的江北地带没有重兵名将屯守，军事长官仅为职位卑下的牙门将孟泰，既无坚守之实力，又无殉国之忠心，故弃甲投戈，归顺晋朝。《晋书》卷43《王戎传》曰："戎督大军临江，吴牙门将孟泰以蕲春、邾二县降。"他麾下另一支渡江进攻

---

① 《三国志》卷15《魏书·贾逵传》。
② 参见本书《孙吴武昌又称"东关"考》一章。
③ 《三国志》卷15《魏书·贾逵传》。

武昌的部队亦未遇到抵抗。"戎遣参军罗尚、刘乔领前锋,进攻武昌,吴将杨雍、孙述、江夏太守刘朗各率众诣戎降。"此时武昌为孙吴江夏郡治。杨守敬云:"《吴志·孙权传》魏黄初二年,权以武昌、下雉、寻阳、阳新、柴桑、沙羡六县为武昌郡。是始立武昌郡于此。《元和志》,吴江夏郡理武昌。《晋书·王戎传》,戎受诏伐吴,前锋进攻武昌,江夏太守刘朗诣戎降,尤吴江夏郡治武昌之切证。盖改武昌郡为江夏也。"①王戎进攻武昌的作战情况另见《晋书》卷61《刘乔传》:"乔少为秘书郎,建威将军王戎引为参军。伐吴之役,戎使乔与参军罗尚济江,破武昌,还授荥阳令,迁太子洗马。"

### (三)王濬在夏口、武昌的作战

西晋平吴之役的作战方略,采取的是多路进攻以分散孙吴的江防兵力,由王濬、唐彬所率领的益州水军施行主攻,顺流逐次攻破吴国的沿江重镇,最终直捣都城建业。晋武帝给王濬、唐彬的命令,是让他们在出峡后与沿途荆、豫等州的各支晋军配合作战,并接受后者兵力粮饷的补充,其中包括对江夏地区南岸夏口、武昌两地的战斗。《晋书》卷3《武帝纪》太康元年二月乙亥诏曰:"濬、彬东下,扫除巴丘,与胡奋、王戎共平夏口、武昌,顺流长骛,直造秣陵,与奋、戎审量其宜。"又云:"夏口既平,奋宜以七千人给濬。武昌既了,戎当以六千人增彬。"这是因为渡江作战需要舰队,胡奋、王戎所部多是步骑,缺乏巨舟;而王濬在蜀地经营多年,"乃作大船连舫,方百二十步,受二千余人。以木为城,起楼橹,开四出门,其上皆得驰马来往。又画鹢首怪兽于船首,以惧江神。

①[北魏]郦道元注,[民国]杨守敬、熊会贞疏:《水经注疏》,第2913页。

舟楫之盛，自古未有。"①因此在江夏地区的作战中，胡奋、王戎主要负责对江北沔口、邾城、蕲春等地的进攻，以发挥其步兵攻坚的优势。对南岸武昌、夏口两城的战斗，则是由王濬的强大舟师担任主角，胡奋、王戎所部只是助攻而已。实际上由于双方兵力悬殊，当地的吴军并未抵御。"濬自发蜀，兵不血刃，攻无坚城，夏口、武昌，无相支抗。"②西晋平吴战争爆发后，孙皓派遣近侍虞昺到武昌督军，主持江夏地区的防务。此人是文士出身，原任黄门郎，"以捷对见异，超拜尚书侍中。"③他本身不晓兵事，又见大势已去，寻即率众投降。"晋军来伐，遣昺持节都督武昌已上诸军事，昺先上还节盖印绶，然后归顺。"④孙吴曾经苦心经营数十年的长江中游防御体系，在西晋三路兵马合击之下未曾进行顽抗，就迅速土崩瓦解了。

　　与平吴之役其他战场的情况相比较，可以看出晋军在夏口、武昌两地的战斗是最为轻松的。例如西陵、乐乡的吴军将领都血战身亡，以身殉职。"二月戊午，王濬、唐彬等克丹杨城。庚申，又克西陵，杀西陵都督、镇军将军留宪，征南将军成璩，西陵监郑广。壬戌，濬又克夷道乐乡城，杀夷道监陆晏、水军都督陆景。"⑤二月乙丑，"杜预进攻江陵，甲戌，克之，斩伍延。"⑥攻城作战前后经历了十天。江西一路战况也很激烈，"王浑、周浚与吴丞相张悌战于

---

①《晋书》卷 42《王濬传》。
②《晋书》卷 42《王濬传》。
③《三国志》卷 57《吴书·虞翻传》注引《会稽典录》。
④《三国志》卷 57《吴书·虞翻传》注引《会稽典录》。
⑤《晋书》卷 3《武帝纪》太康元年。
⑥《资治通鉴》卷 81 晋武帝太康元年。

版桥,大破之,斩俤及其将孙震、沈莹,传首洛阳。"①惟有夏口、武昌守将不战而降,未能阻碍或拖延西晋的攻势;由此反映出孙吴末年江夏地区的备战情况是最差的,缺兵少将,人无斗志,致使夏口等重要军镇根本没有起到江防砥柱的作用。

①《晋书》卷 3《武帝纪》太康元年。

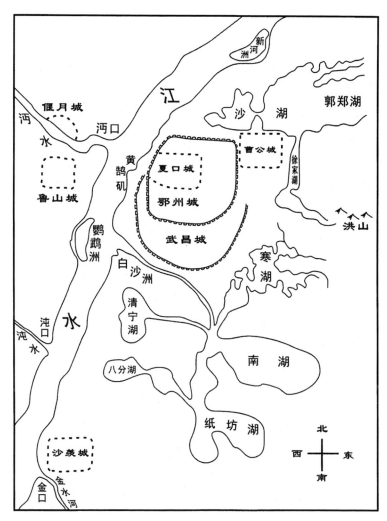

**图七九　夏口地区古城址示意图**

笔者按:图中的"曹公城"为南朝梁将曹景宗所筑。

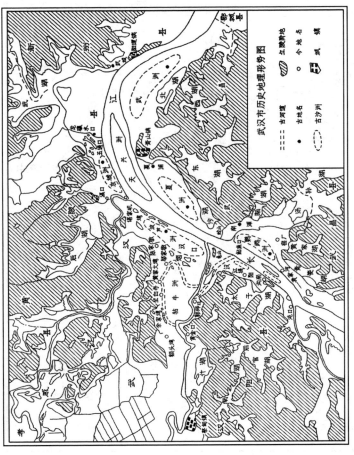

图八〇　武汉市历史地理形势图

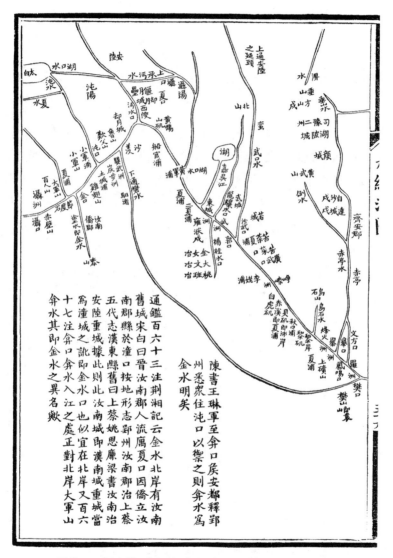

图八一　杨守敬《水经注图》江水沔口、樊口流段城戍图

# 第七章　蜀吴统治下江陵军事地位之演变

三国时期,吴、蜀与曹魏对峙交战,分别凭借若干军事重镇来抵御强敌的进攻。使臣纪陟曾论述孙吴边防情况说:"疆界虽远,而其险要必争之地,不过数四,犹人虽有八尺之躯靡不受患,其护风寒亦数处耳。"①吕祉对此评论道:"今所谓险要必争之地者,不过江陵、武昌、襄阳、九江。"②即把江陵(今湖北荆州市)放在了首位。南朝何承天写作《安边论》,亦追述三国形势曰:"曹、孙之霸,才均智敌,江、淮之间,不居各数百里。魏舍合肥,退保新城;吴城江陵,移民南浜;濡须之戍,家停羡溪。"③顾祖禹曾说江陵,"自三国以来,常为东南重镇,称吴、蜀之门户。"④又称该地是兵家尽力攻夺的要冲,具有非常重要的战略地位。"盖江陵之得失,南北之分合判焉,东西之强弱系焉,此有识者所必争也。"⑤在这一历史阶段,各方政治力量围绕江陵的攻守战斗频频发生,据统计前后共有七次,下文对此予以概述。

---

① 《三国志》卷48《吴书·三嗣主传·孙皓》注引干宝《晋纪》。
② [清]顾祖禹:《读史方舆纪要》卷75《湖广一》,第3517页。
③ 《宋书》卷64《何承天传》。
④ [清]顾祖禹:《读史方舆纪要》卷78《湖广四·荆州府》,第3652页。
⑤ [清]顾祖禹:《读史方舆纪要》卷78《湖广四·荆州府》,第3652页。

# 一、三国各方对江陵的攻战

## (一)曹刘竞取江陵

建安十三年(208)七月,曹操大军南征荆州。八月,刘表病死,其子刘琮继位后降曹,屯守樊城的刘备闻讯后携民众南撤,企图占据江陵,凭借当地的财富抗拒曹兵。"比到当阳,众十余万,辎重数千两,日行十余里,别遣关羽乘船数百艘,使会江陵。或谓先主曰:'宜速行保江陵,今虽拥大众,被甲者少,若曹公兵至,何以拒之?'先主曰:'夫济大事必以人为本,今人归吾,吾何忍弃去!'"[1]由于行动迟缓,刘备丧失了抢占江陵的战机,被敌兵迅速赶上,几乎全军覆没。"曹公以江陵有军实,恐先主据之,乃释辎重,轻军到襄阳。闻先主已过,曹公将精骑五千急追之,一日一夜行三百余里,及于当阳之长坂。先主弃妻子,与诸葛亮、张飞、赵云等数十骑走,曹公大获其人众辎重。"[2]曹操顺利占领江陵之后,遂即出榜安民,对其臣下大行封赏。"下令荆州吏民,与之更始。乃论荆州服从之功,侯者十五人,以刘表大将文聘为江夏太守,使统本兵,引用荆州名士韩嵩、邓义等。"[3]江陵的陷落实际上宣告了曹操此次荆州战役的胜利结束。

---

①《三国志》卷32《蜀书·先主传》。
②《三国志》卷32《蜀书·先主传》。
③《三国志》卷1《魏书·武帝纪》建安十三年。

## (二)孙刘合攻江陵

建安十三年(208)十二月,曹操兵败赤壁,"公烧其余船引退,士卒饥疫,死者太半。(刘)备、(周)瑜等复追至南郡,曹公遂北还,留曹仁、徐晃于江陵,使乐进守襄阳。"①孙刘两家合兵进攻南郡,"刘备与周瑜围曹仁于江陵,别遣关羽绝北道。"②建安十四年(209)末,"瑜、仁相守岁余,所杀伤甚众,仁委城走。权以瑜为南郡太守。刘备表权行车骑将军,领徐州牧。备领荆州牧,屯公安。"③次年周瑜病死,孙权听从鲁肃的建议,将荆州(即汉朝南郡的江北部分)借与刘备,江陵随后成为刘氏在这一统治区域的军事要镇以及经济与行政中心。

## (三)孙吴袭取江陵

建安十九年(214)刘备占领四川,但拒绝了孙权归还荆州的要求,留关羽镇守该地。此后双方的矛盾逐渐激化,次年关羽驱逐孙权所置南三郡长吏,"权大怒,乃遣吕蒙督鲜于丹、徐忠、孙规等兵二万取长沙、零陵、桂阳三郡,使鲁肃以万人屯巴丘以御关羽。权住陆口,为诸军节度。"④刘备自蜀率军来争,时逢曹操进攻汉中,"先主闻之,与权连和,分荆州江夏、长沙、桂阳东属;南郡、零陵、武陵西属,引军还江州。"⑤建安二十四年(219)秋,关羽领兵

---

①《三国志》卷 47《吴书·吴主传》。
②《三国志》卷 18《魏书·李通传》。
③《三国志》卷 47《吴书·吴主传》。
④《三国志》卷 47《吴书·吴主传》。
⑤《三国志》卷 32《蜀书·先主传》。

北攻襄樊,孙权乘其后方空虚而偷袭荆州,"先遣吕蒙袭公安,获将军士仁。蒙到南郡,南郡太守麋芳以城降。蒙据江陵,抚其老弱,释于禁之囚。陆逊别取宜都,获秭归、枝江、夷道。还屯夷陵,守峡口,以备蜀。"①关羽闻讯引军退还,"权已据江陵,尽虏羽士众妻子,羽军遂散。权遣将逆击羽,斩羽及子平于临沮。"②自此江陵与荆州归属孙吴,直至其最终亡于西晋。

### (四)曹魏初攻江陵

魏文帝黄初三年(222),曹丕向孙权征取其太子孙登为人质,遭到拒绝后随即发兵三路南征。"秋九月,魏乃命曹休、张辽、臧霸出洞口,曹仁出濡须,曹真、夏侯尚、张郃、徐晃围南郡。"③孙吴遣将朱然镇守江陵城,"将军孙盛督万人备州上,立围坞,为然外救。"次年正月,魏军进攻江陵中洲。"(孙)盛不能拒,即时却退。(张)郃据州上围守,(朱)然中外断绝。(孙)权遣潘璋、杨粲等解围而围不解。时然城中兵多肿病,堪战者裁五千人。(曹)真等起土山,凿地道,立楼橹临城,弓矢雨注。将士皆失色,(朱)然晏如而无怨意,方厉吏士,伺间隙攻破两屯。魏攻围(朱)然凡六月日。"④始终无计陷城,后因损失惨重又逢瘟疫流行而被迫撤兵。

### (五)曹魏再攻江陵

魏齐王曹芳嘉平二年(250),孙吴太子孙和与鲁王孙霸党争

---

①《三国志》卷47《吴书·吴主传》。
②《三国志》卷36《蜀书·关羽传》。
③《三国志》卷47《吴书·吴主传》。
④《三国志》卷56《吴书·朱然传》。

激烈,孙权因宠爱少子孙亮,不听众臣谏阻而废长立幼。"群司坐谏诛放者以十数。遂废太子和为庶人,徙故鄣,赐鲁王霸死。杀杨竺,流其尸于江,又诛全寄、吴安、孙奇,皆以其党霸谮和故也。"①曹魏征南将军王昶认为有机可乘,上奏请求出兵伐吴。"朝廷从之,遣新城太守南阳州泰袭巫、秭归,荆州刺史王基向夷陵,(王)昶向江陵。"②因为江陵城守坚固,王昶屡攻不克,只得退兵。吴将施绩追击时被王昶设伏战败,"绩遁走,斩其将钟离茂、许旻,收其甲首旗鼓珍宝器仗,振旅而还。"③

### (六)曹魏三攻江陵

魏齐王曹芳嘉平四年(252)十月,吴太傅诸葛恪"会众于东兴,更作大堤,左右结山侠筑两城,各留千人,使全端、留略守之,引军而还"④。曹魏方面认为是严重的挑衅,应该予以反击。征东将军诸葛诞向朝廷建议:"致人而不致于人者,此之谓也。今因其内侵,使文舒逼江陵,仲恭向武昌,以羁吴之上流,然后简精卒攻两城,比救至,可大获也。"⑤这一计划得到权臣司马师的赞同。"十一月,诏王昶等三道击吴。十二月,王昶攻南郡,毌丘俭向武昌,胡遵、诸葛诞率众七万攻东兴。"⑥结果胡遵等所率军队在东兴遭到惨败,江陵、武昌前线的魏军闻讯后仓皇逃跑。"毌丘俭、王

---

①《资治通鉴》卷 75 魏邵陵厉公嘉平二年。

②《资治通鉴》卷 75 魏邵陵厉公嘉平二年。

③《三国志》卷 27《魏书·王昶传》。

④《三国志》卷 64《吴书·诸葛恪传》。

⑤《三国志》卷 4《魏书·三少帝纪·齐王芳》注引《汉晋春秋》。

⑥《资治通鉴》卷 75 魏邵陵厉公嘉平四年。

昶闻东军败,各烧屯走。"①

### (七)西晋初攻江陵

西晋泰始八年(272)九月,吴西陵督将步阐据城投降晋朝,孙皓命令陆抗率军前往平叛。"(晋武)帝遣荆州刺史杨肇迎阐于西陵,车骑将军羊祜帅步军出江陵,巴东监军徐胤帅水军击建平以救阐。"②陆抗敕令江陵守将张咸破堰放水,制造交通障碍以阻挡晋军。"(羊)祜至当阳,闻堰败,乃改船以车运,大费损功力。"③结果被迫推迟了赶赴江陵城下的时间。陆抗击退杨肇的援兵,攻克西陵,消灭了步阐。羊祜只得从江陵前线撤退,事后并受到弹劾。"竟坐贬为平南将军,而免杨肇为庶人。"④

### (八)西晋攻取江陵

西晋在咸宁五年(279)十一月大举伐吴,"遣镇军将军、琅邪王(司马)伷出涂中,安东将军王浑出江西,建威将军王戎出武昌,平南将军胡奋出夏口,镇南大将军杜预出江陵,龙骧将军王濬、广武将军唐彬率巴蜀之卒浮江而下,东西凡二十余万。"⑤太康元年(280)二月,"甲戌,杜预克江陵,斩吴江陵督伍延。"⑥《晋书》卷34《杜预传》曰:"预以太康元年正月,陈兵于江陵,遣将军樊显、尹

①《三国志》卷4《魏书·三少帝纪·齐王芳》注引《汉晋春秋》。
②《资治通鉴》卷79晋武帝泰始八年十月。
③《三国志》卷58《吴书·陆抗传》。
④《晋书》卷34《羊祜传》。
⑤《晋书》卷3《武帝纪》。
⑥《晋书》卷3《武帝纪》。

林、邓圭、襄阳太守周奇等率众循江西上,授以节度,旬日之间,累克城邑,皆如预策焉……于是进逼江陵。吴督将伍延伪请降而列兵登陴,预攻克之。"

　　直至三国分裂局面的最后终结,江陵被西晋攻陷。随着全国统一和平局面的到来,这座城市才结束了它作为军事要镇的历史使命。

## 二、江陵的战略地位与重要影响

　　在汉末三国时期,江陵地区为什么会有突出的战略地位和重要的军事价值,以致引起各方政治势力的竞相争夺?本章拟从其自然环境、地理位置、经济条件和政治军事形势的变化等方面来进行分析论证。详述如下:

### (一)土沃水丰、物产富饶

　　江陵受到兵家觊觎的原因,首先是由于它拥有优越的自然环境,境内经济发达,物产丰饶。江陵位处江汉平原,在地质构造上属于新华夏体系的两湖沉积盆地,经过长江多年泛滥与汉水三角洲的延伸,堆积了很厚的冲积泥层。这一区域地势低平,平均海拔在 200 米以下,区内大部分土壤为深厚的冲积土和湖泥土,"富含有机质,团粒构造良好,肥沃而保水。"①是湖北全境土质最好的农垦区域。另外,受亚热带气候影响,当地气候温和湿润,降水量丰富,日照时间充分,因此热量足而又无霜期长,也对发展种植业

---

① 周兆瑞主编:《湖北经济地理》,新华出版社,1988 年,第 335 页。

极为有利。所以江陵地区开发的历史相当悠久,早在原始社会后期,当地就出现了人类农业活动的遗迹。例如 1975 年对江陵毛家山遗址的发掘,在新石器时代的底层和灰坑中,发现有稻草和稻谷壳,其时间大约是公元前 3400—公元前 2900 年,属于大溪文化晚期遗存。同时出土的陶器,有用于储存粮食的缸、瓮、罐,以及甑、钵、碗、盘、豆等食器①。春秋中叶楚文王迁都至郢,或称"纪郢",即今荆州市北纪南城。此后该地社会经济发展迅速,逐渐制造使用铁制农具,有力地促进了农业生产水平的提高②。1975 年云梦秦简的出土,反映了战国末年至秦代江汉地区农业发展的大量信息,简文反映当地农业生产已经采用牛耕,使用铁农具、注重水利灌溉,亦注意合理播种,不误农时,保持自然资源等,显示了农业生产有了很大的发展③。更能说明江汉地区开发成就的,仍是西部的江陵一带。如凤凰山 167 号汉墓出土的四束连杆粳稻穗(荆州博物馆收藏),经农学家测定其农业性状,同 20 世纪长江中下游地区推广的粳稻良种基本相似④,可见汉代这里的农业已经相当成熟。再者,当地的河流众多,也促进了农垦的发达。如

①参见林承坤:《长江、钱塘江中下游地区新石器时代古地理与稻作的起源和分布》,《农业考古》1987 年第 1 期。纪南城文物考古发掘队:《江陵毛家山发掘记》,《考古》1977 年第 3 期。

②浦士培经过对楚国遗址发掘情况的研究后指出:"上述考古资料有力地印证了历史文献的有关记载。同时,它给人们很多启示:第一,楚都一带稻作源远流长。早在距今 5000 年左右,已经有了水稻栽培;第二,水稻田面积大,产量可观,人们普遍食用稻米,连战国早期的郢都平民工匠亦如是;第三,水稻增产,粮食充裕,不仅可供从农业中分离出来的手工业者食用,且有多余粮食喂猪。"浦士培:《春秋战国时期江陵地区稻作浅探》,《荆州师专学报》1989 年第 3 期。

③参见陈振裕:《湖北农业考古概述》,《农业考古》1983 年第 1 期。

④游修龄:《西汉古稻小析》,《农业考古》1981 年第 2 期。

魏荆州刺史王基所言："今江陵有沮、漳二水,溉灌膏腴之田以千数。"①

　　江陵地区北有荆山、大洪山,沿江一带又多为低山丘陵。《荆州志》曰："近州无高山,所有皆陵阜,故名江陵。"②由于气候温润,雨水充足,森林植被相当茂盛。《尚书·禹贡》说荆州盛产杶、干(柘)、栝(桧)、柏等树木和箭竹等材木,供应东南各地。《汉书·地理志下》曰："楚有江汉川泽山林之饶;江南地广,或火耕水耨。民食鱼稻,以渔猎山伐为业,果蓏蠃蛤,食物常足。"颜师古注："山伐,谓伐山取竹木。"《史记》卷119《循吏列传》载孙叔敖为楚相,"秋冬则劝民山采,春夏以水,各得其所便,民皆乐其生。"《集解》注引徐广曰:"乘多水时而出材竹。"西汉前期吴王刘濞,"王四郡之众,地方数千里,内铸消铜以为钱,东煮海水以为盐,上取江陵木以为船,一船之载当中国数十两车,国富民众。"③江陵东临物产丰饶的云梦泽,王孙圉称其为楚国之宝。"金木竹箭之所生也。龟、珠、角、齿、皮、革、羽、毛,所以备赋,以戒不虞者也。所以共币帛,以宾享于诸侯者也。"④《墨子·公输篇》亦曰:"荆有云梦,犀兕麋鹿满之,江汉之鱼鳖鼋鼍为天下富。"

　　江陵又是当时著名的水果产地,据《史记·货殖列传》所言,"江陵千树橘"的一年收入大约为二十万钱,相当于"带郭千亩亩钟之田",甚至"与千户侯等"。《水经注》卷34《江水》记载江陵以

①《三国志》卷27《魏书·王基传》。
②[清]顾祖禹:《读史方舆纪要》卷78《湖广四·荆州府》,第3657页。
③《史记》卷118《淮南衡山列传》。
④《国语》卷18《楚语下》,第580页。

西的百里洲,"中有桑田甘果,映江依洲。"附近的夷道县(今湖北宜都市)有湖里渊,"渊上橘柚蔽野,桑麻暗日。"①《襄阳记》载孙吴丹阳太守李衡曾在江陵以南的武陵龙阳汜洲上种甘橘千株,临死之前,"敕儿曰:'汝母恶吾治家,故穷如是。然吾州里有千头木奴,不责汝衣食,岁上一匹绢,亦可足用耳。'衡亡后二十日,儿以白母。母曰:'此当是种甘橘也。汝家失十户客来七八年,必汝父遣为宅。汝父恒称太史公言:江陵千树橘,当封君家。'……吴末,衡甘橘成,岁得绢数千匹,家道殷足。"②

其次,江陵地区的手工业也有很高水平。江陵的望山、九店和马山 1 号楚墓中出土了制作精美、品种多样的丝绸,衣衾材料有绢、纱、罗、绨、组、绮、绦、锦、纨、缟、缣、縠等,其织染、刺绣具有高超的工艺水平,被誉为"丝绸宝库",反映了楚地丝织业的发达③。考古发现纪南城西南部有金属铸造作坊遗址,城内龙会河一带有许多陶窑遗址,还有大量铜、铁、锡、陶、竹、木器出土④。白起亡郢之后,秦汉时期的江陵成为地区经济中心,纪南城一带变成贵族地主的丧葬区,凤凰山 167 号、168 号汉墓都是葬于纪南城内的西汉墓,出土的铜、铁、锡、陶、竹、木、漆、玉器及丝麻织物,应

---

① [北魏]郦道元原注,陈桥驿注释:《水经注》,第 534 页。
②《三国志》卷 48《吴书·三嗣主传·孙休》注引《襄阳记》。
③ 参见湖北省文化局文物工作队:《湖北江陵三座楚墓出土大批重要文物》,《文物》1966 年第 5 期。彭浩:《湖北江陵马山砖厂 1 号墓出土大批战国时期丝织品》,《文物》1982 年第 10 期。湖北省荆州地区博物馆:《江陵马山 1 号楚墓》,文物出版社,1985 年。
④ 参见谭维四:《楚都纪南城考古概述》,《楚都纪南城考古资料汇编》,湖北省博物馆编著发行,1980 年。

是当时江陵城内各手工作坊所制造的[①]。

再者,江汉平原的地理条件有利于商业活动的开展,江陵位处其中心地带,水旱道路通达辐辏。考古发掘表明,江陵境内的楚都纪南城,城垣周长为 15.5 公里,城内面积约 16 平方公里。若以 268m$^2$/户、每户平均为 5 口的指数计算,郢都城内的人口约有近 6 万户,30 万人,其规模仅次于当时著名的齐都城市临淄[②],是当时南方最大的城市,士民众多,商业繁华。如桓谭《新论》所称:"楚之郢都,车挂毂,民摩肩,市路相交,号为'朝衣新而暮衣弊'。"[③]

需要强调的是,春秋至西汉时期,江陵所在的荆州地区尽管资源富饶,社会经济发展有了长足的进步,但是在整体上仍然不如黄河流域的关中、河南与齐鲁等地发达。司马迁在《史记》卷129《货殖列传》中说:"楚越之地,地广人稀,饭稻羹鱼,或火耕而水耨;果隋蠃蛤,不待贾而足。地势饶食,无饥馑之患,以故呰窳偷生,无积聚而多贫。是故江、淮以南,无冻饿之人,亦无千金之家。"两汉之际,北方居民为了躲避战乱,开始有人众大量南迁,促进了当地的人口繁殖与经济增长。据《汉书·地理志》与《后汉书·郡国志》记载,荆州人口由西汉的 359 万增长到东汉时的 626

---

① 参见陈振裕:《江陵凤凰山一六八号汉墓》,《考古学报》1993 年第 4 期。纪南城凤凰山一六八号汉墓发掘整理组:《湖北江陵凤凰山一六八号汉墓发掘简报》,《文物》1975 年第 9 期。湖北省纪南城文物考古工作队:《谈谈凤凰山一六八号汉墓的出土文物》,《湖北日报》1975 年 7 月 30 日。

② 参见湖北省博物馆:《楚都纪南城的勘查与发掘》,《考古学报》1982 年第 3、4 期。马世之:《略论楚郢都城市的人口问题》,《江汉考古》1988 年第 1 期。

③ [宋]李昉等:《太平御览》卷 776《车部五·毂》引桓谭《新论》,第 3441 页。

万。东汉末年,中原各地因为军阀长期混战而残破不堪,荆州却因为相对安定与经济繁盛而受到政治家们的关注。如鲁肃献策孙权时,说荆楚之地,"沃野万里,士民殷富,若据而有之,此帝王之资也。"①诸葛亮《隆中对》也向刘备建议:"荆州北据汉、沔,利尽南海,东连吴会,西通巴、蜀,此用武之国,而其主不能守,此殆天所以资将军,将军岂有意乎?"②江陵地区在全国经济领域的优越地位自汉末延续到南北朝,如刘宋谢晦反叛时称:"荆州用武之地,兵粮易给。聊且决战,走复何晚?"③齐高帝报沈攸之书曰:"昔征茅不入,犹动义师;况荆州物产,雍、岷、交、梁之会,自足下为牧,荐献何品? 良马劲卒,彼中不无,良皮美罽,商略所聚,前后贡奉,多少何如?"④可见当地的富庶强盛仍是吸引军阀称雄割据的重要条件。

## (二)水陆辐辏、地当枢要

江陵自春秋时楚国建都之后,即成为长江中游的经济、政治重心地区,秦汉时或为南郡治所,或为临江王国的都城。虽然屡经水火战乱之灾,但是其战略地位却未曾动摇,这与它所在地理位置之特殊性有着密切联系。颜真卿曾称誉江陵为:"荆南巨镇,江汉上游,右控巴蜀,左联吴越,南通五岭,北走上都。"⑤概要地表明了它作为交通枢纽的重要作用。六朝隋唐时期,南方有三大基

①《三国志》卷54《吴书·鲁肃传》。
②《三国志》卷35《蜀书·诸葛亮传》。
③《南史》卷19《谢晦传》。
④《南齐书》卷25《张敬儿传》。
⑤[清]董诰等编:《全唐文》卷336颜真卿《谢荆南节度使表》,第3405页。

本经济区域,即扬州(太湖平原)、荆州(江汉、洞庭湖平原)和益州(四川盆地),沟通三地的运输路线主要是依靠长江航运。而江陵的位置居其间,是当时中南地区最大的水陆会要与物资集散地。《汉书》卷28下《地理志下》曰:"江陵,故郢都,西通巫、巴,东有云梦之饶,亦一都会也。"严耕望曾云:

> 中古时代,尚以岷江为长江之主源,故成都府为当时西南部最大都市,亦为长江上游最大都市,江陵府为当时南中国中部最大都市,亦为长江中游最大都市。此两大都市皆经济繁荣,人文蔚盛,其间交通运输主要有赖长江上半段之蜀江水陆道。[1]

长江的三峡航段,因水面狭窄而激流汹涌。"自三峡七百里中,两岸连山,略无阙处,重岩叠嶂,隐天蔽日,自非停午夜分,不见曦月。至于夏水襄陵,沿溯阻绝,或王命急宣,有时朝发白帝,暮到江陵,其间千二百里,虽乘奔御风,不以疾也。"[2]早在战国时期,峡江即有大船通航,可以顺流直下楚地。如张仪说楚王曰:"秦西有巴蜀,方船积粟,起于汶山,循江而下,至郢三千余里。舫船载卒,一舫载五十人,与三月之粮,下水而浮,一日行三百余里;里数虽多,不费马汗之劳,不至十日而距扞关;扞关惊,则从竟陵已东,尽城守矣,黔中、巫郡非王之有已。"[3]江水出西陵峡后流速放缓,泥沙淤积,在枝江以下航段形成绵延百里的沙洲,河道亦被

---

①严耕望:《唐代交通图考》第四卷《山剑滇黔区》,第1079页。
②[北魏]郦道元原注,陈桥驿注释:《水经注》卷34《江水》,第530页。
③[西汉]刘向集录:《战国策》卷14《楚策一》,第506页。

分隔为内外两江①。《水经》言江水，"又东过枝江县南，沮水从北来注之。"郦道元注："其地夷敞，北据大江，江氾枝分，东入大江，县治洲上，故以枝江为称。"又引盛弘之《荆州记》云："县左右有数十洲槃布江中，其百里洲最为大也。中有桑田甘果，映江依洲，自县西至上明东及江津，其中有九十九洲。"②江津渡口即今湖北沙市的前身，在江陵城东二十里，百里洲至此消失，大江重新合流，宽广深邃，时有风涛出没。《水经注》卷 34《江水》言马头戍，"北对大岸，谓之江津口，故洲亦取名焉。江大自此始也。《家语》曰：江水至江津，非方舟避风，不可涉也。故郭景纯云：济江津以起涨。言其深广也。"③据陈国灿研究，所谓"方舟"，指的是船体宽平，船头方宽的航船，这样才能鼓帆而行，抗拒大江的风浪。荆州以上的峡江航道，由于江窄水急且多有险滩，为了便于行驶和纤绳牵引，船体普遍首尖身窄。"这就使得大江上下的运输，必须在荆州换船。特殊的地理位置，使得荆州城在古代的长江航运史上占有特别重要的地位。"④春秋战国时期，楚国曾在江陵设置过制造船只的工场与管理机构"船官"⑤，就是利用了那里的地理优势。

　　江陵南临长江，东面与北方则有汉水流过。据《史记》卷 29

---

① [宋]乐史撰，王文楚等点校：《太平寰宇记》卷 146《山南东道五·荆州》枝江县引《荆州图》言百里洲，"其上宽广，土沃人丰，陂潭所产，足穰俭岁，又特宜五谷。州首派别，南为外江，北为内江。"第 2840 页。

② [北魏]郦道元原注，陈桥驿注释：《水经注》卷 34《江水》，第 534—535 页。

③ [北魏]郦道元原注，陈桥驿注释：《水经注》卷 34《江水》，第 537 页。

④ 陈国灿：《古代荆沙地区的经济发展及演变》，中国唐史学会、湖北省社会科学院历史研究所编：《古代长江中游的经济开发》，第 77 页。

⑤ [北魏]郦道元原注，陈桥驿注释：《水经注》卷 34《江水》言江陵："今城，楚船官地也，春秋之渚宫矣。"第 536 页。

《河渠书》所言,春秋时楚国曾开凿了沟通江汉的运河。"于楚,西
方则通渠汉水、云梦之野,东方则通沟江淮之间。"学术界通常认
为这条运河很可能是引用发源于荆山南流入江的沮水,与发源于
郢都附近的扬水相连接,以便循扬水至今潜江县西北进入汉水,
这样就可以利用航运来北上襄樊,进而满足其问鼎中原的需要[1]。
楚昭王时,伍子胥曾率领吴师经此水道攻入郢都。《水经注》卷 28
《沔水》曰:"沔水又东南与阳口合,水上承江陵县赤湖。江陵西北
有纪南城,楚文王自丹阳徙此,平王城之。班固言:楚之郢都也。
城西南有赤坂冈,冈下有渎水,东北流入城,名曰子胥渎,盖吴师
入郢所开也。"杨守敬疏云:"此子胥渎在今江陵县西北。吴入郢
在《春秋·定四年》。"[2]学界认为,伍子胥可能即由汉水入扬水,利
用和疏浚了这一水道,因而被称为"子胥渎"[3],今世则称为"荆汉
运河"。据安徽出土的《鄂君启节》记载,楚国在怀王时(公元前
328—前 299)即以郢都为中心,形成了连通四方的水陆交通网,水
道以长江为主,东至吴地,西通巴蜀,南抵湖湘;而汉水通航可以
北达南阳,甚至延伸到陕南汉中等地[4]。荆汉运河的使用延续到
汉末三国时期,如建安十三年(208)刘备自樊城南撤,"比到当阳,
众十余万,辎重数千两,日行十余里,别遣关羽乘船数百艘,使会

---

①参见王育民:《中国历史地理概论》(上),第 241—242 页。

②[北魏]郦道元注,[民国]杨守敬、熊会贞疏:《水经注疏》,第 2404—2405 页。

③参见王育民:《中国历史地理概论》(上),第 242 页。王育民:《先秦时期运河考略》,
《上海师范大学学报》1984 年第 3 期。

④参见谭其骧:《鄂君启节铭文释地》,《中华文史论丛》第 2 辑,上海古籍出版社,1962
年。黄盛璋:《关于鄂君启节交通路线复原问题》,《中华文史论丛》第 5 辑,上海古籍
出版社,1964 年。

江陵。"①亦是计划驾驭舟船顺汉江转入扬水而至。刘备兵败当阳之后，"先主斜趋汉津，适与羽船会，得济沔，遇表长子江夏太守琦众万余人，与俱至夏口。"②他与关羽会师的汉津，就是扬水与汉江交汇的水口。《水经注》卷28《沔水》曰："扬水又北注于沔，谓之扬口，中夏口也。曹太祖之追刘备于当阳也，张飞按矛于长坂，备得与数骑斜趋汉津，遂济夏口是也。"③

　　水路运输节时省力，所谓"一船之载当中国数十两车"④，但是要受航道分布的局限。江陵地区的陆路交通也很方便，可以抵达四方。《三国志》卷58《吴书·陆抗传》曰："江陵平衍，道路通利。"该地向西沿长江北岸过枝江、夷陵至西陵峡口，即至经三峡入蜀之门户。建安二十四年（219）孙权派吕蒙袭取江陵，另遣陆逊别取宜都，"获秭归、枝江、夷道，还屯夷陵，守峡口以备蜀。"⑤其进军走的就是这条路线。从江陵东南的江津舟济，顺流至公安上岸后南行，可抵达澧、沅、资、湘诸水流域，即荆州的江南诸郡。赤壁战后，孙刘联军击败曹仁，夺得江陵。"周瑜为南郡太守，分南岸地以给（刘）备。备别立营于油江口，改名为公安。"⑥遂即由该地发兵，"又南征四郡。武陵太守金旋、长沙太守韩玄、桂阳太守赵范、零陵太守刘度皆降。庐江雷绪率部曲数万口稽颡。琦病死，群下

---

①《三国志》卷32《蜀书·先主传》。
②《三国志》卷32《蜀书·先主传》。
③［北魏］郦道元原注，陈桥驿注释：《水经注》，第453—454页。
④《史记》卷118《淮南衡山列传》。
⑤《三国志》卷47《吴书·吴主传》。
⑥《三国志》卷32《蜀书·先主传》注引《江表传》。

推先主为荆州牧,治公安。"①

　　汉末三国时期,江陵以东的道路因为云梦泽的萎缩而有所延
伸。据古地质学的研究,由于江、汉二水泥沙的淤积,荆江与汉江
两个沉积扇在西汉时逐渐连为一体,出现了广阔的江汉内陆三角
洲,其标志是华容县(故城在今湖北潜江西南)和竟陵县(故城在
今湖北潜江西北)的设立②。江陵北边的荆山、大洪山等山脉丘
陵,其地势自西北向东南倾斜。在山林开发、水土流失,以及汉、
江之间汉流泥沙沉降的影响下,导致了陆地的东南推移,云梦泽
又被挤压缩小,为新扩展的沼地、平原所侵蚀。据李文澜考证,孙
吴黄武元年(222)曾于故汉华容县东南设监利县,"'以地富鱼稻,
令官监之',故名。此县一度废置,至晋武帝太康五年又分立。"③
由于上述原因,江陵以东的道路得到了扩展,可以经过华容、监利
境内到达长江北岸的乌林(今湖北洪湖市东北邬林矶)。曹操赤
壁兵败后,即由此地向江陵撤退。"引军从华容道步归,遇泥泞,
道不通,天又大风,悉使羸兵负草填之,骑乃得过。"④胡三省曰:
"华容县,属南郡;从此道可至华容县也。杜佑曰:古华容,在竟陵
郡监利县。"⑤《三国志》卷54《吴书·周瑜传》亦言曹操战船被烧,
"军遂败退,还保南郡。(刘)备与瑜等复共追。曹公留曹仁等守

①《三国志》卷32《蜀书·先主传》。
②参见王育民:《中国历史地理概论》(上),第122—123页。中国科学院《中国自然地
　理》编委会编:《中国自然地理·历史自然地理》,科学出版社,1982年,第91页。
③李文澜:《江汉平原开发的历史考察(上篇)》,中国唐史学会、湖北省社会科学院历史
　研究所编:《古代长江中游的经济开发》,第55页。
④《三国志》卷1《魏书·武帝纪》注引《山阳公载记》。
⑤《资治通鉴》卷65汉献帝建安十三年胡三省注。

江陵城,径自北归。"

　　江陵地区古代交通影响最为重要的陆路是北通襄阳、樊城的"荆襄道"。《南齐书》卷15《州郡志下》曰:"江陵去襄阳步道五百,势同唇齿。"杜佑《通典》卷177《州郡七》言襄阳郡,"南至江陵郡四百七十里。"①同书卷183《州郡十三》言江陵郡,"北至襄阳郡四百五十里。"②其估算小有出入。汉时此道自江陵北上,途中经过当阳(治今湖北当阳县东)。建安十三年(208)曹操南征,刘备自樊城撤往江陵,"比到当阳,众十余万,辎重数千两。"③再往北行进入编县(治今湖北荆门市北)境内,近汉水有蓝口,又称那口,是权水入汉之处,有民聚和城堡。新莽末年王常参加绿林起义军,"后与成丹、张卬别入南郡蓝口,号下江兵。"④李贤注引《续汉志》曰:"南郡编县有蓝口聚。"《水经注》卷28《沔水》曰:"沔水又东,右会权口。水出章山,东南流径权城北,古之权国也。《春秋·鲁庄公十八年》,楚武王克权,权叛,围而杀之,迁权于那处是也。东南有那口城。"杨守敬疏云:"《左传》杜《注》,南郡编县东南有那口城。《释例》楚地内同。此东上当有编县二字。……《续汉志》,编有蓝口聚,蓝、那音近。在今荆门州东南。"⑤再沿汉水西岸北行至宜城(治今湖北宜城市),《元和郡县图志》卷21《山南道二》载襄州宜城县,"北至州九十五里。"⑥距离襄阳甚近。《三国志》卷6《魏书·

---

①[唐]杜佑:《通典》,第943页。
②[唐]杜佑:《通典》,第971页。
③《三国志》卷32《蜀书·先主传》。
④《后汉书》卷15《王常传》。
⑤[北魏]郦道元注,[民国]杨守敬、熊会贞疏:《水经注疏》卷28《沔水》,第2403页。
⑥[唐]李吉甫:《元和郡县图志》,第531页。

刘表传》曰："灵帝崩,代王叡为荆州刺史。是时,山东兵起,表亦合兵军襄阳。"裴松之注引司马彪《战略》曰："表初到,单马入宜城,而延中庐人蒯良、蒯越、襄阳人蔡瑁与谋。"《后汉书》卷74下《刘表传》李贤注云："宜城,县,属南郡,本鄢,惠帝三年改名宜城。"春秋战国时期,鄢即楚之别都,亦为郢都北邻重镇,史籍往往鄢郢联称,鄢亡则郢都难保。如《战国策》卷10《齐策三》曰："安邑者,魏之柱国也;晋阳者,赵之柱国也;鄢郢者,楚之柱国也。"①《史记》卷73《白起王翦列传》曰："白起攻楚,拔鄢、邓五城。其明年,攻楚,拔郢,烧夷陵,遂东至竟陵。楚王亡去郢,东走徙陈。秦以郢为南郡。"《荀子》卷15《议兵》言楚国:"汝、颍以为险,江、汉以为池,限之以邓林,缘之以方城,然而秦师至而鄢、郢举,若振槁然,是岂无固塞隘阻也哉!"②

　　荆襄道的终端襄阳是古代中国著名的水陆会要,为春秋时楚国赴中原争霸的必经之途。《荆州记》云:"襄阳旧楚之北津,从襄阳渡江,经南阳,出方关,是周、郑、晋、卫之道,其东津经江夏,出平皋关,是通陈、蔡、齐、宋之道。"③由襄阳北渡汉水过樊城,沿淯水(今白河)经过新野,即到达南阳盆地的中心宛(今河南南阳市),往东北行进有著名的方城隘口,在今河南省方城、叶县之间,是伏牛山脉和桐柏山脉衔接的丘陵地段,出方城即进入豫东平原。楚国军队、商旅的北行,以经过这条通道最为方便,历史上称其为"夏路",《史记》卷41《越王勾践世家·索隐》解释道:"楚适诸

---

① [西汉]刘向集录:《战国策》,第391页。
② [唐]杨倞注:《荀子》,上海古籍出版社,2010年,第174页。
③ 《后汉书·郡国志四》"襄阳有阿头山"注引《荆州记》。

夏,路出方城,人向北行。"由宛城北过鲁阳(今河南鲁山县)穿越
伏牛山脉,即能直抵号为"天下之中"的古都洛阳。自新野向西北
经穰县(今河南邓州市),溯丹水沿岸进入武关,过商洛山地、蓝田
峡谷即可到达关中平原。严耕望曾指出:古代中国疆域以黄河、
长江两大流域为主体,而其间相隔有秦岭、伏牛、桐柏、大别诸山
脉,使南北交通局限于东、西、中三条主要干线。西线由关中越秦
岭西段,循嘉陵江入巴蜀。东线由河淮平原逾淮水至长江下游之
吴越;中线即由河洛地区南至宛、邓,再循白水流域南下襄阳,复
循汉水至长江中游之荆楚。严氏总结道:

> 三道之中,以中道为最盛,盖古代中国之政治经济文化
> 中心在渭汾下游与河洛平原,地居黄河流域之中部,故中道
> 发展最居优势。且西道极艰险难行,东道虽行平原博野,但
> 无天然河流南北通贯,惟中道由白河北运,已近河洛,旁及关
> 中,由汉水南航,以通荆、鄂、湘、赣,远达岭表,故水陆兼通,
> 亦为东西两道所不及;而中道之主干则荆襄道也。[1]

特别需要注意的是,秦汉王朝相继统一中国后,均大力发展
交通事业,修筑驰道以沟通全境。"东穷燕齐,南极吴楚,江湖之
上,濒海之观毕至。"[2]荆襄道亦包括在驰道范围之内,故秦汉帝
王曾屡次巡幸到江陵。如秦始皇二十八年(前219)南游,"乃西
南渡淮水,之衡山、南郡。浮江,至湘山祠……上自南郡由武关
归。"[3]即由荆襄道北上,经南阳回到关中。《史记集解》引应劭

---

① 严耕望:《唐代交通图考》第四卷《山剑滇黔区》,第1075页。
②《汉书》卷51《贾山传》。
③《史记》卷6《秦始皇本纪》。

曰："武关,秦南关,通南阳。"汉武帝元封五年(前 106)自长安出
行,"上巡南郡,至江陵而东。登礼灊之天柱山,号曰南岳。"①汉
章帝元和元年(84)自洛阳南巡,"进幸江陵,诏庐江太守祠南
岳……还,幸宛。"②秦汉的驰道路面宽阔,构筑良好。《汉书》卷
51《贾山传》言秦始皇为驰道于天下,"道广五十步,三丈而树,
厚筑其外,隐以金椎,树以青松。"正是因为荆襄道顺达通畅,曹
操派遣五千精骑追击刘备时,才能够"一日一夜行三百余里,及
于当阳之长坂"③。

　　如上所述,江陵水陆交会,位居要枢,控制了这一地区可以开
赴四方。如杜甫在《江陵望幸》诗中所言:"地利西通蜀,天文北照
秦。风烟含越鸟,舟楫控吴人。"④由于它在古代中国的交通网络
中占有非常重要的位置,所以在汉末三国的战乱里成为兵家必争
之地。

### (三)汉末政治地理格局的演变与荆州战略地位的陟升

　　江陵地区虽然经济资源丰富,交通便利,但是在秦汉时代该
地未曾发生过长期激烈的攻守战斗,无论是改朝换代的军阀争夺
天下,还是数次农民大起义,主要战场都是在黄河中下游一带,江
陵所在的荆州处于相对平静的状态,并未受到各方政治势力的特
殊重视。学术界已然注意到这一情况,例如唐长孺曾指出,当西
汉末年各地破产农民举行大起义时,江南地区(包括荆州)没有形

---

① 《史记》卷 28《封禅书》。
② 《后汉书》卷 3《肃宗孝章帝纪》。
③ 《三国志》卷 32《蜀书·先主传》。
④ 《全唐诗》卷 232《杜甫·江陵望幸》,中华书局,1999 年,第 2557 页。

成斗争的洪流①。彭神保亦论述在秦汉的历次动乱期间,荆州地区并没有深陷兵灾战祸。"高高在上的封建中央王朝,在黄河流域不断更迭,一个旧王朝倒下去,另一个新王朝建立起来,像这样一种震撼全国的大事,对于荆湘地区的人来说,好象不曾发生过什么。《汉书》上记载王莽时绿林军王匡发动过起义,这也只不过是由于饥饿,为了生存而被迫起来暴动罢了。其余就不见这里的人有什么动静了。"②为什么到了汉末三国,江陵地区就为各方所关注而战事不断呢? 笔者认为,这与当时政治军事的地理形势发生骤变有着密切联系。

　　战国中叶到西汉时期,由于各地区的经济发展很不平衡,在生产活动、文化传统和风俗习惯等方面具有明显的差别。司马迁在《史记·货殖列传》中把全国分成了山西、山东、江南、龙门碣石以北四大区域。其中江南地广人稀,"或火耕而水耨"。龙门碣石以北半农半牧,"多马、牛、羊、旃裘、筋角。"这两个地区都比较落后,最为发达的是以华北平原为主体的"山东",或称"关东"的和以关中平原为主体的"山西",或称为"关西"的两个经济区。受此格局决定,这一历史阶段国内政治斗争与军事冲突在地域上表现出东西对峙的时代特点,例如战国后期秦与山东六国的对抗,秦朝与陈胜吴广起义军及刘邦项羽起义军的交战,楚汉战争,吴楚七国之乱,以及新莽政权和绿林赤眉起义军的战争,都是体现了

①参见唐长孺:《三至六世纪江南大土地所有制的发展》,上海人民出版社,1957年,第11页。
②彭神保:《六朝时期的荆州》,中国唐史学会、湖北省社会科学院历史研究所编:《古代长江中游的经济开发》,第105页。

关中与山东政治势力的争雄。在上述形势的制约下,双方在此数百年间的交锋大多发生在关中与山东两大经济区域的中间地带,即晋南的运城、长治盆地,豫西丘陵山地和南阳盆地,特别是豫西的荥阳、成皋至函谷、潼关一线,而江陵所在的荆州则偏离了东西对抗交锋的热点区域,因此少有战火。

　　东汉初年,国内的政治地理格局开始发生变化。关中地区的经济遭到王莽末年战乱的破坏以后,又频频受到陇西羌乱的冲击,始终比较低落,没能恢复到昔日富甲天下的景象。山东地区却继续保持着经济繁荣。崔寔在《政论》中写道:"今青、徐、兖、冀,人稠土狭,不足相供。而三辅左右,及凉、幽州内附近郡,皆土旷人稀……"①可见它们的差距已经十分明显。关中的衰落,丧失了它支持中央政权与山东实力抗衡的经济基础。这样,就使数百年国内东西对峙的形势淡化消失了。光武帝刘秀定都洛阳,没有选择长安,主要原因也在于山东的经济力量大大超过了关中,在洛阳建都,临近东方的几个重要产粮区,可以减轻转运之劳。东汉末年频繁激烈的军阀混战,给北方经济区域造成了严重破坏;而南方,特别是江东和巴蜀地区受战乱的影响比较少,成为北方士民的避难之所。那里的生产事业经过多年的发展,也有很大的提高,足以分别支持一个割据政权与中原的曹魏相抗。南北经济力量的此消彼长,使中国的政治地理结构出现了新的均衡,由战国至新莽时期的东西对峙演变成南、北两大势力的角逐。四川盆地与长江中下游的经济繁荣,不仅提供了三国鼎立的物质基础,而且开创了东晋至隋统一前数百年间南北割据局面的先河。这

―――――――――

① [汉]崔寔:《政论注释》,上海人民出版社,1976年,第49页。

一历史阶段内战的相持地带也因此转移到南、北方经济区交界的黄淮、江汉平原和秦岭山地,《三国志》卷3《魏书·明帝纪》载曹睿曰:"先帝东置合肥,南守襄阳,西固祁山,贼来辄破于三城之下者,地有所必争也。"上述诸地就是军事冲突爆发的焦点。江陵所在的荆州地区由此提高了战略地位,无论是曹魏挥师江南,还是蜀汉、孙吴北上中原,都会考虑把荆襄道作为主要进军路线之一,荆州于是成为双方重点争夺的对象。另外,三国时期的南方政治势力始终未能实现益州与江东的统一,荆州介于吴(扬州)、蜀(益州)之间,孙、刘两家都想占据该地,为此又多了一番东西军事集团的争斗。这样,它就成了备受各方觊觎的"四战之地"。宋臣赵鼎曾回顾这段历史说:"荆、襄左顾川、陕,右控湖湘,而下瞰京、洛,三国所必争。"①王环亦曰:"江陵在中朝及吴、蜀之间,四战之地也。"②胡安国说江陵地区,"后逮汉衰,刘表收之,坐谈西伯。先主假之,三分天下;关羽用之,威震中华;孙氏有之,抗衡曹魏。晋、宋、齐、梁倚为重镇,财赋兵甲,当南朝之半。其为江东屏蔽,犹虞、虢之有下阳也。"又言:"湖北十有四州,其要会全在荆、峡。故刘表时军资寓江陵,先主时重兵屯油口,关羽、孙权则并力争南郡,陆抗父子则协规守宜都,晋大司马温及其弟冲则保据渚宫与上明,皆荆、峡之封境也。"③

东汉后期,荆州之辖区包括南阳、江夏、南郡、长沙、武陵、零陵、桂阳、章陵八郡④。江陵是南郡治所,位居其核心区域,即处于

①《宋史》卷360《赵鼎传》。
②《资治通鉴》卷276后唐明宗天成三年三月。
③[清]顾祖禹:《读史方舆纪要》卷78《湖广四·荆州府》,第3654页。
④参见方高峰:《汉末荆州八郡考》,《益阳师专学报》1999年第4期。

江汉平原的中心,为荆州之枢要。顾祖禹曰:"以湖广言之则重在荆州(笔者注:此荆州系指江陵),何言乎重在荆州也?夫荆州者,全楚之中也。北有襄阳之蔽,西有夷陵之防,东有武昌之援,楚人都郢而强,及鄢郢亡而国无以立矣,故曰重在荆州也。"①就是说只要掌握了这一腹心地区,周边各座郡县就容易得到控制。东汉荆州刺史治所原在江南武陵郡下的汉寿县(治今湖南常德市东北),据史籍所载,随着汉末中原政局的日趋混乱,荆州刺史治所向北移到了江陵。参见《南齐书》卷15《州郡志下》:"荆州,汉灵帝中平末刺史王睿始治江陵。"董卓之乱爆发后,荆州局势亦发生动荡。汉献帝初平元年(190),王睿被军阀孙坚杀害,朝廷任命刘表继任荆州刺史,而境内战乱蔓延。司马彪《战略》曰:"刘表之初为荆州也,江南宗贼盛,袁术屯鲁阳,尽有南阳之众。吴人苏代领长沙太守,具羽为华容长,各阻兵作乱。表初到,单马入宜城。"蒯越向其献策曰:"君诛其无道,抚而用之。一州之人,有乐存之心,闻君盛德,必襁负而至矣。兵集众附,南据江陵,北守襄阳,荆州八郡可传檄而定。(袁)术等虽至,无能为也。"②刘表采纳了他的建议,迅速平定内乱,随即控制了荆州全境。因为北方战事加剧,"(刘)表遂理兵襄阳,以观时变。"③即将刺史治所向北迁移在荆襄道北端的重镇襄阳。但是该地距离曹魏边陲南阳太近,为了安全起见,遂将荆州的重要军资储备屯聚在位于后方的江陵。《三国志》卷32《蜀书·先主传》曰:"曹公以江陵有军实,恐先主据之,乃释辎

---

①[清]顾祖禹:《读史方舆纪要·湖广方舆纪要序》,第3484页。
②《三国志》卷6《魏书·刘表传》注引司马彪《战略》。
③《后汉书》卷74下《刘表传》。

重,轻军到襄阳。闻先主已过,曹公将精骑五千急追之。"此外,据史籍所载,刘表在江陵仍保留州牧官署,建安十三年(208)曹操进驻江陵后曾经在此住宿①。在西晋灭吴之役中,杜预攻克江陵后,"于是沅湘以南,至于交广,吴之州郡皆望风归命,奉送印绶,预仗节称诏而绥抚之。"②正如吕祉所言:"不守江陵则无以复襄阳,不守江陵则无以图巴蜀,不守江陵则无以保武昌,不守江陵则无以固长沙。"顾祖禹评曰:"江陵于诸郡辅车之势,谋国者所当察也。"③

综上所述,江陵土沃水丰,物产富饶,又位居水旱道路交汇之处,便于商业交通的开展。汉末战乱爆发后,南北对抗的政治军事形势又提升了它的地位价值,致使争雄天下的诸强都想统治这块要地,以便让自己在割据混战当中处于有利的地位,所以该地在这一历史阶段遭遇到频繁的攻守作战。

## 三、"规定巴蜀,次取襄阳"的后方基地
### ——周瑜、刘备、关羽治下的江陵

赤壁战后曹操退兵,周瑜与刘备率军沿途追击。"曹公留曹

---

① 参见《三国志》卷38《蜀书·许靖传》注引《魏略》载《王朗与文休书》:"是时侍宿武皇帝于江陵刘景升听事之上,共道足下于通夜,拳拳饥渴,诚无已也。"笔者按:汉代"听事"即州郡县道长官办公之厅堂。《资治通鉴》卷89晋愍帝建兴二年三月胡三省注曰:"中庭曰听事,言受事察讼于是。汉、魏皆作'听事',六朝以来,乃始加厂作'厅'。"

② 《晋书》卷34《杜预传》。

③ [清]顾祖禹:《读史方舆纪要》卷78《湖广四·荆州府》,第3654页。

仁等守江陵城,径自北归。瑜与程普又进南郡,与仁相对。"①经过
长期的攻守交锋,曹仁终因损失惨重而放弃江陵。《三国志》卷 47
《吴书·吴主传》曰:"(建安)十四年,瑜、仁相守岁余,所杀伤甚
众,仁委城走。"江陵从此岁(209)至西晋太康元年(280)被杜预攻
占,其间共有 71 年,虽然经历过吴蜀两度易手(刘备借荆州和吕
蒙袭取南郡),但是从三国南北对峙的政治地理格局来看,这一地
区始终归属南方政权,与北据中原的曹魏、西晋为敌。不过,若是
仔细分析研究,可以发现在蜀汉和孙吴控制期间,江陵在军事上
的地位和作用是有显著区别的。前一个阶段,江陵是蜀汉西征与
北伐的后方基地,又是荆州战区的指挥中心,为其主帅旌节所驻
之处,凭借附近地域人力财赋的支持,刘备和关羽先后在益州和
襄樊获得过巨大胜利,并给曹魏一方带来了沉重压迫。后一个阶
段,自孙权袭破关羽,占据荆州,随即在这一地区转为采取守势。
黄初三、四年(222—223)魏军围攻江陵之后,孙吴迁徙民众于南
岸,仅留偏将率少数军队把守,致使该城变成了孤悬江北的前线
要塞,从此南郡方向再也没有给曹魏及西晋造成过实质性的威
胁。下文即对此分别予以详述:

**(一)周瑜驻节江陵与其战略谋划**

孙刘联军占领荆州之后,孙权任命主帅周瑜"领南郡太守,以
下隽、汉昌、刘阳、州陵为奉邑,屯据江陵"②。其他作战方向的部

①《三国志》卷 54《吴书·周瑜传》。
②《三国志》卷 54《吴书·周瑜传》。

署为:"程普领江夏太守,治沙羡;吕范领彭泽太守;吕蒙领寻阳令。"①而刘备则被安排在相对穷僻的长江南岸,驻扎在油口(今湖北公安县北)。《江表传》曰:"周瑜为南郡太守,分南岸地以给备。备别立营于油江口,改名为公安。刘表吏士见从北军,多叛来投备。备以瑜所给地少,不足以安民。"②《资治通鉴》卷66载此事曰:"会刘琦卒,(孙)权以备领荆州牧,周瑜分南岸地以给备。"胡三省注:"荆江之南岸,则零陵、桂阳、武陵、长沙四郡地也。"需要指出的是,当时荆州江南四郡处于独立状态,并不在孙吴的控制范围之内。周瑜所谓的"分南岸地",实际上是让刘备自己出兵去打下来。而对位置重要且物产富庶的北岸江陵地区,则根本不想让其染指。

据史籍所载,周瑜设想的战略计划是以江陵为前进基地,先入四川消灭势力孱弱的军阀刘璋,再乘势北取汉中,然后凭借秦岭山区的险要地势采取防守,将主力集中在荆州攻夺襄樊,以取得北蔽江陵和进兵中原的门户,这一方案获得了孙权的首肯。《三国志》卷54《吴书·周瑜传》曰:"是时刘璋为益州牧,外有张鲁寇侵。瑜乃诣京见权曰:'今曹操新折衄,方忧在腹心,未能与将军连兵相事也。乞与奋威俱进取蜀。得蜀而并张鲁,因留奋威固守其地,好与马超结援。瑜还与将军据襄阳以蹙操,北方可图也。'权许之。"关于周瑜以荆州为后距,西入巴蜀、北进河洛的作战规划,此前也曾有人提出过类似的计策。例如甘宁早在曹操南征荆襄之前,就向孙权进言道:"南荆之地,山陵形便,江川流通,

---

①《资治通鉴》卷66汉献帝建安十四年。
②《三国志》卷32《蜀书·先主传》注引《江表传》。

诚是国之西势也。宁已观刘表,虑既不远,儿子又劣,非能承业传基者也。至尊当早规之,不可后操。"①如果获得成功,便移师溯江而上。"西据楚关,大势弥广,即可渐规巴蜀。"②与周瑜计划更为接近的是诸葛亮的《隆中对》,他在分析了当前局势后向刘备建议:

> 荆州北据汉沔,利尽南海,东连吴会,西通巴、蜀,此用武之国,而其主不能守,此殆天所以资将军,将军岂有意乎? 益州险塞,沃野千里,天府之土,高祖因之以成帝业。刘璋暗弱,张鲁在北,民殷国富而不知存恤,智能之士思得明君。将军既帝室之胄,信义著于四海,总揽英雄,思贤如渴。若跨有荆、益,保其岩阻,西和诸戎,南抚夷越,外结好孙权,内修政理,天下有变,则命一上将将荆州之军以向宛、洛,将军身率益州之众出于秦川,百姓孰敢不箪食壶浆以迎将军者乎? 诚如是,则霸业可成,汉室可兴矣。③

由此可见,天下英杰所谋之大略相同!

在周瑜心目之中,刘备是孙权争夺天下的潜在威胁,必须严加防范。他曾上书说:"方今曹公在北,疆场未静,刘备寄寓,有似养虎。"④所以在其西进北征的作战计划中,是不准备对刘备委以重用的,他甚至劝孙权乘接见时将其软禁起来。《三国志》卷54《吴书·周瑜传》曰:"备诣京见权,瑜上疏曰:'刘备以枭雄之姿,

---

① 《三国志》卷54《吴书·甘宁传》。
② 《三国志》卷54《吴书·甘宁传》。
③ 《三国志》卷36《蜀书·诸葛亮传》。
④ 《三国志》卷54《吴书·鲁肃传》注引《江表传》。

而有关羽、张飞熊虎之将,必非久屈为人用者。愚谓大计宜徙备置吴,盛为筑宫室,多其美女玩好,以娱其耳目。'"而对关、张二将,周瑜认为可以利用其军事才能,但要将他们调至两地,在吴国将帅的指挥下分别作战。"分此二人,各置一方,使如瑜者得挟与攻战,大事可定也。"不过,孙权认为此举会削弱反曹阵营的力量,又将使自己有嫉贤妒能的恶名,所以没有接受。"权以曹公在北方,当广揽英雄。又恐备难卒制,故不纳。"

周瑜给自己的战略谋划命名为"规定巴蜀,次取襄阳"①。从当时形势来看,实现此项方案具有很大的可能性。吴军在赤壁和南郡之战中接连告捷,士气正值旺盛。甘宁夺取江陵以西的要地夷陵之后,镇守峡口的刘璋部属即来归顺,从而打开了入川的大门。《三国志》卷 54《吴书·吕蒙传》曰:"益州将袭肃举军来附。(周)瑜表以肃兵益(吕)蒙,蒙盛称肃有胆用,且慕化远来,于义宜益不宜夺也。(孙)权善其言,还肃兵。"胡三省对此评论道:"先取夷陵,则与益州为邻,故袭肃举军以降。袭,姓;肃,名。"②刘璋、张鲁及其部下的韬略与军队之战斗力也远逊于周瑜诸将统辖的吴师,恐怕难以抵挡。曹操西有关中的马超、韩遂为患,无法直接出师与孙吴争夺汉中、巴蜀。刘备当时势力较弱,尚需倚仗孙权壮大羽翼,还不能为此事与其反目争斗;而且他的兵众被隔在江南,即使想阻拦吴师入川也是有心无力。综合以上情况,周瑜认为自己的作战计划很有把握取胜,正如他在给孙权的书笺中所云:"瑜以凡才,昔受讨逆殊特之遇,委以腹心,遂荷荣任,统御兵马,志执

①《三国志》卷 54《吴书·鲁肃传》注引《江表传》。
②《资治通鉴》卷 65 汉献帝建安十三年胡三省注。

鞭弭,自效戎行。规定巴蜀,次取襄阳,凭赖威灵,谓若在握。"①他曾亲自赴京(今江苏镇江市)请命出征,获准后立即动身返回驻地筹备入蜀作战,但在途中猝亡。"瑜还江陵,为行装,而道于巴丘病卒。时年三十六。"②这一突发事件使孙吴西取益州的战略计划宣告夭折。

就上述史实来看,孙吴攻占南郡之后,即对该地给予特殊的重视。战区主帅周瑜和军队主力就驻扎在江陵,他还担任南郡太守,身兼军事、行政两方面要职。周瑜不仅制订了以江陵为后方基地西征北进的作战规划,而且对同床异梦的合作者刘备着意防范,将其势力排斥出江北要地,由此可以窥见南郡在孙吴决策集团心目中的重要地位。可惜周瑜英年早逝,未能实现其雄才伟略。

### (二)刘备对荆州北部的谋取与治理

蜀汉统治江陵地区的时间,起于建安十五年(210)刘备"借荆州",其前后颇有周折,下文予以详述。

1. **孙权同意"借荆州"之始末。** 据史籍所载,刘备向孙吴索取江北诸郡是在周瑜去世前,当时并未如愿。建安十四年(209)冬孙刘联军占领南郡等地后,周瑜屯据江陵,分南岸地予刘备。《资治通鉴》卷66曰:"刘表故吏士多归刘备,备以周瑜所给地少,不足以容其众,乃自诣京见孙权,求都督荆州。"胡三省注:"荆州八郡,瑜既以江南四郡给备,备又欲兼得江、汉间四郡也。"刘备此行

---

①《三国志》卷54《吴书·鲁肃传》注引《江表传》。
②《三国志》卷54《吴书·周瑜传》。

冒了很大的风险,当时周瑜向孙权上书密奏,反对将荆州交付刘备统治。"今猥割土地以资业之,聚此三人(刘、关、张),俱在疆场,恐蛟龙得云雨,终非池中物也。"①他和吕范还请求将刘备拘留下来,以除后患②。孙权虽未同意软禁刘备,却也拒绝了他的领土要求。刘备久后闻知,感叹说:"孤时危急,当有所求,故不得不往,殆不免周瑜之手! 天下智谋之士,所见略同耳。时孔明谏孤莫行,其意独笃,亦虑此也。孤以仲谋所防在北,当赖孤为援,故决意不疑。此诚出于险涂,非万全之计也。"③

周瑜在建安十五年(210)突然病故,打乱了孙吴预定的作战部署。继任的主帅鲁肃擅长外交与策划,但缺乏统率大军作战的韬略与胆魄,守成有余,进取则不足,他和接任南郡太守的老将程普都难以担当入蜀作战的指挥任务。另外,此时的军事形势亦发生了一些变化,引起了孙权的担忧。曹操在当年出兵关中,打败马超、韩遂,巩固了自己的后方,并积极准备"四越巢湖",计划从寿春、合肥、濡须一线的水路进兵江南,直逼孙权的江东根据地。在此前一年的七月,曹操曾亲率水军,"自涡入淮,出肥水,军合肥。"在当地设立行政机构、发展经济,直到岁终各项任务落实后才撤退,留张辽、李典等领兵驻守。"置扬州郡县长吏,开芍陂屯田。十二月,军还谯。"④此项军事行动可以视为两年后曹军经合

---

①《三国志》卷54《吴书·周瑜传》。

②《三国志》卷56《吴书·吕范传》:"刘备诣京见权,范密请留备。后迁平南将军,屯柴桑。权讨关羽,过范馆。谓曰:'昔早从卿言,无此劳也。今当上取之,卿为我守建业。'"

③《三国志》卷37《蜀书·庞统传》注引《江表传》。

④《三国志》卷1《魏书·武帝纪》。

肥大举入侵的预演和筹备,给孙吴方面造成严重的威胁。孙权的全部兵力约有十万左右①,而长江上下,"自西陵以至江都,五千七百里。"②防线如此漫长必然导致驻军数量的分散,若要集中力量到东线来抵抗曹操主力的进犯,荆州江北的兵力即将明显削弱,恐难完成防御的重任。再者,刘表治理荆州期间曾与孙吴长年交兵,存在很深的历史积怨,而刘备又颇具人望,当地吏民显然更愿意接受他的统治,所以多有归顺。鲁肃清醒地看到了这一局面,因此建议把南郡等地借予刘备。他说:"将军虽神武命世,然曹公威力实重,初临荆州,恩信未洽,宜以借备,使抚安之。多操之敌,而自为树党,计之上也。"③最终得到了孙权的采纳,将荆州移交刘备,当地吴军调到云梦泽以东的江夏郡。如鲁肃接任周瑜的主将职务后,"初住江陵,后下屯陆口。"④《三国志》卷55《吴书·程普传》曰:"周瑜卒,代领南郡太守。权分荆州与刘备,普复还领江夏,迁荡寇将军。"此举对三国政坛颇有震动,"曹公闻权以土地业备,方作书,落笔于地。"⑤

　　这里需要指出的是,在"借荆州"之前孙权逐步侵蚀了刘备势力范围下的江夏郡部分地区。刘表在世时,其长子刘琦为了躲避后母家族蔡氏的迫害,听从诸葛亮的建议,自请镇守边境。"会黄祖死,得出,遂为江夏太守。"⑥刘备在当阳兵败后斜趋汉津,"适与

①《三国志》卷35《蜀书·诸葛亮传》:"(孙)权勃然曰:'吾不能举全吴之地,十万之众,受制于人。吾计决矣!'"
②《三国志》卷48《吴书·三嗣主传·孙皓》注引干宝《晋纪》。
③《三国志》卷54《吴书·鲁肃传》注引《汉晋春秋》。
④《三国志》卷54《吴书·鲁肃传》。
⑤《三国志》卷54《吴书·鲁肃传》。
⑥《三国志》卷36《蜀书·诸葛亮传》。

（关）羽船会，得济沔，遇表长子江夏太守琦众万余人，与俱至夏口。"①刘琦所驻之夏口城在江北汉水入江处，又名沔口。后来孙吴占据江夏，移夏口镇于南岸，设置督将，并另筑城池戍守②，为沙羡县治所。《水经注》卷35《江水》云："黄鹄山东北对夏口城，魏黄初二年，孙权所筑也。依山傍江，开势明远，凭墉藉阻，高观枕流。上则游目流川，下则激浪崎岖，实舟人之所艰也。对岸则入沔津，故城以夏口为名，亦沙羡县治也。"③赤壁之战期间，北岸的夏口即为刘氏军队主力屯驻之所，战后的江夏郡仍被刘备、刘琦所掌控。参见《三国志》卷32《蜀书·先主传》：

> 先主表琦为荆州刺史，又南征四郡。武陵太守金旋、长沙太守韩玄、桂阳太守赵范、零陵太守刘度皆降。庐江雷绪率部曲数万口稽颡。

谢钟英云："盖琦战士万人留镇夏口，江夏全境俱为琦有。庐江与江夏接境，故雷绪率部曲来降。"④刘琦去世后，其部下即归属刘备。"琦病死，群下推先主为荆州牧，治公安。权稍畏之，进妹固

---

① 《三国志》卷32《蜀书·先主传》。

② 《资治通鉴》卷65汉献帝建安十三年"黄祖在夏口"句胡三省注："应劭曰：沔水自江夏别至南郡华容为夏水，过江夏郡而入于江。盖指夏水入江之地为夏口。庾仲雍曰：夏口，一曰沔口，或曰鲁口。《水经注》曰：沔水南至江夏沙羡县北，南入于江。然则曰夏口，以夏水得名；曰沔口，以沔水得名；曰鲁口，以鲁山得名；实一处也。其地在江北。自孙权置夏口督，屯江南，今鄂州治是也。故何尚之云：夏口在荆江之中，正对沔口。（李）贤注亦谓夏口戍在今鄂州。于是相承以鄂州为夏口，而江北之夏口晦矣。"

③ ［北魏］郦道元原注，陈桥驿注释：《水经注》，第542页。

④ ［清］洪亮吉撰，［清］谢钟英补注：《〈补三国疆域志〉补注》，《二十五史补编·三国志补编》，第559页。

好。先主至京见权，绸缪恩纪。"①但是此时江夏郡在江南的沙羡地区已落入孙权之手。《三国志》卷55《吴书·程普传》曰："与周瑜为左右督，破曹公于乌林。又进攻南郡，走曹仁。拜裨将军，领江夏太守，治沙羡，食四县。"谢钟英考证道："按《武帝纪》，赤壁之败在（建安）十三年十二月。《孙权传》云瑜、仁相守岁余，则取南郡在十四年冬。既取南郡，先主始领荆州牧。而《先主传》刘琦之死在先主领牧前，是琦死亦在十四年冬。……迨琦既死，吴遂略取江夏江南诸县，以通道江陵。于是程普领江夏太守，治沙羡。十五年，鲁肃遂屯陆口，吴境越江夏而西矣。其时其事若合符节，故孙权有江夏江南诸县，断在十五年。"②由此看来，刘备提出领土要求是有理可据的，孙权答应"借荆州"实际上是对此前侵占江夏沙羡等地的补偿。正如谢钟英所评论："江南四郡为先主所手定，江夏为刘琦所固有，所谓'借荆州'者，不过南郡江北之地。且权既取江夏江南诸县，先主有南郡，数适相当。其后吴索荆州，实强词夺理。"③此后江北的重镇夏口仍在刘备军队的控制之下，"借荆州"后孙权企图进攻四川，"遣孙瑜率水军住夏口，备不听军过，谓瑜曰：'汝欲取蜀，吾当被发入山，不失信于天下也。'……权知备意，因召瑜还。"④即表明当时夏口有刘氏驻军。直到建安二十年（215），刘备"与权连和，分荆州江夏、长沙、桂阳东属，南郡、零陵、

①《三国志》卷32《蜀书·先主传》。
②[清]洪亮吉撰，[清]谢钟英补注：《〈补三国疆域志〉补注》，《二十五史补编·三国志补编》，第559页。
③[清]洪亮吉撰，[清]谢钟英补注：《〈补三国疆域志〉补注》，《二十五史补编·三国志补编》，第559页。
④《三国志》卷32《蜀书·先主传》注引《献帝春秋》。

武陵西属"①。孙吴才据有江夏全境。

"借荆州"之际还发生了一件事情，此前不太为史家所关注。即孙权派遣步骘率兵赴任交州刺史，控制、镇压了当地以士燮和吴巨为首的两个割据集团，在岭南建立了统治。《三国志》卷 52《吴书·步骘传》曰：

> 建安十五年，出领鄱阳太守。岁中，徙交州刺史、立武中郎将，领武射吏千人，便道南行。明年，追拜使持节、征南中郎将。刘表所置苍梧太守吴巨阴怀异心，外附内违。骘降意怀诱，请与相见，因斩徇之，威声大震。士燮兄弟，相率供命，南土之宾，自此始也。

梁允麟认为，赤壁战后，刘备占有荆州南部，又与吴巨关系密切，但是进入西川之路却为孙权堵塞。孙权想要得到交州，而经湖湘至岭南的途径又被刘备所占。双方互有所求，因此在"借荆州"的幕后存在着孙刘两家的秘密政治交易。"孙权在'共同防曹'幌子下，将江陵沿江迤西之地，即南郡和临江郡'借'给刘备。史书所谓'刘备借荆州'。刘备则借道给孙权军队过境去交州，并说服交州两霸之一、苍梧太守吴巨亲至零陵界口接吴军入境。"②最后吴巨被步骘诱杀，成了这项阴谋的牺牲品。

2. 刘备接收江陵地区后的政治军事部署。借得荆州之后，刘备将自己两员心腹勇将关羽、张飞派驻到江陵地区，以应付来自襄阳方向的曹军进攻。《三国志》卷 36《蜀书·关羽传》曰："先主

---

①《三国志》卷 32《蜀书·先主传》。
②梁允麟：《三国地理志》，第 297 页。

收江南诸郡,乃封拜元勋,以羽为襄阳太守、荡寇将军,驻江北。"
同书同卷《张飞传》曰:"先主既定江南,以飞为宜都太守、征虏将
军,封新亭侯,后转在南郡。"靠近三峡峡口的夷陵地区,则委任向
朗出任军政长官。向朗是襄阳宜城人,"荆州牧刘表以为临沮长。
表卒,归先主。先主定江南,使朗督秭归、夷道、巫、夷陵四县军民
事。"①按临沮县邻近夷陵,道路相通。东汉建武六年(30),"(公
孙)述遣(田)戎与将军任满出江关,下临沮、夷陵间,招其故众,因
欲取荆州诸郡,竟不能克。"②向朗曾任临沮县官,熟悉当地情况,
又在刘备危困之际前来投奔,说明政治上相当可靠,所以被委此
重任。但是刘备仍然驻扎在江南的公安,这是因为吴军撤走后南
郡地区兵力锐减,为了安全起见,他还不敢将荆州牧治所迁回到
北岸的江陵。此后又出现了孙权企图联刘伐蜀的事件,结果被刘
备拒绝。《三国志》卷32《蜀书·先主传》曰:

> (孙)权遣使云共取蜀,或以为宜报听许,吴终不能越荆
> 有蜀,蜀地可为己有。荆州主簿殷观进曰:"若为吴先驱,进
> 未能克蜀,退为吴所乘,即事去矣。今但可然赞其伐蜀,而自
> 说新据诸郡,未可兴动,吴必不敢越我而独取蜀。如此进退
> 之计,可以收吴、蜀之利。"先主从之,权果辍计。

《献帝春秋》亦详载此事曰:"孙权欲与备共取蜀,遣使报备曰:'米
贼张鲁居王巴、汉,为曹操耳目,规图益州。刘璋不武,不能自守。
若操得蜀,则荆州危矣。今欲先攻取璋,进讨张鲁,首尾相连,一

---

① 《三国志》卷41《蜀书·向朗传》。
② 《后汉书》卷13《公孙述传》。

统吴、楚。虽有十操，无所忧也。'备欲自图蜀，拒答不听，曰：'益州民富强，土地险阻，刘璋虽弱，足以自守。张鲁虚伪，未必尽忠于操。今暴师于蜀汉，转运于万里，欲使战克攻取，举不失利，此吴起不能定其规，孙武不能善其事也。曹操虽有无君之心，而有奉主之名。议者见操失利于赤壁，谓其力屈，无复远志也。今操三分天下已有其二，将欲饮马于沧海，观兵于吴会，何肯守此坐须老乎？今同盟无故自相攻伐，借枢于操，使敌承其隙，非长计也。'权不听，遣孙瑜率水军住夏口，备不听军过，谓瑜曰：'汝欲取蜀，吾当被发入山，不失信于天下也。'"①

刘备在此番阻止孙吴军队过境的行动中，再次调整了麾下将官与兵力的部署。"使关羽屯江陵，张飞屯秭归，诸葛亮据南郡，备自住孱陵。权知备意，因召（孙）瑜还。"②值得注意的是，将股肱能臣诸葛亮安置在江陵来辅佐关羽。刘备占据荆州南部时，曾派遣诸葛亮负责当地的民政和财赋。《三国志》卷35《蜀书·诸葛亮传》曰："曹公败于赤壁，引军归邺。先主遂收江南，以亮为军师中郎将，使督零陵、桂阳、长沙三郡，调整其赋税，以充军实。"注引《零陵先贤传》云："亮时住临烝。"临烝县治今湖南衡阳市，汉时属长沙郡，后归吴属衡阳郡。又见《零陵先贤传》云："（刘）巴往零陵，事不成，欲游交州，道还京师。时诸葛亮在临烝。"③赤壁战后，江陵地区经历了长达岁余的战乱，社会经济遭到了很大摧残。如当时庞统所言："荆州荒残，人物殚尽，东有吴孙，北有曹氏，鼎足

---

①《三国志》卷32《蜀书·先主传》注引《献帝春秋》。
②《三国志》卷32《蜀书·先主传》注引《献帝春秋》。
③《三国志》卷39《蜀书·刘巴传》注引《零陵先贤传》。

之计,难以得志。"①此语主要是针对江北的南郡等地而发,因为南岸诸郡并未受到兵灾的严重破坏。刘备"借荆州"后委任诸葛亮赴南郡主持政务,正是为了发挥其"理民之干,优于将略"②的长处,尽快使土沃水丰的江陵地区休养生息,得以医好战争的创伤。同时也使关羽能够专治军事,避开陌生的民政庶务,扬其长而避其短。任命二人分管江北的军政要务,可谓相得益彰。刘备在建安十六年(211)接受刘璋邀请入川助战,又将荆州地区的统治权力移交给诸葛亮和关羽。"先主留诸葛亮、关羽等据荆州,将步卒数万人入益州。"③

### (三)关羽治下江陵的重要地位

刘备入蜀后遂进驻葭萌(治今四川广元西南昭化镇),抵御汉中张鲁的入侵。次年刘备与刘璋反目,随即领兵南下,但在雒城受阻将近一岁,为此在建安十九年(214)令诸葛亮、张飞、赵云等溯江入蜀助战,留下关羽镇守荆州。当年张飞等攻克巴东、巴西诸地后,与刘备在成都胜利会师。《三国志·蜀书·关羽传》曰:"先主西定益州,拜羽董督荆州事。"即正式任命关羽为荆州军政长官。至建安二十四年(219)孙权遣吕蒙等偷袭南郡、擒杀关羽,蜀汉在当地的统治即告结束。关羽独辖荆州虽然只有短短五年,但是从史料记载所反映的情况来看,当时南郡及附近地区的经济情况大有好转,提供了充裕的兵员和粮饷物资,致使蜀汉在此战

---

① 《三国志》卷37《蜀书·庞统传》注引《九州春秋》。
② 《三国志》卷35《蜀书·诸葛亮传》。
③ 《三国志》卷32《蜀书·先主传》。

区的军事力量显著增强,能够由被动防御转为主动进攻,将战线向北推进到襄樊,并全歼曹魏精锐的"七军",获得前所未有的胜利。江陵作为荆州军政长官的驻所与入蜀及对魏作战的后方基地,在战争中发挥着重要的作用。下文分别予以论述。

1. 江陵成为蜀汉荆州的统治中心。刘备出任荆州牧期间,由于势力较弱,尚不敢把治所设在南郡。他派遣关羽、张飞等进驻江北,自己躲在相对安全的南岸公安城。诸葛亮曾言及当时形势曰:"主公之在公安也,北畏曹公之强,东惮孙权之逼,近则惧孙夫人生变于肘腋之下;当斯之时,进退狼跋。"①但是关羽统治荆州时期的行政中心则已移到北岸的江陵,将其作为后方基地。例如,关羽及将士的家小和府库钱粮都安置在那里。史载吕蒙袭取江陵,"蒙入据城,尽得羽及将士家属。皆抚慰。""羽府藏财宝,皆封闭以待(孙)权至。"②荆州的兵仗武备也多储藏在江陵,《吴录》曰:"初,南郡城中失火,颇焚烧军器。羽以责(糜)芳,芳内畏惧。"③关羽主持荆州军务时,曾下令增筑江陵城墙,相当牢固。《水经注》卷34《江水》曰:"(江陵)旧城,关羽所筑,羽北围曹仁,吕蒙袭而据之。羽曰:此城吾所筑,不可攻也。乃引而退。"④据《元和郡县图志》所言,关羽是将旧城的面积向南延伸,新旧城区之间加筑城墙相互隔离。"江陵府城,州城本有中隔,以北旧城也,以南关羽所筑。"⑤这样既扩充了城市的容量,又可以在敌人突破某面城墙时,

①《三国志》卷37《蜀书·法正传》。
②《三国志》卷54《吴书·吕蒙传》。
③《三国志》卷54《吴书·吕蒙传》注引《吴录》。
④[北魏]郦道元原注,陈桥驿注释:《水经注》,第536页。
⑤[唐]李吉甫:《元和郡县图志》,第1051页。

能够凭借中间的隔墙继续抵抗。关羽围攻襄樊时,董昭曾向曹操建议将孙权谋袭荆州的书信传给关羽,"且羽为人强梁,自恃二城守固,必不速退。"①胡三省评论道:"羽虽见权书,自恃江陵、公安守固,非权且夕可拔。"②另外,关羽击败于禁所率"七军"之后,将大批俘虏都遣送到江陵囚禁,这是由于他认为该地是自己可靠的后方。见《三国志》卷47《吴书·吴主传》:"会汉水暴起,羽以舟兵尽虏禁等步骑三万送江陵。"这些人在吕蒙率军入城后才得以释放,"蒙到南郡,南郡太守麋芳以城降。蒙据江陵,抚其老弱,释于禁之囚。"③由此可见,关羽修筑的江陵城不仅坚牢难攻,城内面积也颇为广阔,故能容纳突然增加的数万俘虏。

2. 荆州兵员财力的显著增强。前文已述,刘备进川时曾带走荆州人马数万。时隔三年,诸葛亮、张飞、赵云又奉令入蜀,其麾下兵力多少史无明言。据《三国志》卷36《蜀书·赵云传》记载:"先主自葭萌还攻刘璋,召诸葛亮。亮率云与张飞等俱溯江西上,平定郡县。至江州,分遣云从外水上江阳,与亮会于成都。"同书同卷《张飞传》曰:"飞与诸葛亮等溯流而上,分定郡县。至江州,破璋将巴郡太守严颜,生获颜……飞所过战克,与先主会于成都。"反映此番西征的部队至江州(今重庆市)后兵分两路北上,战事都很顺利。若是军力单薄恐不能如此。按汉朝军制,有"大将"、"列将"和"裨将"三个等级④。另外,兵法著作还用统率部队

①《三国志》卷14《魏书·董昭传》。
②《资治通鉴》卷68汉献帝建安二十四年胡三省注。
③《三国志》卷47《吴书·吴主传》建安二十四年。
④《史记》卷106《吴王濞列传》:"能斩捕大将者,赐金五千斤,封万户;列将,三千斤,封五千户;裨将,二千斤,封二千户。"

的人数多少来区分将领的级别,有"千人之将"、"万人之将"和"十
万人之将"①。汉末三国时期将军或称"督"、"督将",大致率领万
人者属于一个级别,如蒋钦称赞徐盛:"忠而勤强,有胆略器用,好
万人督也。"②统辖数名督将,即数万人以上为"大督"、"大都督",
即大将。例如,"黄武元年,刘备率大众来向西界。(孙)权命(陆)
逊为大都督,假节,督朱然、潘璋、宋谦、韩当、徐盛、鲜于丹、孙桓
等五万人拒之。"③据史书所载,张飞麾下兵力有万余人④,即属于
汉之"列将",三国之"万人督"。估计分兵另行的将军赵云之人马
与张飞相差不多,合计约有两三万人。如果考虑到粮草运输和后
勤支援的部队与民夫,此番入川耗费的荆州财物人力是相当可
观的。

　　值得注意的是,留守荆州的关羽并未因为兵力削弱而对曹魏
采取守势。恰恰相反,他在后来大举进攻襄樊,其攻势之强劲猛
烈令人惊诧。关羽此役率领的蜀汉军队有多少人马,史书亦没有
明确记载。但是他能够全歼于禁的精锐"七军",仅俘虏就有三
万,若是加上战死与溃逃者,魏军丧失的人数应该会有四万以上。
而实际上,关羽此战之前面对的敌众,除了于禁的"七军",还有驻

① 参见《尉缭子·束伍令》所载战诛之法曰:"万人之将得诛千人之将,左右将军得诛万
人之将,大将军无不得诛。"华陆综注译:《尉缭子注译》,第58页。[宋]李昉等:《太
平御览》卷273《兵部四·将帅(下)》引《六韬》曰:"讼辩好胜,欲正一众,千人之将也;
知人饥饱,念人剧易,万人之将也;战战栗栗,日慎一日,十万人之将也。"第1276页。
②《三国志》卷55《吴书·蒋钦传》注引《江表传》。
③《三国志》卷58《吴书·陆逊传》。
④《三国志》卷36《蜀书·张飞传》:"(张)郃别督诸军下巴西,欲徙其民于汉中,进军宕
渠、蒙头、荡石,与飞相拒五十余日。飞率精卒万余人,从他道邀郃军交战,山道迮
狭,前后不得相救,飞遂破郃。"又云:"先主伐吴,飞当率兵万人,自阆中会江州。"

守襄阳、樊城等地的曹仁所部；即便是保守的估算，这两支部队合计兵力也会有五六万人。关羽敢于向他们发动进攻，且歼灭七军，围困襄阳、樊城多日，以至于威震华夏，迫使曹操考虑迁都以避其锋芒①。按照军事常识来判断，进攻一方的兵力应该较多，因此关羽所率的人马可能会有六七万人，至少不会低于守方敌军的数目。

从上述情况判断，刘备入川之后，诸葛亮、关羽在荆州的治理相当成功，为其后来的西征巴蜀和北进襄樊之役提供了大量的兵员和粮饷。据《三国志》卷36《蜀书·关羽传》记载，"又南郡太守麋芳在江陵，将军（傅）士仁屯公安，素皆嫌羽轻己。自羽之出军，芳、仁供给军资，不悉相救。"反映出关羽军队的粮饷兵器供应分为两条途径，其一是南郡地区的财赋，由驻守江陵的麋芳筹措发送；其二是荆州江南诸郡的物资，先汇集到公安，再由傅士仁负责转运到江北。当时蜀汉已割让湘水以东三郡与孙吴，江南仅有武陵和零陵郡部分地域，皆多为山乡僻地，夷汉杂居，物产贫瘠；蜀汉荆州雄厚的兵员物资，看来应该主要是由江陵所在之南郡提供的。关羽在当地颇有民望。连孙吴大将吕蒙也说："羽素勇猛，既难为敌，且已据荆州，恩信大行，兼始有功。胆势益盛，未易图也。"②但依笔者所见，关羽乃一介武夫，且为人骄横，未必会有策略和耐心去关照民政庶务。荆州地区经济的恢复发展，恐怕依靠的还是此前几年诸葛亮施政的功劳。孔明擅于治国理财，"先主

①《三国志》卷36《蜀书·关羽传》："羽率众攻曹仁于樊。曹公遣于禁助仁。秋，大霖雨，汉水泛溢，禁所督七军皆没。禁降羽，羽又斩将军庞德。梁、郏、陆浑群盗或遥受羽印号，为之支党，羽威震华夏。曹公议徙许都以避其锐。"
②《三国志》卷58《吴书·陆逊传》。

外出，亮常镇守成都，足食足兵。"①处理荆州庶政对他来说不过是牛刀小试而已。即使在他离开以后，当地官吏也会按照其遗教行事。

3. **蜀魏荆州战线的进退演变。**"借荆州"后关羽初莅南郡，在北边与东方曾经受到曹魏沉重的威胁，双方交兵之地距离江陵不远。而至建安二十四年（219）关羽北征时，蜀魏对峙的战线已经推进到襄樊。这一情况从侧面反映了蜀汉统治下荆州的经济、军事力量由弱变强，所以能够扭转局势，掌握作战的主动权。下文予以详述。

南郡北界襄阳，东邻江夏。赤壁战后，"曹公遂北还，留曹仁、徐晃于江陵，使乐进守襄阳。"②与孙刘联军交战。建安十四年（209）冬，曹仁率军撤离南郡，回到曹操麾下，并在后年（211）三月随其出征关中，"以仁行安西将军，督诸将拒潼关，破（马）超渭南。"③襄阳的军务仍由乐进主持，据史书记载，他曾频频南下进攻。《三国志》卷17《魏书·乐进传》曰："后从平荆州，留屯襄阳，击关羽、苏非等，皆走之。南郡诸县山谷蛮夷诣进降。又讨刘备临沮长杜普、旌阳长梁大，皆大破之。"现对临沮、旌阳二地进行考证。

按临沮原为汉县④，卢弼考证云："《一统志》：临沮故城，今湖

---

①《三国志》卷36《蜀书·诸葛亮传》。

②《三国志》卷47《吴书·吴主传》。

③《三国志》卷9《魏书·曹仁传》。

④《汉书》卷28上《地理志上》载南郡临沮县条曰："临沮，《禹贡》南条荆山在东北，漳水所出，东至江陵入阳水，阳水入沔，行六百里。"

北安陆府当阳县西北。钱坫曰:今远安县西北。"①即今湖北当阳市西北。临沮水土丰饶,又是三岔路口,往南有路可达峡口所在的夷陵,东南则道通江陵。《南齐书》卷15《州郡志下》曰:"桓温平蜀,治江陵。以临沮西界,水陆纡险,行径裁通,南通巴、巫,东南出州治,道带蛮、蜑,田土肥美,立为汶阳郡,以处流民。"乐进获胜后,曹魏并未能占领临沮。史载吕蒙袭取江陵后关羽回师援救不利,"西保麦城,权使诱之。羽伪降,立幡旗为象人于城上,因遁走。"②孙权派遣潘璋、朱然到临沮设伏,劫杀关羽等人③,可见当时该地仍为蜀汉所辖,不属曹魏。临沮县境约离江陵二百余里④。

旌阳县未见于两汉史籍,《晋书》卷15《地理志下》载南郡设有旌阳县。《宋书》卷37《州郡志三》荆州南郡太守条曰:"旌阳(县),文帝元嘉十八年省并枝江。二汉无旌阳,见《晋太康地志》,疑是吴所立。"曹魏景初元年(237)十二月,"分襄阳临沮、宜城、旍阳、邔四县,置襄阳南部都尉。"⑤史家认为"旍阳"即为旌阳,卢弼《三国志集解》卷三云:"钱大昕曰:旍阳即旌阳。洪亮吉曰:《广韵》'旍'同'旌',则属一县无疑。"⑥谢钟英考证道:"旍阳,《方舆纪要》:在枝江县南三里。钟英按:枝江在江南,魏地不能逾江,顾说

---

①卢弼:《三国志集解》,第127页。
②《三国志》卷47《吴书·吴主传》。
③《三国志》卷36《蜀书·关羽传》:"权遣将逆击羽,斩羽及子平于临沮。"《三国志》卷55《吴书·潘璋传》:"璋与朱然断羽走道。到临沮,住夹石。璋部下司马马忠擒羽,并羽子平、都督赵累等。"
④《三国志》卷36《蜀书·关羽传》注:"臣松之按《吴书》:孙权遣将潘璋逆断羽走路,羽至即斩,且临沮去江陵二三百里,岂容不时杀羽,方议其生死乎?"
⑤《三国志》卷3《魏书·明帝纪》。
⑥卢弼:《三国志集解》,第127页。

盖误。《一统志》谓在枝江县北者亦非。按其地望当与临沮相近。"①梁允麟考其地在今湖北当阳市北,"县盖建安十五年(210年)刘备分当阳县置,十七年属魏。"②梁氏依据前引《三国志·魏书·乐进传》的记载,认为乐进打败刘备旌阳长梁大之后便据有其地。对此笔者不敢赞同,因为后来关羽北征时大军直抵襄樊,未受任何阻拦,且前述邻近之临沮亦为蜀汉辖地,可见旌阳此时应该仍由其占领,归属曹魏当是关羽败亡以后发生的事。《三国志》卷32《蜀书·先主传》云曹操,"轻军到襄阳。闻先主已过,曹公将精骑五千急追之,一日一夜行三百余里,及于当阳之长坂。"按前引《南齐书·州郡志下》云:"江陵去襄阳步道五百,势同唇齿。"是当阳至江陵仅百余里。旌阳既然是由当阳县北境分置,和江陵的距离亦不会远,大约是在百余里至二百里之间。临沮、旌阳分别位于江陵的西北和北方。

据史籍所载,当时蜀魏荆州交兵的地点还有江陵以东的青泥、寻口和荆城等地。《三国志》卷32《蜀书·先主传》载建安十七年(212),"曹公征孙权,权呼先主自救。先主遣使告璋曰:'曹公征吴,吴忧危急。孙氏与孤本为唇齿,又乐进在青泥与关羽相拒,今不往救羽,进必大克,转侵州界,其忧有甚于鲁。鲁自守之贼,不足虑也。'"青泥之地望在竟陵县境,有河道通往汉江,其湖湾宽阔可多蓄船只。参见《北史》卷93《萧詧附子岿传》:

> 岿之八年,陈又遣其司空章昭达来寇,江陵总管陆腾及

①[清]洪亮吉撰,[清]谢钟英补注:《〈补三国疆域志〉补注》,《二十五史补编·三国志补编》,第487页。
②梁允麟:《三国地理志》,第169页。

肖之将士击走之。昭达又寇竟陵之青泥，肖令其大将军许世武赴援，大为昭达所破。

《陈书》卷11《章昭达传》：

太建二年，率师征萧肖于江陵。时萧肖与周军大蓄舟舰于青泥中，昭达分遣偏将钱道戢、程文季等，乘轻舟袭之，焚其舟舰。

《南史》卷67《程文季传》：

随都督章昭达率军往荆州征梁。梁人与周军多造舟舰，置于青泥水中，昭达遣文季共钱道戢尽焚其舟舰。既而周兵大出，文季仅以身免。

竟陵县在汉朝属于江夏郡，可见《汉书·地理志上》与《续汉书·郡国志三》。其地在云梦泽西侧，邻近汉水[①]。洪亮吉曰："《蜀志》刘焉，江夏竟陵人。《史记正义》：故城在长寿县南一百五十里。"谢钟英按："今安陆府南一百五十里。"又云："有青泥池。《先主传》：乐进在青泥与关羽相拒。钟英按：时建安十六年，羽守荆州。《乐进传》：从平荆州，留屯襄阳，击关羽、苏飞皆走之。当即此事。《寰宇记》：在长寿县。当在今安陆府北，三国时江夏、襄阳接界处也。"[②]梁允麟考证竟陵县在今湖北潜江市西北。"有青坭池，在西北，与关羽荆州辖境交界……缪钺《三国志选注》628页引《读史方舆纪要》云：'青坭在襄樊市西北。'误。魏人南侵，何会

---

①《后汉书》卷83《逸民传》曰："桓帝延熹中，幸竟陵，过云梦，临沔水，百姓莫不观者。"

②［清］洪亮吉撰，［清］谢钟英补注：《〈补三国疆域志〉补注》，《二十五史补编·三国志补编》，第560页。

于其地与关羽相拒？"①

　　寻口与荆城战地见于《三国志》卷18《魏书·文聘传》："太祖
先定荆州，江夏与吴接，民心不安，乃以聘为江夏太守，使典北兵，
委以边事，赐爵关内侯。与乐进讨关羽于寻口，有功，进封延寿亭
侯，加讨逆将军。又攻羽重辎于汉津，烧其船于荆城。"谢钟英按：
"《乐进传》：'从平荆州，留屯襄阳，击关羽、苏飞等皆走之。'聘讨
关羽当即此事。时聘屯江夏石阳，兵势西向，寻口当在安陆府西
南，汉水东南，非蕲春郡寻阳县寻水入江之口也。'"②梁允麟则认
为寻口亦应在汉当阳县境，又指出《三国志》载文聘与关羽交战事
迹有前后错置之误。"《三国志·文聘传》：'与乐进讨关羽于寻
口，……又攻羽辎重于汉津，烧其船于荆城。'按：叙次颠倒。文聘
与乐进讨关羽于寻口乃建安十七年（212年）之事，而攻羽于汉津
乃建安十三年（208年）之事。"③

　　荆城之地望据先贤考证在今湖北钟祥市西南，濒临汉水，与
汉魏六朝之当阳县境接近。谢钟英云："《卫臻传》：诸葛亮出斜
谷，征南上：朱然等军已过荆城。《水经注》：沔水自荆城东南流。
《舆地纪胜》：荆城在长寿县南七十里，滨汉江。《一统志》：今钟祥
县西南。"④《水经注》卷28《沔水》曰："沔水自荆城东南流，径当阳
县之章山东。山上有故城，太尉陶侃伐杜曾所筑也。"由此看来，

---

① 梁允麟：《三国地理志》，第173—174页。
② ［清］洪亮吉撰，［清］谢钟英补注：《〈补三国疆域志〉补注》，《二十五史补编·三国志
　补编》，第555页。
③ 梁允麟：《三国地理志》，第308页。
④ ［清］洪亮吉撰，［清］谢钟英补注：《〈补三国疆域志〉补注》，《二十五史补编·三国志
　补编》，第555页。

荆城的位置应在当阳县之东北,与竟陵交界处。杨守敬疏云:"郢氏系章山于当阳者,山周回百余里,竟陵、当阳地相接也。在今钟祥县西南,接荆门州界。"①

　　赤壁之战后,江夏郡由魏、吴两家分据。曹魏江夏郡有石阳、安陆、云杜、南新市、竟陵、郢、平春七县②。谢钟英考证其境云:"《晋书·羊祜传》:'江夏去襄阳八百里。'其地北界义阳、汝南,东界弋阳隙地,西及南皆阻汉水。今河南汝宁府之信阳州,湖北德安府之安陆、应山、云梦,汉阳府之黄陂、孝感、汉川,安陆府之钟祥、京山、天门皆其地。"③南郡东邻江夏,往往以汉水为界,青泥、寻口、荆城均濒临汉江,故为双方疆场争夺相拒之地。关羽统治荆州时,需要在江北面对襄樊、江夏两个方向的强敌。就前引《三国志》乐进、文聘两传的记载而言,似乎蜀汉在交战中处于劣势,且屡有败绩,但这毕竟只是曹魏史家的一面之词。从史书的其他记载来看,从诸葛亮入川到关羽北征襄樊的数年之间,荆州战区的形势发生了很大的变化。试述其详如下:

　　(1)**曹魏荆州战区主将驻所的北移。** 如前所述,建安十四年(209)冬曹仁撤回中原后,由原守襄阳的乐进主持这一战略方向的军务,与关羽等作战。"留屯襄阳,击关羽、苏非等,皆走之"④,至建安十七年(212)冬,曹操大军经合肥至濡须南征孙权,乐进被调离荆州,随同作战。"太祖既征孙权还,使辽与乐进、李典等将

---

①［北魏］郦道元注,［民国］杨守敬、熊会贞疏:《水经注疏》,第2402页。
②参见梁允麟:《三国地理志》,第172—174页。
③［清］洪亮吉撰,［清］谢钟英补注:《〈补三国疆域志〉补注》,《二十五史补编·三国志补编》,第485—486页。
④《三国志》卷17《魏书·乐进传》。

七千余人屯合肥。"①建安二十年(215)，"八月，孙权围合肥，张辽、李典击破之。"②是役乐进亦在合肥，参见《三国志》卷17《魏书·张辽传》："俄而权率十万众围合肥，乃共发(曹操)教，教曰：'若孙权至者，张、李将军出战；乐将军守，护军勿得与战。'"又《献帝春秋》曰："张辽问吴降人：'向有紫髯将军，长上短下，便马善射，是谁？'降人答曰：'是孙会稽。'辽及乐进相遇，言不早知之，急追自得，举军叹恨。"③在襄阳接替乐进主将职务者，据历史记载为曹仁。建安十六年(211)，他曾随曹操西征关中，"太祖讨马超，以仁行安西将军，督诸将拒潼关，破超渭南。苏伯、田银反，以仁行骁骑将军，都督七军讨银等，破之。复以仁行征南将军，假节，屯樊，镇荆州。"④万斯同《三国汉季方镇年表》定曹仁复镇荆州事在建安二十一年(216)⑤，笔者认为值得商榷，其说参见注释⑥。后来曹仁曾离任参加南越巢湖之役。建安二十二年(217)，"三月，(魏)王引军还，留夏侯惇、曹仁、张辽等屯居巢。"⑦战事结束后。曹仁又回到荆州复职，仍然驻扎在樊城。建安二十三年(218)十月，"宛守将侯音等反，执南阳太守，劫略吏民，保宛。初，曹仁讨关羽，屯

---

① 《三国志》卷17《魏书·张辽传》。

② 《三国志》卷1《魏书·武帝纪》。

③ 《三国志》卷47《吴书·吴主传》。

④ 《三国志》卷9《魏书·曹仁传》。

⑤ [清]万斯同：《三国汉季方镇年表》，[宋]熊方等撰，刘祜仁点校：《后汉书三国志补表三十种》，第921页。

⑥ 笔者按：万氏之说未详述其依据，史书亦缺乏具体记载。但是，建安二十一年(216)十月曹操东征孙权，曾调曹仁随同作战。若是曹仁在当年出镇荆州，屯驻樊城，那么他在上任短短数月之后即离任赴东线作战，似乎有碍情理。因此笔者判断他是在关中之役结束后的次年(212)替换乐进的荆州主将职务。

⑦ 《三国志》卷1《魏书·武帝纪》。

樊城。是月使仁围宛。"①平定叛乱后曹仁再次还驻樊城,直至次年关羽进攻襄樊。"(曹)仁率诸军攻破音,斩其首,还屯樊,即拜征南将军。关羽攻樊,时汉水暴溢,于禁等七军皆没,禁降羽。仁人马数千人守城,城不没者数板。"②这里反映出的问题是,曹仁为什么没有屯据襄阳,而是坚持将驻所设在汉江以北的樊城呢? 这显然是由于作战计划的需要。此时南边关羽的势力强盛,威胁严重,导致曹仁不敢像乐进那样据守襄阳。因为襄阳在汉江以南,容易形成背水作战的被动局面,一旦战局不利难以向后方迅速撤离。而主将及军队驻在樊城则有汉水阻隔南来的劲敌,相对要安全得多。曹魏荆州战区长官驻所的北移,表明该地的战局发生了逆转,蜀魏双方攻守形势转换,关羽的军事力量超过了对手,其背后反映出的是蜀汉荆州综合实力的明显增强。

　　(2)曹魏对襄阳以南地区和汉江航道的失控。襄樊之役,蜀汉军队顺利北上,直抵敌巢,进军沿途没有受到曹魏兵马的抵抗。另外,关羽能够分兵进攻,渡江接敌。"羽围(曹)仁于樊,又围将军吕常于襄阳。"③上述情况首先说明自江陵北进的荆襄道畅通无阻,曹魏并未在襄阳以南的宜城、旌阳等地设防,所以才任由关羽军队进抵襄阳,渡过汉水围攻樊城。其次,在此番战斗中,蜀汉的水军发挥了重要作用。关羽全歼于禁的"七军",主要是用战船部队。"会汉水暴起,羽以舟兵尽虏禁等步骑三万送江陵。"④"汉水

---

①《三国志》卷 1《魏书·武帝纪》。
②《三国志》卷 9《魏书·曹仁传》。
③《三国志》卷 17《魏书·徐晃传》。
④《三国志》卷 47《吴书·吴主传》。

暴溢,樊下平地五六丈,(庞)德与诸将避水上堤。羽乘船攻之,以大船四面射堤上……吏士皆降。"①关羽在胜利之后进攻樊城,也是以水军为主。"仁人马数千人守城,城不没者数板。羽乘船临城,围数重,外内断绝,粮食欲尽,救兵不至。"②这支规模庞大的水师能够自江陵开赴樊城前线,走的是经扬水入汉水北上的河道。看来,原来沿途津渡屯戍的魏军已经不见踪影,曹仁也再没有力量于寻口、汉津、荆城等地截击蜀汉的船队,汉江上下数百里水道此时均在关羽的掌控之中。

　　尽管《三国志》等史籍缺少对诸葛亮、关羽统治荆州时期当地经济发展与战事推演的记载,但是从襄樊之役前期的军事形势与关羽大胜、威震华夏的局面来看,蜀汉此阶段对荆州的治理相当成功,故能由弱转强,改变了这一战区双方军事力量的对比,并且控制了襄阳以南的地域与汉水航道,获得了作战的主动权。孙吴大鸿胪张俨评论当时战局曰:"羽围襄阳,将降曹仁,生获于禁,当时北边大小忧惧。孟德身出南阳,乐进、徐晃等为救,围不即解,故蒋子通言彼时有徙许渡河之计。会国家袭取南郡,羽乃解军。"③综上所述,蜀汉统治荆州的后期,江陵附近区域曾遭战乱破坏的社会经济已经恢复元气,先后为诸葛亮、张飞的入川和关羽的北攻襄樊提供了充足的兵员粮饷,成为其后方基地和荆州战区的指挥中心。诸葛亮《隆中对》的战略设想与周瑜生前"规定巴蜀、次取襄阳"的作战计划,刘备集团正在努力实现,而且取得了

---

①《三国志》卷18《魏书·庞德传》。
②《三国志》卷9《魏书·曹仁传》。
③《三国志》卷35《蜀书·诸葛亮传》注引《默记·述佐篇》。

显著的成功：四川和汉中都被其占领，关羽将战线向前推进到襄阳，并在樊城消灭了曹魏精锐的"七军"。江陵地区对三国战争所发生的重要影响，此时可以说是达到了顶峰。

## 四、孙权袭取荆州后的军事部署

建安二十四年（219）孙权派遣人马袭取南郡，进据夷陵。在这次荆州之役当中，孙权迅速调遣部队前往各地，抢占境内的诸多冲要，完成了预期的兵力配置。但是在新的政治形势下，孙吴对荆州的军事部署反映出江陵的战略地位与影响发生了变化，开始出现下降的趋势。其情况如下所述：

### （一）江陵仍为主帅驻地

此役孙权任命吕蒙为总揽前敌军务的"大督"。《三国志》卷51《吴书·孙皎传》曰："后吕蒙当袭南郡，权欲令皎与蒙为左右部大督。蒙说权曰：'若至尊以征虏能，宜用之；以蒙能，宜用蒙。昔周瑜、程普为左右部督，共攻江陵，虽事决于瑜，普自恃久将，且俱是督，遂共不睦，几败国事，此目前之戒也。'权寤，谢蒙曰：'以卿为大督，命皎为后继。'禽关羽，定荆州，皎有力焉。"南郡等地占领之后，江陵仍被当作荆州战区主帅的驻跸之所，即指挥中心。例如，"（吕）蒙到南郡，南郡太守麋芳以城降。蒙据江陵，抚其老弱，释于禁之囚。"①另如，"蒙入据（江陵）城，尽得羽及将士家属。皆抚慰，约令军中不得干历人家，有所求取。蒙麾下士，是汝南人，

---

① 《三国志》卷47《吴书·吴主传》。

取民家一笠,以覆官铠。官铠虽公,蒙犹以为犯军令,不可以乡里故而废法,遂垂涕斩之。于是军中震慄,道不拾遗。蒙旦暮使亲近存恤耆老,问所不足,疾病者给医药,饥寒者赐衣粮。羽府藏财宝,皆封闭以待权至。"①孙权随后也进驻江陵②,并把当地行政长官的职务也交给了吕蒙。"以蒙为南郡太守,封孱陵侯,赐钱一亿,黄金五百斤。"③另外,"乃增给步骑鼓吹,敕选虎威将军官属,并南郡、庐江二郡威仪。"④吕蒙突然病故后,接替其职务的朱然继续驻在该城。"虎威将军吕蒙病笃,权问曰:'卿如不起,谁可代者?'蒙对曰:'朱然胆守有余,愚以为可任。'蒙卒,权假然节,镇江陵。"⑤

### (二)陆逊镇夷陵,封锁峡口

南郡西侧,是连接荆益两州水陆交通的咽喉要地夷陵(今湖北宜昌市),两汉属于南郡辖境,汉末曹操以其地立临江郡,刘备又更名作"宜都"。见《宋书》卷37《州郡志三》:"习凿齿云,魏武平荆州,分南郡枝江以西为临江郡,建安十五年,刘备改为宜都(郡)。"张勃《吴录》曰:"刘备分南郡立宜都郡,领夷道、狠[很]山、夷陵三县。"⑥

---

① 《三国志》卷 54《吴书·吕蒙传》。
② 《资治通鉴》卷 68 汉献帝建安二十四年:"会(孙)权至江陵,荆州将吏悉皆归附;独治中从事武陵潘濬称疾不见,权遣人以床就家舆致之。"
③ 《三国志》卷 54《吴书·吕蒙传》。
④ 《三国志》卷 54《吴书·吕蒙传》注引《江表传》。
⑤ 《三国志》卷 56《吴书·朱然传》。
⑥ 《资治通鉴》卷 68 汉献帝建安二十四年:"刘备遣宜都太守扶风孟达从秭归北攻房陵"条注引张勃《吴录》。

荆州之役中,孙权派遣"陆逊别取宜都,获秭归、枝江、夷道,还屯夷陵"[1]。顾祖禹对此役评论道:"守峡口以备蜀,而荆州之援绝矣。"[2]陆逊兼任当地行政长官,"领宜都太守,拜抚边将军,封华亭侯。(刘)备宜都太守樊友委郡走,诸城长吏及蛮夷君长皆降。逊请金银铜印,以假授初附。是岁,建安二十四年十一月也。"[3]此后,陆逊在当地频频发动攻势,清除蜀汉的残余势力,连续获得成功。"逊遣将军李异、谢旌等将三千人,攻蜀将詹晏、陈凤。异将水军,旌将步兵,断绝险要,即破晏等,生降得凤。又攻房陵太守邓辅、南乡太守郭睦,大破之。秭归大姓文布、邓凯等合夷兵数千人,首尾西方。逊复部旌讨破布、凯。布、凯脱走,蜀以为将。逊令人诱之,布帅众还降。前后斩获招纳,凡数万计。权以逊为右护军、镇西将军,进封娄侯。"[4]陆逊还派遣李异等率众据三峡中段的巫山地区[5],借以阻止蜀汉军队出川反攻。后来夷陵之战,孙权将全军主将职务"大都督"委任陆逊,很重要的原因就是他此前在该地驻守作战,对宜都境内情况比较熟悉的缘故。

### (三)潘璋驻守固陵,前据巫峡

关羽败走麦城后诈降遁逃,潘璋率部在江陵西北的临沮设伏,将其劫杀。据其本《传》所载,孙权占领荆州后,曾将宜都郡数

①《三国志》卷47《吴书·吴主传》。
②[清]顾祖禹:《读史方舆纪要》卷78《湖广方舆纪要四·荆州府》"夷陵州"条,第3679页。
③《三国志》卷58《吴书·陆逊传》。
④《三国志》卷58《吴书·陆逊传》。
⑤《三国志》卷32《蜀书·先主传》章武元年七月:"吴将陆议、李异、刘阿等屯巫、秭归;将军吴班、冯习自巫攻破异等,军次秭归,武陵五溪蛮夷遣使请兵。"

县分立为固陵郡,任命潘璋为军政长官,领兵驻守。"权征关羽,璋与朱然断羽走道,到临沮,住夹石。璋部下司马马忠禽羽,并羽子平、都督赵累等。权即分宜都巫、秭归二县为固陵郡,拜璋为太守、振威将军,封溧阳侯。"①此事又见《后汉书·郡国志四》注引《魏氏春秋》:"建安二十四年,吴分巫、秭归为固陵郡。"吴增仅云:"今考《华阳国志》,(建安二十一年)先主改巴东为固陵郡,是时宜都属先主,故以宜都之巫县移入固陵。二十四年关羽败后,巫县当入吴,还属宜都,故是年(孙)权分巫、秭归二县与蜀对置固陵也。及章武元年先主伐吴,复得巫、秭归二县地,似吴之固陵当以是废。二年猇亭之役,吴复有二县,宜又还属宜都,故孙休时又分宜都置建平也。"②可见孙权是把潘璋麾下人马安置在吴蜀边境对峙的最前线。潘璋后来合并了甘宁的遗部,虽然军队数量不多,但是战斗力较强。史称其"所领兵马不过数千,而其所在常如万人。"③因此在猇亭之役中发挥了重大作用。"甘宁卒,又并其军。刘备出夷陵,(潘)璋与陆逊并力拒之。璋部下斩备护军冯习等,所杀伤甚众。"④

### (四)诸葛瑾屯驻公安

吕蒙死后,他所担任的南郡太守一职并未交给继任的主将朱然兼任,而是委任了持重可靠的诸葛瑾,其治所设在南岸的公

---

①《三国志》卷55《吴书·潘璋传》。
②卢弼:《三国志集解》卷55《吴书·潘璋传》注引吴增仅曰,第1034页。
③《三国志》卷55《吴书·潘璋传》。
④《三国志》卷55《吴书·潘璋传》。

安①。需要指出的是，公安在当时是国君孙权的驻地，筑有行宫。《三国志》卷54《吴书·吕蒙传》曰："封爵未下，会蒙疾发。（孙）权时在公安，迎置内殿，所以治护者万方。"注引《江表传》曰："权于公安大会，吕蒙以疾辞，权笑曰：'禽羽之功，子明谋也，今大功已捷，庆赏未行，岂邑邑邪？'"因为国都建业距离南郡路程太远，信息联络不便。荆州新占之后局势未稳，且存在着蜀、魏在西、北两方面的严重威胁，需要统治者就近指挥，尽快做出决策，所以孙权并没有返回江东，而是留在了当地。但是江陵毕竟是关羽盘踞多年的巢穴，降将故吏众多，君主在此居住不够安全，所以孙权将驻跸之所设置在南岸的公安，将其作为临时国都，即荆州乃至孙吴全国的政治中心，自建安二十四年（219）末入住，岁余之后才东迁武昌。"（黄初）二年四月，刘备称帝于蜀。（孙）权自公安都鄂，改名武昌。"②诸葛瑾始终驻在当地，其职务于夷陵之战以后有所提升。"黄武元年，迁左将军，督公安，假节，封宛陵侯。"③次年曹魏围攻对岸的江陵时，诸葛瑾屡番出兵援助。据史籍所载，他手下的人马不少，但是战绩欠佳。"曹真、夏侯尚等围朱然于江陵，又分据中州，瑾以大兵为之救援。瑾性弘缓，推道理，任计画，无应卒倚伏之术。兵久不解，权以此望之。及春水生，潘璋等作水城于上流，瑾进攻浮桥，真等退走。虽无大勋，亦以全师保境为功。"④

---

①《三国志》卷52《吴书·诸葛瑾传》曰："以绥南将军代吕蒙领南郡太守，住公安。"

②《三国志》卷47《吴书·吴主传》。

③《三国志》卷52《吴书·诸葛瑾传》。

④《三国志》卷52《吴书·诸葛瑾传》注引《吴录》。

### (五)步骘率众镇守沤口

荆州江南原来刘备统治的武陵郡和零陵郡湘水以东地区,时有反抗孙吴的动乱爆发。孙权在南郡时,"武陵部从事樊伷诱导诸夷,图以武陵属刘备,外白差督督万人往讨之。权不听,特召问(潘)濬。濬答:'以五千兵往,足可以擒伷。'权曰:'卿何以轻之?'濬曰:'伷是南阳旧姓,颇能弄唇吻,而实无辩论之才。臣所以知之者,伷昔尝为州人设馔,比至日中,食不可得,而十余自起,此亦侏儒观一节之验也。'权大笑而纳其言,即遣濬将五千往,果斩平之。"[①]后来孙权又调遣交州刺史步骘率兵逾岭入湘,镇压当地的反叛势力。"延康元年,权遣吕岱代骘,骘将交州义士万人出长沙。会刘备东下,武陵蛮夷蠢动,权逆命骘上益阳。备既败绩,而零、桂诸郡犹相惊扰,处处阻兵,骘周旋征讨,皆平之。黄武二年,迁右将军左护军,改封临湘侯。五年,假节,徙屯沤口。"[②]临湘县是长沙郡治,即今湖南长沙市,沤口亦在郡境。参见《三国志》卷60《吴书·吕岱传》:"黄龙三年,以南土清定,召岱还屯长沙沤口。"沤口所在具体地点不明,或为沤水汇入湘江之口。步骘屯据此地时请求扩充军队,遭到孙权拒绝。"骠骑将军步骘屯沤口,求召募诸郡以增兵。权以问(潘)濬,濬曰:'豪将在民间,耗乱为害,加骘有名势,在所所媚,不可听也。'权从之。"[③]

通过上述进军作战和兵力部署,孙权在荆州地区完成了清除

---

①《三国志》卷61《吴书·潘濬传》注引《江表传》。
②《三国志》卷52《吴书·步骘传》。
③《三国志》卷61《吴书·潘濬传》注引《吴书》。

蜀汉势力和应敌攻击准备的预期任务。由于军事行动极其顺利，吴国军队的伤亡很小，以致赵咨称誉孙权：“取荆州而兵不血刃，是其智也。”①此役对南郡地区社会经济的破坏微不足道，北方敌情也没有什么变化。江陵虽然还是孙吴主将的驻地，但实际上军事决策是由住在公安的国君孙权做出的，南郡的民政事务也是由驻在同一城市的太守诸葛瑾料理。所以荆州在易主之后，其军政指挥中心转移到了南岸的公安，这标志着江陵的战略地位开始下降。

## 五、移民南岸、孤悬江北的前线堡垒

### ——黄初三、四年围城之役后的江陵

黄初三至四年（222—223），荆州先后遭受到蜀汉、曹魏的两次大规模进攻。孙吴虽然在猇亭之战中大胜刘备，并挫败了魏军对江陵的长期围攻，但是此后的严峻形势却迫使它对该地区的兵将配置和防御战略做出重大调整，致使江陵的军事地位和影响发生了根本性的变化。曹真、夏侯尚围攻江陵之役以后，南郡的江北地区生灵涂炭，田庐荒残；又面临着襄阳方向的沉重威胁，迫使孙吴移民南岸，仅在当地保留了少数城垒，作为江外疆界的前沿据点。荆州军政长官和军队主力的驻地也移到旁处，不复作为战区的后方基地。试述如下：

### （一）西陵军事地位陡升并与南郡战区分离

孙吴的荆州沿江防区受云梦泽和洞庭湖的阻隔，大致以巴丘

---

① 《三国志》卷 47《吴书·吴主传》。

（今湖南省岳阳市）为界分为东西两部，东部为临江的江夏、长沙
两郡，以武昌（今湖北省鄂州市）为军政中心。其西部为南郡、宜
都两郡，永安三年（260）分宜都之信陵等五县置建平郡①。蜀汉统
治荆州时期，宜都、南郡与南邻的武陵、衡阳、零陵等郡同属一个
战区，皆由刘备或关羽一人管辖，并协同作战。而猇亭之战以后，
孙吴荆州的作战部署发生了重大变化，就是将其西部江防分为宜
都、南郡两个战区，西陵都督负责宜都郡境军务，与南郡战区脱
离，分别负责对外作战。此项变动表明宜都郡的战略地位迅速上
升，因此成为一个独立的都督辖区。

　　黄初二年（221）刘备率众出川，孙权任命陆逊为大都督，"假
节，督朱然、潘璋、宋谦、韩当、徐盛、鲜于丹、孙桓等五万人拒
之。"②次年他在夷陵（后改称西陵）大破蜀兵，由是获得升迁。"加
拜逊辅国将军，领荆州牧。"③此后陆逊一直驻守该地。太和二年
（228），曹魏扬州都督曹休"帅步骑十万，辎重满道，径来入皖"④。
孙权东调陆逊领兵破敌，战役结束后随即返回原驻地。"诸军振
旅过武昌，权令左右以御盖覆逊，入出殿门。凡所赐逊，皆御物上
珍，于时莫与为比。遣还西陵。"⑤陆逊在西陵的实际军职史无明
言，猇亭战前他虽被委任为大都督，但是战后随即废除，因此太和
二年孙权调他到东线领兵时予以重新任命。"乃召逊假黄钺，为

①《宋书》卷37《州郡志三》："建平太守，吴孙休永安三年，分宜都立，领信陵、兴山、秭
　归、沙渠四县。"梁允麟认为建平郡还应包括巫县，参见梁允麟：《三国地理志》，第
　310—311页。
②《三国志》卷58《吴书·陆逊传》。
③《三国志》卷58《吴书·陆逊传》。
④《三国志》卷60《吴书·周鲂传》。
⑤《三国志》卷58《吴书·陆逊传》。

大都督,逆休。"①太和三年(229)孙权称帝,调陆逊来武昌辅佐太子孙登②,派右将军步骘接任。《三国志》卷52《吴书·步骘传》曰:"权称尊号,拜骠骑将军,领冀州牧。是岁,都督西陵,代陆逊抚二境,顷以冀州在蜀分,解牧职。"由此可见,此前陆逊的军事职务为西陵都督。严耕望曾云:"西陵都督始于陆逊,然《逊传》不言督,步骘继之。"③胡三省注《资治通鉴》卷71"(吴)太子与西陵都督步骘书"句曰:"吴保江南,凡边要之地皆置督,独西陵置都督,以国之西门统摄要重也。"

陆逊的大都督职衔撤销后,即无权指挥西陵战区以外的军事活动。当年九月,曹魏出动大军三道征吴。"命征东大将军曹休、前将军张辽、镇东将军臧霸出洞口,大将军曹仁出濡须,上军大将军曹真、征南大将军夏侯尚、左将军张郃、右将军徐晃围南郡。"④尽管孙吴形势危急,但在丹阳、庐江和南郡三地的激烈战斗中,并未看到陆逊的身影。孙权坐镇武昌指挥,分派诸将迎敌,却没有起用最具将才的陆逊。"权遣吕范等督五军,以舟军拒(曹)休等;诸葛瑾、潘璋、杨粲救南郡;朱桓以濡须督拒(曹)仁。"⑤后来江陵战况紧迫,"中外断绝,权遣潘璋、杨粲等解围而围不解。时然城中兵多肿病,堪战者裁五千人。(曹)真等起土山,凿地道,立楼橹

---

① 《三国志》卷58《吴书·陆逊传》。
② 《三国志》卷47《吴书·吴主传》黄龙元年:"秋九月,权迁都建业,因故府不改馆。征上大将军陆逊辅太子登,掌武昌留事。"
③ 严耕望:《中国地方行政制度史——魏晋南北朝地方行政制度》(上),第29页。
④ 《资治通鉴》卷69魏文帝黄初三年九月。
⑤ 《三国志》卷47《吴书·吴主传》。

临城,弓矢雨注。"①就是城陷在即的情况下,西邻的陆逊也没有领兵救援,这一战例反映出陆逊作为西陵都督,其职责范围仅限于自己的战区(宜都郡),如果没有接到朝廷命令,就不能干涉南郡的战事。孙权担心的是驻在白帝城的刘备是否会乘机出川反攻,所以不敢轻易动用西陵的人马,仅抽调了潘璋所部数千人驰援江陵,说明南郡与宜都的确分属两个战区。

孙权将西陵附近地域另立都督辖区的原因,是荆州易主之后战略形势发生了重大变化的缘故。当初关羽面临之敌主要是北边襄樊的魏兵,其次是东邻陆口的孙吴驻军②,西边的益州方向是自家后方,不用担心,所以夷陵的防务较为松弛,结果遭到陆逊进攻后一触即溃。孙权占领荆州后,襄阳方向的防御态势没有大的变化,而西邻的蜀汉则反目为仇,后来虽然复盟修好,但暗地里仍是相互猜忌,担心对方会发动突袭。夷陵(西陵)位处峡口,是连接荆、益二州水陆交通的咽喉要道。胡三省曰:"自三峡下夷陵,连山叠嶂,江行其中,回旋湍激。至西陵峡口,始漫为平流。夷陵正当峡口,故以为吴之关限。"③尤其是蜀汉位居上游,舟师顺流而下可迅速开赴沿江各地,有难以胜防之虞,所以在峡口设置重兵阻击敌军,不让其通过,是保障荆州安全的必要作战措施。陆逊在给孙权的上疏中即论述了夷陵地位的重要:"夷陵要害,国之关

①《三国志》卷56《吴书·朱然传》。
②《三国志》卷47《吴书·吴主传》建安十五年,"以鲁肃为太守,屯陆口。"建安二十年,"遂置南三郡长吏,关羽尽逐之。权大怒,乃遣吕蒙督鲜于丹、徐忠、孙规等兵二万取长沙、零陵、桂阳三郡,使鲁肃以万人屯巴丘以御关羽。权住陆口,为诸军节度。"《三国志》卷54《吴书·吕蒙传》:"鲁肃卒,蒙西屯陆口,肃军人马万余尽以属蒙。"
③《资治通鉴》卷69魏文帝黄初三年胡三省注。

限,虽为易得,亦复易失。失之非徒损一郡之地,荆州可忧。今日争之,当令必谐。"同时他也谈到了对敌军水师沿江直下的顾忌。"臣初嫌之,水陆俱进,今反舍船就步,处处结营,察其布置,必无他变。伏愿至尊高枕,不以为念也。"①另一方面,关羽失荆州后,蜀汉驻守上庸的孟达又叛降曹魏,受到曹丕的赏识。"魏文帝善达之姿才容观,以为散骑常侍、建武将军,封平阳亭侯。合房陵、上庸、西城三郡为新城郡,以达领新城太守。遣征南将军夏侯尚、右将军徐晃与达共袭(刘)封。"②结果占领了蜀汉的东三郡,将魏国势力延伸到夷陵的北境。刘晔即言:"新城与吴、蜀接连,若有变态,为国生患。"③胡三省注此语曰:"蜀之汉中,吴之宜都,皆与新城接连。"④也就是说,宜都地区是西、北两面受敌,形势严峻。步骘继任西陵都督,"代陆逊抚二境。"⑤即接替其前任稳定吴蜀、吴魏疆界两道边防的任务。后来陆抗统辖荆州军务,又向孙皓上疏重申其父遗教,再次强调西陵地位的重要性与对巴蜀水师东进的担心。"西陵、建平,国之蕃表,既处下流,受敌二境。若敌泛舟顺流,舳舻千里,星奔电迈,俄然行至,非可恃援他部以救倒县(悬)也。此乃社稷安危之机,非徒封疆侵陵小害也。臣父逊昔在西垂陈言,以为西陵国之西门,虽云易守,亦复易失。若有不守,非但失一郡,则荆州非吴有也。如其有虞,当倾国争之。"⑥在陆氏

---

① 《三国志》卷58《吴书·陆逊传》。
② 《三国志》卷40《蜀书·刘封传》。
③ 《三国志》卷14《魏书·刘晔传》。
④ 《资治通鉴》卷69魏文帝黄初元年胡三省注。
⑤ 《三国志》卷52《吴书·步骘传》。
⑥ 《三国志》卷58《吴书·陆抗传》。

父子看来,西陵的战略地位和影响甚至超过了江陵。因此后来步阐投降西晋,陆抗率军赴西陵平叛,而后方受到敌人进犯的威胁,陆抗坚持不肯撤兵。"晋车骑将军羊祜率师向江陵,诸将咸以抗不宜上,抗曰:'江陵城固兵足,无所忧患。假令敌没江陵,必不能守,所损者小。如使西陵槃结,则南山群夷皆当扰动。则所忧虑,难可竟言也。吾宁弃江陵而赴西陵,况江陵牢固乎?'"①正是因为孙吴占领荆州后的战局变化,使得西陵所在的宜都地区军事价位陡然上升,所以有必要专置军镇,与原有的战区分离。这一情况反映了江陵的战略影响有所下降,虽然它对于荆州防务仍很重要,但是在吴国将帅的心目中,其首要地位已经让给了西陵。

**(二)南郡移民江南与北边防线的后撤**

如前所述,蜀汉荆州最为富庶的区域是南郡的江北部分,江陵则凭借位居交通枢要而成为军事、行政和经济中心。但是黄初三、四年(222—223)曹魏对江陵的围攻时间长达半载,战事极为惨烈,城守危在旦夕。如魏文帝丙午诏所言:"中军、征南,攻围江陵,左将军张郃等舳舻直渡,击其南渚,贼赴水溺死者数千人,又为地道攻城,城中外雀鼠不得出入,此几上肉耳!"②孙吴几番出兵援救均受挫折,只是由于守将朱然的胆魄和指挥得当,才勉强保住了城池。《三国志》卷56《吴书·朱然传》记载其详细战况曰:"魏遣曹真、夏侯尚、张郃等攻江陵,魏文帝自住宛,为其势援,连屯围城。(孙)权遣将军孙盛督万人备州上,立围坞,为然外救。

---

① 《三国志》卷58《吴书·陆抗传》。
② 《三国志》卷2《魏书·文帝纪》注引《魏书》载丙午诏。

郃渡兵攻盛，盛不能拒，即时却退，郃据州上围守，然中外断绝。权遣潘璋、杨粲等解围而围不解。时然城中兵多肿病，堪战者裁五千人。真等起土山，凿地道，立楼橹临城，弓矢雨注，将士皆失色，然晏如而无怨意，方厉吏士，伺间隙攻破两屯。魏攻围然凡六月日，未退。江陵令姚泰领兵备城北门，见外兵盛，城中人少，谷食欲尽，因与敌交通，谋为内应。垂发，事觉，然治戮泰。尚等不能克，乃彻攻退还。"

　　这次战役给当地经济带来沉重的破坏，生灵涂炭，田野荒芜。加上当地瘟疫流行，"疠气疾病，夹江涂地。"①迫于北方的严重军事威胁与生活环境之艰难，江陵附近的劫余百姓纷纷迁移到南岸。《三国志》卷9《魏书·夏侯尚传》提到此战之后，"荆州残荒，外接蛮夷，而与吴阻汉水为境，旧民多居江南。"刘宋何承天《安边论》追述道："曹、孙之霸，才均智敌，江、淮之间，不居各数百里。魏舍合肥，退保新城，吴城江陵，移民南涘。"②何氏之言，反映了南郡江北地区的居民除了自发逃难离境之外，还受到了孙吴政权有组织的迁徙，被转移到南岸去居住。因为汉末以来的长期战乱影响，内地的人口发生锐减。"乡邑望烟而奔，城郭睹尘而溃，百姓死亡，暴骨如莽。"③三国交战各方为了坚壁清野，增加敌人进军的困难，以及保护自己的劳动力与兵力资源，纷纷将边界地带的居民内迁，甚至造成长达数百里的无人区域。例如建安十七年（212），"曹公恐江滨郡县为（孙）权所略，征令内移。民转相惊，自

①《三国志》卷2《魏书·文帝纪》注引《魏书》载丙午诏。
②《宋书》卷64《何承天传》。
③《三国志》卷2《魏书·文帝纪》注引《典论·自叙》。

庐江、九江、蕲春、广陵户十余万皆东渡江。江西遂虚,合肥以南惟有皖城。"①《三国志》卷51《吴书·孙韶传》曰:"淮南滨江屯候皆彻兵远徙,徐、泗、江、淮之地,不居者各数百里。"建安二十年(215),曹操出征汉中张鲁。"鲁降,(张)既说太祖拔汉中民数万户以实长安及三辅。"②太和二年(228)诸葛亮兵出祁山,撤退时"拔西县千余家,还于汉中"③。可见将边境的居民和戍兵内迁以远离敌境,是当时各国普遍实行的战略部署,所以南郡民众的迁移并非反常现象。

　　孙吴在荆州移民江南之后,实际上放弃了对江陵以北地区的统治和防务。如前所述,江陵以北的临沮、旌阳二县原是蜀汉辖区,荆州易主后归属孙吴,但是此后却转而入魏了。《三国志》卷3《魏书·明帝纪》载景初元年(237)十二月,"丁巳,分襄阳临沮、宜城、旍阳、邔四县,置襄阳南部都尉。"宜城、邔县两地在襄阳之南,相距约有百里。按汉邔县为唐朝宜城县,见《元和郡县图志》卷21《山南道二·襄州》:"宜城县,本汉邔县地也。城东临汉江,古谚曰'邔无东',言其东逼汉江,其地短促也。"④注曰该县"北至(襄)州九十五里"⑤。又云:"故宜城,在县南九里。本楚鄢县……至汉惠帝三年,改名宜城。"⑥前文已述,旍阳即旌阳,临沮系关羽败亡之地,当时被孙吴控制。谢钟英对前引《三国志》景初元年"置襄

①《三国志》卷47《吴书·吴主传》。
②《三国志》卷15《魏书·张既传》。
③《三国志》卷35《蜀书·诸葛亮传》。
④〔唐〕李吉甫:《元和郡县图志》,第531页。
⑤〔唐〕李吉甫:《元和郡县图志》,第531页。
⑥〔唐〕李吉甫:《元和郡县图志》,第531页。

阳南部都尉"的史料进行分析后指出,临沮、旌阳两地应是在黄初三、四年(222—223)江陵围城之役后属魏。"考《乐进传》:讨刘备临沮长杜普、旌阳长梁大,皆大破之。则旌扬[阳]或系建安十三年(笔者注:应为十四年)南郡初入吴时所分置。又考魏始立襄阳郡,盖无临沮、旌扬[阳]。故《吴志》朱然、潘璋等传皆云到临沮禽关云长。盖自云长败后南郡复入吴,二县或此时隶魏也。"①此战之后,曹魏荆州的南境延伸到临沮、旌(旌)阳,距离江陵仅有一二百里,而该城附近亦少有民居,因此变成了孤悬于江北岸边的一座前线要塞。从历史记载来看,此后孙吴南郡的对魏防御策略与关羽统治时期不同,在江陵外围阻击北方来敌主要是靠水力而非兵力,即尽量利用当地水网交织和地势低平的自然条件,筑堰蓄水,待敌军逼近时放水淹没道路,借以阻止或延缓其兵临城下。例如嘉平二年(250)曹魏进攻南郡,"(王)昶诣江陵,两岸引竹絙为桥,渡水击之。"②胡三省注《资治通鉴》卷75此事曰:"絙,居登翻,大索也。吴引沮漳之水浸江陵以北之地,以限魏兵,故昶为桥以渡水。"又西晋泰始八年(272)羊祜攻江陵,"初,江陵平衍,道路通利。抗敕江陵督张咸作大堰遏水,渐渍平中,以绝寇叛。祜欲因所遏水,浮船运粮,扬声将破堰以通步军。抗闻,使咸亟破之。诸将皆惑,屡谏不听。祜至当阳,闻堰败,乃改船以车运,大费损功力。"③胡三省注《资治通鉴》卷79此事曰:"堰,于扇翻。今江陵有三海八柜,引诸湖及沮、漳之水注之,弥漫数百里,即作堰之故

---

①[清]洪亮吉撰,[清]谢钟英补注:《〈补三国疆域志〉补注》,《二十五史补编·三国志补编》,第487页。

②《三国志》卷27《魏书·王昶传》。

③《三国志》卷58《吴书·陆抗传》。

智也。"按曹魏黄初三年(222)、嘉平二年(250)、泰始八年(272)、西晋太康元年(280)总共四次兵进江陵,孙吴方面都没有出动军队到当阳、临沮等外围地带进行阻击,这些都是南郡北边防线内撤,采取临江防守的策略所致。

　　需要强调的是,江陵之役以后,曹魏在荆州也采取了收缩防守的战略。从这一战区最高军事长官驻地的变更来看,如前所述,建安末年曹仁任征南将军时驻在樊城,黄初年间则后撤到宛城(今河南南阳市)。《晋书》卷1《宣帝纪》曰:"魏文帝即位,封河津亭侯,转丞相长史。会孙权帅兵西过,朝议以樊、襄阳无谷,不可以御寇。时曹仁镇襄阳,请召仁还宛。"曹仁本《传》亦载:"(曹丕)及即王位,拜仁车骑将军,都督荆、扬、益州诸军事,进封陈侯,增邑二千,并前三千五百户……后召还屯宛。"①魏明帝时,司马懿出任荆州都督,亦驻扎在宛城②。孟达与诸葛亮书曰:"宛去洛八百里,去吾一千二百里,闻吾举事,当表上天子,比相反覆,一月间也,则吾城已固,诸军足办。则吾所在深险,司马公必不自来;诸将来,吾无患矣。"③直到正始四年(243),王昶出任征南将军、荆州都督后,请求将治所前移。"以为国有常众,战无常胜;地有常险,守无常势。今屯宛,去襄阳三百余里,诸军散屯,船在宣池,有急不足相赴,乃表徙治新野。"④得到朝廷的准许,才将驻地向南推进。曹魏襄阳地区的大部分居民也在黄初元年(220)被政府迁徙到汉水以北,参见《三国志》卷9《魏书·曹仁传》:"仁与徐晃攻破

①《三国志》卷9《魏书·曹仁传》。
②《晋书》卷1《宣帝纪》:"太和元年六月,天子诏帝屯于宛,加督荆、豫二州诸军事。"
③《晋书》卷1《宣帝纪》。
④《三国志》卷27《魏书·王昶传》。

(陈)邵,遂入襄阳,使将军高迁等徙汉南附化民于汉北,文帝遣使即拜仁大将军。"此举与孙吴在江陵地区徙民南岸的措施是相应的。

在此阶段,曹魏的襄阳、樊城也成为边界要塞,戍守兵力不多。例如正始二年(241),"吴大将朱然围樊城,(胡)质轻军赴之。议者皆以为贼盛不可迫,质曰:'樊城卑下,兵少,故当进军为之外援;不然,危矣。'遂勒兵临围,城中乃安。"①所以此时曹魏襄阳南部都尉所辖临沮、宜城、旍阳、邔四县也少有百姓居住,故大部分属于军事巡逻警戒防区,而并非普通郡县。如何承天所言:"斥候之郊,非畜牧之所;转战之地,非耕桑之邑,故坚壁清野,以俟其来,整甲缮兵,以乘其敝。虽时有古今,势有强弱,保民全境,不出此涂。"②由于魏吴双方都在这一地区收缩兵力,后退防线,所以襄阳至江陵的中间地带平日并无重兵把守,只有少数部队各自在边境巡逻警戒。从历史记载来看,魏吴两国若是出动大军进攻对方,无论是水旱道路,沿途都不会受到激烈的阻击,和关羽治荆州时与魏军在临沮、旌阳、寻口、青泥等地激战的情况大不相同。石泉注意到这一时期的此种现象,他列举黄初三、四年(222—223)曹真、夏侯尚等进围江陵,黄初七年(226)诸葛瑾、张霸等攻襄阳,正始二年(241)朱然攻襄樊,嘉平二年(250)王昶攻江陵,太康元年(280)杜预克江陵等战例,总结道:"这些战役无例外地都是:进攻的一方迅即到达对方城下,而防守的一方,无论是守江陵还是守襄阳,都是据城自固,待敌来攻,然后反击,从无像唐宋以后那

---

① 《三国志》卷27《魏书·胡质传》。
② 《宋书》卷64《何承天传》。

样扼荆门之险以阻敌之事。"①这表明黄初年间江陵之役以后,魏吴双方都没有足够的力量来固守荆襄之间的接壤地带,所以在该地采取了收缩防线、伺机突袭的相同战略。

### (三)南郡战区主将与军队主力移驻南岸的乐乡

战区主将平时的驻地,也就是指挥中心和军队主力的屯据之处,不能距离边境太近,否则容易遭到敌人袭击而蒙受意外的损失。由于南郡北边防线的后撤,江陵成为临敌的前线要塞,因此孙吴方面不能再以该城作为后方基地,故将南郡地区军事长官的治所也迁移到了南岸。主持南郡及江陵军务的将领初为朱然,他从建安二十四年(219)就职后,在任近三十载,直到孙吴赤乌十二年(249)三月去世,此前一岁他还在努力加强该城的防御。"(赤乌)十一年春正月,朱然城江陵。"②在经历了黄初年间的江陵围城之役以后,他的驻地移到了长江南岸的乐乡(今湖北松滋县东北),其军职即变为乐乡都督,并在当地筑城以便屯兵。胡三省曰:"乐乡城在今江陵府松滋县东,乐乡城北,江中有沙碛,对岸踏浅可渡,江津要害之地也。"③《水经注》卷35《江水》云:"江水又径南平郡孱陵县之乐乡城北,吴陆抗所筑,后王濬攻之,获吴水军督陆景于此渚也。"④杨守敬则指出乐乡城始筑的时代要更早。"《通典》亦云,乐乡城即抗所筑。然吴朱绩已为乐乡督,抗盖改筑

---

①石泉:《古代荆楚地理新探》,武汉大学出版社,1988年,第448页。
②《三国志》卷47《吴书·吴主传》。
③《资治通鉴》卷79晋武帝泰始六年胡三省注。
④[北魏]郦道元注,[民国]杨守敬、熊会贞疏:《水经注疏》,第2873页。

耳。"①孙吴出任乐乡都督的将领有朱然、施绩父子和陆抗,孙歆②。严耕望曾指出:"按乐乡都督始于朱然。"他列举《三国志》卷56《吴书·朱然附子绩传》的记载,"然卒,绩袭业,拜平魏将军,乐乡督。"认为:"吴之督将例皆世袭。据此绩继然为乐乡督,而江陵实无督,《然传》所谓'镇江陵'者,以乐乡在江陵对江不远,屯乐乡,即以镇江陵也。"③严先生此说甚是,但略有微瑕。《三国志·吴书·朱然传》曰:"蒙卒,(孙)权假然节,镇江陵。"是言其接替吕蒙职务之际,当时他确在江陵。后随陆逊拒蜀军于夷陵,黄初三年(222)闰六月获胜后又返回江陵驻地,故九月曹魏大军围攻时朱然已在城内应敌,把都督驻地移到乐乡应该是在此役之后的事。另外,江陵仍派遣督将镇守,史载有张咸、伍延④等,受乐乡都督管辖。从史书记载来看,江陵遭到魏军攻击时,是由乐乡都督做出应敌部署,并派遣兵将援助。例如嘉平二年(250)魏征南将军王昶率众攻江陵城,即由施绩领兵督将前来救援。《三国志》卷27《魏书·王昶传》曰:"贼奔南岸,凿七道并来攻。于是昶使积弩同时俱发,贼大将施绩夜遁入江陵城,追斩数百级。"虽然施绩本传载其"拜平魏将军,乐乡督"。但是前引《王昶传》称其为"大将",即大督、都督,这是因为他主持南郡地区军事,驻守乐乡对岸的江陵督亦在其麾下,故实为都督职务。

又西晋泰始八年(272)步阐据西陵叛降,乐乡都督陆抗率众

①[北魏]郦道元注,[民国]杨守敬、熊会贞疏:《水经注疏》,第2873页。
②参见《三国志》卷51《吴书·宗室传·孙邻》注引《吴历》,同书卷56《朱然传》、卷58《陆抗传》,《晋书》卷34《杜预传》。
③严耕望:《中国地方行政制度史——魏晋南北朝地方行政制度》(上),第28—29页。
④参见《三国志》卷58《吴书·陆抗传》,《晋书》卷34《杜预传》。

前往平叛。晋武帝下令,"遣车骑将军羊祜帅众出江陵,荆州刺史杨肇迎阐于西陵,巴东监军徐胤击建平以救阐。"①《三国志》卷58《吴书·陆抗传》记载其应敌举措,江陵督张咸亦听从其调遣。"抗敕江陵督张咸作大堰遏水,渐渍平中,以绝寇叛。(羊)祜欲因所遏水,浮船运粮,扬声将破堰以通步军。抗闻,使咸亟破之。诸将皆惑,屡谏不听。祜至当阳,闻堰败,乃改船以车运,大费损功力。"又杨肇援兵至西陵后,"抗令张咸固守其城;公安督孙遵巡南岸御祜;水军督留虑、镇西将军朱琬拒胤。身率三军,凭围对肇。"太康元年(280)西晋灭吴之役,杜预在进攻江陵前夕曾派遣属少数精锐部队督将袭扰其后方,"吴都督孙歆震恐,与伍延书曰:'北来诸军,乃飞渡江也。'"②这也反映了乐乡都督和江陵督上下级之间通报敌情的公文来往。

综上所述,自朱然、施绩至陆抗、孙歆出镇乐乡时,均将主要兵力集结在主将驻地所在的乐乡城。敌人来攻江陵时,守军据城抵抗,乐乡都督在外发兵援助,并给江陵守将下达各种作战指令,其从属关系由此可见。乐乡都督麾下的兵力即南郡战区的军队主力,也是在各地守城人马之外的一支机动部队。据史籍所载,孙吴后期乐乡都督直辖的驻军约有三万余人。如步阐之叛,江陵守军留城迎敌,陆抗率领前赴西陵的军队就是屯驻乐乡的全部主力。晋将羊祜解围失败后,遭到朝廷官员的弹劾。"有司奏:'祜所统八万余人,贼众不过三万。祜顿兵江陵,使贼备得设。乃遣杨肇偏军入险,兵少粮悬,军人挫衄。背违诏命,无大臣节。可免

---

①《晋书》卷3《武帝纪》。
②《晋书》卷34《杜预传》。

官,以俟就第。'"①

### (四)公安督将与军队直属朝廷

与关羽董督荆州的情况相比,孙吴的乐乡都督只管南郡一郡军务,其战区的辖境减少了许多,而且不过问民政,其主将的职权明显缩小。此外值得注意的是,南郡战区的公安县设有督将,孙吴任公安督者,史载有诸葛瑾、诸葛融父子和孙遵、钟离牧②。但是在较长时间内,公安督与其统率的军队却是直属朝廷,不受乐乡都督的指挥。其详请见下文。

如前所述,孙权取荆州后任命诸葛瑾领兵驻守公安。夷陵之战以后,诸葛瑾的职衔有所提升。"黄武元年,迁左将军,督公安,假节,封宛陵侯。"③次年曹魏围攻对岸的江陵时,诸葛瑾曾屡次出兵援助。据文献记述有两点值得注意,其一,他手下的人马不少。史载:"曹真、夏侯尚等围朱然于江陵,又分据中州,瑾以大兵为之救援。"④但是其人性情迂缓,用兵非所擅长,因此战绩欠佳。"瑾性弘缓,推道理,任计画,无应卒倚伏之术。兵久不解,权以此望之。及春水生,潘璋等作水城于上流,瑾进攻浮桥,真等退走。虽无大勋,亦以全师保境为功。"⑤只是由于他在政治上颇受朝廷信任,所以被委以长期统率重兵、驻守要镇公安的权力。孙权曾说:

---

①《晋书》卷 34《羊祜传》。
②参见《三国志》卷 52《吴书·诸葛瑾传》,同书卷 58《陆抗传》,同书卷 60《钟离牧传》,同书卷 64《诸葛恪传》。
③《三国志》卷 52《吴书·诸葛瑾传》。
④《三国志》卷 52《吴书·诸葛瑾传》注引《吴录》。
⑤《三国志》卷 52《吴书·诸葛瑾传》注引《吴录》。

"孤与子瑜有死生不易之誓,子瑜之不负孤,犹孤之不负子瑜也。"①

　　其二,诸葛瑾率领的公安驻军直接听从孙权的指挥,并非接受南郡战区主将朱然的调遣。例如黄初三、四年(222—223)江陵之役,"权遣吕范等督五军,以舟军拒(曹)休等,诸葛瑾、潘璋、杨粲救南郡。"②黄初七年(226)八月:"吴将诸葛瑾、张霸等寇襄阳,抚军大将军司马宣王讨破之,斩霸;征东大将军曹休又破其别将于寻阳。论功行赏各有差。"③其岁曹丕去世,"吴王闻魏有大丧,秋,八月,自将攻江夏郡,太守文聘坚守。"④诸葛瑾是接受其命令出兵予以策应。青龙二年(234),孙权与诸葛亮约定共同出兵伐魏。"夏五月,权遣陆逊、诸葛瑾等屯江夏、沔口,孙韶、张承等向广陵、淮阳,权率大众围合肥新城。是时蜀相诸葛亮出武功。"⑤从《三国志》卷58《吴书·陆逊传》的记载来看,此役诸葛瑾领兵乘船沿江至沔口,与陆逊会师后驶入汉水,溯流而朝襄阳方向进军。陆逊当时驻在武昌主持军国事务,在这次作战中的进退决策是与诸葛瑾协商后确定。其文字如下:

　　　　嘉禾五年(笔者按:"五"字讹,应为"三"),权北征,使逊与诸葛瑾攻襄阳。逊遣亲人韩扁赍表奉报,还,遇敌于沔中,钞逻得扁。瑾闻之甚惧,书与逊云:"大驾已旋,贼得韩扁,具

①《三国志》卷52《吴书·诸葛瑾传》。
②《三国志》卷47《吴书·吴主传》。
③《三国志》卷3《魏书·明帝纪》。
④《资治通鉴》卷70魏文帝黄初七年。
⑤《三国志》卷47《吴书·吴主传》。

知吾阔狭。且水干,宜当急去。"逊未答,方催人种葑豆,与诸将弈棋射戏如常。瑾曰:"伯言多智略,其当有以。"自来见逊,逊曰:"贼知大驾以旋,无所复戚,得专力于吾。又已守要害处,兵将意动,且当自定以安之,施设变术,然后出耳。今便示退,贼当谓吾怖,仍来相蹙,必败之势也。"乃密与瑾立计,令瑾督舟船,逊悉上兵马,以向襄阳城。敌素惮逊,遽还赴城。瑾便引船出,逊徐整部伍,张拓声势,步趋船,敌不敢干。

此外依据前述,诸葛瑾"督公安,假节",即被授予代表权力的节杖,可以便宜行事,甚至先斩后奏,自行惩处。汉末以来,军队主将与州郡长官持节杀伐决断之例不胜枚举。赵翼曾对此考证道:"魏晋六朝则以持节为重。《南齐书》:王敬则枉杀路氏,氏家诉冤,上责敬则:'人命至重,何以不启闻?'敬则曰:'臣知何物科法?见背后有节,便谓应得杀人。'是六朝凡刺史持节者亦皆得专杀。"[1]由此可见,诸葛瑾的部队具有相对的独立性,在某种程度上是一支直属朝廷的机动部队,平时并非接受乐乡都督朱然管辖。

另外,孙权称帝后封赏群臣,诸葛瑾"拜大将军、左都护,领豫州牧"[2],朱然则是"拜车骑将军、右护军,领兖州牧"[3]。两人职衔相当,诸葛瑾甚至略高一些,因为车骑将军位在大将军之下。诸葛瑾参加的最后一次军事行动是在正始二年(241),即孙吴赤乌

---

①[清]赵翼著,栾保群、吕宗力校点:《陔余丛考》卷16《刺史守令杀人不待奏》,河北人民出版社,2007年,第290页。
②《三国志》卷52《吴书·诸葛瑾传》。
③《三国志》卷56《吴书·朱然传》。

四年。"夏四月,(孙权)遣卫将军全琮略淮南,决芍陂,烧安城邸阁,收其人民。威北将军诸葛恪攻六安。琮与魏将王凌战于芍陂,中郎将秦晃等十余人战死。车骑将军朱然围樊,大将军诸葛瑾取柤中。"①虽然指诸葛瑾与朱然是同一个作战方向,但却是分兵各自行动。据干宝《晋纪》所载,诸葛瑾的一路人马中还有西陵都督步骘的部队。"吴将全琮寇芍陂,朱然、孙伦五万人围樊城,诸葛瑾、步骘寇柤中;琮已破走而樊围急。"②曹魏援军到来后,朱然、诸葛瑾随即各自退还驻地。

### (五)南郡太守和荆州牧治所不在江陵

由于江北地区人烟稀少,南郡的居民大多集中在长江南岸各县,所以该郡行政长官太守诸葛瑾的治所始终设置在江南的公安,和蜀汉统治时期南郡太守糜芳治江陵的情况不同。孙吴的公安也因此被民间俗称为"南郡城",例如诸葛瑾逝世后,其子诸葛融袭其职爵,"摄兵业驻公安"。此后孙峻发动政变,诛杀诸葛恪,"遣无难督施宽就将军施绩、孙壹、全熙等取融。融卒闻兵士至,惶惧犹豫,不能决计,兵到围城,饮药而死"。③《江表传》曰:"先是,公安有灵鼍鸣,童谣曰:'白鼍鸣,龟背平,南郡城中可长生,守死不去义无成。'及恪被诛,融果刮金印龟,服之而死。"④卢弼据此曰:"参证史志,知吴之南郡始终治公安也。"又云:"今考《吴志》,南郡太守惟诸葛瑾住公安。旋迁左将军,督公安。瑾以前各太

①《三国志》卷47《吴书·吴主传》。
②《三国志》卷4《魏书·三少帝纪·齐王芳》注引干宝《晋纪》。
③《三国志》卷52《吴书·诸葛瑾传》。
④《三国志》卷52《吴书·诸葛瑾传》注引《江表传》。

守,周瑜、鲁肃、程普、吕蒙皆治江陵也。"①《水经注》卷35《江水》
曰:"杜预克定江南,罢华容置之,谓之江安县,南郡治。吴以华
容之南乡为南郡,晋太康元年改曰南平也。"杨守敬按:"南郡治
上当有本字。《吴志·吕蒙传》,袭破荆州,领南郡太守。蒙发
疾,时孙权在公安,迎置内殿。《诸葛瑾传》,代蒙领南郡太守,住
公安。《瑾传·注》引《江表传》,公安灵鼍鸣,童谣有曰,南郡城
中可长生。皆吴南郡治公安之证。《宋志》吴南郡治江南,指此
也。《注》谓吴以华容之南乡为南郡,益足征晋罢华容置江安之
说不诬。"②

　　刘备在荆州任州牧时,其驻地在南岸的公安。他入蜀之后该
地委任关羽掌管。建安二十年(215),"先主西定益州,拜羽董督
荆州事。"后又"拜羽为前将军、假节钺"③。即任命关羽为荆州的
最高军政长官,握有先斩后奏的生杀大权;前文已述,其治所设在
江陵。孙权占领荆州后,因陆逊破蜀有功,在黄初三年(222)"加
拜逊辅国将军,领荆州牧"④。但是他本职为西陵都督,并一直驻
守在该城,因此荆州牧的治所亦在西陵。《南齐书》卷15《州郡志
下》叙述了汉魏两晋荆州行政长官治所的迁徙,"荆州,汉灵帝中
平末刺史王睿始治江陵,吴时西陵督镇之。晋太康元年平吴,以
为刺史治……"所言荆州"吴时西陵督镇之",实际上就是指陆逊
任西陵都督兼荆州牧这一阶段,其治所并在西陵。太和三年

①卢弼:《三国志集解》,第989页。
②[北魏]郦道元注,[民国]杨守敬、熊会贞疏:《水经注疏》,第2874—2875页。
③《三国志》卷36《蜀书·关羽传》。
④《三国志》卷58《吴书·陆逊传》。

(229)孙权称帝后迁都建业,调陆逊来武昌辅佐太子孙登①,仍保留其荆州牧的职务,"并掌荆州及豫章三郡事,董督军国。"②其州牧治所移在武昌,该地即为荆州的军政中心。赤乌八年(245)陆逊病逝,诸葛恪迁大将军,"假节,驻武昌,代逊领荆州事。"③诸葛恪被孙峻暗杀之后,永安元年(258)孙綝"以大将军为丞相、荆州牧,食五县"④。但是他当时驻在建业,其后与吴帝孙休相互猜忌,"由是愈惧,因孟宗求出屯武昌,休许焉。"⑤可见武昌仍依旧例为荆州牧治所。元兴元年(264)孙皓继位后,任命陆凯为镇西大将军,"都督巴丘,领荆州牧,进封嘉兴侯。"⑥可见孙吴统治期间,南郡太守和荆州牧的治所先在西陵,后移至武昌和巴丘,始终没有置于江陵,与蜀汉统治荆州时最高军政长官关羽和南郡太守糜芳郡均设治所于该地的情况截然不同,这也应是江陵军事政治地位与影响明显下降的表现之一。

### (六)孙吴统治后期公安、西陵与乐乡军镇的聚散

孙权赤乌四年(241)闰月,诸葛瑾北征襄阳还师后病逝,他的公安督职务与部下兵马由次子诸葛融继承。"(长子)恪已自封侯,故弟融袭爵,摄兵业驻公安。"⑦赤乌十一年(248)步骘去世,

①《三国志》卷47《吴书·吴主传》黄龙元年:"秋九月,权迁都建业,因故府不改馆。征上大将军陆逊辅太子登,掌武昌留事。"
②《三国志》卷58《吴书·陆逊传》。
③《三国志》卷64《吴书·诸葛恪传》。
④《三国志》卷48《吴书·三嗣主传·孙休》。
⑤《三国志》卷64《吴书·孙綝传》。
⑥《三国志》卷61《吴书·陆凯传》。
⑦《三国志》卷52《吴书·诸葛瑾传》。

"子协嗣,统骘所领,加抚军将军。"①但是他们先后被朝廷归属到乐乡都督朱然的麾下。见《三国志》卷56《吴书·朱然传》:"诸葛瑾子融,步骘子协,虽各袭任,权特复使然总为大督。"自此公安、西陵的两支部队均由乐乡都督统辖,其管辖的作战区域得以向西方延伸,又恢复到蜀汉统治荆州时南郡、宜都同属一个战区的状况。究其原因,显然是诸葛瑾与步骘的后继者缺乏将略,孙权不予信任的缘故。史称诸葛融"生于宠贵,少而骄乐。学为章句,博而不精"②。其才干远不及乃父。步协的军事指挥能力也相当薄弱,这从他后来的作战经历可以得知。例如嘉平三年(251)曹魏遣荆州刺史王基,"随征南王昶击吴。基别袭步协于夷陵,协闭门自守。基示以攻形,而实分兵取雄父邸阁,收米三十余万斛,虏安北将军谭正,纳降数千口。"③景元四年(263)蜀汉灭亡,其将罗宪守永安。"及钟会、邓艾死,百城无主,吴又使步协西征,宪大破其军。"④以孙权之明识灼见,应该是已经看到了他们身上的弱点,但在奉行世袭领兵的制度之下,又找不到其他合适人选来接替。而在当时,"功臣名将存者惟(朱)然。"⑤所以将其陆续拨至朱然帐下,以便听从号令,避免出现意外损失。

孙权赤乌十二年(249)朱然去世,其子"绩袭业,拜平魏将军,乐乡督"⑥。次年(250)曹魏征南将军王昶进攻江陵,施(朱)绩带

---

① 《三国志》卷52《吴书·步骘传》。
② 《三国志》卷52《吴书·诸葛瑾传》注引《吴书》。
③ 《三国志》卷27《魏书·王基传》。
④ 《晋书》卷57《罗宪传》。
⑤ 《三国志》卷56《吴书·朱然传》。
⑥ 《三国志》卷56《吴书·朱然附子绩传》。

兵退敌,史书记载其作战经过如下:

> 魏征南将军王昶率众攻江陵城,不克而退。绩与奋威将军诸葛融书曰:"昶远来疲困,马无所食,力屈而走,此天助也。今追之力少,可引兵相继。吾欲破之于前,足下乘之于后,岂一人之功哉,宜同断金之义。"融答许绩。绩便引兵及昶于纪南,纪南去城三十里,绩先战胜而融不进,绩后失利。权深嘉绩,盛责怒融,融兄大将军恪贵重,故融得不废。①

此段史实反映出一些值得关注的问题:施绩在使用公安驻军时,需要与督将诸葛融商议并取得其同意,而不能下令调遣,这说明此刻和朱然任大督时情形不同,施绩虽为都督,但是只能统率乐乡和江陵的兵众,公安的人马却不归他管辖,看来这是朱然死后朝廷做出的决定。赤乌八年(245)陆逊病故,诸葛恪继任其职,后又入朝主政。"恪迁大将军,假节,驻武昌,代逊领荆州事。久之,权不豫,而太子少,乃征恪以大将军领太子太傅。"②诸葛融毁约拒不出兵相助施绩,是其胆怯懦弱所致,却没有受到任何惩处。究其原因,虽然有其兄诸葛恪的庇护,但应也是他并非隶属于施绩麾下,有权自做决定的缘故。此事激化了施绩与诸葛氏兄弟的矛盾,"初绩与恪、融不平,及此事变,为隙益甚。"③孙亮建兴二年(253),诸葛恪统率大军出征淮南,曾征调施绩领兵前来参加作战,而借机让诸葛融接管了他所担任的乐乡都督职务。"要绩并

①《三国志》卷56《吴书·朱然附子绩传》。
②《三国志》卷64《吴书·诸葛恪传》。
③《三国志》卷56《吴书·朱然附子绩传》。

力,而留置半州,使融兼其任。"①是年冬天,孙峻发动政变,杀害诸葛恪,"恪既诛,遣无难督施宽就将军施绩、孙壹、全熙等取融。融卒闻兵士至,惶惧犹豫,不能决计,兵到围城,饮药而死,三子皆伏诛。"②于是施绩的乐乡都督一职又得以恢复,"绩复还乐乡,假节。"③

　　孙吴永安元年(258),施绩管辖的战区范围向西扩展到三峡峡口。"永安初,迁上大将军、都护督,自巴丘上迄西陵。"④但是只有短短一岁。次年(259),朝廷认为施绩职权太重,又将西陵及荆江下游的军务委任陆抗负责。"永安二年,拜镇军将军,都督西陵,自关羽(濑)至白帝。"⑤施绩仍镇乐乡,再次出现了南郡、宜都两个战区分立的局面。建衡二年(270)施绩逝世,陆抗得以继任乐乡都督,兼领西陵军务。见《三国志》卷58《吴书·陆抗传》:"大司马施绩卒,拜抗都督信陵、西陵、夷道、乐乡、公安诸军事,治乐乡。"反映出西陵、乐乡两个都督辖区重新得以合并。至凤凰三年(274)陆抗病故,"及卒,吴主使其子晏、景、玄、机、云分将其兵。"⑥而据史籍所载,此时孙皓又重设西陵都督与所统之独立辖区。《晋书》卷3《武帝纪》载太康元年(280),"二月戊午,王濬、唐彬等克丹杨城。庚申,又克西陵,杀西陵都督、镇军将军留宪,征南将军成璩,西陵监郑广。"《资治通鉴》卷81亦载太康元年二月,"庚

①《三国志》卷56《吴书·朱然附子绩传》。
②《三国志》卷52《吴书·诸葛瑾传》。
③《三国志》卷56《吴书·朱然附子绩传》。
④《三国志》卷56《吴书·朱然附子绩传》。
⑤《三国志》卷58《吴书·陆抗传》。
⑥《资治通鉴》卷80晋武帝泰始十年。

申,濬克西陵,杀吴都督留宪等。壬戌,克荆门、夷道二城,杀夷道监陆晏。"而此时孙吴主持南郡战区军务的乐乡都督则为孙歆,见《晋书》卷34《杜预传》:"又遣牙门管定、周旨、伍巢等率奇兵八百,泛舟夜渡,以袭乐乡,多张旗帜,起火巴山,出于要害之地,以夺贼心,吴都督孙歆震恐。"孙歆系宗室孙邻之子,其兄弟皆任军事要职①。说明吴国末年的宜都、建平郡和南郡重又分置为两个战区,各自设置都督,在荆州西部重新恢复了孙吴前期的军事部署。

综上所述,孙吴占领荆州之后,长期分置乐乡、西陵两个都督辖区,把南郡的江北防线后撤并徙民南岸,战区主将和军队主力的驻地则移至乐乡,江陵因此成为一座军事化的孤城,也不再充当荆州最高军政长官和南郡太守的治所。这一切都表明了这座城市的战略地位和影响大不如前,与蜀汉统治时期的情况具有明显的差别,其中原因值得我们深究。

## 六、江陵军事地位发生演变的原因

孙权占领富饶的江陵地区之后,全据荆州南境及江北沿岸地区,将其西部疆界一直推进到西陵峡口。此次战役实现了吕蒙规划的战略目标,"全据长江,形势益张"②,使东吴的领土、人口、财赋、兵甲获得了显著的扩充。这样看来,应该是增强了国力。但是此后孙吴却在南郡撤退防线,移民江南,只留少数兵力据守江

---

① 《三国志》卷51《吴书·宗室传·孙邻》注引《吴历》曰:"邻又有子曰述,为武昌督,平荆州事。震,无难督。谐,城门校尉。歆,乐乡督。"但据《晋书》卷34《杜预传》和《资治通鉴》卷81晋武帝太康元年正月条记载,孙歆的实际职务为乐乡都督。

② 《三国志》卷54《吴书·吕蒙传》。

陵孤城,采取了相当被动的防守态势。与蜀汉统治期间的情况比较,江陵的军事地位和影响明显下降削弱了,其具体原因究竟何在呢? 据笔者分析,大概是由以下几项因素所致。

### (一)未能攻夺襄阳

若从地理角度来考察三国荆州地区双方对峙的战略态势,可以发现蜀、吴占领的南郡方面存在着显著的破绽。由于重镇襄阳被曹魏占领,控制了这一区域的水陆交通枢要,并使江陵以北的防线无险可据,以致在防御上处于不利的局面。在汉朝荆州的七郡(汉末为八郡①)领土中,西汉南郡辖江陵、临沮、夷陵、华容、宜城、郢、邵、当阳、中庐、枝江、襄阳、编、秭归、夷道、州陵、若(鄀)、巫、高成十八县,东汉南郡辖江陵、巫、秭归、当阳、编、华容、襄阳、邵、鄀、宜城、临沮、中庐、枝江、夷道、夷陵、州陵、很山十七县②,在行政、军事方面都属于一个完整的地理单元。两汉南郡辖境又称为"荆楚"、"南荆"或"荆襄",从山川形势来看,这一区域的南边是浩瀚长江,其北、东两面有滔滔汉水环绕,西侧自北而南有武当山、荆山、大巴山、巫山等山脉阻隔与巴蜀地区的交通,在地形、水

---

① 《后汉书》卷 74 下《刘表传》蒯越曰:"荆州八郡可传檄而定。"李贤注引《汉官仪》曰:"荆州管长沙,零陵、桂阳、南阳、江夏、武陵、南郡、章陵等是也。"《资治通鉴》卷 59 汉献帝初平元年三月胡三省注:"《(续汉书)郡国志》:荆州部南阳、南郡、江夏、零陵、桂阳、长沙、武陵七郡。《汉官仪》以章陵足为八郡。"又参见方高峰:《汉末荆州八郡考》,《益阳师专学报》1999 年第 4 期。

② 参见《汉书》卷 28 上《地理志上》荆州南郡条,《后汉书·郡国志三》荆州南郡条。晏昌贵指出东汉时,"南郡省郢县入江陵,省高成为屠陵,并将武陵郡之很山县划归南郡,这样南郡的面积增大了而县数反而少了一个。"晏昌贵:《秦汉时期的湖北农业》,《湖北大学学报》1993 年第 1 期。

文方面构成了一个利于防守的自然环境。正如鲁肃所言："夫荆楚与国邻接,水流顺北,外带江汉,内阻山陵,有金城之固。"①甘宁亦云："南荆之地,山陵形便,江川流通,诚是国之西势也。"②对于江陵的防务来说,其南方的武陵、零陵等地偏远荒僻,蛮汉杂居,并非强敌的进攻方向。南郡之西万山雄峙,只有三峡的长江与沿岸陆路通往益州,因为激流湍急,峡谷崎岖,水旱道路皆难以通行。陆机《辨亡论》称："其郊境之接,重山积险,陆无长毂之径;川厄流迅,水有惊波之艰。虽有锐师百万,启行不过千夫;轴舻千里,前驱不过百舰。故刘氏之伐,陆公喻之长蛇,其势然也。"③受狭窄的地势和险滩所局限,西方来敌的兵力不易展开,只要守住巫、秭归、夷陵一线就可以阻挡来犯之寇。南郡之东有自襄阳南来的汉水,扼守扬口即可阻击顺流而下的敌人船队。汉水东侧为大洪山脉和云梦古泽,亦不利于大军西行;所以最为紧要的防御方向是北边中原敌人南来必经的襄阳地带。下文试述其详。

　　自襄阳北渡汉水,有白河与南襄隘道通往南阳盆地,后者有路分别抵达关中、伊洛与华北大平原,所以它是联系江汉平原与中原各地的交通枢纽。就地理环境而言,襄阳位于鄂西北低山丘陵地带,其城背依岘山,东有桐柏、大洪山脉,西有武当山余脉和荆山山脉为屏障,利于设防。城之北、东两面又有滔滔汉江围绕,构成了天然水利防线。春秋时屈完曾言:"楚国方城以为城,汉水以为池,虽众,无所用之。"④汉水自襄阳城东向南折流,至石门(今

---

①《三国志》卷54《吴书·鲁肃传》。
②《三国志》卷55《吴书·甘宁传》。
③《晋书》卷54《陆机传》。
④杨伯峻:《春秋左传注》,第292—293页。

湖北钟祥市)进入江汉平原。南方政权如果夺取了襄阳,即能利用当地有利的自然条件封锁汉水和荆襄道,阻止敌人南下。如果北方之敌占据了襄阳,则可以通过状况良好的荆襄古道驱兵直下,又能乘舟利用汉水顺流而行,自汉津转入扬水驶往江陵。而江陵附近地势平坦开阔,无险可守。如《三国志》卷58《吴书·陆抗传》所言:"江陵平衍,道路通利。"只有北边的荆门、当阳一带属于江汉平原边缘的低山丘陵,略可利用来阻击,但难以据此抵抗强敌。所以若是没有北边的襄阳作为有力的屏障,江陵的安全就没有切实保证。《南齐书》卷15《州郡志下》即云:"江陵去襄阳步道五百,势同唇齿,无襄阳则江陵受敌。"故汉末三国的有识之士都强调荆襄地区的防务有赖于襄阳的占领。如蒯越谓刘表曰:"南据江陵,北守襄阳,荆州八郡可传檄而定。"①周瑜上奏道:"乞与奋威俱进取蜀。得蜀而并张鲁,因留奋威固守其地,好与马超结援。瑜还与将军据襄阳以蹙操,北方可图也。"②吕蒙密奏曰:"令征虏守南郡,潘璋住白帝,蒋钦将游兵万人,循江上下,应敌所在,蒙为国家前据襄阳,如此,何忧于操,何赖于羽?"③正是因为襄阳对于江陵的防务尤为重要,古人将其比喻为鄢郢之北门,门户洞开则难以御寇。顾祖禹曾专门论述湖北的战略要地,认为武昌、荆州(江陵)均不及襄阳重要。其文如下:

> 襄阳殆非武昌、荆州比也,吴人之夏口不能敌晋之襄阳,齐人之郢州不能敌萧衍之襄阳,宋人之鄂州不能敌蒙古之襄

---

① 《三国志》卷6《魏书·刘表传》注引司马彪《战略》。
② 《三国志》卷54《吴书·周瑜传》。
③ 《三国志》卷54《吴书·吕蒙传》。

阳矣。昔人亦言荆州不足以制襄阳,而襄阳不难于并江陵也。三国争荆州,吴人不能得襄阳,引江陵之兵以攻魏,辄破于襄阳之下。梁元帝都江陵而仇襄阳,襄阳挟魏兵以来,而江陵之亡忽焉。魏人与萧詧以江陵,而易其襄阳,亦谓得襄阳而江陵之存亡我制之也。五代时高氏保江陵,赖中原多故,称臣诸国以延岁月,宋师一逾襄阳而国不可立矣。蒙古既陷襄阳,不攻江陵而两郢也,亦以江陵不足为我难也。噫,孙氏有夏口有江陵,而独不得襄阳,故不能越汉江尺寸地。[①]

又言:"彼襄阳者,进之可以图西北,退之犹足以固东南者也。有襄阳而不守,敌人逾险而南,汉江上下,罅隙至多,出没纵横,无后顾之患矣。观宋之末造,孟珙复襄阳于破亡之余,犹足以抗衡强敌。及其一失,而宋祚随之。即谓东南以襄阳存以襄阳亡,亦无不可。"[②]关羽之所以抽调御吴的人马北上,全力攻打襄阳,其目的就是为了争取地利,使南郡的北部冲要掌握在自己手里,以保持战区边界安全的完整态势。孙吴袭取荆州后,却未能沿袭此前周瑜、关羽乃至吕蒙前据襄阳的作战规划,致使江陵在防务上继续陷于被动的不利局面。

### (二)南郡战区兵力有限

孙吴在江陵一带采取收缩兵力、沿长江北岸守备的防御态势,与派驻当地的人马不多有着重要联系。如前所述,孙吴南郡地区的防务统属乐乡都督,其兵力总共不过数万。自黄初三至四

---

① [清]顾祖禹:《读史方舆纪要·湖广方舆纪要序》,第3486页。
② [清]顾祖禹:《读史方舆纪要·湖广方舆纪要序》,第3486页。

年(222—223)江陵围城之役以后,朱然、施绩至陆抗、孙歆出镇乐乡时,均将主要兵力集结在都督治所驻地乐乡城,敌人来攻江陵时,仅由督将(如张咸、伍延等)率领少数守军据城抵抗,乐乡都督在外发兵援助,其麾下直属的兵力即南郡战区的军队主力和机动部队。关于其兵员数目最为详细的资料,是有关泰始八年(272)陆抗平定西陵步阐之叛的记载。据《三国志》卷58《吴书·陆抗传》所述,吴晋双方的对阵情况是:"晋车骑将军羊祜率师向江陵……晋巴东监军徐胤率水军诣建平,荆州刺史杨肇至西陵。抗令张咸固守其城;公安督孙遵巡南岸御祜;水军督留虑、镇西将军朱琬拒胤;身率三军,凭围对肇。"陆抗率领前赴西陵的军队就是他的全部主力,约有三万余人。晋将羊祜解围失败后,遭到朝廷官员的弹劾。"祜所统八万余人,贼众不过三万。祜顿兵江陵,使贼备得设。"[1]陆机《辨亡论》亦云:"陆公偏师三万,北据东坑,深沟高垒,按甲养威。反虏跧迹待戮,而不敢北窥生路,强寇败绩宵遁,丧师太半。分命锐师五千,西御水军,东西同捷,献俘万计。"[2]说明陆抗统率的步兵有三万人,另有留虑、朱琬的舟师五千人,被派去抵抗西晋徐胤的巴东水军。此外,还有在驻地准备迎敌的江陵督张咸、公安督孙遵率领的两城守军,但留守人数不会很多,估计不会超过万人。这样,乐乡都督治下兵力总共约有四万余众。

西陵守军的兵力应在万人以上,"抗遂陷西陵城,诛夷阐族及其大将吏。自此以下,所请赦者数万口。"[3]所言数万人应当包括

---

①《晋书》卷34《羊祜传》。
②《晋书》卷54《陆机传》。
③《三国志》卷58《吴书·陆抗传》。

了军队的家属,陆机《辨亡论》称此役,"东西同捷,献俘万计。"①其中含有晋军的俘虏。陆抗临终前给朝廷上书中提到的是较为明确的西陵防区(包括宜都、建平二郡)兵力数目。"臣往在西陵,得涉逊迹。前乞精兵三万,而主者循常,未肯差赴。自步阐以后,益更损耗。"②是说陆抗此前曾任西陵都督,了解其父镇守该地的情景,他请求将战区兵力增至三万,但是主管部门按照以往常例未予批准,反映了西陵防区平常兵员人数低于三万,估计至多在二万左右,而且步阐叛乱中死伤的兵力后来也没有完全补充。陆抗还说:"今臣所统千里,受敌四处,外御强对,内怀百蛮。而上下见兵财有数万,羸弊日久,难以待变。"他请求朝廷对南郡、西陵地区的兵力加以补充,这样才能满足防御的需要。"使臣所部足满八万,省息众务,信其赏罚,虽韩、白复生,无所展巧。"③可见当时乐乡都督治下南郡、宜都、建平三郡的兵马可能只有五六万,如果已有七万人,那么与陆抗要求补充到八万的数目相差不大,估计他的态度不会如此急切。

　　吴国在荆襄地区出动兵马征伐,人数最多的一次为五万人。即正始二年(241)孙权命令诸军北征,"吴将全琮寇芍陂,朱然、孙伦五万人围樊城,诸葛瑾、步骘寇柤中。"④朱然进攻樊城的五万部队当中不包括留守江陵等地的驻军,北征吴师中有孙伦所率一部,孙伦事迹不见于史传,估计他是孙氏宗室成员,所领部队原来

①《晋书》卷54《陆机传》。
②《三国志》卷58《吴书·陆抗传》。
③《三国志》卷58《吴书·陆抗传》。
④《三国志》卷4《魏书·三少帝纪·齐王芳》注引干宝《晋纪》。

并不在朱然麾下,故史籍将这两位将领并称。又《三国志》卷56
《吴书·朱桓传》称其子朱异:"以父任除郎,后拜骑都尉,代桓领
兵。赤乌四年,随朱然攻魏樊城,建计破其外围,还拜偏将军。"朱
桓生前任濡须都督,其子朱异继任领兵,看来此次是被朝廷从濡
须调来增强朱然的进攻兵力的。如果在五万人中除去孙伦、朱异
所领兵马,那么朱然作为乐乡都督能够出动的机动兵力恐怕也只
有三万多人,这和前述陆抗平定步阐叛乱的人马数目基本相符。

　　南郡战区这数万人马勉强能够自保,若要进攻襄阳显然不
足,故必须从别处临时借调兵力。即便如此,吴国在这一战区几
次出师北征都因为兵力给养有限而缺乏持久作战的决心,因此只
是以破坏、劫掠敌区的经济为目的,皆为试探性的骚扰战斗,从来
没有像当年关羽攻打襄樊那样全力以赴,志在必得。例如赤乌四
年(241)四月,孙权遣"车骑将军朱然围樊,大将军诸葛瑾取柤
中"①。零陵太守殷礼即认为投入的兵力不足,上奏孙权请求"授
诸葛瑾、朱然大众,指事襄阳"。并且强调如果重复以前只用少数
人马袭扰的做法,只能是空耗财赋人力。"若不悉军动众,循前轻
举,则不足大用,易于屡退。民疲威消,时往力竭,非出兵之策
也。"但是未能取得朝廷的赞同,"权弗能用之。"②结果曹魏派来支
援的司马懿兵马一到前线,朱然即不敢迎战,马上收兵逃走了。
"宣王以南方暑湿,不宜持久,使轻骑挑之,然不敢动。于是乃令
诸军休息洗沐,简精锐,募先登,申号令,示必攻之势。然等闻之,

①《三国志》卷47《吴书·吴主传》。
②《三国志》卷47《吴书·吴主传》注引《汉晋春秋》。

乃夜遁。追至三州口，大杀获。"①

　　另外，曹魏太和五年，即孙权黄龙三年（231），南郡以南的武陵郡少数民族"五溪蛮"发动了大规模叛乱。尽管乐乡、西陵驻军近在咫尺，由于兵力有限，勉强能够支撑防务，孙权亦不敢从中抽调兵马，而是派遣驻在武昌的太常潘濬另外督率诸军征讨。《三国志》卷61《吴书·潘濬传》曰："权称尊号，拜为少府，进封刘阳侯，迁太常。五溪蛮夷叛乱盘结，权假濬节，督诸军讨之。信赏必行，法不可干，斩首获生，盖以万数。自是群蛮衰弱，一方宁静。"抚夷将军高尚说钟离牧曰："昔潘太常督兵五万，然后以讨五溪夷耳。"②但此次进攻潘濬所率大多并非南郡战区的人马，如有交州刺史吕岱所部，见《三国志》卷60《吴书·吕岱传》："黄龙三年，以南土清定，召岱还屯长沙沤口。会武陵蛮夷蠢动，岱与太常潘濬共讨定之。"又有远在江东的安军中郎将吕据所部，见《三国志》卷56《吴书·吕范附子据传》："拜副军校尉，佐领军事。范卒，迁安军中郎将。数讨山贼，诸深恶剧地，所击皆破。随太常潘濬讨五溪，复有功。"只有朱绩所率人马属于乐乡都督治下的一支，见《三国志》卷56《吴书·朱然附子绩传》："绩字公绪。以父任为郎，后拜建忠都尉。叔父才卒，绩领其兵。随太常潘濬讨五溪，以胆力称。"由此亦可见到当地兵力的不足。导致这种局面出现的原因，与黄初年间江陵围城之役后当地经济遭到严重摧残，居民人口骤减且又被孙吴移民江南有着直接联系。江陵以北的江汉平原本来是荆襄地区最为富庶的区域，此时却成了魏吴两国斥候往来的

---

①《三国志》卷4《魏书·三少帝纪·齐王芳》注引干宝《晋纪》。
②《三国志》卷60《吴书·钟离牧传》。

荒郊"隙地",不能继续提供充足的兵员、劳力与财赋。在这种情况下,孙吴自然无力控制江陵以北的临沮、当阳、旌阳等地域,并与来犯之敌进行野战;收缩兵力,退守城垒也是其无奈之举。

### (三)西陵多次另立战区,分散与削弱南郡兵力

孙吴在南郡战区兵力削弱的另一个原因,和它袭取荆州之后整个三国南北对抗军事形势发生的变化有关。张大可曾精辟地指出,孙权袭取江陵、擒杀关羽之役是有得有失。"争荆州之役,吴虽得实利,但也增强了曹魏,从逐鹿中原角度看,可以说是战略失策。三国鼎立,曹魏占天下三分之二,又位处中原,天时、地利、人和都占绝对优势。吴蜀全力相抗,尚且不敌,而又自相残杀,大大削弱了抗衡力量……设如本文前述:当关羽得志于荆襄之时,若孙刘合力前进,刘备挥汉中之众以出秦川,孙权集中兵力指向合肥、徐州,东西万里全线进击,彼此呼应,乘锐助势,蚕食魏境,中原震动,人心思变,前途不可预料。孙权忌惮关羽,战略转向,虽一时得志,却成就了曹氏篡汉,三国鼎立遂成不易之局。夷陵战后,魏强,蜀弱,吴孤。此后吴蜀虽重新结好,也频频出击曹魏,终因力弱又各存异心,都希望对方为自己火中取栗,所以都以失败而告终。"[1]其论述甚为深刻。赤壁之战以后,从南北对抗的形势来看,是进入了南方吴蜀联盟势力节节胜利、发展扩张的阶段。孙权攻合肥,克皖城,逼迫曹操在淮南撤军徙民。刘备取益州,得汉中,东边占领房陵、上庸、西城三郡;关羽巩固了对南郡等地的统治,挥师进击襄樊,消灭其精锐七军,一度迫使曹魏群臣议论迁

---

① 张大可:《论孙权》,《三国史研究》,第 167—183 页。

都以避其锋。但是孙吴袭取荆州和夷陵之战以后，南北交战的发展态势出现了逆转。由于吴蜀反目为仇、大动干戈的内耗，明显缓解了曹魏遭受的军事压力，使其摆脱了在汉中、襄樊等战役中接连受挫的不利局面，稳定了在中原地区的统治。从此时到在蜀国灭亡前夕的数十年内，魏与吴蜀之间虽多有相互攻战，但彼此的疆界大致上没有多少变化。蜀汉先后丧失了荆州和东三郡，基本上被封闭在四川盆地之中，此后的出兵秦川或陇右只是在曹魏的侧翼发动攻势，对其腹心地区威胁不大，无法再像关羽进攻襄阳那样撼动其根本。孙权占领南郡等地后，在这一区域的兵众不过数万，却要分出相当多的人马屯驻峡口所在的西陵，以防备蜀军出川复仇，重新夺回南郡。如前所述，孙吴长期反复地设立西陵都督辖区，致使江陵所在的南郡战区疆域缩小，军队削弱。这种在荆州西部对魏、蜀两面备战的构想和军事部署，致使其有限的兵力遭到分散，既明显降低了南郡方向对曹魏造成的威胁，又削弱了江陵对北方来敌的防御力量。孙吴荆州西线兵力部署分散薄弱的这一缺陷，在几次江陵防御作战中暴露无遗。面对夏侯尚、曹真与后来的王昶、杜预所率魏晋军队的南下进攻，孙吴方面无力采取过去关羽抗魏时阻敌于境外的策略，只能听任敌兵长驱直入，进抵城下。而据守西陵的孙吴两万兵马为了防备蜀郡出峡，也不敢轻举妄动。例如前述黄初年间江陵之役，该城被围长达数月，孙吴派遣的援军解围不力，城内几至兵尽粮绝。就是在此危急时刻，近在肘腋的西陵都督陆逊仍然按兵不动，以提防蜀汉方面的突袭，不能分兵前来救援。只是由于当地疾疫流行和守将朱然才略出众，才勉强保住江陵免于陷落。

### (四)限江自保,不思进取

孙吴江陵之军事地位和影响的下降,亦与孙权制订的"限江自保"的基本国策具有密切关系。"限江自保"之说,初见于诸葛亮所语:"今议者咸以权利在鼎足,不能并力,且志望以满,无上岸之情,推此,皆似是而非也。何者? 其智力不侔,故限江自保;权之不能越江,犹魏贼之不能渡汉,非力有余而利不取也。"①孔明对孙权这一战略对策的精确概括,获得了后世史家学者的广泛赞同。南宋李焘曾批评孙权的消极态度:"合淝为敌有而不敢取,西蜀藉外交而不能固,是以止于自守,而不图进取之功。"②今人胡阿祥曾对此解释道:"所谓孙吴之'限江自保',即以建业为中心,以扬州为根本,以日益发展的南方经济为基础,以南方土著豪族与北方南迁大姓的协力为依托,凭借地理上的山河之险,层层防御,力求以舟师水战阻扼骑兵陆争,从而与北方相对抗。这是孙吴政权针对北方敌对政权而采取的基本守国政策。"在这一战略方针的指导下,吴国疆域的扩张主要是向西、南方向发展,对北方的曹魏则采取保守自固的策略。"按无论是对内地镇抚山越,还是对外的南定岭南,西取荆州,孙吴政权都表现出积极的、不落人后的进取姿态,惟对北方的曹魏、司马晋不然,虽也时攻江淮之间、江汉之间,却'北不逾合肥,西不过襄阳,以示武警敌',以攻为守,所求者'限江自保'、'无复中原之志'。"③

---

① 《三国志》卷35《蜀书·诸葛亮传》注引《汉晋春秋》。
② 〔宋〕李焘撰,胡阿祥、童岭点校:《六朝通鉴博议》,《六朝事迹编类·六朝通鉴博议》,第157页。
③ 胡阿祥:《孙吴"限江自保"述论》,《金陵职业大学学报》2003年第4期。

关于孙吴之"限江自保"国策,学界历来贬多于褒,大多数人据此认为孙权志量狭小,满足于割据江东而无心统一寰宇。如李焘以刘邦据汉中时与之比较,指出开国君主起初往往是以小搏大,以弱敌强,并能抓住战机取得决定性的胜利,从而扭转形势。而孙权因为国土人口财力有限,并非曹魏对手,故而确定了保守江东的国策,这既是实力所囿,也是其胸无大志和缺乏英略才干的表现,即诸葛亮所称之"智力不侔"。其文曰:

> 高帝西迁汉中,形势仅可自守,宜若绝混一之望矣;而居常郁郁,不忘欲东,则其所负者,乃帝王之意,与项羽衣锦之量,岂不相远哉? 岂待垓下胜负,决天下、定大事乎? 孙权据长江之巨险,藉再世之遗业,形胜万万于汉中矣;而又周瑜欲为之吞梁益,朱桓欲为之割江南,殷札(笔者注:应为"殷礼")欲为之并许洛,臣下不可谓无其人。而孙权志望满于鼎足,据形胜之地,不为进取之计,徒限江自守而已。虽时出师,北不逾合肥,西不过襄阳,以示武警敌,无复中原之意。盖人之立志止此,则不可以志望之外而责之也。诸葛亮谓其智力不侔,非徒失言,亦见所存之浅矣。①

孙权一生也曾多次领兵北征曹魏,据学者统计有 11 次,战绩为一胜十败②,这反映出他不擅用兵。如其兄孙策所言:"举江东之众,决机于两陈之间,与天下争衡,卿不如我;举贤任能,各尽其

---

① [宋]李焘撰,胡阿祥、童岭点校:《六朝通鉴博议》,《六朝事迹编类·六朝通鉴博议》,第 173 页。
② 参见张大可:《论孙权》,《三国史研究》,第 167—168 页。

心，以保江东，我不如卿。"①另外从史实来看，其多次出征无功的战役往往是试探性的，若是师出不利随即知难而退，并未与敌人作持久的鏖战，这也说明了在他"限江自保"的战略思想指导下的进攻作战中，是把保存实力放在首要位置的，因此尽量避免和强敌进行决斗。如胡三省所言："孙权自量其国之力，不足以毙魏，不过时于疆场之间，设诈用奇，以诱敌人之来而陷之耳，非如孔明真有用蜀以争天下之心也。"②王夫之亦认为"孙权观望曹、刘之胜败"，虽有争夺天下之实力，却无此志向。"自汉末以来，数十年无屠掠之惨，抑无苛繁之政，生养休息，唯江东也独。惜乎吴无汉之正、魏之强，而终于一隅耳。不然，以平定天下而有余矣。"③王仲荦认为以吴郡顾、陆、朱、张四姓为代表的江东世家豪族地主志在保护他们在太湖流域的既得经济利益，对外拓地的要求，却远不及以周瑜、鲁肃、吕蒙等皖北世家豪族大地主那样来的迫切④。"孙权君臣以苟安江南为满足，比起诸葛亮'王业不偏安'的这种心情，是远逊一筹的。"⑤张大可则认为孙权的国策前后有所变化，"孙权称帝，是他一生事业的分水岭。称帝前叱咤风云，有图取天下之志；称帝后志意已足，走向限江自保。至于晚年昏聩，更不足道。"⑥

　　近年来有些学者称赞孙权实行的"限江自保"国策，"不失为

①《三国志》卷46《吴书·孙策传》。
②《资治通鉴》卷72魏明帝太和五年胡三省注。
③[清]王夫之：《读通鉴论》卷10《三国》，第266—267页。
④王仲荦：《魏晋南北朝史》上册，第96页。
⑤王仲荦：《魏晋南北朝史》上册，第98页。
⑥张大可：《论孙权》，《三国史研究》，第170页。

一种审时度势、知己知彼的务实之举",认为其完整含义应是先保江东,后争天下。"即立足江东,面向全国,等待时机,以图进取。"①笔者觉得此种观点似可商榷,因为孙吴袭取荆州后曾经出现了几次向北方扩展的良机,但是由于战略上的保守,均被先后放弃了。李焘对此曾有深刻的论述,认为"文帝以降,魏氏之君,机谋干略皆非孙权敌,而中原之变,不起于内则起于外,此魏氏可乘之机,而孙权当时之会也。明帝太和间,诸葛亮以重兵撼关中,而石亭之役,曹休败绩。方是时,魏兵西挂于蜀,东激于吴,东西牵制,首尾不掉,此其外祸有可乘者一也……邵陵厉公以幼童当大敌,而又曹爽废立,政事纷乱。司马懿亦营立家门,未遑外事,其内患有可乘者二也"②。但是孙权没有抓住战机,全力以赴。"而循前轻举,屡出屡返,吴兵虽劳,而魏不加损。"③结果失掉了可贵的机遇。李焘感叹道:"嗟夫!使吴卒不能定中原,而曹氏终为鼎足之雄者,由孙权能不违时,而不能不失时也。殷札所谓民疲威消,时往力竭,足针其膏肓矣。"④

孙权施行的"限江自保"战略方针,对其在荆襄地区的军事部署和用兵方略起了决定性的影响。笔者按,早年周瑜提出"据襄阳以蹙操",后来吕蒙建议"蒙为国家前据襄阳",都曾获得了孙权的首肯。但是他袭取江陵之后,荆襄地区在西、北两面受到蜀、魏

---

①周兆望:《论东吴"限江自保"说》,《南昌大学学报》1993年第3期。

②[宋]李焘撰,胡阿祥、童岭点校:《六朝通鉴博议》,《六朝事迹编类·六朝通鉴博议》,第175页。

③[宋]李焘撰,胡阿祥、童岭点校:《六朝通鉴博议》,《六朝事迹编类·六朝通鉴博议》,第175页。

④[宋]李焘撰,胡阿祥、童岭点校:《六朝通鉴博议》,《六朝事迹编类·六朝通鉴博议》,第175页。

的严重威胁,形势相当被动。在兵力不足且捉衿见肘的情况下,孙权放弃了进取襄阳的图谋,改而采取"限江自保"。周瑜死后,除了在曹魏大军压境、危及国家存亡的情况下,孙权是不愿意倾注全力,与北方强敌进行决战的。这从他在荆襄地区的军事部署和用兵方略中能够反映出来。即使遇到了进据襄阳的良机,他也不肯投入大量兵员财赋去和曹魏激烈争夺,对此我们可以从黄初元年(220)的襄阳事件中看到。

曹魏篡汉之后,曾经在黄初元年(220)一度放弃襄阳的防守,将诸军撤回宛城。参见《晋书》卷1《宣帝纪》:"魏文帝即位,封河津亭侯,转丞相长史。会孙权帅兵西过,朝议以樊、襄阳无谷,不可以御寇。时曹仁镇襄阳,请召仁还宛。帝曰:'孙权新破关羽,此其欲自结之时也,必不敢为患。襄阳水陆之冲,御寇要害,不可弃也。'言竟不从。仁遂焚弃二城,权果不为寇,魏文悔之。"实际上孙吴方面在闻讯曹魏放弃襄阳之后,曾派遣陈邵率兵北进,将其占领,但因兵力微弱,而且没有后方的有力支援,所以随即又被魏军击退。参见《三国志》卷9《魏书·曹仁传》:"后召还屯宛。(孙)权遣将陈邵据襄阳,诏仁讨之。仁与徐晃攻破邵,遂入襄阳,使将军高迁等徙汉南附化民于汉北,文帝遣使即拜仁大将军。"这次事件实为天赐良机,关羽费尽千辛万苦都未能攻下襄樊,却被曹魏因为易世之际的政治动荡和给养缺乏而放弃了。如果孙权真有进取之心,就应该派遣名帅率领重兵前往驻守,与曹魏奋力相持。但是他却指派了无名末将陈邵,所领人马亦数量有限,所以被曹仁和徐晃轻易地驱逐出去。这说明孙权此次进军只是投机取巧,企图乘虚而入,试探一下魏国的态度,并非真想动用大军占据这块战略要地与曹魏相抗,因此魏兵复来时一触即退,其对强敌的畏惧和保守之心理,于此可见一斑。

孙吴袭取荆州之后,在"限江自保"战略思想的指导下于当地采取了一系列的军事措施,如在南郡江北地区后撤防线,移民南涘,并将战区军队主力和都督治所调往江南的乐乡以远离前哨。蜀汉时期的江陵是荆州繁荣的经济、政治中心,此时却郊野荒芜,有屯兵而无居民,演变成为孤悬北岸的一座纯军事化的堡垒。由于孙吴放弃江陵以北地带的防务,只是在城下迎敌,致使其防御态势相当被动。曹魏与西晋如果动用大军来侵,往往能够长驱直入。孙吴方面由于守军兵力不足,除了破堰放水以暂缓敌人行进之外,没有什么办法在外围阻敌入寇。孙皓继位后君昏臣庸,国势日益衰败。如丞相张悌所言:"吴之将亡,贤愚所知。"[1]而江陵在军事布防中的种种弱点也益发暴露突出,陆抗临终前请求对荆州防区增兵至八万人的建议,朝廷并没有理睬;派去继任的乐乡都督孙歆为宗室纨绔,既不知兵,又无胆魄,所以在大敌当前之际举止失措,一败涂地。西晋进攻江陵的统帅是足智多谋的杜预,素有"武库"之美誉。据《晋书》卷34《杜预传》所载,他的用兵策略是首先攻破江陵以西的据点,隔绝其与西陵守军的来往。"预以太康元年正月,陈兵于江陵,遣将军樊显、尹林、邓圭、襄阳太守州奇等率众循江西上,授以节度,旬日之间,累克城邑,皆如预策焉。"其次,是派遣少数精锐部队渡过长江,在敌人后方制造混乱,并伺机奇袭其巢穴,擒获吴国主将孙歆,使其指挥系统陷于瘫痪,无法对北岸的江陵实施救援。"又遣牙门管定、周旨、伍巢等率奇

---

[1]《三国志》卷48《吴书·三嗣主传·孙皓》注引干宝《晋纪》。

兵八百,泛舟夜渡,以袭乐乡,多张旗帜,起火巴山,出于要害之地,以夺贼心。吴都督孙歆震恐,与伍延书曰:'北来诸军,乃飞渡江也。'吴之男女降者万余口,旨、巢等伏兵乐乡城外。歆遣军出距王濬,大败而还。旨等发伏兵,随歆军而入,歆不觉,直至帐下,虏歆而还。故军中为之谣曰:'以计代战一当万。'"在扫清外围、断绝援兵之后,杜预才动用大军攻城。"于是进逼江陵。吴督将伍延伪请降而列兵登陴,预攻克之。"按《资治通鉴》卷81晋武帝太康元年记载,"(二月)乙丑,王濬击杀吴水军都督陆景。杜预进攻江陵,甲戌,克之,斩伍延"。只经过九天的围攻,就拿下了这座设防坚固的要塞。杜预占领南郡之后,孙吴在荆州以及岭南的统治随即土崩瓦解。"既平上流,于是沅湘以南,至于交广,吴之州郡皆望风归命。"①从此,江陵与南方各地进入了一个和平安定的新阶段,暂时告别了分裂割据的战争年代。

---

①《晋书》卷34《杜预传》。

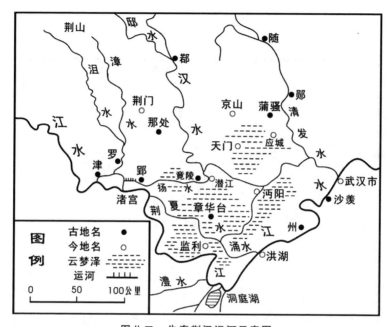

图八二　先秦荆汉运河示意图

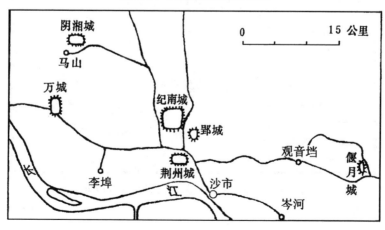

图八三　江陵六古城示意图

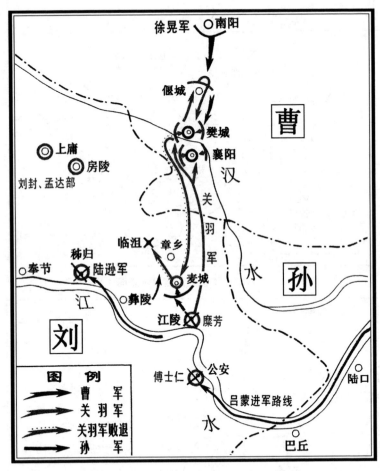

图八四　建安二十四年襄樊、江陵之役（219年）

# 第八章　三国战争中的夷陵

## 一、夷陵的地理特点与军事价值

夷陵为两汉荆州南郡所属县名,位于今湖北宜昌市区。《水经注》卷34《江水》引应劭曰:"夷山在西北,盖因山以名县也。"又云:"王莽改曰居利。吴黄武元年,更名西陵也。后复曰夷陵。"①汉末军阀混战以来,该地受到各方的重视而竞相攻取,成为交战的热点区域。顾祖禹曾论夷陵:"三国时为吴、蜀之要害。吕蒙袭公安,降南郡,陆逊别取宜都,守峡口以备蜀,而荆州之援绝矣。先主之东讨也,从巫峡、建平至夷陵,列营数十,陆逊固守夷陵以待之……及先主败却,西陵益为重地。"又云:"及王濬克西陵,西陵以东无与抗矣。"②陆抗追忆其父曾向朝廷强调,夷陵是荆州乃至孙吴最为重要的军镇,不容有失。"臣父逊昔在西垂陈言,以为西陵国之西门,虽云易守,亦复易失。若有不守,非但失一郡,则荆州非吴有也。如其有虞,当倾国争之。"③据笔者统计,从赤壁之战以后至西晋灭吴,夷陵及所在的宜都郡境发生过九次攻防作战

①[北魏]郦道元注,[民国]杨守敬、熊会贞疏:《水经注疏》,第2847—2848页。
②[清]顾祖禹:《读史方舆纪要》卷78《湖广四》夷陵州条,第3679页。
③《三国志》卷58《吴书·陆抗传》。

行动。

其一，建安十三年(208)冬，吴将甘宁袭取夷陵，被曹仁派兵围攻。"(周)瑜用吕蒙计，留凌统以守其后，身与蒙上救宁。宁围既解，乃渡屯北岸。"①

其二，建安二十四年(219)夏，刘备命宜都太守孟达北攻房陵，"房陵太守蒯祺为达兵所害。达将进攻上庸，先主阴恐达难独任，乃遣(刘)封自汉中乘沔水下统达军，与达会上庸。上庸太守申耽举众降，遣妻子及宗族诣成都。"②

其三，建安二十四年(219)冬，孙权乘关羽北征襄樊而后方空虚，遣吕蒙为大都督领兵袭取荆州。陆逊占领宜都各地，"还屯夷陵，守峡口以备蜀。"③

其四，黄初二年(221)七月，刘备为报复丧失荆州之仇发兵出川东征，占领巫县、秭归后进至夷陵，与陆逊相持数月后于次年闰月惨败于猇亭(今湖北宜都市西南)，"临阵所斩及投兵降首数万人。刘备奔走，仅以身免。"④

其五，嘉平二年(250)冬，曹魏荆州军队分兵三路南征，"乃遣新城太守州泰袭巫、秭归、房陵，荆州刺史王基诣夷陵，(王)昶诣江陵。"⑤次年(251)正月，王基声东击西，"示以攻形，而实分兵取雄父邸阁，收米三十余万斛，虏安北将军谭正，纳降数千口。于是

①《三国志》卷54《吴书·周瑜传》。
②《三国志》卷40《蜀书·刘封传》。
③《三国志》卷47《吴书·吴主传》。
④《三国志》卷47《吴书·吴主传》。
⑤《三国志》卷27《魏书·王昶传》。

移其降民,置夷陵县。"①

其六,咸熙元年(264)二月,孙吴乘蜀汉灭亡,派遣驻守西陵的陆抗、步协等将率众围攻永安(今重庆市奉节县),守将罗宪坚守不退。当年七月,"魏使将军胡烈步骑二万侵西陵,以救罗宪,陆抗等引军退。"②

其七,泰始八年(272)九月,孙吴西陵督将步阐投降晋朝,乐乡都督陆抗领军平叛,击退西晋荆州刺史杨肇的援兵后攻克西陵,"阐众悉降。阐及同计数十人皆夷三族。"③

其八,咸宁四年(278)末,晋荆州都督杜预到镇后,"袭吴西陵督张政,大破之,以功增封三百六十五户。"④

其九,太康元年(280)西晋灭吴之役,王濬所率益州水师出峡后,"二月庚申,克吴西陵,获其镇南将军留宪、征南将军成据、宜都太守虞忠。"⑤随后顺流而下,连克乐乡、夏口、武昌重镇后直捣建业,迫使孙皓归降。

三国夷陵之所以被列为重镇而屡经战乱,主要是由于其独特的地理位置与环境特点。现分述如下:

### (一)地扼峡口的交通枢要

三国时期,对抗北方曹魏的吴、蜀两国分据扬、荆、益三州,各自拥有太湖平原、江汉平原和四川盆地三个重要的经济区域,它

---

①《三国志》卷 27《魏书·王基传》。
②《三国志》卷 48《吴书·三嗣主传·孙休》永安七年。
③《三国志》卷 48《吴书·三嗣主传·孙皓》凤凰元年。
④《晋书》卷 34《杜预传》。
⑤《晋书》卷 42《王濬传》。

们之间的沟通联络主要依靠长江航运,特别是成都平原和以江陵为中心的荆州南郡地区,来往必须仰赖三峡水道与沿岸的陆路。严耕望曾论述成都与江陵:"此两大都市皆经济繁荣,人文蔚盛,其间交通运输主要有赖长江上半段之蜀江水陆道,故此水陆道在中国中古时代,对于军事设防、政治控制、物资流通、文化传播,皆发生重要作用。"①汉魏六朝之三峡,一名广溪峡,即后代之瞿塘峡,在今重庆市奉节县东。《水经注》卷33《江水》曰:"江水又东径广溪峡,斯乃三峡之首也。其间三十里,颓岩倚木,厥势殆交。"又云:"峡中有瞿塘、黄龙二滩,夏水回复,沿溯所忌。"②这便是瞿塘峡名称的由来。二为巫峡,自今重庆市巫山县城东大宁河起,至巴东县官渡口。"其间首尾百六十里,谓之巫峡,盖因山为名也。"③三为西陵峡,"峡长二十里,层岩万仞。"④其西又有黄牛滩、狼尾滩、流头滩等峻险之地,《宜都记》曰:"自黄牛滩东入西陵界,至峡口一百许里,山水纡曲,而两岸高山重嶂,非日中夜半,不见日月。绝壁或千许丈。"⑤夷陵的地理位置正处于西陵峡的东口,《太平寰宇记》卷147曰:"西陵峡,在县西北二十五里。"⑥杨守敬云:"《舆地纪胜》引《荆州记》,自夷陵溯江二十里,入峡口,名西陵

①严耕望:《唐代交通图考》第四卷《山剑滇黔区》,第1079页。
②[北魏]郦道元注,[民国]杨守敬、熊会贞疏:《水经注疏》,第2818—2819页。
③[北魏]郦道元注,[民国]杨守敬、熊会贞疏:《水经注疏》卷34《江水二》,第2833—2834页。
④[清]顾祖禹:《读史方舆纪要》卷75《湖广一》西陵条,第3513页。
⑤[北魏]郦道元注,[民国]杨守敬、熊会贞疏:《水经注疏》卷34《江水二》引《宜都记》,第2844—2845页。
⑥[宋]乐史等撰,王文楚等点校:《太平寰宇记》卷147《山南东道六》峡州夷陵县条,第2862页。

峡,长二十里。在今东湖县西北二十五里。"①三峡数百里沿岸峰岭夹峙,长江受其拘束而河床狭窄,激流奔腾,间布险滩,舟船航行屡有败毁之灾,两岸道路亦崎岖难行。郦道元曰:"自三峡七百里中,两岸连山,略无阙处。重岩叠嶂,隐天蔽日,自非停午夜分,不见曦月。"②而夷陵之东,过荆门、虎牙两山,江面豁然宽广,水流减缓,船只行驶较为安全;陆路也进入地势开阔的平川,车马奔驰即抵达著名都市江陵。夷陵因为处在鄂西山地峡谷与江汉平原的交接地段,故而具有很高的军事价值。如胡三省所云:"自三峡下夷陵,连山叠嶂,江行其中,回旋湍激。至西陵峡口,始漫为平流。夷陵正当峡口,故以为吴之关限。"③如前所述,由于地形和水文条件的限制,蜀地军队沿三峡东行,不论是乘舟浮流还是步骑行走,都会受到峡江航道与沿岸山路的拘束,只能列为纵队依次前进,大规模的兵力无法展开,因此在峡口实施阻击可以削弱敌军的进攻力量。如陆机《辨亡论》所言:"其郊境之接,重山积险,陆无长毂之径;川厄流迅,水有惊波之艰。虽有锐师百万,启行不过千夫;轴舻千里,前驱不过百舰。故刘氏之伐,陆公喻之长蛇,其势然也。"④刘备征吴兵出三峡,就是在夷陵地区受到陆逊的阻挡,大量部队迟滞在峡内。"备从巫峡、建平连围至夷陵界,立数十屯。"⑤由于兵力无法集中到前线与吴军交战,处于被动的局势,最终被陆逊火烧连营,一举击溃。《三国志》卷2《魏书·文帝纪》

①[北魏]郦道元注,[民国]杨守敬、熊会贞疏:《水经注疏》卷34《江水二》,第2844页。
②[北魏]郦道元注,[民国]杨守敬、熊会贞疏:《水经注疏》卷34《江水二》,第2834页。
③《资治通鉴》卷69魏文帝黄初三年五月胡三省注。
④《三国志》卷48《吴书·三嗣主传》注引陆机《辨亡论》下篇。
⑤《三国志》卷58《吴书·陆逊传》。

曰："初，帝闻备兵东下，与权交战，树栅连营七百余里，谓群臣曰："备不晓兵，岂有七百里营可以拒敌者乎！'苞原隰险阻而为军者为敌所禽'，此兵忌也。孙权上事今至矣。'后七日，破备书到。"

　　夷陵之北接境于汉朝南郡属县临沮（治今湖北南漳县东南城关镇），即荆山附近的沮水、漳水流域。《南齐书》卷15《州郡志下》曰："桓温平蜀，治江陵。以临沮西界，水陆纡险，行径裁通，南通巴、巫。"其北方有路通往襄樊。"借荆州"后该地归属刘备①。建安二十四年（219）孙权擒杀关羽、重夺荆州，随后收缩北部防线至江陵郊野，沮、漳流域沦为魏国襄阳郡领土。故猇亭之战后，被困在江北夷陵的蜀将黄权领兵投降曹魏，即沿此途径行进，后经襄阳到达魏荆州都督夏侯尚的治所宛城（今河南南阳市），再北赴洛阳朝见曹丕。嘉平三年（251）魏将王基率众袭击夷陵，泰始八年（272）杨肇挥师救援叛吴降晋的西陵守将步阐，也都是经由此道。另外，自夷陵溯江至秭归（今湖北秭归县），再沿香溪河北上，可以抵达房陵（今湖北房县）。刘备夺取汉中后，即令驻守夷陵的宜都太守孟达自秭归北攻房陵，并在上庸（治今湖北竹山县西南）与刘封会师。孟达降魏后，曹丕合房陵、上庸、西城三郡为新城郡，即位于吴国夷陵所在宜都郡的北境。刘晔曾云："新城与吴、蜀接连，若有变态，为国生患。"②胡三省注此语曰："蜀之汉中，吴之宜都，皆与新城接连。"③因此，夷陵是在西、北方向两面临敌，承受着沉重的军事压力。如陆抗所言："西陵、建平，国之蕃表，既处下

————————
①参见《三国志》卷17《魏书·乐进传》："留屯襄阳，击关羽、苏非等，皆走之。南郡诸郡山谷蛮夷诣进降。又讨刘备临沮长杜普、旌阳长梁大，皆大破之。"
②《三国志》卷14《魏书·刘晔传》。
③《资治通鉴》卷69魏文帝黄初元年胡三省注。

流,受敌二境。"①

　　在夷陵江南对岸的倵山(今湖北长阳县西)、夷道(今湖北宜都市)两县,均有道路向南通往湘西的武陵郡。黄初三年(222)二月,刘备率兵自秭归出峡到达夷道猇亭,"自倵山通武陵。遣侍中马良安慰五溪蛮夷。"②就是经此路南下联络当地的少数民族共同击吴。综上所述,夷陵西入三峡,北上临沮,东抵江陵,南到武陵郡治临沅(今湖南常德市),属于水旱道路四通的转运枢纽,控制它可以阻断敌兵几个方向的去路。

### (二)岭谷交错的设防要戍

　　夷陵所在的蜀、吴宜都郡位处鄂西山地的东段,其西、北、南三面环山,易守难攻。刘备东征时,"自率诸将,自江南缘山截岭,军于夷道猇亭。"③陆逊依据山险进行坚守,使蜀军顿足不前。他曾向麾下诸将解释用兵方略曰:"若此间是平原旷野,当恐有颠沛交驰之忧。今缘山行军,势不得展,自当罢于木石之间,徐制其弊耳。"④景元二年(261),曹魏命令荆州驻军南伐,"诏征南将军王基部分诸军,使(胡)烈督万人径造沮水,荆州、义阳南屯宜城,承书夙发。"⑤王基向朝廷上书反对此次行动,认为敌情未明,季节不适,而且夷陵以北地形复杂,大军难以展开进攻。"夷陵东道,当由车御,至赤岸乃得渡沮,西道当出箭溪口,乃趣平土,皆山险狭,

---

①《三国志》卷58《吴书·陆抗传》。
②《三国志》卷32《蜀书·先主传》。
③《资治通鉴》卷69魏文帝黄初三年二月。
④《三国志》卷58《吴书·陆逊传》注引《吴书》。
⑤《三国志》卷27《魏书·王基传》注引司马彪《战略》。

竹木丛蔚,卒有要害,弩马不陈。今者筋角弩弱,水潦方降,废盛农之务,徼难必之利,此事之危者也。"①执政的司马昭接受了他的意见,取消了这次行动。

夷陵之东数十里,有荆门山、虎牙山隔岸相对,形成天然屏障。"荆门在南,上合下开,暗彻山南,有门像,虎牙在北,石壁色红,间有白文类牙形,并以物像受名此二山,楚之西塞也。"②东汉建武九年(33),割据四川的公孙述遣将任满、田戎等占据夷陵,"据荆门、虎牙,横江水起浮桥、斗楼,立攒柱绝水道,结营山上,以拒汉兵。"③东汉军队多次进攻,均以失败告终。直到两年以后,岑彭使用火攻战术,"因飞炬焚之,风怒火盛,桥楼崩烧。"④才胜利收复了这一险要地段。

古代以江陵为中心的"荆襄"、"荆楚"地区,"山陵形便,江川流通。"⑤其北、东、南三面为汉水、长江环绕,西边有大巴山、荆山、巫山阻隔,在军事防御上自成一个由天然工事拱卫的地理单元。这一地区的周边要戍,"北有襄阳之蔽,西有夷陵之防,东有武昌之援。"⑥而来自南方少数民族的威胁并非大患。夷陵扼守其西方通道,不仅是水旱道路辐辏之处,周围的险峻地形也有利于设防拒敌,这便是它在汉末三国时期成为军事重镇的主要缘故。

---

①《三国志》卷27《魏书·王基传》注引司马彪《战略》。
②[北魏]郦道元注,[民国]杨守敬、熊会贞疏:《水经注疏》卷34《江水二》,第2849页。
③《后汉书》卷17《岑彭传》。
④《后汉书》卷17《岑彭传》。
⑤《三国志》卷55《吴书·甘宁传》。
⑥[清]顾祖禹:《读史方舆纪要·湖广方舆纪要序》,第3484页。

## 二、曹操建置临江郡之始末

夷陵虽然地理位置非常重要,但是从它在战争中发挥的作用来看,往往不是仅凭孤立的地点进行死守,而是和对岸的夷道、佷山以及入峡西邻之秭归、巫县联系在一起,形成一个狭长的控制长江三峡东段以及峡口区域的枢纽地带,这样在交战中可以根据局势的变化进行兵力的部署调整,拥有攻守进退的充分余地,以便达到最佳的防御效果。将夷陵与邻近各县合并起来,另外设郡,作为一个相对独立的军事、行政管辖区域,这一战略构想最初是由曹操提出并实施的。建安十三年(208)七月曹操亲率大兵南征,"九月,公到新野,(刘)琮遂降,(刘)备走夏口。公进军江陵,下令荆州吏民,与之更始。"①他在占领荆州之后对当地的政区重新规划建置,其中包括将东汉南郡所辖的三峡东段及峡口附近诸县划分出来,成立临江郡,以便在割据兼并战争中更好地发挥作用。《晋书》卷15《地理志下》曰:"后汉献帝建安十三年,魏武尽得荆州之地,分南郡以北立襄阳郡,又分南阳西界立南乡郡,分枝江以西立临江。"按《后汉书·郡国志四》载南郡所辖十七城,在枝江以西者有巫(今重庆市巫山县)、秭归(今湖北秭归县)、夷陵、夷道(今湖北宜都市)、佷山(今湖北长阳县西)五县。临江郡的治所,据郦道元所言设在长江南岸的夷道县,参见《水经注》卷34《江水》:"夷道县,汉武帝伐西南夷,路由此出,故曰夷道矣……魏武分南郡置临江郡,刘备改曰宜都。郡治在县东四百步。"杨守敬认

为其说有误,他指出临江郡和后来蜀、吴的宜都郡治皆在江北的
夷陵。其考证云:

> 《舆地纪胜》,故临江郡城。《图经》,在峡州南二十里。
> 《通典》,魏武平荆州,置临江郡,戍城则临江郡治在夷陵县
> 地。《寰宇记》引《吴录》,蜀昭烈皇帝立宜都郡于西陵,即夷
> 陵也。则先主时宜都郡治夷陵。《晋书·王濬传》,太康元
> 年,伐吴,克西陵,获宜都太守虞忠。是吴郡亦治夷陵。《晋
> 志》宜都郡先书夷陵。又《御览》一百六十七引《宜都记》,郡
> 城即陆抗攻步阐于此。是晋郡亦治夷陵,惟《宋》、《齐志》宜
> 都郡先书夷道,郡始治夷道。郦氏于刘备改宜都下称郡治在
> 夷道东,盖因宋、齐郡治,牵叙先主事于此耳。《方舆纪要》乃
> 以为据,谓先主及吴、晋时郡并治夷道,失之。[1]

**笔者按**:杨氏之说合理有据,曹操所设临江郡治应在夷陵。当年
冬天曹操在赤壁战败后北归,留曹仁等镇守南郡。周瑜率众来攻
时派遣甘宁领偏师乘虚进取临江郡,便是直接攻占夷陵,而始终
未在夷道作战,可见前者应是该郡治所。《三国志》卷55《吴书·
甘宁传》曰:"后随周瑜拒破曹公于乌林。攻曹仁于南郡,未拔。
宁建计先径进取夷陵,往即得其城,因入守之。时手下有数百兵,
并所新得,仅满千人。曹仁乃令五六千人围宁。宁受攻累日,敌
设高楼,雨射城中,士众皆惧,惟宁谈笑自若。遣使报瑜,瑜用吕
蒙计,帅诸将解围。"此条记载反映出曹操设立临江郡后,没有在
当地派遣精兵干将,像夷陵这样的兵争要镇仅留驻区区数百人

---

① [北魏]郦道元注,[民国]杨守敬、熊会贞疏:《水经注疏》,第2850—2851页。

马,显然是极为不妥的。曹仁亦未意识到上述兵力部署的缺陷,以致被甘宁轻易夺取,后来再遣数千人来争,已是无法补救了。周瑜亲率救兵来援,"军到夷陵,即日交战,所杀过半。敌夜遁去,行遇柴道,骑皆舍马步走。兵追蹙击,获马三百匹,方船载还。"①此后孙吴便牢牢控制了该地。

　　《三国志》卷54《吴书·吕蒙传》曰:"益州将袭肃举军来附。(周)瑜表以肃兵益蒙。蒙盛称肃有胆用,且慕化远来,于义宜益不宜夺也。权善其言,还肃兵。"《资治通鉴》卷65汉献帝建安十三年亦载此事曰:"周瑜、程普将数万众,与曹仁隔江未战。甘宁请先径进取夷陵,往,即得其城,因入守之。益州将袭肃举军降。"胡三省注:"先取夷陵,则与益州为邻,故袭肃举军以降。袭,姓;肃,名。"笔者按:夷陵之西尚有秭归和巫县与益州相隔,距离在三百里以上。看来刘琮归降后当地局势混乱,曹操又率众东下,导致临江郡兵力空虚,秭归和巫县可能已被刘璋乘机派兵占领。甘宁占领夷陵后,袭肃所部就在附近,见到南郡曹兵局势被动,便率部归降孙吴。综合上述情况来看,曹操平定荆州后分置临江郡只是空头举措,既没有派遣足够兵力进驻夷陵,也未能实际掌控三峡东段各县,结果很快丧失了峡口重地,并对其南郡战事产生了不利的影响。

## 三、刘备集团治下的宜都郡

　　孙刘联军在赤壁之役后经过岁余激战,迫使曹仁撤出南郡,

---

①《三国志》卷54《吴书·吕蒙传》。

从而完全控制了从江陵西至峡口的领土。刘备"借荆州"后统治
了这一区域,又将临江郡名改称宜都。直到建安二十四年(219)
冬,南郡又被孙权袭取。《晋书》卷15《地理志下》曰:"及(曹操)败
于赤壁,南郡以南属吴,吴后遂与蜀分荆州。于是南郡、零陵、武
陵以西为蜀,江夏、桂阳、长沙三郡为吴,南阳、襄阳、南乡三郡为
魏。而荆州之名,南北双立。蜀分南郡,立宜都郡,刘备没后,宜
都、武陵、零陵、南郡四郡之地悉复属吴。"关于刘备建立宜都郡的
时间,学术界具有不同的看法。《宋书》卷37《州郡志三》引习凿齿
云:"魏武平荆州,分南郡枝江以西为临江郡,建安十五年,刘备改
为宜都。"清儒吴增仅《三国郡县表附考证》与洪亮吉《补三国疆域
志》均采纳此说,但谢钟英提出:"《张飞传》:先主既定江南,以飞
为宜都太守。《孙权传》建安十四年,刘备领荆州牧。《先主传》定
江南在领牧前,是改临江为宜都,系十四年事。洪氏从习凿齿作
十五年,非也。"[1]今人陈健梅认为谢钟英之说"当是"[2],而梁允麟
则指出:"谢说误。建安十五年,刘备始得临江郡,何能于建安十
四年改为宜都郡?"[3]对于上述分歧,笔者以为梁允麟之言更为合
乎史实,现详细考述如下:

　　按曹操败于赤壁在建安十三年(208)十二月[4],此后周瑜、刘
备联军追击至南郡,与曹仁交战对峙时间略超一年。《三国志》卷

①[清]洪亮吉撰,[清]谢钟英补注:《〈补三国疆域志〉补注》,《二十五史补编》编委会
　　编:《二十五史补编·三国志补编》,第556页。
②陈健梅:《孙吴政区地理研究》,第160页。
③梁允麟:《三国地理志》,第310页。
④参见《三国志》卷1《魏书·武帝纪》亦载建安十三年十二月,"公至赤壁,与(刘)备战,
　　不利。于是大疫,吏士多死者,乃引军还。"《后汉纪》卷30建安十三年十二月条亦
　　曰:"是月,曹操与周瑜战于赤壁,操师大败。"张烈点校:《两汉纪》下册,第580页。

47《吴书·吴主传》曰:"(建安)十四年,瑜、仁相守岁余,所杀伤甚众。仁委城走。权以瑜为南郡太守。刘备表权行车骑将军,领徐州牧。备领荆州牧,屯公安。"由此可见,周瑜全据南郡江北领土应在当年岁终,此时他驻守江陵,分配给刘备的仅是南郡的江南领土,并不包括北岸的夷陵。《江表传》曰:"周瑜为南郡太守,分南岸地以给备。备别立营于油江口,改名为公安。刘表吏士见从北军,多叛来投备。备以瑜所给地少,不足以安民,复从权借荆州数郡。"①孙权只是让他去攻取江南的长沙、桂阳、零陵、武陵四郡。周瑜当时对刘备极不信任,甚至建议孙权将其诱至江东软禁起来,"盛为筑宫室,多其美女玩好,以娱其耳目。"②按照周瑜的作战计划,下一步是要进军巴蜀。消灭刘璋。建安十五年(210),他进京向孙权请奏:"乞与奋威俱进取蜀,得蜀而并张鲁,因留奋威固守其地,好与马超结援。瑜还与将军据襄阳以蹙操,北方可图也。"③夷陵是三峡门户,扼守入川通道,周瑜当然不能交付刘备统治。孙权批准了这项作战方案,"(周)瑜还江陵,为行装,而道于巴丘病卒。"④此后孙权才"借荆州"与刘备,其中包括临江郡,因此习凿齿所云刘备改临江为宜都在建安十五年应是正确无误的。

刘备占领南郡等地后,"以(诸葛)亮为军师中郎将,督南三郡事;以关羽为荡寇将军,领襄阳太守,住江北;张飞为征虏将军、宜

---

①《三国志》卷32《蜀书·先主传》注引《江表传》。

②《三国志》卷54《吴书·周瑜传》。

③《三国志》卷54《吴书·周瑜传》。

④《三国志》卷54《吴书·周瑜传》。《资治通鉴》卷66汉献帝建安十五年胡三省注引《考异》曰:"按《江表传》,(周)瑜与(孙)策同年,策以建安五年死,年二十六,瑜死时年三十六,故知在今年也。"

都太守。"①此时孙权仍未取消进取益州的计划,企图联合刘备共同入川。据《献帝春秋》所载:"孙权欲与(刘)备共取蜀,遣使报备曰:'米贼张鲁居王巴、汉,为曹操耳目,规图益州。刘璋不武,不能自守。若操得蜀,则荆州危矣。今欲先攻取璋,进讨张鲁,首尾相连,一统吴、楚。虽有十操,无所忧也。'备欲自图蜀,拒答不听。"结果孙权独自派兵西征,却在夏口遭到刘备军队的阻拦。"遣孙瑜率水军住夏口。备不听军过,谓瑜曰:'汝欲取蜀,吾当被发入山,不失信于天下也。'"值得注意的是,刘备还在南郡、宜都等地做出了准备抗御吴军西进的军事部署,并让张飞从夷陵进据三峡中段的秭归,最终迫使孙权撤兵作罢。"使关羽屯江陵,张飞屯秭归,诸葛亮据南郡,备自住孱陵。权知备意,因召瑜还。"②张飞后来调赴南郡③,宜都郡军政事务由向朗统领,他本是襄阳名士,"少师事司马德操,与徐元直、韩德高、庞士元皆亲善。"④据其本传所载:"荆州牧刘表以为临沮长。表卒,归先主。"张飞离任后,刘备"使朗督秭归、夷道、巫、夷陵四县军民事。蜀既平,以朗为巴西太守"⑤。按临沮县邻近夷陵,道路相通⑥。向朗曾任临沮县官,熟悉当地情况,又在刘备危困之际前来投奔,说明政治上相当可靠,所以被委此重任。他主持宜都军政直到建安十九年

①[晋]常璩撰,刘琳校注:《华阳国志校注》卷6《刘先主志》,第520页。

②《三国志》卷32《蜀书·先主传》注引《献帝春秋》。

③《三国志》卷36《蜀书·张飞传》:"先主既定江南,以飞为宜都太守、征虏将军,封新亭侯,后转在南郡。"

④《三国志》卷41《蜀书·向朗传》注引《襄阳记》。

⑤《三国志》卷41《蜀书·向朗传》。

⑥《后汉书》卷13《公孙述传》载建武六年(30):"述遣(田)戎与将军任满出江关,下临沮、夷陵间,招其故众,因欲取荆州诸郡,竟不能克。"

(214)夏,在刘备攻克成都之后,才被调入川中。在此期间,荆州发生了两次大规模部队西征的军事行动。建安十六年(211)刘备接受刘璋的邀请入川助战,抵御汉中张鲁。"先主留诸葛亮、关羽等据荆州,将步卒数万人入益州。"①后来刘备与刘璋反目为仇,自葭萌(治今四川广元西南昭化镇)领兵南下,但在雒城(今四川广汉市)受阻,为此在建安十九年(214)春令诸葛亮、张飞、赵云率众溯江入蜀相助,估计亦有数万人。这两支大军及其后勤供应都是通过宜都郡境穿越三峡而进入巴蜀的。刘备攻占成都、全据四川后,对益州郡县的行政建制作了若干调整,其中包括将原属荆州宜都郡的巫县等地割出,与巴东郡诸县合并成立了固陵郡。事见《华阳国志》卷1《巴志》:"巴东郡,先主入益州,改为江关都尉。建安二十一年,以胸忍、鱼复、汉丰、羊渠,及宜都之巫、北井六县为固陵郡,武陵廖立为太守。"②

　　继任向朗治理当地者为蜀将孟达,"初,刘璋遣扶风孟达副法正,各将兵二千人,使迎先主,先主因令达并领其众,留屯江陵。蜀平后,以达为宜都太守。"③建安二十四年(219)春,刘备夺取汉中后,"命(孟)达从秭归北攻房陵,房陵太守蒯祺为达兵所害。达将进攻上庸,先主阴恐达难独任,乃遣(刘)封自汉中乘沔水下统达军,与达会上庸。上庸太守申耽举众降,遣妻子及宗族诣成都。"④接替孟达职务者为樊友,当年冬天孙权袭取荆州,派陆逊进攻夷陵。"(刘)备宜都太守樊友委郡走,诸城长吏及蛮夷君长皆

①《三国志》卷32《蜀书·先主传》。
②[晋]常璩撰,刘琳校注:《华阳国志校注》卷1《巴志》,第71页。
③《三国志》卷40《蜀书·刘封传》。
④《三国志》卷40《蜀书·刘封传》。

降。逊请金银铜印,以假授初附。是岁,建安二十四年十一月
也。"①该郡从此落入东吴手中,直至孙氏灭亡。蜀汉最后一任宜
都太守为廖化,刘备章武元年(221)七月出川东征,陆续占领巫
县、秭归、很山,前锋到达夷陵、夷道,收复宜都郡境近半。此时原
关羽主簿廖化逃亡来归,他在孙权占领荆州后,"乃诈死,时人谓
为信然,因携持老母昼夜西行。会先主东征,遇于秭归。先主大
悦,以化为宜都太守。"②次年刘备兵败猇亭,退回永安,宜都郡境
复为孙吴所有,廖化的太守之职也就自然终止了。

　　纵观蜀汉宜都军政长官的任命,反映出刘备对该地的关注程
度前后发生了很大变化。在借得荆州之初,刘备的作战计划就是
准备按照诸葛亮在《隆中对》的战略意图,先取荆州,再进据"沃野
千里,天府之土,高祖因之以成帝业"的巴蜀。庞统当时也提出类
似建议,言称:"荆州荒残,人物殚尽,东有吴孙,北有曹氏,鼎足之
计,难以得志。今益州国富民强,户口百万,四部兵马,所出必具,
宝货无求于外,今可权借以定大事。"③宜都郡地处峡口与三峡东
段,为刘备入川作战的必经之途,因而倍受重视,故派遣情同手足
的勇将张飞前往镇守。刘备攻取成都时在雒城受阻,他孤注一掷
地命令诸葛亮、张飞、赵云等入蜀相助,除了关羽留守之外,几乎
把荆州的智能忠勇之士抽调一空。王夫之对此评论道:"为先主
计,莫若留武侯率云与飞以守江陵,而北攻襄、邓;取蜀之事,先主

---

①《三国志》卷 58《吴书·陆逊传》。
②《三国志》卷 45《蜀书·廖化传》。
③《三国志》卷 37《蜀书·庞统传》注引《九州春秋》。

以自任有余，而不必武侯也。"①即便是在占据四川之后，刘备也没有往荆州回遣能臣干将，相反却是继续在那里挖掘人才调入巴蜀，就连向朗等人也不放过。这一举措带来的恶果就是造成关羽手下匮乏才士，表现为后方留驻的郡县官员和将领不堪重用。对夷陵等兵家必争之地的防守，此时也被刘备所忽视，他所任命的宜都太守樊友胆怯无能，根本承担不了这一重任，吴军来袭即弃城逃走，让敌人轻易地占据了峡口要地，并断绝了关羽兵败入川的归途。蜀汉在荆州的惨重失败，在很大程度上是由于刘备用人的草率不当，许多重镇的守将是庸碌之徒，而且政治上极不可靠。如屯戍公安的将军傅士仁、驻守南郡的太守糜芳，大敌来临即弃甲投降，樊友不过是其中一例而已。

## 四、孙吴初据荆州后分宜都置固陵郡始末

建安二十四年（219）冬，孙权发动荆州之役，"乃潜军而上，使（陆）逊与吕蒙为前部，至即克公安、南郡。"②随后吕蒙驻守江陵，陆逊则率领一支偏师进攻宜都地区，他在占领夷陵之后，分兵乘胜进击，西入三峡，北向房陵。"逊遣将军李异、谢旌等将三千人，攻蜀将詹晏、陈凤。异将水军，旌将步兵，断绝险要。即破晏等，生降得凤。又攻房陵太守邓辅、南乡太守郭睦，大破之。秭归大姓文布、邓凯等合夷兵数千人，首尾西方。逊复部旌讨破布、凯。布、凯脱走，蜀以为将。逊令人诱之，布帅众还降。前后斩获招

---

① ［清］王夫之：《读通鉴论》卷9，第259页。
② 《三国志》卷58《吴书·陆逊传》。

纳,凡数万计。"①并遣兵渡江占领了南岸的夷道。陆逊在三峡的
进攻以夺取了巫县而结束,控制了长江三峡中的巫峡和西陵峡
航道。

　　孙权在获得荆州之后将三峡东段与峡口地带划为两个行政、
军事辖区,分别遣将镇守。《魏氏春秋》曰:"建安二十四年,吴分
巫、秭归为固陵郡。"②这是把与蜀汉接壤的边境两县单独立郡,任
命擒杀关羽有功的猛将潘璋为太守;为了增强兵力,还把甘宁旧
部也调拨给他。《三国志》卷55《吴书·潘璋传》:"(孙)权征关羽,
璋与朱然断羽走道。到临沮,住夹石。璋部下司马马忠禽羽,并
羽子平、都督赵累等。权即分宜都巫、秭归二县为固陵郡,拜璋为
太守、振威将军,封溧阳侯。甘宁卒,又并其军。"他的部下人众不
多,但是战斗力较强。"所领兵马不过数千,而其所在常如万人。"
陆逊仍为宜都太守,其郡境仅辖夷陵、夷道、佷山三县。吴增仅对
此考证云:"今考《华阳国志》,(建安二十一年)先主改巴东为固陵
郡,是时宜都属先主,故以宜都之巫县移入固陵。二十四年关侯
败后,巫县当入吴,还属宜都。故是年(孙)权分巫、秭归二县与蜀
对置固陵也。"③分置固陵郡的原因,陈健梅认为有奖励功臣和便
于控制的缘故。"时孙吴新据荆州,分郡设守的政区建置一方面
是为了对新占领土的控制,另一方面也是为了犒劳攻城略地的将
领,故两郡规模均较小,所辖仅两县(西陵郡领阳新、下雉两县,固
陵郡领巫、秭归两县),拜甘宁为西陵太守,潘璋为固陵太守。"又

---

①《三国志》卷58《吴书·陆逊传》。
②《后汉书·郡国志四》注引《魏氏春秋》。
③[清]吴增仅:《三国郡县表附考证》,《二十五史补编·三国志补编》,第379页。

云："吴分宜都置固陵郡还有其战略意义，固陵郡所在，截长江巫峡之险，以作为对蜀边防前线。"①但是从后来夷陵之战的情况来看，孙权建立的固陵郡并没有起到御敌于国门之外的效果。试述如下：

刘备于黄初二年（221）七月东征，轻易地突破了吴国的三峡前沿防线。"汉主遣将军吴班、冯习攻破（孙）权将李异、刘阿等于巫，进兵秭归，兵四万余人。"②在收复两县之后，蜀军便出峡进攻。"先主军还秭归，将军吴班、陈式水军屯夷陵，夹江东西岸。"③看来孙吴方面并未在固陵郡内坚守战斗，只是稍事抵抗便撤出三峡了，沿途的各座要戍均被放弃，因此后来两军在猇亭相持时，陆逊部下诸将埋怨道："攻备当在初。今乃令入五六百里，相衔持经七八月，其诸要害皆以固守。击之必无利矣。"④实际上，陆逊使用的是诱敌深入之策。从地理形势上看，巫县、秭归距离峡口的夷陵较远，其间巫峡与西陵峡两岸山道崎岖，江流湍急，又多有滩礁险阻，溯流而进极为艰难，所谓"下水五日，上水百日也"⑤。严耕望曾经详考此航段交通情况，总结曰："陆程虽更纡险，更艰困，然较溯流行舟仍为迅速，故荆州西行上峡者往往舍舟取徒也。"⑥陆逊如果在巫县、秭归一带与敌军持久相拒，则蜀汉顺流补给容易，而孙吴溯江数百里进行物资供应和兵力补充非常困难，所以他不愿在此地与刘备展开决战，主动放弃了数百里沿江地带，引诱蜀军

①陈健梅：《孙吴政区地理研究》，第307—308页。
②《资治通鉴》卷69魏文帝黄初二年七月。
③《三国志》卷32《蜀书·先主传》。
④《三国志》卷58《吴书·陆逊传》。
⑤[北魏]郦道元注，[民国]杨守敬、熊会贞疏：《水经注疏》卷34《江水二》，第2843页。
⑥严耕望：《唐代交通图考》第四卷《山剑滇黔区》，第1136页。

出峡,借此获得以主待客、以逸待劳的有利局势。夷陵战役之中,潘璋所部归属陆逊麾下。后来刘备兵败,吴军又占领了秭归、巫县,但是孙权却将两县重又并入宜都郡了。吴增仅对此考证云:"(章武)二年猇亭之役,吴复有二县,宜又还属宜都。故孙休时又分宜都置建平也。"①陈健梅亦认为固陵郡是在夷陵战役之后废除,"据《潘璋传》,刘备出夷陵,潘璋与陆逊并力拒之。则黄武元年(222)刘备东征,潘璋仍领固陵郡太守。猇亭之役后,潘璋拜襄阳太守,固陵郡盖废于此时,即黄武元年。"②从那时到永安六年(263)共四十余载,宜都郡始终保持最初的辖境,即统领夷陵、夷道、佷山、秭归、巫等县。看来吴国统治集团在猇亭战后认识到此前将秭归、巫县分出另置郡守对三峡防务并非有利,因此没有恢复固陵郡的行政、军事区划建制。

## 五、陆逊南移宜都郡治与夷陵之战的军事部署

陆逊在荆州之役后领宜都太守,其驻地即郡治仍在江北的夷陵。《三国志》卷47《吴书·吴主传》记载了他的作战经过,"陆逊别取宜都,获秭归、枝江、夷道。还屯夷陵,守峡口以备蜀。"但是在黄初三年(222)刘备兵出三峡时,孙吴的宜都郡治却迁徙到南岸的夷道县境。《水经注》卷34《江水》夷道县条曰:"魏武分南郡置临江郡,刘备改曰宜都。郡治在县东四百步。故城,吴丞相陆逊所筑也,为二江之会也。"杨守敬按:"《舆地纪胜》,故宜都郡城。

---

① [清]吴增仅:《三国郡县表附考证》,《二十五史补编·三国志补编》,第380页。
② 陈健梅:《孙吴政区地理研究》,第231页。

《荆州记》云,陆逊筑。"[1]表明这是陆逊领宜都太守时在夷道新建的郡城。杨氏又引全祖望曰:"按夷水别名清江,其入江也,有泾渭之分,故曰二江之会。"[2]其城址位于夷水汇入长江之口,属于交通枢要。笔者按:汉朝夷道原来建有县城,陆逊新筑郡城在其东边五十余里。参见《太平寰宇记》卷147《山南东道六·峡州》:"宜都县,本汉夷道县,属南郡,故城在今县西。"又云六朝时"故夷道县城,在县东五十里。唐贞观八年废入宜都县"[3]。刘备出峡来攻时,陆逊曾命令孙桓据守西边前线的汉夷道县城,而自己驻扎在位于东边后方的新筑郡城。参见《三国志》卷58《吴书·陆逊传》:"孙桓别讨(刘)备前锋于夷道。为备所围,求救于逊。逊曰:'未可。'诸将曰:'孙安东公族,见围已困。奈何不救?'逊曰:'安东得士众心,城牢粮足,无可忧也。待吾计展,欲不救安东,安东自解。'及方略大施,备果奔溃。"

　　前文已述,刘备宜都郡治夷陵,陆逊初据宜都时亦驻守夷陵,但是为什么后来要将郡治移到南岸呢?笔者认为,这和孙吴此番抗击蜀汉入侵的军事部署调整有关。夷陵之战的主要战场猇亭(今湖北宜都市西)是在江南的夷道县境[4],《读史方舆纪要》卷78

---

①[北魏]郦道元注,[民国]杨守敬、熊会贞疏:《水经注疏》卷34《江水二》,第2850—2851页。

②[北魏]郦道元注,[民国]杨守敬、熊会贞疏:《水经注疏》卷34《江水二》,第2851页。

③[宋]乐史撰,王文楚等点注:《太平寰宇记》卷147《山南东道六·峡州》,第2863页。

④猇亭地望或云在长江北岸今湖北宜昌市猇亭区,但是本世纪以来,学术界认为夷陵之战中的猇亭、马鞍山等主要战场位于今湖北宜都市境的看法渐多。因为《三国志》、《华阳国志》与《资治通鉴》等基本文献均明确记载吴蜀两军主力是在长江南岸作战,故猇亭位于江北之说应属于误识。参见杨华:《三国夷陵之战后"备升马鞍山"的地理位置考》,《四川师范大学学报》2007年第1期;王前程:《关于吴蜀夷陵之战主战场方位的考辨》,《湖北大学学报》2011年第1期。

《湖广四·夷陵州》宜都县条曰:"章武二年吴将孙桓别击汉前锋
于夷道,为汉所围,即此。吴亦为宜都郡治。"又云:"猇亭,在县
西。其地险隘,古戍守处也。"①《华阳国志》卷6《先主志》亦云:
"先主连营稍前,军于夷道猇亭。"②因此,陆逊把吴军主力和统帅
驻地也部署在夷道附近。他被孙权任命为大都督,"假节,督朱
然、潘璋、宋谦、韩当、徐盛、鲜于丹、孙桓等五万人拒之。"③仍兼领
宜都太守,故所驻之处即为治所,并筑城据守。吴蜀双方为什么
要在南岸的夷道县境展开决战? 以致都把主将驻地和大军调遣
到当地? 下文对此试作探讨。

　　吴军撤出巫县、秭归等地后,蜀汉舟师乘势驶出三峡,占领了
峡口两岸附近地域。"(章武)二年春正月,先主军还秭归,将军吴
班、陈式水军屯夷陵,夹江东西岸。"④但这不过是蜀军的先锋部
队。《三国志》卷32《蜀书·先主传》概括全面地记载了刘备随后
的出征行动:

　　　　二月,先主自秭归率诸将进军,缘山截岭,于夷道猇亭驻
　　营,自佷山通武陵,遣侍中马良安慰五溪蛮夷,咸相率响应。
　　镇北将军黄权督江北诸军,与吴军相拒于夷陵道。

　　上述史料反映了蜀汉进攻部署所包含的几项内容:
　　1. **蜀军主力攻击江南的夷道。**刘备所率大军未乘舟船,而是

----

① [清]顾祖禹:《读史方舆纪要》卷78《湖广四·夷陵州》宜都县条,第3685、3687页。
② [晋]常璩撰,刘琳校注:《华阳国志校注》卷6《刘先主志》,第538页。
③ 《三国志》卷58《吴书·陆逊传》。
④ 《三国志》卷32《蜀书·先主传》。

从秭归走沿江陆路,"缘山截岭",兵出三峡,其人马约为四万余
众①。三峡东段的地形特点,是北岸峰岭陡峭,道路狭险,不利于
师旅行进,而南岸稍微平缓,这是刘备选择从南岸行军至夷道的
缘故。如严耕望所云,三峡陆路,"盖夷陵以上至秭归多行江南,
秭归以西盖多行江北。"②从后来刘备败逃的情况亦可证明这一情
况,他率领余众自猇亭沿江西奔,然后乘船渡江到对岸的秭归,再
沿着江北的道路回到永安(今重庆市奉节县)。"先主自猇亭还秭
归,收合离散兵,遂弃船舫,由步道还鱼复,改鱼复县曰永安。"③陆
逊应对刘备军队进攻的军事部署,是将吴军主力集结在敌人大兵
来袭的南岸夷道县境,在峡口附近的鄂西山地阻击来寇,使其主
要兵力难以展开,只能分布在沿江数百里的崎岖狭窄地段。如陆
逊对诸将所言:"若此间是平原旷野,当恐有颠沛交驰之忧。今缘
山行军,势不得展,自当罢于木石之间,徐制其弊耳。"④

　　2. 黄权率江北诸军屯于夷陵。刘备此番作战分兵为长江南
北两路,"以(黄)权为镇北将军,督江北军以防魏师;先主自在江
南。"⑤黄权领兵在北岸驻扎,"与吴军相拒于夷陵道。"⑥其目的是
为了保护南岸蜀军主力的侧翼安全,防止当地吴兵或北边新城的

---

①参见《三国志》卷2《魏书·文帝纪》黄初三年正月注引《魏书》曰:"癸亥,孙权上书,
　说:'刘备支党四万人,马二三千匹,出秭归。请往扫扑,以克捷为效。'"《资治通鉴》
　卷69魏文帝黄初二年七月:"汉主遣将军吴班、冯习攻破权将李异、刘阿等于巫,进
　兵秭归,兵四万余人。"
②严耕望:《唐代交通图考》第四卷《山剑滇黔区》,第1135页。
③《三国志》卷32《蜀书·先主传》。
④《三国志》卷58《吴书·陆逊传》注引《吴书》。
⑤《三国志》卷43《蜀书·黄权传》。
⑥《三国志》卷32《蜀书·先主传》。

魏军进攻夺取峡口,断绝刘备的后援与归途。战役发动之前,黄权认为倾注全部军队出峡过于冒险,请求自己先行试攻,让刘备领主力殿后伺机行动,但是遭到了拒绝。"及称尊号,将东伐吴,权谏曰:'吴人悍战,又水军顺流,进易退难,臣请为先驱以尝寇,陛下宜为后镇。'先主不从。"①结果刘备兵败溃逃后,黄权所率孤军被截断在江北,他不愿投顺吴国,只得北降曹魏。"及吴将军陆议乘流断围,南军败绩,先主引退。而道隔绝,权不得还,故率将所领降于魏。"②黄权率领的兵马具体数量不详。从曹魏方面的记载来看,《三国志》卷2《魏书·文帝纪》黄初三年曰:"八月,蜀大将黄权率众降。"称其为"大将"而不是普通的将军,反映其麾下人众不在少数。另外,黄权降魏后和部下官员、将领赴洛阳朝见,竟有三百余人。《魏书》曰:"权及领南郡太守史郃等三百一十八人,诣荆州刺史奉上所假印绶、棨戟、幢麾、牙门、鼓车。权等诣行在所,帝置酒设乐,引见于承光殿。"又拜黄权为侍中、镇南将军,"及封史郃等四十二人皆为列侯,为将军郎将百余人。"③由此看来,即使按照最保守的估计,黄权所辖兵马也应在万人以上。在夷陵的吴军并非主力,其任务只是驻守城池防止蜀兵东进,因此双方未曾发生过激烈交锋。

3. **马良联络武陵蛮夷共同击吴。** 蜀军占领秭归后,"武陵五溪蛮夷遣使请兵。"④《后汉书·郡国志四》载武陵郡治临沅县(今湖南常德市),注引《荆州记》曰:"县南临沅水,水源出牂柯且兰

---

①《三国志》卷43《蜀书·黄权传》。
②《三国志》卷43《蜀书·黄权传》。
③《三国志》卷2《魏书·文帝纪》黄初三年八月注引《魏书》。
④《三国志》卷32《蜀书·先主传》。

县,至郡界分为五溪,故云五溪蛮。"又见《水经注》卷37《沅水》:
"武陵有五溪,谓雄溪、樠溪、无溪、酉溪,辰溪其一焉。夹溪悉是
蛮左所居,故谓此蛮五溪蛮也。"①即分布在今湘西沅水、澧水、溇
水流域。当地民风彪悍,东汉时曾多次反叛②。孙权占领荆州后,
"武陵部从事樊伷诱导诸夷,图以武陵属刘备。外白差督督万人
往讨之。"③后来他派遣潘濬率领五千军队将其镇压。刘备率兵出
峡占领佷山(今湖北长阳县西),派马良为使者由此赴武陵与之联
络。"及东征吴,遣良入武陵招纳五溪蛮夷,蛮夷渠帅皆受印号,
咸如意指。"④马良远至义陵(今湖南溆浦县),曾指导当地民众筑
城垦田。《水经注》卷37《沅水》曰:"沅水又东与序溪合,水出义陵
郡义陵县鄜梁山,西北流径义陵县,王莽之建平县也,治序溪。其
城,刘备之秭归,马良出五溪,绥抚蛮夷,良率诸蛮所筑也。所治
序溪,最为沃壤,良田数百顷,特宜稻,修作无废。"⑤当地首领沙摩
柯率众赴夷道协助蜀军作战,后在猇亭之役阵亡⑥。刘备主力进
军江南而不走江北,另一个重要原因就是为了与武陵蛮夷合兵击
吴,借以壮大自己阵营的力量。江北的南郡等地原来虽是蜀汉荆
州的统治中心,但是当地豪族大姓与民众已被孙权使用种种手段

---

① [北魏]郦道元注,[民国]杨守敬、熊会贞疏:《水经注疏》卷37《沅水》,第3079页。
② 《后汉书》卷86《南蛮传》载顺帝永和二年:"蛮二万人围充城,八千人寇夷道。遣武陵
  太守李进讨破之,斩首数百级,余皆降服。"又云:"桓帝元嘉元年秋,武陵蛮詹山等四
  千余人反叛,拘执县令,屯结深山。"延熹三年冬,"武陵蛮六千余人寇江陵,荆州刺史
  刘度、谒者马睦、南郡太守李肃皆奔走。"
③ 《三国志》卷61《吴书·潘濬传》注引《江表传》。
④ 《三国志》卷39《蜀书·马良传》。
⑤ [北魏]郦道元注,[民国]杨守敬、熊会贞疏:《水经注疏》卷37《沅水》,第3076—3077页。
⑥ 《三国志》卷58《吴书·陆逊传》:"通率诸军同时俱攻。斩张南、冯习及胡王沙摩柯等
  首,破其四十余营。"

安定招抚，并没有反吴拥汉的政治意图。吴军初占江陵时，"（吕）蒙旦暮使亲近存恤耆老，问所不足，疾病者给医药，饥寒者赐衣粮。"①孙权又在当年下令，"尽除荆州民租税"②，并普遍任用荆州士人为官吏③。在这种情况下，刘备如果把主力布置在北岸的夷陵去向东进攻，不仅难以获得南郡士民的支持，还有受到北方曹魏兵马从侧翼袭击的危险，这就是他选择江南的夷道为主攻方向的缘故。蒋福亚曾评论道："刘备在荆州经营多年，当他亲自举兵东下，深入吴境五、六百里，声势巨大，并与吴军相持半年以上。史籍中竟找不到荆州士民响应的材料。而他自己也只是寄希望于荆州的少数民族，特意派遣侍中马良深入武陵郡，去唆动武陵蛮。对于刘备而言，这不能不说是一个极大的讽刺与悲哀。"④

陆逊审时度势，洞晓江北黄权率领的蜀军偏师无能为害，因此只派遣少数部队扼守夷陵以阻其东进，而自己统率大众在江南夷道地区抵御刘备主力，避其锐气，坚壁休战，致使敌人进军受阻。如前所述，他甚至将主力稍作后撤，只让孙桓所部据守夷道城，即使被敌人围困，也不肯派兵救援。陆逊所担心的是蜀军水师顺流而下，载运部队登陆攻击其后方南郡等地，这样需要分兵后调抵御，会造成较为被动的形势；但刘备没有采取此种作战方案，使他大为放心。陆逊上疏云："臣初嫌之，水陆俱进，今反舍船

①《三国志》卷54《吴书·吕蒙传》。
②《三国志》卷47《吴书·吴主传》。
③《三国志》卷58《吴书·陆逊传》："时荆州士人新还，仕进或未得所。逊上疏曰：'昔汉高受命，招延英异；光武中兴，群俊毕至。苟可以熙隆道教者，未必远近。今荆州始定，人物未达。臣愚慺慺，乞普加覆载抽拔之恩，令并获自进，然后四海延颈，思归大化。'权敬纳其言。"
④蒋福亚：《夷陵之战二题》，《襄樊学院学报》2000年第4期。

就步,处处结营,察其布置,必无他变。伏愿至尊高枕,不以为念也。"①蜀军欲战不能,拖延日久,以致士气低落,警备懈怠。此时陆逊乘其不备,下令全军突然发动进攻。"乃敕各持一把茅,以火攻拔之。一尔势成,通率诸军同时俱攻。"②最终一举击溃刘备,在大胜之后重入三峡,收复了秭归和巫县。

## 六、陆逊与步骘治下的西陵都督辖区

夷陵战役结束于黄初三年(222)闰六月,此后至岁终的数月时间里,三国的政治形势陡然剧变。因为孙权拒绝遣送太子孙登赴魏充当人质,曹丕发兵三路南征。"秋九月,魏乃命曹休、张辽、臧霸出洞口,曹仁出濡须,曹真、夏侯尚、张郃、徐晃围南郡。"③双方进入交战状态,孙权也解除了与魏国的藩属关系。"权遂改年,临江拒守。"④为了联手对抗北方强敌,吴蜀开始缓和敌对局面,准备重结盟好。"十二月,(孙)权使太中大夫郑泉聘刘备于白帝,始复通也。"⑤当年孙吴在荆州的军事部署也做出了重大调整,"是岁改夷陵为西陵。"⑥并建立了由陆逊统率的西陵都督辖区,管理宜都郡内西陵、夷道、佷山、秭归、巫五县境域的防务,与相邻的南郡分开,各自负责对外作战。陆逊镇守西陵至太和三年(229)孙权

---

①《三国志》卷58《吴书·陆逊传》。
②《三国志》卷58《吴书·陆逊传》。
③《三国志》卷47《吴书·吴主传》。
④《三国志》卷47《吴书·吴主传》。
⑤《三国志》卷47《吴书·吴主传》。
⑥《三国志》卷47《吴书·吴主传》。

称帝之后，"秋九月，权迁都建业，因故府不改馆。征上大将军陆逊辅太子登，掌武昌留事。"①接任其职务的是右将军步骘。《三国志》卷52《吴书·步骘传》曰："权称尊号，拜骠骑将军，领冀州牧。是岁，都督西陵，代陆逊抚二境。"由此可见，此前陆逊的军事职务为西陵都督。严耕望曾云："西陵都督始于陆逊，然《逊传》不言督，步骘继之。"②

陆逊在夷陵战役期间曾被任命为大都督，"假节，督朱然、潘璋、宋谦、韩当、徐盛、鲜于丹、孙桓等五万人拒之。"③但是在战后即被解除职务，朱然等将领也各自回到驻地。张鹤泉曾研究指出，孙吴政权设置的都督种类很多，其中有掌管征伐的征讨都督以及负责军镇防务的军镇都督④。征讨都督是临时担任的，战役结束即予以罢职。例如，"（建安）十三年春，（孙）权讨江夏，（周）瑜为前部大督。"⑤战后周瑜都督职务即被取消，赤壁之战时重新任命周瑜、程普为左、右督，周瑜拥有决定权⑥。太和二年（228）曹休率众入皖（今安徽省潜山县），孙权征调陆逊到前线指挥作战。"乃召逊假黄钺，为大都督，逆休。"获胜后即回到武昌交还兵权，"遣还西陵。"⑦而军镇都督则是长期驻守某地的固定职务，与前者

①《三国志》卷47《吴书·吴主传》。
②严耕望：《中国地方行政制度史——魏晋南北朝地方行政制度》（上），第29页。
③《三国志》卷58《吴书·陆逊传》。
④参见张鹤泉：《魏晋南北朝都督制度研究》，第19页。
⑤《三国志》卷54《吴书·周瑜传》。
⑥《三国志》卷51《吴书·宗室传·孙皎》载吕蒙说孙权曰："昔周瑜、程普为左右部督，共攻江陵，虽事决于瑜，普自恃久将，且俱是督，遂共不睦，几败国事，此目前之戒也。"
⑦《三国志》卷58《吴书·陆逊传》。

有别。

　　孙吴在沿江军事要地设置戍守御敌的督将,简称为"督"。严耕望曰:"据洪饴孙《三国职官表》及陶元珍《三国吴兵考》,自西而东有信陵、西陵、夷道、乐乡、江陵、公安、巴丘、蒲圻、沔中、夏口、武昌、半州、柴桑、吉阳、皖口、濡须、芜湖、徐陵、牛渚、京下诸督。亦有称都督者。洪陶二氏皆仅谓权轻者曰督。"然而据严氏考证,都督的辖区更为广大,往往统领数位督将,"不仅权位视督为重而已。"①其麾下军队或达数万之众②。西陵既与魏、蜀两国接壤,又扼守峡口通道,地理位置和军事价值非常重要,所以孙权在此专设都督加以镇守。如胡三省所言:"吴保江南,凡边要之地皆置督,独西陵置都督,以国之西门统摄要重也。"③

　　陆逊任西陵都督,即专门负责宜都郡境的防务,而无权指挥或参与战区以外的军事活动。当年九月,曹魏出动大军三道征吴。"命征东大将军曹休、前将军张辽、镇东将军臧霸出洞口,大将军曹仁出濡须,上军大将军曹真、征南大将军夏侯尚、左将军张郃、右将军徐晃围南郡。"④尽管孙吴形势危急,但在丹阳、庐江和南郡三地的激烈战斗中,并未看到陆逊的身影。孙权坐镇武昌指挥,分派诸将迎敌,却没有起用多谋善战的陆逊。"权遣吕范等督五军,以舟军拒(曹)休等,诸葛瑾、潘璋、杨粲救南郡,朱桓以濡须

①严耕望:《中国地方行政制度史——魏晋南北朝地方行政制度》(上),第27—28页。
②《三国志》卷4《魏书·三少帝纪·齐王芳》正始二年五月注引干宝《晋纪》曰:"朱然、孙伦五万人围樊城,诸葛瑾、步骘寇祖中。"按朱然时任乐乡都督。又《三国志》卷58《吴书·陆抗传》载其上疏称自己"上下见兵财有数万"。时陆抗亦任乐乡都督。
③《资治通鉴》卷71魏明帝太和三年九月"太子与西陵都督步骘书"句胡三省注。
④《资治通鉴》卷69魏文帝黄初三年九月。

督拒（曹）仁。"①后来江陵战况紧迫，"中外断绝，权遣潘璋、杨粲等解围而围不解。时（朱）然城中兵多肿病，堪战者裁五千人。（曹）真等起土山，凿地道，立楼橹临城，弓矢雨注。"②即使战局十分危急，西邻的陆逊也没有领兵救援。上述情况表现出西陵都督所管辖的仅仅是宜都郡境，若是朝廷未曾下令，陆逊就无权干涉南郡的战事。对于孙权来说，驻跸永安的刘备也是心腹之患，所以在抗击曹魏的同时，还要使西陵的兵马保持戒备，不能轻易抽调，以防止蜀汉乘机出峡反攻夺回荆州失地。事实上，刘备也并非没有这种企图，只是力不从心罢了。《吴录》曰："刘备闻魏军大出，书与逊云：'贼今已在江陵，吾将复东，将军谓其能然不？'逊答曰：'但恐军新破，创痍未复，始求通亲，且当自补，未暇穷兵耳。若不惟算，欲复以倾覆之余，远送以来者，无所逃命。'"③江陵围城之役结束至陆逊赴任武昌以前，史籍所载反映的还是这种局面，即南郡方向的战斗与西陵都督无关。例如黄初七年（226）魏文帝病故，孙权令荆州人马北伐。"吴将诸葛瑾、张霸等寇襄阳，抚军大将军司马宣王讨破之，斩霸，征东大将军曹休又破其别将于寻阳。"④此次战役仍未见到陆逊率军出征或运筹指挥的记载，说明他另有所司，其所辖宜都与南郡分别属于不同的战区。

张鹤泉曾经指出，孙吴国家的地方控制分为两个系统，即州、郡系统和军镇系统。"在孙吴国家的诏令中经常出现'督将郡守'

①《三国志》卷47《吴书·吴主传》。
②《三国志》卷56《吴书·朱然传》。
③《三国志》卷58《吴书·陆逊传》注引《吴录》。
④《三国志》卷3《魏书·明帝纪》。

字样,正是这两个系统的反映。不过,孙吴军镇都督与州、郡长官不同的是,他只负责军镇军事事务。"①笔者按:张氏所言诚是,上述特点在西陵都督辖区表现得相当明显,即军事长官(都督)与行政长官(太守)分别设立,各有治所。从此后的历史记录来看,该辖区或设都督,或设督将,而宜都太守往往是另有人选,例如史籍所载有雷谭、顾裕(穆)和虞忠等人②。郡治亦不在都督或督将所驻的西陵,而是仍设在长江南岸的夷道县。陈健梅考证云:"《虞翻传》附《虞氾传》注引《会稽典录》:'晋征吴,(虞)忠与夷道监陆晏、晏弟中夏督景坚守不下,城溃被害。'据《虞氾传》,虞忠时为宜都太守,其与夷道监共同守城,则宜都郡当治夷道。胡三省以为郡治夷陵,误。"③笔者按,吴宜都太守治夷道县还可以参考另一事例,即泰始八年(272)西陵督步阐叛降晋朝时,宜都太守并没有跟随。他后来参加了陆抗的围城之役,"诸将咸欲攻阐,抗每不许。宜都太守雷谭言至恳切。"④从情理上判断,雷谭的治所应是在南岸的夷道,而不在西陵城内,所以避免了遭受叛党裹挟或杀害的厄运。此外,陆逊镇西陵时由于夷陵之战立有殊勋而获得升迁,"加拜逊辅国将军,领荆州牧。"⑤既然升任州牧,按照常例也就不宜再兼任治下的某个郡守了,因此由他人接任宜都太守是顺理成章之事。

---

① 张鹤泉:《魏晋南北朝都督制度研究》,第 23 页。
② 参见《三国志》卷 58《吴书·陆抗传》,《三国志》卷 52《吴书·顾雍传》,《三国志》卷 57《吴书·虞翻传》。
③ 陈健梅:《孙吴政区地理研究》,第 160—161 页。
④《三国志》卷 58《吴书·陆抗传》。
⑤《三国志》卷 58《吴书·陆逊传》。

　　陆逊担任西陵都督七年(222—229),步骘继任其职务至赤乌十年(247)病终。本传言步骘:"在西陵二十年,邻敌敬其威信。性宽弘得众,喜怒不形于声色,而外内肃然。"①由于步骘的地位和声望甚高,"赤乌九年,代陆逊为丞相。"②然而他并未转赴建业上任,仍然在西陵留守,看来相位只是对其褒奖的虚衔而已。因为吴蜀重结盟好,双方在此期间始终没有发生过军事冲突。曹魏在黄初三年至四年(222—223)江陵之役受挫后,便将对吴主要作战方向转移到东边的扬州,在江淮地带用兵。孙权称帝以后曾屡次进攻曹魏,均未从西陵出兵。如王基所言:"昔孙权再至合肥,一至江夏,其后全琮出庐江,朱然寇襄阳。"③由于西陵与魏蜀两国交界,承受的防御压力非常沉重。尤其是蜀汉驻守上庸的孟达叛降曹魏后,受到曹丕的赏识。"合房陵、上庸、西城三郡为新城郡,以(孟)达领新城太守。遣征南将军夏侯尚、右将军徐晃与达共袭(刘)封。"④结果占领了蜀汉的东三郡,将魏国势力延伸到夷陵的北境。刘晔即言:"新城与吴、蜀接连,若有变态,为国生患。"⑤胡三省注此语曰:"蜀之汉中,吴之宜都,皆与新城接连。"⑥也就是说,宜都地区是西、北两面受敌,形势严峻;对于主将来说,能够保境平安即属于恪守职责了,朝廷对其要求也应是不求有功,但求无过。故孙吴在此阶段并未由夷陵出兵北伐,也没有遭受过敌人

---

①《三国志》卷52《吴书·步骘传》。
②《三国志》卷52《吴书·步骘传》。
③《三国志》卷27《魏书·王基传》。
④《三国志》卷40《蜀书·刘封传》。
⑤《三国志》卷14《魏书·刘晔传》。
⑥《资治通鉴》卷69魏文帝黄初元年七月胡三省注。

的进攻。在三国战乱频仍的年代里,宜都郡——西陵都督辖区难得地度过了将近三十年的和平岁月。

## 七、步协、步阐驻守西陵时的部署更变

步骘在赤乌十年(247)病逝,西陵军镇的主将职务由其长子步协担任。"子协嗣,统骘所领,加抚军将军。"①步协死后军职由其弟步阐接替,具体时间史籍并无明确记载。步协在西陵领兵的事迹最晚见于孙休永安七年(264),蜀国灭亡后,"吴人闻钟、邓败,百城无主,有兼蜀之志,而巴东固守,兵不得进,乃使抚军步协率众而西。"②进攻罗宪镇守的永安城,结果连续遭到挫败,在当年七月撤回西陵。孙皓在次年(265)九月,"从西陵督步阐表,徙都武昌。"③看来当时步阐已经继任其兄的职务,看来步协之死应在这两岁之间。至晋泰始八年(272),朝廷调步阐回京,他怀疑孙皓有加害之意,故投降晋朝。陆抗在当年冬攻克西陵,将其诛灭。步氏兄弟镇守西陵的二十余年间,当地的战事逐渐激烈。从嘉平三年(251)魏将王基进攻西陵、咸熙元年(264)步协、陆抗两次出兵进攻永安,直到泰始八年(272)步阐据西陵降晋,引发了陆抗的围城之役,晋吴双方出动兵力共有十余万之众。受到政治形势急剧动荡的影响,吴国对西陵——宜都地区的军事部署在此阶段发生了频繁而明显的变化,有以下值得注意的几项内容。

---

①《三国志》卷52《吴书·步骘传》。
②《资治通鉴》卷78魏元帝咸熙元年二月。
③《三国志》卷48《吴书·三嗣主传·孙皓》甘露元年九月。

### （一）分宜都数县置建平郡

孙休永安三年（260）"分宜都置建平郡"①，属县有巫、秭归、信陵（今湖北秭归县东）、兴山（今湖北兴山县）、沙渠（今湖北恩施县），其辖境相当于今重庆市奉节县以东，湖北省空泠峡以西的长江两岸包括大巴山区的大宁河流域、鄂西山地的香溪河流域与南岸清江上游山区②。其中信陵、兴山、沙渠三县应为建郡之后从秭归、巫县境中分置。顾祖禹曰："信陵城，州西四十五里。《水经注》：'江水东径归乡城北，又东经信陵城南。吴孙休永安三年分宜都立建平郡，领信陵等县。孙皓建衡二年以陆抗督信陵、西陵、夷道、乐乡、公安诸军事，即此信陵也。'"③《太平寰宇记》卷148曰："兴山县，本汉秭归县地，三国时其地属吴。至景帝永安三年分秭归县之北界立为兴山县，属建平郡。"④李吉甫云唐代施州，"汉为巫县之地。巫县即今夔州巫山县是也，吴分立沙渠县，至梁、陈不改。"⑤

建平郡的治所，据《水经注》卷34《江水》所言是在巫县。"江水又东径巫县故城南，县故楚之巫郡也。秦省郡，立县以隶南郡。吴孙休分为建平郡，治巫城。城缘山为墉，周十二里一百一十步，东西北三面皆带傍深谷，南临大江，故夔国也。"杨守敬按："《通

---

①《三国志》卷48《吴书·三嗣主传·孙休》。

②参见梁允麟：《三国地理志》，第310—311页。陈健梅：《孙吴政区地理研究》，第168页。

③［清］顾祖禹：《读史方舆纪要》卷78《湖广四·归州》，第3690页。

④［宋］乐史等撰，王文楚等点校：《太平寰宇记》卷148《山南东道七·夔州》兴山县条，第2880页。

⑤［唐］李吉甫：《元和郡县图志》卷30《江南道六·施州》，第752页。

典》谓吴置建平郡,在秭归县界,与《注》治巫城异。"①按秭归县地
势险要,"其城东北二面并临绝涧,西天溪,南大江,实为天险,相
传谓之刘备城云。"②蓝勇列举《太平寰宇记》、《舆地纪胜》和《读史
方舆纪要》等文献的有关记载,认为"先贤诸公断定建平郡治秭归
县,并非妄言"。因而强调"吴建平郡始终治秭归"③。陈健梅综合
史料,指出孙吴建平郡初治巫县,后治秭归,以上两说可以并存。
"孙休始置郡时治巫,泰始五年(吴建衡元年)晋袭取巫,吴建平郡
徙治秭归,《寰宇记》等诸书所言郡治秭归,乃是泰始五年以后的
情况。"④笔者按:顾祖禹曾曰:"孙休改置建平郡,治信陵。"⑤建衡
二年(270),"大司马施绩卒,拜(陆)抗都督信陵、西陵、夷道、乐
乡、公安诸军事。"⑥表明此时建平郡的军镇是设在信陵而并非秭
归,这也从侧面反映出该地在军事、政治上的重要性。信陵是否
如顾氏所言曾作为建平郡的治所,尚待进一步深究。孙吴末年信
陵县被废弃,其详见下文。

　　关于此次行政区划的改动,学术界认为"建平郡的设置实际
上是固陵郡的重置"⑦,体现了孙吴对西陲边界防务的重视与加
强。当时蜀汉朝政腐败,民不聊生,已经呈现出亡国之征。如薛
珝使蜀返回,"(孙)休问蜀政得失,对曰:'主暗而不知其过,臣下

①[北魏]郦道元注,[民国]杨守敬、熊会贞疏:《水经注疏》,第 2829—2830 页。
②[唐]李吉甫:《元和郡县图志》阙卷逸文卷一,第 1056 页。
③蓝勇:《长江三峡历史地理》,四川人民出版社,2003 年,第 382 页。
④陈健梅:《孙吴政区地理研究》,第 165 页。
⑤[清]顾祖禹:《读史方舆纪要》卷 69《四川四》夔州巫山县条,第 3254 页。
⑥《三国志》卷 58《吴书·陆抗传》。
⑦陈健梅:《孙吴政区地理研究》,第 308 页。

容身以求免罪,入其朝不闻正言,经其野民皆菜色。臣闻燕雀处堂,子母相乐,自以为安也,突决栋焚,而燕雀怡然不知祸之将及,其是之谓乎!'"①吴国于此时在西陲专设建平郡,可能是判断蜀汉会在不久的将来发生重大灾变,唯恐祸及邻邦,故未雨绸缪,提高对这一战略方向的警惕戒备。据史籍所载,吴国担任建平太守者,孙休时有盛曼,曾西征蜀汉永安城。永安七年(264),"二月,镇军将军陆抗、抚军将军步协、征西将军留平、建平太守盛曼,率众围蜀巴东守将罗宪。"②孙皓时有吾彦,《晋书》卷57《吾彦传》载其事迹曰:"吴郡吴人也。出自寒微,有文武才干。身长八尺,手格猛兽,旅力绝群。"他初为陆抗麾下小将,因为勇略出众受到提拔,"稍迁建平太守。"西晋平吴之役中,"缘江诸城皆望风降附,或见攻而拔,唯彦坚守,大众攻之不能克,乃退舍礼之。吴亡,彦始归降。"吾彦对孙吴政权忠心耿耿,即便在降晋之后,还对晋武帝说:"吴主英俊,宰辅贤明。"武帝笑问:"君明臣贤,何为亡国?"他回答道:"天禄永终,历数有属,所以陛下擒。此盖天时,岂人事也!"

### (二)西陵、乐乡都督辖区的反复合并分离

孙吴统治荆州前期,西陲的南郡、宜都两郡各自成立一个都督辖区,南郡由朱然驻守江陵,后移镇乐乡。宜都防务则由陆逊、步骘负责,镇守西陵。在步骘去世以后,孙权下令将这两个都督辖区予以合并,由乐乡都督朱然统一辖制。"诸葛瑾子融,步骘子

①《三国志》卷53《吴书·薛综传》注引《汉晋春秋》。
②《三国志》卷48《吴书·三嗣主传·孙休》。

协,虽各袭任,(孙)权特复使然总为大督。"①其原因是继承父业的诸葛融、步协才能与声望有限,难以独自承担重任。而朱然身经百战,"临急胆定,尤过绝人",而且是当时孙吴仅剩的著名将领,"又陆逊亦卒,功臣名将存者惟然,莫与比隆。"②所以让他统辖江陵、乐乡、公安、西陵诸座军镇。赤乌十二年(249)朱然病故,由其养子施绩继任。"然卒,绩袭业,拜平魏将军,乐乡督。"③实际上,他的职务应是乐乡都督。见殷基《通语》:"丞相陆逊、大将军诸葛恪、太常顾谭、骠骑将军朱据、会稽太守滕胤、大都督施绩、尚书丁密等奉礼而行,宗事太子。"④嘉平三年(251)初魏将王昶进攻江陵,"贼奔南岸,凿七道并来攻。于是昶使积弩同时俱发,贼大将施绩夜遁入江陵城。"⑤这里也是说施绩的军职是"大将",即都督,而并非普通的将军、督将。但是他只负责乐乡、江陵两岸的军务,和朱然前期的职权相同,无权调度其他军镇的兵马。例如,王昶攻打江陵城受挫而退,施绩想要追击但是兵力不足,却不能指挥公安督诸葛融的军队,只得写信请求他出兵协助。"绩与奋威将军诸葛融书曰:'昶远来疲困,马无所食,力屈而走,此天助也。今追之力少,可引兵相继。吾欲破之于前,足下乘之于后,岂一人之功哉,宜同断金之义。'"诸葛融与其不睦,伪作应允而未率众助攻,结果导致作战失败。"融答许绩。绩便引兵及昶于纪南,纪南去城三十里,绩先战胜而融不进,绩后失利。(孙)权深嘉绩,盛责

①《三国志》卷56《吴书・朱然传》。
②《三国志》卷56《吴书・朱然传》。
③《三国志》卷56《吴书・朱然附子绩传》。
④《三国志》卷59《吴书・孙和传》注引殷基《通语》。
⑤《三国志》卷27《魏书・王昶传》。

怒融,融兄大将军(诸葛)恪贵重,故融得不废。"①由此可见,朱然死后荆州西部又恢复了旧有的辖区部署,只是公安、西陵守将皆为督将,没有在这两个军镇设立都督。

孙权去世后,辅政大臣诸葛恪将施绩调离,让其弟公安督诸葛融接替了他的都督职务。建兴二年(253)春,"(诸葛)恪向新城,要绩并力,而留置半州,使融兼其任。"②后来孙峻发动政变铲除诸葛氏家族,施绩得以官复原职。"冬,恪、融被害,绩复还乐乡,假节。太平二年,拜骠骑将军。"③孙休即位后(258),又升迁施绩军职。"永安初,迁上大将军、都护督,自巴丘上迄西陵。"④表明他有权监督干预荆州西部沿江各地的军务。次年(259)孙休又做出调整,任命陆抗为西陵都督,《三国志》卷58《吴书·陆抗传》曰:"永安二年,拜镇军将军,都督西陵,自关羽至白帝。"这段文字中的"关羽"是指益阳县的关羽濑。《三国志集解》卷 58 引赵一清曰:"关羽濑与白帝城文义相对,上删濑字,下去城字,史之省文,然不可通也。"又引潘眉曰:"关羽下当有濑字,即《甘宁传》所云关羽濑也,在益阳茱萸江上。《水经注》:益阳县西有关羽濑,南对甘宁故垒也。"卢弼按:"孙吴于沿江要地置督,分段管辖。自关羽濑至白帝城,即西陵(都)督之辖境。"⑤不过,因为当时施绩还是乐乡都督,辖制江陵、乐乡、公安等军镇,按照情理来说,陆抗所管辖的区域应该只是宜都、建平二郡。实际上,当时南郡与宜都两郡仍

---

① 《三国志》卷 56《吴书·朱然附子绩传》。
② 《三国志》卷 56《吴书·朱然附子绩传》。
③ 《三国志》卷 56《吴书·朱然附子绩传》。
④ 《三国志》卷 56《吴书·朱然附子绩传》。
⑤ 卢弼:《三国志集解》,第 1073 页。

是各自成立都督辖区，和孙吴初据荆州之时相同。只是到了十一年后（270）施绩病逝，孙皓才重将西陵、乐乡都督辖区合并，由陆抗统管，并移镇乐乡。"建衡二年，大司马施绩卒，拜抗都督信陵、西陵、夷道、乐乡、公安诸军事，治乐乡。"①

如前所述，孙吴在赤乌十年（247）和建衡二年（270）两次将西陵、乐乡都督辖区进行合并，都是在某位都督（步骘、施绩）猝然离世之际，由于找不到合适的人选来接替，只好把两个战区并归一位名将统领。这样调整的好处是便于协调兵力、统一指挥，可以避免出现掣肘的情况，如前述诸葛融不肯协助施绩作战之例。其缺点是辖区地域广大，位处西陲前线的建平、宜都郡与乐乡都督治所相距较远，处置紧急军情时联络支援均不方便，需要跋涉数百里路，可能会因为救援不及而贻误战机。陆抗在临终前上奏朝廷曰："西陵、建平，国之蕃表，既处下流，受敌二境。若敌泛舟顺流，舳舻千里，星奔电迈，俄然行至，非可恃援他部以救倒县（悬）也。此乃社稷安危之机，非徒封疆侵陵小害也。"②由于上述缘故，在凤凰三年（274）陆抗病逝以后，孙皓重新分置西陵、乐乡都督辖区，西陵都督为留宪③，统领宜都、建平两郡防务。乐乡都督为宗室孙歆④，主持南郡战区。这样一来，荆州西部的军事部署在几经反复之后，又回到了陆逊、朱然分别担任都督，驻守西陵、乐乡的

①《三国志》卷58《吴书·陆抗传》。
②《三国志》卷58《吴书·陆抗传》。
③参见《晋书》卷3《武帝纪》太康元年："二月戊午，王濬、唐彬等克丹杨城。庚申，又克西陵，杀西陵都督、镇南将军留宪，征南将军成璩，西陵监郑广。"
④参见《晋书》卷34《杜预传》："又遣牙门管定、周旨、伍巢等率奇兵八百，泛舟夜渡，以袭乐乡，多张旗帜，起火巴山，出于要害之地，以夺贼心。吴都督孙歆震恐。"

旧有格局。

### (三)步氏兄弟未能继任都督

步协、步阐驻守西陵长达 25 年(247—272),但是他们始终未能获得其父担任过的都督一职,只是出任秩位较低的督将,称为"西陵督"。《三国志》卷 52《吴书·步骘传》曰:"协卒,子玑嗣侯。协弟阐,继业为西陵督。"说明其兄步协也是肩负这一职务。督将领兵通常在万人上下,如蒋钦曾称赞徐盛:"忠而勤强,有胆略器用,好万人督也。"[①]另外,步协所任西陵督一职还曾被陆胤短暂取代过,后又恢复。参见《三国志》卷 61《吴书·陆凯附弟胤传》:"永安元年,征为西陵督,封都亭侯。后转在虎林。"步氏兄弟未能继任西陵都督的原因,史书未予明确记载。笔者分析可能有以下缘故:

其一,步氏兄弟能力平庸,不具有大将的才干。例如嘉平三年(251)正月魏将王基来攻,步协龟缩西陵城内,被敌人佯攻欺骗,丢失了储粮的巨仓。"基示以攻形,而实分兵取雄父邸阁,收米三十余万斛,虏安北将军谭正,纳降数千口。"[②]蜀汉灭亡之后,步协乘机领兵西侵永安。守将罗宪手下仅有二千兵丁[③],却将步协打得惨败而归。"协攻城,宪出与战,大破其军。"[④]步阐发动叛乱据守西陵时,陆抗围攻的部队只有三万余人,而城中军民甚众;

---

① 《三国志》卷 55《吴书·蒋钦传》注引《江表传》。
② 《三国志》卷 27《魏书·王基传》。
③ 《三国志》卷 41《蜀书·霍弋传》注引《襄阳记》:"魏之伐蜀,召(阎)宇西还,留字二千人,令(罗)宪守永安城。"
④ 《三国志》卷 41《蜀书·霍弋传》注引《襄阳记》。

城破之后，"所请赦者数万口。"①西陵的城防工事也很坚固，给养充沛。如陆抗所言："此城处势既固，粮谷又足，且所缮修备御之具，皆抗所宿规。今反身攻之，既非可卒克。"②但是据《资治通鉴》卷79晋武帝泰始八年所载，陆抗十月兵至西陵，十二月陷城，步阐仅仅守了两个月。前述率领孤军困守永安的蜀将罗宪，居然敢于出城击败步协。"孙休怒，复遣陆抗等帅众三万人增宪之围。被攻凡六月日而救援不到，城中疾病大半。"③可是最终城池并未陷落。相形之下，可见步阐之才能庸碌，不善用兵。

其二，朝廷在政治上对其不够信任。步氏父子镇守西陵共有四十余年(229—272)，势力盘根错节，对于西陲防务举足轻重。自从步骘死后，朝廷对当地军职及辖区部署的调整，如分宜都数县置建平郡，调遣外人来作西陵都督，明显有削弱步协、步阐兄弟权力的意图。如前所述，即便是西陵督将，也没有让他们始终担任，孙皓还从朝内派陆胤来取代过。上述种种情况，不能不在步氏兄弟心目中留下受人猜忌的阴影，以致最终爆发了叛乱。"凤皇元年，召为绕帐督。阐累世在西陵，卒被征命，自以失职，又惧有谗祸，于是据城降晋。"④

## 八、孙吴西陵的城防部署

孙吴在西陵的防御工事主要是由以下几座城垒组成：

---

①《三国志》卷58《吴书·陆抗传》。
②《三国志》卷58《吴书·陆抗传》。
③《三国志》卷41《蜀书·霍弋传》注引《襄阳记》。
④《三国志》卷52《吴书·步骘传》。

## （一）夷陵县城

在今湖北宜昌市区东南部。《水经注》卷 34《江水》载夷陵县之故城，"城南临大江，秦令白起伐楚，三战而烧夷陵者也。"①《读史方舆纪要》卷 78 曰："夷陵废县，今州治，故楚西陵邑也。《楚世家》：'顷襄王二十年秦白起拔我西陵。二十一年白起拔郢，烧先王墓夷陵是也。'秦置夷陵县，汉因之，为南郡都尉治。"又云："后汉仍为夷陵县，建安十四年曹操置临江郡于此。"②周瑜进攻南郡时，派遣甘宁袭取夷陵。"往即得其城，因入守之。时手下有数百兵，并所新得，仅满千人。曹仁乃令五六千人围宁。"③尽管双方兵力众寡悬殊，甘宁还是守住城池，等到援军解围，由此可见县城的构筑坚固。刘备出峡东征时，派黄权领兵赴江北，孙吴偏师守夷陵城与之相拒。战后陆逊任西陵都督，曾驻扎该城以为治所。

## （二）步骘城和步阐城

步骘父子镇守西陵时，曾分别建造城垒以加强当地的防御。《水经注》卷 34《江水》提到他们在与江岸衔接的沙洲——故城洲上筑城。"江水出峡，东南流，径故城洲。洲附北岸，洲头曰郭洲，长二里，广一里。上有步阐故城，方圆称洲，周回略满。故城洲上，城周一里，吴西陵督步骘所筑也。孙皓凤凰元年，骘息阐复为西陵督，据此城降晋，晋遣太傅羊祜接援，未至为陆抗所陷也。"④

---

①［北魏］郦道元注，［民国］杨守敬、熊会贞疏：《水经注疏》，第 2847 页。
②［清］顾祖禹：《读史方舆纪要》卷 78《湖广四・夷陵州》，第 3680 页。
③《三国志》卷 55《吴书・甘宁传》。
④［北魏］郦道元注，［民国］杨守敬、熊会贞疏：《水经注疏》，第 2846 页。

学界或认为此段文字记载的是同一座城池,即步阐故城为其父步骘所建。但另据史籍所载,陆抗赴西陵平叛时曾更筑长围,"自赤溪至故市。"①《资治通鉴》卷79晋武帝泰始八年胡三省注曰:"故市即步骘故城,所居成市,而阐别筑城,故曰故市。"说明这是两座不同的城垒。据此分析前引《水经注》的有关记载,步阐城(或云步阐垒)筑于故城洲的洲头,即郭洲之上,城垒略小于洲头的面积。"方圆称洲,周回略满。"步骘所筑城垒则在故城洲上,"城周一里",比起"长二里,广一里"的步阐城要小许多。据刘开美研究,步阐城位于古郭洲坝上,即明清东湖县城附近。他列举多条史料后指出:"这表明步氏父子两城是南北相邻的,都处于赤溪下游,步骘故城在赤溪以南、步阐故城以北。"又说:"步阐垒位于樵湖岭一线以西,今市一中(西陵二路)以北至三江大桥以南之间的范围内。"②从作战的角度来看,这两座城垒筑于附岸的沙洲之上,而故城洲三面被江水环绕,增加了敌人攻城的难度。陆抗出任西陵都督时,也曾对其实施筹画建设,因而守备相当坚固。后来步阐据城叛乱时,陆抗即对诸将说:"此城处势既固,粮谷又足,且所缮修备御之具,皆抗所宿规。今反身攻之,既非可卒克。"③故主张采取筑垒围困的战术,并屡次拒绝了部下的请战要求。"宜都太守雷谭言至恳切。抗欲服众,听令一攻。攻果无利。"④说明步阐城具有较高的防御效能。

---

①《三国志》卷58《吴书·陆抗传》。
②刘开美:《夷陵古城变迁中的步阐垒考》,《三峡大学学报》2007年第1期。
③《三国志》卷58《吴书·陆抗传》。
④《三国志》卷58《吴书·陆抗传》。

### (三)陆抗城

陆抗领兵平息步阐叛乱时所筑。《水经注》卷 34《江水》曰："江水又东径故城北,所谓陆抗城也。城即山为塘,四面天险。"熊会贞按:"《初学记》八、二十四引《荆州图记》,夷陵县南对岸有陆抗故城,周回十里三百四十步,即山为塘,四面天险。"①据《三国志》卷 58《吴书·陆抗传》所言,他修筑此垒的目的是"内以围阐,外以御寇",即对内封锁步阐城里的叛军,对外阻击西晋荆州刺史杨肇所率的援兵。其范围是"自赤溪至故市",如前所述,"故市"即步骘故城所在地。《读史方舆纪要》卷 78 曰:"赤溪,在州西北五里,即陆抗筑城围步阐处,东合大江。或谓之东坑,陆机《辨亡论》:'陆公以偏师三万,北据东坑。'李善曰:'东坑在西陵步阐城东北,长十余里,抗所筑城在东坑上。'"②刘开美通过实地考察,结合文献记载提出:"陆抗采取'围城打援'的战术,从西、南、北三面对步阐城进行围阻,东面越过樵湖岭一线二级台地,便是东湖、东山,成为这面的天然屏障,因此尚未设围。西面设围即是西坝上的陆抗城,城南北大约在内河(今三江)街以上、向家牌坊至三江桥,东西自外河(即大江)至内河。城门东有迎门山(原市九中、今民康药厂一带,与三江左岸的西陵二路相对),西有炮台山(原宜大新村一带),北有杨家山(今三江右岸桥头南侧),三山成三角形,城依山就势而筑土垣,四面天险,把城池的首要部分夹于三山之中,旁有屯甲沱,为屯兵之处。南面设围据说是在今市中心区

---

① [北魏]郦道元注,[民国]杨守敬、熊会贞疏:《水经注疏》,第 2846—2847 页。
② [清]顾祖禹:《读史方舆纪要》卷 78《湖广四·夷陵州》,第 3682 页。

明清夷陵古城即东湖县城中的中书街一带,这里曾发掘出陆抗所筑土城的遗址。北面设围在《三国志·陆抗传》中只写了简短的10个字,即'更筑严围,自赤溪至故市。'"[1]陆抗城至今已毁没无存。

## (四)下牢戍

夷陵附近有注入长江的下牢溪,古代设有关戍。顾祖禹曰:"下牢溪,在州西北二十五里。有关曰下牢关,亦曰下牢戍,旧峡州治也。陆游曰:'下牢关夹江千峰万嶂,奇怪不可名状。初冬草木青苍不凋。西望重山如关,江出其间。'"[2]据考古发掘反映,当地很早就有生民居住。20世纪80年代,在下牢溪入长江口右岸的屋场坝发掘出周代与汉代文化遗址。值得注意的是,溪口附近二级台地上还发现了东汉古军垒遗址[3]。这表明由于该地处于江河汇要,因此受到兵家的重视,在当地屯兵驻守,并为后代所延续。《新唐书》卷40《地理志三》言隋及唐初的峡州夷陵郡,"本治下牢戍,贞观九年徙治步阐垒。"胡三省曰:"夷陵,孙吴之西陵,世谓之步阐垒。唐贞观九年,峡州徙治焉。隋之峡州,本治下牢戍,在步阐垒西南二十八里。"[4]该地在三国戍守情况未见明确记载,从其前后各代政权在下牢溪口设防的史实来看,孙吴可能也在这里驻扎过军队。

---

①刘开美:《夷陵古城变迁中的步阐垒考》,《三峡大学学报》2007年第1期。

②[清]顾祖禹:《读史方舆纪要》卷78《湖广四·夷陵州》,第3682页。

③刘开美:《夷陵古城变迁中的步阐垒考》,《三峡大学学报》2007年第1期。

④《资治通鉴》卷187唐高祖武德二年八月"萧铣遣其将杨道生寇峡州"条胡三省注。

## 九、西晋平吴之役前后的建平和西陵

### (一)晋军伐吴主攻方向和路线的选择

　　司马氏灭蜀代魏之后,便逐步准备伐吴统一天下的作战。赤壁之战以后,曹魏的大规模南征采用过数条进攻路线,均由河道或水陆兼行以临江畔。其一,自寿春沿肥水至合肥,再经施水入巢湖,转由濡须水入江,就是曹操"四越巢湖"的用兵途径。其二,由寿春至合肥后,走陆路沿巢湖西岸南下经舒县(今安徽舒城县),抵达皖城(今安徽潜山县),再顺皖水到皖口(今安徽安庆市西南山口镇)入江。太和二年(228),孙权密令鄱阳太守周鲂向魏扬州都督曹休诈降,诱使其率兵深入。"休果信鲂,帅步骑十万,辎重满道,径来入皖。"[①]即由这条道路进军。其三,从末口(今江苏淮安市)沿中渎水,即古邗沟南下,至广陵郡的江都(今江苏扬州市西南)入江,此为曹丕在黄初五年(224)、六年(225)亲率舟师征吴的路线。其四,以襄阳为基地南下,陆路经宜城、当阳直抵江陵(今湖北荆州市),即著名的荆襄道。曹丕在黄初三年(222)发动江陵围城之役,羊祜在泰始八年(272)出兵攻江陵以解步阐西陵之围,都是走的这条陆道。水路则顺汉江东南行,过石城(今湖北钟祥市)、荆城(今湖北钟祥市西南)至汉津,即扬口(今湖北潜江县西北)转入扬水,向西南航行至江陵北郊。其五,从襄阳乘汉水向东南穿过江汉平原,在沔口,或称夏口(今湖北武汉市汉口)

<hr>

①《三国志》卷60《吴书·周鲂传》。

入江。司马懿任荆豫都督时向明帝献计，"若为陆军以向皖城，引权东下，为水战军向夏口，乘其虚而击之，此神兵从天而堕，破之必矣。"①

　　但是上述道路均有各种局限性，不利于大型战舰和运输船队航行入江。或是由于自然条件，如中渎水年久失修，河道常有淤塞，曹丕黄初六年（225）征吴时，"还到精湖，水稍尽"②，致使船只搁浅。沔口附近航道相当狭窄，利于守敌阻击而船队难以入江③。皖城北至巢湖皆为陆道，船只无法在江淮之间直航。或是因为吴国所设的人为障碍，例如建兴元年（252）诸葛恪在东兴（今安徽巢湖市东关镇）筑堤阻断濡须水，"左右结山侠（夹）筑两城"④，使曹魏战船不得通过。陆抗任乐乡都督后，在江陵以北构筑堤坝。"敕江陵督张咸作大堰遏水，渐渍平中，以绝寇叛。"⑤羊祜攻江陵时企图以船运粮秣，陆抗闻讯后命令破堰放水。"祜至当阳，闻堰败，乃改船以车运，大费损功力。"⑥结果未能按时赶赴前线，导致战役失败。如上所述，缺乏理想的入江航道，给曹魏水军和运输船队南下造成了严重的困难。

　　蜀汉灭亡之后，西晋得以使用峡江航道作为新的进攻路线，这条水路流量充沛，河床很深，虽有礁石险滩也不妨碍大型船队的行驶。战国时秦将司马错、田真黄即建议惠王占领蜀国后派遣

①《晋书》卷1《宣帝纪》。
②《三国志》卷14《魏书·蒋济传》。
③《梁书》卷1《武帝纪上》载萧衍曰："汉口不阔一里，箭道交至，房僧寄以重兵固守，为郢城人掎角。若悉众前进，贼必绝我军后，一朝为阻，则悔无所及。"
④《三国志》卷64《吴书·诸葛恪传》。
⑤《三国志》卷58《吴书·陆抗传》。
⑥《三国志》卷58《吴书·陆抗传》。

水军自三峡东下伐楚,强调蜀地自然资源丰富,"其国富饶,得其布帛金银,足给军用。水通于楚,有巴之劲卒,浮大舶船以东向楚,楚地可得。得蜀则得楚,楚亡则天下并矣。"①荆州都督羊祜经过深思熟虑,向朝廷进献伐吴之策,建议"引梁益之兵水陆俱下"②,并采用多路进攻以分散敌人的注意与防守兵力。"鼓旆以疑之,多方以误之,以一隅之吴,当天下之众,势分形散,所备皆急。"③并举荐王濬在巴蜀主持备战工作,"大作舟船,为伐吴调。"④《晋书》卷42《王濬传》曰:"武帝谋伐吴,诏濬修舟舰。濬乃作大船连舫,方百二十步,受二千余人。以木为城,起楼橹,开四出门,其上皆得驰马来往。又画鹢首怪兽于船首,以惧江神。舟楫之盛,自古未有。"这样就使晋军在水战的武器装备方面占据了明显优势。

### (二)晋军在战前的准备举措

在平吴之役发动之前,西晋除了扩充军备,积储粮草,还针对吴国建平至西陵的防务采取了许多削弱对手的措施。大致有以下几项:

1. 夺取前哨据点。晋将罗宪原任蜀汉巴东太守,曾在永安长期据守,熟悉边境军情。"(泰始)三年冬,入朝,进位冠军将军、假节。四年三月,从帝宴于华林园。"⑤他回到永安后乘敌不备,"袭

---

① [晋]常璩撰,刘琳校注:《华阳国志校注》卷3《蜀志》,第191页。
②《晋书》卷34《羊祜传》。
③《晋书》卷34《羊祜传》。
④ [晋]常璩撰,刘琳校注:《华阳国志校注》卷8《大同志》,第610页。
⑤《三国志》卷41《霍弋传》注引《襄阳记》。

取吴之巫城,因上伐吴之策。"①巫城(今重庆市巫山县)原为孙吴建平郡治,是边陲重镇。此番被西晋夺取,获得了兵出三峡的前哨阵地。

2. **筑城信陵戍守。**信陵县在建平郡治秭归县东,孙吴原来于此设立过军镇。建衡二年(270)施绩去世,朝廷将其军务移交陆抗。"拜抗都督信陵、西陵、夷道、乐乡、公安诸军事,治乐乡。"②吴增仅考证后云信陵,"疑亦与郡同立,吴于此置督,为重镇。"③孙吴末年或因兵力短缺,该地废弃不守,晋军乘虚而入,在该地筑城屯兵,从而截断了孙吴建平郡与后方的陆路联系,使其陷入孤立状态。《会稽典录》云钟离徇,"拜偏将军,戍西陵。与监军使者唐盛论地形势。谓宜城、信陵为建平援,若不先城,敌将先入。盛以施绩、留平,智略名将,屡经于彼,无云当城之者,不然徇计。后半年,晋果遣将修信陵城。"④吴增仅评论道:"据此,则(信陵)县盖与郡同置,旋弃不治,复为晋有矣。"⑤

3. **施计撤换吴军干将。**吴将张政具有丰富的经验和才干,由他驻守西陵会给西晋的用兵带来不便。为此,晋朝荆州都督杜预使用离间之计,调拨张政与朝廷的关系,使其罢职离任。"预既至镇,缮甲兵,耀威武,乃简精锐,袭吴西陵督张政,大破之,以功增封三百六十五户。政,吴之名将也,据要害之地,耻以无备取败,不以所丧之实告于孙皓。预欲间吴边将,乃表还其获之众于皓。

---

①《三国志》卷41《霍弋传》注引《襄阳记》。

②《三国志》卷58《吴书·陆抗传》。

③[清]吴增仅:《三国郡县表附考证》,《二十五史补编·三国志补编》,第371页。

④《三国志》卷60《吴书·钟离牧传》注引《会稽典录》。

⑤[清]吴增仅:《三国郡县表附考证》,《二十五史补编·三国志补编》,第380页。

皓果召政,遣武昌监刘宪代之。故大军临至,使其将帅移易,以成倾荡之势。"①

综上所述,晋朝伐吴之前在各方面作了充分的准备,占据了有利的形势,致使吴国在开战之际已然处于非常被动的局面。

### (三)晋军伐吴时在建平、西陵的作战

咸宁五年(279)冬,晋武帝发动了平吴战役,共分六路出征。"遣镇军将军、琅邪王(司马)伷出涂中,安东将军王浑出江西,建威将军王戎出武昌,平南将军胡奋出夏口,镇南大将军杜预出江陵,龙骧将军王濬、广武将军唐彬率巴蜀之卒浮江而下,东西凡二十余万。"②其中王濬、唐彬率领的益州部队最为强大,"冬,十有二月,濬因自成都帅水陆军及梁州三水胡七万人伐吴。"③因而是当之无愧的主力,承担了摧毁吴军沿江防线各座重镇和直捣都城建业的重任。而面对来势汹汹的强敌,孙吴在建平、西陵两地的防务都有明显的破绽。驻守秭归的建平太守吾彦,在晋军筑城信陵后,已被隔断了通往后方的陆道,只能依靠水路来往,他请求朝廷增兵又遭到拒绝,被迫用铁链封锁江面④。王濬早已获取有关情报,他采取火攻与木筏前驱之策,扫荡了江中的铁索与铁锥。"濬乃作大筏数十,亦方百余步,缚草为人,被甲持杖,令善水者以筏先行,筏遇铁锥,锥辄著筏去。又作火炬,长十余丈,大数十围,灌

---

①《晋书》卷34《杜预传》。

②《晋书》卷3《武帝纪》。

③[晋]常璩撰,刘琳校注:《华阳国志校注》卷8《大同志》,第612—613页。

④《晋书》卷57《吾彦传》:"时王濬将伐吴,造船于蜀,(吾)彦觉之,请增兵为备,皓不从,彦乃辄为铁锁,横断江路。"

以麻油,在船前,遇锁,然炬烧之,须臾,融液断绝,于是船无所碍。"①对于防守严密的建平郡治秭归,王濬并未使用强攻,以免耽搁时间致使贻误战机,而是绕过其地,攻克其东邻的丹阳。丹阳城形势险要,《水经注》卷34《江水》曰:"城据山跨阜,周八里二百八十步,东北两面,悉临绝涧,西带亭下溪,南枕大江,险峭壁立,信天固也。楚子熊绎始封丹阳之所都也。"杨守敬按:"《(史记)正义》引《舆地志》,秭归县东有丹阳城,周回八里,熊绎始封也。《舆地纪胜》,丹阳城在秭归东三里,今屈沱楚王城是也,北枕大江,周十二里。又引《元和志》,在秭归东南七里。"②《晋书》卷42《王濬传》曰:"太康元年正月,濬发自成都,率巴东监军、广武将军唐彬攻吴丹杨,克之,擒其丹杨监盛纪。"对吾彦据守的建平郡治秭归则采取围而不攻,弃置后方,使其变为一座无能为害的孤城。

　　峡口的吴军分布在西陵、夷道和荆门三地,兵力薄弱,未满常额。陆抗在病终之前,曾上疏痛陈其窘境:"臣往在西陵,得涉逊迹。前乞精兵三万,而主者循常,未肯差赴。自步阐以后,益更损耗。今臣所统千里,受敌四处,外御强对,内怀百蛮,而上下见兵财有数万,羸弊日久,难以待变。"他恳请朝廷补齐兵员,以保全边境安全。"使臣所部足满八万,省息众务,信其赏罚,虽韩、白复生,无所展巧。若兵不增,此制不改,而欲克谐大事,此臣之所深戚也。"③结果仍未引起孙皓的重视,拒绝予以增兵。非但如此,为了防止陆氏宗族过于强盛,威胁皇权,孙皓还在陆抗死后将其旧

①《晋书》卷42《王濬传》。
②[北魏]郦道元注,[民国]杨守敬、熊会贞疏:《水经注疏》,第2837—2838页。
③《三国志》卷58《吴书·陆抗传》。

部拆散，令其诸子分别统辖。"（陆）晏及弟景、玄、机、云，分领抗兵。"①而且不让他们担任乐乡或西陵都督的要职。此举使原本薄弱的西陵防务更加衰敝，以致在敌人大军来攻时不堪一击。"天纪四年，晋军伐吴，龙骧将军王濬顺流东下，所至辄克，终如抗虑。"②晋军在此次战役中协同作战，王濬出峡进攻西陵等地时，荆州都督杜预率兵自襄阳南下进攻南郡城镇。"预以太康元年正月，陈兵于江陵，遣将军樊显、尹林、邓圭、襄阳太守周奇等率众循江西上，授以节度，旬日之间，累克城邑。"③此举使对岸的乐乡军镇无暇抽调兵力前往西陵援助。吴蜀夷陵战役之际，因为孙权伪装降服曹魏，荆州魏军并未乘机南下夹攻，陆逊得以把镇守江陵的朱然所部调往前线，集中兵力来对抗刘备。"督朱然、潘璋、宋谦、韩当、徐盛、鲜于丹、孙桓等五万人拒之。"④而此时宜都各地吴军势单力孤，没有后方支援，难以抵抗强大的西晋水师，王濬所至作战如同摧枯拉朽。《晋书》卷42《王濬传》曰："二月庚申，克吴西陵，获其镇南将军留宪、征南将军成据、宜都太守虞忠。壬戌，克荆门、夷道二城，获监军陆晏。乙丑，克乐乡，获水军督陆景。平西将军施洪等来降。"从而完全占领了孙吴的西陵都督辖区，彻底消灭其驻守兵将。此后的进攻则为平流进取，再没有遇到过顽强的抵抗。"濬自发蜀，兵不血刃，攻无坚城，夏口、武昌，无相支抗。于是顺流鼓棹，径造三山。"⑤从而迫使孙皓出城归降，取得了征吴之役的最终胜利。

---

①《三国志》卷58《吴书·陆抗传》。
②《三国志》卷58《吴书·陆抗传》。
③《晋书》卷34《杜预传》。
④《三国志》卷58《吴书·陆逊传》。
⑤《晋书》卷42《王濬传》。

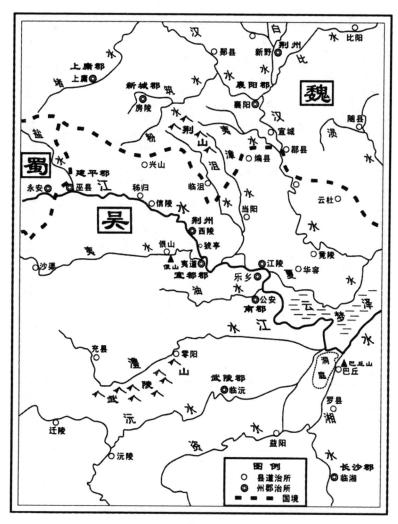

图八五　三国夷陵(西陵)地区形势图

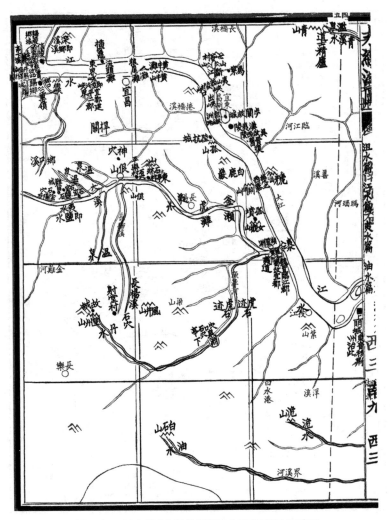

图八六　杨守敬《水经注图》江水夷陵附近流域图

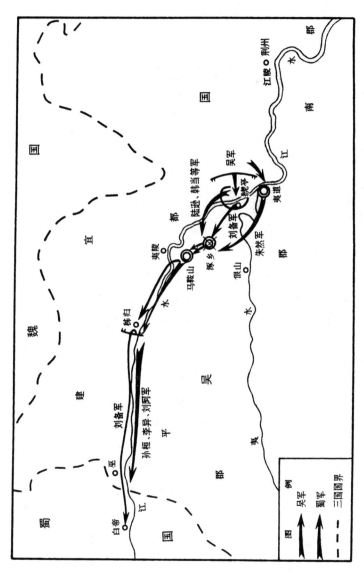

图八七　吴蜀夷陵之战陆逊逆反攻示意图（222 年）

# 参考文献

## 一、史料典籍

［汉］司马迁:《史记》,中华书局点校本,1959 年。

［汉］班固:《汉书》,中华书局点校本,1962 年。

［南朝宋］范晔:《后汉书》,中华书局点校本,1965 年。

［晋］陈寿:《三国志》,中华书局点校本,1959 年。

［唐］房玄龄等:《晋书》,中华书局点校本,1974 年。

［梁］沈约:《宋书》,中华书局点校本,1974 年。

［梁］萧子显:《南齐书》,中华书局点校本,1972 年。

［唐］姚思廉:《梁书》,中华书局点校本,1973 年。

［唐］姚思廉:《陈书》,中华书局点校本,1972 年。

［唐］李延寿:《南史》,中华书局点校本,1975 年。

［北齐］魏收:《魏书》,中华书局点校本,1974 年。

［唐］李百药:《北齐书》,中华书局点校本,1972 年。

［唐］令狐德棻等:《周书》,中华书局点校本,1971 年。

［唐］李延寿:《北史》,中华书局点校本,1974 年。

［唐］魏征等:《隋书》,中华书局点校本,1973 年。

［后晋］刘昫:《旧唐书》,中华书局点校本,1975 年。

［宋］欧阳修:《新唐书》,中华书局点校本,1975 年。

［宋］司马光撰,［元］胡三省音注:《资治通鉴》,中华书局点校本,1982 年。

［春秋］左丘明撰,［三国］韦昭注:《国语》,上海古籍出版社,1978 年。

［春秋］孙武撰,［三国］曹操等注,杨丙安校理:《十一家注孙子》,中华书局,2012 年。

［西汉］刘向集录:《战国策》,上海古籍出版社,1978 年。

［汉］贾谊撰,阎振益、钟夏校注:《新书校注》,中华书局,2000 年。

［汉］高诱注:《淮南子注》,上海书店,1992 年。

［汉］刘向撰,赵善诒疏证:《说苑疏证》,华东师范大学出版社,1985 年。

［汉］桓谭:《新论》,上海人民出版社,1977 年。

［汉］王符著,［清］汪继培笺,彭铎校正:《潜夫论笺校正》,中华书局,1985 年。

［汉］应劭撰,吴树平校释:《风俗通义校释》,天津人民出版社,1980 年。

［汉］应劭撰,王利器校注:《风俗通义校注》,中华书局,1981 年。

［东汉］刘珍等撰,吴树平校注:《东观汉记校注》,中州古籍出版社,1987 年。

［东汉］赵晔著,张觉校注:《吴越春秋校注》,岳麓书社,2006 年。

[东汉]袁康、吴平辑录:《越绝书》,上海古籍出版社,1985 年。

[三国]曹操:《曹操集》,中华书局,2012 年。

[三国]诸葛亮著,段熙仲、闻旭初编校:《诸葛亮集》,中华书局,2012 年。

[晋]常璩撰,刘琳校注:《华阳国志校注》,巴蜀书社,1984 年。

[晋]常璩著,任乃强校注:《华阳国志校补图注》,上海古籍出版社,1987 年。

[晋]葛洪著,杨明照撰:《抱朴子外篇校笺》,中华书局,1991 年。

[晋]张华撰,范宁校证:《博物志校证》,中华书局。1980 年。

[梁]萧统编,[唐]李善等注:《文选》,中华书局,1981 年。

[唐]欧阳询:《艺文类聚》,上海古籍出版社,1982 年。

[唐]徐坚等:《初学记》,中华书局,1980 年。

[唐]杜佑撰,王文锦等点校:《通典》,中华书局,1988 年。

[唐]李肇等:《唐国史补·因话录》,上海古籍出版社,1979 年。

[宋]李昉等:《太平御览》,中华书局,1960 年。

[宋]张敦颐、李焘撰:《六朝事迹编类·六朝通鉴博议》,南京出版社,2007 年。

[清]陈梦雷编纂,[清]蒋廷锡校订:《古今图书集成》,中华书局、巴蜀书社,1985 年。

[清]纪昀等编:文渊阁本《四库全书》,上海古籍出版社,1997 年。

[清]孙诒让撰,孙启治点校:《墨子间诂》,中华书局,1986 年。

〔清〕孙星衍等辑,周天游点校:《汉官六种》,中华书局,
　　2008年。

〔清〕王先谦:《汉书补注》,中华书局,1983年。

〔清〕王先谦:《后汉书集解》,中华书局,1984年。

〔清〕杨晨:《三国会要》,中华书局,1956年。

〔清〕顾炎武:《历代宅京记》,中华书局,1984年。

〔清〕董诰等编:《全唐文》,中华书局,2001年。

《二十五史补编》编委会编:《二十五史补编·三国志补编》,
　　北京图书馆出版社,2005年。

华陆综注译:《尉缭子注译》,中华书局,1979年。

岑仲勉:《墨子城守各篇简注》,中华书局,2005年。

卢弼:《三国志集解》,中华书局,1982年。

田旭东:《司马法浅说》,解放军出版社,1989年。

杨伯峻编著:《春秋左传注》,中华书局,1981年。

余嘉锡撰,周祖谟等整理:《世说新语笺疏》,中华书局,
　　1983年。

俞绍初辑校:《建安七子集》,中华书局,2005年。

张烈点校:《两汉纪》上下册,中华书局,2002年。

周天游辑注:《八家后汉书辑注》,上海古籍出版社,1986年。

## 二、考古资料

安徽省文物考古研究所:《合肥市三国新城遗址的勘探和发
　　掘》,《考古》2008年第12期。

北京大学出土文献研究所:《北京大学藏秦简牍概述》,《文物》2012 年第 6 期。

杨宝成主编:《湖北考古发现与研究》,武汉大学出版社,1995 年。

袁维春:《三国碑述》,北京工艺美术出版社,1993 年。

银雀山汉墓竹简整理小组编:《银雀山汉墓竹简〈孙子兵法〉》,文物出版社,1976 年。

张家山二四七号汉墓竹简整理小组:《张家山汉墓竹简[二四七号墓]》(释文修订本),文物出版社,2006 年。

中国社会科学院考古研究所、河北省文物研究所邺城考古工作队:《河北临漳邺北城遗址勘探发掘简报》,《考古》1990 年第 7 期。

# 三、专著

## (一)史论

[宋]洪迈:《容斋随笔》,上海古籍出版社,1978 年。

[宋]熊方等撰,刘祜仁点校:《后汉书三国志补表三十种》,中华书局,1984 年。

[明]王夫之:《读通鉴论》,中华书局,1998 年。

[清]钱大昕:《廿二史考异》,商务印书馆,1958 年。

[清]王鸣盛撰,陈文和、王永平、张连生、孙显军校点:《十七史商榷》,凤凰出版社,2008 年。

［清］赵翼著，栾保群、吕宗力校点：《陔余丛考》，河北人民出版社，2003年。

［清］赵翼著，王树民校证：《〈廿二史札记〉校证》，中华书局，1984年。

［清］顾炎武：《日知录集释（外七种）》，上海古籍出版社，1985年。

［清］梁玉绳等撰：《史记汉书诸表订补十种》，中华书局，1982年。

安作璋、熊铁基：《秦汉官制史稿》，齐鲁书社，1984年。

陈直：《史记新证》，中华书局，2006年。

陈直：《汉书新证》，天津人民出版社，1979年。

陈长琦：《两晋南朝政治史稿》，河南大学出版社，1992年。

方诗铭：《三国人物散论》，上海古籍出版社，2000年。

高秀芳等编：《三国志人名索引》，中华书局，1980年。

何兹全：《读史集》，上海人民出版社，1982年。

何兹全：《三国史》，北京师范大学出版社，1994年。

洪武雄：《蜀汉政治制度史考论》，台北：文津出版社，2008年。

李纯蛟：《三国志研究》，巴蜀书社，2002年。

刘逸生：《三国小札》，广州出版社，1998年。

刘季高：《东汉三国时期的谈论》，上海古籍出版社，1999年。

柳春新：《汉末晋初之际政治研究》，岳麓书社，2006年。

吕思勉：《三国史话》，江苏美术出版社，2014年。

马植杰：《三国史》，人民出版社，1993年。

唐长孺：《三至六世纪江南大土地所有制的发展》，上海人民出版社,1957年。

唐长孺:《魏晋南北朝史论丛》,三联书店,1955年。

唐长孺:《魏晋南北朝史论丛续编》,三联书店,1959年。

唐长孺:《魏晋南北朝史论拾遗》,中华书局,1983年。

陶贤都:《魏晋南北朝霸府与霸府政治研究》,湖南人民出版社,2007年。

田余庆:《秦汉魏晋史探微》,中华书局,1993年。

汪清:《两汉魏晋南北朝州、刺史制度研究》,合肥工业大学出版社,2006年。

王仲荦:《魏晋南北朝史》,上海人民出版社,1979年。

王永平:《孙吴政治与文化史论》,上海古籍出版社,2005年。

王天良:《三国志地名索引》,中华书局,1980年。

王瑞功主编:《诸葛亮研究集成》,齐鲁书社,1997年。

熊德基:《六朝史考实》,中华书局,2000年。

严耕望:《两汉刺史太守表》,台北:"中央研究院"历史语言研究所,1993年。

严耕望:《中国地方行政制度史——魏晋南北朝地方行政制度》,上海古籍出版社,2007年。

杨鸿年:《汉魏制度丛考》,武汉大学出版社,1985年。

杨健:《西汉初期津关制度研究》,上海古籍出版社,2010年。

袁祖亮主编,袁延胜著:《中国人口通史》第4册《东汉卷》,人民出版社,2007年。

尹韵公:《尹韵公纵论三国》,陕西人民出版社,2001年。

张大可:《三国史研究》,甘肃人民出版社,1988年。

张鹤泉:《魏晋南北朝都督制度研究》,吉林文史出版社,2007年。

张靖龙:《赤壁之战研究》,中州古籍出版社,2004年。

郑欣:《魏晋南北朝史探索》,山东大学出版社,1989年。

周健:《三国颍川郡纪年》,人民出版社,2013年。

周一良:《魏晋南北朝史论集》,中华书局,1963年。

周一良:《魏晋南北朝史札记》,中华书局,1985年。

朱子彦:《汉魏禅代与三国政治》,东方出版中心,2013年。

## (二)地理

[北魏]郦道元注,[民国]杨守敬、熊会贞疏:《水经注疏》,江苏古籍出版社,1999年。

[北魏]郦道元原注,陈桥驿注释:《水经注》,浙江古籍出版社,2001年。

[唐]李吉甫:《元和郡县图志》,中华书局,1983年。

[唐]李泰等:《括地志辑校》,中华书局,2005年。

[宋]乐史撰,王文楚等点校:《太平寰宇记》,中华书局,2007年。

[宋]王应麟:《通鉴地理通释》卷11《三国形势考上》,台北:广文书局,1971年。

[宋]王象之:《舆地纪胜》,中华书局,1992年。

[宋]王象之撰,李勇先校点:《舆地纪胜》,四川大学出版社,2005年。

[宋]欧阳忞撰,李勇先、王小红校注:《舆地广记》,四川大学

出版社,2003年。

[清]顾祖禹:《读史方舆纪要》,中华书局,2005年。

[清]吴增仅:《三国郡县表附考证》,《二十五史补编·三国志补编》,北京图书馆出版社,2005年。

[清]谢钟英:《三国疆域表》,《二十五史补编·三国志补编》,北京图书馆出版社,2005年。

[清]洪亮吉撰,[清]谢钟英补注:《补三国疆域志补注》,《二十五史补编·三国志补编》,北京图书馆出版社,2005年。

[清]杨守敬等编绘:《水经注图(外二种)》,中华书局,2009年。

安徽师范大学地理系编:《安徽农业地理》,安徽科学技术出版社,1980年。

陈健梅:《孙吴政区地理研究》,岳麓书社,2008年。

葛剑雄:《西汉人口地理》,人民出版社,1986年。

郭声波:《四川历史农业地理》,四川人民出版社,1993年。

郭鹏:《两汉三国时期的汉中》,三秦出版社,2005年。

黄盛璋:《历史地理与考古论丛》,人民出版社,1982年。

侯仁之:《历史地理学的理论与实践》,上海人民出版社,1979年。

后晓荣:《秦代政区地理》,社会科学文献出版社,2009年。

河南省科学院地理研究所本书编写组:《河南农业地理》,河南科学技术出版社,1982年。

胡阿祥:《六朝疆域与政区研究》,学苑出版社,2005年。

胡阿祥、孔祥军、徐成:《中国行政区划通史·三国两晋南朝卷》,复旦大学出版社,2014年。

孔祥军:《晋书地理志校注》,新世界出版社,2012年。

蓝勇:《长江三峡历史地理》,四川人民出版社,2003年。

李晓杰:《东汉政区地理》,山东教育出版社,1999年。

梁允麟:《三国地理志》,广东人民出版社,2004年。

刘纬毅:《汉唐方志辑佚》,北京图书馆出版社,1997年。

陆宝千:《中国史地综论》,台北:广文书局,1962年。

鲁西奇:《区域历史地理研究:对象与方法——汉水流域的个案考察》,广西人民出版社,2000年。

钱林书:《〈续汉书郡国志〉汇释》,安徽教育出版社,2007年。

沙学浚:《地理学论文集》,台北:台湾商务印书馆,1994年。

石泉:《古代荆楚地理新探》,武汉大学出版社,1988年。

史念海:《河山集》,生活·读书·新知三联书店,1963年。

史念海:《河山集·二集》,生活·读书·新知三联书店,1981年。

史念海:《河山集·三集》,人民出版社,1988年。

史念海:《河山集·四集》,陕西师范大学出版社,1991年。

史念海:《中国历史人口地理和历史经济地理》,台北:台湾学生书局,1991年。

史念海:《黄土高原历史地理研究》,黄河水利出版社,2001年。

谭其骧:《长水集》,人民出版社,1987年。

谭其骧:《长水集·续编》,人民出版社,1994年。

谭其骧主编:《中国历史地图集》,中国地图出版社,1982年。

王恢:《中国历史地理》上下册,台北:台湾学生书局,1976年。

王恢:《中国历史地理提要》,台北:台湾学生书局,1980年。

王恢:《中国历史地理通论》,台北:台湾学生书局,1991年。

王育民:《中国历史地理概论》(上下),人民教育出版社,
　1987、1988年。

辛德勇:《石室滕言》,中华书局,2014年。

张灿辉:《六朝区域史研究》,岳麓书社,2008年。

周兆瑞主编:《湖北经济地理》,新华出版社,1988年。

周振鹤:《西汉政区地理研究》,人民出版社,1987年。

周振鹤:《汉书地理志汇释》,安徽教育出版社,2006年。

中国科学院《中国自然地理》编委会编:《中国自然地理·历
　史自然地理》,科学出版社,1982年。

邹逸麟:《黄淮海平原历史地理》,安徽教育出版社,1997年。

## (三)军事

陈健安主编:《军事地理学》,解放军出版社,1988年。

陈力:《战略地理论》,解放军出版社,1990年。

董良庆:《战略地理学》,国防大学出版社,2000年。

冯东礼注译:《何博士备论注译》,解放军出版社,1990年。

黄今言:《秦汉军制史论》,江西人民出版社,1993年。

胡阿祥主编:《兵家必争之地——中国历史军事地理要览》,
　海南出版社,2007年。

姜春良主编:《军事地理学》,军事科学出版社,1995年。

饶胜文:《布局天下——中国古代军事地理大势》,解放军出

版社,2002 年。

武国卿:《中国战争史》第三册,金城出版社,1990 年。

武国卿:《中国战争史》第四册,金城出版社,1992 年。

熊铁基:《秦汉军事制度史》,广西人民出版社,1990 年。

徐日辉:《街亭丛考》,甘肃人民出版社,2000 年。

余大吉:《中国军事通史》第七卷《三国军事史》,军事科学出
版社,1998 年。

张晓生:《兵家必争之地》,解放军出版社,1987 年。

《中国古代战争战例选编》编写组:《中国古代战争战例选编》
第二册,中华书局,1983 年。

《中国军事史》编写组:《中国军事史·历代战争年表》,解放
军出版社,1985 年。

《中国军事史》编写组:《中国军事史》第六卷《兵垒》,解放军
出版社,1991 年。

朱大渭、张文强:《中国军事通史》第八卷《两晋南北朝军事
史》,军事科学出版社,1998 年。

[英]哈·麦金德:《历史的地理枢纽》,商务印书馆,1985 年。

[德]克劳塞维茨:《战争论》,商务印书馆,1978 年。

[英]利德尔·哈特:《战略论》,战士出版社,1981 年。

[美]路易·C·佩尔蒂尔,G·埃特泽尔·珀西:《军事地理
学概论》,解放军出版社,1988 年。

## (四)经济、水利

长江流域规划办公室《长江水利史略》编写组:《长江水利史

略》,水利电力出版社,1979年。

高敏:《魏晋南北朝经济史》,上海人民出版社,1996年。

冀朝鼎:《中国历史上的基本经济区与水利事业的发展》,中
　国社会科学出版社,1981年。

江苏省六朝史研究会、江苏省社会科学院历史研究所编:《古
　代长江下游的经济开发》,三秦出版社,1989年。

刘玉堂:《楚国经济史》,湖北教育出版社,1996年。

水利部黄河水利委员会《黄河水利史述要》编写组:《黄河水
　利史述要》,水利电力出版社,1984年。

水利部淮河水利委员会《淮河水利简史》编写组:《淮河水利
　简史》,水利电力出版社,1990年。

王鑫义主编:《淮河流域经济开发史》,黄山书社,2001年。

中国唐史学会、湖北省社会科学院历史研究所编:《古代长江
　中游的经济开发》,武汉出版社,1988年。

## (五)交通

陈桥驿主编:《中国运河开发史》,中华书局,2008年。

甘肃省公路交通史编写委员会:《甘肃公路交通史》第一册
　《古代道路交通·近代公路交通》,人民交通出版社,
　1987年。

郭孝义主编:《江苏航运史(近代部分)》,人民交通出版社,
　1990年。

河南省交通史志编纂委员会:《河南公路史》第一册《古代道
　路·近代公路》,人民交通出版社,1992年。

湖北公路运输史编纂委员会:《湖北公路运输史》第一册《古代道路运输·近代公路运输》,人民交通出版社,1991年。

蓝勇:《四川古代交通路线史》,西南师范大学出版社,1989年。

谭宗义:《汉代国内陆路交通考》,香港:新亚研究所,1967年。

王开主编:《陕西古代道路交通史》,人民交通出版社,1989年。

王文楚:《古代交通地理丛考》,中华书局,1996年。

王子今:《秦汉交通史稿(增订本)》,中国人民大学出版社,2013年。

辛德勇:《古代交通与地理文献研究》,中华书局,1996年。

徐从法主编:《京杭运河志(苏北段)》,上海社会科学院出版社,1998年。

严耕望:《唐代交通图考》,上海古籍出版社,2007年。

张晓东:《汉唐漕运与军事》,上海世纪出版集团,2010年。

# 四、论文

白建新:《曹操统一北方的军粮来源和状况》,《北京师院学报》1988年第4期。

白亮:《论甘肃地区在蜀汉北伐战略中的地位》,《甘肃社会科学》2013年第6期。

丁邦钧:《寿春城考古的主要收获》,《东南文化》1991年第2期。

陈达祚、朱江:《邗城遗址与邗沟流经区域文化遗存的发现》,
　　《文物》1973 年第 12 期。

陈国灿:《古代荆沙地区的经济发展及演变》,中国唐史学会、
　　湖北省社会科学院历史研究所编:《古代长江中游的经济
　　开发》,武汉出版社,1988 年。

陈健梅:《从政区建置看三国时期川江沿线的攻防策略》,《中
　　国历史地理论丛》2008 年第 3 期。

陈健梅:《魏吴对峙中魏国的攻防体系与战略目标——基于
　　行政区与军事区的考察》,《社会科学战线》2009 年第 3 期。

陈健梅:《从政区建置看吴国在长江沿线的攻防策略——以
　　吴、魏对峙为背景的考察》,《中国史研究》2010 年第 1 期。

陈健梅:《从汉中东三郡的政区建置看魏国战略目标的调整
　　与实现》,《浙江大学学报》2011 年第 4 期。

陈金凤:《魏晋南北朝时期中间地带略论》,《江汉论坛》2000
　　年第 3 期。

陈金凤:《从汉中到陇右——蜀汉战略新论》,《莱阳农学院学
　　报》2000 年第 2 期。

陈金凤:《蜀魏战争中的汉中与陇右》,《魏晋南北朝隋唐史资
　　料》第 17 辑,2000 年。

陈金凤:《孙吴建都与撤都武昌原因探析》,《河南科技大学学
　　报》2003 年第 4 期。

陈金凤:《益州战略与吴蜀关系》,《江汉论坛》2008 年第 2 期。

鄂州市博物馆、湖北省文物考古研究所:《六朝武昌城考古调
　　查综述》,《江汉考古》1993 年第 2 期。

方高峰:《汉末荆州八郡考》,《益阳师专学报》1999 年第 4 期。

方诗铭:《从〈汉末英雄记〉看公孙瓒》,《史林》1986 年第 2 期。

方诗铭:《曹操安定兖州与曹袁关系》,《史林》1987 年第 2 期。

方诗铭:《曹操起家与袁曹政治集团》,《学术月刊》1987 年第 2 期。

方诗铭:《剑客·轻侠·壮士——吕布与并州军事集团》,《史林》1988 年第 1 期。

方诗铭:《"丹阳兵"与"东据吴会"——论丹阳郡在孙策平定江东战争中的地位》,《史林》1989 年第 S1 期。

方诗铭:《"泰山诸将"与"泰山贼"、"泰山兵"——论东汉末年臧霸等人起兵的性质》,《史林》1989 年第 2 期。

方诗铭:《论"气侠"之士袁术》,《史林》1990 年第 3 期。

方诗铭:《曹操与"白波贼"对东汉政权的争夺——兼论"白波"及其性质》,《历史研究》1990 年第 4 期。

方诗铭:《"黑山贼"张燕与袁绍在河北的对峙和战争》,《史林》1991 年第 4 期。

方诗铭:《董卓对东汉政权的控制及其失败》,《史林》1992 年第 2 期。

方诗铭:《青州·"青州兵"·"海贼"管承——论东汉末年的青州与青州黄巾》,《史林》1993 年第 2 期。

方诗铭:《"枭雄"刘备的起家与"争盟淮隅"》,《史林》1994 年第 2 期。

方诗铭:《〈隆中对〉"跨有荆益"的策划为何破灭——论刘备和关羽对丧失荆州的责任》,《学术月刊》1997 年第 2 期。

方诗铭:《读〈檄吴将校部曲文〉》,《史林》2000 年第 4 期。

高敏:《略论邺城的历史地位与封建割据的关系》,《中州学刊》1989 年第 3 期。

郭济桥:《曹魏邺城中央官署布局初释》,《殷都学刊》2002 年第 2 期。

郭黎安:《魏晋北朝邺都兴废的地理原因述论》,《史林》1989 年第 4 期。

郭鹏:《蜀汉后期汉中军事防务及"敛兵聚谷"刍议——兼谈对姜维的评价》,《成都大学学报》1992 年第 3 期。

郭胜强、许浒:《曹魏邺都的营建及影响》,《三门峡职业技术学院学报》2011 年第 2 期。

郭秀琦、郝红红:《〈晋书·宣帝纪〉曹仁"焚弃（樊、襄阳）二城"辨误》,《阴山学刊》2005 年第 3 期。

何兹全:《官渡之战》,《北京师范大学学报》1964 年第 1 期。

何兹全:《汉魏之际的社会经济变化》,《社会科学战线》1979 年第 4 期。

何兹全:《魏晋的中军》,《读史集》,上海人民出版社,1982 年。

何兹全:《孙吴的兵制》,《中国史研究》1984 年第 3 期。

黄惠贤:《曹魏中军溯源》,《魏晋南北朝隋唐史资料》第 14 辑,1996 年。

黄盛璋:《阳平关及其演变》,《西北大学学报》1957 年第 3 期。

黄盛璋:《川陕交通的历史发展》,《地理学报》1957 年第 4 期。

黄盛璋:《关于鄂君启节交通路线复原问题》,《中华文史论丛》第 5 辑,上海古籍出版社,1964 年。

黄英:《祁山·西城·街亭辨》,《教学研究》1982 年第 1 期。

黄永年:《邺城和三台》,《中国历史地理论丛》1995 年第 2 期。

侯甬坚:《魏蜀间分界线的地理学分析》,《历史地理学探索》,中国社会科学出版社,2004 年。

胡阿祥:《孙吴"限江自保"述论》,《金陵职业大学学报》2003 年第 4 期。

黄权生、罗美洁:《东汉至隋朝三峡军事浮(索)桥及其攻防战》,《军事历史研究》2013 年第 2 期。

纪仲庆:《扬州古城址变迁初探》,《文物》1979 年第 9 期。

贾利民:《诸葛亮与祁山历史遗迹考述》,《天水师范学院学报》2004 年第 4 期。

江达煌:《邺城六代建都述略——附论曹操都邺原因》,《文物春秋》1992 年第 S1 期。

蒋赞初:《鄂城六朝考古散记》,《江汉考古》1983 年第 1 期。

蒋赞初:《鄂州六朝墓发掘资料的学术价值》,《鄂州大学学报》2006 年第 2 期。

蒋福亚:《夷陵之战二题》,《襄樊学院学报》2000 年第 4 期。

康世荣:《"六出祁山"辨疑》,《陇右文博》1997 年第 1 期。

黎石生:《试论三国时期的邸阁与关邸阁》,《郑州大学学报》2001 年第 6 期。

李俊恒:《"天下当朝正许昌"——兼论许昌历史发展特点与地位》,《许昌学院学报》2008 年第 3 期。

李文澜:《江汉平原开发的历史考察(上篇)》,中国唐史学会、湖北省社会科学院历史研究所编:《古代长江中游的经济开发》,武汉出版社,1988 年。

李之勤:《历史上的子午道》,《西北大学学报》1981 年第 2 期。

李之勤:《诸葛亮北出五丈原取道城固小河口说质疑》,《西北
　大学学报》1985 年第 3 期。

李之勤:《傥骆古道的发展特点、具体走向和沿途要地》,《文
　博》1995 年第 2 期。

李之勤:《金牛道北段线路的变迁与优化》,《中国历史地理论
　丛》2004 年第 2 期。

李之勤:《陈仓古道考》,《中国历史地理论丛》2008 年第 3 期。

李承畴、孙启祥:《张飞"间道"进兵汉中考辨》,《汉中师院学
　报》1991 年第 1 期。

梁启超:《中国地理大势论》,《饮冰室合集》第 2 册,中华书
　局,1989 年。

林志华:《曹魏在江淮的屯田》,《安徽大学学报》1982 年第
　1 期。

刘彩玉:《论肥水源与"江淮运河"》,《历史研究》1960 年第
　3 期。

刘德岑:《先秦时代运河沿革初探》,《西南师范大学学报》
　1980 年第 2 期。

刘华、胡剑:《蜀汉永安都督考》,《重庆工商大学学报》2007 年
　第 4 期。

刘华、胡剑:《永安都督与蜀汉东部边防》,《湖北教育学院学
　报》2007 年第 6 期。

刘庆柱:《从曹魏都城建设与北方运河开凿看曹操的历史功

绩》,《安徽史学》2011 年第 2 期。

罗权:《三峡地区军事地缘研究》,《军事历史研究》2013 年第
　　4 期。

潘民中:《试论曹魏重建洛阳的三个阶段》,《洛阳师专学报》
　　1997 年第 4 期。

裴卷举、王俊英:《沓中考》,《西北史地》1997 年第 2 期。

彭神保:《六朝时期的荆州》,中国唐史学会、湖北省社会科学
　　院历史研究所编:《古代长江中游的经济开发》,武汉出版
　　社,1988 年。

曲英杰:《楚都寿春郢城复原研究》,《江汉考古》1992 年第
　　3 期。

曲英杰:《扬州古城考》,《中国史研究》2003 年第 2 期。

权家玉:《试析曹魏时期许昌政治地位的变迁》,《魏晋南北朝
　　隋唐史资料》第 25 辑,2009 年。

任昭坤:《三国寿春之战为何被冷落》,《安徽史学》1986 年第
　　6 期。

任重、诸山:《魏晋南北朝的邸阁》,《兰台世界》2006 年第
　　20 期。

施光明:《略论陇右地区在蜀魏抗衡中的地位和影响》,《社会
　　科学》1988 年第 6 期。

王迎喜:《论曹操重建邺城的原因》,《中州学刊》1994 年第
　　6 期。

史念海:《论我国历史上东西对立的局面和南北对立的局
　　面》,《中国历史地理论丛》1992 年第 1 期。

苏海洋:《祁山古道南秦岭段研究》,《西北工业大学学报》2009 年第 2 期。

苏海洋:《祁山古道北段研究》,《三门峡职业技术学院学报》2009 年第 4 期。

苏海洋:《祁山古道中段研究》,《西北工业大学学报》2010 年第 1 期。

刘雁翔:《蜀汉北伐战略与凉州刺史设置》,《天水师范学院学报》2009 年第 6 期。

孙家洲、邱瑜:《西陵之争与三国孙吴政权的存亡》,《河北学刊》2006 年第 2 期。

孙启祥:《金牛古道演变考》,《成都大学学报》2008 年第 1 期。

孙启祥:《汉末曹刘汉中争夺战地名考辨》,《襄樊学院学报》2012 年第 1 期。

谭良啸:《刘备在白帝城论析》,《成都大学学报》2010 年第 6 期。

谭其骧:《鄂君启节铭文释地》,《中华文史论丛》第 2 辑,上海古籍出版社,1962 年。

陶贤都:《曹操霸府与曹丕代汉》,《唐都学刊》2005 年第 6 期。

田余庆:《汉魏之际的青徐豪霸问题》,《历史研究》1983 年第 3 期。

田余庆:《〈隆中对〉再认识》,《历史研究》1989 年第 5 期。

田余庆:《孙吴建国的道路》,《历史研究》1992 年第 1 期。

田余庆:《曹袁斗争和世家大族》,《历史研究》1974 年第 1 期。

童力群:《论祁山堡对蜀军的牵制作用》,《成都大学学报》

2007 年第 3 期。

刘开美:《夷陵古城变迁中的步阐垒考》,《三峡大学学报》
2007 年第 1 期。

宛晋津:《建邑前后的寿春》,《六安师专学报》,1998 年第
3 期。

王前程:《关于吴蜀夷陵之战主战场方位的考辨》,《湖北大学
学报》2011 年第 1 期。

王鑫义:《曹魏淮河流域屯田述论》,《安徽大学学报》2000 年
第 5 期。

王育民:《先秦时期运河考略》,《上海师范学院学报》1984 年
第 3 期。

王育民:《南北大运河始于曹魏论》,《上海师范大学学报》
1986 年第 1 期。

王子今:《秦汉区域地理学的"大关中"概念》,《人文杂志》
2003 年第 1 期。

吴成国、汪莉:《六朝时期夏口、武昌的港航和造船》,《武汉交
通职业学院学报》2007 年第 4 期。

吴健:《刘备汉中撤军刍议》,《福建师范大学学报》1988 年第
2 期。

熊海堂:《试论六朝武昌城的兴衰》,《东南文化》1986 年第
2 期。

薛海波:《东汉政局变动中的颍川豪族》,《南都学坛》2007 年
第 3 期。

薛瑞泽:《曹操对邺城的经营》,《黄河科技大学学报》2002 年

第 2 期。

辛德勇:《汉武帝"广关"与西汉前期地域控制的变迁》,《中国历史地理论丛》2008 年第 2 期。

辛德勇:《北京大学藏秦水陆里程简册的性质和拟名问题》,《简帛》第八辑,上海古籍出版社,2013 年。

辛德勇:《北京大学藏秦水陆里程简册初步研究》,《出土文献》第四辑,2013 年。

徐益棠:《襄阳与寿春在南北战争中之地位》,《中国文化研究汇刊》第八卷,1948 年。

杨春新:《曹操霸府述论》,《史学月刊》2002 年第 8 期。

杨华:《三国夷陵之战后"备升马鞍山"的地理位置考》,《四川师范大学学报》2007 年第 1 期。

杨洪权:《邺城在魏晋南北朝军事上的地位》,《烟台师范学院学报》1991 年第 2 期。

杨洪权:《邺城在魏晋南北朝政治上的地位》,《烟台师范学院学报》1993 年第 1 期。

杨钧:《巢肥运河》,《地理学报》1958 年第 1 期。

尹辉凤:《孙吴长江防线研究》,湖南师范大学硕士论文,2008 年。

雍际春:《三国时期天水战略地位探微》,《固原师专学报》1999 年第 5 期。

余鹏飞:《孙权定都建业考》,《襄樊学院学报》1999 年第 1 期。

曾现江:《孙吴长江防线论略》,《成都大学学报》2001 年第 2 期。

张大可:《诸葛亮并非"重益轻荆"》,《江汉论坛》1981年第2期。

张大可:《赤壁之战与三国鼎立》,《兰州学刊》1985年第2期。

张大可:《论诸葛亮》,《社会科学》1986年第1期。

张大可:《关于曹操评价的几个问题》,《青海师范大学学报》1987年第1期。

张大可:《论刘备》,《成都大学学报》1987年第2期。

张大可:《论曹操智囊团的形成及其历史作用》,《西北大学学报》1987年第3期。

张大可:《略论三国形成时期的外交》,《学术月刊》1987年第9期。

张大可:《论曹魏屯田》,《汉中师院学报》1988年第1期。

张大可:《论孙权》,《史林》1988年第2期。

张大可:《三国鼎立形成的历史原因》,《青海社会科学》1988年第3期。

张鹤泉:《蜀汉镇戍成都督论略》,《吉林大学学报》1998年第6期。

张红霞、陈金凤:《曹操"挟天子以令诸侯"论》,《江西教育学院学报》2003年第5期。

张军:《曹操霸府的制度渊源与军事参谋机构考论——兼论汉末公府的"幕府化"过程》,《石家庄学院学报》2006年第5期。

张维慎:《试论三国时期曹操对于邺城的攻取与经营》,《中国古都研究》第1辑,2013年。

张晓东:《孙吴时期长江中游的漕运与军事》,《史林》2012 年
　　第 3 期。

张学锋:《巢肥运河与"施合于肥"》,《合肥学院学报》2006 年
　　第 4 期。

张钟云:《关于楚晚期都城寿春的几个问题》,《中国历史文
　　物》2010 年第 6 期。

赵凯:《汉魏之际"大冀州"考》,《南都学坛》2004 年第 6 期。

赵昆生:《再论蜀汉政治中的北伐问题》,《重庆师院学报》
　　1998 年第 1 期。

赵小勇、汪守林:《东吴末年江防兵力考释》,《连云港师范高
　　等专科学校学报》,2005 年第 1 期。

赵小勇:《东吴长江防线兵要地理初探》,《中国历史地理论
　　丛》2006 年第 2 期。

赵小勇:《论长江防线与东吴政局》,安徽师范大学硕士论文,
　　2006 年。

赵玉泉、壮宏亮:《对春秋时期吴国城址的初步认识》,《东南
　　文化》1998 年第 4 期。

周兆望:《东吴之舟师及作战特点——兼论"限江自保"说》,
　　《汉中师院学报》1991 年第 2 期。

周兆望:《论东吴"限江自保"说》,《南昌大学学报》1993 年第
　　3 期。

朱玲玲:《曹魏邺城及其历史地位》,《中国古都研究》第五、六
　　合辑,北京古籍出版社,1987 年。

朱绍华等:《司马迁的三种"关中"概念》,《中国历史地理论

丛》1999 年第 4 期。

邹逸麟:《试论邺都兴起的历史地理背景及其在古都史上的地位》,《中国历史地理》1995 年第 1 期。

邹云涛:《试论三国时期南北均势的形成及其破坏》,中国魏晋南北朝史学会编:《魏晋南北朝史研究》,四川社会科学院出版社,1986 年。